# 建设工程质量检测人员
# 培 训 教 材

（上 册）

江苏省建设工程质量监督总站 编

中国建筑工业出版社

图书在版编目（CIP）数据

建设工程质量检测人员培训教材(上、下册)/江苏省建设工程质量监督总站编. —北京：中国建筑工业出版社，2006
ISBN 7-112-08261-7

Ⅰ.建... Ⅱ.江... Ⅲ.建筑工程-质量检测-技术培训-教材 Ⅳ.TU712

中国版本图书馆 CIP 数据核字（2006）第 031317 号

本书共分八章，第一章、第二章介绍建设工程质量检测的概论和基本知识；第三章至第七章介绍检测基本理论和操作技术，包括建筑材料检测、结构工程检测、市政工程检测、建筑安装工程检测、建筑装饰与室内环境检测；第八章介绍目前工程质量检测的新技术。

本书既是建设工程质量检测人员培训用书，也是建设、监理单位的工程质量检测见证人员，施工单位的技术人员和现场取样人员的工具书。

\* \* \*

责任编辑：封 毅 岳建光
责任设计：孙 梅
责任校对：张树梅 刘 梅

## 建设工程质量检测人员培训教材
（上、下册）

江苏省建设工程质量监督总站 编

\*

中国建筑工业出版社出版、发行（北京西郊百万庄）
新 华 书 店 经 销
北京密云红光制版公司制版
世界知识印刷厂印刷

\*

开本：850×1168毫米 1/16 印张：55 字数：1550千字
2006 年 6 月第一版 2006 年 6 月第一次印刷
印数：1—3500 册 定价：**98.00** 元（上、下册）
ISBN 7-112-08261-7
（14215）

**版权所有 翻印必究**
如有印装质量问题，可寄本社退换
（邮政编码 100037）

本社网址：http://www.cabp.com.cn
网上书店：http://www.china-building.com.cn

# 前　言

随着我国经济建设的快速发展，建筑业已成为我国经济建设的支柱产业。建设工程质量检测是建设工程质量控制的一项基础性工作，是保证建设工程质量的重要环节。建设部第141号令《建设工程质量检测管理办法》以及相关标准、规范、方法的颁布实施，规范了建设工程质量检测行为并对工程质量检测人员技术素质提出了明确的要求。

为提高工程质量检测人员的基本理论素质和实际技能水平，规范工程质量检测培训工作，保证培训质量，江苏省建设工程质量监督总站组织编写了本书。本书主要依据建设部第141号令、江苏省地方标准《建设工程质量检测规程》及相关施工质量验收规范、工程质量检测方法、标准，按照科学性、实用性和可操作性的原则，结合检测行业的特点，力求使读者通过本书的学习，提高对工程质量检测特殊性的认识，全面掌握工程质量检测的基本理论、基本知识和基本方法。

本书既是建设工程质量检测人员培训用书，也是建设、监理单位的工程质量检测见证人员、施工单位的技术人员和现场取样人员的工具书。本书共分八章，第一章、第二章介绍建设工程质量检测的概论和基本知识，第三章至第七章介绍检测基本理论和操作技术，第八章介绍目前工程质量检测的新技术。

本书在编写过程中广泛征求了有关检测机构、科研单位和高等院校的意见，经多次研讨和反复修改，最后审查定稿。

由于相关标准、规范和检测方法的修改更新，使用本书时应注意新标准、新规范、新方法的发布变更，应使用现行有效的标准、规范、方法。

本书的编写尽管学习、参阅了许多相关资料，错漏之处在所难免，敬请谅解。为了不断完善本教材，请读者随时将意见和建议反馈至江苏省建设工程质量监督总站（南京市虎踞北路10号3幢5楼，邮编：210013），以供今后修订时参考。

《建设工程质量检测人员培训教材》编写委员会  
2006年5月

# 《建设工程质量检测人员培训教材》
# 编写单位

**主编单位：** 江苏省建设工程质量监督总站

**参编单位：** 南京市建筑工程局

吴江市建设局

东南大学

南京工业大学

解放军理工大学

江苏省建筑工程质量检测中心有限公司

江苏省工业设备安装公司

南京市建筑安装工程质量检测中心

南京市市政公用工程质量检测中心站

南京科杰建设工程质量检测有限公司

南京金陵检测工程有限公司

无锡市市政工程中心试验室

徐州市建设工程检测中心

苏州市建设工程质量检测中心有限公司

昆山市建设工程质量检测中心

南通市建筑工程质量检测中心

扬州市建伟建设工程检测中心

# 《建设工程质量检测人员培训教材》
## 编写委员会

**主 任**：陈继东

**副主任**：张大春　蔡　杰　顾　颖　金孝权
　　　　　杨　岭　杨晓虹　石平府　王志龙
　　　　　王滋军

**委　员**：潘钢华　王　源　谭跃虎　牟晓芳
　　　　　褚　炎　张亚挺　缪留根　丁素兰
　　　　　彭晓培　韩　勤　朱晓旻　徐莅春
　　　　　陈　波　方　平　陈新杰　汤东婴
　　　　　许绵峰　王　瑞　胡建安　徐向荣
　　　　　李　伟　王　晓　王　伦　黄跃平
　　　　　张　蓓　邰扣霞　朱　坚　陆建民
　　　　　钱志平　郭定越　常福根　吴小翔
　　　　　朱小元　龚延风　张　淼　洪　鑫
　　　　　李书恒　张金明　钱奕技　梅　菁
　　　　　韩晓健　陆伟东　李勇智　季玲龙

# 《建设工程质量检测人员培训教材》
## 审定委员会

**主 任**：刘伟庆

**副主任**：庄明耿　缪雪荣　毕　佳

**委　员**：郑金海　伊　立　周明华　赵永利
　　　　　殷晨波　唐国才

# 目　录

## 上　册

第一章　概论 …………………………………………………………………………… 1
　　第一节　建设工程质量检测的目的和意义 ……………………………………… 1
　　第二节　建设工程质量检测的机构及人员 ……………………………………… 4
　　第三节　建设工程质量检测的历史、现状及发展 ……………………………… 8
　　第四节　学习方法与要求 ……………………………………………………… 11
第二章　工程质量检测基础知识 …………………………………………………… 12
　　概述 ……………………………………………………………………………… 12
　　第一节　数理统计 ……………………………………………………………… 12
　　第二节　误差分析与数据处理 ………………………………………………… 25
　　第三节　不确定度原理和应用 ………………………………………………… 31
　　第四节　法定计量单位及其应用 ……………………………………………… 37
第三章　建筑材料检测 ……………………………………………………………… 43
　　概述 ……………………………………………………………………………… 43
　　第一节　混凝土拌合物性能和配合比设计 …………………………………… 43
　　第二节　混凝土物理力学性能 ………………………………………………… 66
　　第三节　砂 ……………………………………………………………………… 85
　　第四节　石 ……………………………………………………………………… 111
　　第五节　外加剂 ………………………………………………………………… 132
　　第六节　建筑砂浆物理力学性能 ……………………………………………… 151
　　第七节　砖、瓦 ………………………………………………………………… 161
　　第八节　砌块 …………………………………………………………………… 180
　　第九节　水泥 …………………………………………………………………… 198
　　第十节　建筑钢材 ……………………………………………………………… 209
　　第十一节　沥青 ………………………………………………………………… 222
　　第十二节　防水卷材 …………………………………………………………… 228
　　第十三节　建筑结构胶 ………………………………………………………… 252
　　第十四节　建筑涂料 …………………………………………………………… 260
　　第十五节　防水涂料 …………………………………………………………… 275
　　第十六节　建筑石灰 …………………………………………………………… 304
　　第十七节　粉煤灰 ……………………………………………………………… 314
　　第十八节　水泥化学分析 ……………………………………………………… 321
　　第十九节　钢材化学分析 ……………………………………………………… 333
　　第二十节　混凝土拌合用水 …………………………………………………… 347

## 第四章　结构工程检测 ………………………………………………………………… 356
　　第一节　现场混凝土强度、缺陷检测 ………………………………………………… 357
　　第二节　混凝土构件结构性能检验 …………………………………………………… 385
　　第三节　砌体工程现场检测 …………………………………………………………… 396
　　第四节　建筑物沉降观测、垂直偏差检测 …………………………………………… 409
　　第五节　钢结构检测（高强度螺栓）………………………………………………… 421
　　第六节　钢结构焊缝无损检测 ………………………………………………………… 427
　　第七节　碳纤维检测 …………………………………………………………………… 445

下　　册

## 第五章　市政工程检测 ………………………………………………………………… 451
　　第一节　土工 …………………………………………………………………………… 452
　　第二节　土工合成材料 ………………………………………………………………… 490
　　第三节　水泥土 ………………………………………………………………………… 498
　　第四节　沥青混合料 …………………………………………………………………… 501
　　第五节　道桥结构 ……………………………………………………………………… 515
　　第六节　道路砖及混凝土路缘石 ……………………………………………………… 559
　　第七节　埋地排水管 …………………………………………………………………… 569
　　第八节　岩石 …………………………………………………………………………… 586
　　第九节　预应力钢材 …………………………………………………………………… 593
　　第十节　预应力锚具、夹具和连接器检测 …………………………………………… 607
　　第十一节　预应力混凝土留孔用波纹管 ……………………………………………… 617
　　第十二节　橡胶支座 …………………………………………………………………… 623
　　第十三节　检查井盖 …………………………………………………………………… 632
　　第十四节　桥梁伸缩装置 ……………………………………………………………… 637

## 第六章　建筑安装工程检测 …………………………………………………………… 646
　　第一节　建筑水电 ……………………………………………………………………… 646
　　第二节　硬聚氯乙烯（PVC-U）管材、管件检测 …………………………………… 650
　　第三节　聚氯乙烯绝缘电线电缆检测 ………………………………………………… 662
　　第四节　建筑电气 ……………………………………………………………………… 675
　　第五节　仪表检测 ……………………………………………………………………… 690
　　第六节　电梯检测技术 ………………………………………………………………… 695
　　第七节　空调系统 ……………………………………………………………………… 707
　　第八节　火灾自动报警系统 …………………………………………………………… 718
　　第九节　建筑智能化系统检测 ………………………………………………………… 728

## 第七章　建筑装饰与室内环境检测 …………………………………………………… 766
　　第一节　石膏板检测 …………………………………………………………………… 766
　　第二节　墙地饰面砖检测 ……………………………………………………………… 775
　　第三节　饰面石材检测 ………………………………………………………………… 790
　　第四节　建筑工程饰面砖粘结强度检测 ……………………………………………… 800
　　第五节　轻钢龙骨力学性能检测 ……………………………………………………… 807

7

  第六节 铝合金建筑型材 …………………………………………………………… 814
  第七节 门、窗用未增塑聚氯乙烯型材 …………………………………………… 818
  第八节 建筑外窗物理性能检测 …………………………………………………… 822
  第九节 建筑材料放射性检测 ……………………………………………………… 828
  第十节 土壤中氡气浓度及氡气析出率测定 ……………………………………… 832
  第十一节 室内环境检测 …………………………………………………………… 835
第八章 建设工程检测新技术简介 …………………………………………………………… 847
  第一节 冲击回波检测技术 ………………………………………………………… 847
  第二节 结构动力检测技术 ………………………………………………………… 850
  第三节 红外热像检测技术 ………………………………………………………… 854
  第四节 雷达检测技术 ……………………………………………………………… 858
  第五节 光纤传感器在工程检测中的应用 ………………………………………… 862

# 第一章 概 论

建设工程质量检测是指工程质量检测机构接受委托，依据国家有关法律、法规和工程建设强制性标准，对涉及结构安全项目的抽样检测和对进入施工现场的建筑材料、构配件的见证取样检测。建设工程质量检测是建设工程质量控制的一项基础性工作，是保证质量的一个重要环节，也是工程质量监督的重要内容和技术保证。因此，开展和做好建设工程质量检测工作，确保检测报告真实可信、准确有效完整，对于加强工程质量管理，保证工程质量关系重大。

建设工程质量检测工作是一项技术性、专业性很强的工作，必须保证具备科学性、公正性、准确性、真实性、时效性、严肃性的特征。因此，国家有关规定对开展工程质量检测工作的检测机构及人员做了明确要求，检测机构必须获得省级（含省级）以上建设行政主管部门的资质证书和质量技术监督部门的计量认证合格证书，方可开展质量检测工作。江苏省对现行规范要求复验和功能性检测的项目实行备案管理，未取得资质或未备案的机构出具的检测报告不能作为工程质量验收的依据。

江苏省的建设工程质量检测工作的发展历程基本同全国其他地区一致，伴随我国建筑业改革的发展和建设管理体制的调整和完善而不断快速有序发展。从以建立企业内部试验室为主要手段的质量保证机构，到质量监督机构设立检测机构，实现监督检测一体化，再到检测机构作为中介机构逐步走向市场化的阶段。每个阶段的质量检测机构不管以何种体制、机制和方式开展检测工作，都在相应历史进程中成为加强质量管理工作的重要手段，并为保证工程质量做出了重要贡献。同时，随着我国社会主义市场经济体制和建设法规体系不断建立和完善，全民质量意识不断提高，建设工程质量检测工作更充满了发展的潜力和希望，必将在经济建设和城市化进程中发挥更大的作用。

## 第一节 建设工程质量检测的目的和意义

建设工程质量的重要性勿容置疑，但由于建设工程本身和建设生产的特点，决定了建筑产品的特点，同时也正是建筑产品的诸多特点使得建设工程质量具有控制难、检验难、评价难和处置难等问题，而建设工程质量这些特点正是开展工程质量检测工作的前提和基础。

**一、建设工程质量检测的特点**

1. **建筑产品的特点**
(1) 产品的固定性、生产的流动性。
(2) 产品的多样性、生产的单件性。
(3) 产品的形体庞大，高投入，生产周期长，具有风险性。
(4) 产品的社会性，生产外部约束性。

2. **建设工程质量的特点**
(1) 影响因素多。
(2) 质量波动大。
(3) 质量隐藏性。施工过程中分项工程交接多，中间产品多，隐蔽工程多。
(4) 终检的局限性。工程项目建成后不能像一般工业产品那样依靠终检来判断产品的质量，或将产品拆卸解体来检查其内在质量。

（5）评价方法的特殊性。工程质量检查评定及验收是按验收批、分项工程、分部工程、单位工程进行的。检验批的质量是分项工程乃至整个工程质量检验的基础，工程质量的评定是在施工单位自评基础上，由监理工程师（或建设单位项目负责人）组织有关单位人员进行的，但评价的依据都离不开具体的定性定量的检测数据。

3. 建设工程质量检测的特点

（1）建设工程质量检测的公正性

工程质量检测机构担负着涉及结构安全及重要使用功能内容的抽样检测和进入施工现场的建筑材料、构配件及设备的见证取样检测工作，社会责任重大。要保证检测数据的准确有效，必然要求工程质量检测机构坚持独立、公正的第三方地位，在承接业务、试验检测和检测报告形成过程中，不受任何单位和个人的干预和影响。同时要求检测人员必须具有良好的职业道德，严格执行国家的法律、法规和工程建设强制性标准，敬业爱岗、遵章守纪、廉洁自律地开展检测工作，坚决不做假试验，不出假报告，才能从根本上保证检测数据真实可信、准确有效，保证检测行为公平、公正，这也是一个工程质量检测机构的立根之本。

（2）建设工程质量检测的科学性

建设工程质量检测是一项技术性很强的工作。实践证明，做好工程质量检测工作，除要求一支作风正派的检测队伍外，还要求检测机构开展检测工作必须具有良好的检测环境、先进适用的检测技术和仪器设备，检测人员必须采用科学的检测方法，严格按有关技术标准、规范和规程开展每项检测工作，从技术层面上确保检测数据的准确可靠，这是检测公正性的重要保证。

（3）建设工程质量检测的真实性

工程质量检测机构要对其出具的检测数据负责，对于抽样和取样的检测，要保证试件能代表母体的质量状况和取样的真实性。所以检测机构开展检测工作，必须严格执行见证取样送检制度、样品流转和处理制度、密码管理制度和检测试样的留置制度，试样的分类、放置、标识、登记应符合标准，保证检测数据有可追溯性。并且委托检测必须由建设方委托，现场抽样必须实事求是，科学规范，保证从取样到检测报告出具的各个环节均能不影响样品的真实性。

（4）建设工程质量检测的准确性

一个检测的数据最终的形成，涉及众多环节和因素影响，无论是样品和仪器设备的完好状态、检测环境条件，还是数据的采集和处理，都会直接影响最终的检测结果的准确性。因此，工程质量检测机构必须建立健全质量保证体系，制定切实可行的质量管理手册，从组织机构、仪器设备、人员素质、环境条件、工作制度等方面，不断加强内部管理和自身建设，以确保出具的每个检测数据准确可靠。

（5）建设工程质量检测的时效性

建设工程质量的特点决定了工程质量预控和质量隐患、事故处理及时性的重要性，而工程质量检测工作作为质量控制、原因分析、事故处理最直接、最有效的手段，必然也要求检测工作必须及时有效地开展。从各项原材料、成品、半成品检测，到现场实体抽测，都必须严格遵循规范规定的要求进行。如水泥 3d、7d、28d 强度试验和安定性试验、抽芯试件的检测、桩基静荷载检测等，都存在着对检测时间的要求。同时，为了及时查处质量隐患和质量事故，检测机构还必须严格执行不合格试件的报告制度，及时向建设主管部门或质量监督机构报告不合格试件的检测信息。

（6）建设工程质量检测的严肃性

工程质量关系到百年大计，关系到经济建设和社会发展，关系到人民群众的切身利益和生命财产安全，工程质量检测机构担负着为建设各方和质量监督机构提供技术保证和质量监控的工作，社会责任重大。因此，每个从事质量检测工作的检测员，务必要有高度的使命感和强烈的责任感，时刻牢记每一个检测数据都会直接影响到参建各方和质量监控机构对工程质量监控评判、处理的方式和结果，必须要一丝不苟，认真严肃对待每项检测工作。因其出具的检测数据具有法定效力，因此也必须承担相应的法律责任。

## 二、建设工程质量检测的目的

建设工程质量的重要性和特点是开展工程质量检测工作的基础和前提，工程质量检测工作是做好工程质量工作的技术保证和重要手段。因此，开展工程质量检测工作有着明确目的。

1. 为确保建筑产品的内在质量提供依据。建筑产品是将产品所需的各种原材料、构配件等物质要素，按照预定的目标，通过施工过程将它们有机组合起来而得到的产品。建筑产品的质量，形成于产品生产的各个环节，其中工程所使用的各种原材料、构配件、成品、半成品的质量，是影响建筑产品质量的最基础性因素，只有通过质量检测，才能确定这些物质要素的内在质量，并提供数据依据。

2. 为工程科学设计提供依据。通过工程质量检测，为工程设计提供了科学量化的控制指标，保证了工程建设的安全性、适用性和科学性。如桩基静荷载检测，为设计单位直接提供了桩基础设计的依据。

3. 为加强质量安全控制提供依据。在建设过程中，检测机构提供的各类检测信息，是参建各方进行组织施工、质量安全控制、纠正偏差、分析质量安全事故原因的重要信息和依据，将检测数据和过程控制结合起来，充分利用检测数据进行质量安全管理，这是检测的根本目的。

4. 为工程质量认定和验收提供依据。只有通过工程质量检测，才能为分项工程、分部工程、单位工程质量验收提供认定的科学依据。

5. 为质量监督机构提供了最有效的监督手段。检测机构报告和反馈的检测信息，能保证质量监督员及时掌握工程的质量信息，使动态化质量监督工作更具有针对性，更能及时有效查处质量隐患，更能公正地认定工程质量，促进质量监督工作规范、有序、高效开展。

6. 为做好工程质量工作提供了强大的威慑力。检测数据是事中质量控制和事后质量事故处理的重要依据，而检测制度本身也是对参建各方的一种威慑和监督，达到了促使参建各方事前加强质量管理的目的。

## 三、建设工程质量检测的意义

百年大计，质量第一。建设工程质量不仅影响到国民经济建设的运行质量，而且还牵涉到千家万户，影响到子孙后代，直接关系到人民的生命财产安全，甚至会影响社会的稳定和安定团结。特别是随着住宅工程向产业化发展，工程质量问题已成为社会关注、人民群众关心的热点和焦点。搞好工程质量，这是党和政府为人民群众办实事的重要体现。而工程质量检测是控制工程质量、评定工程质量优劣的最直接、最科学、最可靠的依据，也是政府部门加强质量监督的重要手段。工程质量检测所提供检测的数据和信息，不仅为设计单位提供了科学的、量化的设计依据，而且为施工企业、建设单位（监理单位）提供了质量控制和监控的依据，使参建各方能科学地组织施工、调整施工方案和优化资源分配，最大限度地减少资金盲目投入和有效地控制工程造价。同时，也为参建各方和质量监督机构提供了及时发现工程中存在问题的手段，以便做到及时发现，及时处理，最大程度地减少损失，保质按期完成工程建设任务。

通过工程质量检测，不仅可以防止劣质建设材料使用到工程上，而且还可以通过实体检测来判断工程结构的安全性，杜绝不合格工程流向社会，保证投资者投资利益，维护消费者权益。特别是建设工程的逐步商品化，人们在买卖建设工程的过程中，避免不了对工程质量持不同意见，或在人们使用过程中，出现这样那样的质量问题，这些均需要有一个专门的机构来出具一份具有权威性、公正性、科学性的检测报告来判别工程质量的实际状况，来解决存在的工程质量纠纷，从而有效地化解和处理这类社会矛盾。因此，做好工程质量检测工作，不仅具有重要的经济意义，还具有重要的社会和政治意义。

## 第二节 建设工程质量检测的机构及人员

建设工程质量检测机构是指对建筑工程和建筑构件、制品以及建筑现场所有的有关材料、设备质量进行检测的单位，是具有独立法人资格的中介机构。它同其他从事建设工程技术服务中介机构一样，国家有关法律、法规对其机构的设置、管理和人员素质要求等都作了明确的规定，并随着建设法规体系的不断建立、健全和完善，对检测机构的管理工作将更日趋规范，从而来保证工程质量检测工作应具有的特殊性。

### 一、建设工程质量检测机构的性质和设置的主要条件

工程质量检测机构作为具有独立法人资格的中介机构，必须是能独立承担相应民事法律责任的法人实体，必须经过省级建设行政主管部门的资质审查、备案审查和质量技术监督部门的计量认证考核，获得《工程质量检测机构资质证书》或《工程质量检测机构备案证书》和《计量认证合格证书》，方可在有效期内开展质量检测工作。工程质量检测机构资质申请或备案申请的主要条件如下：

1. 检测机构具有独立的法人资格；
2. 机构注册资金满足检测机构资质相应要求；
3. 有满足开展检测工作相应的固定场所、仪器设备和环境条件；
4. 机构技术负责人具有一定年限以上从事建设工程技术管理工作经历，并满足相应资质标准对应的职称要求；机构有职称的技术和经济管理人员总数和各级别专业职称人数满足相应资质标准的要求；机构检测人员经过培训取得上岗证书；
5. 申请资质范围内检测项目通过相对应的计量认证；
6. 有健全的技术管理和质量保证体系。

### 二、建设工程质量检测机构的分类

建设工程质量检测机构按照其承担的业务内容分为专项检测机构、见证取样检测机构和备案类检测机构。

### 三、建设工程质量检测机构的管理

1. 建设工程质量检测机构的行政管理

国家对建设工程质量检测活动实施资质管理。国务院建设行政主管部门负责对全国建设工程质量检测活动实施监督管理，并负责制定检测机构资质标准。省、自治区、直辖市人民政府建设行政主管部门负责对本行政区域内的建设工程质量检测活动实施监督管理，并负责工程质量检测机构的资质审批。市、县人民政府建设行政主管部门负责对本行政区域内的建设工程质量检测活动实施监督管理。江苏省建设工程质量监督总站受江苏省建设厅的委托，具体负责全省建设工程质量检测活动的监督管理。

省建设行政主管部门收到申请人提交的由设区的市建设行政主管部门签署意见的《建设工程质量检测机构资质申请表》或备案申请等所有申请材料后，应当依法作出是否受理的决定，并向申请人出具书面凭证；申请材料不齐全或者不符合法定形式的，应当在5日内一次性告知申请人需要补正的全部内容。逾期不告知的，自收到申请材料之日起即为受理。

省建设行政主管部门受理资质或备案申请后，对申请材料进行审查，必要时组织专家进行现场符合性审查，自受理之日起20个工作日内审批完毕并作出书面决定。对符合资质或备案标准的，自作出决定之日起10个工作日内颁发相应的《建设工程质量检测机构资质证书》或备案证

书，并报建设部备案。检测机构资质证书或备案证书有效期为 3 年。资质或备案证书有效期满需要延期的，检测机构应当在资质或备案证书有效期满 30 个工作日前按省建设行政主管部门的有关资质或备案申请审批程序，申请办理延期手续。

检测机构在资质证书或备案证书有效期内没有下列行为的，资质证书或备案证书有效期届满时，经省建设厅同意，不再审查，资质证书有效期延期 3 年，由省建设厅在其资质证书副本上加盖延期专用章；检测机构在资质证书有效期内有下列行为之一的，省建设厅不予延期。

(1) 超出资质或备案范围从事检测活动；

(2) 转包检测业务的；

(3) 涂改、倒卖、出租、出借或者以其他形式非法转让资质证书或备案证书；

(4) 未按照国家有关工程建设强制性标准进行检测，造成质量安全事故或致使事故损失扩大的；

(5) 伪造检测数据，出具虚假检测报告或者鉴定活动的。

检测机构取得检测机构资质或备案后，不再符合相应资质或备案标准的，省建设厅根据利害关系人的请求或者依据职权，责令其限期改正；逾期不改的，撤回相应的资质证书或备案证书。任何单位和个人不得涂改、倒卖、出租、出借或者以其他形式非法转让资质证书或备案证书。检测机构变更名称、地址、法定代表人、技术负责人、质量负责人以及补办资质证书或备案证书的，应当在 3 个月内按资质（备案）申请审批程序到省建设厅办理有关手续。检测机构因破产、解散的，应当在 1 个月内将资质证书或备案证书交回省建设厅予以注销。

建设单位不得将应当由一个检测机构完成的检测业务（不含专项检测）肢解成若干部分委托给几个检测机构。委托方与被委托方应当签订书面合同。其内容包括委托检测的内容、执行标准、义务、责任以及争议仲裁等内容。行政机关和法律法规授权的具有管理公共事务职能的单位及个人不得明示或暗示建设单位将检测业务委托给指定检测机构。检测结果利害关系人对检测结果发生争议，由双方共同认可的检测机构进行复检，复检结果由提出复检方报当地建设主管部门备案。

工程质量检测应当严格执行国家和省有关规定、标准等，在建设单位或者工程监理单位监督下现场取样。检测原始记录应当全面、真实、准确，并经主检人、审核人签字。检测机构完成检测后，应当依据检测数据及时出具检测报告。检测报告经检测人员签字、审核人员签字、检测机构法定代表人或者其授权的签字人签署，并加盖资质（备案）专用章和检测机构公章或者检测专用章后方可生效。检测机构应当对其检测数据和检测报告的真实性和准确性负责。检测机构违反法律、法规和工程建设强制性标准，给他人造成损失的，应当依法承担相应的赔偿责任。

检测机构不得转包检测业务。省外检测机构在本省行政区域内从事工程质量检测业务的，应当向省建设厅备案。设区的市、县（市）建设行政主管部门应当对其在当地的检测活动加强监督检查。检测机构不得与行政机关、法律、法规授权的具有管理公共事务职能的组织以及所检测工程项目相关的设计单位、施工单位、监理单位有隶属关系或者其他利害关系。

2. 建设工程质量检测机构的内部管理

建设工程质量检测机构应按照国家、行业、地方的现行技术标准、规范和规程开展检测工作，从组织机构、仪器设备、检测流程、人员素质、环境条件、工作制度等方面，不断加强自身建设，建立健全质量保证体系，制定切实可行的质量管理手册和主要规章制度，并在检测工程中认真贯彻执行。

(1) 检测机构的主要规章制度：①各级人员岗位责任制；②委托检测制度；③操作规程和安全制度；④仪器设备管理制度；⑤养护室（箱）管理制度；⑥检测报告复核、审查、签发制度；⑦检测试样留置制度；⑧不合格检测结果报告制度；⑨密码管理制度；⑩教育培训制度；⑪资料档案管理制度。

（2）检测机构的检测流程：业务受理——→检测实施——→检测原始记录——→检测报告——→样品处置——→档案管理。

检测工作必须严格遵循国家和地方颁布的有关建设工程技术标准、规范和规程，出具的检测报告必须实事求是，数据和结论准确可靠，字迹清楚，不得涂改。检测机构应当单独建立检测结果不合格项目台账，并定期上报工程所在地质量监督机构。其中涉及结构安全检测结果为不合格时，应当在一个工作日内报至该工程项目的质量监督机构。检测机构必须加强资料档案管理，检测合同、委托单、原始记录、检测报告应当按年度统一编号，编号应当连续，不得抽撤、涂改。

3．建设工程质量检测机构的行业管理

建设工程质量检测机构作为技术签证类中介机构，在不断强化内部管理，自觉遵守国家有关法律、法规和建设工程强制性标准的同时，还应积极推动、大力发展检测行业协会，充分依靠行业协会的管理作用，不断加强检测行业的自律管理工作，从而保障检测行业健康有序地发展，维护检测市场秩序，规范检测机构行为，塑造检测行业良好的社会形象。行业自律内容主要应包括以下几个方面：

（1）严格标准，依法经营

检测机构应当自觉遵守国家有关方针政策和法律法规，严格按有关技术标准、规范和规程开展检测工作；在资质（备案）核定的范围内依法经营，维护国家和行业的整体利益。

（2）诚信为本、信誉第一

检测机构应当重视创建和维护机构的信誉和品牌，教育和督促本机构从业人员恪守诚信服务的原则，树立正确的职业道德观。

（3）团结协作、共同发展

检测机构之间应当相互尊重，团结协作；提倡行业团结、互助、协作、诚信，发挥整体优势；依靠加强管理，技术进步，提高企业效益；共同增强对社会的检测服务能力和水平。

（4）维护秩序、公平竞争

检测应做到公平、公正、合法、有序的竞争，共同维护检测市场秩序和行业整体利益，促使检测行业健康发展；不得采用低价、违规承诺等恶性竞争手段承接检测业务。

（5）独立公正、抵制干扰

检测机构应当坚持独立、公正的第三方地位，在承接业务、质量检测和检测报告形成过程中，应当不受任何单位和个人的干预和影响，确保检测工作的独立性和公正性。

（6）履行承诺、维护权益

检测机构应当自觉维护委托方合法权益；认真履行对委托方的正当承诺。

（7）科学准确、严禁虚报

检测机构应当科学检测，确保检测数据的准确性；不得接受委托单位的不合理要求；不得弄虚作假；不得出具不真实的检测报告；不得隐瞒事实。

（8）检测机构要做到制度公开；公开检测依据；公开检测工作流程；公开窗口人员身份；公开检测收费标准；公开检测项目承诺期等，主动接受社会监督。

检测行业协会要加强对各检测机构遵守自律情况的信用考核工作，定期把考核结果报告建设行政主管部门，建设行政主管部门要把检测行业协会报告的信用考核情况，作为落实各检测机构市场准入、清出和对检测活动资质管理的重要依据。

四、建设工程质量检测人员的要求

建设工程质量检测的特点，决定了对从事检测工作的检测人员素质的高要求，无论从技术素养方面，还是到工作作风、职业道德方面，国家有关法律、法规都有明确的要求，充分体现了以人为本的管理理念，通过保证从业人员素质来从根本上保证检测工作质量。

1. 检测能力方面要求

(1) 检测人员必须持有岗位证书；

(2) 检测机构的技术负责人应具有工程类高级以上的技术职称，从事检测工作3年以上，并持有岗位合格证书；

(3) 检测报告审核人必须经检测机构授权，且是中级技术职称以上，从事本行业工作至少3年，并持有相应的岗位合格证书；

(4) 检测报告签发人必须是技术负责人或机构负责人；

(5) 检测机构应对开展的检测项目配备足够的检测人员，每个检测项目的持有岗位合格证书人员均不少于3人，检测人员在岗检测项目不多于5项，审核人员不多于8项，技术负责人不限。

2. 检测人员管理方面要求

(1) 检测人员应当严守职业道德和工作程序，保证试验检测数据科学、客观、公正，并对试验检测结果承担法律责任；

(2) 检测人员不得同时受聘于两个或者两个以上检测机构。检测人员单位变动的，应当办理变更手续；

(3) 检测人员不得推荐或者监制建筑材料、构配件和设备等；

(4) 检测人员与工程项目利害关系应回避。

3. 检测人员职业道德方面要求

(1) 科学检测、公正公平

遵循科学求实原则开展检测工作，检测行为要公正公平，检测数据要真实可靠。

(2) 程序规范、保质保量

严格按检测标准、规范、操作规程进行检测，检测资料齐全，检测结果规范，保证每一个检测工作过程的质量。

(3) 遵章守纪、尽职尽责

遵守国家法律法规和本单位规章制度，认真履行岗位职责；不在与可能影响检测工作公正性有关的机构兼职。

(4) 热情服务、维护权益

树立为社会服务意识；维护委托方的合法利益，对委托方提供的样品、文件和检测数据应按规定严格保密。

(5) 坚持原则、刚直清正

坚持真理，实事求是；不做假试验，不出假报告；敢于揭露、举报各种违法、违规行为。

(6) 顾全大局、团结协作

树立全局观念、发扬团结协作精神，维护集体荣誉；谦虚谨慎，尊重同志，协调好各方面关系。

(7) 勤奋工作、爱岗敬业

热爱检测工作，有强烈的事业心和高度的社会责任感，工作有条不紊，处事认真负责，恪尽职守，踏实勤恳。

(8) 廉洁自律、杜绝舞弊

廉洁自律、自尊自爱；不参加可能影响检测公正的宴请和娱乐活动；不进行违规检测；不接受委托人的礼品、礼金和各种有价证券；杜绝吃、拿、卡、要现象。

## 第三节 建设工程质量检测的历史、现状及发展

随着我国经济建设和社会事业的全面发展，建设工程质量检测工作已伴随着我国建筑业改革的发展和建筑业管理体制的调整和完善而得到不断加强和发展，并随着我国社会主义市场经济体制的建立、健全和完善，建设工程质量检测工作在新形势下必将遇到更多的挑战，同时也更充满着更大的发展机遇和前景。

**一、建设工程质量检测的历史**

1. 建立企业内部试验室为主要手段的质量保证机构

20世纪80年代以前，建设工程质量检测仅仅是施工企业质量保证体系的一个组成部分，这是由当时的特定历史条件决定的。在那时，我国实行的是高度集权的计划经济体制，社会主义公有制绝对占据了国民经济的主导地位，工程建设的目的是建立完整的国民经济体系，不断改善人民物质文化生活。工程建设各参与者的根本利益是基本一致的，建筑领域的建筑生产长期被认为是"来料加工"活动，是单纯消费国家投资和建筑材料行为，施工任务由政府按计划和行政区域所属的建筑企业直接下达，建筑材料由政府向工程项目按需调拨。政府对参建各方的工程活动采取的是单向行政管理，建设、施工只是任务执行者，是行政管理部门的附属物。因此，建设工程质量控制仅仅只要通过建筑施工企业本身的管理、本身约束就能达到，工程质量检测工作也是由企业内部的试验室来完成。在这样的体制下，这必然导致工程质量检测机构缺乏独立性，工程质量检测数据缺乏公正性、科学性，而且受到当时条件的限制，检测内容单一、检测手段和方法简单。

2. 建立承担一定行政职能的工程质量检测机构

20世纪80年代以来到90年代末，我国进入了改革开放的新时期，建设领域的工程建设活动发生了一系列的重大变化，投资主体逐步开始多元化，施工企业摆脱了行政附属地位，开始向自主经营、自负盈亏的相对独立的商品生产者转变；工程建设参与者之间的经济关系得到强化，追求自身利益的趋势日益突出。这种格局的出现，使原有的建设管理体制越来越不适应发展的要求。从属于施工企业内部的试验室缺乏工作独立性，无法保证工程质量检测工作的公正性，建设工程中粗制滥造、偷工减料的现象未能通过检测手段来及时发现，使带有严重质量隐患的工程投入使用。鉴于这样的情况，1985年城乡建设环境保护部和国家标准局联合颁发了《建筑工程质量监督条例（试行）》和《关于建立"建筑工程质量检测中心"的通知》、《建筑工程质量检测工作规定》（85城建字第580号）等规范性文件，对建筑工程质量检测工作做了明确的规定。检测机构设置是按照行政区域来进行设置的，设置成国家级、省级、市级和县级检测机构。在当时条件下，这样的设置使检测机构成为第三方质量检测单位，跨出了历史性的一步，改变了检测机构的地位，明确了检测机构的任务、权利和义务，从而一定程度上保证了检测机构出具的检测数据具有独立性和公正性，并具有法定效力。实践证明，当时这样建设管理体制的重大改革，对及时查处质量隐患，加强质量监管工作，遏制全国建设工程质量的滑坡趋势，提高建设工程质量做出了重大的贡献。但当时这样建立承担一定行政职能的检测机构，明显带有较浓的行政色彩，使检测工作不仅具有行政封闭性，而且还有地区保护性，一定程度上影响了检测报告出具的检测数据的科学性和公正性。

3. 建立质量监管与检测一体化的工程质量检测机构

1996年，为进一步加强建设工程质量检测工作，建设部印发了《关于加强工程质量检测工作的若干意见》的通知，明确要求新设置的市（地）、县（市）的工程质量检测机构宜设在当地工程质量监督机构之中，不宜再单独设立。同时也明确规定，企业内部土建试验室要达到一级试

验资质条件并经省建设行政主管部门批准，方可承担承接社会委托的检测任务。这样的建设管理体制改革，使各地检测机构能充分利用质量监督机构的地位和作用，迅速发展，并在质量监督机构强有力的行政手段的支撑下，检测机构的自身建设迅速加强、检测内容不断扩大、检测手段更趋科学、检测机构的综合实力大幅度提升。应该说检测机构在这个历史阶段发展最为迅猛，对强化质量监督手段，提高质量监督效能，提升建设工程质量管理水平的作用也是最明显的。但这样的建设管理体制仍未改变工程质量检测机构的性质，设在质量监督机构中的检测机构，由于没有独立的法人地位，仍无法为出具错误甚至虚假报告独立承担民事责任，其中包括赔偿责任。且在监督过程中再从事赢利性检测收费活动，这种"既当运动员，又当裁判员"的检测活动，容易产生行政腐败，也不利于工程质量责任的落实。

4. 建立市场化的中介检测机构

2000年1月30日国务院颁布了《建设工程质量管理条例》，从法律的高度确立了建设工程质量检测工作的地位和作用，为进一步改革和完善我国建设工程质量管理体制明确了方向。2000年4月26日，江苏省出台颁布了《江苏省建筑市场管理条例》，首次以法律形式明确了建设工程质量检测机构为中介服务机构，彻底改革了检测机构性质，明确了工程质量检测行业发展方向，从此彻底打破了政府投资的检测机构一统天下的检测行业格局。各类主体投资建立的检测机构应运而生，一部分原先政府投资兼有一定行政职能的检测机构通过改革改制，也开始走上了市场化道路，真正成为具有独立法人资格、独立承担民事责任的检测机构，并同建设、施工、监理、勘察、设计等单位一样，成为工程质量的责任主体。

## 二、建设工程质量检测工作的现状

随着国家基本建设体制的深化改革，建设工程质量检测工作取得了飞速的发展。特别是2000年1月30日国务院颁发了《建设工程质量管理条例》后，我国的工程质量监督管理工作进行了一系列的改革，也给工程质量检测工作带来前所未有的发展机遇，工程质量检测机构得到迅速地发展壮大。

1. 建设工程质量检测机构不断发展

建设工程质量检测工作在各级建设行政管理部门的关心和支持下，在广大检测工作者共同努力下，检测机构从无到有、规模从小到大、工作类型从单一到综合，检测内容不断扩大，检测手段不断提高，检测装备和检测环境不断得到改善，检测综合能力大大提高。以江苏省为例，全省工程质量检测机构已由过去的不足百余家发展到目前200余家。

2. 建设工程质量检测的相关规章制度逐步完善

经过十几年的不懈努力，工程质量检测工作基本实现了有法可依，有章可循。在《建筑法》、《建设工程质量管理条例》、《江苏省建筑市场管理条例》、《房屋建筑工程和市政基础设施工程实行见证取样和送检的规定》等一系国家法律、法规和规章启动下，江苏省建设厅下发了《关于进一步加强我省建设工程质量检测管理的若干意见》（苏建质2004年318号）、《江苏省建设工程质量检测飞行检查实施方案（试行）》（苏建质2004年309号）、《江苏省建设工程质量检测行为职业道德（试行）》（苏建质监2004年24号）、《江苏省建设工程质量检测管理实施细则》（苏建法[2006] 97号），颁发了江苏省工程建设标准《建设工程质量检测规程》DGJ32/J21—2006。工程质量检测工作得到制度上的保障，促进了工程质量检测行业健康、有序地发展。

3. 建设工程质量检测软、硬件建设得到迅速发展

目前，江苏省各地的质量检测机构均采用了"两块"检测数据自动化采集系统，采取科学有效的手段进行管理，提升了检测机构的整体技术和管理水平。在全省土建一级及许多土建二级以上的检测机构中，使用了计算机管理系统。这些措施大大减少了产生虚假检测报告的人为因素，提高了检测机构的工作效率和质量，并确保了工程质量检测工作的真实性、公正性。同时，全省

检测人员业务水平有了较大提高。

但是，随着工程质量检测市场的逐步开放，竞争越来越激烈，引发的一些矛盾和问题也越来越突出。主要表现在：以盲目压价、违规承诺等手段承揽检测业务，片面追求经济利益，对检测市场秩序和检测行业的信誉产生较为严重的负面效应；检测领域的虚假行为和检测数据的虚假现象有所抬头；检测机构扩张，检测人员素质参差不齐；少数检测机构内部管理松散，制度不健全，工作质量难于保证。在这种情况下，建设行政主管部门对检测市场及检测行业监管的责任更加加大，必须与时俱进、不断创新工作管理思路、创新工作制度、创新管理方式，不断加大监管力度和依法行政力度，努力促进我省工程质量检测行业的健康有序发展。

### 三、建设工程质量检测的发展趋势

随着社会主义市场经济不断完善和加入WTO世贸组织的要求，我国必将在更深的层次、更广的领域对外开放，国外的检测机构将会进入中国市场，检测市场的竞争将更加激烈，国内检测机构将面临着巨大的挑战。同时，随着社会进步和建筑技术的发展，高层建筑、复杂结构的建筑以及建筑新材料、节能材料在工程中广泛的采用，对工程质量检测工作也提出了新的更高要求。工程质量检测行业要适应这种新形势需要，积极调整，加快改革，努力朝着社会化、专业化的方向加快发展，真正成为自主经营、自担风险、自我约束、自我发展、平等竞争的社会中介机构。

1. 检测机构的社会化

工程质量检测机构的社会化是社会发展的大趋势。这是由以下四方面原因决定的：第一是由检测机构的性质和工作任务决定的。检测机构是利用专业知识和专业技能接受政府部门、司法机关、社会团体、企业、公众及各类机构的委托，出具鉴证报告或发表专业技术意见，实行有偿服务并承担法律责任的机构，属于社会中介机构。第二是由国家有关法律、法规的规定决定的。工程质量检测机构是属于社会中介机构，则必须具有独立的法人地位，就不得与行政机关和其他国家机关存在隶属关系或者其他利益关系。第三是由检测机构是工程质量保证的重要实施方之一的性质要求决定的。检测机构在工程建设中提供与工程质量相关的检测数据，并对其出具的检测结果和数据承担相应的法律责任，对因检测机构的过失而造成的损失，还要承担相应的民事赔偿责任。第四是人们的质量意识不断提高的需要。随着人们法律意识不断增强，对于工程质量方面的纠纷，当事方往往要求通过法律程序解决，法院在审理和判定工程质量纠纷时，也要委托具有司法鉴定资格的工程质量检测机构进行检测和提供鉴定报告。

2. 检测机构的市场化

只有通过市场化运作，充分利用市场各种手段，才能有效地配置检测资源，优化各地的检测资源，使检测行业走上可持续的健康发展道路；也只有通过市场这只"无形手"来促使检测机构不断进行技术创新，不断提高自身的管理水平，不断提高市场开拓能力和服务能力来树信誉、树品牌，促使检测机构、检测行业在市场中发展壮大。

3. 检测机构的科技化

随着社会的进步和建筑技术的发展，高层建筑和复杂结构的建筑以及建筑新材料、节能材料在工程中的广泛的采用，势必使工程质量检测工作的技术含量越来越高。检测机构要适应这一新形势，必须依靠科技进步，不断提高和完善检测技术水平和手段，以确保检测工作的质量。

4. 检测机构的信息化

检测机构的信息化是实现检测数据科学性、公正性、准确性的基本保证，是实施工程质量检测工作规范化和标准化建设的重点。要实现检测过程管理全部信息化，必须要求检测机构全面推广使用管理软件，全面推广检测数据自动采集系统，保证从检测数据的采集到信息的管理全面实现自动化，努力减少因人的因素影响检测数据的真实性、准确性、公正性。同时，检测机构信息化的实施，能使质量监督部门及时了解当地工程质量动态，及时处理质量问题，不断提高质量监督机构的工作效率和工作质量。

5. 检测机构的国际化。随着检测行业的市场化，检测市场逐步对外开放，国外先进的检测机构必将进入中国的检测市场，检测机构间的竞争将越来越激烈。因此，检测机构一定要有这种忧患意识和紧迫意识，树立起良好的服务意识、人才意识和竞争意识，加快国家实验室认可工作，借鉴现代企业管理经验，为早日适应检测行业的国际竞争做好准备。

## 第四节 学习方法与要求

建设工程质量检测是一项涉及多种相关学科、理论知识要求高、实际操作能力强的工作。它主要包括建筑材料检测、结构工程质量检测、市政工程质量检测、建筑安装工程质量检测、建筑装饰与室内环境检测等方面内容，所引用的检测标准和规程种类繁多。因此，要求学员在培训过程中认真学习教材内容，认真领会标准、规程中有关样品要求、抽样方法、试验方法、试验环境、仪器设备（规格、型号、精度）、操作要点、数据处理方法、原始记录和报告格式等要求。并注重实际操作经验的积累，对试验操作中的难点和重要的试验方法，要理解其试验原理和影响试验结果的因素。

由于建设工程检测依据的标准、规范和规程经过一定的时间常常需要修订和变更，并随着新的建材产品的出现，也会出现新的相应产品标准，一次或若干次培训不可能永久性的学会所有检测方法。因此，要求学员通过培训能够初步达到如下目的：

1. 理解工程质量检测基本原理、熟悉掌握各种试验方法，了解相关法律法规和计量认证基础知识；

2. 培养良好的自学能力，便于在今后工作中通过新标准和规程的学习，触类旁通，高质量完成质量检测任务；

3. 加强动手能力培养，熟练掌握检测仪器的性能、要求和操作方法等，以便取得准确、科学的试验数据；

4. 提高思想道德方面的修养，把良好的工作作风融入到检测全过程中，真正成为一个政治上过硬、技术上精湛的合格检测员。

# 第二章 工程质量检测基础知识

## 概 述

建筑工程质量检测作为一种工程质量控制的手段，在工程建设中具有举足轻重的地位。检测数据和结论是对工程质量的一种直接反映，是对工程质量进行评判的最有力的依据，其科学性、准确性、客观性、有效性显得尤为重要。而为了做到检测方法科学、检测数据准确、检测结论客观、检测样品有效，就必须掌握工程质量检测的相关知识，这样才能更好地在检测工作中用科学的检测手段、规范的检测程序、严谨的检测风格为工程质量提供科学准确的检测数据和结论，更好地为工程质量的控制提供有力的技术保障和支持。

建筑工程质量检测工作绝大多数情况下是以数据来说话的，相关技术标准和规程中对各类产品的有关参数的技术要求进行了限定，其中值及误差范围都给予了定量数值，这就要求检测人员能够采用科学准确、有效的检测手段和数据分析处理手段对检测结果进行记录、统计、分析和处理，确保检测数据的准确性和检测结果的正确性，而要做到这一点，就必须掌握工程质量检测的相关知识。

考虑到读者在实际检测工作中的需要，方便检测人员进行资料检索，本章把一些现行有效的在检测行业广泛应用的检测相关知识进行了汇总，包括统计技术基础知识、抽样技术基础知识、数据处理和测量误差、不确定度原理及其应用、法定计量单位及其应用，并对计量认证相关知识做了介绍。

## 第一节 数理统计

### 一、基本概念

1. 随机试验

我们遇到过各种试验，如：掷一枚骰子，观察出现的点数；在一批钢筋中任意抽取一根，测试它的物理力学性能；在一批混凝土结构构件中任意抽取一个，测试它的各项技术参数；这些试验有如下共同特点：①可以在相同条件下重复进行；②每次试验的可能结果不止一个，并且能事先明确试验的所有可能结果；③进行一次试验之前不能确定哪一个结果会出现。在概率统计理论中，我们将具有上述三个特征的试验称为随机试验，简称试验。

2. 随机事件

在一定的条件下，对随机现象进行观察或试验将会出现多种结果。随机现象的每一个可能出现的结果称为一个随机事件，简称事件，通常用字母 $A$、$B$、$C$ 等表示。例如，从一批含有不合格品的混凝土空心楼板中，任意抽取 3 块进行质量检查，则"3 块全为合格品"是一个事件，"恰有一块不合格品"是一个事件，"不合格品不多于两块"是一个事件等，记为：$A =$ "3 块全为合格品"、$B =$ "恰有 1 块不合格品"、$C =$ "不合格品不多于两块"。

随机事件有两个特殊情况，即必然事件和不可能事件。必然事件是指在一定的条件下，每次观察或试验都必定要发生的事件，记为 $S$，如距离测量的结果为正是一个必然事件。不可能事件是指在一定的条件下，每次观察或试验都一定不发生的事件，记为 $\phi$，在掷一枚骰子试验中"点数大于6"是不可能事件。

3. 频率与概率

随机事件的发生带有偶然性,但发生的可能性还是有大小之别,是可以设法度量的。人们在生产、生活和经济活动中,关心的正是随机事件发生的可能性大小。

随机事件的特点是:在一次观测或试验中,它可能出现、也可能不出现,但是在大量重复的观测或试验中呈现统计规律性。

频率:在一定的条件下进行 $n$ 次重复试验,如事件 $A$ 出现了 $m$ ($m$ 称为频数)次,则称 $f_n(A) = \dfrac{m}{n}$ 为事件 $A$ 在 $n$ 次试验中出现的频率。

由事件 $A$ 在 $n$ 次试验中出现的频率 $f_n(A)$ 的变化,可以看出其发生的规律性。如抽检某砖厂生产的一批砖的质量,观察事件 $A$ = "砖合格"发生的规律性,抽检结果于下表:

| $n$(抽检块数) | 5 | 60 | 150 | 600 | 900 | 1200 | 1800 | 2000 |
|---|---|---|---|---|---|---|---|---|
| $m$(合格块数) | 5 | 53 | 131 | 543 | 820 | 1091 | 1631 | 1812 |
| $f_n(A)$ | 1 | 0.883 | 0.873 | 0.905 | 0.911 | 0.909 | 0.906 | 0.906 |

从表中看出,随着抽检次数的增加,事件 $A$ 出现的频率在常数 0.9 附近摆动,而且逐渐稳定于这个常数值。常数 0.9 反映了事件 $A$ 发生的规律性。

用来描述事件发生可能性大小的数量指标称为概率。概率的定义方式通常有两种。

概率的统计定义:在一定的条件下进行 $n$ 次重复试验,并且事件 $A$ 出现了 $m$ 次。如果 $n$ 充分大时,事件 $A$ 出现的频率总是稳定的在某个常数 $p$ 附近摆动,则称此常数 $p$ 为事件 $A$ 的概率,记为 $p = P(A)$。如上例中事件 $A$ = "砖合格"出现的频率稳定的在 0.9 附近摆动,故事件 $A$ 的概率为 $p = 0.9$。

在一般情况下,由概率的统计定义求事件概率的精确值是困难的,因为要得到事件出现的频率的稳定值,必须对事件的发生进行大量的观察或试验,而这在实际上是无法实现的。应用中,常以事件在 $n$ 次重复试验中出现的频率值作为该事件概率的近似值。

概率的古典定义:当随机现象具有以下三个特征:

(1) 所有可能出现的试验结果只有有限个 $n$;

(2) 每次试验中必有一个,并且只有一个结果出现;

(3) 每一试验结果出现的可能性都相同。

并且,事件 $A$ 是由其中的 $m(m \leqslant n)$ 个试验结果组成时,则事件 $A$ 的概率为 $P(A) = \dfrac{m}{n}$。

由上述概率的定义,可以得到概率的以下几个性质:

(1) 对任何事件 $A$,有 $0 \leqslant P(A) \leqslant 1$;

(2) 必然事件的概率等于1,即 $P(S) = 1$;

(3) 不可能事件的概率等于零,即 $P(\phi) = 0$。

【例 2-1】 有 20 块混凝土预制板,其中有 3 块是不合格品。从中任意抽取 4 块进行检查,求 4 块中恰有一块(记此事件为止)不合格的概率是多少?

解:预制板有 20 块,每次抽取 4 块共有 $C_{20}^4$ 种不同的抽取方式,而抽取的 4 块中恰有 1 块不合格品的抽取方式有 $C_3^1 \cdot C_{17}^3$,故 $P(A) = \dfrac{C_3^1 \cdot C_{17}^3}{C_{20}^4} = \dfrac{2040}{4845} = 0.421 = 42.1\%$。

## 二、随机变量及其分布

1. 随机变量与分布函数

随机变量：如果某一量（例如测量结果）在一定条件下，取某一值或在某一范围内取值是一个随机事件，则这样的量叫做随机变量。也就是说，随机变量是用来表示随机现象结果的变量。例如测量 24m 预应力混凝土梁的长度，每次的测量结果为一数值，并且这些数值在某个范围，如在 23.985～24.015m 之间波动，如果以 $X$ 表示每次的测量结果，也引入了一个变量 $X$，随着测量结果的不同，变量 $X$ 取不同的数值；而且 $X$ 所有可能取的值落在区间 [23.985, 24.015] 内。又如验收一块混凝土预制板时有两种结果："质量合格"和"质量不合格"，如规定当"质量合格"时，用 $X=1$ 表示；当"质量不合格"时，用 $X=0$ 表示。这样，当我们讨论验收结果时，就可以将验收结果简单地说成是 1 或 0。建立这种数量化的关系，实际上就相当于引入了一个变量 $X$，对于不同的验收结果，变量 $X$ 将可能取 1 和 0 这两个数中的一个。

离散型随机变量：如果随机变量 $X$ 所有可能取的值能一一列举出来（可能是有限个，也可能是无限个），则称 $X$ 为离散型随机变量。例如从一批混有不合格品的混凝土预制板中，任意抽取 3 块检查，如以 $X$ 表示抽取的 3 块中出现的不合格品数，则 $X$ 所有可能取的值是 0、1、2、3 中的某一个值（$X$ 取有限个值），即 $X$ 是离散型随机变量。

连续型随机变量：如果随机变量 $X$ 所有可能取的值不能一一列举出来，即它取的值连续的充满某个区间（可能是有限区间，也可能是无限区间），则称 $X$ 为连续型随机变量。例如设计强度等级为 $C_{30}$ 级的一批混凝土，设其抗压强度值在 25～35MPa 之间波动，如以 $X$ 表示抗压强度，则 $X$ 取的值充满区间 (25, 35)。从这批混凝土中取样做成的任意一个试件的抗压强度值是该区间中的某一个数值，因此 $X$ 是连续型随机变量。

对于随机变量 $X$，我们不仅要知道它取什么值，还要知道它取每个值的概率是多少。这个问题对离散型随机变量比较容易解决，因为离散型随机变量所取的值能够一一列出，并且每一个值对应随机现象的一个观察或试验结果，因此，它取某一值的概率即为这一值对应的观察或试验结果发生的概率；但是连续型随机变量取的值充满一个区间，所以只能考虑它取值落在一个区间上的概率，而这一概率用离散型随机变量取某一值概率的计算方法是不能求得的，下面引入分布函数的概念。

分布函数：设 $X$ 是随机变量，$x$ 是实数，事件"$X \leq x$"发生的概率 $P(X \leq x)$ 是 $x$ 的函数，记此函数为 $F(x) = P(X \leq x)$，称 $F(x)$ 为随机变量 $X$ 的分布函数。对于任意两个实数 $x_1$ 和 $x_2(x_1 \leq x_2)$，有 $P = (x_1 < X \leq x_2) = P(X \leq x_2) - P(X \leq x_1) = F(x_2) - F(x_1)$。

分布函数 $F(x)$ 具有以下性质：

(1) $0 \leq F(x) \leq 1$；

(2) $F(x)$ 是 $x$ 的非降函数，即当 $x_1 < x_2$ 时，有 $F(x_1) \leq F(x_2)$；

(3) $F(-\infty) = \lim\limits_{x \to -\infty} F(x) = 0, F(+\infty) = \lim\limits_{x \to +\infty} F(x) = 1$。

2. 离散型随机变量的概率分布

离散型随机变量 $X$ 所有可能取的值 $x_1, x_2, \cdots x_n$，与 $X$ 取 $x_i$ 时的概率 $P(X = x_i) = p_i$（$i = 1, 2, \cdots n$）的对应关系，称为离散型随机变量 $X$ 的概率分布。

概率分布常用以下三种方式表示：

(1) 分布式：$P = (X = x_i) = p_i$（$i = 1, 2, \cdots n$）；

(2) 分布列：$\dfrac{X}{P} \left| \begin{array}{c} x_1 x_2 \cdots x_i \cdots x_n \\ p_1 p_2 \cdots p_i \cdots p_n \end{array} \right.$

(3) 分布图：以横坐标轴表示随机变量可能取值，纵坐标轴表示取得对应值的概率，得到一系列点 $(x_i, p_i)$（$i = 1, 2 \cdots n$），依次联结这些点所得到的折线图形称为分布图。

概率分布具有下面两个性质：

(1) $p_i \geq 0$（$i = 1, 2 \cdots n$）；

(2) $\sum_{i=1}^{n} p_i = 1$。

离散型随机变量 $X$ 的分布函数为：$F(x) = P(X \leqslant x) = \sum_{x_i \leqslant x} p_i$

离散型随机变量 $X$ 的常用分布有：0-1 分布、超几何分布、二项分布和泊松分布。

**3. 连续型随机变量的概率分布**

(1) 概率密度函数

对于随机变量 $X$，如果存在非负函数 $f(x)(-\infty < x < +\infty)$，对于任意实数 $a$ 和 $b(a < b)$，都有 $P(a < X \leqslant b) \int_a^b f(x) dx$，则称 $X$ 为连续型随机变量，$f(x)$ 为 $X$ 的概率密度函数。

$X$ 落在区间 $(a, b)$ 上的概率 $P(a < X \leqslant b)$，等于以区间 $(a, b)$ 为底，以概率密度曲线 $y = f(x)$ 为曲边的曲边梯形面积，如图 2-1 所示。这样，就把求事件"$a < X \leqslant b$"的概率问题转化为求密度函数 $f(x)$ 在区间 $(a, b)$ 上的定积分。

连续型随机变量 $X$ 的分布函数为：$F(x) = P(X \leqslant x) = P(-\infty < X \leqslant x) = \int_{-\infty}^{x} f(x) dx$

概率密度函数 $f(x)$ 具有以下性质：

① $f(x) \geqslant 0 \ (-\infty < x < +\infty)$

② $\int_{-\infty}^{+\infty} f(x) dx = 1$

性质①和②说明，概率密度曲线 $y = f(x)$ 在 $x$ 轴上方，并且与 $x$ 轴围成的面积等于 1。

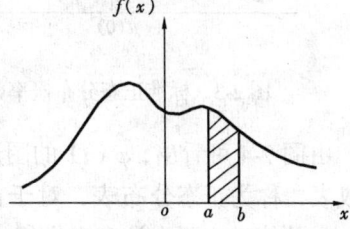

图 2-1 概率 $P(a < X \leqslant b)$ 示意图

(2) 常用分布—正态分布

正态分布是连续型随机变量中最重要和最常用的一种分布。一般地，如果每一项偶然因素对其总和的影响是均匀而微小的，即没有一项起特别突出的影响，那么，就可以断定这些大量的独立的偶然因素总和是近似地服从于正态分布的。

服从正态分布的例子很多，一般说来，在生产条件基本相同的前提下，材料的抗压强度、疲劳强度、产品的几何尺寸、测量误差等都服从正态分布或近似服从正态分布。

如果随机变量 $X$ 的概率密度函数是：$f(x) = \dfrac{1}{\sqrt{2\pi}\sigma} e^{-\dfrac{(x-\mu)^2}{2\sigma^2}} \ (-\infty < x < +\infty)$，则称 $X$ 服从参数为 $\mu, \sigma$ 的正态分布 $(\sigma > 0, -\infty < \mu < +\infty)$，记为：$X \sim N(\mu, \sigma^2)$。

正态分布的分布函数为：$F(x) = \dfrac{1}{\sqrt{2\pi}\sigma} \int_{-\infty}^{x} e^{-\dfrac{(x-\mu)^2}{2\sigma^2}} dx$

①概率密度函数 $f(x)$ 的几何特征

$f(x)$ 的图形如图 2-2 所示，具有以下特征：

a. 关于直线 $x = \mu$ 对称，左右无限伸延，并以 $x$ 轴为渐近线；

b. 当 $x = \mu$ 时，曲线达到最高点。最高点的坐标为 $\left(\mu, \dfrac{1}{\sqrt{2\pi}\sigma}\right)$；当 $x$ 向左右两边远离 $\mu$ 时，曲线以 $x = \mu$ 为中心，对称地向两边逐渐降低。

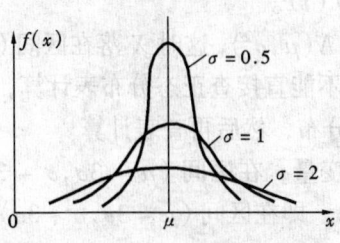

图 2-2 正态分布概率密度函数

c. 参数 $\sigma$ 值的大小决定曲线的形状。$\sigma$ 愈大时曲线愈平缓，$\sigma$ 愈小时曲线愈高陡；参数 $\mu$ 值的大小决定曲线的位置，而不影响曲线的形状。

d. 曲线在 $x = \mu \pm \sigma$ 处有两个拐点。

综上所述，概率密度曲线 $f(x)$ 的形状是中间高，两边低，呈钟形。

② 标准正态分布

当 $\mu = 0, \sigma = 1$ 时的正态分布称为标准正态分布，为与服从一般正态分布的随机变量以示区别，记为 $t \sim N(0,1)$。标准正态分布的概率密度函数和分布函数分别记为 $\varphi(t)$ 和 $\Phi(t)$，即：

$$\varphi(t) = \frac{1}{\sqrt{2\pi}} e^{-\frac{t^2}{2}}, \Phi(t) = \frac{1}{\sqrt{2\pi}} \int_{-\infty}^{t} e^{-\frac{t^2}{2}} dt (-\infty < t < +\infty), \varphi(t) \text{ 及 } \Phi(t) \text{ 的图形如图 2-3：}$$

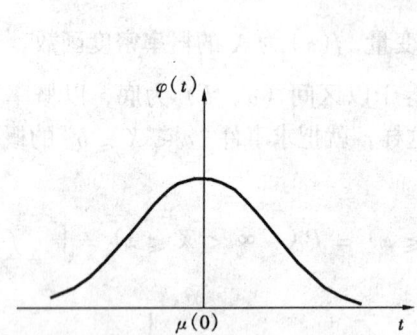

图 2-3 标准正态分布概率密度函数

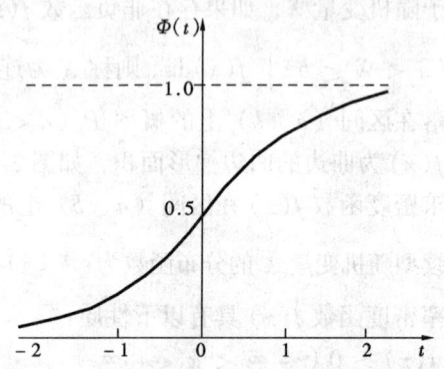

图 2-4 标准正态分布分布函数

由图 2-4 可看出，$\varphi(t)$ 的图形关于 $t = 0$ 对称，$\Phi(t)$ 是 $t$ 的单调增加的函数。$\Phi(t)$ 的值已制成表，称为正态分布表，对于已给的 $t$，可由此表查出相应的 $\Phi(t)$ 值。反之，如已给出 $\Phi(t)$ 的值，也可由该表查出相应的 $t$ 值。

一般正态分布可以通过变量代换 $t = (x - \mu)/\sigma$ 化为标准正态分布。具体化法如下：

$$F(x) = \frac{1}{\sqrt{2\pi}\sigma} \int_{-\infty}^{x} e^{-\frac{(x-\mu)^2}{2\sigma^2}} dx \xrightarrow{\diamondsuit\, t = \frac{x-\mu}{\sigma}} \frac{1}{2\pi} \int_{-\infty}^{t\sigma + \mu} e^{-\frac{t^2}{2}} dt = \Phi\left(\frac{x-\mu}{\sigma}\right) = \Phi(t)$$

于是当 $X \sim N(\mu, \sigma^2)$ 时，$t = \frac{X - \mu}{\sigma} \sim N(0,1)$。

③ 正态分布的概率计算

正态分布的概率计算分标准正态分布和一般正态分布两种情况。

a. 如果随机变量 $X \sim N(0,1)$。则 $t$ 落在区间 $(a, b)$ 的概率为：$P(a < t \leq b) = \Phi(b) - \Phi(a)$ 上式中的 $\Phi(a), \Phi(b)$ 值，可由 $a$ 和 $b$ 从正态分布表中查得。

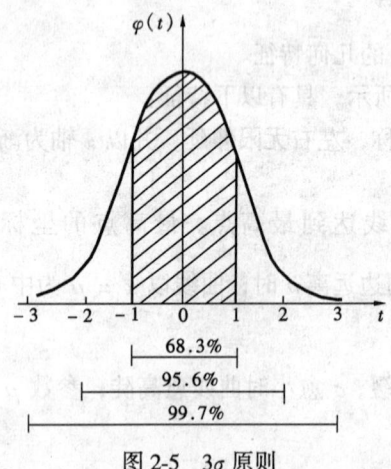

图 2-5 $3\sigma$ 原则

若有的正态分布表中未列入 $t < 0$ 时的正态分布函数值，则：$\Phi(-t) = 1 - \Phi(t)$。

b. 如果随机变量 $X \sim N(\mu, \sigma^2)$，这时 $X$ 落在区间 $(a, b)$ 的概率 $P(a < X \leq b)$ 不能直接查正态分布表计算，而要首先将其化为标准正态分布，然后再查表计算。

服从正态分布的随机变量，在区间 $(\mu - 3\sigma, \sigma + 3\sigma)$ 内取值的可能性为 99.73%，即在区间 $(\mu - 3\sigma, \sigma + 3\sigma)$ 外取值的可能性仅有 $1 - 0.9973 = 0.0027 = 0.27\%$，见图 2-5。正态随机变量所具有的这一重要性质通常称为 $3\sigma$ 原则。$3\sigma$ 原则在产品质量分析中有很重要的应用。

④ 正态分布的临界值

正态分布的临界值是针对标准正态分布而言的，分单侧临界值和双侧临界值两种。

单侧临界值的定义：设 $t$ 服从标准正态分布 $N(0,1)$，对于给定的 $\alpha(0<\alpha<1)$，称满足条件 $P(t>\lambda)=\alpha$ 的值 $\lambda$ 为标准正态分布 $t$ 的单侧临界值。由于 $\lambda$ 的值随给定的 $\alpha$ 值确定，因此，习惯上将 $\lambda$ 记为 $t_\alpha$。

双侧临界值的定义：设 $t$ 服从标准正态分布 $N(0,1)$，对于给定的 $\alpha(0<\alpha<1)$，称满足条件 $P(|t|>\lambda)=\alpha$ 的值 $\lambda$ 为标准正态分布的双侧临界值，习惯上将 $\lambda$ 记为 $t_{\alpha/2}$。

从图 2-6 中看出，在临界值 $-t_{\alpha/2}$ 和 $t_{\alpha/2}$ 两边，概率密度曲线 $\varphi(t)$ 与 $t$ 轴所围成的两块阴影部分面积相等，并且都等于 $\dfrac{\alpha}{2}$。

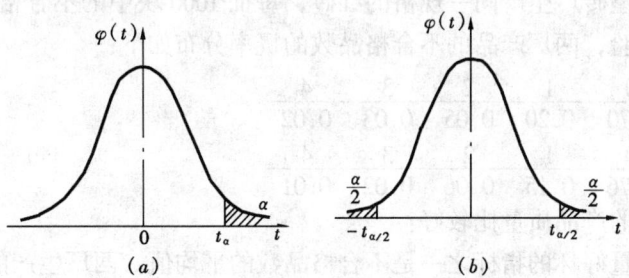

图 2-6　正态分布的临界值
(a) 正态分布单侧临界值；(b) 正态分布双侧临界值

单侧临界值 $t_\alpha$ 和双侧临界值 $t_{\alpha/2}$ 可由正态分布表中查得。

### 三、随机变量的数字特征

利用分布函数或分布密度函数可以完全确定一个随机变量，但在实际问题中求分布函数或分布密度函数不仅十分困难，而且常常没有必要。在随机变量的统计特征中，常用的有表示随机变量平均状况的均值、衡量随机变量取值绝对分散程度的方差（标准差）和相对分散程度的变异系数等。

**1. 均值（数学期望）**

随机变量的均值就是随机变量所取值的平均值，它描述随机变量的取值中心。但由于随机变量取每一个值有一定的概率，所以随机变量的均值和普通的一组数据的平均值不同。如用同一种量具测量一根冷拉钢筋的长度，共测量 10 次，测量结果如下表所示：

| 冷拉钢筋长度（单位：m） | 9.97 | 9.98 | 10.01 | 10.02 | 9.99 | 9.96 |
|---|---|---|---|---|---|---|
| 频　数 | 1 | 1 | 3 | 2 | 2 | 1 |
| 频　率 | $\dfrac{1}{10}$ | $\dfrac{1}{10}$ | $\dfrac{3}{10}$ | $\dfrac{2}{10}$ | $\dfrac{2}{10}$ | $\dfrac{1}{10}$ |

试问这根冷拉钢筋的平均长度是多少？

以 $\bar{x}$ 表示钢筋的平均长度。如按求一组数据的平均值的方法，可得

$$\bar{x}=\frac{1}{10}(9.97+9.98+10.01+10.02+9.99+9.96)=5.993\,(\text{m})$$

经过分析，这种计算方法是错误的，因为在 10 次测量中，并不是每个测值的频数或频率都相同。正确的计算方法是：

$$\bar{x}=\frac{1}{10}(1\times9.97+1\times9.98+3\times10.01+2\times10.02+2\times9.99+1\times9.96)=9.996\,(\text{m})$$

或表示为：

$$\bar{x} = \left(9.97 \times \frac{1}{10} + 9.98 \times \frac{1}{10} + 10.01 \times \frac{3}{10} + 10.02 \times \frac{2}{10} + 9.99 \times \frac{2}{10} + 9.96 \times \frac{1}{10}\right) = 9.996 \,(\text{m})$$

即钢筋的平均长度等于测量结果的各个值与其相应的频率乘积之总和。由于频率值稳定于概率值,所以自然想到,随机变量的均值应是它取的所有可能值与其相应的概率乘积之总和。

(1) 离散型随机变量的均值(数学期望)

定义:如果离散型随机变量 $X$ 的概率分布为: $\dfrac{X}{p}\left|\begin{array}{cccc} x_1 & x_2 & \cdots & x_n \\ p_1 & p_2 & \cdots & p_n \end{array}\right.$ 则称 $x_1 p_1 + x_2 p_2 + \cdots + x_n p_n$ 为 $X$ 的均值,记为 $E(X)$,即:$E(X) = \sum\limits_{i=1}^{n} x_i p_i$。

【例2-2】 有两座砖厂生产同一规格的红砖,每批1000块中的不合格品数分别用 $X$ 和 $Y$ 表示,经过长期质量检验,两厂产品的不合格品数的概率分布如下:

砖厂甲:$\dfrac{X}{p}\left|\begin{array}{ccccc} 0 & 1 & 2 & 3 & 4 \\ 0.70 & 0.20 & 0.05 & 0.03 & 0.02 \end{array}\right.$

砖厂乙:$\dfrac{X}{p}\left|\begin{array}{ccccc} 0 & 1 & 2 & 3 & 4 \\ 0.76 & 0.15 & 0.06 & 0.02 & 0.01 \end{array}\right.$

试问哪一个砖厂的产品质量比较好?

解:衡量产品质量好坏的指标之一是不合格品数的平均值。两厂生产的红砖的平均不合格品数分别为:

$$E(X) = 0 \times 0.70 + 1 \times 0.20 + 2 \times 0.05 + 3 \times 0.03 + 4 \times 0.02 = 0.47$$
$$E(Y) = 0 \times 0.76 + 1 \times 0.15 + 2 \times 0.06 + 3 \times 0.02 + 4 \times 0.01 = 0.37$$

因 $E(X) > E(Y)$,故从均值的意义上说,第二座砖厂的产品质量比较好。

【例2-3】 在规定的统计期内,测得某施工队设计 $C_{30}$ 级的混凝土抗压强度数据如下:

| $X$ | 34.9 | 36.9 | 38.9 | 40.9 | 42.9 | 44.9 | 46.9 | 48.9 |
|---|---|---|---|---|---|---|---|---|
| 频 数 | 1 | 3 | 5 | 11 | 6 | 4 | 4 | 1 |
| 频 率 | $\frac{1}{35}$ | $\frac{3}{35}$ | $\frac{5}{35}$ | $\frac{11}{35}$ | $\frac{6}{35}$ | $\frac{4}{35}$ | $\frac{4}{35}$ | $\frac{1}{35}$ |

试求该队混凝土的平均抗压强度。

解:
$$E(X) = 34.9 \times \frac{1}{35} + 36.9 \times \frac{3}{35} + 38.9 \times \frac{5}{35} + 40.9 \times \frac{11}{35} + 42.9 \times \frac{6}{35}$$
$$+ 44.9 \times \frac{4}{35} + 46.9 \times \frac{4}{35} + 48.9 \times \frac{1}{35} = 41.8 (\text{MPa})$$

即该队混凝土平均抗压强度为 41.8MPa。

(2) 连续型随机变量的均值(数学期望)

定义:如果连续型随机变量 $X$ 的概率密度函数为 $f(x)$,记 $E(X) = \int_{-\infty}^{+\infty} x f(x) \mathrm{d}x$,则称 $E(x)$ 为 $X$ 的均值。

连续型随机变量的均值所表示的意义,与离散型随机变量的均值的意义完全相同。

(3) 均值的性质

① 常数的均值等于常数本身,即如 $c$ 为常数,则 $E(c) = c$;
② 如果 $X$ 是随机变量,$c$ 为常数,则有 $E(cX) = cE(X)$;
③ 如果 $X$ 是随机变量,$a$、$c$ 为常数,则有 $E(cX + a) = cE(X) + a$;
④ 对于两个任意的随机变量义 $X$ 和 $Y$,有 $E(X \pm Y) = E(X) \pm E(Y)$。

2. 方差

随机变量的均值只反映随机变量取值的平均位置，它不能反映随机变量取值的分散程度大小，因而只用均值描述随机变量的分布规律还是不够的。

【例 2-4】 有一、二两个施工队生产同一设计 C30 级的混凝土，以 $X$ 和 $Y$ 分别表示第一、二队的混凝土抗压强度。由以往的资料知，两队混凝土抗压强度的概率分布如下（单位：MPa）：

一队：$\dfrac{X}{p}\left|\begin{array}{ccccc}37.9 & 38.9 & 39.9 & 40.0 & 41.9 \\ 0.1 & 0.2 & 0.4 & 0.2 & 0.1\end{array}\right.$ 二队：$\dfrac{Y}{p}\left|\begin{array}{ccccc}37.9 & 38.9 & 39.9 & 40.9 & 41.9 \\ 0.2 & 0.2 & 0.2 & 0.2 & 0.2\end{array}\right.$

从均值的角度分析，两队混凝土抗压强度的平均值分别为：

$$E(X) = 37.9 \times 0.1 + 38.9 \times 0.2 + 39.9 \times 0.4 + 40.9 \times 0.2 + 41.9 \times 0.1 = 39.9 (\text{MPa})$$

$$E(Y) = 37.9 \times 0.2 + 38.9 \times 0.2 + 39.9 \times 0.2 + 40.9 \times 0.2 + 41.9 \times 0.2 = 39.9 (\text{MPa})$$

即两队混凝土抗压强度平均值相同。但从每队生产的混凝土抗压强度概率分布观察，一队的混凝土抗压强度比较集中在平均值 39.9MPa 附近，而二队的抗压强度相对于它的平均值 39.9MPa，分散程度比较大。由此可以认为，一队的混凝土质量比二队好。这里我们对两队混凝土质量做出判断的根据不是平均值大小（实际上平均值相同），而是各队混凝土抗压强度值与其平均值的偏离程度。用一个什么样的量去衡量这个偏离程度呢？方差就是用来描述这种偏离程度的数量指标。

(1) 离散型随机变量的方差

定义：如果离散型随机变量 $X$ 的概率分布为 $\dfrac{X}{p}\left|\begin{array}{cccc}x_1 & x_2 & \cdots & x_n \\ p_1 & p_2 & \cdots & p_n\end{array}\right.$，则称 $[x_1 - E(X)]^2 p_1 + [x_2 - E(X)]^2 p_2 + \cdots + [x_n - E(X)]^2 p_n$ 为 $X$ 的方差，记为 $D(X)$，即：$D(X) = \sum_{i=1}^{n}[x_i - E(X)]^2 p_i$。$D(X)$ 的算术平方根称为随机变量 $X$ 的标准差，常用 $\sigma$ 表示，即：$\sigma = \sqrt{D[X]}$。

标准差 $\sigma$ 的意义与 $D(X)$ 相同，并且与随机变量 $X$ 有相同的量纲，所以实际应用中，经常用 $\sigma$ 值的大小衡量随机变量取值的分散程度。

【例 2-5】 计算例 2-4 中两施工队生产的混凝土抗压强度的方差。

解：由于两队混凝土抗压强度平均值都是 39.9，故有

$$D(X) = (37.9 - 39.9)^2 \times 0.1 + (38.9 - 39.9)^2 \times 0.2 + (39.9 - 39.9)^2 \times 0.4 + (40.9 - 39.9)^2 \times 0.2 + (41.9 - 39.9)^2 \times 0.1 = 1.2$$

$$D(Y) = (37.9 - 39.9)^2 \times 0.2 + (38.9 - 39.9)^2 \times 0.2 + (39.9 - 39.9)^2 \times 0.2 + (40.9 - 39.9)^2 \times 0.2 + (41.9 - 39.9)^2 \times 0.2 = 2.0$$

第二队的方差比第一队大，所以第一队生产的混凝土质量比较好。

(2) 连续型随机变量的方差

定义：如果连续型随机变量 $X$ 的概率密度函数为 $f(x)$，记 $D(X) = \int_{-\infty}^{+\infty}[x - E(x)]^2 f(x) dx$，则称 $D(X)$ 为 $X$ 的方差。记 $\sigma = \sqrt{D(X)}$，$\sigma$ 称为 $X$ 的标准差。

根据随机变量均值和方差的定义，可得离散型随机变量与连续型随机变量的方差计算公式：$D(X) = E[X - E(X)]^2$。

随机变量的均值和方差之间有以下关系：$D(X) = E(X^2) - [E(X)]^2$。

(3) 方差的性质

①常数的方差为零，即如 $c$ 是常数，则 $D(c) = 0$；

②如果 $X$ 是随机变量，$c$ 为常数，则有 $D(cX) = c^2 D(X)$；

③如果 $X$ 是随机变量，$a$、$c$ 为常数，则有 $D(cX + a) = c^2 D(X)$；

④对于两个相互独立的随机变量 $X$ 和 $Y$，有 $D(X \pm Y) = D(X) + D(Y)$。

**3. 变异系数**

方差或标准差是衡量随机变量取值分散程度的一个绝对指标。一般说来，当随机变量取的值比较多时，产生的绝对误差比较大，当随机变量取的值比较少时，产生的绝对误差比较小。因此在有些场合，很难以方差或标准差的值大小衡量随机变量取值的分散程度。例如有两批混凝土，第一批混凝土的平均抗压强度为 52.5MPa，标准差为 2MPa，第二批混凝土的平均抗压强度为 32.5MPa，标准差也是 2MPa。这时，如用标准差值来衡量两批混凝土抗压强度值的分散程度是有困难的，因为它们的标准差值相同。为此引入一个衡量随机变量取值分散程度的相对指标即变异系数。

定义：如果随机变量 $X$ 的均值为 $E(X)$，标准差为 $\sigma = \sqrt{D(X)}$，则 $C_V = \dfrac{\sigma}{E(X)} = \dfrac{\sqrt{D(X)}}{E(X)}$，称为 $X$ 的变异系数。

利用变异系数可以对上述两批混凝土抗压强度的分散程度做出判断。

第一批混凝土抗压强度的变异系数为：$C_V = \dfrac{2}{52.5} = 3.8\%$

第二批混凝土抗压强度的变异系数为：$C_V = \dfrac{2}{32.5} = 6.2\%$

由此知，第一批混凝土的质量比较好。

**4. 标准差和变异系数在混凝土生产管理中的应用**

在混凝土生产中，生产管理水平的评定以混凝土抗压强度的标准差 $\sigma$ 或变异系数 $C_V$ 值的大小作为依据，现分两种情况简述如下：

(1) 相同强度等级、相同配合比的混凝土，标准差 $\sigma$ 或变异系数 $C_V$ 的大小，很好地反映了生产管理水平的高低。$\sigma$ 或 $C_V$ 值愈小，生产管理水平愈好；$\sigma$ 或 $C_V$ 值愈大，生产管理水平愈差。

(2) 不同强度等级的混凝土，因标准差 $\sigma$ 或变异系数 $C_V$ 与混凝土抗压强度的平均值 $\mu$ 的关系比较复杂，国内外有关专家经多年的研究分析，至今认识还不统一。有些国家如美国、日本等认为，在常用的混凝土强度范围内，$\sigma$ 保持不变，$C_V$ 随 $\mu$ 的增大而下降，所以采用以 $\sigma$ 的分级来划分混凝土生产管理水平的好坏。

近年来，国内外有关专家更倾向于 $\sigma$ 和 $C_V$ 都随 $\mu$ 而变化，并且认为当混凝土平均强度 $\mu$ 较低时，$\sigma$ 随 $\mu$ 增大，而 $C_V$ 变化不大；当 $\mu$ 较高，约在 20~30MPa 以上时，$C_V$ 随 $\mu$ 增大而减小，$\sigma$ 变化不大。我国有些部门制定的混凝土生产管理水平的标准以不同的形式反映了上述这种观点，如：混凝土配制强度应按下式计算：

$$f_{cu,o} \geq f_{cu,k} + 1.645\sigma$$

式中　$f_{cu,o}$——混凝土配制强度（MPa）；

　　　$f_{cu,k}$——混凝土立方体抗压强度标准值（MPa）；

　　　$\sigma$——混凝土强度标准差。

混凝土强度标准差宜根据同类混凝土统计资料计算确定，并应符合下列规定：

①计算值、强度试件组数不应少于 25 组。

②当混凝土强度等级为 C20 和 C25 级，其等级强度标准差计算值小于 2.5MPa 时，计算配制强度用的标准差应取不小于 2.5MPa；当混凝土强度等级等于或大于 C30 级，其混凝土等级强度标准差计算值小于 3.0MPa 时，计算配制强度用的标准差应取不小于 3.0MPa。

③当无统计资料计算混凝土强度标准差时，其值应按现行国家标准《混凝土结构工程施工质量验收规范》（GB 50204—2002）的规定取用。

**四、抽样技术**

**1. 全数检查和抽样检查**

检查批量生产的产品质量一般有两种方法：全数检查和抽样检查。全数检查是对全部产品逐个进行检查，以区分合格品和不合格品；检查的对象是每个单位产品，因此也称为全检或100%检查，目的是剔除不合格品，进行返修或报废。抽样检查则是利用所抽取的样本对产品或过程进行的检查，其对象可以是静态的批或检查批（有一定的产品范围）或动态的过程（没有一定的产品范围），因此也简称为抽检。大多数情况是对批进行抽检，即从批中抽取规定数量的单位产品作为样品，对由样品构成的样本进行检查，再根据所得到的质量数据和预先规定的判定规则来判断该批是否合格，其一般程序如图2-7所示。

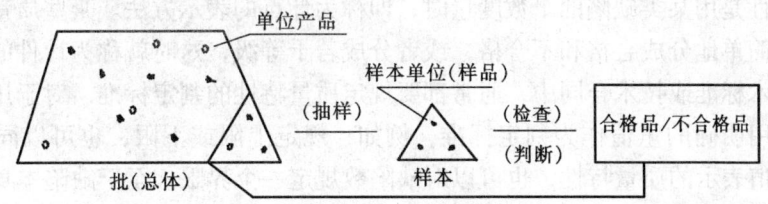

图2-7 抽检程序

由图2-7可见，抽样检查是为了对批做出判断并做出相应的处理，例如：在验收检查时，对判为合格的批予以接收，对判为不合格的批则拒收。由于合格批允许含有不超过规定限量的不合格品，因此在顾客或需方（即第二方）接收的合格批中，可能含有少量不合格品；而被拒收的不合格批，只是不合格品超过限量，其中大部分可能仍然是合格品。被拒收的批一般要退返给供方（即第一方），经100%检查并剔除其中的不合格品（报废、返修）或用合格品替换后再提供检查。

鉴于批内单位产品质量的波动性和样本抽取的偶然性，抽检的错判往往是不可避免的，即有可能把合格批错判为不合格，也可能把不合格批错判为合格。因此供方和顾客都要承担风险，这是抽样检查的一个缺点。

但是当检查带有破坏性时，显然不能进行全检；同时，当单位产品检查费用很高或批量很大时，以抽检代替全检就能取得显著的经济效益。这是因为抽检仅需从批中抽取少量产品，只要合理设计抽样方案，就可以将抽样检查固有的错判风险控制在可接受的范围内。而且在批量很大的情况下，如果全检的人员长时操作，就难免会感到疲劳，从而增加粗差出现的机会。

对于不带破坏性的检查，且批量不大，或者批量产品十分重要，或者检查是在低成本、高效率（例全自动的在线检查）情况下进行时，当然可以采用全数检查的方法。

现代抽样检查方法建立在概率统计基础上，主要以假设检验为其理论依据。抽样检查所研究的问题包括三个方面：

（1）如何从批中抽取样品，即采用什么样的抽样方式；

（2）从批中抽取多少个单位产品，即取多大规模的样本大小；

（3）如何根据样本的质量数据来判断批是否合格，即怎样预先确定判定规则。

实际上，样本大小和判定规则即构成了抽样方案。因此，抽样检查可以归纳为：采用什么样的抽样方式才能保证抽样的代表性，如何设计抽样方案才是合理的。抽样方案的设计以简单随机抽样为前提，为适应于不同的使用目的，抽样方案的类型可以是多种多样的。至于样品的检查方法、检测数据的处理等，则不属于其研究的对象。

**2. 抽样检查的基本概念**

（1）单位产品、批和样本：为实施抽样检查的需要而划分的基本单位，称为单位产品，它们是构成总体的基本单位。为实施抽样检查而汇集起来的单位产品,称为检查批或批,它是抽样检查和判定的对象。一个批通常是由在基本稳定的生产条件下,在同一生产周期内生产出来的同形式、同等级、同尺寸以及同成分的单位产品构成的。即一个批应由基本相同的制造条件、一定时间内制造出来的同种单位产品构成。该批包含的单位产品数目,称为批量,通常用符号 N 表示。从批中抽取用于检查的单位产品,称为样本单位,有时也称为样品。样本单位的全体,称为样本。样本中所包含的样本单位数目,称为样本大小或样本量,通常用符号 $n$ 表示。

(2) 单位产品的质量及其特性:单位产品的质量是以其质量性质特性表示的,简单产品可能只有一项特性,大多数产品具有多项特性。质量特性可分为计量值和计数值两类,计数值又可分为计点值和计件值。计量值在数轴上是连续分布的,用连续的量值来表示产品的质量特性。当单位产品的质量特性是用某类缺陷的个数度量时,即称为计点的表示方法。某些质量特性不能定量地度量,而只能简单地分成合格和不合格,或者分成若干等级,这时就称为计件的表示方法。

在产品的技术标准或技术合同中,通常都要规定质量特性的判定标准。对于用计量值表示的质量特性,可以用明确的量值作为判定标准,例如:规定上限或下限,也可以同时规定上、下限。对于用计点值表示的质量特性,也可以对缺陷数规定一个界限。至于缺陷本身的判定,除了靠经验外,也可以规定判定标准。

在产品质量检验中,通常先按技术标准对有关项目分别进行检查,然后对各项质量特性按标准分别进行判定,最后再对单位产品的质量做出判定。这里涉及"不合格"和"不合格品"两个概念;前者是对质量特性的判定,后者是对单位产品的判定。单位产品的质量特性不符合规定,即为不合格。按质量特性表示单位产品质量的重要性,或者按质量特性不符合的严重程度,不合格可分为 A 类、B 类、C 类。A 类不合格最为严重,B 类不合格次之,C 类不合格最为轻微。在判定质量特性的基础上,对单位产品的质量进行判定。只有全部质量特性符合规定的单位产品才是合格品;有一个或一个以上不合格的单位产品,即为不合格品。不合格品也可分为 A 类、B 类、C 类。A 类不合格品最为严重,B 类不合格品次之,C 类不合格品最为轻微,不合格品的类别是按单位产品中包含的不合格的类别来划分的。

确定单位产品是合格品还是不合格品的检查,称为"计件检查"。只计算不合格数,不必确定单位产品是否合格品的检查,称为"计点检查"。两者统称为"计数检查"。用计量值表示的质量特性,在不符合规定时也判为不合格,因此也可用"计数检查"的方法。"计量检查"是对质量特性的计量值进行检查和统计,故对所涉及的质量特性应分别检查和统计。

(3) 批的质量:抽样检查的目的是判定批的质量,而批的质量是根据其所含的单位产品的质量统计出来的。根据不同的统计方法,批的产量可以用不同的方式表示。

①对于计件检查,可以用每百单位产品不合格品数 $p$ 表示,即

$$p = \frac{\text{批中不合格品总数 } D}{\text{批量 } N} \times 100$$

在进行概率计算时,可用不合格品率 $p\%$ 或其小数形式表示,例如:不合格品率为 5%,或 0.05。对不同的试验组或不同类型的不合格品应分别统计。由于不合格品是不能重复计算的,即一个单位产品只可能被一次判为不合格品,因此每百单位产品不合格品数必然不会大于 100。

②对于计点检查,可以用每百单位产品不合格数 $p$ 来表示,即

$$p = \frac{\text{批中不合格总数 } D}{\text{批量 } N} \times 100$$

在进行概率计算时,可用单位产品平均不合格率 $p\%$ 或其小数形式表示。对不同试验组或不同类型的不合格,应分别统计。对于具有多项质量特性的产品来说,一个单位产品可能会有一个以上的不合格,即批中不合格总数有时会超过批量,因此每百单位产品不合格数有时会超过

100。

③对于计量检查，可以用批的平均值 $\mu$ 和标准（偏）差 $\sigma$ 表示，即

$$\mu = \frac{\sum_{i=1}^{N} x_i}{N}$$

$$\sigma = \sqrt{\frac{\sum_{i=1}^{N}(x_i - \mu)^2}{N-1}}$$

式中：$x$ 表示某一个质量特性的数值，$x_i$ 表示第 $i$ 个单位产品质量特性的数值。对每个质量特性值应分别计算。

(4) 样本的质量：样本的质量是根据各样本单位的质量统计出来的，而样本单位是从批中抽取的用于检查的单位产品，因此表示和判定样本的质量的方法，与单位产品是相似的。

①对于计件检查，当样本大小 $n$ 一定时，可用样本的不合格品数即样本中所含的不合格品数 $d$ 表示。对不同类的不合格品应分别计算。

②对于计点检查，当样本大小 $n$ 一定时，可用样本的不合格数即样本中所含的不合格数 $d$ 表示。对不同类的不合格应分别计算。

③对于计量检查，则可以用样本的平均值 $\bar{x}$ 和标准（偏）差 $s$ 表示，即

$$\bar{x} = \frac{\sum_{i=1}^{n} x_i}{n}$$

$$s = \sqrt{\frac{\sum_{i=1}^{n}(x_i - \bar{x})^2}{n-1}}$$

对每个质量特性值应分别计算。

3. 抽样方法简介

从检查批中抽取样本的方法称为抽样方法。抽样方法的正确性是指抽样的代表性和随机性，代表性反映样本与批质量的接近程度，而随机性反映检查批中单位产品被抽样本纯属偶然，即由随机因素所决定。在对总体质量状况一无所知的情况下，显然不能以主观的限制条件去提高抽样的代表性，抽样应当是完全随机的，这时采用简单随机抽样最为合理。在对总体质量构成有所了解的情况下，可以采用分层随机或系统随机抽样来提高抽样的代表性。在采用简单随机抽样有困难的情况下，可以采用代表性和随机性较差的分段随机抽样或整群随机抽样。这些抽样方法除简单随机抽样外，都是带有主观限制条件的随机抽样法。通常只要不是有意识地抽取质量好或坏的产品，尽量从批的各部分抽样，都可以近似地认为是随机抽样。

(1) 简单随机抽样

根据《利用随机数骰子进行随机抽样的方法》（GB/T 10111—1988）规定，简单随机抽样是指"从含有 $N$ 个个体的总体中抽取 $n$ 个个体，使包含有 $n$ 个个体的所有可能的组合被抽取的可能性都相等"。显然，采用简单随机抽样法时，批中的每一个单位产品被抽入样本的机会均等，它是完全不带主观限制条件的随机抽样法。操作时可将批内的每一个单位产品按 1 到 $N$ 的顺序编号，根据获得的随机数抽取相应编号的单位产品，随机数可按国标用掷骰子，或者抽签、查随机数表等方法获得。

(2) 分层随机抽样

如果一个批是由质量明显差异的几个部分所组成，则可将其分为若干层，使层内的质量较为

均匀，而层间的差异较为明显。从各层中按一定的比例随机抽样，即称为分层按比例抽样。在正确分层的前提下，分层抽样的代表性比简单随机抽样好；但是，如果对批质量的分布不了解或者分层不正确，则分层抽样的效果可能会适得其反。

(3) 系统随机抽样

如果一个批的产品可按一定的顺序排列，并可将其分为数量相当的 $n$ 个部分，此时，从每个部分按简单随机抽样方法确定的相同位置，各抽取一个单位产品构成一个样本，这种抽样方法即称为系统随机抽样。它的代表性在一般情况下比简单随机抽样要好些；但在产品质量波动周期与抽样间隔正好相当时，抽到的样本单位可能都是质量好的或都是质量差的产品，显然此时代表性较差。

(4) 分段随机抽样

如果先将一定数量的单位产品包装在一起，再将若干个包装单位（例如若干箱）组成批时，为了便于抽样，此时可采用分段随机抽样的方法：第一段抽样以箱作为基本单元，先随机抽出 $k$ 箱；第二段再从抽到的 $k$ 个箱中分别抽取 $m$ 个产品，集中在一起构成一个样本，$k$ 与 $m$ 的大小必须满足 $k \times m = n$。分段随机抽样的代表性和随机性，都比简单随机抽样要差些。

(5) 整群随机抽样

如果在分段随机抽样的第一段，将抽到的 $k$ 组产品中的所有产品都作为样本单位，此时即称为整群随机抽样。实际上，它可以看作是分段随机抽样的特殊情况，显然这种抽样的随机性和代表性都是较差的。

**五、总体均值和方差的估计**

在产品质量控制和材料试验研究中，无论遇到的研究总体的分布类型已知或者未知，都可以通过从总体中随机抽样，用样本对总体中的未知参数如均值、方差进行估计。

1. 用样本平均值 $\bar{x}$ 和样本方差 $s^2$ 估计总体的均值和方差

设 $x_1, x_2 \cdots x_n$ 是从总体 $x$ 中抽取的样本，由于样本平均值 $\bar{x}$ 和样本方差 $s^2$ 分别描述总体取值的平均状态和取值的分散程度，所以，以 $\bar{x}$ 和 $s^2$ 作为总体均值 $\mu$ 和方差 $\sigma^2$ 的估计，即 $\mu \approx \bar{x} = \frac{1}{n}\sum_{i=1}^{n}x_i, \sigma^2 \approx s^2 = \frac{1}{n-1}\sum_{i=1}^{n}(x_i - \bar{x})^2$。这里，$\mu$ 和 $\sigma^2$ 是指正态总体的均值和方差。由于样本的随机性，抽样前 $\bar{x}$ 和 $s^2$ 的值是不确定的，它们是随机变量，一般将它们分别称为总体均值 $\mu$ 和方差 $\sigma^2$ 的估计量。抽样后的样本是一组确定的数值，这时 $\bar{x}$ 和 $s^2$ 也是两个确定的数值，分别称它们为总体均值 $\mu$ 和方差 $\sigma^2$ 的估计值。

样本方差 $s^2$ 还可以写成下面的形式：$s^2 = \frac{1}{n-1}\left[\sum_{i=1}^{n}x_i^2 - \frac{1}{n}\left(\sum_{i=1}^{n}x_i\right)^2\right]$

样本方差 $s^2$ 的算术根 $s$，即：$s = \sqrt{\frac{1}{n-1}\sum_{i=1}^{n}(x_i - \bar{x})^2}$ 称为样本标准差。用样本标准差 $s$ 对总体的标准差 $\sigma$ 进行估计时，分以下两种情况：

当样本容量 $n > 10$ 时，直接以 $s$ 作为 $\sigma$ 的估计，即：$\sigma \approx s = \sqrt{\frac{1}{n-1}\sum_{i=1}^{n}(x_i - \bar{x})^2}$

当样本容量 $n \leq 10$ 时，以 $s$ 的修正值作为 $\sigma$ 的估计，即 $\sigma \approx \frac{s}{c_2^*}$，其中：

$$C_2^* = \frac{\sqrt{2}\Gamma\left(\frac{n}{2}\right)}{\sqrt{n-1}\Gamma\left(\frac{n-1}{2}\right)}$$

$C_2^*$ 的值已制成表，如下表所示。式中 $\Gamma(e)$ 为伽玛函数。

| 样本容量 $n$ | $C_2^*$ | $1/C_2^*$ | 样本容量 $n$ | $C_2^*$ | $1/C_2^*$ |
| --- | --- | --- | --- | --- | --- |
| 2 | 0.7979 | 1.253 | 7 | 0.9594 | 1.042 |
| 3 | 0.8862 | 1.128 | 8 | 0.9650 | 1.036 |
| 4 | 0.9213 | 1.085 | 9 | 0.9693 | 1.032 |
| 5 | 0.9400 | 1.064 | 10 | 0.9727 | 1.028 |
| 6 | 0.9515 | 1.051 | | | |

**【例2-6】** 从一批混凝土中抽取10组试件，测得28d抗压强度如下（单位：MPa）：25.0、27.0、29.0、31.0、33.0、35.0、37.0、39.0、41.0、43.0，试估计这批混凝土的28d抗压强度平均值 $u$、方差和标准差 $\sigma$。

**解：**
$$u = \frac{1}{10}(25.0 + 27.0 + 29.0 + 31.0 + 33.0 + 35.0 + 37.0 + 39.0 + 41.0 + 43.0) = 34.0(\text{MPa})$$

$$\sigma \approx \frac{s}{C_2^*} = \frac{6.056}{0.9727} = 6.226(\text{MPa}) X$$

$$\sigma^2 \approx s^2 = \frac{1}{10-1}[(25.0 - 34.0)^2 + (27.0 - 34.0)^2 + L + (43.0 - 34.0)^2]$$

$$= \frac{1}{9} \times 330 = 36.67$$

或

$$s^2 = \frac{1}{10-1}\left[(25.0^2 + 27.0^2 + L + 43.0^2) - \frac{1}{10}(25.0 + 27.0 + L + 43.0)^2\right]$$

$$= \frac{1}{9}\left(11890 - \frac{1}{10} \times 340^2\right) = \frac{1}{9} \times 330 = 36.67$$

$$s = \sqrt{36.67} \approx 6.056(\text{MPa})$$

因 $n = 10$，查表得 $C_2^* = 0.9727$，故：$\sigma \approx \frac{s}{C_2^*} = \frac{6.056}{0.9727} = 6.226(\text{MPa})$

**2. 样本平均值 $\bar{x}$ 和样本方差 $s^2$ 的性质**

如果总体 $X$ 的某个参数的估计量，虽因样本的随机性而取值不定，但若它取这些不同值的平均值即均值，恰好等于该参数的真值时，称这个估计量为总体参数的无偏估计量。样本平均值 $\bar{x}$ 是总体 $X$ 的均值 $\mu$ 的无偏估计量，样本方差 $s^2$ 是总体方差 $\sigma^2$ 的无偏估计量。

## 第二节 误差分析与数据处理

### 一、概述

在科学试验中，当我们要测试一个现象中的某一性质，或对现象某一性质作一系列测量时，一方面，必须对所测对象进行分析研究，选择适当的测试方法，估计所测结果的可靠程度，并对所测数据给予合理的解释；另一方面，还必须将所得数据进行归纳整理，以一定的方式表示出各数值之间的相互关系。前者需要误差理论方面的基础知识，后者需要数据处理的基本技术。关于误差理论、概率论和数理统计这些原理本身的讨论以及公式的推导，在有关专著中都有详细叙述。本章的目的在于如何运用这些原理解决测试的一些具体问题，至于原理本身，必要时仅作简要介绍。

## (一) 误差的种类

我们知道,任何一种测试工作都必须在一定的环境下,通过测试工作者用一定的测试仪表或工具来进行的。但是,无论测试仪表多么精密、测试方法多么完善,测试者多么细心,所测得的结果都不可避免要产生误差,即误差的存在是绝对的,不能也不可能完全消除它。随着科学水平、测试技术水平和测试技术的不断提高和发展,人们只能使测量值逐步逼近客观存在的真值。

根据误差产生的原因,可将误差分为下述三类:即系统误差、偶然误差和过失误差。

### 1. 过失误差

这是一种显然不符合实际的误差,完全是由于测试者的粗心大意、操作错误、记录错误所致。此种误差无规律可循,只有通过认真细致的操作去力求避免,或对同一物理量重复多次的测量,在整理数据时经过分析予以剔除。

### 2. 系统误差

系统误差是指在测试中由于测试系统不完善,如仪表设备校正误差、测试方法不得当、测试环境的变化(如外界温度、压力湿度变化)、以及观测者的习惯性误差。一般来说系统误差的出现往往是有规律的,它可能是符号和数值都不变的一个定值,也可能是一个按某一规律改变其大小和符号的变值,它不能依靠增加量测次数的方法使之减小或消除。通过实验前对仪表的校验调整,实验环境的改善和测试人员技术水平的提高以及实验数据的修正,可以减少甚至消除系统误差。

### 3. 偶然误差

当消除引起系统误差的一些因素后,在测试中仍会有许多随机因素,使测试数据波动不稳,这种误差即为偶然误差。这些随机因素包括了测试环境和条件不稳定(温度、湿度、气压、电压的少量波动)、仪表设备不稳定、测试数据的不准确等。偶然误差表面看来无规律可循,有随机性质,无法防止。但对同一物理量用增加量测次数的方法,可以发现该误差服从统计规律。因此,实际工作中可以根据误差理论,适当增加量测次数减少该误差对测量结果的影响。

偶然误差的大小,决定了量测工作的精确度,因此它是误差理论的研究对象。

## (二) 精确度与准确度

这里我们需要说明精确度和准确度的概念。

所谓精确度(也称精密度和精度)是指多次测量时,各次量测数据最接近的程度。准确度则表示所测数值与真值相符合的程度。在一组测量值中,若其准确度越好,则精确度一定也高;但是若精确度很高,则准确度不一定很好。这一点可以用打靶的实例说明:图2-8中 A 表示精确度准确度都很好。B 表示精确度很好,但准确度不高。而 C 中各点分散,表示准确度与精确度都不好。

## (三) 误差的表示方法

我们说过,由于测试仪器,测试条件和人为因素,严格说来,真值是无法求得的。在实验科学中,每次测试所得的值都不可避免的与真值有差异。测量值与真值的差异称为误差。若令其真值为 $x_0$,测量值为 $x$,则误差可用下值表示:

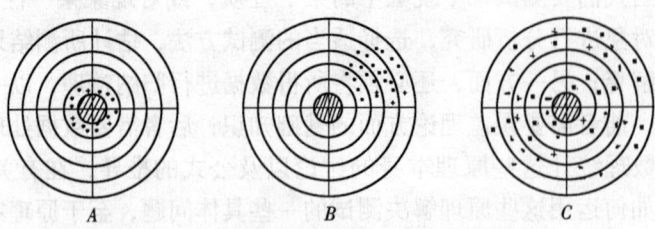

图 2-8 精确度与准确度的打靶实例

$$\Delta x = x - x_0$$

这里的 $\Delta x$ 称为绝对误差。在实际工作中，我们常用相对误差 $e$ 来表示测量精度。相对误差 $e$ 可用下式表示（常用百分数表示）：

$$e = \frac{\Delta x}{x_0} \times 100\%$$

误差 $\Delta x$ 可用正值也可用负值，但应当认为与 $x_0$ 相比，$\Delta x$ 是很小的，即 $|\Delta x| << |x_0|$。这样可近似将 $x$ 看成 $x_0$，因而相对误差可近似的记为：

$$\frac{\Delta x}{x} \times 100\%$$

（四）真值与平均值

所谓真值，是指一个现象中物理量客观存在的真实数值。严格说来，由于各种主客观的原因，真值是无法测得的。在实验科学中，为了使真值这个概念具有实际的含义，通常可以这样来定义实验科学中的真值：在没有过失误差和系统误差的情况下，无限多次的观测值的平均值即为真值。在实际测试中不可能观测无限多次，故用有限测试次数求出的平均值，只能是近似值，我们称之为最佳值或平均值。常用的平均值有算术平均值、均方根平均值、加权平均值、中位值、几何平均值等。

1. 算术平均值

算术平均值是最常用的一种平均值。在一组等精度的量测中，算术平均值是最接近真值的最佳值。

设某一物理量的一组观测值为 $x_1$、$x_2$……$x_n$，$n$ 表示观测的次数，则其算术平均值为：

$$\bar{x} = \frac{x_1 + x_2 + \cdots\cdots + x_n}{n} = \frac{1}{n}\sum_{i=1}^{n} x_i$$

2. 加权平均值

当同一物理量用不同的方法去测定，或由不同的人去测定时，常对可靠的数值予以加权平均，称此平均值为加权平均值。其定义是：

$$\bar{x}_k = \frac{k_1 x_1 + k_2 x_2 + \cdots\cdots + k_n x_n}{k_1 + k_2 + \cdots\cdots + k_n} = \frac{\sum_{i=1}^{n} k_i x_i}{\sum_{i=1}^{n} k_i}$$

式中 $k_1, k_2\cdots\cdots k_n$ 代表各观测值的对应的权，其权数可依据经验多少、技术高低而给定。

3. 中位值

中位值是将同一状态物理量的一组测试数据按一定的大小次序排列起来的中间值。若遇测试次数为偶数，则取中间两个值的平均值。该法的最大优点是简单。与两端变化无关。只有观测值的分布呈正态分布时，它才能代表一组观测值的近似真值。

上述之各种平均值的计算方法，其目的都是企图在一组测试数据中找出最接近真值的那个值，即最佳值。平均值的选择主要取决于一组观测数据的分布类型。以后我们讨论的重点都是指正态分布类型的，且平均值将以算术平均值为主。

二、数据修约

（一）有效数字

1.（末）的概念

所谓（末），指的是任何一个数最末一位数字所对应的单位量值。例如：用分度值为 1mm 的钢卷尺测量某物体的长度，测量结果为 19.8mm，最末一位的量值 0.8mm，即为最末一位数字 8 与其所应的单位量值 0.1mm 的乘积，故 19.8mm 的（末）为 0.1mm。

## 2. 有效数字的概念

人们在日常生活中接触到的数，有准确数和近似数。对于任何数，包括无限不循环小数和循环小数，截取一定位数后所得的即是近似数。同样，根据误差公理，测量总是存在误差，测量结果只能是一个接近于真值的估计值，其数字也是近似数。

例如：将无限不循环小数 $\pi = 3.14159\cdots\cdots$ 截取到百分位，可得到近似数 3.14，则此时引起的误差绝对值为

$$|3.14 - 3.14159\cdots\cdots| = 0.00159\cdots\cdots$$

近似数 3.14 的（末）为 0.01，因此 0.5（末）= $0.5 \times 0.01 = 0.005$，而 $0.00159\cdots\cdots < 0.005$，故近似数 3.14 的误差绝对值小于 0.5（末）。

由此可以得出关于近似数有效数字的概念：当该近似数的绝对误差的模小于 0.5（末）时，从左边的第一个非零数字算起，直到最末一位数字为止的所有数字。根据这个概念，3.14 有 3 位有效数字。

测量结果的数字，其有效位数代表结果的不确定度。例如：某长度测量值为 19.8mm，有效位数为 3 位；若是 19.80mm，有效位数为 4 位。它们的绝对误差的模分别小于 0.5（末），即分别小于 0.05ram 和 0.005mm。

显而易见，有效位数不同，它们的测量不确定度也不同，测量结果 19.80mm 比 19.8mm 的不确定度要小。同时，数字右边的"0"不能随意取舍，因为这些"0"都是有效数字。

### （二）近似数运算

#### 1. 加、减运算

如果参与运算的数不超过 10 个，运算时以各数中（末）最大的数为准，其余的数均比它多保留一位，多余位数应舍去。计算结果的（末），应与参与运算的数中（末）最大的那个数相同。若计算结果尚需参与下一步运算，则可多保留一位。

例如：
$$18.3\Omega + 1.4546\Omega + 0.876\Omega$$
$$18.3\Omega + 1.45\Omega + 0.88\Omega = 20.63\Omega \approx 20.6\Omega$$

计算结果为 $20.6\Omega$，若尚需参与下一步运算，则取 $20.63\Omega$。

#### 2. 乘、除（或乘方、开方）运算

在进行数的乘除运算时，以有效数字位数最少的那个数为准，其余的数的有效数字均比它多保留一位。运算结果（积或商）的有效数字位数，应与参与运算的数中有效数字位数最少的那个数相同。若计算结果尚需参与下一步运算，则有效数字可多取一位。

例如：
$$1.1m \times 0.3268m \times 0.10300m$$
$$1.1m \times 0.327m \times 0.103m = 0.0370m^3 \approx 0.037m^3$$

计算结果为 $0.037m^3$。若需参与下一步运算，则取 $0.0370m^3$。

乘方、开方运算类同。

### （三）数据修约

#### 1. 数据修约的基本概念

对某一拟修约数，根据保留数位的要求，将其多余位数的数字进行取舍，按照一定的规则，选取一个其值为修约间隔整数倍的数（称为修约数）来代替拟修约数，这一过程称为数据修约，也称为数的化整或数的凑整。为了简化计算，准确表达测量结果，必须对有关数据进行修约。

修约间隔又称为修约区间或化整间隔，它是确定修约保留位数的一种方式。修约间隔一般以 $k \times 10^n (k = 1, 2, 5; n$ 为正、负整数）的形式表示。人们经常将同一 $k$ 值的修约间隔，简称为"$k$"间隔。

（1）修约间隔一经确定，修约数只能是修约间隔的整数倍。例如：

①指定修约间隔为 0.1，修约数应在 0.1 的整数倍的数中选取；

②若修约间隔为 $2 \times 10^n$，修约数的末位只能是 0，2，4，6，8 等数字；

③若修约间隔为 $5 \times 10^n$，则修约数的末位必然不是"0"，就是"5"。

（2）当对某一拟约数进行修约时，需确定修约数位，其表达形式有以下几种：

①指明具体的修约间隔；

②将拟修约数修约至某数位的 0.1 或 0.2 或 0.5 个单位；

③指明按"$k$"间隔将拟修约数修约为几位有效数字，或者修约至某数位，有时"1"间隔可不必指明，但"2"间隔或"5"间隔必须指明。

2. 数据修约规则

我国的国家标准《数值修约规则》（GB/T 8170—1987），对"1"、"2"、"5"间隔的修约方法分别作了规定，但使用时比较繁琐，对"2"和"5"间隔的修约还需进行计算。下面介绍一种适用于所有修约间隔的修约方法，只需直观判断，简便易行：

（1）如果在为修约间隔整数倍的一系列数中，只有一个数最接近拟修约数，则该数就是修约数。

例如：将 1.150001 按 0.1 修约间隔进行修约。此时，与拟修约数 1.150001 邻近的为修约间隔整数倍的数有 1.1 和 1.2（分别为修约间隔 0.1 的 11 倍和 12 倍），然而只有 1.2 最接近拟修约数，因此 1.2 就是修约数。

又如：要求将 1.015 修约至十分位的 0.2 个单位。此时，修约间隔为 0.02，与拟修约数 1.0151 邻近的为修约间隔整数倍的数有 1.00 和 1.02（分别为修约间隔的 0.02 的 50 倍和 51 倍），然而只有 1.02 最接近拟修约数，因此 1.02 就是修约数。

同理，若要求将 1.2505 按"5"间隔修约至十分位。此时，修约间隔为 0.5。1.2505 只能修约成 1.5 而不能修约成 1.0，因为只有 1.5 最接近拟修约数 1.2505。

（2）如果在为修约间隔整数倍的一系列数中，有连续的两个数同等地接近拟修约数，则这两个数中，只有为修约间隔偶数倍的那个数才是修约数。

例如：要求将 1150 按 100 修约间隔修约。此时，有两个连续的为修约间隔整数倍的数 $1.1 \times 10^3$ 和 $1.2 \times 10^3$ 同等地接近拟修约数 1150，因为 $1.1 \times 10^3$ 是修约间隔 100 的奇数倍（11 倍），只有 $1.2 \times 10^3$ 是修约间隔 100 的偶数倍（12 倍），因而 $1.2 \times 10^3$ 是修约数。

又如：要求将 1.500 按 0.2 修约间隔修约。此时，有两个连续的为修约间隔整数倍的数 1.4 和 1.6 同等地接近拟修约数 1.500，因为 1.4 是修约间隔 0.2 的奇数倍（7 倍），所以不是修约数，而只有 1.6 是修约间隔 0.2 的偶数倍（8 倍），因而才是修约数。

同理，1.025 按"5"间隔修约到 3 位有效数字时，不能修成 1.05，而应修约成 1.00。因为 1.05 是修约间隔 0.05 的奇数倍（21 倍），而 1.00 是修约间隔 0.05 的偶数倍（20 倍）。

需要指出的是：数据修约导致的不确定度呈均匀分布，约为修约间隔的 1/2。在进行修约时还应注意：不要多次连续修约（例如：12.251-12.25-12.2），因为多次连续修约会产生累积不确定度。此外，在有些特别规定的情况下（如考虑安全需要等），最好只按一个方向修约。

### 三、试验数据的整理

通常，实验的目的都是为寻求两个或更多的物理量之间的关系，实验后，经过整理的数据都要用一定的方式表达出来，以供进一步分析、使用，常用的表达方式有列表表示法、曲线表示法和方程表示法。列表表示法简单易行，我们都较熟悉，在此不再赘述，下面仅介绍实验曲线表示法和方程表示法。

（一）实验曲线表示法

实验曲线表示法简明、直观，可一目了然统观测试结果的全貌。然而，根据实验数据作实验曲线时要注意以下几点：

1. 选择适当坐标（直角坐标、对数坐标、三角坐标），坐标比例尺和分度。习惯上自变量用横坐标表示，因变量用纵坐标表示；
2. 曲线要光滑匀整，曲折少，且尽量与所有测试数据点接近；
3. 实验曲线两侧的实验数据点数要大体相等，分布均匀。

为达到上述要求，用曲线表示法时就必须有足够的实验数据点，否则精度会降低。

## （二）经验方程表示法

做出实验曲线后，往往还需要用函数的解析表达形式，以便做有关计算用。所谓经验公式就是根据实验数据而建立起来的物理量间近似的函数表达式。许多人称之为回归方程。

一般来说，将测试数据变成用经验公式的表达方法，其步骤如下：

1. 首先对测试数据进行检查、修正，舍去有明显过失误差的数据，并做出系统误差的修正；
2. 先在普通直角坐标系中描出实验点，并描出光滑的实验曲线，判断是否有直线特征；
3. 若上述曲线无直线特征，则判断曲线类型要改用适当的坐标（如对数坐标……），使曲线呈现直线特征为止；
4. 根据经验和解析几何原理，选择经验公式应有的形式；
5. 确定所选定的经验公式的系数，一般可用选点法、平均值法，或最小二乘法；
6. 根据实验数据对所经验方程偏差的均方差值，估计公式的精度。

## （三）经验方程系数的确定

1. 选点法

当试验曲线是直线型或用数学变换可变成直线型 $Y = aX + b$ 时，常可用选点法求出经验方程。

选点法亦可称之为联立方程法。此法求常数时，可将实验数据范围内的各 $X$、$Y$ 的对应值，逐次代入初步选定的经验方程形式中，根据待定常数的数量列出足够的方程，从而解出待定常数。由于可任意选择数据点并将其数值代入方程中，因此可以得出不同的方程组，解出的常数数值也就不可能相同。因而用此法求待定常数的有效系数一般选的较少。

【例 2-7】 有一组实验数据列表如下：

| $X$ | 1 | 3 | 7 | 10 | 13 | 15 | 18 | 20 |
|---|---|---|---|---|---|---|---|---|
| $Y$ | 4.0 | 6.0 | 9.0 | 11.5 | 14 | 15.5 | 18 | 19.5 |

设选用 $Y = aX + b$ 的方程形式，求此经验方程。

**解**：设选第二与第七次两组数据代入方程，得：

$$3a + b = 6$$
$$18a + b = 18$$

解此联立方程组得 $a = 0.8$　$b = 3.6$

故此经验方程为：$Y = 0.8X + 3.6$

根据排列组合 $C_2^8 = 28$，我们可得到 28 个不完全相同的解。

2. 平均值法

平均值法的依据原理：在一组测量值中，正负偏差出现的概率相同，在最佳的表示曲线上，所有偏差的代数和将为零。

平均值法求待定常数的步骤为：

（1）将所观测的 $n$ 对观测值代入初选的经验方程中，得出 $n$ 个方程；
（2）将 $n$ 个方程任意分成 $m$ 组，使每组所含方程数目相近，注意 $m$ 要等于待定常数数目；

(3) 将各组内的方程相加，合并成一式，共得 m 个方程；

(4) 解 m 个联立方程，得 m 个常数。

现仍用前例说明如下：该例有8对数据，分别代入初选的方程 $Y = aX + b$ 中，得出8个方程如下：

① $a + b = 4$       ⑤ $13a + b = 14$
② $3a + b = 6$      ⑥ $15a + b = 15.5$
③ $7a + b = 9$      ⑦ $18a + b = 18$
④ $10a + b = 11.5$  ⑧ $20a + b = 19.5$

由于待定常数只有 a、b 二个，故将 8 个方程分成二组，前四个方程为一组，后四个方程为一组，相加后得另一新的方程组如下：

$$21a + 4b = 30.5$$
$$66a + 4b = 67$$

解此联立方程可得：$a = 0.811$    $b = 3.367$

因而所求之经验方程为：$Y = 0.811X + 3.367$

## 第三节  不确定度原理和应用

### 一、基本概念

测量不确定度是对测量结果可信性、有效性的怀疑程度或不肯定程度，是定量说明测量结果的质量的一个参数。

通俗来讲，测量不确定度即是对任何测量的结果存有怀疑。你也许认为制作良好的尺子、钟表和温度计应该是可靠的，并应给出正确答案。但对每一次测量，即使是最仔细的，总是会有怀疑的余量。日常中这可以表述为"出入"，例如一根绳子可能 2m 长，有 1cm "出入"。

由于对任何测量总是存在怀疑的余量，所以我们需要回答"余量有多大？"和"怀疑有多差？"，这样为了给不确定度定量实际上需要有两个数。一个是该余量（或称区间）的宽度；另一个是置信概率，说明我们对"真值"在该余量范围内有多大把握。

例如：

我们可以说绳子的长度测定为 20cm 加或减 1cm，有 95% 置信概率。这结果可以写成：20cm ± 1cm，置信概率为 95%。这个表述是说我们对绳子长度在 19cm 到 21cm 之间有 95% 的把握。

### 二、测量不确定度评定代替误差评定的原因

在用传统方法对测量结果进行误差评定时，大体上遇到两方面的问题：逻辑概念上的问题和评定方法问题。

测量误差的定义是测量结果减去被测量之真值。原来我们把被测量在观测时所具有的真实大小称为真值，因而这样的真值只是一个理想概念。根据定义，若要得到误差就应该知道真值。但真值是无法得到的，因此严格意义上的误差也是无法得到的，能得到的只是误差的估计值。虽然误差定义中同时还指出：由于真值不能确定，实际上用的是约定真值，但此时还需考虑约定真值本身的误差。对一个被测量进行测量的目的就是想要知道该被测量的值。如果知道了被测量的真值或约定真值，也就没有必要再进行测量了。由于真值无法知道，因此实际上误差的概念只能用于已知约定真值的情况。

从另一个角度来说，误差等于测量结果减真值，即真值等于测量结果减误差，因此一旦知道了测量结果的误差，就可以对测量结果进行修正而得到真值。这是经典的误差评定遇到的第一个问题。

误差评定遇到的第二个问题是评定方法的问题。在进行误差评定时通常要求先找出所有需要考虑的误差来源,然后根据这些误差来源的性质将他们分为随机误差和系统误差两类。随机误差通常用测量结果的标准偏差来表示,将所有的随机误差分量按方和根法进行合成,得到测量结果的总的随机误差。由于在正态分布情况下与标准偏差所对应区的置信概率仅为 68.27%,故通常采用两倍或三倍的标准偏差来表示总的随机误差。而系统误差则通常用该分量最大误差限来表示,同样采用方和根法将各系统误差分量进行合成,得到测量结果的总的系统误差。最后再将总的随机误差和总的系统误差进行合成得到测量结果的总误差。而问题正是来自于随机误差和系统误差的合成方法上。由于随机误差和系统误差是两个性质不同的量,前者用标准偏差表示,而后者则用最大可能误差来表示,在数学上无法解决两者之间的合成方法问题。正因为如此,长期以来,在随机误差和系统误差的合成方法上从来没有统一过。误差评定方法的不一致,使得不同的测量结果之间缺乏可比性,这与当今全球化的市场经济的发展不相适应。社会、经济和科技的发展和进步也要求改变这一状况,用测量不确定度统一评价测量结果就是在这种背景下产生的。

### 三、测量不确定度的来源

测量中,可能导致不确定度的因素很多。测量中的缺陷可能看得见,也可能看不见。由于实际的测量决不会是在完美条件下进行的,不确定度大体上来源于下述几个方面:

1. 测量仪器(器具):包括偏移,由于老化、磨损或其他多种漂移而变化,读数不清晰,噪声(对于电子仪器),以及其他许多问题。

2. 被测物:被测物可能不稳定。(设想在温暖的房间内试图测量立方冰块的尺寸。)

3. 测量程序:测量本身就很难进行。例如要测小的活体动物的重量要得到对象的配合就显得特别难。目测对直是操作者的技巧。观测者的移动会使目标好像在移动。当由指针读取标尺时,这类"视差误差"就会发生。

4. "引入的"不确定度:仪器设备校准的不确定度,成为测量不确定度中的一部分。(但不作校准的仪器设备,不确定度会更加糟糕。)

5. 操作者的技巧:有些测量要靠操作者的技巧和判断。在精细调整测量工作方面,或在用眼睛读取精细的分度方面,有的人可能会比别的人做得更好。有的仪器的使用,如秒表,有赖于操作者的反应时间。

6. 采样问题:所作的测量必须完全代表想要评估的工序特点。如果想要知道工作台的温度,就不能用放置在靠近空调出口的墙上的温度计去测量。如果要在生产线上选取样品去测量,就不要总是取星期一早上制造的头 10 件产品。

7. 环境条件:温度、气压、湿度及许多其他环境条件都可能影响测量仪器或被测物。

一般说来,每一个从上述来源和其他来源的不确定度都是贡献给测量总不确定度的单个"输入分量"。

### 四、测量不确定度的评定

评定测量不确定度的主要步骤如下:

1. 确定被测量和测量方法

由于测量结果的不确定度和测量方法有关,因此在进行不确定度评定之前必须首先确定被测量和测量方法。此处的测量方法包括测量原理,测量仪器、测量条件以及测量和数据处理程序等。

2. 找出所有影响测量不确定度的影响量

原则上,测量不确定度来源既不能遗漏,也不能重复计算。

3. 建立满足测量不确定度评定所需的数学模型

建立满足测量所要求准确度的数学模型,即被测量 $Y$ 和所有各影响量 $X_i$ 之间的函数关系。

$$Y = f(X_1, X_2 \cdots X_n)$$

影响量 $X_i$ 也称为输入量,被测量 $Y$ 也称为输出量。

从原则上说,数学模型应该就是用以计算测量结果的计算公式。但许多情况下的计算公式都经过了一定程度的近似和简化,因此数学模型和计算公式经常是有差别的。

要求所有对测量不确定度有影响的输入量都应包含在数学模型中。在测量不确定度评定中,所考虑的各不确定度分量,要与数学模型中的输入量一一对应。

4. 确定各输入量的标准不确定度 $u(x_i)$

各输入量最佳估计值的确定大体上分成两类:由实验测量得到和由其他各种信息来源得到。对于这两类输入量,可以采用不同的方法评定其标准不确定度,即标准不确定度的 A 类评定和标准不确定度的 B 类评定。

标准不确定度的 A 类评定是指通过对一组观测列进行统计分析,并以实验标准差表征其标准不确定度的方法;而所有与 A 类评定不同的其他方法均称为 B 类评定,他们是基于经验或其他信息的假定概率分布估算的,可能来自过去的测量经验,来自校准证书,来自生产厂的技术说明书,来自计算,来自出版物的信息,根据常识等等,B 类评定也可用标准差表征标准不确定度。

5. 确定对应于各输入量的标准不确定度分量 $u_i(y)$

若输入量 $x_i$ 的标准不确定度为 $u(x_i)$,则标准不确定度分量 $u_i(y)$ 为:

$$u_i(y) = c_i u(x_i) = \frac{\partial f}{\partial x_i} \cdot u(x_i)$$

式中,$c_i$ 称为灵敏系数。它可由数学模型对输入量 $x_i$ 求偏导数而得到,也可由实验测量得到,在数值上它等于当输入量 $x_i$ 变化一个单位量时,被测量 $y$ 的变化量。

当数学模型为非线性模型时,灵敏系数 $c_i$ 的表示式中将包含输入量。从原则上说,灵敏系数 $c_i$ 表示式中的输入量应取其数学期望值。

6. 对各标准不确定度分量 $u_i(y)$ 进行合成得到合成标准不确定度 $u_c(y)$

根据方差合成定理,当数学模型为线性模型,并且各输入量 $x_i$ 彼此间独立无关时,合成标准不确定度 $u_c(y)$ 为:

$$u_c(y) = \sqrt{\sum_{i=1}^{n} u_i^2(y)}$$

上式常称为不确定度传播定律。

当数学模型为非线性模型时,原则上上式已不再成立,而应考虑其高阶项。若非线性不很明显,则通常高阶项因远小于一阶项而仍可以忽略;但若非线性很明显时,则应考虑高阶项。

当各输入量之间存在相关性时,则要考虑他们之间的协方差,即在合成标准不确定度的表示式中应加入相关项。

7. 确定被测量 $Y$ 可能值分布的包含因子

根据被测量 $Y$ 分布情况的不同,所要求的置信概率 $p$,以及对测量不确定度评定具体要求的不同,分别采用不同的方式来确定包含因子 $k$。

8. 确定扩展不确定度 $U$

扩展不确定度 $U = k u_c$。当包含因子 $k$ 由所规定的置信概率 $p$ 得到时,扩展不确定度用 $U_p = k_p u_c$ 表示。

9. 给出测量不确定度报告

简要给出测量结果及其不确定度,以及如何由合成标准不确定度得到扩展不确定度。报告中应给出尽可能多的信息,避免用户对所给测量不确定度产生错误的理解。

### 五、举例

**1. 金属试件拉伸试验测量不确定度评定**

(1) 假定条件

假定金属试件的截面为圆形;拉伸强度以试验过程中最大作用力除以试件截面积表示;忽略温度和应变率对测量结果的影响;试件直径用千分尺测量。

(2) 建立数学模型

在温度和其他条件不变时,拉伸强度可以表示为:

$$R_m = \frac{F}{A} = \frac{4F}{\pi d^2}$$

式中 $R_m$——拉伸强度;
   $A$——试件截面积;
   $d$——试件直径;
   $F$——拉力。

于是:$u_{crel}^2(R_m) = u_{rel}^2(F) + 2^2 u_{rel}^2(d)$

(3) 计算测量不确定度分量

① 直径测量引入的不确定度分量,$u_{rel}(d)$

试件标称直径 10mm,直径测量的不确定度由两部分组成,千分尺的示值误差导致的不确定度和操作者所引入的测量不确定度。

a. 千分尺示值误差导致的不确定度,$u_1(d)$

若千分尺的最大允许误差为 ±3 μm,以均匀分布估计,则:

$$u_1(d) = \frac{3}{\sqrt{3}} \mu m = 1.73 \mu m$$

b. 由操作者所引入的测量不确定度,$u_2(d)$

经验估计,该测量误差在 ±10μm 范围内,以均匀分布估计,则:

$$u_2(d) = \frac{10}{\sqrt{3}} \mu m = 5.77 \mu m$$

c. 两者的合成标准不确定度为:

$$u(d) = \sqrt{1.73^2 + 5.77^2} \mu m = 6.02 \mu m$$

若以相对不确定度表示,则可写为:

$$u_{rel}(d) = \frac{6.02 \times 10^{-3}}{10} = 0.06\%$$

② 拉力 $F$ 的测量不确定度,$u_{rel}(F)$

拉力 $F$ 的测量不确定度来源于仪器校准的不确定度,仪器的测量不确定度和读数不确定度三个方面。

a. 仪器校准的不确定度,$u_{1rel}(F)$

若仪器校准的不确定度为 $U_{95} = 0.2\%$,于是标准不确定度为:

$$u_{1rel}(F) = \frac{0.2\%}{k} = 0.1\%$$

b. 仪器的测量不确定度,$u_{2rel}(F)$

若仪器的测量不确定度为 $U_{95} = 1.0\%$,于是标准不确定度为:

$$u_{2rel}(F) = \frac{1.0\%}{k} = 0.5\%$$

c. 读数不确定度,$u_{3rel}(F)$

以满刻度为 200kN，分度值为 0.5kN 的指针式仪表为例，若可以估读到五分之一分度，即 0.1kN，依相对值估计即为 0.05%。

由于试件不一定在满刻度处断裂，并且在选择仪器的测量范围时通常使断裂时指针的位置不小于满刻度的五分之一。假设测量时断裂即发生在该处，则 0.1kN 即相当于 0.25%。假定其为均匀分布，故标准不确定度为：

$$u_{3rel}(F) = \frac{0.25\%}{\sqrt{3}} = \frac{0.25\%}{1.732} = 0.144\%$$

于是拉力测量的不确定度为：

$$u_{rel}(F) = \sqrt{u_{1rel}^2(F) + u_{2rel}^2(F) + u_{3rel}^2(F)}$$
$$= \sqrt{(0.1\%)^2 + (0.5\%)^2 + (0.144\%)^2}$$
$$= 0.53\%$$

③不确定度分量计算列表

| 序号 | 来源 | 误差限 | 分布 | $u(x)$ ($\mu m$) | $u_{rel}(x)$ (%) | $c_i$ | $u_{irel}(y)$ (%) |
|---|---|---|---|---|---|---|---|
| 1 | 直径 $d$ 测量<br>示值误差<br>读数误差 | 3$\mu$m<br>10$\mu$m | 均匀<br>均匀 | 6.02<br>1.73<br>5.77 | 0.06 | 2 | 0.12 |
| 2 | 拉力 $F$ 测量<br>仪器校准<br>仪器测量<br>读数 | 0.2%<br>1.0%<br>0.25% | 正态<br>正态<br>均匀 | | 0.53<br>0.1<br>0.50<br>0.14 | 1 | 0.53 |

(4) 合成标准不确定度，$u_{c\,rel}$

$$u_{c\,rel} = \sqrt{u_{rel}^2(F) + 2^2 u_{rel}^2(d)}$$
$$= \sqrt{(0.53\%)^2 + (0.12\%)^2}$$
$$= 0.543\%$$

(5) 测量结果

$$R_m = \frac{4F}{\pi d^2} = \frac{4 \times 40 \times 10^3}{\pi \times 10^2} = 509.3 \text{ N/mm}^2$$

于是合成标准不确定度 $u_c$ 为：

$$u_c = R_m u_{crel} = 509.3 \text{ N/mm}^2 \times 0.543\% = 2.8 \text{ N/mm}^2$$

(6) 扩展不确定度，$U$

取包含因子 $k = 2$，于是

$$U = 2u_c = 5.6 \text{N/mm}^2$$

(7) 测量不确定度报告

拉伸强度 $R_m = (509.3 \pm 5.6)$ N/mm$^2$。其中扩展不确定度 $U = 5.6$N/mm$^2$ 是由标准不确定度 $u_c = 2.8$N/mm$^2$ 乘以包含因子 $k = 2$ 得到。

2．水泥抗压强度测量不确定度评定

(1) 测定方法

试验按《水泥胶砂强度检验方法》(GB/T 17671—1999) 的要求进行，养护龄期 28d，共做了 10 组强度试验，数据如下：

| 强度\组数 | 28d 抗压强度（MPa） | | | | | | |
|---|---|---|---|---|---|---|---|
| | 1 | 2 | 3 | 4 | 5 | 6 | 平均值 |
| 第一组 | 51.5 | 53.6 | 51.3 | 51.2 | 52.2 | 52.1 | 52.0 |
| 第二组 | 52.0 | 51.4 | 52.0 | 50.5 | 53.5 | 55.3 | 52.5 |
| 第三组 | 53.1 | 51.2 | 51.8 | 52.0 | 49.8 | 51.6 | 51.6 |
| 第四组 | 53.7 | 50.8 | 51.5 | 52.6 | 50.9 | 51.5 | 51.8 |
| 第五组 | 53.2 | 54.8 | 51.9 | 51.7 | 52.2 | 51.5 | 52.6 |
| 第六组 | 51.5 | 51.7 | 53.2 | 50.6 | 51.3 | 50.6 | 51.5 |
| 第七组 | 52.0 | 52.1 | 51.8 | 51.5 | 51.6 | 53.0 | 52.0 |
| 第八组 | 51.8 | 51.8 | 52.2 | 51.7 | 52.6 | 50.4 | 51.8 |
| 第九组 | 52.0 | 52.0 | 52.7 | 53.0 | 52.4 | 53.6 | 52.6 |
| 第十组 | 49.9 | 50.0 | 51.0 | 51.3 | 52.1 | 51.7 | 51.0 |

(2) 建立数学模型

数学模型

$$y = R(x_1, x_2 \cdots x_{12}) + \Delta F$$

式中　　$y$——水泥 28d 抗压强度值；

　　　　$R$——观测值；

　　　　$\Delta F$——压力试验机的误差；

$x_1, x_2 \cdots x_{12}$——各影响量；

　　　　$x_1$——水泥、标准砂、水的不均匀性；

　　　　$x_2$——配合比的误差；

　　　　$x_3$——搅拌的不均匀性；

　　　　$x_4$——成型的不均匀性；

　　　　$x_5$——养护的不均匀性；

　　　　$x_6$——加荷偏心；

　　　　$x_7$——加荷速度不均匀性；

　　　　$x_8$——验机本身的重复性；

　　　　$x_9$——分辨力的影响；

　　　　$x_{10}$——人的操作不一致性；

　　　　$x_{11}$——抗折试验时试体破损影响；

　　　　$x_{12}$——其他未知因素的影响。

在数学模型中 $x_1, x_2 \cdots x_{12}$ 这 12 个影响量的大小很难用物理/数学方法分析，相互关系也很复杂，只能用 A 类评定，综合 12 个影响因素，通过试验来评定它的综合影响。

数学模型中 $\Delta F$ 分量可通过压力机的鉴定证书获得，做 B 类评定。

(3) 计算不确定度

①合并样本标准偏差

$$S_p(R) = \sqrt{\frac{\sum_{j=1}^{10} \sum_{i=1}^{6} (R_{ji} - \overline{R_j})^2}{m(n-1)}}$$

$$i = 1, 2, 3 \cdots 6(n)$$

$$j = 1, 2, 3 \cdots 10(m)$$

代入试验数据得：$S_p(R) = 1.03 \text{MPa}$

表中60块试体强度的平均值：$\overline{R} = 51.9\text{MPa}$

② 计算各不确定度分量

a. 标准不确定度 $u(R)$

$$u(R) = S_p(R) = 1.03\text{MPa}$$

b. $u(\Delta F)$

由压力试验机检定证书得到 $\Delta F = 1\% \times F$，$F \approx 52\text{MPa}$（试验数据的平均值），所以 $\Delta F = 1\% \times 52 = 0.52\text{MPa}$。

取均匀分布 $k = \sqrt{3}$

$$u(\Delta F) = \Delta F / k = 0.52/\sqrt{3} = 0.30\text{MPa}$$

③ 合成不确定度

$$U_c = \sqrt{u^2(R) + u^2(\Delta F)} = \sqrt{1.03^2 + 0.30^2} = 1.07\text{MPa}$$

④ 扩展不确定度

包含因子取 $k = 2$（置信概率95%）

$$U = kU_c = 2 \times 1.07 = 2.14\text{MPa}$$

相对扩展不确定度：$U/\overline{R} = 2.14/51.9 = 4.1\%$

(4) 实际检测情况下的不确定度

① 由于上面计算的不确定度是10组试验针对60个数据样本中的任何一个数据的不确定度，而在水泥强度的正常检测中28d抗压强度不可能做10组而只有一组，且最终的抗压强度值是一组中6个试体的抗压强度值的平均值（数据不离群的情况下）。因此对于水泥检测室来说，需提供给客户的是抗压强度平均值（6个试体）的不确定度。在实际检测中，如果检测数据接近上面计算用的10组数据的平均值，可利用上面计算的合并样本标准偏差来计算实际单组试验抗压强度的不确定度。下表是实际检测中水泥28d抗压强度值：

| —— | 1 | 2 | 3 | 4 | 5 | 6 | 平均值 |
|---|---|---|---|---|---|---|---|
| 实测28d强度（MPa） | 52.3 | 52.0 | 53.3 | 52.8 | 52.2 | 51.1 | 52.3 |

② 平均值的标准不确定度

$$U(\overline{R}) = S_p(\overline{R}) = S_p(R)/\sqrt{n} = 1.03/\sqrt{6} = 0.42\text{MPa}$$

③ 平均值的合成不确定度

$$U_c = \sqrt{u^2(\overline{R}) + u^2(\Delta F)} = \sqrt{0.42^2 + 0.30^2} = 0.52\text{MPa}$$

④ 扩展不确定度

包含因子取 $k = 2$（置信概率95%）

$$U = kU_c = 2 \times 0.52 = 1.04\text{MPa}$$

相对扩展不确定度：$U/\overline{R} = 1.04/52.3 = 2.0\%$

⑤ 测量不确定度报告

对于水泥28d抗压强度实测值为52.3MPa，在包含因子为2时（置信概率95%）测量的扩展不确定度是1.04MPa，相对扩展不确定度为2.0%。

## 第四节　法定计量单位及其应用

### 一、我国法定计量单位

法定计量单位是政府以法令的形式，明确规定要在全国范围内采用的计量单位。我国现行法定计量单位是国务院于 1984 年 2 月 27 日颁布的《关于在我国统一实行法定计量单位的命令》所规定的《中华人民共和国法定计量单位》。我国的法定计量单位由以下六部分组成：

(1) 国际单位制的基本单位；
(2) 国际单位制的辅助单位；
(3) 国际单位制中具有专门名称的导出单位；
(4) 国家选定的非国际单位制单位；
(5) 由以上单位构成的组合形式的单位；
(6) 由词头和以上单位所构成的十进倍数和分数单位。

## 二、法定计量单位的名称与符号

### 1. 国际单位制的基本单位（SI 基本单位）

| 量的名称 | 单位名称 | 单位符号 | 量的名称 | 单位名称 | 单位符号 |
|---|---|---|---|---|---|
| 长度 | 米 | m | 热力学温度 | 开[尔文] | K |
| 质量 | 千克（公斤） | kg | 物质的量 | 摩[尔] | mol |
| 时间 | 秒 | s | 发光强度 | 坎[德拉] | cd |
| 电流 | 安[培] | A | | | |

注：1. [ ] 内的字，是在不致混淆的情况下，可以省略的字；
　　2. ( ) 内的字，是前者的同义字；
　　3. 人民生活和贸易中，质量习惯称为重量。

### 2. 我国常用法定计量单位的名称与符号

| 序号 | 量的名称 | 量的符号 | 单位名称 | 单位符号 | 附　注 |
|---|---|---|---|---|---|
| 1 | 长度 | $l,(L)$ | 千米（公里） | km | |
| | | | 米 | m | |
| | | | 厘米 | cm | |
| | | | 毫米 | mm | |
| | | | 微米 | μm | |
| 2 | 面积 | $A$ | 平方米 | $m^2$ | |
| | | | 平方厘米 | $cm^2$ | |
| | | | 平方毫米 | $mm^2$ | |
| 3 | 体积 | $V$ | 立方米 | $m^3$ | |
| | | | 升 | L (l) | $1L = 1dm^3$ |
| | | | 毫升 | mL | |
| 4 | 平面角 | $\alpha,\beta,\gamma,\theta,\varphi$ | 弧度 | rad | |
| | | | 度 | ° | $1° = (\pi/180)$ rad |
| | | | 分 | ′ | $1° = 60′$ |
| | | | 秒 | ″ | $1′ = 60″$ |
| 5 | 立体角 | $\Omega$ | 球面度 | sr | |
| 6 | 时间 | $t$ | 天（日） | d | |
| | | | [小]时 | h | |
| | | | 分 | min | |
| | | | 秒 | s | |
| 7 | 速度 | $v$ | 米每秒 | m/s | |
| 8 | 加速度 | $a$ | 米每二次方秒 | $m/s^2$ | |
| 9 | 频率 | $f$ | 赫[兹] | Hz | |
| 10 | 旋转速度 | $n$ | 转每分 | r/min | |
| 11 | 质量 | $m$ | 吨 | t | |
| | | | 千克（公斤） | kg | |
| | | | 克 | g | |
| | | | 毫克 | mg | |

续表

| 序号 | 量的名称 | 量的符号 | 单位名称 | 单位符号 | 附注 |
|---|---|---|---|---|---|
| 12 | 密度 | $\rho$ | 吨每立方米 | $t/m^3$ | |
| | | | 克每立方厘米 | $g/cm^3$ | |
| 13 | 线密度 | $\rho_1$ | 千克每米 | $kg/m$ | |
| 14 | 力 | $F$ | 牛[顿] | N | 1kgf = 9.80665N |
| 15 | 重力 | $G$ | 牛[顿] | N | |
| 16 | 压强,应力 | $p$ | 帕[斯卡] | Pa | $1Pa = 1N/m^2$ |
| 17 | 材料强度 | $f$ | 帕[斯卡] | Pa | $1kgf/cm^2 = 0.0980665MPa$ |
| 18 | [动力]黏度 | $\eta,(\mu)$ | 帕[斯卡]秒 | Pa·s | |
| 19 | 运动黏度 | $v$ | 二次方米每秒 | $m^2/s$ | |
| 20 | 功,能[量] | $W$ | 焦[耳] | J | 1kgf·m = 9.80665J |
| | | | 千瓦小时 | kW·h | 1 kW·h = 3.6MJ |
| 21 | 功率 | $P$ | 瓦[特] | W | 1kcal/h = 1.163W |
| 22 | 温度 | $T$ | 开[尔文] | K | 热力学温度与摄氏温度的间隔相等 |
| | | | 摄氏度 | ℃ | |
| 23 | 热[量] | $Q$ | 焦[耳] | J | 1cal = 4.1868J |
| 24 | 热导率（导热系数） | $\lambda$ | 瓦[特]每米开[尔文] | W/(m·K) | 1kcal/(m·h·℃) = 1.163W/(m·K) |
| 25 | 传热系数 | $K$ | 瓦[特]每平方米开[尔文] | W/(m²·K) | 1kcal/(m²·h·℃) = 1.163W/(m²·K) |
| 26 | 热阻 | $R$ | 平方米开[尔文]每瓦[特] | m²·K/W | |
| 27 | 比热容 | $c$ | 千焦[耳]每千克开[尔文] | kJ/(kg·K) | 1kcal/(kg·℃) = 4.1868kJ/(kg·K) |
| 28 | 电流 | $I$ | 安[培] | A | |
| 29 | 电荷[量] | $Q$ | 库[仑] | C | |
| 30 | 电位 | $V$ | 伏[特] | V | |
| | 电压 | $U$ | | | |
| | 电压势 | $E$ | | | |
| 31 | 电容 | $C$ | 法[拉] | F | |
| 32 | 电阻 | $R$ | 欧[姆] | Ω | |
| 33 | 磁场强度 | $H$ | 安[培]每米 | A/m | |
| 34 | 发光强度 | $I,(I_v)$ | 坎[德拉] | cd | |
| 35 | 声压级差 | $L$ | 分贝 | dB | |
| 36 | 物质的量 | $n$ | 摩[尔] | mol | |

注：1. [ ]内的字，是在不致混淆的情况下，可以省略的字；
    2. ( )内的字，是前者的同义字；
    3. 摄氏温度（$T$）与热力学温度（$T_0$）的换算关系为：$T = T_0 - 273.15$。

### 三、计量单位的词头

用于构成十进倍数和分数单位的词头见下表。

| 所表示的因数 | 词头名称 | 词头符号 | 所表示的因数 | 词头名称 | 词头符号 |
|---|---|---|---|---|---|
| $10^{18}$ | 艾[可萨] | E | $10^{-1}$ | 分 | d |
| $10^{15}$ | 拍[它] | P | $10^{-2}$ | 厘 | c |
| $10^{12}$ | 太[拉] | T | $10^{-3}$ | 毫 | m |
| $10^{9}$ | 吉[咖] | G | $10^{-6}$ | 微 | $\mu$ |
| $10^{6}$ | 兆 | M | $10^{-9}$ | 纳[诺] | n |
| $10^{3}$ | 千 | k | $10^{-12}$ | 皮[可] | p |
| $10^{2}$ | 百 | h | $10^{-15}$ | 飞[母拖] | f |
| $10^{1}$ | 十 | da | $10^{-18}$ | 阿[托] | a |

注：[ ]内的字，是在不致混淆的情况下，可以省略的字。

### 四、我国法定计量单位使用方法

根据国务院颁布的《关于在我国统一实行法定计量单位的命令》,原国家计量局于1984年6月印发了《中华人民共和国法定计量单位使用方法》,原国家技术监督局在1993年底颁布了修订后的 GB 3100~3102—93 国家标准。使用法定计量单位时应严格按"方法"和"标准"的要求进行,现就有关使用方法分述如下。

#### (一) 总则

1. 中华人民共和国法定计量单位(简称法定单位)是以国际单位制单位为基础,同时选用了一些非国际单位制的单位构成的。

2. 国际单位制是在米制基础上发展起来的单位制。其国际简称为 SI。国际单位制包括 SI 单位、SI 词头和 SI 单位的十进倍数与分数单位三部分。

按国际上的规定,国际单位制的基本单位、辅助单位、具有专门名称的导出单位以及直接由以上单位构成的组合形式的单位(系数为1)都称之为 SI 单位。它们有主单位的含义,并构成一贯单位制。

3. 国际上规定的表示倍数和分数单位的16个词头,称为 SI 词头。它们用于构成 SI 单位的十进倍数和分数单位,但不得单独使用。质量的十进倍数和分数单位由 SI 词头加在"克"前构成。

4. 本文涉及的法定单位符号(简称符号),系指国务院1984年2月27日命令中规定的符号,适用于我国各民族文字。

5. 把法定单位名称中方括号里的字省略即成为其简称。没有方括号的名称,全称与简称相同。简称可在不致引起混淆的场合下使用。

#### (二) 法定计量单位的名称

1. 组合单位的中文名称与其符号表示的顺序一致。符号中的乘号没有对应的名称,除号的对应名称为"每"字,无论分母中有几个单位,"每"字只出现一次。

例如:比热容单位的符号是 J/(kg·K),其单位名称是"焦耳每千克开尔文"而不是"每千克开尔文焦耳"或"焦耳每千克每开尔文"。

2. 乘方形式的单位名称,其顺序应是指数名称在前,单位名称在后。相应的指数名称由数字加"次方"二字而成。

例如:断面惯性矩的单位 $m^4$ 的名称为"四次方米"。

3. 如果长度的2次和3次幂是表示面积和体积,则相应的指数名称为"平方"和"立方",并置于长度单位之前,否则应称有"二次方"和"三次方"。

例如:体积单位 $dm^3$ 的名称是"立方分米",而断面系数单位 $m^3$ 的名称是"三次方米"。

4. 书写单位名称时不加任何表示乘或除的符号或其他符号。

例如:电阻率单位 $\Omega·m$ 的名称为"欧姆米"而不是"欧姆·米"、"欧姆—米"、"[欧姆][米]"等。

例如:密度单位 $kg/m^3$ 的名称为"千克每立方米"而不是"千克/立方米"。

#### (三) 法定单位和词头的符号

1. 法定计量单位规定,单位和词头的"国际符号"就是所给出的外文字母,而把单位名称和词头名称的简称作为"中文符号"。对于没有简称的单位名称,则其中文符号和单位名称相同(词头亦同)。

2. 法定单位和词头的符号,不论拉丁字母或希腊字母,一律用正体,不附省略点,且无复数形式。

3. 单位符号的字母一般用小写体,若单位名称来源于人名,则其符号的第一个字母用大写体。

例如:时间单位"秒"的符号是 s。

例如：压力、压强的单位"帕斯卡"的符号是 Pa。

4. 词头符号的字母当其所表示的因数小于 $10^6$ 时，一律用小写体，大于或等于 $10^6$ 时用大写体。

5. 由两个以上单位相乘构成的组合单位，其符号有下列两种形式：

$$N \cdot m \qquad Nm$$

若组合单位符号中某单位的符号同时又是某词头的符号，并有可能发生混淆时，则应尽量将它置于右侧。

例如：力矩单位"牛顿米"的符号应写成 N·m，而不宜写成 mN，以免误解为"毫牛顿"。

6. 由两个以上单位相乘所构成的组合单位，其中文符号只用一种形式，即用居中圆点代表乘号。

例如：动力粘度单位"帕斯卡秒"的中文符号是"帕·秒"而不是"帕秒"、"[帕][秒]"、"帕·[秒]"、"帕-秒"、"（帕）（秒）"、"帕斯卡·秒"等。

7. 由两个以上单位相除所构成的组合单位，其符号可用下列三种形式之一：

$$kg/m^3 \qquad kg \cdot m^{-3} \qquad kgm^{-3}$$

当可能发生误解时，应尽量用居中圆点或斜线（/）的形式。

例如：速度单位"米每秒"的符号用 $m \cdot s^{-1}$ 或 m/s，而不宜用 $ms^{-1}$，以免误解为"每毫秒"。

8. 由两个以上单位相除所构成的组合单位，其中文符号可采用以下两种形式之一：

$$千克/米^3 \qquad 千克·米^{-3}$$

9. 在进行运算时，组合单位中的除号可用水平横线表示。

例如：速度单位可以写成 $\dfrac{m}{s}$ 或 $\dfrac{米}{秒}$。

10. 分子无量纲而分母有量纲的组合单位即分子为 1 的组合单位的符号，一般不用分式而用负数幂的形式。

例如：波数单位的符号是 $m^{-1}$，一般不用 1/m。

11. 在用斜线表示相除时，单位符号的分子和分母都与斜线处于同一行内。当分母中包含两个以上单位符号时，整个分母一般应加圆括号。在一个组合单位的符号中，除加括号避免混淆外，斜线不得多于一条。

例如：热导率单位的符号是 W/（K·m），而不是 W/K/m。

12. 词头的符号和单位的符号之间不得有间隙，也不加表示相乘的任何符号。

13. 单位和词头的符号应按其名称或者简称读音，而不得按字母读音。

14. 摄氏温度的单位"摄氏度"的符号℃，可作为中文符号使用，可与其他中文符号构成组合形式的单位。

15. 非物理量的单位（如：件、台、人、圆等）可用汉字与符号构成组合形式的单位。

（四）法定单位和词头的使用规则

1. 单位与词头的名称，一般只宜在叙述性文字中使用。单位和词头的符号，在公式、数据表、曲线图、刻度盘和产品铭牌等需要简单明了表示的地方使用，也可用于叙述性文字中。通常优先采用符号。

2. 单位的名称或符号必须作为一个整体使用，不得拆开。

例如：摄氏温度单位"摄氏度"表示的量值应写成并读成"20 摄氏度"，不得写成"摄氏 20 度"。

例如：30km/h 应读成"三十千米每小时"。

3. 选用 SI 单位的倍数单位或分数单位，一般应使量的数值处于 0.1~1000 范围内。

例如：

$1.2 \times 10^4$N 可以写在 12kN。

0.00394m 可以写成 3.94mm。

11401Pa 可以写成 11.401kPa。

$3.1 \times 10^{-8}$s 可以写成 31ns。

某些场合习惯使用的单位可以不受上述限制，例如导线截面积使用的面积单位可以用"$mm^2$（平方毫米）"。

在同一个量的数值表中或叙述同一个量的文章中，为对照方便而使用相同的单位时，数值不受限制。

词头 h、da、d、c（百、十、分、厘），一般用于某些长度、面积和体积的单位中，但根据习惯和方便也可用于其他场合。

4．有些非法定单位，可以按习惯用 SI 词头构成倍数单位或分数单位。

例如：mCi、mGal、mR 等。

法定单位中的摄氏度以及非十进制的单位，如平面角单位"度"、"[角]分"、"[角]秒"与时间单位"分"、"时"、"日"等，不得用 SI 词头构成倍数单位或分数单位。

5．不得使用重迭的词头。

例如：应该用 nm，不应该用 m$\mu$m；应该用 am，不应该用 $\mu\mu\mu$m，也不应该用 nnm。

6．亿（$10^8$）、万（$10^4$）等是我国习惯用的数词，仍可使用，但不是词头。习惯使用的统计单位，如万公里可记为"万 km"或"$10^4$km"；万吨公里可记为"万 t·km"或"$10^4$t·km"。

7．只是通过相乘构成的组合单位在加词头时，词头通常加在组合单位中的第一个单位之前。

例如：力矩的单位 kN·m，不宜写成 N·km。

8．只通过相除构成的组合单位或通过乘和除构成的组合单位在加词头时，词头一般应加在分子中的第一个单位之前，分母中一般不用词头，但质量的 SI 单位 kg，这里不作为有词头的单位对待。

例如：摩尔内能单位 kJ/mol 不宜写成 J/mmol。

例如：比能单位可以是 J/kg。

9．当组合单位分母是长度、面积和体积单位时，按习惯与方便，分母中可以选用词头构成倍数单位或分数单位。

例如：密度的单位可以选用 $g/cm^3$。

10．一般不在组合单位的分子分母中同时采用词头，但质量单位 kg 这里不作为有词头对待。

例如：电场强度的单位不宜用 kV/mm，而用 MV/m；质量摩尔浓度可以用 mmol/kg。

11．倍数单位和分数单位的指数，指包括词头在内的单位的幂。

例如：$1cm^2 = 1 \ (10^{-2}m)^2 = 1 \times 10^{-4}m^2$，而 $1cm^2 \neq 10^{-2}m^2$。

12．在计算中，建议所有量值都采用 SI 单位表示，词头应以相应的 10 的幂代替（kg 本身是 SI 单位，故不应换成 $10^3$g）。

13．将 SI 词头的部分中文名称置于单位名称之前构成中文符号时，应注意避免与中文数词混淆，必要时应使用圆括号。

例如：旋转频率的量值不得写为 3 千秒$^{-1}$。

如表示"三每千秒"，则应写为"3（千秒）$^{-1}$"（此处"千"为词头）；

如表示"三千每秒"，则应写为"3 千（秒）$^{-1}$"（此处"千"为数词）。

例如：体积的量值不得写为"2 千米$^3$"。

如表示"二立方千米"，则应写为"2（千米）$^3$"（此处"千"为词头）；

如表示"二千立方米"，则应写为"2 千（米）$^3$"（此处"千"为数词）。

# 第三章 建筑材料检测

## 概 述

建筑材料检测在建筑工程中占有重要地位。通过试验能科学地鉴定建筑物使用的原材料、半成品的质量;通过试验试配,能合理地使用原材料,因此建筑材料检测不仅是评定和控制建筑材料质量的依据和必要手段,也是节约原材料、保证工程质量的重要措施。

本章"建筑材料检测"按照《江苏省建设工程质量检测人员岗位培训与考核大纲》要求进行编写。

本章牵涉到的建筑材料检测都是建筑上最常用的,主要内容:混凝土拌合物性能和配合比设计、混凝土物理力学性能、砂、石、外加剂、建筑砂浆物理力学性能、砖瓦、砌块、水泥、建筑钢材、沥青、防水卷材、建筑结构胶、建筑涂料、防水涂料、建筑石灰、粉煤灰、水泥化学分析、钢材化学分析、混凝土拌合用水,共二十节。每节都针对具体的检测项目,按照概念、检测依据、仪器、设备和环境、取样及制备要求、操作步骤、数据处理与结果判定、实例、思考题、参考文献及资料的顺序编写。

各节所用的标准、规范都是现行有效的;列举的实例都具有代表性;解题步骤详细、准确,学习起来方便;易懂。附有思考题便于学习时掌握检测项目的重点。

## 第一节 混凝土拌合物性能和配合比设计

### 一、概念

胶结料(如水泥)、水、细骨料(如砂子)、粗骨料(如石子)以及必要时掺入化学外加剂和矿物掺合料,按一定比例混合,通过搅拌成为塑性状态的拌合物,称为未凝固混凝土。未凝固混凝土在一定条件下,随着时间的推移逐渐硬化成具有强度和其他性能的块体,则称作硬化混凝土[1]。

在影响混凝土结构工程质量与成本的诸多因素中,配合比设计至关重要;需要根据工程要求、结构形式和施工条件确定混凝土的组份,即水泥、骨料、水及外加剂的配合比例。配合比设计检测不同于其他项目的检测,需要试验人员熟悉各种原材料的性能,且需要具备丰富的实践经验。在配制混凝土时需要掌握混凝土拌合物和试件的制作方法,因此将拌合物性能的试验方法也列入本节。

### 二、检测依据

《普通混凝土拌合物性能试验方法标准》GB/T 50080—2002
《普通混凝土配合比设计规程》JGJ 55—2000
《普通混凝土力学性能试验方法标准》GB/T 50081—2002

### 三、混凝土拌合物性能试验方法

(一)试验室拌合方法

1. 目的及适用范围

规范混凝土试验方法,使混凝土拌合物性能有统一的试验方法;通过混凝土的试拌确定配合比；制作各种混凝土试件。

2. 拌合物取样及试样制备

（1）混凝土拌合物取样应具有代表性，试验用料应根据不同要求，从同一盘搅拌或者同一车运送的混凝土中取出，取样量应多于试验所需量的1.5倍，且不宜小于20L。

（2）混凝土工程施工中取样进行混凝土试验时，取样方法和原则应按《混凝土结构工程施工质量验收规范》（GB 50204—2002）及《普通混凝土拌合物性能试验方法标准》（GB/T 50080—2002）有关规定进行。混凝土试样应在混凝土浇筑地点随机抽取，取样频率应符合如下要求：

每100盘，且不超过100m³的同配合比的混凝土，取样次数不得少于1次。

每一工作班拌制的同配合比的混凝土不足100盘时，其取样次数不得少于1次。

一次浇筑1000m³以上同配合比的混凝土，每200m³取样次数不得少于1次。

每层楼或每工作台班浇筑同配合比的混凝土，取样次数不得少于1次。

混凝土抽样在浇筑地点随机抽取。

在试验室拌制混凝土进行试验时，拌合用的骨料需提前运入室内。拌合时试验室的温度应保持在20±5℃，所用材料的温度与实验室温度保持一致。对所拌制的混凝土拌合物应避免阳光直射和风吹。对于需要模拟施工条件下所用的混凝土时，试验室所用原材料的温度宜保持与施工现场一致。

试验室拌制混凝土时，材料用量以质量计，称量的精确度：骨料±1%；水、水泥、掺合料和外加剂均为±0.5%。

拌合物取样后应尽快进行试验。试验前，试样应经人工略加翻拌，以保证其质量均匀，水泥如有结块，须用0.9mm筛孔将结块筛除，并仔细搅拌均匀待用。

拌制混凝土所用的各项用具（如搅拌机、拌合钢板和铁锹等），应预先用水湿润。

混凝土拌合物的制备应符合《普通混凝土配合比设计规程》JGJ 55中的有关规定。

3. 试验步骤

（1）人工拌合：在拌合前先将钢板、铁锹等工具洗刷干净并保持湿润。将称好的砂、水泥倒在钢板上，先用铁锹翻拌至颜色均匀，至少翻拌3次，然后堆成锥形。将中间扒开一凹坑，加入拌合用水（外加剂一般随水一同加入），翻拌均匀，拌合时间为加水完毕时算起，在10min内完毕。

（2）机械拌合：机械拌合混凝土时，先拌适量的混凝土进行挂浆（与正式配合比相同），避免在正式拌合时水泥浆的损失，并将挂浆用的混凝土倒在拌合钢板上，使钢板也粘有一层砂浆。将称好的石子、水泥和砂按顺序倒入机内预拌同转，然后将拌合用水倒入机内拌合1.5~2min。将机内拌合好的拌合物倒在拌合钢板上，并刮出粘在搅拌机上的拌合物，人工翻拌均匀。采用机械拌合时，一次拌合量不宜少于搅拌机容积的20%。

（二）稠度试验方法

稠度是一个综合技术指标，通常包括三方面的含义：流动性、粘聚性和保水性。流动性是指混凝土混合物在自重作用下或者机械振捣下，能够流动并均匀密实填满模板的性质。粘聚性是指混凝土拌合物具有一定的内聚性，使运输、浇灌和捣实过程中不致产生分层、离析和泌水。保水性是指混凝土拌合物在施工过程中，具有一定的保水能力，不致产生严重的泌水现象[2]。稠度试验有两种方法，一种是坍落度与坍落扩展度法，另一种是维勃稠度法。

1. 坍落度与坍落扩展度法

坍落度试验方法是世界各国广泛应用的现场测试方法，在细节上有所不同，但无显著差别。

（1）目的及适用范围

本方法适用于骨料最大粒径不大于40mm、坍落度值不小于10mm的混凝土拌合物稠度测定。

(2) 仪器设备

坍落度筒：由薄钢板或其他金属制成的圆台形筒（见图 3-1）；其内壁应光滑、无凹凸部位，底面和顶面应互相平行并与锥体的轴线垂直。在坍落筒外三分之二高度处安两个手把，下端应焊脚踏板。筒的内部尺寸为：

底部直径　　200 ± 2mm
顶部直径　　100 ± 2mm
高　　度　　300 ± 2mm
筒壁厚度　　不小于 1.5mm

捣棒：直径 16mm、长 600mm 的钢棒，端部应磨圆。

(3) 试验步骤

①湿润坍落度筒及其他用具，并把筒放在不吸水的刚性水平底板上，然后用脚踩住二边的脚踏板，使坍落度筒在装料时保持位置固定。

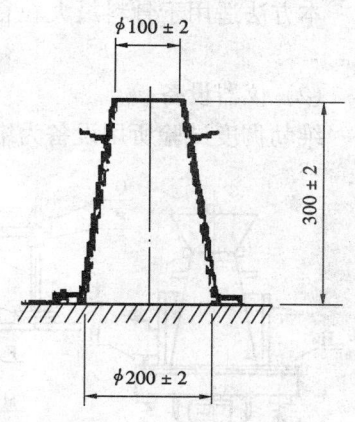

图 3-1　坍落度筒

②把按要求取得的混凝土试样用小铲分三层均匀地装入筒内，使捣实后每层高度为筒高的三分之一左右。每层用捣棒插捣 25 次。插捣应沿螺旋方向由外向中心进行，各次插捣应在截面上均匀分布。插捣筒边混凝土时，捣棒可以稍稍倾斜。插捣底层时，捣棒应贯穿整个深度，插捣第二层和顶层时，捣棒应插透本层至下一层的表面。浇灌顶层时，混凝土应灌到高出筒口。插捣过程中，如混凝土沉落到低于筒口，则应随时添加。顶层插捣完后，刮去多余的混凝土，并用抹刀抹平。

③清除筒边底板上的混凝土后，垂直平稳地提起坍落度筒。坍落度筒的提离过程应在 5~10s 内完成。从开始装料到提坍落度筒的整个过程应不间断地进行，并应在 150s 内完成。

④提起坍落度筒后，量测筒高与坍落后混凝土试体最高点之间的高度差，即为该混凝土拌合物的坍落度值。

(4) 结果评定

①坍落度筒提离后，如混凝土发生崩坍或一边剪坏现象，则应重新取样另行测定。如第二次试验仍出现上述现象，则表示该混凝土和易性不好，应予记录备查。

②观察坍落后的混凝土试体的粘聚性及保水性。粘聚性的检查方法是用捣棒在已坍落的混凝土锥体侧面轻轻敲打。此时，如果锥体逐渐下沉，则表示粘聚性良好，如果锥体倒塌、部分崩裂或出现离析现象，则表示粘聚性不好。

保水性以混凝土拌合物中稀浆析出的程度来评定，坍落度筒提起后如有较多的稀浆从底部析出，锥体部分的混凝土也因失浆而骨料外露，则表明此混凝土拌合物的保水性能不好。如坍落度筒提起后无稀浆或仅有少量稀浆自底部析出，则表示此混凝土拌合物保水性良好。

当混凝土坍落度大于 220mm 时，由于粗骨料堆积的偶然性，坍落度不能很好地反映混凝土拌合物的稠度，因此增加了坍落扩展度表征坍落度大于 220mm 的混凝土拌合物的稠度。用钢尺测量混凝土扩展后最终的最大直径和最小直径，在这两个直径之差小于 50mm 的条件下，用其算术平均作为坍落扩展度值，否则，此次试验无效。坍落扩展度的表观形状又可以反映混凝土的抗离析性能；若发现粗骨料在中央集堆或边缘有水泥浆析出，正是混凝土在扩展的过程中产生离析而造成的，说明此混凝土抗离析性能不好。

混凝土拌合物坍落度和坍落扩展度，测量精确至 1mm，结果表达修约至 5mm。

2. 维勃稠度法

(1) 目的及适用范围

本方法适用于骨料最大粒径不大于 40mm、维勃稠度在 5～30s 之间的混凝土拌合物稠度测定。

（2）仪器设备

维勃稠度试验所用设备为维勃稠度仪（见图 3-2）。

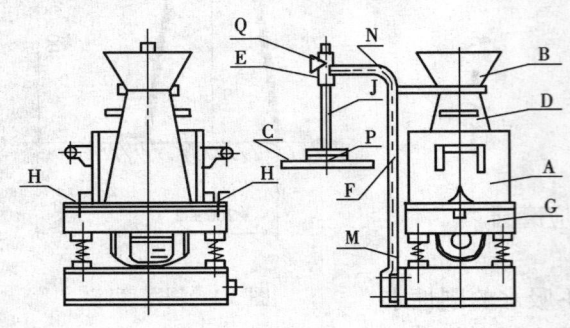

图 3-2 维勃稠度仪

A—容器；B—坍落度筒；C—透明圆盘；D—喂料斗；E—套管；
F—定位螺丝；G—震动台；H—固定螺丝；J—测杆；M—支柱；
N—旋转架；P—荷重块；Q—测杆螺丝

（3）试验步骤

①把维勃稠度仪放置在坚实水平的地面上，用湿布把容器、坍落度筒、喂料斗内壁及其他用具润湿。

②将喂料斗提到坍落度筒上方扣紧，校正容器位置，使其中心与喂料斗中心重合，然后拧紧固定螺丝。

③把按要求取得的混凝土试样用小铲分三层均匀地装入筒内，装料及插捣的方法应符合坍落度法。

④把喂料斗转离，垂直地提起坍落度筒，此时应注意不使混凝土试体产生横向的扭动。

⑤把透明圆盘转到混凝土圆台体顶面，放松测杆螺丝，降下圆盘，使其轻轻接触到混凝土顶面。

⑥拧紧定位螺丝，并检查测杆螺丝是否已经完全放松。

⑦在开启振动台的同时用秒表计时，当振动到透明圆盘的底面被水泥浆布满的瞬间停表计时，并关闭振动台。

（4）结果评定

由秒表读出的时间（秒）即为该混凝土拌合物的维勃稠度值。

（三）凝结时间试验方法

凝结时间是混凝土拌合物的一项重要指标，对混凝土工程中混凝土的搅拌、运输以及施工具有重要的参考作用。

1. 目的及适用范围

本方法适用于从混凝土拌合物中筛出的砂浆用贯入阻力法来确定坍落度值不为零的混凝土拌合物凝结时间的测定。

2. 仪器设备

贯入阻力仪：贯入阻力仪由加荷装置、测针、砂浆试验筒和标准筛组成，可以是手动的，也可以是自动的，且要符合以下要求：

加荷装置：最大测量值应不小于 1000N，精度为 ±10N；

测针：长为 100mm、承压面积为 100mm²、50mm² 和 20mm² 的三种测针，在距贯入端 25mm 处刻有一圈标记；

标准筛：筛孔为 5mm 圆孔筛；

砂浆试验样筒。

3. 试验步骤

（1）对制备或现场取样的混凝土拌合物试样中，用 5mm 标准筛筛出砂浆，筛砂浆时应注意尽量筛净，然后将其拌合均匀。将砂浆一次分别装入三个试样筒中，做三个试验。取样坍落度不大于 70mm 的混凝土宜采用振动台振实砂浆；取样坍落度大于 70mm 的混凝土宜采用捣棒人工捣实。采用振动台振实砂浆时，将砂浆一次装入筒内，振动应持续到表面出浆为止，不得过振；用捣棒人工捣实时，每层应沿螺旋方向由外向中心均匀插捣 25 次，然后用橡皮锤轻轻敲打筒壁，直至插捣孔消失为止。振实或插捣后，砂浆表面应低于砂浆试样筒口约 10mm；砂浆试样筒应立即加盖。

（2）环境温度对混凝土拌合物凝结时间影响较大。因此，砂浆试样制备完毕并编号后，应置于温度为 20±2℃ 的环境中或现场同等条件下待试。在以后的整个测试过程中，环境温度应始终保持 20±2℃。现场同等条件测试时，应与现场条件保持一致，且应避免阳光直射。在整个测试过程中，除在吸取泌水或进行贯入试验外，试样筒应始终加盖。

（3）凝结时间测定从水泥与水接触开始计时。根据混凝土拌合物的性能，确定测针试验时间，并每隔 0.5h 测试一次，在临近初、终凝时可增加测定次数。

（4）在每次测试前 2min，将一片 20mm 厚的垫块垫入筒底一侧使其倾斜，用吸管吸去表面的泌水，吸水后平稳地复原。

（5）测试时将砂浆试样筒置于贯入阻力仪上，测针端部与砂浆表面接触，然后在 10±2s 内均匀地使测针贯入砂浆 25±2mm 深度，记录贯入压力，精确至 10N；记录测试时间，精确至 1min；记录环境温度，精确至 0.5℃。

（6）各测点的间距应大于测针直径的两倍且不小于 15mm，测点与试样筒壁的距离应不小于 25mm。

（7）为确保试验精度，贯入阻力测试在 0.2~28MPa 之间应至少进行 6 次，直至贯入阻力大于 28MPa 为止。

（8）在测试过程中应根据砂浆凝结状况，适时更换测针。更换测针宜按表 3-1 选用。

测针选用规定表　　　　　　　　　　　表 3-1

| 贯入阻力（MPa） | 0.2~3.5 | 3.5~20 | 20~28 |
| --- | --- | --- | --- |
| 测针面积（mm²） | 100 | 50 | 20 |

4. 结果评定

（1）贯入阻力的结果计算以及初凝时间、终凝时间的确定应按下述方法进行：

贯入阻力应按下式计算：

$$f_{PR} = \frac{P}{A} \tag{3-1}$$

式中　$f_{PR}$——贯入阻力（MPa）；
　　　$P$——贯入压力（N）；
　　　$A$——测针面积（mm²）。

计算应精确至 0.1MPa。

（2）凝结时间宜通过线性回归方法确定，即将贯入阻力 $f_{PR}$ 和时间 $t$ 分别取自然对数 $\ln(f_{PR})$ 和 $\ln(t)$，然后把 $\ln(f_{PR})$ 作自变量，$\ln(t)$ 作因变量作线性回归得到回归方程：

$$\ln(t) = A + B\ln(f_{PR}) \tag{3-2}$$

式中　$A$、$B$ 为线性回归系数。

根据上式可求得当贯入阻力为 3.5MPa 时的初凝时间 $t_s$ 和贯入阻力为 28MPa 时的终凝时间 $t_e$：

$$t_s = e^{A+B\ln(3.5)} \tag{3-3}$$

$$t_e = e^{A+B\ln(28)} \tag{3-4}$$

凝结时间也可用绘图拟合方法确定，是以贯入阻力为纵坐标，经过的时间为横坐标（精确至

1min），绘制出贯入阻力与时间之间的关系曲线，以 3.5MPa 和 28MPa 时划两条平行于横坐标之间的关系曲线，分别与曲线相交的两个交点的横坐标即为混凝土拌合物的初凝和终凝时间。

（3）用三个试验结果的初凝和终凝时间的算术平均值作为此次试验的初凝和终凝时间。如果三个测值的最大值和最小值中有一个与中间值之差超过中间值的 10%，则以中间值为试验结果；如果最大值和最小值与中间值之差均超过中间值的 10% 时，则此次试验无效。

（4）凝结时间用 h:min 表示，并修约至 5min。

（四）泌水与压力泌水试验

泌水也是一种离析：混凝土凝结以前，新鲜混凝土内悬浮的固体粒子在重力作用下下沉，当混凝土保水能力不足时，混凝土表面会出现一层水，这种现象叫泌水。混凝土拌合物泌水性能是混凝土拌合物在施工中的重要性能之一，尤其是对于大流动性的泵送混凝土来说更为重要。在混凝土的施工过程中泌水过多，会使混凝土丧失流动性，从而严重影响混凝土可泵性和工作性，并会给工程质量造成严重影响。

混凝土中细砂含量不足，水泥颗粒太粗，水泥用量太少或混凝土用水量太多均容易发生泌水。正确选择混凝土配合比可以在很大程度上控制泌水，如降低粗骨料的最大粒径，尽可能用小坍落度的混凝土，必要时掺高效减水剂以减少用水量，增加混凝土内细颗粒材料等。

1. 泌水试验

（1）目的及适用范围

本方法适用于骨料最大粒径不大于 40mm 的混凝土拌合物泌水测定。

（2）仪器设备

台秤：称量为 50kg、感量为 50g；

量筒：容量为 10ml、50ml、100ml 的量筒及吸管；

振动台、捣棒和试验筒。

（3）试验步骤

①装料及密实成型

用湿布湿润试样筒内壁并称量试样筒质量后，将混凝土试样装入试样筒。混凝土的装料及捣实方法有两种：

用振动台振实。将试样一次装入试样筒内，开启振动台，振动持续到表面出浆为止，且应避免过振；混凝土拌合物表面低于试样筒筒口 30±3mm，用抹刀抹平。抹平后立即计时并称量，记录试样筒与试样的总质量。

用捣棒捣实。采用捣棒捣实时，混凝土拌合物应分两层装入，每层的插捣次数应为 25 次，捣棒由边缘向中心均匀的插捣。插捣底层时，捣棒应贯穿整个深度；插捣第二层时，捣棒应插透本层至下一层的表面。每一层捣完后用橡皮锤轻轻沿容量筒外壁敲打 5~10 次，进行振实，直至拌合物表面插捣孔消失，不见大气泡为止；混凝土拌合物表面低于试样筒筒口 30±3mm，用抹刀抹平。抹平后立即计时并称量，记录试样筒与试样的总质量。

为了使混凝土拌合物外露面积的大小以及泌水后的蒸发量不受影响，在以下吸取混凝土拌合物表面泌水的整个过程中，应使试样筒保持水平，不受振动。除了吸水操作外，应始终盖好盖子。由于环境温度对混凝土拌合物泌水比较敏感，因此，室温应保持在 20±2℃。

②计时和称重

从计时开始后 60min 内，每隔 10min 吸取 1 次试样表面渗出的水。60min 后，每 30min 吸一次水，直至认为不再泌水为止。为了便于吸水，每次吸水前 2min，将一片 35mm 厚的垫块垫入筒底一侧使其倾斜，吸水后平稳地复原。吸出的水放入量筒中，记录每次吸水的水量并计算累计水量，精确到 1mL。

(4) 结果评定

泌水量和泌水率的结果计算及其确定应按下列方法进行：

①泌水量计算：

$$B_a = \frac{V}{A} \tag{3-5}$$

式中　$B_a$——泌水量（mL/mm²）；

　　　$V$——最后一次吸水后累计的泌水量（mL）；

　　　$A$——试样外露的表面面积（mm²）。

计算精确至 0.01mL/mm²。泌水量取三个试样测值的平均值。三个测值中的最大值或最小值，如有一个与中间值之差超过中间值的 15%，则以中间值为试验结果；如果最大值和最小值与中间值之差均超过中间值的 15%，则此次试验无效。

②泌水率计算：

$$B = \frac{V_w}{(W/G) G_w} \times 100 \tag{3-6}$$

$$G_w = G_1 - G_0 \tag{3-7}$$

式中　$B$——泌水率（%）；

　　　$W$——混凝土拌合物总用水量（mL）；

　　　$G$——混凝土拌合物总质量（g）；

　　　$V_w$——泌水总量（mL）；

　　　$G_w$——试样质量（g）；

　　　$G_1$——试样筒及试样总质量（g）；

　　　$G_0$——试样筒质量（g）。

计算精确至 1%。泌水率取三个试样测值的平均值。三个测值中的最大值或最小值，如有一个与中间值之差超过中间值的 15%，则以中间值为试验结果；如果最大值和最小值与中间值之差均超过中间值的 15%，则此次试验无效。

2. 压力泌水试验

混凝土拌合物压力泌水性能是泵送混凝土的重要性能之一，主要用来衡量混凝土拌合物在压力状态的泌水性能。混凝土压力泌水性能的好坏，关系到混凝土在泵送过程中是否会离析而堵泵。

(1) 目的及适用范围

本方法适用于骨料最大粒径不大于 40mm 的混凝土拌合物压力泌水测定。

(2) 仪器设备

压力泌水仪：压力表最大量程 6MPa，最小分度值不大于 0.1MPa；

200mL 量筒；捣棒。

(3) 试验步骤

①混凝土拌合物应分两层装入压力泌水仪的缸体容器内，每层的插捣次数应为 20 次。捣棒由边缘向中心均匀地插捣，插捣底层时捣棒应贯穿整个深度；插捣第二层时，捣棒应插透本层至下一层的表面。每一层捣完后用橡皮锤轻轻沿容量外壁敲打 5~10 次，进行振实，直至拌合物表面插捣孔消失不见大气泡为止。混凝土拌合物表面低于试样筒筒口 30mm 处，用抹刀抹平。

②将容器外表擦干净，压力泌水仪按规定安装完毕后应立即给混凝土试样施加压力至 3.2MPa，并打开泌水阀门同时开始计时，保持恒压，泌出的水接入 200ml 量筒里。加压至 10s 时读取泌水量 $V_{10}$，加压至 140s 时读取泌水量 $V_{140}$。

(4) 结果评定

压力泌水率计算:

$$B_v = \frac{V_{10}}{V_{140}} \times 100 \tag{3-8}$$

式中　$B_v$——压力泌水率 (%);

　　　$V_{10}$——加压至10s时的泌水量 (mL);

　　　$V_{140}$——加压至140s时的泌水量 (mL)。

压力泌水率的计算应精确至1%。

(五) 表观密度试验

1. 目的及适用范围

本方法适用于测定混凝土拌合物捣实后的单位体积重量。

2. 仪器设备

容量筒:金属制成的圆筒,两旁装有手把。对骨料最大粒径不大于40mm的拌合物采用容积为5L的容量筒,其内径与筒高均为186±2mm,筒壁厚为3mm;骨料最大粒径大于40mm时,容量筒的内径与筒高均应大于骨料最大粒径的4倍。容量筒上缘及内壁应光滑平整,顶面与底面应平行并与圆柱体的轴垂直。容量筒应予以标定后使用。

台秤:称量50kg,感量50g。

振动台和捣棒。

3. 试验步骤

(1) 用湿布把容量筒内外擦干净,称出筒重,精确至50g。

(2) 混凝土的装料及捣实方法应根据拌合物的稠度而定。坍落度不大于70mm的混凝土,用振动台振实为宜,大于70mm的用捣棒捣实为宜。采用捣棒捣实时,应根据容量筒的大小决定分层与插捣次数。用5L容量筒时,混凝土拌合物应分两层装入,每层的插捣次数应为25次。用大于5L的容量筒时,每层混凝土的高度不应大于100mm,每层插捣次数应按每10000mm²截面不小于12次计算。各次插捣应均匀地分布在每层截面上,插捣底层时捣棒应贯穿整个深度,插捣第二层时,捣棒应插透本层至下一层的表面。每一层捣完后用橡皮锤轻轻沿容量筒外壁敲打5~10次,进行振实,直至拌合物表面插捣孔消失并不见大气泡为止。

(3) 采用振动台振实时,应一次将混凝土拌合物灌到高出容量筒口。装料时可用捣棒稍加插捣,振动过程中如混凝土沉落到低于筒口,则应随时添加混凝土,振动直至表面出浆为止。

(4) 用刮尺将筒口多余的混凝土拌合物刮去,表面如有凹陷应填平。将容量筒外壁擦净,称出混凝土与容量筒总重,精确至50g。

4. 结果评定

表观密度计算:

$$\gamma_h = \frac{W_2 - W_1}{V} \times 1000 \tag{3-9}$$

式中　$\gamma_h$——表观密度 (kg/m³);

　　　$W_1$——容量筒质量 (kg);

　　　$W_2$——容量筒及试样总质量 (kg);

　　　$V$——容量筒容积 (L)。

试验结果的计算精确至10kg/m³。

注:容量筒容积应予以标定。可采用一块能覆盖住容量筒顶面的玻璃板,先称出玻璃板和空桶的重量,然后向容量筒中灌入清水,灌到接近上口时,一边不断加水,一边把玻璃板沿筒口徐

徐推入盖严。应注意使玻璃板下不带入任何气泡，然后擦净玻璃板面及筒壁外的水分，将容量筒连同玻璃板放在台秤上称其质量。两次质量之差（kg）即为容量筒的容积 L。

（六）含气量

1. 目的及适用范围

本方法适用于骨料最大粒径不大于 40mm 的混凝土拌合物含气量测定。

2. 仪器设备

含气量测定仪（图 3-3）：由容器及盖体两部分组成。容器应由硬质、不易被水泥浆腐蚀的金属制成，其内表面粗糙度不应大于 3.2 微米，内径应与深度相等，容积约为 7L。盖体应用与容器相同的材料制成。盖体部分应包括有气室、水找平室、加水阀、排水阀、操作阀、进气阀、排气阀及压力表。压力表的量程为 0～0.25MPa，精度为 0.01MPa。容器及盖体之间设置密封垫圈，用螺栓连接，连接处不得有空气存留，并保证封闭；

台秤：称量 50kg，感量 50g；

捣棒和振动台。

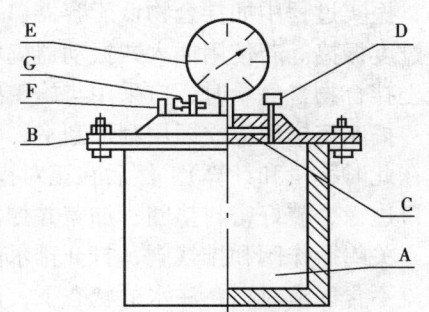

图 3-3 气压式含气量测定仪
A—容器；B—盖体；C—气室；D—操作阀；
E—压力表；F—进气阀；G—排气阀

3. 试验步骤

（1）在进行拌合物含气量测定之前，首先应测出骨料中的含气量值。

按下式计算得出每个试样中的粗、细骨料质量

$$m_\mathrm{g} = \frac{V}{1000} \times m'_\mathrm{g} \tag{3-10}$$

$$m_\mathrm{s} = \frac{V}{1000} \times m'_\mathrm{s} \tag{3-11}$$

式中 $m_\mathrm{g}$、$m_\mathrm{s}$——分别为每个试样中的粗、细骨料质量（kg）；

$m'_\mathrm{g}$、$m'_\mathrm{s}$——分别为每 $m^3$ 混凝土拌合物中的粗、细骨料质量（kg）；

$V$——含气量测定仪容器容积（L）。

容器中先注入 1/3 高度的水，然后把通过 40mm 网筛的质量为 $m_\mathrm{g}$、$m_\mathrm{s}$ 的粗、细骨料称好、拌匀，慢慢倒入容器，水面每升高 25mm 左右，轻轻插捣 10 次，并略予搅动，以排除夹杂进去的空气。加料过程中始终要保持液面高出骨料的顶面，骨料全部加入后，应浸泡约 5min，再用橡皮锤轻敲容器外壁，排除气泡，除去水面泡沫，加水至满，擦净容器上口边缘；装好密封圈，加盖拧紧螺栓。

关闭操作阀和排气阀。打开排水阀和加水阀，通过加水阀，向容器内注水；当排水阀流出的水流不含气泡时，在注水的状态下，同时关闭加水阀和排气阀；开启进气阀，用气泵向气室内注入空气，使气室内的压力略大于 0.1MPa，待压力表显示值稳定，微开排气阀，调整压力至 0.1MPa，然后关紧排气阀。开启操作阀，使气室里的压缩空气进入容器，待压力表显示值稳定后记录示值 $P_\mathrm{g1}$，然后开启排气阀，压力仪表示值应回零。

重复上述步骤对容器中试样再检测一次记录表值 $P_\mathrm{g2}$。

若 $P_\mathrm{g1}$ 和 $P_\mathrm{g2}$ 的相对误差小于 0.2% 时，则取 $P_\mathrm{g1}$ 和 $P_\mathrm{g2}$ 的算术平均值，按压力和含气量关系查得骨料的含气量（精确至 0.1%）；若不满足，则应进行第三次试验。测得压力值 $P_\mathrm{g3}$（MPa）。当 $P_\mathrm{g3}$ 与 $P_\mathrm{g1}$、$P_\mathrm{g2}$ 中较接近一个值的相对误差不大于 0.2% 时，则取此二值的算术平均值。当仍大于 0.2% 时，则此次试验无效，应重做。

（2）混凝土拌合物含气量

用湿布擦净容器和盖的内表面，然后装入混凝土拌合物试样。

捣实可采用手工或机械方法。当拌合物坍落度不大于70mm时，宜采用机械振捣，当拌合物坍落度大于70mm时宜采用人工插捣。

用捣棒捣实时，将混凝土拌合物分3层装入，每层捣实后的高度约为1/3容器高度。每层装料后由边缘向中心均匀地插捣25次，捣棒应插透本层高度，再用木锤沿容器外壁重击10~15次，使插捣留下的插孔填满。最后一层装料应避免过满。

用振动台捣实时，一次装入捣实后体积为容器容量的混凝土拌合物，装料时可用捣棒稍加插捣，振实过程中如拌合物低于容器口，应随时添加；振动至混凝土表面平整、表面出浆即止，不得过度振捣。若使用插入式振动器捣实，应避免振动器触及容器内壁和底面；在施工现场测定混凝土拌合物含气量时，应采用与施工振动频率相同的机械方法捣实。

捣实完毕后应立即用刮尺刮平，表面如有凹陷应予填平（如需同时测定拌合物表观密度时，可在此时称量和计算）。然后在正对操作阀孔的混凝土拌合物表面贴一小片塑料薄膜，擦净容器上口边缘，装好密封垫圈，加盖并拧紧螺栓。

关闭操作阀和排气阀，打开排水阀和加水阀，通过加水阀，向容器内注水；当排水阀流出的水流不含气泡时，在注水的状态下，同时关闭加水阀和排气阀。

开启进气阀，用气泵向气室内注入空气，使气室内的压力略大于0.1MPa，待压力表显示值稳定，微开排气阀，调整压力至0.1MPa，关闭排气阀。

开启操作阀，待压力表显示值稳定后记录示值 $P_{01}$（MPa），然后开启排气阀，压力仪表示值应回零。重复上述步骤对容器中试样再检测一次记录表值 $P_{02}$（MPa）；若 $P_{01}$ 和 $P_{02}$ 的相对误差小于0.2%时，则取 $P_{01}$ 和 $P_{02}$ 的算术平均值，按压力和含气量关系查得含气量（精确至0.1%）；若不满足，则应进行第三次试验。测得压力值 $P_{03}$（MPa）。当 $P_{03}$ 与 $P_{01}$、$P_{02}$ 中较接近一个值的相对误差不大于0.2%时，则取此二值的算术平均值。当仍大于0.2%时，则此次试验无效。

4. 结果评定

混凝土拌合物含气量应按下式计算：

$$A = A_0 - A_g \tag{3-12}$$

式中　$A$——混凝土拌合物含气量（%）；

　　　$A_0$——两次含气量测定的平均值（%）；

　　　$A_g$——骨料含气量（%）。

计算精确至0.1%。

### （七）配合比分析试验

1. 目的及适用范围

本方法适用于水洗分析法测定普通混凝土拌合物中四大组分（水泥、水、砂、石）的含量，但不适用于骨料含泥量波动较大以及用特细砂、山砂和机制砂配制的混凝土。

2. 仪器设备及环境要求

广口瓶：容积为2000mL的玻璃瓶，并配套有玻璃盖板；

台秤：称量50kg、感量50g和称量10kg、感量5g各一台；

托盘天平：称量5kg，感量5g；

试样筒：5L和10L的容量筒并配有玻璃盖板；

标准筛：孔径为5mm和0.16mm标准筛各一个。

水洗法分析混凝土配合比试验时，环境温度应在15~25℃，从最后加水至试验结束，温差不应超过2℃。

3. 混凝土拌合物取样要求

(1) 混凝土拌合物的取样应按本节"三、(一)、2.拌合物取样及试样制备"中取样的规定进行。

(2) 当混凝土中粗骨料的最大粒径≤40mm时，混凝土拌合物的取样量≥20L，混凝土中粗骨料最大粒径＞40mm时，混凝土拌合物的取样量≥40L。

(3) 进行混凝土配合比分析时，当混凝土中粗骨料最大粒径≤40mm时，每份取12kg试样；当混凝土中粗骨料的最大粒径＞40mm时，每份取15kg试样。剩余的混凝土拌合物试样，按本节"(五)表观密度试验"规定，进行拌合物表观密度的测定。

4．试验步骤

(1) 水泥表观密度试验，按《水泥密度测定方法》GB/T 208进行。

(2) 粗骨料、细骨料饱和面干状态的表观密度试验，按《普通混凝土用砂质量标准及检验方法》JGJ 52和《普通混凝土用碎石或卵石质量标准及检验方法》JGJ 53进行。

(3) 细骨料修正系数应按下述方法测定：

向广口瓶中注水至筒口，再一边加水一边徐徐推进玻璃板，注意玻璃板下不带有任何气泡，盖严后擦净板面和广口瓶壁的余水，如玻璃板下有气泡，必须排除。测定广口瓶、玻璃板和水的总质量后，取具有代表性的两个细骨料试样，每个试样的质量为2kg，精确至5g。分别倒入盛水的广口瓶中，充分搅拌、排气后浸泡约半小时；然后向广口瓶中注水至筒口，再一边加水一边徐徐推进玻璃板，注意玻璃板下不得带有任何气泡，盖严后擦净板面和瓶壁的余水，称得广口瓶、玻璃板、水和细粗骨料的总质量；则细骨料在水中的质量为：

$$m_{ys} = m_{ks} - m_p \tag{3-13}$$

式中 $m_{ys}$——细骨料在水中的质量（g）；

$m_{ks}$——细骨料和广口瓶、水及玻璃板的总质量（g）；

$m_p$——广口瓶、玻璃板和水的总质量（g）。

应以两个试样试验结果的算术平均值作为测定值，计算应精确至1g。

然后用0.16mm的标准筛将细骨料过筛，用以上同样的方法测得大于0.16mm细骨料在水中的质量：

$$m_{ys1} = m_{ks1} - m_p \tag{3-14}$$

式中 $m_{ys1}$——大于0.16mm的细骨料在水中的质量（g）；

$m_{ks1}$——大于0.16mm的细骨料和广口瓶、水及玻璃板的总质量（g）；

$m_p$——广口瓶、玻璃板和水的总质量（g）。

应以两个试样试验结果的算术平均值作为测定值，计算应精确至1g。

细骨料修正系数为：

$$C_s = \frac{m_{ys}}{m_{ys1}} \tag{3-15}$$

式中 $C_s$——细骨料修正系数；

$m_{ys}$——细骨料在水中的质量（g）；

$m_{ys1}$——大于0.16mm的细骨料在水中的质量（g）。

计算应精确至0.01。

(4) 称取质量为$m_0$的混凝土拌合物试样，精确至50g，按下式计算混凝土拌合物试样的体积：

$$V = \frac{m_0}{\rho} \tag{3-16}$$

式中　$V$——试样的体积（L）；

　　　$m_0$——试样的质量（g）；

　　　$\rho$——混凝土拌合物的表观密度（g/cm³）。

计算应精确至 1g/cm³。

（5）把试样全部移到 5mm 筛上水洗过筛，水洗时，要用水将筛上粗骨料仔细冲洗干净，粗骨料上不得粘有砂浆，筛下应备有不透水的底盘，以收集全部冲洗过筛的砂浆与水的混合物；称量洗净的粗骨料试样在饱和面干状态下的质量 $m_g$，粗骨料饱和面干状态表观密度符号为 $\rho_g$，单位 g/cm³。

（6）将全部冲洗过筛的砂浆与水的混合物全部移到试样筒中，加水至试样筒三分之二高度，用棒搅拌，以排除其中的空气；如水面上有不能破裂的气泡，可以加入少量的异丙醇试剂以消除气泡；让试样静止 10min 以使固体物质沉积于容器底部。加水至满，再一边加水一边徐徐推进玻璃板，注意玻璃板下不得带有任何气泡，盖严后应擦净板和筒壁的余水。称出砂浆和水的混合物和试样筒、水及玻璃板的总质量。应按下式计算细砂浆的水中的质量：

$$m'_m = m_k - m_D \tag{3-17}$$

式中　$m'_m$——砂浆在水中的质量（g）；

　　　$m_k$——砂浆与水的混合物和试样筒、水及玻璃板的总质量（g）；

　　　$m_D$——试样筒、玻璃板和水的总质量（g）。

计算应精确至 1g。

（7）将试样筒中的砂浆与水的混合物在 0.16mm 筛上冲洗，然后将在 0.16mm 筛上洗净的细骨料全部移至广口瓶中，加水至满，再一边加水一边徐徐推进玻璃板，注意玻璃板上不得带有任何气泡，盖严后应擦净板面和瓶壁的余水；称出细骨料试样、试样筒、水及玻璃板总质量，应按下式计算细骨料在水中的质量：

$$m'_s = C_s(m_{ks} - m_p) \tag{3-18}$$

式中　$m'_s$——细骨料在水中的质量（g）；

　　　$C_s$——细骨料修正系数；

　　　$m_{ks}$——细骨料试样、广口瓶、水及玻璃板总质量（g）；

　　　$m_p$——广口瓶、玻璃板和水的总质量（g）。

计算应精确至 1g。

5. 结果评定

混凝土拌合物中四种组分的质量应按以下公式计算：

（1）试样中的水泥质量应按下式计算：

$$m_c = (m'_m - m'_s) \times \frac{\rho_c}{\rho_c - 1} \tag{3-19}$$

式中　$m_c$——试样中的水泥质量（g）；

　　　$m'_m$——砂浆在水中的质量（g）；

　　　$m'_s$——细骨料在水中的质量（g）；

　　　$\rho_c$——水泥的表观密度（g/cm³）。

计算应精确至 1g。

(2) 试样中细骨料的质量应按下式计算：

$$m_s = m'_s \times \frac{\rho_s}{\rho_s - 1} \tag{3-20}$$

式中　$m_s$——试样中细骨料的质量（g）；

　　　$m'_s$——细骨料在水中的质量（g）；

　　　$\rho_s$——处于饱和面干状态下的细骨料的表观密度（g/cm³）。

计算应精确至1g。

(3) 试样中的水的质量应按下式计算：

$$m_w = m_0 - (m_g + m_s + m_c) \tag{3-21}$$

式中　$m_w$——试样中的水的质量（g）；

　　　$m_0$——拌合物试样的质量（g）；

$m_g$、$m_s$、$m_c$——分别为试样中粗骨料、细骨料和水泥的质量（g）。

计算应精确至1g。

(4) 混凝土拌合物水泥、水、粗骨料、细骨料的单位用量，应分别按下式计算：

$$C = \frac{m_c}{V} \times 1000 \tag{3-22}$$

$$W = \frac{m_w}{V} \times 1000 \tag{3-23}$$

$$G = \frac{m_g}{V} \times 1000 \tag{3-24}$$

$$S = \frac{m_s}{V} \times 1000 \tag{3-25}$$

式中　$C$、$W$、$G$、$S$——分别为水泥、水、粗骨料、细骨料的单位用量（kg/m³）；

　　$m_c$、$m_w$、$m_g$、$m_s$——分别为试样中水泥、水、粗骨料、细骨料的质量（g）；

　　　　　　　　　$V$——试样体积（L）。

以上计算应精确至1kg/m³。

以两个试样试验结果的算术平均值作为测定值，两次试验结果差值的绝对值应符合下列规定：水泥：≤6kg/m³；水：≤4kg/m³；砂：≤20kg/m³；石：≤30kg/m³，否则此次试验无效。

**四、混凝土配合比设计及试验方法**

（一）混凝土配合比设计的基本原则和原理

1. 配合比设计的基本原则

混凝土配合比设计的基本原则是根据选用的材料，通过试验定出既能满足工作性、强度、耐久性和其他要求而且经济合理的混凝土各组成部分的用量比例。配合比设计的基本参数有：

(1) 混凝土的强度要求——强度等级。

(2) 所设计混凝土的稠度要求——坍落度或维勃稠度值。

(3) 所使用的水泥品种、强度等级及其质量水平，即强度富余系数 $\gamma_c$。

(4) 粗细骨料的品种、最大粒径、细度以及级配情况。

(5) 可能掺用的外加剂或掺合料。

(6) 除强度及稠度以外的其他性能要求。

2. 混凝土配合比设计的基本原理

混凝土配合比设计的基本原理是建立在混凝土和混凝土混合料的性能变化规律的基础上的。如普通混凝土的配合比有四个基本变量：水泥、水、细骨料和粗骨料，可分别用 $C$、$W$、$X$ 和 $Y$

表示单位体积混凝土的用量，配合比设计就是要确定这四个基本变量。为此，必须建立起四个表示各未知数之间相互关系的方程式。这些方程式体现出混凝土和混凝土混合料性能的变化规律。

### (二) 混凝土配合比设计步骤

为了正确地设计配合比，在设计前，必须做好调查研究工作，并掌握下列资料：①混凝土工程情况，包括强度要求、结构物种类、部位尺寸，周围环境是否侵蚀、钢筋分布情况等。②原材料的性能指标，掌握水泥的品种、强度等级，骨料的密度、容重、空隙率、级配等试验数据及拌合混凝土用水情况。③施工情况，混凝土拌合、捣实方法及其他施工技术等。

混凝土配合比设计可以遵循以下步骤进行：

1. 计算混凝土配制强度

$$f_{cu,o} \geq f_{cu,k} + 1.645\sigma \tag{3-26}$$

式中　$f_{cu,o}$——混凝土配制强度 (MPa)；

　　　$f_{cu,k}$——混凝土立方体抗压强度标准值 (MPa)；

　　　$\sigma$——混凝土强度标准差 (MPa)。

混凝土强度标准差宜根据同类混凝土统计资料计算确定，其试件组数不应少于25组。

注：①对预拌混凝土厂，统计资料可取1个月；对现场拌制混凝土的施工单位，统计周期可根据实际情况确定，但不宜超过3个月。②当混凝土强度等级为C20，C25时，计算得到的$\sigma < 2.5$ MPa，取$\sigma = 2.5$ MPa；当混凝土强度等级$\geq$C30时，计算得到的$\sigma < 3.0$ MPa，取$\sigma$不小于3.0 MPa。

当无统计资料计算混凝土强度标准差时，其值可参考国家标准《混凝土结构工程施工质量验收规范》(GB 50204—2002) 中的取值方法，见表3-2。

标准差取值　　　　　　　　　　　　　　　　　　表3-2

| 混凝土强度 | < C25 | C25 ~ C35 | $\geq$ C40 |
|---|---|---|---|
| $\sigma$ | 4 | 5 | 6 |

注：现场条件与试验室条件有显著差异时，应调高混凝土配制强度。

但最好应根据施工单位实际情况加以适当调整。$\sigma$值的确定与混凝土生产质量水平有关。当混凝土的生产方能对生产过程实施有效的质量控制，具有健全的管理制度时，$\sigma$可适当降低，反之要提高。

2. 确定用水量的方程

这表示在实际应用的情况下，混凝土混合料的流动性与用水量之间的依赖关系。在不同的配合比设计方法中，都直接或间接地采用了这个基本定则。

混凝土每$1m^3$的用水量可用下式计算[2]：

$$m_{w0} = \frac{10}{3}(T + k) \tag{3-27}$$

式中　$T$——坍落度 (以cm计)；

　　　$k$——骨料常数，见表3-3。

流动性混凝土用水量计算式的骨料常数　　　　　　　　　　表3-3

| 粗骨料最大粒径 (mm) | | 10 | 20 | 40 | 80 |
|---|---|---|---|---|---|
| $K$ | 碎石 | 57.5 | 53.0 | 48.5 | 44.0 |
| | 卵石 | 54.5 | 50.0 | 45.5 | 41.0 |

注：采用火山灰质水泥时，$K$增加4.5-6.0；采用细砂时，$K$增加3.0。也可查表3-4和3-5选用。

**干硬性混凝土的用水量**（kg/m³）　　　　　　　　　　　　　　　　　　　表 3-4

| 拌合物稠度 | | 卵石最大粒径（mm） | | | 碎石最大粒径（mm） | | |
|---|---|---|---|---|---|---|---|
| 项目 | 指标 | 10 | 20 | 40 | 16 | 20 | 40 |
| 维勃稠度（s） | 16-20 | 175 | 160 | 145 | 180 | 170 | 155 |
| | 11-15 | 180 | 165 | 150 | 185 | 175 | 160 |
| | 5-10 | 185 | 170 | 155 | 190 | 180 | 165 |

**塑性混凝土的用水量**（kg/m³）　　　　　　　　　　　　　　　　　　　表 3-5

| 项目 | 指标 | 卵石最大粒径（mm） | | | | 碎石最大粒径（mm） | | | |
|---|---|---|---|---|---|---|---|---|---|
| | | 10 | 20 | 31.5 | 40 | 16 | 20 | 31.5 | 40 |
| 坍落度（mm） | 10~30 | 190 | 170 | 160 | 150 | 200 | 185 | 175 | 165 |
| | 35~50 | 200 | 180 | 170 | 160 | 210 | 195 | 185 | 175 |
| | 55~70 | 210 | 190 | 180 | 170 | 220 | 205 | 195 | 185 |
| | 75~90 | 215 | 195 | 185 | 175 | 230 | 215 | 205 | 195 |

注：1. 本表用水量系用中砂时的平均取值，如采用细砂，每立方米混凝土用水量可增加 5~10kg，采用粗砂时，则可减少 5~10kg；

2. 掺用各种外加剂或掺合料时，可相应增减用水量；

3. 本表不适用于水灰比小于 0.4 或大于 0.8 时的混凝土以及采用特殊成型工艺的混凝土，用水量由实验确定；

4. 对于流动性和大流动性混凝土的用水量可按下列步骤计算：

   (1) 以表中坍落度 90mm 的用水量为基础，按坍落度每增大 20mm 用水量增加 5kg，计算出未掺外加剂的混凝土的用水量；

   (2) 掺外加剂时的混凝土用水量可按下式计算：

$$m_{wa} = m_{w0} \cdot (1 - \beta) \tag{3-28}$$

   式中　$m_{wa}$——掺外加剂混凝土每立方米混凝土的用水量（kg）；
   　　　$m_{w0}$——未掺外加剂混凝土每立方米混凝土的用水量（kg）；
   　　　$\beta$——外加剂的减水率（%）。

   (3) 外加剂的减水率应经试验确定。

**3. 确定水灰比和水泥用量的方程**

水和水泥的质量比与混凝土抗压强度之间存在某种关系，根据混凝土配制强度确定水灰比。混凝土强度与水灰比在 0.4~0.84 之间近似地成线性关系，其一般表达式为：

$$\frac{w}{c} = \frac{\alpha_a \cdot f_{ce}}{f_{cu,0} + \alpha_a \cdot \alpha_b \cdot f_{ce}} \tag{3-29}$$

式中　$\frac{w}{c}$——水灰比；
　　　$f_{cu,0}$——配制强度（MPa）；
　　　$\alpha_a$、$\alpha_b$——回归系数；
　　　$f_{ce}$——水泥的 28d 抗压强度实测值（MPa）；

$$f_{ce} = \gamma_c \cdot f_{ce,g} \tag{3-30}$$

式中　$f_{ce,g}$——水泥 28d 抗压强度等级值（MPa）；
　　　$\gamma_c$——水泥强度等级值富余系数。

$f_{ce}$ 为水泥的 28d 抗压强度实测值，该值在配合比设计时可能难以取得。一般采用富余系数或根据已有的 3d 强度或快测强度推定 28d 强度关系式推定 $f_{ce}$ 值。以上推定 $f_{ce}$ 值的方法都是根据已有的经验推测，所以在使用时要注意留足强度富余。在当地缺乏配合比实际资料的情况下，回归系数可按表 3-6 采用。

回归系数选用表　　　　表 3-6

| 系　　数 | 石子品种 | 碎　石 | 卵　石 |
|---|---|---|---|
| $\alpha_a$ | | 0.46 | 0.48 |
| $\alpha_b$ | | 0.07 | 0.33 |

进行配合比设计时，为保证混凝土获得足够的密实度和耐久性，混凝土的最大水灰比和最小水泥用量应符合表 3-7 的要求。

混凝土的最大水灰比和最小水泥用量　　　　表 3-7

| 环境条件 | | 结构物类别 | 最大水灰比 | | | 最小水泥用量 (kg/m³) | | |
|---|---|---|---|---|---|---|---|---|
| | | | 素混凝土 | 钢筋混凝土 | 预应力混凝土 | 素混凝土 | 钢筋混凝土 | 预应力混凝土 |
| 干燥环境 | | 正常的居住或办公用房屋内部件 | 不作规定 | 0.65 | 0.60 | 200 | 260 | 300 |
| 潮湿环境 | 无冻害 | （1）高湿度的室内部件<br>（2）室外部件<br>（3）在非侵蚀性土和（或）水中的部件 | 0.70 | 0.60 | 0.60 | 225 | 280 | 300 |
| | 有冻害 | （1）经受冻害的室外部件<br>（2）在非侵蚀性土和（或）水中经受冻害的部件<br>（3）高湿度且经受冻害的室内部件 | 0.55 | 0.55 | 0.55 | 250 | 280 | 300 |
| 有冻害和除冰剂的潮湿环境 | | 经受冻害和除冰剂的室内和室外部件 | 0.50 | 0.50 | 0.50 | 300 | 300 | 300 |

注：1. 当用活性掺和料取代部分水泥时，表中的最大水灰比及最小水泥用量即为替代前的水灰比和水泥用量；
　　2. 配制 C15 级及其以下等级的混凝土，可不受本表限制。

已知水灰比及用水量后，即可用下式求得水泥用量：

$$m_{c0} = m_{w0}/(W/C) \tag{3-31}$$

式中　$m_{c0}$——水泥用量（kg）；

　　　$m_{w0}$——用水量（kg）；

　　　$W/C$——水灰比。

当上式计算所得的水泥用量小于表 3-7 规定的最小水泥用量时，应按表中规定的最小水泥用量选取。

4. 确定粗、细骨料比例的方程——确定砂率

砂（细骨料）在骨料总量中所占的比例称为砂率。砂率对混凝土拌合物的流动性及粘聚性有较大的影响，在配合比设计时应确定合理的砂率值。合理砂率值，就是在用水量及水泥用量一定的情况下，能使混凝土拌合物获得最大的流动性，且能保持粘聚性及保水性能良好时的砂率值[3]。影响砂率的因素很多，如：粗骨料粒径大砂率小，粗骨料粒径小砂率大；细砂的砂率小，粗砂的砂率大；碎石的砂率大，卵石的砂率小；水灰比大则砂率大，水灰比小则砂率小；水泥用量大则可降低砂率，水泥用量小则可提高砂率。

可通过下列方法确定砂率：

(1) 查表法

按《普通混凝土配合比设计规程》要求，可按骨料品种、规格及水灰比值，通过查表 3-8 确定。

混凝土的砂率（%） 表 3-8

| 水灰比 (W/C) | 卵石最大粒径（mm） | | | 碎石最大粒径（mm） | | |
|---|---|---|---|---|---|---|
| | 10 | 20 | 40 | 16 | 20 | 40 |
| 0.40 | 26~32 | 25~31 | 24~30 | 30~35 | 29~34 | 27~32 |
| 0.50 | 30~35 | 29~34 | 28~33 | 33~38 | 32~37 | 30~35 |
| 0.60 | 33~38 | 32~37 | 31~36 | 36~41 | 35~40 | 33~38 |
| 0.70 | 36~41 | 35~40 | 34~39 | 39~44 | 38~43 | 36~41 |

注：1. 本表数值系中砂的选用砂率，对细砂或粗砂，可相应地减小或增大砂率；
2. 只用一个单粒级粗骨料配制混凝土时，砂率应适当增大；
3. 对薄壁构件砂率取偏大值；
4. 本砂率表适用于坍落度为 10~60mm 的混凝土，坍落度大于 60mm，也可在表 3-8 的基础上，按坍落度每增大 20mm，砂率增大 1% 的幅度予以调整，坍落度小于 10mm 时，其砂率应经试验确定；
5. 掺有外加剂和掺合料的掺量应通过试验确定；
6. 本表中的砂率系指砂与骨料总量的质量比。

(2) 试验法

需要比较准确地确定合理砂率的范围或需要了解砂率变化对混凝土拌合物性能的影响时，应经试验来确定合理砂率。混凝土拌合物的合理砂率是指在一定用水量及水泥用量的情况下，能使混合物获得最大的流动性，且能保持粘聚性及保水性能良好时的砂率值。其步骤如下：

①至少拌制五组不同砂率的混凝土拌合物，它们的用水量及水泥用量均相同，唯砂率值以每组相当 2%~3% 的间隙变动。

②测定每组拌合物的坍落度（或维勃稠度）并同时检验其粘聚性和保水性。

③用坐标纸作坍落度-砂率关系图，如图上具有极大值，则极大值所对应的砂率即为该拌合物的合理砂率值。如果因粘聚性能不好而得不出极大值，则合理砂率值应为粘聚性及保水性能保持良好而混凝土坍落度最大时的砂率值。

④在一定范围内，砂率对混凝土强度的影响并不明显。因此，合理砂率值主要应根据混合物的坍落度及粘聚性、保水性等特征来确定。各组强度试验结果作为分析时参考之用。

(3) 计算法

计算法确定砂率的原则是以砂子来填充石子空隙，并稍有富余来确定。由于计算较复杂，不做详细介绍。

5. 确定骨料总用量的方程——体积法和重量法

在算出单位体积混凝土的用水量和水泥用量后，即可应用绝对体积方法或假定表观密度方法计算出单位体积混凝土中的骨料总用量（绝对体积或质量）。

(1) 体积法是假设混凝土组成材料绝对体积的总和等于混凝土的体积，因此得下列方程式：

$$\frac{m_{c0}}{\rho_c} + \frac{m_{s0}}{\rho_s} + \frac{m_{g0}}{\rho_g} + \frac{m_{w0}}{\rho_w} + 10 \cdot \alpha = 1000 \quad (3-32)$$

$$\beta_s = \frac{m_{s0}}{m_{s0} + m_{g0}} \times 100\% \quad (3-33)$$

式中 $m_{c0}$、$m_{s0}$、$m_{g0}$、$m_{w0}$——分别为每 1m³ 混凝土中水泥、砂、石和水的用量（kg/m³）；

$\rho_c$、$\rho_w$、$\rho_s$、$\rho_g$——分别为水泥、水的密度，砂、石的表观密度（单位 g/cm³，计算时换算成 kg/m³），$\rho_c$ 可取 2.9~3.1，$\rho_w$ = 1.0；

1000——指 $1m^3$ 的体积为 1000L；

$\alpha$ ——混凝土的含气量百分数，在不使用引气型外加剂时，$\alpha$ 可取为 1；

$\beta_s$ ——砂率（%）。

（2）重量法是假定混凝土混合物湿表观密度值为已知，求出单位体积混凝土的骨料总用量（质量）：

当采用重量法时，应按式（3-33）和下列公式计算：

$$m_{c0} + m_{s0} + m_{g0} + m_{w0} = m_{cp} \tag{3-34}$$

式中　$m_{cp}$——每 $m^3$ 混凝土拌合物的假定质量（kg），其值可取 2350~2450kg。

### 6. 得出初步配合比

配合比表示形式有两种。第一种以 $1m^3$ 混凝土中各材料的用量（kg）表示；第二种以混凝土中砂子、石子用量比例（以水泥用量为 1 的质量比）和水灰比表示。

即水泥：砂：石 = 1：$X$：$Y$

水灰比：$\dfrac{W}{C}$

### 7. 通过试配和调整得出试验室配合比

以上求出的初步配合比的各种材料用量，是借助于一些经验公式和数据计算得到，或是利用经验资料查得的，实际工作中，所用材料情况往往变化很大，同时影响混凝土性能的因素又很多，所以用以上办法得到的数据仅是初步配合比，需要经过试配进行调整。

下面介绍调整方法：初步配合比确定后，即可称取材料试配，试配拌合量应根据骨料最大粒径确定，见表 3-9。

（1）和易性调整

按计算量称取各材料进行试拌，搅拌方法应尽量与生产时使用的方法相同。搅拌均匀后测坍落度并观察有无分层、泌水和流浆等情况。

如果坍落度不符合设计要求，可保持水灰比不变，增加适量水泥浆，并相应减少砂、石用量。对于普通混凝土，增加 10mm 坍落度，约需增加水泥浆 2%~5%。然后重新拌合，直至坍落度符合要求为止。

混凝土试配用拌合量　　表 3-9

| 骨料最大粒径（mm） | 拌合物数量（L） |
|---|---|
| 30 或以下 | 15 |
| 40 | 30 |

注：1. 需进行抗冻、抗渗或其他项目的试验，则应根据试验项目的需要计算用量；
2. 采用机械搅拌时，拌合量应不小于搅拌机定额拌量的 1/4。

如果坍落度大于要求时，且拌合物粘聚性不足，可减小水泥浆用量，并保持砂、石总质量不变，适当提高砂率（增加砂用量同时，相应地减少石子用量，以保持砂石总质量不变），重新拌合，试验直至满足坍落度要求为止。

另外，为简化起见，也可只增减水泥浆数量不相应改变砂、石数量使和易性合格。

坍落度的调整时间不宜过长，一般不超过 20min 为宜。

经过调整后，应重新计算每 $1m^3$ 混凝土的水泥、砂子、石子和水的用量，提出供检验混凝土强度用的基准配合比。

（2）水灰比调整

检验混凝土强度时至少应采用三个不同的配合比。除基准配合比以外，另外两个配合比的水灰比值应按基准配合比分别相应增加及减少 0.05，其用水量应该与基准配合比相同，砂率可分别增加和减少 1%。

应调整使不同水灰比的三组混凝土拌合物均满足和易性要求，并制作混凝土强度试块。每种配合比应至少制作一组（三块）试块，标准养护 28d 试压。在有条件的单位可同时制作一组或 $n$

组试块，供快速检验或较早龄期时试压，以便提前定出混凝土配合比供施工使用。但以后仍必须以标准养护 28d 的检验结果为基准调整配合比。

根据试验得出的混凝土强度与其相对应的灰水比（$C/W$）关系，用作图法或计算法求出混凝土配制强度 $f_{cu,0}$ 和与之相对应的灰水比，即可定出调整后的配合比（称试验室配合比）。作图法在例题中说明。

将实测表观密度除以计算表观密度得混凝土配合比校正系数 $\delta$，即：

$$\delta = \frac{\rho_{c,t}}{\rho_{c,c}} \tag{3-35}$$

式中　　$\rho_{c,t}$——混凝土表观密度实测值（$kg/m^3$）；

　　　　$\rho_{c,c}$——混凝土表观密度计算值（$kg/m^3$）。

当混凝土表观密度实测值与计算值之差的绝对值不超过计算值的 2% 时，即可将初步配合比确定为设计配合比；当两者之差超过 2% 时，将配合比中每项材料用量均乘以校正系数 $\delta$，即得试验室配合比。

**8. 确定施工配合比**

试验室配合比是以干燥材料为基准。实际施工现场存放的砂、石材料都含有一定的水分并且含水率经常变化，所以应随时根据现场砂石含水情况调整配合比，调整后的配合比称为施工配合比。

实测砂子含水率为 $a\%$，石子含水率为 $b\%$，则换算施工配合比，其材料用量为：

　　水泥　　　　无变化

　　砂子　　　　$m'_{s0} = m_{s0}(1 + a\%)$

　　石子　　　　$m'_{g0} = m_{g0}(1 + b\%)$

　　水　　　　　$m'_{w0} = m_{w0} - m_{s0} \times a\% - m_{g0} \times b\%$

　　水泥:砂子:石子 $= 1:X:Y$

### （三）有特殊要求的混凝土配合比设计

**1. 抗渗混凝土**

抗渗混凝土所用原材料应符合下列规定：

（1）粗骨料宜采用连续级配，其最大粒径不宜大于 40mm。由于骨料含泥及泥块对混凝土抗渗特别不利，因此，含泥量不得大于 1.0%，泥块含量不得大于 0.5%；细骨料的含泥量不得大于 3.0%，泥块含量不得大于 1.0%。

（2）外加剂宜采用防水剂、膨胀剂、引气剂、减水剂或引气减水剂，正确使用外加剂对提高混凝土的抗渗性能有好处，但是掺用引气剂的抗渗混凝土，其含气量宜控制在 3%~5%。

（3）矿物掺合料能改善混凝土的孔结构，提高混凝土耐久性能，抗渗混凝土宜掺用矿物掺合料。

抗渗混凝土配合比设计除遵守普通混凝土配合设计的要求外，尚应符合下列规定：

（1）每立方米混凝土中的水泥和矿物掺合料总量不宜小于 320kg，以避免缺浆而影响混凝土的密实性。砂率宜为 35%~45%。

（2）供试配用的最大水灰比应符合表 3-10 的要求。

（3）试配要求的抗渗水压值应比设计值提高 0.2MPa。

**2. 抗冻混凝土**

抗冻混凝土所用原材料应符合下列规定：

抗渗混凝土最大水灰比　　　　表 3-10

| 抗渗等级 | 最大水灰比 | |
|---|---|---|
| | C20~C30 | C30 以上 |
| P6 | 0.60 | 0.55 |
| P8~P12 | 0.55 | 0.50 |
| P12 以下 | 0.50 | 0.45 |

(1) 由于火山灰硅酸盐水泥的需水量大，对抗冻性不利，因此，应选用硅酸盐水泥或普通硅酸盐水泥。

(2) 粗骨料宜采用连续级配，由于骨料含泥及泥块对混凝土抗冻性能不利，因此，含泥量不得大于1.0%，泥块含量不得大于0.5%；细骨料的含泥量不得大于3.0%，泥块含量不得大于1.0%；抗冻等级F100及以下的混凝土所用骨料均应进行坚固性试验。

(3) 抗冻混凝土宜采用减水剂，对抗冻等级F100及以上的混凝土应掺引气剂，掺用用混凝土的含气量宜根据骨粒径确定。

抗冻混凝土的配合比设计除遵守普通混凝土配合比设计要求外，其最大水灰比还应符合表3-11的要求。

抗冻混凝土最大水灰比　表3-11

| 抗冻等级 | 最大水灰比 | |
|---|---|---|
| | 无引气剂时 | 掺引气剂时 |
| F50 | 0.55 | 0.60 |
| F100 | — | 0.55 |
| F150及以上 | — | 0.50 |

3. 高强混凝土

配制高强混凝土所用原材料要求：

(1) 水泥应选用质量稳定、强度等级不低于42.5级的硅酸盐水泥或普通硅酸盐水泥。

(2) 粗骨料强度与粒径成反比，即加工的粒径越小，内部缺陷越少，在混凝土受力越均匀，颗粒强度越高。粒形越接近圆形，受力状态亦越好。强度等级为C60级的混凝土，其粗骨料的最大粒径不应大于31.5mm，对强度等级高于C60级的混凝土，其粗骨料的最大粒径不应大于25mm；针片状颗粒含量不宜大于5.0%，含泥量不应大于0.5%，泥块含量不宜大于0.2%。

(3) 细骨料的细度模数宜大于2.6，含泥量不应大于2.0%，泥块含量不应大于0.5%。

(4) 高效减水剂是高强混凝土的特征组分，配制高强混凝土时应掺用高效减水剂或缓凝高效减水剂。配制高强混凝土还应掺用活性较好的矿物掺合料，且宜复合使用矿物掺合料。活性矿物掺合料的使用，可调整水泥颗粒级配，起到增密、增塑、减水的效果和火山灰效应，改善骨料界面效应，提高混凝土性能。随着混凝土强度的提高，在保持胶结材料不超过限值时必须提高减水剂的减水率。

高强混凝土的配合比设计要求：

(1) 鲍罗米公式在C60及以上等级的混凝土强度，其线性关系较差，离散性较大，因此，基准配合比中的水灰比，可根据现有试验资料选取。

(2) 配制高强混凝土所用砂率及所采用的外加剂和矿物掺合料的品种、掺量，应通过试验确定。

(3) 高强混凝土的水泥用量不应大于550kg/m³；水泥和矿物掺合料的总量不应大于600 kg/m³。

(4) 高强混凝土配合比的试配进行调整时的两个配合比的水灰比宜较基准配合比分别增加和减少0.02~0.03。

(5) 高强混凝土设计配合确定后，应进行多次重复试验进行验证，其平均值不应低于配制强度。

4. 泵送混凝土

泵送混凝土所用原材料要求：

(1) 由于火山灰质硅酸盐水泥需水量大，易泌水，因此泵送混凝土不宜采用火山灰质硅酸盐水泥。

(2) 粗骨料宜采用连续级配，针片状颗粒含量不宜大于10%。

(3) 泵送混凝土宜采用中砂，其通过0.315mm筛孔的颗粒含量不应少于15%。

(4) 泵送混凝土应掺用泵送剂或减水剂，并宜掺用粉煤灰或其他活性矿物掺合料，粉煤灰的掺入能减少混凝土对管壁的摩阻力。

泵送混凝土配合比设计要求：

（1）泵送混凝土的用水量与水泥和矿物掺合料的总量之比不宜大于0.60，否则浆体的粘度太小，制成的混凝土容易离析。水泥与矿物掺合料的总量不宜小于300kg/m³，否则浆量不够，混凝土显得干涩，不利于泵送。

（2）泵送混凝土的砂率宜为35%~45%。

（3）掺用引气型外加剂时，其混凝土含气量不宜大于4%。因为引入的空气在混凝土中形成无数细小可压缩体，会吸收泵压。

（4）确定泵送混凝土试配用坍落度时，一定要考虑坍落度的经时损失。

5．大体积混凝土

大体积混凝土所用原材料要求：

（1）水泥应选用水化热低和凝结时间长的水泥，以免短时间内产生大量水化热，在混凝土表面和内部产生温差，产生温度应力，引起混凝土开裂。

（2）粗骨料宜采用连续级配，细骨料宜采用中砂。

（3）大体积混凝土应掺用缓凝剂、减水剂和减少水泥水化热的掺合料。

大体积混凝土在保证强度及坍落度要求的前提下，应提高掺合料及骨料含料，以降低每立方米混凝土的水泥用量。

进行泵送混凝土配合比设计时，除遵守普通混凝土配合设计要求时，宜在配合比确定后进行水化热的验算或测定。

（四）高性能混凝土配合比设计原则

随着混凝土技术发展，近几年来高性能混凝土出现蓬勃发展的势头。高性能混凝土是在长期研究与实践中创造的至今较完善的混凝土，它有着良好的力学性能、耐久性能，以及施工中适应性能。另外，掺加粉煤灰、矿粉等混合材使得高性能混凝土比一般混凝土环保。

高性能混凝土耐久性表现在抗裂性好和体积稳定性好，低渗透性（包括水密性和抗化学侵蚀性）、无龟裂，内部结构的自愈性和长期强度缓慢持续发展[4]。以耐久性为主的高性能混凝土配合比设计应考虑如下几点：

1．低用水量

在满足工作性条件下尽量减少用水量。混凝土高拌合水量的后果是：抗压和抗折强度降低、吸水率和渗透性增大、水密性降低、干缩裂缝出现的几率加大、砂石与水泥石界面粘结力和钢筋与混凝土握裹力减小、混凝土干湿体积变化率加大和抗风化能力降低。一般高性能混凝土用水量要求≯165kg/m³。

2．低水泥用量

系指满足混凝土工作性和强度条件下尽量减小水泥用量，这是提高混凝土体积稳定性和抗裂性的一条重要措施。过高的水泥浆会产生大的水化热，大的坍落度损失，塑性裂缝出现的几率大，弹性模量降低，干燥收缩与徐变值增大。

3．最大堆积密度

系指优化混凝土中骨料的级配设计，获取最大堆积密度和最小空隙率，以便尽可能减少水泥浆的用量，来达到降低含砂率，减少用水量和水泥用量之目的。

4．水灰比适当

在一定范围内混凝土抗压强度与其拌合物的水灰比（$W/C$）成正比，减小$W/C$，混凝土抗压强度和体积稳定性提高，但为保证混凝土的抗裂性能，水灰比应适当，不宜过小，过小的$W/C$易导致混凝土自生收缩增大。

### 5. 活性掺合料与高效减水剂双掺

高性能混凝土的配制必须发挥活性掺合料与高效减水剂的超叠加效应，从而达到减少水泥用量和用水量、密实混凝土内部结构，使混凝土强度持续发展，耐久性得以改善。使混凝土具有高电阻和低电渗[5]。

总之耐久性好的 HPC 配合比设计关键是用水量低（减少渗透性，掺减水剂改善工作性），水泥用量少（降低受侵蚀、减少碱含量、氢氧化钙和 $C_3A$ 含量），骨料多（增加混凝土结构的稳定性），采用掺合料（抗渗与固体）。

上述有特殊要求的混凝土配合比设计只是就混凝土耐久性的某一因素进行了要求，在工程实际中，混凝土大都是在两种或两种以上因素的作用下，如抗冻融作用与钢筋锈蚀、碱骨料反应与氯盐腐蚀、还可能有碳化、硫酸盐侵蚀等参与，因此，混凝土配合比设计会更加复杂，对原材料、水灰比、骨料和砂率等又有不同的要求。

### 五、计算实例

#### 1. 设计要求

设某工程制作钢筋混凝土梁，混凝土设计强度等级为 C30，机械拌合、振捣，坍落度为 140～160mm，设计配合比。

#### 2. 原材料

水泥：强度等级为 32.5，密度为 3.1 g/cm³，普通水泥，$\gamma_c = 1.15$；

砂子：中砂；

石子：碎石，粒级 5～20mm；

高效减水剂（粉剂）：$\beta = 20\%$，掺量为 1%（内掺）；

水：自来水。

#### 3. 设计步骤

(1) 确定混凝土配制强度（$f_{cu,0}$）

$f_{cu,0} \geq f_{cu,k} + 1.645\sigma$，取标准差 $\sigma = 5$MPa，

$$f_{cu,0} = 30 + 1.645 \times 5 = 38.2 \text{（MPa）}$$

(2) 计算水灰比（$W/C$）

采用的骨料是碎石，最大粒径为 20mm。

$$\frac{W}{C} = \frac{\alpha_a \cdot f_{ce}}{f_{cu,0} + \alpha_a \cdot \alpha_b \cdot f_{ce}}$$

$$f_{ce} = \gamma_c \cdot f_{ce,g} = 1.15 \times 32.5 = 37.4 \text{(MPa)}$$

$$\frac{W}{C} = \frac{0.46 \times 37.4}{38.2 + 0.46 \times 0.07 \times 37.4} = 0.44$$

(3) 确定用水量（$m_{w0}$）

查表 3-5 坍落度为 90mm 碎石最大粒径为 20mm 时，$m_{w0} = 215$kg/m³，要求坍落度为 120～160mm，因此设计用水量为 $215 + \frac{150-90}{20} \times 5 = 230$ kg/m³，减水剂减水率为 20%，实际用水量为 $230 \times (1 - 20\%) = 184$ kg/m³

(4) 计算水泥用量（$m_{c0}$）

$$m_{c0} = \frac{m_{w0}}{W/C} = 184 \div 0.44 = 418 \text{kg/m}^3$$

外加剂掺量为 1%（内掺），因此

水泥用量为：$418 \times (1 - 1\%) = 413.82 \text{ kg/m}^3$
外加剂用量为：$418 \times 1\% = 4.18 \text{ kg/m}^3$
对照表3-7符合耐久性要求。

(5) 确定砂率（$\beta_s$）

采用查表法，查表3-8可知，$W/C = 0.44$，碎石最大粒径为20mm，坍落度为60mm时的砂率为33%，坍落度为120~160mm时砂率为：$\beta_s = 33\% + \dfrac{150 - 60}{20} \times 1\% = 37.5\%$

(6) 采用重量法，计算砂、石用量（$m_{s0}$、$m_{g0}$）

用下列两个关系式计算

$$\begin{cases} m_{w0} + m_{c0} + m_{s0} + m_{g0} = 2450 \\ \dfrac{m_{s0}}{m_{s0} + m_{g0}} = \beta_s \end{cases}$$

解联立方程

$$\begin{cases} 184 + 418 + m_{s0} + m_{g0} = 2450 \\ \dfrac{m_{s0}}{m_{s0} + m_{g0}} = 37.5\% \end{cases}$$

得　　　　　　　　$m_{s0} = 693 \text{(kg)}$　　$m_{g0} = 1155 \text{(kg)}$

(7) 计算初步配合比，见下表

$$m_{c0} : m_{s0} : m_{g0} = 418 : 693 : 1155;\quad W/C = 0.44$$

**混凝土设计初步配合比**

| 用 料 名 称 | 水 | 胶凝材料 | | 砂 | 石 |
|---|---|---|---|---|---|
| | | 水 泥 | 外加剂 | | |
| 每 m³ 混凝土材料用量 | 184 | 413.82 | 4.18 | 693 | 1155 |
| 配 合 比 | 0.44 | 1 | | 1.658 | 2.763 |

(8) 试配与配合比调整

用水量不变，水灰比分别增加和减少0.05，砂率相应地分别增加和减少1%，见下述二表：

**混凝土配合比调整（基准水灰比增加0.05）**

| 用 料 名 称 | 水 | 胶凝材料 | | 砂 | 石 |
|---|---|---|---|---|---|
| | | 水 泥 | 外加剂 | | |
| 每 m³ 混凝土材料用量 | 184 | 372.24 | 3.76 | 728 | 1162 |
| 配 合 比 | 0.49 | 1 | | 1.936 | 3.090 |

**混凝土配合比调整（基准水灰比减少0.05）**

| 用 料 名 称 | 水 | 胶凝材料 | | 砂 | 石 |
|---|---|---|---|---|---|
| | | 水 泥 | 外加剂 | | |
| 每 m³ 混凝土材料用量 | 184 | 467.28 | 4.72 | 655 | 1139 |
| 配 合 比 | 0.39 | 1 | | 1.388 | 2.413 |

三组配合比的实测表观密度与计算值之差的绝对值不超过计算值的2%，因此，不需进行表观密度调整。

三组配合比试件的28d实测强度值分别为：

$$C/W = 2.564,\ W/C = 0.39,\ f_{cu,0} = 45$$
$$C/W = 2.273,\ W/C = 0.44,\ f_{cu,0} = 35$$

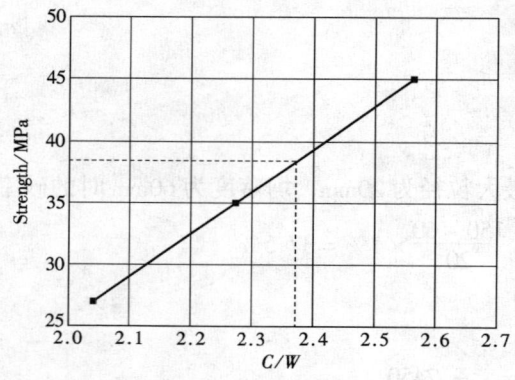

实测强度与灰水比关系示意图

$C/W = 2.041$，$W/C = 0.49$，$f_{cu,0} = 27$

绘制强度与灰水比关系曲线（见左图）。由图可知，对应于试配强度 $f_{cu,0} = 38.2$MPa 的灰水比值为：$C/W = 2.361$。

(9) 确定最终配合比设计值。

①按强度修正配合比设计值。

用水量：

$$m_{wa} = 184 \text{kg/m}^3$$

胶凝材料用量：

$$m_{ca} = 184 \times 2.361 = 434 \text{kg/m}^3$$

其中减水剂为：$434 \times 1\% = 4.34 \text{kg/m}^3$

砂、石用量：

$$m_{sa} = (2450 - m_{wa} - m_{ca}) \times 37.5\% = 678 \text{kg/m}^3$$

$$m_{ga} = 2450 - m_{wa} - m_{ca} - m_{sa} = 1154 \text{kg/m}^3$$

②最终配合设计值，见下表：

混凝土配合比

| 用料名称 | 水 | 胶凝材料 | | 砂 | 石 |
|---|---|---|---|---|---|
| | | 水泥 | 外加剂 | | |
| 每 1m³ 混凝土材料用量 | 184 | 429.66 | 4.34 | 678 | 1154 |
| 配合比 | 0.42 | 1 | | 1.562 | 2.659 |

**思考题**

1. 通过稠度试验，如何判断混凝土拌合物的工作性能？
2. 简述粗砂和细砂分别对混凝土的用水量和砂率选取时的影响？
3. 在配合比设计时，哪些因素对混凝土的强度有影响。
4. 设某工地现浇混凝土，混凝土设计强度等级为 C40，机械拌合、振捣，坍落度为 140～160mm，原材料如下：水泥，普通硅酸盐水泥，强度等级为 32.5MPa，密度为 3.1g/cm³，$\gamma_c = 1.05$；砂子，中砂，泥含量 1.2%；粗骨料，5～40mm 连续级配；外加剂，JM-Ⅱ高效减水剂，$\beta = 20\%$，掺量为 1%（内掺）；水，自来水。混凝土拌合物假定重量为 2400kg。试确定配合比。

**参考文献**

1. 张应力. 现代混凝土配合比设计手册. 北京：人民交通出版社，2003
2. Metha P.K. 混凝土的结构、性能与材料. 上海：同济大学出版社
3. 杨伯科等. 实用混凝土技术，混凝土实用新技术手册. 吉林科学技术出版社，1998
4. 吴中伟，廉慧珍. 高性能混凝土 [M]. 中国铁道出版社，1999
5. D.M.Roy, P.Arjunan, M.R.Silsbee. Effect of silica fume, metakaolin, and low-calcium fly ash on chemical resistance of concrete. Cement and Concrete Composites [J]. 2001, 31(12): 1809—1813

## 第二节 混凝土物理力学性能

### 一、概念

混凝土是由胶凝材料、骨料加水以及必要时加入化学外加剂和矿物掺合料进行拌合，经硬化而成的人造石材。一般所称的混凝土是指水泥混凝土，它由水泥、水及砂石骨料配制而成，其中

水泥和水是具有活性的组成成分，起胶凝作用；骨料只起骨架填充作用。

混凝土的物理力学性能主要有强度、变形及耐久性三个方面的性能。

混凝土强度是混凝土的主要物理力学性能，又分为抗压强度、抗拉强度及抗折强度等，其中抗压强度是表示混凝土强度等级的主要指标。

混凝土在使用过程中，受外界干湿变化、温度变化和荷载作用会产生各种变形。反映混凝土变形主要有收缩、弹性模量及徐变三个指标。混凝土在硬化过程中由于胶体干燥、水分蒸发而引起的体积收缩称为干缩。混凝土的应力与应变的比值为弹性模量，弹性模量又分为静弹性模量和动弹性模量。混凝土的强度越大，弹性模量越高。徐变是指混凝土在长期荷载作用下随时间而增加的变形。这种固定荷载下变形随着时间推移而增大的现象，一般要延续二年至三年才逐渐趋于稳定。徐变主要与混凝土的弹性模量有关，弹性模量越大混凝土徐变越小。

混凝土长期处在各种环境介质中，往往会造成不同程度的损害，甚至完全破坏。造成损害和破坏的原因有外部环境条件引起的，也有混凝土内部缺陷及组成材料的特性引起的。反映混凝土耐久性的指标主要有：抗渗性、抗冻性、抗碳化性、混凝土中的钢筋锈蚀、抗压疲劳强度等。混凝土抗渗性能以抗渗强度等级表示，抗渗强度等级是按 28d 龄期混凝土标准试件测得的所能承受的最大水压强度来确定。混凝土抗冻性以抗冻强度等级表示，通常以龄期为 28d 的混凝土试件所能承受的冻融循环次数确定。混凝土的碳化作用是二氧化碳与水泥石中的氢氧化钙作用，生成碳酸钙和水，并进一步可使全部钙离子碳化。混凝土的抗碳化能力是指测定在一定浓度的二氧化碳介质中混凝土试件的碳化程度。

**二、检测依据**

《普通混凝土力学性能试验方法标准》GB/T 50081—2002

《普通混凝土长期性能和耐久性能试验方法》GBJ 82—85

**三、取样及制备要求**

1. 取样

同一组混凝土凝土拌合物的取样应从同一盘混凝土或同一车混凝土中取样。取样量应多于试验所需量的 1.5 倍，且宜不小于 20L。

混凝土拌合物的取样应在浇筑地点随机抽取。

从取样完毕到开始做各项拌和物性能试验不宜超过 5min。

混凝土试块的大小应根据混凝土石子粒径确定，试件尺寸大于 3 倍的骨料最大粒径。

2. 试件制作

混凝土试件的制作应符合下列规定：

（1）成型前，应检查试模尺寸并符合标准中有关规定；试模内表面应涂一薄层矿物油或其他不与混凝土发生反应的脱模剂。

（2）在试验室拌制混凝土时，其材料用量应以质量计，称量精度应控制在：水泥、掺合料、水和外加剂 ±0.5%，骨料 ±1%。

（3）现场取样或试验室拌制后的混凝土应在尽可能短的时间内成型，一般不宜超过 15min。

（4）根据混凝土拌合物的稠度确定混凝土成型方法，坍落度不大于 70mm 的混凝土宜用振动振实；大于 70mm 的宜用捣棒人工捣实；检验现浇混凝土或预制构件的混凝土，试件成型方法宜与实际采用的方法相同。

混凝土试件制作应按下列步骤进行：

（1）取样或拌制好的混凝土拌合物应至少用铁锹再来回拌合三次。

（2）根据混凝土坍落度大小，选择成型方法成型：

用振动台振实制作试件：①将混凝土拌合物一次装入试模，装料时应用抹刀沿各试模壁插捣，并使混凝土拌合物高出试模口。②将试模附着或固定在振动台后开启振动台，振动持续至表面出浆为止。振动时试模不得有任何跳动，且不得过振。

用人工插捣制作试件：①混凝土拌合物应分两层装入模内，每层的装料厚度大致相等。②插捣应按螺旋方向从边缘向中心均匀进行。在插捣底层混凝土时，捣棒应达到试模底部；插捣上层时，捣棒应贯穿上层后插入下层20~30mm；插捣时捣棒应保持垂直，不得倾斜。然后应用抹刀沿试模内壁插拔数次。③每层插捣次数按在10000$mm^2$截面积内不得少于12次。④插捣后应用橡皮锤轻轻敲击试模四周，直至插捣棒留下的空洞消失为止。

用插入式振动棒振实制作试件：①将混凝土拌合物一次装入试模，装料时应用抹刀沿各试模壁插捣，并使混凝土拌合物高出试模口。②将振动棒插入试模振捣，直至表面出浆为止。插入试模振捣时，宜用直径为$\phi$25mm的插入式振捣棒；振捣棒距试模底板10~20mm且不得触及底板，且应避免过振，以防止混凝土离析；振捣时间一般为20s。振捣棒拔出时要缓慢，拨出后不得留有孔洞。

（3）刮除试模上口多余的混凝土，待混凝土临近初凝时，用抹刀抹平。

3．试件的养护

（1）试件成型后应立即用不透水的薄膜覆盖表面。

（2）采用标准养护的试件，应在温度为20±5℃的环境中静置一昼夜至二昼夜，然后编号、拆模。拆模后应立即放入温度为20±2℃，相对湿度为95%以上的标准养护室中养护，或在温度为20±2℃的不流动的$Ca(OH)_2$饱和溶液中养护。标准养护室内的试件应放在支架上，彼此间隔10~20mm，试件表面应保持潮湿，并不得被水直接冲淋。

（3）同条件养护试件的拆模时间可与实际构件的拆模时间相同。拆模后，试件仍需同条件养护。

（4）标准养护龄期为28d（从搅拌加水开始时计）。

**四、试验方法**

**（一）立方体抗压强度试验**

1．仪器设备

压力试验机，并符合下列要求：

（1）其精度为±1%，试件破坏荷载应大于压力机全量程的20%且小于压力机全量程的80%。

（2）应具有加荷速度指示装置或加荷速度控制装置，并应能均匀、连续地加荷。

（3）应具有有效期内的计量检定证书。

注：以下试验项目中如无特殊说明，所使用压力试验机要求与此相同。

2．试验步骤

（1）试件从养护地点取出后应及时进行试验，将试件表面与上下承压板面擦干净。

（2）将试件安放在试验机的下压板或垫板上，试件的承压面应与成型时的顶面垂直。试件的中心应与试验机下压板中心对准，开动试验机，当上压板与试件或钢垫板接近时，调整球座，使接触均衡。

（3）在试验过程中应连续均匀地加荷，混凝土强度等级<C30时，加荷速度取每秒钟0.3~0.5MPa；混凝土强度等级≥C30且<C60时，取每秒钟0.5~0.8MPa；混凝土强度等级≥C60时，取每秒钟0.8~1.0MPa。

（4）当试件接近破坏开始急剧变形时，应停止调整试验机油门，直至破坏，记录破坏荷载。

3．数据处理与结果判定

（1）混凝土立方体抗压强度应按下式计算：

$$f_{cc} = \frac{F}{A} \tag{3-36}$$

式中 $f_{cc}$——混凝土立方体试件抗压强度（MPa）；
$F$——试件破坏荷载（N）；
$A$——试件承压面积（mm²）。

混凝土立方体抗压强度计算应精确至 0.1MPa。

(2) 强度值的确定应符合下列规定：

三个试件测值的算术平均值作为该组试件的强度值（精确至 0.1 MPa）；

三个测值中的最大值或最小值中如有一个与中间值的差值超过中间的 15%时，则把最大及最小值一并去除，取中间值作为该组试件的抗压强度值；

如最大值和最小值与中间值的差均超过中间值的 15%，则该组试件的试验结果无效；

混凝土强度等级＜C60时，用非标准试件测得强度值均应乘以尺寸换算系数：200mm×200mm×200mm 试件为 1.05，100mm×100mm×100mm 试件为 0.95。当混凝土强度等级≥C60 时，宜采用标准试件；如使用非标准试件时，尺寸换算系数应由试验确定。

（二）轴心抗压强度试验

1. 仪器设备压力试验机

2. 试验步骤

(1) 试件从养护地点取出后应及时进行试验，用干毛巾将试件表面与上下承压板面擦干净。

(2) 将试件直立放置在试验机的下压板或钢垫板上，并使试件轴心与下压板中心对准。

(3) 开动试验机，当上压板与试件或钢垫板接近时，调整球座，使接触均衡。

(4) 应连续均匀地加荷，不得有冲击。所有加荷速度应符合本节中立方体抗压强度试验第 2 条第 3 款的规定。

(5) 试件接近破坏而开始急剧变形时，应停止调整试验机油门，直至破坏。然后记录破坏荷载。

3. 数据处理与结果判定

(1) 混凝土试件轴心抗压强度应按下式计算：

$$f_{cp} = \frac{F}{A} \tag{3-37}$$

式中 $f_{cp}$——混凝土轴心抗压强度（MPa）；
$F$——试件破坏荷载（N）；
$A$——试件承压面积（mm²）。

混凝土轴心抗压强度计算应精确至 0.1MPa。

(2) 混凝土轴心抗压强度值的确定应符合本节中立方体抗压强度试验第 3 条第 2 款的规定。

(3) 混凝土强度等级＜C60时，用非标准试件测得的强度值均应乘以尺寸换算系数，其值为对 200mm×200mm×400mm 试件为 1.05；对 100mm×100mm×300mm 试件为 0.95。当混凝土等度等级≥60时，宜采用标准试件；使用非标准试件时，尺寸换算系数应由试验确定。

（三）静力受压弹性模量试验

1. 仪器设备

压力试验机。

微变形测量仪，要求如下：测量精度不得低于 0.001mm；固定架的标距应为 150mm。

2. 试验步骤

(1) 试件从养护地点取出后先将试件表面与上下承压板面擦干净。

(2) 取 3 个试件按照检测依据的规定，测定混凝土的轴心抗压强度（$f_{cp}$）。另 3 个试件用于测定混凝土的弹性模量。

(3) 在测定混凝土弹性模量时，变形测量仪应安装在试件两侧的中线上并对称于试件的两端。

(4) 应仔细调整试件在压力试验机上的位置，使其轴心与下压板的中心线上对准。开动压力试验机，当上压板与试件接近时调整球座，使其接触匀衡。

(5) 加荷至基准应力为 0.5MPa 的初始荷载值 $F_0$，保持荷载 60s 并在以后的 30s 内记录每一测点的变形读数 $\varepsilon_0$。读完数后，应立即连续均匀地加荷至应力为三分之一轴心抗压强度 $f_{cp}$ 的荷载值 $F_a$，保持恒载 60s 并在以后的 30s 内记录每一测点的变形读数 $\varepsilon_a$。所用加荷速度应符合本节中立方体抗压强度试验第 2 条第 3 款的规定。

(6) 当以上这些变形值之差与它们平均值之比大于 20% 时，应在重新对中试件后重复本条第 5 款的试验。如果无法使其减少到低于 20% 时，则此次试验无效。

(7) 在确认试件对中符合本条第 6 款规定后，以与加荷速度相同的速度卸荷至基准应力 0.5MPa（$F_0$），恒载 60s；然后用同样的加荷和卸荷速度以及 60s 的保持恒载（$F_0$ 及 $F_a$），至少进行两次反复预压。在最后一次预压完成后，在基准应力 0.5MPa（$F_0$）持荷 60s 并在以后的 30s 内记录每一测点的变形读数 $\varepsilon_0$；再用同样的加荷速度加荷至 $F_a$，持荷 60s 并在以后的 30s 内记录每一测点的变形读数 $\varepsilon_a$（见图 3-4 所示）。

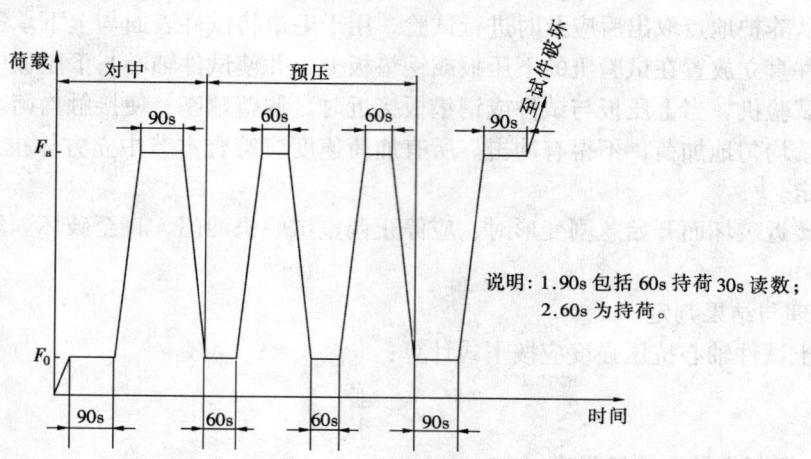

图 3-4 弹性模量加荷方法示意图

(8) 卸除变形测量仪，以同样的速度加荷至破坏，记录破坏荷载；如果试件的抗压强度与 $f_{cp}$ 之差超过 $f_{cp}$ 的 20% 时，则应在报告中注明。

3. 数据处理与结果判定

(1) 混凝土弹性模量值应按下式计算：

$$E_c = \frac{F_a - F_0}{A} \times \frac{L}{\Delta n} \qquad (3-38)$$

式中　$E_c$——混凝土弹性模量（MPa）；
　　　$F_a$——应力为 1/3 轴心抗压强度时的荷载（N）；
　　　$F_0$——应力为 0.5MPa 时的初始荷载（N）；
　　　$A$——试件承压面积（$mm^2$）；
　　　$L$——测量标距（mm）；

$$\Delta n = \varepsilon_a - \varepsilon_0 \qquad (3-39)$$

式中 $\Delta n$——最后一次从 $F_0$ 加荷至 $F_a$ 时试件两侧变形的平均值（mm）；

$\varepsilon_a$——$F_a$ 时试件两侧变形平均值（mm）；

$\varepsilon_0$——$F_0$ 时试件两侧变形平均值（mm）。

混凝土受压弹性模量计算精确至 100 MPa。

（2）弹性模量按 3 个试件测值的算术平均值计算。如果其中有一个试件的轴心抗压强度值与用以确定检验控制荷载的轴心抗压强度值相差超过后者的 20% 时，则弹性模量值按另两个试件测值的算术平均值计算；如有两个试件超过上述规定时，则此次试验结果无效。

### （四）劈裂抗拉强度试验

1. 仪器设备

压力试验机；

垫块、垫条及支架。

2. 试验步骤

（1）试件从养护地点取出后应及时进行试验，将试件表面与上下承压板面擦干净。

（2）将试件放在试验机下压板的中心位置，劈裂承压面和劈裂面应与试件成型时的顶面垂直；在上、下压板与试件之间垫圆弧形垫块及垫条各一个，垫块与垫条应与试件上、下面的中心线对准并与成型时的顶面垂直。宜把垫条及试件安装在定位架子上使用。

（3）开动试验机，当上压板与圆弧形垫块接近时，调整球座，使接触均衡。加荷应连续均匀，当混凝土强度等级 < C30 时，加荷速度取每秒钟 0.02~0.05MPa；当混凝土强度等级 ≥ C30 且 < C60 时，取每秒钟 0.05~0.08MPa；当混凝土强度等级 ≥ C60 时，取每秒钟 0.08~0.10MPa；至试件接近破坏时，应停止调整试验机油门，直至试件破坏，然后记录破坏荷载。

3. 数据处理与结果判定

（1）混凝土劈裂抗拉强度应按下式计算：

$$f_{ts} = \frac{2F}{\pi A} = 0.637 \frac{F}{A} \tag{3-40}$$

式中 $f_{ts}$——混凝土劈裂抗拉强度（MPa）；

$F$——试件破坏荷载（N）；

$A$——试件劈裂面面积（mm²）；

劈裂抗拉强度计算精确到 0.01MPa。

（2）强度值的确定应符合下列规定：

三个试件测值的算术平均值作为该组试件的强度值（精确至 0.01MPa）；

三个测值中的最大值或最小值中如有一个与中间值的差值超过中间值的 15% 时，则把最大及最小值一并去除，取中间值作为该组试件的劈裂抗拉强度值；

如最大值与最小值与中间值的差均超过中间值的 15%，则该组试件的试验结果无效。

（3）采用 100mm×100mm×100mm 非标准试件测得劈裂抗拉强度值，应乘以尺寸换算系数 0.85；当混凝土强度等级 ≥ C60 时，宜采用标准试件；使用非标准试件时，尺寸换算系数应由试验确定。

### （五）抗折强度试验

1. 仪器设备

压力试验机应符合本节抗压强度试验中试验机的要求；试验机应能施加均匀、连续、速度可控的荷载，并带有能使二个相等荷载同时作用在试件跨度 3 分点处的抗折试验装置，见图 3-5 所示。

试件的支座和加荷头应采用直径为 20~40mm、长度不小于 $b+10$mm 的硬钢圆柱，支座立脚

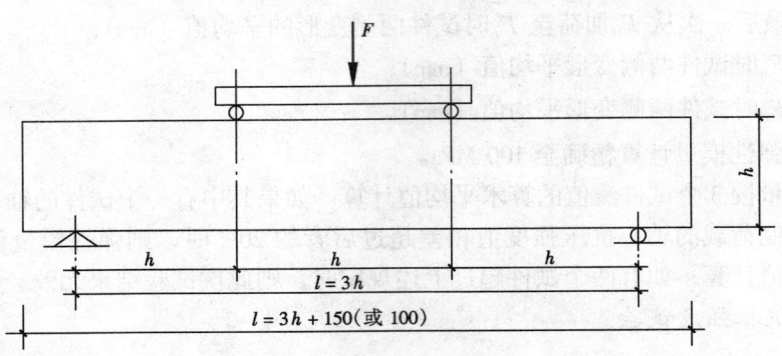

图 3-5 抗折试验装置

点为固定铰支座,其他应为滚动支座。

2. 试验步骤

(1) 试件从养护地点取出后应及时进行试验,将表面擦干净。

(2) 按图装置试件,安装尺寸偏差不得大于 1mm。试件的承压面应为试件成型时的侧面。支座及承压面与圆柱的接触面应平稳、均匀、否则应垫平。

(3) 施加荷载应保持均匀、连续。当混凝土强度等级 < C30 时,加荷速度取每秒 0.02~0.05MPa;当混凝土强度等级 ≥ C30 且 < C60 时,取每秒钟 0.05~0.08MPa;当混凝土强度等级 ≥ C60 时,取每秒钟 0.08~0.10MPa,至试件接近破坏时,应停止调整试验机油门,直至试件破坏,然后记录破坏荷载。

3. 数据处理与结果判定

(1) 若试件下边缘断裂位置处于二个集中荷载作用线之间,则试件的抗折强度按下式计算:

$$f_\mathrm{f} = \frac{Fl}{bh^2} \tag{3-41}$$

式中 $f_\mathrm{f}$——混凝土抗折强度(MPa);
$F$——试件破坏荷载(N);
$l$——支座间的跨度(mm);
$h$——试件截面高度(mm);
$b$——试件截面宽度(mm);

抗折强度应精确至 0.1MPa。

(2) 抗折强度值的确定应符合本节中立方体抗压强度试验第 3 条第 2 款的规定。

(3) 三个试件中若有一个折断面位于两个集中荷载之外,则混凝土抗折强度值按另两个试件的试验结果计算。若这两个测值的差值不大于这两个测值的较小值的 15% 时,则该组试件的抗折强度值按这两个测值的平均值计算,否则该组试件的试验结果无效。若有两个试件的下边缘断裂位置位于两个集中荷载作用线之外,则该组试件试验结果无效。

(4) 当试件尺寸为 100mm × 100mm × 400mm 非标准试件时,应乘以尺寸换算系数 0.85;当混凝土强度等级 ≥ C60 时,宜采用标准试件;使用非标准试件时,尺寸换算系数应由试验确定。

(六)抗冻性能试验

1. 慢冻法

(1) 仪器设备

冷冻箱(室):装有试件后,应能使箱(室)内温度保持在 -15~-20℃ 的范围以内。

溶解水槽:装有试件后,应能使水温保持在 15~20℃ 的范围以内。

框篮:用钢筋焊成,其尺寸应与所装的试件相适应。

案称：称量 10kg，感量为 5g。

压力试验机：精度至少为 ±2%，其量程应能使试件的预期破坏荷载值不小于全量程的 20%，也不得大于全量程的 80%；试验机上、下压力及试件之间可各垫以钢垫板，钢垫板两承压面均应机械加工；与试件接触的压板或垫板的尺寸应大于试件承压面，其不平度应为每 100mm 不超过 0.02mm。

慢冻法所用试件尺寸选用表　　　表 3-12

| 试件尺寸（mm） | 骨料最大粒径（mm） |
| --- | --- |
| 100×100×100 | 30 |
| 150×150×150 | 40 |
| 200×200×200 | 60 |

（2）试件制作

慢冻法混凝土抗冻性能试验应采用立方体试件。试件的尺寸根据混凝土中骨料的最大粒径按表 3-12 选定。

每次试验所需的试件组数应符合表 3-13 的规定，每组试件应为 3 块。

**慢冻法试验所需的试件组数**　　　表 3-13

| 设计抗冻标号 | D25 | D50 | D100 | D150 | D200 | D250 | D300 |
| --- | --- | --- | --- | --- | --- | --- | --- |
| 检查强度时的冻融循环次数 | 25 | 50 | 50 及 100 | 100 及 150 | 150 及 200 | 200 及 250 | 250 及 300 |
| 鉴定 28d 强度所需试件组数 | 1 | 1 | 1 | 1 | 1 | 1 | 1 |
| 冻融试件组数 | 1 | 1 | 2 | 2 | 2 | 2 | 2 |
| 对比试件组数 | 1 | 1 | 2 | 2 | 2 | 2 | 2 |
| 总计试件组数 | 3 | 3 | 5 | 5 | 5 | 5 | 5 |

（3）试验步骤

①如无特殊要求，试件应在 28d 龄期时进行冻融试验。试验前 4d 应把冻融试件从养护地点取出，进行外观检查，随后放在 15~20℃水中浸泡。浸泡时，水面至少应高出试件顶面 20mm。冻融试件浸泡 4d 后进行冻融试验。对比试件则应保留在标养室内，直到完成冻融循环后，与抗冻试件同时试压。

②浸泡完毕后，取出试件，用湿布擦除表面水分、称重、按编号置入框篮后即可放入冷冻箱（室）开始冻融试验。在箱（室）内，框篮应架空，试件与框篮接触处应垫以垫条，并保证至少留有 20mm 的空隙。框篮中各试件之间至少保持 50mm 的空隙。

③抗冻试验冻结时温度应保持在 -15~-20℃。试件在箱内温度到达 -20℃时放入。装完试件，如温度有较大升高，则以温度重新降至 -15℃时起算冻结时间。每次从装完试件到重新降至 -15℃所需的时间不应超过 2 小时。冷冻箱（室）内温度均以其中心处温度为准。

④每次循环中试件的冻结时间按其尺寸而定：对 100mm×100mm×100mm 及 150mm×150mm×150mm 试件的冻结时间不应小于 4h，对 200mm×200mm×200mm 试件不应小于 6h。

如果在冷冻箱（室）内同时进行不同规格尺寸试件的冻结试验，其冻结时间按最大尺寸试件计。

⑤冻结试验结束后，试件既可取出并应立即放入能使水温保持在 15~20℃的水槽中进行融化。此时，槽中水面应至少高出试件表面 20mm，试件在水中融化的时间不应小于 4h。融化完毕即为该次冻融循环结束，取出试件送入冷冻箱（室）进行下一次循环试验。

⑥应经常对冻融试件进行外观检查，发现有严重破坏时应进行称重。如试件的平均失重率超过 5%，即可停止其冻融循环试验。

⑦混凝土试件达到上表规定的冻融循环次数后,即应进行抗压强度试验。

抗压试验前应称重并进行外观检查,详细记录试件表面破损、裂缝及边角缺损情况。

如果试件表面破损严重,则应用石膏找平后再进行试压。

⑧在冻融过程中,如因故需中断试验,为避免失水和影响强度,应将冻融试件移入标准养护室保存,直至恢复冻融试验为止。此时应将故障原因及暂停时间在试验结果中注明。

(4) 数据处理与结果判定

①混凝土冻融试验后应按下式计算其强度损失率:

$$\Delta f_c = \frac{f_{c0} - f_{cn}}{f_{c0}} \times 100 \tag{3-42}$$

式中　$\Delta f_c$——N 次冻融循环后的混凝土强度损失率,以 3 个试件的平均值计算(%);

　　　$f_{c0}$——对比试件的抗压强度平均值(MPa);

　　　$f_{cn}$——经 N 次冻融循环后三个试件抗压强度平均值(MPa)。

②混凝土试件冻融后的重量损失率可按下式计算:

$$\Delta \omega_n = \frac{G_0 - G_n}{G_0} \times 100 \tag{3-43}$$

式中　$\Delta \omega_n$——N 次冻融循环后的重量损失率,以 3 个试件的平均值计算(%);

　　　$G_0$——冻融循环试验前的试件重量(kg);

　　　$G_n$——N 次冻融循环后的试件重量(kg)。

③混凝土的抗冻标号,以同时满足强度损失率不超过 25%,重量损失率不超过 5% 的最大循环次数来表示。

2. 快冻法

(1) 仪器设备

快速冻融装置:能使试件静置在水中不动,依靠热交换液体的温度变化而连续、自动地按照本试验方法 3.5 条的要求进行冻融试验的装置。满载运转时,冻融箱内各点温度的极差不得超过 2℃。

试件盒:由 1~2mm 厚的钢板制成。其截面净尺寸应为 110mm×110mm,高度应比试件高出 50~100mm。试件底部垫起后,盒内水面应至少能高出试件顶面 5mm。

案秤:称量 10kg 感量 5g,或称量 20kg,感量 10g。

动弹性模量测定仪:共振法或敲击法动弹性模量测定仪。

热电偶,电位差计:能在 20~-20℃范围内测定试件中心温度,测量精度不低于 ±0.5℃。

(2) 试件制作

本试验采用 100mm×100mm×400mm 的棱柱体试件。混凝土试件每组 3 块,在试验过程中可连续使用,除制作冻融试件外,尚应制备同样形状尺寸,中心埋有热电偶的测温试件。制作测温试件所用混凝土的抗冻性能应高于冻融试件所用混凝土的抗冻性能。

(3) 试验步骤

①如无特殊规定,试件应在 28d 龄期时开始冻融试验。冻融试验前四天应把试件从养护地点取出,进行外观检查,然后在温度为 15~20℃的水中浸泡(包括测温试件)。浸泡时水面至少应高出试件顶面 20mm,试件浸泡 4 天后进行冻融试验。

②浸泡完毕后,取出试件,用湿布擦除表面水分,称重,并按本节动弹性模量试验方法的规定测定其横向基频的初始值。

③将试件放入试件盒内。为了使试件受温均衡,并消除试件周围因水分结冰引起的附加压力,试件的侧面与底部应垫放适当宽度与厚度的橡胶板。在整个试验过程中,盒内水位高度应始

终保持高出试件顶面 5mm 左右。

④把试件盒防入冻融箱内。其中装有测温试件的试件盒应放在冻融箱的中心位置。此时即可开始冻融循环。

⑤冻融循环过程应符合下列要求：a. 每次冻融循环应在 2~4h 内完成，其中用于融化的时间不得小于整个冻融时间的 1/4；b. 在冻结和融化终了时，试件中心温度应分别控制在 -17±2℃和 8±2℃；c. 每块试件从 6℃降至 -15℃所用的时间不得少于冻结时间的 1/2；每块试件从 -15℃升至 6℃所用的时间也不得少于整个融化时间的 1/2；试件内外的温差不宜超过 28℃；d. 冻和融之间的转换时间不宜超过 10 分钟。

⑥试件一般应每隔 25 次循环作一次横向基频测量。测量前应将试件表面浮渣清洗干净，擦去表面积水，并检查其外部损伤及重量损失。横向基频的测量方法及步骤应按本节动弹性模量试验方法的规定执行。测完后应立即把试件掉一个头重新装入试件盒内。试件的测量，称重及外观检查应尽量迅速，以免水伤损失。

⑦为保证试件在冷液中冻结时温度稳定均衡，当有一部分试件停冻取出时，应另用试件填充空位。

如冻融循环因故中断，试件应保持在冻结状态下，并最好能将试件保存在原容器内用冰块围住。如无这一可能，则应将试件在潮湿状态下用防水材料包裹，加以密封，并存放在 -17±2℃ 的冷冻室或冰箱中。

试件处在溶解状态下的时间不宜超过两个循环。特殊情况下，超过两个循环周期的次数，在整个试验过程中只允许 1~2 次。

⑧冻融到达以下 3 种情况之一即可停止试验：a. 已达到 300 次循环；b. 相对动弹性模量下降到 60% 以下；c. 重量损失率达 5%。

(4) 数据处理与结果判定

①混凝土试件的相对动弹性模量可按下式计算：

$$P = \frac{f_n^2}{f_0^2} \times 100 \tag{3-44}$$

式中　$P$——经 N 次冻融循环后试件的相对动弹性模量，以 3 个试件的平均值计算（%）；

　　　$f_n$——N 次冻融循环后试件的横向基频（Hz）；

　　　$f_0$——冻融循环试验前试件的横向基频初始值（Hz）。

②混凝土试件冻融后的重量损失率按下式计算：

$$\Delta W_n = \frac{G_0 - G_n}{G_0} \times 100 \tag{3-45}$$

式中　$\Delta W_n$——N 次冻融循环后的重量损失率，以 3 个试件的平均值计算（%）；

　　　$G_0$——冻融循环试验前的试件重量（kg）；

　　　$G_n$——N 次冻融循环后的试件重量（kg）。

③混凝土耐快速冰融循环次数应取满足相对动弹性模量值不小于 60% 和重量损失率不超过 5% 时的最大循环次数来表示。

(七) 动弹性模量试验

1. 仪器设备

混凝土动弹性模量测定仪。

(1) 共振法混凝土动弹性模量测定仪（简称共振仪）

输出频率可调范围为 100~20000Hz，输出功率应能激励试件使产生受迫振动，以便能用共振的原理定出试件的基频振动频率（基频）。

在无专用仪器的情况下，可用通用仪器进行组合，其基本原理示意图如图3-6。

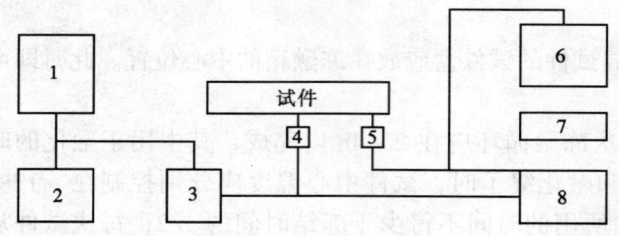

图3-6 共振法混凝土动弹性模量测定基本原理示意图
1—振荡器；2—频率计；3—放大器；4—激振换能器；
5—接收换能器；6—放大器；7—电表；8—示波器

通用仪器组合后，其输出频率的可调范围应与所测试件尺寸、容重及混凝土品种匹配，一般为100~20000赫，输出功率也应使能激励试件产生受迫振动。

(2) 敲击混凝土动弹模量测定仪

应能从试件受敲击后的复杂振动状态中析出基频振动，并通过计数显示系统显示出试件基频振动周期。仪器相应的频率测量范围为30~30000Hz。

试件支承体：硬橡胶韧型支座或约20mm厚的软泡沫塑料垫。

案秤：称量10kg，感量5g；或称量20kg，感量10g。

2．试件制作

本试验采用截面积为100×100mm的棱柱体试件，其高宽比一般为3~5。

3．试验步骤

(1) 测定试件的重量和尺寸。试件重量的测量精度应在±0.5%以内，尺寸的测量精度在±1%以内。每个试件的长度和截面尺寸取3个部位测量的平均值。

(2) 将试件安放在支承体上，并定出换能器或敲击及接收点的位置。以共振法测量试件的横向基频振动频率时，其支承和换能器的安装位置可见图3-7；以敲击法测量试件的横向基频振动频率时，其支承、敲击点和接收换能器的安装位置可见图3-8。

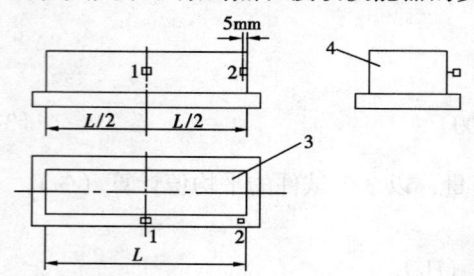

图3-7 共振法测量动弹性模量
1—激振换能器；2—接收换能器；3—软泡沫塑料垫；
4—试件（测量时试件成型面朝上）

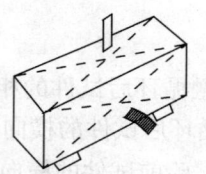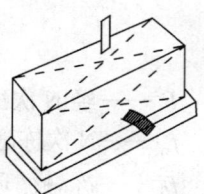

图3-8 敲击法测量弹性模量示意图
⇒敲击方向及位置　⇝接收方向及位置
（测量时支承点、敲击点和接收点应避开成型面）

(3) 用共振法测量混凝土动弹性模量时，先调整共振仪的激振功率和接收增益旋钮至适当位置；变换激振频率，同时注意观察指示电表的指针偏转。当指针偏转为最大时，即表示试件达到共振状态，这时所显示的激振频率即为试件的基频振动频率。每一测量应重复读数两次以上，如两次连续测值之差不超过0.5%，取这两个测值的平均值作为该试件的测试结果。

采用以示波器作显示的仪器时，示波器的图形调成一个正圆时的频率即为共振频率。

当仪器同时具有指示电表和示波器时，以电表指针达最大值时的频率作为共振率。

在测试过程中，如发现两个以上峰值时，宜采用以下方法测出其真实的共振峰：①将输出功率固定，反复调整仪器输出频率，从指示电表上比较幅值的大小，幅值最大者为真实的共振峰。②把接收换能器移至距端部0.224倍试件长处。此时，如指示电表值为零，即为真实的共振峰值。

(4) 用敲击法测量混凝土动弹性模量时，击锤敲击力的大小以能激起试件振动为度。击锤下落后应任其自由弹起，此时即可从仪器数码管中读出试件的基频振动周期。试件的基频振动频率应按下式计算：

$$f = \frac{1}{T} \times 10^6 \tag{3-46}$$

式中　$f$——试件横向振动时的基振频率（Hz）；
　　　$T$——试件基频振动周期（ms），取 6 个连续测值的平均值。

4. 数据处理与结果判定

(1) 混凝土动弹性模量应按下式计算：

$$E_d = 9.46 \times 10^{-4} \frac{WL^3 f^2}{a^4} \times K \tag{3-47}$$

式中　$E_d$——混凝土动弹性模量（MPa）；
　　　$a$——正方形截面试件的边长（mm）；
　　　$L$——试件的长度（mm）；
　　　$W$——试件的重量（kg）；
　　　$f$——试件横向振动时的基振频率（Hz）；
　　　$K$——试件尺寸修正系数：$L/a=3$ 时，$K=1.68$；$L/a=4$ 时，$K=1.40$；$L/a=5$ 时，$K=1.26$。

(2) 混凝土动弹性模量以三个试件的平均值作为试验结果，计算精确到 100MPa。

（八）抗渗性能试验

1. 仪器设备

混凝土抗渗仪：能使水压按规定的制度稳定的作用在试件上的装置。

加压装置：螺旋或其他形式，其压力以能把试件压入试件套内为宜。

2. 试件制作

抗渗性能试验应采用顶面直径为 175mm，底面直径为 185mm，高度为 150mm 的圆台体，或直径与高度均为 150mm 的圆柱体试件（视抗渗设备要求而定）。

抗渗试件以 6 个为一组。

试件成型后 24h 拆模，用钢丝刷刷去两端面水泥浆膜，然后送入标准养护室内养护。

试件一般养护至 28d 龄期进行试验，如有特殊要求，可在其他龄期进行。

3. 试验步骤

(1) 试件养护至试验前一天取出，晾干表面，在其侧面涂一层熔化的密封材料；随即在螺旋或其他加压装置上，将试件压入烘箱预热过的试件套中；稍冷却后，解除压力并连同试件套装在抗渗仪上进行试验。

(2) 试验从水压为 0.1MPa 开始，每隔 8h 增加水压 0.1MPa，并且随时注意观察试件端面的渗水情况。

(3) 当 6 个试件中有 3 个试件端面有渗水现象时，停止试验，记录下当时的水压。

(4) 当试验过程中，如发现水从试件周边渗出，应停止试验，重新密封。

4. 数据处理与结果判定

混凝土的抗渗标号以每组 6 个试件中 4 个试件未出现渗水时的最大水压力计算，其计算式为：

$$S = 10H - 1 \tag{3-48}$$

式中　$S$——抗渗标号；

$H$——6个试件中3个渗水时的压力（MPa）。

## （九）收缩试验

### 1. 仪器设备

变形测量装置，可以有以下两种形式：

混凝土收缩仪：测量标距为540mm，装有精度为0.01mm的百分表或测微器。

其他形式的变形测量仪表：其测量标距不应小于100mm及骨料最大粒径的3倍，相对应的变形测量精度为$20 \times 10^{-6}$。

测量混凝土变形的装置应有用殷钢或石英玻璃制作的标准杆，以便在测量前及测量过程中校核仪表读数。

恒温恒湿室：能使室温保持在$20 \pm 2℃$，相对湿度保持在$60 \pm 5\%$。

### 2. 试件制作

测定混凝土收缩时以100mm×100mm×515mm的棱柱体试件为标准试件，它适用于骨料粒径不超过30mm的混凝土。

混凝土骨料粒径大于30mm时，可采用截面为150mm×150mm（骨料最大粒径不超过40mm）或截面为200mm×200mm（骨料最大粒径不超过60mm）的棱柱体试件。

采用混凝土收缩仪时，应用外形为100mm×100mm×515mm的棱柱体标准试件。试件两端应埋测头或留有埋设测头的凹槽。测头应由不锈钢或其他不会锈蚀的材料制成。

非标准试件采用接触式引伸仪时，所用试件的长度至少应比仪器的测量标距长出一个截面边长。测钉应粘贴在试件两测面的轴线上。

使用混凝土收缩仪时，制作试件的试模应具有能固定测头或预留凹槽的端板。使用接触式引伸仪时，可用一般棱柱体试模制作试件。试件成型时，如用机油作隔离剂则所用机油的粘度不应过大，以免阻碍以后试件的湿度交换，影响测值。

如无特殊规定，试件应带模养护1~2d（视当时混凝土实际强度而定）。拆模后应立即粘或埋好测头或测钉，送至温度$20 \pm 3℃$、湿度为90%以上的标准养护室养护。

### 3. 试验步骤

（1）测定代表某一混凝土收缩性能的特征值时，试件应在3d龄期（从搅拌混凝土加水时算起）从标准养护室取出并立即移入恒温恒湿室测定其初始长度，此后至少应按以下规定的时间间隔测量其变形读数：1、3、7、14、28、45、60、90、120、150、180d（从移入恒温恒湿室内算起）。

测定混凝土在某一具体条件下的相对收缩值时（包括在徐变试验时的混凝土收缩变形测定），应按要求的条件安排试验，非标准养护试件如需用移入恒温恒湿室进行试验，应先在该室内预置4h，再测其初始值，以使它们具有同样的温度基准。测量时应记下试件的初始干湿状态。

（2）测量前应先用标准杆校正仪表的零点，并应在半天的测定过程中至少再复核1~2次（其中一次在全部试件测读完后）。如复核发现零点与原值的偏差超过$\pm 0.01$mm，应调零后重新测定。

（3）试件每次在收缩仪上放置的位置、方向均应保持一致。为此试件上应标明的记号。试件在放置及取出时应轻稳仔细，勿使碰撞表架及表杆，如发生碰撞，则应取下试件，重新以标准杆复核零点。

用接触式引申仪测定时，也应该注意使每次测量试件与仪表保持同样的方向性。每次读数应该重复3次。

（4）试件在恒温恒湿室内应该放置在不吸水的搁架上，底面架空，其总支承面积不应大于100乘试件截边边长（mm），每一试件之间应该至少留有30mm的间隙。

(5) 需要测定混凝土自缩值的试件在 3d 龄期时，从标准养护室取出后立即密封处理。密封处理可以采用金属套或蜡封。采用金属套时，试件装入后应盖严焊死，不得留有任何能使内外湿度交换的缝隙。外露测头的周围也应用石蜡反复封堵严实。蜡封应至少涂蜡 3 次；每次涂蜡前应用浸蜡的纱布或蜡纸包裹严实；蜡封完毕后应套以塑料袋加以保护。

自缩试验期间，试件应无重量变化。如在 180d 试验间隔期内重量变化超过 10g，该试件的试验结果无效。

**4. 数据处理与结果判定**

(1) 混凝土收缩值应按下式计算：

$$\varepsilon_{st} = \frac{L_0 - L_t}{L_b} \tag{3-49}$$

式中　$\varepsilon_{st}$——试验期为 $t$ 天的混凝土收缩值，从测定初始长度时计算起；

　　　$L_b$——试件的测量标距。用混凝土收缩仪测定时，应等于两测头内测的距离，即等于混凝土试件的长度（不计测头凸出部分）减去 2 倍测头埋入深度 (mm)；

　　　$L_0$——试件长度的初始读数 (mm)；

　　　$L_t$——试件在试验期为 $t$ 时测得的长度读数 (mm)。

作为相互比较的混凝土收缩值为不密封试件于 3d 龄期自标准养护室移入恒温恒湿室中放置 180d 所测得的收缩值。

(2) 取 3 个试件值的算术平均值作为该混凝土的收缩值，计算精确到 $10 \times 10^{-6}$。

**(十) 受压徐变试验**

**1. 仪器设备**

徐变仪：其基本形式如图 3-9 所示它包括上、下压板、弹簧持荷装置及 2~3 根承力丝杆。弹簧及丝杆的数量、尺寸应按徐变仪所要求试验的吨位而定。在试验荷载下，丝杆的拉应力一般不大于材料屈服点的 30%，弹簧工作压力不应超过允许极限荷载的 80%，且弹簧的收缩变形也不得小于 20mm，以使它具有足够的调整能力。有条件时也可以采用两个试件串叠受荷，以提高设备的利用率。

加荷装置：包括加荷架、千斤顶及测力装置。

加荷架：由接长杆及顶板组成。用以承受加荷时的反力。加荷时加荷架与徐变仪丝杆顶部相连。

千斤顶：一般起重千斤顶，吨位应大于所要求的试验荷载。

测力装置：标准箱（压力环）或其他形式的压力测定装置，其测量精度应达到所加荷载的 2%。试验压力值不小于测力装置量程的 20%，也不大于 80%。

变形测量装置：可采用外装的带接的长杆的千分表，差动式应变计或移动式的接触式引伸仪，它应能保证所测量的应变值至少具有 $20 \times 10^{-6}$ 的精度。恒温恒湿室：能使室温保持在 20±2℃，相对湿度保持在 60±5%。

**2. 试件制作**

徐变试验采用棱柱体试件，每组 3 块。试件的截面尺寸应根据混凝土中骨料的最大粒径按表 3-14 选定。

试件的长度至少应比拟采用的测量标距长出一个截面边长。

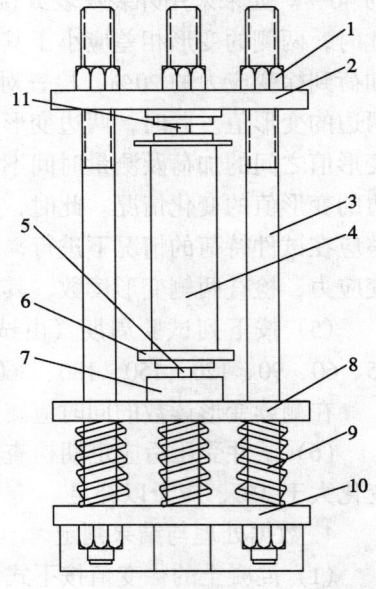

图 3-9　徐变仪
1—螺母；2—上压板；3—丝杆；4—试件；5—球绞；6—垫板；7—定心；8—下压板；9—弹簧；10—底盘；11—球绞

采用外装式变形测量装置时，徐变试验两侧面应有安装测量仪表的测头，测头宜采用埋入式。在对粘结的工艺及材料确有把握时允许采用胶粘；采用内埋式应变测量装置时，应注意使测头埋设在试件中部并保持其轴线与试件长轴一致。

采用埋入式测头时，试模的侧壁应具有能在成型时使测头定位的装置。

徐变试验试件尺寸选用表　　表3-14

| 试件最小边长（mm） | 骨料最大粒径（mm） |
| --- | --- |
| 100 | 30 |
| 150 | 40 |
| 200 | 60 |

如无特殊要求，试件拆模后应立即送入标准养护室内养护到7d龄期（自混凝土搅拌加水开始起算），然后移入恒温恒湿室待试。

作对比或检验混凝土的徐变性能时，试件应在28d龄期时加荷。

当研究某一混凝土的徐变特性时，应至少制备4组徐变试件，并分别在龄期为7、14、28、90天加荷。

如需确定在具体使用条件下的混凝土徐变值，则应根据具体情况确定试件的养护及试验制度。

制作徐变试件时应同时制作相应的棱柱体抗压试件及收缩试件，以供确定试验荷载大小及测定收缩之用。收缩试件应与徐变试件相同，并装有与徐变试件相同的测量装置。抗压试件及收缩试件应随徐变试件一并养护。

3. 试验步骤

（1）试验前应充分作好准备工作，需要粘贴测头或测点的应在一天前粘好，仪表安装好后应仔细检查，不得有任何松动或异常现象。加荷用的千斤顶、测力计等也应予以检查。

（2）把同条件养护的棱柱体的抗压强度试件取出并试压，取得混凝土的棱柱体抗压强度。

（3）把徐变试件放在徐变仪的下压板上，此时试件、加荷千斤顶、测力计及徐变仪的轴线应重合。再次检查变形测量仪表的调零情况，记下初始读数。

（4）试件放好后，开始加荷。如无特殊要求，试验时取徐变应力为所测得的棱柱体抗压强度的40%。如果采用外装仪表或接触式引伸仪，用千斤顶预先加压至徐变应力的20%进行对中。此时，两侧的变形相差应小于其平均值的10%，如超出此值，应松开千斤顶，重新调整后，再加荷到徐变应力的20%，检查对中的情况。对中完毕后，应立即继续加荷直到徐变应力，读出两边的变形值。此时，两边变形的平均值即为在徐变荷载下的初始变形值。从对中完毕到测初始变形值之间的加荷及测量时间不得超过一分钟。拧紧承力螺杆上端的螺帽，放松千斤顶，观察两边的变形值的变化情况。此时，试件两侧的读数应不超过平均值的10%，否则应予以调整。调整应在试件持荷的情况下进行，调整过程中所发生的变形增值应计入徐变变形之中。再加荷到徐变应力，检查两侧变形读数，其总和与加荷前读数相比，误差不应超过2%，否则应予以补足。

（5）按下列试验周期（由试件加荷时算起）测得混凝土试件的变形值：1、3、7、14、28、45、60、90、120、150、180、360d。

在测读变形读数的同时应测定同条件放置收缩试件的收缩值。

（6）试件受压后应定期检查荷载的保持情况，一般在7、28、60、90d各校核一次，如荷载变化大于2%，应予以补足。

4. 数据处理与结果判定

（1）混凝土的徐变值按下式计算：

$$\varepsilon_{ct} = \frac{\Delta L_t - \Delta L_0}{L_b} - \varepsilon_t \tag{3-50}$$

式中 $\varepsilon_{ct}$——加荷 $t$ 天后的混凝土徐变值;

$\Delta L_t$——加荷 $t$ 天后的混凝土的总变形值（mm）;

$\Delta L_0$——加荷时测得的混凝土的初始变形值（mm）;

$L_b$——测量标距（mm）;

$\varepsilon_t$——同龄期混凝土的收缩值。

作为供对比的混凝土徐变值为经标准养护的混凝土试件，在 28d 龄期是经受 0.4 倍棱柱体抗压强度的恒定荷载 360d 的徐变值。

（2）混凝土的徐变应按下式计算：

$$C_t = \frac{\varepsilon_{ct}}{\delta} \quad (3-51)$$

式中 $C_t$——加荷 $t$ 天后的混凝土徐变度（1/MPa）;

$\delta$——徐变应力（MPa）。

混凝土的徐变系数可按下式计算：

$$\varphi_t = \frac{\varepsilon_{ct}}{\varepsilon_0} \quad (3-52)$$

式中 $\varphi_t$——加荷 $t$ 天后的混凝土徐变系数;

$\varepsilon_0$——混凝土在加荷时测得的初始应变值，即：

$$\varepsilon_0 = \frac{\Delta L_0}{L_b} \quad (3-53)$$

### （十一）碳化试验

**1. 仪器设备**

碳化箱：带有密封盖的密闭的容器。容器的容积至少应为预定进行试验的试件体积的两倍。箱内应有架空试件的铁架，二氧化碳引入口，分析取样用的气体引出口，箱内气体对流循环装置，温度湿度测量以及为保持箱内恒温恒湿所需的设施。必要时，可设玻璃观察口以对箱内的温湿度进行读数。

气体分析仪：能分析箱内气体中的二氧化碳浓度、精确到 1%。

二氧化碳供气装置：包括气瓶、压力表及流量计。

**2. 试件制作**

碳化试验应采用棱柱体混凝土试件，以 3 块为一组，试件的最小边长应符合表 3-15 的要求。棱柱体的高宽比应不小于 3。

无棱柱体试件时，可用立方体试件代替，但其数量应相应增加。

试件一般应在 28d 龄期进行碳化，采用掺合料的混凝土可根据其特性决定碳化前的养护龄期。碳化试验的试件宜采用标准养护。但应在试验前 2d 从标准养护室取出，然后在 60℃温度下烘干 48h。

碳化试验试件尺寸选用表　表 3-15

| 试件最小边长（mm） | 骨料最大粒径（mm） |
| --- | --- |
| 100 | 30 |
| 150 | 40 |
| 200 | 60 |

经烘干处理后的试件，除留下一个或相对的两个侧面外，其余表面应用加热的石蜡予以密封。在侧面上顺长度方向用铅笔以 10mm 间距画出平行线，以预定碳化深度的测量点。

**3. 试验步骤**

（1）将经过处理的试件放入碳化箱内的铁架上，各试件经受碳化的表面之间的间距至少应小于 50mm。

（2）将碳化箱盖严密封。密封可采用机械办法或油封，但不得采用水封以免影响箱内的湿度调节。开动箱内气体对流装置,徐徐充入二氧化碳,并测定箱内的二氧化碳浓度,逐步调节二氧化碳的流量,使箱内的二氧化碳浓度保持在 20±3%。在整个试验期间可用去湿装置或放入硅胶,使箱内的相对湿度控制在 70±5% 的范围内。碳化试验应在 20±5℃ 的温度下进行。

(3) 每隔一定时期对箱内的二氧化碳浓度,温度及湿度作一次测定。一般在第一、二天每隔两小时测定一次,以后每隔 4h 测定一次。并根据所测得的二氧化碳浓度随时调节流量。去湿用的硅胶应经常更换。

(4) 碳化到了第 3、7、14 及 28d 时,各取出试件,破型以测定其碳化深度。棱柱体试件在压力试验机上用劈裂法从一端开始破型。每次切除的厚度约为试件宽度的一半,用石蜡将破型后试件的切面封好,再放入箱内继续碳化,直到下一个试验期。如采用立方体试件,则在试件中部劈开。立方体试件只作一次检验,劈开后不在放回碳化箱重复使用。

(5) 将切除所得的试件部分刮去断面上残存的粉末,随即喷上(或滴上)浓度为 1% 的酚酞酒精溶液(含 20% 的蒸馏水)。经 30s 后,按原先标划的每 10mm 一个测点用钢板尺分别测出两侧面各点的碳化深度。如果测点处的碳化分界线上刚好嵌有粗骨料颗粒,则可取该颗粒两侧处碳化深度的平均值作为该点的深度值。碳化深度测量精确至 1mm。

4. 数据处理与结果判定

(1) 混凝土在各试验龄期时的平均碳化深度应按下列计算,精确到 0.1mm:

$$d_t = \frac{\sum_{i=1}^{n} d_i}{n} \tag{3-54}$$

式中 $d_t$——试件碳化 $t$ 天后的平均碳化深度(mm);

$d_i$——两个侧面上各测点的碳化深度(mm);

$n$——两个侧面上的测点总数。

(2) 以在标准条件下(即二氧化碳浓度 20±3%,温度为 20±5℃,湿度为 70±5%)的 3 个试件碳化 28d 的碳化深度平均值作为供相互对比用的混凝土碳化值,以此值来对比各种混凝土的抗碳化能力及对钢筋的保护作用。

以各龄期计算所得的碳化深度绘制碳化时间与碳化深度的关系曲线,以表示在该条件下的混凝土碳化发展规律。

(十二)混凝土中钢筋锈蚀试验

1. 仪器设备

混凝土碳化试验装置:包括碳化箱、供气装置及气体分析仪。

钢筋定位板:木质五合板或薄木板锯成,尺寸为 100mm×100mm,板上并应钻有穿插钢筋的圆孔,见图 3-10 所示。

分析天平:称量 1kg,感量 0.001g。

2. 试件制作

混凝土中钢筋锈蚀试验应用 100mm×100mm×300mm 的棱柱体试件,每组 3 块。适用于骨料最大粒径不超过 30mm 的混凝土。

试件中埋置的每根钢筋长为 299±1mm,用直径为 6mm 的普通低碳钢热轧盘条调直制成,其表面不得有锈坑及其他严重缺陷。首先,用砂轮将其一端磨出长约 30mm 的平面,并用钢字打上标记;然后用 12% 盐酸溶液进行酸洗,再经清水漂净后,用石灰水中和;最后,用清

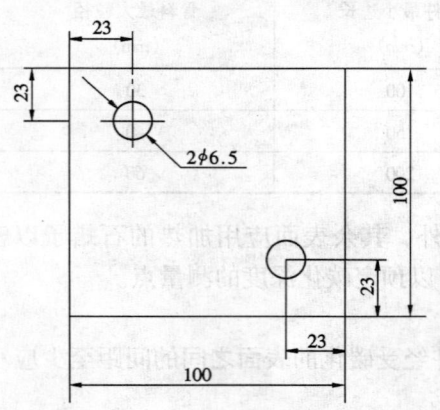

图 3-10 定位板

水冲洗干净，擦干后在干燥器中至少存放 4h，再用分析天平称取每根钢筋的初重（精确至 0.001g），并存放在干燥器中备用。

试件成型前应将套有定位板的钢筋放入试模，紧贴试模的两个端板。为防止试模上的隔离剂沾污钢筋，安放完毕后应用丙酮擦净钢筋表面。

试件成型 1~2 昼夜后编号拆模，然后用钢丝刷将试件两个端部混凝土刷毛，再用 1:2 水泥砂浆抹上 20mm 厚的保护层，就地潮湿养护（或用塑料膜盖好）一昼夜，移入标准养护室养护。

3. 试验步骤

(1) 做钢筋锈蚀试验以前，试件应先进行碳化。碳化一般在 28d 龄期时开始，采用掺合料的混凝土可根据其特性决定碳化前的养护龄期。碳化应在二氧化碳浓度为 20±3%；相对湿度 70±5%；温度为 20±5℃的条件下进行，碳化时间应为 28d。

(2) 试件碳化处理后在移入标准养护室养护。在养护室中，试件间隔的距离不应小于 50mm，并应避免试件直接淋水。在潮湿条件下存放 56d 后取出，破型，先测出碳化深度，然后进行钢筋锈蚀程度的测定。

(3) 取出试件中的钢筋，刮去钢筋上沾附的混凝土，用 12%盐酸溶液进行酸洗，经清水漂净后，用石灰水中和，最后再用清水冲洗干净。擦干后在干燥器中至少存放 4h，用分析天平称重（精确至 0.001g）计算锈蚀失重。

4. 数据处理与结果判定

钢筋锈蚀的失重率应按下式计算：

$$L_w = \frac{g_0 - g}{g_0} \times 100 \tag{3-55}$$

式中　$L_w$——钢筋锈蚀失重率（%）；
　　　$g_0$——钢筋未锈前重量（g）；
　　　$g$——钢筋锈蚀后的重量（g）。

计算精确至 0.01%。

(十三) 抗压疲劳强度试验

1. 仪器设备

疲劳试验机：其吨位应能使试件预期的疲劳破坏荷载不小于全量程的 20%，也不大于全量程的 80%。脉冲频率以 4Hz 为宜。

上、下钢垫板：应具有足够的钢度，其尺寸应大于试件的承压面，不平度要求为每 100mm 不超过 0.02mm。

2. 试件制作

疲劳试验所用试件应根据骨料最大粒径及疲劳试验机的允许吨位采用 100mm×100mm×300mm 或 150mm×150mm×450mm 的棱柱体试件。每组试件不应少于 9 个，其中 3 个做棱柱体抗压强度试验，其余的做抗压疲劳试验。

3. 试验步骤

(1) 全部试件在标准养护室养护至 28d 龄期后取出，在室温度下（不低于 10℃）存放在 3 个月龄期进行抗压疲劳试验。

(2) 试件在龄期约 3 个月时从养护地点取出，先用 3 块试件测定其棱柱体抗压强度，其余试件按测得的棱柱体抗压强度值进行疲劳强度试验。

(3) 每一试件进行抗压强度试验前，应先在疲劳试验机上进行静压变形对中。对中时应力取40%的棱柱体抗压强度（荷载可近似取一整数吨位）。此时，试件两侧变形值之差不得大于平均值的 10%，否则应调整试件位置，直到符合对中要求方可进行疲劳试验。

(4) 疲劳强度试验荷载采用受压稳定脉冲荷载（如图 3-11）。试验荷载循环次数定为 200 万次。下限应力与上限应力的比值称为荷载循环特征系数（$\rho$）。该系数按使用要求取值，如无要求时取 0.15。

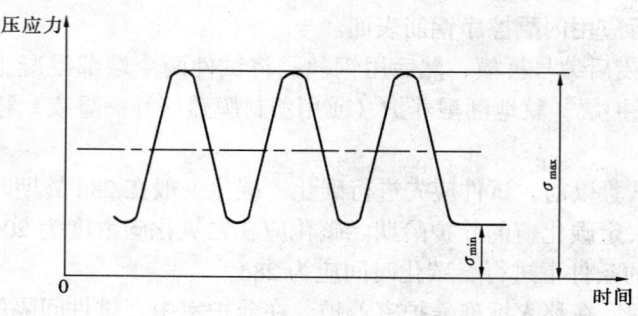

图 3-11 疲劳强度试验脉冲荷载示意图

(5) 进行第一个试件的抗压疲劳强度试验时，可参照表 3-16 来取决脉冲上限应力 $\sigma_{max}$（换算成荷载时可取到整数吨位）。若试件在此应力状态下经 200 万次循环后没有破坏，则取另一个试件，将上限应力增加 0.05 棱柱体抗压强度值（$\rho$ 值保持不变）再进行 200 万次循环试验。如果仍未破坏，另取一试件再增加 0.05 棱柱体抗压强度值进行试验。以此类推，直到第 $n$ 个试件在荷载不足 200 万次破坏为止。将 $n-1$ 个试件的上限应力定为此组试件所能承受的初定疲劳极限应力。

疲劳试验第一个试件建议采用的脉冲上限应力值    表 3-16

| 试验所用的 $\rho$ 值 | 0.15 | 0.25 | 0.35 | 0.45 |
|---|---|---|---|---|
| 第一个试件建议取用的 $\sigma_{max}$ | $0.6 f'_{cp}$ | $0.65 f'_{cp}$ | $0.7 f'_{cp}$ | $0.75 f'_{cp}$ |

注：1. 对高标号混凝土建议所用的 $\sigma_{max}$ 值尚可适当提高；
　　2. 表中的 $f'_{cp}$ 为由试件测得的棱柱体抗压强度。

如第一个试件循环不足 200 万次便破坏，则取另一个试件将上限应力减少 0.05 棱柱体抗压强度值（$\rho$ 值保持不变）进行 200 万次循环试验；如仍不足 200 万次既已破坏，则再取一个试件，再降低荷载 0.05 棱柱体抗压强度值进行试验，以此类推，直到第 $m$ 个试件在经受荷载循环 200 万次不破坏为止，并把第 $m$ 个试件上限应力定为该组试件所能承受的初定疲劳极限应力。

(6) 取得的初定疲劳极限应力进行验证，其方法如下：

取一试件，以上限应力为已测得的初定疲劳极限应力值进行 200 万次循环试验，如试件仍不破坏，则可确认该初定值为该组试件的抗压疲劳极限应力；

若该验证试件在上限应力为初定疲劳极限应力状态下循环不足 200 万次即破坏，则应再取一个试件将上限应力减少 0.05 棱柱体抗压强度值进行 200 万次循环试验，以此类推，直到试件能经受 200 万次循环为止，并以该试件所承受的上限应力为该组试件的抗压疲劳极限应力。

(7) 全部试验应连续进行，不宜中断。

4. 数据处理与结果判定

经验证后的抗压疲劳极限应力即为该混凝土在给定 $\rho$ 值下的抗压疲劳强度。

进行材料疲劳性能对比时取 $\rho$ 为 0.15 的抗压疲劳强度作为其特征值。

如需计算在其他条件下的抗压疲劳折减系数，则可按下式计算：

$$K_{ft} = \frac{K_\rho}{K_n} \times \frac{f_{ft}}{f'_{cp}} \tag{3-56}$$

式中　$K_{ft}$——疲劳强度折减系数；

　　　$f_{ft}$——$\rho=0.15$，$n=200$ 万次时试验得出的疲劳强度（MPa）；

$f'_{cp}$——同组试件的混凝土棱柱体抗压强度（MPa）；

$K_n$——与疲劳荷载重复次数有关的修正系数，当 $n = 200$ 万次时，$K_n = 1.00$，当 $n = 700$ 万次时，$K_n = 1.10$；

$K_\rho$——与荷载循环特征系数 $\rho$ 有关的修正系数，可按表3-17取值：

$K_\rho$ 系 数 取 值 表　　　　　　　　　　　　　　　　　表 3-17

| $\rho$ | 0.15 | 0.25 | 0.35 | 0.45 | 0.55 | 0.65 |
| --- | --- | --- | --- | --- | --- | --- |
| $K_\rho$ | 1 | 1.07 | 1.15 | 1.25 | 1.35 | 1.44 |

**五、实例**

1. 有一组混凝土试块其尺寸为 150mm × 150mm × 150mm，其抗压极限荷载分别为：① 971.2kN，②859.7kN，③685.5kN。请计算其抗压强度。

解：(1) 计算每块试块的抗压强度：

$F/A = 971.2 \times 1000N / 150 \times 150 mm^2 = 43.2 MPa$（精确至0.1MPa）、38.2 MPa、30.5 MPa。

注意：在计算过程中不能将三个抗压荷载值相加后平均再进行抗压强度计算。

(2) 计算三个测值中最大值、最小值与中间值的差值百分数：

最大值和中间值差值百分数：$(43.2 - 38.2)/38.2 = 13\% < 15\%$；

最小值和中间值差值百分数：$(38.2 - 30.5)/38.2 = 20\% > 15\%$。

(3) 结果计算：

在三个测值中只有一个测值与中间值的差值超过15%，因此把最大值和最小值一并舍除，取中间值作为结果，即：此组混凝土抗压强度值为 38.2 MPa。

2. 有一组抗渗混凝土，其混凝土强度等级为C30、抗渗标号为P6。当加压到0.6 MPa时，6个抗渗试件中出现有1个试件端面出现渗水；继续加压至0.7MPa时，有2个试件渗水。请判定此组混凝土抗渗是否合格。

混凝土的抗渗标号以每组6个试件中4个试件未出现渗水时的最大水压力来进行计算，此次加压到0.6 MPa时有1个试件出现渗水；加压至0.7 MPa时，有2个试件渗水。根据公式 $S = 10H - 1$，计算 $S = 10 \times 0.7 - 1 = 6$，因此此组混凝土抗渗标号≥P6，因此混凝土抗渗合格。

**思考题**

1. 在做混凝土抗压强度试验时，有哪些注意事项？

2. 现有二组混凝土试件，其试件尺寸为 100mm × 100mm × 100mm，每组混凝土抗压强度荷载分别为：①310.7kN，②432.3kN，③485.5kN；①422.5kN，②501.2kN，③447.5kN。请分别计算其抗压强度。

3. 如何采用慢冻法做混凝土抗冻性试验？

4. 在进行混凝土抗渗试验时，当加压到何种情况时可停止试验？

5. 现有二组混凝土试件，试件尺寸为 150mm × 150mm × 600mm，分别进行混凝土抗折强度试验，其破坏荷载分别为：①31.4kN，②37.8kN，③44.5kN；①27.8kN，②35.2kN，③31.7kN。其中第一组第1块试件和第二组第2块试件折断面位于两个集中荷载之外，其他试件断裂位置都处于二个集中荷载作用线之间，请分别计算其抗折强度。

# 第三节　砂

**一、概念**

砂是用于拌合混凝土的一种细骨料，一般指自然形成或由机械破碎，粒径在5mm以下的岩石颗粒（按国家标准粒径为4.75mm）。砂按加工方法来分有天然砂和人工砂。天然砂中按产源不同可分为河砂、海砂和山砂；人工砂按组成不同又可分机制砂和混合砂。机制砂指由机械破碎、筛分制成的，粒径小于4.75mm的岩石颗粒，但不包括软质岩、风化岩石的颗粒。混合砂由机制砂和天然砂混合制成的砂。砂按细度模数大小又分为：粗砂、中砂和细砂。其细度模数分别为：粗砂：3.7~3.1；中砂：3.0~2.3；细砂：2.2~1.6。

砂检验方法目前有两个标准，一是国家标准《建筑用砂》（GB/T 14684—2001）（以下简称国标），二是行业标准《普通混凝土用砂质量标准及检验方法》（JGJ 52—92）（以下简称行标）。这两个标准都是现行标准，根据国家标准《混凝土结构工程施工质量验收规范》（GB 50204—2002）的规定，混凝土结构工程应采用行业标准对砂进行检验。如果砂用于其他目的，则可以用国标进行检验。

## 二、检测依据

《普通混凝土用砂质量标准及检验方法》JGJ 52—92

《建筑用砂》GB/T 14684—2001

## 三、取样及制备要求

### 1. 取样

每验收批取样方法应按下列规定执行：

(1) 在料堆上取样时，取样部位应均匀分布。取样前先将取样部位表层铲除。然后由各部位抽取大致相等的砂共8份，组成一组样品；

(2) 从皮带运输机上取样时，应在皮带运输机机尾的出料处用接料器定时抽取砂4份组成一组样品；

(3) 从火车、汽车、货船上取样时，从不同部位和深度抽取大致相等的砂8份，组成一组样品。

若检验不合格时，应重新取样。对不合格项，进行加倍复验。若仍有一个试样不能满足标准要求，应按不合格品处理。（注：如经观察，认为各节车皮间、汽车、货船间所载的砂质量相差甚为悬殊时，应对质量有怀疑的每节列车、汽车、货船分别进行取样和验收。）

每组样品的取样数量。对于每一单项试验，应不小于表3-18所规定的最少取样数量；须做几项试验时，如确能保证样品经一项试验后不致影响另一项试验的结果，可用同组样品进行几项不同的试验。

**每一试验项目所需砂的最少取样数量** 表3-18

| 试 验 项 目 | 最少取样数量（g） | 试 验 项 目 | 最少取样数量（g） |
| --- | --- | --- | --- |
| 筛分析 | 4400 | 云母含量 | 600 |
| 表观密度 | 2600 | 轻物质含量 | 3200 |
| 吸水率 | 4000 | 坚固性 | 分成5.00~2.50；2.50~1.25；1.25~0.630；0.630~0.315mm四个粒级，各需100g |
| 紧密密度和堆积密度 | 5000 | | |
| 含水率 | 1000 | | |
| 含泥量 | 4400 | 硫化物及硫酸盐含量 | 50 |
| 泥块含量 | 10000 | 氯离子含量 | 2000 |
| 有机质含量 | 2000 | 碱活性 | 7500 |

注：此表中所需砂的取样量为行标中砂检验数量。

(4) 每组样品应妥善包装，避免细料散失及防止污染，并附样品卡片，标明样品的编号、取样时间、代表数量、产地、样品量、要求检验项目及取样方式等。

## 2. 样品的缩分

样品的缩分可选择下列二种方法之一：

（1）用分料器：将样品在潮湿状态下拌合均匀，然后使样品通过分料器。留下接样斗中的其中一份，用另一份再次通过分料器。重复上述过程，直至将样品缩分到试验所需量为止。

（2）人工四分法缩分：将所取每组样品置于平板上，在潮湿状态下拌合均匀，并堆成厚度约为20mm的"圆饼"。然后沿互相垂直的两条直径把"圆饼"分成大致相等的四份，取其对角的两份重新拌匀，再堆成"圆饼"。重复上述过程，直至缩分后的材料量略多于进行试验所必需的量为止。

对较少的砂样品（如作单项试验时），可采用较干的原砂样，但应经仔细拌匀后再缩分。砂的堆积密度和紧密密度及含水率检验所用的试样可不经缩分，在拌匀后直接进行试验。

### 四、砂试验方法

本节内容主要叙述了（行标规定的试验方法。考虑到国标规定的试验方法）与行标的试验方法基本一致，国标试验方法将不再另行叙述，仅在两者出现较大出入时，再说明其区别所在。

（一）筛分析试验

1. 试验设备

试验筛：孔径为 10.0mm、5.00mm、2.50mm 的圆孔筛和孔径为 1.25mm、0.630mm、0.315mm、0.160mm 的方孔筛，以及筛的底盘和盖各一只，筛框为300mm或200mm。其产品质量要求应符合现行的国家标准《试验筛》的规定；

天平：称量1000g，感量1g；

摇筛机；

烘箱：能使温度控制在 $105 \pm 5℃$；

浅盘和硬、软毛刷等。

2. 试样制备

按上述的缩分方法进行缩分样品。用于筛分析试样的颗粒粒径不应大于10mm，所以试验前应先将试样通过10mm筛，并算出筛余百分率，然后称取每份不少于550g的试样两份，分别倒入两个浅盘中，在 $105 \pm 5℃$ 的温度下烘干到恒重，冷却至室温备用。

注：恒重系指相邻两次称量间隔时间不大于3h的情况下，前后两次称量之差小于该试验所要求的称量精度（下同）。

3. 试验步骤

（1）准确称取烘干试样500g，置于按筛孔大小（大孔在上、小孔在下）顺序排列的套筛的最上一只筛（即5mm筛孔筛）上；将套筛装入摇筛机内固紧，筛分时间为10min左右；然后取出套筛，再按筛孔大小顺序，在清洁的浅盘上逐个手筛，直至每分钟的筛出量不超过试样总量的0.1%时为止。通过的颗粒并入下一个筛，并和下一个筛中试样一起过筛，按这样的顺序进行，直至每个筛全部筛完为止。

注：①试样为特细砂时，在筛分时增加0.080mm的方孔筛一只；②如试样含泥量超过5%，则应先用水洗，然后烘干至恒重，再进行筛分；③无摇筛机时，可用手筛。

（2）仲裁时，试样在各号筛上的筛余量均不得超过下式的量：

$$m_r = \frac{A\sqrt{d}}{300} \tag{3-57}$$

生产控制检验时不得超过下式的量

$$m_r = \frac{A\sqrt{d}}{200} \tag{3-58}$$

式中　$m_r$——在一个筛上的剩留量（g）；
　　　$d$——筛孔尺寸（mm）；
　　　$A$——筛的面积（mm²）。

否则应将该筛余试样分成两份，再次进行筛分，并以其筛余量之和作为筛余量。

(3) 称取各筛筛余试样的重量（精确至1g）。所有各筛的分计筛余量和底盘中剩余量的总和与筛分前的试样总量相比，其相差不得超过1%。

4. 数据处理与结果判定

(1) 计算分计筛余百分率（各筛上的筛余量除以试样总量的百分率），精确至0.1%；

(2) 计算累计筛余百分率（该筛上的分计筛余百分率与大于该筛的各筛上的分计筛余百分率之总和），精确至1%；

(3) 根据各筛的累计筛余百分率评定该试样的颗粒级配分布情况；

(4) 按下式计算砂的细度模数 $\mu_f$（精确至0.01）；

$$\mu_f = \frac{(\beta_2 + \beta_3 + \beta_4 + \beta_5 + \beta_6) - 5\beta_1}{100 - \beta_1} \tag{3-59}$$

式中，$\beta_1$、$\beta_2$、$\beta_3$、$\beta_4$、$\beta_5$ 和 $\beta_6$ 分别为 5.00mm、2.50mm、1.25mm、0.630mm、0.315mm 和 0.160mm 各筛上的累计筛余百分率。

(5) 筛分试验应采用两个试样平行试验。细度模数以两次试验结果的算术平均值为测定值（精确至0.1）。如两次试验所得的细度模数之差大于0.20时，应重新取试样进行试验。

国标和行标的主要区别是：①试验筛的不同：国标中用的全是方孔筛，其孔径为 150$\mu$m、300$\mu$m、600$\mu$m、1.18mm、2.36mm、4.75mm 及 9.50mm 的筛各一只，并附有筛底和筛盖；在其他试验过程中用到试验筛时，国标和行标都有不同，不再另作说明。②国标对各号筛上的筛余量上限统一规定为不超过式3-58的要求，不区分仲裁和生产控制检验。

(二) 砂的表观密度试验

1. 标准方法

(1) 试验设备

天平：称量1000g，感量1g；

容量瓶：500mL；

干燥器、浅盘、铝制料勺、温度计等；

烘箱：能使温度控制在 105±5℃；

烧杯：500mL。

(2) 试样制备

将缩分至650g左右的试样在温度 105±5℃ 的烘箱中烘干至恒重，并在干燥器内冷却至室温。

(3) 试验步骤

①称取烘干的试样 300g（$m_0$），装入盛有半瓶冷开水的容量瓶中；

②摇转容量瓶，使试样在水中充分搅动以排除气泡，塞紧瓶塞，静置24h左右。然后用滴管添水，使水面与瓶颈刻度线平齐，再塞紧瓶塞，擦干瓶外的水分称其重量（$m_1$）；

③倒出瓶中的水和试样，将瓶的内外表面洗净，再向瓶内注入与第②款水温相差不超过2℃的冷开水至瓶颈刻度线平齐，再塞紧瓶塞，擦干瓶外水分，称其重量（$m_2$）。

注：在砂的表观密度试验过程中应测量并控制水的温度，试验的各项称量可在15℃~25℃的温度范围内进行。从试样加水静置的最后2h起直至试验结束，其温度相差不应超过2℃。

(4) 数据处理与结果判定

表观密度 $\rho$ 应按下式计算（精确至 10kg/m³）：

$$\rho = \left(\frac{m_0}{m_0 + m_2 - m_1} - \alpha_t\right) \times 1000 \, (\text{kg/m}^3) \tag{3-60}$$

式中 $m_0$ ——试样的烘干重量（g）；
$m_1$ ——试样、水及容量瓶总重（g）；
$m_2$ ——水及容量瓶总重（g）；
$\alpha_t$ ——考虑称量时的水温对水相对密度影响的修正系数，见表3-19。

**不同水温下砂的表面密度温度修正系数** 表3-19

| 水温℃ | 15 | 16 | 17 | 18 | 19 | 20 |
|---|---|---|---|---|---|---|
| $\alpha_t$ | 0.002 | 0.003 | 0.003 | 0.004 | 0.004 | 0.005 |
| 水温℃ | 21 | 22 | 23 | 24 | 25 | |
| $\alpha_t$ | 0.005 | 0.006 | 0.006 | 0.007 | 0.008 | |

以两次试验结果的算术平均值作为测定值，如两次结果之差大于20kg/m³，应重新进行试验。

2. 简易方法

（1）试验设备

天平：称量100g，感量0.1g；

李氏瓶：容量250mL；

其他仪器设备参照上述标准方法中所用设备。

（2）试样制备

将样品在潮湿状态下用四分法缩分至120g左右，在105±5℃的烘箱中烘干至恒重，并在干燥器中冷却至室温，分成大致相等的两份备用。

（3）试验步骤

①向李氏瓶中注入冷开水至一定刻度处，擦干瓶颈内附着水，记录水的体积（$V_1$）；

②称取烘干试样50g（$m_0$），徐徐装入盛水的李氏瓶中；

③试样全部入瓶中后，用瓶内的水将粘附在瓶颈和瓶壁的试样洗入水中，摇转李氏瓶以排除气泡，静置24h后，记录瓶中水面升高后的体积（$V_2$）。

注：在砂的表观密度试验过程中应测量并控制水的温度，允许在15℃～25℃温度范围内进行体积测定，但两次体积测定（指$V_1$和$V_2$）的温差不得大于2℃。从试样加水静置的最后的2h起，直至记录完瓶中水面高升时止，其温度相差不应超过2℃。

（4）数据处理与结果判定

表观密度应按下式计算（精确至10kg/m³）：

$$\rho = \left(\frac{m_0}{V_2 - V_1} - \alpha_t\right) \times 1000 \, (\text{kg/m}^3) \tag{3-61}$$

式中 $m_0$ ——试样的烘干重量（g）；
$V_1$ ——水的原有体积（mL）；
$V_2$ ——倒入试样后的水和试样的体积（mL）；
$\alpha_t$ ——考虑称量时的水温对水相对密度影响的修正系数，见表3-19。

以两次试验结果的算术平均值作为测定值，如两次结果之差大于20kg/m³时，应重新取样进行试验。

国标和行标的主要区别是：国标仅采用了标准方法进行砂的表观密度试验，且不作水温影响修正。

（三）吸水率试验

### 1. 试验设备

天平：称量1000g，感量1g；

饱和面干试模及重量约340±15g的铜制捣棒（见图3-12所示）；

干燥器、吹风机（手提式）、浅盘、铝制料勺、玻璃棒、温度计等；

烧杯：500mL；

烘箱：能使温度控制在105℃±5℃。

### 2. 试样制备应符合下列规定：

饱和面干试样的制备，是将样品在潮湿状态下用四分法缩分至约1000g，拌匀后分成两份，分别装于浅盘或其他合适的容器中，注入清水，使水面高出试样表面20mm左右（水温控制在20±5℃）。用玻璃棒连续搅拌5min，以排除气泡。静置24h以后，细心地倒去试样上的水，并用吸管吸去余水。再将试样在盘中摊开，用手提吹风机缓缓吹入暖风，并不断翻拌试样，使砂表面的水分，在各部位均匀蒸发。然后将试样松散地一次装满饱和面干试模中，

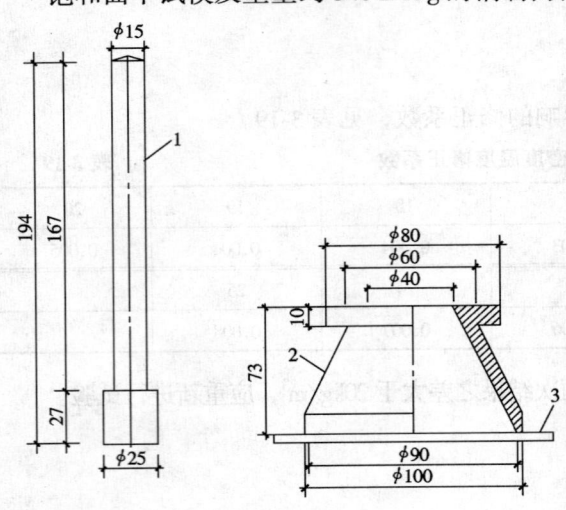

图3-12 饱和面干试模及其捣棒（单位：mm）
1—捣棒；2—试模；3—玻璃板

捣25次，捣棒端面距试样表面不超过10mm，任其自由落下。捣完后，留下的空隙不用再装满，从垂直方向徐徐提起试模。如试模呈图3-13中（a）形状时，则说明砂中尚含有表面水，继续按上述方法用暖风干燥，并按上述方法进行试验，直至试模提起后试样呈图3-13中（b）的形状为止。图3-13中（c）的形状说明试样已干燥过分，此时应将试样洒水约55mL，充分拌匀，并静置于加盖容器中30min后，再按上述方法进行试验，直至试样达到图3-13中（b）的形状为止。

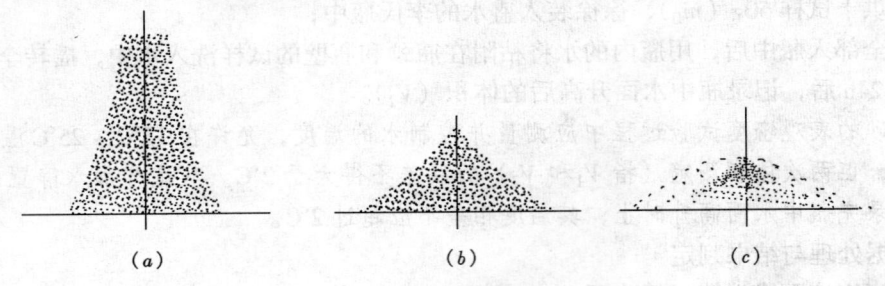

图3-13 试样的塌陷情况
(a) 尚有表面水；(b) 饱和面干状态；(c) 干燥过分

### 3. 试验步骤

立即称取饱和面干试样500g，放入已知重量（$m_1$）的杯中，于温度为105℃±5℃的烘箱中烘干至恒重，并在干燥器内冷却至室温后，称取干样与烧杯的总重（$m_2$）。

### 4. 数据处理与结果判定

吸水率 $\omega_{wa}$ 应按下列计算（精确至0.1%）：

$$\omega_{wa} = \frac{500-(m_2-m_1)}{m_2-m_1} \times 100(\%) \tag{3-62}$$

式中 $m_1$——烧杯的重量（g）；

$m_2$——烘干的试样与烧杯的总重（g）。

以两次试验结果的算术平均值作为测定值。如两次结果之差大于 0.2%，应重新取样进行试验。

饱和面干试样制备方法，国标和行标稍有差异：行标中规定是一次装模，用捣棒均匀捣 25 次，捣棒端面距试样表面不超过 10mm，任其自由落下。捣完后，留下的空隙不用再装满，从垂直方向徐徐提起试模；而国标中规定将试样分两层装入饱和面干试模中，第一层装入试模高度的一半，用捣棒均匀捣 13 下（捣棒离试样表面约 10mm 处自由落下）。第二层装满试模，再轻捣 13 下，刮平试模上口后，垂直将试模徐徐提起。

（四）堆积密度和紧密密度试验

1. 试验设备

案秤：称量 5000g，感量 5g；

容量筒：金属制、圆柱形、内径 108mm，净高 109mm，筒壁厚 2mm，容积约为 1L，筒底厚为 5mm；

漏斗（见图 3-14）或铝制料勺；

烘箱：能使温度控制在 105±5℃；

直尺、浅盘等。

2. 试样制备

用浅盘装样品约 3L，在温度为 105±5℃ 烘箱中烘干至恒重，取出并冷却至室温，再用 5mm 孔径的筛子过筛，分成大致相等的两份备用。试样烘干后如有结块，应在试验前捏碎。

3. 试验步骤

（1）堆积密度：取试样一份，用漏斗或铝制料勺，将它徐徐装入容量筒（漏斗出料口或料勺距容量筒筒口不应超过 50mm）直至试样装满并超出容量筒筒口。然后用直尺将多余的试样沿筒口中心线向两个相反方向刮平，称其重量（$m_2$）。

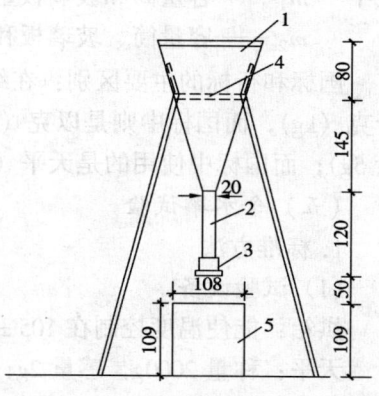

图 3-14 标准漏斗（单位：mm）
1—漏斗；2—$\phi$20mm 管子；
3—活动门；4—筛；5—金属量筒

（2）紧密密度：取试样一份，分二层装入容量筒。装完一层后，在筒底垫放一根直径为 10mm 的钢筋，将筒按住，左右交替颠击地面各 25 下，然后再装入第二层；第二层装满后用同样方法颠实（但筒底所垫钢筋的方向应与第一层放置方向垂直）；二层装完并颠实后，加料直至试样超出容量筒筒口，然后用直尺将多余的试样沿筒口中心线向两个相反方向刮平，称其重量（$m_2$）。

4. 数据处理与结果判定

（1）堆积密度（$\rho_l$）及紧密密度（$\rho_c$）可按下式计算（精确至 $10\text{kg/m}^3$）：

$$\rho_l(\rho_c) = \frac{m_2 - m_1}{V} \times 1000 (\text{kg/m}^3) \tag{3-63}$$

式中　$m_1$——容量筒的重量（kg）；

　　　$m_2$——容量筒和砂总重（kg）；

　　　$V$——容量筒容积（L）。

以两次试验结果的算术平均值作为测定值。

（2）空隙率可按下式计算（精确到 1%）：

$$v_l = \left(1 - \frac{\rho_l}{\rho}\right) \times 100 (\%) \tag{3-64}$$

$$v_c = \left(1 - \frac{\rho_c}{\rho}\right) \times 100(\%) \tag{3-65}$$

式中　$v_l$——堆积密度的空隙率；

　　　$v_c$——紧密密度的空隙率；

　　　$\rho_l$——砂的堆积密度（kg/m³）；

　　　$\rho$——砂的表观密度（kg/m³）；

　　　$\rho_c$——砂的紧密密度（kg/m³）。

(3) 容量筒容积的校正方法

以温度为 20±2℃ 的饮用水装满容量筒，用玻璃板沿筒口滑移，使其紧贴水面。擦干筒外壁水分，然后称重。用下式计算筒的容积：

$$V = m_2 - m_1 \tag{3-66}$$

式中　$m_1$——容量筒和玻璃板重量（kg）；

　　　$m_2$——容量筒、玻璃板和水总重量（kg）。

国标和行标的主要区别：在结果计算中，行标中容量筒和试样总质量、容量筒质量等单位为千克（kg），而国标中则是以克（g）为单位。这是因为在行标中使用的是案秤（称量 5000g，感量 5g）；而国标中使用的是天平（称量 10kg，感量 1g）。

（五）含水率试验

1. 标准方法

(1) 试验设备

烘箱：能使温度控制在 105±5℃；

天平：称量 2000g，感量 2g；

容器：如浅盘。

(2) 试验步骤

由样品中取各重约 500g 的试样两份，分别放入已知重量的干燥容器（$m_1$）中称重。记下每盘试样与容器的总重（$m_2$），将容器连同试样放入温度为 105±5℃ 的烘箱中烘干至恒重，称量烘干后的试样与容器的总重（$m_3$）。

(3) 数据处理与结果判定

砂的含水率 $\omega_{wc}$ 按下式计算（精确至 0.1%）：

$$\omega_{wc} = \frac{m_2 - m_3}{m_3 - m_1} \times 100(\%) \tag{3-67}$$

式中　$m_1$——容器重量（g）；

　　　$m_2$——未烘干的试样与容器的总重（g）；

　　　$m_3$——烘干后的试样与容器的总重（g）。

以两次试验结果的算术平均值作为测定值。

2. 快速试验方法：

(1) 试验设备

电炉（或火炉）；

天平：称量 1000g，感量 1g；

炒盘（铁制或铝制）；

油灰铲、毛刷等。

(2) 试验步骤

①向干净的炒盘中加入约 500g 试样，称取试样与炒盘的总重（$m_2$）；

②置炒盘于电炉（或火炉）上，用小铲不断地翻拌试样，到试样表面全部干燥后，切断电源（或移出火外）再继续翻拌 1min，稍予冷却（以免损坏天平）后，称干样与炒盘的总重（$m_3$）。

3．数据处理与结果判定

砂的含水率 $\omega_{wc}$ 应按下列计算（精确至 0.1%）：

$$\omega_{wc} = \frac{m_2 - m_3}{m_3 - m_1} \times 100(\%) \qquad (3\text{-}68)$$

式中：$m_1$——容器重量（g）；

$m_2$——未烘干的试样与容器的总重（g）；

$m_3$——烘干后的试样与容器的总重（g）。

以两次试验结果的算术平均值作为测定值。各次试验前来样应予密封，以防水分散失。

国标和行标的主要区别是：①国标仅采用标准方法进行砂含水率的试验；②国标中增加了以吸水率为基准的饱和面干状态的表面含水率，计算公式如下，精确至 0.1%：

$$H = (Z - W) \times \frac{1}{1 + \frac{W}{100}} \qquad (3\text{-}69)$$

式中　$H$——以吸水率为基准的饱和面干状态的表面含水率（%）；

$Z$——含水率，（%）；

$W$——吸水率，（%）。

含水率及吸水率为基准的饱和面干状态的表面含水率取两次试验结果的算术平均值，精确至 0.1%；两次试验结果之差大于 0.2% 时，须重新试验。

（六）含泥量试验

1．标准方法

(1) 试验设备

天平：称量 1000g，感量 1g；

烘箱：能使温度控制在 105±5℃；

筛：孔径为 0.080mm 及 1.25mm 各一个；

洗砂用的容器及烘干用的浅盘等。

(2) 试样制备

将样品在潮湿状态下用四分法缩分至约 1100g，置于温度为 105±5℃ 的烘箱中烘干至恒重，冷却至室温，立即称取各为 400g（$m_0$）的试样两份备用。

(3) 试验步骤

①取烘干的试样一份置于容器中，并注入饮用水，使水面高出砂面约 15mm 充分拌混均匀后，浸泡 2h，然后，用手在水中掏洗试样，使尘屑、淤泥和黏土与砂粒分离，悬浮或溶于水中。缓缓地将浑浊液倒入 1.25mm 及 0.080mm 的套筛（1.25mm 筛放置在上面）上，滤去小于 0.080mm 的颗粒。试验前筛子的两面应先用水润湿，在整个过程中应注意避免砂粒丢失；

②再次加水于容器中，重复上述过程，直到容器内洗出的水清澈为止；

③用水冲洗剩留在筛上的细粒，并将 0.080mm 筛放在水中（使水面略高出筛中砂粒的上表面）来回摇动，以充分洗除小于 0.080mm 的颗粒。然后将两只筛上剩留的颗粒和容器中已经洗净的试样一并装入浅盘，置于温度为 105±5℃ 的烘箱中烘干至恒重。取出来冷却至室温后，称试样的重量（$m_1$）。

(4) 数据处理与结果判定

砂的含泥量 $\omega_c$ 应按下式计算（精确至 0.1%）：

$$\omega_c = \frac{m_0 - m_1}{m_0} \times 100(\%) \tag{3-70}$$

式中  $m_0$——试验前的烘干试样重量（g）；

$m_1$——试验后的烘干试样重量（g）。

以两个试样试验结果的算术平均值作为测定值。两次结果的差值超过 0.5% 时，应重新取样进行试验。

2. 虹吸管方法

(1) 试验设备

虹吸管：玻璃管的直径不大于 5mm，后接胶皮弯管；

玻璃的或其他容器：高度不小于 300mm，直径不小于 200mm。

(2) 试样制备同标准方法

(3) 试验步骤

①称取烘干的试样约 500g（$m_0$），置于容器中，并注入饮用水，使水面高出砂面约 150mm，浸泡 2h。浸泡过程中每隔一段时间搅拌一次，使尘屑、淤泥和黏土与砂分离；

②用搅拌棒搅拌约 1min（单方向旋转），以适当宽度和高度的闸板闸水，使水停止旋转。经 20~25s 后取出闸板，然后从上到下用虹吸管细心地将浑浊液吸出。虹吸管吸口的最低位置应距离砂面不少于 30mm；

③再倒入清水，重复上述过程，直到吸出的水与清水的颜色基本一致为止；

④最后将容器中的清水吸出，把洗净的试样倒入浅盘并在 105±5℃ 的烘箱中烘干至恒重，取出后冷却至室温后称砂重（$m_1$）。

(4) 数据处理与结果判定

砂的含泥量 $\omega_c$ 应按下式计算（精确至 0.1%）：

$$\omega_c = \frac{m_0 - m_1}{m_0} \times 100(\%) \tag{3-71}$$

式中  $m_0$——试验前的烘干试样重量（g）；

$m_1$——试验后的烘干试样重量（g）。

以两个试样试验结果的算术平均值作为测定值。两次结果的差值超过 0.5% 时，应重新取样进行试验。

国标和行标的主要区别是：行标中被检验砂都是天然砂，而在国标中增加了人工砂，且人工砂中含有石粉，因此在国标中增加了石粉含量试验。进行天然砂检验时要检测含泥量；进行人工砂检验时要检测石粉含量。

(七) 石粉含量试验（仅国标采用）

1. 仪器设备

鼓风烘箱：能使温度控制在 105±5℃；

天平：称量 1000g，感量 0.1g 及称量 100g，感量 0.01g 各一台；

方孔筛：孔径为 75μm、1.18mm 的筛各一只；

容器：要求淘洗试样时，保持试样不溅出（深度大于 250mm）；

移液管：5mL、2mL 移液管各一个；

三片或四片式叶轮搅拌器：转速可调（最高达 600±60r/min），直径 75±10mm；

定时装置：精度 1s；

玻璃容量瓶：1L；

温度计：精度1℃；

玻璃棒：2支（直径8mm，长300mm）；

搪瓷盘，毛刷、1000mL烧杯等。

2. 试剂及试样制备

（1）亚甲蓝：（$C_{16}H_{18}ClN_3S·3H_2O$）含量≥95%。

（2）亚甲蓝溶液：将亚甲蓝粉末在100±5℃下烘干至恒重（若烘干温度超过105℃，亚甲蓝粉末会变质），称取烘干亚甲蓝粉末10g，精确至0.01g，倒入盛有约600mL蒸馏水（水温加热至35~40℃）的烧杯中，用玻璃棒持续搅拌40min，直至亚甲蓝粉末完全溶解，冷却至20℃。将溶液倒入1L容量瓶中，用蒸馏水淋洗烧杯等，使所有亚甲蓝溶液全部移入容量瓶，容量瓶和溶液的温度应保持在20±1℃，加蒸馏水至容量瓶1L刻度。振荡容量瓶以保证亚甲蓝粉末完全溶解。将容量瓶中溶液移入深色储藏瓶中，标明制备日期，失效日期（亚甲蓝溶液保质期应不超过28d），并置于阴暗处保存。

（3）定量滤纸：快速。

（4）按规定取样，并将试样缩分至约400g，放在烘箱中于100±5℃下烘干至恒重，待冷却至室温后，筛除大于2.36mm的颗粒备用。

3. 试验步骤

（1）亚甲蓝MB值的测定

①称取试样200g，精确至0.1g。将试样倒入盛有500±5mL蒸馏水的烧杯中，用叶轮搅拌机以600±60r/min转速搅拌5min，形成悬浮液，然后持续以400±40r/min转速搅拌，直至试验结束。

②悬浮液中加入5mL亚甲蓝溶液，以400±40r/min转速搅拌至少1min后，用玻璃棒沾取一滴悬浮液（所取悬浮液滴应使沉淀物直径在8mm~12mm内），滴于滤纸上（置于空烧杯或其他合适的支撑物上，以使滤纸表面不与任何固体或液体接触）。若沉淀物周围未出现色晕，再加入5mL亚甲蓝溶液，继续搅拌1min，用玻璃棒沾取一滴悬浮液，滴于滤纸上；若沉淀物周围仍未出现色晕，重复上述步骤，直至沉淀物周围出现约1mm的稳定浅蓝色色晕。此时，应继续搅拌，不加亚甲蓝溶液，每1min进行一次沾染试验。若色晕在4min内消失，再加入5mL亚甲蓝溶液；若色晕在第5min消失，再加入2mL亚甲蓝溶液。两种情况下，均应继续进行搅拌合沾染试验，直至色晕可持续5min。

③记录色晕持续5min时所加入的亚甲蓝溶液总体积，精确至1mL。

（2）亚甲蓝的快速试验

①按上述制样方法制样；

②按上述方法搅拌；

③一次性向烧杯中加入30mL亚甲蓝溶液，在400±40r/min转速持续搅拌8min，然后用玻璃棒沾取一滴悬浮液，滴于滤纸上，观察沉淀物周围是否出现明显色晕。

（3）测定人工砂中含泥量或石粉含量的试验步骤按上述含泥量的标准试验方法进行。

4. 数据处理与结果判定

（1）亚甲蓝MB值结果计算

亚甲蓝MB按下式计算，精确至0.1：

$$MB = \frac{V}{G} \times 10 \tag{3-72}$$

式中 $MB$——亚甲蓝值g/kg，表示每千克0~2.36mm粒级试样所消耗的亚甲蓝克数；

$G$——试样质量（g）；

$V$——所加入的亚甲蓝溶液的总量（mL）。

注：公式中的系数10用于将每千克试样消耗的亚甲蓝溶液体积换算成亚甲蓝质量。

(2) 亚甲蓝快速试验结果评定

若沉淀物周围出现明显色晕，则判定亚甲蓝快速试验为合格；若沉淀物周围未出现明显色晕，则判定亚甲蓝快速试验为不合格。

(八) 泥块含量试验

1. 试验设备

天平：称量2000g，感量2g；

烘箱：温度控制在105±5℃；

试验筛：孔径为0.630mm及1.25mm各一个；

洗砂用的容器及烘干的浅盘等。

2. 试样制备

将样品在潮湿状态下用四分法缩分至约3000g，置于温度为105±5℃的烘箱中烘干至恒重，冷却至室温后，用1.25mm筛筛分，取筛上的砂400g分为两份备用。

3. 试验步骤

(1) 称取试样200g（$m_1$）置于容器中，并注入饮用水，使水面高出砂面约150mm。充分拌混均匀后，浸泡24h，然后用手在水中碾压泥块，再把试样放在0.630mm筛上，用水淘洗，直至水清澈为止。

(2) 保留下来的试样应小心地从筛里取出，装入浅盘后，置于温度为105±5℃烘箱中烘干至恒重，冷却后称重（$m_2$）。

4. 数据处理与结果判定

砂中泥块含量 $\omega_{c,1}$ 应按下式计算（精确至0.1%）：

$$\omega_{c,1} = \frac{m_1 - m_2}{m_1} \times 100(\%) \tag{3-73}$$

式中 $\omega_{c,1}$——泥块含量（%）；

$m_1$——试验前的干燥试样重量（g）；

$m_2$——试验后的干燥试样重量（g）。

取两次试样试验结果的算术平均值作为测定值。两次结果的差值超过0.4%时，应重新取样进行试验。

(九) 有机物含量试验

1. 试验设备

天平：称量100g，感量0.01g；称量500g，感量0.5g，各一台；

量筒：2500mL，100mL和10mL；

烧杯、玻璃棒和孔径为5.00mm的筛；

氢氧化钠溶液：氢氧化钠与蒸馏水之重量比为3:97；

鞣酸、酒精等。

2. 试样制备

筛去样品中的5mm以上的颗粒，用四分法缩分至约500g，风干备用。

3. 试验步骤

(1) 向250mL量筒中倒入试样至130mL刻度处，再注入浓度为3%的氢氧化钠溶液200mL刻度处，剧烈摇动后静置24h；

(2) 比较试样上部溶液和新配制标准溶液的颜色，盛装标准溶液与盛装试样的重量容积应一致。

注：标准溶液的配制方法：取2g鞣酸粉溶解于98mL的10%酒精溶液中，即得所需的鞣酸溶液后取该溶液2.5mL，注入97.5mL浓度为3%的氢氧化钠溶液中，加塞后剧烈摇动，静置24h即得标准溶液。

4. 结果判定

若试样上部的溶液颜色浅于标准溶液的颜色，则试样的有机质含量鉴定合格。如两种溶液的颜色接近，则应将该试样（包括上部溶液）倒入烧杯中放在温度为60~70℃的水浴锅中加热2~3h,然后再与标准溶液比色。

如溶液的颜色深于标准色，则应按下法进一步试验：

取试样一份，用3%氢氧化钠溶液洗除有机杂质，再用清水淘洗干净，至试样用比色法试验时溶液的颜色浅于标准色，然后用洗除有机质和未洗除的试样分别按现行的国家标准《水泥胶砂强度试验方法》配制两种水泥砂浆，测定28d的抗压强度。如未经洗除的砂的砂浆与经洗除有机质后的砂的砂浆强度比不低于0.95时，则此砂可以采用。

（十）云母含量的试验

1. 试验设备

放大镜（5倍左右）；

钢针；

天平：称量100g、感量0.1g。

2. 试样制备

称取经缩分的试样50g,在温度105±5℃的烘箱中烘干至恒重，冷却至室温后备用。

3. 试验步骤

先筛去大于5mm和小于0.315mm的颗粒，然后根据砂的粗细不同称取试样10~20g（$m_0$），放在放大镜下观察，用钢针将砂中所有云母全部挑出，称取所挑出云母量（$m$）。

4. 数据处理与结果判定

砂中云母含量$\omega_m$应按下式计算（精确至0.1%）：

$$\omega_m = \frac{m}{m_0} \times 100(\%) \tag{3-74}$$

式中 $m_0$——烘干试样重量（g）；

$m$——挑出的云母重量（g）。

（十一）轻物质含量试验

1. 试验设备

烘箱：能使温度控制在105±5℃；

天平：称量1000g,感量1g及称量100g,感量0.1g,各一台；

量具：量杯1000mL,量筒250mL,烧杯150mL各一个；

比重计：测定范围为1.0~2.0；

网篮：内径和高度均约为70mm,网孔孔径不大于0.315mm（可用坚固性检验用的网篮，也可用孔径0.315mm的筛）；

氯化锌：化学纯。

2. 试样制备

（1）称取经缩分的试样约800g,在温度105±5℃的烘箱中烘干至恒重，冷却后将大于5mm和小于0.315mm的颗粒筛去，然后称取每份为200g的试样两份备用；

（2）配制相对密度为1950~2000kg/m³的重液：向1000mL的量杯中加水至600mL刻度处，再加入 1500g 氯化锌，用玻璃棒搅拌使氯化锌全部溶解，待冷却至室温后（氯化锌在溶解过程中放出大量热量）将部分溶液倒入 250mL 量筒中测其相对密度；

（3）如溶液相对密度小于要求值。则将它倒回量杯，再加入氯化锌，溶解并冷却后测其相对密度，直至溶液相对密度达到要求数值为止。

3. 试验步骤

（1）将上述试样一份（$m_0$）倒入盛有重液（约 500mL）的量杯中，用玻璃棒充分搅拌，使试样中的轻物质与砂分离，静置 5min 后，将浮起的轻物质连同部分重液倒入网篮中。轻物质留在网篮上，而重液通过网篮流入另一容器，倾倒重液时应避免带出砂粒，一般当重液表面与砂表面相距 20~30mm 时停止倾倒，流出的重液倒回盛试样的量杯中，重复上述过程，直至无轻物质浮起为止；

（2）用水洗净留存于网篮中物质，然后将它倒入烧杯，在 105±5℃的烘箱中烘干至恒重，用感量为 0.1g 的天平称取轻物质与烧杯的总重（$m_1$）。

4. 数据处理与结果判定

砂中轻物质的含量 $\omega_1$ 应按下式计算（精确至 0.1%）：

$$\omega_1 = \frac{m_1 - m_2}{m_0} \times 100(\%) \tag{3-75}$$

式中　$m_1$——烘干的轻物质与烧杯的总重量（g）；
　　　$m_2$——烧杯的重量（g）；
　　　$m_0$——试验前烘干的试样重量（g）。

以两份试验结果的算术平均值作为测定值。

（十二）坚固性试验

1. 试验设备

烘箱：能使温度控制在 105±5℃；

天平：称量 200g，感量 0.2g；

筛：孔径为 0.315mm、0.630mm、1.25mm、2.50mm、5.00mm 试验筛各一个；

容器：搪瓷盆或瓷缸，容量不小于 10L；

三脚网篮：内径均为 70mm，由铜丝或镀锌铁丝制成，网孔的孔径不应大于所盛试样粒级下限尺寸的一半；

试剂：无水硫酸钠或 10 水结晶硫酸钠（工业用）；

比重计。

2. 溶液的配制及试样制备

（1）硫酸钠溶液的配制按下述方法：

取一定数量的蒸馏水（多少取决于试样及容器大小，加温至 30~50℃），每 1000mL 蒸馏水加入无水硫酸钠（$Na_2SO_4$）300~350g 或 10 水硫酸钠（$Na_2SO_4 \cdot 10H_2O$）700~1000g，用玻璃棒搅拌，使其溶解并饱和，然后冷却至 20~25℃，在此温度下静置两昼夜，其相对密度应保持在 1151~1174kg/m³ 范围内；

（2）将试样浸泡水，用水冲洗干净，在 105±5℃的温度下烘干冷却至室温备用。

3. 试验步骤

（1）称取粒级分别为 0.315~0.630mm、0.630~1.25mm、1.25~2.50mm 和 2.50~5.00mm 的试样各约 100g，分别装入网篮并浸入盛有硫酸钠溶液的容器中，溶液体积应不小于试样总体积的 5 倍，其温度应保持在 20~25℃范围内。三脚网篮浸入溶液时应先上下升降 25 次以排除试样中的气泡。然后静置于该容器中，此时，网篮底面距容器底面约 30mm（由网篮脚高控制），网篮之间的间距应不小于30mm，试样表面至少在液面以下30mm。

（2）浸泡20h后，从溶液中提出网篮，放在温度为105±5℃的烘箱中烘烤4h，至此，完成了第一次试验循环。待试样冷却至20~25℃后，即开始第二次循环，从第二次循环开始，浸泡及烘烤时间均为4h。

（3）第五次循环完后，将试样置于20~25℃的清水中洗净硫酸钠，再在105±5℃的烘箱中烘干至恒重，取出并冷却至室温后，用孔径为试样粒级下限的筛，过筛并称量各粒级试样试验后的筛余量。

注：试样中硫酸钠是否洗净，可按下法检验：取洗试样的水数毫升，滴入少量氯化钡（$BaCl_2$）溶液，如无白色沉淀，则说明硫酸钠已被洗净。

4．数据处理与结果判定

（1）试样中各粒级颗粒的分计重量损失百分率 $\delta_{ji}$ 应按下式计算：

$$\delta_{ji} = \frac{m_i - m'_i}{m_i} \times 100(\%) \tag{3-76}$$

式中　$m_i$——每一粒级试样试验前的重量（g）；

$m'_i$——经硫酸钠溶液试验后，每一粒级筛余颗粒的烘干重量（g）。

（2）0.315~5.00mm粒级试样的总量损失百分率 $\delta_j$ 应下式计算（精确至0.1%）：

$$\delta_j = \frac{\alpha_1 \delta_{j1} + \alpha_2 \delta_{j2} + \alpha_3 \delta_{j3} + \alpha_4 \delta_{j4}}{\alpha_1 + \alpha_2 + \alpha_3 + \alpha_4}(\%) \tag{3-77}$$

式中　$\alpha_1$、$\alpha_2$、$\alpha_3$、$\alpha_4$——分别为0.315~0.630mm、0.630~1.25mm、1.25~2.50mm、2.50~5.00mm粒级在筛除小于0.315mm及大于5.00mm颗粒后的原试样中所占的百分率；

$\delta_{j1}$、$\delta_{j2}$、$\delta_{j3}$、$\delta_{j4}$——分别为0.315~0.630mm、0.630~1.25mm、1.25~2.50mm、2.5~5.00mm各粒级的分计重量损失百分率。

（十三）硫酸盐、硫化物含量试验

1．试验设备、试剂

天平：称量1kg，感量1g；称量100g，感量为0.1g各一台；

高温炉：最高温度1000℃；

试验筛：孔径0.080mm；

瓷坩埚；

其他：烧瓶、烧杯等；

10%（W/V）氯化钡溶液：10g氯化钡溶于100mL蒸馏水中；

盐酸（1+1）：浓盐酸溶于同体积的蒸馏水中；

1%（W/V）硝酸银溶液：1g硝酸银溶液于100mL蒸馏水中，并加入5~10mL硝酸，存于棕色瓶中。

2．试样制备

取风干砂用四分法缩分至约10g，粉磨全部通过0.080mm筛，烘干备用。

3．试验步骤

（1）精确称取砂粉试样1g，放入300mL的烧杯中，加入30~40mL蒸馏水及10mL的盐酸（1+1），加热至微沸，并保持微沸5min，使试样充分分解后取下，以中速滤纸过滤，用温水洗涤10~12次；

（2）调整滤液体积至200mL煮沸，搅拌滴加10mL10%氯化钡溶液，并将溶液煮沸数分钟，然后移至温热处静置至少4h（此时溶液体积应保持在200mL），用慢速滤纸过滤，以温水洗到无氯根反应（用硝酸银溶液检验）；

（3）将沉淀及滤纸一并移入已灼烧恒量的瓷坩埚（$m_1$）中，灰化后在800℃的高温炉内灼烧30min。取出坩埚，置于干燥器中冷却至室温，称量，如此反复灼烧，直至恒重（$m_2$）。

4. 数据处理与结果判定

水溶液性硫化物、硫酸盐含量（以$SO_3$计）应按下式计算（精确至0.01%）：

$$\omega_{SO_3} = \frac{(m_2 - m_1) \times 0.343}{m} \times 100(\%) \tag{3-78}$$

式中　$\omega_{SO_3}$——硫酸盐含量（%）；

　　　$m$——试样重量（g）；

　　　$m_1$——瓷钳埚的重量（g）；

　　　$m_2$——瓷钳埚重量和试样总重（g）；

0.343——$BaSO_4$换算成$SO_3$的系数。

取两次试验的算术平均值作为测定值，若两次试验结果之差大于0.15%时，须重做试验。

国标和行标的主要区别是：在数据处理和结果判定中，国标规定硫化物和硫酸盐含量取两次试验结果的算术平均值，精确至0.1%。若两次试验结果之差大于0.2%，须重新试验。

（十四）氯离子含量试验

1. 试验设备、试剂

天平：称量2kg，感量2g；

带塞磨口瓶：1L；

三角瓶：300mL；

滴定管：10mL或25mL；

容量瓶：500mL；

移液管：容量50mL，2mL；

5%（W/V）铬酸钾指示剂溶液；

0.01mol/L氯化钠标准溶液；

0.01mol/L硝酸银标准溶液。

2. 试样制备

取海砂2kg先烘至恒重，经四分法缩至500g。

3. 试验步骤

（1）将试样装入带塞磨口瓶中，用容量瓶取500mL蒸馏水，注入磨口瓶内，加上塞子，摇动一次后，静置2h，然后每隔5min摇动一次，共摇动3次，使氯盐充分溶解。将磨口瓶上部已经澄清的溶液过滤，然后用移液管吸取50mL滤液，注入到三角瓶中，再加入浓度为5%的（W/V）铬酸钾指示剂1mL，用0.01mol/L硝酸银标准溶液滴定至呈现砖红色为终点，记录消耗的硝酸银标准溶液的毫升数（$V_1$）。

（2）空白试验：用移液管准确吸取50mL蒸馏水到三角瓶内。加入5%铬酸钾指示剂，并用0.01mol/L硝酸银标准溶液滴定至溶液呈现砖红为止，记录消耗的硝酸银溶液的毫升数（$V_2$）。

4. 数据处理与结果判定

砂中氯离子含量应按下式计算（精确至0.001%）：

$$\omega_{Cl} = \frac{C_{AgNO_3}(V_1 - V_2) \times 0.0355 \times 10}{m} \times 100(\%) \tag{3-79}$$

式中　$C_{AgNO_3}$——硝酸银标准溶液的浓度（mol/L）；

$V_1$ ——样品滴定时消耗的硝酸银标准溶液的体积（mL）；

$V_2$ ——空白试验时消耗的硝酸银标准溶液的体积（mL）；

$m$ ——试样重量（g）。

（十五）碱活性试验

1. 化学方法

（1）试验设备、试剂

反应器：容量 50~70mL，用不锈钢或其他耐热抗碱材料制成，并能密封不透气漏水，其形式、尺寸见图 3-15 所示；

抽滤装置：10L/min 的真空泵或其他效率相同的抽气装置，500mL 抽滤瓶等；

分光光度计（如不用比色法测定二氧化硅的含量就不需此仪器）；

研磨设备：小型破碎机和粉磨机，能把骨料粉碎成粒径 0.160~0.315mm；

试验筛：孔径分别为 0.160mm、0.315mm；

天平：称量 100（或 200）g，感量 0.1mg；

恒温水浴：能在 24h 内保持 80±1℃；

高温炉：最高温度 1000℃；

试剂均为分析纯。

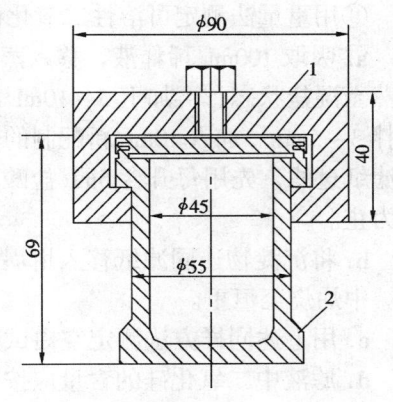

图 3-15 反应容器
1—反应容器盖；2—反应容器筒体

（2）溶液配制与试样制备

①配制 1.000mol/L 氢氧化钠溶液：称取 40g 分析纯氢氧化钠，溶于 100mL 新煮沸并经冷却的蒸馏水中摇匀，贮于装有钠石灰干燥管的聚乙烯瓶中。配制后的氢氧化钠溶液应用邻苯二钾酸氢钾标定，准确至 0.001mol/L。

②取有代表性的砂样品 500g，用破碎机及粉磨机破碎后，在 0.160mm 和 0.315mm 的筛子上过筛，弃除通过 0.160mm 筛的颗料，留在 0.315mm 筛上的颗料需反复破碎，直到全部通过 0.315mm 筛为止，然后用磁铁吸除破碎样品时带入的铁屑。为了保证小于 0.160mm 的颗粒全部弃除，应将样品放在 0.160mm 的筛上，先用自来水冲洗，再用蒸馏水冲洗，一次冲洗的样品不多于 100g，洗涤过的样品，放在 105±5℃烘箱中烘 20±4h，冷却后，再用 0.160mm 的筛筛去细屑，制成试样。

（3）试验步骤

①称取备好的试样 25±0.05g 三份。

②将试样放入反应器中，再用移管加入 25mL 经标定的浓度为 1.000mol/L 氢氧化钠溶液，另取 2~3 个反应器，不放样品加入同样氢氧化钠溶液作为空白试验。

③将反应器的盖子盖上（带橡皮垫圈），轻轻旋转摇动反应器，以排出粘附在试样上的空气，然后加夹具密封反应器。

④将反应器放在 80±1℃恒温水中 24h，然后取出，将其放在流动的自来水中冷却 15±2min，立即开盖，用瓷质古氏坩埚过滤（坩埚内应放一块大小与坩埚底相吻合的快速滤纸）。过滤时，将坩埚放在带有橡皮坩埚套的巴氏漏斗上，巴氏漏斗装在抽滤瓶上，抽滤瓶上放一支容量 35~50mL 的干燥试管，用以收集滤液。

注：为避免氢氧化钠溶液与玻璃器皿发生反应，影响试验的精度，建议采用塑料漏斗和塑料试管，或在玻璃漏斗和试管上涂上一层石蜡。

⑤开动抽气系统，将少量溶液倾入润湿滤纸，使之紧贴在坩埚底部，然后继续倾入溶液，不

要搅动反应器内的残渣。待溶液全部倾出后,停止抽气,用不锈钢或塑料小勺将残渣移入坩埚中并压实,然后再抽气,调节气压在380mm水银柱,直至每10s滤出溶液一滴为止。

注:同一组试样及空白试验的过滤条件都应当相同。

⑥过滤完毕,立即将滤液摇匀,用移液管吸取10mL滤液移入200mL容量瓶中,稀释至刻度,摇匀,以备测定溶解的二氧化硅和碱度降低值用。

注:此稀释液应在4h内进行分析,否则应移入清洁、干燥的聚乙烯容器中密封保存。

⑦用重量法、容量法或比色法测定溶液中的可溶性二氧化硅含量($C_{SiO_2}$)。

⑧用单终点法和双终点法测定溶液的碱度降低值。

⑨用重量法测定可溶性二氧化硅含量,应按下列步骤进行:

a. 吸取100mL稀释液,移入蒸发皿中,加入5~10mL浓盐酸(相对密度1190kg/m),在水浴上蒸至湿盐状态,再加上5~10mL浓盐酸(相对密度1190kg/m),继续加热至70℃左右,保温并搅拌3~5min。加入10mL新配制的1%动物胶(1g动物胶溶于100mL热水中)搅匀,冷却后用无灰滤纸过滤,先用每升含5mL盐酸的热水洗涤沉淀,再用热蒸馏水充分洗涤,直至无氯离子反应为止。

b. 将沉淀物连同滤纸移入坩埚中,先在普通电炉上烘干并碳化,再放在900℃~950℃的高温炉中灼烧至恒重。

c. 用上述同样方法测定空白试验稀释液中二氧化硅的含量。

d. 滤液中二氧化硅的含量应按下式计算(精确至0.001):

$$C_{SiO_2} = (m_2 - m_1) \times 3.300 \tag{3-80}$$

式中 $C_{SiO_2}$——滤液中的二氧化硅浓度(mol/L);

$m_1$——100mL试样的稀释液中的二氧化硅含量(g);

$m_2$——100mL空白试验的稀释液中的二氧化硅的含量(g)。

⑩用容量法测定可溶性二氧化硅含量,应按下列步骤进行:

a. 配制15%(W/V)氟化钾:称取30g氟化钾,置于聚四氟乙烯杯中,加入150mL水,再加入硝酸和盐酸各25mL,并加入氯化钾至饱和,放置半小时后,用涂蜡漏斗过滤置于聚乙烯瓶中备用。

b. 乙醇洗液:将无水乙醇与水(十)混合,加入氯化钾至饱和。

c. 0.1mol/L氢氧化钠溶液:以4g氢氧化钠溶于1000mL新煮沸并冷却后的蒸馏水中,摇匀,贮于装有钠石灰干燥管的聚乙烯瓶中。配制后的氢氧化钠溶液应以邻苯二甲酸氢钾标定,准确至0.001mol/L。

d. 吸取10~50mL稀释液(视二氧化硅的含量而定),放入300mL聚四氟乙烯杯中,加入蒸馏水,控制溶液的体积在30mL以内。加入浓硝酸3mL,用塑料棒搅拌溶液并加入氯化钾至饱和,再慢慢加入15%氟化钾溶液10~12mL,继续搅拌1min后,放置15min,用塑料或涂蜡漏斗和中速滤纸过滤。用乙醇洗液洗沉淀物及烧杯2~3次,将沉淀连同滤纸取出放入原烧杯中,用10mL乙醇洗液淋洗烧杯壁,加入15滴酚酞指示剂,用滴定管滴入0.1mol/L氢氧化钠溶液,用塑料棒仔细搅动滤纸并擦洗杯壁,以中和未洗去的酸,直至红色不退,然后加入100mL刚煮沸的蒸馏水(此水用先加入数滴酚酞指示剂并用氢氧化钠溶液滴至微红色)。在搅拌中用氢氧化钠溶液滴定至呈微红色。

e. 用同样方法测定空白试验的稀释液。

f. 滤液中二氧化硅的浓度按下式计算(精确至0.001):

$$C_{SiO_2} = \frac{20(V_2 - V_1)C_{NaOH}}{V_0} \times \frac{15.02}{60.06} \tag{3-81}$$

式中　$C_{SiO_2}$——滤液中的二氧化硅浓度（mol/L）；
　　　$C_{NaOH}$——氢氧化钠溶液的浓度（mol/L）；
　　　$V_2$——测定试样的稀释液消耗氢氧化钠溶液量（mL）；
　　　$V_1$——测定空白的稀释液消耗氢氧化钠溶液量（mL）；
　　　$V_0$——测定时吸取的稀释液（mL）。

⑪用比色法测定可溶性二氧化硅含量，应按下列步骤进行：

a. 配制钼兰显示剂：将 20g 草酸，15g 硫酸亚铁铵溶于 1000mL 浓度为 1.5mol/L 的硫酸中。

b. 二氧化硅标准溶液：称取二氧化硅保证试剂 0.1000g，置于铂坩埚中，加入无水碳酸钠 2.5~3.0g，于 900~950℃下熔融 20~30min，取出冷却。在烧杯中加 400mL 热水，搅拌至全部溶解后，移入 1000mL 容量瓶中，稀释至刻度，摇匀。此溶液每毫升含二氧化硅 0.1mg（必要时可用重量法校准）。

c. 10%（W/V）钼酸铵溶液：100g 钼酸铵溶于 400mL 热水中，过滤后稀释至 1000mL。

d. 0.01mol/L 高锰酸钾溶液。

e. 5%（W/V）盐酸。

f. 标准曲线的绘制：吸取 0.5、1.0、2.0、3.0、4.0mL 二氧化硅标准溶液，分别装入 100mL 容量瓶中，用水稀释至 30mL。各依次加入 5%（W/V）盐酸，10%（W/V）钼酸铵溶液 2.5mL，0.01mol/L 高锰酸钾一滴，摇匀放置 10~20min。再加入钼兰色显示剂 20mL，立即摇匀并用水稀释至刻度，摇匀。5min 后在分光光度计上用波长为 660mm 的光测其消光值。以浓度为横坐标，消光值为纵坐标，绘制标准曲线。

g. 稀释液中二氧化硅含量的测定：吸取稀释液 5mL 置于 100mL 容量瓶中，按二氧化硅标准溶液的操作方法显色并测定其消光值。根据消光值，即可在标准曲线上查出相应的二氧化硅含量。

h. 用同样方法测定空白试验的稀释液。

i. 滤液中的二氧化硅含量应按下式计算（精确至 0.001）：

$$C_{SiO_2} = \frac{20(m_2 - m_1)}{V_0} \times \frac{1000}{60.06} \tag{3-82}$$

式中　$C_{SiO_2}$——滤液中的二氧化硅浓度（mol/L）；
　　　$m_1$——试样中的稀释液中二氧化硅的含量（g）；
　　　$m_2$——空白试验稀释液中的二氧化硅的含量（g）；
　　　$V_0$——吸取稀释液的数量（mL）。

注：以上溶液贮存在聚乙烯瓶中可保存一个月；钼兰比色法测定二氧化硅具有很高的灵敏度，测定时吸收稀释液的毫升数应根据二氧化硅含量而定，使其消光值落在标准曲线中段为宜。

⑫用单终点法测定碱度降低值，按下列试验步骤进行：

a. 配制 0.05mol/L 盐酸标准溶液：量取 4.2mL 浓盐酸（相对密度 1190kg/m）稀释至 1000mL；

b. 配制碳酸钠标准溶液：称取 0.05g（准确至 0.1mg）无水碳酸钠（首先须 180℃烘箱 2h，冷却后称重），置于 125mL 的锥形瓶中，用新煮沸的热蒸馏水溶解，以甲基橙为指示剂，标定盐酸并计算至 0.0001mol/L；

c. 甲基橙指示剂：取 0.1g 甲基橙溶解于 100mL 蒸馏水中；

d. 吸取 20mL 稀释液置于 125mL 的锥形瓶中，加入酚酞指示剂 2~3 滴，用 0.05mol/L 盐酸标准溶液滴定至无色；

e. 用同样方法滴定空白试验的稀释液；

f. 碱度降低值按下式计算（精确至0.001）：
$$\delta_R = (20 C_{HCl}/V_1)(V_3 - V_2) \tag{3-83}$$

式中 $\delta_R$——碱度降低值（mol/L）；
$C_{HCl}$——盐酸标准浓度（mol/L）；
$V_1$——吸取稀释液数量（mL）；
$V_2$——滴定空白稀释液消耗盐酸标准液量（mL）；
$V_3$——滴定试样的稀释液消耗盐酸标准溶液量（mL）。

⑬双终点测定碱度降低值应按下列步骤进行：

用单终点法到达酚酞终点后，记下所消耗的盐酸标准液的毫升数，再加入2～3滴甲基橙指示剂继续滴定至溶液呈橙色，此时上式中的 $V_2$ 或 $V_3$ 按下式计算：

$$V_2 \text{ 或 } V_3 = 2V_p - V_t \tag{3-84}$$

式中 $V_p$——滴定至酚酞终点消耗盐酸标准液量（mL）；
$V_t$——滴定至甲基橙终点消耗盐酸标准液量（mL）。

将值 $V_2$ 或 $V_3$ 代入单终点法测定碱度降低值公式即得双终点法的碱度降低值。

(4) 数据处理与结果判定

①以3个试样测值的平均值作为试验结果，单个测值与平均值之差不得大于下述范围：当平均值等于或小于0.100mol/L时，差值不得大于0.012mol/L；当平均值大于0.100mol/L时，差值不得大于平均值的12%。误差超过上述范围的测值需剔除，取其余两个测值的平均值作为试验结果；如一组试验的测值少于2个时，须重做试验。

②当试验结果出现以下两种情况的任一种时，则还应进行砂浆长度试验：

$\delta_R > 0.070$ 并 $C_{SiO_2} > \delta_R$

$\delta_R < 0.070$ 并 $C_{SiO_2} > 0.035 + \delta_R/2$

如果不出现上述情况，则判定为无潜在危害。

2. 砂浆长度方法

(1) 试验设备

试验筛：应符合本节筛分析试验中筛孔尺寸的要求；

水泥胶砂搅拌机：应符合现行国家标准《水泥物理检验仪器胶砂搅拌机》的规定；

镘刀及截面为14mm×13mm，长120～150mm的钢制捣棒；

量筒、秒表、跳桌等；

试模和测头：金属试模，规格为40mm×40mm×160mm；试模两端正中有小孔，以便测头在此固定埋入砂浆。测头以不锈金属制成；

养护筒：用耐腐材料制成，应不漏水，不透气，加盖后放在养护室中能确保筒内空气相对湿度为95%以上，筒内设有试件架，架下盛有水，试件垂直立于架上并不与水接触；

测长仪：测量范围160～185mm，精度0.01mm；

室温为40±2℃的养护室。

(2) 试样制备

①制作试件的材料应符合下列规定：

水泥：在做一般骨料活性鉴定，应使用高碱水泥，含碱量为1.2%。低于此值时，掺浓度为10%的氧化钠溶液，将系统碱含量，调至水泥量的1.2%，对于具体工程拟用水泥的含碱量高于此值，则用工程所使用的水泥；

注：水泥含碱量以氧化钠（$Na_2O$）计，氧化钾（$K_2O$）换算为氧化钠时乘以换算系数0.658。

砂：将样品缩分成约 5kg，按表 3-20 中所示级配及比例组合成试验用料，并将试样洗净晾干。

砂料级配表　　　　　　　表 3-20

| 筛孔尺寸（mm） | 5.00~2.50 | 2.50~1.25 | 1.25~0.630 | 0.630~0.315 | 0.315~0.160 |
|---|---|---|---|---|---|
| 分级重量（%） | 10 | 25 | 25 | 25 | 15 |

②制作试件用的砂浆配合比应符合下列规定：

砂浆配合比——水泥与砂的重量比为 1:2.25。一组 3 个试件共需水泥 600g，砂 1350g，砂浆用水量按现行国家标准《水泥胶砂流动度测定方法》选定，但跳桌动次数改为 6s 跳动 10 次，以流动度在 105~120mm 为准。

③砂浆长度法试验所用试件应按下列方法制作：a. 成型前 24h，将试验所用材料（水泥、砂、拌合用水等）放入 20±2℃的恒温室中；b. 先将称好的水泥与砂倒入搅拌锅内，开动搅拌机，拌合 5s 后徐徐加水，20~30s 加完，自开动机器搅拌 180±5s 停车，将粘在叶上的砂浆刮下，取下搅拌锅；c. 砂浆分两层装入试模内，每层捣 20 次；注意测头周围应填实，浇捣完毕后用镘刀刮除多余砂浆，抹平表面并标明测定方向。

(3) 试验步骤

①试件成型完毕后，带模放入标准养护室，养护 24±4h 后脱模（当试件强度较低时，可延至 48h 脱模）。脱模后立即测量试件的长度，此长度为试件的基准长度。测长应在 20±2℃的恒温室中进行，每个试件至少重复测试两次，取差值在仪器精度范围内的 2 个读数的平均值作为长度测定值。待测的试件须用湿布覆盖，以防止水分蒸发。

②测量后将试件放入养护筒内，盖严后放入 40±2℃养护室里养护（一个筒内的品种应相同）。

③测长龄期自测基长后算起 2 周、4 周、8 周、3 个月、6 个月，如有必要还可适当延长。在测长前一天，应把养护筒从 40±2℃的养护室中取出，放入 20±2℃的恒温室。测长方法与测基长时相同，测量完毕后，应将试件调头放入养护筒中，盖好筒盖，放回 40±2℃的养护室继续养护到下一测试龄期。

④在测量时应对试件进行观察，内容包括试件变形，裂缝，渗出物，特别要注意有无胶体物质，并作详细记录。

(4) 数据处理与结果判定

①试件的膨胀率应按下式计算（精确至 0.01%）：

$$\varepsilon_t = \frac{l_t - l_0}{l_0 - 2l_d} \times 100(\%) \tag{3-85}$$

式中　$\varepsilon_t$——试件在 $t$ 天龄期的膨胀率（%）；
　　　$l_t$——试件在 $t$ 天龄期的长度，(mm)；
　　　$l_0$——试件的基准长度（mm）；
　　　$l_d$——测头（即埋钉）的长度（mm）。

以 3 个试件膨胀率的平均值作为某一龄期的膨胀率的测定值。

任一试件膨胀率与平均值之差不得大于下述范围：a. 当平均膨胀率小于或等于 0.05% 时，其差值均应小于 0.01%；b. 当平均膨胀率大于 0.05% 时，其差值均应小于平均值的 20%；c. 当三根的膨胀值均超过 0.10% 时，无精度要求；d. 当不符合上述要求时，去掉膨胀率最小的，用剩余的二根的平均值作为该龄期的膨胀值。

②结果评定应符合下列规定：

对于砂料，当砂浆半年膨胀率小于0.10%或3个月的膨胀率小于0.05%（只有在缺少半年膨胀率时才有效）时，则判为无潜在危害。反之，如超过上述数值，则判为有潜在危害。

以上为行标提供的砂的碱活性试验的两种方法，而国标提供了三种与行标不同的试验方法，其试验方法如下：

1. 骨料碱活性检验（岩相法）

(1) 仪器设备

套筛：方孔筛孔径 150μm、300μm、600μm、1.18mm、2.36mm、4.75mm、19.0mm、37.5mm、53.0mm，并有筛底和筛盖；

磅秤：称量 100kg，感量 100g；

架盘天平：称量 1kg，感量 0.5g；

切片机、磨光机、镶嵌机；

实体显微镜、偏光显微镜；

其他：载玻片、盖玻片、地质锤、砧板及酒精灯等。

(2) 试剂、试样制备

试剂和材料：盐酸、茜素红、折光率浸油、金钢砂、树胶（如冷杉树）以及酒精等。

试样制备：将砂样用四分法缩减至5kg，取约2kg砂样冲洗干净，在105±5℃烘箱中烘干，冷却后按本节中颗粒级配方法进行筛分，然后按表3-21规定的数量称取砂样。

砂试样质量表　　　　　　表3-21

| 砂样粒径 | 砂样质量（g） | 砂样粒数（颗） | 备注 |
|---|---|---|---|
| 4.75~2.36mm | 100 | 至少300 | 两种取样方法可任选一种 |
| 2.36~1.18mm | 50 | | |
| 1.18~600μm | 25 | | |
| 600~300μm | 10 | | |
| 300~150μm | 10 | | |
| <150μm | 5 | | |

(3) 砂样鉴定

将砂样放在实体显微镜下挑选，鉴别出碱活性骨料的种类及含量。小粒径砂在实体显微镜下挑选有困难时，需在镶嵌机压型（用树胶或环氧树脂胶结）制成薄片，在偏光显微镜下鉴定。

(4) 试验结果处理

砂样一般只分析活性骨料的种类和含量。

根据鉴定结果，骨料被评为非碱活性时，即作为最后结论。如评定结果为碱活性骨料或对评定结果怀疑时，应按以下碱骨料反应方法的碱—硅酸反应进行检验。

2. 碱—硅酸反应

(1) 仪器设备

鼓风烘箱：能使温度控制在 105±5℃；

天平：称量 1000g，感量 0.1g；

方孔筛：方孔筛孔径 150μm、300μm、600μm、1.18mm、2.36mm、4.75mm 的筛各一只；

比长仪：由百分表和支架组成，百分表量程为10mm，精度0.01mm；

水泥胶砂搅拌机：符合 GB/T177 要求；

恒温养护箱或养护室：温度 40±2℃，相对湿度95%以上；

养护筒：由耐腐蚀材料制成，应不漏水，筒内设有试件架；

试模：规格为 25mm×25mm×280mm，试模两端正中有小孔，装有不锈钢质膨胀端头；
跳桌、秒表、干燥器、搪瓷盘、毛刷等。

(2) 环境条件

材料与成型室的温度应保持在 20.0~27.5℃，拌合水及养护室的温度应保持在 20±2℃；
成型室、测长室的相对湿度不应少于 80%；
恒温养护室或养护室温度应保持在 40±2℃。

(3) 试件制作

①按规定取样，并将试样缩分至约 5000g，用水淋洗干净后，放在烘箱中于 105±5℃下烘干至恒量，待冷却至室温后，筛除大于 4.75mm 及小于 300μm 的颗粒，然后按颗粒级配试验将试样筛分成 150~300μm、300~600μm、600~1.18mm、1.18~2.36mm 和 2.36~4.75mm 五个粒级，分别存放在干燥器内备用。

②采用碱含量（以 $Na_2O$ 计，即 $K_2O×0.658+Na_2O$）大于 1.2% 的高碱水泥。低于此值时，掺浓度为 10% 的 $Na_2O$ 溶液，将碱含量调至水泥量的 1.2%。

③水泥与砂的质量比为 1:2.25，一组 3 个试件共需水泥 440g，精确至 0.1g，砂 990g（各粒级的质量按表 3-22 分别称取，精确至 0.1g）。用水量按 GB/T2419 确定，跳桌跳动频率为 6s 跳动 10 次，流动度以 105~120mm 为准。

**碱骨料反应用砂各粒级的质量** 表 3-22

| 筛孔尺寸 | 2.36~4.75mm | 1.18~2.36mm | 600μm~1.18mm | 300~600μm | 150~300μm |
|---|---|---|---|---|---|
| 质量（g） | 99.0 | 247.5 | 247.5 | 247.5 | 148.5 |

④砂浆搅拌应按 GB/T177 规定完成。

⑤搅拌完成后，立即将砂浆分两次装入已装有膨胀测头的试模中，每层捣 40 次，注意膨胀测头四周应小心捣实，浇捣完毕后用镘刀刮除多余砂浆，抹平、编号并表明测长方向。

(4) 试验步骤

①试件成型完毕后，立即带模放入标准养护室内。养护 24±2h 后脱模，立即测量试件的长度，此长度为试件的基准长度。测长应在 20±2℃ 的恒温室内进行。每个试件至少重复测量两次，其算术平均值作为长度测定值，待测的试件须用湿布覆盖，以防止水分蒸发。

②测完基准长度后，将试件垂直立于养护筒的试件架上，架下放水，但试件不能与水接触（一个养护筒内的试件品种应相同），加盖后放入 40±2℃ 的养护箱或养护室内。

③测长龄期自测定基准长度之日起计算，14d、1 个月、2 个月、3 个月、6 个月，如有必要还可适当延长。在测长前一天，应把养护筒从 40±2℃ 的养护箱或养护室内取出，放到 20±2℃ 的恒温室内。测长方法与测基准长度的方法相同，测量完毕后，应将试件放入养护筒中，加盖后放回 40±2℃ 的养护箱或养护室继续养护至下一个测试龄期。

④每次测长后，应对每个试件进行挠度测量和外观检查。

挠度测量：把试件放在水平面上，测量试件与平面间的最大距离应不大于 0.3mm。

外观检查：观察有无裂缝、表面沉积物或渗出物，特别注意在空隙中有无胶体存在，并作详细记录。

(5) 数据处理及结果判定

试件膨胀率按下式计算，精确至 0.001%：

$$\Sigma_t = \frac{L_t - L_0}{L_0 - 2\Delta} \times 100 \tag{3-86}$$

式中 $\Sigma_t$——试件在 $t$ 天龄期的膨胀率（%）；

$L_t$——试件在 $t$ 天龄期的长度（mm）；

$L_0$——试件的基准长度（mm）；

$\Delta$——膨胀端头的长度（mm）。

膨胀率以3个试件膨胀值的算术平均值作为试验结果，精确至0.01%。一组试件中任何一个试件的膨胀率与平均值相差不大于0.01%，则结果有效；而对膨胀率平均值大于0.05%时，每个试件的测定值与平均值之差小于平均值的20%，也认为结果有效。

当半年膨胀率小于0.10%时，判定为无潜在碱—硅酸反应危害；反之，则判定为有潜在碱—硅酸反应危害。

### 3. 快速碱—硅酸反应

(1) 仪器设备

鼓风烘箱：能使温度控制在105±5℃；

天平：称量1000g，感量0.1g；

方孔筛：孔径150$\mu$m、300$\mu$m、600$\mu$m、1.18mm、2.36mm、4.75mm的筛各一只；

比长仪：由百分表和支架组成，百分表量程为10mm，精度0.01mm；

水泥胶砂搅拌机：符合GB/T177要求；

高温恒温养护箱或水浴：温度保持在80±2℃；

养护筒：由耐腐蚀材料制成，应不漏水，筒内设有试件架，筒的容积可以保证试件分离地浸没在体积为2208±276mL水中或1mol/L的氢氧化钠溶液中，且不能与容器壁接触；

试模：规格为25mm×25mm×280mm，试模两端正中有小孔，装有不锈钢质膨胀端头；

干燥器、搪瓷盘、毛刷等。

(2) 环境条件

材料与成型室的温度应保持在20.0~27.5℃，拌合水及养护室的温度应保持在20±2℃；

成型室、测长室的相对湿度不应少于80%；

高温恒温养护箱或水浴温度应保持在80±2℃。

(3) 试剂制备

氢氧化钠：分析纯；

蒸馏水或去离子水；

氢氧化钠溶液：40gNaOH溶于900mL水中，然后加水到1L，所需氢氧化钠溶液总体积为试件总体积的4±0.5倍（每一个试件的体积约为184mL）。

(4) 试件制作

①按规定取样，并将试样缩分至约5000g，用水淋洗干净后，放在烘箱中于105±5℃下烘干至恒量，待冷却至室温后，筛除大于4.75mm及小于300$\mu$m的颗粒，然后按颗粒级配试验将试样筛分成150~300$\mu$m、300~600$\mu$m、600~1.18mm、1.18~2.36mm和2.36~4.75mm五个粒级，分别存放在干燥器内备用。

②采用符合GB175技术要求的硅酸盐水泥，水泥中不得有结块，并在保质期内。

③水泥与砂的质量比为1:2.25，水灰比0.47。一组3个试件共需水泥440，精确至0.1g，砂990g（各粒级的质量按表3-22分别称取，精确至0.1g）。

④砂浆搅拌应按GB/T177规定完成。

⑤搅拌完成后，立即将砂浆分两次装入已装有膨胀测头的试模中，每层捣40次，注意膨胀测头四周应小心捣实，浇捣完毕后用镘刀刮除多余砂浆，抹平、编号并表明测长方向。

(5) 试验步骤

①试件成型完毕后，立即带模放入标准养护室内。养护24±2h后脱模，立即测量试件的初

始长度，待测的试件须用湿布覆盖，以防止水分蒸发。

②测完初始长度后，将试件浸没于养护筒（一个养护筒内的试件品种应相同）内的水中，并保持水温在 80±2℃的范围内（加盖放在高温恒温养护箱或水浴中），养护 24±2h。

③从高温恒温养护箱或水浴中拿出一个养护筒，从养护筒内取出试件，用毛巾擦干表面，立即读出试件的基准长度（从取出试件至完成读数应在 15±5s 时间内），在试件上覆盖湿毛巾，全部试件测完基准长度后，再将所有试件分别浸没于养护筒内的 1mol/L 氢氧化钠溶液中，并保持溶液温度在 80±1℃的范围内（加盖放在高温恒温养护箱或水浴中）。

④测长龄期自测定基准长度之日起计算，在测基准长度后第 3d、7d、10d、14d 再分别测长，每次测长时间安排在每天近似同一时刻。测长方法与测基准长度的方法相同，测量完毕后，应将试件放入养护筒中，加盖后放回 80±2℃的高温养护箱或水浴中继续养护至下一个测试龄期。14 天后如需继续测长，可安排每过 7d 一次测长。

(6) 数据处理及结果判定

①试件膨胀率按下式计算，精确至于 0.001%：

$$\Sigma_t = \frac{L_t - L_0}{L_0 - 2\Delta} \times 100 \tag{3-87}$$

式中 $\Sigma_t$——试件在 $t$ 天龄期的膨胀率（%）；

$L_t$——试件在 $t$ 天龄期的长度（mm）；

$L_0$——试件的基准长度（mm）；

$\Delta$——膨胀端头的长度（mm）。

②膨胀率以 3 个试件膨胀值的算术平均值作为试验结果，精确至 0.01%。一组试件中任何一个试件的膨胀率与平均值相差不大于 0.01%，则试验结果有效。如膨胀率平均值大于 0.05% 时，每个试件的测定值与平均值之差小于平均值的 20%，也认为结果有效。

③结果判定

当 14d 膨胀率小于 0.10% 时，在大多数情况下可以判定为无潜在碱—硅酸反应危害；

当 14d 膨胀率大于 0.20% 时，可以判定为有潜在碱—硅酸反应危害；

当 14d 膨胀率在 0.10%～0.20% 之间时，不能最终判定为有潜在碱—硅酸反应危害，可以按上述碱—硅酸反应方法再进行试验判定。

(十六) 压碎指标法

本方法适用于国标检验人工砂的压碎指标值的测定。

1. 仪器设备

鼓风烘箱：能使温度控制在 105±5℃；

天平：称量 10kg 或 1000g，感量 1g；

压力试验机：50～1000kN；

受压钢模：由钢筒、底盘和加压压块组成，其尺寸见图 3-16 所示；

方孔筛：孔径为 4.75mm、2.36mm、1.18mm、600μm 及 300μm 的筛各一只；

搪瓷盘、小勺、毛刷等。

2. 试样制备

按规定取样，放在烘箱中于 105±5℃下烘干至恒量，待冷却至室温后，筛除大于 4.75mm 及小于 300μm 的颗粒，然后按颗粒级配试验方法规定筛分成 300～600μm，600μm～1.18mm，1.18～2.36mm，2.36～4.75mm 四个粒级，每级 1000g 备用。

3. 试验步骤

(1) 称取单粒级试样 330g，精确至 1g。将试样倒入已组装成的受压钢模内，使试样距底盘

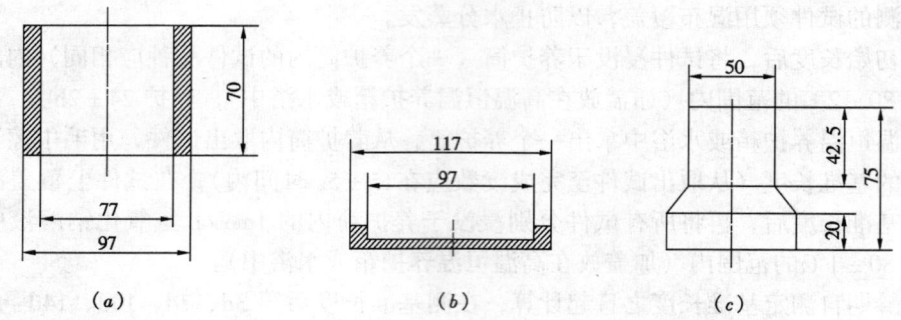

图 3-16 受压钢模示意图
(a) 圆筒；(b) 底盘；(c) 加压块

面的高度约为 50mm。整平钢模内试样的表面，将加压块放入圆筒内，并转动一周使之与试样均匀接触。

(2) 将装好试样的受压钢模置于压力机的支承板上，对准压板中心后，开动机器，以每秒钟 500N 的速度加荷。加荷至 25kN 时稳荷 5s，以同样速度卸荷。

(3) 取下受压模，移去加压块，倒出压过的试样，然后用该粒级的下限筛（如粒级为 2.36～4.75mm 时，则其下限筛指孔径为 2.36mm 的筛）进行筛分，称出试样的筛余量和通过量，均精确到 1g。

4. 数据处理与结果判定

(1) 第 $i$ 单级砂样的压碎指标按下式计算，精确至 1%：

$$Y_i = \frac{G_2}{G_1 + G_2} \times 100 \tag{3-88}$$

式中  $Y_i$ ——第 $i$ 单级砂样的压碎指标值（%）；
  $G_1$ ——试样的筛余量（g）；
  $G_2$ ——通过量（g）。

(2) 第 $i$ 单级砂样的压碎指标值取三次试验结果的算术平均值，精确至 1%。

(3) 取最大单粒级压碎指标值作为其压碎指标值。

### 五、实例

有一组天然砂，采用行标进行筛分检验，5.00mm、2.50mm、1.25mm、0.630mm、0.315mm、0.160mm、0.080mm 及筛底上的筛余量分别为：12g、59g、54g、45g、175g、140g、0g、13g 及 12g、63g、57g、40g、178g、132g、3g、15g，请计算其细度模数，并判断其级配情况。

解：(1) 计算每号筛的分计筛余百分率和累计筛余百分率

| 次　　数 | 1 | | | 2 | | |
|---|---|---|---|---|---|---|
| 筛孔尺寸（mm） | 筛余量（g） | 分计筛余（%） | 累计筛余（%） | 筛余量（g） | 分计筛余（%） | 累计筛余（%） |
| 5.00 | 12 | 2.4 | 2 | 12 | 2.4 | 2 |
| 2.50 | 59 | 11.8 | 14 | 63 | 12.6 | 15 |
| 1.25 | 54 | 10.8 | 25 | 57 | 11.4 | 26 |
| 0.630 | 45 | 9.0 | 34 | 40 | 8.0 | 34 |
| 0.315 | 175 | 35.0 | 69 | 178 | 35.6 | 70 |

续表

| 次　数 | 1 | | | 2 | | |
|---|---|---|---|---|---|---|
| 筛孔尺寸（mm） | 筛余量（g） | 分计筛余（%） | 累计筛余（%） | 筛余量（g） | 分计筛余（%） | 累计筛余（%） |
| 0.160 | 140 | 28.0 | 97 | 132 | 26.4 | 96 |
| 0.080 | 0 | 0 | 97 | 3 | 0.6 | 97 |
| 筛　底 | 13 | 2.6 | 100 | 15 | 3.0 | 100 |
| 合　计 | 498 | | | 500 | | |

（2）计算两次筛分的细度模数

$$\mu_{f1} = \frac{(\beta_2 + \beta_3 + \beta_4 + \beta_5 + \beta_6) - 5\beta_1}{100 - \beta_1} = \frac{(14 + 25 + 34 + 69 + 97) - 5 \times 2}{100 - 2} = 2.34$$

$$\mu_{f2} = \frac{(\beta_2 + \beta_3 + \beta_4 + \beta_5 + \beta_6) - 5\beta_1}{100 - \beta_1} = \frac{(15 + 26 + 34 + 70 + 96) - 5 \times 2}{100 - 2} = 2.36$$

（3）计算细度模数

$$\mu_f = \frac{\mu_{f1} + \mu_{f2}}{2} = \frac{2.34 + 2.36}{2} = 2.35$$

细度模数结果保留到 0.1，则最后结果为 2.4。

（4）判断其级配情况

根据试验两次筛分的累计筛余百分率，对照 JGJ52—92 标准中砂颗粒级配区表，该砂样为Ⅲ区砂，且级配合格。

**思考题**

1. 在进行砂质量检验时，如何选用检测标准？
2. 配制混凝土时宜选用几区砂，为什么？
3. 每验收批砂如何进行取样？在试验前为何要进行缩分？
4. 在进行砂筛分析试验时，当出现何种情况时试验无效需重新再做？
5. 对重要工程混凝土用砂为何要进行骨料的碱活性检验？当碱活性检验判断为有潜在危害时应采取何种措施？

## 第四节　石

### 一、概念

石子是指由天然岩石经人工破碎而成，或经自然条件风化、磨蚀而成的粒径大于 5mm 的岩石颗粒。由人工破碎的称为碎石，自然条件作用形成的为卵石。

石子中各级粒径颗粒的分配情况称为石子的级配。石子的级配对混凝土的和易性产生很大的影响，进而影响混凝土的强度。良好的级配可用较少的加水量制得流动性好、离析泌水少的混合料，并能在相应的成型条件下，得到均匀密实的混凝土，同时达到节约水泥的效果。石子的级配情况可分为连续级配和单粒级。单粒级宜用于组合成具有要求级配的连续粒级，也可与连续粒级混合使用，以改善其级配或配成较大粒度的连续粒级。不宜用单一的单粒级配制混凝土。如必须单独使用，则应作技术经济分析，并应通过试验证明不会发生离析或影响混凝土质量。

碎石的强度可用岩石的抗压强度和压碎指标表示。一般而言，强度和弹性模量高的石子可以制得质量好的混凝土。但是过强、过硬的石子不但没有必要，相反还可能在混凝土因温度或湿度的原因发生体积变化时，使水泥石受到较大的应力而开裂。因此从耐久性意义上说，强度中等的或适当低的石子反而有利。对于小于 C30 的混凝土,岩石的抗压强度与混凝土强度等级之比宜为 1.5,对于大于 C30 的混凝土,岩石的抗压强度与混凝土强度等级之比宜为 2,且火成岩强度不宜低于 80MPa,变质岩不宜低于 60MPa,水成岩不宜低于 30MPa。岩石的抗压强度试验并不能完全反映石子在混凝土中的受力情况。混凝土受压时,大量的石子处于受折、受剪的情况。所以为了更接近石子实际受力情况,常用压碎试验表示石子的力学性能。

石子检验方法有两个现行有效标准,即行标和国标,如果石子应用于拌制混凝土中,一般采用行标进行检验;如用于其他目的,则可以运用国标进行检验。

**二、检测依据**

《普通混凝土用碎石或卵石质量标准及检验方法》JGJ 53—92(行业标准,以下简称行标)
《建筑用碎石或卵石》GB/T 14685—2001(国家标准,以下简称国标)

**三、取样及缩分**

1. 取样

每验收批取样方法应按下列规定执行:

(1) 在料堆上取样时,取样部位应均匀分布。取样前先将取样部位表层铲除。然后由各部位抽取大致相等的石子 15 份(大料堆的顶部、中部和底部各由均匀分布的五个不同部位取得),组成一组样品;

(2) 从皮带运输机上取样时,应在皮带运输机机尾的出料处用接料器定时取 8 份石子,组成一组样品;

(3) 从火车、汽车、货船上取样时,从不同部位和深度抽取大致相等的石子 16 份,组成一组样品。

注:如经观察,认为各节车皮间、汽车、货船间所载石子质量相差甚为悬殊时,应对质量有怀疑的每节列车、汽车、货船分别进行取样和验收。

若检验不合格时,应重新取样。对不合格项,进行加倍复验,若仍有一个试样不能满足标准要求,应按不合格品处理。

每组样品的取样数量。对于每一单项试验,应不小于表 3-23 所规定的最少取样数量;须作几项试验时,如确能保证样品经一项试验后不致影响另一项试验的结果,可用同一组样品进行几项不同的试验。

**每一试验项目所需碎石或卵石的最少取样数量(kg)** 表 3-23

| 试验项目 | 最大粒径 (mm) | | | | | | | |
|---|---|---|---|---|---|---|---|---|
| | 10 | 16 | 20 | 25 | 31.5 | 40 | 63 | 80 |
| 筛分析 | 10 | 15 | 20 | 20 | 30 | 40 | 60 | 80 |
| 表观密度 | 8 | 8 | 8 | 8 | 12 | 16 | 24 | 24 |
| 含水率 | 2 | 2 | 2 | 2 | 3 | 3 | 4 | 6 |
| 吸水率 | 8 | 8 | 16 | 16 | 16 | 24 | 24 | 32 |
| 紧密密度和堆积密度 | 40 | 40 | 40 | 40 | 80 | 80 | 120 | 120 |
| 含泥量 | 8 | 8 | 24 | 24 | 40 | 40 | 80 | 80 |
| 泥块含量 | 8 | 8 | 24 | 24 | 40 | 40 | 80 | 80 |
| 针、片状含量 | 1.2 | 4 | 8 | 8 | 20 | 40 | — | — |
| 硫化物、硫酸盐 | 1.0 | | | | | | | |

注:此表中所需石子的取样量为行标中石子的检验数量。

每组样品应妥善包装,避免细料散失及防止污染。并附样品卡片,标明样品名称、编号、取样时间、产地、规格、样品所代表的验收的重量、要求检验项目及取样方式等。

2. 样品的缩分

将每组样品置于平板上,在自然状态下拌混均匀,并堆成锥体,然后沿互相垂直的两条直径把锥体分成大致相等的四份,取其对角的两份重新拌匀,再堆成锥体,重复上述过程,直至缩分后的材料量略多于进行试验所需的量为止。

碎石或卵石的含水率、堆积密度、紧密密度检验所需的试样,不经缩分,拌匀后直接进行试验。

**四、试验方法**

本节的试验方法,主要按《普通混凝土用碎石或卵石质量标准及检验方法》JGJ53—92(即行标)进行叙述,因《建筑用碎石或卵石》GB/T14685—2001(即国标)与行标的试验方法基本一致,所以,只在遇到和行标有区别时再另行加以说明。

(一)筛分析试验

1. 试验设备

试验筛:孔径为 100mm、80.0mm、63.0mm、50.0mm、40.0mm、31.5mm、25.0mm、20.0mm、16.0mm、10.0mm、5.00mm 和 2.50mm 的圆孔筛,以及筛的底盘和盖各一只,其规格和质量要求应符合《试验筛》GB6003—85 的规定(筛框内径均为 300mm);

天平或案秤:精确至试样量的 0.1% 左右;

烘箱:能使温度控制在 105±5℃;

浅盘。

2. 试样制备

试验前,用四分法将样品缩分至略重于表 3-24 规定的试样所需量,烘干或风干后备用。

**筛分析所需试样的最小质量　　　　　　表 3-24**

| 最大公称粒径(mm) | 10.0 | 16.0 | 20.0 | 25.0 | 31.5 | 40.0 | 63.0 | 80.0 |
|---|---|---|---|---|---|---|---|---|
| 试样质量不少于(kg) | 2.0 | 3.2 | 4.0 | 5.0 | 6.3 | 8.0 | 12.6 | 16.0 |

3. 试验步骤

(1)按上表的规定称取试样。

(2)将试样按筛孔大小顺序过筛,当每号筛上筛余层的厚度大于试样的最大粒径时,应将该号筛上的筛余分成两份,再次进行筛分,直至各筛每分钟的通过量不超过试样总量的 0.1%。

注:当筛余颗粒的粒径大于 20mm 时,在筛分过程中,允许用手指拨动颗粒。

(3)称取各筛筛余的重量,精确至试样总重量的 0.1%。在筛上的所有分计筛余量和筛底剩余的总和与筛分前测定的试样总量相比,其相差不得超过 1%。

4. 数据处理与结果判定

(1)由各筛上的筛余量除以试样总重量计算得出该号筛的分计筛余百分率(精确到 0.1%);

(2)每号筛计算得出的分计筛余百分率与大于该筛筛号各筛的分计筛余百分率相加,计算得出其累计筛余百分率(精确至 1%);

(3)根据各筛的累计筛余百分率,评定该试样的颗粒级配。

国标和行标的主要区别是试验筛的不同,行标用的是圆孔筛,而国标中用的是方孔筛,其孔径为 2.36mm、4.75mm、9.50mm、16.0mm、19.0mm、26.5mm、31.5mm、37.5mm、53.0mm、63.0mm、75.0mm、及 90mm 的筛各一只,并附有筛底和筛盖(筛框内径为 300mm)。在其他试验过程中用到试验筛时,国标和行标都有不同,下面不再另作说明。

(二)表观密度试验

1. 标准方法

(1) 试验设备

天平: 称量 5kg, 感量 1g, 其型号及尺寸能允许在臂上悬挂试样的吊篮, 并在水中称重;

吊篮: 直径和高度均为 150mm, 由孔径为 1~2mm 的筛网或钻有 2~3mm 孔洞的耐锈蚀金属板制成;

盛水容器: 有溢流孔;

烘箱: 能使温度控制在 105±5℃;

试验筛: 孔径为 5mm;

温度计: 0~100℃;

带盖容器、浅盘、刷子和毛巾等。

(2) 试样制备

试验前, 将样品筛去 5mm 以下的颗粒, 并缩分至略重于表 3-25 所规定的数量, 刷洗干净后分成两份备用。

表观密度试验所需试样的最少质量　　　　表 3-25

| 最大粒径 (mm) | 10.0 | 16.0 | 20.0 | 31.5 | 40.0 | 63.0 | 80.0 |
|---|---|---|---|---|---|---|---|
| 试样最少质量 (kg) | 2 | 2 | 2 | 3 | 4 | 6 | 6 |

(3) 试验步骤

①按上表的规定称取试样 ($m_0$)。

②取试样一份装入吊篮, 并浸入盛水的容器中, 水面至少高出试样 50mm。

③浸水 24h 后, 移放到称量用的盛水容器中, 并用上下升降吊篮的方法排除气泡 (试样不得露出水面)。吊篮每升降一次约为 1s, 升降高度为 30~50mm。

④测定水温后 (此时吊篮应全浸入水中), 用天平称取吊篮及试样在水中的质量 ($m_2$)。称量时盛水容器中水面高度由容器的溢流孔控制。

⑤提起吊篮, 将试样置于浅盘中, 放入 105±5℃ 的烘箱中烘干至恒重。取出来放在带盖的容器中冷却至室温后, 称重 ($m_0$)。

注: 恒重系指相邻两次称量间隔时间大于 3h 的情况下, 其前后两次称量之差小于该项试验所要求的称量精度, 下同。

⑥称取吊篮在同样温度的水中质量 ($m_1$), 称量时盛水的容器的水面高度仍应由溢流口控制。

注: 试验各项称重可以在 15~25℃ 的温度范围内进行, 但从试样加水静置的最后 2h 直至试验结束, 其温度相差不应超过 2℃。

(4) 数据处理与结果判定

表观密度应按下式计算:

$$\rho = \left( \frac{m_0}{m_0 + m_1 - m_2} - a_t \right) \times 1000 (kg/m^3) \qquad (3-89)$$

式中　$m_0$——试样的烘干质量 (g);

　　　$m_1$——吊篮在水中的质量 (g);

　　　$m_2$——吊篮及试样在水中的质量 (g);

　　　$a_t$——考虑称量时的水温对表观密度影响的修正系数, 见表 3-26 所示。

不同水温下碎石或卵石的表观密度温度修正修正系数　　　　表 3-26

| 水温 (℃) | 15 | 16 | 17 | 18 | 19 | 20 | 21 | 22 | 23 | 24 | 25 |
|---|---|---|---|---|---|---|---|---|---|---|---|
| $a_t$ | 0.002 | 0.003 | 0.003 | 0.004 | 0.004 | 0.005 | 0.005 | 0.006 | 0.006 | 0.007 | 0.008 |

以两次试验结果的算术平均值作为测定值。如两次结果之差值大于 20kg/m³时，应重新取样进行试验。对颗粒材质不均匀的试样，如两次试验结果之差超过规定时，可取四次测定结果的算术平均值作为测定值。

2．简易方法

(1) 试验设备

烘箱：能使温度控制在 105±5℃；

天平：称量 5kg，感量 5g；

广口瓶：1000mL，磨口，并带玻璃片；

试验筛：孔径为 5mm；

毛巾、刷子等。

(2) 试样制备

试验前，将样品筛去 5mm 以下的颗粒，用四分法缩分至不少于 2kg，洗刷干净后，分成两份备用。

(3) 试验步骤

①按标准方法中规定的数量称取试样。

②将试样浸水饱和，然后装入广口瓶中，装试样时，广口瓶应倾斜放置，注入饮用水，用玻璃片覆盖瓶口，以上下左右摇晃的方法排除气泡。

③气泡排尽后，向瓶中添加饮用水直至水面凸出水瓶口边缘。然后用玻璃片沿瓶口迅速滑行，使其紧贴瓶口水面。擦干瓶外水分后，称取试样、水、瓶和玻璃片总质量（$m_1$）。

④将瓶中的试样倒入浅盘中，放在 105±5℃ 的烘箱中烘干至恒重。取出，放在带盖的容器中冷却至室温后称重（$m_0$）。

⑤将瓶洗净，重新注入饮用水，用玻璃片紧贴瓶口水面，擦干瓶外水分后称重（$m_2$）。

注：试验时各项称重可以在 15~25℃ 的温度范围内进行，但从试样加水静置的最后 2h 起直至试验结束，其温度相差不应超过 2℃。

(4) 数据处理与结果判定

表观密度应按下式计算（精确至 10kg/m）

$$\rho = \left(\frac{m_0}{m_0 + m_2 - m_1} - a_t\right) \times 1000 (\text{kg/m}^3) \tag{3-90}$$

式中　$m_0$——烘干后试样质量（g）；

$m_1$——试样、水、瓶和玻璃片的共重（g）；

$m_2$——水、瓶和玻璃片的共重（g）；

$a_t$——考虑称量时的水温对表观密度影响的修正系数，见表 3-26 所示。

以两次试验结果的算术平均值作为测定值。如两次结果之差值大于 20kg/m³时，应重新取样进行试验。对颗粒材质不均匀的试样，如两次试验结果之差超过 20kg/m³，可取四次测定结果的算术平均值作为测定值。

国标和行标的主要区别是：①行标中考虑了不同水温下碎石的表观密度温度修正系数，而国标没有规定；②行标中规定标准方法外，还可以通过简易方法取得石子表观密度；而国标除标准方法外，还可采用广口瓶法测定石子的表观密度，此法和行标中的简易法相同。

(三) 含水率试验

1．试验设备

烘箱：能使温度控制在 105±5℃；

天平：称量 5kg，感量 5g；

容器：如浅盘等。

2. 试样制备

取重量约等于取样方法表中最小取样数量所要求的试样，分成两份备用。

3. 试验步骤

（1）将试样置于干净的容器中，称取试样和容器共重（$m_1$），并在 105±5℃ 的烘箱中烘干至恒重；

（2）取出试样，冷却后称取试样与容器的共重（$m_2$）。

4. 数据处理与结果判定

含水率应按下式计算（精确至 0.1%）

$$\omega_{wc} = \frac{m_1 - m_2}{m_2 - m_3} \times 100(\%) \tag{3-91}$$

式中　$m_1$——烘干前试样与容器共重（g）；

　　　$m_2$——烘干后试样与容器共重（g）；

　　　$m_3$——容器重量（g）。

以两次试验结果的算术平均值作为测定值。

注：碎石或卵石含水率简易测定法可采用"炒干法"。

（四）吸水率试验

1. 试验设备

烘箱：能使温度控制在 105±5℃；

天平：称量 5kg，感量 5g；

试验筛：孔径为 5mm；

容器、浅盘、金属丝刷和毛巾等。

2. 试样制备

试验前，将样品筛去 5mm 以下的颗粒，然后用四分法缩分至表 3-27 所规定的质量，分成两份，用金属丝刷刷净后备用。

吸水率试验所需试样的最少质量　　　　表 3-27

| 最大粒径（mm） | 10 | 16 | 20 | 25 | 31.5 | 40 | 63 | 80 |
|---|---|---|---|---|---|---|---|---|
| 试样最少质量（kg） | 2 | 2 | 4 | 4 | 4 | 6 | 6 | 8 |

3. 试验步骤

（1）取试样一份置于盛水的容器中，使水面高出试样表面 5mm 左右，24h 后从水中取出试样，并用拧干的湿毛巾将颗粒表面的水分拭干，即成为饱和面干试样。然后，立即将试样放在浅盘中称重（$m_2$），在整个试验过程中，水温须保持在 20±5℃；

（2）将饱和面干试样连同浅盘置于 105±5℃ 的烘箱中烘干至恒重。然后取出，放入带盖的容器中冷却 0.5~1h，称取烘干试样与浅盘的总重（$m_1$），称取浅盘的质量（$m_3$）。

4. 数据处理与结果判定

吸水率应按下式计算（精确至 0.01%）：

$$\omega_{wa} = \frac{m_2 - m_1}{m_1 - m_3} \times 100(\%) \tag{3-92}$$

式中　$m_1$——烘干试样与浅盘共重（g）；

　　　$m_2$——饱和面干试样与浅盘共重（g）；

　　　$m_3$——浅盘质量（g）。

以两次试验结果的算术平均值作为测定值。

(五)堆积密度和紧密密度试验

1. 试验设备

案秤:称量 50kg,感量 50g,及称量 100kg,感量 100g 各一台;

容量筒:金属制,其规格见表 3-28;

平头铁锹;

烘箱:能使温度控制在 105±5℃。

**容量筒的规格要求** 表 3-28

| 碎石或卵石的最大粒径(mm) | 容量筒容积(L) | 容量筒规格(mm) | | 筒壁厚度(mm) |
|---|---|---|---|---|
| | | 内径 | 净高 | |
| 10.0;16.0;20.0;25.0 | 10 | 208 | 294 | 2 |
| 31.5;40.0 | 20 | 294 | 294 | 3 |
| 63.0;80.0 | 30 | 360 | 294 | 4 |

注:测定紧密密度时,对最大粒径为 31.5mm、40.0mm 的骨料,可采用 10L 的容量筒,对最大粒径为 63.0mm、80.0mm 的骨料,可采用 20L 的容量筒。

2. 试样制备

试验前,取重量约等于表 3-23 所规定的试样放入浅盘,在 105±5℃ 的烘箱中烘干,也可以摊在清洁的地面上风干,拌匀后分成两份备用。

3. 试验步骤

堆积密度:取试样一份,置于平整干净的地板(或铁板)上,用平头铁锹铲起试样,使石子自由落入容量筒内。此时,从铁锹的齐口至容量筒上口的距离应保持为 50mm 左右。装满容量筒并除去凸出筒口表面的颗粒,并以合适的颗粒填入凹陷部分,使表面稍凸起部分和凹陷部分的体积大致相等,称取试样和容量筒共重($m_2$)。

紧密密度:取试样一份,分三层装入容量筒。装完一层后,在筒底垫放一根直径为 25mm 的钢筋,将筒按住并左右交替颠击地面各 25 下,然后装入第二层。第二层装满后,用同样方法颠实(但筒底所垫钢筋的方向应与第一层放置方向垂直)然后再装入第三层,如法颠实。待三层试样装填完毕后,加料直到试样超出容量筒筒口,用钢筋沿筒口边缘滚转,刮下高出筒口的颗粒,用合适的颗粒填平凹处,使表面稍凸起部分和凹陷部分的体积大致相等。称取试样和容量筒共重($m_2$)。

4. 数据处理与结果判定

堆积密度($\rho_l$)或紧密密度($\rho_c$)可按下式计算(精确至 $10kg/m^3$):

$$\rho_l(\rho_c) = \frac{m_2 - m_1}{V} \times 1000 (kg/m^3) \tag{3-93}$$

式中 $m_1$——容量筒的质量(kg);

$m_2$——容量筒和试样的共重(kg);

$V$——容量筒的容积(L)。

以两次试验结果的算术平均值作为测定值。

空隙率($v_l$、$v_c$)可按下式计算(精确至 1%):

$$v_l = (1 - \frac{\rho_l}{\rho}) \times 100 (\%) \tag{3-94}$$

$$v_c = (1 - \frac{\rho_c}{\rho}) \times 100 (\%) \tag{3-95}$$

式中 $\rho_l$——碎石或卵石的堆积密度($kg/m^3$);

$\rho_c$——碎石或卵石的紧密密度($kg/m^3$);

$\rho$——碎石或卵石的表观密度($kg/m^3$)。

容量筒容积的校正应以 20±5℃ 的饮用水装满容量筒，用玻璃板沿筒口滑移，使其紧贴水面，擦干筒外壁水分后称重。用下式计算筒的容积（$V$）：

$$V = m'_2 - m'_1 \text{(L)} \tag{3-96}$$

式中　$m'_1$——容量筒和玻璃板质量（kg）；

$m'_2$——容量筒、玻璃板和水总质量（kg）。

国标和行标的主要区别是：在计算中，行标中容量筒和试样总质量、容量筒质量等单位为（kg），而国标中则是以（g）为单位。

（六）含泥量试验

1. 试验设备

案秤：称量 10kg，感量 10g。对最大粒径小于 15mm 的碎石或卵石应用称量为 5kg，感量为 5g 的天平；

烘箱：能使温度控制在 105±5℃；

试验筛：孔径为 1.25mm 及 0.080mm 筛各一个；

容器：容积约 10L 的瓷盘或金属盒；

浅盘。

2. 试样制备

试验前，将来样用四分法缩分至表 3-29 所规定的量（注意防止细粉丢失），并置于温度为 105±5℃ 的烘箱内烘干至恒重，冷却至室温后分成两份备用。

含泥量试验所需的试样最小质量　　　　表 3-29

| 最大粒径（mm） | 10.0 | 16.0 | 20.0 | 25.0 | 31.5 | 40.0 | 63.0 | 80.0 |
|---|---|---|---|---|---|---|---|---|
| 试样质量不少于（kg） | 2 | 2 | 6 | 6 | 10 | 10 | 20 | 20 |

3. 试验步骤

（1）称取试样一份（$m_0$）装入容器中摊平，并注入饮用水，使水面高出石子表面 150mm；用手在水中淘洗颗粒，使尘屑、淤泥和黏土与较粗颗粒分离，并使之悬浮或溶解于水；缓缓地将浑浊液倒入 1.25mm 及 0.080mm 的套筛（1.25mm 筛放置上面）上，滤去小于 0.080mm 的颗粒；试验前筛子的两面应先用水湿润；在整个试验过程中应注意避免大于 0.080mm 的颗粒丢失。

（2）再次加水于容器中，重复上述过程，直至洗出的水清澈为止。

（3）用水冲洗剩留在筛上的细粒，并将 0.080mm 筛放在水中（使水面略高出筛内颗粒）来回摇动，以充分洗除小于 0.080mm 的颗粒。然后，将两只筛上剩留的颗粒和筒中已洗净的试样一并装入浅盘，置于温度为 105±5℃ 的烘箱中烘干至恒重（$m_1$）。

4. 数据处理与结果判定

碎石或卵石的含泥量应按下式计算（精确至 0.1%）：

$$\omega_c = \frac{m_0 - m_1}{m_0} \times 100(\%) \tag{3-97}$$

式中　$m_0$——试验前烘干试样的质量（g）；

$m_1$——试验后烘干试样的质量（g）。

以上两个试验结果的算术平均值作为测定值。如两次结果的差值超过 0.2%，应重新取样进行试验。

国标和行标的主要区别是：行标中规定结果以两个试验结果的算术平均值作为测定值，如两次结果的差值超过 0.2%，应重新取样进行试验，国标中则无此要求。

### (七) 泥块含量试验

**1. 试验设备**

案秤：称量20kg，感量20g；称量10kg，感量10g；

天平：称量5kg，感量5g；

试验筛：孔径为2.50mm及5.00mm筛各一个；

洗石用水筒及烘干用的浅盘等。

**2. 试样制备**

试验前，将样品用四分法缩分至略大于表3-29所示的量，缩分应注意防止所含黏土被压碎。缩分后的试样在105±5℃烘箱内烘至恒重，冷却至室温后分成两份备用。

**3. 试验步骤**

(1) 筛去5mm以下颗粒，称重（$m_1$）；

(2) 将试样在容器中摊平，加入饮用水使水面高出试样表面，24h后把水放出，用手碾压泥块，然后把试样放在2.5mm筛上摇动淘洗，直至洗出的水清澈为止；

(3) 将筛上的试样小心地从筛里取出，置于温度为105±5℃烘箱中烘干至恒重。取出冷却至室温后称重（$m_2$）。

**4. 数据处理与结果判定**

泥块含量应按下式计算（精确至0.1%）：

$$\omega_{c,l} = \frac{m_1 - m_2}{m_1} \times 100(\%) \tag{3-98}$$

式中 $m_1$——5.00mm筛筛余量（g）；

$m_2$——试验后烘干试样的量（g）。

以两个试验结果的算术平均值作为测定值。如两次结果的差值超过0.2%，应重新取样进行试验。

国标和行标的主要区别是：行标中规定结果以两个试验结果的算术平均值作为测定值，如两次结果的差值超过0.2%，应重新取样进行试验，国标中则无此要求。

### (八) 针状和片状颗粒的总量试验

**1. 试验设备**

针状规准仪和片状规准仪（见图3-17所示），或游标卡尺；

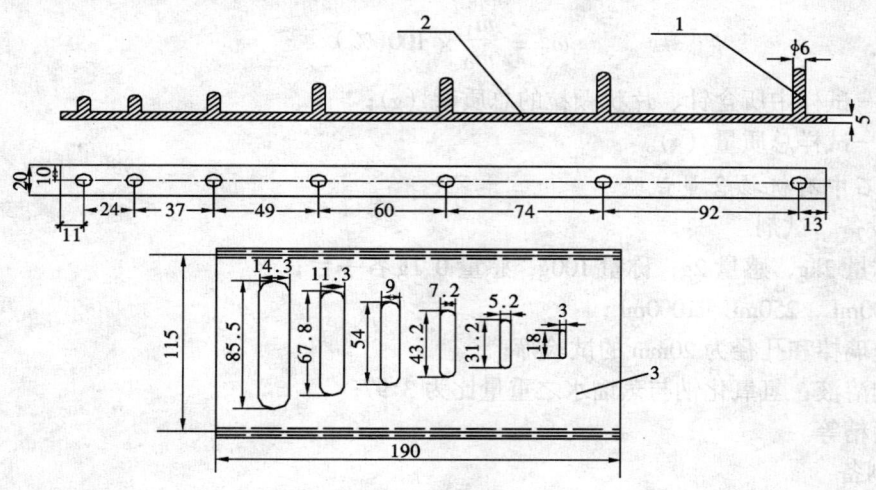

图3-17 针片状规准仪

1—针状规准挡柱；2—针片状规准仪底板；3—片状规准仪

天平：称量2kg，感量2g；

案秤：称量10kg，感量10g；

试验筛：孔径分别为 5.00mm、10.0mm、20.0mm、25.0mm、31.5mm、40.0mm、63.0mm、80.0mm，根据需要选用；

卡尺。

2．试样制备

试验前，将来样在室内风干至表面干燥，并用四分法缩分至表3-30规定的数量，称量（$m_0$），然后筛分成表3-30所规定的粒级备用。

针、片状试验所需的试样最少重量　　表3-30

| 最大粒径（mm） | 10.0 | 16.0 | 20.0 | 25.0 | 31.5 | 40.0以上 |
|---|---|---|---|---|---|---|
| 试样最少重量（kg） | 0.3 | 1 | 2 | 3 | 5 | 10 |

针、片状试验粒级划分及其相应的规准仪孔宽或间距　　表3-31

| 粒级（mm） | 5~10 | 10~16 | 16~20 | 20~25 | 25~31.5 | 31.5~40 |
|---|---|---|---|---|---|---|
| 片状规准仪上相对应的孔宽（mm） | 3 | 5.2 | 7.2 | 9 | 11.3 | 14.3 |
| 针状规准仪上相对应的间距（mm） | 18 | 31.2 | 43.2 | 54 | 67.8 | 85.8 |

3．试验步骤

（1）按表3-31所规定的粒级用规准仪逐粒对试样进行鉴定，凡颗粒长度大于针状规准仪上相对应间距者，为针状颗粒。厚度小于片状规准仪上相应孔宽者，为片状颗粒。

（2）粒径大于40mm的碎石或卵石可用卡尺鉴定其针片状颗粒，卡尺卡口的设定宽度应符合表3-32的规定。

（3）称量由各粒级挑出的针状和片状颗粒的总重量（$m_1$）。

4．数据处理与结果判定

大于40mm粒级颗粒卡尺卡口的设定宽度　　表3-32

| 粒　级（mm） | 40~63 | 63~80 | 粒　级（mm） | 40~63 | 63~80 |
|---|---|---|---|---|---|
| 鉴定片状颗粒的卡口宽度（mm） | 20.6 | 28.6 | 鉴定针状颗粒的卡口宽度（mm） | 123.6 | 171.6 |

碎石或卵石中针、片状颗粒含量应按下式计算（精确至0.1%）：

$$\omega_\mathrm{p} = \frac{m_1}{m_0} \times 100(\%) \tag{3-99}$$

式中　$m_1$——试样中所含针、片状颗粒的总质量（g）；

　　　$m_0$——试样总质量（g）。

（九）卵石中有机物含量试验

1．试验设备、试剂

天平：称量2kg，感量2g；称量100g，感量0.1g各一台；

量筒：100mL、250mL、1000mL；

烧杯、玻璃棒和孔径为20mm的试验筛；

氢氧化钠溶液：氢氧化钠与蒸馏水之重量比为3:97；

鞣酸、酒精等。

2．试样制备

试验前，筛去试样中20mm以上的颗粒，用四分法缩分至约1kg，风干后备用。

3．试验步骤

(1) 向 1000mL 量筒中，倒入干试样至 600mL 刻度处，再注入浓度为 3% 的氢氧化钠溶液至 800mL 刻度处，剧烈搅动后静置 24h；

(2) 比较试样上部溶液和新配制标准溶液的颜色，盛装标准溶液与盛装试样的量筒容积应一致。

注：标准溶液的配制方法，取 2g 鞣酸粉溶解于 98mL10% 的酒精溶液中，即得所需的鞣酸溶液，然后取该溶液 2.5mL，注入 97.5mL 浓度为 3% 的氢氧化钠溶液中，加塞后剧烈摇动，静置 24h 即得标准溶液。

4. 结果判定

若试样上部的溶液颜色浅于标准溶液的颜色，则试样的有机质含量鉴定合格；如两种溶液的颜色接近，则应将该试样（包括上部溶液）倒入烧杯中放在温度为 60～70℃ 的水浴锅中加热 2～3h，然后再与标准溶液比色。

若试样上部的溶液颜色深于标准色，则应配制成混凝土作进一步检验。其方法为：取试样一份，用浓度 3% 氢氧化钠溶液洗除有机杂质，再用清水淘洗干净，至试样用比色法试验时，溶液的颜色浅于标准色；然后用洗除有机质的和未经清洗的试样用相同的水泥、砂配成配合比相同，坍落度基本上相同的两种混凝土，测其 28d 抗压强度。如未经洗除有机质的卵石混凝土强度与经洗除有机质的混凝土强度的比不低于 0.95 时，则此卵石可以使用。

（十）坚固性试验

1. 试验设备、试剂

烘箱：能使温度控制在 $105±5$℃；

天平：称量 5kg，感量 1g；

试验筛：根据试样粒级，按表 3-33 选用；

容器：搪瓷盆或瓷盆，容积不小于 50L；

三脚网篮：网篮的外径为 100mm，高为 150mm，采用孔径不大于 2.5mm 的网和铜丝制成；检验 40～80mm 的颗粒时，应采用外径高均为 150mm 的网篮；

试剂：无水硫酸钠或 10 水结晶硫酸钠（工业用）。

**坚固性试验所需的各粒级试样量** 表 3-33

| 粒级（mm） | 5～10 | 10～20 | 20～40 | 40～63 | 63～80 |
|---|---|---|---|---|---|
| 试样量（g） | 500 | 1000 | 1500 | 3000 | 3000 |

注：1. 粒级为 10～20mm 的试样中，应含有 10～16mm 粒级颗粒 40%，16～20mm 粒级颗粒 60%；
    2. 粒级为 20～40mm 的试样中，应含有 20～31.5mm 粒级颗粒 40%，31.5～40mm 粒级颗粒 60%。

2. 试剂配制、试样制备

(1) 硫酸钠溶液的配制：取一定数量的蒸馏水（多少取决于试样及容器的大小），加温至 30～50℃，每 1000mL 蒸馏水加入无水硫酸钠（$Na_2SO_4$）300～350g 或 10 水硫酸钠（$Na_2SO_4·10H_2O$）700～1000g，用玻璃棒搅拌，使其溶解并饱和，然后冷却至 20℃～25℃。在此温度下静置两昼夜。其相对密度应保持在 1151～1174kg/m³ 范围内。

(2) 试样的制备：将试样按表 3-33 的规定分级，并分别擦洗干净，放入 105～110℃ 烘箱内烘 24h，取出并冷却至室温，然后按表对各粒级规定的量称取试样（$m_1$）。

3. 试验步骤

(1) 将所称取的不同粒级的试样分别装入三脚网篮并浸入盛有硫酸钠溶液的容器中。溶液体积应不小于试样总体积的 5 倍，其温度保持在 20～25℃ 的范围内。三脚网篮浸入溶液时应先上下升降 25 次以排除试样中的气泡，然后静置于该容器中。此时，网篮底面应距容器底面约 30mm

（由网篮脚高控制），网篮之间的间距应不小于30mm，试样表面至少应在溶液以下30mm；

（2）浸泡20h后，从溶液中提出网篮，放在105±5℃的烘箱中烘4h。至此，完成了第一个试验循环。待试样冷却至20~25℃后，即开始第二次循环。从第二次循环开始，浸泡及烘烤时间均可为4h；

（3）第五次循环完后，将试样置于25~30℃的清水中洗净硫酸钠，再在105±5℃的烘箱中烘至恒重。取出冷却至室温后，用筛孔径为试样粒级下限的筛过筛，并称取各粒级试样试验后的筛余量（$m'_i$）；

注：试样中硫酸钠是否洗净，可按下法检验，即：取洗试样的水数毫升，滴入少量氯化钡（$BaCl_2$）溶液，如无白色沉淀，即说明硫酸钠已被洗净。

（4）对粒径大于20mm的试样部分，应在试验前后记录其颗粒数量，并作外观检查，描述颗粒的裂缝、开裂、剥落、掉边和掉角等情况所占颗粒数量，以作为分析其坚固性时的补充依据。

4. 数据处理与结果判定

试样中各粒级颗粒的分计质量损失百分率，应按下式计算：

$$\delta_{ji} = \frac{m_i - m'_i}{m_i} \times 100(\%) \tag{3-100}$$

式中　　$m_i$——各粒级试样试验前的烘干质量（g）；

$m'_i$——经硫酸钠溶液法试验后，各粒级筛余颗粒的烘干质量（g）。

试样的总重量损失百分率，应按下式计算（精确至1%）：

$$\delta_j = \frac{a_1\delta_{j1} + a_2\delta_{j2} + a_3\delta_{j3} + a_4\delta_{j4} + a_5\delta_{j5}}{a_1 + a_2 + a_3 + a_4 + a_5} \tag{3-101}$$

式中　　$a_1$、$a_2$、$a_3$、$a_4$、$a_5$——试样中5.00~10.0mm、10.0~20.0mm、20.0~40.0mm、40.0~63.0mm、63.0~80.0mm各粒级颗粒的分计百分含量；

$\delta_{j1}$、$\delta_{j2}$、$\delta_{j3}$、$\delta_{j4}$、$\delta_{j5}$——各粒级的分计重量损失百分率。

（十一）岩石的抗压强度试验

1. 试验设备

压力试验机：荷载1000kN；

石材切割机或钻石机；

岩石磨光机；

游标卡尺，角尺等。

2. 试样制备

试验时，取有代表性的岩石样品用石材切割机切割成边长为50mm的立方体，或用钻石机钻取直径与高度均为50mm的圆柱体，然后用磨光机把试件与压力板接触的两个面磨光并保持平行，试件形状须用角尺检查。

至少应制作6个试块。对有显著层理的岩石，应取两组试件（12块）分别测定其垂直和平行于层理的强度值。

3. 试验步骤

（1）用游标卡尺量取试件的尺寸（精确至0.1mm），对于立方体试件，在顶面和底面上各量取其边长，以各个面上相互平行的两个边长的算术平均值作为宽或高，由此计算面积。对于圆柱体试件，在顶面和底面上各量取相互垂直的两个直径，以其算术平均值计算面积。取顶面和底面面积的算术平均值作为计算抗压强度所用的截面积；

（2）将试件置于水中浸泡48h，水面应至少高出试件顶面20mm；

（3）取出试件，擦干表面，放在压力机上进行强度试验。试验时加压速度应为每秒钟0.5~

1MPa。

**4. 数据处理与结果判定**

岩石的抗压强度应按下式计算（精确至1MPa）：

$$f = \frac{F}{A}(\text{MPa}) \tag{3-102}$$

式中　　$F$——破坏荷载（N）；

　　　　$A$——试件的截面积（mm²）。

取六个试件试验结果的算术平均值作为抗压强度测定值，如六个试件中的两个与其他四个试件抗压强度的算术平均值相差三倍以上时，则取试验结果相接近的四个试件的抗压强度算术平均值作为抗压强度测定值。

对具有显著层理的岩石，其抗压强度应为垂直于层理及平行于层理的抗压强度的平均值。

国标和行标的主要区别是：①试件的抗压强度计算结果：行标精确至1MPa，国标精确至0.1MPa；②国标提出了仲裁检验时，以φ50mm×50mm圆柱体试件的抗压强度为准，而行标没有规定；③行标中指出结果取6个试件试验结果的算术平均值作为抗压强度测定值，如6个试件中的两个与其他4个试件抗压强度的算术平均值相差3倍以上时，则取试验结果相接近的4个试件的抗压强度算术平均值作为抗压强度测定值；而国标中规定岩石抗压强度取6个试件试验结果的算术平均值并给出最小值，结果取值精确至1MPa。

**（十二）压碎指标值试验**

**1. 试验设备**

压力试验机，荷载300kN；

压碎指标值测定仪（见图3-18所示）。

**2. 试样制备**

标准试样一律采用10～20mm的颗粒，并在气干状态下进行试验。

注：对多种岩石组成的卵石，如其粒径大于20mm颗粒的岩石矿物成分与10～20mm的颗粒有显著的差异时，对大于20mm颗粒应经人工破碎后筛取10～20mm的标准粒级，另外进行压碎指标值试验。

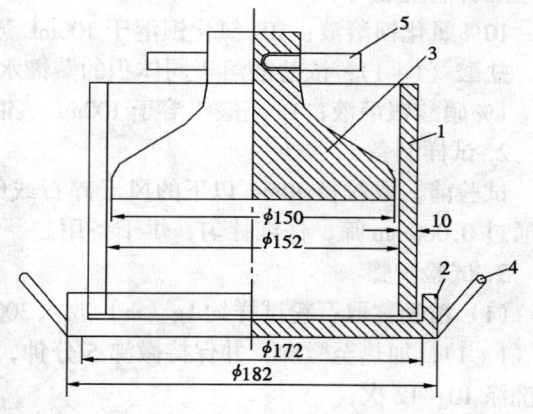

图3-18　压碎指标值测定仪
1—圆筒；2—底盘；3—加压头；4—手把；5—把手

试验前，先将试样筛去10mm以下及20mm以上的颗粒，再用针状和片状规准仪剔除其针状和片状颗粒，然后称取每份3kg的试样3份备用。

**3. 试验步骤**

（1）置圆筒于底盘上，取试样一份，分2层装入筒内，每装完一层试样后，在底盘下面垫放一直径为10mm的圆钢筋，将筒按住，左右交替颠击地面各25下。第二层颠实后，试样表面距底盘的高度控制为100mm左右。

（2）整平筒内试样表面，把压头装好（注意应使加压头保持平正），放到试验机上在160～300s内均匀地加荷到200kN，稳定5s。然后卸荷，取出测定筒，倒出筒中的试样并称其重量（$m_0$）。用孔径2.50mm的筛筛除被压碎的细粒，称量剩留在筛上的试样的重量（$m_1$）。

**4. 数据处理与结果判定**

（1）碎石或卵石的压碎指标值，应按下式计算（精确至0.1%）：

$$\delta_a = \frac{m_0 - m_1}{m_0} \times 100(\%) \tag{3-103}$$

式中 $m_0$——试样的质量（g）；

$m_1$——压碎试验后筛余的试样质量（g）。

(2) 对多种岩石组成的卵石，如对 20mm 以下及 20mm 以上的标准粒径（10～20mm）分别进行检验，则其总的压碎指标值应按下式计算：

$$\delta_a = \frac{a_1 \delta_{a1} + a_2 \delta_{a2}}{a_1 + a_2}(\%) \tag{3-104}$$

式中 $a_1$、$a_2$——试样中 20mm 以下及 20mm 以上两粒级的颗粒含量百分率；

$\delta_{a1}$、$\delta_{a2}$——两粒级以标准粒级试验的分计压碎指标值（%）。

以三次试验结果的算术平均值作为压碎指标测定值。

国标和行标的主要区别是：行标中指出了对多种岩石组成的卵石，如对 20mm 以下及 20mm 以上的标准粒径（10～20mm）分别进行检验，并给出了其计算方法；国标没有特别指出。

（十三）硫化物和硫酸盐含量的试验

1. 试验设备、试剂

天平：称量 2kg，感量 2g；称量 1kg，感量 0.1g 各一台；

高温炉：最高温度 1000℃；

试验筛：孔径 0.080mm；

烧杯、烧瓶等；

10% 氯化钡溶液：10g 氯化钡溶于 100mL 蒸馏水中；

盐酸（1+1）：浓盐酸溶于同体积的蒸馏水中；

1% 硝酸银溶液：1g 硝酸银溶于 100mL 蒸馏水中，并加入 5～10mL 硝酸，存于棕色瓶中。

2. 试样制备

试验前，取粒径 40mm 以下的风干碎石或卵石约 1000g，按四分法缩分至约 200g，磨细使全部通过 0.080mm 筛，仔细拌匀，烘干备用。

3. 试验步骤

(1) 精确称取石粉试样约 1g（$m$）放入 300mL 的烧杯中，加入 30～40mL 蒸馏水及 10mL 的盐酸（1+1），加热至微沸，并保持微沸 5 分钟，使试样充分分解后取下，以中速滤纸过滤，用温水洗涤 10～12 次；

(2) 调整滤液体积至 200mL。煮沸，边搅拌边滴加 10mL 氯化钡溶液（10%），并将溶液煮沸数分钟，然后移至温热处至少静置（此时溶液体积应保持在 200mL），用慢速滤纸过滤，以温水洗至无氯根反应（用硝酸银溶液检验）；

(3) 将沉淀及滤纸一并移入已灼烧恒重（$m_1$）的瓷坩埚中，灰化后在 800℃的高温炉内的灼烧 30 分钟，取出坩埚，置干燥器中冷至室温称量，如此反复灼烧，直至恒重（$m_2$）。

4. 数据处理与结果判定

水溶性硫化物硫酸盐含量（以 $SO_3$ 计）应按下式计算（精确至 0.01%）

$$\omega_{SO_3} = \frac{(m_2 - m_1) \times 0.343}{m} \times 100(\%) \tag{3-105}$$

式中 $m$——试样质量（g）；

$m_2$——沉淀物与坩埚共重（g）；

$m_1$——坩埚质量（g）；

0.343——换算成 $SO_3$ 系数。

取二次试验的算术平均值作为评定指标，若两次试验结果之差大于 0.15%，应重做试验。

国标和行标的主要区别是：行标中指出了水溶性硫化物硫酸盐含量（精确至 0.01%）取二

次试验的算术平均值作为评定指标，若两次试验结果之差大于 0.15%，应重做试验；而国标中则指出了硫化物和硫酸盐含量取两次试验结果的算术平均值，精确至 0.1%。若两次试验结果之差大于 0.2% 时，须重新试验。

（十四）碱活性试验

首先运用岩相法，通过肉眼和显微镜观察，鉴定所用骨料的种类和成分，从而确定碱活性骨料的种类和数量。

1. 岩相法

（1）试验设备

试验筛：孔径为 80.0mm、40.0mm、20.0mm、5.00mm 的圆孔筛以及筛，底盘和盖各一只；

案秤：称量 100kg，感量 100g；

天平：称量 1kg，感量 1g；

切片机、磨片机；

实体显微镜、偏光显微镜。

（2）试样制备

试验前，先将样品风干，并按表 3-34 的规定筛分、称取试样。

**岩相试验试样最少重量**　　　　　　　　　　　　　　　表 3-34

| 粒　级（mm） | 40~80 | 20~40 | 5~20 |
|---|---|---|---|
| 试样最少重量（kg） | 150 | 50 | 10 |

注：1. 大于 80mm 的颗粒，按照 40~80mm 一级进行试验；
　　2. 试样最少数量也可以颗粒计，每级至少 300 颗。

（3）试验步骤

①用肉眼逐粒观察试样，必要时将试样放在砧板上用地质锤击碎（注意应使岩石碎片损失最小），观察颗粒新鲜断面。将试样按岩石品种分类；

②每类岩石先确定其品种及外观品质，包括矿物成分、风化程度、有无裂缝、坚硬性、有无包裹体及断口形状等；

③每类岩石均应制成若干薄片，在显微镜下鉴定矿物组成、结构等，特别应测定其隐晶质、玻璃质成分的含量。测定结果填入表 3-35 中。

**骨料活性成分含量测定表**　　　　　　　　　　　　　　　表 3-35

| 委托单位 | | | 样品编号 | | |
|---|---|---|---|---|---|
| 样品产地、名称 | | | 检测条件 | | |
| 粒级（mm） | 40~80 | | 20~40 | | 5~20 |
| 重量百分数（%） | | | | | |
| 岩石名称及外观品质 | | | | | |
| 碱活性矿物 品种及占本级配试样的重量百分含量（%） | | | | | |
| 碱活性矿物 占试样总重的百分含量（%） | | | | | |
| 合　计 | | | | | |
| 结　论 | | | 备　注 | | |

技术负责：　　　　　　校核：　　　　　　检测：　　　　　　检测单位：

注：1. 硅酸类活性矿物包括蛋白石、火山玻璃体、玉髓、玛瑙、鳞石英、磷石英、方石英、微晶石英、燧石、具有严重波状消光的石英；
　　2. 碳酸盐类活性矿物为具有细小菱形白云石晶体。

(4) 结果判定

根据岩相鉴定结果，对于不含活性矿物的岩石，可评定为非碱活性骨料。

根据定为碱活性骨料或可疑时，可根据标准进一步鉴定。若骨料中含有活性二氧化硅时，应采用化学法和砂浆长度法进行检验；若含有活性碳酸盐骨料时，应采用岩石柱法进行检验。

2. 化学法

(1) 试验设备、试剂

反应器：容量 50~70mL，用不锈钢或其他耐热抗碱材料制成，并能密封不透气漏水。其形式、尺寸如图 3-19；

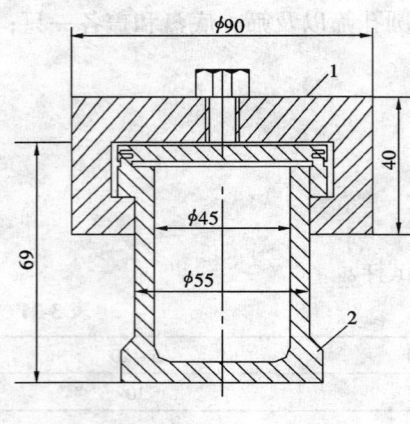

图 3-19 反应器
1—反应器盖；2—反应器筒体

抽滤装置：10L 的真空泵或其他效率相同的抽气装置，500mL 抽滤瓶等；

分光光度计：不用比色法则不需此仪器；

研磨设备：小型破碎机和粉磨机，能把骨料粉碎成粒径 0.160~0.315mm；

试验筛：0.160、0.315mm 筛各一个；

天平：称量 100（或 200）g，感量 0.1mg；

恒温水浴：能在 24h 内保持 80±1℃；

高温炉：最高温度 1000℃；

试剂：均为分析纯。

(2) 溶液配制、试样制备

①配制 1.000mol/L 氢氧化钠溶液：称取 40g 分析纯氢氧化钠，溶于 1000mL 新煮沸并经冷却的蒸馏水中摇匀，贮于装有钠石灰干燥管的聚乙烯瓶中。配制后的氢氧化钠溶液应用邻苯二钾酸氢钾标定，准确至 0.001mol/L。

②准备试样：取有代表性的骨料样品，约 500g，破碎后，在 0.160 和 0.315mm 的筛子上过筛，弃去通过 0.160mm 筛的颗粒。留在 0.315mm 筛上的颗粒需反复破碎，直到全部通过 0.315mm 筛为止。然后用磁铁吸除破碎样品时带入的铁屑。为了保证小于 0.160mm 的颗粒全部弃除，应将样品放在 0.160mm 的筛上，先用自来水冲洗，再用蒸馏水冲洗。一次冲洗的样品不多于 100g，洗涤过的样品，放在 105±5℃烘箱中烘 20±4h，冷却后，再用 0.160mm 筛筛去细屑，制成试样。

(3) 试验步骤

①称取备好的试样 25±0.05g 三份。

②将试样放入反应器中，用移液管加入 25ml 经标定浓度为 1.000mol/L 的氢氧化钠溶液，另取 2~3 个反应器不放样品，加入同样的氢氧化钠溶液作为空白试验。

③将反应器的盖子盖上（带橡皮垫圈），轻轻旋转摇动反应器，以排出粘附在试样上的空气，然后加夹具密封反应器。

④将反应器放在 80±1℃的恒温水浴中 24h，然后取出，将其放在流动的自来水中冷却 15±2min，立即开盖，用瓷质古氏坩埚过滤（坩埚内应放一块大小与坩埚底相吻合的快速滤纸），过滤时，将坩埚放在带有橡皮坩埚套的巴氏漏斗上，巴氏漏斗装在抽滤瓶上。抽滤瓶中放一支容量 35~50mL 的干燥试管，用以收集滤液。

注：为避免氢氧化钠溶液与玻璃器皿发生反应，影响试验的精度，建议采用塑料漏斗和塑料试管，或在玻璃漏斗和试管上涂一层石蜡。

⑤开动抽气系统，将少量溶液倾入坩埚润湿滤纸，使之紧贴在坩埚底部，然后继续倾入溶

液，不要搅动反应器内的残渣。待溶液全部倾出后，停止抽气。用不锈钢或塑料小勺将残渣移入坩埚中并压实，然后再抽气。调节气压在380mm水银柱，直至每10s滤出溶液一滴为止。

注：同一组试样及空白试验的过滤条件都应当相同。

⑥过滤完毕，立即将滤液摇匀，用移液管吸取10mL滤液移入200mL容量瓶中，稀释至刻度，摇匀，以备测定溶解的二氧化硅含量和碱度降低值用。

注：此稀释液应在4h内进行分析，否则应移入清洁、干燥的聚乙烯容器中密封保存。

⑦用重量法、容量法或比色法测定溶液中的可溶性二氧化硅含量。

⑧用单终点法或双终点法测定溶液的碱度降低值。

⑨用重量法测定可溶性二氧化硅含量时，其测定步骤应为：

a. 吸取100mL稀释液，移入蒸发皿中，加入5~10mL浓盐酸（相对密度1190kg/m³）在水浴上蒸至湿盐状态，再加入5~10mL浓盐酸（密度1190kg/m³），继续加热至70℃左右，保温并搅拌3~5min。加入10mL新配制的1%动物胶（1g动物胶溶于100mL热水中）搅匀，冷却后用无灰滤纸过滤。先用每升含5mL盐酸的热水洗涤沉淀，再用热蒸馏水充分洗涤，直至无氯离子反应为止。

b. 将沉淀物连同滤纸移入坩埚中，先在普通电炉上烘干并碳化，再放在900~950℃的高温炉中灼烧至恒重。

c. 用上述同样方法测定空白试验稀释液中二氧化硅的含量（$m_1$）。

d. 滤液中二氧化硅的含量，按下式计算（精确至0.001）：

$$C_{SiO_2} = (m_2 - m_1) \times 3.33 \tag{3-106}$$

式中 $C_{SiO_2}$——滤液中的二氧化硅浓度（mol/L）；

$m_2$——100mL试样的稀释液中二氧化硅含量；

$m_1$——100mL空白试验的稀释液中二氧化硅含量。

⑩用容量法测定可溶性二氧化硅含量时，其测定步骤应为：

a. 配制15%mL氟化钾试剂：称取30g氟化钾，置于聚四氟乙烯杯中，加入150mL水，再加入硝酸和盐酸各25mL，并加入氯化钾至饱和。放置半小时后，用涂蜡漏斗过滤置于聚乙烯瓶中备用。

b. 配制乙醇洗液：将无水乙醇与水1:1混合，加入氯化钾至饱和。

c. 配制0.1mol/L氢氧化钠溶液：以4g氢氧化钠溶于1000mL新煮沸并冷却后的蒸馏水中，摇匀，贮于装有钠石灰干燥管的聚乙烯瓶中。配制后的氢氧化钠溶液应以邻苯二甲酸氢钾标定，准确至0.001mol/L。

d. 吸取10~50mL稀释液（视二氧化硅的含量而定），放入300mL聚四氟乙烯杯中，加入蒸馏水，控制溶液的体积在50mL以内。加入浓硝酸3mL，用塑料棒搅拌溶液并加入氯化钾至饱和，再慢慢加入15%氟化钾溶液10~12mL，继续搅拌1min后，放置15min，用塑料或涂蜡漏斗和中速滤纸过滤。用乙醇洗液洗沉淀及烧杯2~3次，将沉淀连同滤纸取出放入原烧杯中，用10mL乙醇洗液淋洗烧杯壁，加入15滴酚酞指示剂，用滴定管滴入0.1mol/L氢氧化钠溶液，用塑料棒仔细搅动滤纸并擦洗杯壁，以中和未洗去的酸，直至红色不退。然后加入100mL刚煮沸的蒸馏水（此水应先加入数滴酚酞指示剂并用NaOH溶液滴至微红色）。在搅拌中用氢氧化钠溶液滴定呈红色。

e. 用同样方法测定空白试验的稀释液。

f. 滤液中二氧化硅的含量按下式计算（精确至0.001）：

$$C_{SiO_2} = \frac{20(V_2 - V_1)C_{NaOH}}{V_0} \times \frac{15.02}{60.06} \tag{3-107}$$

式中 $C_{SiO_2}$——滤液中的二氧化硅浓度（mol/L）；

$C_{NaOH}$——氢氧化钠溶液的浓度（mol/L）；

$V_2$——测定试样稀释液时消耗的氢氧化钠溶液量（mL）；
$V_1$——测定空白稀释液时消耗的氢氧化钠溶液量（mL）；
$V_0$——测定时吸取的稀释液（mL）。

⑪用比色法测定可溶性二氧化硅含量时，其测定步骤应为：

a. 配制钼兰显示剂：将20g草酸，15g硫酸亚铁铵溶于1000L浓度为1.5mol/L的硫酸中。

b. 配制二氧化硅标准溶液：称取二氧化硅保证试剂0.1000g置于铂坩埚中，加入无水碳酸钠2.5~3.0g，混匀，于900~950℃下熔融20~30min，取出冷却。在烧杯中加400mL热水，搅拌至全部溶解后，移入1000mL容量瓶中，稀释至刻度，摇匀。此溶液每毫升含二氧化硅0.1mg（必要时可用重量法校准）。

c. 配制10%钼酸铵溶液：将100g钼酸铵溶于400mL热水中，过滤后稀释至1000mL。

注：以上溶液贮存在聚乙烯瓶中可保存一个月。

d. 配制0.01mol/L高锰酸钾溶液及5%盐酸。

e. 标准曲线的绘制：吸取0.5、1.0、2.0、3.0、4.0mL二氧化硅标准溶液，分别装入100mL容量瓶中，用水稀释至30mL。各依次加入5%盐酸5mL，10%钼酸铵溶液2.5mL，0.01mol/L高锰酸钾一滴，摇匀并用水稀释至刻度，摇匀。5min后，在分光光度计上用波长为660mm的光测其消光值，以浓度为横座标，消光值为纵座标，绘制标准曲线。

f. 稀释液中二氧化硅含量的测定：吸取稀释液5mL置于100mL容量瓶中，按二氧化硅标准溶液的操作方法显色并测定其消光值。根据消光值，即可在标准曲线上查出相应的二氧化硅含量。

g. 用同样方法测定空白试验的稀释液。注：钼兰比色法测定二氧化硅具有很高的灵敏度，测定时吸取稀释液的毫升数应根据二氧化硅含量而定，使其消光值落在标准曲线中段为宜。

h. 滤液中的二氧化硅浓度按下式计算（精确至0.001）：

$$C_{SiO_2} = \frac{20(m_2 - m_1)}{V_0} \times \frac{1000}{60.06} \tag{3-108}$$

式中 $C_{SiO_2}$——滤液中的二氧化硅浓度（mol/L）；
$m_2$——试样的稀释液中二氧化硅的含量（g）；
$m_1$——空白试验稀释液中的二氧化硅的含量（g）；
$V_0$——吸取稀释液的数量（mL）。

⑫单终点法碱度降低值的测定步骤，应符合下列规定：

a. 配制0.05mol/L盐酸标准溶液：量取4.2mL浓盐酸（密度1190kg/m）稀释至1000mL。

b. 配制碳酸钠标准溶液：称取0.05g（准确至0.1mg）无水碳酸钠（首先须经180℃烘箱内烘2h，冷却后称重），置于125mL的锥形瓶中，用新煮沸的蒸馏水溶解。以甲基橙为指示剂，标定盐酸并计算精确至0.0001mol/L。

c. 配制甲基橙指示剂：取0.1g甲基橙溶解于100mL蒸馏水中。

d. 吸取20mL稀释液置于125mL的锥形瓶中，加入酚酞指示剂2~3滴，用0.05mol/L盐酸标准溶液滴定至无色。

e. 用同样方法滴定空白试验的稀释液。

f. 碱度降低值按下式计算（精确至0.001）：

$$\delta_R = (20 C_{HCl}/V_1)(V_3 - V_2) \tag{3-109}$$

式中 $\delta_R$——碱度降低值（mol/L）；
$C_{HCl}$——盐酸标准溶液的浓度（mol/L）；

$V_1$——吸收稀释液数量（mL）；
$V_2$——滴定试样的稀释液消耗盐酸标准溶液量（mL）；
$V_3$——滴定空白稀释液消耗盐酸标准液量（mL）。

⑬双终点法碱度降低值的测定步骤，应符合下列规定：

单终点法到达酚酞终点后，记下所消耗的盐酸标准液的毫升数，然后加入 2~3 滴甲基橙指示剂。继续滴至溶液呈橙色，此时上式中的 $V_2$ 或 $V_3$ 按下式计算：

$$V_2 \text{ 或 } V_3 = 2V_p - V_t \qquad (3\text{-}110)$$

式中　$V_p$——滴定至酚酞终点消耗盐酸标准液量（mL）；
　　　$V_t$——滴定至甲基橙终点消耗盐酸标准液量（mL）；

将 $V_2$ 值代入上式即得双终点法的碱度降低值。

(4) 数据处理与结果判定

以 3 个试样测值的平均值作为试验结果。单个测值与平均值之差不得大于下述范围：

①当平均值大于 0.100mol/L 时，差值不得大于平均值的 0.012mol/L。

②当平均值等于或小于 0.100mol/L 时，差值不得大于平均值的 12%，误差超过上述范围的测值需剔除，取其余两个测值的平均值作为试验结果。如一组试验的测值少于 2 个时，须重做试验。

当试验结果出现以下两种情况的任何一种时则还应进行砂浆长度法试验：

① $\delta_R > 0.070$　　并 $C_{SiO_2} > \delta_R$

② $\delta_R < 0.070$　　并 $C_{SiO_2} > 0.035 + \delta_R/2$

③如果不出现上述情况，则可判为无潜在危害。

3. 砂浆长度法

(1) 试验设备

试验筛：0.160mm、0.315mm、0.630mm、1.25mm、2.50mm、5.00mm 筛；

胶砂搅拌机：应符合现行国家标准《水泥物理检验仪器》规定；

馒刀及截面为 14mm×13mm，长 120~150mm 的钢制捣棒；

量筒、秒表、跳桌等；

试模和测头（埋钉）：金属试模，规格为 40×40×160mm，试模两端正中有小洞，以便测头在此固定埋入砂浆。测头以不锈钢金属制成；

养护筒：用耐腐材料（如塑料）制成，应不漏水，不透气，加盖后在养护室能确保筒内空气相对湿度为 95% 以上，筒上设有试件架，架子下盛有水。试件垂直于架上并不与水接触；

测长仪：测量范围 160~185mm，精度 0.01mm；

恒温箱（室）：温度为 40±2℃。

(2) 试样制备

制作试件的材料应符合下列规定：

水泥：水泥含碱量为 1.2%，低于此值可掺浓度 10% 的 NaOH 溶液，将系统的碱含量调至水泥量的 1.2%，对具体工程如所用水泥含碱量高于此值，则用工程所使用的水泥。

注：水泥含量以氧化钠（$Na_2O$）计，氧化钾（$K_2O$）换算为氧化钠时乘以换算系数 0.658。

骨料：将试样缩分至约 5kg，破碎筛分后，各粒级都要在筛上用水冲净粘附在骨料上的淤泥和细粉，然后烘干备用。骨料按表 3-36 的级配配成试验用料。

制作试件用的砂浆配合比应符合下列规定：

水泥与骨料的重量为 1:2.25。一组 3 个试件共需水泥 600g，骨料 1350g。砂浆用水量按《水泥胶砂流动度测定方法》GB/T 2419—2005 选定，但跳桌跳动次数改为 6s 跳动 10 次，以流动度在 105~120mm 为准。

**骨料级配表** 表3-36

| 筛孔尺寸（mm） | 5.00~2.50 | 2.50~1.25 | 1.25~0.630 | 0.630~0.315 | 0.315~0.160 |
|---|---|---|---|---|---|
| 分级重量（%） | 10 | 25 | 25 | 25 | 15 |

砂浆长度法试验所用试件应按下列方法制作：

成型前24h，将试验所用材料（水泥、骨料、拌合用水等）放入20±2℃的恒温室中；

骨料水泥浆制备：先将称好的水泥、骨料倒入搅拌锅内。开动搅拌机，拌合5s后，徐徐加水，20~30s加完，自开动机器起搅拌120s，将粘在叶子上的料刮下，取下搅拌锅；砂浆分两层装入试模内，每层捣20次；注意测头周围应捣实，浇捣完毕后用镘刀刮除多余砂浆，抹平表面并编号，并标明测定方向。

(3) 试验步骤

①试件成型完毕后，带模放入标准养护室，养护24h后，脱模（当试件强度较低时，可延至48h脱模）。脱模后立即测量试件的长度。此长度为试件的基准长度。测长应在20±3℃的恒温室中进行。每个试件至少重复测试两次，取差值在仪器精确范围内的2个读数的平均值作为长度测定值。待测的试件须有湿布覆盖，以防止水分蒸发。

②测量后将试件放入养护筒中，盖严筒盖放入40±2℃的养护室里养护（同一筒内的试件品种应相同）；

③测长龄期自测量基准长度时算起；龄期为2周、4周、8周、3月、6月，如有必要还可适当延长。在测长前一天，应把养护筒从40±2℃的养护室取出，放入20±2℃的恒温室。试件的测长方法与测基准长度相同，测量完毕后，应将试件调头放入养护筒中。盖好筒盖，放回40±2℃的养护室继续养护到下一测试龄期。

④在测量时应对试件进行观察，内容包括试件变形，裂缝、渗出物等，特别要注意有无胶体物质，并作详细记录。

(4) 数据处理与结果判定

试件的膨胀率应按下式计算（精确至0.01%）：

$$\varepsilon_t = \frac{l_t - l_0}{l_0 - 2l_d} \times 100(\%) \tag{3-111}$$

式中 $\varepsilon_t$——试件在 $t$ 天龄期的膨胀率（%）；

$l_t$——试件在 $t$ 天龄期的长度（mm）；

$l_0$——试件的基准长度（mm）；

$l_d$——测头（即埋钉）的长度（mm）。

以三个试件测值的平均值作为某一龄期膨胀率的测定值，单个测值与平均值之差不得大于下述范围：

①当平均膨胀率小于或等于0.05%时，其差值均应小于0.01%；

②当平均膨胀率大于0.05%时，单个测值与平均值的差值均应小于平均值的20%；

③当三根的膨胀率均超过0.10%时，无精度要求；

④当不符合上述要求时，去掉膨胀率最小的，用剩余二根的平均值作为该龄期的膨胀率。

结果评定应符合下列规定：

对于石料，当砂浆的半年膨胀率低于0.10%时，或3个月膨胀率低于0.05%时（只有在缺半年膨胀率资料时才有效），可判为无潜在危害。反之，如超过上述数值，应判为具有潜在危害。

4. 岩石柱法

(1) 试验设备、试剂

钻机：配有小圆筒钻头；

锯石机、磨片机；

试件养护瓶：耐碱性材料制成，能盖严以避免变质和改变浓度；

测长仪：量程 25～50mm，精度 0.01mm；

氢氧化钠溶液：40±1g 氢氧化钠（化学纯）溶于 1L 蒸馏水中。

(2) 试验步骤

①在同块岩石的不同岩性方向取样，如岩石层理不清，则应在三个相互垂直的方向上各取一个试件。

②钻取的圆柱体的试件直径为 9±1mm，长度为 35±5mm，试件两端面应磨光、互相平行且与试件的主轴线垂直，试件加工时应避免表面变质而影响碱溶液渗入岩样的速度。

③试件编号后，放入盛有蒸馏水的瓶中，置于 20±2℃的恒温室内，每隔 24 小时取出擦干表面水分，进行测长。直至试件的前后两次测得的长度变化率之差不超过 0.02% 为止（一般需 2～5d）以最后测得的试件长度为基准长度。

④将测完基准长度的试件浸入盛有浓度为 1mol/L 的氢氧化钠溶液的瓶中，液面应超过试件顶面 10mm 以上，每个试件的平均液量至少应为 50mL。同一瓶中不得浸泡不同种的试件。盖严瓶盖，置于 20±2℃的恒温室中。溶液每六个月换一次。

⑤在 20±2℃的恒温室进行测长，每个试件测长的方向应始终保持一致。测量时试件从瓶中取出，先用蒸馏水洗涤，将表面水擦干后测长，测长的龄期从试件泡入碱液时算起，在 7d、14d、21d、28d、56d、84d 时进行测量，如有需要以后每 4 周测一次，一年后每 12 周测一次。

⑥试件浸泡期间，应观测其形态的变化，如开裂、弯曲、断裂等，并做记录。

(3) 数据处理与结果判定

试件长度变化应按下式计算（精确至 0.001%）：

$$\varepsilon_{st} = \frac{l_t - l_0}{l_0} \times 100(\%) \tag{3-112}$$

式中　$\varepsilon_{st}$——试件浸泡 $t$ 天后的长度变化率；

　　　$l_t$——试件浸泡 $t$ 天后的长度（mm）；

　　　$l_0$——试件的基准长度（mm）。

注：测量精度要求为同一试验人员，同一仪器，测量同一试件其误差不应超过±0.02%；不同试验人员，同一仪器测量同一试件，其误差不应超过±0.03%。

结果评定应符合下列规定：

①同块岩石所取的试样中以其膨胀率最大的一个测值作为分析该岩石碱活性的依据，其余数据不予考虑。

②试件浸泡 84d 的膨胀率如超过 0.10%，则该岩样应评为具有潜在碱性危害。必要时应以混凝土试验结果作出最后评定。

国标对建筑用卵石、碎石的碱骨料反应，首先通过岩相法鉴定岩石种类及所含的活性矿物种类。对硅质骨料的碱—硅酸反应的危害性检验，见第二节国标对砂的碱—硅酸反应检验。对碳酸盐类骨料的碱—碳酸盐反应的危害性检验同行标岩石柱法。

**五、实例**

有一组 20～40mm 碎石用于 C25、P6 的抗渗混凝土中，采用行标进行含泥量检测，其洗前干质量分别为：①5120g、②5030g；洗后干质量分别为：①5060g、②4965g，请判定其含泥量是否符合要求。

**解：**①分别计算两次平行测定含泥量

$$\omega_{c1} = \frac{m_0 - m_1}{m_0} = \frac{5120 - 5060}{5120} = 1.2\%$$

$$\omega_{c2} = \frac{m_0 - m_1}{m_0} = \frac{5030 - 4965}{5030} = 1.3\%$$

②计算含泥量

$$\omega_{c2} - \omega_{c1} = 1.3\% - 1.2\% = 0.1\% < 0.2\%$$

两次平行测定差值没有超过 0.2%，含泥量取其算术平均值作为最后结果：

$$\omega_c = \frac{\omega_{c1} + \omega_{c2}}{2} = \frac{1.2\% + 1.3\%}{2} = 1.25\% = 1.2\%$$

③结果判定

根据标准要求，<C30 混凝土含泥量应≤2.0%；但抗渗混凝土要求其含泥量应≤1.0%，此组碎石含泥量为 1.2%，因此该组碎石不符合拌合 C25、P6 的抗渗混凝土的要求。

**思考题**

1. 配制混凝土宜采用何种级配的石子，为什么？
2. 配制混凝土用石子是否强度越高越好，为什么？
3. 在工程中一般采用何种指标进行石子强度的质量控制，为什么？
4. 石子的含泥量对混凝土性能有何影响？
5. 进行石子碱活性检验时应采用何种方法？
6. 若石子检验不合格时对检验结果应作如何规定？
7. 做石子表观度试验时，水温为 18℃，试样干质量为：①2150g；②2200g，试样在水中重为：①1354g；②1391g，吊篮在水中重为：①288g；②288g，请计算其表观密度。

## 第五节 外 加 剂

**一、概念**

混凝土外加剂是一种在混凝土搅拌之前或拌制过程中加入的，用以改善新拌混凝土和（或）硬化混凝土性能的材料。混凝土外加剂的使用已经有一百多年的历史，最早使用的有 $CaCl_2$、$CaSO_4 \cdot 2H_2O$、$CaO$ 等，都是作为水泥的缓凝剂。以后又开始把木质素磺酸钙使用于混凝土作塑化剂。但真正进入实用阶段是近半个世纪。在我国尤其是近二十年发展较快。由于建筑工程结构和技术的不断发展，对混凝土的性能和生产工艺不断提出新的要求。在混凝土中加入外加剂改善混凝土性能引起了人们的普遍重视。

外加剂的种类很多，按化合物分类，可分为无机外加剂和有机外加剂两大类。按其主要功能分为四大类：调节或改善混凝土拌合物流变性能的外加剂、调节混凝土凝结时间、硬化性能的外加剂、改善混凝土耐久性的外加剂、改善混凝土其他性能的外加剂。

**二、检测依据**

1. 标准名称及代号

《混凝土外加剂》GB8076—1997

《混凝土外加剂匀质性试验方法》GB8077—2000

《普通混凝土拌合物性能试验方法标准》GB/T50080—2002

《普通混凝土力学性能试验方法标准》GB/T50081—2002

《普通混凝土长期性能和耐久性能试验方法》GBJ82—85

## 2. 技术指标

掺外加剂混凝土技术指标应符合表 3-38 的要求。

**掺外加剂混凝土技术指标** 表 3-38

| 试验项目 | | 普通减水剂 | | 高效减水剂 | | 早强减水剂 | | 缓凝高效减水剂 | | 缓凝减水剂 | | 引气减水剂 | | 早强剂 | | 缓凝剂 | | 引气剂 | |
|---|---|---|---|---|---|---|---|---|---|---|---|---|---|---|---|---|---|---|---|
| | | 一等品 | 合格品 | 一等品 | 合格品 | 一等品 | 合格品 | 一等品 | 合格品 | 一等品 | 合格品 | 一等品 | 合格品 | 一等品 | 合格品 | 一等品 | 合格品 | 一等品 | 合格品 |
| 减水率,%, 不小于 | | 8 | 5 | 12 | 10 | 8 | 5 | 12 | 10 | 8 | 5 | 10 | 10 | — | — | — | — | 6 | 6 |
| 泌水率比,%, 不大于 | | 95 | 100 | 90 | 95 | 95 | 100 | 100 | 100 | 100 | 100 | 70 | 80 | 100 | 100 | 100 | 110 | 70 | 80 |
| 含气量% | | ≤3.0 | ≤4.0 | ≤3.0 | ≤4.0 | ≤3.0 | ≤4.0 | <4.5 | | <5.5 | | >3.0 | | — | — | — | — | >3.0 | |
| 凝结时间差 min | 初凝 | −90~120 | | −90~120 | | −90~90 | | >90 | | >90 | | −90~120 | | −90~90 | | >90 | | −90~120 | |
| | 终凝 | | | | | | | — | | — | | | | | | — | | | |
| 抗压强度比,%, 不小于 | 1d | — | — | 140 | 130 | 140 | 130 | — | — | — | — | — | — | 135 | 125 | — | — | — | — |
| | 3d | 115 | 110 | 130 | 120 | 130 | 120 | 125 | 120 | 100 | | 115 | 110 | 130 | 120 | 100 | 90 | 95 | 80 |
| | 7d | 115 | 110 | 125 | 115 | 115 | 110 | 125 | 115 | 110 | | 110 | | 110 | 100 | 105 | | 95 | 80 |
| | 28d | 110 | 105 | 120 | 110 | 105 | 100 | 120 | 110 | 110 | 105 | 100 | | 100 | 95 | 100 | 90 | 90 | 80 |
| 收缩率比%, 不大于 | 28d | 135 | | 135 | | 135 | | 135 | | 135 | | 135 | | 135 | | 135 | | 135 | |
| 相对耐久性指标 %, 200次, 不小于 | | — | | — | | — | | — | | — | | 80 | 60 | — | | — | | 80 | 60 |
| 对钢筋锈蚀作用 | | 应说明对钢筋有无锈蚀危害 | | | | | | | | | | | | | | | | | |

注：1. 除含气量外，表中所列数据为掺外加剂混凝土与基准混凝土的差值或比值。
2. 凝结时间指标，"−"号表示提前，"+"号表示延缓。
3. 相对耐久性指标一栏中，"200次≥80 或 60"表示将 28d 龄期的掺外加剂混凝土试件冻融循环 200 次后，动弹性模量保留值≥80%或≥60%。
4. 对于可以用高频振捣排除的，由外加剂所引入的气泡产品，允许用高频振捣，达到某类型性能指标要求的外加剂，可按本表进行命名和分类，但须在产品说明书和包装上注明"用于高频振捣的××剂"。

外加剂匀质性指标见表 3-39。

**外加剂匀质性指标** 表 3-39

| 试验项目 | 指标 |
|---|---|
| 含固量或含水量 | a. 对液体外加剂，应在生产厂所控制值的相对量的 3%内<br>b. 对固体外加剂，应在生产厂所控制值的相对量的 5%之内 |
| 密度 | 对液体外加剂，应在生产厂所控制值的 ±0.02g/cm³ 之内 |
| 氯离子含量 | 应在生产厂所控制值相对量的 5%之内 |
| 水泥净浆流动度 | 应不小于生产控制值的 95% |
| 细度 | 0.315mm 筛筛余应小于 15% |
| pH 值 | 应在生产厂所控制值 ±1 之内 |
| 表面张力 | 应在生产厂所控制值 ±1.5 之内 |
| 还原糖 | 应在生产厂所控制值 ±3% |
| 总碱量（$Na_2O + 0.658K_2O$） | 应在生产厂所控制值相对量的 5%之内 |
| 硫酸钠 | 应在生产厂所控制值相对量的 5%之内 |
| 泡沫性能 | 应在生产厂所控制值的相对量的 ±5%之内 |
| 砂浆减水率 | 应在生产厂所控制值 ±1.5%之内 |

### 三、试验的原材料、制备及试件数量要求

1. 材料

水泥：试验所用水泥为基准水泥，基准水泥必须由经中国水泥质量监督中心确认具备生产条件的工厂供给。由符合下列品质指标的硅酸盐水泥熟料与二水石膏共同粉磨而成的强度等级大于（含）42.5 的硅酸盐水泥。水泥品质指标：铝酸三钙含量 6%～8%。硅酸三钙含量 50%～55%，游离氧化钙含量不得超过 1.2%，碱含量（$Na_2O + 0.658K_2O$）不得超过 1.0%，水泥比表面积（320±20）$m^2/kg$；

在因故得不到基准水泥时，允许采用 $C_3A$ 含量 6%～8%，总碱量（$Na_2O + 0.658K_2O$）不大于 1% 的熟料和二水石膏、矿渣共同磨制的强度等级大于（含）42.5 普通硅酸盐水泥。但仲裁仍需用基准水泥；

砂：符合 GB/T14684 要求的细度模数为 2.6～2.9 的中砂；

石子：符合 GB/T14685 粒径为 5～20mm（圆孔筛），采用二级配，其中 5～10mm 占 40%，10～20mm 占 60%；

水：符合 JGJ63 要求；

外加剂：需要检测的外加剂。

2. 配合比

基准混凝土配合比按 JGJ55 进行设计。掺非引气型外加剂混凝土和基准混凝土的水泥、砂、石的比例不变。配合比如下：

水泥用量：采用卵石时，（310±5）$kg/m^3$，采用碎石时，（330±5）$kg/m^3$；

砂率：基准混凝土和掺外加剂混凝土的砂率均为 36%～40%，但掺引气减水剂和引气剂的混凝土砂率应比基准混凝土低 1%～3%；

外加剂掺量：产品说明书中要求的掺量；

用水量：应使混凝土坍落度达（80±10）mm。

3. 混凝土搅拌

采用 60L 自落式搅拌机，全部材料及外加剂一次投入，拌合量应不少于 15L，不大于 45L，搅拌 3min，出料后在铁板上用人工翻拌 2～3 次再进行试验。

4. 试件制作及试验所需试件数量

试件制作：混凝土试件制作及养护按 GB/T50080，混凝土预养温度为（20±3）℃。

试验项目及所需数量见表 3-40。

混凝土试验项目及所需数量　　　　表 3-40

| 试验项目 | 外加剂类别 | 试验类别 | 试验所需数量 | | | |
| --- | --- | --- | --- | --- | --- | --- |
| | | | 混凝土拌合批数 | 每批取样数目 | 掺外加剂混凝土总取样数目 | 基准混凝土总取样数目 |
| 减水率 | 除早强剂、缓凝剂外各种外加剂 | 混凝土拌合物 | 3 | 1 次 | 3 次 | 3 次 |
| 泌水率比 | 各种外加剂 | 混凝土拌合物 | 3 | 1 个 | 3 个 | 3 个 |
| 含气量 | | | 3 | 1 个 | 3 个 | 3 个 |
| 凝结时间差 | | | 3 | 1 个 | 3 个 | 3 个 |
| 抗压强度比 | | 硬化混凝土 | 3 | 9 或 12 块 | 27 或 36 块 | 27 或 36 块 |
| 收缩率比 | | | 3 | 1 块 | 3 块 | 3 块 |

续表

| 试验项目 | 外加剂类别 | 试验类别 | 试验所需数量 | | | |
|---|---|---|---|---|---|---|
| | | | 混凝土拌合批数 | 每批取样数目 | 掺外加剂混凝土总取样数目 | 基准混凝土总取样数目 |
| 相对耐久性指标 | 引气剂、引气减水剂 | 硬化混凝土 | 3 | 1块 | 3块 | 3块 |
| 对钢筋锈蚀作用 | 各种外加剂 | 新拌或硬化砂浆 | 3 | 1块 | 3块 | 3块 |

5. 允许差

外加剂匀质性指标所列允许差为绝对偏差。

室内允许差，同一分析试验室同一分析人员（或两个分析人员），采用相同方法分析同一试样时，两次分析结果应符合允许差规定。如超出允许范围，应在短时间内进行第三次测定（或第三者的测定），测定结果与前两次或任一次分析结果之差值符合允许差规定时，则取其平均值，否则，应查找原因，重新按上述规定进行分析。

室间允许差，两个试验室采用相同方法对同一试样进行各自分析时，所得分析结果的平均值之差应符合允许差规定。如有争议应商定另一单位按相同方法进行仲裁分析。以仲裁单位报出的结果为准，与原分析结果比较，若两个分析结果差值符合允许差规定，则认为原分析结果无误。

### 四、试验方法

1. 减水率试验

定义：减水率，在坍落度基本相同时，基准混凝土和受检混凝土单位用水量之差与基准混凝土单位用水量之比。按下式计算：

$$W_R = \frac{W_0 - W_1}{W_0} \times 100 \tag{3-116}$$

式中　$W_R$——减水率（%）；

　　　$W_0$——基准混凝土单位用水量（kg/m³）；

　　　$W_1$——掺外加剂混凝土单位用水量（kg/m³）。

仪器设备：混凝土搅拌机；

坍落度筒、捣棒、钢直尺、磅秤。

结果评定：$W_R$以三批试验的算术平均值计，精确到小数点后一位。若三批试验的最大值或最小值中有一个与中间值之差超过中间值的15%时，则把最大值与最小值一并舍去，取中间值作为该组试验的减水率。若有两个测值与中间值之差均超过15%时，则该批试验结果无效，应该重做。

2. 泌水率比试验

定义：泌水率，单位质量混凝土泌出水量与其用水量之比；

　　　泌水率比，受检混凝土与基准混凝土的泌水率之比。

仪器设备：混凝土搅拌机；

坍落度筒、捣棒、钢直尺、磅秤、带塞的量筒、吸液管、5L的带盖筒。

试验方法：泌水率的测定，先用湿布润湿容积为5L的带盖筒（内径为185mm，高200mm），将混凝土拌合物一次装入，在振动台上振动20s，然后用抹刀轻轻抹平，加盖以防止水分蒸发。试样表面比筒口边低约20mm。自抹面开始计算时间，在前60min，每隔10min用吸液管吸出泌水一次，以后每隔20min吸水一次，直至连续三次无泌水为止。每次吸水前5min，应将筒底一侧垫高约20mm，使筒倾斜。吸水后，将筒轻轻放平盖好。将每次吸出的水都注入带塞的量筒，最后计算出总的泌水量，准确至1g。

泌水率按下列两式计算：

$$B = \frac{V_W \times G}{W \times G_W} \times 100 \qquad (3\text{-}117)$$

$$G_W = G_1 - G_0 \qquad (3\text{-}118)$$

式中　$B$——泌水率（%）；

$V_W$——泌水总质量（g）；

$W$——混凝土拌合物的用水量（g）；

$G$——混凝土拌合物的总质量（g）；

$G_W$——试样质量（g）；

$G_1$——筒及试样质量（g）；

$G_0$——筒质量（g）。

试验时，每批混凝土拌合物取一个试样，泌水率取三个试样的算术平均值。若三个试样的最大值或最小值中有一个与中间值之差大于中间值的15%时，则把最大值与最小值一并舍去，取中间值作为该组试验的泌水率。如果最大与最小值与中间值之差均大于15%时，则应重做。

泌水率比的测定：泌水率比按下式计算，精确到小数点后一位数。

$$B_R = \frac{B_t}{B_c} \times 100 \qquad (3\text{-}119)$$

式中　$B_R$——泌水率之比（%）；

$B_t$——掺外加剂混凝土泌水率（%）；

$B_c$——基准混凝土泌水率（%）。

3. 含气量试验

仪器设备：混凝土搅拌机；

气水混合式含气量测定仪；

坍落度筒、捣棒、钢直尺。

试验方法：混凝土一次装满并稍高于容器，用振动台振实15~20s，用高频插入式振捣器在模型中心垂直插捣10s。

试验时，每批混凝土拌合物取一个试样，含气量以三个试样测值的算术平均值来表示。若三个试样中的最大值或最小值中有一个与中间值之差超过0.5%时，将最大值与最小值一并舍去，取中间值作为该批的试验结果。如果最大与最小值均超过0.5%时，则应重做。

注意事项：装满混凝土的容器振动时间一定要严格控制，振动时间的长短，对含气量的影响很大，振动时间过长，会导致混凝土含气量值偏小；反之则偏大。

4. 凝结时间差试验

定义：凝结时间，混凝土由塑性状态过渡到硬化状态所需时间；

初凝时间，混凝土从加水开始到贯入阻力值达3.5MPa所需的时间；

终凝时间，混凝土从加水开始到贯入阻力值达28MPa所需的时间；

凝结时间差，受检混凝土与基准混凝土凝结时间的差值。

仪器设备：混凝土搅拌机；

混凝土贯入阻力仪，精度为5N；

坍落度筒、捣棒、钢直尺、5mm圆孔筛。

试验方法：将混凝土拌合物用 5mm（圆孔筛）振动筛筛出砂浆，拌匀后装入上口内径为 160mm，下口内径为 150mm，净高 150mm 的刚性不渗水的金属圆筒，试样表面应低于筒口 10mm，用振动台振实（约 3~5s）置于（20±3）℃的环境中，容器加盖。一般基准混凝土在成型后 3~4h，掺早强剂的在成型后 1~2h，掺缓凝剂的在成型后 4~6h 开始测定，以后每 0.5h 或 1h 测定一次，但在临近初、终凝时，可以缩短测定时间间隔。每次测点应避开前一次测孔，其净距为试针直径的 2 倍，但至少不小于 15mm，试针与容器边缘之距离不小于 25mm。测定初凝时间用截面积 100mm² 的试针，测定终凝时间用截面积 20mm² 的试针。

贯入阻力按下式计算：

$$R = \frac{P}{A} \tag{3-120}$$

式中　$R$——贯入阻力（MPa）；

　　　$P$——贯入深度达 25mm 时所需的净压力（N）；

　　　$A$——贯入仪试针的截面积（mm）。

根据计算结果，以贯入阻力值为纵坐标，测试时间为横坐标，绘制贯入阻力值与时间关系图，求出贯入阻力值达 3.5MPa 时对应的时间作为初凝时间及阻力值达 28MPa 时对应的时间作为终凝时间。凝结时间从水泥与水接触时开始计算。

凝结时间差按下式计算

$$\Delta T = T_t - T_c \tag{3-121}$$

式中　$\Delta T$——凝结时间之差（min）；

　　　$T_t$——掺外加剂混凝土的初凝或终凝时间（min）；

　　　$T_c$——基准混凝土的初凝或终凝时间（min）。

试验时，每批混凝土拌合物取一个试样，凝结时间取三个试样的平均值。若三批试样的最大值或最小值中有一个与中间值之差超过 30min 时，将最大值与最小值一并舍去，取中间值作为该批的凝结时间。若两测值与中间值均超过 30min 时，该批试验结果无效，则应重做。

注意事项：环境温度对凝结时间的影响尤为突出，因此砂浆的养护温度一定要控制在（20±3）℃之内；测点间的距离对贯入阻力也有很大影响，测点距离过小，往往贯入阻力会偏小。

5. 抗压强度比试验

定义：受检混凝土与基准混凝土同龄期抗压强度之比，按下式计算

$$R_s = \frac{S_t}{S_c} \times 100 \tag{3-122}$$

式中　$R_s$——抗压强度比%；

　　　$S_t$——掺外加剂混凝土的抗压强度（MPa）；

　　　$S_c$——基准混凝土抗压强度（MPa）。

仪器设备：混凝土搅拌机；

　　　　　压力试验机；

　　　　　坍落度筒、捣棒、钢直尺、试模。

掺外加剂与基准混凝土的抗压强度按 GB/T50081 进行试验和计算，试件用振动台振动 15~20s，用插入式高频振捣器振捣 8~12s。试件预养温度为（20±3）℃，试验结果以三批试验测值的平均值表示，若三批试验中有一批的最大值或最小值与中间值的差值超过 15%，则把最大值与最小值一并舍去，取中间值作为该批的试验结果。如果两批测值与中间值的差均超过中间值的 15%，则试验结果无效，应该重做。

6. 收缩率比试验

定义：受检混凝土与基准混凝土同龄期收缩率之比，按下式计算：

$$R_\varepsilon = \frac{\varepsilon_t}{\varepsilon_c} \times 100 \tag{3-123}$$

式中 $R_\varepsilon$——收缩率比（%）；

$\varepsilon_t$——掺外加剂混凝土的收缩率（%）；

$\varepsilon_c$——基准混凝土的收缩率（%）。

仪器设备：混凝土搅拌机；

混凝土收缩仪、坍落度筒、捣棒、钢直尺、试模100mm×100mm×515mm。

试验方法：测定混凝土收缩时以100mm×100mm×515mm的棱柱体试件作为标准试件，适用于骨料最大粒径不超过30mm的混凝土。试件用振动台成型，振动15~20s，用插入式高频振捣器振捣8~12s。试件带模养护1~2d视混凝土实际强度而定。拆模后应立即送至温度为（20±2）℃，相对湿度为95%以上的标准养护室养护3d。从标准养护室取出并立即移入恒温恒湿室测定其初始长度，此后应按规定的时间间隔测量其变形读数。混凝土收缩率按下式计算：

$$\varepsilon_{st} = \frac{L_0 - L_t}{L_b} \times 100 \tag{3-124}$$

式中 $\varepsilon_{st}$——试验期为$t$天的混凝土收缩值，$t$从测定初始长度时算起%；

$L_0$——试件的测量标距，等于两测头内侧的距离（mm）；

$L_t$——试件长度的初始读数（mm）；

$L_b$——试件在试验期为$t$时测得的长度读数（mm）。

每批混凝土拌合物取一个试样，以三个试样收缩率的算术平均值表示。

注意事项：每次测定混凝土收缩率时，混凝土试件摆放的方向一定要一致，以及百分表的初始读数一定要相同；恒温恒湿室的温度为（20±2）℃，相对湿度为（60±5）%。

7. 相对耐久性试验

仪器设备：混凝土搅拌机；

压力试验机；

坍落度筒、捣棒、钢直尺、试模；

试验方法：试验按GBJ82进行，试件采用振动台成型，振动15~20s，用插入式高频振捣器时，应距两端120mm各垂直插捣8~12s。标准养护28d后进行冻融循环试验。每批混凝土拌合物取一个试样，冻融循环次数以三个试件动弹性模量的算术平均值表示。相对耐久性指标是以掺外加剂混凝土冻融200次后的动弹性模量降至80%或60%以上评定外加剂质量。

8. 钢筋锈蚀试验

定义：用来判定外加剂对钢筋有无锈蚀危害的试验，用新拌或硬化砂浆的阳极极化电位曲线来测试。

(1) 钢筋锈蚀快速试验方法（新拌砂浆法）

①仪器

恒电位仪，专用的符合本方法要求的钢筋锈蚀测定仪或恒电位/恒电流仪，或恒电位仪（输出电流范围不小于0~2000μA，可连续变化0~2V，精度≤1%）；

甘汞电极；

定时钟、电线、铜芯塑料线、绝缘涂料（石蜡：松香=9:1）；

试模：塑料活动有底模（尺寸40mm×100mm×150mm）。

②试验方法

制备钢筋电极：将Ⅰ级建筑钢筋加工成直径7mm，长度100mm，表面粗糙度$R_a$的最大允许值为 1.6μm 的试件，使用汽油、乙醇、丙酮依次浸擦除去油脂，并在一端焊上长 130～150mm 的导线，再用乙醇仔细擦去焊油，钢筋两端浸涂热石蜡松香绝缘涂料，使试件中间暴露长度为 80mm，计算其表面积。经过处理后的钢筋放入干燥器内备用，每组试件三根。

拌制新鲜砂浆：在无特定要求时，采用水灰比为 0.5，灰砂比 1:2 配制砂浆，水为蒸馏水，砂为检验水泥强度用的标准砂，水泥为基准水泥（或按试验要求的配合比配制）。干拌 1min，湿拌 3min。检验外加剂时，外加剂按比例随拌合水加入。

砂浆及电极入模：把拌制好的砂浆浇入试模中，先浇一半（厚 20mm 左右）。将两根处理好经检查无锈痕的钢筋电极平行放在砂浆表面，间距 40mm，拉出导线，然后灌满砂浆抹平，并轻敲几下侧板，使其密实。

连接试验仪器：按图 3-20 连接试验装置，以一根钢筋作为阳极接仪器的"研究"与"＊号"接线孔，另一根钢筋为阴极（即辅助电极）接仪器的"辅助"接线孔，再将甘汞电极的下端与钢筋阳极的正中位置对准，与新鲜砂浆表面接触，并垂直于砂浆表面。甘汞电极的导线接仪器的"参比"接线孔。在一些现代新型钢筋锈蚀测量仪或恒电位/恒电流仪上，电极输入导线通常为集束导线，只须按规定将三个夹子分别接阳极钢筋、阴极钢筋和甘汞电极即可。

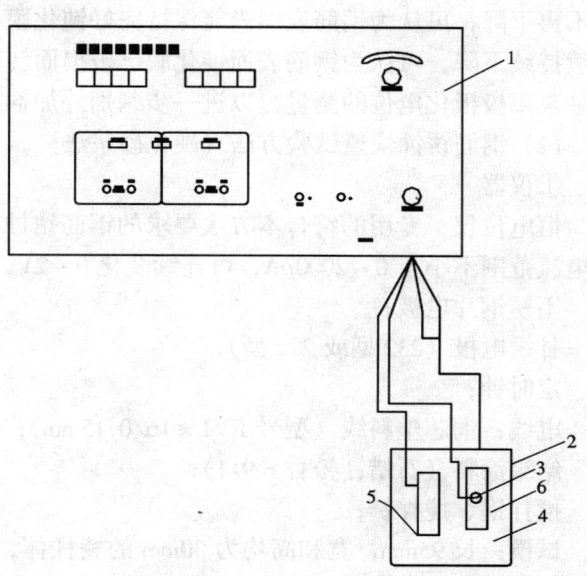

图 3-20 新鲜砂浆极化电位测试装置图
1—钢筋锈蚀测量仪或恒电位/恒电流仪；2—硬塑料模；3—甘汞电极；4—新拌砂浆；5—钢筋阴极；6—钢筋阳极

未通外加电流前，先读出阳极钢筋的自然电位 V（即钢筋电极与甘汞电极之间的电位差值）。

接通外加电流，并按电流密度 $50 \times 10^{-2} A/m^2$（即 $50uA/cm^2$）调整微安表至需要值。同时，开始计算时间，依次按 2、4、6、8、10、15、20、25、30min，分别记录阳极极化电位值。

③试验结果处理

以三个试验电极测量结果的平均值，作为钢筋阳极极化电位的测定值，以时间为横坐标，阳极极化电位为纵坐标，绘制电位-时间曲线（如图 3-21）。

根据电位-时间曲线判断砂浆中的水泥、外加剂等对钢筋锈蚀的影响。

电极通电后，阳极钢筋电位迅速向正方向上升，并在 1～5min 内达到析氧电位值，经 30min 测试，电位值无明显降低，如图 3-21 中曲线 1，则属钝化曲线。表明阳极钢筋表面钝化膜完好无损，所测外加剂对钢筋是无害的。

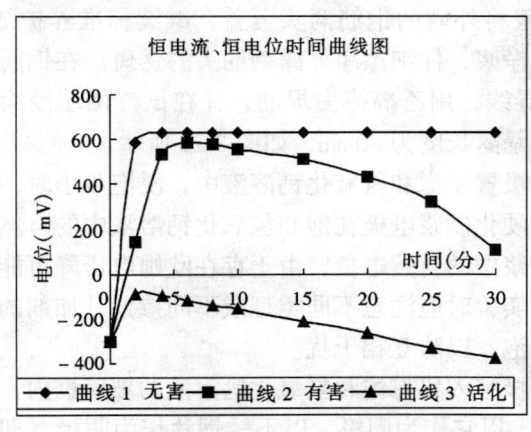

图 3-21 恒电流、电位时间曲线分析图

通电后，阳极钢筋电位迅速向正方向上升，随着又逐渐下降，如图 3-21 中曲线 2，说明钢筋表面钝化膜已部分受损。而图 3-21 中曲线 3 属活化曲线，说明钢筋表面钝化膜破坏严重。这两种情况均表明钢筋钝化膜已遭破坏。但这时

对试验砂浆中所含的水泥、外加剂对钢筋的影响仍不能作出明确的判断,还必须再作硬化砂浆阳极极化电位的测量,以进一步判别外加剂对钢筋有无锈蚀危害。

通电后,阳极钢筋电位随时间的变化有时会出现图3-21中曲线1和2之间的中间态情况,即电位先向正方上升至校正电位值(例如≥+600mV),持续一段稳定时间,然后渐呈下降趋势,如电位值迅速下降,则属曲线2的情况。如电位值缓降,且变化不多,则试验和记录电位的时间再延长30min,继续35,40,45,50,55,60min分别记录阳极极化电位值,如果电位曲线保持稳定不再下降,可认为钢筋表面尚能保持完好钝化膜,所测外加剂对钢筋是无害的;如果电位曲线继续持续下降,可认为钢筋表面钝化膜已破损而转变为活化状态,对于这种情况,还必须再作硬化砂浆阳极极化电位的测量,以进一步判别外加剂对钢筋有无锈蚀危害。

(2) 钢筋锈蚀快速试验方法(硬化砂浆法)

①仪器

恒电位仪,专用的符合本方法要求的钢筋锈蚀测定仪或恒电位/恒电流仪,或恒电位仪(输出电流范围不小于0~2000μA,可连续变化0~2V,精度≤1%);

不锈钢片电极;

甘汞电极(232型或222型);

定时钟;

电线:铜芯塑料线(型号RV1×16/0.15mm);

绝缘涂料(石蜡:松香=9:1);

搅拌锅、搅拌铲;

试模:长95mm,宽和高均为30mm的棱柱体,模板两端中心带有固定钢筋的凹孔,其直径为7.5mm,深2~3mm,半通孔。试模用8mm厚,硬聚氯乙烯塑料板制成。

②试验方法

制备钢筋:采用I级建筑钢筋加工成直径7mm,长度100mm,表面粗糙度$R_a$的最大允许值为$1.6\mu m$的试件,使用汽油、乙醇、丙酮依次浸擦除去油脂,经检查无锈痕后放入干燥器中备用,每组三根。

成型砂浆电极:将钢筋插入试模两端的预留凹孔中,位于正中。按比例拌制砂浆,灰砂比为1:2.5,采用基准水泥、检验水泥强度用的标准砂、蒸馏水(用水量按砂浆稠度5~7cm时的加水量而定),外加剂采用推荐掺量。将称好的材料放入搅拌锅内干拌1min,湿拌3min。将拌匀的砂浆灌入预先安放好钢筋的试模内,置检验水泥强度用的振动台上振动5~10s,然后抹平。

砂浆电极的养护及处理:试件成型后盖上玻璃板,移入标准养护室养护,24h后脱模,用水泥净浆将外露的钢筋两头覆盖,继续标准养护2d。取出试件,除去端部的封闭净浆,仔细擦净外露钢筋头的锈斑。在钢筋的一端焊上长130~150mm的导线,用乙醇擦去焊油,并在试件两端浸涂热石蜡松香绝缘,使试件中间暴露长度为80mm,如图3-22所示。

将处理好的硬化砂浆电极置于饱和氢氧化钙溶液中,浸泡数小时,直至浸透试件,其表征为检测硬化砂浆电极在饱和氢氧化钙溶液中的自然电极至电位稳定且接近新拌砂浆中的自然电位,由于存在欧姆电压降可能会使两者之间有一个电位差。实验时应注意不同类型或不同掺量外加剂的试件不得放置在同一容器内浸泡,以防互相干扰。

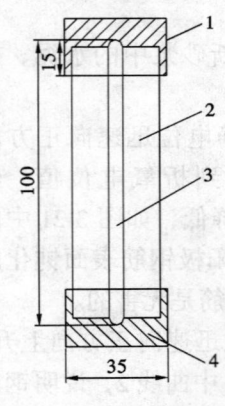

图3-22 钢筋砂浆电极
1和4—石蜡;
2—砂浆;3—钢筋

把一个浸泡后的砂浆电极移入盛有饱和氢氧化钙溶液的玻璃缸内,使电极浸入溶液的深度为8cm,以它作为阳极,以不锈钢片作为阴极(即辅助电极),以甘汞电极作参比,按图3-23要求接好实验线路。

未接通外加电流前，先读出阳极（埋有钢筋的砂浆电极）的自然电位 V。

接通外加电流，并按电流密度 $50 \times 10^{-2} A/m^2$（即 $50uA/cm^2$）调整微安表至需要值。同时，开始计算时间，依次按 2、4、6、8、10、15、20、25、30min，分别记录埋有钢筋的砂浆电极阳极极化电位值。

③试验结果处理

取一组三个埋有钢筋的硬化砂浆电极极化电位的测量结果的平均值作为测量值，以阳极极化电位为纵坐标，时间为横坐标，绘制阳极极化电位-时间曲线。

根据电位-时间曲线判断砂浆中的水泥、外加剂等对钢筋锈蚀的影响。

电极通电后，阳极钢筋电位迅速向正方向上升，并在 1min～5min 内达到析氧电位值，经 30min 测试，电位值无明显降低，如图 3-21 中曲线 1，则属钝化曲线。表明阳极钢筋表面钝化膜完好无损，所测外加剂对钢筋是无害的。

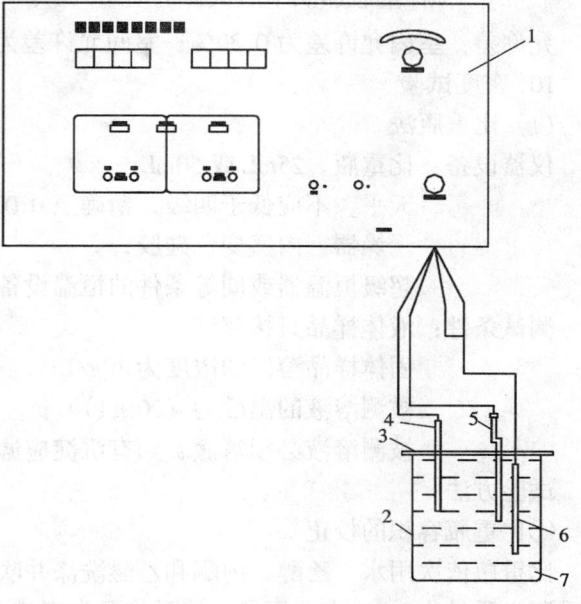

图 3-23 硬化砂浆极化电位测试装置图
1—钢筋锈蚀测量仪或恒电位/恒电流仪；2—烧杯 1000mL；
3—有机玻璃盖；4—不锈钢片（阴极）；5—甘汞电极；
6—硬化砂浆电极（阳极）；7—饱和氢氧化钙溶液

通电后，阳极钢筋电位迅速向正方向上升，随着又逐渐下降，如图 3-21 中曲线 2，说明钢筋表面钝化膜已部分受损。而图 3-21 中曲线 3 活化曲线，说明钢筋表面钝化膜破坏严重。这两种情况均表明钢筋钝化膜已遭破坏，所测外加剂对钢筋是有锈蚀危害的。

④注意事项

制作的试件尺寸一定要符合标准要求；不同类型或不同掺量外加剂的试件不得放置在同一容器内浸泡，以防互相干扰。

9. 固体含量试验

定义：固体含量，液体外加剂中固体物质的含量。

仪器设备：天平；不应低于四级，精确至 0.0001g；
　　　　　鼓风电热恒温干燥箱；温度范围 0～200℃；
　　　　　带盖称量瓶：25mm×65mm、干燥器：内盛变色硅胶。

试验方法：将洁净带盖称量瓶放入烘箱内，于 100～105℃烘 30min，取出置于干燥器内，冷却 30min 后称量，重复上述步骤直至恒温，其质量为 $m_0$。将被测试样装入已经恒量的称量瓶内，盖上盖称出试样及称量瓶的总质量为 $m_1$。试样称量：固体产品 1.0000～2.0000g；液体产品 3.0000～5.0000g；将盛有试样的称量瓶放入烘箱内，开启瓶盖，升温至 100～105℃（特殊品种除外）烘干，盖上盖置于干燥器内冷却 30min 后称量，重复上述步骤直至恒量，其质量为 $m_2$。

固体含量 $X_固$ 按下式计算：

$$X_固 = \frac{m_2 - m_0}{m_1 - m_0} \times 100 \tag{3-125}$$

式中　$X_固$——固体含量%；
　　　$m_0$——称量瓶的质量（g）；
　　　$m_1$——称量瓶加试样的质量（g）；

$m_2$——称量瓶加烘干后试样的质量（g）。

允许差：室内允许差为 0.30%；室间允许差为 0.50%。

10. 密度试验

(1) 比重瓶法

仪器设备：比重瓶，25mL 或 50mL；

天平，不应低于四级，精确至 0.0001g；

干燥器：内盛变色硅胶；

超级恒温器或同等条件的恒温设备。

测试条件：液体样品直接测试；

固体样品溶液的浓度为 10g/L；

被测溶液的温度为 (20±1)℃；

被测溶液必须清澈、如有沉淀应滤。

试验方法：

①比重瓶容积的校正

比重瓶依次用水、乙醇、丙酮和乙醚洗涤并吹干，塞子连瓶一起放入干燥器内，取出，称量比重瓶之质量为 $m_0$，直至恒量。然后将预先煮沸并经冷却的水装入瓶内，塞上塞子，使多余的水分从塞子毛细管流出，用吸水纸吸干瓶外的水。注意不能让吸水纸吸出塞子毛细管里的水，水要保持与毛细管上口相平，立即在天平称出比重瓶装满水后的质量 $m_1$。容积 V 按下式计算：

$$V = \frac{m_1 - m_0}{0.9982} \tag{3-126}$$

式中　$V$——比重瓶在 20℃时的容积（mL）；

$m_0$——干燥的比重瓶质量（g）；

$m_1$——比重瓶装满 20℃水的质量（g）。

②外加剂溶液密度 $\rho$ 的测定

将已校正 $V$ 值的比重瓶洗净、干燥、灌满被测溶液，塞上塞子后浸入 20℃±1℃超级恒温器内，恒温 20min 后取出，用吸水纸吸干瓶外的水及毛细管溢出的溶液后，在天平称出比重瓶装满外加剂溶液后的质量为 $m_2$。

③结果表示

外加剂溶液的密度 $\rho$ 按下式计算：

$$\rho = \frac{m_2 - m_0}{V} = \frac{m_2 - m_0}{m_1 - m_0} \times 0.9982 \tag{3-127}$$

式中　$\rho$——20℃时外加剂溶液的密度（g/mL）；

$m_2$——比重瓶装满 20℃外加剂溶液后的质量（g）。

允许差：室内允许差为 0.001g/ml；室间允许差为 0.002g/mL。

(2) 液体比重天平法

仪器设备：液体比重天平；

超级恒温器或同等条件的恒温设备。

测试条件：液体样品直接测试；

固体样品溶液的浓度为 10g/L；

被测溶液的温度为 (20±1)℃；

被测溶液必须清澈、如有沉淀应滤去。

试验方法：

①液体比重天平的调试

将液体比重天平安装在平稳不受震动的水泥台上,其周围不得有强力磁源及腐蚀性气体,在横梁的末端钩子上挂上等重砝码,调节水平调节螺丝,使横梁上的指针成水平线相对,天平即调成水平位置;如无法调节平衡时,可将平衡调节器的定位小螺丝钉松开,然后略微轻动平衡调解,直至平衡为止。仍将中间定位螺丝钉旋紧,防止松动。

②外加剂溶液密度 $\rho$ 的测定

将已恒温的被测溶液倒入量筒内,将液体比重天平的侧锤浸没在量筒被测溶液的中央,这时横梁失去平衡,在横梁V形槽与小钩上加放各种骑码后使之恢复平衡,所加骑码之读数 $d$,再乘以 0.9982g/mL,即为被测溶液的密度 $\rho$ 值。

③结果表示

被测溶液的数值 $d$ 代入下式计算出密度 $\rho$:

$$\rho = 0.9982d \tag{3-128}$$

式中 $d$——20℃时被测溶液所加骑码的数值。

允许差:室内允许差为 0.001g/mL;室间允许差为 0.002g/mL。

(3) 精密密度计法

仪器设备:波美比重计;

精密比重计;

超级恒温器或同等条件的恒温设备。

测试条件:液体样品直接测试;

固体样品溶液的浓度为 10g/L;

被测溶液的温度为 (20±1)℃;

被测溶液必须清澈、如有沉淀应滤去。

试验方法:将已恒温的外加剂倒入 500mL 玻璃量筒内,以波美比重计插入溶液中测出该溶液的密度。参考波美比重计所测溶液的数据,选择这一刻度范围的精密比重计插入溶液中,精确读出溶液凹液面与精密比重计相齐的刻度即为该溶液的密度 $\rho$。试验测得数据即为 20℃时外加剂溶液的密度。

允许差:室内允许差为 0.001g/mL;室间允许差为 0.002g/mL。

11. 细度实验

仪器设备:药物天平,称量 100g,分度值 0.1g;

试验筛;采用孔径为 0.315mm 的铜丝网筛布。筛框有效直径 150mm、高 50mm。筛布应紧绷在筛框上,接缝必须严密,并附有筛盖。

试验方法:外加剂试样应充分拌匀并经 100~105℃烘干。采用孔径为 0.315mm 的试验筛(铜丝网筛布),称取烘干试样 10g,用人工筛样,将近筛完时,必须一手执筛往复摇动,一手拍打,摇动速度每分钟约 120 次。其间,筛子应向一定方向转动数次,使试样分散在筛布上,直至每分钟通过质量不超过 0.05g 时为止。称量筛余物,称准至 0.1g。

细度用筛余%表示按下式计算:

$$筛余 = \frac{m_1}{m_0} \times 100 \tag{3-129}$$

式中 $m_0$——试样质量(g);

$m_1$——筛余物质量(g)。

注意事项:筛析过程中,筛子应向一定方向转动数次,使试样分散在筛布上,直至每分钟通过质量不超过 0.05g 时为止。

允许差：室内允许差为 0.40%；室间允许差为 0.60%。

12. pH 值试验

定义：pH 值，液体外加剂酸碱程度的数值。

仪器设备：酸度计、甘汞电极、玻璃电极、复合电极

测试条件：液体样品直接测试；

固体样品溶液的浓度为 10g/L；

被测溶液的温度为 20℃±3℃。

试验方法：当仪器校正好后，先用水，再用测试溶液冲洗电极，然后再将电极浸入被测溶液中轻轻摇动试杯，使溶液均匀。待到酸度计的读数稳定 1min，记录读数。测量结束后，用水冲洗电极，以待下次测量。

酸度计测出的结果即为溶液的 pH 值。

允许差：室内允许差为 0.2；室间允许差为 0.5。

13. 氯离子含量试验

试剂：硝酸（1+1）；

硝酸银溶液（17g/L）：准确称取约 17g 硝酸银（$AgNO_3$），用水溶解，放入 1L 棕色容量瓶中稀释至刻度，摇匀，用 0.1000mol/L 氯化钠标准溶液对硝酸银溶液进行标定；

氯化钠标准溶液[$c$（NaCl）=0.1000（mol/L）]：称取约 10g 氯化钠（基准试剂），盛在称量瓶中，于 130~150℃烘干 2h，在干燥器内冷却后精确称取 5.8443g，用水溶解并稀释至 1L，摇匀。

标定硝酸银溶液（17g/L）：用移液管吸取 10ml 0.1000mol/L 氯化钠标准溶液于烧杯中，加水稀释至 200mL，加 4mL 硝酸（1+1），在电磁搅拌下，用硝酸银溶液以电位滴定法测定终点，过等当点后，在同一溶液中再加入 0.1000mol/L 氯化钠标准溶液 10mL，继续用硝酸银溶液滴定至第二个终点，用二次微商法计算出硝酸银溶液消耗的体积 $V_{01}$，$V_{02}$。

体积 $V_0$ 按下式计算：

$$V_0 = V_{02} - V_{01} \tag{3-130}$$

式中 $V_0$——10mL 0.1000mol/L 氯化钠消耗硝酸银溶液的体积 mL；

$V_{01}$——空白试验中 200mL 水，加 4mL 硝酸（1+1）加 10mL 0.1000mol/L 氯化钠标准溶液消耗硝酸银溶液的体积 mL；

$V_{02}$——空白试验中 200mL 水，加 4mL 硝酸（1+1）加 20mL 0.1000mol/L 氯化钠标准溶液消耗硝酸银溶液的体积 mL。

浓度 $C$ 按下式计算：

$$C = \frac{C'V'}{V_0} \tag{3-131}$$

式中 $C$——硝酸银溶液的浓度（mol/L）；

$C'$——氯化钠标准溶液的浓度（mol/L）；

$V'$——氯化钠标准溶液的体积（mL）。

仪器设备：电位测定仪或酸度计；

银电极或氯电极；

甘汞电极；

电磁搅拌器、滴定管，25mL、移液管，10mL。

试验方法：

①准确称取外加剂试样 0.5000~5.0000g 放入烧杯中，加 200mL 水和 4mL 硝酸（1+1），使溶

液呈酸性，搅拌至完全溶解，如不能完全溶解，可用快速定性滤纸过滤，并用蒸馏水洗涤残渣至无氯离子为止。

②用移液管加入 10mL0.1000 mol/L 的氯化钠标准溶液在烧杯内加入电磁搅拌机，将烧杯放在电磁搅拌机上，开动搅拌机并插入银电极（或氯电极）及甘汞电极，两电极与电位计或酸度计相连接，用硝酸银溶液缓慢滴定，记录电极和对应的滴定读数。

由于接近等当点时，电势增加很快，此时要缓慢滴加硝酸银溶液，每次定量加入 0.1mL，当电势发生突变时，表示等当点已过，此时继续滴加硝酸银溶液，直至电势趋向变化平缓。得到第一个终点时硝酸银溶液消耗的体积 $V_1$。

③同一溶液中，用移液管再加入 10mL0.1000 mol/L 的氯化钠标准溶液（此时溶液电势降低），继续用硝酸银溶液滴定，直至第二个等当点出现，记录电势和对应的 0.1 mol/L 硝酸银溶液消耗的体积 $V_2$。

④空白试验，在干净的烧杯中加入 200mL 水和 4mL 硝酸（1+1），用移液管加入 10mL0.1000 mol/L 的氯化钠标准溶液，在不加入试样的情况下，在电磁搅拌下缓慢滴加硝酸银溶液，记录电势和对应的滴定管读数，直至第一个终点出现。过等当点后，在同一溶液中，再用移液管再加入 0.1000 mol/L 的氯化钠标准溶液 10mL，继续用硝酸银溶液滴定至第二个等当点出现，用二次微商法计算出硝酸银溶液消耗的体积 $V_{01}$ 及 $V_{02}$。

结果表示：用二次微商法计算结果，通过电压对体积二次导数（即 $\Delta^2 E/\Delta V^2$）变成零的办法来求出滴定终点。假如在临近等当点时，每次加入的硝酸银溶液是相等的，此函数（$\Delta^2 E/\Delta V^2$）必定会在正负两个符号发生变化的体积之间的某一点变成零，对应这一点的体积即为终点体积，可用内插法求得。

外加剂中氯离子所消耗的硝酸银体积 $V$ 按下式计算：

$$V = \frac{(V_1 - V_{01}) + (V_2 - V_{02})}{2} \qquad (3-132)$$

式中 $V_1$——试样溶液加 10mL 0.1000mol/L 氯化钠标准溶液所消耗的硝酸银溶液体积（mL）；

$V_2$——试样溶液加 20mL 0.1000mol/L 氯化钠标准溶液所消耗的硝酸银溶液体积（mL）。

外加剂中氯离子含量按下式计算

$$X_{Cl^-} = \frac{c \cdot V \times 35.45}{m \times 1000} \times 100 \qquad (3-133)$$

式中 $X_{Cl^-}$——外加剂氯离子含量（%）；

$m$——外加剂样品质量（g）。

用 1.565 乘氯离子的含量，即获得无水氯化钙 $X_{CaCl_2}$ 的含量，按下式计算：

$$X_{CaCl_2} = 1.565 \times X_{Cl^-} \qquad (3-134)$$

式中 $X_{CaCl_2}$——外加剂中无水氯化钙的含量（%）。

允许差：室内允许差为 0.50%；室间允许差为 0.80%。

14. 硫酸钠含量

(1) 重量法

仪器设备：电阻高温炉，最高使用温度不低于 900℃；

天平，不应低于四级，精确至 0.0001g；

电磁电热式搅拌器；

瓷坩埚、18～30mL 烧杯 400mL、长颈漏斗慢速定量滤纸、快速定性滤纸。

试剂：盐酸（1+1）、氯化铵溶液（50g/L）、氯化钡溶液（100g/L）、硝酸银溶液（1g/L）。

试验方法：

①准确称取试样约 0.5 于 400mL 烧杯中,加入 200mL 水搅拌溶解,再加入氯化铵溶液 50mL,加热煮沸后,用快速定性滤纸过滤,用水洗涤数次后,将滤液浓缩至 200mL 左右,滴加盐酸(1+1)至浓缩滤液呈酸性,再多加 5~10 滴盐酸,煮沸后在不断搅拌下趁热滴加氯化钡溶液 10mL,继续煮沸 15min,取下烧杯,置于加热板上,保持 50~60℃静置 2h~4h 或常温静置 8h。

②用两张慢速定量滤纸过滤,烧杯中的沉淀用 70℃水洗净,使沉淀全部转移到滤纸上,用温热水洗涤沉淀至无氯根为止(用硝酸银溶液检验)将沉淀与滤纸移入预先灼烧恒重的坩埚中,小火烘干,灰化。在 800℃电阻高温炉中灼烧 30min,然后在干燥器里冷却至室温(约 30min),取出称量,再将坩埚放回高温炉中,灼烧 20min,取出冷却至室温称量,如此反复直至恒重(连续两次称量之差小于 0.0005g)。

结果表示:硫酸钠含量 $X_{Na_2SO_4}$ 按下式计算:

$$X_{Na_2SO_4} = \frac{(m_2 - m_1) \times 0.6086}{m} \times 100 \tag{3-135}$$

式中 $X_{Na_2SO_4}$——外加剂中硫酸钠含量(%);
$m$——试样质量(g);
$m_1$——空坩埚质量(g);
$m_2$——灼烧后滤渣加坩埚质量(g);
0.6086——硫酸钡换算成硫酸钠的系数。

允许差:室内允许差为 0.50%;室间允许差为 0.80%。

(2)离子交换重量法

仪器设备:电阻高温炉,最高使用温度不低于 900℃;
　　　　　天平,不应低于四级,精确至 0.0001g;
　　　　　电磁电热式搅拌器;
　　　　　瓷坩埚:18~30mL;烧杯 400mL;长颈漏斗;慢速定量滤纸,快速定性滤纸。

试剂:盐酸(1+1);
　　　氯化铵溶液(50g/L);
　　　氯化钡溶液(100g/L);
　　　硝酸银溶液(1g/L);
　　　预先经活化处理过 717-OH 型阴离子交换树脂。

试验方法:①准确称取外加剂样品 0.2000~0.5000g,置于盛有 6g717-OH 型阴离子交换树脂的 100mL 烧杯中,加入 60mL 水和电磁搅拌棒,在电磁电热式搅拌器上加热至 60~65℃,搅拌 10min,进行离子交换。②将烧杯取下,用快速定性滤纸于三角漏斗上过滤,弃去滤液。③然后用 50~60℃氯化铵溶液洗涤树脂五次,再用温水洗涤五次,将洗液收集于另一干净的 300mL 烧杯中,滴加盐酸(1+1)至溶液显示酸性,再多加 5~10 滴盐酸,煮沸后在不断搅拌下趁热滴加氯化钡溶液 10mL,继续煮沸 15min,取下烧杯,置于加热板上保持 50~60℃,静置 2~4h 或常温静置 8h。④重复②、③的步骤。

结果表示:硫酸钠含量 $X_{Na_2SO_4}$ 按下式计算:

$$X_{Na_2SO_4} = \frac{(m_2 - m_1) \times 0.6086}{m} \times 100 \tag{3-136}$$

式中 $X_{Na_2SO_4}$——外加剂中硫酸钠含量(%);
$m$——试样质量(g);
$m_1$——空坩埚质量(g);
$m_2$——灼烧后滤渣加坩埚质量(g);

0.6086——硫酸钡换算成硫酸钠的系数。

允许差：室内允许差为 0.50%；室间允许差为 0.80%。

15. 水泥净浆流动度试验

定义：水泥净浆流动，在规定的试验条件下，水泥浆体在玻璃平面上自由流淌的直径。

仪器：水泥净浆搅拌机、药物天平称量 100g、分度值 0.1g、药物天平称量 1000g，分度值 1g；

截锥圆模上口直径 36mm，下口直径 60mm，高度为 40mm，内壁光滑无接缝的金属制品；

玻璃板，400mm×400mm×5mm、秒表、钢直尺 300mm、刮刀。

试验方法：将玻璃板放置在水平位置，用湿布抹擦玻璃板，搅拌器、搅拌锅，使其表面湿而不带水渍。将截锥圆模放在玻璃板的中央，并用湿布覆盖待用。称取水泥 300g，倒入搅拌锅内，加入推荐掺量的外加剂及 87g 或 105g 的水，搅拌 3min。将拌好的净浆迅速注入截锥圆模内，用刮刀刮平，将截锥圆模按垂直方向提起，任水泥净浆在玻璃板上流动，至 30s，用直尺量取流淌部分相互垂直的两个方向的最大直径，取平均值作为水泥净浆流动度。

表示水泥净浆流动度时，需注明用水量，所用水泥的强度等级，标号，名称，型号及生产厂和外加剂掺量。

允许差：室内允许差为 5mm；室间允许差为 10mm。

16. 砂浆减水率试验

仪器：胶砂搅拌机：符合 JC/T681 的要求；

跳桌、截锥圆模及模套、圆柱捣棒、卡尺符合 GB/T2419 的规定；

抹刀、药物天平称量 100g、分度值 0.1g 台秤、称量 5kg。

材料：水泥；

ISO 标准砂，砂的颗粒级配及其湿含量完全符合 ISO 标准砂的规定，各级配以 1350g±5g 量的塑料袋混合包装，但所用塑料袋材料不得影响砂浆工作性试验结果；

外加剂。

试验方法：

（1）基准砂浆流动度用水量的测定

①先使搅拌机处于待工作状态，然后按以下程序操作；把水加入锅里，再加入水泥 450g，把锅放在固定架上，上升至固定位置，然后开动搅拌机，慢速搅拌 30s 后，在第二个 30s 开始的同时均匀地将砂子加入，机器转至高速再搅拌 30s，停拌 90s，在第一个 15s 内用抹刀将叶片和锅壁上的胶砂刮入锅中间，在高速下继续搅拌 60s。各阶段搅拌时间误差在±1s 以内。

②在拌合砂浆的同时，用湿布抹擦跳桌的玻璃台面，捣棒，截锥圆模及模套内壁，并把它们置于玻璃台面中心，盖上湿布，备用。

③将拌好的砂浆迅速地分两次装入模内，第一层装至截锥圆模的三分之二处，用抹刀在相互垂直的两个方向各划 5 次，用捣棒自边缘至中心均匀捣压 15 次（10、4、1）；第二层砂浆装至高出截锥圆模约 20mm，用抹刀划 10 次，同样用捣棒捣压 10 次。在装胶砂和捣实时，用手将截锥圆模按住，不要使其产生移动。

④捣好后取下模套，用抹刀将高出截锥圆模的胶砂刮去并抹平，随即将截锥圆模垂直向上提起置于台上。立刻开动跳桌，以每秒一次的频率使跳桌连续跳动 30 次。

⑤跳动完毕，用卡尺量出砂浆底部流动直径，及相互垂直的两个直径的平均值为该用水量时的胶砂流动度，用 mm 表示。

⑥重复上述步骤，直至流动度达到 180mm±5mm。当砂浆流动度为 180mm±5mm 时的用水量

即为基准砂浆流动度的用水量 $M_0$。

(2) 掺外加剂砂浆流动度用水量的测定

将水和外加剂加入锅里搅拌均匀，按上述"(1) 基准砂浆流动度用水量的测定"中①的操作步骤，测出掺外加剂砂浆流动度达 180mm±5mm 时的用水量 $M_1$。

砂浆减水率按下式计算

$$砂浆减水率 = \frac{M_0 - M_1}{M_0} \times 100 \tag{3-137}$$

式中 $M_0$——基准砂浆流动度为 180±5mm 时的用水量；

$M_1$——掺外加剂的砂浆流动度为 180±5mm 时的用水量。

(3) 允许差

室内允许差为砂浆减水率 1.0%；室间允许差为砂浆减水率 1.5%。

17. 碱含量（火焰光度法）试验

定义：碱含量，外加剂中以氧化钠当量百分数表示的氧化钠和氧化钾的总和。

适用范围：矿物质的混凝土外加剂：如膨胀剂等，不在此范围之内。

仪器：火焰光度计。

试剂：①氧化钾、氧化钠标准溶液：精确称取已在 130~150℃烘过 2h 的氯化钾（光谱纯）0.7920g 及氯化钠（光谱纯）0.9430g，置于烧杯中，加水溶解后，移入 1000mL 容量瓶中，用水稀释至标线，摇匀，转移至干燥的带盖的塑料瓶中。此标准溶液每毫升相当于氧化钾及氧化钠 0.5mg；②盐酸（1+1）、氨水（1+1）、碳酸氨溶液［10%（W/V）］、甲基红指示剂｛[0.2%（W/V）]乙醇溶液｝。

试验方法：

工作曲线的绘制：分别向 100mL 容量瓶中注入 0.00；1.00；2.00；4.00；8.00；12.00mL 的氧化钾、氧化钠标准溶液（分别相当于氧化钾、氧化钠各 0.00；0.50；1.00；2.00；4.00；6.00mg），用水稀释至标线，摇匀，然后分别于火焰光度计上按仪器使用规程进行测定，根据测得的检流计读数与溶液的浓度关系，分别绘制氧化钾及氧化钠的工作曲线。

准确称取一定量的试样置于 150mL 的瓷蒸发皿中，用 80℃左右的热水润湿并稀释至 30mL，置于电热板上加热蒸发，保持微沸 5min 后取下，冷却，加一滴甲基红指示剂｛[0.2%（W/V）]乙醇溶液｝，滴加氨水（1+1），使溶液呈黄色；加入 10mL 碳酸氨溶液［10%（W/V）］，搅拌，置于电热板上加热并保持微沸 10min，用中速滤纸过滤，以热水洗涤，滤液及洗液盛于容量瓶中，冷却至室温，以盐酸（1+1）中和至溶液呈红色，然后用水稀释至标线，摇匀，以火焰光度计按仪器使用规程进行测定，称样量及稀释倍数见表 3-41。

表 3-41

| 总碱量% | 称样量 g | 稀释体积 mL | 稀释倍数 $n$ | 总碱量% | 称样量 g | 稀释体积 mL | 稀释倍数 $n$ |
| --- | --- | --- | --- | --- | --- | --- | --- |
| 1.0 | 0.2 | 100 | 1 | 5.0~10.0 | 0.05 | 250 或 500 | 2.0 或 5.0 |
| 1.0~5.0 | 0.1 | 250 | 2.5 | 大于 10.0 | 0.05 | 500 或 1000 | 5.0 或 10.0 |

氧化钾与氧化钠含量计算：

氧化钾百分含量（$X_1$）及氧化钠百分含量（$X_2$）分别按下式计算

$$X_1(\%) = \frac{C_1 \times n}{G \times 1000} \times 100 \tag{3-138}$$

$$X_2(\%) = \frac{C_2 \times n}{G \times 1000} \times 100 \tag{3-139}$$

式中 $C_1$——在工作曲线上查得每 100mL 被测溶液中氧化钾的含量（mg）；

$C_2$——在工作曲线上查得每 100mL 被测溶液中氧化钠的含量（mg）；

$n$——被测溶液的稀释倍数；

$G$——试样质量（g）。

总碱量按下式计算：

$$总碱量（\%）= 0.658 \times X_1 + X_2 \tag{3-140}$$

式中 $X_1$——氧化钾的含量（%）；

$X_2$——氧化钠的含量（%）。

注意事项：总碱量的测定亦可采用原子吸收光谱法，参见 GB/T176 中 3.11.2。

分析结果的允许误差范围：分析结果的允许误差范围见表 3-42。

分析结果的允许误差范围　　　　表 3-42

| 总碱量，% | 室内允许差，% | 室间允许差，% | 总碱量，% | 室内允许差，% | 室间允许差，% |
|---|---|---|---|---|---|
| 1.0 | 0.10 | 0.15 | 5.0~10.0 | 0.30 | 0.50 |
| 1.0~5.0 | 0.20 | 0.30 | 大于 10.0 | 0.50 | 0.80 |

### 五、检验规则

1. 取样与编号

(1) 试样分点样和混合样。点样是在一次生产的产品所得试样，混合样是三个或更多的点样等量均匀混合取得的试样。

(2) 根据产量和生产设备条件，将产品分批编号，掺量大于 1%（含 1%）同品种的外加剂每编号为 100t，掺量小于 1% 的外加剂每编号为 50t，不足 100t 或 50t 的也可按一个批量计，同一编号的产品必须混合均匀。

(3) 一编号取样量不少于 0.2t 水泥所需的外加剂量。

2. 判定规则

产品经检验，匀质性符合表 3-39 的要求，各种类型的减水剂的减水率、缓凝型外加剂的凝结时间差、引气型外加剂的含气量及硬化混凝土的各项性能符合表 3-38 要求，则判定该编号外加剂为相应等级的产品，如不符合上述要求时，则判该编号外加剂不合格。其余项目作为参考指标。

### 六、例题

某一外加剂进行检测，所测数据列于下表，计算这一外加剂的减水率、泌水率比和 3d 的抗压强度比（混凝土容重为 2400kg/m³）。

| 类别<br>项目 | 基准混凝土 | | | 掺外加剂混凝土 | | |
|---|---|---|---|---|---|---|
| | 1 | 2 | 3 | 1 | 2 | 3 |
| 混凝土用水量（kg/m³） | 196 | 188 | 184 | 148 | 150 | 150 |
| 筒及试样总质量（g） | 14370 | 14430 | 14330 | 13740 | 13970 | 14470 |
| 筒质量（g） | 2500 | 2500 | 2500 | 2500 | 2500 | 2500 |
| 泌水总质量（g） | 77 | 69 | 68 | 25 | 27 | 26 |
| 3d 抗压强度（MPa） | 15.4 | 16.4 | 16.2 | 25.7 | 27.2 | 27.1 |

计算步骤如下：

(1) 减水率计算：

$$W_1 = \frac{196 - 148}{196} \times 100\% = 24.5\%$$

$$W_2 = \frac{188 - 150}{188} \times 100\% = 20.2\%$$

$$W_3 = \frac{184 - 150}{184} \times 100\% = 18.5\%$$

$\dfrac{24.5-20.2}{20.2}\times 100\%=21\%$，最大值 $W_1$ 与中间值 $W_2$ 之差已经超过中间值的 15%，则把最大值和最小值一并删去，取中间值 20.2% 作为该组试验的减水率。

(2) 基准混凝土泌水率计算：$B_1=\dfrac{77\times 2400000}{196000\times(14370-2500)}\times 100\%=7.9\%$

$$B_2=\dfrac{69\times 2400000}{188000\times(14430-2500)}\times 100\%=7.4\%$$

$$B_3=\dfrac{68\times 2400000}{184000\times(14330-2500)}\times 100\%=7.5\%$$

基准混凝土泌水率取三个试样的算术平均值 $Bc=\dfrac{7.9\%+7.4\%+7.5\%}{3}=7.6\%$；

掺外加剂混凝土泌水率计算：$B_1=\dfrac{25\times 2400000}{148000\times(13740-2500)}\times 100\%=3.6\%$

$$B_2=\dfrac{27\times 2400000}{150000\times(13970-2500)}\times 100\%=3.8\%$$

$$B_3=\dfrac{26\times 2400000}{150000\times(14470-2500)}\times 100\%=3.5\%$$

掺外加剂混凝土泌水率取三个试样的算术平均值 $B_t=\dfrac{3.6\%+3.8\%+3.5\%}{3}=3.6\%$；

泌水率比计算：$B_R=\dfrac{3.6\%}{7.6\%}\times 100\%=47\%$；

(3) 基准混凝土 3d 抗压强度以三批试验测值的平均值表示：

$$Sc=\dfrac{15.4\text{MPa}+16.4\text{MPa}+16.2\text{MPa}}{3}=16.0\text{MPa}$$

掺外加剂混凝土 3d 抗压强度以三批试验测值的平均值表示：

$$S_t=\dfrac{25.7\text{MPa}+27.2\text{MPa}+27.1\text{MPa}}{3}=26.7\text{MPa}$$

3d 抗压强度比计算：$R_S=\dfrac{26.7\text{MPa}}{16.0\text{MPa}}\times 100\%=167\%$

**思考题**

1. GB8076—1997 中，检测掺外加剂的混凝土性能，对混凝土配合比有什么要求？
2. 在 GB8076—1997 中，掺引气剂的混凝土配合比对砂率有什么要求？
3. 什么是基准水泥？
4. 简述在检测泌水率比试验过程中，对吸水有什么要求？
5. 混凝土初凝、终凝时间是如何确定的？
6. 外加剂固体含量检测中，对天平有何要求？
7. 外加剂细度检测，是如何判定筛析结束的？
8. pH 值测定过程中，酸度计浸泡时间是多少？
9. 说出水泥净浆流动度检测所需的水泥量、用水量及搅拌时间。
10. 某一外加剂进行检测，所测数据列于下表，分别计算这一外加剂的减水率、泌水率比、凝结时间之差和各龄期的抗压强度比。（混凝土密度为 2400kg/m³）

| 类别<br>项目 | 基准混凝土 | | | 掺外加剂混凝土 | | |
| --- | --- | --- | --- | --- | --- | --- |
| | 1 | 2 | 3 | 1 | 2 | 3 |
| 混凝土用水量（kg/m³） | 208 | 203 | 204 | 158 | 156 | 156 |
| 筒及试样总质量（g） | 14980 | 14670 | 14300 | 13940 | 14370 | 14650 |
| 筒质量（g） | 2500 | 2550 | 2500 | 2500 | 2450 | 2550 |

续表

| 类别<br>项目 | 基准混凝土 | | | 掺外加剂混凝土 | | |
|---|---|---|---|---|---|---|
| | 1 | 2 | 3 | 1 | 2 | 3 |
| 泌水总质量（g） | 87 | 79 | 81 | 34 | 31 | 26 |
| 初凝时间（min） | 367 | 396 | 367 | 443 | 472 | 459 |
| 终凝时间（min） | 589 | 604 | 578 | 663 | 684 | 672 |
| 3d 抗压强度（MPa） | 15.4 | 16.4 | 16.2 | 25.7 | 27.2 | 27.1 |
| 7d 抗压强度（MPa） | 21.3 | 24.2 | 23.6 | 30.3 | 32.2 | 31.4 |
| 28d 抗压强度（MPa） | 33.1 | 35.2 | 34.8 | 45.2 | 46.2 | 45.9 |

## 第六节 建筑砂浆物理力学性能

### 一、概念

砂浆是由水泥、细骨料、掺加料和水配制而成的建筑工程材料，在建筑工程中起粘结、衬垫和传递应力的作用。由水泥、细骨料和水配制而成的砂浆为水泥砂浆；由水泥、细骨料、掺加料和水配制而成的砂浆为水泥混合砂浆。

砌筑砂浆是将砖、石、砌块等粘结成为砌体的砂浆。

### 二、检测依据

《砌筑砂浆配合比设计规程》JGJ98—2000
《建筑砂浆基本性能试验方法》JGJ70—90

### 三、试验方法

1. 砌筑砂浆配合比设计

(1) 材料要求

①砌筑砂浆用水泥的强度等级应根据设计要求进行选择。水泥砂浆采用的水泥，其强度等级不宜大于32.5级；水泥混合砂浆采用的水泥，其强度等级不宜大于42.5级。

砌筑砂浆的稠度　表 3-43

| 砌 体 种 类 | 砂浆稠度（mm） |
|---|---|
| 烧结普通砖砌体 | 70～90 |
| 轻骨料混凝土小型空心砌块砌体 | 60～90 |
| 烧结多孔砖，空心砖砌体 | 60～80 |
| 烧结普通砖平拱式过梁<br>空斗墙，筒拱<br>普通混凝土小型空心砌块砌体<br>加气混凝土砌块砌体 | 50～70 |
| 石砌体 | 30～50 |

②砌筑砂浆用砂宜选用中砂，其中毛石砌体宜选用粗砂。砂的含泥量不应超过5%。强度等级为M2.5的水泥混合砂浆，砂的含泥量不应超过10%。

③掺加料应符合下列规定：a. 生石灰熟化成石灰膏时，应用孔径不大于3mm×3mm的网过滤，熟化时间不得少于7d；磨细生石灰粉的熟化时间不得小于2d。沉淀池中贮存的石灰膏，应采取防止干燥冻结和污染的措施。严禁使用脱水硬化的石灰膏。b. 采用黏土或粉质黏土制备黏土膏时，宜用搅拌机加水搅拌，通过孔径不大于3mm×3mm的网过筛。用比色法鉴定黏土中的有机物含量时应浅于标准色。c. 制作电石膏的电石渣应用孔径不大于3mm×3mm的网过滤，检验时应加热至70℃并保持20min，没有乙炔气味后，方可使用。d. 消石灰粉不得直接用于砌筑砂浆中。e. 石灰膏、黏土膏和电石膏试配时的稠度，应为120±5mm。f. 粉煤灰的品质指标和磨细生石灰的品质指标应符合国家标准《用于水泥和混凝土中的粉煤灰》GB1596及行业标准《建筑生石灰粉》JC/T480的要求。g. 配制砂浆用水应符合现行行业标准《混凝

土拌合用水标准》JGJ63 的规定。h. 砌筑砂浆中掺入的砂浆外加剂，应具有法定检测机构出具的该产品砌体强度型式检验报告，并经砂浆性能试验合格后，方可使用。

(2) 技术条件

①砌筑砂浆的强度等级宜采用 M20，M15，M10，M7.5，M5，M2.5。

②水泥砂浆拌合物的密度不宜小于 1900kg/m³；水泥混合砂浆拌合物的密度不宜小于 1800kg/m³。

③砌筑砂浆稠度、分层度、试配抗压强度必须同时符合要求。

④砌筑砂浆的稠度应按表 3-43 的规定选用。

⑤砌筑砂浆的分层度不得大于 30mm。

⑥水泥砂浆中水泥用量不应小于 200kg/m³；水泥混合砂浆中水泥和掺加料总量宜为 300～350kg/m³。

⑦具有冻融循环次数要求的砌筑砂浆，经冻融试验后，质量损失率不得大于 5%，抗压强度损失率不得大于 25%。

⑧砂浆试配时应采用机械搅拌。搅拌时间，应自投料结束算起，并应符合下列规定：a. 对水泥砂浆和水泥混合砂浆，不得小于 120s；b. 对掺用粉煤灰和外加剂的砂浆，不得小于 180s。

(3) 仪器设备

砂浆稠度仪；

砂浆分层度仪；

压力试验机，精度 ±1%。

(4) 砌筑砂浆配合比设计方法

①按下式计算砂浆试配强度 $f_{m,0}$：

$$f_{m,0} = f_2 + 0.645\sigma \tag{3-141}$$

式中 $f_{m,0}$——砂浆的试配强度，精确至 0.1MPa；

$f_2$——砂浆抗压强度平均值，精确至 0.1MPa；

$\sigma$——砂浆现场强度标准差，精确至 0.01MPa。

砌筑砂浆现场标准差的确定应符合下列规定：

当有统计资料时，应按下式计算：

$$\sigma = \sqrt{\frac{\sum_{i=1}^{n} f_{m,i}^2 - n\mu_{f_m}^2}{n-1}} \tag{3-142}$$

式中 $f_{m,i}$——统计周期内同一品种砂浆第 $i$ 组试件的强度（MPa）；

$\mu_{f_m}$——统计周期内同一品种砂浆 $n$ 组试件强度的平均值（MPa）；

$n$——统计周期内同一品种砂浆试件的总组数，$n \geqslant 25$。

当不具有近期统计资料时，砂浆现场强度标准差 $\sigma$ 可按表 3-44 取用。

砂浆强度标准差 $\sigma$ 选用值（MPa） 表 3-44

| 施工水平 \ 砂浆强度等级 | M2.5 | M5.0 | M7.5 | M10 | M15 | M20 |
|---|---|---|---|---|---|---|
| 优良 | 0.50 | 1.00 | 1.50 | 2.00 | 3.00 | 4.00 |
| 一般 | 0.62 | 1.25 | 1.88 | 2.50 | 3.75 | 5.00 |
| 较差 | 0.75 | 1.50 | 2.25 | 3.00 | 4.50 | 6.00 |

②水泥用量的计算

每立方米砂浆中的水泥用量，应按下式计算：

$$Q_c = \frac{1000(f_{m,0} - \beta)}{\alpha \cdot f_{ce}} \tag{3-143}$$

式中 $Q_c$——每立方米砂浆的水泥用量，精确至 1kg；

$f_{m,0}$——砂浆的试配强度，精确至 0.1MPa；

$f_{ce}$——水泥实测强度，精确至 0.1MPa；

$\alpha$、$\beta$——砂浆的特征系数，其中 $\alpha = 3.03$，$\beta = -15.09$。

注：各地区也可用本地区试验资料确定 $\alpha$、$\beta$ 值，统计用的试验组数不得少于 30 组。

在无法取得水泥的试验强度值时，可按下式计算：

$$f_{ce} = \gamma_c \cdot f_{ce,k} \tag{3-144}$$

式中 $f_{ce,k}$——水泥强度等级对应的强度值；

$\gamma_c$——水泥强度等级值的富余系数，该值应按实际统计资料确定。无统计资料时 $\gamma_c$ 可取 1.0。

③水泥混合砂浆的掺加料用量按下式计算：

$$Q_D = Q_A - Q_C \tag{3-145}$$

式中 $Q_D$——每立方米砂浆的掺加料用量，精确至 1kg；石灰膏、黏土膏使用时的稠度为 $120 \pm 5$mm；

$Q_C$——每立方米砂浆的水泥用量，精确至 1kg；

$Q_A$——每立方米砂浆中水泥和掺加料的总量，精确至 1kg；宜在 300~350kg 之间。

④每立方米砂浆中的砂子用量，应按干燥状态（含水率小于 0.5%）的堆积密度值作为计算值（kg）。

⑤每立方米砂浆中的用水量，根据砂浆稠度等要求可选用 240~310kg。

注：混合砂浆中的用水量，不包括石灰膏或黏土膏中的水；当采用细砂或粗砂时，用水量分别取上限或下限；稠度小于 70mm 时，用水量可小于下限；施工现场气候炎热或干燥季节，可酌量增加用水量。

⑥水泥砂浆配合比可按表 3-45 选用：

**每立方米水泥砂浆材料用量** 表 3-45

| 强度等级 | 每立方米砂浆水泥用量（kg） | 每立方米砂子用量（kg） | 每立方米砂浆用水量（kg） |
| --- | --- | --- | --- |
| M2.5~M5 | 200~230 | 1m³砂子的堆积密度值 | 270~330 |
| M7.5~M10 | 220~280 | | |
| M15 | 280~340 | | |
| M20 | 340~400 | | |

注：此表水泥强度等级为 32.5 级，大于 32.5 级水泥用量宜取下限；根据施工水平合理选择水泥用量；当采用细砂或粗砂时，用水量分别取上限或下限；稠度小于 70mm 时，用水量可小于下限；施工现场气候炎热或干燥季节，可酌量增加用水量；试配强度应按式 3-141 计算。

⑦配合比试配、调整与确定

a. 试配时应采用工程中实际采用的材料；搅拌应符合相应要求的规定。

b. 按计算或查表所得配合比进行试拌时，应测定其拌合物的稠度和分层度，当不能满足要求时，应调整材料用量，直到符合要求为止。然后确定为试配时的砂浆基准配合比。

c. 试配时至少应采用三个不同的配合比，其中一个为按以上方法得出的基准配合比，其他配合比的水泥用量应按基准配合比分别增加或减少 10%。在保证稠度、分层度合格的条件下，可将用水量或掺加料用量作相应调整。

d. 对三个不同的配合比进行调整后,应按现行行业标准《建筑砂浆基本性能试验方法》JGJ70 的规定成型试件,测定砂浆强度;并选定符合试配强度要求的水泥用量最低的配合比作为砂浆配合比。

2. 砂浆稠度试验

(1) 仪器设备

砂浆稠度仪:由试锥,容器和支座三部分组成。试锥由钢材或铜材制成,试锥高度为 145mm、锥底直径为 75mm、试锥连同滑杆的重量应为 300g;盛砂浆容器由钢板制成,筒高为 180mm,锥底内径为 150mm;支座分底座、支架及稠度显示三部分,由铸铁、钢及其他金属制成;

钢制捣棒:直径 10mm、长 350mm、端部磨圆;

秒表等。

(2) 试验方法

盛浆容器和试锥表面用湿布擦干净,并用少量润滑油轻擦滑杆,然后将滑杆上多余的油用吸油纸擦净,使滑杆能自由滑动;将砂浆拌合物一次装入容器,使砂浆表面低于容器口约 10mm 左右,用捣棒自容器中心向边缘插捣 25 次,然后轻轻地将容器摇动或敲击 5~6 下,使砂浆表面平整,随后将容器置于稠度测定仪的底座上;拧开试锥滑杆的制动螺丝,向下移动滑杆,当试锥尖端与砂浆表面刚接触时,拧紧制动螺丝,使齿条侧杆下端刚接触滑杆上端,并将指针对准零点上;拧开制动螺丝,同时计时间,待 10s 立即固定螺丝,将齿条测杆下端接触滑杆上端,从刻度盘上读出下沉深度(精确至 1mm)即为砂浆的稠度值;

圆锥形容器内的砂浆,只允许测定一次稠度,重复测定时,应重新取样测定之。

(3) 结果处理

① 取两次试验结果的算术平均值,计算值精确至 1mm;

② 两次试验值之差如大于 20mm,则应另取砂浆搅拌后重新测定。

3. 砂浆密度试验

(1) 仪器设备

水泥胶砂振实台:振幅 0.85 ± 0.05mm,频率 50 ± 3Hz;

托盘天平:称量 5kg,感量 5g;

砂浆稠度仪;

钢制捣棒:直径 10mm,长 350mm,端部磨圆;

容量筒:金属制成,内径 108mm,净高 109mm,筒壁 2mm,容积 1L;

秒表。

(2) 试验方法

首先将拌好的砂浆,按稠度试验方法测定其稠度,当砂浆稠度大于 50mm 时,应采用插捣法,当砂浆稠度不大于 50mm 时,宜采用振动法;试验前称出容量筒重,精确至 5g。然后将容量筒的漏斗套上,将砂浆拌合物装满容量筒并略有富余。根据稠度选择试验方法。

① 采用插捣法时,将砂浆拌合物一次装满容量筒,使稍有富余,用捣棒均匀插捣 25 次,插捣过程中如砂浆沉落到低于筒口,则应随时添加砂浆,再敲击 5~6 下。

② 采用振动法时,将砂浆拌合物一次装满容量筒连同漏斗在振动台上振 10s,振动过程中如沉入到低于筒口,则应随时添加砂浆。

捣实或振动后将筒口多余的砂浆拌合物刮去,使表面平整,然后将容量筒外壁擦净,称出砂浆与容量筒总重,精确至 5g。

砂浆拌合物的质量密度 $\rho$(以 $kg/m^3$ 计)按下列公式计算:

$$\rho = \frac{m_2 - m_1}{v} \times 1000 \tag{3-146}$$

式中　　$m_1$——容量筒质量（kg）；

$m_2$——容量筒及试样质量（kg）；

$v$——容量筒容积（L）。

（3）结果处理

质量密度由二次试验结果的算术平均值确定，计算精确至 $10kg/m^3$。

4. 砂浆分层度试验

（1）仪器设备

砂浆分层度筒：内径为 150mm，上节高度为 200mm、下节带底净高 100mm，用金属板制成，上、下层连接处需加宽到 3～5mm，并设有橡胶垫圈；

水泥胶砂振动台：振幅 0.85±0.05mm，频率 50±3Hz；

稠度仪、木锤等。

（2）试验方法

先将砂浆拌合物按稠度试验方法测定稠度；将砂浆拌合物一次装入分层度筒内，待装满后，用木锤在容器周围距离大致相等的四个不同的地方轻轻敲击 1～2 下，如砂浆沉落到低于筒口，则应随时添加，然后刮去多余的砂浆并用抹刀抹平；静置 30min 后，去掉上节 200mm 砂浆，剩余的 100mm 砂浆倒出放在拌合锅内拌 2min，再按稠度试验方法测定其稠度。前后测得的稠度之差即为该砂浆的分层度值（mm）。

（3）结果处理

① 取两次试验结果的算术平均值作为该砂浆的分层度值；

② 两次分层度试验值之差值如大于 20mm，应重做试验。

5. 立方体抗压强度试验

（1）仪器设备

压力试验机：精度 ±1%；

垫板：垫板的尺寸应大于试件的承压面，其不平度应为每 100mm 不超过 0.02mm；

钢板尺。

（2）试件的制作及养护

① 制作砌筑砂浆试件时，将无底试模放在预先铺有吸水较好的纸的普通黏土砖上（砖的吸水率不小于 10%，含水率不大于 20%），试模内壁事先涂刷薄层机油或脱模剂。

② 放于砖上的湿纸，应为湿的新闻纸（或其他未粘过胶凝材料的纸），纸的大小要能盖过砖的四边为准，砖的使用面要求平整，凡砖的四个垂直面粘过水泥或其他胶凝材料后，不允许再使用。

③ 向试模内一次注满砂浆，用捣棒均匀由外向里按螺旋方向插捣 25 次，为防止低稠度砂浆插捣后，可能留下孔洞，允许用油灰刀沿模壁插数次使砂浆高出试模顶面 6～8mm。

④ 当砂浆表面开始出现麻斑状态时（约 15～30min）将高出部分的砂浆沿试模顶面削去抹平。

⑤ 试件制作后应在 20±5℃温度环境下停置一昼夜（24±2h），当气温较低时，可适当延长时间，但不应超过两昼夜，然后对试件进行编号并拆模。试件拆模后，应在标准养护条件下，继续养护至 28d，然后进行试压。

⑥ 标准养护条件是：水泥混合砂浆应为温度 20±3℃，相对湿度 60%～80%；水泥砂浆和微沫砂浆应为温度 20±3℃，相对湿度 90% 以上；养护期间，试件彼此间隔不小于 10mm。

⑦ 自然养护条件是：水泥混合砂浆应在正温度，相对湿度为60%~80%的条件下（如养护箱或不通风的室内）养护；水泥砂浆和微沫砂浆应在正温度并保持试块表面湿润的状态下（如湿砂堆中）养护；养护期间必须作好温度记录。在有争议时，以标准养护条件为准。

(3) 试验方法

试块从养护地点取出后，将试件擦拭干净，检测前应测量试件尺寸并检查其外观，试件尺寸测量精确至1mm，并据此计算承压面积，如实测尺寸与公称尺寸之差不超过1mm，可按公称尺寸进行计算，超过1mm应按实际测量尺寸计算试件的承压面积。将试件安放在试验机的下压板上（或下垫板上），试件的承压面应与成型时的顶面垂直，试件中心与试验机下压板（或下垫板）中心对准。开动试验机，当上压板与试件接近时，调整球座，使接触面均匀受压。试验过程中应连续而均匀地加荷，加荷速度为每秒钟0.5~1.5kN（砂浆强度5MPa及5MPa以下时，取下限为宜；砂浆强度5MPa以上时，取上限为宜）。当试件接近破坏而迅速变形时，停止调整试验机油门，直至试件破坏，然后记录破坏荷载。

砂浆立方体抗压强度应按下列公式计算：

$$f_{m,cu} = \frac{N_u}{A} \tag{3-147}$$

式中 $f_{m,cu}$——砂浆立方体抗压强度（MPa）；

$N_u$——立方体破坏压力（N）；

$A$——试件承压面积（mm$^2$）。

(4) 结果评定

① 砂浆立方体抗压强度计算精确至0.1MPa；

② 以六个试件测值的算术平均值作为该组试件的抗压强度值，平均值计算精确至0.1MPa；

③ 当六个试件的最大值或最小值与平均值的差超过20%时，以中间四个试件的平均值作为该组试件的抗压强度值。

6. 凝结时间测定

(1) 检测设备

砂浆凝结时间测定仪：由试针、容器、台秤和支座四部分组成。试针由不锈钢制成，截面积为30mm$^2$；盛砂浆容器由钢制成，内径为140mm，高为75mm；台秤的称量精度为0.5N；支座分底座、支架及操作杆三部分，由铸铁或钢制成；

定时钟等。

(2) 试验方法

制备好的砂浆（稠度为100±10mm）装入砂浆容器内，低于容器上口10mm，轻轻敲击容器，并予抹平，将装有砂浆的容器放在20±2℃的室温条件下保存；砂浆表面泌水不清除，测定贯入阻力值，用截面积为30mm$^2$的贯入试针与砂浆表面接触，在10秒内缓慢而均匀地垂直压入砂浆内部25mm深，每次贯入时记录仪表读数$N_p$，贯入杆至少离开容器边缘或早先贯入部位12mm；在20±2℃条件下，实际的贯入阻力值在成型后2h开始测定（从搅拌加水时起算），然后每隔半小时测定一次，至贯入阻力达到0.3MPa后，改为每15min测定一次，至贯入阻力达到0.7MPa为止。

注：施工现场凝结时间测定，其砂浆稠度、养护和测定的温度与现场相同。

砂浆贯入阻力$f_p$的计算：

$$f_p = \frac{N_P}{A_P} \tag{3-148}$$

式中 $f_p$——贯入阻力值（MPa）；

$N_p$——贯入深度至 25mm 时的静压力（N）；

$A_p$——贯入试针截面积，即 30mm²。

贯入阻力计算精确至 0.01MPa。

(3) 砂浆凝结时间的确定

① 记录时间和相应的贯入阻力值，根据试验所得各阶段的贯入阻力与时间关系绘图，由图求出贯入阻力达到 0.5MPa 时所需的时间 $t_s$（min），$t_s$ 值即为砂浆的凝结时间测定值；

② 砂浆凝结时间测定，应在一盘内取二个试样，以二个试验结果的平均值作为该砂浆的凝结时间值，二次试验结果的误差不应大于 30min，否则应重新测定。

7. 静力受压弹性模量试验

试件的制作和养护按本节 5 的方法进行。砂浆弹性模量的标准试件为截面尺寸为 70.7mm × 70.7mm，高为 210~230mm 的棱柱体。

(1) 仪器设备

压力试验机：精度 ±1%；

垫板：垫板的尺寸应大于试件的承压面，其不平度应为每 100mm 不超过 0.02mm；

钢板尺；

变形测量仪表：精度不应低于 0.001mm。

(2) 试验方法

试块从养护地点取出后应及时进行试验。检测前将试件擦拭干净，测量试件尺寸，并检查其外观，试件尺寸测量精确至 1mm，并据此计算承压面积，如实测尺寸与公称尺寸之差不超过 1mm，可按公称尺寸进行计算，超过 1mm 应按实际测量尺寸计算试件的承压面积。

① 轴心抗压强度的测定方法

将试件直立放在试验机的下压板上（或下垫板上），试件中心与试验机下压板（或下垫板）中心对准。开动试验机，当上压板与试件接近时，调整球座，使接触均衡。轴心抗压试验应连续而均匀地加荷，加荷速度为每秒钟 0.5~1.5kN。当试件接近破坏而迅速变形时，停止调整试验机油门，直至试件破坏，然后记录破坏荷载。

砂浆轴心抗压强度应按下列公式计算：

$$f_{mc} = \frac{N'_u}{A} \tag{3-149}$$

式中 $f_{mc}$——砂浆轴心抗压强度（MPa）；

$N'_u$——棱柱体破坏压力（N）；

$A$——试件承压面积（mm²）。

以三个试件测值的算术平均值作为该组试件的抗压强度值，平均值计算精确至 0.1MPa。当三个试件的最大值或最小值，如有一个与中间值的差超过中间值的 20% 时，则把最大值及最小值一并舍去，取中间值作为该组试件的轴心抗压强度值。如有两个测值与中间值的差超过中间值的 20% 时，则该组试件的试验结果无效。

② 受压弹性模量的测定方法

测量变形的仪表安装在供弹性模量测定的试件上，仪表应安装在试件成型时两侧面的中心线上，并对称于试件两端。试件的测量标距为 100mm；测量仪表安装完毕后，应仔细调整试件在试验机上的位置。砂浆弹性模量试验要求物理对中（对中的方法是将荷载加压至轴心抗压强度的 35%，两侧仪表变形值之差，不得超过两侧变形平均值的 ±10%）。试件对中合格后，再按每秒钟 0.5~1.5kN 的加荷速度连续而均匀地加荷至轴心抗压强度的 40%，即达到弹性模量试验的控制荷载值，然后以同样的速度卸荷至零，如此反复预压三次，在预压过程中，应观察试验机与仪表运转是否正常,如不正常,应予以调整。

预压三次后,用上述同样速度进行第四次加荷。其方法是先加荷到应力为 0.3MPa 的初始荷载,恒荷 30s 后,读取并记录两侧仪表的测值,然后加荷到控制荷载,恒荷 30s 后,读取并记录两侧仪表的测值,两侧测值的平均值即为该次试验的变形值。按上述速度卸荷至初始荷载,恒荷 30s 后,读取并记录两侧仪表的初始测值,再按上述方法进行第五次加荷、恒荷、读数,并计算该次试验的变形值。当前后两次试验的变形值差,不大于 0.0002 测量标距时,试验即告结束,否则应重复上述过程,直到两次相邻加荷的变形值相差符合上述要求为止。然后卸除仪表,以同样的速度加荷至破坏,测得试件的棱柱体抗压强度 $f'_{mc}$。

弹性模量的计算:

$$E_m = \frac{N_{0.4} - N_0}{A} \times \frac{L}{\Delta L} \tag{3-150}$$

式中　$E_m$——砂浆弹性模量(MPa);

　　　$N_{0.4}$——应力为 $0.4 f_{mc}$ 的压力(N);

　　　$N_0$——应力为 0.3MPa 的压力初始荷载(N);

　　　$A$——试件承压面积(mm²);

　　　$\Delta L$——最后一次从加荷至 $N_{0.4}$ 时试件两侧变形差的平均值(mm);

　　　$L$——测量标距(mm)。

③ 结果评定:弹性模量的计算结果精确到 10MPa;弹性模量以三个试件的算术平均值计算。如果其中一个试件在测完弹性模量后,发现其棱柱体抗压强度值 $f'_{mc}$ 与决定试验控制荷载的轴心抗压强度值 $f_{mc}$ 的差值超过后者的 25% 时,则弹性模量值按另两个试件的算术平均值计算。如两个试件超过上述规定,则该组试件的试验结果无效。

8. 砂浆抗冻性试验

试件的制作和养护按本节 5 的方法进行。砂浆抗冻性试件尺寸为 70.7×70.7×70.7mm 的立方体;其试件组数除鉴定砂浆标号的试件之外,再制备两组。

(1) 仪器设备

压力试验机:精度 ±1%;

垫板:垫板的尺寸应大于试件的承压面,其不平度应为每 100mm 不超过 0.02mm;

天平:称量 5kg,感量 5g;

冷冻箱:装入试件后能使箱内的温度保持在 -15℃～20℃ 的范围以内;

融解水槽:装入试件后能使水温保持在 15～20℃ 的范围以内;

篮筐、钢尺。

(2) 试验方法

试件应在 28d 龄期时进行冻融试验,试验 2d 前应把冻融试件从养护室取出,进行外观检查并记录其原始状况;然后放在 15～20℃ 水中浸泡,浸泡时水面至少应高出试件顶面 20mm,该 2 组试件浸泡 2d 后取出,并用拧干的湿毛巾轻轻擦去表面水分,然后称重,按编号置入篮筐后即可放入冷冻箱开始冻融试验,对比试件则应保留在标准养护室内,直到完成冻融循环后,与抗冻试件同时抗压。

冻或融时,篮筐与容器底面或地面须架高 20mm,篮筐内各试件之间应至少保持 50mm。

抗冻试验冻结温度保持在 -15～-20℃,以箱内中心温度为准,试件在养护箱内温度到达 -15℃ 时放入,装完试件如温度有较大升高,则以重新降到 -15℃ 时算起冻结时间,每次从装完试件到重新降至 -15℃ 不应超过 2 小时。

每次冻结时间为 4h,冻后即可取出并应立即放入能使水温保持在 15～20℃ 的水槽中进行溶化。此时，槽中水面应至少高出试件表面20mm，试件在水中溶化的时间不应小于4h。溶化完毕即为循环试验结束。取出试件，送入冷冻箱进行下一次循环试验，以此连续进行直至设计规定次数或试件破坏为止；

每5次循环，应进行一次外观检查，并记录试件的破坏情况；当该组试件6块中的4块出现明显破坏（分层、裂开、贯通缝）时，则该组试件的抗冻性能试验应终止。

冻融试验结束后，冻融试件与对比试件应同时在105±5℃的条件下烘干，然后进行称量、试压。如冻融试件表面破坏较为严重，应采用水泥净浆修补，找平后送入标准环境中养护2d后与对比试件同时进行试压。

砂浆强度损失率按下式计算：

$$\Delta f = \frac{f_1 - f_2}{f_1} \times 100 \tag{3-151}$$

式中 $\Delta f$——N次冻融循环后的混凝土强度损失率（%）；
$f_1$——对比试件的抗压强度平均值（MPa）；
$f_2$——经N次冻融循环后的6个试件抗压强度平均值（MPa）。

砂浆冻融后的重量损失率按下式计算：

$$\Delta G = \frac{G_1 - G_2}{G_1} \times 100 \tag{3-152}$$

式中 $\Delta G$——N次冻融循环后的重量损失率，以6个试件的平均值计算（%）；
$G_1$——冻融循环试验前的重量（kg）；
$G_2$——N次冻融循环后的重量（kg）。

砂浆的强度损失率不超过25%，重量损失不超过5%时在循环次数下，抗冻性能为合格，否则为不合格。

9．砂浆收缩

（1）仪器设备

立式砂浆收缩仪：标准杆长度为176±1mm，测量精度为0.01mm；

试模：尺寸为40×40×160mm的棱柱体，且在试模的两端面中心，各开一个6.5mm的孔洞；

收缩头：黄铜或不锈钢加工而成（见图3-24）。

（2）试验方法

砂浆收缩试件以3个为一组，试件尺寸为40×40×160mm的棱柱体。

将收缩头固定在试模两端面的孔洞中，使收缩头露出试件面8±1mm；将达到所需稠度的砂浆装入试模中，振动密实，置于20±5℃的标准养护室中，隔4h之后将砂浆表面抹平，砂浆带模在标准养护室条件（温度为20±3℃，相对湿度为90%以上）下养护，7d后拆模，编号，标明测试方向；将试件移入温度20±2℃，相对湿度为

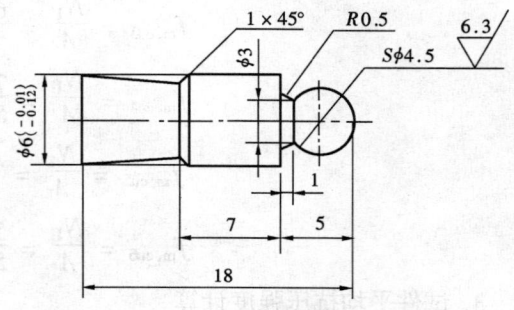

图3-24 收缩头 单位：mm

60%±5%的测试室中放置4h，测定试件的初始长度，测定前，用标准杆调整收缩仪的百分表的原点，然后按标明的测试方向立即测定试件的初始长度；测定砂浆试件初始长度后，置于温度为20±2℃，相对湿度为60%±5%的室内，到第7d、14d、21d、28d、42d、56d测定试件的长度，即为自然干燥后长度。

砂浆收缩值应按下列公式计算：

$$\varepsilon_{\mathrm{at}} = \frac{L_0 - L_t}{L - L_d} \tag{3-153}$$

式中 $\varepsilon_{\mathrm{at}}$——相应为 $t$ 天时的收缩值;

$L_0$——试件成型后 7 天时的长度即初始长度 (mm);

$L$——试件的长度 160mm;

$L_d$——两个收缩头埋入砂浆中长度之和,即 $20 \pm 2$mm;

$L_t$——相应为 $t$ 天时的试件的长度 (mm)。

(3) 结果评定

干燥收缩值按三个试件测值的算术平均值来确定,如个别值与平均值偏差大于 20% 时,应剔除,但一组至少有二个数据计算平均值;每块试件的干燥收缩值取二位有效数字,精确到 $10 \times 10^{-6}$。

### 四、实例

一组 M7.5 的砂浆试件受压面尺寸及破坏荷载分别如下表,计算其抗压强度代表值。

**某砂浆试件受压面尺寸及破坏荷载表**

| 试件编号<br>项目 | 1 | 2 | 3 | 4 | 5 | 6 |
| --- | --- | --- | --- | --- | --- | --- |
| 尺寸 (mm×mm) | 70×71 | 71×71 | 72×71 | 71×70 | 70×70 | 70×71 |
| 破坏荷载 (kN) | 50.5 | 59.0 | 69.5 | 73.0 | 49.0 | 51.5 |

1. 试件受压面尺寸计算

∵ 试件 1、试件 2、试件 4、试件 5、试件 6 的受压面尺寸与公称尺寸之差均小于 1mm

∴ $A_1$、$A_2$、$A_4$、$A_5$、$A_6$ 均取 5000mm²

$A_3 = 72 \times 71 = 5112$mm²,取 5110mm²

2. 试件抗压强度计算

$$f_{\mathrm{m,cu1}} = \frac{N_U}{A} = \frac{50.5}{5000} \times 1000 = 10.1\mathrm{MPa}$$

$$f_{\mathrm{m,cu2}} = \frac{N_U}{A} = \frac{59.0}{5000} \times 1000 = 11.8\mathrm{MPa}$$

$$f_{\mathrm{m,cu3}} = \frac{N_U}{A} = \frac{69.5}{5110} \times 1000 = 13.6\mathrm{MPa}$$

$$f_{\mathrm{m,cu4}} = \frac{N_U}{A} = \frac{73.0}{5000} \times 1000 = 14.6\mathrm{MPa}$$

$$f_{\mathrm{m,cu5}} = \frac{N_U}{A} = \frac{49.0}{5000} \times 1000 = 9.8\mathrm{MPa}$$

$$f_{\mathrm{m,cu6}} = \frac{N_U}{A} = \frac{51.5}{5000} \times 1000 = 10.3\mathrm{MPa}$$

3. 试件平均抗压强度计算

$$\overline{f_{\mathrm{m,cu}}} = \frac{f_{\mathrm{m,cu1}} + f_{\mathrm{m,cu2}} + f_{\mathrm{m,cu3}} + f_{\mathrm{m,cu4}} + f_{\mathrm{m,cu5}} + f_{\mathrm{m,cu6}}}{6}$$

$$= \frac{10.1 + 11.8 + 13.6 + 14.6 + 9.8 + 10.3}{6} = 11.7\mathrm{MPa}$$

4. 抗压强度代表值 $f_{\mathrm{m,cu}}$ 计算

$$\because \frac{f_{\mathrm{m,cu,max}} - \overline{f_{\mathrm{m,cu}}}}{\overline{f_{\mathrm{m,cu}}}} \times 100\% = \frac{14.6 - 11.7}{11.7} \times 100\% = 24.8\% > 20\%$$

$$\therefore f_{m,cu} = \frac{f_{m,cu1} + f_{m,cu2} + f_{m,cu3} + f_{m,cu6}}{6} = \frac{10.1 + 11.8 + 13.6 + 10.3}{6} = 11.4 \text{MPa}$$

**思考题**

1. 砂浆配合比对常用三种原材料（水泥、砂、石灰膏）有哪些技术要求？
2. 砂浆配合比设计的步骤是什么？
3. 水泥砂浆和水泥混合砂浆的养护条件是什么？
4. 砌砖砂浆和砌石砂浆进行抗压强度试件制作时对试模的要求是什么？
5. 砂浆抗压强度试验的加荷速度应如何控制？
6. 砂浆抗压强度结果如何评定？

**参考文献**

1. 《砌筑砂浆配合比设计规程》JGJ98—2000. 中国建筑工业出版社. 2001
2. 《建筑砂浆基本性能试验方法》JGJ70—90. 中国建筑工业出版社. 1991

## 第七节 砖、瓦

### 一、概念

砖按生产工艺分为烧结砖和非烧结砖，烧结砖包括烧结普通砖、烧结多孔砖以及烧结空心砖和空心砌块；非烧结砖包括蒸压灰砂砖、粉煤灰砖、炉渣砖和碳化砖等。

烧结普通砖是以黏土、页岩、煤矸石、粉煤灰为主要原料经焙烧而成的普通砖。

烧结多孔砖是以黏土、页岩、煤矸石、粉煤灰为主要原料，经焙烧而成主要用于承重部位的多孔砖。

烧结空心砖和空心砌块是以黏土、页岩、煤矸石、粉煤灰为主要原料，经焙烧而成主要用于非承重部位的空心砖和空心砌块。

粉煤灰砖是以粉煤灰、石灰或水泥为主要原料，掺加适量石膏、外加剂、颜料和骨料等，经坯料制备、成型、高压或常压蒸汽养护而制成的实心砖。

烧结瓦是以黏土、页岩、煤矸石、粉煤灰为主要原料，经焙烧而成主要用于建筑物屋面覆盖及装饰用的瓦。根据表面状态可分为有釉和无釉两类。根据形状分为平瓦、脊瓦、三曲瓦、双筒瓦、鱼鳞瓦、牛舌瓦、板瓦、筒瓦、滴水瓦、沟头瓦、J形瓦、S形瓦和其他异形瓦及其配件。

混凝土瓦是以水泥、骨料和水等为主要原料经拌合、挤压成型或其他成型方法制成的用于坡屋面的屋面瓦及与其配合使用的配件瓦。

### 二、检测依据及技术指标

1. 标准名称及代号

《烧结普通砖》GB 5101—2003
《烧结空心砖和空心砌块》GB 13545—2003
《砌墙砖试验方法》GB/T 2542—2003
《烧结多孔砖》GB 13544—2000
《粉煤灰砖》JC239—2001
《烧结瓦》JC709—1998
《混凝土瓦》JC746—1999

2. 技术指标

(1) 砖的尺寸偏差应符合表 3-46 的规定。

砖的尺寸允许偏差（mm） 表3-46

| 砖品种 | 公称尺寸 | 优等品 | | 一等品 | | 合格品 | |
|---|---|---|---|---|---|---|---|
| | | 样本平均偏差 | 样本极差≤ | 样本平均偏差 | 样本极差≤ | 样本平均偏差 | 样本极差≤ |
| 烧结普通砖 | 240 | ±2.0 | 6 | ±2.5 | 7 | ±3.0 | 8 |
| | 115 | ±1.5 | 5 | ±2.0 | 6 | ±2.5 | 7 |
| | 53 | ±1.5 | 4 | ±1.6 | 5 | ±2.0 | 6 |
| 烧结空心砖和空心砌块 | >300 | ±2.5 | 6.0 | ±3.0 | 7.0 | ±3.5 | 8.0 |
| | 200—300 | ±2.0 | 5.0 | ±2.5 | 6.0 | ±3.0 | 7.0 |
| | 100—200 | ±1.5 | 4.0 | ±2.0 | 5.0 | ±2.5 | 6.0 |
| | <100 | ±1.5 | 3.0 | ±1.7 | 4.0 | ±2.0 | 5.0 |
| 烧结多孔砖 | 290 240 | ±2.0 | 6 | ±2.5 | 7 | ±3.0 | 8 |
| | 190 180 175 140 115 | ±1.5 | 5 | ±2.0 | 6 | ±2.5 | 7 |
| | 90 | ±1.5 | 4 | ±1.7 | 5 | ±2.0 | 6 |
| 粉煤灰砖 | 长 | ±2 | | ±3 | | ±4 | |
| | 宽 | ±2 | | ±3 | | ±4 | |
| | 高 | ±1 | | ±2 | | ±3 | |

（2）砖的外观质量应符合表 3-47 的规定。

砖的外观质量 表3-47

| 项目 | | 粉煤灰砖 | | | 烧结普通砖 | | | 烧结空心砖和空心砌块 | | | 烧结多孔砖 | | |
|---|---|---|---|---|---|---|---|---|---|---|---|---|---|
| | | 优等品 | 一等品 | 合格品 | 优等品 | 一等品 | 合格品 | 优等品 | 一等品 | 合格品 | 优等品 | 一等品 | 合格品 |
| 垂直度差≤ (mm) | | | | | | | | 3 | 4 | 5 | | | |
| 高度差≤ (mm) | | 1 | 2 | 3 | 2 | 3 | 4 | | | | | | |
| 弯曲≤ (mm) | | — | — | — | 2 | 3 | 4 | 3 | 4 | 5 | — | — | — |
| 杂质凸出高度≤ (mm) | | — | — | — | 2 | 3 | 4 | | | | 3 | 4 | 5 |
| 缺棱掉角的三个破坏尺寸不得同时>（mm） | | 10 | 15 | 20 | 5 | 20 | 30 | 15 | 30 | 40 | 15 | 20 | 30 |
| 裂纹长度≤ (mm) | a. 大面上宽度方向及其延伸至条面的长度 | 30 | 50 | 70 | 30 | 60 | 80 | 不允许 | 100 | 120 | 60 | 80 | 100 |
| | b. 大面上长度方向及其延伸至顶面的长度或条顶面上水平裂纹的长度 | | | | 50 | 80 | 100 | 不允许 | 120 | 140 | 60 | 100 | 120 |
| | c. 其他裂纹 | 50 | 70 | 100 | — | — | — | 40 | 60 | | 80 | 100 | 120 |
| 完整面*不得少于 | | 二条面和一顶面二顶面和一条面 | 一条面和一顶面 | — | 二条面和一顶面 | 一条面和一顶面 | — | 一条面或一大面 | 一条面和一大面 | — | 一条面和一顶面 | — | — |

续表

| 项目 | | 粉煤灰砖 | | | 烧结普通砖 | | | 烧结空心砖和空心砌块 | | | 烧结多孔砖 | | |
|---|---|---|---|---|---|---|---|---|---|---|---|---|---|
| | | 优等品 | 一等品 | 合格品 | 优等品 | 一等品 | 合格品 | 优等品 | 一等品 | 合格品 | 优等品 | 一等品 | 合格品 |
| 颜色 | | — | — | — | 基本一致 | | | — | — | — | 一致 | 基本一致 | — |
| 肋、壁内残缺长度（mm）≤ | | — | — | — | — | — | — | 不允许 | 40 | 60 | — | — | — |
| *凡有下列缺陷之一者，不得称为完整面 | a.缺损在条面或顶面上造成的破坏面尺寸同时> | 10mm×20mm | | | 10mm×10mm | | | 20mm×30mm | | | 20mm×30mm | | |
| | b.条面或顶面上裂纹 | — | | | 宽度>1mm 长度>30mm | | | 宽度>1mm 长度>70mm | | | 宽度>1mm 长度>70mm | | |
| | c.压陷、粘底、焦花在条面或顶面上的凹陷或凸出>2mm，区域尺寸同时> | — | | | 10mm×10mm | | | 20mm×30mm | | | 20mm×30mm | | |

（3）砖的强度应符合表3-48的规定。

砖的强度等级（MPa）   表3-48

| 砖品种 | 强度等级 | 抗压强度平均值 $f \geq$ | 变异系数 $\delta \leq 0.21$ 强度标准值 $f_k \geq$ | 变异系数 $\delta > 0.21$ 单块最小抗压强度值 $f_{min} \geq$ | 备注 |
|---|---|---|---|---|---|
| 烧结普通砖和烧结多孔砖 | MU30 | 30.0 | 22.0 | 25.0 | |
| | MU25 | 25.0 | 18.0 | 22.0 | |
| | MU20 | 20.0 | 14.0 | 16.0 | |
| | MU15 | 15.0 | 10.0 | 12.0 | |
| | MU10 | 10.0 | 6.5 | 7.5 | |
| 烧结空心砖和空心砌块 | MU10 | 10.0 | 7.0 | 8.0 | |
| | MU7.5 | 7.5 | 5.0 | 5.8 | 密度等级范围 ≤1100kg/m³ |
| | MU5.0 | 5.0 | 3.5 | 4.0 | |
| | MU3.5 | 3.5 | 2.5 | 2.8 | |
| | MU2.5 | 2.5 | 1.6 | 1.8 | 密度等级范围 ≤800kg/m³ |

| | | 抗压强度 | | 抗折强度 | |
|---|---|---|---|---|---|
| | | 10块平均值≥ | 单块值≥ | 10块平均值≥ | 单块值≥ |
| 粉煤灰砖 | MU30 | 30.0 | 24.0 | 6.2 | 5.0 |
| | MU25 | 25.0 | 20.0 | 5.0 | 4.0 |
| | MU20 | 20.0 | 16.0 | 4.0 | 3.2 |
| | MU15 | 15.0 | 12.0 | 3.3 | 2.6 |
| | MU10 | 10.0 | 8.0 | 2.5 | 2.0 |

（4）粉煤灰砖的干燥收缩性能应符合表3-49规定。
（5）粉煤灰砖的碳化性能应满足：碳化系数 $K_c \geq 0.8$。
（6）烧结普通砖、烧结多孔砖以及烧结空心砖和空心砌块的泛霜应符合表3-50规定。

粉煤灰砖的干燥收缩性能　　表 3-49

| 项　目 | 优等品 | 一等品 | 合格品 |
|---|---|---|---|
| 干燥收缩值 mm/m | ≤0.65 | ≤0.75 | |

烧结普通砖、烧结多孔砖以及烧结空心砖和空心砌块的泛霜性能　　表 3-50

| 缺陷项目 | 优等品 | 一 等 品 | 合 格 品 |
|---|---|---|---|
| 泛霜 | 无泛霜 | 不允许出现中等泛霜 | 不允许出现严重泛霜 |

(7) 烧结普通砖、烧结多孔砖以及烧结空心砖和空心砌块的石灰爆裂允许范围应符合表 3-51 规定。

烧结普通砖、烧结多孔砖以及烧结空心砖和空心砌块石灰爆裂允许范围　　表 3-51

| 缺陷项目 | 优等品 | 一 等 品 | 合 格 品 |
|---|---|---|---|
| 石灰爆裂 | 最大破坏尺寸≤2mm | ①2mm＜最大破坏尺寸≤10mm 的爆裂区域每组砖样不得多于 15 处。<br>②不允许出现最大破坏尺寸＞10mm 的爆裂区域 | ①2mm＜最大破坏尺寸≤15mm 的爆裂区域每组砖样不得多于 15 处。其中＞10mm 的不得多于 7 处<br>②不允许出现最大破坏尺寸＞15mm 的爆裂区域 |

(8) 烧结普通砖、烧结多孔砖以及烧结空心砖和空心砌块的抗冻性能应符合表 3-52 规定。

烧结普通砖、烧结多孔砖以及烧结空心砖和空心砌块的抗冻性能　　表 3-52

| 项　目 | 烧结普通砖 | 烧结多孔砖 | 烧结空心砖和空心砌块 |
|---|---|---|---|
| 抗冻性 | ①冻融试验后，每块砖不允许出现裂纹、分层、掉皮、缺棱掉角等冻坏现象。<br>②质量损失≤2% | ①冻融试验后，每块砖不允许出现裂纹、分层、掉皮、缺棱掉角等冻坏现象 | ①冻融试验后，每块砖不允许出现分层、掉皮、缺棱掉角等冻坏现象。<br>②冻后裂纹长度不大于表 3-47 中合格品的规定 |

(9) 粉煤灰砖的抗冻性能应符合表 3-53 规定。
(10) 烧结空心砖和空心砌块的密度等级应符合表 3-54 规定。

粉煤灰砖的抗冻性　　表 3-53

| 强度等级 | 抗压强度（MPa）平均值≥ | 砖的干质量损失（%）单块值≤ |
|---|---|---|
| MU30 | 24.0 | 2.0 |
| MU25 | 20.0 | |
| MU20 | 16.0 | |
| MU15 | 12.0 | |
| MU10 | 8.0 | |

烧结空心砖和空心砌块的密度等级　　表 3-54

| 密度等级 | 5 块密度平均值（kg/m³） |
|---|---|
| 800 | ≤800 |
| 900 | 801—900 |
| 1000 | 901—1000 |
| 1100 | 1001—1100 |

(11) 每块砖和砌块的吸水率平均值应符合表 3-55 规定。
(12) 烧结瓦尺寸允许偏差应符合表 3-56 规定。

砖和砌块的吸水率　　表 3-55

| 等 级 | 吸水率，≤（%） | |
|---|---|---|
| | 黏土砖和砌块、页岩砖和砌块、煤矸石砖和砌块 | 粉煤灰砖和砌块* |
| 优等品 | 16.0 | 20.0 |
| 一等品 | 18.0 | 22.0 |
| 合格品 | 20.0 | 24.0 |

＊ 粉煤灰掺入量（体积比）小于 30% 时，按黏土砖和砌块规定判定。

烧结瓦尺寸允许偏差（mm）　　表 3-56

| 外型尺寸范围 | 优等品 | 一等品 | 合格品 |
|---|---|---|---|
| $L(b)≥350$ | ±5 | ±6 | ±8 |
| $250≤L(b)<350$ | ±4 | ±5 | ±7 |
| $200≤L(b)<250$ | ±3 | ±4 | ±5 |
| $L(b)<200$ | ±2 | ±3 | ±4 |

(13) 烧结瓦石灰爆裂允许范围应符合表 3-57 规定。

(14) 各类烧结瓦的抗弯曲性能应符合表 3-58 规定。

烧结瓦石灰爆裂允许范围　　　　表 3-57

| 缺陷项目 | 优等品 | 一等品 | 合格品 |
|---|---|---|---|
| 石灰爆裂 | 不允许 | 破坏尺寸≤5mm | 破坏尺寸≤8mm |

烧结瓦的抗弯曲性能　　　　表 3-58

| 产品类别 | 弯曲破坏荷重（N）≥ | 弯曲强度（MPa）≥ |
|---|---|---|
| 平瓦、脊瓦 | 1020 | — |
| 板瓦、筒瓦、滴水瓦、沟头瓦 | 1170（青瓦类为850） | — |
| J形瓦、S形瓦 | 1600 | — |
| 三曲瓦、双筒瓦、鱼鳞瓦、牛舌瓦 | — | 8.0 |

(15) 各类烧结瓦的吸水率应符合表 3-59 规定。

烧结瓦的吸水率　　　　表 3-59

| 产品类别 | 有釉瓦 | 无釉瓦 |
|---|---|---|
| 吸水率（%）≤ | 12.0 | 21.0 |

(16) 单块混凝土瓦的吸水率应符合表 3-60 规定。

混凝土瓦的吸水率　　　　表 3-60

| 项目 | 优等品 | 一等品 | 合格品 |
|---|---|---|---|
| 吸水率（%） | | ≤10 | ≤12 |

(17) 混凝土瓦承载力的技术要求：

①屋面瓦的承载力实测平均值不得小于承载力可验收值（$F_{ok}$）。承载力可验收值按下式计算：

$$F_{ok} \geqslant F_C + 1.64\sigma \tag{3-154}$$

②屋面瓦的承载力标准值 $F_C$ 应符合表 3-61 规定。

混凝土屋面瓦的承载力标准值　　　　表 3-61

| 项目 | | 有筋槽屋面瓦 | | | | | | 无筋槽屋面瓦 |
|---|---|---|---|---|---|---|---|---|
| | | 波形屋面瓦 | | | | 平屋面瓦 | | |
| 瓦脊高度 $d$（mm） | | $d>20$ | | $20 \geqslant d \geqslant 5$ | | $d<5$ | | — |
| 遮盖宽度 $b_1$（mm） | | ≥300 | ≤200 | ≥300 | ≤200 | ≥300 | ≤200 | |
| 承载力标准值 $F_C$（N） | 优等品 | 2000 | 1400 | 1400 | 1000 | 1200 | 800 | 550 |
| | 一等品 | 1800 | 1200 | 1200 | 900 | | | |
| | 合格品 | 1500 | 1000 | 1000 | 800 | | | |

注：对遮盖宽度在 200~300mm 之间的有筋槽屋面瓦，其承载力标准值应按表中所列的值用线性内插法确定。

(18) 混凝土瓦抗渗性能的技术要求：

屋面瓦、脊瓦、排水沟瓦经抗渗性能检验，每块瓦的背面不得出现水滴现象。

(19) 混凝土瓦抗冻性能的技术要求：

混凝土瓦经抗冻性能检验后，应满足承载力和抗渗性能的技术要求。同时，外观质量应符合技术要求且表面不得出现剥落现象。

### 三、检验方法

（一）砌墙砖试验方法：依据《砌墙砖试验方法》（GB/T 2542—2003），常规试验包括以下几个方面：

1. 尺寸测量

（1）仪器设备：砖用卡尺，分度值为0.5mm。

（2）测量方法：长度应在砖的两个大面的中间处分别测量两个尺寸；宽度应在砖的两个大面的中间处分别测量两个尺寸；高度应在砖的两个条面的中间处分别测量两个尺寸。当被测处有缺损或凸出时，可在其旁边测量，但应选择不利的一侧。精确至0.5mm。

（3）结果表示：每一方向尺寸以两个测量值的算术平均值表示，精确至1mm。

2. 外观质量

（1）仪器设备

砖用卡尺，分度值为0.5mm；

钢直尺，分度值为1mm。

（2）试验方法

① 缺损

缺棱掉角在砖上造成的破损程度，以破损部分对长、宽、高三个棱边的投影尺寸来度量，称为破坏尺寸。

缺损造成的破坏面，系指缺损部分对条、顶面（空心砖为条、大面）的投影面积，空心砖内壁残缺及肋残缺尺寸，以长度方向的投影尺寸来度量。

② 裂纹

裂纹分为长度方向、宽度方向和水平方向三种，以被测方向的投影长度表示。如果裂纹从一个面延伸至其他面上时，则累计其延伸的投影长度。

多孔砖的孔洞与裂纹相通时，则将孔洞包括在裂纹内一并测量。

裂纹长度以在三个方向上分别测得的最长裂纹作为测量结果。

③ 弯曲

弯曲分别在大面和条面上测量，测量时将砖用卡尺的两支脚沿棱边两端放置，择其弯曲最大处将垂直尺推至砖面。但不应将因杂质或碰伤造成的凹处计算在内。

以弯曲中测得的较大者作为测量结果。

④ 杂质凸出高度

杂质在砖面上造成的凸出高度，以杂质距砖面的最大距离表示。测量将砖用卡尺的两支脚置于凸出两边的砖平面上，以垂直尺测量。

⑤ 色差

装饰面朝上随机分为两排并列，在自然光下距离砖样2m处目测。

（3）结果处理

外观测量以毫米为单位，不足1mm者，按1mm计。

3. 抗压强度试验

（1）仪器设备

材料试验机：示值误差应不大于±1%，其下加压板应为铰支座，预期破坏荷载应在量程的20%~80%；

钢直尺；

切割机。

(2) 样品数量及制备

① 烧结普通砖：将试样切断或锯成两个半截砖，断开的半截砖长不得小于 100mm，如果不足 100mm，应另取备用试样补足。在试样制备平台上，将已断开的两个半截砖放入室温的净水中浸 10~20min 后取出，放在湿润的垫纸上，并以断口相反方向叠放，两者中间抹以厚度不超过 5mm 的用强度等级 32.5 的普通硅酸盐水泥调成稠度适宜的水泥净浆粘结，上下两面用厚度不超过 3mm 的同种水泥浆抹平。制成的试件上下两面须相互平行，并垂直于侧面。

② 多孔砖、空心砖：试件制作采用坐浆法操作，即将玻璃板置于试件制备平台上，其上铺一张湿的垫纸，纸上铺一层厚度不超过 5mm 的用强度等级 32.5 的普通硅酸盐水泥调成稠度适宜的水泥净浆，再将试件在水中浸泡 10~20min，在钢丝网架上滴水 3~5min 后，将试样受压面平稳地坐放在水泥浆上，在另一受压面上稍加压力，使整个水泥层与砖受压面相互粘结，砖的侧面应垂直于玻璃板。待水泥浆适当凝固后，连同玻璃板翻放在另一铺纸放浆的玻璃板上，再进行坐浆，用水平尺校正好玻璃板的水平。

③ 非烧结砖：同一块试样的两半截砖切断口相反叠放，叠合部分不得小于 100mm。即为抗压强度试件，如果不足 100mm，应另取备用试样补足；普通制样法制成的抹面试件应置于不低于 10℃的不通风室内养护 3d。

(3) 试验方法：测量每个试件连接面或受压面的长、宽尺寸各两个，分别取其平均值，精确至 1mm。将试件平放在加压板的中央，垂直于受压面平稳均匀地加荷，加荷速度以 4kN/s 为宜，记录最大破坏荷载 $P$。

(4) 结果计算

①计算每块试样的抗压强度，精确至 0.01MPa。

$$f_P = \frac{P}{LB} \tag{3-155}$$

式中 $f_P$——抗压强度（MPa）；
$P$——最大破坏荷载（N）；
$L$——受压面的长度（mm）；
$B$——受压面的宽度（mm）。

②试件平均抗压强度按下式计算，精确至 0.1MPa

$$\bar{f} = \frac{f_1 + f_2 + f_3 + f_4 + f_5 + f_6 + f_7 + f_8 + f_9 + f_{10}}{10} \tag{3-156}$$

③抗压强度标准差按下式计算，精确至 0.01MPa

$$S = \sqrt{\frac{1}{9}\sum_{i=1}^{10}(f_i - \bar{f})^2} \tag{3-157}$$

④变异系数按下式计算，精确至 0.01

$$\delta = \frac{S}{\bar{f}} \tag{3-158}$$

⑤强度标准值 $f_k$ 按下式计算，精确至 0.01MPa

$$f_k = \bar{f} - 1.8S \tag{3-159}$$

(5) 评定

① 当 $\delta \leq 0.21$ 时，用平均值—标准值方法评定；
② 当 $\delta > 0.21$ 或无变异系数 $\delta$ 要求时，用平均值—最小值方法评定；
③ 算术平均值、标准值、单块最小值计算精确至 0.1MPa。

4. 冻融试验

(1) 仪器设备

低温箱或冷冻室：放入试样后箱（室）内温度可调至 -20℃ 或 -20℃ 以下；

水槽：保持槽中水温 10～20℃ 为宜；

台秤：分度值 5g；

电热鼓风干燥箱：最高温度 200℃。

(2) 试验方法

用毛刷清理试样表面，将试样放入鼓风干燥箱中在 105±5℃ 下干燥至恒量（在干燥过程中，前后两次称量相差不超过 0.2%，前后两次称量时间间隔为 2h），称其质量 $G_0$，并检查外观，将缺棱掉角和裂纹作标记。

将试样浸在 10～20℃ 的水中，24h 后取出，用湿布拭去表面水分，以大于 20mm 的间距大面侧向立放于预先降温至 -15℃ 以下的冷冻箱中。

当箱内温度再降至 -15℃ 时开始计时，在 -15～-20℃ 下冰冻：烧结砖冻 3h；非烧结砖冻 5h。然后取出放入 10～20℃ 的水中融化：烧结砖不少于 2h；非烧结砖不少于 3h。如此为一次冻融循环。

每 5 次冻融循环，检查一次冻融过程中出现的破坏情况，如冻裂、缺棱、掉角、剥落等。冻融过程中，发现试样的冻坏超过外观规定时，应继续试验至 15 次冻融循环结束为止。次冻融循环后，检查并记录试样在冻融过程中的冻裂长度，缺棱掉角和剥落等破坏情况。经 15 次冻融循环后的试样，放入鼓风干燥箱中，干燥至恒量，称其质量 $G_1$。烧结砖若未发现冻坏现象，则可不进行干燥称量。

将干燥后的试样（非烧结砖再在 10～20℃ 的水中浸泡 24h）进行抗压强度试验。

各砌墙砖可根据其产品标准要求进行其中部分试验。

(3) 结果计算与评定

外观结果：15 次冻融循环后，检查并记录试样在冻融过程中的冻裂长度、缺棱掉角和剥落等破坏情况。

强度损失率（$P_m$）按下式计算，精确至 0.1%。

$$P_m = \frac{P_0 - P_1}{P_0} \times 100 \tag{3-160}$$

式中 $P_m$——强度损失率（%）；

$P_0$——试样冻融前强度（MPa）；

$P_1$——试样冻融后强度（MPa）。

质量损失率（$G_m$）按下式计算，精确至 0.1%。

$$G_m = \frac{G_0 - G_1}{G_0} \times 100 \tag{3-161}$$

式中 $G_m$——质量损失率（%）；

$G_0$——试样冻融前干质量（g）；

$G_1$——试样冻融后干质量（g）。

试验结果以试样抗压强度、抗压强度损失率、质量外观或质量损失率表示与评定。

5. 体积密度试验

(1) 仪器设备

鼓风干燥箱；

台秤：分度值为5g；

钢直尺：分度为1mm，分度值为0.5mm。

(2) 试样

试样数量按产品标准要求确定，所取试样应外观完整。

(3) 试验方法

清理试样表面，然后将试样置于105℃±5℃鼓风干燥箱至恒量，称其质量$G_0$，并检查外观情况，不得有缺棱、掉角等破损。如有破损者，须重新换取备用试样。将干燥后的试样测量其长、宽、高尺寸各两个，分别取其平均值。

(4) 计算结果与评定

① 每块试样的体积密度($\rho$)按下式计算，精确至0.1kg/m³。

$$\rho = \frac{G_0}{L \cdot B \cdot H} \times 10^9 \tag{3-162}$$

式中 $\rho$——体积密度（kg/m³）；

$G_0$——试样干质量（kg）；

$L$——试样长度（mm）；

$B$——试样宽度（mm）；

$H$——试样高度（mm）。

② 试验结果以试样体积密度的算术平均值表示，精确至1kg/m³。

6. 石灰爆裂试验

(1) 仪器设备

蒸煮箱；

钢直尺：分度值1mm。

(2) 试样

试样为未经雨淋或浸水，且近期生产的砖样，数量按产品标准要求确定。

烧结普通砖用整砖，烧结多孔砖可用1/2块，烧结空心砖用1/4块试验。烧结多孔砖、空心砖试样可以用孔洞率测定或体积密度试验后的试样锯取。

试验前检查每块试样，将不属于石灰爆裂的外观缺陷作标记。

(3) 试验方法

将试样平行侧立于蒸煮箱内的笼子板上，试样间隔不得小于50mm，箱内水面应低于笼上板40mm。加盖蒸6h后取出。检查每块试样上因石灰爆裂（含检测前已出现的爆裂）而造成的外观缺陷，记录其尺寸。

(4) 结果评定

以试样石灰爆裂区域的尺寸最大者表示，精确至1mm。

7. 泛霜试验

(1) 仪器设备

鼓风干燥箱；

耐磨蚀的浅盘5个，容水深度25mm～35mm；

能盖住浅盘的透明材料，在其中间部位开有大于试样宽度、高度或长度尺寸5mm～10mm的矩形孔；

干、湿球温度计或其他温、湿度计。

(2) 试样

① 试样数量按产品标准要求确定。

② 烧结普通砖、烧结多孔砖用整砖，烧结空心砖用 1/2 或 1/4 块，可以用体积密度试验后的试样从长度方向的中间处锯取。

(3) 试验方法

清理试样表面，然后放入 105±5℃ 鼓风干燥箱中干燥 24h，取出冷却至常温。将试样顶面或有孔洞的面朝上分别置于浅盘中，往浅盘中注入蒸馏水，水面高度不低于 20mm。用透明材料覆盖在浅盘上，并将试样暴露在外面，记录时间。

试样浸在盘中的时间为 7d，开始 2d 内经常加水以保持盘内水面高度，以后则保持浸在水中即可。试验过程中要求环境温度为 16~32℃，相对湿度 35%~60%。

7d 后取出试样，在同样的环境条件下放置 4d。然后在 105℃±5℃ 鼓风干燥箱中干燥至恒重。取出冷却至常温。记录干燥后的泛霜程度。

7d 后开始记录泛霜情况，每天一次。

(4) 结果评定

① 泛霜程度根据记录以最严重者表示。

② 泛霜程度划分如下：

无泛霜：试样表面的盐析几乎看不到。

轻微泛霜：试样表面出现一层细小明显的霜膜，但试样表面仍清晰。

中等泛霜：试样部分表面或棱角出现明显霜层。

严重泛霜：试样表面出现起砖粉、掉屑及脱皮现象。

8. 吸水率和饱和系数试验

(1) 仪器设备

鼓风干燥箱；

台秤：分度值为 5g；

蒸煮箱。

(2) 试样

① 试样数量按产品标准的要求确定。

② 烧结普通砖用整砖，烧结多孔砖可用 1/2 块，烧结空心砖可用 1/4 块试验，可从体积密度试验后的试样上锯取。

(3) 试验方法

清理试样表面，然后置于 105℃±5℃ 鼓风干燥箱中干燥至恒重除去粉尘后，称其干质量 $G_0$。将干燥试样浸水 24h，水温 10℃~30℃。

取出试样，用湿毛巾拭去表面水分，立即称量。称量时试样表面毛细孔渗出于称盘中水的质量亦应计入吸水质量中，所得质量为浸泡 24h 的湿质量 $G_{24}$。

将浸泡 24h 后的湿试样侧立放入蒸煮箱的箅子板上，试样间距不得小于 10mm，注入清水，箱内水面应高于试样表面 50mm，加热至沸腾，沸煮 3h，饱和系数试验沸煮 5h，停止加热冷却至常温。

称量沸煮 3h 的湿质量 $G_3$，饱和系数试验称量沸煮 5h 的湿质量 $G_5$。

(4) 结果计算与评定

① 常温水浸泡 24h 试样吸水率（$W_{24}$）按下式计算，精确至 0.1%。

$$W_{24} = \frac{G_{24} - G_0}{G_0} \times 100 \tag{3-163}$$

式中 $W_{24}$——常温水浸泡 24h 试样吸水率（%）；
　　　$G_0$——试样干质量（g）；
　　　$G_{24}$——试样浸水 24h 的湿质量（g）。

②试样沸煮 3h 吸水率（$W_3$）按下式计算，精确至 0.1%。

$$W_3 = \frac{G_3 - G_0}{G_0} \times 100 \tag{3-164}$$

式中 $W_3$——试样沸煮 3h 吸水率（%）；
　　　$G_3$——试样沸煮 3h 的湿质量（g）；
　　　$G_0$——试样干质量（g）。

③每块试样的饱和系数（$K$）按下式计算，精确至 0.001。

$$K = \frac{G_{24} - G_0}{G_5 - G_0} \times 100 \tag{3-165}$$

式中 $K$——试样饱和系数；
　　　$G_{24}$——常温水浸泡 24h 试样湿质量（g）；
　　　$G_0$——试样干质量（g）；
　　　$G_5$——试样沸煮 5h 的湿质量（g）。

④吸水率以试样的算术平均值表示，精确至 1%；饱和系数以试样的算术平均值表示，精确至 0.01。

（二）烧结瓦试验方法

1. 尺寸偏差检验

(1) 仪器设备

钢直尺：精度为 1mm。

(2) 测量方法

在瓦正面的中间处分别测量长度（$L$）和宽度（$b$），其中 S 形瓦在瓦头处测量宽度（$b$）。当被测处有磕碰、釉粘或凸出时，可在其旁边测量。

(3) 结果评定

测量结果以每件试样测量的长度、宽度与其规格长度、宽度的偏差值表示。

测量尺寸精确至 1mm，不足 1mm 者按 1mm 计。

2. 表面质量

(1) 仪器设备

钢直尺，精度为 1mm。

(2) 试验方法

将试样按长度方向五件、宽度方向四件整齐排列在平坦的地面上，在自然光照下目测检验。检查距离从检验者脚尖至瓦底边计算，检验者身体不应倾斜。检查需两人进行，铺放试样者不参与检验。

试验结果以每件试样在不同检查距离下表面质量缺陷的明显程度表示。

① 变形

将瓦的基准平面放置在平板上，用直尺测量瓦边、角翘离平板的最大距离。

平瓦、三曲瓦、双筒瓦、鱼鳞瓦、牛舌瓦类还要检查瓦侧宽度方向的弯曲。测量时，将直尺的边与瓦侧长度方向的两端点平齐，用另一直尺测量瓦侧与直尺边之间的最大弯曲距离。

测量结果以每件试样的变形最大值表示。

② 裂纹

测量裂纹两端点之间最大直线距离。贯穿裂纹长度测量时，应包括连续的非贯穿部分裂纹长度。

测量结果以每件试样的最大裂纹长度表示。

③ 磕碰、釉粘

测量磕碰、釉粘处对瓦相应棱边的长、宽投影尺寸。如果破坏处从一个面延伸至其他面上时，则累计其延伸的投影尺寸。边缘部分的破坏处分别测量其在可见面和隐蔽面或正面和背面上的投影尺寸。平瓦边筋和后爪的破坏处，其残留高度分别从瓦槽和瓦背面的基准平面底部量起。

测量结果以每件试样最大破坏处的尺寸表示。

④ 石灰爆裂

测量石灰爆裂处的最大直径尺寸。

测量结果以每件试样最大破坏处的尺寸表示。

⑤ 欠火、分层

人工敲击试样，依声音差异来辨别，或观察试样侧面进行检验。

试验结果以每件试样欠火、分层缺陷的明显程度表示。

各等级的瓦均不允许有欠火、分层缺陷存在。

(3) 测量精度

测量尺寸精确至1mm，不足1mm者按1mm计。

3. 抗弯曲性能试验

(1) 仪器设备

弯曲强度试验机：试验机的相对误差不大于±1%，能够均匀加荷。支座由放置后互相平行、直径为25mm的金属棒及下面的支承架构成。其中一根可以绕中心轻微上下摆动，另一根可以绕它的轴心稍作旋转，支承架高度约50mm，并能使上面的金属棒间距可调。压头是一直径为25mm的金属棒，也可以绕中心上下轻微摆动。支座金属棒和压头与试样接触部分均包上厚度为5mm、硬度为邵尔A45~60度的普通橡胶板。

钢直尺：精度为1mm。

秒表：精度为0.1s。

(2) 试样准备

以自然干燥状态下的整体瓦作为试样，试样数量为5件。

(3) 试验方法

将试样放在支座上，调整支座金属棒间距，并使压头位于支座金属棒的正中，调整间距使支座金属棒中心以外瓦的长度为15mm±2mm。试验前先校正试验机零点，启动试验机，压头接触试样时不得冲击，以50~100N/s的速度均匀加荷，直至断裂，记录断裂时的最大载荷 $P$。

(4) 结果计算与评定

①平瓦、板瓦、脊瓦、筒瓦、滴水瓦、沟头瓦、S形瓦、J形瓦的试验结果以每件试样断裂时的最大载荷表示，精确至10N。

② 三曲瓦、双筒瓦、鱼鳞瓦、牛舌瓦的弯曲强度按下式计算：

$$R = \frac{3PL}{2bh^2} \tag{3-166}$$

式中　$R$——试样的弯曲强度（MPa）；

　　　$P$——试样断裂时的最大载荷（N）；

　　　$L$——跨距（mm）；

$b$——试样的宽度（mm）；

$h$——试样断裂面上的最小厚度（mm）。

③ 三曲瓦、双筒瓦、鱼鳞瓦、牛舌瓦的试验结果以每件试样的弯曲强度表示，精确至 0.1MPa。

**4. 抗冻性能**

（1）仪器设备

低温箱或冷冻室：放入试样后箱（室）内温度可调至 -20℃或 -20℃以下；

水槽；

试样架。

（2）试样准备

以自然干燥状态下的整体瓦作为试样，试样数量为五件。

（3）试验方法

检查外观，将磕碰、釉粘、缺釉和裂纹处作标记，并记录其情况。将试样浸入 15~25℃的水中，24h 后取出，放入预先降温至 -20±3℃的冷冻箱中的试样架上。试样之间、试样与箱壁之间应有不小于 20mm 的间距。当箱内温度再次降至 -20±3℃时，开始计时，在此温度下保持 3h。打开冷冻箱门，取出试样放入 15~25℃的水中融化 3h。如此为一次冻融循环。

15 次冻融循环结束后，检查并记录每件试样冻融过程出现的破坏情况，如剥落、掉角、掉棱及裂纹增加的破坏处数和破坏尺寸。

试样结果以每件试样的外观破坏程度表示。经 15 次冻融循环不出现剥落、掉角、掉棱及裂纹增加现象即为合格。

**5. 耐急冷急热性**

（1）仪器设备

烘箱：能升温至 200℃；

试样架；

能通过流动冷水的水槽；

温度计。

（2）试样准备

以自然干燥状态下的整体瓦作为试样，试样数量为五件。

（3）试验方法

测量冷水温度，保持 15±5℃为宜。检查外观，将裂纹、磕碰、釉粘和缺釉处作标记，并记录其缺陷情况。

将试样放入预先加热到温度比冷水高 130±2℃的烘箱中的试样架上。试样之间、试样与箱壁之间应有不小于 20mm 的间距。在 5min 内使烘箱重新达到预先加热的温度，开始计时。在此温度下保持 45min。打开烘箱门，取出试样立即浸没于装有流动冷水的水槽中，急冷 5min。如此为一次急冷急热循环。

3 次急冷急热循环结束后，检查并记录每件试样急冷急热循环过程出现的破坏情况，如炸裂、剥落及裂纹延长的破坏处数和破坏尺寸。

试样结果以每件试样的外观程度表示。经 3 次急冷急热循环不出现炸裂、剥落及裂纹延长现象即为合格。

注：此项要求只适用于有釉类瓦。

**6. 吸水率**

（1）仪器设备

鼓风干燥箱；

台秤，精度为5g；

水槽。

(2) 试样准备

以自然干燥状态下的整体瓦或抗弯曲性能试验后的每件样品的一半作为试样，试样数量为五件（块）。

(3) 试验方法

将试样擦拭干净后放入烘箱，使温度保持在110℃，24h后关闭温控装置，打开烘箱门，冷却至略高于室温时取出，称量其质量作为干燥时质量 $m_0$。将试样置于温度为15~25℃的清水中，浸泡24h，试样过程中应保持水面高出试样50mm。

取出试样，用湿毛巾拭去表面水分，立即称量，所得质量作为吸水后质量 $m_1$。

(4) 结果计算与评定

①吸水率按下式计算：

$$w = \frac{m_1 - m_0}{m_0} \times 100 \tag{3-167}$$

式中 $w$——吸水率（%）；

$m_0$——干燥时质量（g）；

$m_1$——吸水后质量（g）。

②试验结果以每件（块）试样的吸水率表示，精确至0.1%。

7. 抗渗性能

(1) 设备和材料

试样架；

水泥砂浆或沥青与砂子的混合剂；

70%石蜡与30%松香的熔化剂。

(2) 试样准备

以自然干燥状态下的整体瓦作为试样，试样数量为3件。

(3) 试验方法

将试样擦拭干净，用水泥砂浆或沥青与砂子的混合料在瓦的正面四周筑起一圈高度为25mm的密封挡，作为围水框；或在瓦头、瓦尾处筑密封挡，与两瓦边形成围水槽。再用70%石蜡和30%松香的熔化剂密封接缝处，须保证密封挡不漏水。形成的围水面积，应接近于瓦的实用面积。

将制作好的试样放置在便于观察的试样架上，并使其保持水平。待平稳后，缓慢地向围水框注入清洁的水，水位高度距瓦面最浅处不小于15mm。保持此状态3h。观察并记录瓦背面有无水滴产生。

试验结果以每件试样的渗水程度表示。经3h瓦背面无水滴产生即为合格。

注：此项要求只适用于无釉类瓦。若其吸水率符合有釉类瓦的规定时，取消抗渗性能要求，否则必须进行抗渗试验并符合本条规定。

(三) 混凝土瓦检测

1. 试样

①试样应随机抽取。尺寸偏差和外观质量检验的试样在产品成品堆场抽取。承载力检验与抗冻性检验的试样龄期不应小于28d。

②试样数量应符合表3-62规定。非破坏性试验项目的试样，可用于其他项目的检验。

**试样抽取数量表** 表 3-62

| 检验项目 | 型式检验 | 出厂检验批量（块） | | | |
|---|---|---|---|---|---|
| | | 2000~50000 | 50001~100000 | 100001~150000 | >150000 |
| | | 试 样 数 量 | | | |
| 长 度 | 3 | 3 | 5 | 8 | 10 |
| 宽 度 | 3 | 3 | 5 | 8 | 10 |
| 遮盖宽度 | 11 | 11 | 11 | 11 | 11 |
| 方正度 | 3 | 3 | 5 | 8 | 10 |
| 平面性 | 3 | 3 | 5 | 8 | 10 |
| 外观缺陷 | 10 | 10 | 20 | 25 | 30 |
| 质量偏差 | 3 | — | — | — | — |
| 承载力 | 7 | 7 | 7 | 7 | 10 |
| 吸水率 | 3 | 3 | 5 | 8 | 10 |
| 抗渗性能 | 3 | 3 | 5 | 8 | 10 |
| 抗冻性 | 3 | — | — | — | — |

注：划"—"者为不需要检验

③ 复验：在所抽取的试样中，尺寸偏差和外观质量检验不合格试件的总数不超过三块，或物理力学性能检验不合格试件的总数不超过一块时，允许进行复验。复验只针对不合格项目进行。复验只允许一次。

2. 尺寸偏差

（1）仪器设备

钢直尺：最小分度值为 1mm。

（2）试验方法

①瓦的长度、宽度

在瓦的两侧边测量瓦的长度，取二者的算术平均值；在瓦的两端测量瓦的宽度，取二者的算术平均值。

测量结果以每件试件测量的长度的算术平均值、宽度的算术平均值与其规格长度、宽度的偏差表示。

②遮盖宽度

a. 有筋槽屋面瓦

将预先确定遮盖宽度相同的 11 块屋面瓦，按生产厂家规定的方式使屋面瓦相互之间搭接嵌合挂好或铺好。

展开状态下这些屋面瓦要尽可能展开，边筋内外槽相互之间的嵌合要可靠，展开状态的遮盖宽度 $b_{1d}$ 要测量 10 块屋面瓦，取整至 mm。紧缩状态下这些屋面瓦要尽可能挤紧靠牢，边筋内外槽相互之间的嵌合要可靠，紧缩状态下的遮盖宽度 $b_{1c}$ 要测量 10 块屋面瓦，取整至 mm，计算：展开状态下的算术平均值（$b_{1d}/10$）和紧缩状态下的算术平均值（$b_{1c}/10$），或平均遮盖宽度（$b_{1d}+b_{1c}$）/20；计算结果修约至 1mm。

b. 无筋槽屋面瓦

将预先确定遮盖宽度相同的 10 块屋面瓦，按厂家所给的方式挂在一根挂瓦条上。将屋面瓦挤紧靠牢，测出 10 块屋面瓦的宽度，并计算其算术平均值。修约至 1mm。

3. 外观质量

外观缺陷用肉眼直接检察，外形缺陷用钢直尺测量。

（1）方正度与吊挂长度

将屋面瓦以 20°~70°之间的角度挂在挂瓦条上，接着测量屋面瓦两侧边挂瓦条上棱和屋面瓦前沿之间的长度 $l_2$、$l_3$，以二者的差作为检验结果，修约至 1mm。

(2) 平面性

将屋面瓦正面朝上放在一个平参考面上，使其处于稳定状态，用一根直径为 3mm 或 $b_1/100$（取整至 mm）的金属棒——以较大者为准，测量屋面瓦的某个设定接触点与平参考面之间是否存在比允许值大的间隙，应给出所有检验结果。

(3) 色差

在光线充足条件下，正常视力，距试样 3m，目测面积约 $1m^2$ 的试样。

(4) 外观缺陷

贯穿裂纹是指从瓦正面裂透至背面的裂纹。惊纹（震纹）按贯穿裂纹论处。

掉角测量其在瓦正面上造成破坏面的长度方向和宽度方向的二个投影尺寸。擦边测量在瓦面上造成的破坏宽度及其破坏的边长。

4. 承载力

(1) 仪器设备

抗折试验机：抗折试验机量程 0~10kN，最小分度值 20N，加压头行程大于 500mm，可以无级调速，测量示值误差不大于 ±1%；

量具：钢直尺——最小分度值 1mm，游标卡尺——精度 0.02mm；

水槽。

(2) 试样制备

将屋面瓦浸没在温度为 10~25℃ 的清水中不小于 24h，水面应高出试样 20mm，于试验前拭干表面水分备用。

(3) 试验方法

① 瓦脊高度的测量

如果生产厂家所给的瓦脊高度 $d$ 不小于 20mm，就要测量试样量的每块屋面瓦的瓦脊高度。在瓦脊两侧测量瓦的高度，取二者的算术平均值为测量结果。

② 支撑方式

采用三点弯曲方式。两个相同高度的支座采用金属制成，其上表面呈半径为 10mm 的圆弧形，其上可垫一宽度为 20mm，厚度为 20~30mm，长度大于屋面瓦的总宽度的硬质木条，木条的下表面应与支座的上表面相配合。在屋面瓦与支座（或木条）之间应有弹性垫层，两支座应相互平行且相对屋面瓦纵向轴的垂直面必须是可自由调节平衡的。支座中心距为 $2/3l_1$，取整数（mm）。

注：$l_1$ 为瓦的长度，以屋面瓦实测值的算术平均值（mm）计。

③ 试验时试样放置

屋面瓦正面朝上置于支座上。此时如屋面瓦还不平衡，例如此时屋面瓦背面的拱肋在支座上，则要将屋面瓦向吊挂瓦爪方向移动一些，以确保其平稳。调整试件至水平。

④ 加荷方式

用于加荷的加荷杆与支座要求材质及尺寸相同，其下表面是呈半径 10mm 的圆弧形。加荷杆应平行于支座，且相对屋面瓦纵向轴的垂直面可自由调节平衡。加荷杆位于跨距中央。弯曲加荷杆与支座之间的角度不允许大于 10°。为了达到这个目的，必要时，在加荷杆与瓦面之间，填垫一块平衡物，平衡物不要宽于加荷杆圆弧的直径。

如果是平的屋面瓦，要在加荷杆和屋顶瓦之间放一弹性垫层。

如果是波型的屋面瓦，要在加荷杆和屋面瓦之间放置与瓦上表形状相吻合的平衡物。平衡物由木块、金属或石膏或快硬水泥砂浆制成，宽度约为20mm。平衡物由硬木或金属制成时，要在平衡物与屋面瓦之间垫以弹性垫层。

⑤ 加荷

通过弯曲加荷杆加荷，其作用力应垂直于屋面瓦平面，最高加荷速度为6500N/min，直至试件断裂破坏。

(4) 试验结果的记录

屋面瓦承载力的试验结果精确至10N。如果屋面瓦上面用于平衡的物质的力大于5N的话，在计算总承载力时应将其包括进去。

(5) 试验结果的计算与评定

① 承载力实测平均值按下式计算，单位：N，修约至10N。

$$F = \frac{F_1 + F_2 + F_3 \cdots F_n}{n} \tag{3-168}$$

式中　$n$——试样数量。

② 承载力标准差按下式计算：

$$\sigma = \sqrt{\frac{\Sigma(F_i - F)^2}{n-1}} \tag{3-169}$$

试验结果以承载力实测平均值表示。

5. 吸水率

(1) 仪器设备

干燥箱；

天平：灵敏度5g；

水槽。

(2) 试验方法

将试样擦拭干净后放入干燥箱，箱内温度保持105℃±5℃，干燥24h。取出冷却至室温后，称量其干燥质量$m_0$，精确至10g。将屋面瓦浸没在温度为10~25℃的清水中不小于24h，水面应高出试样20~30mm。取出试样，用拧干的湿毛巾拭去表面附着水，立即称量试样的饱水质量$m_1$，精确至10g。

(3) 试验结果计算

① 吸水率按式计算：

$$W = \frac{m_1 - m_0}{m_0} \times 100 \tag{3-170}$$

式中　$W$——吸水率 (%)；

　　　$m_0$——干燥质量 (g)；

　　　$m_1$——饱水质量 (g)。

② 试验结果以三块试样中最大的吸水率表示，修约至0.1%。

6. 抗渗性能

(1) 仪器设备：与被检样品规格相适应的不透水的围框。

(2) 样品调湿

将试样在温度为15~30℃，空气相对湿度不小于40%，通风良好的条件下，存放不少于24h。

(3) 试验方法

将试样正面朝上放置于合适的围框内。使用不透水的密封材料将试样密封好。密封时注意，边筋外槽搭接部分等于或大于30mm的屋面瓦，封闭盖住的部分不允许大于搭接宽度的一半；功能孔在试验前用不透水的材料封闭。

试样平面与水平面的偏差角应不大于10°。将水注入以试样为底并用围框密封的容器中，水面要高出瓦脊10～15mm，或者从瓦槽的上表面量起50mm，以深度大者为准。

将此被检验的样品在15～30℃，空气相对湿度不小于40%的条件下，存放24h±5min。

（4）试验结果与评定

观察每个被检样品的背面无水滴形成现象，即认为抗渗性能合格。

7．抗冻性

（1）仪器设备

与被检样品规格相适应的不透水的围框；

抗折试验机：抗折试验机量程0～10kN，最小分度值20N，加压头行程大于500mm，可以无级调速，测量示值误差不大于±1%；

水槽；

低温箱或冷冻室：放入试样后箱（室）内温度可调至并保持在－15℃或－25℃范围内。箱（室）内温度宜在2h±30min内可调至－20±5℃。

（2）试样

将屋面瓦在温度为20℃±5℃的清水中浸泡48h，试验前取出并自然滴落屋面瓦表面附着水。

（3）试验方法

将经过浸水饱和的屋面瓦摆放在试样架上，随即放入预先降温至－20±5℃的低温箱或冷冻室内。待箱（室）内温度再次将至－20±5℃时，开始计时。在此温度下保持3h。然后，取出试件立即放入15～25℃的水中融化1h。如此为一个冻融循环。

冻融循环的间断只能在融化阶段，直到试验继续时瓦要浸泡在水中，中断时间不要大于96h，中断24h以上的要给予说明。

如此进行25次冻融循环后，要将试样在空气温度15～30℃，空气相对湿度不小于40%的条件下放置7d，接着进行抗渗性能试验。

在抗渗性能检验后，接着将屋面瓦进行承载力检验。

（4）结果评定

以冻融后试件的抗渗性能和承载力检验的结果是否同时达到抗渗性、承载力相应的要求表示。并同时检查外观质量是否达到标准要求。

四、实例

1．一组烧结多孔砖规格为240mm×115mm×90mm，强度等级为MU10，经检测各试件尺寸和破坏荷载值见下表，试判断该组砖的强度是否符合烧结多孔砖MU10的技术要求？

**某烧结多孔砖试件尺寸和破坏荷载值**

| 项 目 \ 试件编号 | 1 | 2 | 3 | 4 | 5 | 6 | 7 | 8 | 9 | 10 |
|---|---|---|---|---|---|---|---|---|---|---|
| 长（mm） | 236 | 237 | 238 | 235 | 237 | 237 | 238 | 238 | 236 | 238 |
| 宽（mm） | 109 | 111 | 111 | 108 | 109 | 109 | 113 | 111 | 111 | 113 |
| 破坏荷载（kN） | 192.3 | 200.0 | 230.2 | 184.6 | 175.9 | 187.2 | 250.5 | 207.3 | 199.0 | 238.5 |

（1）试件受压面尺寸计算

$A_1 = 236 \times 109 = 25724 \text{mm}^2$；$A_2 = 237 \times 111 = 26307 \text{mm}^2$；

$A_3 = 238 \times 111 = 26418 \text{mm}^2$；$A_4 = 235 \times 108 = 25380 \text{mm}^2$；

$A_5 = 237 \times 109 = 25833 \text{mm}^2$; $A_6 = 237 \times 109 = 25833 \text{mm}^2$;
$A_7 = 238 \times 113 = 26894 \text{mm}^2$; $A_8 = 238 \times 111 = 26418 \text{mm}^2$;
$A_9 = 236 \times 111 = 26196 \text{mm}^2$; $A_{10} = 238 \times 113 = 26894 \text{mm}^2$

(2) 试件抗压强度计算

$f_1 = \dfrac{P}{A} = \dfrac{192.3}{25724} \times 1000 = 7.48 \text{MPa}$; $f_2 = \dfrac{P}{A} = \dfrac{200.0}{26307} \times 1000 = 7.60 \text{MPa}$;

$f_3 = \dfrac{P}{A} = \dfrac{230.2}{26418} \times 1000 = 8.71 \text{MPa}$; $f_4 = \dfrac{P}{A} = \dfrac{184.6}{25380} \times 1000 = 7.27 \text{MPa}$;

$f_5 = \dfrac{P}{A} = \dfrac{175.9}{25833} \times 1000 = 6.81 \text{MPa}$; $f_6 = \dfrac{P}{A} = \dfrac{187.2}{25833} \times 1000 = 7.25 \text{MPa}$;

$f_7 = \dfrac{P}{A} = \dfrac{250.5}{26894} \times 1000 = 9.31 \text{MPa}$; $f_8 = \dfrac{P}{A} = \dfrac{207.3}{26418} \times 1000 = 7.85 \text{MPa}$;

$f_9 = \dfrac{P}{A} = \dfrac{199.0}{26196} \times 1000 = 7.60 \text{MPa}$; $f_{10} = \dfrac{P}{A} = \dfrac{238.5}{26894} \times 1000 = 8.87 \text{MPa}$

(3) 试件平均抗压强度计算

$$\overline{F} = \dfrac{f_1 + f_2 + f_3 + f_4 + f_5 + f_6 + f_7 + f_8 + f_9 + f_{10}}{10}$$

$$= \dfrac{7.48 + 7.60 + 8.71 + 7.27 + 6.81 + 7.25 + 9.31 + 7.85 + 7.60 + 8.87}{10}$$

$$= 7.88 \text{MPa}$$

(4) 抗压强度标准差计算

$$S = \sqrt{\dfrac{1}{9} \sum_{i=1}^{10} (f_i - \overline{f})^2} = 0.81 \text{MPa}$$

(5) 变异系数计算

$$\delta = \dfrac{S}{\overline{f}} = \dfrac{0.81}{7.88} = 0.10$$

(6) 结果计算与评定

① $\because \delta = 0.10 < 0.21$

$\therefore$ 用平均值 - 标准值方法评定

② 强度标准值 $f_k$ 计算

$$f_k = \overline{f} - 1.8S = 7.88 - 1.8 \times 0.81 = 6.4 \text{MPa}$$

③ 评定

$\because \overline{f} = 7.88 < 10.0 \text{MPa}$

$f_k = 6.4 < 6.5 \text{ MPa}$

$\therefore$ 该组砖经检测，抗压强度不符合 GB 13544—2000《烧结多孔砖》MU10 的技术要求。

2. 一组混凝土瓦规格为 420mm × 330mm $C$，瓦脊高度为 23mm，遮盖宽度为 300mm，经检测各试件破坏荷载值见下表，试判断该组混凝土瓦承载力是否合格？

**某混凝土瓦破坏荷载值**

| 项　目　　试件编号 | 1 | 2 | 3 | 4 | 5 | 6 | 7 |
|---|---|---|---|---|---|---|---|
| 破坏荷载（N） | 2410 | 2390 | 2273 | 2230 | 2310 | 2276 | 2382 |

(1) 承载力实测平均值计算

$$F = \dfrac{F_1 + F_2 + F_3 + F_4 + F_5 + F_6 + F_7}{7}$$

$$= \frac{2410 + 2390 + 2273 + 2230 + 2310 + 2276 + 2382}{7} = 2320\text{N}$$

(2) 承载力标准差计算

$$\sigma = \sqrt{\frac{\Sigma(F_i - F)^2}{n - 1}} = 69.6\text{N}$$

(3) 承载力可验收值计算

根据瓦脊高度和遮盖宽度查表 3-61，取 $F_C = 1500\text{N}$

$$F_C + 1.64\sigma = 1500 + 1.64 \times 69.6 = 1614\text{N}$$

(4) 评定

$\because F = 2320 > F_C + 1.64\sigma = 1614\text{N}$

$\therefore$ 该组混凝土瓦承载力符合 JC 746—1999《混凝土瓦》合格品的技术要求。

**思考题**

1. 烧结砖强度等级评定的依据是什么？
2. 非烧结砖强度等级评定的依据是什么？
3. 烧结砖和非烧结砖进行抗压强度试验时，试件制作有何异同？
4. 混凝土瓦和烧结瓦进行尺寸偏差检测时有何异同点？
5. 砖冻融试验的温度要求是什么？冻融循环多少次？
6. 烧结瓦中哪些瓦的弯曲性能用最大载荷表示？哪些瓦的弯曲性能用弯曲强度表示？
7. 混凝土瓦的吸水率试验结果以什么表示？
8. 混凝土瓦的抗冻性能评定的依据是什么？

**参考文献**

1. 《烧结普通砖》GB 5101—2003. 中国标准出版社，2003
2. 《烧结空心砖和空心砌块》GB 13545—2003. 中国标准出版社，2003
3. 《砌墙砖试验方法》GB/T 2542—2003. 中国标准出版社，2003
4. 《烧结多孔砖》GB 13544—2000. 中国标准出版社，2001
5. 《粉煤灰砖》JC 239—2001. 国家建筑材料工业局标准化研究所，2001
6. 《烧结瓦》JC 709—1998. 国家建筑材料工业局标准化研究所，1998
7. 《混凝土瓦》JC 746—1999. 国家建筑材料工业局标准化研究所，1999

## 第八节 砌 块

### 一、概念

砌块是指砌筑用的人造块材，外型多为直角六面体，也有各种异型的。砌块按用途分为承重砌块与非承重砌块；按有无空洞分为实心砌块与空心砌块；按使用原材料分为硅酸盐混凝土砌块与轻骨料混凝土砌块；按生产工艺分为烧结砌块与蒸压蒸养砌块；按产品规格分为大、中型砌块和小型砌块。

凡以钙质材料和硅质材料为基本原料（如水泥、水淬矿渣、粉煤灰、石灰、石膏等），经磨细，以铝粉为发气材料（发气剂），按一定比例配合，再经过料浆浇注，发气成型，坯体切割，蒸压养护等工艺制成的一种轻质、多孔、块状墙体材料称为蒸压加气混凝土砌块。

粉煤灰小型空心砌块是以粉煤灰、水泥、各种轻重骨料、水为主要组分（也可以加入外加剂等），拌合制成的小型空心砌块。

普通混凝土砌块是以普通混凝土制成的砌块。

轻骨料混凝土砌块是以轻骨料混凝土制成的砌块。

目前常用的砌块有粉煤灰小型空心砌块、普通混凝土小型空心砌块、轻骨料混凝土小型空心砌块、蒸压加气混凝土砌块。

### 二、检测依据及技术指标

1. 标准名称及代号

《蒸压加气混凝土砌块》GB/T 11968—1997
《粉煤灰小型空心砌块》JC 862—2000
《普通混凝土小型空心砌块》GB 8239—1997
《轻集料混凝土小型空心砌块》GB 15229—2002
《加气混凝土性能试验方法》GB/T 11969～11973—1997
《混凝土小型空心砌块试验方法》GB/T 4111—1997

2. 技术指标

(1) 尺寸偏差应符合表3-63的规定

尺 寸 偏 差 （mm）  表3-63

| 产品类别 | 项目名称 | 优等品 | 一等品 | 合格品 | 备 注 |
|---|---|---|---|---|---|
| 蒸压加气混凝土砌块 | 长 mm | ±3 | ±4 | ±5 | |
| | 宽 mm | ±2 | ±3 | +3 −4 | |
| | 高 mm | ±2 | ±3 | +3 −4 | |
| 粉煤灰小型空心砌块 | 长 mm | ±2 | ±3 | ±3 | 最小外壁厚不应小于25mm、肋厚不应小于20mm |
| | 宽 mm | ±2 | ±3 | ±3 | |
| | 高 mm | ±2 | ±3 | ±3 | |
| 普通混凝土小型空心砌块 | 长 mm | ±2 | ±3 | ±3 | 最小外壁厚应不小于30mm，最小肋厚应不小于25mm |
| | 宽 mm | ±2 | ±3 | ±3 | |
| | 高 mm | ±2 | ±3 | +3 −4 | |
| 轻骨料混凝土小型空心砌块 | 长 mm | — | ±2 | ±3 | ①保温砌块最小外壁厚和肋厚不宜小于20mm ②承重砌块最小外壁厚不小于30mm，肋厚不应小于25mm |
| | 宽 mm | — | ±2 | ±3 | |
| | 高 mm | — | ±2 | ±3 | |

(2) 外观质量应符合表3-64的规定

外 观 质 量  表3-64

| 项 目 | | 蒸压加气混凝土砌块 | | | 粉煤灰小型空心砌块 | | | 普通混凝土小型空心砌块 | | | 轻骨料混凝土小型空心砌块 | | |
|---|---|---|---|---|---|---|---|---|---|---|---|---|---|
| | | 优等品 | 一等品 | 合格品 | 优等品 | 一等品 | 合格品 | 优等品 | 一等品 | 合格品 | 优等品 | 一等品 | 合格品 |
| 弯曲 mm ≤ | | 0 | 3 | 5 | 2 | 3 | 4 | 2 | 2 | 3 | — | — | — |
| 缺棱掉角 | 个数，个 ≤ | 0 | 1 | 2 | 0 | 2 | 2 | 0 | 2 | 2 | 0 | 2 | 2 |
| | 三个方向投影的最小尺寸 mm ≤ | 0 | 30 | 30 | 0 | 20 | 30 | 0 | 20 | 30 | 0 | — | 30 |
| | 最大尺寸 mm ≤ | 0 | 70 | 70 | — | — | — | — | — | — | — | — | — |
| 爆裂、粘模和损坏深度 mm ≤ | | 10 | 20 | 30 | — | — | — | — | — | — | — | — | — |

续表

| 项目 | | 蒸压加气混凝土砌块 | | | 粉煤灰小型空心砌块 | | | 普通混凝土小型空心砌块 | | | 轻骨料混凝土小型空心砌块 | | |
|---|---|---|---|---|---|---|---|---|---|---|---|---|---|
| | | 优等品 | 一等品 | 合格品 | 优等品 | 一等品 | 合格品 | 优等品 | 一等品 | 合格品 | 优等品 | 一等品 | 合格品 |
| 表面疏松、层裂 | | 不允许 | | | — | — | — | — | — | — | — | — | — |
| 表面油污 | | 不允许 | | | — | — | — | — | — | — | — | — | — |
| 裂纹 | 裂纹延伸投影的累计尺寸 mm ≤ | — | — | — | 0 | 20 | 30 | 0 | 20 | 30 | — | 0 | 30 |
| | 条数，条 ≤ | 0 | 1 | 2 | — | | | | | | | | |
| | 任一面上的裂纹长度不得大于裂纹方向尺寸的 | 0 | 1/3 | 1/2 | — | | | | | | | | |
| | 贯穿一棱二面的裂纹长度不得大于裂纹所在面的裂纹方向尺寸总和的 | 0 | 1/3 | 1/3 | — | | | | | | | | |

(3) 强度应符合表 3-65 的规定

强 度 等 级 （MPa）　　　　　　　　　　表 3-65

| 产品类别 | 强度等级 | 抗压强度平均值 $f$ ≥ | 单块最小抗压强度值 $f_{min}$ ≥ | 备注 |
|---|---|---|---|---|
| 蒸压加气混凝土砌块 | A1.0 | 1.0 | 0.8 | |
| | A2.0 | 2.0 | 1.6 | |
| | A2.5 | 2.5 | 2.0 | |
| | A3.5 | 3.5 | 2.8 | |
| | A5.0 | 5.0 | 4.0 | |
| | A7.5 | 7.5 | 6.0 | |
| | A10.0 | 10.0 | 8.0 | |
| 粉煤灰小型空心砌块 | MU2.5 | 2.5 | 2.0 | |
| | MU3.5 | 3.5 | 2.8 | |
| | MU5.0 | 5.0 | 4.0 | |
| | MU7.5 | 7.5 | 6.0 | |
| | MU10 | 10.0 | 8.0 | |
| | MU15 | 15.0 | 12.0 | |
| 普通混凝土小型空心砌块 | MU3.5 | 3.5 | 2.8 | |
| | MU5.0 | 5.0 | 4.0 | |
| | MU7.5 | 7.5 | 6.0 | |
| | MU10 | 10.0 | 8.0 | |
| | MU15 | 15.0 | 12.0 | |
| | MU20 | 20.0 | 16.0 | |
| 轻骨料混凝土小型空心砌块 | 1.5 | 1.5 | 1.2 | 密度等级范围≤600kg/m³ |
| | 2.5 | 2.5 | 2.0 | 密度等级范围≤800kg/m³ |
| | 3.5 | 3.5 | 2.8 | 密度等级范围≤1200kg/m³ |
| | 5.0 | 5.0 | 4.0 | |
| | 7.5 | 7.5 | 6.0 | 密度等级范围≤1400kg/m³ |
| | 10.0 | 10.0 | 8.0 | |

(4) 加气混凝土砌块的干燥收缩、抗冻性和导热系数（干燥）应符合表3-66的规定

干燥收缩、抗冻性和导热系数　　　　　表3-66

| 体积密度等级 | | | B03 | B04 | B05 | B06 | B07 | B08 |
|---|---|---|---|---|---|---|---|---|
| 干燥收缩值 | 标准法 ≤ | mm/m | 0.50 | | | | | |
| | 快速法 ≤ | | 0.80 | | | | | |
| 抗冻性 | 质量损失,% ≤ | | 5.0 | | | | | |
| | 冻后强度,MPa ≤ | | 0.8 | 1.6 | 2.0 | 2.8 | 4.0 | 6.0 |
| 导热系数（干态）,W/m·k ≤ | | | 0.10 | 0.12 | 0.14 | 0.16 | — | — |

注：1. 规定采用标准法、快速法测定干燥收缩值，若测定结果发生矛盾不能判定时，则以标准法测定的结果为准。
　　2. 用于墙体的砌块，允许不测导热系数。

### 三、试验方法

（一）混凝土小型空心砌块试验方法

取样频率：同一厂家的1万块小砌块抽样数量不少于1组，用于多层以上的基础和底层的小砌块不少于2组。

1. 尺寸偏差

（1）仪器设备：钢直尺，精度1mm。

（2）试验方法：长度在条面的中间，宽度在顶面的中间，高度在顶面的中间测量。每项在对应两面各测一次，精确到1mm；壁、肋厚在最小部位测量，每选两处各测一次，精确至1mm。试件的尺寸偏差以实际测量的长度、宽度和高度与规定尺寸的差值表示。

2. 外观质量检查

弯曲检查：将直尺贴靠坐浆面，铺浆面和条面，测量直尺与试件之间的最大间距，精确至1mm；

缺棱掉角检查：将直尺贴靠棱边，测量缺棱掉角在长、宽、高度三个方向的投影尺寸，精确至1mm；

裂纹检查：用钢直尺测量裂纹在所在面上的最大投影尺寸，如裂纹由一个面延伸到另一个面时则累计其延伸的投影尺寸，精确至1mm。

弯曲、缺棱掉角和裂纹长度的测量结果以最大测量值表示。

3. 抗压强度

（1）仪器设备

材料试验机：示值误差应不大于2%，其量程选择应能使试件的预期破坏荷载落在满量程的20%~80%；

钢直尺：精度1mm；

钢板：厚度不小于10mm，平面尺寸应大于440mm×240mm；

玻璃平板：厚度不小于6mm，平面尺寸与钢板的要求相同；

水平尺。

（2）试件制作

试件数量为五个砌块；处理坐浆面和铺浆面，使之成为互相平行的平面，将钢板置于稳固底座上，平整面向上，用水平尺调至水平，在钢板上薄薄地涂一层机油或一层湿纸，然后铺一层以1份重量的强度等级32.5以上的普通硅酸盐水泥和2份细砂，加入适量的水调成的砂浆，将试件的坐浆面湿润后平稳地压入砂浆层内，使砂浆层尽可能均匀，厚度为3mm~5mm，将多余的砂浆

沿试件棱边刮掉,静置24h后,再按上述方法处理试件的铺浆面;在温度10℃以上不通风的室内养护3d后做抗压强度试验。

(3) 试验方法

测量试件的长度和宽度,分别求出各方向的平均值,精确至1mm;将试件置于试验机承压板上,使试件的轴线与试验机压板的压力中心重合,以10kN/s~30kN/s的速度加荷,直至试件破坏。记录最大破坏荷载 P。

(4) 计算结果

$$f = \frac{P}{LB} \tag{3-171}$$

式中  $f$ ——试件的抗压强度（MPa）,精确至0.1MPa;
  $P$ ——破坏荷载（N）;
  $L$ ——受压面的长度（mm）;
  $B$ ——受压面的宽度（mm）。

试验结果以五个试件抗压强度的算术平均值和单块最小值表示,精确至0.1MPa。

4. 抗折强度

(1) 仪器设备

材料试验机：示值误差应不大于2%;

钢直尺：精度1mm;

钢棒：直径35~40mm,长度210mm,数量为三根。

(2) 试验方法

试件数量为五块,试件表面处理同抗压强度试件;将抗折支座置于试验机承压板上,调整钢棒轴线之间的距离,使其等于试件长度减一个坐浆面处的肋厚,再使抗折支座的中线与试验机压板的压力中心重合;将试件的坐浆面置于抗折支座上,在试件的上部二分之一长度处放置一根钢棒,以250N/s的速度加荷直至破坏,记录最大破坏荷载 P。

(3) 计算结果与评定

$$R_z = \frac{3PL}{2BH^2} \tag{3-172}$$

式中  $R_z$ ——试件的抗折强度（MPa）;
  $P$ ——破坏荷载（N）;
  $L$ ——抗折支座上两钢棒轴心间距（mm）;
  $B$ ——试件宽度（mm）;
  $H$ ——试件高度（mm）。

试验结果以五个试件抗折强度的算术平均值和单块最小值表示,精确至0.1MPa。

5. 块体密度和空心率试验

(1) 仪器设备

磅秤：最大称量50kg,感量0.05kg;

水池或水箱；

水桶：大小应能悬浸一个主规格的砌块;

电热鼓风干燥箱；

吊架。

(2) 试验方法

试件数量为三个砌块,按尺寸偏差的方法测量试件的长度、宽度、高度,分别求出各个方向的平均值，计算每个试件的体积 $V$，精确至 $0.001\mathrm{m}^3$。

将试件放入电热鼓风干燥箱内，在 $(105\pm5)$℃温度下至少干燥 24h，然后每间隔 2h 称量一次，直至两次称量之差不超过后一次称量的 0.2% 为止。

待试件在电热鼓风干燥箱内冷却至与室温之差不超过 20℃后取出，立即称其绝干质量 $m$，精确至 0.05kg。

将试件浸入室温 15~25℃的水中，水面应高出试件 20mm 以上，24h 后将其分别移到水桶中，称出试件的悬浸质量 $m_1$，精确至 0.05kg。

称取悬浸质量的方法如下：将磅秤置于平稳的支座上，在支座的下方与磅秤中线重合处放置水桶。在磅秤底盘上放置吊架，用铁丝把试件悬挂在吊架上，此时试件应离开水桶的底面且全部浸泡在水中。将磅秤读数减去吊架和铁丝的质量，即为悬浸质量。

将试件从水中取出，放在铁丝网架上滴水 1min，再用拧干的湿布拭去内、外表面的水，立即称其面干潮湿状态的质量 $m_2$，精确至 0.05kg。

(3) 结果计算与评定

每个试件的块体密度按下式计算，精确至 $10\mathrm{kg/m}^3$

$$\gamma = \frac{m}{V} \tag{3-173}$$

式中　$\gamma$——试件的块体密度（$\mathrm{kg/m}^3$）；
　　　$m$——试件的绝干质量（kg）；
　　　$V$——试件的体积（$\mathrm{m}^3$）。

块体密度以三个试件块体密度的算术平均值表示。精确至 $10\mathrm{kg/m}^3$。

每个试件的空心率按下式计算，精确至 1%

$$K_\gamma = \left[1 - \frac{\dfrac{m_2 - m_1}{d}}{V}\right] \times 100 \tag{3-174}$$

式中　$K_\gamma$——试件的空心率（%）；
　　　$m_1$——试件的悬浸质量（kg）；
　　　$m_2$——试件面干潮湿状态的质量（kg）；
　　　$V$——试件的体积（$\mathrm{m}^3$）；
　　　$d$——水的密度（$1000\mathrm{kg/m}^3$）。

砌块的空心率以三个试件空心率的算术平均值表示。精确至 1%。

6. 含水率、吸水率和相对含水率试验

(1) 仪器设备

电热鼓风干燥箱；

磅秤：最大称量 50kg，感量 0.05kg；

水池或水箱。

(2) 试验方法

试件数量为三个砌块。试件如需运至远离取样处试验，则在取样后应立即用塑料袋包装密封。试件取样后立即称取其质量 $m_0$。如试件用塑料袋密封运输，则在拆袋前先将试件连同包装袋一起称量，然后减去包装袋的质量（袋内如有试件中析出的水珠，应将水珠拭干），即得试件在取样时的质量，精确至 0.05kg。按体积密度的方法将试件烘干至恒重，称取其绝干质量 $m$。将试件浸入室温 15~25℃的水中，水面应高出试件 20mm 以上。24h 后取出，称量试件面干潮湿状态的质量 $m_2$，精确至 0.05kg。

(3) 结果计算与评定

① 每个试件的含水率按下式计算，精确至0.1%。

$$W_1 = \frac{m_0 - m}{m} \times 100 \tag{3-175}$$

式中 $W_1$——试件的含水率（%）；
$m_0$——试件在取样时的质量（kg）；
$m$——试件的绝干质量（kg）。

砌块的含水率以三个试件含水率的算术平均值表示。精确至0.1%。

② 每个试件的吸水率按下式计算，精确至0.1%。

$$W_2 = \frac{m_2 - m}{m} \times 100 \tag{3-176}$$

式中 $W_2$——试件的吸水率（%）；
$m_2$——试件面干潮湿状态的质量（kg）；
$m$——试件的绝干质量（kg）。

砌块的吸水率以三个试件吸水率的算术平均值表示，精确至0.1%。

③ 砌块的相对含水率按下式计算，精确至0.1%。

$$W = \frac{\overline{W_1}}{\overline{W_2}} \times 100 \tag{3-177}$$

式中 $W$——砌块的相对含水率（%）；
$\overline{W_1}$——砌块出厂时的含水率（%）；
$\overline{W_2}$——砌块的吸水率（%）。

7. 干燥收缩试验

（1）设备仪器

手持应变仪：标距250mm；

热鼓风干燥箱；

水池或水箱；

测长头：由不锈钢或黄铜制成；

冷却干燥箱：可用铁皮焊接，尺寸应为650mm×600mm×220mm（长×宽×高），盖子宜紧密。

（2）试验方法

试件每组为三个砌块。用硅酸盐水泥、水泥—水玻璃浆或环氧树脂在每个试件任一条面的二分之一高度处沿水平方向粘上两个测长头。间距为250mm。

测长头粘结牢固后的试件浸入室温15~25℃的水中，水面高出试件20mm以上，浸泡4d。但在测试前4h水温应保持为（20±3）℃。

将试件从水中取出，放在铁丝网架上滴水1min，再用拧干的湿布拭去内外表面的水，立即用手持应变仪测量两个测长头之间的初始长度 $L$，精确至0.001mm。手持应变仪在测长前需用标准杆调整或校核，要求每组试件在15min内测完。

试件静置在室内，2d后放入温度（50±3）℃的电热鼓风干燥箱内，湿度用放在浅盘中的氯化钙过饱和溶液控制，当电热鼓风干燥箱容量为1m³时，溶液暴露面积应不小于0.3m²，氯化钙固体应始终露出液面。

试件在电热鼓风干燥箱中干燥 3d 后取出，放入室温为（20±3）℃的冷却干燥箱内，冷却 3h 后用手持应变仪测长一次。

试件放回电热鼓风干燥箱进行第二周期的干燥。第二周期的干燥及以后各周期的干燥延续时间均为 2d。干燥结束后再按规定冷却和测长。为保证干燥均匀，试件在冷却和测长后再放入电热鼓风干燥箱时，应变换一下位置。

反复进行烘干和测长，直到试件长度达到稳定。长度达到稳定系指试件在上述温、湿度条件下连续干燥三个周期后，三个试件长度变化的平均值不超过 0.005mm。此时的长度即为干燥后的长度 $L_0$。

(3) 结果计算与评定

①单个试件的干燥收缩值，按下式计算，精确至 0.01mm/m。

$$S = \frac{L - L_0}{L_0} \times 1000 \tag{3-178}$$

式中 $S$——试件干燥收缩值（mm/m）；
$L$——试件的初始长度（mm）；
$L_0$——试件干燥后的长度（mm）。

②砌块的干燥收缩值以三个试件干燥收缩值的算术平均值表示，精确至 0.01mm/m。

8. 软化系数试验

(1) 仪器设备

材料试验机：示值误差应不大于 2%；

钢直尺：精度 1mm；

钢板：厚度不小于 10mm，平面尺寸应大于 440mm×240mm；

玻璃平板：厚度不小于 6mm，平面尺寸与钢板的要求相同；

水平尺；

水池或水箱。

(2) 试验方法

试件数量为两组十个砌块。试件表面处理按抗压强度表面处理的规定进行。从经过表面处理和静置 24h 后的两组试件中，任取一组五个试件浸入室温 15~25℃的水中，水面高出试件 20mm 以上，浸泡 4d 后取出，在铁丝网架上滴水 1min，再用拧干的湿布拭去内外表面的水。将五个饱和面干的试件和其余五个气干状态的对比试件进行抗压强度试验。

(3) 结果计算与评定

砌块的软化系数按下式计算，精确至 0.01；

$$K_f = \frac{R_f}{R} \tag{3-179}$$

式中 $K_f$——砌块的软化系数；
$R_f$——五个饱和面干试件的平均抗压强度（MPa）；
$R$——五个气干状态的对比试件的平均抗压强度（MPa）。

9. 碳化系数试验

(1) 仪器设备和试剂

二氧化碳钢瓶；

碳化箱：可用铁板制作，大小应能容纳分两层放置七个试件，盖子宜紧密；

二氧化碳气体分析仪；

1%酚酞乙醇溶液：用浓度为70%的乙醇配制；

抗压强度试验设备。

(2) 试验方法

试件数量为两组12个砌块。一组五块为对比试件，一组七块为碳化试件，其中两块用于测试碳化情况。试件表面处理按抗压强度表面处理的规定进行。表面处理后应将试件空洞处的砂浆层打掉。

将七个碳化试件放入碳化箱内，试件间距不得小于20mm。将二氧化碳气体通入碳化箱内，用气体分析仪控制箱内的二氧化碳浓度在(20±3)%。碳化过程中如箱内湿度太大，应采取排湿措施。碳化7d后，每天将同一个试件的局部劈开，用1%的酚酞乙醇溶液检查碳化深度，当试件中心不显红色时，则认为箱中所有试件全部碳化。将已全部碳化的五个试件和五个对比试件进行抗压强度试验。

(3) 结果计算与评定

砌块的碳化系数按下式计算，精确至0.01。

$$K_c = \frac{R_c}{R} \tag{3-180}$$

式中 $K_c$——砌块的碳化系数；

$R_c$——五个碳化后试件的平均抗压强度 (MPa)；

$R$——五个对比试件的平均抗压强度 (MPa)。

10. 抗冻性试验

(1) 仪器设备

冷冻室或低温水箱：最低温度能达到-20℃；

水池或水箱；

材料试验机：示值误差应不大于2%。

(2) 试验方法

试件数量为两组十个砌块。分别检查十个试件的外表面，在缺陷处涂上油漆，注明编号，静置待干。

将一组五个冻融试件浸入10~20℃的水池或水箱中，水面应高出试件20mm以上，试件间距不得小于20mm，另一组五个作对比试验。

浸泡4d后从水中取出试件，在支架上滴水1min，再用拧干的湿布拭去内外表面的水，立即称量试件饱和面干状态的质量 $m_3$，精确至0.05kg。

将五个冻融试件放入预先降至-15℃的冷冻室或低温水箱中，试件应放置在断面为20mm×20mm的木条制作的格栅上。空洞向上，间距不小于20mm。当温度再次降至-15℃时开始计时。冷冻4h后将试件取出，再置于水温为10~20℃的水池或水箱中融化2h，这样一个冷冻和融化的过程即为一个冻融循环。

每经5次冻融循环，检查一次试件的破坏情况，如开裂、缺棱、掉角、剥落等，并做出记录。

在完成规定次数的冻融循环后，将试件从水中取出，称量试件冻融后饱和面干状态的质量 $m_4$。

冻融试件静置24h后与对比试件一起按抗压强度表面处理的方法作表面处理，在表面处理完24h后，进行泡水和抗压强度试验。

(3) 结果计算与评定：

① 报告五个冻融试件的外观检查结果。

② 砌块的抗压强度损失率按下式计算，精确至1%。

$$K_R = \frac{R_f - R_c}{R_f} \times 100 \qquad (3\text{-}181)$$

式中 $K_R$——砌块的抗压强度损失率（%）；
$R_f$——五个未冻融试件的平均抗压强度（MPa）；
$R_c$——五个冻融试件的平均抗压强度（MPa）。

③ 每个试件冻融后的质量损失率按下式计算，精确至0.1%。

$$K_m = \frac{m_3 - m_4}{m_3} \times 100 \qquad (3\text{-}182)$$

式中 $K_m$——试件的质量损失率（%）；
$m_3$——试件冻融前的质量（kg）；
$m_4$——试件冻融后的质量（kg）。

砌块的质量损失率以五个冻融试件质量损失率的算术平均值表示，精确至0.1%。

抗冻性以冻融试件的抗压强度损失率、质量损失率和外观检验结果表示。

11. 抗渗性试验

(1) 仪器设备

抗渗装置；

水池或水箱。

(2) 试验方法

试件数量为三个砌块。将试件浸入室温15～25℃的水中，水面应高出试件20mm以上，2h后将试件从水中取出，放在铁丝网架上滴水1min，再用拧干的湿布拭去内、外表面的水。

将试件放在抗渗装置中，使空洞成水平状态。在试件周边20mm宽度处涂上黄油或其他密封材料，再铺上橡胶条，拧紧紧固螺栓，将上盖板压紧在试件上，使周边不漏水。

在30s内往玻璃筒内加水，使水面高出试件上表面200mm。自加水时算起2h后测量玻璃筒内水面下降的高度。

(3) 结果评定

按三个试件上玻璃筒内水面下降的最大高度来评定。

(二) 加气混凝土性能试验方法

1. 试件准备

① 试件的制作，采用机锯或刀锯，锯时不得将试件弄湿。

② 体积密度、吸水率、抗压强度、抗冻性、轴心抗压强度和静力受压弹性模量试件，沿制品膨胀方向中心部分上、中、下顺序锯取一组，"上"块上表面距离制品顶面30mm，"中"块在制品正中处，"下"块下表面离制品底面30mm。制品的高度不同，试件间隔略有不同（见图3-25、图3-26）。

③ 干湿循环和碳化性能试件均分别在同一块制品中心部分，沿制品膨胀方向中心部分的上、中、下顺序相邻部位锯取两组试件（见图3-27）。

④ 干燥收缩试件从当天出釜的制品中部锯取，试件长度方向平行于制品的膨胀方向，锯好后立即将试件密封，以防碳化（见图3-28）。

⑤ 抗折强度试件在制品中心部分平行于制品膨胀方向锯取。（见图3-29）。

⑥ 导热系数试件在制品中心部分锯取，试件长度方向平行于制品的膨胀方向（见图3-30）。

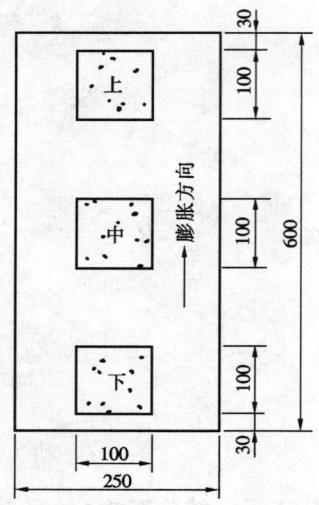

图 3-25 体积密度、吸水率、
抗压、抗拉、抗冻性试件
锯取示意图（单位：mm）

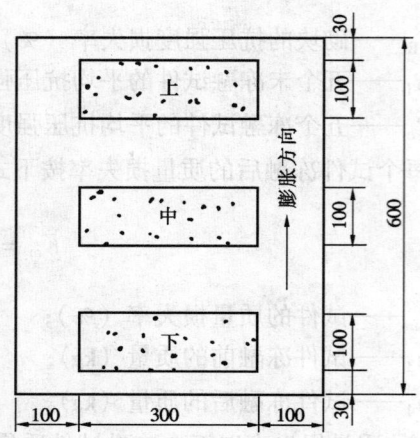

图 3-26 轴压强度、弹性模量试件
锯取示意图（单位：mm）

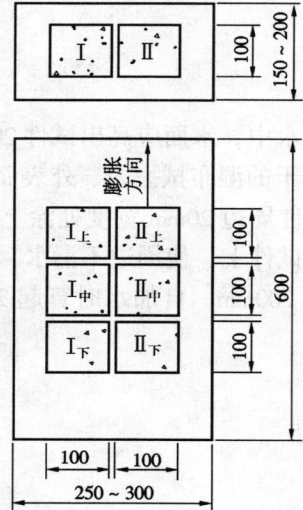

图 3-27 干湿循环和碳化试件锯取
部位示意图（单位：mm）

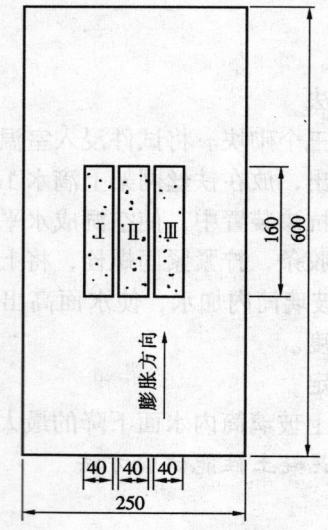

图 3-28 干燥收缩试件锯取示意图
（单位：mm）

⑦ 试件必须逐块加以编号，并标明锯取部位和膨胀方向。

⑧ 立方体试件外形必须是正立方体。棱柱体试件外形必须是矩形六面体。

⑨ 干燥收缩试件尺寸允许偏差为 $^{\ 0}_{-1}$ mm，其他性能试件允许偏差为 ±2mm。

⑩ 试件表面必须平整，不得有裂缝或明显缺陷。试件承压面的不平度应为每 100mm 不超过 0.1mm，承压面与相邻面的不垂直度不应超过 ±1°。

⑪试件尺寸和数量

抗压强度：100mm×100mm×100mm 立方体试件一组 3 块；

劈裂抗拉强度：100mm×100mm×100mm 立方体试件一组 3 块；

抗折强度：100mm×100mm×400mm 棱柱体试件一组 3 块；

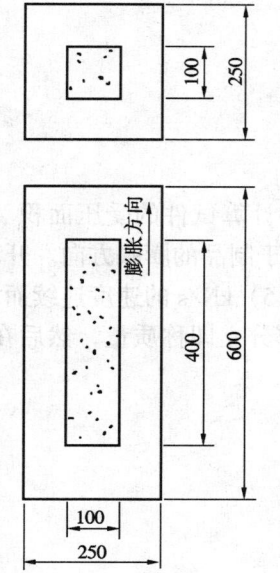

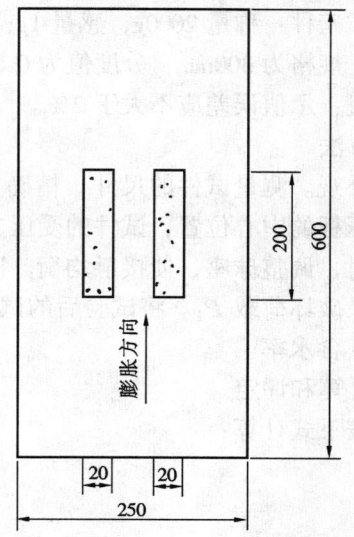

图 3-29  抗折强度试件锯取示意图
（单位：mm）

图 3-30  导热系数试件锯取示意图
（单位：mm）

轴心抗压强度：100mm×100mm×300mm 棱柱体试件一组 3 块；

静力受压弹性模数：100mm×100mm×300mm 棱柱体试件二组 6 块；

⑫ 试件根据试验要求，可分阶段升温烘至恒质，在烘干过程中，要防止出现裂缝。

⑬ 恒质，指在烘干过程中间隔 4h，前后两次质量差不超过试件质量的 0.5%。

⑭ 试件含水状态：

抗压强度和劈裂抗拉强度试件在质量含水率为 25%~45% 下进行试验。

抗折强度、轴心抗压强度和静力受压弹性模数试件在质量含水率为 8%~12% 下进行试验。

如果质量含水率超过上述规定范围，则在 (60±5)℃下烘至所要求的含水率。

其他情况下，可将试件浸水 6h，从水中取出，用干布抹去表面水分，在 (60±5)℃下烘至所要求的含水率。

2. 尺寸、外观试验

(1) 仪器设备

钢尺、钢卷尺，最小刻度为 1mm。

(2) 试验方法

① 尺寸测量：长度、高度、宽度分别在两个对应面的端部测量，各测量两个尺寸。

② 缺棱掉角：缺棱或掉角个数，目测；测量砌块破坏部分对砌块的长、宽、高三个方向的投影尺寸。

③ 平面弯曲：测量弯曲面的最大缝隙尺寸。

④ 裂纹：裂纹条数，目测；长度以所在面最大的投影为准，若裂纹从一面延伸到另一面，则以两个面上的投影尺寸之和为准。

⑤ 爆裂、粘模和损坏深度：将钢尺平放在砌块表面，用钢卷尺垂直于钢尺，测量其最大深度。

⑥ 砌块表面油污、表面疏松、层裂：目测。

3. 抗压强度试验

(1) 仪器设备

电热鼓风干燥箱：最高温度200℃；
托盘天平或磅秤：称量2000g，感量1g；
钢板直尺：规格为300mm，分度值为0.5mm；
材料试验机：示值误差应不大于2%。

(2) 试验方法

检查试件外观。测量试件的尺寸，精确至1mm，并计算试件的受压面积 $A_1$。将试件放在材料试验机的下压板的中心位置，试件的受压方向应垂直于制品的膨胀方向。开动试验机，当上压板与试件接近时，调整球座，使接触均衡。以（2.0+0.5）kN/s的速度连续而均匀地加荷，直至试件破坏，记录破坏荷载 $P_1$。将试验后的试件全部或部分立即称质量，然后在（105+5）℃下烘至恒质，计算其含水率。

(3) 结果计算和评定

抗压强度按下式计算：

$$f_{cc} = \frac{p_1}{A_1} \tag{3-183}$$

式中　$f_{cc}$——试件的抗压强度（MPa）；
　　　$p_1$——破坏荷载（N）；
　　　$A_1$——试件受压面积（mm）。

结果按3块试件试验值的算术平均值进行评定，精确至0.1MPa。

4. 劈裂抗拉强度（劈裂法）

(1) 仪器设备

电热鼓风干燥箱：最高温度200℃；
托盘天平或磅秤：称量2000g，感量1g；
钢板直尺：规格为300mm，分度值为0.5mm；
材料试验机：示值误差应不大于2%。

(2) 试验方法

检查试件外观。在试件中部划线定出劈裂面的位置，劈裂面垂直于制品膨胀方向，测量尺寸，精确至1mm，计算劈裂面面积 $A_2$。将试件放在试验机下压板的中心位置，在上、下压板与试件之间垫以劈裂抗拉钢垫条及垫层各一条。钢垫条与试件中心线重合。开动试验机，当上压板与试件接近时，调整球座，使接触均衡。以（0.20±0.05）kN/s的速度连续而均匀地加荷，直至试件破坏，记录破坏荷载 $P$。将试验后的试件全部或部分称质量，然后在（105±5）℃下烘至恒质，计算其含水率。

结果按3块试件试验值的算术平均值进行评定，精确至0.1MPa。

5. 抗折强度

(1) 仪器设备

电热鼓风干燥箱：最高温度200℃；
托盘天平或磅秤：称量2000g，感量1g；
钢板直尺：规格为300mm，分度值为0.5mm；
材料试验机：示值误差应不大于2%。

(2) 试验方法

检查试件外观。在试件中部测量其宽度和高度，精确至1mm。将试件放在抗弯支座辊轮上，支点间距为300mm，开动试验机，当加压辊轮与试件快接近时，调整加压辊轮及支座辊轮，使接触均衡，其所有间距的尺寸偏差不应大于±1mm。试验机与试件接触的两个支座辊轮和两个加压辊轮应具有直径为30mm的弧形顶面,并应至少比试件的宽度长10mm。其中3个(一个支座辊轮及两个加压辊轮)尽量做到能滚动并前后倾斜。以(0.20±0.05)KN/s的速度连续而均匀地加荷,直至试件破坏,记录破坏荷载 $P$ 及破坏位置。将试验后的短半段试件,立即称质量,然后在(105±5)℃下烘至恒质,计算其含水率。

(3)结果计算

抗折强度按下式计算

$$f_\mathrm{f} = \frac{pL}{bh^2} \tag{3-184}$$

式中　$f_\mathrm{f}$——试件的抗折强度(MPa);
　　　$p$——破坏荷载(N);
　　　$b$——试件的宽度(mm);
　　　$h$——试件的高度(mm);
　　　$L$——支座间距即跨度(mm),精确至1mm。

结果按3块试件试验值的算术平均值进行评定,精确至0.1MPa。

6. 干体积密度、吸水率和含水率试验

(1)仪器设备

电热鼓风干燥箱:最高温度200℃;

托盘天平或磅秤:称量2000g,感量1g;

钢板直尺:规格为300mm,分度值为0.5mm;

水槽:水温15~25℃。

(2)干体积密度和含水率试验方法:

取规格为100mm×100mm×100mm立方体试件一组3块,逐块量取长、宽、高三个方向的轴线尺寸,精确至1mm,计算试件的体积;并称取试件质量 $m$,精确至1g。

将试件放入电热鼓风干燥箱内,在(60±5)℃下保温24h,然后在(80±5)℃下保温24h,再在(105±5)℃下烘至恒质 $m_0$。

(3)结果计算

① 干体积密度按下式计算:

$$r_0 = \frac{m_0}{V} \times 10^6 \tag{3-185}$$

式中　$r_0$——干体积密度(kg/m³);
　　　$m_0$——试件烘干后质量(g);
　　　$V$——试件体积(mm³)。

② 含水率按下式计算:

$$W_\mathrm{S} = \frac{m - m_0}{m_0} \times 100 \tag{3-186}$$

式中　$W_\mathrm{S}$——含水率(%);
　　　$m_0$——试件烘干后质量(g);
　　　$m$——试件烘干前的质量(g)。

(4)吸水率试验方法

取规格为100mm×100mm×100mm立方体试件一组3块试件放入电热鼓风干燥箱内,在(60±5)℃下保温24h,然后在(80±5)℃下保温24h,再在(105±5)℃下烘至恒质。

试件冷却至室温后,放入水温为(20±5)℃的恒温水槽内,然后加水至试件高度的1/3,保持24h，再加水至试件高度的2/3，经24h后，加水高出试件30mm以上，保持24h。

将试件从水中取出，用湿布抹去表面水分，立即称取每块质量（$m_g$），精确至1g。

(5) 结果计算

吸水率按下式计算（以质量百分率表示）

$$W_R = \frac{m_g - m_0}{m_0} \times 100 \tag{3-187}$$

式中　$W_R$——吸水率（%）；

　　　$m_0$——试件烘干后质量（g）；

　　　$m_g$——试件吸水后质量（g）。

结果按3块试件试验值的算术平均值进行评定，体积密度的计算精确至$1kg/m^3$；含水率和吸水率的计算精确至0.1%。

7. 抗冻性试验

(1) 仪器设备

低温箱或冷冻室：最低工作温度 -30℃以下；

恒温水槽：水温（20±5）℃；

托盘天平或磅秤：称量2000g，感量1g；

电热鼓风干燥箱：最高温度200℃。

(2) 试验方法

将冻融试件（100mm×100mm×100mm立方体试件一组3块）放在电热鼓风干燥箱内，在（60±5）℃下保温24h，然后在（80±5）℃下保温24h，再在（105±5）℃下烘至恒质。

试件冷却至室温后，立即称取质量，精确至1g，然后浸入水温为（20±5）℃恒温水槽中，水面应高出试件30mm，保持48h。

取出试件，用湿布抹去表面水分，放入预先降温至-15℃以下的低温箱或冷冻室中，其间距不小于20mm，当温度降至-18℃时记录时间。在（-20±2）℃下冻6h取出，放入水温为（20±5）℃的恒温水槽中，融化5h作为一次冻融循环，如此冻融循环15次为止。

每隔5次循环检查并记录试件在冻融过程中的破坏情况。冻融过程中，发现试件呈明显的破坏，应取出试件，停止冻融试验，并记录冻融试验。

将经15次冻融后的试件，放入电热鼓风干燥箱内，烘至恒质。试件冷却至室温后，立即称取质量，精确至1g。将冻融后试件进行抗压强度试验。

(3) 结果计算与评定：

① 质量损失率按下式计算：

$$M_m = \frac{m_0 - m}{m} \times 100 \tag{3-188}$$

式中　$M_m$——质量损失率（%）；

　　　$m_0$——冻融试件试验前试件的干质量（g）；

　　　$m$——经冻融试验后试件的干质量（g）。

② 冻后试件的抗压强度按抗压强度的结果计算与评定进行计算。

抗冻性按冻融试件的质量损失率平均值和冻后的抗压强度平均值进行评定。质量损失率精确至0.1%。

8. 导热系数试验

(1) 仪器设备

温度测量仪表；

温度不平衡检测：测量温度不平衡的传感器常用直径小于 0.3mm 的热电偶组成的热电堆。检测系统的灵敏度应保证因隔缝温度不平衡引起的热性质测定误差不大于 ±0.5%；

厚度测量：测量试件厚度的准确度应优于 ±0.5%；

电气测量系统；

温度和温差测量仪表的灵敏度和准确度应不低于温差的 ±0.2%，加热器功率测量的误差应小于 ±0.1%。

(2) 试件

① 取两块试件，它们应该尽可能地一样，厚度差别应小于 2%。试件的尺寸应该完全覆盖加热单元的表面。试件的厚度应是实际使用的厚度或大于能给出被测材料热性质的最小厚度。试件厚度应限制在不平衡热损失和边缘热损失误差之和小于 ±0.5%。

② 试件的表面应用适当方法加工平整，使试件与面板能紧密接触。

(3) 试验方法

① 测量厚度

试件在测定状态的厚度由加热单元和冷却单元位置确定或在测定时测得的试件厚度。

② 热流量的测定

测量施加于计量面积的平均电功率，精确到 0.2%，以达到所要求的计量单元与防护单元之间的温度不平衡程度。

③ 冷面控制

当使用双试件装置时，调节冷却面板温度使两个试件的温差相同（差异小于 ±2%）。

④ 温差检测

测量加热面板和冷却面板的温度或试件表面温度，以及计量与防护部分的温度不平衡程度。直到连续四组读数给出的热阻值的差别不超过 ±1%，并且不是单调地朝一个方向改变时结束。

(4) 结果计算：

导热系数按下式计算：

$$\lambda = \frac{QX \cdot d}{A(T_1 - T_2)} \tag{3-189}$$

式中　$Q$——加热功率（W）；

　　　$X$——系统系数；

　　　$\lambda$——导热系数[W/(m·K)]；

　　　$T_1$——试件热面温度平均值（K）；

　　　$T_2$——试件冷面温度平均值（K）；

　　　$A$——计量面积（m²）；

　　　$d$——试件平均厚度（m）。

(5) 结果评定

导热系数按二个试件试验值的算术平均值进行评定，精确至 0.01 W/(m·K)。

9. 干湿循环试验

(1) 仪器设备：

电热鼓风干燥箱：最高温度 200℃；

恒温水槽或水箱：水温（20±5）℃；

托盘天平或磅秤：称量 2000g，感量 1g；

钢板直尺：规格为 300mm，精度为 0.5mm。

(2) 试验方法

将 100mm×100mm×100mm 立方体试件二组 6 块，其中一组为对比试件，一起放入电热鼓风干燥箱内，在（60±5）℃下烘至恒质。

取其中一组三块，在（20±5）℃的室内冷却 20min，然后放入钢丝网箱（恒温水箱或水槽）内，并浸入水温为（20±5）℃的水中。水高出试件上表面 30mm，保持 5min 后取出，放在室内晾干 30min。再放入电热鼓风干燥箱内，在（60±5）℃下烘 7h，冷却 20min，放入（20±5）℃水中 5min 作为一次干湿循环。如此反复 15 次为止。

经 15 次干湿循环后的试件，继续在（60±5）℃下烘至恒质，然后关闭电源，打开干燥箱，使试件冷却至室温。

将干湿循环后试件和另一组对比试件按 GB/T11971 的有关规定，分别进行劈裂抗拉强度试验，并计算其 3 块试件劈裂抗拉强度平均值。

（3）结果计算

干湿循环性能以干湿强度系数表示，干湿强度系数按下式计算：

$$K = \frac{f'_{ts}}{f_{ts}} \tag{3-190}$$

式中　$K$——干湿强度系数；

$f'_{ts}$——经 15 次干湿循环后的一组 3 块试件劈裂抗拉强度平均值（MPa）；

$f_{ts}$——对比试件劈裂抗拉强度平均值（MPa）。

（4）结果评定

① 干湿强度系数精确至 0.01。

② 干湿强度系数按三个试件试验值的算术平均值进行评定。

10. 判定规则

（1）若受检的 80 块砌块中，尺寸偏差和外观不符合规定的砌块数量不超过 7 块时，判该批砌块不符合相应等级。

（2）以三组干体积密度试件的测定结果平均值判定砌块的体积密度级别，符合规定时则判该批砌块合格。

（3）以五组抗压强度试件测定结果平均值判定其强度级别。当强度和体积密度级别关系符合规定，同时，五组试件中各个单组抗压强度平均值全部大于规定的此强度级别的最小值时，判该批砌块不符合相应等级。

（4）干燥收缩和抗冻性测定结果，全部符合规定时，判定此两项性能合格。若有 1 组或 1 组以上不符合规定时，判该批砌块不合格。

（5）导热系数符合规定，判定此项指标合格，否则判该批砌块不合格。

（6）型式检验中受检验的产品的尺寸偏差、外观、立方体抗压强度、干体积密度、干燥收缩值、抗冻性、导热系数各项检验全部符合相应等级的技术要求规定时，判为相应等级。否则降等或判为不合格。

（7）出厂检验

① 同品种、同规格、同等级的砌块，以 10000 块为一批，随机抽取 50 块砌块，进行尺寸偏差、外观检验。其中不符合该等级的产品不超过 5 块时，判该批砌块尺寸偏差、外观检验结果符合相应等级。否则，该批砌块检验结果不符合相应等级。

② 从尺寸偏差与外观检验合格的砌块中，随机抽取砌块，制作 3 组试件进行立方体抗压强度检验，以 3 组平均值与其中一组最小平均值，按规定判定强度级别。制作 3 组试件做干体积密度检验，以 3 组平均值判定其体积密度级别，当强度与体积密度级别关系符合规定时，判该批砌

块符合相应的等级。否则降等或判为不合格。

③ 每批砌块根据定期型式检验的结果以及尺寸偏差与外观、干体积密度和抗压强度三项检验结果判定等级，其中有一项不符合技术要求，则降等或判为不合格。

### 四、实例

一组普通混凝土小型空心砌块规格为 390mm×240mm×190mm，强度等级为 MU5.0，经检测各试件尺寸和破坏荷载值见下表，试判断该组砌块的强度是否符合普通混凝土小型空心砌块 MU5.0的技术要求？

**某普通混凝土小型空心砌块试件尺寸和破坏荷载值**

| 项目 \ 试件编号 | 1 | 2 | 3 | 4 | 5 |
|---|---|---|---|---|---|
| 长 mm | 392 | 390 | 390 | 388 | 390 |
| 宽 mm | 236 | 241 | 243 | 240 | 240 |
| 破坏荷载 kN | 566 | 584 | 453 | 596 | 521 |

(1) 试件受压面尺寸计算

$A_1 = 392 \times 236 = 92512 mm^2$；$A_2 = 390 \times 241 = 93990 mm^2$；

$A_3 = 390 \times 243 = 94770 mm^2$；$A_4 = 388 \times 240 = 93120 mm^2$；

$A_5 = 390 \times 240 = 93600 mm^2$

(2) 试件抗压强度计算

$F_1 = \dfrac{P}{A} = \dfrac{566}{92512} \times 1000 = 6.1 MPa$；$F_2 = \dfrac{P}{A} = \dfrac{584}{93990} \times 1000 = 6.2 MPa$；

$F_3 = \dfrac{P}{A} = \dfrac{453}{94770} \times 1000 = 4.8 MPa$；$F_4 = \dfrac{P}{A} = \dfrac{596}{93120} \times 1000 = 6.4 MPa$；

$F_5 = \dfrac{P}{A} = \dfrac{521}{93600} \times 1000 = 5.6 MPa$

(3) 试件平均抗压强度计算

$$\overline{F} = \dfrac{F_1 + F_2 + F_3 + F_4 + F_5}{5} = \dfrac{6.1 + 6.2 + 4.8 + 6.4 + 5.6}{5} = 5.8 MPa$$

(4) 评定

∵ 
$$\overline{F} = 5.8 > 5.0 MPa$$
$$F_{min} = 4.8 > 4.0 MPa$$

∴该组砌块经检测，抗压强度符合 GB 8239—1997《普通混凝土小型空心砌块》MU5.0 的技术要求。

### 思考题

1. 蒸压加气混凝土砌块烘至恒重时温度和时间的要求是什么？
2. 蒸压加气混凝土砌块抗压强度试验时对试件的要求是什么？
3. 蒸压加气混凝土砌块等级评定的依据是什么？
4. 蒸压加气混凝土砌块试件制作的要点有哪些？
5. 混凝土小型空心砌块的强度等级以什么评定？
6. 混凝土小型空心砌块抗冻结果以什么表示？

### 参考文献

1.《建筑材料质量检测》. 中国计划出版社，2000
2.《蒸压加气混凝土砌块》GB/T 11968—1997. 中国标准出版社，1998

3. 《粉煤灰小型空心砌块》JC 862—2000. 国家建筑材料工业局标准化研究所，2000
4. 《普通混凝土小型空心砌块》GB 8239—1997. 中国标准出版社，1997
5. 《轻集料混凝土小型空心砌块》GB 15229—2002. 中国标准出版社，2002
6. 《加气混凝土性能试验方法》GB/T 11969~11973—1997. 中国标准出版社，1998
7. 《混凝土小型空心砌块试验方法》GB/T 4111—1997. 中国标准出版社，1997

## 第九节 水 泥

### 一、概念

水泥是最重要的建筑材料之一。水泥属于水硬性胶凝材料，遇水后会发生物理化学反应，能由可塑性浆体变成坚硬的石状体，将散粒状材料胶结成为整体。水泥浆体不但能在空气中硬化，还能在水中硬化，并继续增长强度。

目前我国建筑工程中常用的水泥主要有硅酸盐水泥、普通硅酸盐水泥、矿渣硅酸盐水泥、火山灰质硅酸盐水泥、粉煤灰硅酸盐水泥和复合硅酸盐水泥。在一些特殊工程中，还使用高铝水泥、膨胀水泥、快硬水泥、低热水泥和耐硫酸水泥等。下面简单介绍一下几种常见水泥：

硅酸盐水泥是由硅酸盐水泥熟料、0~5%石灰石或粒化高炉矿渣、适量石膏磨细制成。硅酸盐水泥分两种类型，不掺加混合材料的称Ⅰ型硅酸盐水泥(代号为P·Ⅰ)；在硅酸盐水泥熟料粉研磨时掺加不超过水泥质量5%石灰石或粒化高炉矿渣混合材料的称Ⅱ型硅酸盐水泥(代号为P·Ⅱ)。

普通硅酸盐水泥（代号为P·O）是由硅酸盐水泥熟料、6%~15%混合材料、适量石膏磨细制成，简称普通水泥。

矿渣硅酸盐水泥（代号为P·S）是由硅酸盐水泥熟料和粒化高炉矿渣、适量石膏磨细制成。按质量百分比，水泥中粒化高炉矿渣掺加量为20%~70%。允许用石灰石、窑灰、粉煤灰和火山灰质混合材料中的一种材料代替矿渣，代替数量不得超过水泥质量的8%，替代后水泥中粒化高炉矿渣不得少于20%。

火山灰质硅酸盐水泥（代号为P·P）是由硅酸盐水泥熟料和火山灰质混合材料、适量石膏磨细制成。按质量百分比，水泥中火山灰质混合材料掺加量为20%~50%。

粉煤灰硅酸盐水泥（代号P·F）是由硅酸盐水泥熟料和粉煤灰、适量石膏磨细制成。按质量百分比，水泥中粉煤灰掺加量为20%~40%。

复合硅酸盐水泥（代号为P·C）是由硅酸盐水泥熟料、两种或两种以上规定的混合材料、适量石膏磨细制成。按质量百分比，水泥中混合材料总掺加量应大于15%，但不超过50%。水泥中允许用不超过8%的窑灰代替部分混合材料；掺矿渣时混合材料掺量不得与矿渣硅酸盐水泥重复。

### 二、检测依据及技术指标

1. 标准名称及代号

《硅酸盐水泥、普通硅酸盐水泥》GB 175—1999

《矿渣硅酸盐水泥、火山灰质硅酸盐水泥及粉煤灰硅酸盐水泥》GB 1344—1999

《复合硅酸盐水泥》GB 12958—1999

《水泥标准稠度用水量、凝结时间、安定性检验方法》GB/T 1346—2001

《水泥胶砂强度检验方法（ISO法）》GB/T 17671—1999

《水泥细度检验方法 筛析法》GB/T 1345—2005

《水泥比表面积测定方法（勃氏法）》GB/T 8074—1987

2. 技术指标

（1）细度

硅酸盐水泥：比表面积大于 300m²/kg；

普通硅酸盐水泥、矿渣硅酸盐水泥、火山灰质硅酸盐水泥、粉煤灰硅酸盐水泥、复合硅酸盐水泥均为：80μm 方孔筛筛余不得超过 10.0%。

水泥细度反映的是水泥颗粒的粗细程度。颗粒愈细，与水起反应的表面积就愈大，水化较快且较完全，早期强度和后期强度都较高，但在空气中的硬化收缩较大。

（2）凝结时间

硅酸盐水泥：初凝不得早于 45min，终凝不得迟于 6.5h；

普通硅酸盐水泥、矿渣硅酸盐水泥、火山灰质硅酸盐水泥、粉煤灰硅酸盐水泥、复合硅酸盐水泥均为：初凝不得早于 45min，终凝不得迟于 10h。

（3）安定性

用沸煮法检验必须合格。

体积安定性不良主要是指水泥在硬化后，产生不均匀的体积变化。一般是由于熟料中所含的游离氧化钙、游离氧化镁或掺入的石膏过多。熟料中所含的游离氧化钙或氧化镁都是过烧的，熟化很慢，在水泥已经硬化后才进行熟化，体积发生膨胀，引起不均匀的体积变化，造成水泥石开裂。游离氧化钙在沸煮下能迅速熟化，游离氧化镁需在压蒸下才能加速熟化，而石膏对体积安定性的影响则需在长期的常温水中才能发现。因此，沸煮法只适用于检验游离氧化钙对体积安定性的影响。

（4）强度

水泥强度等级按规定龄期的抗压强度和抗折强度来划分，各强度等级水泥的各龄期强度不得低于表 3-67 数值：

水泥强度等级表　　　　　　　　　　　　　　　　表 3-67

| 品　　　种 | 强度等级 | 抗压强度（MPa） | | 抗折强度（MPa） | |
|---|---|---|---|---|---|
| | | 3d | 28d | 3d | 28d |
| 硅酸盐水泥 | 42.5 | 17.0 | 42.5 | 3.5 | 6.5 |
| | 42.5R | 22.0 | 42.5 | 4.0 | 6.5 |
| | 52.5 | 23.0 | 52.5 | 4.0 | 7.0 |
| | 52.5R | 27.0 | 52.5 | 5.0 | 7.0 |
| | 62.5 | 28.0 | 62.5 | 5.0 | 8.0 |
| | 62.5R | 32.0 | 62.5 | 5.5 | 8.0 |
| 普通硅酸盐水泥 复合硅酸盐水泥 | 32.5 | 11.0 | 32.5 | 2.5 | 5.5 |
| | 32.5R | 16.0 | 32.5 | 3.5 | 5.5 |
| | 42.5 | 16.0 | 42.5 | 3.5 | 6.5 |
| | 42.5R | 21.0 | 42.5 | 4.0 | 6.5 |
| | 52.5 | 22.0 | 52.5 | 4.0 | 7.0 |
| | 52.5R | 26.0 | 52.5 | 5.0 | 7.0 |
| 矿渣硅酸盐水泥 火山灰质硅酸盐水泥 粉煤灰硅酸盐水泥 | 32.5 | 10.0 | 32.5 | 2.5 | 5.5 |
| | 32.5R | 15.0 | 32.5 | 3.5 | 5.5 |
| | 42.5 | 15.0 | 42.5 | 3.5 | 6.5 |
| | 42.5R | 19.0 | 42.5 | 4.0 | 6.5 |
| | 52.5 | 21.0 | 52.5 | 4.0 | 7.0 |
| | 52.5R | 23.0 | 52.5 | 4.5 | 7.0 |

### 3. 不合格品和废品

凡氧化镁、三氧化硫、初凝时间、安定性中任一项不符合标准规定时，均为废品；凡细度、终凝时间中的任一项不符合标准规定或混合材料掺加量超过最大限和强度低于商品强度等级的指标时为不合格品。水泥包装标志中水泥品种、强度等级、生产者名称和出厂编号不全的也属于不合格品。

普硅和纯硅的不合格品判断依据：凡细度、终凝时间、不溶物和烧失量中的任一项不符合标准规定或混合材料掺加量超过最大限量和强度低于商品强度等级的指标时为不合格品。水泥包装标志中水泥品种、强度等级、生产者名称和出厂编号不全也属于不合格品。

### 三、取样方法

进场的水泥应按批进行复验。按同一生产厂家、同一等级、同一品种、同一批号且连续进场的水泥，袋装不超过200t为一批，散装不超过500t为一批，每批抽样不少于一次。

取样应具有代表性，可连续取样，亦可从20个以上不同部位取等量样品。取样时宜用取样器，总量不应少于12kg。将所取样品充分混合后通过0.9mm方孔筛，均分为试验样和封存样。封存样应加封条，密封保管三个月。

### 四、试验方法

1. 水泥标准稠度用水量、凝结时间、安定性检验

（1）仪器设备

水泥净浆搅拌机。

标准法维卡仪：主要配件有标准稠度测定用试杆、凝结时间测定用初凝针及终凝针及盛装水泥净浆的试模。

代用法维卡仪。

雷氏夹：由铜质材料制成。当一根指针的根部先悬挂在一根金属丝或尼龙丝上，另一根指针的根部再挂上300g质量的砝码时，两根指针针尖的距离增加应在17.5±2.5mm范围内。去掉砝码后，针尖的距离能恢复至挂砝码前的状态。

雷氏夹膨胀测定仪。

沸煮箱：有效容积约为410mm×240mm×310mm；篦板的结构应不影响试验结果，篦板与加热器之间的距离大于50mm；能在30±5min内将箱内的试验用水由室温升至沸腾并保持3h以上；整个试验过程中无需加水。

量水器：最小刻度0.1mL，精度1%。

天平：最大称量不小于1000g，分度值不大于1g。

（2）检测环境

① 试验室温度为20±2℃，相对湿度不低于50%，水泥试样、拌合水、仪器和用具的温度应与试验室温度一致。

② 湿气养护箱的温度20±1℃，相对湿度不低于90%。

（3）水泥标准稠度用水量的测定

①标准法

a. 水泥净浆的拌制

用湿布擦拭搅拌锅和搅拌叶后，预估拌合水用量，并准确量取后倒入搅拌锅内，然后在5~10s内将称好的500g水泥加入水中，并防止水和水泥溅出；将搅拌锅放在搅拌机的锅座上，升至搅拌位置，启动搅拌机，低速搅拌120s，停15s，同时将叶片和锅壁上的水泥浆刮入锅中间，接着高速搅拌120s后停机。

b. 标准稠度用水量的测定

检查维卡仪的金属棒能否自由滑动，调整维卡仪试杆至接触玻璃板时指针对准零点；

立即将拌制好的水泥净浆装入置于玻璃板上的盛装水泥净浆的试模中，用小刀插捣，轻轻振动数次，刮去多余的净浆；抹平后迅速将玻璃底板和试模移到维卡仪上，并将其中心定在试杆下，降低试杆直至与水泥净浆表面接触，拧紧螺丝 1~2s 后，突然放松，使试杆垂直自由地沉入水泥净浆中；在试杆停止沉入或释放试杆 30s 时记录试杆距底板之间的距离，升起试杆后，立即擦净，整个操作应在搅拌后 1.5min 内完成。试杆沉入净浆并距底板 6±1mm 的水泥净浆即为标准稠度净浆。其拌合水量即为该水泥的标准稠度用水量，按水泥质量的百分比计。

若试杆沉入净浆后距底板的距离不在 6mm±1mm 的范围内，应根据试验情况，重新称样，调整用水量，重新拌制净浆并进行测定，直至满足为止。

② 代用法

a. 水泥净浆的拌制

水泥净浆拌制和标准法相同。代用法测定有调整水量法和不变水量法两种。调整水量法按经验找水，不变水量法固定拌合用水量为 142.5mL。

b. 标准稠度用水量的测定

检查维卡仪的金属棒能否自由滑动，调整试锥接触净浆锥模顶面时指针对准零点。

立即将拌制好的水泥净浆装入锥模中，用小刀插捣，轻轻振动数次，刮去多余的净浆；抹平后迅速放到试锥下面的固定位置上，将试锥降至净浆表面，拧紧螺丝 1~2s 后，突然放松，使试锥垂直自由地沉入水泥净浆中。在试锥停止下沉或释放试锥 30s 时记录试锥下沉深度，升起试锥后，立即擦净，整个操作应在搅拌后 1.5min 内完成。

用调整水量法时，以试锥下沉深度 28±2mm 的净浆为标准稠度净浆。其拌合水量为该水泥的标准稠度用水量，按水泥质量的百分比计。如下沉深度超出范围需另称试样，调整水量，重新试验，直至达到 28±2mm 为止。

采用不变水量方法时拌合水量用 142.5mL，根据测得的试锥下沉深度 $S$（mm）按下式计算得到标准稠度用水量 $P$（%）：

$$P = 33.4 - 0.185S \tag{3-191}$$

当试锥下沉深度小于 13mm 时，应改用调整水量法测定。

(4) 凝结时间测定

① 试件的制备

将用标准稠度用水量制得的标准稠度净浆一次装满试模，振动数次刮平，立即放入湿气养护箱中。记录水泥全部加入水中的时间作为凝结时间的起始时间。

② 初、终凝时间的测定

调整凝结时间测定仪的试针接触玻璃板时，指针对准零点。

试件在湿气养护箱中养护至加水后 30min 时进行第一次测定。测定时，将维卡仪装上凝结时间测定用初凝针，从湿气养护箱中取出试模放到试针下，降低试针直至与水泥净浆表面接触，拧紧螺丝 1~2s 后，突然放松，使试针垂直自由地沉入水泥净浆中。观察试针停止下沉或释放试针 30s 时指针的读数。当试针沉至距底板 4±1mm 时，为水泥达到初凝状态。水泥全部加入水中至初凝状态的时间为水泥的初凝时间，用"min"表示。在最初测定的操作时应轻轻扶持金属柱，使其徐徐下降，以防试针撞弯，但结果以自由下落为准；临近初凝时，每隔 5min 测定一次。

在完成初凝时间的测定后，立即将试模连同浆体以平移的方式从玻璃板上取下，翻转 180°，直径大端向上，小端向下放在玻璃板上，再放入湿气养护箱继续养护，并将维卡仪换上终凝时间测试针。测试时，当试针沉入试体 0.5mm 时，即环形附件开始不能在试体上留下痕迹时，水泥达到终凝状态。水泥全部加入水中至终凝状态的时间为水泥的终凝时间，用"min"表示。临近终凝时间时每隔 15min 测定一次。

初、终凝测定时均应注意：到达初凝或终凝时应立即重复测一次，当两次结论相同时才能定为到达初凝或终凝状态。在整个测试过程中试针沉入的位置至少要距试模内壁 10mm，且不能让试针落入原针孔。每次测试完毕须将试针擦净，并将试模放回湿气养护箱内，整个测试过程要防止试模受振。

(5) 安定性测定

① 标准法

a. 试件的制备

每个试样准备两个雷氏夹，每个雷氏夹配备两块质量约 75~85g 的玻璃板两块，并将与水泥净浆接触的玻璃板面及雷氏夹内表面稍稍涂上一层油。

将雷氏夹放在玻璃板上，将已制好的标准稠度净浆一次装满雷氏夹。装浆时一只手轻轻扶持雷氏夹，另一只手用宽约 10mm 的小刀插捣数次，然后抹平，盖上稍涂油的玻璃板，立即将试件移至湿气养护箱中养护 24±2h。

b. 沸煮

调整好沸煮箱内的水位，使之能在 30±5min 内沸腾，同时又能保证在整个沸煮过程中都超过试件，不需中途加水。

脱去玻璃板取下试件，将雷氏夹放在雷氏夹膨胀测定仪上，测量指针尖端间的距离 ($A$) 精确到 0.5mm。将试件放入沸煮箱水中的试件架上，指针朝上，然后在 30±5min 内加热至沸，并恒沸 180±5min。

c. 判别

沸煮结束后，立即放掉沸煮箱中的热水，打开箱盖，待箱体冷却到室温，取出试件。测量雷氏夹指针尖端的距离 ($C$)，准确至 0.5mm。当两个试件煮后增加距离 ($C-A$) 的平均值不大于 5.0mm 时，即认为该水泥安定性合格；当两个试件的 ($C-A$) 值相差超过 4.0mm 时，应用同一样品立即重做一次试验。再如此，则认为该水泥为安定性不合格。

② 代用法

a. 试件的制备

每个试件准备两块约 100mm×100mm 的玻璃板，并将与水泥净浆接触的玻璃板面稍稍涂上一层油。

将已制好的标准稠度净浆取出一部分，分成两等份，使之成球形，并放在玻璃板上；轻轻振动玻璃板并用湿布擦过的小刀由边缘向中间抹，做成直径 70~80mm、中心厚约 10mm、边缘渐薄、表面光滑的试饼，然后将试饼移至湿气养护箱中养护 24±2h。

b. 沸煮

沸煮同标准法。

c. 判别

沸煮结束后，立即放掉沸煮箱中的热水，打开箱盖，待箱体冷却到室温，取出试件进行判别。目测试饼未发现裂缝，用钢直尺检查也没有弯曲（使钢直尺和试饼底部紧靠，以两者间不透光为不弯曲），则认为该水泥安定性合格，反之为不合格。当两个试饼判别结果有矛盾时，该水泥的安定性为不合格。

2. 水泥胶砂强度检验

(1) 仪器设备

水泥行星式胶砂搅拌机：应每月检查一次叶片与锅之间的间隙（指叶片与锅壁间的最小距离）。

水泥胶砂振实台：应安装在高度约 400mm 的混凝土基座上，混凝土基座体积约为 $0.25m^3$，重约 600kg，仪器底座与基座之间要铺一层砂浆保证它们完全接触。仪器用地脚螺丝固定在基座上，应保证水平。

胶砂试模：组装备用的试模，应用黄干油涂覆试模的外接缝，在试模内表面涂上一层薄机油。

水泥抗压强度试验机：精度应 ±1%，试验机最大荷载宜为 200～300kN，并具有按 2400±200N/s 速率加荷的能力，宜采用能自动调节加荷速度的试验机。

抗压强度用夹具：受压面积为 40mm×40mm。

天平：精度应为 ±1g。

量水器：精度应为 ±1mL。

中国 ISO 标准砂：颗粒分布和湿含量应符合规定。可以单级分包装，也可以预配合以 1350±5g 量的塑料袋混合包装。

水泥：当试验水泥从取样至试验要保持 24h 以上时，应把它在基本装满和气密的容器里，这个容器不应与水泥反应。

水：仲裁试验或其他重要试验用蒸馏水，其他实验可用饮用水。

(2) 检测环境

① 试验室温度为 20±2℃，相对湿度不低于 50%。试验时，水泥试样、拌合水、仪器和用具的温度应与试验室一致。

② 试样带模养护的湿气养护箱的温度 20±1℃，相对湿度不低于 90%。

③ 试样养护池水温应在 20±1℃ 范围内。

④ 实验室空气温度和相对湿度及养护池水温每天至少记录一次。

⑤ 湿气养护箱的温度与相对湿度至少每 4h 记录一次，在自动控制的情况下可一天记录两次。

(3) 胶砂强度的检验

① 胶砂的制备

胶砂的质量配合比应为一份水泥、三份标准砂和半份水，一锅胶砂制三条试体。每锅材料用量为：水泥 450g±2g，标准砂 1350g±5g，水 225g±1g。

试验前先检查水泥胶砂搅拌机、水泥胶砂振实台是否正常运转。用湿抹布擦拭搅拌锅及叶片。把水加入锅里，再加入水泥，把锅放在固定架上，上升至固定位置。立即开动机器，低速搅拌 30s 后，在第二个 30s 开始的同时均匀地将砂子加入（当各级砂是分装时，从最粗粒级开始，依次加完）。机器转至高速再拌 30s。停拌 90s，在第一个 15s 内用一胶皮刮具将叶片和锅壁上的胶砂刮入锅中间。在高速下继续搅拌 60s 后成型。各个搅拌阶段，时间误差应在 ±1s 以内。

② 试件的制备

胶砂制备完毕后，立即进行试件的成型。将空试模和模套固定在振实台上，用一个适当的勺子直接将胶砂分两层装入试模，装第一层时，每个槽里约放 300g 胶砂，用大播料器垂直架在模套顶部沿每个模槽来回一次将料层播平，接着振实 60 次。再装入第二层胶砂，用小播料器播平，再振实 60 次，移走模套，从振实台上取下试模，用一金属直尺以近似 90° 的角度架在试模模顶的一端，然后沿试模长度方向以横向锯割动作慢慢向另一端移动，一次将超过试模部分的胶砂刮去，并用同一直尺以近乎水平的情况下将试体表面抹平。

在试模上作标记或加字条标明试件编号、各试件相对于振实台的位置。

③ 试件的养护

去掉留在模子四周的胶砂。立即将作好标记的试模放入湿气养护箱的水平架子上养护，湿空气应能与试模的各边接触。一直养护到规定的脱模时间时取出脱模。脱模前，用防水墨汁对试体进行编号和做其他标记。两个龄期以上的试体，在编号时应将同一试模中的三条试体分在两个以上龄期内。

脱模应非常小心。对于24小时以上龄期的，应在成型后20~24h之间脱模。如经24h养护，会因脱模对强度造成损害时，可以延迟至24h以后脱模，但在试验报告中应予说明。

将做好标记的试件立即竖直放在20℃±1℃水中的篦子上养护，彼此之间保持一定间距，以让水与试件的六个面接触。养护期间试件之间间隔或试件上表面的水深不得小于5mm。养护期间只许加水保持适当水位，不允许全部换水。每个养护池只养护同类型的水泥试件。

任何到龄期的试体应在破型前15min从水中取出，揩去试体表面沉积物，并用湿布覆盖至试验为止。

试体龄期是从水泥加水搅拌开始试验时算起，不同龄期强度试验在下列时间里进行：

— 24h±15min；
— 48h±30min；
— 72h±45min；
— 7d±2h；
— ＞28d±8h。

④ 试件的抗折及抗压

抗折强度测定：将试体一个侧面放在试验机支撑圆柱上，试体长轴垂直于支撑圆柱，通过加荷圆柱以50N/s±10N/s的速率均匀地将荷载垂直地加在棱柱体相对侧面上，直至折断。保持两个半截棱柱体处于潮湿状态直至抗压试验。

抗折强度$R_f$以牛顿每平方毫米（MPa）表示，按下式进行计算：

$$R_f = \frac{1.5 F_f L}{b^3} \tag{3-192}$$

式中 $F_f$——折断时施加于棱柱体中部的荷载（N）；
$L$——支撑圆柱之间的距离（mm）；
$b$——棱柱体正方形截面的边长（mm）。

抗压强度测定：将经抗折试验折断的半截棱柱体放入抗压夹具，并保证半截棱柱体中心与试验机压板的中心差应在±0.5mm内，棱柱体露出抗压夹具压板的部分约有10mm。

在整个加荷过程中，以2400N/s±200N/s的速率均匀地加荷直至破坏。

抗压强度$R_c$以牛顿每平方毫米（MPa）表示，按下式进行计算：

$$R_c = \frac{F_c}{A} \tag{3-193}$$

式中 $F_c$——破坏时的最大荷载（N）；
$A$——受压部分面积（mm²）。

⑤ 试验结果的判定

以一组三个棱柱体抗折结果的平均值作为试验结果。当三个强度值中超出平均值±10%的值应剔除，再取平均值作为抗折强度结果。各试体的抗折强度记录至0.1MPa，计算精确至0.1MPa。

以一组三个棱柱体上得到的六个抗压强度测定值的算术平均值作为试验结果。当六个测定值中有一个超出六个平均值±10%时，就应剔除这个结果，然后取其他平均值作为抗压强度结果；如果五个测定值中再有超出它们平均数±10%的，则此组结果作废。各个半个棱柱体的单个抗压强度记录至0.1MPa，平均值计算精确至0.1MPa。

3. 水泥细度检验

(1) 仪器设备

试验筛：筛孔尺寸为 80μm 或 45μm，有负压筛、水筛和手工筛。试验筛每使用 100 次后需重新标定。

负压筛析仪：负压可调范围为 4000~6000Pa。

天平：最小分度值不大于 0.01g。

(2) 试验准备

试验筛应保持清洁，负压筛和手工筛应保持干燥。

试验时，80μm 筛析试验应称取试样 25g，45μm 筛析试验应称试样 10g，均精确至 0.01g。

(3) 细度检验

① 负压筛析法

筛析试验前，应把负压筛放在筛座上，盖上筛盖，接通电源，检查控制系统，调节负压至 4000~6000Pa 范围内。

将称取的水泥试样，置于洁净的负压筛中，放在筛座上，盖上筛盖，开动筛析仪连续筛析 2min，在此期间如有试样附着在筛盖上，可轻轻地敲击，使试样落下。筛毕，用天平称量全部筛余物。

② 水筛法

筛析试验前，调整好水压（水压应为：0.05MPa±0.02MPa）及水筛架的位置，使其能正常运转，并控制喷头底面和筛网之间距离为 35~75mm。

将称取的水泥试样，置于洁净的水筛中，立即用淡水冲洗至大部分细粉通过后，放在水筛架上，用水压为 0.05±0.02MPa 的喷头连续冲洗 3min。筛毕，用少量水把筛余物冲至蒸发皿中，等水泥颗粒全部沉淀后，小心倒出清水，烘干后并用天平称量全部筛余物。

③ 手工筛析法

将称取的水泥试样，置于洁净的手工筛中。用一只手持筛往复摇动，另一只手轻轻拍打，往复摇动和拍打过程应保持近于水平。拍打速度每分钟约 120 次，每 40 次向同一方向转动 60°，使试样均匀分布在筛网上，直至每分钟通过的试样数量不超过 0.03g 为止，称量全部筛余物。

④ 结果计算及处理

水泥试样筛余百分数按下式计算：

$$F = \frac{R_t}{W} \times 100 \qquad (3-194)$$

式中　$F$——水泥试样的筛余百分数（%）；

　　　$R_t$——水泥筛余物的质量（g）；

　　　$W$——水泥试样的质量（g）。

结果计算至 0.1%。

⑤ 筛余结果修正

筛析结果应进行修正。修正的方法是将水泥样的筛余百分数乘上试验筛的标定修正系数。

合格评定时，每个样品应称取两个试样分别筛析，取筛余平均值为筛析结果。若两次筛余结果绝对误差大于 0.5% 时（筛余值大于 5.0% 时可放至 1.0%），应再做一次试验，取两次相近结果的算术平均值，做为最终结果。

⑥ 试验筛的标定

被标定的试验筛应事先经过清洗，去污，干燥（水筛除外）并和标定试验室温度一致。

将水泥细度标准样品装入干燥的密闭广口瓶中，盖上盖子摇动 2 分钟，消除结块。静置 2 分钟后，用一根干燥洁净的搅拌棒搅匀样品。按上述的方法进行筛析试验操作。每个试验筛的标定应称取二个标准样品连续进行,中间不得插做其他样品。

以两个样品结果的算术平均值为最终值,但当二个样品筛余结果相差大于0.3%时,应称第三个样品进行试验,并取接近的两个结果进行平均作为结果。

修正系数按下式计算:

$$C = F_s / F_t \tag{3-195}$$

式中　$C$——试验筛修正系数;
　　　$F_s$——标准样给定的筛余百分数(%);
　　　$F_t$——标准样在试验筛上的筛余百分数(%)。

修正系数 $C$ 计算至 0.01。

当 $C$ 值在 0.08~1.20 范围内时,试验筛可继续使用,$C$ 做为结果修正系数。

当 $C$ 值超出 0.08~1.20 时,试验筛应予淘汰。

**4. 水泥比表面积测定(勃氏法)**

水泥比表面积是指单位质量的水泥粉末具有的总表面积,以 $m^2/kg$ 表示。

(1) 仪器设备

Blaine 透气仪:由透气圆筒、压力计、抽气装置三部分组成。

滤纸:中速定量滤纸。

天平:分度值为 0.001g。

秒表:精确到 0.5s。

烘干箱。

标准水泥样品:由中国水泥质量监督检测中心制备。

(2) 仪器校准

① 漏气检查:将透气圆筒上口用橡皮塞塞紧,接到压力计上。用抽气装置从压力计一臂中抽出部分气体,关闭阀门,观察是否漏气。若漏气应用油脂加以密封。

② 试料层体积测定:

用一直径比透气筒略小的细长棒将二片滤纸按入透气筒内,并将滤纸平整放在穿孔板上。然后在圆筒内装满水银,用一小块玻璃板轻压水银表面,使水银面与圆筒口平齐,并赶走玻璃板和水银面间的气泡。从圆筒中倒出水银,称量,精确至 0.05g。重复几次测定,到数值基本不变为止。从圆筒中取出滤纸,装入约 3.3g 的水泥,并用捣器均匀捣实水泥层,直至捣器的支持环紧紧接触圆筒顶边并旋转二周,慢慢取出捣器。再在圆筒内装满水银,同上进行压平及去气泡后,倒出水银并称量,重复几次测定,直到称量值相差小于 50mg。按下式计算试料层体积:

$$V = (P_1 - P_2) / \rho_{水银} \tag{3-196}$$

式中　$V$——试料层体积($cm^3$);
　　　$P_1$——未装水泥时,充满圆筒的水银质量(g);
　　　$P_2$——装水泥后,充满圆筒的水银质量(g);
　　　$\rho_{水银}$——试验温度下的水银密度($g/cm^3$)。

试料层的体积测定至少应进行二次,取二次之差不超过 $0.005cm^3$ 的平均值。

(3) 试验步骤

① 将水泥标准试样在 110℃±5℃ 下烘干,并在干燥器中冷却到室温后,倒入 100mL 的密闭瓶内,用力摇动 2 分钟,使试样松散。静置 2 分钟后,打开瓶盖,轻轻搅拌,使落至表面的细粉分布到整个试样中。将水泥试样,通过 0.9mm 方孔筛,再在 110℃±5℃ 下烘干,并在干燥器中冷却到室温。

② 确定试验用的标准试样和被测水泥的质量，应按下式计算：

$$W = \rho V(1 - \varepsilon) \tag{3-197}$$

式中　$W$——需要的试样量（g）；

$\rho$——试样的密度（g/cm³）；

$V$——试料层体积（cm³）；

$\varepsilon$——试料层空隙率，应控制在 $0.500 \pm 0.005$。

③ 将穿孔板放入透气圆筒的凸缘上，用一直径比透气筒略小的细长棒将一片滤纸送到穿孔板上，边缘压紧。称量上述确定的水泥量，精确至 0.001g，倒入圆筒内。轻敲圆筒的边，使水泥层表面平坦，再放入一片滤纸，用捣器均匀捣实直至捣器的支持环紧紧接触圆筒顶边并旋转二周，慢慢取出捣器。

把装有试料层的透气圆筒接到压力计上，并保证不漏气，不振动试料层。打开抽气装置慢慢从压力计一臂中抽出空气，直到压力计内液面上升到扩大部下端时关闭阀门。当压力计内液体的凹月面下降到第一条刻线时开始计时；当液体的凹月面下降到第二条刻线时停止计时。记录液面从第一条刻线到第二条刻线所需的时间，以秒记录，并记下试验时的温度。

(4) 结果计算

① 当被测物料的密度、试料层中空隙率与标准试样相同，试验时温差≤3℃时，可按下式计算：

$$S = \frac{S_s \sqrt{T}}{\sqrt{T_s}} \tag{3-198}$$

如试验时温差 > 3℃时，可按式（3-199）计算：

$$S = \frac{S_s \sqrt{T} \sqrt{\eta_s}}{\sqrt{T_s} \sqrt{\eta}} \tag{3-199}$$

式中　$S$——被测试样的比表面积（cm²/g）；

$S_s$——标准试样的比表面积（cm²/g）；

$T$——被测试样试验时，压力计中液面降落测得的时间（s）；

$T_s$——标准试样试验时，压力计中液面降落测得的时间（s）；

$\eta$——被测试样试验温度下的空气黏度（Pa·s）；

$\eta_s$——标准试样试验温度下的空气黏度（Pa·s）。

② 当被测试样的试料层中空隙率与标准试样的试料层中空隙率不同，试验时温差≤3℃时，可按下式计算：

$$S = \frac{S_s \sqrt{T}(1 - \varepsilon_s) \sqrt{\varepsilon^3}}{\sqrt{T_s}(1 - \varepsilon) \sqrt{\varepsilon_s^3}} \tag{3-200}$$

如试验时温差 > 3℃时，可按下式计算：

$$S = \frac{S_s \sqrt{T}(1 - \varepsilon_s) \sqrt{\varepsilon^3} \sqrt{\eta_s}}{\sqrt{T_s}(1 - \varepsilon) \sqrt{\varepsilon_s^3} \sqrt{\eta}} \tag{3-201}$$

式中　$\varepsilon$——被测试样试料层中的空隙率；

$\varepsilon_s$——标准试样试料层中的空隙率。

③ 当被测试样的密度和试料层中空隙率均与标准试样不同，试验时温差≤3℃时，可按下式计算：

$$S = \frac{S_s \sqrt{T(1-\varepsilon_s)} \sqrt{\varepsilon^3} \rho_s}{\sqrt{T_s(1-\varepsilon)} \sqrt{\varepsilon_s^3} \rho} \tag{3-202}$$

如试验时温差 >3℃时，可按下式计算：

$$S = \frac{S_s \sqrt{T(1-\varepsilon_s)} \sqrt{\varepsilon^3} \rho_s \sqrt{\eta_s}}{\sqrt{T_s(1-\varepsilon)} \sqrt{\varepsilon_s^3} \rho \sqrt{\eta}} \tag{3-203}$$

式中 $\rho$——被测试样的密度（g/cm³）；
$\rho_s$——标准试样的密度（g/cm³）。

④ 水泥比表面积应由二次试验结果的平均值确定。如两次结果相差2%以上时，应重新进行试验。结果计算应精确至10cm²/g。

**五、例题**

一强度等级为42.5的普通硅酸盐水泥样品，进行28天龄期胶砂强度检验的结果如下：抗折荷载分别为：3.53kN、3.00kN及3.42kN，抗压荷载分别为：77.6kN、77.1kN、64.0kN、75.2kN、74.8kN及75.6kN，计算该水泥的抗压强度和抗折强度。

**解：**

抗折强度：
$$R_{f1} = \frac{1.5 F_f L}{b^3} = \frac{1.5 \times 3.53 \times 100}{4^3} = 8.3 \text{MPa}$$

$$R_{f2} = \frac{1.5 F_f L}{b^3} = \frac{1.5 \times 3.00 \times 100}{4^3} = 7.0 \text{MPa}$$

$$R_{f3} = \frac{1.5 F_f L}{b^3} = \frac{1.5 \times 3.42 \times 100}{4^3} = 8.0 \text{MPa}$$

$$\text{平均值} = \frac{R_{f1} + R_{f2} + R_{f3}}{3} = \frac{8.3 + 7.0 + 8.0}{3} = 7.8 \text{MPa}$$

因 $\frac{7.8 - 7.0}{7.8} \times 100 = 10.2\% > 10\%$，故 $R_{f2}$ 值应舍弃。

$$\text{抗折强度值} = \frac{R_{f1} + R_{f3}}{2} = \frac{8.3 + 8.0}{2} = 8.2 \text{MPa}$$

抗压强度：
$$R_{c1} = \frac{F_c}{A} = \frac{77600}{1600} = 48.5 \text{MPa}$$

$$R_{c2} = \frac{F_c}{A} = \frac{77100}{1600} = 48.2 \text{MPa}$$

$$R_{c3} = \frac{F_c}{A} = \frac{64000}{1600} = 40.0 \text{MPa}$$

$$R_{c4} = \frac{F_c}{A} = \frac{75200}{1600} = 47.0 \text{MPa}$$

$$R_{c5} = \frac{F_c}{A} = \frac{74800}{1600} = 46.8 \text{MPa}$$

$$R_{c6} = \frac{F_c}{A} = \frac{75600}{1600} = 47.2 \text{MPa}$$

$$\text{平均值} = \frac{R_{c1} + R_{c2} + R_{c3} + R_{c4} + R_{c5} + R_{c6}}{6}$$

$$= \frac{48.5 + 48.2 + 40.0 + 47.0 + 46.8 + 47.2}{6} = 46.3 \text{MPa}$$

因 $\frac{46.3 - 40.0}{46.3} \times 100 = 13.6\% > 10\%$，故 $R_{c3}$ 应舍弃。

$$抗压强度值 = \frac{R_{c1} + R_{c2} + R_{c4} + R_{c5} + R_{c6}}{5}$$

$$= \frac{48.5 + 48.2 + 47.0 + 46.8 + 47.2}{5} = 47.5 \text{MPa}$$

该组水泥样品 28d 抗折强度值为 8.2MPa，抗压强度值为 47.5MPa。

**思考题**

1. 目前我国常用的水泥有哪几种？
2. 什么是水泥的体积安定性不良？它是如何引起的？
3. 什么是不合格品水泥？什么是废品水泥？
4. 进场水泥复验时，取样批量应如何确定？应如何进行取样及处理、保存所取样品？
5. 进行水泥胶砂强度检验时，脱模后的试件应如何进行养护？
6. 水泥胶砂强度检验的抗折、抗压试验结果应如何进行判定？
7. 进行水泥细度检验时，应如何对试验筛进行标定和修正？进行标定的频率应为多少？

**参考文献**

1. 湖南大学，天津大学，同济大学，东南大学．建筑材料（第四版）．中国建筑工业出版社．1997
2. 《硅酸盐水泥、普通硅酸盐水泥》GB 175—1999．中国标准出版社
3. 《矿渣硅酸盐水泥、火山灰质硅酸盐水泥及粉煤灰硅酸盐水泥》GB 1344—1999．中国标准出版社
4. 《复合硅酸盐水泥》GB 12958—1999．中国标准出版社
5. 《水泥标准稠度用水量、凝结时间、安定性检验方法》GB/T 1346—2001．中国标准出版社
6. 《水泥胶砂强度检验方法 ISO》GB/T 17671—1999．中国标准出版社出版
7. 《水泥细度检验方法》GB/T1345—2005．中国标准出版社出版
8. 《水泥比表面积测定方法（勃氏法）》GB/T8074—1987．中国标准出版社出版

## 第十节 建筑钢材

### 一、概念

建筑钢材是工程建设中的主要材料之一，广泛用于工业与民用建筑、道路桥梁等工程中。建筑钢材主要是钢筋混凝土结构用各种钢筋、钢丝及钢结构用各种型钢、钢板和钢管等。

钢材按化学成分分为碳素钢和合金钢两大类。碳素钢的化学成分主要是铁和碳，碳含量为 0.02%~2.06%，另外含有少量的硅、锰及微量的硫、磷。通常按碳的含量将碳素钢分为：低碳钢（含碳量小于 0.25%）、中碳钢（含碳量 0.25%~0.6%）和高碳钢（含碳量大于 0.6%）。合金钢化学成分除铁和碳外还有一种或多种能够改善钢性能的合金元素，常用的合金元素有锰、硅、铬、铌、钛、钒等。合金钢按合金元素的总含量分为低合金钢（合金元素总含量小于 5%）、中合金钢（合金元素总含量 5%~10%）和高合金钢（合金元素总含量大于 10%）。

钢材中硫、磷为有害元素，按其含量将钢分为普通钢、优质钢和高级优质钢。

建筑用钢主要是碳素结构钢和普通低合金结构钢。

### 二、检测依据及技术指标

1. 常用标准名称及代号

《钢筋混凝土用热轧带肋钢筋》GB 1499—1998

《钢筋混凝土用热轧光圆钢筋》GB 13013—1991

《低碳钢热轧圆盘条》GB/T 701—1997
《冷轧带肋钢筋》GB 13788—2000
《碳素结构钢》GB 700—1988
《低合金高强度结构钢》GB/T 1591—94
《钢及钢产品力学性能试验取样位置及试样制备》GB/T 2975—1998
《金属材料 室温拉伸试验方法》GB/T 228—2002
《金属材料 弯曲试验方法》GB/T 232—1999
《金属材料 线材 反复弯曲试验方法》GB/T 238—2002
《钢筋焊接及验收规程》JGJ 18—2003
《钢筋焊接接头试验方法标准》JGJ/T 27—2001
《钢筋机械连接通用技术规程》JGJ 107—2003
《镦粗直螺纹钢筋接头》JG 171—2005

2. 技术指标

(1) 钢筋混凝土用热轧光圆钢筋

由 Q235 碳素结构钢轧制而成的光圆钢筋,强度低但塑性好,伸长率高,具有便于弯折成型,容易焊接的特点,可用作中、小型钢筋混凝土结构的主要受力钢筋,构件的箍筋,钢、木结构的拉杆等。其主要力学性能及工艺性能技术指标见表 3-68。

(2) 低碳钢用热轧圆盘条

卷成盘状供应的热轧光圆钢筋,按用途可分为供建筑用($J$)和供拉丝用($L$)。其主要力学性能及工艺性能技术指标分别见表 3-69 及表 3-70。

**热轧光圆钢筋力学性能及工艺性能技术指标** 表 3-68

| 表面形状 | 钢筋级别 | 强度等级代号 | 公称直径(mm) | 下屈服强度 $R_{eL}$(MPa) | 抗拉强度 $R_m$(MPa) | 伸长率 $A$(%) | 冷弯<br>$d$:弯心直径<br>$a$:钢筋公称直径 |
|---|---|---|---|---|---|---|---|
| | | | | 不小于 | | | |
| 光 圆 | I | R235 | 8~20 | 235 | 370 | 25 | 180° $d=a$ |

**供建筑用盘条力学性能及工艺性能技术指标** 表 3-69

| 牌 号 | 下屈服强度 $R_{eL}$(MPa) | 抗拉强度 $R_m$(MPa) | 伸长率 $A_{11.3}$(%) | 冷弯<br>$d$:弯心直径<br>$a$:钢筋直径 |
|---|---|---|---|---|
| | 不小于 | | | |
| Q215 | 215 | 375 | 27 | 180° $d=0$ |
| Q235 | 235 | 410 | 23 | 180° $d=0.5a$ |

**供拉丝用盘条力学性能及工艺性能技术指标** 表 3-70

| 牌 号 | 抗拉强度 $R_m$(MPa) | 伸长率 $A_{11.3}$(%) | 冷弯<br>$d$:弯心直径<br>$a$:钢筋直径 | 牌 号 | 抗拉强度 $R_m$(MPa) | 伸长率 $A_{11.3}$(%) | 冷弯<br>$d$:弯心直径<br>$a$:钢筋直径 |
|---|---|---|---|---|---|---|---|
| | 不大于 | 不小于 | | | 不大于 | 不小于 | |
| Q195 | 390 | 30 | 180° $d=0$ | Q235 | 490 | 23 | 180° $d=0.5a$ |
| Q215 | 420 | 28 | 180° $d=0$ | | | | |

(3) 混凝土用热轧带肋钢筋

由低合金钢轧制而成的表面带肋钢筋,广泛用于大、中型钢筋混凝土结构的主筋。其强度较高,塑性和可焊性均较好,表面有肋加强了钢筋与混凝土之间的粘结力。其主要力学性能及工艺性能技术指标见表 3-71。

**混凝土用热轧带肋钢筋力学性能及工艺性能技术指标** 表 3-71

| 牌号 | 公称直径（mm） | 下屈服强度 $R_{eL}$ MPa | 抗拉强度 $R_m$ MPa | 伸长率 A % | 冷弯 d：弯心直径 α：钢筋公称直径 |
|---|---|---|---|---|---|
| | | 不小于 | | | |
| HRB335 | 6~25<br>28~50 | 335 | 490 | 16 | 180° d=3α<br>180° d=4α |
| HRB400 | 6~25<br>28~50 | 400 | 570 | 14 | 180° d=4α<br>180° d=5α |
| HRB500 | 6~25<br>28~50 | 500 | 630 | 12 | 180° d=6α<br>180° d=7α |

注：1. 当钢筋用于有抗震设防要求的框架结构时，其纵向受力钢筋的强度应满足设计要求；当设计无具体要求时，对一、二级抗震等级，钢筋检验所得的强度值应符合下列要求：
2. 钢筋实测抗拉强度值与实测屈服强度值之比不应小于 1.25；
3. 钢筋实测屈服强度值与屈服强度标准值之比不应大于 1.3。

（4）冷轧带肋钢筋

热轧圆盘条经冷轧减径后在其表面形成沿长度方向均匀分布的三面或二面横肋的钢筋。其主要力学性能及工艺性能技术指标见表 3-72。

**冷轧带肋钢筋力学性能及工艺性能技术指标** 表 3-72

| 牌号 | 抗拉强度 $R_m$ (MPa) 不小于 | 伸长率 A % 不小于 | | 冷弯 d：弯心直径 α：钢筋公称直径 | 反复弯曲次数 |
|---|---|---|---|---|---|
| | | $A_{11.3}$ | $A_{100mm}$ | | |
| CRB550 | 550 | 8.0 | — | 180° d=3α | — |
| CRB650 | 650 | — | 4.0 | — | 3 |
| CRB800 | 800 | — | 4.0 | — | 3 |
| CRB970 | 970 | — | 4.0 | — | 3 |
| CRB1170 | 1170 | — | 4.0 | — | 3 |

其中反复弯曲半径选取为：钢筋公称直径为 4mm，弯曲半径为 10mm；钢筋公称直径 5mm 及 6mm，弯曲半径均为 15mm。

（5）碳素结构钢

碳素结构钢的塑性较好，适宜于各种加工，在焊接、冲击及适当超载的情况下也不会突然破坏，对轧制、加热及骤冷的敏感性较小，因而常用于建筑结构。其主要力学性能及工艺性能技术指标见表 3-73 及表 3-74。

**碳素结构钢力学性能指标** 表 3-73

| 牌号 | 质量等级 | 下屈服强度 $R_{eL}$（MPa，不小于） 钢材厚度（直径，mm） | | | | | | 抗拉强度 $R_m$（MPa） | 伸长率 A（%，不小于） 钢材厚度（直径，mm） | | | | | |
|---|---|---|---|---|---|---|---|---|---|---|---|---|---|---|
| | | ≤16 | >16~40 | >40~60 | >60~100 | >100~150 | >150 | | ≤16 | >16~40 | >40~60 | >60~100 | >100~150 | >150 |
| Q195 | — | 195 | 185 | | | | | 315~430 | 33 | 32 | | | | |
| Q215 | A<br>B | 215 | 205 | 195 | 185 | 175 | 165 | 335~450 | 31 | 30 | 29 | 28 | 27 | 26 |
| Q235 | A<br>B<br>C<br>D | 235 | 225 | 215 | 205 | 195 | 185 | 375~500 | 26 | 25 | 24 | 23 | 22 | 21 |
| Q255 | A<br>B | 255 | 245 | 235 | 225 | 215 | 205 | 410~550 | 24 | 23 | 22 | 21 | 20 | 19 |
| Q257 | | 275 | 265 | 255 | 245 | 235 | 225 | 490~630 | 20 | 19 | 18 | 17 | 16 | 15 |

碳素结构钢冷弯性能指标　　　　　　　　　表 3-74

| 牌号 | 试样方向 | 冷弯 $B=2\alpha$ 180°（$B$：试样宽度） | | |
|---|---|---|---|---|
| | | $\alpha$：钢材厚度（直径）(mm) | | |
| | | 60 | >60～100 | >100～200 |
| | | $d$：弯心直径 | | |
| Q195 | 纵<br>横 | 0<br>0.5$\alpha$ | —<br> | —<br> |
| Q215 | 纵<br>横 | 0.5$\alpha$<br>$\alpha$ | 1.5$\alpha$<br>2$\alpha$ | 2$\alpha$<br>2.5$\alpha$ |
| Q235 | 纵<br>横 | $\alpha$<br>1.5$\alpha$ | 2$\alpha$<br>2.5$\alpha$ | 2.5$\alpha$<br>$\alpha$ |
| Q255 | | 2$\alpha$ | 3$\alpha$ | 3.5$\alpha$ |
| Q257 | | 3$\alpha$ | 4$\alpha$ | 4.5$\alpha$ |

注：1. 牌号 195 的屈服点仅供参考，不作为交货条件；
　　2. 进行拉伸和弯曲试验时，钢板和钢带应取横向试样，伸长率允许比表中降低 1%（绝对值），其他型钢应取纵向试样；
　　3. 各牌号 A 级钢的冷弯试验，在需方有要求时才进行。当冷弯试验合格时，抗拉强度上限可以不作为交货条件。

（6）低合金高强度结构钢

低合金钢具有较高的强度，而且也具有较好的塑性、韧性和可焊性，是综合性能较为理想的建筑钢材，尤其是大跨度、承受动荷载和冲击荷载的结构物中更为适用。其主要力学性能及工艺性能技术指标见表 3-75。

低合金结构钢力学性能及工艺性能技术指标　　　　　　　　表 3-75

| 牌号 | 质量等级 | 下屈服强度 $R_{eL}$ MPa | | | | 抗拉强度 $R_m$ MPa | 伸长率 $A$ % | $d$：弯心直径<br>$\alpha$：试样厚度（直径）<br>180° | |
|---|---|---|---|---|---|---|---|---|---|
| | | 厚度（直径，边长）(mm) | | | | | | 钢材厚度（直径）(mm) | |
| | | ≤16 | >16～35 | >35～50 | >50～100 | | | ≤16 | >16～100 |
| | | 不小于 | | | | | 不小于 | | |
| Q295 | A<br>B | 295 | 275 | 255 | 235 | 390～570 | 23<br>23 | | |
| Q345 | A<br>B<br>C<br>D<br>E | 345 | 325 | 295 | 275 | 470～630 | 21<br>21<br>22<br>22<br>22 | | |
| Q390 | A<br>B<br>C<br>D<br>E | 390 | 370 | 350 | 330 | 490～650 | 19<br>19<br>20<br>20<br>20 | $d=2\alpha$ | $d=3\alpha$ |
| Q420 | A<br>B<br>C<br>D<br>E | 420 | 400 | 380 | 360 | 520～680 | 18<br>18<br>19<br>19<br>19 | | |
| Q460 | C<br>D<br>E | 460 | 440 | 420 | 400 | 550～720 | 17<br>17<br>17 | | |

### 三、建筑钢材原材料的试验方法

1. 取样方法

（1）建筑钢材应按批进行检查试验，每批应由同一牌号、同一炉罐号、同一规格、同一交货状态的钢材组成,每批重量不大于60t。

(2) 热轧带肋钢筋、热轧光圆钢筋:每批任取二根钢筋,每根端头截去500mm后各截取一根拉伸和冷弯试件。

(3) 低碳钢热轧圆盘条:每批任取二盘,端头截去500mm后,一盘各取一根拉伸和冷弯试件,另一盘取一根冷弯试件。

(4) 冷轧带肋钢筋:每批逐盘(捆)检验,每一盘(捆)的任一端截去500mm后,各截取一根拉伸和冷弯试件。

(5) 碳素结构钢、低合金结构钢:每批抽取一根,在其上分别切取一根拉伸和一根冷弯试件。各种截面型式的型钢取样位置应按照GB/T 2975—1998《钢及钢产品力学性能试验取样位置及试样制备》执行。

2. 环境要求

钢材试验一般在室温10~35℃范围内进行,有严格要求的试验,温度为23±5℃。

3. 拉伸试验

抗拉性能是建筑钢材的重要性能。通过拉伸试验测定屈服强度、抗拉强度和伸长率。低碳钢单向拉伸应力($\sigma$)–应变($\varepsilon$)曲线如图3-31:

可见图中明显划分为四个阶段:弹性阶段(为$O \rightarrow A$)、屈服阶段($A \rightarrow B$)、强化阶段($B \rightarrow C$)和颈缩阶段($C \rightarrow D$)。

在OA阶段,如卸去外力,试件能恢复原状。当应力稍低于A点对应的应力时,应力($\sigma$)与应变($\varepsilon$)的比值为常数,称为弹性模量,用E表示,$E = \sigma/\varepsilon$。它反映钢材的刚度,即产生单位弹性应变时所需应力的大小。

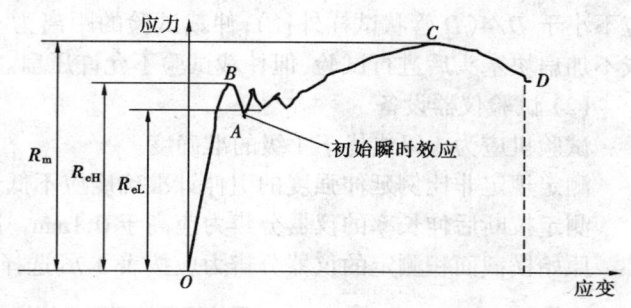

图3-31 低碳钢的拉伸应力($\sigma$)–应变($\varepsilon$)曲线

应力超过A点后,如卸去外力,试件变形不能完全消失,表明已出现塑性变形,到达屈服阶段。在试验期间达到塑性变形发生而力不增加的应力点,称为屈服点,应区分上屈服强度($R_{eH}$)和下屈服强度($R_{eL}$)。上屈服强度为试样发生屈服而力首次下降前的最高应力;下屈服强度为不计初始瞬间效应时的最低应力。有的钢材在屈服阶段力保持恒定,无下降现象,应力—应变曲线中屈服阶段表现为一平台。此时,平台所对应的即为下屈服强度。

在BC阶段,钢材抵抗塑性变形的能力又重新提高,但当达到曲线最高点C以后,试件薄弱处急剧缩小,塑性变形迅速增加,产生"颈缩"现象直至断裂。试样拉断过程中最大力所对应的应力(即C点)称为抗拉强度($R_m$)。

(1) 试样准备

① 钢筋一般无需进行机加工,保持钢筋原有截面,试样长度应大于夹持长度加原始标距的长度。

② 各种型钢一般需采用机加工制备试样。

a. 厚度大于0.1mm且小于3mm薄板和薄带使用的试样夹持头部一般应比平行长度($L_c$)部分宽,试样头部宽度应为20~40mm,头部与平行长度应有过渡半径,至少有20mm的过渡弧相连接。平行长度不小于$L_0 + b/2$,$L_0$为原始标距;仲裁试验中,平行长度应为$L_0 + 2b$。对于宽度等于或小于20mm的产品,试样宽度可以与产品的宽度相同,原始标距为50mm。试样示意如图3-32。

b. 厚度等于或大于3mm板材和扁材、以及直径或厚度等于或大于4mm线材、棒材和型材使

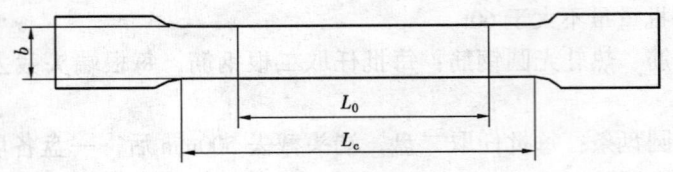

图 3-32 机加工试样示意图

用的试样可以加工成圆形、方形和矩形，其平行长度和夹持端间的过渡弧半径应为：圆形横截面试样 $\geqslant 0.75d$（$d$ 为试样直径）；矩形横截面试样 $\geqslant 12mm$。矩形横截面试样推荐宽厚比不大于 8:1，平行长度 $\geqslant L_0 + 1.5\sqrt{S_0}$；仲裁试验平行长度 $\geqslant L_0 + 2\sqrt{S_0}$（$S_0$ 为试样原始横截面积）。圆形横截面试样平行部分直径不小于 3mm，平行长度 $\geqslant L_0 + d/2$，仲裁试验平行长度 $\geqslant L_0 + 2d$。

c. 直径或厚度小于 4mm 线材、棒材和型材使用的试样通常为产品的一部分，不经机加工，平行长度 $\geqslant L_0 + 50mm$，原始标距为 200mm 和 100mm。

d. 管材使用的试样可以加工成全壁厚纵向弧形试样、管段试样、全壁厚横向试样或管壁厚度上的圆形截面试样。纵向弧形试样一般适用于管壁厚度大于 0.5mm 的管材，为便于夹持，可以压平夹持端部，但不应将平行长度部分压平。管状试样应在两端加塞头，塞头至标距标记的距离应不小于 $D/4$（$D$ 管状试样外径）；仲裁试验的距离为 $D$，也可将管段试样的两夹持端部压扁后加或不加扁块塞头后进行试验，但仲裁试验不允许压扁。横向弧形试样应采取特别措施进行校直。

(2) 试验仪器设备

试验机应为 1 级或优于 1 级的准确度。

测定规定非比例延伸强度的引伸计准确度应不低于 1 级。

测定拉断后伸长率的仪器分辨力应高于 0.1mm，准确到 ±0.25mm。

原始横截面积测定的仪器分辨力应按表 3-76 选择。

原始横截面积测定的仪器分辨力要求　　　　表 3-76

| 试样横截面尺寸（mm） | 分辨力不大于（mm） | 试样横截面尺寸（mm） | 分辨力不大于（mm） |
| --- | --- | --- | --- |
| 0.1~0.5 | 0.001 | <2.0~10.0 | 0.01 |
| >0.5~2.0 | 0.005 | >10.0 | 0.05 |

(3) 试验方法

① 原始横截面积（$S_0$）测定

a. 热轧带肋钢筋、热轧光圆钢筋及冷轧带肋钢筋进行钢筋强度计算时，均采用钢筋的公称横截面面积。

b. 经机加工的试样应在试样标距的两端及中间三处进行测量，取用三处测得的最小横截面积。其中矩形截面试样分别测量宽度和厚度；圆形截面试样应在两个相互垂直方向测量试样的直径，取算术平均值计算截面积。管状试样应在其一端相互垂直方向测量外径和壁厚，分别取其平均值后计算截面积，也可以根据测量的试样长度、试样质量和材料密度计算截面积。

c. 厚度大于 0.1mm 且小于 3mm 薄板和薄带使用的试样原始横截面积测定应准确到 ±0.2%；厚度等于或大于 3mm 板材和扁材以及直径或厚度等于或大于 4mm 线材、棒材和型材试样测量尺寸应准确到 ±0.5%；直径或厚度小于 4mm 线材、棒材和型材及管材试样的原始横截面积测定应准确到 ±1%。

通过计算得出的原始横截面积应至少保留 4 位有效数字。

② 标记原始标记（$L_0$）

试样一般为比例试样，试样原始标距（$L_0$）与原始横截面积（$S_0$）有 $L_0 = k\sqrt{S_0}$ 的关系，比

例系数 $k$ 一般取 5.65。原始标距应不小于 15mm，当试样横截面积太小，以致 $k$ 采用 5.65 不能满足此最小标距要求时，可采用较高值（优先采用 11.3）或采用非比例试样。非比例试样原始标距与原始横截面积无关。

对于比例试样应将原始标距的计算修约至最接近 5mm 的倍数，中间值向较大一方修约。

热轧光圆钢筋、热轧带肋钢筋均采用 $k$ 值为 5.65 的比例试样，原始标距为 5 倍的钢筋直径；CRB550 级冷轧带肋钢筋、低碳钢热轧圆盘条采用 $k$ 值为 11.3 的比例试样，原始标距为 10 倍的钢筋直径（其中 $\phi$6.5 的圆盘条 $L_0$ 为 70mm 的原始标距）；强度等级高于 CRB550 级的冷轧带肋钢筋均采用非比例试样，固定标距 100mm。

原始标距的标记应准确到 ±1%。

进行原始标距标记时，如平行长度比原始标距长许多时，应标记一系列套叠的原始标距。可将每个原始标距按 3 或 3 的整数倍进行等分，如图 3-33 所示。

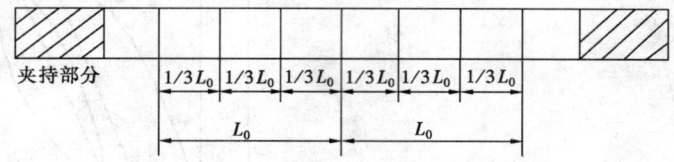

图 3-33　原始标距标记示意图

③ 屈服强度测定

呈现明显屈服现象的钢材，应按相关产品标准规定测定上屈服强度或下屈服强度或两者同时测定。如未做具体规定，应测定上屈服强度和下屈服强度，或仅下屈服强度（屈服阶段无力下降现象时）。

拉伸速率要求　表 3-77

| 材料弹性模量 $E$（N/mm$^2$） | 应力速率（N/mm$^2$）·s$^{-1}$ | |
|---|---|---|
| | 最　小 | 最　大 |
| <150000 | 2 | 20 |
| ≥150000 | 6 | 60 |

试验速率：测定上屈服强度时，在弹性范围和直至上屈服点，拉伸速率应保持恒定并按表 3-77 控制。若仅测定下屈服强度，弹性范围内按上表的速率控制，在屈服即将开始前将应变速率调节至 0.00025 ~ 0.0025/s 间，并在屈服完成之前保持恒定。

屈服强度检测常用三种方法：

图解方法：试验时记录力-位移曲线，从曲线图读取首次下降前的最大力和不计初始瞬间效应时屈服阶段中的最小力，或者屈服平台的恒定力（屈服阶段无力下降现象时）。将其分别除以试样原始横截面积得到上屈服强度和下屈服强度或下屈服强度。

指针方法：试验用测力度盘式试验机时，读取测力指针首次回转前指示的最大力和不计初始瞬间效应时屈服阶段中指针指示的最小力，或者指针首次停止转动指示的恒定力（屈服阶段无力下降现象时）。将其分别除以试样原始横截面积得到上屈服强度和下屈服强度或下屈服强度。

自动分析法：使用自动装置或自动测试系统进行分析测定，如利用电脑并编制相应软件进行自动记录并分析。

④ 规定非比例延伸强度（$R_P$）测定

对于无明显屈服现象的钢材往往应进行规定非比例延伸强度的测定。非比例延伸强度即钢材变形的非比例延伸率达到规定的引伸计标距百分率时对应的强度。$R_{P0.2}$ 即表示钢材的非比例延伸率达到 0.2% 时对应的强度。

试验方法：

一般情况下，绘出力-延伸曲线，在过延伸率轴上延伸率为 0.2% 的点，划一条与曲线的弹性直线段部分平行的直线,该平行线与曲线的交点对应的应力即为 $R_{\text{P0.2}}$ 对应的力。用该力除以试样原始横截面积得到 $R_{\text{P0.2}}$(见图 3-34)。

当力—延伸率曲线的弹性直线段部分不明显,不能准确划出平行线时,建议用如下方法:将试样拉伸至略超过预期的 $R_{\text{P0.2}}$ 的对应力 $F_始$ 后,将力降至 $F_始$ 的 10%,然后再将力加至 $F_始$,这样在力—延伸曲线上形成滞后环(见图 3-35)。过滞后环划一直线,然后在过延伸率轴上延伸率为 0.2% 的点,划一条与该直线平行的线。该平行线与曲线的交点对应的应力即为 $R_{\text{P0.2}}$ 对应的力,用该力除以试样原始横截面积得到 $R_{\text{P0.2}}$(见图 3-35)。

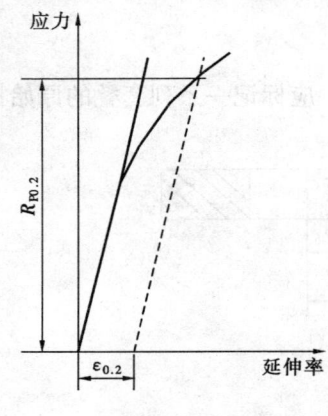

图 3-34 $R_{\text{P0.2}}$ 示意图

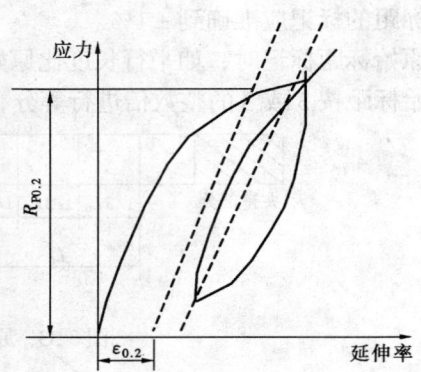

图 3-35 滞后环法示意图

⑤ 抗拉强度测定($R_m$)

从测力度盘上,或从力—延伸或力位移曲线图上,读取过了屈服阶段之后的最大力。最大力除以原始横截面积得到抗拉强度。

⑥ 断后伸长率($A$)测定

试样拉断后,将试样断裂的部分仔细地配接在一起,使断口吻合并接触紧密,用量具或测量装置量取断后标距($L_u$)。原则上,只有断裂处与最接近的标距标记的距离不小于原始标距($L_0$)的三分之一时,测量结果有效,否则结果无效。但如断后伸长率测量结果大于或等于规定值时,断裂处位置无论在何处均为有效。断后伸长率按式(3-204)计算:

$$A = \frac{L_u - L_0}{L_0} \times 100\% \qquad (3\text{-}204)$$

⑦ 检测结果数值的修约

检测结果应按相关产品标准规定进行修约,如产品标准未作规定应按表 3-78 进行修约。

检测结果数值的修约 表 3-78

| 性能 | 范围 | 修约间隔 |
| --- | --- | --- |
| $R_{eH}$,$R_{eL}$,$R_m$ | ≤200N/mm² | 1N/mm² |
| | 200~1000N/mm² | 5N/mm² |
| | >1000N/mm² | 10N/mm² |
| $A$ | | 0.5% |

4. 弯曲试验

(1)试样准备

① 钢筋类产品一般均以其全截面进行试验。

② 其他型钢:

a. 宽度:当产品宽度不大于 20mm 时,试样宽度为原产品宽度;当产品宽度大于 20mm 时,厚度小于 3mm 时,试样宽度为 20±5mm;当厚度不小于 3mm 时,试样宽度在 20~50mm 之间。

b. 厚度或直径:对于板材、带材和型材,产品厚度不大于 25mm 时,试样厚度为原产品的厚度;产品的厚度大于 25mm 时,试样厚度可以机加工减薄至不小于 25mm,并应保留一侧原表面。

弯曲试验时试样保留的原表面应位于受拉变形的一侧。

c. 长度：试样长度应根据试样厚度和所使用的试验设备确定。

(2) 试验仪器设备

一般在试验机或压力机上配备弯曲装置，弯曲装置有四种形式：支辊式、V形模具、虎钳式及翻板式。目前最常用的为支辊式弯曲装置，支辊的长度应大于试样宽度或直径，支辊半径应为 1~10 倍的试样厚度，支辊应有足够的硬度。弯曲压头宽度应大于试样宽度或直径，并具有足够的硬度。

(3) 试验程序

① 根据产品标准选择正确的弯曲压头，明确弯曲角度。常用钢材的弯曲压头直径及弯曲角度选用可见本章的技术要求。

② 调节支辊间的距离，一般支辊间的距离（$l$）应为：

$$l = (d + 3a) \pm 0.5a \tag{3-205}$$

其中 $d$ 为弯曲压头的弯心直径，$a$ 为试样的厚度或直径。

③ 将试样放于两支辊上，试样轴线应与弯曲压头轴线垂直。弯曲压头在两支座之间的中点处对试样连续并缓慢施加压力，直至试样弯曲达到规定的角度。

④ 如不能直接达到规定的弯曲角度，应将试样置于两平行压板之间，连续施加压力使其进一步弯曲，直至达到规定的弯曲角度。

(4) 试验结果评定

一般按相关产品标准评定弯曲试验结果。如无具体规定时，弯曲试验后试样弯曲外表面无肉眼可见裂纹可评为合格。

5. 反复弯曲试验

(1) 试样准备

线材试样应尽可能平直，必要时可以用手矫直，或者在木材、塑料或铜材料的平面上用相同材料的锤头进行矫直。有局部硬弯的线材不应矫直。

(2) 试验仪器设备

常用反复弯曲试验机，主要由圆柱支座、夹持块、弯曲臂和拨杆组成，各组件的尺寸偏差应在允许偏差范围内。

(3) 试验程序

① 根据表 3-79 所列线材直径，选择圆柱支座半径 $r$，圆柱支座半径至拨杆底部距离 $h$ 以及拨杆孔直径 $d_g$。

$r$, $h$ 及 $d_g$ 选用表　　　　　　　　　表 3-79

| 线材公称直径或厚度 $d(a)$<br>mm | 圆柱支座半径 $r$<br>mm | 距离 $h$<br>mm | 拨杆孔直径 $d_g$<br>mm |
| --- | --- | --- | --- |
| $0.3 \leq d(a) \leq 0.5$ | $1.25 \pm 0.05$ | 15 | 2.0 |
| $0.5 < d(a) \leq 0.7$ | $1.75 \pm 0.05$ | 15 | 2.0 |
| $0.7 < d(a) \leq 1.0$ | $2.5 \pm 0.1$ | 15 | 2.0 |
| $1.0 < d(a) \leq 1.5$ | $3.75 \pm 0.1$ | 20 | 2.0 |
| $1.5 < d(a) \leq 2.0$ | $5.0 \pm 0.1$ | 20 | 2.0 和 2.5 |
| $2.0 < d(a) \leq 3.0$ | $7.5 \pm 0.1$ | 25 | 2.5 和 3.5 |
| $3.0 < d(a) \leq 4.0$ | $10 \pm 0.1$ | 35 | 3.5 和 4.5 |
| $4.0 < d(a) \leq 6.0$ | $15 \pm 0.1$ | 50 | 4.5 和 7.0 |
| $6.0 < d(a) \leq 8.0$ | $20 \pm 0.1$ | 75 | 7.0 和 9.0 |
| $8.0 < d(a) \leq 10.0$ | $25 \pm 0.1$ | 100 | 9.0 和 11.0 |

② 将弯曲臂处于垂直位置，将试样由拨孔杆插入，下端用夹块夹紧，并使试样垂直于圆柱支座轴线。

③ 将试样自由端向一方向弯曲 90°，再返回至起始位置，作为第一次弯曲；然后再向相反方向弯曲 90°，再回至起始位置，作为第二次弯曲；以次类推连续进行试验，直至达到相关产品标准规定的弯曲次数或肉眼可见的裂纹为止。有时，产品标准规定连续试验至试样完全断裂为止。

④ 弯曲操作应以每秒钟不超过一次的均匀速率平稳无冲击地进行。试样断裂的最后一次弯曲不计入弯曲次数。

⑤ 复验和判定

钢材的上述检验如有某一项试验结果不符合标准要求，则从同一批中再任取双倍数量的试样进行该不合格项目的复验。复验结果（包括该项试验所要求的任一指标）即使有一个指标不合格，则判定整批不合格。

### 四、钢筋焊接接头的试验

目前常用的钢筋焊接接头形式主要有以下几种：闪光对焊接头、电弧焊接头（包括双面搭接焊、单面搭接焊等）、电渣压力焊接头、气压焊接头、预埋件钢筋 T 型接头。各种接头均应进行拉伸试验，其中闪光对焊接头、气压焊接头（用于梁、板的水平构件）还应进行弯曲试验。

1. 取样方法

试验的取样如表 3-80。

2. 环境要求

试验一般在室温 10~35℃ 范围内进行。

3. 拉伸试验

（1）试样准备

拉伸试样（除预埋件钢筋 T 型接头）的长度应为 $l_s + 2l_j$，其中 $l_s$ 受试长度，$l_j$ 为夹持长度。闪光对焊接头、电渣压力焊接头、气压焊接头 $l_s$ 均为 $8d$（$d$：钢筋直径），双面搭接焊接头 $l_s$ 为 $8d + l_h$（$l_h$ 为焊缝长度），单面搭接焊接头 $l_s$ 为 $5d + l_h$、

预埋件钢筋 T 型接头的钢筋长度应大于或等于 200mm，钢板的长度和宽度均应大于或等于 60mm。

（2）试验仪器设备

试验机应为 1 级或优于 1 级的准确度。

**钢筋焊接接头取样表**　　　　　　　　　　表 3-80

| 焊接接头形式 | 检验批组成 | 拉伸试验取样数量 | 弯曲试验取样数量 |
| --- | --- | --- | --- |
| 闪光对焊接头 | 同一台班内，由同一焊工完成的 300 个同牌号、同直径钢筋焊接接头为一批。当同一台班内焊接的接头数量较少，可在一周之内累计计算；累计仍不足 300 个接头时，应按一批计算。 | 每批接头随机抽取三个接头 | 每批接头随机抽取三个接头 |
| 电弧焊接头 | 在现浇混凝土结构中，以 300 个同牌号钢筋、同型式接头作为一批。在房屋结构中，应在不超过二楼层中 300 个同牌号钢筋、同型式接头，作为一批。当不足 300 个接头时，仍应作为一批。 | 每批接头随机抽取三个接头 | — |
| 电渣压力焊接头 | ^ | 每批接头随机抽取三个接头 | — |
| 气压焊接头 | ^ | 在柱、墙的竖向钢筋连接中及梁、板的水平钢筋连接中，每批接头随机抽取三个接头 | 在梁、板的水平钢筋连接中，每批接头随机抽取三个接头 |
| 预埋件钢筋 T 型接头 | 以 300 件同类型预埋件作为一批。一周内连续焊接时，可累计计算。当不足 300 件时，亦应按一批计算。 | 每批接头随机抽取三个接头 | — |

(3) 试验程序

① 用游标卡尺复核钢筋的直径。

② 将试样夹持在试验机上,用 10～30MPa/s 的加载速率对试样进行连续平稳的拉伸,将试样拉至断裂(或出现缩颈),读取试验过程中的最大力。

③ 记录断口的断裂特征,区分为延性断裂或脆性断裂,测量断裂(或缩颈)位置离焊缝口的距离。如断口上发现气孔、夹渣、未焊透、烧伤等焊接缺陷时,应进行记录。

④ 抗拉强度按下式计算:

$$\sigma_b = \frac{F_b}{S_0} \tag{3-206}$$

式中 $\sigma_b$——抗拉强度(MPa),应修约到 5MPa;

$F_b$——最大力(N);

$S_0$——试样公称截面面积($mm^2$)。

(4) 结果判定

① 闪光对焊接头、电弧焊接头、电渣压力焊接头、气压焊接头拉伸试验均应符合下列要求:

条件 1:3 个热轧钢筋接头试件的抗拉强度均不得小于该牌号钢筋规定的抗拉强度;RRB400 钢筋接头试件的抗拉强度均不得小于 570N/$mm^2$。

条件 2:至少应有 2 个试件断于焊缝之外,并应呈延性断裂。

a. 当达到上述 2 项条件时,评定该批接头为抗拉强度合格。

b. 当试验结果有 2 个试件抗拉强度小于钢筋规定的抗拉强度,或 3 个试件均在焊缝,或热影响区发生脆性断裂时,则一次判定该批接头为不合格。

c. 当试验结果有 1 个试件的抗拉强度小于规定值,或 2 个试件在焊缝或热影响区发生脆性断裂,其抗拉强度均小于钢筋规定抗拉强度的 1.10 倍时(当接头试件虽断于焊缝或热影响区,呈脆性断裂,但其抗拉强度大于或等于钢筋规定抗拉强度的 1.10 倍时,可按断于焊缝或热影响区之外,呈延性断裂同等对待),应进行复验。

d. 复验时,应再切取 6 个试件。复验结果,当仍有 1 个试件的抗拉强度小于规定值,或有 3 个试件断于焊缝或热影响区呈脆性断裂,其抗拉强度小于钢筋规定抗拉强度的 1.10 倍时,应判定该批接头为不合格品。

② 预埋件钢筋 T 形接头拉伸试验结果,3 个试件的抗拉强度均应符合下列要求:

a. HPB235 钢筋接头不得小于 350N/$mm^2$;

b. HRB335 钢筋接头不得小于 470N/$mm^2$;

c. HRB400 钢筋接头不得小于 550N/$mm^2$;

d. 当试验结果,3 个试件中有小于规定值时,应进行复验。复验时,应再取 6 个试件。复验结果,其抗拉强度均达到上述要求时,评定该批接头为合格品。

4. 弯曲试验

(1) 试样准备

试样的长度一般宜为两支辊间内侧距离另加 150mm,支辊间内侧距离为 $D + 2.5d$,其中 $D$ 为弯心直径,$d$ 为钢筋直径。

闪光对焊接头、气压焊接头应将受压面的金属毛刺和镦粗凸起部分消除,且应与钢筋的外表齐平。

(2) 试验设备要求

可用万能试验机、手动或电动液压弯曲试验器进行弯曲试验

(3) 试验程序

①根据表3-81选择相应的应弯心直径和弯曲角度。

**弯心直径和弯曲角度** 表3-81

| 钢筋牌号 | 弯心直径（$d$：钢筋直径） | 弯曲角度（°） | 钢筋牌号 | 弯心直径（$d$：钢筋直径） | 弯曲角度（°） |
|---|---|---|---|---|---|
| HPB235 | $2d$ | 90 | HRB400、RRB400 | $5d$ | 90 |
| HRB335 | $4d$ | 90 | HRB500 | $7d$ | 90 |

注：直径大于25mm的钢筋焊接接头，弯心直径应增加1倍钢筋直径。

②将试样放在两支点上，并使焊缝中心与压头中心线一致，然后缓慢地对试样施加弯曲力，直至达到规定的弯曲角度或出现裂纹、破断为止。

(4) 结果判定

①当试验结果，有2个或3个试件外侧（含焊缝和热影响区）未发生破裂，则判定该批接头为合格品。

②当3个试件均发生破裂，则一次判定该批接头为不合格品。

③当有2个试件发生破裂，应进行复验。

④复验时，应再切取6个试件。复验结果，当有3个试件发生破裂时，应判定该批接头为不合格品。

### 五、钢筋机械连接接头试验

目前常用的钢筋机械连接接头主要有如下几种类型：套筒挤压接头、锥螺纹接头、镦粗直螺纹接头、滚轧直螺纹接头、熔融金属充填接头及水泥灌浆充填接头。根据抗拉强度以及高应力和大变形条件下反复拉压性能的差异，将接头分为三个等级：

Ⅰ级：接头抗拉强度不小于被连接钢筋实际抗拉强度或1.10倍钢筋抗拉强度标准值，并具有高延性及反复拉压性能。

Ⅱ级：接头抗拉强度不小于被连接钢筋抗拉强度标准值，并具有高延性及反复拉压性能。

Ⅲ级：接头抗拉强度不小于被连接钢筋屈服强度标准值的1.35倍，并具有一定的延性及反复拉压性能。

**1. 技术要求**

Ⅰ级、Ⅱ级、Ⅲ级接头的抗拉强度应符合表3-82的规定。

**钢筋机械连接接头抗拉强度指标** 表3-82

| 接头等级 | Ⅰ级 | Ⅱ级 | Ⅲ级 |
|---|---|---|---|
| 抗拉强度 | $f_{mst}^0 \geq f_{st}^0$ 或 $\geq 1.10 f_{uk}$ | $f_{mst}^0 \geq f_{uk}$ | $f_{mst}^0 \geq 1.35 f_{yk}$ |

表中：$f_{mst}^0$为接头试件实际抗拉强度；$f_{st}^0$为接头试件中钢筋抗拉强度实测值；$f_{uk}$为钢筋抗拉强度标准值；$f_{yk}$为钢筋屈服强度标准值。

**2. 取样及检验**

钢筋连接工程开始前及施工过程中，应对每批进场钢筋进行接头工艺检验。进行工艺检验时，应如下进行：

(1) 每种规格钢筋的接头取不少于3个试件进行抗拉强度检验。

(2) 自接头试件的同一根钢筋上，各取一个钢筋母材试件进行抗拉强度检验。

(3) 3根接头试件的抗拉强度均应符合上表中的要求。另外，Ⅰ级接头，试件的抗拉强度尚应大于等于钢筋抗拉强度实测值的0.95倍；Ⅱ级接头应大于0.90倍。

接头的现场检验按验收批进行。同一施工条件下采用同一批材料的同等级、同型式、同规格接头，以500个为一验收批，不足500个也作为一个验收批。现场检验进行外观质量和单向拉伸试验，单向拉伸试验应如下进行：

（1）对接头的每一验收批，必须在工程结构中随机截取 3 个接头试件作抗拉强度试验。

（2）当 3 个接头试件的抗拉强度均符合上表的相应等级的要求时，该验收批评为合格。

（3）如有 1 个试件的强度不符合要求，应再取 6 个试件进行复检。复检中，如仍有 1 个试件的强度不符合要求，则该验收批评为不合格。

（4）现场检验连续 10 个验收批抽样试件抗拉强度 1 次合格率为 100% 时，验收批接头数量可以扩大 1 倍。

**六、例题**

1. 进行一组直径为 18mm 的 HRB400 钢筋的拉伸试验，二根钢筋的屈服力分别为 105.0kN、107.1kN，极限抗拉力分别为 154.2kN、154.6kN，断后标距分别为 109.75mm 及 108.25mm，计算该组钢筋的屈服强度、抗拉强度及断后伸长率。

**解：**

屈服强度分别为：$R_{eL1} = \dfrac{F_{eL}}{S_0} = \dfrac{105000}{254.5} = 412.6 \text{MPa}$  修约至 415MPa

$R_{eL2} = \dfrac{F_{eL}}{S_0} = \dfrac{107100}{254.5} = 420.8 \text{MPa}$  修约至 420MPa

抗拉强度分别为：$R_{m1} = \dfrac{F_m}{S_0} = \dfrac{154200}{254.5} = 605.9 \text{MPa}$  修约至 605MPa

$R_{m2} = \dfrac{F_m}{S_0} = \dfrac{154600}{254.5} = 607.5 \text{MPa}$  修约至 610MPa

断后伸长率分别为：$A_1 = \dfrac{L_u - L_0}{L_0} \times 100 = \dfrac{109.75 - 90}{90} \times 100 = 21.9\%$  修约至 22.0%

$A_2 = \dfrac{L_u - L_0}{L_0} \times 100 = \dfrac{108.25 - 90}{90} \times 100 = 20.3\%$  修约至 20.5%

结果为：该组二根钢筋的屈服强度分别为 415MPa 及 420MPa；抗拉强度分别为 605MPa 及 610MPa；断后伸长率分别为 22.0% 及 20.5%。判该组钢筋的拉伸性能满足 HRB400 的要求。

2. 进行一组直径为 25mm 的 HRB335 的电渣压力焊接头的拉伸试验，三个接头的拉伸结果分别为：

第一根：抗拉力为 256.4kN、断在接头处；

第三根：抗拉力为 258.9kN、呈延性断裂，断口距接头距离为 65mm；

第三根：抗拉力为 264.8kN、断在接头处；

计算该组接头的抗拉强度并判定是否合格。

**解：**

$\sigma_{b1} = \dfrac{F_b}{S_0} = \dfrac{256400}{490.9} = 522.3 \text{MPa}$  修约至 520MPa

$\sigma_{b2} = \dfrac{F_b}{S_0} = \dfrac{258900}{490.9} = 527.4 \text{MPa}$  修约至 525MPa

$\sigma_{b3} = \dfrac{F_b}{S_0} = \dfrac{264800}{490.9} = 539.4 \text{MPa}$  修约至 540MPa

（540MPa = 1.10 × 490MPa，应视为延性断裂）

结果为：该组钢筋接头的抗拉强度分别为 520MPa、525MPa 及 540MPa。该组钢筋接头评为合格。

**思考题**

1. 建筑钢材进行拉伸试验时，一般可明显分为哪四个阶段？各个阶段有什么特征？

2. 各种建筑钢材进行拉伸时，原始横截面积分别应如何确定？
3. 什么试样称比例试样？比例试样的原始标距应如何进行计算和修约？
4. 什么是钢材的上屈服点和下屈服点？在试验过程中应如何确定？
5. 什么是规定非比例延伸强度？在试验过程中应如何确定？
6. 钢材原材的复验和判定是如何规定的？
7. 钢筋焊接接头拉伸及冷弯的试验结果应如何评定？
8. 钢筋机械连接接头的工艺检验应如何进行？

**参考文献**

1. 湖南大学，天津大学，同济大学，东南大学．建筑材料（第四版）．中国建筑工业出版社．1997
2. 《钢筋混凝土用热轧带肋钢筋》GB 1499—1998．中国标准出版社
3. 《钢筋混凝土用热轧光圆钢筋》GB 13013—1991．中国标准出版社
4. 《低碳钢热轧圆盘条》GB/T 701—1997．中国标准出版社
5. 《冷轧带肋钢筋》GB 13788—2000．中国标准出版社
6. 《碳素结构钢》GB 700—1988．中国标准出版社
7. 《低合金高强度结构钢》GB/T 1591—94．中国标准出版社
8. 《钢及钢产品力学性能试验取样位置及试样制备》GB/T 2975—1998．中国标准出版社
9. 《金属材料 室温拉伸试验方法》GB/T 228—2002．中国标准出版社
10. 《金属材料 弯曲试验方法》GB/T 232—1999．中国标准出版社
11. 《金属材料 线材 反复弯曲试验方法》GB/T 238—2002．中国标准出版社
12. 《钢筋焊接及验收规程》JGJ 18—2003．中国建筑工业出版社
13. 《钢筋焊接接头试验方法标准》JGJ/T 27—2001．中国建筑工业出版社
14. 《钢筋机械连接通用技术规程》JGJ 107—2003．中国建筑工业出版社出版．2003
15. 《镦粗直螺纹钢筋接头》JG 171—2005．中国建筑工业出版社出版．1999

备注：钢筋焊接中，未将钢筋焊接网架及电阻点焊等接头种类标出。

## 第十一节 沥 青

**一、概念**

沥青是由高分子碳氢化合物及其衍生物组成的、黑色或深褐色、不溶于水而几乎全溶于二硫化碳，且符合规定标准的非晶态有机材料，可分为地沥青和焦油沥青两大类，地沥青是天然沥青和石油沥青的总称，焦油沥青俗称柏油。通常又将石油沥青分成建筑石油沥青、道路石油沥青和普通石油沥青三种，建筑上主要使用建筑石油沥青制成各种防水材料制品或现场直接使用。

**二、检测依据**

1. 标准名称及代号

《石油沥青取样法》GB 11147—89

《建筑石油沥青》GB/T 494—1998

《沥青针入度测定法》GB/T 4509—1998

《沥青延度测定法》GB/T 4508—1999

《沥青软化点测定法（环球法）》GB/T 4507—1999

《石油沥青蒸发损失测定法》GB 11964—89

《石油沥青溶解度测定法》GB 11148—89

## 2. 技术指标

建筑石油沥青（GB/T 494—1998）按针入度不同分为10号、30号、40号三个牌号，见表3-83。

**建筑石油沥青技术指标**　　　　表3-83

| 序号 | 项目 | 质量指标 | | | 试验方法 |
|---|---|---|---|---|---|
| | | 10号 | 30号 | 40号 | |
| 1 | 针入度（25℃，100g，5s），1/10mm | 10~25 | 26~35 | 36~50 | GB/T 4509 |
| 2 | 延度（25℃，5cm/min），cm 不小于 | 1.5 | 2.5 | 3.5 | GB/T 4508 |
| 3 | 软化点（环球法），℃ 不低于 | 95 | 75 | 60 | GB/T 4507 |
| 4 | 溶解度（三氯乙烷、三氯乙烯、四氯化碳或苯），% 不小于 | 99.5 | | | GB/T 11148 |
| 5 | 蒸发损失（163℃，5h），% 不大于 | 1 | | | GB/T 11964 |
| 6 | 蒸发后针入度比[①]，% 不小于 | 65 | | | GB/T 4509 |
| 7 | 闪点（开口），℃ 不低于 | 230 | | | GB/T 267 |
| 8 | 脆点，℃ | 报告 | | | GB/T 4510 |

①测定蒸发损失后样品的针入度与原针入度之比乘以100后，所得的百分比，称为蒸发后针入度比。

### 三、沥青的试验方法

取样方法及数量：按GB/T 11147取得有代表性样品，固体或半固体样品取样量为1~1.5kg，液体沥青为1L。

#### 1. 针入度试验

沥青的针入度以标准针在一定的载荷、时间及温度条件下垂直穿入沥青试样的深度表示，单位为1/10mm。一般情况下，标准针、针连杆与附加砝码的总重量为（100±0.05）g，温度为（25±0.1）℃，时间为5s。

（1）环境要求：室温15~30℃

（2）仪器设备

针入度仪：符合GB/T 4509规定。

标准针：符合GB/T 4509规定。

试样皿：金属或玻璃的圆柱型平底皿，针入度小于200时，直径为55mm，深度为35mm，当针入度为200~350、350~500时，分别选用深度为70mm，直径为55mm及深度为60mm，直径为50mm的试样皿。

恒温水浴：容量不少于10L，能保持温度在试验温度下控制在0.1℃范围内，距水底部50mm处有一个带孔的支架，这一支架离水面至少有100mm。

平底玻璃皿：容量不小于350mL，深度要没过最大的样品皿，内设一个不锈钢三角支架，以保证试样皿稳定。

计时器：刻度为0.1s或小于0.1s，60s内的准确度达到±0.1s的计时装置。

液体玻璃温度计：刻度范围为0~50℃，分度值为0.1℃。

（3）样品制备

①小心加热样品，不断搅拌以防局部过热，加热到使样品能够流动。加热时焦油沥青的加热温度不超过软化点的60℃，石油沥青不超过软化点的90℃。加热时间不超过30min。加热、搅拌过程中避免试样中进入气泡。

②将试样倒入预先选好的试样皿中，试样深度应大于预计穿入深度10mm。同时将试样倒入两个试样皿。

③松松地盖住试样皿以防灰尘落入。在 15~30℃ 的室温下冷却 1~1.5h（小试样皿）或 1.5~2.0h（大试样皿），然后将两个试样皿和平底玻璃皿一起放入恒温水浴中，水面应没过试样表面 10mm 以上。在规定的试验温度下冷却，小皿恒温 1~1.5h，大皿恒温 1.5~2.0h。

（4）操作步骤

①调节针入度仪的水平，检查针连杆和导轨，确保上面没有水和其他物质。先用合适的溶剂将针擦干净，再用干净的布擦干，然后将针插入针连杆中固定，按试验条件放好砝码。

②将已恒温到试验温度的试样皿和平底玻璃皿取出，放置在针入度仪的平台上。慢慢放下针连杆，使针尖刚刚接触到试样的表面，必要时用放置在合适位置的光源反射来观察。拉下活杆，使其与针连杆顶端相接触，调节针入度仪上的表盘读数指零。

③用手紧压按钮，同时启动秒表，使标准针自由下落穿入沥青试样，到规定时间停压按钮，使标准针停止移动。

④拉下活杆，再使其与针连杆顶端相接触，此时表盘指针的读数即为试样的针入度，用 1/10mm 表示。

⑤同一试样至少重复测定三次。每一试验点的距离和试验点与试样皿边缘的距离都不得小于 10mm。每次试验前都应将试样和平底玻璃皿放入恒温水浴中，每次测定都要用干净的针。当针入度超过 200 时，至少用三根针，每次试验用的针留在试样中，直到三根针扎完时再将针从试样中取出。针入度小于 200 时可将针取下用合适的溶剂擦净后继续使用。

（5）数据处理与结果判定

三次测定针入度的平均值，取至整数，作为试验结果，三次测定的针入度相差不应大于表 3-84 列数值：

针入度最大差值（mm） 表 3-84

| 针 入 度 | 0~49 | 50~149 | 150~249 | 250~350 |
|---|---|---|---|---|
| 最大差值 | 2 | 4 | 6 | 8 |

否则，利用另一备用试样重复试验，如果结果再次超过允许值，则取消所有的试验结果，重新进行试验。

2. 软化点试验

沥青的软化点是试样在测定条件下，因受热而下坠达 25mm 时的温度，以 ℃ 表示。

（1）仪器设备

软化点测定仪：符合 GB/T 4507 规定；

全浸式温度计：符合 GB/T 514 规定，测温范围在 30~180℃，最小分度值为 0.5℃；

加热介质：新煮沸过的蒸馏水、甘油；

隔离剂：以重量计，两份甘油和一份滑石粉调制而成；

刀：切沥青用；

筛：筛孔为 0.3~0.5mm 的金属网。

（2）样品制备

①所有石油沥青试样的准备和测试必须在 6h 内完成，小心加热试样，并不断搅拌以防止局部过热，直到样品变得流动。小心搅拌以免气泡进入样品中。

②石油沥青样品加热至倾倒温度的时间不超过 2h，其加热温度不超过预计沥青软化点 110℃。

③如果重复试验，不能重新加热样品，应在干净的容器中用新鲜样品制备试样。

④若估计软化点在 120℃ 以上，应将黄铜环与支撑板预热至 80~100℃，然后将铜环放到涂

有隔离剂的支撑板上。否则会出现沥青试样从铜环中完全脱落。

⑤向每个环中倒入略过量的沥青试样，让试件在室温下至少冷却 30min。对于在室温下较软的样品，应将试件在低于预计软化点 10℃以上的环境中冷却 30min。从开始倒试样时起至完成试验的时间不得超过 240min。

⑥当试样冷却后，用稍加热的小刀或刮刀干净地刮去多余的沥青，使得每一个圆片饱满且和环的顶部齐平。

（3）操作步骤

①选择下列一种加热介质。

a. 新煮沸过的蒸馏水适于软化点为 30~80℃ 的沥青，起始加热介质温度应为 5±1℃。

b. 甘油适于软化点为 80~157℃ 的沥青，起始加热介质的温度应为 30±1℃。

c. 为了进行比较，所有软化点低于 80℃ 的沥青应在水浴中测定，而高于 80℃ 的在甘油浴中测定。

②把仪器放在通风橱内并配置两个样品环、钢球定位器，并将温度计插入合适的位置，浴槽装满加热介质，并使各仪器处于适当位置。用镊子将钢球置于浴槽底部，使其同支架的其他部位达到相同的起始温度。

③如果有必要，将浴槽置于冰水中，或小心加热并维持适当的起始浴温达 15min，并使仪器处于适当位置，注意不要玷污浴液。

④再次用镊子从浴槽底部将钢球夹住并置于定位器中。

⑤从浴槽底部加热使温度以恒定的速率 5℃/min 上升。为防止通风的影响有必要时可用保护装置。试验期间不能取加热速率的平均值，但在 3min 后，升温速度应达到 5±0.5℃/min，若温度上升速率超过此限定范围，则此次试验失败。

⑥当两个试环的球刚触及下支撑板时，分别记录温度计所显示的温度。无需对温度计的浸没部分进行校正。

（4）数据处理与结果判定

取两个温度的平均值作为试验结果，如果两个温度的差值超过 1℃，则重新试验。报告试验结果时需注明浴槽中所使用加热介质的种类。

注：当软化点测定结果在 80℃ 左右时，按 GB/T 4509 第 9 条处理。

3. 延度试验

沥青延度一般指沥青试件在 25±0.5℃ 温度下，以 5±0.25cm/min 速度拉伸至断裂时的长度，以 cm 计。

（1）仪器设备

模具：符合 GB/T4508 规定；

水浴：能保持试验温度变化不大于 0.1℃，容量至少为 10L，试件浸入水中深度不得小于 10cm，水浴中设置带孔搁架以支撑试件，搁架距浴底部不得小于 5cm；

延度仪：符合 GB/T4508 规定；

温度计：0~50℃，分度为 0.1℃ 和 0.5℃ 各一支；

筛孔为 0.3~0.5mm 的金属网；

隔离剂：以重量计，由两份甘油和一份滑石粉调制而成；

支撑板：金属板或玻璃板，一面必须磨光至表面粗糙度为 $Ra0.63$。

（2）样品制备

①将模具组装在支撑板上，将隔离剂涂于支撑板表面及侧模的内表面，以防沥青沾在模具上。板上的模具要水平放好，以便模具的底部能够充分与板接触。

②小心加热样品，以防局部过热，直到完全变成液体能够倾倒。石油沥青样品加热至倾倒温度的时间不超过 2h，其加热温度不超过预计沥青软化点 110℃。把熔化了的样品过筛，在充分搅拌之后，把样品倒入模具中，在组装模具时要小心，不要弄乱了配件。在倒样时使试样呈细流状，自模的一端至另一端往返倒入，使试样略高出模具，将试件在空气中冷却 30~40min，然后放在规定温度的水浴中保持 30min 取出，用热的直刀或铲将高出模具的沥青刮出，使试样与模具齐平。

③恒温：将支撑板、模具和试件一起放入水浴中，并在试验温度下保持 85~95min，然后从板上取下试件，拆掉侧模，立即进行拉伸试验。

(3) 操作步骤

①将模具两端的孔分别套在延度仪的柱上，然后以一定的速度拉伸，直到试件拉伸断裂。拉伸速度允许误差 ±5%，测量试件从拉伸到断裂所经过的距离，以厘米表示。试验时，试件距水面和水底的距离不小于 2.5cm，并且要使温度保持在规定温度的 ±0.5℃ 的范围内。

②如果沥青浮于水面或沉入槽底时，则试验不正常。应使用乙醇或氯化钠调整水的密度，使沥青材料既不浮于水面，又不沉入槽底。

③正常的试验应将试样拉成锥形，直至在断裂时实际横断面面积接近于零。如果三次试验得不到正常结果，则报告在该条件下延度无法测定。

(4) 数据处理与结果判定

若三个试件测定值在其平均值的 5% 内，取平行测定三个结果的平均值作为测定结果。若三个试件测定值不在其平均值的 5% 以内，但其中两个较高值在平均值的 5% 之内，则弃去最低测定值，取两个较高值的平均值作为测定结果，否则重新测定。

4. 溶解度试验

沥青的溶解度是指样品溶解在三氯乙烯中，用玻璃纤维滤纸过滤，不溶物经洗涤、干燥和称重，计算出结果，以 % 表示。

(1) 仪器设备

古氏坩埚：50mL；

玻璃纤维滤纸：直径约 2.6cm；

锥形烧瓶：具塞，250mL；

水浴；

烘箱：能保持温度 105~110℃；

分析天平：感量为 0.0002g；

其他：双连球、吸滤瓶、干燥器等；

试剂：化学纯的三氯乙烯（可以用化学纯的苯、四氯化碳或三氯甲烷代替三氯乙烯，但仲裁试验时必须使用三氯乙烯）。

(2) 操作步骤

①将玻璃纤维滤纸放入洁净的古氏坩埚中，用少量溶剂冲洗，待溶剂挥发后放在 105~110℃ 的烘箱内干燥 15min，取出放在干燥器中冷却 30min 后进行称量，称准至 0.0002g。贮存在干燥器中备用。将待试验样品熔化脱水，勿使过热。

②在预先干燥并已称重的锥形烧瓶中称取约 2g 沥青样品，称准至 0.0002g，在不断摇动下分次加入三氯乙烯，直至样品溶解。加入三氯乙烯总量为 100mL，盖上瓶塞，在室温下放置至少 15min。

注：仲裁试验时，在进行过滤之前把样品溶液在 38.0±0.5℃ 水浴上保持 1h。

③将预先准备好并已称重的古氏坩埚，安装在过滤瓶上，用少量的三氯乙烯润湿玻璃纤维滤

纸。先将澄清溶液通过玻璃纤维滤纸，以滴状过滤速度进行过滤。直到全部滤液滤完。用少量溶剂洗涤锥形瓶，将全部不溶物移到古氏坩埚中。用溶剂洗涤锥形瓶和古氏坩埚上的不溶物，直至滤液无色为止。

④取下古氏坩埚，放在通风处，直至无三氯乙烯气味为止。然后将古氏坩埚放在105~110℃烘箱内至少20min。取出后放在干燥器中冷却30min后称量。重复进行干燥，冷却及称重，直至连续称量间的差数不大于0.0003g为止。

(3) 数据处理与结果判定

①试样的溶解度 $X$（%）按下式计算：

$$X = 100 - \left(\frac{A}{B} \times 100\right) \quad (3\text{-}207)$$

式中　$A$——不溶物重量（g）；
　　　$B$——试样的重量（g）。

②对于溶解度大于99.0%的结果，准确到0.01%，且同一操作者，重复测定两个结果之差不应超过0.1%，对于溶解度等于或小于99.0%的结果，准确到0.1%。

③取重复测定两个结果的算术平均值作为试样的溶解度。

5. 蒸发损失试验

沥青的蒸发损失指试样放在烘箱中，在163±1℃保持5h，计算减少量占试样的重量百分数。

(1) 仪器设备

恒温烘箱：采用 GB 5304 所规定的82型沥青薄膜烘箱，或其他符合相应技术条件的烘箱。

温度计：155~170℃，最小分度为0.5℃，符合 GB 11964 附录 A 规定。

盛样皿：平底圆柱形皿，内径55±1mm，深35±1mm，由金属或玻璃制成。

(2) 操作步骤：

①将足够的试样放在适当的容器中，加热至流体状态，并搅拌均匀。加热最高温度不得超过150℃。如试样中含有水分，应小心加热将水脱净。

②称量洁净干燥的盛样皿，称准至0.001g。将熔化的50±0.5g沥青样倒入盛样皿中，冷至室温后称准至0.001g。

③把烘箱调成水平，使转盘在水平面上旋转，将温度计挂在转盘轴的支架上，水银球底部在转盘上面6mm处。温度计支撑点的位置距转盘的中心和外边缘的距离应相等。保持烘箱温度163±1℃。

④将两个盛有试样的盛样皿放在烘箱的转盘上，关闭烘箱门，转盘的转速5~6r/min。5h的试验时间是从温度上升到162℃时开始的，但试样在烘箱中的时间不应超过5.25h。绝不允许将不同牌号的沥青，同时放在一个烘箱中试验。

⑤加热终了时取出盛样皿，在空气中冷却至室温进行称量，称准至0.001g。

(3) 数据处理与结果判定

①试样的蒸发损失 $V$（%）按下式计算

$$V = \frac{W_s - W}{W_s} \times 100 \quad (3\text{-}208)$$

式中　$W_s$——试样重（g）；
　　　$W$——蒸发后的试样重（g）。

②取重复测定两个结果的算术平均值，作为测定结果，报告结果精确到小数点后第二位。

四、实例

延度试验中，若三个试件的测定值分别为 $A_1$ 为2.80cm、$A_2$ 为3.00cm、$A_3$ 为3.10cm，试计算

该沥青的延度值 $A$。

**解：**（1）计算三个试件测定值的平均值 $\overline{A}$。

$$\overline{A} = \frac{A_1 + A_2 + A_3}{3} = \frac{2.80 + 3.00 + 3.10}{3} = 2.97 \text{cm}$$

（2）判断三个测定值是否在平均值 $\overline{A}$ 的 5% 以内

$$2.97 \times (1 + 5\%) = 3.12 \text{cm}$$
$$2.97 \times (1 - 5\%) = 2.82 \text{cm}$$

比较得 $A_1$ 值不在平均值 5% 以内

（3）计算延度值：$A = \frac{A_2 + A_3}{2} = \frac{3.00 + 3.10}{2} = 3.0 \text{cm}$

**思考题**

1. 针入度试验中，测得沥青针入度值在 0~49 之间，当三次测定的数值相差大于多少时，结果无效？
2. 软化点范围在 80~157℃ 的沥青，软化点试验时选择哪种加热介质？起始加热介质的温度应为多少？
3. 延度试验过程中出现沥青浮于水面或沉于槽底的现象，该如何处理？
4. 溶解度试验的数据处理中，对于结果大于、等于或小于 99.0% 的数据应分别准确到多少？

**参考文献**

1. 建筑材料工业技术监督研究中心，中国标准出版社第二编辑室编．《建筑材料标准汇编（建筑防水材料 2003）》．中国标准出版社．2004
2. 湖南大学，天津大学，同济大学，东南大学合编．《建筑材料》．中国建筑工业出版社．1997
3. 《石油产品试验用液体温度计技术条件》GB/T 514—83．中国标准出版社．1984
4. 《石油沥青薄膜烘箱试验方法》GB/T 5304—85．中国标准出版社．1986

## 第十二节 防 水 卷 材

**一、概念**

防水卷材是指可卷曲成卷状的柔性防水材料，在建筑防水材料的应用中处于主导地位，面广量大。常用的防水卷材按照材料的组成不同，一般可分为沥青防水卷材，高聚物改性沥青防水卷材和合成高分子防水卷材三大类。沥青防水卷材是用原纸、纤维织物、纤维毡等胎体浸涂沥青，表面撒布粉状、粒状或片状材料制成，具有防水性能良好、价格低廉的特点，但存在低温柔性差、温度敏感性大、防水耐用年限较短的缺点，属低档防水卷材，仅适用于防水等级为三、四级的屋面防水工程；高聚物改性沥青防水卷材是以合成高分子聚合物改性沥青为涂盖层，纤维织物或纤维毡为胎体，粉状、粒状、片状或薄膜材料为覆面材料制成，具有高温不流淌、低温不脆裂、拉伸强度高、延伸率较大等特点，属中低档防水卷材；合成高分子防水卷材是以合成橡胶、合成树脂或它们两者的共混体为基料，加入适量的化学助剂和填充料等，经混炼、压延或挤出等工序加工而制成，具有拉伸强度和抗撕裂强度高、断裂伸长率大、耐热性和低温柔性好、耐腐蚀、耐老化等特点，是新型高档防水卷材，后两种卷材适用于防水等级为一至三级的屋面防水工程。

**二、检测依据**

1. 标准名称及代号

《石油沥青纸胎油毡、油纸》GB 326—1989
《石油沥青玻璃纤维胎油毡》GB/T 14686—1993
《石油沥青玻璃布胎油毡》JC/T 84—1996
《铝箔面油毡》JC/T 504—1992（1996）
《沥青复合胎柔性防水卷材》JC/T 690—1998
《改性沥青聚乙烯胎防水卷材》GB 18967—2003
《自粘橡胶沥青防水卷材》JC 840—1999
《自粘聚合物改性沥青聚酯胎防水卷材》JC 898—2002
《弹性体改性沥青防水卷材》GB 18242—2000
《塑性体改性沥青防水卷材》GB 18243—2000
《油毡瓦》JC 503—1992（1996）
《再生胶油毡》JC 206—76（96）
《三元丁橡胶防水卷材》JC/T 645—1996
《氯化聚乙烯—橡胶共混防水卷材》JC/T 684—1997
《聚氯乙烯防水卷材》GB 12952—2003
《氯化聚乙烯防水卷材》GB 12953—2003
《高分子防水材料（第一部分 片材）》GB 18173.1—2000
《沥青防水卷材试验方法》GB 328—1989
《建筑防水材料老化试验方法》GB/T 18244—2000
《硫化橡胶或热塑性橡胶拉伸应力应变性能的测定》GB/T 528—1998
《硫化橡胶或热塑性橡胶撕裂强度的测定》GB/T 529—1999
《屋面工程质量验收规范》GB 50207—2002

2．技术指标

防水卷材品种众多，这里仅选取常见、有代表性的三个品种列出，其余可参照各产品标准。

（1）根据《石油沥青纸胎油毡、油纸》（GB 326—1989），石油沥青纸胎油毡分为 200 号、350 号、500 号三种标号，其物理性能应符合表 3-85 的规定。

石油沥青纸胎油毡技术指标　　表 3-85

| 指标名称 | | 标号 | 200 号 | | | 350 号 | | | 500 号 | | |
|---|---|---|---|---|---|---|---|---|---|---|---|
| | | 等级 | 合格 | 一等 | 优等 | 合格 | 一等 | 优等 | 合格 | 一等 | 优等 |
| 单位面积浸涂材料总量 g/m² 不小于 | | | 600 | 700 | 800 | 1000 | 1050 | 1110 | 1400 | 1450 | 1500 |
| 不透水性 | 压力不小于（MPa） | | 0.05 | | | 0.10 | | | 0.15 | | |
| | 保持时间不小于（min） | | 15 | 20 | 30 | 30 | 45 | 30 | | | |
| 吸水率（真空法）不大于（%） | 粉毡 | | 1.0 | | | 1.0 | | | 1.5 | | |
| | 片毡 | | 3.0 | | | 3.0 | | | 3.0 | | |
| 耐热度（℃） | | | 85±2 | 90±2 | 85±2 | 90±2 | 85±2 | 90±2 | | | |
| | | | 受热 2h 涂盖层应无滑动和集中性气泡 | | | | | | | | |
| 拉力 25±2℃时纵向不小于（N） | | | 240 | 270 | 340 | 370 | 440 | 470 | | | |
| 柔度 | | | 18±2℃ | 18±2℃ | 16±2℃ | 14±2℃ | 18±2℃ | 14±2℃ | | | |
| | | | 绕 Φ20mm 圆棒或弯板无裂纹 | | | | 绕 Φ25mm 圆棒或弯板无裂纹 | | | | |

(2) 根据《弹性体改性沥青防水卷材》（GB 18242—2000），弹性体沥青防水卷材以玻纤毡（G）或聚酯毡（PY）作为胎基，按型号其物理性能应符合表 3-86 的规定。

弹性体改性沥青防水卷材技术指标　　　　表 3-86

| 序号 | 胎基 | | PY | | G | |
|---|---|---|---|---|---|---|
| | 型号 | | Ⅰ | Ⅱ | Ⅰ | Ⅱ |
| 1 | 可溶物含量（g/m²）≥ | 2mm | — | | 1300 | |
| | | 3mm | 2100 | | | |
| | | 4mm | 2900 | | | |
| 2 | 不透水性 | 压力（MPa）≥ | 0.3 | | 0.2 | 0.3 |
| | | 保持时间（min）≥ | 30 | | | |
| 3 | 耐热度（℃） | | 90 | 105 | 90 | 105 |
| | | | 无滑动、流淌、滴落 | | | |
| 4 | 拉力（N/50mm）≥ | 纵向 | 450 | 800 | 350 | 500 |
| | | 横向 | | | 250 | 300 |
| 5 | 最大拉力时延伸率（%）≥ | 纵向 | 30 | 40 | — | |
| | | 横向 | | | | |
| 6 | 低温柔度（℃） | | -18 | -25 | -18 | -25 |
| | | | 无裂纹 | | | |
| 7 | 撕裂强度（N）≥ | 纵向 | 250 | 350 | 250 | 350 |
| | | 横向 | | | 170 | 200 |
| 8 | 人工气候加速老化 | 外观 | 1 级 | | | |
| | | | 无滑动、流淌、滴落 | | | |
| | | 拉力保持率（%）≥ 纵向 | 80 | | | |
| | | 低温柔度（℃） | -10 | -20 | -10 | -20 |
| | | | 无裂纹 | | | |

(3) 根据《高分子防水材料（第一部分 片材）》（GB 18173.1—2000），产品分类见表 3-87，高分子防水卷材分均质片和复合片，其物理性能应分别符合表 3-88、表 3-89 的规定。

片材的分类　　　　表 3-87

| 分类 | | 代号 | 主要原材料 |
|---|---|---|---|
| 均质片 | 硫化橡胶类 | JL1 | 三元乙丙橡胶 |
| | | JL2 | 橡胶（橡塑）共混 |
| | | JL3 | 氯丁橡胶、氯磺化聚乙烯、氯化聚乙烯等 |
| | | JL4 | 再生胶 |
| | 非硫化橡胶类 | JF1 | 三元乙丙橡胶 |
| | | JF2 | 橡塑共混 |
| | | JF3 | 氯化聚乙烯 |
| | 树脂类 | JS1 | 聚氯乙烯等 |
| | | JS2 | 乙烯醋酸乙烯、聚乙烯等 |
| | | JS3 | 乙烯醋酸乙烯改性沥青共混等 |
| 复合片 | 硫化橡胶类 | FL | 乙丙、丁基、氯丁橡胶、氯磺化聚乙烯等 |
| | 非硫化橡胶类 | FF | 氯化聚乙烯，乙丙、丁基、氯丁橡胶、氯磺化聚乙烯等 |
| | 树脂类 | FS1 | 聚氯乙烯等 |
| | | FS2 | 聚乙烯等 |

均质片的物理性能 表3-88

| 项目 | | 指标 硫化橡胶类 | | | | 非硫化橡胶类 | | | 树脂类 | | |
|---|---|---|---|---|---|---|---|---|---|---|---|
| | | JL1 | JL2 | JL3 | JL4 | JF1 | JF2 | JF3 | JS1 | JS2 | JS3 |
| 1. 断裂拉伸强度（MPa） | 常温 ≥ | 7.5 | 6.0 | 6.0 | 2.2 | 4.0 | 3.0 | 5.0 | 10 | 16 | 14 |
| | 60℃ ≥ | 2.3 | 2.1 | 1.8 | 0.7 | 0.8 | 0.4 | 1.0 | 4 | 6 | 5 |
| 2. 扯断伸长率（%） | 常温 ≥ | 450 | 400 | 300 | 200 | 450 | 200 | 200 | 200 | 550 | 500 |
| | -20℃ ≥ | 200 | 200 | 170 | 100 | 200 | 100 | 100 | 15 | 350 | 300 |
| 3. 撕裂强度（kN/m） ≥ | | 25 | 24 | 23 | 15 | 18 | 10 | 10 | 40 | 60 | 60 |
| 4. 不透水性，30min 无渗漏 | | 0.3MPa | 0.3MPa | 0.2MPa | 0.2MPa | 0.3MPa | 0.2MPa | 0.2MPa | 0.3MPa | 0.3MPa | 0.3MPa |
| 5. 低温弯折（℃） ≤ | | -40 | -30 | -30 | -20 | -30 | -20 | -20 | -20 | -35 | -35 |
| 6. 加热伸缩量（mm） | 延伸 < | 2 | 2 | 2 | 2 | 2 | 4 | 4 | 2 | 2 | 2 |
| | 收缩 < | 4 | 4 | 4 | 4 | 4 | 6 | 10 | 6 | 6 | 6 |
| 7. 热空气老化（80℃×168h） | 断裂拉伸强度保持率,% ≥ | 80 | 80 | 80 | 80 | 90 | 60 | 80 | 80 | 80 | 80 |
| | 扯断伸长率保持率% ≥ | 70 | 70 | 70 | 70 | 70 | 70 | 70 | 70 | 70 | 70 |
| | 100%伸长率外观 | 无裂纹 | 无裂纹 | 无裂纹 | 无裂纹 | 无裂纹 | 无裂纹 | 无裂纹 | 无裂纹 | 无裂纹 | 无裂纹 |
| 8. 耐碱性 [10%Ca(OH)₂ 常温×168h] | 断裂拉伸强度保持率,% ≥ | 80 | 80 | 80 | 80 | 80 | 70 | 70 | 80 | 80 | 80 |
| | 扯断伸长率保持率% | 80 | 80 | 80 | 80 | 90 | 80 | 70 | 80 | 90 | 90 |
| 9. 臭氧老化 (40℃×168h) | 伸长率40%，500pphm | 无裂纹 | — | — | — | 无裂纹 | — | — | — | — | — |
| | 伸长率20%，500pphm | — | 无裂纹 | — | — | — | — | — | — | — | — |
| | 伸长率20%，200pphm | — | — | 无裂纹 | — | — | — | — | 无裂纹 | 无裂纹 | 无裂纹 |
| | 伸长率20%，100pphm | — | — | — | 无裂纹 | — | 无裂纹 | 无裂纹 | — | — | — |
| 10. 人工候化 | 断裂拉伸强度保持率% ≥ | 80 | 80 | 80 | 80 | 80 | 70 | 80 | 80 | 80 | 80 |
| | 扯断伸长率保持率% ≥ | 70 | 70 | 70 | 70 | 70 | 70 | 70 | 70 | 70 | 70 |
| | 100%伸长率外观 | 无裂纹 | 无裂纹 | 无裂纹 | 无裂纹 | 无裂纹 | 无裂纹 | 无裂纹 | 无裂纹 | 无裂纹 | 无裂纹 |
| 11. 粘合性能 | 无处理 | 自基准线的偏移及剥离长度在 5mm 以下，且无有害偏移及异状点 | | | | | | | | | |
| | 热处理 | | | | | | | | | | |
| | 碱处理 | | | | | | | | | | |

复合片的物理性能 表3-89

| 项目 | | 种类 | | | |
|---|---|---|---|---|---|
| | | 硫化橡胶类 FL | 非硫化橡胶类 FF | 树脂类 | |
| | | | | FS1 | FS2 |
| 1. 断裂拉伸强度（N/cm） | 常温 ≥ | 80 | 60 | 100 | 60 |
| | 60℃ ≥ | 30 | 20 | 40 | 30 |
| 2. 胶断伸长率（%） | 常温 ≥ | 300 | 250 | 150 | 400 |
| | -20℃ ≥ | 150 | 50 | 10 | 10 |
| 3. 撕裂强度（N） ≥ | | 40 | 20 | 20 | 20 |
| 4. 不透水性，30min 无渗漏 | | 0.3MPa | 0.3MPa | 0.3MPa | 0.3MPa |
| 5. 低温弯折（℃） ≤ | | -35 | -20 | -30 | -20 |
| 6. 加热伸缩量（mm） | 延伸 < | 2 | 2 | 2 | 2 |
| | 收缩 < | 4 | 4 | 2 | 4 |

续表

| 项 目 | | 种 类 | | | |
|---|---|---|---|---|---|
| | | 硫化橡胶类 FL | 非硫化橡胶类 FF | 树 脂 类 | |
| | | | | FS1 | FS2 |
| 7. 热空气老化 (80℃×168h) | 断裂拉伸强度保持率,% ≥ | 80 | 80 | 80 | 80 |
| | 胶断伸长率保持率,% ≥ | 70 | 70 | 70 | 70 |
| 8. 耐碱性[10% Ca(OH)₂ 常温× 168h] | 胶断拉伸强度保持率,% ≥ | 80 | 60 | 80 | 80 |
| | 胶断伸长率保持率,% ≥ | 80 | 60 | 80 | 80 |
| 9. 臭氧老化（40℃×168h）,200pphm | | 无裂纹 | 无裂纹 | 无裂纹 | 无裂纹 |
| 10. 人工候化 | 断裂拉伸强度保持率,% ≥ | 80 | 70 | 80 | 80 |
| | 胶断伸长率保持率,% ≥ | 70 | 70 | 70 | 70 |
| 11. 粘合性能 | 无 处 理 | 自基准线的偏移及剥离长度在5mm以下，且无有害偏移及异状点 | | | |
| | 热 处 理 | | | | |
| | 碱 处 理 | | | | |

备注：带织物加强层的复合片材，其主体材料厚度小于0.8mm时，不考核胶断伸长率；厚度小于0.8mm的性能允许达到规定性能的80%以上。

### 三、防水卷材的试验方法

防水卷材种类众多，检测参数各异，同一参数试验方法也不尽相同，本教材仅选取有代表性的方法予以介绍，具体试验中严格按产品标准要求进行。

取样方法及数量：

按 GB 50207—2002 规定，现场抽样复验大于1000卷抽5卷，每500~1000卷抽4卷，100~499卷抽3卷，100卷以下抽2卷，先进行规格尺寸和外观质量检验，在外观质量检验合格的卷材中，任取一卷作物理性能检验。

试件制备：将取样的卷材切除距外层卷头一定长度后，按要求裁取试验所需的足够长度试样两块，一块用作物理性能检测用，另一块备用。试件尺寸，形状，数量及制备具体见各产品标准。试样在试验前，应原封放于干燥处，在规定状态下静置一定时间。

1. 拉力（拉伸强度）试验

（1）方法一：依据 GB 328.6—1989 适用于石油沥青纸胎油毡、油纸、石油沥青玻璃纤维胎油毡、石油沥青玻璃布胎油毡、油毡瓦等的拉力试验

①环境要求：试验温度：25±2℃

②仪器设备

拉力机：测量范围0~1000N（或0~2000N），最小读数为5N，夹具夹持宽度不小于5cm，在无负荷情况下，空夹具自动下降速度为40~50mm/min；

量尺：精确度0.1cm。

③操作步骤

a. 将试件置于拉力试验相同温度的干燥处不少于1h；

b. 调整好拉力机后，将定温处理的试件夹持在夹具中心，并不得歪扭，上下夹具之间的距离为180mm，开动拉力机使受拉试件被拉断为止，读出拉断时指针所指数即为试件的拉力。

④数据处理与结果判定

以平均值作为试验结果，如试件断裂处距夹具小于20mm时，该试件试验结果无效，应在同一样品上另行切取试件，重作试验。

(2) 方法二：依据 GB 12952—2003，适用于聚氯乙烯、氯化聚乙烯防水卷材中 N 类卷材的拉伸强度试验

①环境要求：试验温度　　（23±2）℃

相对湿度　　（60±15）%

②仪器设备

拉力试验机：能同时测定拉力与延伸率，保证拉力测试值在量程的20%~80%间，精度1%；能够达到（250±50）mm/min的拉伸速度，测长装置测量精度1mm。

厚度计：分度值为0.01mm，压力为（22±5）kPa，接触面直径为6mm。

③操作步骤

a. 试件按要求裁取，采用符合 GB/T 528—1998 中规定的哑铃Ⅰ型如图3-36所示试件，拉伸速度（250±50）mm/min，夹具间距约75mm，标线间距离25mm。用厚度计测量标线及中间3点的厚度，取中值作为试件厚度。

b. 将试件置于夹持器中心夹紧，不得歪扭，开动拉力试验机。读取试件的最大拉力 $P$，试件断裂时标线间的长度 $L_1$，若试件在标线外断裂，数据作废，用备用试件补做。

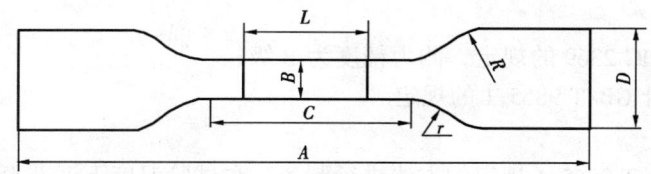

图3-36　N 类哑铃形试件（单位：mm）

$A$—总长，最小值115；$B$—标距段的宽度6.0+0.4；$C$—标距段的长度33±2；$D$—端部宽度25±1；$R$—大半径25±2；$r$—小半径14±1；$L$—标距线间的距离25±1

④数据处理与结果判定

拉伸强度按下式计算，精确到0.1MPa；

$$TS = \frac{P}{B \times d} \tag{3-209}$$

式中　$TS$——拉伸强度（MPa）；

$P$——最大拉力（N）；

$B$——试件中间部位宽度（mm）；

$d$——试件厚度（mm）。

2. 延伸率（扯断伸长率）试验

(1) 方法一：依据 GB 18242—2000 适用于弹性体改性沥青防水卷材、塑性体改性沥青防水卷材、沥青复合胎柔性防水卷材的最大拉力时延伸率试验

①环境要求：试验温度：23±2℃

②仪器设备

拉力试验机：能同时测定拉力与延伸率，测力范围0~2000N，最小分度值不大于5N，伸长范围能使夹具间距（180mm）伸长1倍，夹具夹持宽度不小于50mm。

③操作步骤

a. 试件放置在试验温度下不小于24h；

b. 校准试验机，拉伸速度 50mm/min，将试件夹持在夹具中心，不得歪扭，上下夹具间距离为 180mm；

c. 启动试验机，至试件拉断为止，记录最大拉力及最大拉力时伸长值。

④数据处理及结果判定

最大拉力时延伸率按下式计算

$$E = \frac{100(L_1 - L_0)}{L} \tag{3-210}$$

式中　$E$——最大拉力时延伸率（%）；

　　　$L_1$——试件最大拉力时的标距（mm）；

　　　$L_0$——试件初始标距（mm）；

　　　$L$——夹具间距离（180mm）。

分别计算纵向或横向试件的算术平均值，作为卷材纵向或横向延伸率。

（2）方法二：依据 GB/T 528—1998 适用于高分子防水卷材的扯断伸长率试验

①环境要求：试验温度：$(23 \pm 2)$℃；

　　　　　　相对湿度：$(50 \pm 5)$%

当需要采用其他温度时，应从 GB 2941 规定的温度中选择，在进行对比试验时，应采用相同的温度。

②仪器设备

拉力试验机：符合 HG 2369 的规定，测力精度为 B 级；

裁片机、裁刀：符合 GB/T 9865.1 的规定。

③操作步骤

a. 哑铃状试样按 GB/T 9865.1 规定的方法进行制备，在试验温度下调节至少 3h；

b. 将试样匀称地置于上、下夹持器上，使拉力均匀分布到横截面上。根据试验需要，可安装一个变形测定装置，开动试验机，按试样型号选择夹持器移动速度，在整个试验过程中，连续监测试验长度和力的变化，按试验项目的要求进行记录和计算并精确到 ±2%。

如果试样在狭小平行部分之外发生断裂，则该试验结果应予以舍弃，并应另取一试样重复试验。

④数据处理与结果判定：

扯断伸长率分别按下式计算：

$$E_b = \frac{100(L_b - L_0)}{L_0} \tag{3-211}$$

式中　$E_b$——常温均质片扯断伸长率（%）；

　　　$L_b$——试样断裂时的标距（mm）；

　　　$L_0$——试样的初始标距（mm）。

$$E_b = 100\left(\frac{L_b}{L_0}\right) \tag{3-212}$$

式中　$E_b$——复合片及低温均质片扯断伸长率（%）；

　　　$L_b$——胶断时夹持器间隔的位移量（mm）；

　　　$L_0$——试样的初始夹持器间隔（mm）。

测试三个试样，取中值作为试验结果。

3. 耐热度试验

依据 GB 328.5—1989 适用于石油沥青纸胎油毡、油纸、石油沥青玻璃纤维胎油毡、石油沥青玻璃布胎油毡、沥青复合胎柔性防水卷材、改性沥青聚乙烯胎防水卷材、自粘橡胶沥青防水卷材、自粘聚合物改性沥青聚酯胎防水卷材、弹性体改性沥青防水卷材、塑性体改性沥青防水卷材等的耐热度试验。

(1) 仪器设备

电热恒温箱：带有热风循环装置；

温度计：0~150℃，最小刻度 0.5℃；

干燥器：$\phi250 \sim \phi300$mm；

表面皿：$\phi60 \sim \phi80$mm；

天平：感量 0.001g；

试件挂构：洁净无锈的细铁丝或回形针

(2) 操作步骤

①在每块试件距短边一端 1cm 处的中心打一小孔。

②将试件用细铁丝或回形针穿挂好，放入已定温至标准规定温度的电热恒温箱内。试件的位置与箱壁距离不小于 50mm，试件间应留一定距离，不致粘结在一起，试件的中心与温度计的水银球应在同一水平位置上，距每块试件下端 10mm 处，各放一表面皿用以接受淌下的沥青物质。

(3) 结果判定

在规定温度下加热 2h 后，取出试件及时观察并记录试件表面有无涂盖层滑动和集中性气泡。

4. 柔度（低温柔度）试验

(1) 方法一：依据 GB 328.7—1989，适用于石油沥青纸胎油毡、油纸、石油沥青玻璃布胎油毡、油毡瓦的柔度试验。

①仪器设备

柔度弯曲器：$\phi25$mm、$\phi20$mm、$\phi10$mm 金属圆棒或 $R$ 为 12.5mm，10mm，5mm 的金属柔度弯板；

恒温水槽或保温瓶；

温度计：0~50℃，精确度 0.5℃。

②操作步骤

a. 将呈平板状无卷曲试件和圆棒（或弯板）同时浸泡入已定温的水中，若试件有弯曲则可微微加热，使其平整。

b. 试件经 30min 浸泡后，自水中取出，立即沿圆棒（或弯板）用手在约 2s 时间内按均衡速度弯曲成 180°。

③结果判定：用肉眼观察试件表面有无裂纹，并作记录。

(2) 方法二：依据 GB 18242—2000，适用于沥青复合胎柔性防水卷材、自粘聚合物改性沥青聚脂胎防水卷材、弹性体改性沥青防水卷材、塑性体改性沥青防水卷材的低温柔度试验。

①仪器设备：

低温制冷仪：范围 0~-30℃，控温精度 ±2℃；

半导体温度计：30~-40℃，精度为 0.5℃；

柔度棒或弯板：半径 $r$ 为 15mm、25mm 等；

冷冻液：不与卷材反应的液体，如：车辆防冻液、多元醇、多元醚类。

②操作步骤：

a 法（仲裁法）：在不小于 10L 的容器中放入冷冻液（6L 以上），将容器放入低温制冷仪，冷却至标准规定温度，将试件与柔度棒（板）同时放在液体中，待温度达到标准规定的温度后至少保持 0.5h，在标准规定的温度下，将试件于液体中在 3s 内匀速绕柔度棒（板）弯曲 180 度。

b法：将试件和柔度棒（板）同时放入冷却至标准规定温度的低温制冷仪中，待温度达到标准规定的温度后保持时间不少于2h，在标准规定的温度下，在低温制冷仪中将试件于3s内匀速绕柔度棒（板）弯曲180度。6个试件中，3个试件的下表面及另外3个试件的上表面与柔度棒（板）接触。

注：不同卷材按产品标准选择相应半径的弯度棒（板）。

③结果判定：用肉眼观察，试件涂盖层有无裂纹，并作记录。

(3) 方法三：依据 GB 12952—2003 适用于三元丁橡胶防水卷材、聚氯乙烯防水卷材、氯化聚乙烯防水卷材等的低温弯折性试验。

①仪器设备：

低温箱：调节范围 0～-30℃，控制精度 ±2℃。

弯折仪：由金属制成的上下平板间距离可任意调节，形状和尺寸如图3-37所示。

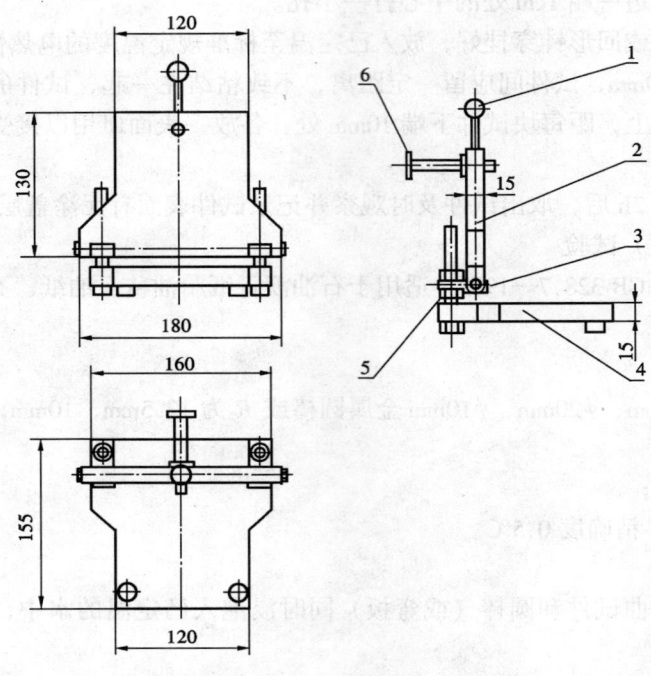

图3-37　弯折仪（单位：mm）
1—手柄；2—上行板；3—转轴；4—下行板；5、6—调距螺丝

②操作步骤：

a. 按要求裁取试件，将试件的迎水面朝外，弯曲180°，使50mm宽的边缘重合、齐平，并固定。将弯折仪上下平板距离调节为卷材厚度的3倍。

b. 将弯折仪翻开，把两块试件平放在下平板上，重合的一边朝向转轴，且距离转轴20mm。在设定温度下将弯折仪与试件一起放入低温箱中，到达规定温度后，在此温度下放置1h。然后在标准规定温度下将上平板1s内压下，到达所调间距位置，在此位置保持1s后将试件取出。

③结果判定：试件待恢复到室温后观察弯折处是否断裂，或用6倍放大镜观察试件弯折处有无裂纹。

5. 不透水性试验

依据 GB 328.3—1989，适用于石油沥青纸胎油毡、油纸、石油沥青玻璃纤维胎油毡、石油沥青玻璃布胎油毡、沥青复合胎柔性防水卷材、自粘聚合物改性沥青聚脂胎防水卷材、弹性体改性沥青防水卷材、塑性体改性沥青防水卷材等的不透水性试验，而改性沥青聚乙烯胎防水卷材、自粘橡胶沥青防水卷材、三元丁橡胶防水卷材、氯化聚乙烯—橡胶共混防水卷材、聚氯乙烯防水卷材、氯化聚乙烯防水卷材、高分子防水材料（第一部分 片材）试验中选用"+"字型金属开缝槽盘如图（3-38）。

（1）环境要求：试验温度为15~30℃；水温为20±5℃

（2）仪器设备

不透水仪：符合 GB 328.3 规定；

定时钟（或带定时器的油毡不透水测试仪）。

（3）操作步骤

①将三块试件分别置于三个透水盘试座上，涂盖材料薄弱的一面接触水面，并注意"O"形密封圈应固定在试座槽内，试件上盖上金属压盖（或油毡不透水测试仪的探头），然后通过夹脚将试件压紧在试座上。如产生压力影响结果，可向水箱泄水，达到减压目的。

②打开试座进水阀，通过水缸向装好试件的透水盘底座继续充水，当压力表达到指定压力时，停止加压，关闭进水阀和油泵，同时开动定时钟或油毡不透水测试仪定时器，随时观察试件有否渗水现象，并记录开始渗水时间。在规定测试时间出现其中一块或二块试件有渗漏时，必须立即关闭控制相应试座的进水阀，以保证其余试件能继续测试。

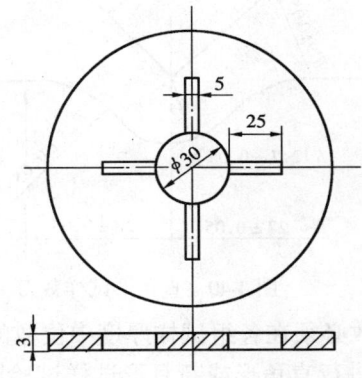

图 3-38　"十"字形金属槽盘（单位：mm）

③当测试达到规定时间即可卸压取样，起动油泵，夹脚上升后即可取出试件，关闭油泵。

（4）结果判定：在规定压力、时间下，检查并记录试件有无渗漏现象。

6．撕裂强度试验

（1）方法一：依据 GB 18242—2000，适用于自粘聚合物改性沥青聚脂胎防水卷材、弹性体改性沥青防水卷材、塑性体改性沥青防水卷材等的撕裂强度试验

①环境要求：试验温度：$(23 \pm 2)$℃

②仪器设备：

拉力试验机：测力范围 0~2000N，最小分度值不大于5N，伸长范围能使夹具间距（180mm）伸长1倍，夹具夹持宽度不小于75mm。

③操作步骤：

a．将试件用切刀或模具裁成图 3-39 所示形状，然后在试验温度下放置不少于 24h；

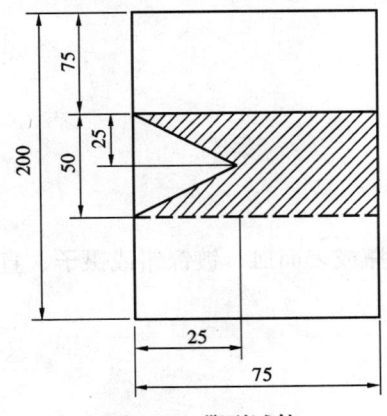

图 3-39　撕裂试件

b．校准试验机，拉伸速度 50mm/min，将试件夹持在夹具中心，不得歪扭，上下夹具间距离为 130mm；

c．启动试验机，至试件拉断为止，记录最大拉力。

④数据处理与结果判定：分别计算纵向或横 5 个试件拉力的算术平均值作为卷材纵向或横向撕裂强度，单位 N。

（2）方法二：依据 GB 529—1999，适用于氯化聚乙烯—橡胶共混防水卷材、高分子防水材料（第一部分 片材）中均质片的撕裂强度试验

①环境要求：

试验温度：23±2℃或 27±2℃。

②仪器设备

裁刀：刃口必须锋利，不得有卷刃和缺口，直角形试样所用裁刀、其尺寸如图3-40所示；

拉力试样机：符合 HG 2369 的规定，测力精度不低于 B 级、作用力误差控制在 2% 以内，试验过程保持匀速；

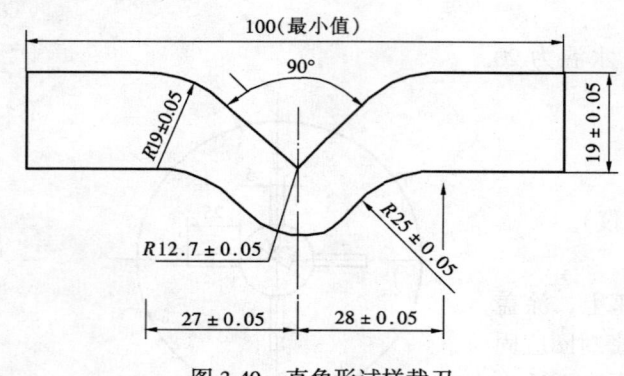

图 3-40 直角形试样裁刀

夹持器：具有随张力的增加而自动夹紧试样并对其施加均匀压力的装置；

厚度计：符合 GB/T 5723 的规定。

③操作步骤

a. 裁切试样前，试片应在标准温度下调节至少 3h。

b. 按照 GB/T 5723 规定，测量试样撕裂区域的厚度不得少于三点，取中位数。厚度值不得偏离所取中位数的 2%。如果多组试样进行比较，则每一组试样厚度中位数必须在各组试样厚度中位数的 7.5% 范围内。

c. 当进行直角形或新月形试样试验时，将试样沿轴向对准拉伸方向分别夹入上下夹持器一定深度，以保证在平行的位置上充分均匀地夹紧。

d. 将试样置于拉力试验机的夹持器上，按规定的速度对试样进行拉伸，直至试样撕断，记录其最大力值。

④数据处理及结果判定

撕裂强度 $T_s$ 按下式计算：

$$T_s = \frac{F}{d} \tag{3-213}$$

式中 $T_s$——撕裂强度（kN/m）；

$F$——试样撕裂时所需的力（取力值 $F$ 的最大值），（N）；

$d$——试样厚度中位数（mm）。

试验结果以每个方向试样的中位数和最大最小值表示，数值准确到整数位。

7. 可溶物含量（浸涂材料含量）试验

(1) 方法一：依据 GB 328.2—1989，适用于石油沥青纸胎油毡、油纸的单位面积浸涂材料总量和浸渍材料占干原纸重量的试验

①仪器设备：

分析天平：感量 0.001g 或 0.0001g；

萃取器：250~500mL 索氏萃取器；

加热器：电炉或水浴（具有电热或蒸气加热装置）；

干燥箱：具有恒温控制装置；

标准筛：140 目圆形网筛，具筛盖和筛底；

干燥器：$\phi$250~300mm；

溶剂：四氯化碳或苯；

其他：金属支架及夹子、软质胶管、细软毛刷或笔、称量瓶或表面皿、镀镍钳或镊子、直径不小于 150mm 的滤纸、裁纸刀及棉线等。

②操作步骤

a. 试件处理

根据不同的试验要求，试件作如下处理：

(a) 测定单位面积浸涂材料总量的试件，将其表面隔离材料刷除，再进行称量（$W$）。

(b) 测定浸渍材料占干原纸重量百分比的油纸试件，试件不须预处理即可称量（$W_1$）。

(c) 称量后的试件用滤纸包好，并用棉线捆扎。油毡试样撕分出带涂盖材料层者，也用滤纸包好并用线捆扎。

b. 萃取：将滤纸包置入萃取器中，用四氯化碳或苯为溶剂，溶剂用量为烧瓶容量的 $\frac{1}{2}$ ~ $\frac{2}{3}$，然后加热萃取，直到回流的溶剂无色为止，取出滤纸包，使吸附的溶剂先行蒸发，放入预热至 105~110℃ 的干燥箱中干燥 1h，再放入干燥器内冷却至室温。

c. 称量：冷却至室温的干燥试件，按以下要求进行处理和称量：

(a) 测定单位面积浸涂材料总量的油毡萃取后的试件，放在圆形筛网中，迅速仔细地刷净试件表面的矿质材料，然后把试件移入称量瓶或表面皿内进行称量 $P_1$。将留在网筛中的矿质材料进行筛分，并分别进行称量。筛余物为隔离材料 $S$，筛下物为填充料。

(b) 将萃取后的油纸试件迅速移入称量瓶或表面皿内进行称量 $G_1$。

③数据处理与结果判定

a. 单位面积浸涂材料总量 $A$（g/m²）按下式计算：

$$A = (W - P_1 - S) \times 100 \tag{3-214}$$

式中 $W$——100mm×100mm 试件萃取前的重量（g）；

$P_1$——被测的干原纸重量（g）；

$S$——被测面积的隔离材料重量（g）。

b. 浸渍材料占干原纸重量百分比 $D$（%）按下式计算：

$$D = \frac{W_1 - G_1}{G_1} \times 100 \tag{3-215}$$

式中 $W_1$——油纸试件的重量（g）；

$G_1$——油纸试件萃取后干原纸的重量（g）。

以平均值作为试验结果。

(2) 方法二：依据 JC 504—1992 适用于石油沥青玻璃纤维胎油毡、石油沥青玻璃布胎油毡、铝箔面油毡、油毡瓦等的可溶物含量试验

①仪器设备：

分析天平：感量 0.001g 或 0.0001g；

萃取器：500mL 索氏萃取器；

加热器：电炉或水浴（具有电热或蒸汽加热装置）；

干燥箱：具有恒温控制装置；

干燥器：$\phi$250~300mm；

溶剂：四氯化碳、三氯甲烷或三氯乙烯：工业纯或化学纯；

其他：金属支架及夹子、软质胶管、直径不小于 150mm 的滤纸、裁纸刀及棉线、细软毛刷或笔、称量瓶或表面皿、镀镍钳或镊子等。

②操作步骤：

a. 试件准备：将三块试件轻轻刷净，以除掉松散的隔离材料，分别称量，得出卷材单位面积重量。

b. 称量后的三块试件分别用滤纸包好并用棉线捆扎，三块试件连滤纸一起进行称量（$G$）。

c. 将滤纸包置于萃取器中，用规定的溶剂（溶剂量为烧瓶容量的 1/2~2/3）进行加热萃取。

直到回流的溶剂无色为止，取出滤纸包，使吸附的溶剂先行蒸发。放入预热至105～110℃的干燥箱中干燥1h，再放入干燥器内冷却至室温。

d. 将冷却至室温的滤纸包放在已称量的称量盒或表面皿中一起称量，减去称量盒重量，即为试件萃取后的滤纸包重（$P$）。

③ 数据处理与结果判定：

可溶物含量按下式计算：

$$A = \frac{(G-P) \times 100}{3} \tag{3-216}$$

式中　$A$——可溶物含量（$g/m^2$）；
　　　$G$——萃取前滤纸包重（g）；
　　　$P$——萃取后滤纸包重（g）。

8. 吸水率试验

依据 GB 328.4—1989 适用于石油沥青纸胎油毡、油纸的吸水率（真空法）试验

(1) 仪器设备

分析天平：感量 0.001g；

温度计：0～50℃，最小刻度0.5℃，长300～500mm；

真空泵：30L；

真空表：0～0.1MPa（760mm汞柱），精度0.4级；

真空干燥器：$\phi$180～220mm；

抽气阀、注水阀、调压阀；

三角过滤瓶、贮水瓶、L细口瓶；

试件架（用以隔开和固定试件）：可用包塑料铝质电线或其他不锈金属线自制；

其他：定时钟、秒表、真空耐压胶管、玻璃三通、10%聚乙烯醇水溶液、真空脂、变色硅胶、毛刷、毛巾、滤纸等。

试验装置：主要部件组成（见图3-41）。

各部件之间，按抽气和注水系统分别用耐压橡皮管连接，接头处用10%聚乙烯醇水溶液涂封。抽气阀的三通阀门、调压阀的二通阀门、注水阀的活塞三通和真空干燥的接口处，用真空脂涂上，以免漏气漏水。

真空表、抽气阀、调压阀、注水阀、真空泵电器开关分别镶在操作面架上，真空泵、三角过滤瓶、贮水瓶可装在操作面架后部，前部仅放置真空干燥器。

试件置于试件架内并立放在真空干燥器中，试件之间的距离应不小于2mm。干燥器盖子上端具有抽气口和注水口，注水口应用胶皮管引垂至干燥器底部，以便从底部开始注水逐渐上升浸泡试件。

真空干燥器内的空气是由抽气口

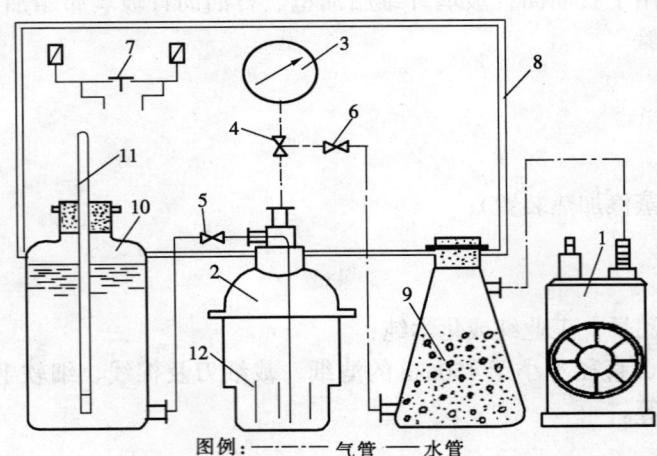

图3-41　真空吸水试验装置

1—真空泵；2—真空干燥器；3—真空表；4—抽气阀；5—注水阀；6—调压阀；7—真空泵电气开关；8—操作面架；9—三角过滤瓶；10—贮水瓶；11—温度计；12—试件架

利用真空泵通过抽气阀和盛有硅胶的三角过滤瓶等连成系统进行抽气而真空的。系统内连接有真空表和调压阀。

试件的吸水是由注水口将贮水瓶内规定温度的清水，通过注水阀抽吸注入干燥器中。贮水瓶附有温度计，以便随时调节水温。

(2) 操作步骤

a. 试验准备：试验前，须预先开启抽气阀并开动真空泵，使真空干燥器内的真空度达到规定的数值。此时开启注水阀，贮水瓶内调节好温度的水抽吸到真空干燥器中，以检查抽气系统是否畅通和漏气，并将注水管路中的空气排净而充满水，然后将干燥器内的水倒出，内壁用干毛巾擦干净。

b. 试件处理：试件不封边，将其表面浮动隔离材料刷除，并准确称量（$W_1$）。

c. 将试件放于试件架上置入真空干燥器中，接着打开抽气阀，启动真空泵。当真空度达80000±1300Pa时，一面开始计算时间，一面用调压阀调节真空压力表，使其真空度稳定在规定数值范围内。10min后，打开注水阀，使贮水瓶中的水注入干燥器中，保持干燥器内水温为35±2℃。当水面没过试件上端20mm以上时，关闭注水阀，注水时间控制在1~1.5min，并将注水阀的活塞三通旋回接通大气（使胶管中残余水吸入干燥器中）。关闭真空泵并按动秒表计算时间。5min后取出试件，迅速用干毛巾或滤纸按贴试件两面，以吸取表面水分至无水渍为度。立即称量（$W_2$）。

d. 为了尽可能避免浸水后试件中水分蒸发，试件从水中取出到称量完毕时间不超过3min。

(3) 数据处理及结果判定

吸水率 $H_真$（%）按下式计算：

$$H_真 = \frac{W_2 - W_1}{W_1} \times 100 \tag{3-217}$$

式中　$W_1$——浸水前试件重量（g）；

　　　$W_2$——浸水后试件重量（g）。

9. 分层试验：依据 JC/T 504—92 适用于铝箔面油毡的分层试验

(1) 仪器设备

超级恒温器或电热恒温烘箱；

水槽：直径不小于250mm，深度不小于80mm；

试件架。

(2) 操作步骤

①将水槽中的水用超级恒温器或电热恒温烘箱保温稳定在50±2℃，放好试件架。

②把按要求切取的两块试件置于试件架上，保证试件全部浸入水中，水面应高于试件上端10mm以上，浸泡7d。

(3) 结果判定：用肉眼观察试件切面是否出现分层并记录。

10. 尺寸稳定性（热处理尺寸变化率，加热伸缩量）试验

(1) 方法一：依据 GB 18967—2003 适用于改性沥青聚乙烯胎防水卷材的尺寸稳定性试验

①仪器设备：

带有热风循环的烘箱：温度范围0~200℃，控温精度±2℃；

游标卡尺：0~125mm，精度0.02mm。

②操作步骤：

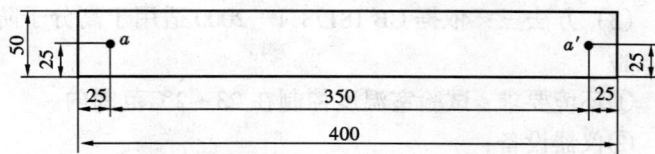

图 3-42　恒温前尺寸稳定性试验用试样（单位：mm）

a. 将试件按图3-42做标记，然后摆放在铝板上，将铝板倾斜30°，达到规定温度后放烘箱恒温2h。

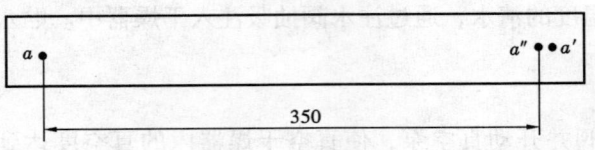

图3-43 恒温后尺寸稳定性试验用试样（单位：mm）

b. 从烘箱中取出试件。在环境温度23±2℃下放置2h后，在 $aa'$ 直线上重新标记 $aa''$，使 $aa''$ 距离保持350mm，如图3-43。用游标卡尺测出 $a'a''$ 距离，共测6块。

③数据处理与结果判定：

尺寸稳定性以纵向、横向尺寸变化率表示，按下式计算。

$$L 纵向变化率(\%) = (A_1/350) \times 100 \quad (3-218)$$

式中 $A_1$——纵向的3个试件 $a'a''$ 距离的算术平均值（mm）。

$$T 横向变化率(\%) = (A_2/350) \times 100 \quad (3-219)$$

式中 $A_2$——横向的3个试件 $a'a''$ 距离的算术平均值，mm。

计算结果精确至0.1%。

(2) 方法二：依据GB 12952—2003 适用于氯化聚乙烯—橡胶共混防水卷材、聚氯乙烯防水卷材、氯化聚乙烯防水卷材的热处理尺寸变化率试验

①环境要求：

标准试验条件：温度：(23±2)℃；

相对温度：(60±15)%。

②仪器设备：

鼓风烘箱：控温范围为（室温~200）℃，控温精度±2℃；

游标卡尺：分度值为0.1mm。

③操作步骤：

a. 试件尺寸为100mm×100mm的正方形，标明纵横方向，在每边测量处划线，作为试件处理前后的参考线。

b. 在标准试验条件下，在试件上面放一钢直尺，用游标卡尺测量试件纵横方向划线处的初始长度 $S_0$，精确到0.1mm，将试件平放在撒有少量滑石粉的釉面砖垫板上，再将垫板水平放入80±2℃的鼓风烘箱中，不得叠放，在此温度下恒温24h。取出在标准试验条件下放置24h，再测量纵横方向划线处的长度 $S_1$，精确到0.1mm。

④数据处理及结果判定

纵向和横向的尺寸变化率按下式分别计算，精确到0.1%：

$$R = |S_1 - S_0|/S_0 \times 100 \quad (3-220)$$

式中 $R$——热处理尺寸变化率（%）；

$S_0$——试件该方向的初始长度（mm）；

$S_1$——试件与 $S_0$ 同方向处理后的长度（mm）。

分别计算3块试件纵向或横向的尺寸变化率的平均值作为纵向或横向试验结果。

(3) 方法三：依据GB 18173.1—2000 适用于高分子防水材料（第一部分 片材）的加热伸缩量试验

①环境要求：试验室温度控制在23±2℃范围内。

②仪器设备：

标尺：精度不低于0.5mm；

老化试验箱。

③操作步骤：

a. 从试样制备到试验，时间为24h。

b. 将按图3-44规格尺寸制好的试样，放入80±2℃的老化箱中，时间为168h；取出试样后停放1h，用量具测量试样的长度，根据初始长度计算伸缩量。根据纵横两个方向，分别用三个试样的平均值表示其伸缩量。

注：如试片弯曲，需施以适当的重物将其压平测量。

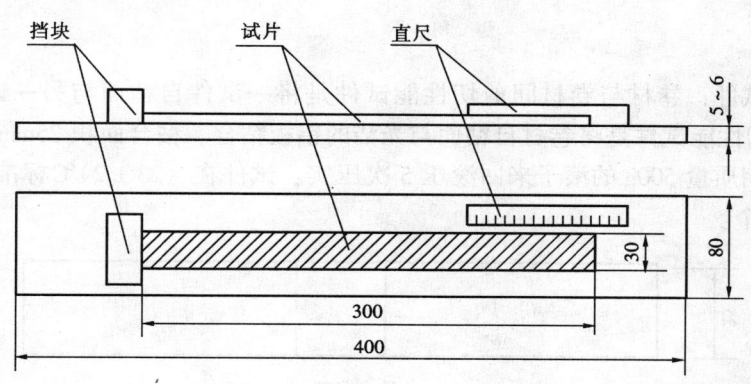

图3-44 测量方法示意图（单位：mm）

11. 抗穿孔性试验

依据GB 12952—2003适用于自粘橡胶沥青防水卷材、自粘聚合物改性沥青聚酯胎防水卷材、聚氯乙烯防水卷材、氯化聚乙烯防水卷材的抗穿孔性试验。

（1）仪器设备

穿孔仪：由一个带有刻度的金属导管、可在其中自由运动的活动重锤、锁紧螺栓和半球形钢珠冲头组成。其中导管刻度长为0~500mm；分度值10mm，重锤质量500g，钢珠直径12.7mm；

玻璃管：内径不小于30mm，长600mm；

铝板：厚度不小于4mm。

（2）操作步骤

将按要求裁取的试件平放在铝板上，并一起放在密度25kg/m³、厚度50mm的泡沫聚苯乙烯垫板上。穿孔仪置于试件表面，将冲头下端的钢珠置于试件的中心部位，球面与试件接触。把重锤调节到规定的落差高度300mm并定位。使重锤自由下落，撞击位于试件表面的冲头，然后将试件取出，检查试件是否穿孔，试验3块试件。

无明显穿孔时，采用图3-45装置对试件进行水密性试验。将圆形玻璃管垂直放在试件穿孔试验点的中心，用密封胶密封

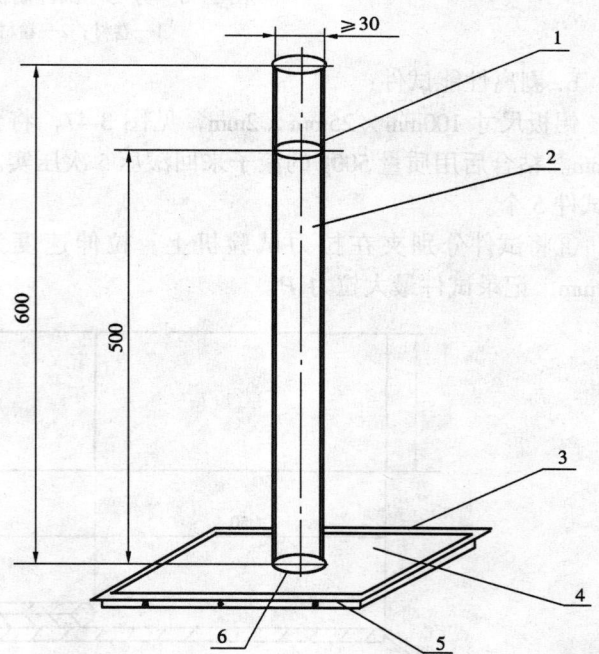

图3-45 穿孔水密性试验装置（单位：mm）
1—玻璃管；2—染色水；3—滤纸；
4—试样；5—玻璃板；6—密封胶

玻璃管与试件间的缝隙。将试件置于滤纸（150mm×150mm）上，滤纸放置在玻璃板上，把染色的水加入玻璃管中，静置24h后检查滤纸，如有变色、水迹现象表明试件已穿孔。

12. 剪切（剥离）性能试验：依据JC 840—99适用于自粘橡胶沥青防水卷材的剪切（剥离）性能试验

（1）仪器设备

拉力试验机：精度1%，能够达到（250±50）mm/min拉伸速度，测长装置精度1mm；

铝板：100mm×25mm。

（2）操作步骤

①试件制备：

a. 剪切性能试件：卷材与卷材间剪切性能试件是将一试件自粘面与另一试件迎水面粘合，卷材与铝板间剪切性能试件是将卷材自粘面与光洁的铝板粘合。粘合面积25mm×25mm。如图3-46所示。粘合后用质量500g的滚子来回滚压5次压实。试件在（23±2）℃标准试验条件下放置24h。每组试件5个。

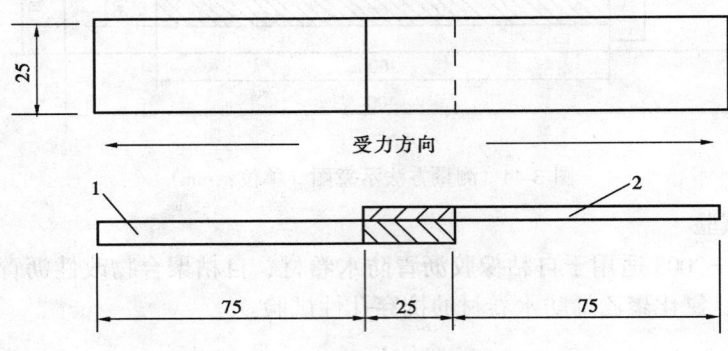

图3-46 剪切性试件制作（单位：mm）
1—卷材；2—卷材或铝板

b. 剥离性能试件：

铝板尺寸100mm×25mm×2mm，见图3-47，将卷材试件与铝板粘合，粘合面积为50mm×25mm。粘合后用质量500g的滚子来回滚压5次压实。试件在（23±2）℃标准条件下放置24h。每组试件5个。

②将试件分别夹在拉力试验机上，拉伸速度为（250±50）mm/min，夹具间距150mm~200mm，记录试件最大拉力$P$。

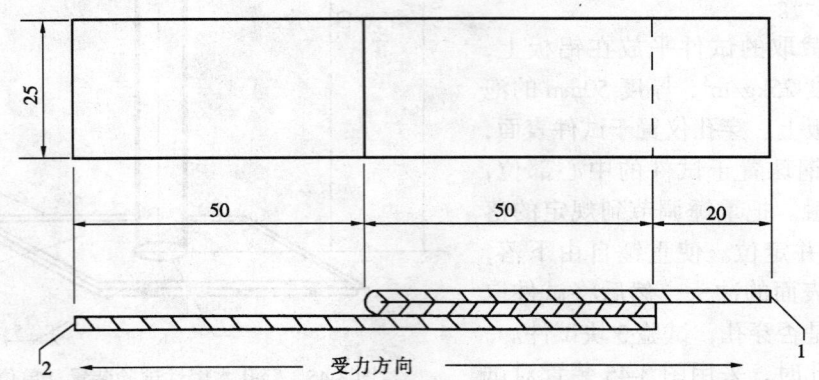

图3-47 剥离性试件制作（单位：mm）
1—卷材；2—铝板

(3) 数据处理及结果判定

试件若有一个或一个以上在粘结面滑脱,则按下式计算剪切强度,精确到0.1N/mm:

$$\sigma = P/b \tag{3-221}$$

式中 $\sigma$——拉伸剪切强度(N/mm);

$P$——最大拉伸剪切力(N);

$b$——试件粘合面宽度(mm)。

5个试件中若只要1个试件粘合面的脱开,则计算5个试件剪切强度平均值作为试验结果,若所有试件粘合面未脱开而断裂,则判为"粘合面外断裂"。

13. 粘合性能试验

(1) 方法一:依据 GB 12952 适用于聚氯乙烯防水卷材、氯化聚乙烯防水卷材的剪切状态下的粘合性试验

①环境要求:温度:(23±2)℃;

相对湿度:(60±15)%。

②仪器设备:

拉力试验机能同时测定拉力与延伸率,精度1%,能够达到(250±50)mm/mm的拉伸速度,测长装置精度1mm。

③操作步骤:

在标准试验条件下,将与卷材配套的胶粘剂涂在试片上,涂胶面积为100mm×300mm,按下图3-48进行粘合,对粘时间按生产厂商要求进行。粘合好的试片放置24h,裁取5块300mm×50mm的试件,将试件在标准试验条件下养护24h。单面纤维复合卷材在留边处涂胶,搭接面为50mm×50mm。采用热风焊接试件的中间的搭接长度为30mm,宽度50mm,放置时间为24h。

将试件夹在拉力试验机上,拉伸速度为(250±50)mm/min,夹具间距150~200mm。记录试件最大拉力 $P$。

④数据处理及结果判定:

按式(3-221)计算拉伸剪切强度,精确到0.1N/mm;卷材的拉伸剪切强度以5个试件的算术平均值表示,在拉伸剪切时,试件都是卷材断裂,则报告为卷材破坏。

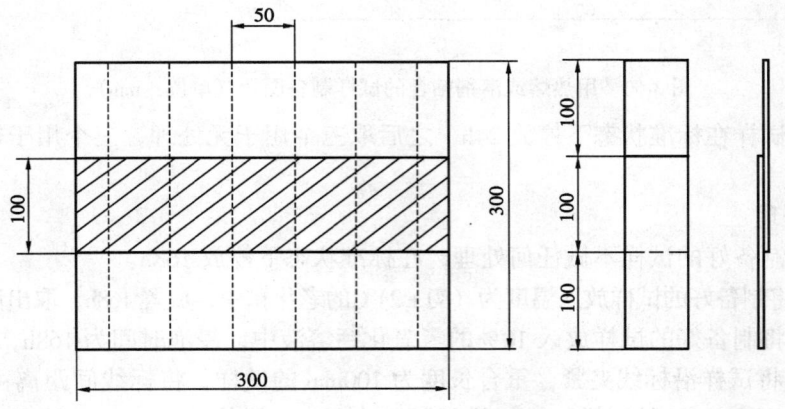

图 3-48 剪切状态下的粘合性试件(单位:mm)

(2) 方法二:依据 GB 18173.1—2000 适用于高分子防水材料(第一部分 片材)的粘合性能试验

①环境要求:室温控制在23±2℃。

②仪器设备:

量具:精度不低于 0.5mm;

夹持器:能使试样标线间距离拉伸到 140mm。

③操作步骤:

a. 试件制备

胶粘剂及粘接方法按制造厂要求,试样应符合 GB/T 9865.1 的规定,将 2 个试片沿压延方向重叠粘接,以粘合剂粘合的试样重合长度为 100mm,以热熔或溶剂粘合的试样重合长度为 40mm(如图 3-49、图 3-50 所示);粘合方法和粘合端部的处理方法由生产企业确定。

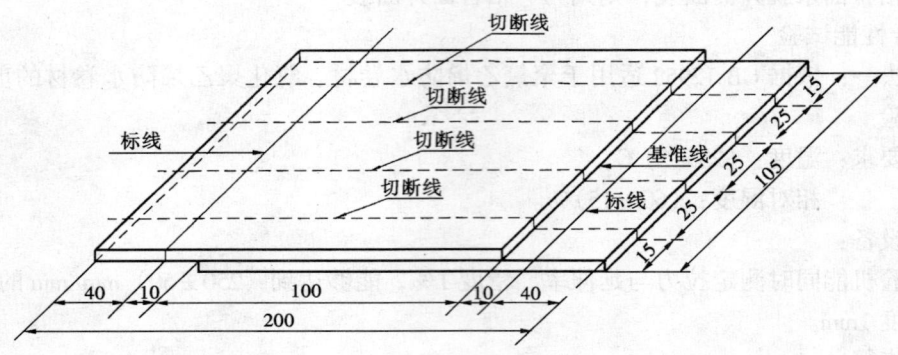

图 3-49  用胶粘剂粘合的试样制备图示(单位:mm)

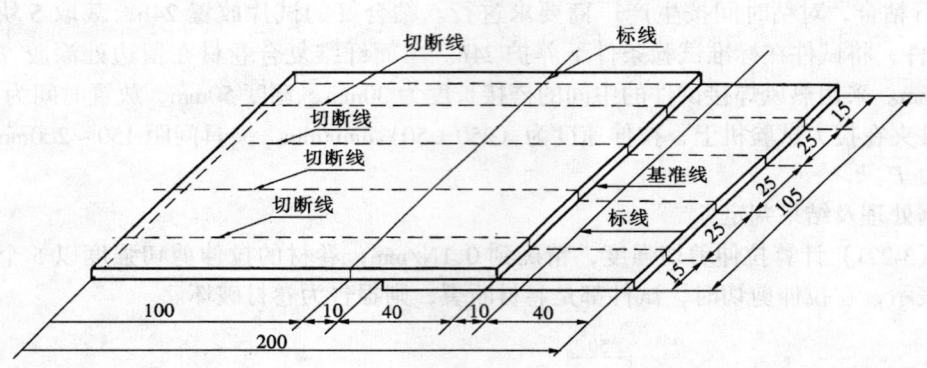

图 3-50  用热熔或溶剂粘合的试样制备图示(单位:mm)

将制备好的试样在标准状态下停放 24h,之后取三个用于无处理,三个用于热处理,三个用于碱处理。

b. 试样的处理

无处理:将制备好的试样不做任何处理,在标准状态下停放 168h。

加热处理:将制备好的试样放入温度为 (80±2)℃的老化箱中,放置 168h,取出试样,停放 4h。

浸碱处理:将制备好的试样放入 10%的氢氧化钙溶液中,浸泡时间为 168h,取出后停放 4h。

c. 用夹持器将试样沿标线夹紧,重合长度为 100mm 的试样,将标线间距离由 120mm 拉伸至 140mm(重合长度为 40mm 的试样,将标线间距离由 60mm 拉伸至 70mm),并在标准状态下放置 24h,之后取下试样,停放 4h 后,测定试样重合部分自基准线脱开及剥离的长度。

④结果判定:分别以三个试样偏移基准线和脱开长度均小于 5mm 为合格。

14. 热空气老化试验

(1)方法一:依据 GB/T 18244—2000 适用于改性沥青聚乙烯胎防水卷材的热空气老化试验

①环境要求:温度:(23±2)℃;

相对温度：45%～70%。

②仪器设备：

热空气老化试验箱：符合 GB 18244 的规定，工作温度 40～200℃，温度波动度：±1℃；

温度指示计：分度不大于 1℃。

③操作步骤：

a. 试验前，试件需编号，测量尺寸。

b. 根据试验要求，调节试验箱至规定的温度和换气量。稳定后，试件可用衬有或包有惰性材料的合适的金属夹或金属丝，将其安置在网板或旋转架上。试件与工作室内壁之间距离不小于 70mm，试件之间距离不小于 10mm，工作室容积与试件总体积之比不小于 5:1。

注：互有影响的试样不允许同时在一箱内进行试验。

c. 试件放入恒温的老化箱内，即开始计算老化时间，至规定的老化时间时，立即取出，取样速度要快，尽可能减少箱内温度的变化。对于网板或试样架，为减少温度不均匀的影响，可周期地交换网板上试样的位置。

d. 取出的试样在标准温度条件下停放 24h，根据试验所选定的项目测定性能。

④数据处理及结果判定：老化后，检查试件外观，根据产品标准要求测定纵向拉力与低温柔度，并计算纵向拉力保持率。

(2) 方法二：依据 GB/T 3512—2001，适用于氯化聚乙烯—橡胶共混防水卷材、高分子防水材料（第一部分 片材）的热空气老化试验

①环境要求：温度：(23±2)℃；

湿度：50±5%。

②仪器设备：

热空气老化箱，符合 GB/T 3512 要求。

③操作步骤：

a. 试样试验前在标准温度和湿度条件下调节应不少于 16h；

b. 将老化箱调至试验温度，把试样呈自由状态悬挂在老化箱中进行试验；

c. 试样放入老化箱即开始计算老化时间、到达规定时间时、取出试样；

d. 取出的试样按 GB/T 2941 规定进行环境调节 16h～144h；

e. 有关性能的测定按相应测试标准的规定进行。

④数据处理及结果判定：

根据产品标准要求，计算老化后相应性能保持率：

$$A = \frac{X_a}{X_0} \times 100 \tag{3-222}$$

式中 $A$——性能保持率；

$X_a$——试样老化后的性能测定值；

$X_0$——试样老化前的性能测定值。

15. 人工气候加速老化试验

(1) 方法一：依据 GB 18244—2000 适用于沥青复合胎柔性防水卷材、改性沥青聚乙烯胎防水卷材、自粘橡胶沥青防水卷材、自粘聚合物改性沥青聚酯胎防水卷材、弹性体改性沥青防水卷材、塑性体改性沥青防水卷材、聚氯乙烯防水卷材、氯化聚乙烯防水卷材等的人工气候加速老化（氙弧灯）试验

①试验条件：

黑标准温度：65℃±3℃，相对湿度：65%±5%。喷水时间：18±0.5min，两次喷水之间的

干燥间隔：102±0.5min。

如果使用水喷淋，规定的温度是指不喷水最后阶段的温度。若温度计在一个短循环内不能达到平衡，则规定的温度就要在未喷水时建立，并且在报告中注明在干燥循环中达到的温度。如果使用黑板温度计，则在试验报告中应注明：温度计型号、试样架上的安装方式、使用温度。

②仪器设备：

人工气候加速老化试验箱：符合 GB/T 18244—2000 规定，光源为氙弧灯；

试验架；

温度传感器；

黑标准温度计；

辐射测量仪。

③操作步骤：

a. 试样安装：除另有规定，试样一般按自由状态安装在试样架上，应避免试样受外应力的作用。试样架固定在试验箱的转鼓上时，试样的曝露面要对正光源，试样工作区面积要安全曝露在有效的光源范围，并且要方便调换试样的位置。在与氙灯轴平行的试样架上，任意两点的试样表面辐照度的变化不应超过 10%，否则应定期调换试样位置，使其在每一位置都得到相等的辐照度。

b. 曝露试验：开动试验箱，调好规定的试验条件，并记录开始曝露时间。在整个曝露期间要保持规定的试验条件恒定。放入或取出试样时，不要触摸或碰撞试样表面。

c. 辐射量的测定：辐射量的测定有两种方式：

连续测定：用积算照度计连续测定累计总辐射量。

间断测定：用辐射计测定一段曝露时间的辐射量，再求出总的辐射量。

测定时将感光器固定在适当位置上，使感光器所测得的辐射值相当于试样位置上的辐射值。

d. 试验周期：试验期限应根据产品标准决定，以某一规定的曝露时间或辐射量，或性能降至某一规定值时的曝露时间或辐射量。

e. 性能测定：按预定试验周期从试验箱中取出试样进行各项性能的测定。

外观检测：用目测或仪器检测试样表面，评定曝露后试样表面颜色或其他外观变化。试样外观检测的方法，按 GB/T 3511 进行。

其他性能测试：按产品标准中规定进行。

④结果判定：

试样老化后的试验结果可用试样曝露至某一时间或辐射量时的外观变化程度或性能变化率表示，也可用试样性能变化至某一规定值所需的曝露时间或辐射量表示。

a. 试样外观变化程度分 0~4 级，用龟裂等级来表示。

b. 试样性能变化可按外观、拉伸性能变化率、低温柔度或产品标准规定进行。

(2) 方法二：依据 GB/T 14686—93 适用于石油沥青玻璃纤维胎油毡、三元丁橡胶防水卷材的人工加速气候老化试验

①试验条件：

a. 试验箱：

温度：空气温度 45±2℃，黑板温度 60±5℃；

相对湿度：65%±5%；

降雨量：喷水的喷射压力为 0.1MPa，降雨量为 0.16±0.01L/min；

光照和降雨周期：试样先光照 48min 后立即雨淋并同时光照 12min。

b. 冰冻温度：-20±2℃。

c. 浸水温度：20±2℃。

②仪器设备：

人工加速气候老化试验箱（简称试验箱）：光源为 4.5~6.5kW 管状氙弧灯，样板与光源中心距离为 250~400mm；

黑板温度计：20~100℃，最小刻度 1℃；

注：黑板温度计是一块规格为 150mm×70mm，厚 0.9±0.1mm 上面涂一层黑色耐光釉的钢板，并装有与钢板紧密接触的双金属片或热电偶，加上温度显示盘便构成黑板温度计。用以测量转架上试样受光面的表面温度。

冰箱：控温精度±2℃；

恒温玻璃水槽：规格 440mm×350mm×300mm；

拉力机：分度值符合 GB 328.6 中规定的拉力机；

分析天平：感量 0.0001g；

真空表：0~0.1MPa，精度 0.4 级；

电热真空干燥器：$\phi$350~400mm，真空度 0.0997MPa；

铝板：长宽与试样相适应，厚 0.8mm；

试验用水：试验箱内人工降雨用去离子水，内壁冷却用自来水；

试样架：可用铜丝和胶木板制作，其尺寸与试样的尺寸、数量相适应；

其他：30L 真空泵、真空耐压胶管、真空脂、玻璃真空三通阀门两只、玻璃真空二通阀门一只、铁夹、牛皮纸、150mm 钢直尺、毛刷等。

老化试验一个循环周期所需的时间　　　表 3-90

| 试 验 条 件 | 试 验 时 间 (h) |
|---|---|
| 光照和雨淋 | 18 |
| 冷冻（-20±2℃） | 2 |
| 浸水（20±2℃） | 2 |
| 总　计 | 22 |

③操作步骤

表 3-90 规定了老化试验一个循环周期所需的时间，总试验时间为 27 周期。

a. 试验时将试样受光面的矿物隔离材料刷除干净，然后在试样的两端衬上牛皮纸将其贴在铝板上，用铁夹夹紧，将夹好的试样和黑板温度计分别挂在试样转架上，温度计正面朝光源，喷水压力为 0.1MPa，光照雨淋周期为光照 48min，雨淋并同时光照 12min，循环试验 18h 后停机；

b. 从试验箱中取出试样插于试样架上，放进冰箱，于-20±2℃下冷却 2h 取出；

c. 将从冰箱中取出的试样连同试样架一起，放进温度为 20±2℃的恒温水槽内，水面应高出试样上端 20mm，2h 后取出，此时为一周期；

d. 重复 a~c 条操作 27 个周期，每次试样的取出和放入，相隔时间不得多于 10min，试验进行时，应详细记录试验的温度、湿度，同时观察试样的外观变化，每隔 3 个周期对气候、灯罩、灯管进行清洁保养一次，试验结束后一块试样进行物性测试，一块备用，测试必须在 8h 内进行完毕。

④数据处理及结果判定

a. 外观：观察并记录老化后试样表面有无泛白、裂纹、起泡等现象。

b. 物理性能

(a) 失重率

取空白试样和老化后试样，按规定切取试件，分别测量其长宽精确至 1mm，将试件放入电热真空干燥器，在 0.08MPa 真空度条件下干燥 1h 后称重，由此计算出试件的单位面积重量 $G_0$、$G_1$，失重率 $G$ 按下式计算：

$$G = \frac{G_0 - G_1}{G_0} \times 100 \tag{3-223}$$

式中 $G$——失重率（%）；
$G_0$——空白试件单位面积重量（$g/m^2$）；
$G_1$——老化后试件的单位面积重量（$g/m^2$）。

计算时取数值最接近的三个试件的平均值作为试验结果，精确至小数点后二位。

(b) 拉力变化率

取测完失重率后的试件，按 GB 328.6 方法测试老化前和老化后的拉力。

拉力变化率 $P$ 按下式计算：

$$P = \frac{P_0 - P_1}{P_0} \times 100 \tag{3-224}$$

式中 $P$——拉力变化率（%）；
$P_0$——老化前试件的拉力值（N）；
$P_1$——老化后试件的拉力值（N）。

计算时取数值最接近的三个试件的算术平均值作为试验结果，精确到小数点后一位。

(c) 产品标准要求的其他性能保持率

16. 臭氧老化试验：

依据 GB/T 7762—2003，适用于氯化聚乙烯—橡胶共混防水卷材、高分子防水材料（第一部分 片材）的臭氧老化试验。

(1) 仪器设备：

臭氧老化试验箱：符合 GB/T 7762—2003 规定，控制温度差在 ±2℃；

臭氧化空气发生器；

试样架：由不易分解臭氧的材料（如铅）制成，通过机械装置在箱内旋转，使试样的转动速度保持在 20~25mm/s 之间。

(2) 操作步骤：

①将试样夹在试样框架上，并按产品标准拉伸至规定的伸长率。

②拉伸后，试样在无光、基本无臭氧的大气中调节 48~96h，调节温度按 GB/T 2941 规定，试件在调节期间不得互相接触或受到其他损伤。作比对试验时，调节时间和温度都应相同。

③开动臭氧老化仪，调节试验箱内的温度至规定的试验温度，将经拉伸静置后的试样移入试验箱内，使试样在箱内转动并恒温处理。

④将调节好的规定浓度和流速（或流量）的含臭氧空气通入试验箱内与试样接触，并开始记录时间。

⑤按预定的试验周期，通过装在试验箱的透明窗口，观测试样的表面变化，或者将试样从试验箱内取出进行外观检查，从而评定试样的耐臭氧老化性能。

(3) 结果判定：根据产品标准，用相应倍数放大镜观察，以有无裂纹报告试验结果。

17. 耐化学侵蚀试验

依据 GB 12952—2003 适用于聚氯乙烯防水卷材、氯化聚乙烯防水卷材的耐化学侵蚀试验

(1) 环境要求：标准试验条件：温度：23±2℃；相对湿度：(60±15)%。

(2) 仪器设备：试验容器：能耐酸、碱、盐的腐蚀，可以密闭，容积根据样片数量而定。

(3) 操作步骤：

①按表 3-91 的规定，用蒸馏水和化学试剂（分析纯）配制均匀溶液，并分别装入各自贴有

溶 液 浓 度    表 3-91

| 试 剂 名 称 | 溶 液 浓 度 |
|---|---|
| NaCl | (10±2)% |
| Ca(OH)$_2$ | 饱和溶液 |
| H$_2$SO$_4$ | (5±1)% |

标签的容器中，温度为 $(23 \pm 2)$℃。

②在每种溶液中浸入 3 块按规定裁取的试片，试片上面离液面至少 20mm，密闭容器，保持 28d 后取出用清水冲洗干净，擦干。在标准试验条件下放置 24h，每块试件上裁取纵向、横向哑铃形试件各两块，在一块试件上裁取低温弯折性试件纵向一块，另一块裁横向一块。分别进行拉伸和低温弯折试验。对于织物内增强的卷材处理前应将四周断面用适宜的密封材料封边。

（4）数据处理及结果判定：

①处理后拉伸强度或拉力相对变化率按下式进行计算，精确到 1%：

$$Rt = \left(\frac{TS_1}{TS} - 1\right) \times 100 \tag{3-225}$$

式中 $Rt$——样品处理后拉伸强度（或拉力）相对变化率（%）；

$TS$——样品处理前平均拉伸强度（MPa，或拉力，N/cm）；

$TS_1$——样品处理后平均拉伸强度（MPa，或拉力，N/cm）。

②处理后断裂伸长率相对变化率按式（3-226）进行计算，精确到 1%：

$$Re = \left(\frac{E_1}{E} - 1\right) \times 100 \tag{3-226}$$

式中 $Re$——样品处理后断裂伸长率相对变化率（%）；

$E$——样品处理前平均断裂伸长率（%）；

$E_1$——样品处理后平均断裂伸长率（%）。

### 四、实例

有一 APP 聚酯胎 Ⅰ 型防水卷材，测得其拉力及最大拉力时的标距数据如下表，试判定该卷材拉力、最大拉力时延伸率指标是否合格。

**标 距 数 据**

| 试件编号 | 拉力（N/50mm） | | 初始标距 $L_0$（mm） | 最大拉力时标距 $L_1$（mm） | |
|---|---|---|---|---|---|
| | 纵向 $A$ | 横向 $A'$ | | 纵向 | 横向 |
| 1 | 727 | 577 | 180 | 239 | 280 |
| 2 | 715 | 622 | | 240 | 274 |
| 3 | 744 | 592 | | 239 | 281 |
| 4 | 692 | 614 | | 238 | 270 |
| 5 | 716 | 650 | | 238 | 272 |

**解**：依据 GB 18243—2000 查得聚酯胎 Ⅰ 型塑性体改性沥青防水卷材拉力指标为纵向、横向均大于等于 450N/50mm，最大拉力时延伸率纵向、横向均大于等于 25%。

（1） $$A_{纵} = \frac{A + A_2 + A_3 + A_4 + A_5}{5} = \frac{727 + 715 + 744 + 692 + 716}{5}$$

$$= 718.8\text{N}/50\text{mm} > 标准值 450\text{N}/50\text{mm}$$

$$A_{横} = \frac{A'_1 + A'_2 + A'_3 + A'_4 + A'_5}{5} = \frac{577 + 622 + 593 + 614 + 650}{5}$$

$$= 611.2\text{N}/50\text{mm} > 标准值 450\text{N}/50\text{mm}$$

（2） $$E = \frac{100(L_1 - L_0)}{L}$$

∴ $$E_{纵_1} = E_{纵_3} = \frac{100 \times (239 - 180)}{180} = 32.8\%$$

$$E_{纵_2} = \frac{100 \times (240 - 180)}{180} = 33.3\%$$

$$E_{纵_4} = E_{纵_5} = \frac{100 \times (238 - 180)}{180} = 32.2\%$$

同理算出　　$E_{横_1} = 55.6\%$　　$E_{横_2} = 52.2\%$　　$E_{横_3} = 56.1\%$　　$E_{横_4} = 50\%$　　$E_{横_5} = 51.1\%$

$$E_{纵} = \frac{32.8\% + 33.3\% + 32.8\% + 32.2\% + 32.2\%}{5} = 32.7\% > 标准值25\%$$

$$E_{横} = \frac{55.6\% + 52.2\% + 56.1\% + 50\% + 51.1\%}{5} = 53\% > 标准值25\%$$

因此，该种防水卷材的拉力及最大拉力时延伸率指标合格。

**思考题**

1. 简述防水卷材试件制备中的注意要点。
2. 防水卷材拉伸强度试验中，如何测量哑铃型试件的厚度？
3. 防水卷材延伸率试验中对试验温、湿度有何要求？
4. 弹性体改性沥青低温柔度试验中，若有一个试件未达到标准要求，该如何判定？
5. 防水卷材的耐热度如何检测？
6. 哪些品种的防水卷材不透水性试验中用"十"字形金属槽盘？
7. 简述粘合性试验中试件的制备和处理。
8. 防水卷材抗穿孔性试验中出现无明显穿孔时，如何处理？

**参考文献**

1. 张无发，潘延平，唐民，邱震主编. 建设工程质量检测见证取样员手册. 中国建筑工业出版社，2003
2. 朱馥林编著. 建筑防水新材料及防水施工新技术. 中国建筑工业出版社，1997
3. 湖南大学，天津大学，同济大学，东南大学合编.《建筑材料》. 中国建筑工业出版社，1997
4. 《硫化橡胶或热塑性橡胶热空气加速老化和耐热试验》GB/T 3512—2001. 中国标准出版社，2002
5. 《硫化橡胶或热塑性橡胶　耐臭氧龟裂静态拉伸试验》GB/T 7762—2003. 中国标准出版社，2003

## 第十三节　建筑结构胶

### 一、概念

建筑结构胶粘剂在建筑领域内已得到广泛应用，它在提高施工速度、美化建筑物、改进建筑质量、节省工时与能源等诸多方面都有重要意义，因此建筑用胶粘剂已成为重要的化学建材之一。

目前建筑结构胶的主要品种有：（1）粘钢加固用建筑结构胶粘剂，这些胶粘剂的主要化学成分均以环氧树脂和胺类固化剂为主；（2）植树锚固用建筑结构胶粘剂，这类胶从化学组成可分为三类：环氧树脂、不饱和聚酯树脂、改性丙烯酸酯类；（3）碳纤维片材加固用建筑结构胶，该类胶包括三种胶，底层树脂、整平材料和浸渍树脂，其中以浸渍树脂最为重要；（4）混凝土裂缝灌注（化学灌浆）加固用建筑结构胶，一般为环氧树脂和丙烯酸酯两类。

### 二、检测依据

1. 标准名称及代号

《树脂浇铸体性能试验方法总则》GB/T 2567—1995
《树脂浇铸体拉伸性能试验方法》GB/T 2568—1995
《树脂浇铸体压缩性能试验方法》GB/T 2569—1995

《胶粘剂拉伸剪切强度测定方法》GB/T 7124—86
《混凝土结构加固技术规范》CECS25:90
《碳纤维片材加固混凝土结构技术规程》CECS146:2003
《机械工业产品用塑料、涂料、橡胶材料人工气候加速试验方法》GB/T 14522—93

2. 技术指标

(1) 依据《碳纤维片材加固混凝土结构技术规程》CECS146:2003，配套树脂类粘结材料的主要性能应满足表 3-92、表 3-93 和表 3-94 的要求。

表层树脂的性能指标　　　　　　　　　　　表 3-92

| 性能项目 | 性能指标 | 试验方法 |
|---|---|---|
| 正拉粘结强度 | ≥2.5MPa，且不小于被加固混凝土的抗拉强度标准值 $f_{tk}$ | CECS146:2003 附录 A |

找平材料的性能指标　　　　　　　　　　　表 3-93

| 性能项目 | 性能指标 | 试验方法 |
|---|---|---|
| 正拉粘结强度 | ≥2.5MPa，且不小于被加固混凝土的抗拉强度标准值 $f_{tk}$ | CECS146:2003 附录 A |

浸渍树脂和粘结树脂的性能指标　　　　　　　　　　　表 3-94

| 性能项目 | 性能指标 | 试验方法 |
|---|---|---|
| 拉伸剪切强度 | ≥10MPa | GB 7124—1986 |
| 拉伸强度 | ≥30MPa | GB/T 2568—1995 |
| 压缩强度 | ≥70MPa | GB/T 2569—1995 |
| 正拉粘结强度 | ≥2.5MPa，且不小于被加固混凝土的抗拉强度标准值 $f_{tk}$ | CECS146:2003 附录 A |
| 弹性模量 | ≥1500MPa | GB/T 2568—1995 |
| 伸长率 | ≥1.5% | GB/T 2568—1995 |

(2) 配套树脂类粘结材料应按附录 A 的规定进行正拉粘结强度测定。配套树酯类粘结材料可参照《机械工业产品用塑料、涂料、橡胶材料人工气候加速试验方法》GB/T 14522—93 规定的环境条件进行耐久性检验。经 2000h 加速老化后，按 CECS146 附录 A 测定的正拉粘结强度不应明显降低。

(3) 目前所用的 JGN 建筑结构胶，其各项强度指标可按《混凝土结构加固技术规范》CECS25:90 性能指标。

JGN 结构胶的粘结强度性能指标　　　　　　　　　　　表 3-95

| 被粘基层材料种类 | 破坏特征 | 抗剪强度 (MPa) | | | 轴心抗拉强度 (MPa) | | |
|---|---|---|---|---|---|---|---|
| | | 试验值 ($f_{vo}$) | 标准值 ($f_{vk}$) | 设计值 ($f_v$) | 试验值 ($f_{vo}$) | 标准值 ($f_{vk}$) | 设计值 ($f_v$) |
| 钢—钢 | 胶层破坏 | ≥18 | 9 | 3.6 | ≥33 | 16.5 | 6.6 |
| 钢—混凝土 | 混凝土破坏 | ≥$f_v^0$ | $f_{ovk}$ | $f_{ev}$ | ≥$f_{ct}^0$ | $f_{ctk}$ | $f_{ct}$ |
| 混凝土—混凝土 | 混凝土破坏 | ≥$f_v^0$ | $f_{ovk}$ | $f_{ev}$ | ≥$f_{ct}^0$ | $f_{ctk}$ | $f_{ct}$ |

### 三、建筑结构胶粘剂的试验方法

1. 仪器设备及环境要求

试验机（载荷误差不超过 ±1%，测量变形仪表误差不超过 ±1%。电子式拉力试验机按有关规定执行）；

天平、游标卡尺、干燥箱；

试验标准环境条件：温度为 23±2℃，相对湿度为 50±5%。对仅有温度要求的测试，测试前试样在试验温度下停放时间不应少于半小时；对有温度、湿度要求的测试，测试前试样在试验环境下的停放时间一般不应少于 16h。

2．拉伸试验

（1）试样制备

试样形状、尺寸见图 3-51。

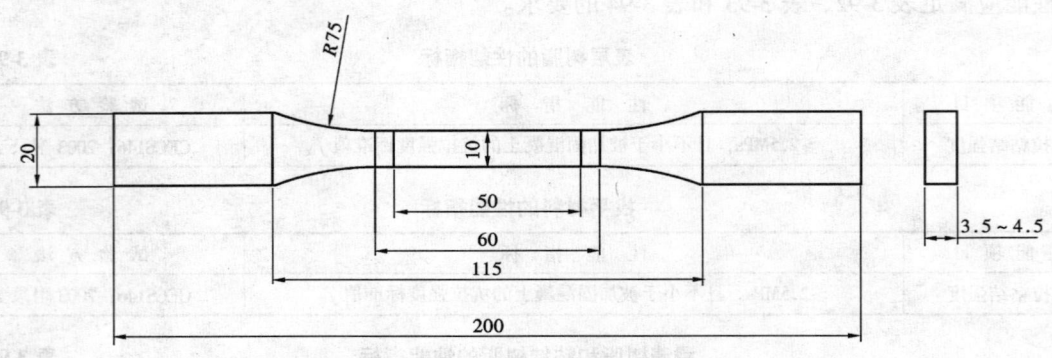

图 3-51 拉伸试样图（单位：mm）

① 根据实际情况选择平板浇铸模或试样浇铸模方法。按预定的固化系统配制比例称量，并将各组分搅拌均匀。浇铸在室温 15~30℃，相对湿度小于 75% 条件下进行，沿浇铸口紧贴模板倒入胶液，在整个操作过程中要尽量避免产生气泡。如气泡较多，可采用真空脱泡或振动法脱泡。由于各材料的固化时间不同，搅拌均匀后的材料要尽快浇注成型，以免在成型前胶体固化，已经开始固化的胶体不可再用于成型试件。

② 浇铸后试样的固化方式有三种选择：常温固化、常温加热固化、热固化。常温固化是在室温或标准环境温度下放置 504h（包括试样加工时间）；常温加热固化要从室温逐渐升至树脂热变形温度，恒温若干小时；热固化的温度和时间需根据树脂固化剂或催化剂的类型而定。比较三种固化方式，根据具体情况选择一种。

③ 对平板浇铸模成型的试样固化后，应加工成为符合图 3-51 的试样，在加工过程中，应注意以下几点：

a．用划线工具在浇铸平板上，按试样尺寸划好加工线，取样必须避开气泡、裂纹、凹坑、应力集中区。

b．用机械加工试样，加工时要防止试样表面操作和产生划痕等缺陷。

c．加工粗糙面需用细锉或砂纸进行精磨，缺口处尺寸用专用样板检测。

d．加工时可用水冷却，加工后及时进行干燥处理。

e．对试样浇铸模成型的试样固化后，也需要对样品进行检验，如有大量气泡、裂纹、凹坑的试件要剔除，有毛边的要磨平。

f．试样在测试前，用偏振光对内应力进行测试。如有内应力，可用油浴法或空气浴法予以消除。

（2）试验方法

经过严格检查，有效试样应平整、光滑、无气泡、无裂纹、无明显杂质和加工损伤等缺陷。在试验标准环境条件下，试样至少放置 24h（有特殊要求者按需要而定）才可进行试验。

将试样编号，测量试样标距（图 3-51 中 50±0.5 段）内任意 3 处的宽度和厚度，取算术平均值。试样测量尺寸不大于 10mm，准确到 0.02mm、10mm 及以上的，准确到 0.05mm。夹持试样按规定速度均匀连续加载至破坏,读取破坏载荷值。

测定拉伸弹性模量时,在工作段内安装测量变形的仪表,施加初载(约5%的破坏载荷),检查和调整仪表。然后以一定间隔施加载荷,记录载荷和相应的变形值,至少分五级加载,施加载荷不宜超过破坏载荷的40%,有自动记录装置时,可连续加载。

若试样断在夹具内或圆弧处,此试样作废,另取试样补充。同批有效试样不足5个时,应重作试验。

(3) 结果计算

① 拉伸强度按下式计算

$$\sigma_t = \frac{P}{b \cdot h} \tag{3-227}$$

式中　$\sigma_t$——拉伸强度(MPa);
　　　$P$——破坏载荷(或最大载荷)(N);
　　　$b$——试样宽度(mm);
　　　$h$——试样厚度(mm)。

②拉伸弹性模量按下式计算

$$E_t = \frac{L_0 \cdot \Delta P}{b \cdot h \cdot \Delta L} \tag{3-228}$$

式中　$E_t$——拉伸弹性模量(MPa);
　　　$L_0$——测量标距(mm);
　　　$\Delta P$——载荷—变形曲线上初始直线段的载荷增量(N);
　　　$\Delta L$——与载荷增量 $\Delta P$ 对应的标距 $L_0$ 内的变形增量(mm);
　　　$b$——试样宽度(mm);
　　　$h$——试样厚度(mm)。

③试样拉伸破坏时或最大载荷处的伸长率按下式计算

$$\varepsilon_t = \frac{\Delta L_b}{L_0} \times 100 \tag{3-229}$$

式中　$\varepsilon_t$——试样拉伸破坏时最大载荷处伸长率(%);
　　　$\Delta L_b$——试样破坏时或最大载荷处标距 $L_0$ 内的伸长量(mm);
　　　$L_0$——测量标距(mm)。

3. 压缩试验

(1) 试样制备

试样可以采用Ⅰ型或Ⅱ型;Ⅰ型试样为长方体,长宽高分别为 10±0.2mm、10±0.2mm、25±0.5mm;Ⅱ型试样为直径 10±0.2mm、高 25±0.5mm 的圆柱体。有失稳现象时,试样高度为 15±0.5mm,测定压缩弹性模量需在试样上安装变形仪表时,试样高度为 30~40mm。

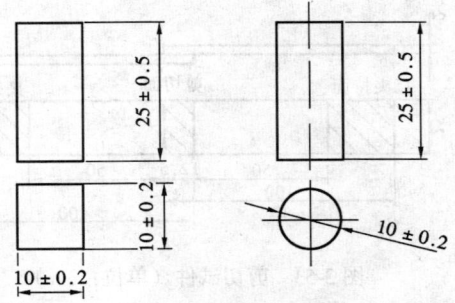

图3-52　压缩试样形状、尺寸图(单位:mm)

试样的配料、浇铸、固化、加工、应力检查以及外观检查参照拉伸试验。值得注意的是,试样上下两端要求互相平行,且与试样中心线垂直,不平行度小于试样高度的0.1%。

(2) 试验方法

将试样编号,测量试样任意3处的宽度和厚度(Ⅱ型试样测任意三处的直径),取算术平均值。试样测量尺寸不大于10mm，准确到0.02mm；10mm及以上的，准确到0.05mm。安放试样，使试样的中心线与上下压板中心线对准，确保试样端面与压板表面平行，调整试验机，使压板表面恰好与试样端面接触，并把此时定为测定变形的零点。

测定压缩强度时，按规定速度对试样施加均匀连续载荷，直至破坏或达到最大载荷，读取破坏载荷或最大载荷。

测定压缩弹性模量和载荷—变形曲线时，在上下与试样接触面之间或在试样高度中间安装测量变形仪表。检查仪表，开动试验机，按规定速度施加载荷。在破坏载荷的40%以内，以一定间隔纪录载荷和相应的变形值，有自动记录装置时，可连续加载。

有失稳和端部挤压破坏的试样，应予作废。同批有效试样不足5个时，应重作试验。

(3) 结果计算

①压缩强度按下式计算

$$\sigma_c = \frac{P}{f} = \frac{P}{b \cdot h} = \frac{4P}{\pi d^2} \tag{3-230}$$

式中　$\sigma_c$——压缩强度（MPa）；
　　　$P$——破坏载荷（或最大载荷）（N）；
　　　$f$——试样横截面积（mm²）；
　　　$b$——试样宽度（mm）；
　　　$h$——试样厚度（mm）；
　　　$d$——试样直径（mm）。

②压缩弹性模量按下式计算

$$E_t = \frac{L_0 \cdot \Delta P}{b \cdot h \cdot \Delta L} = \frac{4L_0 \cdot \Delta P}{\pi d^2 \cdot \Delta L} \tag{3-231}$$

式中　$E_t$——拉伸弹性模量（MPa）；
　　　$L_0$——测量标距（mm）；
　　　$\Delta P$——载荷—变形曲线上初始直线段的载荷增量（N）；
　　　$\Delta L$——与载荷增量$\Delta P$对应的标距$L_0$内的变形增量（mm）。其余同上述①。

4. 拉伸剪切试验

(1) 试样制备

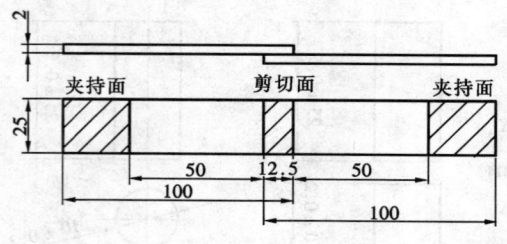

图3-53 剪切试件（单位：mm）

①标准试样的搭接长度是12.5±0.5mm，金属片的厚度是2.0±0.1mm。如图3-53所示。建议使用LY12-CZ铝合金、1Cr18Ni9Ti不锈钢、45碳钢、T2铜等金属材料。对于高强度胶粘剂，测试时如出现金属材料屈服或破坏的情况，则可适当增加金属片厚度或减少搭接长度，两者中选择前者较好。

②试样可用不带槽（标准试板）或带槽的平板制备，也可单片制备。在制备过程中，应注意以下几点：

a. 胶接用的金属片表面应平整，不应有弯曲、跷曲、歪斜等变形。金属片应无毛刺，边缘保持直角。

b. 胶接时，金属片的表面处理、胶粘剂的配比、涂胶量、晾置时间等胶接工艺以及胶粘剂的固化温度、压力、时间等均按胶粘剂的使用要求进行。

c. 制备试样都应使用夹具，以保证试样正确地搭接和精确地定位。

d. 切割已胶接的平板时，要防止试样过热，应尽量避免损伤胶接缝。

e. 试样制备后到试验的最短时间为 16h，最长时间为 1 个月。

制样是整个检测过程的关键步骤，许多因素都可能影响检测的结果。从理论上分析，胶层越厚，胶接接头的应力集中系数越小，剪切强度越高，但试验却表明胶层越厚剪切强度越低。这是因为随着胶层厚度的增加，胶层内部的缺陷呈指数关系迅速增加，此外胶层收缩产生的收缩应力也越大。当然胶层太薄也不好，胶层太薄容易造成缺胶现象，使接头强度降低。

图 3-54　标准试板（单位：mm）

对于搭接长度，当搭接长度增加时，应力在搭接的两端部更为集中，而在搭接的中央不断减少，直至为零。所以搭接长度过长时，增加的只是搭接中央应力为零的部分，接头的破坏荷载维持不变，接头的剪切强度不断下降。另外，搭接长度对剪切强度的影响与胶粘剂的弹性模量等有关。因为搭接接头的剪切强度随搭接长度而变，所以标准剪切强度测试值只有相对意义。

另外，金属片的表面处理，胶粘剂的配比以及胶粘剂的固化时间、压力、时间等均按胶粘剂的使用要求进行。

(2) 试验方法

把试样对称地夹在上、下夹持器中，夹持处至搭接端的距离为 50±1mm。开动试验机，在 5±1mm/min 内，以稳定速度加载。记录试样剪切破坏的最大负荷。记录胶接破坏的类型（内聚破坏、粘附破坏、金属破坏）。

(3) 结果计算

对金属搭接的胶粘剂拉伸剪切强度按下式计算：

$$\tau = \frac{P}{B \cdot L} \tag{3-232}$$

式中　$\tau$——胶粘剂拉伸剪切强度（MPa）；
　　　$P$——试样剪切破坏的最大负荷（N）；
　　　$B$——试样搭接面宽度，(mm)；
　　　$L$——试样搭接面长度（mm）。

试验结果以剪切强度的算术平均值、最高值、最低值表示。取三位有效数字。

5. 耐久性试验

标准规定了模拟户外湿热自然大气中主要因素的两种人工气候加速试验方法，一般试验可采用荧光紫外线/冷凝试验方法；必要时并可用人工气候（氙灯）曝露试验方法进行验证比对试验。

(1) 仪器设备

①荧光紫外线/冷凝试验箱

试验箱由耐腐蚀金属材料制成，包含 8 支荧光紫外灯，盛水盘，试验样品架和温度、时间控制系统及指示器，见图 3-55。

紫外灯管功率为 40W，灯管长度为 1220mm，试验箱均匀工作区域的范围为 900mm×210mm，见图 3-56。

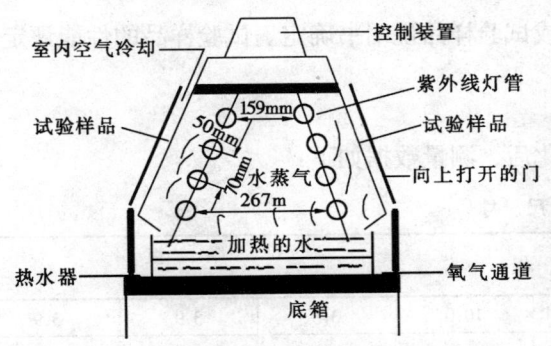

图 3-55　荧光紫外线/冷凝试验箱结构截面图

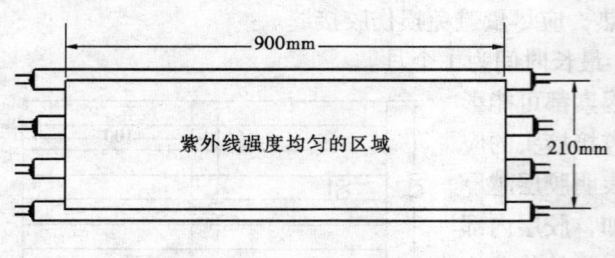

图 3-56 试验箱均匀辐照区域的范围

除非另有规定，荧光紫外灯的波长为 280～315nm，即 UV-B 波长范围。

②氙灯人工气候试验箱

试验箱内设有带动样品旋转的转动支架，温度、湿度、喷水时间和氙灯功率应可调，并设有干、湿球温度自动记录装置，根据需要，箱外可备电源稳压器，箱内设加热器。

为减少氙灯冷却水污染灯和虑光罩，冷却水用蒸馏水或去离子水，冷却水管用耐水腐蚀材料制成。

样品架应由惰性材料制成。

(2) 试验样品

①荧光紫外线试验

a. 试验样品的最大厚度应不超过 20mm，以保证足够的热交换使试验样品上产生凝露。

b. 试验样品应固定在铝合金或其他耐腐蚀和传热性良好的底板上。

c. 试验样品上大于 1 mm 的孔应予封闭，以防水蒸气逸出。

②氙灯试验

a. 试验样品在样品架上应不受外来施加的应力。

b. 为了避免因试验样品曝露位置不同而造成表面受光照射强度的不同，安装试验样品时要根据试验样品的尺寸和形状，合理地排列和固定在旋转支架上，并能调换位置。

(3) 试验条件

①荧光紫外线试验

a. 试验温度，光照时可采用 50、60、70℃ 三种温度，优先推荐采用 60℃；冷凝阶段的温度为 50℃，容差均为 ±3℃。

b. 光照和冷凝周期可选择 4h 光照、4h 冷凝或 8h 光照、4h 冷凝两种循环。

②氙灯试验

a. 辐射强度在 300～890nm 波长范围内为 $1000 \pm 200W/m^2$；低于 300nm 应不超过 $1W/m^2$；在挂试验样品区域，偏离应少于 10%。

b. 相对湿度可选择 65%±5%、50%±5% 或 90%±5% 三种条件。黑板温度为 63±3℃。根据需要也可以是 55±3℃ 或比 63℃ 更高的温度，但较高的温度可能会产生热老化效应，影响试验结果。

c. 喷水周期可选择每隔 102min 喷水 18min 或每隔 48min 喷水 12min。

(4) 试验周期及试验样品的性能评定

试验周期根据试验样品性能变化达到规定值或试验样品说明书确定。试验样品的性能评定包括外观的评定和力学性能及其他性能的评定。

### 四、计算实例

某碳纤维用浸渍胶抗拉强度试件，经成型固化后，测量数据如下：

试 件 尺 寸

| 试样编号 | 测量标距 (mm) | 标距内宽度 (mm) | | | 厚 度 (mm) | | |
|---|---|---|---|---|---|---|---|
| 1 | 49.8 | 9.9 | 9.9 | 10.0 | 3.8 | 3.9 | 3.9 |
| 2 | 50.0 | 9.9 | 9.9 | 9.9 | 4.0 | 3.8 | 4.0 |

续表

| 试样编号 | 测量标距<br>(mm) | 标距内宽度<br>(mm) | | | 厚度<br>(mm) | | |
|---|---|---|---|---|---|---|---|
| 3 | 49.7 | 9.8 | 9.9 | 9.8 | 3.8 | 3.7 | 3.9 |
| 4 | 50.1 | 9.9 | 9.9 | 10.0 | 3.9 | 3.9 | 3.8 |
| 5 | 50.2 | 9.9 | 9.8 | 9.8 | 4.0 | 4.1 | 4.2 |

在电子拉伸试验机上测得数据如下：

**试件破坏荷载及变形**

| 试 样 编 号 | 破坏荷载 $P$<br>(N) | 最大载荷时标距 $L_0$ 内的伸长量（mm） |
|---|---|---|
| 1 | 1860 | 1.04 |
| 2 | 1970 | 0.96 |
| 3 | 1690 | 1.18 |
| 4 | 2090 | 1.25 |
| 5 | 2230 | 1.07 |

试计算该样品的拉伸强度，延伸率，假定样品拉伸过程中始终处于弹性阶段，试求弹性模量。

**解：**

(1) 计算各试件宽度和厚度的平均值：

试件 1　平均宽度 $b = \dfrac{9.9 + 9.9 + 10}{3} = 9.9 \text{ mm}$　平均厚度 $h = \dfrac{3.8 + 3.9 + 3.9}{3} = 3.9 \text{ mm}$；

试件 2　平均宽度　$b = 9.9 \text{mm}$　　平均厚度　　$h = 4.0 \text{mm}$

试件 3　平均宽度　$b = 9.8 \text{mm}$　　平均厚度　　$h = 3.8 \text{mm}$

试件 4　平均宽度　$b = 9.9 \text{mm}$　　平均厚度　　$h = 3.9 \text{mm}$

试件 5　平均宽度　$b = 9.8 \text{mm}$　　平均厚度　　$h = 4.1 \text{mm}$

(2) 计算抗拉强度

试件 1　抗拉强度　$\sigma_{t1} = \dfrac{P}{b \cdot h} = \dfrac{1860}{9.9 \times 3.9} = 48.2 \text{ MPa}$

试件 2　抗拉强度　$\sigma_{t2} = 49.7 \text{ MPa}$

试件 3　抗拉强度　$\sigma_{t3} = 45.4 \text{ MPa}$

试件 4　抗拉强度　$\sigma_{t4} = 54.1 \text{ MPa}$

试件 5　抗拉强度　$\sigma_{t5} = 55.5 \text{ MPa}$

抗拉强度平均值　$\overline{\sigma} = \dfrac{\sigma_{t1} + \sigma_{t2} + \sigma_{t3} + \sigma_{t4} + \sigma_{t5}}{5} = 50.6 \text{ MPa}$

(3) 计算伸长率

试件 1　伸长率　$\varepsilon_{t1} = \dfrac{\Delta L_b}{L_0} \times 100 = \dfrac{1.04}{49.8} \times 100 = 2.09$

试件 2　伸长率　$\varepsilon_{t2} = 1.92$

试件 3　伸长率　$\varepsilon_{t3} = 2.37$

试件 4　伸长率　$\varepsilon_{t4} = 2.50$

试件 5　伸长率　$\varepsilon_{t5} = 2.13$

抗拉强度平均值　$\overline{\varepsilon} = \dfrac{\varepsilon_{t1} + \varepsilon_{t2} + \varepsilon_{t3} + \varepsilon_{t4} + \varepsilon_{t5}}{5} = 2.2$

(4) 计算弹性模量

试件 1 弹性模量 $E_{t1} = \dfrac{L_0 \cdot \Delta P}{b \cdot h \cdot \Delta L} = \dfrac{49.8 \times 1860}{9.9 \times 3.9 \times 1.04} = 2310 \text{MPa}$

试件 2 弹性模量 $E_{t2} = 2590 \text{MPa}$

试件 3 弹性模量 $E_{t3} = 1910 \text{MPa}$

试件 4 弹性模量 $E_{t4} = 2170 \text{MPa}$

试件 5 弹性模量 $E_{t5} = 2600 \text{MPa}$

弹性模量平均值 $\overline{E} = \dfrac{E_{t1} + E_{t2} + E_{t3} + E_{t4} + E_{t5}}{5} = 2320 \text{MPa}$

### 五、思考题

1. 目前建筑结构胶的主要种类有哪些？
2. 试件浇注后的固化有哪几种形式？
3. 拉伸剪切强度试验时，需要记录试件的破坏形式，一般试件的破坏形式有哪几种？
4. 哪些因素会对拉伸剪切强度试验结果产生影响？

## 第十四节 建 筑 涂 料

### 一、概念

建筑涂料简称涂料，是涂敷于物体表面能与基体材料很好粘结并形成完整而坚韧保护膜的物料。它一般由三种基本成分所组成，即：成膜基料、分散介质、颜料和填料。此外，还根据需要加入各种辅助材料如催干剂、流平剂、防结皮剂、固化剂、增塑剂等。一般说来，这些物质本身不能成膜，但在成膜基料形成涂膜过程中起着相当重要的作用。

涂料的种类繁多，按主要成膜物质的性质可分为有机涂料、无机涂料和有机无机复合涂料三大类；按使用部位分为外墙涂料、内墙涂料和地面涂料等；按分散介质种类分为溶剂型涂料和水性涂料两类。

### 二、检测依据

1. 标准名称及代号

《合成树脂乳液外墙涂料》GB/T 9755—2001

《合成树脂乳液内墙涂料》GB/T 9756—2001

《溶剂型外墙涂料》GB/T 9757—2001

《合成树脂乳液砂壁状建筑涂料》JG/T 24—2000

《漆膜、腻子膜干燥时间测定法》GB/T 1728—1989

《漆膜耐水性测定法》GB/T 1733—1993

《建筑涂料涂层耐碱性的测定》GB/T 9265—1988

《建筑涂料涂层耐洗刷性的测定》GB/T 9266—1988

《色漆和清漆人工气候老化和人工辐射暴露（滤过的氙弧辐射)》GB/T 1865—1997

《建筑涂料涂层耐冻融循环性测定法》JG/T 25—1999

2. 技术指标

(1) 合成树脂乳液外墙涂料的技术指标应符合表 3-96。

(2) 合成树脂乳液内墙涂料的技术指标应符合表 3-97。

(3) 溶剂型外墙涂料的技术指标应符合表 3-98。

(4) 合成树脂乳液砂壁状建筑涂料的技术指标应符合表 3-99。

**合成树脂乳液外墙涂料的技术指标**　　　　　　　　　　　　　　　　　　　　　表 3-96

| 项　目 | 指标 优等品 | 指标 一等品 | 指标 合格品 | 项　目 | 指标 优等品 | 指标 一等品 | 指标 合格品 |
|---|---|---|---|---|---|---|---|
| 容器中状态 | 无硬块，搅拌后呈均匀状态 | | | 耐人工气候老化性（白色和浅色★） | 600h 不起泡、不剥落、无裂纹 | 400h 不起泡、不剥落、无裂纹 | 250h 不起泡、不剥落、无裂纹 |
| 施工性 | 刷涂二道无障碍 | | | | | | |
| 低温稳定性 | 不变质 | | | | | | |
| 干燥时间（表干）/h ≤ | 2 | | | 粉化，级 ≤ | 1 | | |
| 涂膜外观 | 正 常 | | | 变色，级 ≤ | 2 | | |
| 对比率（白色和浅色★）≥ | 0.93 | 0.90 | 0.87 | 其他色 | 商　定 | | |
| 耐水性 | 96h 无异常 | | | 耐沾污性（白色和浅色★）/% | 15 | 15 | 20 |
| 耐碱性 | 48h 无异常 | | | | | | |
| 耐洗刷性/次 ≥ | 2000 | 1000 | 500 | 涂层耐温变性（5 次循环） | 无异常 | | |

★ 浅色是指以白色涂料为主要成分，添加适量色浆后配制成的浅色涂料形成的涂膜所呈现的浅颜色，按 GB/T 15608—1995 中 4.3.2 规定明度值为 6 到 9 之间（三刺激值中的 $Y_{D65} \geq 31.26$）。

**合成树脂乳液内墙涂料的技术指标**　　　　　　　　　　　　　　　　　　　　　表 3-97

| 项　目 | 指标 优等品 | 指标 一等品 | 指标 合格品 | 项　目 | 指标 优等品 | 指标 一等品 | 指标 合格品 |
|---|---|---|---|---|---|---|---|
| 容器中状态 | 无硬块，搅拌后呈均匀状态 | | | 涂膜外观 | 正 常 | | |
| 施工性 | 刷涂二道无障碍 | | | 对比率（白色和浅色★）≥ | 0.95 | 0.93 | 0.90 |
| 低温稳定性 | 不变质 | | | | | | |
| 干燥时间（表干）/h ≤ | 2 | | | 耐碱性 | 24h 无异常 | | |
| | | | | 耐洗刷性/次 ≥ | 1000 | 500 | 200 |

★ 浅色是指以白色涂料为主要成分，添加适量色浆后配制成的浅色涂料形成的涂膜所呈现的浅颜色，按 GB/T 15608—1995 中 4.3.2 规定明度值为 6 到 9 之间（三刺激值中的 $Y_{D65} \geq 31.26$）。

**溶剂型外墙涂料的技术指标**　　　　　　　　　　　　　　　　　　　　　　　　表 3-98

| 项　目 | 指标 优等品 | 指标 一等品 | 指标 合格品 | 项　目 | 指标 优等品 | 指标 一等品 | 指标 合格品 |
|---|---|---|---|---|---|---|---|
| 容器中状态 | 无硬块，搅拌后呈均匀状态 | | | 耐人工气候老化性（白色和浅色★） | 1000h 不起泡、不剥落、无裂纹 | 500h 不起泡、不剥落、无裂纹 | 300h 不起泡、不剥落、无裂纹 |
| 施工性 | 刷涂二道无障碍 | | | | | | |
| 干燥时间（表干）/h ≤ | 2 | | | 粉化，级 ≤ | 1 | | |
| 涂膜外观 | 正 常 | | | 变色，级 ≤ | 2 | | |
| 对比率（白色和浅色★）≥ | 0.93 | 0.90 | 0.87 | 其他色 | 商　定 | | |
| 耐水性 | 168h 无异常 | | | 耐沾污性（白色和浅色★）/% | 10 | 10 | 15 |
| 耐碱性 | 48h 无异常 | | | | | | |
| 耐洗刷性/次 | 5000 | 3000 | 2000 | 涂层耐温变性（5 次循环） | 无异常 | | |

★ 浅色是指以白色涂料为主要成分，添加适量色浆后配制成的浅色涂料形成的涂膜所呈现的浅颜色，按 GB/T 15608—1995 中 4.3.2 规定明度值为 6 到 9 之间（三刺激值中的 $Y_{D65} \geq 31.26$）。

**合成树脂乳液砂壁状建筑涂料的技术指标**　　　　　　　　　　　　表 3-99

| 项　目 | | 指　标 | |
|---|---|---|---|
| | | N 型（内用） | W 型（外用） |
| 容器中状态 | | 搅拌后无结块，呈均匀状态 | |
| 施工性 | | 喷涂无困难 | |
| 涂料低温贮存稳定性 | | 3 次试验后，无结块、凝聚及组成物的变化 | |
| 涂料热贮存稳定性 | | 1 个月试验后，无结块、霉变、凝聚及组成物的变化 | |
| 初期干燥抗裂性 | | 无裂纹 | |
| 干燥时间（表干）/h | | ≤4 | |
| 耐水性 | | — | 96h 涂层无起鼓、开裂、剥落，与未浸泡部分相比，允许颜色轻微变化 |
| 耐碱性 | | 48h 涂层无起鼓、开裂、剥落，与未浸泡部分相比，允许颜色轻微变化 | 96h 涂层无起鼓、开裂、剥落，与未浸泡部分相比，允许颜色轻微变化 |
| 耐冲击性 | | 涂层无裂纹、剥落及明显变形 | |
| 涂层耐温变性★ | | — | 10 次涂层无粉化、开裂、剥落、起鼓，与标准板相比，允许颜色轻微变化 |
| 耐沾污性 | | — | 5 次循环试验后≤2 级 |
| 粘结强度 MPa | 标准状态 | ≥0.70 | |
| | 浸水后 | — | ≥0.50 |
| 耐人工老化性 | | | 500h 涂层无开裂、起鼓、剥落，粉化 0 级，变色≤1 级 |

★ 涂层耐温变性即为涂层耐冻融循环性。

### 三、取样及制备要求

**1. 取样**

产品按 GB 3186 的规定进行取样。取样量根据检验需要而定。

**2. 试验的一般条件**

（1）状态调节和试验的温度及湿度

①试验的温度及湿度

a. 标准环境条件（凡有可能均应采用）温度 23±2℃，相对湿度 50%±5%。

b. 标准温度 23±2℃，相对湿度为环境湿度。

注：对于某些试验，温度的控制范围更为严格。例如：在测试黏度或稠度时，推荐的控制范围最大为 ±0.5℃。

②状态调节

a. 状态调节时间应以所考虑的特定试验方法加以规定。

b. 试样试板及仪器的相关部分应置于状态调节环境中，使它们尽快地与环境达到平衡，试样应避免受日光直接照射，环境应保持清洁。试样应彼此分开，也应和状态调节箱的箱壁分开，其距离至少为 20mm。

**3. 试验样板的制备**

（1）合成树脂乳液内墙涂料，合成树脂乳液外墙涂料样板的制备

①所检产品未明示稀释比例时，搅拌均匀后制板。

②所检产品明示了稀释比例时，除对比率外，其余需要制板进行检验的项目，均应按规定的稀释比例加水搅匀后制板，若所检产品规定了稀释比例的范围时，应取其中间值。

③检验用试板的底材除对比率使用聚酯膜（或卡片纸）外，其余均为符合 JC/T 412—1991 表 2 中 1 类板（加压板，厚度为 4~6mm）技术要求的石棉水泥平板，其表面处理按 GB/T 9271—1988 中 7.3 的规定进行。

④采用由不锈钢材料制成的线棒涂布器制板。线棒涂布器是由几种不同直径的不锈钢丝分别紧密缠绕在不锈钢棒上制成，其规格为 80、100、120 三种。

⑤各检验项目的试板尺寸、采用的涂布器规格、涂布道数和养护时间应符合表 3-100 的规定。涂布两道时，两道间隔 6h。

表 3-100

| 检验项目 | 制板要求 | | | 养护期/d |
|---|---|---|---|---|
| | 尺寸 mm×mm×mm | 线棒涂布器规格 | | |
| | | 第一道 | 第二道 | |
| 干燥时间 | 150×70×(4~6) | 100 | | |
| 耐水性、耐碱性、耐人工气候老化性、耐沾污性、涂层耐温变性 | 150×70×(4~6) | 120 | 80 | 7 |
| 耐洗刷性 | 430×150×(4~6) | 120 | 80 | 7 |
| 施工性、涂膜外观 | 430×150×(4~6) | | | |
| 对比率 | | 100 | | 1① |

①根据涂料干燥性能不同，干燥条件和养护时间可以商定，但仲裁检验时为 1d。

(2) 溶剂型外墙涂料样板的制备

①所检产品未明示稀释比例时，搅拌均匀后制板。

②所检产品明示了稀释比例时，除对比率外，其余需要制板进行检验的项目，均应按规定的稀释比例加稀释剂搅匀后制板，若所检产品规定了稀释比例的范围时，应取其中间值。

③检验用试板的底材除对比率使用聚酯膜（或卡片纸）外，其余均为符合 JC/T 412—1991 表 2 中 1 类板（加压板，厚度为 4~6mm）技术要求的石棉水泥平板，其表面处理按 GB/T 9271—1988 中 7.3 的规定进行。

④除对比率采用刮涂制板外，其他均采用刷涂制板。刷涂两道间隔时间应不小于 24h。各检验项目（除对比率）的试板尺寸，刷涂量和养护时间应符合表 3-101 的规定。

表 3-101

| 检验项目 | 制板要求 | | | 养护期/d |
|---|---|---|---|---|
| | 尺寸 mm×mm×mm | 刷涂量①/g | | |
| | | 第一道 | 第二道 | |
| 干燥时间 | 150×70×(4~6) | 1.6±0.1 | 1.0±0.1 | |
| 耐水性、耐碱性、耐人工气候老化性、耐沾污性、涂层耐温变性 | 150×70×(4~6) | 1.6±0.1 | 1.0±0.1 | 7 |
| 耐洗刷性 | 430×150×(4~6) | 9.7±0.1 | 6.4±0.1 | 7 |
| 施工性、涂膜外观 | 430×150×(4~6) | | | |

①刷涂量以第一道 $1.5g/dm^2$、第二道 $1.0g/dm^2$ 计。

(3) 合成树脂乳液砂壁状建筑涂料样板的制备

①试板的表面处理、试板尺寸、数量及涂布量（厚度）

除粘结强度一项外，其余所用试板均为石棉水泥板，试板表面按 JG/T 23 的规定进行处理。试板尺寸、数量及涂布量（厚度）按表 3-102 规定进行。

表 3-102

| 项　目 | 试板尺寸 mm×mm×mm | 合成树脂乳液砂壁状建筑涂料（主涂料湿膜厚度）（<3mm） | 试板数量/块 |
|---|---|---|---|
| 干燥时间 | 150×70×3 | 一道 | 1 |
| 耐水性 | 150×70×3 | 一道 | 3 |
| 耐碱性 | 150×70×3 | 一道 | 3 |
| 耐沾污性 | 150×70×3 | 一道 | 3 |
| 耐人工老化性 | 150×70×3 | 一道 | 3 |
| 耐冲击性 | 430×150×3 | 一道 | 1 |
| 初期干燥抗裂性 | 200×150×3 | 一道 | 2 |
| 涂层耐温变性 | 200×150×3 | 一道 | 3 |
| 粘结强度 | 70×70×20（砂浆块） | 1mm | 10 |

②试板的制备

除粘结强度外，应在要求规格的石棉水泥板上，按产品说明书的要求涂布底涂料，用喷枪喷涂主涂料试样一道。需涂布面涂料的试板，在主涂料喷涂 24h 后按产品说明书要求进行。

③试板的养护

除干燥时间、初期干燥抗裂性所用试板外，其余试板在标准试验环境中养护 14d。

### 四、试验方法

1. 容器中状态的检测

打开包装容器，用搅棒搅拌时无硬块，易于混合均匀，则认为合格。

2. 施工性的检测

(1) 合成树脂乳液外墙涂料、内墙涂料、溶剂型外墙涂料施工性的检测

用刷子在试板平滑面上刷涂试样，涂布量为湿膜厚约 100μm，使试板的长边呈水平方向，短边与水平面成约 85°角竖放。放置 6h（溶剂型外墙涂料放置 24h）后再用同样方法涂刷第二道试样，在第二道涂刷时，刷子运行无困难，则可视为"刷涂二道无障碍"。

(2) 合成树脂乳液砂壁状建筑涂料施工性的检测

主涂料喷涂应顺畅无困难。

3. 涂膜外观的检测

将施工性检测结束后的试板放置 24h。目视观察涂膜，若无针孔和流挂，涂膜均匀，则认为"正常"。

4. 低温稳定性检测

(1) 仪器设备

低温箱：控温精度 ±1℃；

涂料养护箱：控制温度 23±2℃，湿度 50%±5%；

带盖塑料或玻璃容器：高约 130mm，直径约 112mm，壁厚约 0.23~0.27mm；

搅棒。

(2) 合成树脂乳液外（内）墙涂料低温稳定性的检测

①操作步骤：

将试样装入约 1L 的塑料或玻璃容器内，大致装满，密封，放入 -5±2℃ 的低温箱中，18h 后取出容器，再于涂料养护箱内放置 6h，如此反复三次后，打开容器，充分搅拌试样，观察有无硬块、凝聚及分离现象。

②数据处理与结果判定：如无硬块、凝聚及分离现象则认为"不变质"。

(3) 合成树脂乳液砂壁状建筑涂料低温稳定性的检测

①操作步骤

将主涂料试样装入约 1L 的塑料或玻璃容器内至约 110mm 高度处，密封后放入 $-5\pm1℃$ 的低温箱内 18h，取出后在 $23\pm2℃$ 的条件下放置 6h。如此循环操作 3 次后，打开容器盖，轻轻搅拌内部试样。

②数据处理及结果判定

试样无结块、无凝聚及组成物的变化，则判为合格。

5. 干燥时间的检测

(1) 仪器设备

石棉水泥平板：$150mm \times 70mm \times (4\sim6)mm$ [合成树脂乳液外（内）墙涂料、溶剂型外墙涂料]、$150mm \times 70mm \times 3mm$（合成树脂乳液砂壁状建筑涂料）；

线棒涂布器 $\Phi 100$；

其他：毛刷、喷枪等。

(2) 操作步骤

根据表 3-100、表 3-101、表 3-102 的规定进行制板，置于标准环境条件中。到达产品标准规定时间（合成树脂乳液外（内）墙涂料、溶剂型外墙涂料）或每间隔 1h（合成树脂乳液砂壁状建筑涂料），在距膜面边缘不小于 1 厘米的范围内，以手指轻触漆膜表面。

(3) 数据处理与结果判定

以手指轻触漆膜表面，如感到有些发黏，但无漆粘在手指上，则认为表面干燥。

6. 对比率的检测

(1) 仪器设备

涂料养护箱；

反射率仪；

其他：无色透明聚酯薄膜（厚度约为 30~50um）、200 号溶剂油。

(2) 操作步骤

①在无色透明的聚酯薄膜上按规定均匀地涂布被测涂料，在规定的标准条件下至少放置 24h。

②将涂漆聚酯膜贴在滴有几滴 200 号溶剂油（或其他适合的溶剂）的仪器所附的黑、白工作板上，使之保证无气隙，然后在至少四个位置上测量每张涂漆聚酯膜的反射率，并分别计算平均反射率 $R_B$（黑板上）和 $R_W$（白板上）。

(3) 数据处理与结果判定

$$对比率 = \frac{R_B}{R_W} \tag{3-233}$$

平行测定两次，如两次测定结果之差不大于 0.02，则取两次测定结果的平均值。

注：黑白工作板的反射率为：黑色，不大于 1%；白色，$(80\pm2)\%$。

7. 耐水性的检测

(1) 仪器设备

石棉水泥平板；

玻璃水槽；

软毛刷、线棒涂布器、喷枪；

其他：蒸馏水或去离子水、石蜡、松香。

(2) 操作步骤

①按表 3-100、表 3-101、表 3-102 的要求进行制板，置于标准环境条件中，按产品规定的时间进行养护。

②用 1:1 的石蜡和松香混合物封边、封背，封边宽度 2~3mm

③在玻璃水槽中加入蒸馏水或去离子水。除另有规定外，调节水温为 23±2℃，并在整个试验过程中保持该温度。

④在产品标准规定的浸泡时间结束时，将试板从槽中取出，用滤纸吸干，立即或按产品标准规定的时间状态调节后以目视检查试板。

(3) 数据处理与结果判定

①合成树脂乳液内（外）墙涂料、溶剂型外墙涂料

如三块试板中有两块未出现起泡、掉粉、明显变色等涂膜病态现象，可评定为"无异常"，如出现以上涂膜病态现象，按 GB/T 1766 进行描述。

②合成树脂乳液砂壁状建筑涂料

试验结束后，取出试板，用滤纸轻轻吸干附着板面上的水，在标准环境中放置 3h 后，观察表面状态。三块试板中应有二块试板无发现起鼓、开裂、剥落，与未浸泡部分相比，允许颜色轻微变化。

8. 耐碱性检测

(1) 仪器设备

天平：感量 0.001g；

石棉水泥平板；

线棒涂布器、软毛刷（宽度为 25~50mm）、喷枪；

其他：pH 试纸（1~14）、蒸馏水或去离子水、氢氧化钙（化学纯）、石蜡、松香（工业品）。

(2) 操作步骤

①碱溶液（饱和氢氧化钙）的配制

于 23±2℃条件下，以 100mL 蒸馏水中加入 0.12g 氢氧化钙的比例配制碱溶液并进行充分搅拌，该溶液的 pH 值应达到 12~13。

②试板的制备

按表 3-100、表 3-101、表 3-102 的要求进行制板，按产品标准规定的时间置于标准环境条件中进行养护。

③试板的浸泡

取三块制备好的试板，用石蜡和松香混合物（质量比为 1:1）将试板四周边缘和背面封闭，然后将试板面积的 2/3 浸入温度为 23±2℃的氢氧化钙饱和溶液中，直到规定时间。

(3) 数据处理与结果评定

①合成树脂乳液外（内）墙涂料、溶剂型外墙涂料：

浸泡结束后，取出试板用水冲洗干净，甩掉板面上的水珠，再用滤纸吸干。立即观察涂层表面是否出现起泡、裂痕、剥落、粉化、软化和溶出等现象，如三块试板中有两块未出现起泡、掉粉、明显变色等涂膜病态现象，可评定为"无异常"，如出现以上涂膜病态现象，按 GB/T 1766 进行描述（以两块以上试板涂层现象一致作为试验结果，对试板边缘约 5mm 和液面以下约 10mm 内的涂层区域，评定时不计）。

②合成树脂乳液砂壁状建筑涂料：

浸泡结束后，取出试板，用水小心清洗板面，用滤纸轻轻吸干附着板面上的水，在标准环境中放置 3h 后，观察表面状态。三块试板中应有两块试板无发现起鼓、开裂、剥落，与未浸泡部分相比，允许颜色轻微变化。

9. 耐洗刷性的测定

(1) 仪器设备

涂料养护箱;

涂料耐洗刷性测定仪;

石棉水泥平板;

其他：C06-1 铁红醇酸底漆、洗刷介质：将洗衣粉溶于蒸馏水中，配成 0.5%（按质量计）的溶液，其 pH 值为 9.5~10.0。

(2) 操作步骤

①试验样板的制备

a. 涂底漆

在已处理过的石棉水泥平板上，单面喷涂一道 C06-1 铁红醇酸底漆，使其于 105±2℃下烘烤 30min，干漆膜厚度为 30±3um。

注：若建筑涂料的深色漆，则可用 C04-83 白色醇酸无光磁漆（ZBG51037）作为底漆。

b. 涂面漆

在涂有底漆的两块板上，按表 3-100、3-101 的规定施涂待测试的建筑涂料，并按产品规定的时间，置于标准环境条件下养护。

②耐洗刷性测定

a. 将试验样板涂漆面向上，水平地固定在洗刷试验机的试验台板上。

b. 将预处理过的刷子置于试验样板的涂漆面上，试板承受约 450g 的负荷（刷子及夹具的总重），往复摩擦涂膜，同时滴加（速度为每秒钟滴加约 0.04g）洗刷介质，使洗刷面保持润湿。

c. 视产品要求，洗刷至规定次数（或洗刷至样板长度的中间 100mm 区域露出底漆颜色）后，从试验机上取下试验样板，用自来水清洗。

(3) 数据处理与结果评定

在散射日光下检查试验样板被洗刷过的中间长度 100mm 区域的涂膜。观察其是否破损露出底漆颜色，若二块试板中有一块试板的涂膜无破损，不露出底漆颜色，则认为其耐洗刷性合格。

10. 耐人工气候老化性的检测

(1) 仪器设备

试验箱：试验箱应由耐腐蚀材料制成，其内装置包括有滤光系统的辐射源、温湿度调节系统、试板架等。

辐射源和滤光系统：氙弧灯被用作光辐射源，辐射光应经滤光系统，使辐照度在试板架平面的相对光谱能量分布与太阳的紫外光和可见光辐射近似。应选择辐射通量，以使试板架平面在 290~800nm 波长之间的平均辐照度为 550W/m$^2$。作用于各试板整个区域上任何点的辐照度 $E$ 的变化不应大于整个区域总辐照度算术平均值的 ±10%。为使氙弧灯操作时形成的臭氧不进入试验箱，应进行排风。

人工气候老化的相对光谱能量分布　　　　表 3-103

| 波长 λ (nm) | 相对辐照度[①] (%) | 波长 λ (nm) | 相对辐照度[①] (%) |
|---|---|---|---|
| λ<290 | 0 | 360<λ≤400 | 6.2±1.0[②] |
| 290≤λ≤320 | 0.6±0.22 | 290≤λ≤800 | 100 |
| 320<λ≤360 | 4.2±0.5 | | |

[①]相对于波长范围从 290nm 至 800nm 的辐照度。

[②]具有吸收波段低于 300nm 的试样暴露低于 300nm 的辐射时，其受的作用会大于自然气候条件下的作用。

为了进一步加速老化，如果对于特定受试涂层与自然气候老化的相互关系是已知的，则可由有关双方商定各种不同于上述相对光谱能量分布和辐照度的条件。这样可以通过增加辐照度或通过以规定方式移动光谱能量分布波段的短波终端，缩短波长来实现进一步加速老化。

氙弧灯和滤光器的老化导致操作过程中相对光谱能量分布的变化和辐照度的降低。更新灯和滤光器会使光谱能量分布和辐照度保持恒定。也可通过调整设备使辐照度保持恒定。应遵照仪器设备制造厂的说明书。

试验箱温湿度调节系统：试验箱中空气的温度和相对湿度采用防止直接辐射的温度和湿度传感器来监控，使试验箱保持规定的黑标准温度、湿度。在试验箱中应流通无尘空气，应使用蒸馏水或软化水使相对湿度保持在规定的范围。

注：当试验箱连续供应新鲜空气时，设备的操作条件可以不同，例如因夏季的空气湿度高于冬季，使夏季条件不同于冬季，这会影响试验结果。通过在基本上是密闭的环路中流通空气可以改善试验结果的再现性。

润湿试板用的装置：润湿试板的目的是模拟户外环境的降雨和凝露作用。在规定的润湿操作中，试板的受试表面应按下列方式之一进行润湿：①表面用水喷淋；②试验箱有水溢流。

如果试板围绕辐射源旋转，喷水的喷嘴的排布应当使每块试板都能满足润湿的要求。用于润湿的蒸馏水应符合 GB 6682 实验室用水二级水的要求，电导率低于 2us/cm 而且蒸发残留物少于 1ppm。不应采用循环水，除非经过滤达到 GB 6682 二级纯度水要求，否则有在试板表面上形成沉积物的危险，这种沉积物可导致产生不可靠的结果。供水槽、供水管和喷嘴应由防腐材料制造。

试板架：试板架应由惰性材料制造。

黑标准温度计：黑标准温度计由 70mm×40mm×0.5mm 不锈钢板组成，此板朝辐射源的表面应涂有能吸收波长 2500nm 内全部入射的辐射光的 93%、有良好耐老化性能的平整黑涂层。温度通过装在背面的中央与板有良好热接触的电传感器测量。背面装有 5mm 厚的聚偏氟乙烯（PVDF）板，使传感器区域留有密闭的空气空间，传感器和 PVDF 板的凹槽之间的距离约为 1mm，PVDF 板的长度和宽度应保证黑标准温度计的金属板和试板之间没有金属对金属的热接触，离试板架的金属固定架四边至少为 4mm。

除了黑标准温度计，还推荐采用类似设计的白标准温度计，表面应涂有在 300~1000nm 波长范围至少有 90% 反射率，在 1000~2000nm 波长范围至少有 60% 反射率，具有良好耐老化性能的白色涂层。

注：1. 黑标准温度计与装在热绝缘装置的黑板中的黑板温度计有不同，所测量的温度与在低热传导率底材上的黑色或深色涂层试板暴露表面的温度相当，浅色涂层试板暴露表面温度值较低。

2. 试板的表面温度取决于吸收的辐射总量、散发的辐射总量、在试板内导热作用、试板与空气间的热传导、试板与试板架之间的热传导等因素。因此，试板表面温度不能准确预计。

辐射量测定仪：试验箱中试板表面的辐照度 $E$ 和暴露辐射能 $H$ 应采用具有 $2\pi$ 球面角视场和良好余弦对应曲线的光电接受器池的辐射量测定仪进行测量。

注：如果每种情况都使用同种类型的辐射量测定仪，就能够直接比较暴露设备中所测得的辐射暴露与自然气候老化过程中测得的辐射暴露。

涂料养护箱；

其他：石棉水泥平板、线棒涂布器、毛刷、喷枪等。

(2) 操作步骤

①试板的制备

按表 3-100、3-101、3-102 的要求进行制板，按产品标准规定的时间置于标准环境条件中进行养护。

注：试验在按一系列不同周期进行测试的情况下每种涂料应制备适当数量的试板。

②试板的放置及暴露

将试板放在试板架上,周围空气要流通,可以商定试板在试板架上排列位置以有规律间隔时间改变,例如上排与下排进行交换。

把辐射量测定仪、黑标准温度计装在试验箱框架上,无论采用连续式运行或者非连续式运行都连续使用黑标准温度计。

如果以非连续方式操作时,通过试板架旋转 180°,使试板转离辐射源又转向辐射源来产生辐照度的周期性变化。

可以采取试板和参照试样一起暴露。因不同类型设备、相对光谱能量分布范围内辐照度的光谱分布的变化、不同的试板温度等参数对涂层的老化有明显的影响,为避免试验过程中所有各相关参数差异的影响,采取方法之一就是在同一设备和同一条件下暴露参照试样。参照试样的化学结构和老化状况方面应尽可能与试验涂层相类似。

③黑标准温度

黑标准温度通常的试验控制在 65±2℃。当选测颜色变化项目进行试验时,则使用 55±2℃。在较高温度时,会发生漆基大量降解,导致粉化和失光,难以正确评定颜色变化。

如在暴露过程中,试板受到周期性的润湿,应在每次干燥阶段末尾测量黑标准温度,即使非连续式光照,也连续使用黑标准温度计。

④试板的润湿和试验箱中的相对湿度

除非另有商定,按操作程式 A 和 B 的规定周期润湿样板,具体见表 3-104。

试板润湿操作程式 表 3-104

| 操作程式 | 人工气候老化 | | 操作程式 | 人工气候老化 | |
|---|---|---|---|---|---|
| | A | B | | A | B |
| 操作方式 | 连续光照 | 非连续光照 | 干燥周期,min | 102 | 102 |
| 润湿时间,min | 18 | 18 | 干燥期间的相对湿度,% | 60~80 | 60~80 |

⑤试验时间

试验一直进行符合商定或规定的老化指标。应于试验期间不同阶段取出试板进行检查,并通过绘制老化曲线来决定终点。

不能规定出能够适于所有类型涂层的试验时间或试验程序表,应按特定情况由有关双方商定。一般每次评定取两块试板。

试板的试验应连续进行,除非清洗或交换氙灯或滤光器系统,或者到各阶段取出试板时,可以中断。

(3) 结果判定

除非有关双方另有商定,中间各次检查时,试板不应洗涤或磨光。

对于涂层的最终检查,有关双方应商定测定哪些性能项目或变化指标,测定的表面是否要洗涤或者抛光。

涂层老化的评级按 GB/T 1766 规定进行,其中变色等级的评定按 GB/T 1766 中 4.2.2 进行。

11. 耐沾污性的检测

(1) 合成树脂乳液外墙涂料、溶剂型外墙涂料耐沾污性的检测

①仪器设备

反射率仪;

天平:感量 0.1g;

冲洗装置:见图 3-57。水箱、水管和样板架用防锈硬质材料制成;

涂料养护箱;

其他:软毛刷、线棒涂布器、石棉水泥平板、粉煤灰。

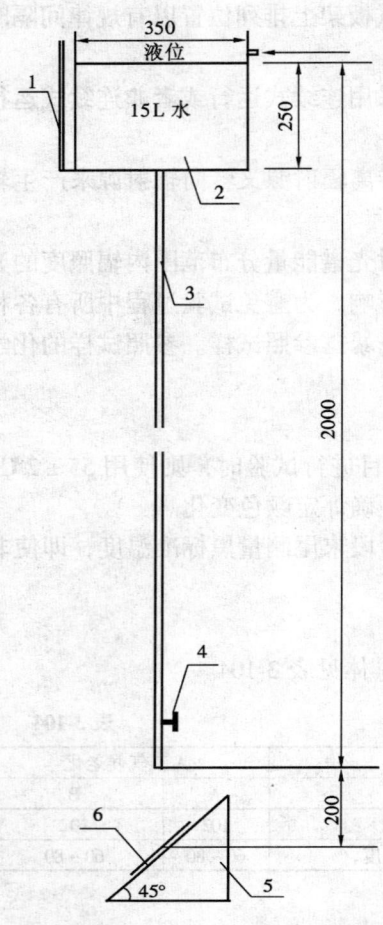

图 3-57 冲洗装置示意图
1—液位计；2—水箱；3—内径 8mm 的水管；
4—阀门；5—样板架；6—样板
除标明的以外，其他尺寸均以 mm 计

② 操作步骤

a. 试验样板的制备

按表 3-100、表 3-101 的要求进行制板，按产品标准规定的时间置于标准条件中进行养护。

b. 粉煤灰水的配制

称取适量粉煤灰于混合用容器中，与水以 1∶1（质量）比例混合均匀。

c. 在至少三个位置上测定经养护后的涂层试板的原始反射系数，取其平均值，记为 $A$。用软毛刷将 $0.7±0.1$ g 粉煤水横向纵向交错均匀地涂刷在涂层表面上，在 $23±2℃$、相对湿度 $(50±5)\%$ 条件下干燥 2h 后，放在样板架上。将冲洗装置水箱中加入 15L 水，打开阀门至最大冲洗样板。冲洗时应不断移动样板，使样板各部位都能经过水流点。冲洗 1min，关闭阀门，将样板在 $23±2℃$、相对湿度 $(50±5)\%$ 条件下干燥至第二天，此为一个循环，约 24h。按上述涂刷和冲洗方法继续试验至循环 5 次后，在至少三个位置上测定涂层样板的反射系数，取其平均值，记为 $B$。每次冲洗试板前均应将水箱中的水添加至 15L。

③ 数据处理与结果判定

涂层的耐沾污性由反射系数下降率表示。

$$X = \frac{A-B}{A} \times 100 \quad (3-234)$$

式中 $X$——涂层反射系数下降率，%；
$A$——涂层起始平均反射系数；
$B$——涂层经沾污试验后的平均反射系数。

结果取三块样板的算术平均值，平行测定之相对误差应不大于 10%。

(2) 合成树脂乳液砂壁状建筑涂料耐沾污性的检测

① 仪器设备

涂料养护箱：控制温度 $23±2℃$、相对湿度 $50±5\%$；

冲洗装置：如图 3-57 所示；

天平：感量 0.1g；

其他：基本灰卡、石棉水泥平板、喷枪、粉煤灰（颗粒级配 180~200 目占 20%，200~250 目占 30%，250~325 目占 50%。反射系数：25%~30%，烧失量：2%~5%）。

② 操作步骤

a. 试板的制备

依次按产品说明书规定用量的底涂料、主涂料、面涂料涂布于试板表面，按要求在标准环境中养护。

b. 1∶1 粉煤灰水的配制

用天平分别称取 100g 粉煤灰、100g 水，放入宽口容器中搅拌均匀。

c. 取二块制备好的试板，将试板涂层面朝下，在 1∶1 粉煤灰水中水平静置 5s 后取出，在标准环境中自然干燥 2h，放在冲洗装置的样板架上，将已注满 15L 水的冲洗装置阀门打开至最大，冲洗涂层试板。冲洗时应不断移动涂层试板，使水流能均匀冲洗各部位，冲洗 1min 后关闭阀门，将涂层试板在标准试验条件下放至第二天，此为一个循环，约 24h。按上述浸渍和冲洗方法继续试验至 5 次循环，每次冲洗涂层试板前均应将水箱中的水添加至 15L。

③结果判定

a. 基本灰卡，由 5 对无光的灰色小卡片组成，根据可分辨的色差分为 5 个等级，即 5、4、3、2、1。为了与涂层老化灰卡评定级别方法一致，采用 0~4 级共 5 个等级（表 3-105）来评定（与灰卡 5、4、3、2、1 五个等级相对应）

评 定 等 级　　表 3-105

| 等级 | 污染程度（目测） |
|---|---|
| 0 | 无污染，即无可觉察的污染（灰卡 5 级） |
| 1 | 很轻微，即有刚可觉察的污染（灰卡 4 级） |
| 2 | 轻微，即有较明显的污染（灰卡 3 级） |
| 3 | 中等，即有很明显的污染（灰卡 2 级） |
| 4 | 严重，即有严重的污染（灰卡 1 级） |

b. 取二块试验后的涂层试板分别与一块未经试验的涂层试板按 GB/T1766 中 4.2.1 目视比色法进行。

12. 涂层耐温变性的检测

(1) 仪器设备

低温箱：能使温度控制在 -20±2℃ 范围以内；

恒温箱：能使温度控制在 50±2℃ 范围以内；

温水槽：能使温度控制在 23±2℃ 范围以内；

称量天平：称量 500g，感量 0.5g；

涂料养护箱：能使温度控制在 23±2℃，相对湿度 (50±5)% 范围内；

其他：石棉水泥平板、线棒涂布器。

(2) 操作步骤

①试板的制备

按表 3-100、表 3-101、表 3-102 的要求进行制备，并在标准条件下进行养护。

②试板的处理

a. 称量甲基硅树脂酒精溶液或环氧树脂，加入相应的固化剂。

b. 用 a 款规定的材料密封试件的背面及四边。在标准条件下放置 24h。

③将试板置于水温为 23±2℃ 的恒温水槽中，浸泡 18h。浸泡时试板间距不小于 10mm。

④取出试板，侧放于试架上，试板间距不小于 10mm。然后，将装有试件的试架放入预先降温至 -20±2℃ 的低温箱中，自箱内温度达到 -18℃ 时起，冷冻 3h。

⑤从低温箱中取出试板，立即放入 50±2℃ 的烘箱中，恒温 3h。

⑥取出试板，再按照③规定的条件，将试件立即放入水中浸泡 18h。

⑦按照④、⑤、⑥的规定，每冷冻 3h、热烘 3h、水中浸泡 18h，为一个循环。循环次数按照产品标准的规定进行。

⑧取出试板，在标准条件下放置 2h。然后，检查试板涂层有无粉化、开裂、剥落、起泡等现象，并与留样试板对比颜色变化及光泽下降的程度。

(3) 结果判定

三块试板中至少有二块未出现粉化、开裂、起泡、剥落、明显变色等涂膜病态现象，可评定为"无异常"，如出现以上涂膜病态现象，按 GB/T1766 进行描述。

13. 热贮存稳定性的检测（合成树脂乳液砂壁状建筑涂料）

(1) 仪器设备

电热鼓风干燥箱；

塑料容器（体积 1L）。

(2) 操作步骤

将主涂料试样装入约 1L 的塑料容器（高约 130mm、直径约 110mm、壁厚 0.23~0.27mm）内，至约 110mm 高度处。密封后放入 50±2℃的恒温箱内，1 个月后取出，打开容器盖，轻轻搅拌内部试样。

(3) 结果判定

试样无结块、无霉变、无凝聚及组成物的变化，则判合格。

14. 初期干燥抗裂性的检测（合成树脂乳液砂壁状建筑涂料）

(1) 仪器设备

如图 3-58 所示，装置由风机、风洞和试架组成，风洞截面为正方形，用能够获得 3m/s 以上风速的风机送风，使风速控制为 3±0.3m/s，风洞内气流速度用热球式或其他风速计测量。

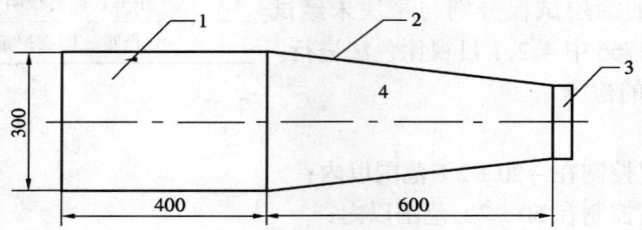

图 3-58 初期干燥抗裂仪试验用仪器
1—试架位置；2—风洞；3—风机；4—气流

(2) 操作步骤

按产品说明书施工。如有底涂则将底涂料涂布于石棉水泥板表面，经干燥（按指触法评定），再按产品说明书中规定的用量喷主涂料，立即置于图 3-58 所示风洞内的试架上面，试件与气流方向平行，放置 6h 取出。

(3) 结果判定

用肉眼观察两块试板表面应无裂纹。

15. 耐冲击性的检测（合成树脂乳液砂壁状建筑涂料）

(1) 仪器设备

涂料养护箱；

球形砝码：直径 50±2mm，重量为 530±10g；

标准砂：符合 GB/T17671 要求；

石棉水泥平板：430mm×150mm×3mm。

(2) 操作步骤

依次按产品说明书规定用量的底涂料、主涂料和面涂料涂布于试板表面，在标准环境中养护 14d。将试件紧贴于厚度为 20mm 的标准砂（GB/T17671）上面，然后把直径 50±2mm，重量为 530±10g 的球形砝码从高度 300mm 处自由落下，在一块试板上选择各相距 50mm 的三个位置进行，用肉眼观察试板表面。

(3) 结果判定

试板表面无裂纹、剥落及明显变形，则判为合格。

16. 粘结强度的检测（合成树脂乳液砂壁状建筑涂料）

(1) 仪器设备

拉力试验机：精度±1%；

涂料养护箱：控制温度 23±2℃、相对湿度 50%±5%；

硬聚氯乙烯或金属型框：见图 3-59；

钢质上夹具：见图3-60；
钢质下夹具：见图3-61。

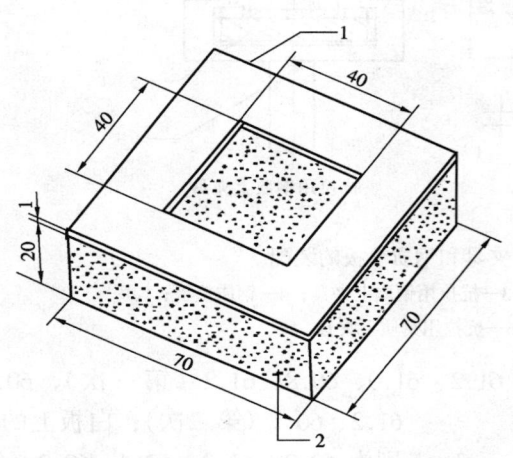

图3-59 硬聚氯乙烯或金属型框
1—型框（内部尺寸40×40×1）；2—砂浆块（70×70×20）

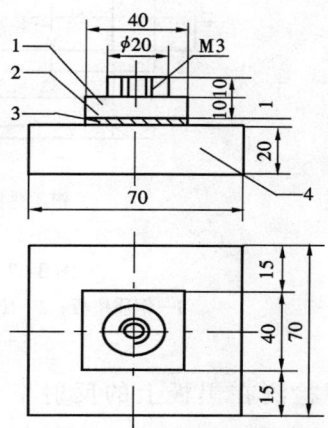

图3-60 抗拉用钢质上夹具
1—抗拉用钢质上夹具；2—胶粘剂；
3—砂壁状建筑涂料；4—砂浆块

(2) 操作步骤：

①标准状态下粘结强度试验

a. 将图3-59所示硬聚氯乙烯或金属型框置于70mm×70mm×20mm砂浆块上，将主涂料填满型框（面积40mm×40mm），用刮刀平整表面，立即除去型框，即为试板，在标准环境中养护14d。此项试验做5个试板为一组。

b. 在养护期第十天将试板置于水平状态，用双组份环氧树脂或其他高强度胶粘剂均匀涂布于试样表面，并在其上面放图3-60所示的钢质上夹具，加约1kg砝码；除去周围溢出的胶粘剂，放置72h，除去砝码；养护14d后，在拉力试验机上，按GB/T9779的方法，沿试件表面垂直方向以5mm/min的拉伸速度测定最大抗拉强度，即粘结强度。

②浸水后粘结强度试验

a. 将图3-59所示硬聚氯乙烯或金属型框置于70mm×70mm×20mm砂浆块上，将主涂料填满型框（面积40mm×40mm），用刮刀平整表面，立即除去型框，即为试板，此项试验做5个试板为一组，养护14d。

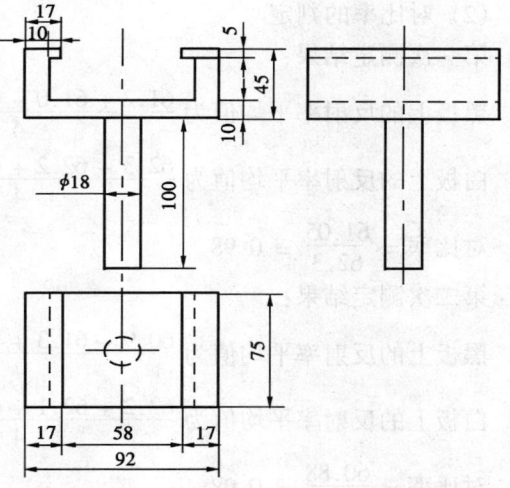

图3-61 抗拉用钢质下夹具

b. 如图3-62所示，将试件水平置于水槽底部标准砂GB/T17671上面，然后注水到水面距离砂浆块表面约5mm处，静置10d后，取出，试件侧面朝下，在50±2℃恒温箱内干燥24h，再置于标准环境中24h。

c. 按同样方法测定浸水后的粘结强度（进水后的粘结强度用试验装置见图3-63）。

**五、实例**

对某外墙涂料性能进行检测，耐洗刷性能检测时，洗刷至495次后，其中一块露出红色的底

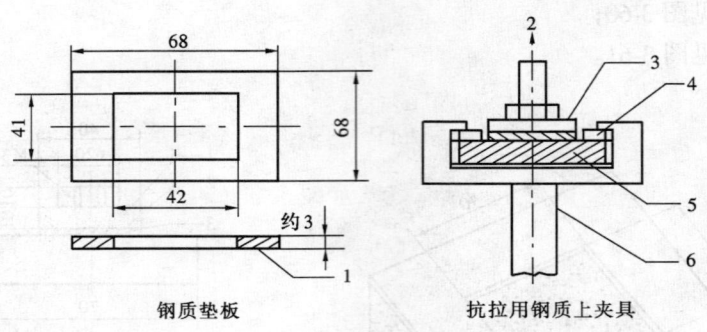

图 3-62 钢质下夹具和钢质垫板的装配
1—钢质垫板；2—拉力方向；3—抗拉用钢质上夹具；4—钢质垫板；
5—砂浆块；6—抗拉用钢质下夹具

漆；对比率检测在黑板上的反射率分别为 61.2、61.0、60.8、61.2（第一次），60.9、61.3、61.2、60.1（第二次）；白板上的反射率分别为 62.3、62.2、62.4、62.3（第一次），62.2、62.1、62.3、62.2（第二次）。对涂料的此两项性能检测结果进行判定。

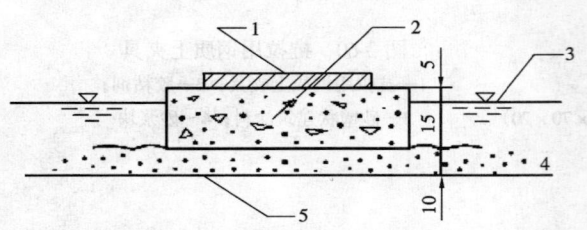

图 3-63 浸水后粘结强度试验用装置
1—砂壁状建筑涂料；2—砂浆块；3—水面；4—标准砂；5—水槽底部

(1) 耐洗刷性性能的判定

依据《合成树脂乳液外墙涂料》GB/T9755—2001，外墙涂料耐洗刷性要求为 500 次，此涂料洗刷至 495 次后，即露出底漆，判其耐洗刷性能不合格。

(2) 对比率的判定

第一次测定结果：

黑板上的反射率平均值为 $\dfrac{61.2+61.0+60.8+61.2}{4}=61.05$

白板上的反射率平均值为 $\dfrac{62.3+62.2+62.4+62.3}{4}=62.3$

对比率 $=\dfrac{61.05}{62.3}=0.98$

第二次测定结果：

黑板上的反射率平均值为 $\dfrac{60.9+61.3+61.2+60.1}{4}=60.88$

白板上的反射率平均值为 $\dfrac{62.2+62.1+62.3+62.2}{4}=62.2$

对比率 $=\dfrac{60.88}{62.2}=0.98$

对比率平均值为 0.98，大于标准值 0.87，对比率合格。

**思考题**

1. 建筑涂料检测的温、湿度要求？
2. 建筑涂料对比率检测，平行测定几次？测定结果之差不得大于多少？
3. 建筑涂料耐沾污性检测，平行测定几次？平行测定之相对误差不得大于多少？
4. 建筑涂料耐水性检测用的试板如何制备？对水有何种要求？
5. 建筑涂料耐碱性检测中，有二块试板出现起泡、掉粉、开裂、明显变色，结果如何评定？

6. 建筑涂料耐洗刷性检测用试板如何制备？
7. 建筑涂料的耐温变性的一个循环有哪几个步骤？冷冻、热烘、水温各为多少？
8. 如何进行建筑涂料的粘结强度检测？

**参考文献**

湖南大学，天津大学，同济大学，东南大学合编．建筑材料（第四版）．中国建筑工业出版社．1997

## 第十五节 防 水 涂 料

一、概念

防水涂料是一种流态或半流态物质，涂布在基层表面，经溶剂或水分挥发或各组分间的化学反应，形成有一定弹性和一定厚度的连续薄膜，使基层表面与水隔绝，起到防水、防潮作用。

防水涂料固化成膜后的防水涂膜具有良好的防水性能，特别适合于各种复杂、不规则部位的防水，能形成无接缝的完整防水膜。它大多采用冷施工，不必加热熬制，既减少了环境污染，改善了劳动条件，又便于施工操作，加快了施工进度。此外，涂布的防水涂料既是防水层的主体，又是胶粘剂，因而施工质量容易保证，维修也较简单。但是，防水涂料须用刷子或刮板等逐层涂刷（刮），故防水膜的厚度较难保持均匀一致。因此，防水涂料广泛适用于工业与民用建筑的屋面防水工程，地下室防水工程和地面防潮、防渗等。

防水涂料按液态类型可分为溶剂型、水乳型和反应型三种；按成膜物质的主要成分可分为沥青类、高聚物改性沥青类和合成分子类。

二、检测依据

1. 标准名称及代号

《水乳型沥青防水涂料》JC/T 408—2005
《溶剂型橡胶沥青防水涂料》JC/T 852—1999
《聚氯乙烯弹性防水涂料》JC/T 674—1997
《聚合物乳液建筑防水涂料》JC/T 864—2000
《聚合物水泥防水涂料》JC/T 894—2001
《聚氨酯防水涂料》GB/T19250—2003
《涂料产品的取样》GB3186—1982
《建筑防水涂料试验方法》GB/T 16777—1997

2. 技术指标

（1）水乳型沥青防水涂料的技术指标

**水乳型沥青防水涂料物理力学性能** 表3-106

| 项 目 | L型 | H型 |
| --- | --- | --- |
| 固体含量（%）≥ | 45 | |
| 耐热度（℃） | 80±2 | 110±2 |
| | 无流淌、滑动、滴落 | |
| 不透水性 | 0.10MPa，30min无渗水 | |
| 粘结强度（MPa）≥ | 0.30 | |
| 表干时间（h）≤ | 8 | |
| 实干时间（h）≤ | 24 | |

续表

| 项　目 | | L型 | H型 |
|---|---|---|---|
| 低温柔度[①]（℃） | 标准条件 | -15 | 0 |
| | 碱处理 | -10 | 5 |
| | 热处理 | | |
| | 紫外线处理 | | |
| 断裂伸长率（%≥） | 标准条件 | 600 | |
| | 碱处理 | | |
| | 热处理 | | |
| | 紫外线处理 | | |

[①] 供需双方可以商定温度更低的低温柔度指标。

### （2）溶剂型橡胶沥青防水涂料的技术指标（表3-107）

**溶剂型橡胶沥青防水涂料的技术指标**　　　　　表 3-107

| 项　目 | | 技术指标 | |
|---|---|---|---|
| | | 一等品 | 合格品 |
| 固体含量（%） ≥ | | 48 | |
| 抗裂性 | 基层裂缝（mm） | 0.3 | 0.2 |
| | 涂膜状态 | 无裂纹 | |
| 低温柔性（φ10mm, 2h） | | -15℃ | -10℃ |
| | | 无裂纹 | |
| 粘结性（MPa） ≥ | | 0.20 | |
| 耐热性（80℃, 5h） | | 无流淌、鼓泡、滑动 | |
| 不透水性（0.2MPa, 30min） | | 不渗水 | |

### （3）聚氯乙烯弹性防水涂料的技术指标（表3-108）

**聚氯乙烯弹性防水涂料的技术指标**　　　　　表 3-108

| 序号 | 项　目 | 技术指标 | |
|---|---|---|---|
| | | 801 | 802 |
| 1 | 密度（g/cm³） | 规定值[①]±0.1 | |
| 2 | 耐热性（80℃, 5h） | 无流淌、起泡和滑动 | |
| 3 | 低温柔性（℃, φ20mm） | -10 | -20 |
| | | 无裂纹 | |
| 4 | 断裂延伸率（%不小于） | 无处理 | 350 |
| | | 加热处理 | 280 |
| | | 紫外线处理 | 280 |
| | | 碱处理 | 280 |
| 5 | 恢复率（%不小于） | 70 | |
| 6 | 不透水性（0.1MPa, 30min） | 不渗水 | |
| 7 | 粘结强度（MPa, 不小于） | 0.20 | |

[①] 规定值是指企业标准或产品说明所规定的密度值。

### (4) 聚合物乳液建筑防水涂料的技术指标（表3-109）

**聚合物乳液建筑防水涂料的技术指标**　　　　表 3-109

| 序号 | 试验项目 | | 指标 | |
|---|---|---|---|---|
| | | | Ⅰ类 | Ⅱ类 |
| 1 | 拉伸强度（MPa） ≥ | | 1.0 | 1.5 |
| 2 | 断裂延伸率（%） ≥ | | 300 | 300 |
| 3 | 低温柔性（绕 $\phi$10mm 棒） | | -10℃，无裂纹 | -20℃，无裂纹 |
| 4 | 不透水性（0.3MPa，0.5h） | | 不透水 | |
| 5 | 固体含量（%） ≥ | | 65 | |
| 6 | 干燥时间（h） | 表干时间 ≤ | 4 | |
| | | 实干时间 ≤ | 8 | |
| 7 | 老化处理后的拉伸强度保持率（%） | 加热处理 ≥ | 80 | |
| | | 紫外线处理 ≥ | 80 | |
| | | 碱处理 ≥ | 60 | |
| | | 酸处理 ≥ | 40 | |
| 8 | 老化处理后的断裂延伸率（%） | 加热处理 ≥ | 200 | |
| | | 紫外线处理 ≥ | 200 | |
| | | 碱处理 ≥ | 200 | |
| | | 酸处理 ≥ | 200 | |
| 9 | 加热伸缩率（%） | 伸长 ≤ | 1.0 | |
| | | 缩短 ≤ | 1.0 | |

### (5) 聚合物水泥防水涂料的技术指标（表3-110）

**聚合物水泥防水涂料的技术指标**　　　　表 3-110

| 序号 | 试验项目 | | 技术指标 | |
|---|---|---|---|---|
| | | | Ⅰ型 | Ⅱ型 |
| 1 | 固体含量/% ≥ | | 65 | |
| 2 | 干燥时间 | 表干时间（h） ≤ | 4 | |
| | | 实干时间（h） ≤ | 8 | |
| 3 | 拉伸强度 | 无处理（MPa） ≥ | 1.2 | 1.8 |
| | | 加热处理后保持率（%） ≥ | 80 | 80 |
| | | 碱处理后保持率（%） ≥ | 70 | 80 |
| | | 紫外线处理后保持率（%） ≥ | 80 | 80 |
| 4 | 断裂伸长率 | 无处理（%） ≥ | 200 | 80 |
| | | 加热处理（%） ≥ | 150 | 65 |
| | | 碱处理（%） ≥ | 140 | 65 |
| | | 紫外线处理（%） ≥ | 150 | 65 |
| 5 | 低温柔性（绕 $\phi$10mm 棒） | | -10℃无裂纹 | — |
| 6 | 不透水性（0.3MPa，30min） | | 不透水 | 不透水[①] |
| 7 | 潮湿基面粘结强度/MPa ≥ | | 0.5 | 1.0 |
| 8 | 抗渗性（背水面）[②]/MPa ≥ | | — | 0.6 |

[①] 如产品用于地下工程，该项目可不测试。
[②] 如产品用于地下防水工程，该项目必须测试。

(6) 聚氨酯防水涂料的技术指标（表3-111～表3-112）

单组分聚氨酯防水涂料物理力学性能　　　　　表 3-111

| 序号 | 项目 | | | Ⅰ | Ⅱ |
|---|---|---|---|---|---|
| 1 | 拉伸强度（MPa） | | ≥ | 1.9 | 2.45 |
| 2 | 断裂伸长率（%） | | ≥ | 550 | 450 |
| 3 | 撕裂强度（N/mm） | | ≥ | 12 | 14 |
| 4 | 低温弯折性（℃） | | ≤ | -40 | |
| 5 | 不透水性（0.3MPa，30min） | | | 不透水 | |
| 6 | 固体含量（%） | | ≥ | 80 | |
| 7 | 表干时间（h） | | ≤ | 12 | |
| 8 | 实干时间（h） | | ≤ | 24 | |
| 9 | 加热伸缩率（%） | | ≤ | 1.0 | |
| | | | ≥ | -4.0 | |
| 10 | 潮湿基面粘结强度①（MPa） | | ≥ | 0.50 | |
| 11 | 定伸时老化 | 加热老化 | | 无裂纹及变形 | |
| | | 人工气候老化② | | 无裂纹及变形 | |
| 12 | 热处理 | 拉伸强度保持率（%） | | 80～150 | |
| | | 断裂伸长率（%） | ≥ | 500 | 400 |
| | | 低温弯折性（℃） | ≤ | -35 | |
| 13 | 碱处理 | 拉伸强度保持率（%） | | 60～150 | |
| | | 断裂伸长率（%） | ≥ | 500 | 400 |
| | | 低温弯折性（℃） | ≤ | -35 | |
| 14 | 酸处理 | 拉伸强度保持率（%） | | 80～150 | |
| | | 断裂伸长率（%） | ≥ | 500 | 400 |
| | | 低温弯折性（℃） | ≤ | -35 | |
| 15 | 人工气候老化 | 拉伸强度保持率（%） | | 80～150 | |
| | | 断裂伸长率（%） | ≥ | 500 | 400 |
| | | 低温弯折性 | ≤ | -35 | |

① 仅用于地下工程潮湿基面时要求。
② 仅用于外露使用的产品。

多组分聚氨酯防水涂料物理力学性能　　　　　表 3-112

| 序号 | 项目 | | Ⅰ | Ⅱ |
|---|---|---|---|---|
| 1 | 拉伸强度（MPa） | ≥ | 1.9 | 2.45 |
| 2 | 断裂伸长率（%） | ≥ | 450 | 450 |
| 3 | 撕裂强度（N/mm） | ≥ | 12 | 14 |
| 4 | 低温弯折性（℃） | ≤ | -35 | |
| 5 | 不透水性（0.3MPa，30min） | | 不透水 | |
| 6 | 固体含量（%） | ≥ | 92 | |
| 7 | 表干时间（h） | ≤ | 8 | |
| 8 | 实干时间（h） | ≤ | 24 | |

续表

| 序号 | 项目 | | | I | II |
|---|---|---|---|---|---|
| 9 | 加热伸缩率（%） | | ≤ | | 1.0 |
| | | | ≥ | | -4.0 |
| 10 | 潮湿基面粘结强度①/MPa | | ≥ | | 0.50 |
| 11 | 定伸时老化 | 加热老化 | | | 无裂纹及变形 |
| | | 人工气候老化② | | | 无裂纹及变形 |
| 12 | 热处理 | 拉伸强度保持率（%） | | | 80~150 |
| | | 断裂伸长率（%） | ≥ | | 400 |
| | | 低温弯折性（℃） | ≤ | | -30 |
| 13 | 碱处理 | 拉伸强度保持率（%） | | | 60~150 |
| | | 断裂伸长率（%） | ≥ | | 400 |
| | | 低温弯折性（℃） | ≤ | | -30 |
| 14 | 酸处理 | 拉伸强度保持率（%） | | | 80~150 |
| | | 断裂伸长率（%） | ≥ | | 400 |
| | | 低温弯折性（℃） | ≤ | | -30 |
| 15 | 人工气候老化② | 拉伸强度保持率（%） | | | 80~150 |
| | | 断裂伸长率（%） | ≥ | | 400 |
| | | 低温弯折性（℃） | ≤ | | -30 |

①仅用于地下工程潮湿基面时要求。
②仅用于外露使用的产品。

### 三、环境条件及试验准备

1．试验室标准试验条件：温度：23±2℃；相对湿度：45%~70%。

注：聚氯乙烯弹性防水涂料检测的试验条件：温度：20±2℃；相对湿度：45%~60%；水乳型沥青防水涂料检测的试验条件：温度：23±2℃；相对湿度：45%~75%。

2．试验准备：试验前，所取样品及所用仪器在标准条件下放置24h。

### 四、试验方法

1．固体含量的检测

（1）水乳型沥青防水涂料固体含量的检测

①仪器设备

天平：感量0.1g；

电热鼓风干燥箱：控温精度±2℃；

干燥器：内放变色硅胶或无水氯化钙；

其他：直径65±5mm的培养皿、定性滤纸等。

②操作步骤

将样品搅匀后，取3±0.5g的试样倒入已干燥称量的底部衬有两张定性滤纸的直径65±5mm的培养皿（$m_0$）中刮平，立即称量（$m_1$），然后放入已恒温到105±2℃的烘箱中，恒温3h，取出放入干燥器中，在标准试验条件下冷却2h，然后称量（$m_2$）。

③数据处理与结果判定

固体含量$X$按下式计算：

$$X = \frac{m_2 - m_0}{m_1 - m_0} \times 100 \tag{3-235}$$

式中　$X$——固体含量，单位为百分数（%）；
　　　$m_0$——培养皿质量，单位为克（g）；
　　　$m_1$——干燥前试样和培养皿质量，单位为克（g）；
　　　$m_2$——干燥后试样和培养皿质量，单位为克（g）。

试验结果取两次平行试验的算术平均值，结果计算精确到1%。

(2) 溶剂型橡胶沥青防水涂料，聚合物水泥防水涂料固体含量的检测

①仪器设备

天平：感量0.001g；

电热鼓风干燥箱：控温精度±2℃；

干燥器：内放变色硅胶或无水氯化钙；

其他：培养皿、玻璃棒、坩埚钳。

②操作步骤

a. 将洁净的培养皿放在干燥箱内于105±2℃下干燥30min，取出放入干燥器中，冷却至室温后称量。

b. 将样品搅匀后称取约2g的试样（足以保证最后试样的干固量）置于已称量的培养皿中，使试样均匀的流布于培养皿的底部。然后放入干燥箱内，在105±2℃下干燥1h后取出，放入玻璃干燥器中冷却至室温后称量，再将培养皿放入干燥箱内，干燥30min后放入干燥器中冷却至室温后称量，重复上述操作，直至前后两次称量差不大于0.01g为止（全部称量精确至0.01g）。

③数据处理与结果判定

a. 固体含量按下式计算：

$$X = \frac{m_2 - m}{m_1 - m} \times 100 \tag{3-236}$$

式中　$X$——固体含量（%）；
　　　$m$——培养皿质量（g）；
　　　$m_1$——干燥前试样和培养皿质量（g）；
　　　$m_2$——干燥后试样和培养皿质量（g）。

b. 试验结果取两次平行试验的平均值，每个试样的试验结果计算精确到1%。

(3) 聚合物乳液建筑防水涂料固体含量的检测

①仪器设备

天平：感量为0.001g；

电热鼓风干燥箱：控温精度±2℃；

干燥器：内放变色硅胶或无水氯化钙；

其他：细玻璃棒（长约100mm）、玻璃、马口铁或铝质的平底圆盘（直径约75mm）。

②操作步骤

a. 在105±2℃（或其他商定温度）的烘箱内，干燥玻璃、马口铁或铝制的圆盘和玻璃棒，并在干燥器内使其冷却至室温。称量带有玻璃棒的圆盘，准确到1mg，然后以同样的精确度在盘内称入受试产品2±0.2g（或其他双方认为合适的数量）。确保样品均匀地分散在盘面上。

b. 把盛玻璃棒和试样的盘一起放入预热到105±2℃（或其他商定温度）的烘箱内，保持3h（或其他商定的时间）。经短时间的加热后从烘箱内取出盘，用玻璃棒搅拌试样，把表面结皮加以破碎，再将棒、盘放回烘箱。

c. 到规定的加热时间后，将盘、棒移入干燥器内，冷却到室温再称重，精确到1mg。

d. 试验平行测定至少两次。

③数据处理与结果判定

a. 固体含量按下式计算

$$N_V = 100 \times \frac{m_2}{m_1} \tag{3-237}$$

式中　$m_1$——加热前试样的重量（mg）；

　　　$m_2$——加热后试样的重量（mg）；

　　　$N_V$——固体含量。

b. 试验结果取两次平行试验的平均值，精确到小数点后一位。

(4) 聚氨酯防水涂料固体含量的检测

①仪器设备

天平：感量 0.001g；

电热鼓风干燥箱：控温精度 ±2℃；

干燥器：内放变色硅胶或无水氯化钙；

其他：培养皿（直径 60～70mm）、玻璃棒。

②操作步骤

将样品搅匀后，取 (6±1) g 的样品倒入已干燥测量的直径 (65±5) mm 的培养皿 ($m_0$) 中刮平，立即称量 ($m_1$)，然后在标准试验条件下放置 24h。再放入到 120±2℃烘箱中，恒温 3h，取出放入干燥器中，在标准试验条件下冷却 2h，然后称量 ($m_2$)。

③结果计算

固体含量按下式计算

$$X = \frac{m_2 - m_0}{m_1 - m_0} \times 100 \tag{3-238}$$

式中　$X$——固体含量（%）；

　　　$m_0$——培养皿质量（g）；

　　　$m_1$——干燥前试样和培养皿质量（g）；

　　　$m_2$——干燥后试样和培养皿质量（g）。

试验结果取两次平行试验的平均值，结果计算精确到 1%。

2. 耐热性的检测

(1) 水乳型沥青防水涂料耐热度的检测

①仪器设备

电热鼓风干燥箱：控温精度 ±2℃；

半导体温度计：量程 -20～70℃，精度 0.5℃；

铝板：厚度不小于 2mm，面积大于 100mm×50mm，中间上部有一小孔，便于悬挂。

②操作步骤

将样品搅匀后，取表面已用溶剂清洁干净的铝板，将样品分 3～5 次涂覆（每次间隔 8h～24h），涂覆面积为 100mm×50mm，总厚度 (1.5±0.2) mm，最后一次将表面刮平，在标准试验条件下养护 120h，然后在 (40±2)℃的电热鼓风干燥箱中养护 48h。取出试件，将铝板垂直悬挂在已调节到规定温度的电热鼓风干燥箱内，试件与干燥箱壁间的距离不小于 50mm，试件的中心宜与温度计的探头在同一水平位置，达到规定温度后放置 5h 取出，观察表面现象。共试验三个试件。

③结果判定

试验后记录试件有无流淌、滑动、滴落等现象。

(2) 溶剂型橡胶沥青防水涂料耐热性的检测

①仪器设备

电热鼓风干燥箱：控温精度±2℃；

天平：感量0.1g；

温度计：±1℃；

其他：铝板（100mm×50mm×2mm）、金属制试样架。

②操作步骤

将样品搅均后称取厚质涂料（40±0.1）g或薄质涂料12.5±0.1g，分次满涂在洁净的铝板上，每次涂抹后应将试件水平放置于干燥箱内，于40±2℃下干燥4h～6h，最后一道涂层应在干燥箱中于40±2℃下干燥24～30h，每一样品制备三个试件。将试件置于干燥箱内金属试样架上，在80℃温度下恒温5h后取出。

③结果判定

试件表面应无鼓泡、流淌和滑动现象。

(3) 聚氯乙烯弹性防水涂料耐热度的检测

①仪器设备

电热鼓风干燥箱：控温精度±1℃；

温度计：±1℃；

电炉；

其他：木质试样架、铝板（130mm×80mm×2mm）、金属模框（内部尺寸为100mm×50mm×3mm）。

②操作步骤

a. 试样需经塑化或熔化后制备试件。J型试样塑化时，边搅拌，边加热，温度至135±5℃时，保持5min。降温至120±5℃时注模；G型试样加热温度为120±5℃，熔化均匀后立即注模。

b. 试件的制备：底板用尺寸为130mm×80mm×2mm的铝板，居中放置内部尺寸为100mm×50mm×3mm的金属模框，同时制备3个。

c. 制备好的试件，必须在室温条件下放置24h，标准试验条件下放置2h后拆模。

d. 将试件置于试验架上，放入80±2℃的电热鼓风干燥箱内，试件与烘箱底面成45°角，与烘箱壁之间距离不少于50mm。试件的中心与温度计的水银球应在同一位置上，在鼓风下恒温5h后取出，立即观察其表面现象。

③结果判定

若有1块试件表面有流淌、起泡和滑动现象，按不合格评定。

3. 低温柔性（柔韧性）的检测

(1) 水乳型沥青防水涂料低温柔度的检测

①仪器设备

电热鼓风干燥箱：控温精度±2℃；

低温箱：可达-20±2℃，精度±2℃；

紫外线箱：500W直管汞灯，灯管与箱底平行，与试件表面的距离为47～50cm。

②操作步骤

a. 涂膜制备

在涂膜制备前，试验样品及所用试验器具在标准试验条件下放置24h。

在标准试验条件下称取所需的试验样品量，保证最终涂膜厚度1.5±0.2mm。

将样品在不混入气泡的情况下倒入模框中。模框不得翘曲，且表面平滑，为便于脱模，涂覆前可用脱模剂处理或采用易脱膜的模板（如光滑的聚乙烯、聚丙烯、聚四氟乙烯、硅油纸等）。样品分 3~5 次涂覆（每次间隔 8~24h），最后一次将表面刮平，在标准试验条件下养护 120h 后脱膜，避免涂膜变形、开裂（宜在低温箱中进行），涂膜翻个面，底面朝上在 40±2℃ 的电热鼓风干燥箱中养护 48h，再在标准试验条件下养护 4h。

b. 标准条件下低温柔度的检测

从制备好的涂膜上裁取三个试样（100mm×25mm）进行检验，将试件和直径 30mm 的弯板或圆棒放入已调节到规定温度的低温冰柜中，待温度达到标准规定的温度后保持时间不少于 2h，在标准规定的温度下，在低温冰柜中将试件于 3s 内匀速绕弯板或圆棒弯曲 180°，弯曲三个试件（无上、下表面区分），取出试件用肉眼观察试件表面有无裂纹、断裂。

c. 碱处理后低温柔度的检测

从制备好的涂膜上裁取三个试件（100mm×25mm），将试件浸入 23±2℃ 的 0.1% 的氢氧化钠和饱和氢氧化钙混合溶液中，每 400ml 溶液放入三个试件，液面高出试件上端 10mm 以上。连续浸泡 168h 后取出试件，用水冲洗，然后用布吸干，在标准试验条件下放置 4h，再按 b 款规定进行试验。

d. 热处理后低温柔度的检测

从制备好的涂膜上裁取三个试件（100mm×25mm），将试件平放在釉面砖上，为了防粘，可在釉面砖表面撒滑石粉。将试件放入已调节到 70±2℃ 的电热鼓风干燥箱中，试件与干燥箱壁间的距离不小于 50mm，试件的中心宜与温度计的探头在同一水平位置，在该温度条件下处理 168h。取出试件在标准试验条件下放置 4h，然后按 b 款规定进行试验。

e. 紫外线处理后低温柔度的检测

从制备好的涂膜上裁取三个试件（100mm×25mm），试件平放在釉面砖上，为了防粘，可在釉面砖表面撒滑石粉。将试件放入紫外线箱中，距试件表面 50mm 左右的空间温度为 45±2℃，恒温照射 240h。取出试件在标准试验条件下放置 4h，然后按 b 款规定进行试验。

③结果判定

记录每个试件的表面有无裂纹、断裂。

（2）溶剂型橡胶沥青防水涂料，聚氨酯防水涂料低温柔性的检测。

①仪器设备

低温箱：控温精度 ±2℃，1 台；

弯折机；

涂膜模具：材料及尺寸如图 3-64 所示；

温度计：0~-50℃；

其他：圆棒（$\phi$20mm、$\phi$10mm）、放大镜（放大倍数 8 倍）、釉面砖。

②操作步骤

a. 在试件制备前，所取样品及所用仪器在标准条件下放置 24h，所取样品重量应保证固化后涂膜厚度为 2.0±0.2mm。

b. 在标准条件下将静置后的样品搅拌均匀，若样品是双组分涂料，则按产品的配合比称取所需的主剂和固化剂，把两组分混合后充分搅拌 5min，再在不混入气泡的情况下倒入模具中涂覆，为了便于脱模，在涂覆前模具表面可用硅油或石蜡进行处理，样品分次涂覆，最后一次将表面刮平，并在标准条件下养护 168h，固化后涂膜厚度为 2.0±0.2mm，脱模后切取 100mm×25mm 的试件三块。

c. 将试件在标准条件下放置 2h 后弯曲 180°，使 25mm 宽的边缘平齐，用钉书机将边缘处固定，调整弯折机的上平板与下平板间的距离为试件厚度的3倍，然后将试件放在弯折机的下平板上，试件重叠的一边朝向弯折机轴，距转轴中心约25mm 将放有试件的弯折机放入低温冰箱中，在规定温度下保持2h后打开低温箱，在1s内将上平板压下，保持1s，取出试件并用8倍放大镜观察试件。

③结果判定

试件表面弯曲处应无裂纹或开裂现象。

(3) 聚氯乙烯弹性防水涂料低温柔性的检测

①仪器设备

电热鼓风干燥箱：控温精度±1℃；

柔韧性试验架：装中 $\phi$10mm 圆棒和 $\phi$20mm 圆棒各1只；

低温箱：可达 −20±2℃，1台；

天平：感量0.1g；

温度计：0~−50℃；

电炉；

其他：金属模框（内部尺寸 80mm×25mm×3mm）、甘油、滑石粉、釉面砖（100mm×100mm）。

②操作步骤

a. 试样：试样需经塑化或熔化后制备试件。J型试样塑化时，边搅拌，边加热，温度至135±5℃时，保持5min。降温至120±5℃时注模；G型试样加热温度为120±5℃，溶化均匀后立即注模。

b. 试件的制备：底板用涂有甘油滑石粉（配比为1:3~1:4）隔离剂的釉面砖，金属模框内部尺寸为 80mm×25mm×3mm。同时制备3个。

c. 制备好的试件，必须在室温条件下放置24h，标准试验条件下放置2h后拆模。

d. 将试件和装有 $\phi$20mm 圆棒的柔韧性试验架一起放入已调节至规定温度的低温箱中，冷冻2h后，戴上手套，打开低温箱门，迅速捏住试件的两端，在3~4s内将3个试件依次绕圆棒半周，然后取出试件，立即观察其开裂情况。

③结果判定

若有1个试件有裂纹，断裂观察，按不合格评定。

(4) 聚合物乳液建筑防水涂料低温柔性的检测

①仪器设备

低温箱：温底控制 −30℃~0℃，温度控制精度±2℃；

涂膜模具：如图3-64；

温度计：0~−50℃；

圆棒：直径10mm。

②操作步骤

a. 试验前，所取样品及所用仪器在标准条件下放置24h。

b. 将静置后的样品搅拌均匀，在不混入气泡的情况下倒入模具中涂覆。为方便脱模，在涂覆前模具表面可用硅油或液体蜡进行处理。试样制备时至少分三次涂覆，后道涂覆应在前道涂层成膜后进行，在72h以内使涂膜厚度达到 2.0±0.2mm。制备好的试样在标准条件下养护168h，脱模后，再经50±2℃干燥箱中烘24h，取出后在标准条件下放置4h以上。

c. 检查涂膜外观，试样表面应光滑平整、无明显气泡，用切刀裁取 100×25mm 的试件3块。

d. 将试件和 $\phi$10mm 的圆棒在规定温度的低温箱中放置2h后，打开低温箱，迅速捏住试件的两端，在 2~3s 内绕圆棒弯曲 180°，记录试件表面弯曲处有无裂纹或断裂现象。

③结果判定

若有 1 个试件有裂纹，断裂现象，按不合格评定。

(5) 聚合物水泥防水涂料低温柔性的检测

①仪器设备

低温箱：温度控制 -20~0℃，控温精度 ±2℃；

涂膜模具：如图 3-64；

圆棒：直径 10mm；

温度计：0~-50℃；

干燥器：内装变色硅胶或无水氯化钙。

②操作步骤

a. 试验前样品及所用器具应在标准条件下至少放置 24h。

b. 将在标准条件下放置后的样品按生产厂指定的比例分别称取适量液体和固体组份，混合后机械搅拌 5min，倒入模具中涂覆，注意勿混入气泡。为方便脱模，模具表面可用硅油或石蜡进行处理。试样制备时分二次或三次涂覆，后道涂覆应在前道涂层实干后进行，在 72h 之内使试样厚度达到 1.5±0.2mm。试样脱模后在标准条件下放置 168h，然后在 50±2℃ 干燥箱中处理 24h，取出后置于干燥器中，在标准条件下至少放置 2h，用切刀切取 100mm×25mm 的试件三块。

c. 将试件和圆棒一起放入低温箱中，在规定的温度下保持 2h 后打开低温箱，迅速捏住试件的两端（涂层面朝上），在 3~4s 内绕圆棒弯曲 180°，并记录当时的温度，取出试件立即观察其表面有无裂纹、断裂现象。

③结果判定

若有 1 个试件有裂纹、断裂观察，按不合格评定。

4. 粘结性（潮湿基面粘结强度）的检测

(1) 水乳型沥青防水涂料粘结强度的检测

①仪器设备

拉力试验机：拉伸速度 500mm/min，伸长范围大于 500mm，测量值在量程的 15~85% 之间，示值精度不低于 1%；

电热鼓风干燥箱：控温精度 ±2℃；

其他：8 字模、机油、油漆刷、釉面砖（150mm×150mm）、小金属片（厚 0.5mm）。

②操作步骤

a. 用符合 GB/T175 的 32.5 级普通硅酸盐水泥及中砂和水按重量比 1:2:0.4 配成砂浆，在"8"字金属模具中，插入 -0.5mm 厚的金属片中，灌入配好的砂浆捣实抹平，24h 后脱模，将"8"字砂浆块在水中养护 7d，风干备用。

b. 取五对养护好的干燥水泥砂浆块，用 2 号砂纸清除表面浮浆，将在标准试验条件下已放置 24h 的样品，涂抹在砂浆块的断面上，将两个砂浆块断面对接，压紧，砂浆块间涂料的厚度不超过 0.5mm。将制得的试件在标准试验条件下养护 120h，然后在 40±2℃ 的电热鼓风干燥箱中养护 48h，取出试件在标准条件下养护 4h。制备五个试件。

c. 将试件装在试验机上，以 50mm/min 的速度拉伸至试件破坏，记录试件的最大拉力。

③数据处理与结果判定

粘结强度按下式计算：

$$\sigma = \frac{F}{a \times b} \tag{3-239}$$

式中 $\sigma$——试件的粘结强度,单位为兆帕(MPa);
　　　$F$——试件的最大拉力,单位为牛顿(N);
　　　$a$——试件粘结面的长度,单位为毫米(mm);
　　　$b$——试件粘结面的宽度,单位为毫米(mm)。

去除表面未被满粘的试件,粘结强度以剩下的不少于三个试件的算术平均值表示,精确到 0.01MPa,不足三个试件应重新试验。

(2) 聚氯乙烯弹性防水涂料粘结强度的检测

①仪器设备

拉伸试验机:可调速;

电热鼓风干燥箱:控温精度 ±2℃;

电炉;

其他:8字模、釉面砖、机油、冷底子油、小铁片。

②试验方法

a. 半8字砂浆块的制备:取5只8字试模,在每个试模中部垂直开一小槽插入一厚 0.5mm 的小铁片,内壁刷一道机油,然后灌入砂浆(砂浆按重量比水泥:中砂:水等于 1:2:0.4 的比例配制),捣实抹平,24h 脱模,将半8字砂浆块在水中养护 7d 后自然风干备用。

b. 取5对断开的8字砂浆块,清除浮砂,擦净。分别蘸取少量已塑化或熔化好的涂料,稍加磨擦后对接两个半块,使粘结层涂料厚度为 0.5~0.7mm,然后立放在釉面砖上。

c. 试件在室温条件下放置 24h,标准试验条件下放置 2h。

d. 调整拉力机的零点,然后把试件置于试验机夹具中,开动试验机,拉伸速度为 50mm/min 至试件拉断为止。记录试件拉断时的数值,并观察试件断面情况,若试件拉断时断面有 1/4 以上的面积露出砂浆表面,则该数值无效,应进行补做。

③结果判定

取 5 个试件的算术平均值,精确至 0.01MPa。

(3) 溶剂型橡胶沥青防水涂料粘结性的检测

①仪器设备

电动抗折仪:单杠杆出力比 1:10,最大出力 1000N,加荷速度 10N/s;

电热鼓风干燥箱:控温精度 ±2℃;

其他:"8"字模、"8"字形水泥砂浆块、釉面砖。

②操作步骤

a. 用符合 GB/T175 的 32.5 级普通硅酸盐水泥及中砂和水按重量比 1:2:0.4 配成砂浆,在 "8" 字形金属模具中,插入 -0.5mm 厚的金属片后,灌入配好的砂浆捣实抹平,24h 后脱模,将 "8" 字砂浆块在水中养护 7d,风干备用。

b. 将 "8" 字砂浆块一分为二,清除断面上的浮砂,并涂刷厚 0.5~0.7mm 试样,根据产品的稠度不同可一次涂刷,也可分几次涂刷,每次间隔 24h。涂刷后在 40±2℃ 下烘干 1h,最后一道涂刷待表面收水后,对接两个半 "8" 字砂浆块,放在釉面砖上,半小时后移入干燥箱内,于 40±2℃ 下干燥 24h,按相同方法同时制备五个试件。

c. 将试件在标准条件下放置 2h,试验前先将试验机安装成单杠杆式,并调整零点,然后把试件置于试验机的夹具中,启动试验机至试件拉断为止,记下此时的读数。

③试验结果判定

粘结性以粘结强度表示,试验结果取三个试件的算术平均值,精确到 0.01MPa。

(4) 聚合物水泥防水涂料潮湿基面粘结强度的检测

①仪器设备

拉力试验机：量程 0~1000N，拉抻速度 0~500mm/min；

水泥标准养护箱（室）：控温范围 20±1℃，相对湿度不小于 90%；

游标卡尺：精度 0.1mm；

其他："8"字形金属模具、"8"字形水泥砂浆块。

②操作步骤

a. 用符合 GB/175 的 32.5 级普通硅酸盐水泥及中砂和水按重量比 1:2:0.4 配成砂浆，在金属模具中，插入 -0.5mm 厚的金属片后，灌入配好的砂浆捣实抹平，24h 后脱模，将"8"字砂浆块在水中养护 7d，风干备用。

b. 取制备好的半"8"字形水泥砂浆块。清除砂浆块断面上的浮浆，将砂浆块在 (23±2)℃ 的水中浸泡 24h。将在标准条件下放置后的样品按生产厂指定的比例分别称取适量液体和固体组份，混合后机械搅拌 5min。从水中取出砂浆块，晾置 5min 后，在砂浆块的断面上均匀涂抹混合好的试样，将两个砂浆块的断面小心对接，在标准条件下放置 4h。将制得的试件在水泥标准养护箱中放置 168h，养护条件为：温度 20±1℃，相对湿度不小于 90%。每组样品制备五个试件。

c. 将养护后的试件在标准条件下放置 2h，用卡尺测量试件粘结面的长度和宽度（mm）。将试件装在拉力试验机的夹具上，以 50mm/min 的速度拉伸试件，记录试件破坏时的拉力值（N）。

③数据处理与结果判定

粘结强度按式 3-239 计算，试验结果以五个试件的算术平均值表示，精确至 0.1MPa。

（5）聚氨酯防水涂料潮湿基面粘结强度的检测

①仪器设备

拉力试验机：示值精度不低于 1%；

水泥标准养护箱（室）：控温范围 20±1℃，相对湿度不小于 90%；

游标卡尺：精度 0.02mm；

其他："8"字形金属模具、"8"字形水泥砂浆块。

②操作步骤

a. 用符合 GB/T175 的 32.5 级普通硅酸盐水泥及中砂和水按重量比 1:2:0.4 配成砂浆，在金属模具中，插入 -0.5mm 厚的金属片后，灌入配好的砂浆捣实抹平，24h 后脱模，将"8"字砂浆块在水中养护 7d，风干备用。

b. 取 5 对养护好的水泥砂浆块，用 2 号（粒径 60 目）砂纸清除表面浮浆，将砂浆块浸入 (23±2)℃ 的水中浸泡 24h。将在标准试验条件下已放置 24h 的样品按生产厂要求的比例混合后搅拌 5min（单组分防水涂料样品直接使用）。从水中取出砂浆块用湿毛巾揩去水渍，晾置 5min 后，在砂浆块的断面上涂抹准备好的涂料，将两个砂浆块断面对接，压紧，在标准试验条件下放置 4h。然后将制得的试件进行养护，温度 20±1℃，相对湿度不小于 90%，养护 168h。制备 5 个试件。

c. 将养护好的试件在标准试验条件下放置 2h，用游标卡尺测量粘结面的长度、宽度，精确到 0.02mm。将试件装在试验机上，以 50mm/min 的速度拉伸至试件破坏，记录试件的最大拉力。

③数据处理与结果判定

潮湿基面粘结强度按下式计算：

$$\sigma = \frac{F}{a \times b} \quad (3\text{-}240)$$

式中 $\sigma$——试件的潮湿基面粘结强度（MPa）；

$F$——试件的最大拉力（N）；

$a$——试件粘结面的长度（mm）；
$b$——试件粘结面的宽度（mm）。

潮湿基面粘结强度以 5 个试件的算术平均值表示，精确到 0.01MPa。

5．水乳型沥青防水涂料断裂伸长率的检测

（1）仪器设备

拉力试验机：拉伸速度 500mm/min，伸长范围大于 500mm，测量值在 15%～85% 之间，示值精度不低于 1%；

电热鼓风干燥箱：可控温度 200℃，精度 ±2℃；

紫外线箱：500W 直管汞灯，灯管与箱底平行，与试件表面的距离为 47～50cm；

冲片机及符合 GB/T528 要求的哑铃 I 型裁刀。

（2）操作步骤

a．涂膜制备

在涂膜制备前，试验样品及所用试验器具在标准试验条件下放置 24h。

在标准试验条件下称取所需的试验样品量，保证最终涂膜厚度 1.5±0.2mm。

将样品在不混入气泡的情况下倒入模框中。模框不得翘曲，且表面平滑，为便于脱模，涂覆前可用脱模剂处理或采用易脱膜的模板（如光滑的聚乙烯、聚丙烯、聚四氟乙烯、硅油纸等）。

样品分 3～5 次涂覆（每次间隔 8～24h），最后一次将表面刮平，在标准试验条件下养护 120h 后脱膜，避免涂膜变形、开裂（宜在低温箱中进行），涂膜翻个面，底面朝上在 40±2℃ 的电热鼓风干燥箱中养护 48h，再在标准试验条件下养护 4h。

b．标准条件下断裂伸长率的检测

从制备好的涂膜上裁取六个试件（符合 GB/T528 要求的哑铃 I 型）进行检验，将试件在标准试验条件下放置 2h，在试件中间划好两条间距 25mm 的平行线，将试件夹在拉力试验机的夹具间，夹具间距约 70mm，以 500±50mm/min 的速度拉伸试件至断裂，记录试件断裂时的标线间距离（$L_1$），精确到 1mm，试验五个试件。若试件断裂在标线外，取备用件补做。

试验时，对于试验试件达到 1000% 仍未断裂的，结束试验，试验结果表示为大于 1000%。

c．碱处理后断裂伸长率的检测

从制备好的涂膜上裁取六个试件（符合 GB/T528 要求的哑铃 I 型），将试件浸入 23±2℃ 的 0.1% 的氢氧化钠和饱和氢氧化钙混合溶液中，液面高出试件上端 10mm 以上。连续浸泡 168h 后取出试件，用水冲洗，然后用布吸干，在标准试验条件下放置 4h，再按 b 款规定进行试验。

d．热处理后断裂伸长率的检测

从制备好的涂膜上裁取六个试件（符合 GB/T528 要求的哑铃 I 型），将试件平放在釉面砖上，为了防粘，可在釉面砖表面撒滑石粉。将试件放入已调节到 70±2℃ 的电热鼓风干燥箱中，试件与干燥箱壁间的距离不小于 50mm，试件的中心宜与温度计的探头在同一水平位置，在该温度条件下处理 168h。取出试件在标准试验条件下放置 4h，然后按 b 款规定进行试验。

e．紫外线处理后断裂伸长率的检测

从制备好的涂膜上裁取六个试件（符合 GB/T528 要求的哑铃 I 型），将试件平放在釉面砖上，为了防粘，可在釉面砖表面撒滑石粉。将试件放入紫外线箱中，距试件表面 50mm 左右的空间温度为 45±2℃，恒温照射 240h。取出试件在标准试验条件下放置 4h，然后按 b 款规定进行试验。

③数据处理与结果判定

断裂伸长率按下式计算：

$$L = \frac{L_1 - 25}{25} \times 100 \tag{3-241}$$

式中 　$L$——试件的断裂伸长率，单位为百分数（%）；

　　　$L_1$——试件断裂时标线间距离，单位为毫米（mm）；

　　　25——拉伸前试件标线间距离，单位为毫米（mm）。

试验结果取五个试件的平均值，精确到整数位。

若有个别试件断裂伸长率达到1000%不断裂，以1000%计算；若所有试件都达到1000%不断裂，试验结果报告为大于1000%。

6. 拉伸强度、断裂延伸率的检测

（1）聚氯乙烯弹性防水涂料断裂延伸率的检测

①仪器设备

拉伸试验机：测量范围0~500N，拉伸速度0~500mm/min；

游标卡尺：精度为0.02mm；

电热鼓风干燥箱：控温精度±2℃；

紫外线照射箱：600mm×500mm×800mm，500W工作室温度45~50℃；

温度计；

其他：电炉、模框、玻璃底板、切片机（裁刀）、隔离剂、釉面砖。

②操作步骤

a. 试件制备

（a）试样需经塑化或熔化后制备试件。J型试样塑化时，边搅拌，边加热，温度至135±5℃时，保持5min。降温至120±5℃时注模；G型试样加热温度为120±5℃，熔化均匀后立即注模。

注：当冬季室温较低时，注模前可将涂好隔离剂的玻璃底板放在60℃左右烘箱内预热30min后趁热注模。

（b）分片浇注成型，每片尺寸不小于180mm×120mm×3mm。将模框居中放置在涂有隔离剂的玻璃底板上，并用透明胶带固定。制备好的试件，必须在室温条件下放置24h，标准试验条件下放置2h后拆模。拆模后将脱模的试片平放在撒有滑石粉的软木板上，用I型裁刀同时裁取至少5片哑铃形试件，平放于撒有滑石粉的釉面砖上，每次裁样时裁刀上应占有滑石粉。

b. 无处理时断裂延伸率检测

（a）将试件在标准条件下静置24h，以浅色广告画颜料标记间距25mm的两条平行标线（$L_0$），并用精度0.02mm的游标卡尺测量间距值。

（b）将试件在标准条件下静置1h，然后安装在规定的拉伸试验机夹具之间，试件两端垫油毡原纸以防污染试验机夹具，不得歪扭，拉伸速度调整为50mm/min，夹具间标距为70mm，开动拉伸试验机拉伸至试件断裂，并用游标卡尺量取并记录试件破坏时标线间距离$L$。

c. 加热处理后断裂延伸率检测

（a）将脱模的试片平放在贴有脱水牛皮纸胶带或涂有硅油凡士林的釉面砖上，将试件和釉面砖一起放在70±2℃的烘箱内，试件与烘箱壁间距不小于50mm，试件中心与温度计的水银球应在同一位置上，恒温168h后取出。

（b）按无处理时断裂延伸率检测同样的方法进行拉伸试验。

d. 紫外线处理后断裂延伸率检测

（a）将脱模的试片平放在贴有脱水牛皮纸胶带或不粘纸的釉面砖上，将试件和釉面砖一起放入500W直管高压汞灯紫外线照射箱内。灯管与箱底平行，与试件的距离为47~50mm，使距试件表面50mm左右的空间温度为45±2℃。恒温照射240h后取出。

（b）按无处理时断裂延伸率检测同样的方法进行拉伸试验。

e. 碱处理后断裂延伸率的检测

(a) 将脱模的试片和釉面砖一起平放在 20±5℃ 氢氧化钙饱和液中，液面应高出试件表面 10mm 以上，连续浸泡 168h 后取出。

(b) 按无处理时断裂延伸率检测同样的方法进行拉伸试验。

③数据处理与结果判定

$$E = \frac{L - L_0}{L_0} \times 100 \tag{3-242}$$

式中 $E$——断裂延伸率（%）；
$L_0$——拉伸前标线间距离（mm）；
$L$——断裂时标线间距离（mm）。

试验结果取 5 个有效数据的算术平均值，精确至 1%。

(2) 聚合物乳液建筑防水涂料拉伸强度、断裂延伸率的检测

①仪器设备

拉伸试验机：测量范围 0~500N，拉伸速度 0~500mm/min；

切片机：符合 GB/T528 规定的哑铃状 I 型裁刀；

厚度计：压重 100±10g，测量面直径 10±0.1mm，最小分度值 0.01mm；

电热鼓风干燥箱：控温精度 ±2℃；

紫外线照射箱：500W 直形高压汞灯；

人工加速气候老化箱：光源为 4.5kW~6.5kW 管状氙弧灯，样板与光源（中心）距离为 250mm~400mm；

其他：涂膜模具（如图 3-64）、釉面砖。

②操作步骤

a. 试件制备

在试件制备前，所取样品及所用仪器在标准条件下放置 24h。将静置后的样品搅拌均匀，在不混入气泡的情况下倒入模具中涂覆。为方便脱模，在涂覆前模具表面可用硅油或液体蜡进行处理。试样制备时至少分三次涂覆，后道涂覆应在前道涂层成膜后进行，在 72h 以内使涂膜厚度达到 2.0±0.2mm。制备好的试样在标准条件下养护 168h，脱模后，再经 50±2℃ 干燥箱中烘 24h，取出后在标准条件下放置 4h 以上。

检查涂膜外观，试样表面应光滑平整、无明显气泡。然后按表 3-113 的要求裁取试验所需试件。

试件形状、尺寸及数量  表 3-113

| 试 验 项 目 | | 试件形状/mm | 数量/个 |
| --- | --- | --- | --- |
| 拉伸强度和断裂延伸率 | 无处理 | 符合 GB/T528 规定的哑铃形 I 型形状 | 6 |
| | 加热处理 | | 6 |
| | 紫外线处理 | | 6 |
| | 酸处理 | 120×25 | 6 |
| | 碱处理 | | 6 |

b. 无处理拉伸性能的测定

用直尺在试件上划好两条间距 25mm 的平行标线，并用厚度计测出试件标线中间和两端三点的厚度，取其算术平均值作为试样厚度，装在拉伸试验机夹具之间，夹具间标距为 70mm，以 200mm/min 拉伸速度拉伸试件至断裂，记录试件断裂时的最大荷载，并量取此时试件标线间距离（$L_1$），精确至 0.1mm，测试五个试件，若有试件断裂在标线外，其结果无效，应采用备用件补

做。

c. 热处理拉伸性能的测定

将按 b 款规定划好标线的试件平放在釉面砖上,放入电热鼓风干燥箱内,试件与箱壁间距不得少于 50mm,试件的中心应与温度计水银球在同一水平位置上,于 80±2℃下恒温 168h 后取出,然后按 b 款规定进行试验。

d. 紫外线处理拉伸性能的测定

将划好标线的试件平放釉面砖上放入紫外线老化箱内,灯管与试件的距离为 47mm~50mm,使距试件表面 50mm 左右的空间温度为 45±2℃,恒温照射 250h 后取出,按 b 款规定进行试验。

e. 碱处理拉伸性能的测定

温度为 23±2℃时,在按 GB/T629 规定的化学纯氢氧化钠试剂配制成氢氧化钠溶液（1g/L）中,加入氢氧化钙试剂,使之达到饱和状态。在 600mL 溶液中放入六个试件,液面应高出试件表面 10mm 以上。连续浸泡 168h 后取出,用水充分冲洗,用干布擦干,并在 50±2℃干燥箱中烘 6h 后,取出冷却至室温,用切片机对试件裁切后,拉伸性能按 b 款规定进行试验。

f. 酸处理拉伸性能

温度为 23±2℃时,按 GB/T625 规定的化学纯硫酸试剂配制成硫酸溶液（0.2mol/L）。在 600mL 溶液中放入六个试件,液面应高出试件表面 10mm 以上,连续浸泡 168h 后取出,用水充分冲洗,用干布擦干,并在 50±2℃干燥箱中烘 6h 后,取出冷却至室温,用切片机对试件裁切,拉伸性能按 b 款规定进行试验。

③数据处理与结果判定

拉伸强度按下式计算：

$$P = \frac{F}{A} \tag{3-243}$$

式中　$P$——拉伸强度（MPa）；
　　　$F$——试件最大荷载（N）；
　　　$A$——试件断面面积（mm²）。

$$A = B \cdot D \tag{3-244}$$

式中　$B$——试件工作部分宽度（mm）；
　　　$D$——试件实测厚度（mm）。

断裂伸长率按下式计算：

$$L = \frac{L_1 - 25}{25} \times 100 \tag{3-245}$$

式中　$L$——试件断裂时的伸长率（%）；
　　　$L_1$——试件断裂时标线间的距离（mm）；
　　　25——拉伸前标线间的距离（mm）。

老化处理后的拉伸强度保持率按下式计算：

$$E = \frac{P_1}{P_0} \times 100 \tag{3-246}$$

式中　$E$——老化处理后的拉伸强度保持率（%）；
　　　$P_1$——老化处理后的拉伸强度（MPa）；
　　　$P_0$——无处理时的拉伸强度（MPa）。

试验结果以五个试件的算术平均值表示；拉伸强度精确至 0.1MPa；断裂延伸率结果精确至 1%；老化处理后拉伸强度保持率试验结果取整数。

(3) 聚合物水泥防水涂料拉伸强度，断裂伸长率的检测

①仪器设备：

拉伸试验机：测量范围 0~500N，拉伸速度 0~500mm/min；

切片机：符合 GB/T528 规定的哑铃状 I 型裁刀；

厚度计：压重 100+10g，测量面直径 10±0.1mm，最小分度值 0.01mm；

电热鼓风干燥箱：控温精度±2℃；

紫外线照射箱：500W 直形高压汞灯；

人工加速气候老化箱：光源为 4.5~6.5kW 管状氙弧灯，样板与光源（中心）距离为 250~400mm；

其他：涂膜模具（如图 3-64）、釉面砖。

②操作步骤：

a. 试样制备

将在标准条件下放置后的样品按生产厂指定的比例分别称取适量液体和固体组份，混合后机械搅拌 5min，倒入模具中涂覆，注意勿混入气泡。为方便脱模，模具表面可用硅油或石蜡进行处理。试样制备时分二次或三次涂覆，后道涂覆应在前道涂层实干后进行，在 72h 之内使试样厚度达到 1.5±0.2mm。试样脱模后在标准条件下放置 168h，然后在 50±2℃烘箱中处理 24h，取出后置于干燥器中，在标准条件下至少放置 2h。用切片机将试样冲切成试件。拉伸试验所需试件数量和形状见表 3-114。

拉伸试验试件数量　　　　　　　　　　表 3-114

| 试验项目 | | 试件形状 | 试件数量/个 |
| --- | --- | --- | --- |
| 拉伸强度和断裂伸长率 | 无处理 | GB/T528—1998 中规定的 I 型哑铃形试件 | 6 |
| | 加热处理 | | 6 |
| | 紫外线处理 | | 6 |
| | 碱处理 | 120mm×25mm | 6 |

注：每组试件试验 5 个，1 个备用。

b. 无处理拉伸性能的测定

将试件在标准条件下放置至少 2h，然后用直尺在试件上划好两条间距 25mm 的平行标线，并用厚度计测出试件标线中间和两端三点的厚度，取其算术平均值作为试样厚度，装在拉伸试验机夹具之间，夹具间标距为 70mm，以 200mm/min 拉伸速度拉伸试件至断裂，记录试件断裂时的最大荷载，并量取此时试件标线间距离（$L_1$），精确至 0.1mm，测试五个试件，若有试件断裂在标线外，其结果无效，应采用备用件补做。

c. 热处理拉伸性能的测定

将按 b 款划好标线的试件平放在釉面砖上，放入电热鼓风干燥箱内，试件与箱壁间距不得少于 50mm，试件的中心应与温度计水银球在同一水平位置上，于 80±2℃下恒温 168h 后取出，冷却至室温，然后按 b 款规定进行试验。

d. 紫外线处理拉伸性能的测定

将划好标线的试件平放釉面砖上放入紫外线老化箱内，灯管与试件的距离为 47~50mm，使距试件表面 50mm 左右的空间温度为 45±2℃，恒温照射 250h 后取出，按 b 款规定进行试验。

e. 碱处理拉伸性能的测定

温度为（23±2）℃时，在 GB/T629 规定的化学纯 0.1% NaOH 溶液中，加入氢氧化钙试剂，

使之达到饱和状态，在600mL该溶液中放入六个试件，液面应高出试件表面10mm以上，连续浸泡168h后取出，充分用水冲洗，擦干后放入50±2℃的干燥箱中烘6h，取出后冷却至室温，用切片机冲切成哑铃形试件，按 b 款规定测定拉伸性能。

③数据处理与结果判定

拉伸强度按式（3-243）计算，拉伸强度试验结果以五个试件的算术平均值表示，精确至0.1MPa。

断裂伸长率按式（3-245）计算，断裂伸长率试验结果以五个试件的算术平均值表示，精确至1%。

拉伸强度保持率按式（3-246）计算，拉伸强度保持率的计算结果精确至1%。

(4) 聚氨酯防水涂料拉伸强度、断裂伸长率的检测

①仪器设备

拉力试验机：示值精度不低于1%；

厚度计：接触面直径6mm，单位面积压力0.02MPa，分度值0.01mm；

冲片机及符合GB/T528要求的哑铃Ⅰ型；

其他：涂膜模具（如图3-64）。

②操作步骤

a. 试件制备

在试件制备前，试验样品及所用试验器具在标准试验条件下放置24h。

在标准试验条件下称取所需的试验样品量，保证最终涂膜厚度1.5±0.2mm。

将静置后的样品搅匀，不得加入稀释剂，若样品为多组分涂料，则按产品生产厂要求的配合比混合后充分搅拌5min，在不混入气泡的情况下倒入模框中。模框不得翘曲且表面平滑，为便于脱模，涂覆前可用脱模剂处理。样品按生产厂的要求一次或多次涂覆（最多三次，每次间隔不超过24h），最后一次将表面刮平，在标准试验条件下养护96h，然后脱膜，涂模翻过来继续在标准试验条件下养护72h。

b. 用冲片机切割涂膜，制得符合GB/T528规定的哑铃状Ⅰ型试件5个。

c. 将试件在标准条件下放置至少2h，然后用直尺在试件上划好两条间距25mm的平行标线，并用厚度计测出试件标线中间和两端三点的厚度，取其算术平均值作为试样厚度，装在拉伸试验机夹具之间，夹具间标距为70mm，以500±50mm/min拉伸速度拉伸试件至断裂，记录试件断裂时的最大荷载，并量取此时试件标线间距离（$L_1$），精确至0.1mm。测试五个试件，若有试件断裂在标线外，其结果无效，应采用备用件补做。

③数据处理与结果判定

拉伸强度按式（3-243）计算；断裂伸长率按式3-245计算，试验结果取3位有效数字，并以五个试件的算术平均值表示。

7. 不透水性的检测

(1) 水乳型沥青防水涂料不透水性的检测

①仪器设备

不透水仪：压力0~0.4MPa，精度2.5级，三个七孔透水盘，内径92mm。

②操作步骤

a. 涂膜制备：

在涂膜制备前，试验样品及所用试验器具在标准试验条件下放置24h。

在标准试验条件下称取所需的试验样品量，保证最终涂膜厚度1.5±0.2mm。

将样品在不混入气泡的情况下倒入模框中。模框不得翘曲，且表面平滑，为便于脱模，涂覆

前可用脱模剂处理或采用易脱膜的模板（如光滑的聚乙烯、聚丙烯、聚四氟乙烯、硅油纸等）。

样品分 3~5 次涂覆（每次间隔 8~24h），最后一次将表面刮平，在标准试验条件下养护 120h 后脱膜，避免涂膜变形、开裂（宜在低温箱中进行），涂膜翻个面，底面朝上在 40±2℃的电热鼓风干燥箱中养护 48h，再在标准试验条件下养护 4h。

b. 从制备好的涂膜上裁取 3 个试件（150mm×150mm），将试件在标准条件下放置 1h，并在标准条件下将洁净的自来水注入不透水仪中至溢满，开启进水阀，接着加水压，使贮水罐的水流出，清除空气。

c. 将试件涂层面迎水置于不透水仪的圆盘上，再在试件上加一块相同尺寸，孔径为 0.2mm 的铜丝网布启动压紧，在金属网和涂膜之间加一张滤纸防止粘结，开启进水阀，关闭总水阀，施加压力至规定值，保持该压力 30min。卸压，取下试件。

③结果判定

记录试件有无渗水现象。

(2) 溶剂型橡胶沥青防水涂料，聚氨酯防水涂料不透水性的检测

①仪器设备

不透水试验仪；

铜丝网布：孔径为 0.2mm、0.5±0.1mm；

涂膜模具：如图 3-64。

②操作步骤

a. 试件制备：按拉伸性能检测同样的方法制备涂膜、脱模后切取 150mm×150mm 的试件三块。

b. 将试件在标准条件下放置 1h，并在标准条件下将洁净的自来水注入不透水试验仪中至溢满，开启进水阀，接着加水压，使贮水罐的水流出，清除空气。

c. 将试件涂层面迎水置于不透水仪的圆盘上，再在试件上加一块相同尺寸，孔径为 0.2mm（溶剂型防水涂料）、0.5±0.1mm（聚氨酯防水涂料）的铜丝网布启动压紧，开启进水阀，关闭总水阀，施加压力至规定值，保持该压力 30min。卸压，取下试件，观察有无渗水现象。

③试验结果判定

记录每个试件有无渗水现象。

(3) 聚氯乙烯弹性防水涂料不透水性的检测

①仪器设备

不透水仪；

电炉；

金属模框：内部尺寸为 150mm×150mm×3mm 的金属模框；

其他：铜丝网布（孔径为 0.2mm）、油毡原纸、玻璃底板。

②操作步骤

a. 试件制备：

(a) 试样需经塑化或熔化后制备试件。J 型试样塑化时，边搅拌，边加热，温度至 135±5℃时，保持 5min。降温至 120±5℃时注模，G 型试样加热温度为 120±5℃，熔化均匀后立即注模。

注：当冬季室温较低时，注模前可将涂好隔腐剂的玻璃底板放在 60℃左右烘箱内预热 30min 后趁热注模。

(b) 将油毡原纸放在玻璃底板上，居中放置内部尺寸为 150mm×150mm×3mm 的金属模框，同时制备 3 个。

(c) 制备好的试件，必须在室温条件下放置 24h，标准试验条件下放置 2h 后拆模。

b. 试验前将洁净的 20±2℃ 水注入不透水仪中的贮水罐至满溢。开启透水盘的进水阀，检查进水是否畅通，并使水与透水盘上口齐平。关闭进水阀，开启总水阀，接着连续加水压，使贮水罐的水流出来，清除空气。

c. 将 3 块试件涂层面迎水，分别置于不透水仪的三个圆盘上，再在每块试件上面加 1 块铜丝网布，拧紧压盖，开启进水阀，关闭总水阀，施加水压至 0.1MPa，恒压 30min，随时观察试件有无渗水现象。

③结果判定

若有 1 块试件迎水面背面的油毡原纸表面有水迹，即表明已渗水。

(4) 聚合物乳液建筑防水涂料不透水性的检测

①仪器设备

不透水仪；

涂膜模具：如图 3-64；

铜丝网布：孔径为 0.2mm。

②操作步骤

a. 试样制备

(a) 将静置后的样品搅拌均匀，在不混入气泡的情况下倒入规定的模具中涂覆。为方便脱模，在涂覆前模具表面可用硅油或液体蜡进行处理。试件制备时至少分三次涂覆，后道涂覆应在前道涂层成膜后进行，在 72h 以内使涂膜厚度达到 2.0±0.2mm。制备好的试样在标准条件下养护 168h，脱模后，再经 50±2℃ 干燥箱中烘 24h，取出后在标准条件下放置 4h 以上。

(b) 检查涂膜外观，试样表面应光滑平整、无明显气泡。脱模后切取 150mm×150mm 的试件三块。

b. 将试件在标准条件下放置 1h，并在标准条件下将洁净的自来水注入不透水试验仪中至溢满，开启进水阀，接着加水压，使贮水罐的水流出，清除空气。

c. 将试件涂层面迎水置于不透水仪的圆盘上，再在试件上加一块相同尺寸，孔径为 0.2mm 的铜丝网布启动压紧，开启进水阀，关闭总水阀，施加压力到规定值，保持该压力 30min。卸压，取下试件，观察有无渗水现象。

③结果判定

记录每个试件有无渗水现象。

(5) 聚合物水泥防水涂料不透水性的检测

①仪器设备

不透水仪；

涂膜模具：如图 3-64；

铜丝网布：孔径为 0.2mm。

②操作步骤

a. 试样制备。将在标准条件下放置后的样品按生产厂指定的比例分别称取适量液体和固体组份，混合后机械搅拌 5min，倒入模具中涂覆，注意勿混入气泡。为方便脱模，模具表面可用硅油或石蜡进行处理。试样制备时分二次或三次涂覆，后道涂覆应在前道涂层实干后进行，在 72h 之内使试样厚度达到 1.5±0.2mm。试样脱模后在标准条件下放置 168h，然后在 50±2℃ 干燥箱中处理 24h，取出后置于干燥器中，在标准条件下至少放置 2h。

b. 切取 150mm×150mm 的试件三块。

c. 在标准条件下将洁净的自来水注入不透水试验仪中至溢满，开启进水阀，接着加水压，使贮水罐的水流出，清除空气。

d. 将试件涂层面迎水置于不透水仪的圆盘上，再在试件上加一块相同尺寸，孔径为 0.2mm 的铜丝网布启动压紧，开启进水阀，关闭总水阀，施加压力到 0.3MPa，保持该压力 30min。卸压，取下试件，观察有无渗水现象。

③结果判定

记录每个试件无渗水现象。

8. 干燥时间的检测

（1）聚合物乳液建筑防水涂料干燥时间的检测

①仪器设备

秒表：分度为 0.2s；

线棒涂布器：250μm；

其他：铝板（50mm×120mm×1mm）、单面保险刀片。

②操作步骤

a. 表干时间的测定

（a）在标准条件下，将试样搅匀后用线棒涂布器在铝板上制膜，不允许有空白，记录涂膜结束的时间；

（b）经过若干时间后，在距膜面边缘不小于 10mm 的范围，以手指轻触涂膜表面如感到有些发黏，但无涂料粘在手指上即为表干，记下时间。

b. 实干时间的测定

（a）在标准条件下，将试样搅匀后用线棒涂布器在铝板上制膜，不允许有空白，记录涂膜结束的时间；

（b）用单面保险刀片切割涂膜，若底层及膜内均无粘着现象，则认为实干，记下涂膜达到实干所用的时间，即为实干时间。

（2）聚合物水泥防水涂料干燥时间的检测

①仪器设备

秒表：分度为 0.2s；

天平：感量 0.1g；

其他：软毛刷、铝板（50mm×120mm×1mm）、单面保险刀片。

②操作步骤

a. 样板的制备

将在标准条件下放置后的样品按生产厂指定的比例分别称取适量液体和固体组份，混合后机械搅拌 5min，涂刷于铝板上制备涂膜，涂料用量 8±1g。涂膜不允许有空白，记录涂刷结束的时间。

b. 表干时间的测定

经过若干时间后，在距膜面边缘不小于 10mm 的范围，以手指轻触涂膜表面如感到有些发粘，但无涂料粘在手指上，即为表干，记下时间。

c. 实干时间的测定

用单面保险刀片切割涂膜，若底层及膜内均无粘着现象，则认为实干，记下涂膜达到实干所用的时间，即为实干时间。

（3）聚氨酯防水涂料、水乳型沥青防水涂料干燥时间的测定

①仪器设备

秒表：分度为 0.2s；

天平：感量 0.1g；

其他：软毛刷、铝板（50mm×120mm×1mm）、单面保险刀片。

②操作步骤

a. 表干时间的测定

（a）在标准条件下，将试样搅匀后涂刷于铝板上制备涂膜，涂膜用量为 0.5kg/m²，不允许有空白，记录涂刷结束的时间。

（b）经过若干时间后，在距膜面边缘不小于 10mm 的范围以手指轻触涂膜表面如感到有些发粘，但无涂料粘在手指上，即为表干，记下时间，对于表面有组分渗出的样品，以实干时间作为表干时间的试验结果。

b. 实干时间的测定

（a）在标准条件下，将试样搅匀后涂刷于铝板上制备涂膜，涂膜用量为 0.5kg/m²，不允许有空白，记录涂刷结束的时间；

（b）用单面保险刀片切割涂膜，若底层及膜内均无粘着现象，则认为实干，记下涂膜达到实干所用的时间，即为实干时间。

9. 加热伸缩率的检测（聚合物乳液建筑防水涂料，聚氨酯防水涂料）

(1) 仪器设备

电热鼓风干燥箱：控温精度 ±2℃；

直尺：精度为 0.5mm；

其他：涂膜模具（如图 3-64）、平板玻璃。

(2) 操作步骤

按拉伸性能检测同样方法制备涂膜，脱模后切取三块 300mm×30mm 的试件，将试件在标准条件下放置 24h 以上，并用直尺量出试件长度，然后将试件平放在撒有滑石粉的平板玻璃上一起水平放入电热鼓风干燥箱中，于 80±2℃下恒温 168h 后取出，在标准条件下放置 4h 以上，然后再测定试件的长度，精确至 0.5mm。

(3) 数据处理与结果判定

加热伸缩率按下式计算：

$$\Delta S = \frac{S_1 - S_0}{S_0} \times 100 \qquad (3-247)$$

式中 $\Delta S$——加热伸缩率（%）；

$S_0$——加热处理前的试件长度（mm）；

$S_1$——加热处理后的试件长度（mm）。

试验结果取 2 位有效数字，并以三个试件的算术平均值表示。

10. 撕裂强度的检测（聚氨酯防水涂料）

(1) 仪器设备

拉力试验机：精度 1%；

冲片机；

厚度计；

夹持器：夹持器是具有随张力的增加而自动夹紧试样并对其施加均匀压力的装置；

涂膜模具：如图 3-64。

(2) 操作步骤

①按拉伸性能检测同样方法制膜后，用冲片机切割涂膜，制得符合 GB/T529—1999 中 5.1.2 规定的无割口直角形试件。

②按照 GB/T5723 规定，测量试样撕裂区域的厚度不得少于三点，取中位数。厚度值不得偏

离所取中位数的2%。如果多组试样进行比较，则每一组试样厚度中位数必须在各组试样厚度中位数的7.5%范围内。

③将试样延轴向对准拉伸方向分别夹入上下夹持器一定深度，以保证在平行的位置上充分均匀的夹紧。

④将试样置于拉力试验机的夹持器上，按规定的速度对试样进行拉伸，直至试样撕断。记录其最大力值。

(3) 数据处理与结果判定

撕裂强度 $T_S$ 按下式计算：

$$T_S = \frac{F}{d} \tag{3-248}$$

式中　$T_S$——撕裂强度（kN/m）；
　　　$F$——试样撕裂时所需的力（N）；
　　　$d$——试样厚度中位数（mm）。

试验结果以每个方向试样的中位数和最大最小值表示，数值准确到整数位。

11. 定伸时老化的检测（聚氨酯防水涂料）

(1) 仪器设备

电热鼓风干燥箱：精度±2℃；

厚度计：接触面直径6mm，单位面积压力0.02MPa，分度值0.01mm；

定伸保持器：能使试件标线间距离拉伸100%以上；

8倍放大镜；

氙弧灯老化试验箱：符合GB/T18244—2000要求；

其他：冲片机、裁刀、釉面砖。

(2) 操作步骤

①试件制备

按拉伸性能检测同样方法制备涂膜后，用冲片机切割涂膜，制得符合GB/T528规定的哑铃Ⅰ型试件6个，其中三个进行加热老化检测，另三个进行人工气候老化检测。

②加热老化

将试件夹在定伸保持器上，并使试件的标线间距离从25mm拉伸至50mm，在标准试验条件下放置24h。然后将夹有试件的定伸保持器放入烘箱，加热温度为80±2℃，水平放置168h后取出。再在标准试验条件下放置4h，观测定伸保持器上的试件有无变形，并用8倍放大镜检查试件有无裂纹。

③人工气候老化

将试件夹在定伸保持器上，并使试件的标线间距离从25mm拉伸至37.5mm，在标准试验条件下放置24h。然后将夹有试件的定伸保持器放入符合GB/T18244—2000中第6章要求的氙弧灯老化试验箱中，试验250h后取出。再在标准试验条件下放置4h，观测定伸保持器上的试件有无变形，并用8倍放大镜检查试件有无裂纹。

(3) 结果判定

分别记录每个试件有无变形、裂纹。

12. 热处理、酸处理、碱处理检测（聚氨酯防水涂料）

(1) 仪器设备：

拉力试验机：示值精度不低于1%；

切片机及符合GB/T528规定的哑铃状Ⅰ型裁刀；

厚度计：接触面直径 6mm，单位面积压力 0.02MPa，分度值 0.01mm；

低温箱：能达到 -40℃，精度 ±2℃；

电热鼓风干燥箱：控温精度 ±2℃。

(2) 操作步骤：

①试件制备

按拉伸性能检测同样方法制备涂膜后，用切片机切割涂膜，制得符合 GB/T528 规定的哑铃Ⅰ型试件 15 个（用于拉伸强度检测），100mm×25mm 的试件 9 个（用于低温弯折性检测）。

②热处理

将试件在标准条件下放置至少 2h，然后用直尺在试件上划好两条间距 25mm 的平行标线，将划好标线的试件平放在釉面砖上，放入电热鼓风干燥箱内，试件与箱壁间距不得少于 50mm，试件的中心应与温度计水银球在同一水平位置上，于 80±2℃ 下恒温 168h 后取出，然后用厚度计测出试件标线中间和两端三点的厚度，取其算术平均值作为试样厚度，装在拉伸试验机夹具之间，夹具间标距为 70mm，以 500mm/min 拉伸速度拉伸试件至断裂，记录试件断裂时的最大荷载，并量取此时试件标线间距离（$L_1$），精确至 0.1mm。测试五个试件，若有试件断裂在标线外，其结果无效，应采用备用件补做。

③碱处理

温度为 23±2℃ 时，在 GB/T629 规定的化学纯 0.1%NaOH 溶液中，加入氢氧化钙试件，使之达到饱和状态，在 600mL 该溶液中放入五个试件，液面应高出试件表面 10mm 以上，连续浸泡 168h 后取出，充分用水冲洗，用干布擦干，并在标准条件下，放置 4h 以上。

用直尺在试件上划好两条间距 25mm 的平行标线，并用厚度计测出试件标线中间和两端三点的厚度，取其算术平均值作为试样厚度，装在拉伸试验机夹具之间，夹具间标距为 70mm，以 500mm/min 拉伸速度拉伸试件至断裂，记录试件断裂时的最大荷载，并量取此时试件标线间距离（$L_1$），精确至 0.1mm。测试五个试件，若有试件断裂在标线外，其结果无效，应采用备用件补做。

④酸处理

温度为 23±2℃ 时，在 600mLGB/T625 规定的化学纯 2%硫酸溶液中，放入五个试件，液面应高出试件表面 10mm 以上，连续浸泡 168h 后取出，充分用水冲洗，用干布擦干，并在标准条件下放置 4h 以上，然后用直尺在试件上划好两条间距 25mm 的平行标线，并用厚度计测出试件标线中间和两端三点的厚度，取其算术平均值作为试样厚度，装在拉伸试验机夹具之间，夹具间标距为 70mm，以 500mm/min 拉伸速度拉伸试件至断裂，记录试件断裂时的最大荷载，并量取此时试件标线间距离（$L_1$），精确至 0.1mm，测试五个试件，若有试件断裂在标线外，其结果无效，应采用备用件补做。

(3) 数据处理与结果判定：

拉伸强度按式 3-243 计算；断裂伸长率按式 3-245 计算，试验结果取 3 位有效数字，并以五个试件的算术平均值表示。

(4) 将试件进行热处理、酸处理、碱处理后再进行低温弯折性检测，检测其经过处理后低温弯折性是否合格。

13. 人工气候老化的检测（聚氨酯防水涂料）

(1) 仪器设备

拉力试验机：示值精度不低于 1%；

冲片机及符合 GB/T528 规定的哑铃状Ⅰ型裁刀；

厚度计：接触面直径 6mm，单位面积压力 0.02MPa，分度值 0.01mm；

氙弧灯老化试验箱：符合 GB/T18244—2000 要求。

(2) 操作步骤

①试件制备

按拉伸性能检测同样方法制备涂膜后，用切片机切割涂膜制得符合 GB/T528 规定的哑铃 I 型试件 5 件（用于处理后拉伸性能检测）100mm×25mm 试件 3 个（用于处理后低温弯折性的检测）。

②人工气候老化

将试件放入符合 GB/T18244—2000 中第 6 章要求的氙弧灯老化试验箱中，试验累计辐照能量为 1500MJ/m$^2$（约 720h）后取出，再在标准试验条件下放置 4h。

③人工气候老化后拉伸性能的检测

用直尺在试件上划好两条间距 25mm 的平行标线，并用厚度计测出试件标线中间和两端三点的厚度，取其算术平均值作为试样厚度，装在拉伸试验机夹具之间，夹具间标距为 70mm，以 500mm/min 拉伸速度拉伸试件至断裂，记录试件断裂时的最大荷载，并量取此时试件标线间距离（$L_1$），精确至 0.1mm。测试五个试件，若有试件断裂在标线外，其结果无效，应采用备用件补做。

④人工气候老化后，低温柔性的检测

同低温柔性检测方法

(3) 数据处理与结果判定

①拉伸强度按式（3-243）计算；

②断裂伸长率按式（3-245）计算。

试验结果取 3 位有效数字，并以五个试件的算术平均值表示。

14．恢复率检测（聚氯乙烯弹性防水涂料）

(1) 仪器设备

拉伸试验机：测量范围 0~500N，拉伸速度 0~500mm/min；

游标卡尺：精度为 0.02mm；

电炉；

切片机及符合 GB528 中 4.1 条规定的哑铃状 I 型裁刀；

其他：模框、玻璃底板、隔离剂、釉面砖。

(2) 操作步骤

①试件制备

a．试样：试样需经塑化或熔化后制备试件。J 型试样塑化时，边搅拌、边加热，温度至 135±5℃时，保持 5min。降温至 120±5℃时注模；G 型试样加热温度为 120±5℃，熔化均匀后立即注模。

注：当冬季室温较低时，注模前可将涂好隔离剂的玻璃底板放在 60℃左右烘箱内预热 30min 后趁热注模。

b．应分片浇注成型，每片尺寸不小于 180mm×120mm×3mm。将模框居中放置在涂有隔离剂的玻璃底板上，并用透明胶带固定。制备好的试件，必须在室温条件下放置 24h，标准试验条件下放置 2h 后拆模。拆模后将脱模的试片平放在撒有滑石粉的软木板上，同时裁取至少 5 片哑铃形试件，平放于撒有滑石粉的釉面砖上，每次裁样时裁刀上应沾有滑石粉。

②以浅色广告画颜料标记间距 25mm 的两条平行标线（$L_0$），并用精度 0.02mm 的游标卡尺测量间距值。

③将试件在标准条件下静置 1h，然后安装在拉伸试验机夹具之间，试件两端垫油毡原纸以

防污染试验机夹具,不得歪扭,拉伸速度调整为50mm/min,夹具间标距为70mm。

把试件拉伸至延伸率100%（$L_1$）时,保持5min,然后取下试件,平移至撒有滑石粉的釉面砖上,在标准试验条件下停放1h,用精度为0.02mm的游标卡尺测量两标线间的距离（$L_2$）。

（3）数据处理与结果判定

按下式计算恢复率：

$$S = \frac{L_1 - L_2}{L_1 - L_0} \times 100 \tag{3-249}$$

式中　　$S$——恢复率（%）；

$L_1$——100%延伸率时的标线间距离（mm）；

$L_2$——100%延伸率恢复后的标线间距离（mm）；

$L_0$——拉伸前标线间距离（mm）。

试验结果取5个试件的算术平均值,精确至0.1%。

15. 密度的检测（聚氯乙烯弹性防水涂料）

（1）仪器设备

金属环：用黄铜或不锈钢制成。高12mm,内径65mm,厚2mm。环的上表面和下表面要平整光滑,与上板和下板密封良好；

上板和下板：用玻璃板,表面平整,与金属环密封良好。上板上有V形缺口,上板厚度为2mm,下板为3mm,尺寸均为85mm×85mm；

天平：感量0.1g；

电炉；

滴定管：容量50mL。

（2）操作步骤

①试样的塑化或熔化

试样需经塑化或熔化,J型试样塑化时,边搅拌、边加热,温度至135±5℃,保持5min,降温至120±5℃注模；G型试样加热温度为120±5℃,熔化均匀后立即注模。

②金属环容积的标定

将环置于下板中部,与下板密切接合,为防止滴定时漏水,可用密封材料等密封下板与环的接缝处,用滴定管往金属环中滴注约23℃的水,即将满盈时盖上上板,继续滴注水,直至环内气泡消除。从滴定管的读数差求取金属环的容积V（mL）。

③质量的测定

把金属环置于下板中部,测定其质量$m_0$。在环内填充试样,将试样在环和下板上填嵌密实,不得有空隙,一直填充到金属环的上部,然后用刮刀沿环上部刮平,测定质量$m_1$。

④试样体积的校正

对试样表面出现凹陷的试件应采取以下步骤进行体积校正：

将上板小心盖在填有试样的环上,上板的缺口对准试样凹陷处,用滴定管往试样表面的凹陷处滴注水,直至环内气泡全部消除,从滴定管的读数差求取样试样表面凹陷处的容积$V_c$（mL）。

（3）数据处理与结果判定

密度按下式计算,取三个试件的平均值：

$$\rho = \frac{m_1 - m_0}{V - V_c} \tag{3-250}$$

式中　　$\rho$——密度（g/cm³）；

$V$——金属环的容积（cm³或mL）

$m_0$——下板和金属环的质量（g）；

$m_1$——下板、金属环及试样的质量（g）；

$V_c$——试样凹陷处的容积（cm³或 mL）。

16. 抗裂性的检测（溶剂型橡胶沥青防水涂料）

（1）仪器设备

电热鼓风干燥箱：控温精度 ±2℃；

抗裂性试件基板：水泥和砂按 1:3 制成水泥砂浆，中间夹一层钢丝网制成尺寸为 200mm×100mm×10mm 的钢丝网水泥砂浆板三块，在室温下养护 28d 后备用；

涂膜抗裂性测定仪；

放大镜：放大倍数为 8 倍；

电平：感量 1g。

（2）操作步骤

称取搅拌均匀的试样 30g，涂抹于抗裂性试件基板上的一面两边，每边涂刷面积为 200mm×30mm。将试样置于 40±2℃干燥箱内 24h 后取出，试样涂膜面向上放在测定仪的位架上，调整底部螺杆使三角刀刃与试件底部成垂直方向接触，然后缓缓转动螺杆的手柄，使试件渐渐产生裂纹，用 8 倍放大镜观察试件裂纹宽度达到规定值时，涂膜是否开裂。

（3）结果判定

三个试件的涂膜均不开裂，则抗裂性合格。

18. 抗渗性的检测（聚合物水泥防水涂料）

（1）仪器设备

砂浆渗透试验仪：SS15 型；

水泥标准养护箱（室）：控温 20±1℃，相对湿度不小于 90%；

金属试模：截锥带底圆模，上口直径 70mm，下口直径 80mm，高 30mm；

其他：捣棒、抹刀。

（2）操作步骤

①试件制备

a. 砂浆试件的制备

按照 GB/T2419 规定确定砂浆的配比和用量，并以砂浆试件在 0.3MPa~0.4MPa 压力下透水为准，确定水灰比。每组试验制备三个试件，脱模后放入 20±2℃的水中养护 7d。取出待表面干燥后，用密封材料密封装入渗透仪中进行砂浆试件的抗渗试验。水压从 0.2MPa 开始，恒压 2h 后增至 0.3MPa，以后每隔 1h 增加 0.1MPa。直至三个试件全部透水。

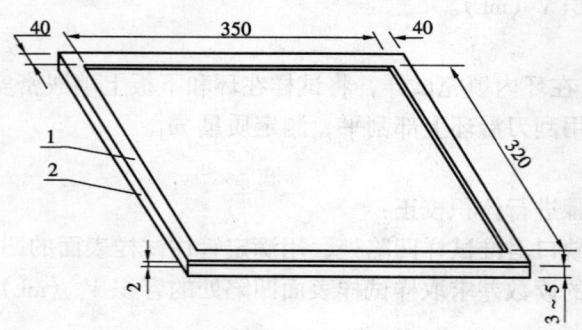

图 3-64 涂膜模具

1—模型不锈钢板；2—普通平板玻璃

b. 涂膜抗渗试件的制备

从渗透仪上取下已透水的砂浆试件，擦干试件上口表面水渍，将待测涂料样品按生产厂指定的比例分别称取适量液体和固体组份，混合后机械搅拌 5min。在三个试件的上口表面（背水面）均匀涂抹混合好的试样，第一道 0.5~0.6mm 厚。待涂膜表面干燥后再涂第二道，使涂膜总厚度为 1.0mm~1.2mm。待第二道涂膜表干后，将制备好的抗渗试件放入水泥标准养护箱（室）中放置168h，养护条件为：温度20±1℃，相对湿度不小于90%。

②将抗渗试件从养护箱中取出，在标准条件下放置，待表面干燥后装入渗透仪，按砂浆试件制备同样的加压程序进行涂膜抗渗试件的抗渗试验。当三个抗渗试件中有两个试件上表面出现透水现象时，即可停止该组试验，记录当时水压（MPa）。当抗渗试件加压至1.5MPa、恒压1h还未透水，应停止试验。

（3）结果判定

涂膜抗渗性试验结果应报告三个试件中二个未出现透水时的最大水压力（MPa）。

### 五、实例

对某Ⅱ型聚合物水泥防水涂料进行拉伸性能检测，5个试件测得的宽度、厚度分别为6.0mm，1.40mm、6.0mm，1.42mm、6.0mm，1.41mm、6.0mm，1.42mm、6.0mm，1.41mm。试件断裂时的最大荷载为19.4N、18.0N、19.2N、18.4N、19.0N；断裂时标线间距离为53.1mm、55.0mm、61.2mm、60.0mm、54mm，计算此涂料的拉伸强度值，并对其进行判定。

**解：** 拉伸强度 $P = \dfrac{F}{b \cdot d}$

第一块试件 $P_1 = \dfrac{19.4}{6.0 \times 1.40} = 2.309 \text{ MPa}$

同样原理 $P_2 = \dfrac{18.0}{6.0 \times 1.42} = 2.113 \text{ MPa}$

$P_3 = \dfrac{19.2}{6.0 \times 1.41} = 2.269 \text{ MPa}$

$P_4 = \dfrac{18.4}{6.0 \times 1.42} = 2.160 \text{ MPa}$

$P_5 = \dfrac{19.0}{6.0 \times 1.41} = 2.246 \text{ MPa}$

平均值 = 2.22MPa > 1.8MPa，合格。

断裂伸长率 $L = \dfrac{L_1 - 25}{25} \times 100\%$

第一块试件 $L = 112.4\%$

第二块试件 $L = 120.0\%$

第三块试件 $L = 144.8\%$

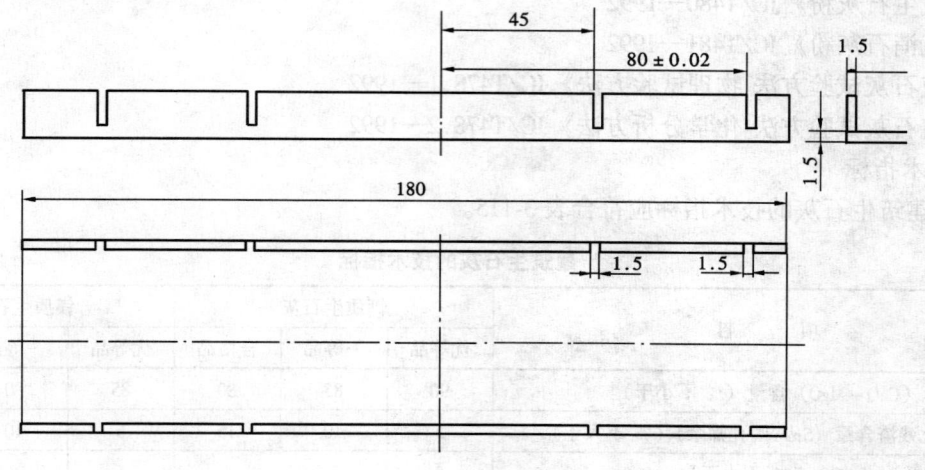

图3-65 不锈钢槽板

第四块试件 $L = 140.0\%$
第五块试件 $L = 116.0\%$
平均值 $= 127\% > 80\%$，合格。

**思考题**
1. 防水涂料检测的环境条件要求？
2. 防水涂料的固体含量如何检测？
3. 防水涂料进行耐热性检测时，若有 1 块试件表面有流淌现象，如何判定？
4. 防水涂料进行低温柔性检测时，若有 1 块试件表面出现裂纹，如何判定？
5. 防水涂料的干燥时间如何检测？
6. 聚氨酯防水涂料拉伸强度检测，结果取几位有效数字？
7. 防水涂料进行不透水性检测时，若有 1 个试件出现渗水现象，如何判定？
8. 防水涂料进行粘结强度检测时，如何制作"8"字砂浆块？如何进行粘结强度的检测？

**参考文献**
湖南大学，天津大学，同济大学，东南大学合编．建筑材料（第四版）．北京：中国建筑工业出版社．1997

## 第十六节 建 筑 石 灰

### 一、概念

石灰的用途非常广泛，在建筑工程和建筑材料工业中，它是应用最广泛的原材料之一，主要用于粉刷和砌筑砂浆中。

石灰是一种气硬性胶凝材料，它是将以碳酸钙为主要成分的原料，经过适当的煅烧，尽可能分解和排出二氧化碳后得到的成品。制造石灰的原料主要有：石灰石、大理石、白垩以及电石渣等。在低于烧结温度下煅烧的石灰称为生石灰。以生石灰为原料，经研磨所制得的石灰粉称为生石灰粉。以生石灰为原料，经水化和加工所制得的石灰粉称为消石灰粉。

### 二、检测依据

1. 标准名称及代号

《建筑生石灰》JC/T479—1992
《建筑生石灰粉》JC/T480—1992
《建筑消石灰粉》JC/T481—1992
《建筑石灰试验方法 物理试验方法》JC/T478.1—1992
《建筑石灰试验方法 化学分析方法》JC/T478.2—1992

2. 技术指标

（1）建筑生石灰的技术指标应符合表 3-115。

建筑生石灰的技术指标　　　　　表 3-115

| 项　目 | 钙质生石灰 | | | 镁质生石灰 | | |
| --- | --- | --- | --- | --- | --- | --- |
| | 优等品 | 一等品 | 合格品 | 优等品 | 一等品 | 合格品 |
| （CaO+MgO）含量（% 不小于） | 90 | 85 | 80 | 85 | 80 | 75 |
| 未消化残渣含量（5mm 圆孔筛余）（% 不大于） | 5 | 10 | 15 | 5 | 10 | 15 |
| $CO_2$（% 不大于） | 5 | 7 | 9 | 6 | 8 | 10 |
| 产浆量（L/kg 不小于） | 2.8 | 2.3 | 2.0 | 2.8 | 2.3 | 2.0 |

(2) 建筑生石灰粉的技术指标应符合表 3-116。

建筑生石灰粉的技术指标　　　　表 3-116

| 项目 | | 钙质生石灰 | | | 镁质生石灰 | | |
|---|---|---|---|---|---|---|---|
| | | 优等品 | 一等品 | 合格品 | 优等品 | 一等品 | 合格品 |
| ($CaO+MgO$) 含量 (% 不小于) | | 85 | 80 | 75 | 80 | 75 | 70 |
| $CO_2$ (% 不大于) | | 7 | 9 | 11 | 8 | 10 | 12 |
| 细度 | 0.90mm 筛的筛余 (%不大于) | 0.2 | 0.5 | 1.5 | 0.2 | 0.5 | 1.5 |
| | 0.125mm 筛的筛余 (%不大于) | 7.0 | 12.0 | 18.0 | 7.0 | 12.0 | 18.0 |

(3) 建筑消石灰粉的技术指标应符合表 3-117。

建筑消石灰粉的技术指标　　　　表 3-117

| 项目 | | 钙质消石灰粉 | | | 镁质消石灰粉 | | | 白云石消石灰粉 | | |
|---|---|---|---|---|---|---|---|---|---|---|
| | | 优等品 | 一等品 | 合格品 | 优等品 | 一等品 | 合格品 | 优等品 | 一等品 | 合格品 |
| ($CaO+MgO$) 含量 (% 不小于) | | 70 | 65 | 60 | 65 | 60 | 55 | 65 | 60 | 55 |
| 游离水 (%) | | 0.4~2 | 0.4~2 | 0.4~2 | 0.4~2 | 0.4~2 | 0.4~2 | 0.4~2 | 0.4~2 | 0.4~2 |
| 体积安定性 | | 合格 | 合格 | — | 合格 | 合格 | — | 合格 | 合格 | — |
| 细度 | 0.90mm 筛的筛余 (%不大于) | 0 | 0 | 0.5 | 0 | 0 | 0.5 | 0 | 0 | 0.5 |
| | 0.125mm 筛的筛余 (%不大于) | 3 | 10 | 15 | 3 | 10 | 15 | 3 | 10 | 15 |

### 三、建筑石灰的检测方法

1. 物理性能检测

建筑石灰的物理性能检测依据《建筑石灰试验方法 物理试验方法》(JC/T478.1—1992)，常规检测包括以下几个方面：

(1) 细度的检测

①仪器设备

试验筛：符合 GB6003 规定，$R_{20}$ 主系列 0.900mm、0.125mm 一套；

天平：称量为 100g，分度值 0.1g；

羊毛刷：4 号。

②操作步骤

称取 50g 试样，倒入 0.900mm、0.125mm 方孔套筛内进行筛分。筛分时一只手握住试验筛，并用手轻轻敲打，在有规律的间隔中，水平旋转试验筛，并在固定的基座上轻敲试验筛，用羊毛刷轻轻地从筛上面刷，直至 2min 内通过量小于 0.1g 为止。分别称量筛余物质量 $m_1$、$m_2$。

③数据处理

用下式计算生石灰粉或消石灰粉的细度，计算结果保留小数点后两位。

$$X_1 = \frac{m_1}{m} \times 100 \quad (3\text{-}251)$$

$$X_2 = \frac{m_1 + m_2}{m} \times 100 \quad (3\text{-}252)$$

式中　$X_1$——0.900mm 方孔筛筛余百分含量 (%)；

$X_2$——0.125 mm 方孔筛、0.900mm 方孔筛，两筛上的总筛余百分含量 (%)；

$m_1$——0.900mm 方孔筛筛余物质量 (g)；

$m_2$——0.125 mm 方孔筛筛余物质量 (g)；

$m$——样品质量 (g)。

(2) 产浆量、未消化残渣含量检测
①仪器设备
圆孔筛：孔径 5mm、20mm；
生石灰浆渣测定仪；
天平：称量 1000g，分度值 1g；
烘箱：最高温度 200℃。
其他：玻璃量筒 500mL、搪瓷盘、钢板尺（300mm）。
②试样制备
将 4kg 试样破碎全部通过 20mm 圆孔筛，其中小于 5mm 以下粒度的试样量不大于 30%，混均，备用，生石灰粉样混均即可。
③操作步骤
称取已制备好的生石灰试样 1kg 倒入装有 2500mL 20±5℃清水的筛筒（筛筒置于外筒内），盖上盖，静置消化 20min，用圆木棒连续搅动 2min，继续静置消化 40min，再搅动 2min。提起筛筒用清水冲洗筛筒内残渣，至水流不浑浊（冲洗用清水仍倒入筛筒内，水总体积控制在 3000mL），将残渣移入搪瓷盘内，在 100~105℃烘箱中，烘干至恒重，冷却至室温后用 5mm 圆孔筛筛分，称量筛余物，计算未消化残渣含量。浆体静置 24h 后，用钢板尺量出浆体高度（外筒内总高度减去筒口至浆面的高度）。
④数据处理
用下式分别计算产浆量和未消化残渣含量，计算结果保留小数点后两位。

$$X_3 = \frac{R^2 \cdot \pi \cdot H}{1 \times 10^6} \tag{3-253}$$

式中　$X_3$——产浆量（L/kg）；
　　　$\pi$——取 3.14；
　　　$H$——浆体高度（mm）；
　　　$R$——浆筒半径（mm）。

$$X_4 = \frac{m_3}{m} \times 100 \tag{3-254}$$

式中　$X_4$——未消化残渣含量（g）；
　　　$m_3$——未消化残渣质量（g）；
　　　$m$——样品质量（kg）。

(3) 消石灰粉体积安定性的检测
①仪器设备
天平：称量 200g、分度值 0.2g；
烘箱：最高温度 200℃；
其他：量筒（250mL）、牛角勺、蒸发皿（300mL）、石棉网板（外径 125mm，石棉含量 72%）。
②试验用水必须是 20±2℃清洁自来水
③操作步骤
称取试样 100g，倒入 300mL 蒸发皿内，加入 20±2℃清洁淡水约 120mL 左右，在 3min 内拌合成稠浆。一次性浇注于两块石棉网板上，其饼块直径 50~70mm，中心高 8~10mm。成饼后在室温下放置 5min 后，将饼块移至另两块干燥的石棉网板上，然后放入烘箱中加热到 100~105℃烘干 4h 取出。

④结果评定

烘干后饼块用肉眼检查无溃散、裂纹、鼓包称为体积安定性合格；若出现三种现象中之一者，表示体积安定性不合格。

(4) 消石灰粉游离水的检测

①仪器设备

天平：称量200g，分度值0.2g；

烘箱：最高温度200℃。

②操作步骤

称取试样100g，移入搪瓷盘内，在100~105℃烘箱中，烘干至恒重，冷却至室温后称量。

③数据处理

用下式计算消石灰粉的游离水百分含量：

$$X_5 = \frac{m - m_1}{m} \times 100 \tag{3-255}$$

式中 $X_5$——消石灰粉游离水（%）；

$m_1$——烘干后样品质量（g）；

$m$——样品质量（g）。

2. 化学性能检测

试样制备：将数量不少于100g的送检试样混匀以四分法缩取25g，在玛瑙钵内研细全部通过80μm方孔筛用磁铁除铁后，装入磨口瓶内供试验用。

总则：称取试样应准确至0.0002g；试验用水应是蒸馏水或去离子水，试剂为分析纯和优级纯；分析前，试样应于100~105℃烘箱中干燥2h；各项计算结果，应保留小数点后二位；分析同一试样时，应进行两次试验；做试样分析时，必须同时做烧失量的测定，容量分析应同时进行空白试验。

(1) 石灰结合水、二氧化碳含量、烧失量的检测

①仪器设备

分析天平：0~200g；

高温炉；

其他：瓷坩埚（30mL）、干燥器（内装变色硅胶或无水氯化钙）。

②操作步骤

准确称取1.0g试样，置于已恒重的瓷坩埚中，将盖斜置于坩埚上，放在高温炉中，由低温开始升高至580±20℃灼烧2h，取出稍冷，放入干燥器内冷却至室温称量，反复灼烧至恒重。再将试样放入950~1000℃高温炉中，灼烧1h，取出稍冷，放入干燥器内冷却至室温称量，如此反复操作至恒重（每次灼烧约15min）。

③数据处理

用下式计算石灰结合水、二氧化碳含量、烧失量：

$$X_6 = \frac{m - m_1}{m} \times 100 \tag{3-256}$$

$$X_7 = \frac{m_1 - m_2}{m} \times 100 \tag{3-257}$$

$$X_8 = \frac{m - m_2}{m} \times 100 \tag{3-258}$$

式中 $X_6$、$X_7$、$X_8$——结合水百分含量、二氧化碳百分含量、烧失量（%）；

$m_1$——在 580±20℃灼烧后试样质量（g）；

$m_2$——在 950~1000℃灼烧后试样质量（g）；

$m$——试样质量（g）。

(2) 酸不溶物的检测

①仪器设备

分析天平：0~200g；

高温炉；

干燥器：内装变色硅胶或无水氯化钙；

其他：瓷坩埚（30mL）、烧杯（250mL）、电炉。

②试剂

盐酸（1+5）：将 1 体积浓盐酸加入 5 体积水中，搅匀；

硝酸银溶液（10g/L）：将 1g AgNO₃ 溶于 90mL 水中，加入 5~10mL 硝酸，装入棕色瓶内。

③操作步骤

准确称取试样 0.5g，放入 250mL 烧杯中，用水润湿后盖上表面皿，慢慢加入 40mL 盐酸（1+5），待反应停止后，用水冲洗表面皿及烧杯壁并稀释至 75mL，加热煮沸 3~4min，用慢速滤纸过滤，以热水洗至无氯根为止（用硝酸银溶液检验），将不溶物和滤纸一起移入已恒重的坩埚中，灰化后，在 950~1000℃灼烧 30min，取出稍冷放在干燥器内冷却至室温称量，反复灼烧直至恒重。

④数据处理

用下式计算石灰酸不溶物百分含量。

$$X_9 = \frac{m_1}{m} \times 100 \tag{3-259}$$

式中 $X_9$——石灰酸不溶物百分含量（%）；

$m_1$——灼烧后酸不溶物质量（g）；

$m$——试样质量（g）。

(3) 二氧化硅含量的检测（氯化铵重量法）

①仪器设备

分析天平：0~200g；

高温炉；

其他：容量瓶（250mL）、铂金坩埚、瓷蒸发皿（150mL）、水浴锅、电炉、干燥器（内装变色硅胶或无水氯化钙）。

②试剂

a. 氯化铵（固体）；

b. 盐酸；

c. 硝酸；

d. 氢氟酸；

e. 焦硫酸钾（固体）；

f. 盐酸（1+1）：将 1 体积浓盐酸加入 1 体积水中搅匀；

g. 盐酸（3+97）：将 3 体积浓盐酸加入 97 体积水中搅匀；

h. 硫酸（1+4）：将 1 体积浓硫酸在搅拌下缓慢加入 4 体积水中。

③操作步骤

准确称取约 0.5000g 试样（$m_1$），置于铂金坩埚中，加入 0.3g 研细的无水碳酸钠，混匀，将铂金坩埚置于 950~1000℃ 高温炉内熔融 10min,取出冷却。

将熔融块倒入 150mL 瓷蒸发皿中,加入数滴水润湿,盖上表面皿,从皿口滴加 5mL 盐酸(1+1)及 2~3 滴硝酸,待反应停止后取下表面皿,用平头玻璃棒压碎块状物使试样充分分解,然后用胶头扫棒以盐酸(3+97)擦洗坩埚内壁数次。溶液合并于蒸发皿中(总体积不超过 20mL 为宜)。将蒸发皿置于沸水浴上,皿上放一玻璃三角架。再盖上表面皿。蒸发至糊状后,加入 1g 氯化铵,充分搅拌,继续在沸水浴上蒸发至近干(约 15min)。取下蒸发皿,加 20mL 热盐酸(3+97),搅拌,使可溶性盐类溶解。以中速定量滤纸过滤,用胶头扫棒以热盐酸(3+97)擦洗玻璃棒及蒸发皿,并洗涤沉淀 10~12 次,滤液及洗液保存在 250mL 容量瓶中。

在沉淀上加数滴硫酸(1+4),然后将沉淀连同滤纸一并移入已恒重的铂金坩埚中,先在电炉上低温烤干,再升高温度使滤纸充分灰化,再于 950~1000℃ 的高温炉内灼热 40min,取出坩埚,置于干燥器内冷却 10~15min,称量,如此反复灼烧,直至恒重,向坩埚内加数滴水润湿沉淀,再加 3 滴硫酸(1+4)和 5~7mL 氢氟酸,置于水浴上缓慢加热挥发,至开始逸出三氧化硫白烟时取下坩埚、稍冷。再加 2~3 滴硫酸(1+4)和 3~5mL 氢氟酸,继续加热挥发,至三氧化硫白烟完全逸尽。取下坩埚,放入 950~1000℃ 的高温炉内灼烧 30min,取出稍冷,放在干燥器内冷却至室温称量。如此反复灼烧直至恒重。

坩埚内残渣加入 0.5g 焦硫酸钾,在电炉上从低温逐渐加热至完全熔融,用热水和数滴盐酸(1+1)溶出,并入分离二氧化硅后得到的滤液中,用水稀释至标线摇匀,此溶液 A 供测铁、铝、钙、镁用。

④数据处理

用下式计算石灰中二氧化硅百分含量:

$$X_{10} = \frac{m_1 - m_2}{m} \times 100 \tag{3-260}$$

式中 $X_{10}$——石灰中二氧化硅的百分含量(%);

$m_1$——未经氢氟酸处理的沉淀和坩埚的质量(g);

$m_2$——经氢氟酸处理后的残渣和坩埚的质量(g);

$m$——试样质量(g)。

(4) 三氧化二铁含量的检测

①仪器设备

电热鼓风干燥箱:最高温度 300℃;

其他:滴定管(50mL)、移液管(50mL)、移液管(25mL)。

②试剂

a. 盐酸(1+1):将 1 体积浓盐酸加入 1 体积水中,搅匀;

b. 氨水(1+1):将 1 体积浓氨水加入 1 体积水中,搅匀;

c. 磺基水杨酸钠指示剂(100g/L):将 10g 磺基水杨酸钠溶于 100mL 水中;

d. 钙黄绿素—甲基百里香酚蓝—酚酞混合指示剂(CMP):将 1g 钙黄绿素,1g 甲基百里香酚蓝,0.2g 酚酞与 50g 已在 100~105℃ 烘干 2h 的硝酸钾混合研细,保存在磨口瓶中备用;

e. 碳酸钙标准溶液:准确称取约 0.6g 已在 100~105℃ 烘过 2h 的碳酸钙(高纯试剂),置于 400mL 烧杯中,加入约 100mL 水。盖上表面皿,沿杯口滴加盐酸(1+1)至碳酸钙全部溶解后,加热煮沸数分钟将溶液冷至室温,移入 250mL 容量瓶中,用水稀释至标线,摇匀;

f. EDTA(乙二胺四乙酸二钠)标准溶液(0.015mol/L):将 5.6g 乙二胺四乙酸二钠置于 400mL 烧杯中,加约 200mL 水,加热溶解,过滤。用水稀释至 1L。

g. 氢氧化钾溶液(200g/L):将 20g 氢氧化钾溶于 100mL 水中。

③EDTA（乙二胺四乙酸二钠）标准溶液标定方法

吸取 25mL 碳酸钙标准溶液放入 400mL 烧杯中，用水稀释至约 200mL。加入适量 CMP 混合指示剂，在搅拌下滴加氢氧化钾溶液（200g/L）至出现绿色荧光后，再过量 1~2mL，以（0.015mol/L）EDTA 标准溶液滴定至绿色荧光消失，并呈现红色，记录体积 $V_1$。

EDTA 标准溶液对三氧化二铁、三氧化二铝、氧化钙和氧化镁的滴定度按下式计算：

$$T_{Fe_2O_3} = \frac{C \times V_1}{V} \times 0.7977 \quad (3-261)$$

$$T_{Al_2O_3} = \frac{C \times V_1}{V} \times 0.5094 \quad (3-262)$$

$$T_{CaO} = \frac{C \times V_1}{V} \times 0.5603 \quad (3-263)$$

$$T_{MgO} = \frac{C \times V_1}{V} \times 0.4028 \quad (3-264)$$

式中　$T_{Fe_2O_3}$、$T_{Al_2O_3}$、$T_{CaO}$、$T_{MgO}$——每毫升 EDTA 标准溶液相当于三氧化二铁、三氧化二铝、氧化钙、氧化镁的毫克数；

　　　　$C$——每毫升碳酸钙标准溶液含碳酸钙的毫克数；

　　　　$V_1$——碳酸钙标准溶液的体积（mL）；

　　　　$V$——标定时消耗 EDTA 标准溶液的体积（mL）。

④试验方法

吸取 50mL 溶液 A，放入 300mL 烧杯中，加水稀释至约 100mL，用氨水（1+1）和盐酸（1+1）调解溶液的 pH 值至 1.8~2.0（用精密 pH 试纸检验）。将溶液加热至 70℃左右，加 10 滴磺基水杨酸钠指示剂（100g/L），以 EDTA 标准溶液（0.015mol/L）缓慢滴定至亮黄色或无色（终点时溶液温度在 60℃左右）。

⑤数据处理

用下式计算石灰中三氧化二铁百分含量：

$$X_{11} = \frac{T_{Fe_2O_3} \times V \times 5}{m \times 1000} \times 100 \quad (3-265)$$

式中　$T_{Fe_2O_3}$——每毫升 EDTA 标准溶液相当于三氧化二铁的毫克数；

　　　　$V$——滴定时消耗 EDTA 标准溶液的体积（mL）；

　　　　5——全部试样溶液与所取试样溶液的体积比；

　　　　$m$——试样质量（g）。

（5）三氧化二铝（含钛）含量的检测

①仪器设备：滴定管：50mL。

②试剂：

a. 乙酸-乙酸钠缓冲溶液（PH4.3）：称取 42.3g 无水乙酸钠溶于水中，加 80mL 冰乙酸，然后加入水稀释至 1L，摇匀。

b. 硫酸铜标准溶液（0.015mol/L）：将 3.7g 硫酸铜（$CuSO_4 \cdot 5H_2O$）溶于水中，加 4~5 滴硫酸（1+1），用水稀释至 1L，摇匀。

c. PAN 指示剂溶液（0.2%）：将 0.2g1-（2-吡啶偶氮）-2-苯酚（PAN）溶于 100mL 乙醇中。

d. EDTA 标准溶液（0.015mol/L）。

③EDTA 标准溶液与硫酸铜标准溶液体积比的标定：以滴定管缓慢放出 10~15mL（0.015mol/

L) EDTA 标准溶液于 400mL 烧杯中,用水稀释至约 200mL,加 15mL 乙酸-乙酸钠缓冲溶液 (PH4.3),然后加热至沸,取下稍冷,加 5~6 滴 PAN 指示剂,以硫酸铜标准溶液 (0.015mol/L) 滴定至亮紫色。

EDTA 标准溶液与硫酸铜标准溶液体积比 $K$ 按下式计算:

$$K = \frac{V_1}{V_2} \tag{3-266}$$

式中 $K$——每毫升硫酸铜标准溶液相当于 EDTA 标准溶液的毫升数;
$V_1$——EDTA 标准溶液体积 (mL);
$V_2$——滴定时消耗硫酸铜标准溶液体积 (mL)。

④操作步骤:在滴定铁后的溶液中,加入 10~15mL EDTA (0.015mol/L) 标准溶液,用水稀释至 200mL,将溶液加热至 70~80℃,加 15mL 乙酸-乙酸钠缓冲溶液 (PH4.3),煮沸 1~2min,取下稍冷,加 4~5 滴 PAN 指示剂,以硫酸铜标准溶液滴定至亮紫色为终点。

⑤数据处理:

用下式计算石灰中三氧化二铝百分含量:

$$X_{12} = \frac{T_{Al_2O_3} \times (V_1 - V_2 \cdot K) \times 5}{m \times 1000} \times 100 \tag{3-267}$$

式中 $X_{12}$——三氧化二铝的百分含量 (%);
$T_{Al_2O_3}$——每毫升 EDTA 标准溶液相当于三氧化二铝的毫克数;
$V_1$——加入 EDTA 标准溶液的体积 (mL);
$V_2$——滴定时消耗硫酸铜标准溶液的体积 (mL);
$K$——每毫升硫酸铜标准溶液相当于 EDTA 标准溶液的毫升数;
5——全部试样溶液与所取试样溶液的体积比;
$m$——试样质量 (g)。

(6) 氧化钙含量的检测

①仪器设备:

滴定管:50mL;

移液管:10mL;

②试剂:

a. 氟化钾溶液 (20g/L):将 2g 氟化钾溶于 100mL 水中,贮存在塑料瓶中;

b. 三乙醇胺 (1+2):将 1 体积三乙醇胺加入 2 体积水中,搅匀;

c. 氢氧化钾溶液 (200g/L):将 20g 氢氧化钾溶于 100mL 水中,搅匀;

d. EDTA 标准溶液 (0.015moL/L);

e. CMP 混合指示剂。

③操作步骤:吸取 10mL 溶液 A 放入 400mL 烧杯中,加入 4mL 氟化钾溶液 (20g/L),搅拌并放置 2min,用水稀释至约 250mL,加 3mL 三乙醇胺 (1+2) 及适量的 CMP 混合指示剂,在搅拌下加入氢氧化钾溶液 (200g/L) 至出现绿色荧光后再过量 5~8mL (此时溶液的 pH 值在 13 以上),用 EDTA 标准溶液 [c (EDTA) =0.015mol/L] 滴定至绿色莹光消失并呈现粉红色为终点。

④数据处理:

用下式计算石灰中氧化钙百分含量:

$$X_{13} = \frac{T_{CaO} \times V \times 25}{m \times 1000} \times 100 \tag{3-268}$$

式中 $X_{13}$——氧化钙的百分含量（%）；

　　　$T_{CaO}$——每毫升 EDTA 标准溶液相当于氧化钙的毫克数；

　　　　$V$——滴定时消耗 EDTA 标准溶液的体积（mL）；

　　　　25——全部试样溶液与所取试样溶液的体积比；

　　　　$m$——试样质量（g）。

（7）氧化镁含量试验

①仪器设备：

滴定管：50mL；

移液管：10mL；

②试剂：

a. 氟化钾溶液（20g/L）：将 2g 氟化钾溶于 100mL 水中，贮存在塑料瓶中；

b. 三乙醇胺（1+2）：将 1 体积三乙醇胺加入 2 体积水中，搅匀；

c. 酒石酸钾钠溶液（100g/L）：将 10g 酒石酸钾钠溶液溶于 100mL 水中，搅匀；

d. 酸性铬蓝 K – 萘酚绿 B（1:2.5）混合指示剂：称取 1g 酸性铬蓝 K，2.5g 萘酚绿 B 和 50g 已在 100~105℃烘箱干燥 2h 的硝酸钾混合研细，贮存在磨口瓶中备用；

e. EDTA 标准溶液（0.015mol/L）；

f. 氨水——氯化铵缓冲溶液（pH10）：称取 67.5g 氯化铵溶于 200mL 水中，加氨水 570mL，用水稀释至 1L。

③操作步骤：吸取 10mL 溶液 A 放入 400mL 烧杯中，加入 4mL 氟化钾（20g/L）溶液，搅拌并放置 2min，用水稀释至约 250mL，加 3mL 三乙醇胺（1+2）及 1mL 酒石酸钾钠（100g/L），然后加入 20mL 氨水—氯化铵缓冲溶液（PH10）及适量的酸性铬蓝 K—萘酚绿 B（1:2.5）混合指示剂，用 EDTA 标准溶液滴定 [c（EDTA）= 0.015mol/L] 至纯蓝色（近终点时应缓慢滴定）。

④数据处理：

用下式计算石灰氧化镁百分含量：

$$X_{14} = \frac{T_{MgO} \times (V_2 - V_1) \times 25}{m \times 1000} \times 100 \qquad (3\text{-}269)$$

式中 $X_{14}$——氧化镁的百分含量（%）；

　　　$T_{MgO}$——每毫升 EDTA 标准溶液相当于氧化镁的毫克数；

　　　　$V_2$——滴定钙、镁合量时消耗 EDTA 标准溶液的体积（mL）；

　　　　$V_1$——滴定钙时消耗 EDTA 标准溶液的体积（mL）；

　　　　25——全部试样溶液与所取试样溶液的体积比；

　　　　$m$——试样质量（g）。

（8）分析结果的允许误差范围（见表 3-118）

表 3-118

| 测试项目 | 含量,% | 室内允许差,% $a$ | 室内允许差,% $b$ |
|---|---|---|---|
| 烧失量 | — | 0.25 | — |
| SiO$_2$ | <2.0 | 0.10 | 0.15 |
| | 2.0~7.0 | 0.15 | 0.20 |
| | >7.0 | 0.20 | 0.30 |
| Fe$_2$O$_3$ | ≤0.5 | 0.05 | 0.10 |
| | >0.5 | 0.10 | 0.15 |

续表

| 测试项目 | 含量,% | 室内允许差,% $a$ | 室内允许差,% $b$ |
|---|---|---|---|
| $Al_2O_3 + TiO_2$ | ≤0.5 | 0.05 | 0.10 |
|  | >0.5 | 0.10 | 0.15 |
| CaO | >30 | 0.25 | 0.40 |
| 结合水 | — | 0.25 | — |
| MgO | <3 | 0.15 | 0.20 |
|  | 3~10 | 0.20 | 0.25 |
|  | >10 | 0.25 | 0.30 |
| $CO_2$ | ≤10 | 0.15 | 0.20 |
|  | >10 | 0.25 | 0.30 |

关于允许误差的几点说明：

①本表所列的允许误差均为绝对误差。

②同一分析人员采用本方法分析同一试样时，应分别进行两次试验，所得分析结果应符合表中 $a$ 项规定，如超出允许范围，须进行第三次测定，所得分析结果与前两次或任意一次分析结果之差符合表中 $a$ 项时，则取其平均值，否则，应查找原因，重新按上述规定进行分析。

③同一试验室的两个分析人员，采用本方法对同一试样各自进行分析时，所得分析结果的平均值之差应符合表中 $a$ 项规定，如超出允许范围，经第三者验证后与前二者或其中之一分析结果之差符合表中 $a$ 项规定时，取其平均值。

④两个试验室采用本方法对同一试样各自进行分析时，所分析结果的平均值之差应符合表中 $b$ 项规定。如有争议应商定另一单位进行仲裁分析，以仲裁单位报出的结果为准，与原分析结果比较，若两个分析结果之差符合表中 $b$ 项规定，则认为分析结果无误，若超差则认为不准确。

### 四、实例

生石灰检测中，配制 $CaCO_3$ 标准溶液时，称重 0.6425g，EDTA 标准溶液标定时消耗的体积是 39.8mL。检测 CaO、MgO 含量时，样品称重 0.5005g。滴定 CaO 时消耗的 EDTA 体积为 13mL，滴定（MgO + CaO）含量时，消耗的体积为 19.2mL，判定该生石灰中 CaO、MgO 含量，等级如何？

**解**：（1）先计算 $T_{CaO}$、$T_{MgO}$

$$T_{CaO} = \frac{\frac{642.5}{250} \times 25}{39.8} \times 0.5603 = 0.9045$$

$$T_{MgO} = \frac{\frac{642.5}{250} \times 25}{39.8} \times 0.4028 = 0.6502$$

（2）氧化钙的百分含量

$$X_5 = \frac{T_{CaO} \times V \times 25}{m \times 1000} \times 100 = \frac{0.9045 \times 13 \times 25}{0.5005 \times 1000} \times 100 = 58.73\%$$

（3）氧化镁的百分含量

$$X_6 = \frac{T_{MgO} \times (V_2 - V_1) \times 25}{m \times 1000} \times 100 = \frac{0.6502 \times (19.2 - 13) \times 25}{0.5005 \times 1000} \times 100 = 20.14\%$$

（4）结果判定

因为氧化镁的含量为 20.14%，大于 5%，所以属于镁质生石灰。MgO + CaO 含量为 58.73% + 20.14% = 78.87%，属于合格品。

**思考题**

1. 氧化镁含量大于24%小于30%属于何种消石灰粉？

2. 在生石灰粉测定中，钙镁合量消耗EDTA标准溶液体积为27.65mL，滴定钙消耗EDTA标准溶液体积为3.00mL，氧化镁滴定度为0.6087，氧化钙滴定度为0.8468，样品称重0.5002g，则该石灰样品氧化钙氧化镁含量为多少？属于哪种生石灰粉，等级多少？

3. 在细度试验中，样品称重50.0g，0.900mm筛余物质量为0.71g，0.125mm筛余物质量为2.7g，则该生石灰粉样品细度属于哪个等级？

4. 在消石灰粉体积安定性试验中，若烘干后的饼块出现裂纹，但无溃散、鼓包现象，体积安定性是否合格？

**参考文献**

湖南大学，天津大学，同济大学，东南大学合编．建筑材料（第四版）．北京：中国建筑工业出版社．1997

## 第十七节 粉 煤 灰

### 一、概念

粉煤灰是火力发电厂用煤粉作为发电的燃料所排出的废渣，是从煤粉炉烟道气体中通过除尘器收集的粉末。现分为F类和C类粉煤灰两种。

粉煤灰是一种量大面广的工业废料，其中含有较多的二氧化硅和三氧化二铝，它能与水泥水化生成的氢氧化钙作用，生成具有水硬性凝胶性能的化合物，通过粉煤灰的形态效应、活性效应、微骨料效应成为一种能改善混凝土性能的材料。

粉煤灰已成为现代混凝土不可或缺的重要组份得到愈来愈广泛的应用。

### 二、检测依据

1．标准名称及代号

《用于水泥和混凝土中的粉煤灰》GB/T1596—2005

《水泥化学分析方法》GB/T176—1996

《水泥胶砂强度检验方法（ISO法）》GB/T17671—1999

《水泥胶砂流动度检验方法》GB/T2419—2005

2．技术指标

（1）拌制混凝土和砂浆用粉煤灰应符合表3-119技术要求。

**拌制混凝土和砂浆用粉煤灰技术要求** 表3-119

| 项　　目 | | 技术要求 | | |
| --- | --- | --- | --- | --- |
| | | Ⅰ级 | Ⅱ级 | Ⅲ级 |
| 细度（45μm方孔筛筛余），不大于（%） | F类粉煤灰 | 12.0 | 25.0 | 45.0 |
| | C类粉煤灰 | | | |
| 需水量比，不大于（%） | F类粉煤灰 | 95 | 105 | 115 |
| | C类粉煤灰 | | | |
| 烧失量，不大于（%） | F类粉煤灰 | 5.0 | 8.0 | 15.0 |
| | C类粉煤灰 | | | |
| 含水量，不大于（%） | F类粉煤灰 | 1.0 | | |
| | C类粉煤灰 | | | |

续表

| 项　目 | | 技术要求 | | |
|---|---|---|---|---|
| | | Ⅰ级 | Ⅱ级 | Ⅲ级 |
| 三氧化硫，不大于（%） | F类粉煤灰 | 3.0 | | |
| | C类粉煤灰 | | | |
| 游离氧化钙，不大于（%） | F类粉煤灰 | 1.0 | | |
| | C类粉煤灰 | 4.0 | | |
| 安定性<br>雷氏夹沸煮后增加距离，不大于（mm） | C类粉煤灰 | 5.0 | | |

注：F类粉煤灰——由无烟煤或烟煤煅烧收集的粉煤灰。

　　C类粉煤灰——由褐煤或次烟煤煅烧收集的粉煤灰，其氧化钙含量一般大于10%。

（2）水泥活性混合材料用粉煤灰应符合表3-120技术要求。

**水泥活性混合材料用粉煤灰技术要求**　　　　　表3-120

| 项　目 | | 技术要求 |
|---|---|---|
| 烧失量，不大于（%） | F类粉煤灰 | 8.0 |
| | C类粉煤灰 | |
| 含水量，不大于（%） | F类粉煤灰 | 1.0 |
| | C类粉煤灰 | |
| 三氧化硫，不大于（%） | F类粉煤灰 | 3.5 |
| | C类粉煤灰 | |
| 游离氧化钙，不大于（%） | F类粉煤灰 | 1.0 |
| | C类粉煤灰 | 4.0 |
| 安定性<br>雷氏夹沸煮后增加距离，不大于（mm） | C类粉煤灰 | 5.0 |
| 强度活性指数，不小于（%） | F类粉煤灰 | 70.0 |
| | C类粉煤灰 | |

（3）技术指标如下：

放射性：合格。

碱含量：碱含量按 $Na_2O + 0.658K_2O$ 计算值表示，当粉煤灰用于活性骨料混凝土，要限制掺合料的碱含量时，由买卖双方协商确定。

均匀性：以细度（45μm方孔筛筛余）为考核依据，单一样品的细度不应超过前10个样品细度平均值的最大偏差，最大偏差范围由买卖双方协商确定。

### 三、取样及制备要求

样品制备：所取（或所送）样品，应充分搅拌均匀，放入干净、干燥、不易受污染的容器中，供进行各项技术指标的检验用。

### 四、试验方法

1. 细度试验

（1）仪器设备

负压筛析仪；

方孔筛：孔径45μm，内径为φ150mm，高度25mm；

天平：量程不小于50g，最小分度值不大于0.01g。

(2) 试验步骤

①将测试用粉煤灰样品置于温度为105℃~110℃烘干箱内烘至恒重，取出放在干燥器中冷却至室温。

注：恒重——系指相邻两次称量时间不大于3h的情况下，前后两次称量之差小于该项试验所要求的称量精度。（下同）

②称取试样约10g（G），准确至0.01g，倒入45μm方孔筛筛网上，将筛子置于筛座上，盖上筛盖。

③接通电源，将定时开关固定在3min，开始筛析。

④开始工作后，观察负压表，使负压稳定在4000Pa~6000Pa。若负压小于4000Pa，则应停机，清理收尘器中的积灰后再进行筛析。

⑤在筛析过程中，可用轻质木棒或硬橡胶棒轻轻敲打筛盖，以防吸附。

⑥3min后筛析自动停止，停机后观察筛余物，如出现颗粒成球、粘筛或有细颗粒沉积在筛框边缘，用毛刷将细颗粒轻轻刷开，将定时开关固定在手动位置，再筛1~3min直至筛分彻底为止。将筛网内的筛余物收集并称量（$G_1$），准确至0.01g。

(3) 数据处理

45μm方孔筛筛余按下式计算（精确至0.1%）：

$$F = K \times \left(\frac{G_1}{G}\right) \times 100 \tag{3-270}$$

式中 $F$——45μm方孔筛筛余（%）；

$G_1$——筛余物的质量（g）；

$G$——称取试样的质量（g）；

$K$——筛网校正系数。

(4) 筛网的校正

筛网的校正采用粉煤灰细度标准样品或其他同等级标准样品，按上述四.1.(2) 步骤测定标准样品的细度，筛网校正系数按下式计算（精确至0.1）：

$$K = \frac{m_0}{m} \tag{3-271}$$

式中 $K$——筛网校正系数；

$m_0$——标准样品筛余标准值（%）；

$m$——标准样品筛余实测值（%）。

注：① 筛网校正系数范围为0.8~1.2，若超出此范围，则该筛网报废。

② 筛析150个样品后进行筛网的校正。

2. 需水量比试验

(1) 仪器设备

天平：量程不小于1000g，最小分度值不大于1g；

搅拌机：符合GB/T17671—1999规定的行星式水泥胶砂搅拌机；

流动度跳桌：符合GB/T2419规定。

(2) 试验步骤

① 胶砂配比按表3-121

胶 砂 配 比 表   表3-121

| 胶砂种类 | 水泥（g） | 粉煤灰（g） | 标准砂（g） | 加水量（mL） |
|---|---|---|---|---|
| 对比胶砂 | 250 | — | 750 | 125 |
| 试验胶砂 | 175 | 75 | 750 | 按流动度达到130~140mm调整 |

注：1. 水泥：采用GSB14—1510强度检验用水泥标准样品。
   2. 标准砂：采用符合GB/T17671—1999规定的0.5mm~1.0mm的中级砂。

②试验胶砂的搅拌

试验胶砂用搅拌机进行机械搅拌。先使搅拌机处于待工作状态，然后按以下的程序进行操作：

把水加入锅里，再加入水泥和粉煤灰，把锅放在固定架上，上升至固定位置。

然后立即开动机器，低速搅拌30s后，在第二个30s开始的同时均匀地将砂子加入。把机器转至高速再拌30s。

停拌90s，在第1个15s内用一胶皮刮具将叶片和锅壁上的胶砂，刮入锅中间。在高速下继续搅拌60s。各个搅拌阶段，时间误差应在±1s以内。

③搅拌后的试验胶砂按四.2.④测定流动度，当流动度在130mm~140mm范围内，记录此时的加水量；当流动度小于130mm或大于140mm时，重新调整加水量，直至流动度达到130mm~140mm为止。

④ 流动度的测定

在制备胶砂的同时，用潮湿棉布擦拭跳桌台面、试模内壁、捣棒以及与胶砂接触的用具，将试模放在跳桌台面中央并用潮湿棉布覆盖。

将拌好的胶砂分两层迅速装入试模，第一层装至截锥圆模高度约三分之二处，用小刀在相互垂直两个方向各划5次，用捣棒由边缘至中心均匀捣压15次；随后，装第二层胶砂，装至高出截锥圆模约20mm，用小刀在相互垂直两个方向各划5次，再用捣棒由边缘至中心均匀捣压10次。捣压后胶砂应略高于试模。捣压深度，第一层捣至胶砂高度的二分之一，第二层捣至不超过已捣实底层表面。装胶砂和捣压时，用手扶稳试模，不要使其移动。

捣压完毕，取下模套，将小刀倾斜，从中间向边缘分两次以近水平的角度抹去高出截锥圆模的胶砂，并擦去落在桌面上的胶砂。将截锥圆模向上轻轻提起。立刻开动跳桌，以每秒钟一次的频率，在25s±1s内完成25次跳动。

流动度试验，从胶砂加水开始到测量扩散直径结束，应在6min内完成。

跳动完毕，用卡尺测量胶砂底面互相垂直的两个方向直径，计算平均值，取整数，单位为毫米（该平均值即为该加水量的胶砂流动度）。

(3) 数据处理

需水量比按下式计算（精确至1%）：

$$X = \left(\frac{L_1}{125}\right) \times 100 \tag{3-272}$$

式中　$X$——需水量比（%）；

$L_1$——试验胶砂流动度达到130~140mm时的加水量（mL）；

125——对比胶砂的加水量（mL）。

3. 烧失量试验

(1) 仪器设备

天平：不应低于四级，精确至0.0001g；

高温电炉（马弗炉）；

其他：瓷坩埚、干燥器。

(2) 试验步骤

称取约 1g 试样（$m_1$），精确至 0.0001g，置于已灼烧（950～1000℃）恒量的瓷坩埚中，将盖斜置于坩埚上，放在马弗炉内从低温开始逐渐升高温度，在 950～1000℃下灼烧 15～20min，取出坩埚置于干燥器中冷却至室温，称量。反复灼烧，直至恒量（$m_2$）。

注：恒量——经第一次灼烧、冷却、称量后，通过连续对每次 15min 的灼烧，然后冷却、称量的方法来检查恒定质量，当连续两次称量之差小于 0.0005g 时，即达到恒量。（下同）

(3) 数据处理

烧失量的质量百分数按下式计算：

$$X_{LO_1} = \frac{(m_1 - m_2)}{m_1} \times 100 \tag{3-273}$$

式中　$X_{LO_1}$——烧失量的质量百分数（%）；

$m_1$——试料的质量（g）；

$m_2$——灼烧后试料的质量（g）。

### 4. 含水量试验

(1) 仪器设备

烘箱：可控制温度不低于 110℃，最小分度值不大于 2℃；

天平：量程不小于 50g，最小分度值不大于 0.01g。

(2) 试验步骤

① 称取粉煤灰试样约 50g（$\omega_1$），准确至 0.01g，倒入蒸发皿中。

② 将烘箱温度调整并控制在 105～110℃。

③ 将粉煤灰试样放入烘箱内烘至恒重，取出放在干燥器中冷却至室温后称量（$\omega_0$），准确至 0.01g。

(3) 数据处理

含水量按下式计算（精确至 0.1%）：

$$W = \frac{(\omega_1 - \omega_0)}{\omega_1} \times 100 \tag{3-274}$$

式中　$W$——含水量（%）；

$\omega_1$——烘干前试样的质量（g）；

$\omega_0$——烘干后试样的质量（g）。

### 5. 三氧化硫试验

试验方法同本章第十八节"水泥化学分析"中三氧化硫的试验。

### 6. 强度活性指数试验

(1) 仪器设备

天平：分度值不大于 1g；

行星式搅拌机；

振实台；

抗压强度试验机（精度 ±1%，加荷速率 2400±200N/S）。

(2) 试验步骤

① 胶砂配比按表 3-122。

胶 砂 配 比  表 3-122

| 胶砂种类 | 水泥（g） | 粉煤灰（g） | 标准砂（g） | 水（mL） |
| --- | --- | --- | --- | --- |
| 对比胶砂 | 450 | — | 1350 | 225 |
| 试验胶砂 | 315 | 135 | 1350 | 225 |

注：1. 水泥：使用 GSB14—1510 强度检验用水泥标准样品；
　　2. 标准砂：使用符合 GB/T17671—1999 规定的中国 ISO 标准砂。

②将对比胶砂，试验胶砂分别按下列规定进行搅拌、试件成型和养护。

a. 配料

水泥、砂、水和试验用具的温度与试验室相同，称量用的天平精度应为±1g。当用自动滴管加 225mL 水时，滴管精度应达到±1mL。

b. 搅拌

每锅胶砂用搅拌机进行机械搅拌。先使搅拌机处于待工作状态，然后按以下的程序进行操作：

把水加入锅里，再加入水泥（和粉煤灰），把锅放在固定架上，上升至固定位置。

然后立即开动机器，低速搅拌 30s 后，在第二个 30s 开始的同时均匀地将砂子加入。把机器转至高速再拌 30s。

停拌 90s，在第 1 个 15s 内用一胶皮刮具将叶片和锅壁上的胶砂，刮入锅中间。在高速下继续搅拌 60s。各个搅拌阶段，时间误差应在±1s 以内。

c. 成型

胶砂制备后立即进行成型。将空试模和模套固定在振实台上，用一个适当勺子直接从搅拌锅里将胶砂分成二层装入试模，装第一层时，每个槽里约放 300g 胶砂，用大播料器垂直架在模套顶部沿每个模槽来回一次将料层播平，接着振实 60 次。

再装入第二层胶砂，用小播料器播平，再振实 60 次。移走模套，从振实台上取下试模，用一金属直尺以近似 90°的角度架在试模模顶的一端，然后沿试模长度方向以横向锯割动作慢慢向另一端移动，一次将超过试模部分的胶砂刮去，并用同一直尺以近乎水平的情况下将试体表面抹平。

在试模上作标记或加字条标明试件编号。

d. 试件的养护

（a）脱模前的处理和养护

去掉留在模子四周的胶砂。立即将作好标记的试模放入雾室或湿箱的水平架子上养护，湿空气应能与试模各边接触。养护时不应将试模放在其他试模上。一直养护到规定的脱模时间取出脱模。

脱模前，用防水墨汁或颜料对试体进行编号和做其他标记。二个龄期以上的试体，在编号时应将同一试模中的三条试体分在二个以上龄期限内。

（b）脱模

脱模应非常小心。对于 24h 以上龄期的，应在成型后 20~24h 之间脱模。

注：如经 24h 养护，会因脱模对强度造成损害时，可以延迟至 24h 以后脱模，但在试验报告中应说明。

（c）水中养护

将做好标记的试件立即水平或竖直放在 20℃±1℃水中养护，水平放置时刮平面应朝上。

试件放在不易腐烂的篦子上，并彼此间保持一定间距，以让水与试件的六个面接触。养护期间试件之间间隔或试体上表面的水深不得小于 5mm。

最初用自来水装满养护池，随后随时加水保持适当的恒定水位，不允许在养护期间全部换水。

到龄期的试体应在试验（破型）前15min从水中取出。揩去试体表面沉积物，并用湿布覆盖至试验为止。

(d) 强度试验试体的龄期

试体龄期是从加水搅拌开始试验时算起。28d龄期强度试验在28d±8h时间里进行。

e. 抗压强度测定

在折断后的棱柱体上进行抗压强度试验，受压面是半截棱柱体的两个侧面。半截棱柱体中心与压力机压板受压中心差应在±0.5mm内，棱柱体露在压板外的部分约有10mm。

在整个加荷过程中以2400N/S±200N/S的速率均匀加荷直至破坏。

(3) 数据处理

① 对比胶砂、试验胶砂抗压强度均按下列方法计算（精确至0.1MPa）：

抗压强度$R_c$按下式计算：

$$R_c = \frac{F_c}{A} \tag{3-275}$$

式中 $R_c$——胶砂抗压强度（MPa）；

$F_c$——破坏时的最大荷载（N）；

$A$——受压部分面积（mm²）（40mm×40mm=1600 mm²）。

以一组三个棱柱体上得到的六个抗压强度测定值的算术平均值为试验结果。如六个测定值中有一个超出六个平均值的±10%，就应剔除这个结果，而以剩下五个的平均数为结果。如果五个测定值中再有超过它们平均数±10%的，则此组结果作废。

② 活性指数计算

强度活性指数按下式计算（精确至1%）：

$$H_{28} = \frac{R}{R_0} \times 100 \tag{3-276}$$

式中 $H_{28}$——活性指数（%）；

$R$——试验胶砂28d抗压强度（MPa）；

$R_0$——对比胶砂28d抗压强度（MPa）。

7. 游离氧化钙试验

试验方法同本章第十八节"水泥化学分析"中游离氧化钙的试验。

8. 安定性

试验样品：将符合GSB14—1510《强度检验用水泥标准样品》的对比样品和被检验粉煤灰按7:3质量比混合而成。试验操作步骤和判定同本章第九节水泥安定性试验。

### 五、实例

1. 称烘干至恒重用于拌制混凝土的Ⅰ级粉煤灰9.86g，按标准方法进行细定检验，筛网内筛余物为1.29g，筛网修正系数为1.1，计算该粉煤灰细度？

**解**：粉煤灰细度 $F = K \times \dfrac{G_1}{G} \times 100$

$\qquad\qquad\qquad = 1.1 \times \dfrac{1.29}{9.86} \times 100$

$\qquad\qquad\qquad = 14.4\%$

根据计算结果细度不符合Ⅰ级粉煤灰的要求，应重新在同一批中取双倍数量样品进行包括细度在内的全部项目的复检。

2. 三氧化硫检验。称取用于拌制混凝土的Ⅰ级粉煤灰 0.5013g，按标准方法试验，灼烧后沉淀的质量为 0.0248g，计算三氧化硫含量？

**解：** $X_{SO_3} = \dfrac{0.0248 \times 0.343}{0.5013} \times 100 = 1.70\%$

即粉煤灰三氧化硫含量符合标准要求。

**思考题**

1. 标准 GB/T1596—2005 将粉煤灰分为哪二类？
2. 粉煤灰烧失量检测时，粉煤灰是否应首先烘干至恒重？
3. 粉煤灰细度检验用筛，一般情况下多少次试验后应校正？
4. 何谓恒量？

**参考文献**

1. 韩怀强，蒋挺大. 粉煤灰利用技术. 北京：化学工业出版社，2001
2. 周广信，黄世新等. 粉煤灰综合利用. 1997

## 第十八节 水泥化学分析

### 一、概念

化学分析是研究物质的化学组成和分析方法及有关理论的一门学科。化学分析在工农业生产和科学实验等方面应用广泛。例如化学工业、冶金工业和建材工业等部门中，化学分析起着工业生产上的"眼睛"的作用。原料、材料、中间产品和成品的质量检验，生产过程的控制和管理，都需要化学分析。所以化学分析在实现工业、农业、国防和科学技术现代化的建设中，具有一定作用。

工作曲线——化学分析中常用的工作曲线均可借助于计算机绘制，并可自动导出曲线方程式，以方便检测数据的处理。

### 二、检测依据

1.《水泥化学分析方法》GB/T176—1996
2.《水泥取样方法》GB12573—1990

### 三、仪器设备

1. 主要仪器设备

天平：不低于四级，精确至 0.0001g；

马弗炉（高温电炉）；

火焰光度计：带有 768nm 和 589nm 的干涉滤光片；

分光光度计。

2. 试剂

(1) 氢氧化钠溶液（10g/L）：将 10g 氢氧化钠溶于水中，加水稀释至 1L，贮存于塑料瓶中。

(2) 硝酸铵溶液（20g/L）：将 20g 硝酸铵溶于水中，加水稀释至 1L。

(3) 无水碳酸钠：将无水碳酸钠用玛瑙研钵研细至粉末状保存。

(4) 焦硫酸钾：将市售焦硫酸钾在瓷蒸发皿中加热熔化，待气泡停止发生后，冷却、砸碎，贮存于磨口瓶中。

(5) 氢氧化钾溶液（200g/L）：将 200g 氢氧化钾溶于水中，加水稀释至 1L，贮存于塑料瓶中。

(6) 酒石酸钾钠溶液（100g/L）：将100g酒石酸钾钠（$C_4H_4KNaO_6 \cdot 4H_2O$）溶于水中，稀释至1L。

(7) 碳酸铵溶液（100g/L）：将10g碳酸铵溶于100mL水中。用时现配。

(8) 乙二醇：含水量小于0.5%（v/v），每升乙二醇中加入5mL甲基红—溴甲酚绿混合指示剂溶液［见三.2.(20)］。

(9) 钼酸铵溶液（50g/L）：将5g钼酸铵［$(NH_4)_6MO_7O_{24} \cdot 4H_2O$］溶于水中，加水稀释至100mL，过滤后贮存于塑料瓶中。此溶液可保存约一周。

(10) 抗坏血酸溶液（5g/L）：将0.5g抗坏血酸溶于100mL水中，过滤后使用。用时现配。

(11) EDTA-铜溶液：按［$c$（EDTA）$= 0.015$mol/L］EDTA标准滴定溶液［见三.2.(30)］与［$c(CuSO_4) = 0.015$mol/L］硫酸铜标准滴定溶液［见三.2.(29)］的体积比［见三.2.(29).②］，准确配制成等浓度的混合溶液。

(12) 二安替比林甲烷溶液（30g/L盐酸溶液）：将15g二安替比林甲烷溶于500mL盐酸（1+11）中，过滤后使用。

(13) 碳酸钠—硼砂混合熔剂：将2份质量的无水碳酸钠与1份质量的无水硼砂混匀研细。

(14) pH3的缓冲溶液：将3.2g无水乙酸钠溶于水中，加120mL冰乙酸，用水稀释至1L，摇匀。

(15) pH4.3的缓冲溶液：将42.3g无水乙酸钠溶于水中，加80mL冰乙酸，用水稀释至1L摇匀。

(16) pH10的缓冲溶液：将67.5g氯化铵溶于水，加570mL氨水，加水稀释至1L。

(17) 酸性铬蓝K—萘酚绿B混合指示剂：称取1.000g酸性铬蓝K与2.5g萘酚绿B和50g已在105℃烘干过的硝酸钾混合研细，保存在磨口瓶中。

(18) 甲基红指示剂溶液：将0.2g甲基红溶于100mL95%（v/v）乙醇中。

(19) 钙黄绿素—甲基百里香酚蓝—酚酞混合指示剂（简称CMP混合指示剂）：称取1.000g钙黄绿素、1.000g甲基百里香酚蓝、0.200g酚酞与50g已在105℃烘干过的硝酸钾混合研细，保存在磨口瓶中。

(20) 甲基红—溴甲酚绿混合指示剂溶液：将0.05g甲基红与0.05g溴甲酚绿溶于约50mL无水乙醇中，用无水乙醇稀释至100mL。

(21) 溴酚蓝指示剂溶液：将0.2g溴酚蓝溶于100mL乙醇（1+4）中。

(22) 1-(2-吡啶偶氮)-2-萘酚(PAN)指示剂溶液：将0.2gPAN溶于100mL95%（v/v）乙醇中。

(23) 磺基水杨酸钠指示剂溶液：将10g磺基水杨酸钠溶于水中，加水稀释至100mL。

(24) 盐酸标准滴定溶液［$c$(HCl)$= 0.1$mol/L］：

①标准滴定溶液的配制

将8.5mL盐酸加水稀释至1L，摇匀。

②盐酸标准滴定溶液对氧化钙滴定度的标定

取一定量碳酸钙（$CaCO_3$）置于铂（或瓷）坩埚中，在950~1000℃下灼烧至恒量。从中称取0.04~0.05g氧化钙（m），精确至0.0001g，置于干燥的内装一搅拌子的200mL锥形瓶中，加入40mL乙二醇［见三.2.(8)］，盖紧锥形瓶，用力摇荡，在65~70℃水浴上加热30min，每隔5min摇荡一次（也可用机械连续振荡代替），用安有合适孔隙干滤纸的烧结玻璃过滤漏斗抽气过滤。如果过滤速度慢，应在烧结玻璃过滤漏斗上紧密塞一个带有钠石灰管的橡皮塞。用无水乙醇仔细洗涤锥形瓶和沉淀共三次，每次用量10mL。卸下滤液瓶，用盐酸标准滴定溶液滴定至溶液颜色由褐色变为橙色。

盐酸标准滴定溶液对氧化钙的滴定度按下式计算：

$$T_{CaO} = \frac{m \times 1000}{V} \tag{3-277}$$

式中　$T_{CaO}$——每毫升盐酸标准滴定溶液相当于氧化钙的毫克数（mg/mL）；

　　　$V$——滴定时消耗盐酸标准滴定溶液的体积（mL）；

　　　$m$——氧化钙的质量（g）。

(25) 二氧化硅（$SiO_2$）标准溶液

① 标准溶液的配制

称取 0.2000g 经 1000～1100℃ 新灼烧过 30min 以上的二氧化硅（$SiO_2$），精确至 0.0001g，置于铂坩埚中，加入 2g 无水碳酸钠 [见三.2.(3)]，搅拌均匀，在 1000～1100℃ 高温下熔融 15min。冷却，用热水将熔块浸出于盛有热水的 300mL 塑料杯中，待全部溶解后冷却至室温，移入 1000mL 容量瓶中，用水稀释至标线，摇匀，移入塑料瓶中保存。此标准溶液每毫升含有 0.2mg 二氧化硅。

吸取 10.00mL 上述标准溶液于 100mL 容量瓶中，用水稀释至标线，摇匀，移入塑料瓶中保存。此标准溶液每毫升含有 0.02mg 二氧化硅。

② 工作曲线的绘制

吸取每毫升含有 0.02mg 二氧化硅的标准溶液 0；2.00mL；4.00mL；5.00mL；6.00mL；8.00mL；10.00mL 分别放入 100mL 容量瓶中，加水稀释至约 40mL，依次加入 5mL 盐酸（1+11）、8mL 95%（v/v）乙醇、6mL 钼酸铵溶液 [见三.2.(9)]。放置 30min 后，加入 20mL 盐酸（1+1）、5mL 抗坏血酸溶液 [见三.2.(10)]，用水稀释至标线，摇匀。放置 1h 后，使用分光光度计，10mm 比色皿，以水作参比，于 660nm 处测定溶液的吸光度。用测得的吸光度作为相对应的二氧化硅含量的函数，绘制工作曲线。

(26) 一氧化锰（MnO）标准溶液

① 标准溶液的配制

称取 0.119g 硫酸锰（$MnSO_4 \cdot H_2O$），精确至 0.0001g，置于 300mL 烧杯中，加水溶解，加入约 1mL 盐酸（1+1），移入 1000mL 容量瓶中，用水稀释至标线，摇匀。此标准溶液每毫升相当于 0.05mg 一氧化锰；

② 工作曲线的绘制

吸取每毫升相当于 0.05mg 一氧化锰的标准溶液 0；2.00mL；6.00mL；10.00mL；14.00mL；20.00mL 分别放入 50mL 烧杯中，加 5mL 磷酸（1+1）及 10mL 硫酸（1+1），用水稀释至约 50mL，加入 0.5～1g 高碘酸钾，加热微沸 10～15min 至溶液达到最大的颜色深度，冷至室温，转入 100mL 容量瓶中，用水稀释至标线，摇匀。使用分光光度计，10mm 比色皿，以水作参比，于 530nm 处测定溶液的吸光度。用测得的吸光度作为相对应的一氧化锰含量的函数，绘制工作曲线。

(27) 二氧化钛（$TiO_2$）标准溶液

① 标准溶液的配制

称取 0.1000g 经高温灼烧过的二氧化钛（$TiO_2$），精确至 0.0001g，置于铂（或瓷）坩埚中，加入 2g 焦硫酸钾 [见三.2.(4)]，在 500～600℃ 下熔融至透明。熔块用硫酸（1+9）浸出，加热至 50～60℃ 使熔块完全溶解，冷却后移入 1000mL 容量瓶中，用硫酸（1+9）稀释至标线，摇匀。此标准溶液每毫升含有 0.1mg 二氧化钛。

吸取 100.00mL 上述标准溶液于 500mL 容量瓶中，用硫酸（1+9）稀释至标线，摇匀，此标准溶液每毫升含有 0.02mg 二氧化钛。

② 工作曲线的绘制

吸取每毫升含有 0.02mg 二氧化钛的标准溶液 0；2.50mL；5.00mL；7.50mL；10.00mL；12.50mL；15.00mL 分别放入 100mL 容量瓶中，依次加入 10mL 盐酸（1+2）、10mL 抗坏血酸溶液 [见三.2.(10)]、5mL95%（v/v）乙醇、20mL 二安替比林甲烷溶液 [见三.2.(12)]，用水稀释至标线，摇匀。放置 40min 后，使用分光光度计，10mm 比色皿，以水作参比，于 420nm 处测定溶液的吸光度。用测得的吸光度作为相对应的二氧化钛含量的函数，绘制工作曲线。

(28) 氧化钾（$K_2O$）、氧化钠（$Na_2O$）标准溶液

①氧化钾标准溶液的配制

称取 0.792g 已于 130~150℃ 烘过 2h 的氯化钾，精确至 0.0001g，置于烧杯中，加水溶解后，移入 1000mL 容量瓶中，用水稀释至标线，摇匀。贮存于塑料瓶中。此标准溶液每毫升相当于 0.5mg 氧化钾。

②氧化钠标准溶液的配制

称取 0.943g 已于 130~150℃ 烘过 2h 的氯化钠，精确至 0.0001g，置于烧杯中，加水溶解后，移入 1000mL 容量瓶中，用水稀释至标线，摇匀。贮存于塑料瓶中。此标准溶液每毫升相当于 0.5mg 氧化钠。

③工作曲线的绘制

吸取按上述方法配制的每毫升相当于 0.5mg 氧化钾的标准溶液 0；1.00mL；2.00mL；4.00mL；6.00mL；8.00mL；10.00mL；12.00mL 和每毫升相当于 0.5mg 氧化钠的标准溶液 0；1.00mL；2.00mL；4.00mL；6.00mL；8.00mL；10.00mL；12.00mL 以一一对应的顺序，分别放入 100mL 容量瓶中，用水稀释至标线，摇匀使用火焰光度计，按仪器使用规程进行测定。用测得的检流计读数作为相对应的氧化钾和氧化钠含量的函数，绘制工作曲线。

(29) 硫酸铜标准滴定溶液 [$c(CuSO_4)=0.015mol/L$]

①标准滴定溶液的配制

将 3.7g 硫酸铜（$CuSO_4 \cdot 5H_2O$）溶于水中，加 4~5 滴硫酸（1+1），用水稀释至 1L，摇匀。

②EDTA 标准滴定溶液与硫酸铜标准滴定溶液体积比的标定

从滴定管缓慢放出 10~15mL [$c(EDTA)=0.015mol/L$]EDTA 标准滴定溶液 [见三.2.(30)]于 400mL 烧杯中，用水稀释至约 150mL，加 15mL 的 PH4.3 缓冲溶液 [见三.2.(15)]，加热至沸，取下稍冷，加 5~6 滴 PAN 指示剂溶液 [见三.2.(22)]，以硫酸铜标准滴定溶液滴定至亮紫色。

EDTA 标准滴定溶液与硫酸铜标准滴定溶液的体积比按（3-278）式计算：

$$K_2 = \frac{V_1}{V_2} \tag{3-278}$$

式中 $K_2$——每毫升硫酸铜标准滴定溶液相当于 EDTA 标准滴定溶液的毫升数；

$V_1$——EDTA 标准滴定溶液的体积（mL）；

$V_2$——滴定时消耗硫酸铜标准滴定溶液的体积（mL）。

(30) EDTA 标准滴定溶液 [$c(EDTA)=0.015mol/L$]

①标准滴定溶液的配制

称取约 5.6gEDTA（乙二胺四乙酸二钠盐）置于烧杯中，加约 200mL 水，加热溶解，过滤，用水稀释至 1L。

②碳酸钙标准溶液 [$c(CaCO_3)=0.024mol/L$] 的配制

称取 0.6g（m）已于 105~110℃ 烘过 2h 的碳酸钙，精确至 0.0001g，置于 400mL 烧杯中，加入约 100mL 水，盖上表面皿，沿杯口滴加盐酸（1+1）至碳酸钙全部溶解，加热煮沸数分钟。将

溶液冷至室温，移入 250mL 容量瓶中，用水稀释至标线，摇匀。

③EDTA 标准滴定溶液浓度的标定

吸取 25.00mL 碳酸钙标准溶液［见三 .2.(30).②］于 400mL 烧杯中，加水稀释至约 200mL，加入适量的 CMP 混合指示剂［见三 .2.(19)］，在搅拌下加入氢氧化钾溶液［见三 .2.(5)］至出现绿色荧光后再过量 2~3mL，以 EDTA 标准滴定溶液滴定至绿色荧光消失并呈现红色。

EDTA 标准滴定溶液的浓度按下式计算：

$$c(\text{EDTA}) = \frac{m \times 25 \times 1000}{250 \times V \times 100.09} = \frac{m}{V} \times \frac{1}{1.0009} \tag{3-279}$$

式中 $c(\text{EDTA})$——EDTA 标准滴定溶液的浓度（mol/L）；

$V$——滴定时消耗 EDTA 标准滴定溶液的体积（mL）；

$m$——按［三 .2.(30).②］配制碳酸钙标准溶液的碳酸钙的质量（g）；

100.09——$CaCO_3$ 的摩尔质量（g/mol）。

④EDTA 标准滴定溶液对各氧化物滴定度的计算

EDTA 标准滴定溶液对各氧化物的滴定度分别按 (3-280)~(3-283) 式计算：

$$T_{Fe_2O_3} = c(\text{EDTA}) \times 79.84 \tag{3-280}$$

$$T_{Al_2O_3} = c(\text{EDTA}) \times 50.98 \tag{3-281}$$

$$T_{CaO} = c(\text{EDTA}) \times 56.08 \tag{3-282}$$

$$T_{MgO} = c(\text{EDTA}) \times 40.31 \tag{3-283}$$

式中 $T_{Fe_2O_3}$——每毫升 EDTA 标准滴定溶液相当于三氧化二铁的毫克数（mg/mL）；

$T_{Al_2O_3}$——每毫升 EDTA 标准滴定溶液相当于三氧化二铝的毫克数（mg/mL）；

$T_{CaO}$——每毫升 EDTA 标准滴定溶液相当于氧化钙的毫克数（mg/mL）；

$T_{MgO}$——每毫升 EDTA 标准滴定溶液相当于氧化镁的毫克数（mg/mL）；

$c(\text{EDTA})$——EDTA 标准滴定溶液的浓度（mol/L）；

79.84——$\left(\frac{1}{2}Fe_2O_3\right)$ 的摩尔质量（g/mol）；

50.98——$\left(\frac{1}{2}Al_2O_3\right)$ 的摩尔质量（g/mol）；

56.08——CaO 的摩尔质量（g/mol）；

40.31——MgO 的摩尔质量（g/mol）。

3. 其他：试管、烧杯、容量瓶、滴管、漏斗、玛瑙研钵、玻璃棒等。

**四、取样及制备要求**

将所抽（送）样品采用四分法缩分至约 100g，经 0.080mm 方孔筛筛析，用磁铁吸去筛余物中金属铁，将筛余物经过研磨后使其全部通过 0.080mm 方孔筛。将样品充分混匀后，装入带有磨口塞的瓶中密封。

**五、水泥的分析方法**

分析过程中，只应使用蒸馏水或同等纯度的水，所用试剂应为分析纯或优级纯试剂。用于标定与配制标准溶液的试剂，除另有说明外应为基准试剂。

分析方法标准中所述溶液除已指明溶剂者外，均系水溶液。

分析方法标准中所述的酸、氢氧化铵和过氧化氢等液体试剂，如仅写出名称则为浓溶液。

由液体试剂配制的稀的水溶液均以浓溶液的体积加水的体积表示。例如，盐酸 (1+2) 系指 1 单位体积的盐酸（密度 1.19）加 2 单位体积的水混合配制而成。

由固体试剂配制的非标准溶液以百分浓度表示，系指称取一定量的固体试剂溶于溶剂中，并以同一溶剂稀释至100mL混匀而成。如固体试剂含结晶水则在配制方法中试剂名称后括号内写出分子式。

水泥化学分析，每项测定的试验次数为两次，用两次试验平均值表示测定结果。水泥化学分析各项分析结果均以百分数计，表示至小数二位。

分析方法标准中所述的"灼烧或烘干至恒量"系指经连续两次灼烧或烘干并于干燥器中冷至室温后，两次称重之差不超过0.5mg。

灼烧是将滤纸和沉淀放入预先已灼烧并恒量的坩埚中，烘干。在氧化性气氛中慢慢灰化，不使有火焰产生，灰化至无黑色炭颗粒后，放入马弗炉中，在规定的温度下灼烧。在干燥器中冷却至室温、称量。

1. 烧失量的测定

(1) 分析步骤

称取约1g试样（$m_1$），精确至0.0001g，置于已灼烧恒量的瓷坩埚中，将盖斜置于坩埚上，放在马弗炉内从低温开始逐渐升高温度，在950~1000℃下灼烧15~20min，取出坩埚置于干燥器中冷却至室温，称量。反复灼烧，直至恒量。

(2) 数据处理

①烧失量的质量百分数 $X_{\text{LOI}}$ 按下式计算：

$$X_{\text{LOI}} = \frac{m_1 - m_2}{m_1} \times 100 \qquad (3\text{-}284)$$

式中　$X_{\text{LOI}}$——烧失量的质量百分数（%）；

　　　$m_1$——试料的质量（g）；

　　　$m_2$——灼烧后试料的质量（g）。

②矿渣水泥在灼烧过程中由于硫化物的氧化引起烧失量测定的误差，可通过下两式进行校正：

0.8×（水泥灼烧后测得的$SO_3$百分数 - 水泥未经灼烧时的$SO_3$百分数）= 0.8×（由于硫化物的氧化产生的$SO_3$百分数）= 吸收空气中氧的百分数

校正后的烧失量（%）= 测得的烧失量（%）+ 吸收空气中氧的百分数

2. 不溶物的测定

(1) 分析步骤

称取约1g试样（$m_3$），精确至0.0001g，置于150mL烧杯中，加25mL水，搅拌使其分散。在搅拌下加入5mL盐酸，用平头玻璃棒压碎块状物使其分解完全（如有必要可将溶液稍稍加温几分钟），加水稀释至50mL，盖上表面皿，将烧杯置于蒸汽浴中加热15min。用中速滤纸过滤，用热水充分洗涤10次以上。

将残渣和滤纸一并移入原烧杯中，加入100mL氢氧化钠溶液 [见三.2.(1)]，盖上表面皿，将烧杯置于蒸汽浴中加热15min，加热期间搅动滤纸及残渣2~3次。取下烧杯，加入1~2滴甲基红指示剂溶液 [见三.2.(18)]，滴加盐酸（1+1）至溶液呈红色，再过量8~10滴。用中速定量滤纸过滤，用热的硝酸铵溶液 [见三.2.(2)] 充分洗涤14次以上。

将残渣和滤纸一并移入已灼烧恒量的瓷坩埚中，灰化后在950~1000℃的马弗炉内灼烧30min，取出坩埚置于干燥器中冷却至室温，称量。反复灼烧，直至恒量。

(2) 数据处理

不溶物的质量百分数 $X_{\text{LR}}$ 按下式计算：

$$X_{\mathrm{LR}} = \frac{m_4}{m_3} \times 100 \tag{3-285}$$

式中 $X_{\mathrm{LR}}$——不溶物的质量百分数（%）；

$m_4$——灼烧后不溶物的质量（g）；

$m_3$——试料的质量（g）。

3. 二氧化硅的测定

（1）分析步骤

①纯二氧化硅的测定

称取约 0.5g 试样（$m_5$），精确至 0.0001g，置于铂坩埚中，在 950~1000℃下灼烧 5min，冷却。用玻璃棒仔细压碎块状物，加入 0.3g 无水碳酸钠 [见三 .2.(3)]，混匀，再将铂坩埚置于 950~1000℃下灼烧 10min，放冷。

将烧结块移入瓷蒸发皿中，加少量水润湿，用平头玻璃棒压碎块状物，盖上表面皿，从皿口滴入 5mL 盐酸及 2~3 滴硝酸，待反应停止后取下表面皿，用平头玻璃棒压碎块状物使分解完全，用热盐酸（1+1）清洗铂坩埚数次，洗液合并于蒸发皿中。将蒸发皿置于沸水浴上，皿上放一玻璃三角架，再盖上表面皿。蒸发至糊状后，加入 1g 氯化铵，充分搅拌，继续在沸水浴上蒸发至干。

取下蒸发皿，加入 10~20mL 热盐酸（3+97），搅拌使可溶性盐类溶解。用中速滤纸过滤，用胶头扫棒以热盐酸（3+97）擦洗玻璃棒及蒸发皿，并洗涤沉淀 3~4 次，然后用热水充分洗涤沉淀，直至检验无氯离子[注1]为止，滤液及洗液保存在 250mL 容量瓶中。

注 1：检查 $Cl^-$ 离子（硝酸银检验），按规定洗涤沉淀数次后，用数滴水淋洗漏斗的下端，用数毫升水洗涤滤纸和沉淀，将滤液收集在试管中，加几滴硝酸银溶液（5g/L），观察试管中溶液是否浑浊。如果浑浊，继续洗涤并定期检查，直至用硝酸银检验不再浑浊为止。

在沉淀上加 3 滴硫酸（1+4），然后将沉淀连同滤纸一并移入铂坩埚中，烘干并灰化[注2]后放入 950~1000℃的马弗炉内灼烧 1h，取出坩埚置于干燥器中冷却至室温，称量。反复灼烧，直至恒量（$m_6$）。

注 2：灰化——在氧化性气氛中慢慢灰化，不使有火焰产生，至无黑色炭颗粒。

向坩埚中加数滴水润湿沉淀，加 3 滴硫酸（1+4）和 10mL 氢氟酸，放入通风橱内电热板上缓慢蒸发至干，升高温度继续加热至三氧化硫白烟完全逸尽。将坩埚放入 950~1000℃的马弗炉内灼烧 30min，取出坩埚置于干燥器中冷却至室温，称量。反复灼烧，直至恒量（$m_7$）。

②经氢氟酸处理后的残渣的分解

向按 [五 .3.(1).①条] 经过氢氟酸处理后得到的残渣中加入 0.5g 焦硫酸钾 [见三 .2.(4)] 熔融，熔块用热水和数滴盐酸（1+1）溶解，溶液并入按 [五 .3.(1).①] 分离二氧化硅后得到的滤液和洗液中。用水稀释至标线，摇匀。此溶液 A 供测定滤液中残留的可溶性二氧化硅、三氧化二铁、三氧化二铝、氧化钙、氧化镁、二氧化钛用。

③可溶性二氧化硅的测定

硅钼蓝光度法测定：从 [五 .3.(1).②] 溶液 A 中吸取 25.00mL 溶液放入 100mL 容量瓶中，用水稀释至 40mL，依次加入 5mL 盐酸（1+11）、8mL 95%（v/v）乙醇、6mL 钼酸铵溶液 [见三 .2.(9)]，放置 30min 后加入 20mL 盐酸（1+1）、5mL 抗坏血酸溶液 [见三 .2.(10)]，用水稀释至标线，摇匀。放置 1h 后，使用分光光度计，10mm 比色皿，以水作参比，于 660nm 处测定溶液的吸光度。在工作曲线 [见三 .2.(25)] 上查出二氧化硅的含量（$m_8$）。

（2）数据处理

①纯二氧化硅的质量百分数 $X_{纯SiO_2}$ 按下式计算：

$$X_{纯SiO_2} = \frac{m_6 - m_7}{m_5} \times 100 \qquad (3-286)$$

式中　$X_{纯SiO_2}$——纯二氧化硅的质量百分数（%）；

$\quad\quad m_6$——灼烧后未经氢氟酸处理的沉淀及坩埚的质量（g）；

$\quad\quad m_7$——用氢氟酸处理并经灼烧后的残渣及坩埚的质量（g）；

$\quad\quad m_5$——试料的质量（g）。

②可溶性二氧化硅的质量百分数 $X_{可溶SiO_2}$ 按下式计算：

$$X_{可溶SiO_2} = \frac{m_8 \times 250}{m_5 \times 25 \times 1000} \times 100 = \frac{m_8}{m_5} \qquad (3-287)$$

式中　$X_{可溶SiO_2}$——可溶性二氧化硅质量百分数（%）；

$\quad\quad m_8$——按［五.3.(1).③］测定的100mL溶液中二氧化硅的含量（mg）；

$\quad\quad m_5$——试料的质量（g）。

③结果表示：

总 $SiO_2$ 按下式计算：总 $SiO_2$ = 纯 $SiO_2$ + 可溶性 $SiO_2$

4. 三氧化二铁的测定

(1) 分析步骤

从［五.3.(1).②］溶液 A 中吸取25.00mL溶液放入300mL烧杯中，加水稀释至约100mL，用氨水（1+1）和盐酸（1+1）调节溶液pH值在1.8～2.0之间（用精密pH试纸检验）。将溶液加热至70℃，加10滴磺基水杨酸钠指示剂溶液［见三.2.(23)］。用［$c(EDTA = 0.015mol/L)$］EDTA 标准滴定溶液［见三.2.(30)］缓慢地滴定至亮黄色（终点时溶液温度应不低于60℃）。保留此溶液供测定三氧化二铝用。

(2) 数据处理

三氧化二铁的质量百分数 $X_{Fe_2O_3}$ 按下式计算：

$$X_{Fe_2O_3} = \frac{T_{Fe_2O_3} \times V_1 \times 10}{m_5 \times 1000} \times 100 = \frac{T_{Fe_2O_3} \times V_1}{m_5} \qquad (3-288)$$

式中　$X_{Fe_2O_3}$——三氧化二铁的质量百分数（%）；

$\quad\quad T_{Fe_2O_3}$——每毫升 EDTA 标准滴定溶液相当于三氧化二铁的毫克数（mg/mL）；

$\quad\quad V_1$——滴定时消耗 EDTA 标准滴定溶液的体积（mL）；

$\quad\quad m_5$——［五.3.(1).①］中试料的质量（g）。

5. 三氧化铝的测定

(1) 分析步骤：将［五.4.(1)］中测完铁的溶液用水稀释至约200mL，加1～2滴溴酚蓝指示剂溶液［见三.2.(21)］，滴加氨水（1+2）至溶液出现蓝紫色，再滴加盐酸（1+2）至黄色，加入15mLpH3的缓冲溶液［见三.2.(14)］，加热至微沸并保持1min，加入10滴 EDTA-铜溶液［见三.2.(11)］及2～3滴 PAN 指示剂溶液［见三.2.(22)］，用［$c(EDTA = 0.015mol/L)$］EDTA 标准滴定溶液［见三.2.(30)］滴定至红色消失，继续煮沸，滴定，直至溶液经煮沸后红色不再出现呈稳定的亮黄色为止。

(2) 数据处理

三氧化二铝的质量百分数 $X_{Al_2O_3}$ 按下式计算：

$$X_{Al_2O_3} = \frac{T_{Al_2O_3} \times V_2 \times 10}{m_5 \times 1000} \times 100 = \frac{T_{Al_2O_3} \times V_2}{m_5} \qquad (3-289)$$

式中 $X_{Al_2O_3}$——三氧化二铝的质量百分数（%）；

　　　$T_{Al_2O_3}$——每毫升EDTA标准滴定溶液相当于三氧化二铝的毫克数（mg/mL）；

　　　$V_2$——滴定时消耗EDTA标准滴定溶液的体积（mL）；

　　　$m_5$——[五.3.(1).①]中试料的质量（g）。

6. 氧化钙的测定

(1) 分析步骤：从[五.3.(1).②]溶液A中吸取25.00mL溶液放入300mL烧杯中，加水稀释至约200mL，加5mL三乙醇胺（1+2）及少许的钙黄绿素-甲基百里香酚蓝-酚酞混合指示剂[见三.2.(19)]，在搅拌下加入氢氧化钾溶液[见三.2.(5)]至出现绿色荧光后再过量5~8mL，此时溶液在pH13以上，用[$c$(EDTA)=0.015mol/L] EDTA标准滴定溶液[见三.2.(30)]滴定至绿色荧光消失并呈现红色。

(2) 数据处理

氧化钙的质量百分数 $X_{CaO}$ 按下式计算：

$$X_{CaO} = \frac{T_{CaO} \times V_3 \times 10}{m_5 \times 1000} \times 100 = \frac{T_{CaO} \times V_3}{m_5} \qquad (3\text{-}290)$$

式中 $X_{CaO}$——氧化钙的质量百分数（%）；

　　　$T_{CaO}$——每毫升EDTA标准滴定溶液相当于氧化钙的毫克数（mg/mL）；

　　　$V_3$——滴定时消耗EDTA标准滴定溶液的体积（mL）；

　　　$m_5$——[五.3.(1).①]中试料的质量（g）。

7. 氧化镁的测定

(1) 一氧化锰含量在0.5%以下时

①分析步骤：从[五.3.(1).②条]溶液A中吸取25.00mL溶液放入400mL烧杯中，加水稀释至约200mL，加1mL酒石酸钾钠溶液[见三.2.(6)]，5mL三乙醇胺（1+2），搅拌，然后加入25mL pH10缓冲溶液[见三.2.(16)]及少许酸性铬蓝K-萘酚绿B混合指示剂[见三.2.(17)]，用[$c$(EDTA)=0.015mol/L] EDTA标准滴定溶液[见三.2.(30)]滴定，近终点时应缓慢滴定至纯蓝色。

②数据处理

氧化镁的质量百分数 $X_{MgO}$ 按下式计算

$$X_{MgO} = \frac{T_{MgO} \times (V_4 - V_3) \times 10}{m_5 \times 1000} \times 100 = \frac{T_{MgO} \times (V_4 - V_3)}{m_5} \qquad (3\text{-}291)$$

式中 $X_{MgO}$——氧化镁的质量百分数（%）；

　　　$T_{MgO}$——每毫升EDTA标准滴定溶液相当于氧化镁的毫克数（mg/mL）；

　　　$V_4$——滴定钙、镁总量时消耗EDTA标准滴定溶液的体积（mL）；

　　　$V_3$——按[五.6.(1)]测定氧化钙时消耗EDTA标准滴定溶液的体积（mL）；

　　　$m_5$——[五.3.(1).①条]中试料的质量（g）。

(2) 一氧化锰含量在0.5%以上时

①分析步骤：除将三乙醇胺（1+2）的加入量改为10mL，并在滴定前加入0.5~1g盐酸羟胺外，其余分析步骤同[五.7.(1).①]

②数据处理

氧化镁的质量百分数 $X_{MgO}$ 按下式计算

$$X_{MgO} = \frac{T_{MgO} \times (V_5 - V_3) \times 10}{m_5 \times 1000} \times 100 - 0.57 \times X_{MnO} = \frac{T_{MgO} \times (V_5 - V_3)}{m_5} - 0.57 \times X_{MnO}$$

$$(3\text{-}292)$$

式中 $X_{MgO}$——氧化镁的质量百分数（%）；

$T_{MgO}$——每毫升 EDTA 标准滴定溶液相当于氧化镁的毫克数（mg/mL）；

$V_5$——滴定钙、镁、锰总量时消耗 EDTA 标准滴定溶液的体积（mL）；

$V_3$——按［五.6.(1)］测定氧化钙时消耗 EDTA 标准滴定溶液的体积（mL）；

$m_5$——［五.3.(1).①］中试料的质量（g）；

$X_{MnO}$——氧化锰的质量百分数；

0.57——氧化锰对氧化镁的换算系数。

8. 三氧化硫的测定

(1) 试验步骤

称取约 0.5g 试样（$m_9$），精确至 0.0001g，置于 300mL 烧杯中，加入 30~40mL 水使其分散。加 10mL 盐酸（1+1），用平头玻璃棒压碎块状物，慢慢地加热溶液，直至水泥分解完全。将溶液加热微沸 5min。用中速滤纸过滤，用热水洗涤 10~12 次。调整滤液体积至 200mL，煮沸，在搅拌下滴加 10mL 热的氯化钡溶液（100g/L），继续煮沸数分钟，然后移至温热处静置 4h 或过夜（此时溶液的体积应保持在 200mL）。用慢速定量滤纸过滤，用温水洗涤，直至检验无氯离子为止。［方法同本节五.3.(1).①的注 1］

将沉淀及滤纸一并移入已灼烧恒量的瓷坩埚中，灰化后在 800℃的马弗炉内灼烧 30min，取出坩埚置于干燥器中冷却至室温，称量。反复灼烧，直至恒量。

(2) 数据处理

三氧化硫的质量百分数按下式计算：

$$X_{SO_3} = \frac{m_{10} \times 0.343}{m_9} \times 100 \qquad (3-293)$$

式中 $X_{SO_3}$——三氧化硫的质量百分数（%）；

$m_{10}$——灼烧后沉淀的质量（g）；

$m_9$——试料的质量（g）；

0.343——硫酸钡对三氧化硫的换算系数。

9. 二氧化钛的测定

(1) 分析步骤

从［五.3.(1).②］溶液 A 或［五.10.(1)］溶液 B 中吸取 25.00mL 溶液放入 100mL 容量瓶中，加入 10mL 盐酸（1+2）及 10mL 抗坏血酸溶液［见三.2.(10)］，放置 5min。加 5mL 95%（v/v）乙醇、20mL 二安替比林甲烷溶液［见三.2.(12)］，用水稀释至标线，摇匀。放置 40min 后，使用分光光度计，10mm 比色皿，以水作参比，于 420nm 处测定溶液的吸光度。在工作曲线［见三.2.(27)］上查出二氧化钛的含量（$m_{11}$）。

(2) 数据处理

二氧化钛的质量百分数 $X_{TiO_2}$ 按下式计算：

$$X_{TiO_2} = \frac{m_{11} \times 10}{m_{12} \times 1000} \times 100 = \frac{m_{11}}{m_{12}} \qquad (3-294)$$

式中 $X_{TiO_2}$——二氧化钛的质量百分数（%）；

$m_{11}$——100mL 测定溶液中二氧化钛的含量（mg）；

$m_{12}$——［五.3.(1).①］（$m_5$）或［五.10.(1)］（$m_{13}$）中试料的质量（g）。

10. 一氧化锰的测定

(1) 分析步骤

称取约0.5g试样（$m_{13}$），精确至0.0001g，置于铂坩埚中，加3g碳酸钠-硼砂混合熔剂［见三.2.(13)］，混匀，在950~1000℃下熔融10min。用坩埚钳夹持坩埚旋转，使熔融物均匀地附着于坩埚内壁，放冷。将坩埚放在已盛有50mL硝酸（1+9）及100mL硫酸（5+95）并加热至微沸的400mL烧杯中，保持微沸状态，直至熔融物全部溶解。洗净坩埚及盖，用快速滤纸将滤液过滤至250mL容量瓶中，并用热水洗涤数次。将溶液冷却至室温，用水稀释至标线，摇匀。此溶液B供测定一氧化锰及二氧化钛用。

从溶液B中，吸取50.00mL溶液放入150mL烧杯中，依次加入5mL磷酸（1+1）、10mL硫酸（1+1）及0.5~1g高碘酸钾，加热微沸10~15min，至溶液达到最大的颜色深度，冷却至室温，转入100mL容量瓶中，用水稀释至标线，摇匀。使用分光光度计，10mm比色皿，以水作参比，于530nm处测定溶液的吸光度。在工作曲线［见三.2.(26)］上查出一氧化锰的含量（$m_{14}$）。

(2) 数据处理

一氧化锰的质量百分数 $X_{MnO}$ 按下式计算：

$$X_{MnO} = \frac{m_{14} \times 5}{m_{13} \times 1000} \times 100 = \frac{m_{14} \times 0.5}{m_{13}} \quad (3-295)$$

式中　$X_{MnO}$——氧化锰的质量百分数（%）；

$m_{14}$——100mL测定溶液中一氧化锰的含量（mg）；

$m_{13}$——试料的质量（g）。

11. 氧化钾和氧化钠的测定

(1) 分析步骤

称取约0.2g试样（$m_{15}$），精确至0.0001g，置于铂坩埚中，用少量水润湿，加5~7mL氢氟酸及15~20滴硫酸（1+1），置于低温电热板上蒸发。近干时摇动铂皿，以防溅失，待氢氟酸驱尽后逐渐升高温度，继续将三氧化硫白烟赶尽。取下放冷，加入50mL热水，压碎残渣使其溶解，加1滴甲基红指示剂溶液［见三.2.(18)］，用氨水（1+1）中和至黄色，加入10mL碳酸铵溶液［见三.2.(7)］，搅拌，置于电热板上加热20~30min。用快速滤纸过滤，以热水洗涤，滤液及洗液盛于100mL容量瓶中，冷却至室温。用盐酸（1+1）中和至溶液呈微红色，用水稀释至标线，摇匀。在火焰光度计上，按仪器使用规程进行测定。在工作曲线上［见三.2.(28)］分别查出氧化钾（$m_{16}$）和氧化钠的含量（$m_{17}$）。

(2) 数据处理

氧化钾和氧化钠的质量百分数 $X_{K_2O}$ 和 $X_{Na_2O}$ 按下式计算

$$X_{K_2O} = \frac{m_{16}}{m_{15} \times 1000} \times 100 = \frac{m_{16} \times 0.1}{m_{15}} \quad (3-296)$$

$$X_{Na_2O} = \frac{m_{17}}{m_{15} \times 1000} \times 100 = \frac{m_{17} \times 0.1}{m_{15}} \quad (3-297)$$

式中　$X_{K_2O}$——氧化钾的质量百分数（%）；

$X_{Na_2O}$——氧化钠的质量百分数（%）；

$m_{16}$——100mL测定溶液中氧化钾的含量（mg）；

$m_{17}$——100mL测定溶液中氧化钠的含量（mg）；

$m_{15}$——试料的质量（g）。

12. 游离氧化钙的测定（乙二醇法）

(1) 分析步骤

称取约1g试样（$m_{18}$），精确至0.0001g，置于干燥的内装有一根搅拌子的200mL锥形瓶中，加 40mL 乙二醇 [见三 .2.(8)],盖紧锥形瓶,用力摇荡,在 65~70℃水浴上加热 30min,每隔 5min 摇荡一次。

用安有合适孔隙干滤纸的烧结玻璃过滤漏斗抽气过滤(如果过滤速度慢,应在烧结玻璃过滤漏斗上紧密塞一个带有钠石灰管的橡皮塞)。用无水乙醇或热的乙二醇 [见三 .2.(8)] 仔细洗涤锥形瓶和沉淀共三次,每次用量 10mL。卸下滤液瓶,用 [$c$(HCl) = 0.1mol/L] 盐酸标准滴定溶液 [见三 .2.(24)] 滴定至溶液颜色由褐色变为橙色。

(2) 数据处理

游离氧化钙的质量百分数 $X_{fCaO}$ 按下式计算:

$$X_{fCaO} = \frac{T_{CaO} \times V_6}{m_{18} \times 1000} \times 100 = \frac{T_{CaO} \times V_6 \times 0.1}{m_{18}} \quad (3-298)$$

式中 $X_{fCaO}$——游离氧化钙的质量百分数(%);

$T_{CaO}$——每毫升盐酸标准滴定溶液相当于氧化钙的毫克数(mg/mL);

$V_6$——滴定时消耗盐酸标准滴定溶液的体积(mL);

$m_{18}$——试料的质量(g)。

## 六、注意事项

易燃、易爆、易灼伤、毒性大的试剂要特别注意安全使用,如氢氟酸、高氯酸、氰化物、苯、甲苯、过氧化氢等。

## 七、实例

1. 根据标准方法利用基准试剂碳酸钙对 EDTA 进行标定。已知称取碳酸钙的质量为 0.5922g,滴定时消耗 EDTA 标准溶液的体积为 38.36mL,试计算 EDTA 的浓度及对 $Fe_2O_3$、$Al_2O_3$、CaO、MgO 的滴定度?

**解**:EDTA 标准滴定溶液的浓度为:

$$C(\text{EDTA}) = \frac{m}{V} \times \frac{1}{1.0009} = \frac{0.5922}{38.36} \times \frac{1}{1.0009} = 0.01542 \text{mol/L}$$

对各氧化物的滴定度为:

$$T_{Fe_2O_3} = C(\text{EDTA}) \times 79.84 = 0.01542 \times 79.84 = 1.231 \text{mg/mL}$$

$$T_{Al_2O_3} = C(\text{EDTA}) \times 50.98 = 0.01542 \times 50.98 = 0.7861 \text{mg/mL}$$

$$T_{CaO} = C(\text{EDTA}) \times 56.08 = 0.01542 \times 56.08 = 0.8648 \text{mg/mL}$$

$$T_{MgO} = C(\text{EDTA}) \times 40.31 = 0.01542 \times 40.31 = 0.6216 \text{mg/mL}$$

2. 水泥中氧化镁的测定。根据本节标准方法进行试验,称取水泥试样 0.5018g,氧化钙、氧化镁滴定时消耗 EDTA 标准滴定液的体积分别为 36.76mL,38.52mL,已知 EDTA 对氧化镁的滴定度为 0.5990mg/mL,一氧化锰的含量低于 0.5%。计算该水泥中氧化镁的含量?

**解**:根据本节式 3-292 计算氧化镁的质量百分数:

$$X_{MgO} = \frac{T_{MgO} \times (V_4 - V_3) \times 10}{m_5 \times 1000} \times 100 = \frac{T_{MgO} \times (V_4 - V_3)}{m_5}$$

$$= 0.5990 \times (38.52 - 36.76)/0.5018 = 2.10\%$$

**思考题**

1. 坩埚、滤纸如何进行灼烧?
2. 滴定分析时,如何读取滴定管中消耗的溶液体积?
3. 一般情况下,化学分析时哪些仪器设备必须进行计量校准或检定?
4. 定性和定量滤纸有何区别?何种情况下使用定量滤纸?

**参考文献**
1. 胡庸仆，丁超然．化学分析．北京：中国建筑工业出版社，1979
2. 中南矿冶学院分析化学教研室．分析化学手册．北京：科学出版社，1982

## 第十九节　钢材化学分析

### 一、概念

建筑用钢材的化学分析是对影响钢材性能的主要成份进行检测。本节详细描述了钢材中碳、硅、锰、磷、硫、钒、铌、钛的分析方法。

碳是钢铁中的重要元素，对钢铁的性能起决定的作用。由于碳的存在，才能将钢进行热处理，才能调节和改变其机械性能。当碳含量在一定范围内时，随着碳含量的增加，钢的硬度和强度得到提高，其塑性和韧性下降；反之，则硬度和强度下降，而塑性和韧性提高。

在炼钢过程中，硅用作还原剂和脱氧剂。硅能增强钢的抗张力，弹性，耐酸性和耐热性，又能增大钢电阻系数。

锰与硫能形成熔点较高的 MnS，可防止因 FeS 而导致的热脆现象，并由此提高钢的可锻性，锰还能使钢铁的硬度和强度增加。

钢中磷含量高时，会增加钢的冷脆敏感性，增加钢的回火脆性以及焊接裂纹敏感性。通常的情况下认为磷是钢中有害的元素。

硫在钢中易于偏析，恶化钢的质量。当以 FeS 的形式存在时，将导致钢的热脆现象。硫存在于钢内能使钢的机械性能降低，同时对钢的耐蚀性、可焊性也不利。

钢中含有钒使钢具有特殊的机械性能，提高钢的抗张强度和屈服点，尤其是提高钢的高温强度，提高工具钢的使用寿命。

铌能显著地提高钢的强度和抗腐蚀剂，改善钢的焊接性能。

适当量的钛能改变钢的品质和提高机械性能，能提高耐热钢的抗氧化性和热强性，提高不锈钢的耐蚀性，并对钢的焊接有利。

### 二、检测依据

标准名称及代号

1.《冶金产品化学分析方法标准的总则及一般规定》GB1467—78
2.《钢铁及合金化学分析方法　管式炉内燃烧后气体容量法测定碳含量》GB/T223.69—1997
3.《钢铁及合金化学分析方法　还原型硅钼酸盐光度法测定酸溶硅含量》GB/T223.5—1997
4.《钢铁及合金化学分析方法　高碘酸钠（钾）光度法测定锰量》GB223.63—88
5.《钢铁及合金化学分析方法　二安替比林甲烷磷钼酸重量法测定磷量》GB223.3—88
6.《钢铁及合金化学分析方法　管式炉内燃烧后碘酸钾滴定法测定硫含量》GB/T223.68—1997
7.《钢铁及合金化学分析方法　钽试剂萃取光度法测定钒量》GB223.14—89
8.《钢铁及合金化学分析方法　离子交换分离—氯磺酚 S 光度法测定铌量》GB223.40—85
9.《钢铁及合金化学分析方法　二安替比林甲烷光度法测定钛量》GB223.17—89
10.《钢及钢产品力学性能试验取样位置及试样制备》GB/T2975—1998

### 三、仪器设备

1. 主要仪器设备

管式炉（如图 3-66、图 3-67、图 3-68）法装置一套（或碳、硫联合测定仪）；

天平：不低于四级，精确至 0.0001g；

分光光度计；

G5 玻璃坩埚式过滤皿；

离子交换柱（如图 3-69）：将洗净后的塑料棉（或细丝）塞至粗管的底部以防止树脂流失及调节流速管内充满水，将洗净的树脂［强碱性阴离子交换树脂：100 筛目的交链度为 8% 的 251 型强碱性阴离子交换树脂用氢氧化钠溶液（20%）浸泡 24h，倾出碱液，用水洗至近中性，加入盐酸（1+2）浸泡以除去铁，更换盐酸（1+2）浸泡至无铁离子后，以水洗至中性搅匀并注入管内，装入树脂高度为 120~150mm，上面再覆盖些塑料棉（或细丝），控制流速约为 1~1.5mL/min。将细管末端提至高于树脂面 10~15mm，以保证柱内的溶液在树脂面以上。分次加入 60mL 洗涤液［见三.2.(27)］，使通过树脂后备用。

2. 试剂

（1）硫酸封闭液：1000mL 水中加 1mL 硫酸，滴加数滴 0.1%（m/V）的甲基橙溶液，至呈稳定的浅红色；

（2）高锰酸钾-氢氧化钾溶液：称取 30g 氢氧化钾溶于 70mL 高锰酸钾饱和溶液中；

（3）高锰酸钾溶液（40g/L）：将 4g 高锰酸钾溶于少量水中，稀释至 100mL 并混浊匀；

（4）亚硝酸钠溶液（100g/L）：将 10g 亚硝酸钠溶于少量水中，稀释至 100mL 并混匀；

（5）钼酸铵溶液（50g/L）：将 50g 钼酸铵溶于少量水中，稀释至 1000mL 混匀，贮于聚丙烯瓶中；

（6）草酸溶液（50g/L）：将 5g 二水合草酸（$C_2H_2O_4 \cdot 2H_2O$）溶于少量水中，稀释至 100mL 并混匀；

（7）硫酸亚铁铵溶液（60g/L）：称取 6g 六水合硫酸亚铁铵［$(NH_4)_2Fe(SO_4)_2 \cdot 6H_2O$］，置于 250mL 烧杯中，用 1mL 硫酸（1+1）润湿，加约 60mL 水溶解，用水稀释至 100mL 混匀；

（8）磷酸—高氯酸混合酸：三份磷酸和一份高氯酸混匀；

（9）高碘酸钠（钾）溶液（5%）：将 5g 高碘酸钠（钾），置于 250mL 烧杯中，加 60mL 水、20mL 硝酸，温热溶解后冷却。用水稀释至 100mL，混匀；

（10）不含还原物质的水：将去离子水（或蒸馏水）加热煮沸，每升用 10mL 硫酸（1+3）酸化，加几粒高碘酸钠（钾），继续煮沸几分钟，冷却后使用；

（11）亚硝酸钠溶液（1%）：称取 1g 亚硝酸钠溶于 100mL 水中混匀；

（12）盐酸—硝酸混合酸：三份盐酸和一份硝酸混合；

（13）盐酸—氢溴酸混合酸：二份盐酸和一份氢溴酸混合；

（14）硫酸铍（$BeSO_4 \cdot 4H_2O$）溶液（2%）：称取 10g 硫酸铍用适量水溶解，加入 10mL 硫酸（1+1），用水稀释至 500mL 混匀；

（15）铜铁试剂溶液（6%）：称取 6g 铜铁试剂溶于 100mL 水中，混匀；

（16）混合沉淀剂：42mL 5% 钼酸钠溶液、41mL 盐酸、17mL 5% 二安替比林甲烷盐酸（4+96）溶液，用时现混合；

（17）混合溶剂：100mL 丙酮、100mL 水及 5mL 氢氧化铵混匀，用时现配；

（18）淀粉吸收液：称取 10g 可溶性淀粉，用少量水调成糊状，加入 500mL 沸水，搅拌，加热煮沸后取下，加 500mL 水及 2 滴盐酸搅拌均匀后静置澄清，使用时取 25mL 上层澄清液，加 15mL 盐酸用水稀释至 1000mL，混匀；

（19）五氧化二钒：预先置于 600℃ 高温炉中灼烧 2~3h，冷却后置于磨口瓶中备用；

（20）二氧化锡：筛选粒度为 0.125mm 的二氧化锡盛于大瓷舟中，于 1300℃ 管式炉中通氧灼烧 2min，冷却后置于磨口瓶内备用；

（21）铜溶液（1%）：称取 1g 电解铜，用 10mL 硝酸溶解，加 5mL 硫酸加热蒸发至冒烟，稍冷，用水溶解并稀释至100mL，混匀；

(22) 高锰酸钾溶液（0.3%）：称取0.3g高锰酸钾溶于少量水中，稀释至100mL；

(23) 尿素溶液（40%）：称取40g尿素溶于少量水中，稀释至100mL；

(24) 亚硝酸钠溶液（0.5%）：称取0.5g亚硝酸钠溶于少量水中，稀释至100mL；

(25) 亚砷酸钠溶液：称取0.5g三氧化二砷，溶于50mL氢氧化钠溶液（5%）中，用硫酸（1+1）中和至溶液呈中性，用水稀释至100mL，混匀；

(26) N-苯甲酰-N-苯胲（钽试剂）-三氯甲烷溶液：称取0.10g钽试剂溶于100mL三氯甲烷中，贮存于棕色瓶中；

(27) 洗涤液：于600mL水中加入200mL盐酸、200mL氢氟酸，混匀。贮存于聚乙烯瓶中；

(28) 铌淋洗液：于542mL水中加入8mL氢氟酸、450mL盐酸，混匀。贮存于聚乙烯瓶中；

(29) 氟化铵溶液（3.7%）；

(30) 钽淋洗液：107g氟化铵、37g氟化铵，以水溶解并稀释至1L，混匀，贮存于聚乙烯瓶中；

(31) 氯磺酚S溶液（0.05%），过滤后使用；

(32) 柠檬酸铵溶液（50%）；

(33) 抗坏血酸溶液（10%），现用现配；

(34) 二安替比林甲烷溶液（5%）：称取5g二安替比林甲烷，用少量盐酸（1+11）溶解，并用盐酸（1+11）稀释至100mL；

(35) 硫酸-过氧化氢洗液：将10mL硫酸（1+1）加入至50mL水中，再加5mL过氧化氢，用水稀释至100mL，混匀。用时现配；

(36) 碘酸钾标准溶液

①碘酸钾标准溶液（0.01mol/L）称取0.3560g碘酸钾（基准试剂）溶于水后，加1mL氢氧化钾溶液（100g/L），移入1000mL容量瓶中，用水稀释至刻度、混匀；

②碘酸钾标准溶液（0.001mol/L）移取100mL碘酸钾[见三.2.(36)a]于1000mL容量瓶中，加入1g碘化钾并使其溶解，用水稀释至刻度混匀；

③碘酸钾标准溶液（0.00025mol/L）移取25mL碘酸钾[见三.2.(36)a]于1000mL容量瓶中，加入1g碘化钾并使其溶解，用水稀释至刻度混匀。

(37) 硅标准溶液：称取0.4279g（准确至0.1mg）二氧化硅[大于99.9%（m/m），用前于1.000℃灼烧1h后，置于干燥器中，冷却至室温]，置于加有3g无水碳酸钠的铂坩埚中，上面再覆盖1g~2g无水碳酸钠，先将铂坩埚于低温处加热，再置于950℃高温处加热熔融至透明，继续加热熔融3min，取出，冷却，置于盛有冷水的聚丙烯或聚四氟乙烯烧杯中至熔块完全溶解。取出坩埚，仔细洗净，冷却至室温，将溶液移入1000mL容量瓶中，用水稀释至刻度，混匀，贮于聚丙烯或聚四氟乙烯瓶中。此溶液1mL含200μg硅。

(38) 钒标准溶液

①称取0.1785g预先经110℃烘1h并于干燥器中冷却至室温的基准五氧化二钒，置于烧杯中，加25mL氢氧化钠溶液（5%），加热溶解，用硫酸（1+1）中和至酸性并过量20mL，加热蒸发至冒烟，稍冷，用水溶解盐类，冷却至室温，移入1000mL容量瓶中，用水稀释至刻度，混匀。此溶液1mL含100μg钒。

②移取50.00mL钒标准溶液[三.2.(38)a]，置于500mL容量瓶中，用水稀释至刻度，混匀。此溶液1mL含10μg钒。

(39) 钛标准溶液

①称取0.3336g经950℃灼烧至恒量的二氧化钛（基准试剂），置于400mL烧杯中，加2~5g

硫酸铵、40~50mL硫酸，盖上表皿，加热溶解后，冷却，移入盛有450mL水的烧杯中，冷却至室温，移入1000mL容量瓶中，用硫酸（1+9）稀释至刻度，混匀。此溶液1mL含200μg钛。

②移取50.00mL钛标准溶液[三.2.(39)a]置于100mL容量瓶中，用硫酸（1+9）稀释至刻度，混匀。此溶液1mL含100μg钛。

(40) 铌标准溶液

①称取0.1431g预先干燥至恒量的高纯五氧化二铌，置于聚四氟乙烯烧杯中，加入20mL氢氟酸、10mL盐酸，加热溶解并蒸发至约10mL，加入100mL洗涤液[见三.2.(27)]，冷却，以洗涤液[见三.2.(27)]准确稀释至500mL，混匀，贮存于聚乙烯瓶中。此溶液1mL含0.2mg铌。

②移取25.00mL铌标准溶液[三.2.(40).a]，以洗涤液[见三.2.(27)]准确稀释至500mL，混匀，贮存于聚乙烯瓶中。此溶液1mL含0.01mg铌。

3. 其他

容量瓶、移液管、聚四氟乙烯烧杯、塑料杯、烧杯、电炉等。

## 四、取样及制备要求

1. 总则

(1) 用于钢的成品分析的试样，必须在钢材具有代表性的部位制取。试样应均匀一致，能充分代表每批钢材的化学成分，并应具有足够的数量，以满足全部分析要求。

(2) 化学分析用试样样屑，可以钻取、刨取，或用其些工具机制取。样屑应粉碎并混和均匀。制取样屑时，不能用水、油或其他润滑剂，并应去除表面氧化铁皮和脏物。成品钢材还应除去脱碳层、渗碳层、涂层、镀层金属或其他外来物质。

(3) 当用钻头采取试样样屑时，对熔炼分析或小断面钢材成品分析，钻头直径应尽可能的大，至少不应小于6mm；对大断面钢材成品分析，钻头直径不应小于12mm。

2. 成品分析试样制备

成品分析用的试样样屑，按下列方法之一制取。不能按下列方法制取时，由供需双方协议。

(1) 大断面钢材

①大断面的初轧坯、方坯、扁坯、圆钢、方钢、锻钢件等，样屑从钢材的整个横断面或半个横断面上刨取；或从钢材横断面中心至边缘的中间部位（或对角线1/4处）平行于轴线钻取；或从钢材侧面垂直于轴中心线钻取，此时钻孔深度应达钢材或钢坯轴心处；②大断面的大空锻件或管件，应从壁厚内外表面的中间部位钻取，或在端头整个横断面上刨取。

(2) 小断面钢材

小断面钢材包括圆轧、方钢、扁钢、工字钢、槽钢、角钢、复杂断面型钢、钢管、盘条、钢带、钢丝等，不适用本节四.2.(1)条的规定取样时，可按下列规定取样：①从钢材的整个横断面上刨取（焊接钢管应避开焊缝）；或从横断面上沿轧制方向钻取，钻孔应对称均匀分布；从钢材外侧面的中间部位垂直于轧制方向用钻通的方法钻取；②当按①的规定不可能时，如钢带、钢丝，从弯折叠合或捆扎成束的样块横断面上刨取，或从不同根钢带、钢丝上截取；③钢管可围绕其外表面在几个位置钻通管壁钻取，薄壁钢管可压扁叠合后在横断面上刨取。

(3) 钢板

①纵轧钢板：钢板宽度小于1m时，沿钢板宽度剪切一条宽50mm的试料；钢板宽度大于或等于1m时，沿钢板宽度自边缘至中心剪切一条宽50mm的试料。将试料两端对齐，折叠1~2次或多次，并压紧变折处，然后在其长度的中间，沿剪切的内边刨取，或自表面用钻通的方法钻取。

②横轧钢板：自钢板端部与中央之间，沿板边剪切一条宽50mm、长50mm的试料，将两端对齐，折叠1~2次或多次，并压紧变折处，然后在其的中间，沿剪切的内边刨取，或自表面用

钻通的方法钻取。

③厚钢板不能折叠时，则按上述的①或②所述相应折叠的位置钻取或刨取，然后将等量样屑混合均匀。

**五、钢材的分析方法**

所用分析天平除特殊说明者外，其感量应达到0.1mg。分析天平、砝码及容量器皿应定期予以校准。

分析过程中，只应使用蒸馏水或同等纯度的水，所用试剂应为分析纯或优级纯试剂。用于标定与配制标准溶液的试剂，除另有说明外应为基准试剂。

分析方法中所述溶液除已指明溶剂者外，均系水溶液。

分析方法中所述的酸、氢氧化铵和过氧化氢等液体试剂，如仅写出名称则为浓溶液。

由液体试剂配制的稀的水溶液，均以浓溶液的体积加水的体积表示。例如，盐酸（1+2）系指1单位体积的盐酸（密度1.19）加2同单位体积的水混合配制而成。

由固体试剂配制的非标准溶液以百分浓度表示，系指称取一定量的固体试剂溶于溶剂中，并以同一溶剂稀释至100mL混匀而成。如固体试剂含结晶水则在配制方法中试剂名称后括号内写出分子式。

分析方法中重量法计算公式中的换算因数，容量法的滴定度或滴定用标准溶液的当量浓度的有效数字一般均保留四位。

1. 碳的测定

（1）分析步骤

使用管式炉（如图3-66）法（若使用碳、硫联合测定仪，则按仪器使用说明书进行操作）。

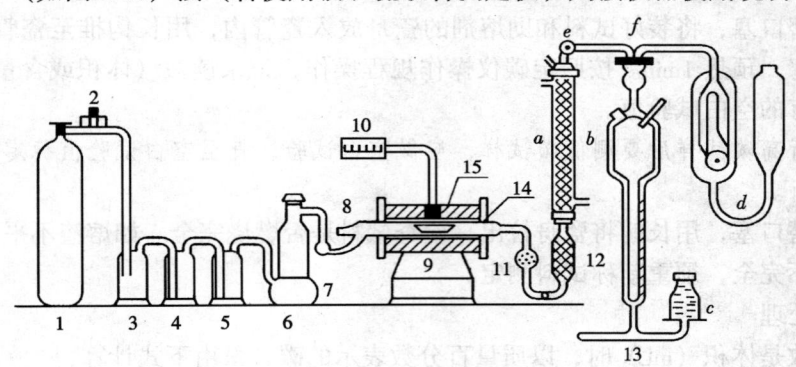

图3-66 碳分析仪器与设备图

1—氧瓶；2—分压表（带流量计和缓冲阀）；3—缓冲瓶；4—洗气瓶Ⅰ；5—洗气瓶Ⅱ；
6—干燥塔；7—供氧活塞；8—玻璃磨口塞；9—管式炉；10—温度控制器（或调压器）；11—球形干燥管；12—除硫管；13—容量定碳仪（包括蛇形管a、量气管b、水准瓶c、吸收器d、小活塞e、三通活塞f）；14—瓷管；15—瓷舟

①装上瓷管，接通电源，升温。铁、碳钢和低合金钢试样，升温至1200~1250℃，中高合金钢、高温合金等难熔试样，升温至1350℃。

②通入氧，检查整个装置的管路及活塞是否漏气。调节并保持仪器装置在正常的工作状态。当更换水准瓶内的封闭溶液［见三.2.(1)］、玻璃棉，除硫剂（活性氧化锰）和高锰酸钾—氢氧化钾溶液［见三.2.(2)］后，均应先燃烧几次高碳试样，以其二氧化碳饱和后才能开始分析操作。

③空白试验

吸收瓶、水准瓶内的溶液与待测混合气体的温度应基本一致，不然，将会产生正、负空白

值。在分析试样前应按本节五.1.(1)⑥(但不加试样)反复做空白试验,直至得到稳定的空白试验值。由于室温的变化和分析中引起的冷凝管内水温的变动,在测量试料的过程中须经常做空白试验。

④选择适当的标准试样按五.1.(1).⑤~⑥的规定测量,以检查仪器装置,在装置达到要求后才能开始试样分析。

⑤试料量:以适当的溶剂(如丙酮等)洗涤试样表面的油质或污垢。加热蒸发除去残留的洗涤液。按表3-123规定称取试料量($m_{20}$)。

试 料 量  表3-123

| 碳含量%(m/m) | 试料量g | 碳含量%(m/m) | 试料量g |
|---|---|---|---|
| 0.10~0.50 | 2.00±0.01,精确至5mg | 1.00~2.00 | 0.50±0.01,精确至0.1mg |
| 0.50~1.00 | 1.00±0.01,精确至1mg | | |

⑥测定:将试料置于瓷舟中,按表3-124规定取适量助熔剂覆盖于试料上。

助 熔 剂 量  表3-124

| 加入量(g)＼名称＼试样种类 | 锡粒 | 铜或氧化铜 | 锡粒+铁粉(1+1) | 氧化铜+铁粉(1+1) | 五氧化二钒+铁粉(1+1) |
|---|---|---|---|---|---|
| 铁、碳钢和低合金钢 | 0.25~0.50 | 0.25~0.50 | — | — | — |
| 中高合金钢、高温合金等难熔试样 | — | — | 0.25~0.50 | 0.25~0.50 | 0.25~0.50 |

启开玻璃磨口塞,将装好试料和助熔剂的瓷舟放入瓷管内,用长钩推至瓷管加热区的中部,立即塞紧磨口塞,预热1min。按照定碳仪操作规程操作,记录读数(体积或含量),并从记录的读数中扣除所有的空白试验值。

注:如分析高碳试样后要测低碳试样,应做空白试验,直至空白试验值稳定后,才能接着做低碳试样的分析。

启开玻璃磨口塞,用长钩将瓷舟拉出,检查试料是否燃烧完全。如熔渣不平,熔渣断面有气孔,表明燃烧不完全,须重新称试料测定。

(2)数据处理

标尺的读数是体积(mL)时,以质量百分数表示的碳含量由下式计算:

$$C\left[\%\left(\frac{m}{m}\right)\right] = \frac{A \cdot V_{20} \cdot f}{m_{20}} \times 100 \tag{3-299}$$

式中 $A$——温度16℃、气压101.5kPa,封闭溶液液面上每毫升二氧化碳中含碳质量(g),用硫酸封闭溶液作封闭时,A值为0.0005000g;

$V_{20}$——吸收前与吸收后气体的体积差,即二氧化碳的体积(mL);

$f$——温度、气压补正系数;

$m_{20}$——试料量(g)。

2. 硅的测定

(1)分析步骤

①试料量:称取试样($m_{21}$)0.10±0.01g~0.40±0.01g,准确至0.1mg,控制其含硅量为100~1000μg。

②测定:

a. 溶解试料：将试料（$m_{21}$）置于 150mL 锥形瓶中，加入 30mL 硫酸（1+17），缓慢温热至试料完全溶解，不要煮沸并不断补充蒸发失去的水份，以免溶液体积显著减少。

b. 制备试液：煮沸，滴加高锰酸钾溶液［见三.2.(3)］至析出二氧化锰水合物沉淀。再煮沸约 1min，滴加亚硝酸钠溶液［见三.2.(4)］至试液清亮，继续煮沸 1min~2min（如有沉淀或不溶残渣，趁热用中速滤纸过滤，用热水洗涤）。冷却至室温，将试液移入 100mL 容量瓶中，用水稀释至刻度，混匀。

c. 显色：移取 10.00mL 试液［五.2.(1).②.b］二份，分别置于 50mL 容量瓶中（一份作显色溶液用，一份作参比溶液用），按下法处理：

显色溶液：小心加入 5.0mL 钼酸铵溶液［见三.2.(5)］，混匀。于沸水浴中加热 30s，加入 10mL 草酸溶液［见三.2.(6)］，混匀。待沉淀溶解后 30s 内，加 5.0mL 硫酸亚铁铵溶液［见三.2.(7)］，用水稀释至刻度，混匀。

参比溶液：加入 10.0mL 草酸溶液［见三.2.(6)］、5.0mL 钼酸铵溶液［见三.2.(5)］、5.0mL 硫酸亚铁铵溶液［见三.2.(7)］，用水稀释至刻度，混匀。

注：显色时，如不在沸水浴中加热，也可在室温放置 15min 后再加草酸溶液［见三.2.(6)］。

d. 测量吸光度：将部分显色溶液移入 1cm~3cm 吸收皿中，以参比溶液为参比，于分光光度计波长 810nm 处，测量各溶液的吸光度值。

e. 从工作曲线［五.2.(1).③］上查出相应的硅量。

③绘制工作曲线：称取数份与试料质量相同且已知其硅含量的纯铁，置于数个 150mL 锥形瓶中，移取 0.50、1.00、2.00、3.00、4.00、5.00mL 硅标准溶液［见三.2.(37)］，分别置于前述数个锥形瓶中，以下按五.2.(1)②.a~d 进行。用硅标准溶液中硅量和纯铁中硅量之和为横坐标，测得的吸光度值为纵坐标，绘制工作曲线。

(2) 数据处理

以质量百分数表示的硅含量按下式计算：

$$Si[\%(m/m)] = \frac{m_{22} \cdot V_{21}}{m_{21} \cdot V_{22}} \times 100 \tag{3-300}$$

式中　$V_{22}$——分取试液体积（mL）；

$V_{21}$——试液总体积（mL）；

$m_{22}$——从工作曲线上查得的硅量（g）；

$m_{21}$——试料量（g）。

3．锰的测定

(1) 分析步骤

①试样量：按表 3-125 称取试样。

表 3-125

| 含量范围（%） | 0.01~0.1 | 0.1~0.5 | 0.5~1.0 | 1.0~2.0 |
|---|---|---|---|---|
| 称样量（g） | 0.5000 | 0.2000 | 0.2000 | 0.1000 |
| 锰标准溶液浓度（μg/mL） | 100 | 100 | 500 | 500 |
| 移取锰标准溶液体积（mL） | 0.50 | 2.00 | 2.00 | 2.00 |
| | 2.00 | 4.00 | 2.50 | 2.50 |
| | 3.00 | 6.00 | 3.00 | 3.00 |
| | 4.00 | 8.00 | 3.50 | 3.50 |
| | 5.00 | 10.00 | 4.00 | 4.00 |
| 吸收皿（cm） | 3 | 2 | 1 | 1 |

②测定

a. 将试样置于 150mL 锥形瓶中,加 15mL 硝酸(1+4)[高硅试样加 3~4 滴氢氟酸;生铁试样用硝酸(1+4)溶解试样,并滴加 3~4 滴氢氟酸,试样溶解后,取下冷却,用快速滤纸过滤于另一个 150mL 锥形瓶中,加热硝酸(2+98)洗涤原锥形瓶和滤纸 4 次;高镍铬试样用适宜比例的盐酸和硝酸混合酸溶解;高钨(5%以上)试样或难溶试样,可加 15mL 磷酸—高氯酸混合酸[见三 .2.(8)]溶解],低温加热溶解。

b. 加 10mL 磷酸—高氯酸混合酸[见三 .2.(8)][高钨试样用 15mL 磷酸—高氯酸混合酸[见三 .2.(8)]溶解时,不必再加],加热蒸发至冒高氯酸(含铬高的试样需将铬氧化),稍冷,加 10mL 硫酸(1+1),用水稀释至约 40mL。

c. 加 10mL 高碘酸钠(钾)溶液[见三 .2.(9)],加热至沸并保持 2~3min(防止试液溅出),冷却至室温,移入 100mL 容量瓶中,用不含还原物质水[见三 .2.(10)]稀释至刻度,混匀。

d. 按表 3-125 将部分显色溶液移入吸收皿中,向剩余的显色液中,边摇动边滴加亚硝酸钠溶液[见三 .2.(11)]至紫红色刚好退去[含钴试样用亚硝酸钠溶液退色时,钴的微红色不退,可按下述方法处理:不断摇动容量瓶,慢慢滴加亚硝酸钠溶液[见三 .2.(11)],若试样微红色无变化时,将试液置于吸收皿中,测量吸光度,向剩余试液中再加亚硝酸钠溶液[见三 .2.(11)],再次测量吸光度,直至两次吸光度无变化即可用此溶液为参比液],将此溶液移入另一吸收皿为参比,在分光光度计波长 530nm 处测量其吸光度。

e. 根据测得的试液吸光度,从工作曲线上查出相应的锰量。

③工作曲线的绘制:按表 3-125 移取锰标准溶液,分别置于 150mL 锥形瓶中,以下按[五 .3.(1).②.b~d]进行,测量其吸光度。以锰量为横坐标,吸光度为纵坐标,绘制工作曲线。

(2) 数据处理

锰的百分含量按(3-301)式计算

$$Mn(\%) = \frac{m_{24}}{m_{23}} \times 100 \tag{3-301}$$

式中 $m_{24}$——从工作曲线上查得锰量(g);

$m_{23}$——试样量(g)。

4. 磷的测定

(1) 分析步骤

①试样量:按表 3-126 称取试样。

表 3-126

| 含量范围(%) | | 0.01~0.02 | 0.02~0.1 | 0.1~0.5 | 0.5 以上 |
|---|---|---|---|---|---|
| 试样量(g) | | 1.0000 | 0.5000 | 0.2000 | 0.1000 |
| 加高氯酸(mL) | | 15 | 12 | 10 | 8 |
| 加 EDTA(固体)量(g) | 镍基 | 2 | 1 | 0.5 | 0.5 |
| | 铁基 | 8 | 4 | 2 | 2 |

②空白试验:随同试样做空白试验。

③测定:

a. 按表 3-126 称取试样置于烧杯中,加 10mL 盐酸—硝酸混合酸[见三 .2.(12)],加热溶解(不易溶解试样可补加盐酸或硝酸助溶)。按表 3-126 加高氯酸(试样中含锰超过 2%加 20mL),加热蒸发至刚冒高氯酸烟,取下稍冷,加入 2mL 氢氟酸(1+2),再蒸发至刚冒烟,稍冷,加入

10mL盐酸—氢溴酸混合酸[见三.2.(13)],继续蒸发至冒白烟驱砷,稍冷,再加入5mL盐酸—氢溴酸混合酸[见三.2.(13)],重复驱砷一次,继续加热蒸发冒白烟至烧杯内部透明,并维持3~4min(若试样中含锰超过2%时,冒烟至烧杯内部透明,并维持20~30min),并蒸发至糖浆状。

b. 冷却,加30mL热水溶解盐类,按表3-126的规定加入EDTA及10mL硫酸铍溶液[见三.2.(14)],用氢氧化铵,调节至pH3~4,用水稀释至约100mL,煮沸并保持微沸3~4min,加入10mL氢氧化铵,再煮沸1min,用流水冷却。

注:①含钨试样在加EDTA前先加2g草酸。沉淀过滤洗净后,用盐酸溶解,加0.5gEDTA用氢氧化铵再沉淀分离一次。

②被测试液中含钛5mg以下时,先滴加2mL过氧化氢(1+1),再加入10mL氢氧化铵后,煮沸1min,稍冷,再缓缓加入3mL过氧化氢(1+1),充分搅拌,室温放置40min后,冷却。

c. 用中速滤纸过滤,以氢氧化铵(5+95)洗净,用水洗2次。

d. 沉淀用8mL热盐酸(1+1)溶解于原烧杯中,用水洗净滤纸,并稀释至100mL。

e. 如试样中含铌、钽、锆、钒及含5mg以上钛时,将[五.6.(1).③.c]洗净的沉淀及滤纸移入原烧杯中,加入7mL硫酸(1+1)、2mL高氯酸、2g硫酸铵、10mL硝酸盖上表面皿,蒸发至冒硫酸烟驱尽高氯酸,冷却,用少量水洗表面皿及杯壁,加入3mL氢氟酸(1+2)、络合铌、钽等,用水稀释至约100mL,冷却至约15℃,滴加铜铁试剂溶液[见三.2.(15)]至沉淀完全并过量2mL,放置50~60min,过滤,用盐酸(4+96)洗净,滤液和洗液合并,加入15mL硝酸蒸发至冒硫酸烟,用水洗表皿及杯壁,重复冒烟,冷却,加入2g草酸,用水溶解盐类并稀释至约80mL,用氢氧化铵中和至pH3~4,煮沸1min,加入10mL氢氧化铵煮沸,冷却,以下按[五.4.(1).③.c~d]进行。

f. 将五.4.(1).③.d或[五.4.(1).③.e]溶液加热至40~100℃,加入10mL混合沉淀剂[见三.2.(16)](如被测试液中含磷超过300μg时,加入15mL混合沉淀剂,超过400μg时,加入20mL混合沉淀剂,补加20mL水),搅匀,在40~60℃处放置30min以上,用G5玻璃坩埚式过滤器过滤,沉淀全部移入坩埚中,用盐酸(0.5+100)洗涤坩埚及沉淀10~15次,水洗2次,于110~115℃烘干,置于干燥器中冷却,称量,并反复烘干至恒量。用20mL混合溶剂[见三.2.(17)]分2次溶解沉淀,用水洗6~8次,再烘干,置于干燥器中冷却,称量,并反复烘干至恒量。

(2) 数据处理

按下式计算磷的百分含量:

$$P(\%) = \frac{[(m_{26} - m_{27}) - (m_{28} - m_{29})] \times 0.01023}{m_{25}} \times 100 \quad (3-302)$$

式中 $m_{26}$——沉淀加坩埚质量(g);

$m_{27}$——坩埚加残渣质量(g);

$m_{28}$——随同试样所做空白沉淀加坩埚质量(g);

$m_{29}$——随同试样所做空白坩埚加残渣质量(g);

$m_{25}$——试样量(g);

0.01023——二安替比林甲烷磷钼酸换算成磷的换算系数。

5. 硫的测定

(1) 分析步骤

使用管式炉(如图3-67、图3-68)法(若使用磷、硫联合测定仪,则按仪器说明书进行操作)。

①装上瓷管,接通电源,升温。铁、碳钢和低合金钢试样,升温至1250℃~1300℃,中高合金钢及高温合金,精密合金升温至1300℃以上。

②通入氧,其流量调节为 1500mL/min ~ 2000mL/min,检查整个装置的管路及活塞是否漏气,调节并保持仪器装置在正常的工作状态。当更换洗气瓶内的硫酸、球形干燥管内的脱脂棉及换瓷管后均应先燃烧几个非标准试样,以其二氧化硫饱和系统后才能开始分析操作。

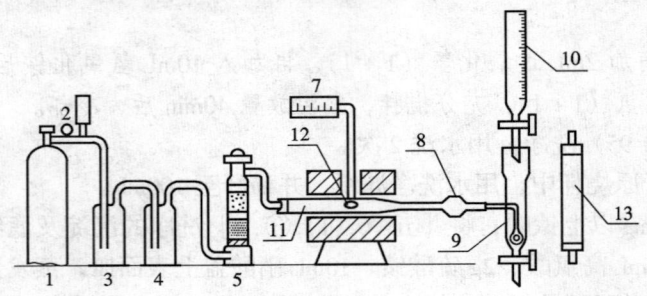

图 3-67 硫分析仪器与装置图

1—氧瓶;2—分压表(带流量计和缓冲阀);3—缓冲瓶;4—洗气瓶;5—干燥塔;7—温度控制器;8—球形干燥管;9—吸收杯;10—滴定管(25mL);11—瓷管;12—瓷舟;13—日光灯(8W)

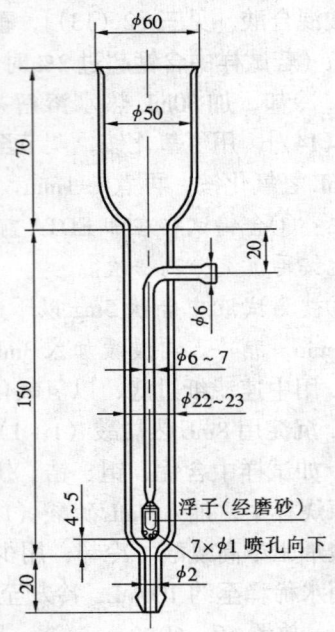

图 3-68 硫吸收杯

③空白试验:在测定试样前应按分析步骤五.5.(1).⑥,但不加试样反复做瓷舟、瓷盖和助熔剂的空白试验,直至空白试验数值稳定,而且,在测量试样的过程中仍须经常做空白试验并得到稳定的数值($V_{22}$)。

④选择适当的标准样品按分析步骤的规定测量,以检查仪器装置。在装置达到要求后才能开始试样分析。

⑤试料量:以适量的溶剂(如丙酮等)洗涤试样表面的油质或污垢。加热蒸发除去残留的洗涤液。按表3-127规定称取试料量。

试 料 量　　　　　　　　　　表 3-127

| 硫含量 [%(m/m)] | 试料量(g) | 硫含量 [%(m/m)] | 试料量(g) |
|---|---|---|---|
| 0.0030 ~ 0.010 | 1.00 ± 0.01 | 0.050 ~ 0.100 | 0.25 ± 0.01 |
| 0.010 ~ 0.050 | 0.50 ± 0.01 | 0.100 ~ 0.200 | 0.10 ± 0.01 |

注:高温合金试料量不超过 0.50g ± 0.01g。

⑥测定:于吸收杯中加入25mL淀粉吸收液[见三.2.(18)],通氧,用碘酸钾标准溶液[见三.2.(36)]滴定至淀粉吸收液呈浅蓝色,此色为起始色泽。在分析过程中,每测一次试料,都要更换一次淀粉吸收液,并调节好起始色泽。

将试料置于瓷舟中,按表3-128规定取适量助熔剂均匀覆盖于试料上。

助 熔 剂 量　　　　　　　　　　表 3-128

| 加入量(g)＼名称＼试样种类 | 五氧化二钒[见三.2.(19)] | 五氧化二钒[见三.2.(19)] + 铁粉(3+1) | 二氧化锡[见三.2.(20)] + 铁粉(3+4) |
|---|---|---|---|
| 生铁、铁粉、碳钢和低合金钢 | 0.10 ~ 0.30 | — | — |
| 中高合金钢、高温合金等难熔试样 | — | 0.40 ~ 1.00 | 0.40 ~ 1.00 |

启开膨胀率硅橡胶塞,将装好试料和助熔剂的瓷舟,盖上瓷盖,放入瓷管内,用长钩推至瓷管加热区的中部,立即塞紧硅橡胶塞,预热(铁、碳钢和低合金钢不超过30s,中高合金钢及高温合金,精密合金约1min),通氧燃烧。将燃烧后的气体导入吸收杯,待淀粉吸收液的蓝色开始消褪,立即用碘酸钾标准溶液 {硫含量小于 0.010%(m/m)时用碘酸钾标准溶液[见三 .2.(36).c],硫含量大于 0.010%(m/m)时用碘酸钾标准溶液[见三 .2.(36).b]} 滴定。滴定速度以使液面保持蓝色为佳(滴定生铁等高硫试样时,开始可适当多过量一些碘酸钾标准溶液)。褪色速度变慢时,相应降低滴定速度至吸收液色泽与起始色泽一致。当间歇通氧三次色泽仍不改变时即为滴定终点。读取滴定所消耗的碘酸钾标准溶液的毫升数($V_{23}$)。

注:如分析高硫试料后,要测低硫试料,应做空白试验,直至空白试验结果稳定后,才能接着做低硫试料分析。

关闭氧源,启开硅橡胶塞,用长钩拉出瓷舟。检查试料是否燃烧完全。如熔渣不平,熔渣断面有气孔,表明燃烧不完全,应重新称试料测定。

注:在连续测定中应经常清除瓷管中的氧化物等粉尘,并更换球形干燥管中的脱脂棉。分析高锰钢、生铁时,瓷管和球形干燥管内粉尘积聚较为严重,更应经常清除,并将试料和标准样品交叉测定。

(2)数据处理

以质量百分数表示的硫含量由下式计算:

$$S[\%(m/m)] = \frac{T \cdot (V_{23} - V_{22})}{m_{30}} \times 100 \tag{3-303}$$

式中 $T$——碘酸钾标准溶液对硫的滴定度(g/mL);

$V_{23}$——滴定试料消耗碘酸钾标准溶液的体积(mL);

$V_{22}$——空白试验消耗碘酸钾标准溶液的体积(mL);

$m_{30}$——试料量(g)。

6. 钒的测定

(1)分析步骤

①试样量:按表 3-129 称取试样。

表 3-129

| 钒含量(%) | 试样量(g) | 钒含量(%) | 试样量(g) |
| --- | --- | --- | --- |
| 0.01~0.10 | 0.5000 | 0.10~0.50 | 0.1000 |

②空白试验:随同试样做空白试验

③测定:

a. 试样溶解

将试样置于烧杯中,加 15mL 盐酸(1+1),加热,分次滴加 5mL 硝酸,加热至试样全部溶解[如试样不溶解,再适当补加盐酸或硝酸],稍冷,加 8mL 硫酸、8mL 磷酸,继续加热蒸发至冒烟。此时,如有碳化物未被破坏,则滴加硝酸再蒸发至冒烟,反复进行至碳化物全部破坏为止。稍冷,加 50mL 水,加热溶解盐类,冷却至室温,移入 100mL 容量瓶中,用水稀释至刻度,混匀。有沉淀时需干过滤。

b. 钒的氧化

移取 10.00mL 试液置于 60mL 分液漏斗中,加 1mL 铜溶液[见三 .2.(21)],在摇动下滴加高锰酸钾溶液[见三 .2.(22)]至呈稳定红色,并保持 2~3min。

加 2mL 尿素溶液[见三 .2.(23)],在不断摇动下,滴加亚硝酸钠溶液[见三 .2.(24)] {含铬1mg以上试样，滴加亚硝酸钠溶液前先加5滴亚砷酸钠溶液［见三.2.(25)］；还原过剩高锰酸钾至粉红色完全消失为止。

c. 显色、萃取

一般试样：加10.00mL钽试剂——三氯甲烷溶液［见三.2.(26)］，加15mL盐酸（1+1），立即振荡1min，静置分层。

含钼试样：当移取的试液中含1~5mg钼时，加10.00mL钽试剂-三氯甲烷溶液［见三.2.(26)］，加10mL盐酸，立即振荡1min，静置分层。

含钛试样：当移取的试液中含1~5mg钛时，加10.00钽试剂——三氯甲烷溶液［见三.2.(26)］，加15mL盐酸（1+1），立即振荡1min，静置分层后，有机相移入另一个60mL分液漏斗中，加10mL硫酸—过氧化氢洗液［见三.2.(35)］洗涤振荡30s，静置分层。

d. 测量吸光度

下层有机相溶液用滤纸或脱脂棉干过滤于1cm（或适当的）吸收皿中，以三氯甲烷为参比，于分光光度计波长530nm处，测量其吸光度。

测得的吸光度减去随同试样空白溶液的吸光度，从工作曲线上查出显色液中相应的钒量。

e. 工作曲线的绘制

称取不含钒与试样相同量的纯铁一份，按［五.6.(1).③.a］进行，移取10.00mL溶液六份，各置于60mL分液漏斗中，分别加0，1.00，2.00，3.00，4.00，5.00mL钒标准溶液［见三.2.(38).b］，以下按［五.6.(1).③.b］中自加入1mL铜溶液开始至测量其吸光度，减去补偿溶液的吸光度后，以钒量为横坐标，吸光度为纵坐标，绘制工作曲线。

(2) 数据处理

按下式计算钒的百分含量：

$$V(\%) = \frac{m_{32} \cdot V_{24}}{m_{31} \cdot V_{25}} \times 100 \tag{3-304}$$

式中 $V_{25}$——分取试液体积（mL）；

$V_{24}$——试液总体积（mL）；

$m_{32}$——从工作曲线上查得的钒量（g）；

$m_{31}$——试样量（g）。

7. 铌的测定

(1) 分析步骤

①试样量：称取0.1000~0.2000g（含铌0.05%以下称0.2000g；0.05%以上称0.1000g）试样。

②测定：

a. 将试样置于50mL聚四氟乙烯烧杯中，加入4mL盐酸、1mL硝酸盖上表面皿，加热溶解，以水洗净表面皿取下，加入2mL氢氟酸，继续加热至试样全部溶解并蒸发至溶液体积少于0.5mL（但不蒸干），加入10mL洗涤液［见三.2.(27)］溶解盐类，冷却。

b. 分2次将溶液移入准备好的交换柱（如图3-69）中，每次用5mL洗涤液［见三.2.(27)］洗涤烧杯4或5次，待溶液不再流出时，再加入5mL洗涤液［见三.2.(27)］洗涤离子交换柱，继续用洗涤液［见三.2.(27)］洗涤至其总用量为110~120mL。再用5mL盐酸（1+11）洗涤交换柱2次，流出的洗液弃去。

c. 用90mL铌淋洗液［见三.2.(28)］每次用5mL洗脱铌并收集于塑料杯中，此为待测液，保留。

d. 用10mL氟化铵［见三.2.(29)］溶液分2次洗涤交换柱。用45mL钽淋洗液［见三.2.

(30)]每次用5mL洗脱钽(保留流出液供测定钽用)。再用60mL洗涤液[见三.2.(27)]每次用5mL洗涤交换柱,备下次使用。弃去流出液。

e. 将保留的待测溶液移入100mL容量瓶中,用水稀释至刻度,混匀。迅速倒入干塑料烧杯中。分取5.00~50.00mL(含铌0.01%~0.05%分取50mL;0.05%~0.40%分取20mL;0.4%~0.8%分取10mL;0.8%以上分取5mL)溶液,置于聚四氟乙烯烧杯中。

f. 加入2~3滴硫酸、1.5mL高氯酸,加热蒸发至冒浓白烟2~3min,冷却,加入20mL盐酸(1+1),移入50mL容量瓶中,加入3.0mL氯磺酚S溶液[见三.2.(31)]、5mL丙酮,以水稀释至刻度,混匀,此为待测溶液。

另取一个聚四氟乙烯空烧杯,按上述操作进行至混匀,此溶液为参比液。

g. 在室温放置1h或60~65℃水浴中放置5min后冷却至室温。将部分溶液移入1cm或2cm比色皿中(待测溶液中含50μg以上铌时移入1cm比色皿中),以参比液为参比,于分光光度计波长650nm处测量其吸光度。从工作曲线上查出相应的铌量。

③工作曲线的绘制:移取0.00、0.50、1.00、2.00、4.00、6.00mL或0.00、1.00、2.00、4.00、6.00、8.00mL铌标准溶液[见三.2.(40)],分别置于一组聚四氟乙烯烧杯中,以下按[五.7.(1).②f]第一段和[五.7.(1).②g]测量其吸光度止进行,以铌量为横坐标,吸光度为纵坐标,绘制工作曲线。

(2) 数据处理

按下式计算铌的百分含量:

$$Nb(\%) = \frac{m_{34} \cdot V_{26}}{m_{33} \cdot V_{27}} \times 100 \tag{3-305}$$

式中 $V_{27}$——分取试液体积(mL);
$V_{26}$——试液总体积(mL);
$m_{34}$——从工作曲线上查得的铌量(g);
$m_{33}$——试样量(g)。

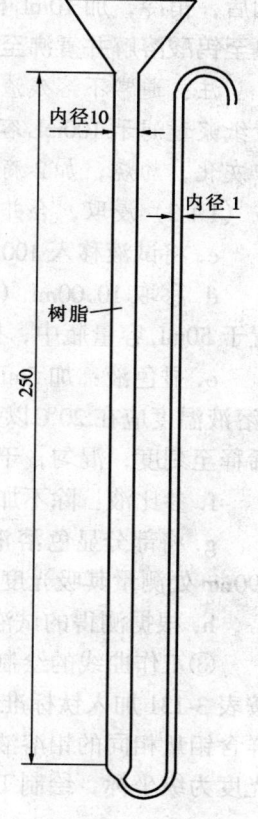

图 3-69 离子交换柱

8. 钛的测定

(1) 分析步骤

①试样量:按表3-130称取试样。

表 3-130

| 含钛量(%) | 试样量(g) | 含钛量(%) | 试样量(g) |
|---|---|---|---|
| 0.010~0.100 | 0.5000 | 0.500~2.400 | 0.1000 |
| 0.100~0.500 | 0.2500 | | |

②测定

a. 将试样置于150mL锥形瓶中,加10~20mL适宜比例的盐酸、硝酸混合酸,加热溶解,加15mL硫酸(1+1)[含钨试样直接加30mL硫酸(1+3),加热溶解,滴加硝酸破坏碳化物],蒸发至冒硫酸烟,取下稍冷。

b. 加50mL水,加热溶解盐类,取下冷却至室温。如移取的试液中钨量大于1mg时,硫酸冒烟后，稍冷，加 10mL 柠檬酸铵溶液［见三 .2.(32)］、10mL 水，冷却，加约 35mL 氢氧化铵，加热至钨酸溶解并煮沸至无氨味，冷却，加 15mL 硫酸（1+1），冷却至室温。

注：通常不溶残渣含钛量甚微，可不予考虑。如需回收残渣中钛时，将溶液用慢速滤纸加少量纸浆过滤于 100mL 容量瓶中，用硫酸（1+100）洗涤滤纸，保留滤液，残渣与滤纸移入铂坩埚中灰化，灼烧，加 2 滴硫酸（1+1）、2~3mL 氢氟酸蒸发至干，加 0.5g 焦硫酸钾熔融，用少量硫酸（1+3）浸取，合并于滤液中。

c. 将试液移入 100mL 容量瓶中，用水稀释至刻度，混匀。

d. 移取 10.00mL（含钛量大于 0.5% 时，移取 5.00mL）试液［五 .8.(1).②.c］两份，分别置于 50mL 容量瓶中，按五 .8.(1) .②.e~f 进行。

e. 显色液：加 5mL 抗坏血酸溶液［见三 .2.(33)］，混匀，加 15mL 盐酸（2+1），放置 5min（溶液温度应在 20℃ 以上，保证铁的还原），加 15mL 二安替比林甲烷溶液［见三 .2.(34)］，用水稀释至刻度，混匀，于室温放置 40min 以上。

f. 参比液：除不加二安替比林甲烷溶液外，其余按［五 .8.(1).②.e］进行。

g. 将部分显色溶液移入吸收皿（见表 3-131）中，以参比液为参比，于分光光度计波长 390nm 处测量其吸光度。

h. 根据测得的试液吸光度，从工作曲线上查出显色液中相应的钛量。

③工作曲线的绘制：称取五份与试样量相同的不含钛的纯铁，分别置于 150mL 锥形瓶中，按表 3-131 加入钛标准溶液｛如移取的试液［五 .8.(1).②.d］中钼量大于 1.5mg 时，加入和试样含钼量相同的钼溶液｝，以下按［五 .8.(1).②］进行。测量其吸光度，以钛量为横坐标，吸光度为纵坐标，绘制工作曲线。

表 3-131

| 含钛量, % | 0.010~0.100 | 0.100~0.500 | 0.500~2.400 |
|---|---|---|---|
| 标准溶液［见三 .2.(39)］浓度（μg/mL） | 100 | 100 | 200 |
| 标准溶液加入量（mL） | 0.50<br>1.00<br>2.00<br>4.00<br>5.00 | 2.50<br>5.00<br>7.50<br>10.00<br>12.50 | 2.50<br>5.00<br>7.50<br>10.00<br>12.00 |
| 吸收皿, cm | 2 | 1 | 1 |

（2）数据处理

按下式计算钛的百分含量：

$$Ti(\%) = \frac{m_{36} \cdot V_{28}}{m_{35} \cdot V_{29}} \times 100 \tag{3-306}$$

式中　$m_{36}$——从工作曲线上查得的钛量（g）；
　　　$V_{29}$——分取试液的体积（mL）；
　　　$V_{28}$——试液总体积（mL）；
　　　$m_{35}$——试样量（g）。

### 六、注意事项

1. 对燃烧分析来说，危险主要来自预先灼烧瓷舟和熔融时的烧伤。分析中无论何时取用瓷舟都必须使用镊子并用适宜的容器盛放。操作盛氧钢瓶必须有正规的预防措施。由于狭窄空间中存在高浓度氧时有引发火灾的危险，必须将燃烧过程的氧有效地从设备中排出。

2. 易燃、易爆、易灼伤、毒性大的试剂要特别注意安全使用，如浓硫酸、氢氟酸、高氯酸、

汞、铍、氰化物、苯、甲苯、过氧化氢等

**七、实例**

钢材中硅的测定。称量试样 0.2038g，按标准方法规定的分析步骤进行测定，在分光光度计 810nm 处测得吸光度为 0.36，假设工作曲线方程式为 $A = 0.8329m + 0.0319$。式中 $A$ 为吸光度，$m$ 为硅量，单位为 mg，计算该样品中的硅含量？

**解：** 根据样品所测得的吸光度，计算其溶液中硅量：

$$m = \frac{A - 0.0319}{0.8329} = \frac{0.36 - 0.0319}{0.8329} = 0.394\text{mg}$$

则样品中硅含量为 $\frac{0.394}{0.2038 \times 1000} \times 100\% = 0.19\%$

**思考题**

1. 热轧带肋钢筋进行化学分析时，如何进行制样？
2. 如何选择酸碱滴定管？
3. 如何进行浓硫酸的稀释？
4. 用移液管移取溶液时应如何正确操作？

**参考文献**

中南矿冶学院分析化学教研室．化学手册．北京：科学出版社，1982

## 第二十节　混凝土拌合用水

**一、概念**

混凝土拌合用水按水源可分为饮用水、地表水、地下水、海水，以及经适当处理或处置后的工业废水。

由于水中含有的某些成分（不溶物、可溶物、硫化物）对混凝土的强度有影响，同时某些酸性成分（氯化物、硫酸盐）可能腐蚀钢筋，即水的 pH 值较低，因此《混凝土拌合用水》JGJ63—89 规定：符合国家标准的生活饮用水，可拌制各种混凝土；地表水和地下水首次使用前应进行检验；海水可用于拌制素混凝土，但不得用于拌制钢筋混凝土和预应力混凝土；有饰面要求的混凝土不应用海水拌制；混凝土生产厂及商品混凝土厂设备的洗刷水，可用作拌合混凝土的部分用水，但要注意洗刷水所含水泥和外加剂品种对所拌合混凝土的影响，且最终拌合水中氯化物、硫酸盐及硫化物的含量应满足标准的要求；工业废水经检验合格后可用于拌制混凝土，否则必须予以处理，合格后方能使用。

**二、检验依据**

1. 标准名称及代号：《混凝土拌合用水》JGJ63—89。
2. 技术要求：水的 pH 值、不溶物、可溶物、氯化物、硫酸盐、硫化物的含量应符合表 3-132 的规定。

物质含量限值　　　　　表 3-132

| 项目 | 预应力混凝土 | 钢筋混凝土 | 素混凝土 |
| --- | --- | --- | --- |
| pH 值 | >4 | >4 | >4 |
| 不溶物（mg/L） | <2000 | <2000 | <2000 |
| 可溶物（mg/L） | <2000 | <5000 | <10000 |
| 氯化物（mg/L，以 $Cl^-$ 计） | <500 | <1200 | <3500 |
| 硫酸盐（mg/L，以 $SO_4^{2-}$ 计） | <600 | <2700 | <2700 |
| 硫化物（mg/L，以 $S^{2-}$ 计） | <100 | — | — |

注：使用钢丝或经热处理钢筋的预应力混凝土氯化物含量不得超过 350mg/L。

## 三、取样要求

采集的水样应具有代表性。井水、钻孔水及自来水水样应放水冲洗管道或排除积水后采集。江河、湖泊和水库水样一般应在中心部位或经常流动的水面下 300～500mm 处采集。采集时应注意防止人为污染。

用于采集水样的容器应预先彻底洗净,采集时再用待采集水样冲洗三次后,才能采集水样。水样采集后应加盖蜡封,保持原状。

采集水样应注意季节、气候、雨量的影响,并在取样记录中予以注明。

水质分析所用水样不得少于 5L。水样采集后,应及时检验。pH 值最好在现场测定。硫化物测定所用水样应专门采集,并按检验方法的规定在现场固定。全部水质检验项目应在 7d 内完成。

## 四、试验方法

### 1. pH 值的测定(玻璃电极法)

(1) 原理:本方法以玻璃电极作指示电极,以饱和甘汞电极作参比电极,用经 pH 标准缓冲溶液校准好的 pH 计(酸度计)直接测定水样的 pH 值。目前普通酸度计都附带有 pH 复合电极,可替代玻璃电极和饱和甘汞电极,操作方法和玻璃电极法相似。具体使用可参考说明书。

(2) 仪器:

pH 计(酸度计):pH 测量范围 0～14;pH 读数精度不低于 0.05;

pH 玻璃电极,饱和甘汞电极;

烧杯:50mL;

温度计:0～100℃。

(3) 试剂:下列试剂均应以新煮沸并冷却的纯水配制,配成的溶液应贮存在聚乙烯瓶或硬质玻璃瓶内。此类溶液应于 1～2 个月内使用。pH 标准缓冲液可按下述方法配制,也可用商品试剂包配制。

pH 标准缓冲液甲:称取 10.21g 经 110℃烘干 2h 并冷却至室温的苯二甲酸氢钾($KHC_3H_4O_4$)溶于纯水中,并定容至 1000mL。此溶液的 pH 值在 20℃时为 4.00。

pH 标准缓冲液乙:分别称取经 110℃烘干 2h 并冷却至室温的磷酸二氢钾($KH_2PO_4$)3.40g,磷酸氢二钠($Na_2HPO_4$)3.55g,一并溶于纯水中,并定容至 1000mL。此溶液的 pH 值在 20℃时为 6.88。

pH 标准缓冲液丙:称取 3.81g 硼砂($Na_2B_4O_7 \cdot 10H_2O$),溶于纯水中,并定容至 1000mL。此溶液的 pH 值在 20℃时为 9.22。

上述标准缓冲液在不同温度条件下的 pH 值如表 3-133 所示。

**标准缓冲液在不同温度条件下的 pH 值** 表 3-133

| 温度(℃) | pH 标准缓冲液 | | | 温度(℃) | pH 标准缓冲液 | | |
|---|---|---|---|---|---|---|---|
| | 甲 | 乙 | 丙 | | 甲 | 乙 | 丙 |
| 5 | 4.00 | 6.95 | 9.39 | 35 | 4.02 | 6.84 | 9.10 |
| 10 | 4.00 | 9.92 | 9.33 | 40 | 4.03 | 6.84 | 9.07 |
| 15 | 4.00 | 6.90 | 9.28 | 45 | 4.04 | 6.83 | 9.04 |
| 20 | 4.00 | 6.88 | 9.22 | 50 | 4.06 | 6.83 | 9.01 |
| 25 | 4.01 | 6.86 | 9.18 | 55 | 4.07 | 6.83 | 8.98 |
| 30 | 4.01 | 6.85 | 9.14 | 60 | 4.09 | 6.84 | 8.96 |

(4) 操作步骤

① 电极准备:玻璃电极在使用前应先放入纯水中浸泡 24h 以上。甘汞电极中饱和氯化钾溶液

的液面必须高出汞体,在室温下应有少许氯化钾晶体存在,以保证氯化钾溶液的饱和。

②仪器校准:操作程序按仪器使用说明书进行。先将水样与标准缓冲液调到同一温度,记录测定温度,并将仪器温度补偿旋钮调至该温度上。首先用与水样 pH 相近的一种标准缓冲液校正仪器(可先用 pH 试纸测定水样的 pH 范围,通常接近中性)。从标准缓冲液中取出电极,用纯水彻底冲洗并用滤纸吸干(注意小心操作,玻璃球泡有任何破损或擦毛都会使电极失效)。再将电极浸入第二种标准缓冲液中,小心摇动,静置,仪器示值与第二种标准缓冲液在该温度时的 pH 值之差不应超过 0.1,否则就应调节仪器斜率旋钮,必要时应检查仪器、电极或标准缓冲液是否存在问题。重复上述校正工作,直至示值正常时,方可用于测定样品。

③水样 pH 值的测定:测定水样时,先用纯水认真冲洗电极,再用水样冲洗,然后将电极浸入水样中,小心摇动或进行搅拌使其均匀,静置,待读数稳定时记录指示值,即为水样的 pH 值。

2. 不溶物的测定

(1) 原理

不溶物系指水样在规定条件下,经过滤可除去的物质。不同的过滤介质可获得不同的测定结果。本方法采用中速定量滤纸作过滤介质。

(2) 仪器

分析天平:感量 0.1mg;

电热恒温干燥箱(烘箱);

干燥器:用硅胶作干燥剂;

中速定量滤纸及相应玻璃漏斗;

量筒:100mL。

(3) 操作步骤:

①将滤纸放在 105 ± 3℃烘箱内烘干 1h 后取出,放在干燥器内冷却至室温,用分析天平称重。重复烘干、称重直至恒重(两次称重之差小于 ± 0.0002g。滤纸恒重可放在称量瓶中进行,烘干时将瓶盖打开,冷却时盖好瓶盖);②剧烈振荡水样,迅速量取 100mL 或适量水样(采取的不溶物量最好在 20~100mg 之间),并使之全部通过滤纸;③将滤纸连同截留的不溶物放在 105 ± 3℃烘箱内烘干 1h,放在干燥器内冷却至室温再称重。重复烘干、称重直至恒重。

(4) 数据处理

$$\text{不溶物}(\text{mg/L}) = \frac{(m_2 - m_1) \times 10^6}{V} \tag{3-307}$$

式中 $m_1$——滤纸质量(g);

$m_2$——滤纸及不溶物质量(g);

$V$——水样体积(mL)。

3. 可溶物的测定

(1) 原理

可溶物系指水样在规定条件下,经过滤并蒸发干燥后留下的物质,包括不易挥发的可溶盐类,有机物以及能通过滤纸的其他微粒。

(2) 仪器

分析天平:感量 0.1mg;

水浴锅;

电热恒温干燥箱;

瓷蒸发皿:75mL;

干燥器:用硅胶作干燥剂;

中速定量滤纸及相应玻璃漏斗；

吸管式量筒。

(3) 操作步骤

①将蒸发皿洗净，放在 $105\pm3℃$ 烘箱内烘干1h。取出，放在干燥器内冷却至室温，在分析天平上称重。重复烘干、称重直至恒重；②将水样用滤纸过滤；③吸取过滤后水样50mL于蒸发皿内。将蒸发皿置于水浴上，蒸发至干；④移入 $105\pm3℃$ 烘箱内烘干1h。取出并放入干燥器内，冷却至室温，称重。重复烘干、称重直至恒重。

(4) 数据处理

$$可溶物(mg/L) = \frac{(m_2 - m_1) \times 10^6}{V} \tag{3-308}$$

式中　$m_1$——蒸发皿质量（g）；

　　　$m_2$——蒸发皿和可溶物质量（g）；

　　　$V$——水样体积（mL）。

4. 氯化物的测定（硝酸银容量法）

(1) 原理

本方法以铬酸钾作指示剂，在中性或弱碱性条件下，用硝酸银标准溶液滴定水样中的氯化物。

(2) 试剂

1%酚酞指示剂（95%乙醇溶液）：称取1g酚酞，溶于100mL95%乙醇溶液中。

10%铬酸钾指示剂：称取10g铬酸钾，溶于100mL水中。

0.05mol/L硫酸溶液：量取2.8mL浓硫酸，溶解于1000mL水中。

0.01mol/L氢氧化钠溶液：称取0.4g氢氧化钠，溶于1000mL水中。

30%过氧化氢（$H_2O_2$）溶液。

氯化钠标准溶液（1.00mL含1.00mg氯离子）：准确称取1.649g优级纯氯化钠试剂（预先在500~600℃灼烧0.5h或在105~110℃烘干2h，置于干燥器中冷却至室温），溶于纯水并定容至1000mL。

硝酸银标准溶液：称取5.0g硝酸银，溶于纯水并定容至1000mL，用氯化钠标准溶液进行标定，方法如下：

准确吸取10.00mL氯化钠标准溶液，置于250mL锥形瓶中，瓶下垫一块白色瓷板并置于滴定台上，加纯水稀释至100mL，并加2~3滴1%酚酞指示剂。若显红色，用0.05mol/L硫酸溶液中和恰至无色；若不显红色，则用0.1mol/L氢氧化钠溶液中和至红色，然后以0.05mol/L硫酸溶液回滴恰至无色。再加1mL10%铬酸钾指示剂，用待标定的硝酸银溶液（盛于棕色滴定管）滴定至橙色终点（该终点不是很明显，溶液略显橙色即为终点）。另取100mL纯水作空白试验（除不加氯化钠标准溶液和稀释用纯水外，其他步骤同上）。

硝酸银溶液的滴定度（mgCl⁻/mL）按下式计算：

$$T = \frac{10.00}{V_c - V_b} \tag{3-309}$$

式中　$T$——硝酸银溶液的滴定度（mgCl⁻/mL）；

　　　$V_c$——标定时硝酸银溶液的用量（mL）；

　　　$V_b$——空白试验时硝酸银溶液的用量（mL）；

　　　10.00——10.00mL氯化钠标准溶液中氯离子的含量。

最后按计算调整硝酸银溶液浓度，使其成为1.00mL相当于1.00mg氯离子的标准溶液（即滴定度为 1.00mgCl⁻/mL，这里也可以不调整，但在数据处理中应用相应的滴定度代入计算）。

（3）操作步骤

①吸取水样（必要时取过滤后水样）100mL，置于 250mL 锥形瓶中。加 2～3 滴酚酞指示剂，用硫酸和氢氧化钠溶液调节至水样恰由红色变为无色；②加入 1mL10% 铬酸钾指示剂，用硝酸银标准溶液滴定至橙色终点。同时取 100mL 纯水进行空白试验；③若水样中含亚硫酸盐或硫离子在 5mg/L 以上，所取水样需先加入 1mL30% 过氧化氢溶液，再按分析步骤进行滴定；④若水样中氯化物含量大于 100mg/L 时，可少取水样（氯离子量不大于 10mg）并用纯水稀释至 100mL 后进行滴定。

（4）数据处理

$$C_{Cl} = \frac{(V_2 - V_1)T}{V} \times 1000 \tag{3-310}$$

式中　$C_{Cl}$——水样中氯化物（以 Cl⁻ 计）含量（mg/L）；

　　　$V_1$——空白试验用硝酸银标准溶液量（mL）；

　　　$V_2$——水样测定用硝酸银标准溶液量（mL）；

　　　$V$——水样体积（mL）；

　　　$T$——硝酸银标准溶液的滴定度（mgCl⁻/mL）。

（5）实例

某水样测定氯化物，取 100mL 进行滴定，消耗滴定度为 1.02 的硝酸银 8.95mL，同时测定空白，消耗硝酸银 0.32mL，则该水样的氯化物含量是：

$$C_{Cl} = \frac{(8.95 - 0.32) \times 1.02}{100} \times 1000 = 88.03 (mg/L)$$

5. 硫酸盐的测定

硫酸盐测定有两种方法：比浊法和重量法。比浊法操作相对简单，准确度稍低；重量法操作过程复杂，但准确度高。

（1）硫酸钡比浊法

①原理

本方法采用氯化钡晶体为试剂，该试剂和水样中硫酸盐反应生成细微的硫酸钡结晶，而使水样浑浊。其浑浊程度在一定范围内和水样中硫酸盐含量成正比关系，据此测定硫酸盐含量。

②仪器

分光光度计：420～720nm，可使用 3cm 比色皿；

3cm 比色皿；

电磁搅拌器。

③试剂

硫酸盐标准溶液：准确称取 1.4786g 无水硫酸钠（$Na_2SO_4$）或 1.8141g 无水硫酸钾（$K_2SO_4$），溶于少量纯水并定容至 1000mL。此溶液的硫酸盐浓度（按 $SO_4^{2-}$ 计）为 1mg/mL。

稳定溶液：称取 75g 氯化钠（NaCl），溶于 300mL 纯水中，加入 30mL 盐酸，50mL 甘油和 100mL95% 乙醇，混合均匀。

氯化钡晶体（$BaCl_2 \cdot 2H_2O$）：20～30 目。

④操作步骤

a. 调节电磁搅拌器转速，使溶液在搅拌时不外溅，并能使 0.2g 氯化钡在 10～30s 间溶解。转速确定后，在整批测定中不能改变。

b. 将水样过滤，吸取 50mL 过滤水样置于 100mL 烧杯中。若水样中硫酸盐含量超过 40mg/L，可少取水样（$SO_4^{2-}$不大于2mg）并用纯水稀释至50mL。

c. 加入2.5mL稳定溶液，并将烧杯置于电磁搅拌器上。

d. 搅拌稳定后加入1小勺（约0.2g）氯化钡晶体，并立即计时，搅拌1min±5s（由加入氯化钡后开始计算，记时要准确），放置10min，立即用分光光度计（波长420nm，采用3cm比色皿），以加有稳定溶液的过滤水样作参比，测定吸光度。

e. 标准曲线的绘制：取同型号100mL烧杯6个，分别加入硫酸盐标准溶液0.00、0.25、0.50、1.00、1.50和2.00mL。各加纯水至50mL。其硫酸盐（$SO_4^{2-}$）含量分别为0.00、0.25、0.50、1.00、1.50及2.00mg。依c和d步骤进行，但在测定吸光度时，改用纯水作参比，以吸光度为纵坐标、硫酸盐含量（mg）为横坐标绘制标准曲线。

f. 由标准曲线查出测定水样中的硫酸盐含量（mg）。

⑤数据处理

$$C_{SO_4} = \frac{m_{SO_4} \times 1000}{V} \quad (3\text{-}311)$$

式中 $C_{SO_4}$——水样中硫酸盐（$SO_4^{2-}$）含量（mg/L）；

$m_{SO_4}$——由标准曲查出的测定水样中硫酸盐的含量（mg）；

$V$——水样体积（mL）。

（2）重量法

①原理

本方法采用在酸性条件下，硫酸盐与氯化钡溶液反应生成白色硫酸钡沉淀，将沉淀过滤、灼烧至恒重。根据硫酸钡的准确重量计算硫酸盐的含量。

②仪器

高温炉：最高温度1000℃；

天平：感量0.1mg；

瓷坩埚；

干燥器；

其他：容量瓶、烧杯、漏斗及相应的致密定量滤纸。

③试剂

1%硝酸银（分析纯）溶液；

10%氯化钡（分析纯）溶液；

1:1盐酸（分析纯）溶液；

1%甲基红指示剂溶液（60%乙醇溶液）。

④操作步骤

a. 吸取水样200mL，置于400mL烧杯中，加2~3滴甲基红，用1:1盐酸酸化至刚出现红色，再多加5~10滴盐酸，在不断搅动下加热，趁热滴加10%氯化钡至上部清液中不再产生沉淀，再多加2~4mL氯化钡。温热至60~70℃，静置2~4h。

b. 用致密定量滤纸过滤，烧杯中的沉淀用热水（硫酸钡沉淀容易附着在烧杯上，难以完全转移，使用热水洗涤能使沉淀松动，有利于完全转移）洗2~3次后移入滤纸，再洗至无氯离子（用1%$AgNO_3$检验），但也不宜过多洗。附着在烧杯壁上的沉淀可用一小片滤纸擦洗，最后一起转移到漏斗中。

c. 将沉淀和滤纸移入已灼烧恒重的坩埚中，小心烤干（注意不可有明火），灰化至灰白色，移入800℃高温炉中灼烧20~30min，然后在干燥器中冷却至室温称重。再将坩埚灼烧15~20min，称重至恒重（两次称重之差小于±0.0002g）。

d. 取200mL纯水，按本节规定的分析步骤a~c作空白试验。

e. 每种水样作平行测定。两个平行样品的硫酸钡质量相差最好不超过0.0010g。

注意：沉淀在微酸性溶液中进行，以防止某些阴离子如碳酸根、重碳酸根和氢氧根等与钡离子发生共沉淀现象；硫酸钡沉淀同滤纸灰化时，应保证有充分的空气。否则沉淀易被滤纸烧成的碳所还原：$BaSO_4 + C \rightarrow BaS + CO$，当发生这种现象时，沉淀呈灰色和黑色，此时可在冷却后的沉淀中加入2~3滴浓硫酸，然后小心加热至三氧化硫白烟不再发生为止，再在800℃的温度下灼烧至恒重。炉温不能过高，否则$BaSO_4$开始分解。

⑤数据处理

$$C_{SO_4}(mg/L) = \frac{(m_1 - m_0) \times 0.4116 \times 10^6}{V} \tag{3-312}$$

式中 $m_1$——水样的硫酸钡质量（g）；

$m_0$——空白试验的硫酸钡质量（g）；

$V$——水样体积（mL）；

0.4116——由硫酸钡（$BaSO_4$）换算成硫酸根（$SO_4^{2-}$）的系数。

以两次测值的平均值作为试验结果。

⑥实例

测定某水样的硫酸盐含量，水样体积均为200mL，1、2、3、4号坩埚分别重14.0820g、16.4706g、13.0092g、15.6548g，其中1、2号分析样品，3、4号为空白。沉淀灼烧后1、2、3、4号坩埚分别重14.1562g、16.5441g、13.0104g、15.6562g。则该水样的硫酸盐含量为：

$$m_0 = \frac{(13.0104 - 13.0092) + (15.6562 - 15.6548)}{2} = \frac{0.0012 + 0.0014}{2} = 0.0013(g)$$

$$m_1 = \frac{(14.1562 - 14.0820) + (16.5441 - 16.4706)}{2} = \frac{0.0742 + 0.0735}{2} = 0.0738(g)$$

$$C_{SO_4} = \frac{(m_1 - m_0) \times 0.4116 \times 10^6}{V} = \frac{(0.0738 - 0.0013) \times 0.4116 \times 10^6}{200} = 149.2(g)$$

6. 硫化物的测定（碘量法）

(1) 原理

本方法采用醋酸锌与水样中硫化物反应生成硫化锌白色沉淀，将其溶于酸中，加入过量碘液，碘在酸性条件下和硫化物作用而被消耗，剩余的碘用硫代硫酸钠滴定，从而计算水样中硫化物的含量。

测定硫化物的水样必须在现场固定。

(2) 试剂

醋酸锌溶液：称取220g醋酸锌[$Zn(C_2H_3O_2)_2 \cdot 2H_2O$]溶于纯水并稀释至1000mL。

0.0250mol/L硫代硫酸钠标准溶液：将近期标定过的硫代硫酸钠溶液用新煮沸并冷却的纯水稀释成0.0250mol/L。

硫代硫酸钠溶液的配制和标定方法如下：

称取25g硫代硫酸钠（$Na_2S_2O_3 \cdot 5H_2O$）溶于1000mL煮沸并冷却的纯水中，此溶液浓度约为0.1mol/L。加入0.4g氢氧化钠，贮存于棕色瓶内，一周后按下法进行标定。

将碘酸钾（$KIO_3$）在105℃下烘干1h，置于干燥器中冷却至室温。准确称取2份0.15g左右的碘酸钾（精确到0.1mg），分别放入250mL碘量瓶中，各加入100mL纯水，使碘酸钾溶解，再各加3g碘化钾及10mL冰醋酸，在暗处静置5min。用待标定的硫代硫酸钠溶液分别进行滴定，至溶液呈淡黄色时，加入1mL0.5%淀粉指示剂。继续滴定至恰使蓝色褪去为终点，记录硫代硫酸钠用量。按下式分别计算硫代硫酸钠溶液浓度。

$$C_S = \frac{m_{KIO_3}}{V_{Na_2S_2O_3} \times \frac{214.00}{6000}} = \frac{m_{KIO_3}}{V_{Na_2S_2O_3} \times 0.03567} \tag{3-313}$$

式中 $C_S$——硫代硫酸钠溶液浓度（mol/L）；

$m_{KIO3}$——碘酸钾的重量（g）；

$V_{Na_2S_2O_3}$——硫代硫酸钠溶液的消耗量（mL）。

两个平行样品的计算结果相对称准偏差不应超过0.2%。

0.0125mol/L碘溶液：称取10g碘化钾（KI），溶于50mL纯水中，加入3.2g碘，完全溶解后用纯水稀释至1000mL。

淀粉指示剂：将0.5g可溶性淀粉用少量纯水调成糊状，溶于100mL刚煮沸的纯水中，冷却后，加入0.1g水杨酸保存。

(3) 操作步骤

①供分析用水在现场取样后应进行现场固定，其方法是：吸取2mL醋酸锌溶液于1L细口瓶中，再量取1000mL水样装入瓶中，加塞保存，运回化验室；②将已固定水样过滤，并将底部硫化锌沉淀全部转移到滤纸上，用纯水洗涤3~4次；③将沉淀连同滤纸全部移入250mL碘量瓶中，用玻璃棒捣碎滤纸（滤纸应尽量捣碎），并加入50mL纯水；④加入10.00mL 0.0125mol/L碘溶液，5mL浓盐酸（应保持有碘的颜色，如碘溶液褪色应定量补加），加塞后摇匀，于暗处静置5min，用0.0250mol/L硫代硫酸钠标准溶液滴定，当溶液呈淡黄色时，加入1mL淀粉指示剂，继续滴定至蓝色恰好消失（因溶液中有滤纸，终点不十分明显，滴定近终点时应充分摇动），记录硫代硫酸钠标准溶液用量；⑤另取滤纸一张于250mL碘量瓶中，加纯水50mL，用玻璃棒捣碎滤纸，按操作步骤④进行操作（加入的碘溶液体积同步骤④），作为空白试验。

(4) 数据处理

$$C_S = \frac{(V_1 - V_2) \times C_{Na_2S_2O_3} \times 16.03 \times 100}{V_3} = (V_1 - V_2) \times 0.4007 \tag{3-314}$$

式中 $C_S$——水样中硫化物（$S^{2-}$）含量（mg/L）；

$V_1$——滴定空白时硫代硫酸钠标准溶液用量（mL）；

$V_2$——滴定水样时硫代硫酸钠标准溶液用量（mL）；

$V_3$——经现场固定的采样体积（mL）（本方法定为1000mL）；

$C_{Na_2S_2O_3}$——硫代硫酸钠标准溶液浓度（mol/L）（本方法定为0.0250mol/L）；

16.03——二分之一摩尔的硫离子（$S^{2-}$）质量（g）。

(5) 实例

测定某水样中硫化物的含量，固定水样1000mL，过滤后进行滴定，加入0.0125mol/L碘溶液10mL，滴定消耗0.0250mol/L硫代硫酸钠8.13mL，同时测得空白消耗硫代硫酸钠10.05mL，则该水样中硫化物含量为：

$$C_s = (V_1 - V_2) \times 0.4007 = (10.05 - 8.13) \times 0.4007 = 0.77 (mg/L)$$

**思考题**

1. 重量法测定硫酸盐时为什么要在弱酸性条件下滴加氯化钡？
2. 硫化物检测对水样的采集有什么要求？
3. 测定硫化物时，如果样品中加入10mL 0.0125mol/L碘溶液而黄色不褪去，则样品中硫化物的含量是否符合预应力混凝土拌合用水的要求？为什么？

4. 什么是恒重？在进行恒重操作时要注意些什么？

**参考文献**

1. 夏玉宇等编．化验员实用手册．化学工业出版社，1999
2. 中华人民共和国卫生部卫生法制与监督司编．生活饮用水水质卫生规范，2001

# 第四章 结构工程检测

结构工程质量检测是一门应用性、技术性较强的检测工作。其目的是通过对构成结构物的各种要素进行观测和测试，对结构物的工作性能及其可靠性进行评价、对承载能力做出正确的估计。

新材料、新工艺、新技术在结构工程中的运用，结构形式的多样性，检测对象涉及在建结构工程和既有结构工程，决定了结构工程质量检测的内容庞杂。各类结构的检测一般应包括建筑材料性能、结构构件强度、外观质量与缺陷、尺寸与偏差、变形与损伤、结构性能实荷检测等，具体到每个结构还有其特殊性，比如：混凝土结构中的钢筋配置、砌体结构中的砌筑质量、钢结构中的涂装等。本章中仅介绍结构工程质量检测中经常涉及的内容。

混凝土强度的检测方法根据其原理可分为三种：半破损法、非破损法和综合法。半破损法是以不影响结构或构件的承载能力为前提，在结构或构件上直接进行局部破坏性试验，或钻取芯样进行破坏性试验，并推算出强度标准值的推定值或特征强度，钻芯法属于半破损法。非破损法是以混凝土强度与某些物理量之间的相关性为基础，测试这些物理量，然后根据相关关系推算被测混凝土的标准强度换算值，回弹法属于非破损法。综合法是采用两种或两种以上的非破损检测方法，获取多种物理参量，建立混凝土强度与多项物理参量的综合相关关系，从而综合评价混凝土的强度。目前对混凝土缺陷的检测主要采用超声波法，其基本原理是利用超声波在技术条件相同的混凝土中传播的时间（或速度）、接收波的振幅和频率等声学参数的相对变化，来判定混凝土的缺陷。

结构构件性能检测是针对结构构件的承载力、挠度、裂缝控制性能等各项指标所进行的检测。本章中介绍了结构构件检测的内容、抽样数量的规定、检测仪器和方法的要求、检验结果的验收及允许二次检验的规定等。结构构件性能检测之前，应详细了解结构构件的基本信息，制定周密的试验方案。

砌体工程现场检测技术是在认真总结各地开展砌体工程检测技术的实践经验和理论研究成果的基础上，进行了较大规模的验证性考核试验而编制、提出的。检测方法各有特点，适用范围和应用的局限性在《砌体工程现场检测技术标准》GB/T50315中详细列出，供各检测单位根据自己检测的目的选择使用。砌体工程现场检测分为砌筑砂浆强度、砌体强度检测两部分；检测砂浆强度的方法有：推出法、筒压法、砂浆片剪切法、点荷法、回弹法、射钉法、贯入法、超声法等；检测砌体强度的方法有：取样法和现场原位法（扁式液压顶法、原位轴压法），当检测烧结普通砖砌体的抗剪强度时，可选用原位单砖双剪法和原位单剪法。本章中介绍了常用的六种方法。

建筑物在施工期间及竣工后，由于各种因素的影响，将产生均匀或不均匀的沉降，对建筑物进行沉降观测、垂直偏差检测可以监视建筑物的变形，进而对均匀或不均匀的沉降作出评价，避免建筑物过大变形、倾斜，甚至倒塌事故的发生。本章中介绍了观测点的布设、仪器的使用、观测周期和成果分析等。

通过构件摩擦面用高强度螺栓连接副紧固是钢结构的一种重要安装、连接方式。螺栓、螺母及垫圈的材料性能试验是基本保证项目，包括：螺栓的楔负载试验、螺母的保证荷载试验以及螺栓、螺母及垫圈的硬度试验。高强螺栓拧紧预拉力和连接摩擦面的抗滑移系数是影响螺栓连接承载能力的最重要因素，《钢结构工程施工质量验收规范》GB50205—2001规定扭剪型高强度螺栓连接副的预拉力和高强度大六角头螺栓连接副扭矩系数在施工使用前及产品质量保证期内应再进行复检。构件摩擦面无论由制造厂处理还是现场处理，在施工安装前，均应制作高强螺栓连接板进行抗滑移系数的复检，以确保高强螺栓连接承载力的可靠性。

焊接连接是钢结构工程中又一种重要的连接方式，焊接结构件应力分布的复杂性，在制造过程中很难杜绝焊接缺陷，使焊接结构易发生破坏性事故。为了确保焊接结构在制造和使用过程中安全、经济、可靠，必须对焊接质量进行检测，焊缝检测的方法很多，大致可分为破坏性检测、无损检测两大类，其中无损检测方法在建筑领域中应用较广泛。焊缝焊接质量的无损检测方法有四种：射线探伤、超声波探伤、渗透探伤及磁粉探伤。

碳纤维具有耐久性好、施工简便、不加大截面、不增加荷载和外形美观等优点，已成功运用于多种结构的抗震、抗弯和抗剪加固。国家已编制了相应的材料试验方法标准和现场检测标准，本章主要介绍碳纤维布拉伸性能试验、碳纤维布现场检测。

# 第一节 现场混凝土强度、缺陷检测

混凝土的强度是指混凝土受力达到破坏极限时的应力值，现场结构混凝土强度检测通常采用的是非破损或半破损检测方法，就是要在不破坏结构或构件的情况下，取得破坏应力值，因此只能寻找一个或几个与混凝土强度具有相关性的物理量作为混凝土强度的推算依据。本节介绍了混凝土强度检测中常用的回弹法（非破损法）、钻芯法（半破损法）和超声回弹法（综合法）等非破损方法。

混凝土是一种复合材料，施工时受原材料、配合比、拌合、浇捣等多种因素影响，而产生表面和内部缺陷；还有为了改变使用功能、需要改扩建和抗震加固的工程，或因为使用已久受力及腐蚀性破坏所造成的损伤缺陷是现场检测的主要内容，这类缺陷包括蜂窝、孔洞、裂缝、不密实区、腐蚀破坏层及其他损伤部位等。有缺陷的结构往往对承载力和结构的耐久性造成影响，现场混凝土缺陷检测主要采用非破损的超声波方法进行。

## 一、回弹法检测实体混凝土强度

### （一）检测原理

回弹法是利用混凝土表面硬度与强度之间的相关关系来推定混凝土强度的一种方法，即 $f_{cu} = f(R \cdot l)$。其基本原理是：用一弹簧驱动的重锤，通过弹击杆（传力杆），弹击混凝土表面，并测出重锤被反弹回来的距离，即回弹值（反弹距离与弹簧初始长度之比）作为与强度相关的指标，同时考虑混凝土表面碳化后硬度变化的影响，来推定混凝土强度的一种方法。由于测量在混凝土表面进行，所以回弹法应属于表面硬度法的一种。

图 4-1 为回弹法的原理示意图。当重锤被拉到冲击前的起始状态时，若重锤的质量等于 1，则这时重锤所具有的势能 $e$ 为：

$$e = \frac{1}{2} E_s l^2 \tag{4-1}$$

式中　$E_s$——拉力弹簧的刚度系数；
　　　$l$——拉力弹簧起始拉伸长度。

混凝土受冲击后产生瞬时弹性变形，其恢复力使重锤弹回，当重锤被弹回到 $x$ 位置时所具有的势能 $e_x$ 为

$$e_x = \frac{1}{2} E_s x^2 \tag{4-2}$$

式中　$x$——重锤反弹位置或重锤弹回时弹簧的拉伸长度。

所以重锤在弹击过程中，所消耗的能量 $\Delta e$ 为：

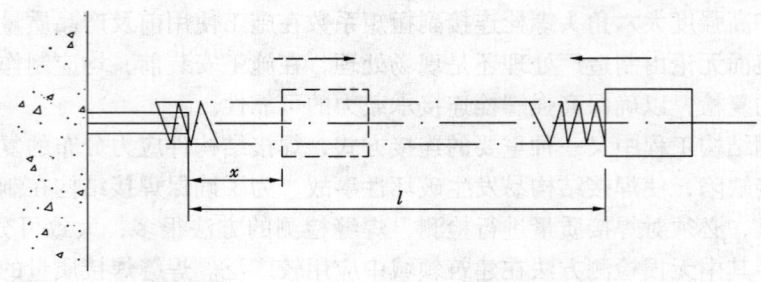

图 4-1 回弹法原理示意

$$\Delta e = e - e_x \tag{4-3}$$

将式 4-1、式 4-2 代入式 4-3 中

$$\Delta e = \frac{E_s l^2}{2} - \frac{E_s x^2}{2} = e\left[1 - \left(\frac{x}{l}\right)^2\right] \tag{4-4}$$

令

$$R = \frac{x}{l} \tag{4-5}$$

在回弹仪中，$l$ 为定值，所以 $R$ 与 $x$ 成正比，称为回弹值。将 $R$ 代入式 4-4 得

$$R = \sqrt{1 - \frac{\Delta e}{e}} = \sqrt{\frac{e_x}{e}} \tag{4-6}$$

从式 4-6 中可知，回弹值 $R$ 等于重锤冲击混凝土表面后剩余的势能与原有势能之比的平方根。简而言之，回弹值 $R$ 是重锤冲击过程中能量损失的反映。

(1) 混凝土受冲击后产生塑性变形所吸收的能量；
(2) 混凝土受冲击后产生振动所消耗的能量；
(3) 回弹仪各机构之间的摩擦所消耗的能量。

在具体的试验中，上述 2、3 两项应尽可能使其固定于某一统一的条件，例如，试体应有足够的厚度，或对较薄的试体予以加固，以减少振动，回弹仪应进行统一的计量率定，使冲击能量与仪器内摩擦损耗尽量保持统一等。因此，能量损失主要由第 12 页引起。

根据以上分析可以认为，回弹值通过重锤在弹击混凝土前后的能量变化，既反映了混凝土的弹性性能，也反映了混凝土的塑性性能。若联系式 4-1 来考虑，回弹值 $R$ 反映了该式中的 $E_s$ 和 $l$ 两项，当然与强度 $f_{cu}$ 有着必然联系，但由于影响因素较多，$R$ 与 $E_s$、$l$ 的理论关系尚难推导。因此，目前均采用试验归纳法，建立混凝土强度 $f_{cu}$ 与回弹值 $R$ 及主要影响因素（例如碳化深度 $l$）之间的二元回归公式。这些回归的公式可采用各种不同的函数方程形式，根据大量试验数据进行回归拟合，将其相关系数较大者作为实用经验公式。目前常见的形式主要有以下几种：

直线方程：
$$f_{cu}^c = A + BR \tag{4-7}$$

幂函数方程：
$$f_{cu}^c = AR^B \tag{4-8}$$

抛物线方程：
$$f_{cu}^c = A + BR + CR^2 \tag{4-9}$$

二元方程：
$$f_{cu}^c = AR^B \cdot 10^{Cl} \tag{4-10}$$

式中 $f_{cu}^c$ ——混凝土测区的推算强度；
   $R$ ——测区平均回弹值；
   $l$ ——测区平均碳化深度值；
  $A、B、C$ ——常数项，视原材料条件等因素不同而不同。

（二）检测依据

《回弹法检测混凝土抗压强度技术规程》JGJ/T23—2001。

（三）仪器设备及检测环境

1. 测定回弹值的仪器，宜采用示值系统为指针直读式的混凝土回弹仪。

2. 回弹仪必须具有制造厂的产品合格证及检定单位的检定合格证，并应在回弹仪的明显位置上具有下列标志：名称、型号、制造厂名（或商标）、出厂编号、出厂日期和中国计量器具制造许可证标志 CMC 及许可证证号等。

3. 水平弹击时，弹击锤脱钩的瞬间，回弹仪的标准能量应为轻型（0.735J）、中型（2.207J）和重型（29.40J）；普通混凝土一般使用中型回弹仪进行检测。

4. 弹击锤与弹击杆碰撞的瞬间，弹击拉簧应处于自由状态，此时弹击锤起跳点应相应于指针指示刻度尺上"0"处；

5. 在洛氏硬度 HRC 为 60±2 的钢砧上，回弹仪的率定值应为 80±2。

6. 回弹仪使用时的环境温度应为 $-4 \sim 40$℃。

7. 回弹仪具有下列情况之一时应送检定单位检定：（1）新回弹仪启用前；（2）超过检定有效期限（有效期为半年）；（3）累计弹击次数超过 6000 次；（4）经常规保养后钢砧率定值不合格；（5）遭受严重撞击或其他损害。

8. 回弹仪具有下列情况之一时，应进行常规保养：（1）弹击超过 2000 次；（2）对检测值有怀疑时；（3）在钢砧上的率定值不合格。保养后应按要求进行率定试验。

9. 回弹仪使用完毕后应使弹击杆伸出机壳，清除弹击杆、杆前端球面、以及刻度尺表面和外壳上的污垢、尘土。回弹仪不用时，应将弹击杆压入仪器内，经弹击后方可按下按钮锁住机芯，将回弹仪装入仪器箱，平放在干燥阴凉处。

（四）强度检测取样部位和取样要求

1. 结构或构件混凝土强度检测宜具有下列资料：

(1) 工程名称及设计、施工、监理（或监督）和建设单位名称；

(2) 结构或构件名称、外形尺寸、数量及混凝土强度等级；

(3) 水泥品种、强度等级、安定性、厂名；砂、石种类、粒径；外加剂或掺合料品种、掺量；混凝土配合比等；

(4) 施工时材料计量情况，模板、浇筑、养护情况及成型日期等；

(5) 必要的设计图纸和施工记录；

(6) 检测原因。

2. 结构或构件取样数量应符合下列规定：

(1) 单个检测：适用于单个结构或构件的检测；

(2) 批量检测：适用于在相同的生产工艺条件下，混凝土强度等级相同，原材料、配合比、成型工艺、养护条件基本一致且龄期相近的同类结构或构件。按批进行检测的构件，抽检数量不得少于同批构件总数的 30% 且构件数量不得少于 10 件。抽检构件时，应随机抽取并使所选构件具有代表性。

3. 每一结构或构件的测区应符合下列规定：

(1) 每一结构或构件测区数不应少于 10 个，对某一方向尺寸小于 4.5m 且另一方向尺寸小于 0.3m 的构件，其测区数量可适当减少，但不应少于 5 个；

(2) 相邻两测区的间距应控制在 2m 以内，测区离构件端部或施工缝边缘的距离不宜大于 0.5m，且不宜小于 0.2m；

(3) 测区应选在使回弹仪处于水平方向检测混凝土浇筑侧面。当不能满足这一要求时，可使回弹仪处于非水平方向检测混凝土浇筑侧面、表面或底面；

(4) 测区宜选在构件的两个对称可测面上，也可选在一个可测面上，且应均匀分布。在构件的重要部位及薄弱部位必须布置测区，并应避开预埋件；

(5) 测区的面积不宜大于 0.04m²；

(6) 检测面应为混凝土表面，并应清洁、平整，不应有疏松层、浮浆、油垢、涂层以及蜂窝、麻面，必要时可用砂轮清除疏松层和杂物，且不应有残留的粉末或碎屑；

(7) 对弹击时产生颤动的薄壁、小型构件应进行固定。

4. 结构或构件的测区应标有清晰的编号，必要时应在记录纸上描述测区布置示意图和外观质量情况。

5. 当检测条件与测强曲线的适用条件有较大差异时，可采用同条件试件或钻取混凝土芯样进行修正，试件或钻取芯样数量不应少于 6 个。钻取芯样时每个部位应钻取一个芯样，计算时，测区混凝土强度换算值应乘以修正系数。

(五) 检测操作步骤

1. 回弹值测量

(1) 检测时，回弹仪的轴线应始终垂直于结构或构件的混凝土检测面，缓慢施压，准确读数，快速复位。

(2) 测点宜在测区范围内均匀分布，相邻两测点的净距不宜小于 20mm；测点距外露钢筋、预埋件的距离不宜小于 30mm。测点不应在气孔或外露石子上，同一测点只应弹击一次。每一测区应记取 16 个回弹值，每一测点的回弹值读数估读至 1。

2. 碳化深度值测量

(1) 碳化深度值测量，可采用适当的工具如铁锤和尖头铁凿在测区表面形成直径约 15mm 的孔洞，其深度应大于混凝土的碳化深度。应除净孔洞中的粉末和碎屑，并不得用水擦洗，再采用浓度为 1% 的酚酞酒精溶液滴在孔洞内壁的边缘处，当已碳化与未碳化界线清楚时，再用深度测量工具如碳化尺测量已碳化与未碳化混凝土交界面到混凝土表面的垂直距离，测量不应少于 3 次，取其平均值作为该测区的碳化深度值。每次读数精确至 0.5mm。

(2) 碳化深度值测量应在有代表性的位置上测量，测点数不应少于构件测区数的 30%，取其平均值为该构件每测区的碳化深度值。当各测点间的碳化深度值相差大于 2.0mm 时，应在每一回弹测区测量碳化深度值。

(六) 数据处理与结果判定

1. 回弹值计算

(1) 计算测区平均回弹值，应从该测区的 16 个回弹值中剔除 3 个最大值和 3 个最小值，余下的 10 个回弹值应按下式计算：

$$R_m = \frac{\sum_{i=1}^{10} R_i}{10} \tag{4-11}$$

式中 $R_m$——测区平均回弹值，精确至 0.1；

$R_i$——第 $i$ 个测点的回弹值。

(2) 非水平方向检测混凝土浇筑侧面时，应按下式修正：

$$R_m = R_{m\alpha} + R_{a\alpha} \tag{4-12}$$

式中 $R_{m\alpha}$——非水平状态检测时测区的平均回弹值，精确至 0.1；

$R_{a\alpha}$——非水平状态检测时回弹值修正值，可按表 4-1 采用。

(3) 水平方向检测混凝土浇筑顶面或底面时，应按下列公式修正：

$$R_m = R_m^t + R_a^t \tag{4-13}$$

$$R_m = R_m^b + R_a^b \tag{4-14}$$

式中 $R_m^t$、$R_m^b$——水平方向检测混凝土浇筑表面、底面时，测区的平均回弹值，精确至0.1；

$R_a^t$、$R_a^b$——混凝土浇筑表面、底面回弹值的修正值，应按表4-2采用。

（4）当检测时回弹仪为非水平方向且测试面为非混凝土的浇筑侧面时，应先按表4-1对回弹值进行角度修正，再按表4-2对修正后的值进行浇筑面修正。

（5）符合下列条件的混凝土应采用《回弹法检测混凝土抗压强度技术规程》JGJ/T23—2001 附录A进行测区混凝土强度换算：①普通混凝土采用的材料、拌合用水符合现行国家有关标准；②不掺外加剂或仅掺非引气型外加剂；③采用普通成型工艺；④采用符合现行国家标准《混凝土结构工程施工及验收规范》GB50204规定的钢模、木模及其他材料制作的模板；⑤自然养护或蒸气养护出池后经自然养护7d以上，且混凝土表层为干燥状态；⑥龄期为14～1000d；⑦抗压强度为10～60MPa。

（6）当有下列情况之一时，测区混凝土强度值不得按《回弹法检测混凝土抗压强度技术规程》JGJ/T23—2001附录A换算：①粗骨料最大粒径大于60mm；②特种成型工艺制作的混凝土；③检测部位曲率半径小于250mm；④潮湿或浸水混凝土。

（7）当构件混凝土抗压强度大于60MPa时，可采用标准能量大于2.207J的混凝土回弹仪，并应另行制订检测方法及专用测强曲线进行检测。

**非水平状态检测时的回弹值修正值** 表4-1

| $R_{ma}$ | 检测角度 | | | | | | | |
|---|---|---|---|---|---|---|---|---|
| | 向上 | | | | 向下 | | | |
| | 90° | 60° | 45° | 30° | -30° | -45° | -60° | -90° |
| 20 | -6.0 | -5.0 | -4.0 | -3.0 | +2.5 | +3.0 | +3.5 | +4.0 |
| 21 | -5.9 | -4.9 | -4.0 | -3.0 | +2.5 | +3.0 | +3.5 | +4.0 |
| 22 | -5.8 | -4.8 | -3.9 | -2.9 | +2.4 | +2.9 | +3.4 | +3.9 |
| 23 | -5.7 | -4.7 | -3.9 | -2.9 | +2.4 | +2.9 | +3.4 | +3.9 |
| 24 | -5.6 | -4.6 | -3.8 | -2.8 | +2.3 | +2.8 | +3.3 | +3.8 |
| 25 | -5.5 | -4.5 | -3.8 | -2.8 | +2.3 | +2.8 | +3.3 | +3.8 |
| 26 | -5.4 | -4.4 | -3.7 | -2.7 | +2.2 | +2.7 | +3.2 | +3.7 |
| 27 | -5.3 | -4.3 | -3.7 | -2.7 | +2.2 | +2.7 | +3.2 | +3.7 |
| 28 | -5.2 | -4.2 | -3.6 | -2.6 | +2.1 | +2.6 | +3.1 | +3.6 |
| 29 | -5.1 | -4.1 | -3.6 | -2.6 | +2.1 | +2.6 | +3.1 | +3.6 |
| 30 | -5.0 | -4.0 | -3.5 | -2.5 | +2.0 | +2.5 | +3.0 | +3.5 |
| 31 | -4.9 | -4.0 | -3.5 | -2.5 | +2.0 | +2.5 | +3.0 | +3.5 |
| 32 | -4.8 | -3.9 | -3.4 | -2.4 | +1.9 | +2.4 | +2.9 | +3.4 |
| 33 | -4.7 | -3.9 | -3.4 | -2.4 | +1.9 | +2.4 | +2.9 | +3.4 |
| 34 | -4.6 | -3.8 | -3.3 | -2.3 | +1.8 | +2.3 | +2.8 | +3.3 |
| 35 | -4.5 | -3.8 | -3.3 | -2.3 | +1.8 | +2.3 | +2.8 | +3.3 |
| 36 | -4.4 | -3.7 | -3.2 | -2.2 | +1.7 | +2.2 | +2.7 | +3.2 |
| 37 | -4.3 | -3.7 | -3.2 | -2.2 | +1.7 | +2.2 | +2.7 | +3.2 |
| 38 | -4.2 | -3.6 | -3.1 | -2.1 | +1.6 | +2.1 | +2.6 | +3.1 |
| 39 | -4.1 | -3.6 | -3.1 | -2.1 | +1.6 | +2.1 | +2.6 | +3.1 |
| 40 | -4.0 | -3.5 | -3.0 | -2.0 | +1.5 | +2.0 | +2.5 | +3.0 |
| 41 | -4.0 | -3.5 | -3.0 | -2.0 | +1.5 | +2.0 | +2.5 | +3.0 |

续表

| $R_{m\alpha}$ | 检测角度 | | | | | | | |
|---|---|---|---|---|---|---|---|---|
| | 向上 | | | | 向下 | | | |
| | 90° | 60° | 45° | 30° | -30° | -45° | -60° | -90° |
| 42 | -3.9 | -3.4 | -2.9 | -1.9 | +1.4 | +1.9 | +2.4 | +2.9 |
| 43 | -3.9 | -3.4 | -2.9 | -1.9 | +1.4 | +1.9 | +2.4 | +2.9 |
| 44 | -3.8 | -3.3 | -2.8 | -1.8 | +1.3 | +1.8 | +2.3 | +2.8 |
| 45 | -3.8 | -3.3 | -2.8 | -1.8 | +1.3 | +1.8 | +2.3 | +2.8 |
| 46 | -3.7 | -3.2 | -2.7 | -1.7 | +1.2 | +1.7 | +2.2 | +2.7 |
| 47 | -3.7 | -3.2 | -2.7 | -1.7 | +1.2 | +1.7 | +2.2 | +2.7 |
| 48 | -3.6 | -3.1 | -2.6 | -1.6 | +1.1 | +1.6 | +2.1 | +2.6 |
| 49 | -3.6 | -3.1 | -2.6 | -1.6 | +1.1 | +1.6 | +2.1 | +2.6 |
| 50 | -3.5 | -3.0 | -2.5 | -1.5 | +1.0 | +1.5 | +2.0 | +2.5 |

注：1. $R_{m\alpha}$ 小于20或大于50时，均分别按20或50查表；
  2. 表中未列入的相应于 $R_{m\alpha}$ 的修正值 $R_{a\alpha}$，可用内插法求得，精确至0.1。

(8) 混凝土强度的计算

①结构或构件第 $i$ 个测区混凝土强度换算值，可将所求得的平均回弹值（$R_m$）及平均碳化深度值（$d_m$）由表4-3得出。

②泵送混凝土制作的结构或构件的混凝土强度的检测应符合下列规定：当碳化深度值不大于2.0mm时，每一测区混凝土强度换算值应按表4-4修正；当碳化深度值大于2.0mm时，可进行钻芯修正。

不同浇筑面的回弹值修正值　　表4-2

| $R_m^t$ 或 $R_m^b$ | 表面修正值（$R_a^t$） | 底面修正值（$R_a^b$） | $R_m^t$ 或 $R_m^b$ | 表面修正值（$R_a^t$） | 底面修正值（$R_a^b$） |
|---|---|---|---|---|---|
| 20 | +2.5 | -3.0 | 36 | +0.9 | -1.4 |
| 21 | +2.4 | -2.9 | 37 | +0.8 | -1.3 |
| 22 | +2.3 | -2.8 | 38 | +0.7 | -1.2 |
| 23 | +2.2 | -2.7 | 39 | +0.6 | -1.1 |
| 24 | +2.1 | -2.6 | 40 | +0.5 | -1.0 |
| 25 | +2.0 | -2.5 | 41 | +0.4 | -0.9 |
| 26 | +1.9 | -2.4 | 42 | +0.3 | -0.8 |
| 27 | +1.8 | -2.3 | 43 | +0.2 | -0.7 |
| 28 | +1.7 | -2.2 | 44 | +0.1 | -0.6 |
| 29 | +1.6 | -2.1 | 45 | 0 | -0.5 |
| 30 | +1.5 | -2.0 | 46 | 0 | -0.4 |
| 31 | +1.4 | -1.9 | 47 | 0 | -0.3 |
| 32 | +1.3 | -1.8 | 48 | 0 | -0.2 |
| 33 | +1.2 | -1.7 | 49 | 0 | -0.1 |
| 34 | +1.1 | -1.6 | 50 | 0 | 0 |
| 35 | +1.0 | -1.5 | | | |

注：1. $R_m^t$ 或 $R_m^b$ 小于20或大于50时，均分别按20或50查表；表中未列入的相应于 $R_m^t$ 或 $R_m^b$ 的 $R_a^t$ 和 $R_a^b$ 值，可用内插法求得，精确至0.1。
  2. 表中有关混凝土浇筑表面的修正系数，是指一般原浆抹面的修正值。
  3. 表中有关混凝土浇筑底面的修正系数，是指构件底面与侧面采用同一类模板在正常浇筑情况下的修正值。

### 测区混凝土强度换算表

表 4-3

| 平均回弹值 $R_m$ | 测区混凝土强度换算值 $f_{cu,i}^c$ (MPa) 平均碳化深度值 $d_m$ (mm) | | | | | | | | | | | | |
|---|---|---|---|---|---|---|---|---|---|---|---|---|---|
| | 0 | 0.5 | 1.0 | 1.5 | 2.0 | 2.5 | 3.0 | 3.5 | 4.0 | 4.5 | 5.0 | 5.5 | ≥6.0 |
| 20.0 | 10.3 | 10.1 | — | — | — | — | — | — | — | — | — | — | — |
| 20.2 | 10.5 | 10.3 | 10.0 | — | — | — | — | — | — | — | — | — | — |
| 20.4 | 10.7 | 10.5 | 10.2 | — | — | — | — | — | — | — | — | — | — |
| 20.6 | 11.0 | 10.8 | 10.4 | 10.1 | — | — | — | — | — | — | — | — | — |
| 20.8 | 11.2 | 11.0 | 10.6 | 10.3 | — | — | — | — | — | — | — | — | — |
| 21.0 | 11.4 | 11.2 | 10.8 | 10.5 | 10.0 | — | — | — | — | — | — | — | — |
| 21.2 | 11.6 | 11.4 | 11.0 | 10.7 | 10.2 | — | — | — | — | — | — | — | — |
| 21.4 | 11.8 | 11.6 | 11.2 | 10.9 | 10.4 | 10.0 | — | — | — | — | — | — | — |
| 21.6 | 12.0 | 11.8 | 11.4 | 11.0 | 10.6 | 10.2 | — | — | — | — | — | — | — |
| 21.8 | 12.3 | 12.1 | 11.7 | 11.3 | 10.8 | 10.5 | 10.1 | — | — | — | — | — | — |
| 22.0 | 12.5 | 12.2 | 11.9 | 11.5 | 11.0 | 10.6 | 10.2 | — | — | — | — | — | — |
| 22.2 | 12.7 | 12.4 | 12.1 | 11.7 | 11.2 | 10.8 | 10.4 | 10.0 | — | — | — | — | — |
| 22.4 | 13.0 | 12.7 | 12.4 | 12.0 | 11.4 | 11.0 | 10.7 | 10.3 | 10.0 | — | — | — | — |
| 22.6 | 13.2 | 12.9 | 12.5 | 12.1 | 11.6 | 11.2 | 10.8 | 10.4 | 10.2 | — | — | — | — |
| 22.8 | 13.4 | 13.1 | 12.7 | 12.3 | 11.8 | 11.4 | 11.0 | 10.6 | 10.3 | — | — | — | — |
| 23.0 | 13.7 | 13.4 | 13.0 | 12.6 | 12.1 | 11.6 | 11.2 | 10.8 | 10.5 | 10.1 | — | — | — |
| 23.2 | 13.9 | 13.6 | 13.2 | 12.8 | 12.2 | 11.8 | 11.4 | 11.0 | 10.7 | 10.3 | 10.0 | — | — |
| 23.4 | 14.1 | 13.8 | 13.4 | 13.0 | 12.4 | 12.0 | 11.6 | 11.2 | 10.9 | 10.4 | 10.2 | — | — |
| 23.6 | 14.4 | 14.1 | 13.7 | 13.2 | 12.7 | 12.2 | 11.8 | 11.4 | 11.1 | 10.7 | 10.4 | 10.1 | — |
| 23.8 | 14.6 | 14.3 | 13.9 | 13.4 | 12.8 | 12.4 | 12.0 | 11.5 | 11.2 | 10.8 | 10.5 | 10.2 | — |
| 24.0 | 14.9 | 14.6 | 14.2 | 13.7 | 13.1 | 12.7 | 12.2 | 11.8 | 11.5 | 11.0 | 10.7 | 10.4 | 10.1 |
| 24.2 | 15.1 | 14.8 | 14.3 | 13.9 | 13.3 | 12.8 | 12.4 | 11.9 | 11.6 | 11.2 | 10.9 | 10.6 | 10.3 |
| 24.4 | 15.4 | 15.1 | 14.6 | 14.2 | 13.6 | 13.1 | 12.6 | 12.2 | 11.9 | 11.4 | 11.1 | 10.8 | 10.4 |
| 24.6 | 15.6 | 15.3 | 14.8 | 14.4 | 13.7 | 13.3 | 12.8 | 12.3 | 12.0 | 11.5 | 11.2 | 10.9 | 10.6 |
| 24.8 | 15.9 | 15.6 | 15.1 | 14.6 | 14.0 | 13.5 | 13.0 | 12.6 | 12.2 | 11.8 | 11.4 | 11.1 | 10.7 |
| 25.0 | 16.2 | 15.9 | 15.4 | 14.9 | 14.3 | 13.8 | 13.3 | 12.8 | 12.5 | 12.0 | 11.7 | 11.3 | 10.9 |
| 25.2 | 16.4 | 16.1 | 15.6 | 15.1 | 14.4 | 13.9 | 13.4 | 13.0 | 12.6 | 12.1 | 11.8 | 11.5 | 11.0 |
| 25.4 | 16.7 | 16.4 | 15.9 | 15.4 | 14.7 | 14.2 | 13.7 | 13.2 | 12.9 | 12.4 | 12.0 | 11.7 | 11.2 |
| 25.6 | 16.9 | 16.6 | 16.1 | 15.7 | 14.9 | 14.4 | 13.9 | 13.4 | 13.0 | 12.5 | 12.2 | 11.8 | 11.3 |
| 25.8 | 17.2 | 16.9 | 16.3 | 15.8 | 15.1 | 14.6 | 14.1 | 13.6 | 13.2 | 12.7 | 12.4 | 12.0 | 11.5 |
| 26.0 | 17.5 | 17.2 | 16.6 | 16.1 | 15.4 | 14.9 | 14.4 | 13.8 | 13.5 | 13.0 | 12.6 | 12.2 | 11.6 |
| 26.2 | 17.8 | 17.4 | 16.9 | 16.4 | 15.7 | 15.1 | 14.6 | 14.0 | 13.7 | 13.2 | 12.8 | 12.4 | 11.8 |
| 26.4 | 18.0 | 17.6 | 17.1 | 16.6 | 15.8 | 15.3 | 14.8 | 14.2 | 13.9 | 13.3 | 13.0 | 12.6 | 12.0 |
| 26.6 | 18.3 | 17.9 | 17.4 | 16.8 | 16.1 | 15.6 | 15.0 | 14.4 | 14.1 | 13.5 | 13.2 | 12.8 | 12.1 |
| 26.8 | 18.6 | 18.2 | 17.7 | 17.1 | 16.4 | 15.8 | 15.3 | 14.6 | 14.3 | 13.8 | 13.4 | 12.9 | 12.3 |
| 27.0 | 18.9 | 18.5 | 18.0 | 17.4 | 16.6 | 16.1 | 15.5 | 14.8 | 14.6 | 14.0 | 13.6 | 13.1 | 12.4 |
| 27.2 | 19.1 | 18.7 | 18.1 | 17.6 | 16.8 | 16.2 | 15.7 | 15.0 | 14.7 | 14.1 | 13.8 | 13.3 | 12.6 |
| 27.4 | 19.4 | 19.0 | 18.4 | 17.8 | 17.0 | 16.4 | 15.9 | 15.2 | 14.9 | 14.3 | 14.0 | 13.4 | 12.7 |

续表

| 平均回弹值 $R_m$ | 测区混凝土强度换算值 $f_{cu,i}^c$ (MPa) | | | | | | | | | | | | |
|---|---|---|---|---|---|---|---|---|---|---|---|---|---|
| | 平均碳化深度值 $d_m$ (mm) | | | | | | | | | | | | |
| | 0 | 0.5 | 1.0 | 1.5 | 2.0 | 2.5 | 3.0 | 3.5 | 4.0 | 4.5 | 5.0 | 5.5 | ≥6.0 |
| 27.6 | 19.7 | 19.3 | 18.7 | 18.0 | 17.2 | 16.6 | 16.1 | 15.4 | 15.1 | 14.5 | 14.1 | 13.6 | 12.9 |
| 27.8 | 20.0 | 19.6 | 19.0 | 18.2 | 17.4 | 16.8 | 16.3 | 15.6 | 15.3 | 14.7 | 14.2 | 13.7 | 13.0 |
| 28.0 | 20.3 | 19.7 | 19.2 | 18.4 | 17.6 | 17.0 | 16.5 | 15.8 | 15.4 | 14.8 | 14.4 | 13.9 | 13.2 |
| 28.2 | 20.6 | 20.0 | 19.5 | 18.6 | 17.8 | 17.2 | 16.7 | 16.0 | 15.6 | 15.0 | 14.6 | 14.0 | 13.3 |
| 28.4 | 20.9 | 20.3 | 19.7 | 18.8 | 18.0 | 17.4 | 16.9 | 16.2 | 15.8 | 15.2 | 14.8 | 14.2 | 13.5 |
| 28.6 | 21.2 | 20.6 | 20.0 | 19.1 | 18.2 | 17.6 | 17.1 | 16.4 | 16.0 | 15.4 | 15.0 | 14.3 | 13.6 |
| 28.8 | 21.5 | 20.9 | 20.2 | 19.4 | 18.5 | 17.8 | 17.3 | 16.6 | 16.2 | 15.6 | 15.2 | 14.5 | 13.8 |
| 29.0 | 21.8 | 21.1 | 20.5 | 19.6 | 18.7 | 18.1 | 17.5 | 16.8 | 16.4 | 15.8 | 15.4 | 14.6 | 13.9 |
| 29.2 | 22.1 | 21.4 | 20.8 | 19.9 | 19.0 | 18.3 | 17.7 | 17.0 | 16.6 | 16.0 | 15.6 | 14.8 | 14.1 |
| 29.4 | 22.4 | 21.7 | 21.1 | 20.2 | 19.3 | 18.6 | 17.9 | 17.2 | 16.8 | 16.2 | 15.8 | 15.0 | 14.2 |
| 29.6 | 22.7 | 22.0 | 21.3 | 20.4 | 19.5 | 18.8 | 18.2 | 17.5 | 17.0 | 16.4 | 16.0 | 15.1 | 14.4 |
| 29.8 | 23.0 | 22.3 | 21.6 | 20.7 | 19.8 | 19.1 | 18.4 | 17.7 | 17.2 | 16.6 | 16.2 | 15.3 | 14.5 |
| 30.0 | 23.3 | 22.6 | 21.9 | 21.0 | 20.0 | 19.3 | 18.6 | 17.9 | 17.4 | 16.8 | 16.4 | 15.4 | 14.7 |
| 30.2 | 23.6 | 22.9 | 22.2 | 21.2 | 20.3 | 19.6 | 18.9 | 18.2 | 17.6 | 17.0 | 16.6 | 15.6 | 14.9 |
| 30.4 | 23.9 | 23.2 | 22.5 | 21.5 | 20.6 | 19.8 | 19.1 | 18.4 | 17.8 | 17.2 | 16.8 | 15.8 | 15.1 |
| 30.6 | 24.3 | 23.6 | 22.8 | 21.9 | 20.9 | 20.2 | 19.4 | 18.7 | 18.0 | 17.5 | 17.0 | 16.0 | 15.2 |
| 30.8 | 24.6 | 23.9 | 23.1 | 22.1 | 21.2 | 20.4 | 19.7 | 18.9 | 18.2 | 17.7 | 17.2 | 16.2 | 15.4 |
| 31.0 | 24.9 | 24.2 | 23.4 | 22.4 | 21.4 | 20.7 | 19.9 | 19.2 | 18.4 | 17.9 | 17.4 | 16.4 | 15.5 |
| 31.2 | 25.2 | 24.4 | 23.7 | 22.7 | 21.7 | 20.9 | 20.2 | 19.4 | 18.6 | 18.1 | 17.6 | 16.6 | 15.7 |
| 31.4 | 25.6 | 24.8 | 24.1 | 23.0 | 22.0 | 21.2 | 20.5 | 19.7 | 18.9 | 18.4 | 17.8 | 16.9 | 15.8 |
| 31.6 | 25.9 | 25.1 | 24.3 | 23.3 | 22.3 | 21.5 | 20.7 | 19.9 | 19.2 | 18.6 | 18.0 | 17.1 | 16.0 |
| 31.8 | 26.2 | 25.4 | 24.6 | 23.6 | 22.5 | 21.7 | 21.0 | 20.2 | 19.4 | 18.9 | 18.2 | 17.3 | 16.2 |
| 32.0 | 26.5 | 25.7 | 24.9 | 23.9 | 22.8 | 22.0 | 21.2 | 20.4 | 19.6 | 19.1 | 18.4 | 17.5 | 16.4 |
| 32.2 | 26.9 | 26.1 | 25.3 | 24.2 | 23.1 | 22.3 | 21.5 | 20.7 | 19.9 | 19.4 | 18.6 | 17.7 | 16.6 |
| 32.4 | 27.2 | 26.4 | 25.6 | 24.5 | 23.4 | 22.6 | 21.8 | 20.9 | 20.1 | 19.6 | 18.8 | 17.9 | 16.8 |
| 32.6 | 27.6 | 26.8 | 25.9 | 24.8 | 23.7 | 22.9 | 22.1 | 21.3 | 20.4 | 19.9 | 19.0 | 18.1 | 17.0 |
| 32.8 | 27.9 | 27.1 | 26.2 | 25.1 | 24.0 | 23.2 | 22.3 | 21.5 | 20.6 | 20.1 | 19.2 | 18.3 | 17.2 |
| 33.0 | 28.2 | 27.4 | 26.5 | 25.4 | 24.3 | 23.4 | 22.6 | 21.7 | 20.9 | 20.3 | 19.4 | 18.5 | 17.4 |
| 33.2 | 28.6 | 27.7 | 26.8 | 25.7 | 24.6 | 23.7 | 22.9 | 22.0 | 21.2 | 20.5 | 19.6 | 18.7 | 17.6 |
| 33.4 | 28.9 | 28.0 | 27.1 | 26.0 | 24.9 | 24.0 | 23.1 | 22.3 | 21.4 | 20.7 | 19.8 | 18.9 | 17.8 |
| 33.6 | 29.3 | 28.4 | 27.4 | 26.4 | 25.2 | 24.2 | 23.3 | 22.6 | 21.7 | 20.9 | 20.0 | 19.1 | 18.0 |
| 33.8 | 29.6 | 28.7 | 27.7 | 26.6 | 25.4 | 24.4 | 23.5 | 22.8 | 21.9 | 21.1 | 20.2 | 19.3 | 18.2 |
| 34.0 | 30.0 | 29.1 | 28.0 | 26.8 | 25.6 | 24.6 | 23.7 | 23.0 | 22.1 | 21.3 | 20.4 | 19.5 | 18.3 |
| 34.2 | 30.3 | 29.4 | 28.3 | 27.0 | 25.8 | 24.8 | 23.9 | 23.2 | 22.3 | 21.5 | 20.6 | 19.7 | 18.4 |
| 34.4 | 30.7 | 29.8 | 28.6 | 27.2 | 26.0 | 25.0 | 24.1 | 23.4 | 22.5 | 21.7 | 20.8 | 19.8 | 18.6 |
| 34.6 | 31.1 | 30.2 | 28.9 | 27.4 | 26.2 | 25.2 | 24.3 | 23.6 | 22.7 | 21.9 | 21.0 | 20.0 | 18.8 |
| 34.8 | 31.4 | 30.5 | 29.2 | 27.6 | 26.4 | 25.4 | 24.5 | 23.8 | 22.9 | 22.1 | 21.2 | 20.2 | 19.0 |
| 35.0 | 31.8 | 30.8 | 29.6 | 28.0 | 26.7 | 25.8 | 24.8 | 24.0 | 23.2 | 22.3 | 21.4 | 20.4 | 19.2 |
| 35.2 | 32.1 | 31.1 | 29.9 | 28.2 | 27.0 | 26.0 | 25.0 | 24.2 | 23.4 | 22.5 | 21.6 | 20.6 | 19.4 |
| 35.4 | 32.5 | 31.5 | 30.2 | 28.6 | 27.3 | 26.3 | 25.4 | 24.4 | 23.7 | 22.8 | 21.8 | 20.8 | 19.6 |

续表

| 平均回弹值 $R_m$ | 测区混凝土强度换算值 $f^c_{cu,i}$ (MPa) | | | | | | | | | | | | |
|---|---|---|---|---|---|---|---|---|---|---|---|---|---|
| | 平均碳化深度值 $d_m$ (mm) | | | | | | | | | | | | |
| | 0 | 0.5 | 1.0 | 1.5 | 2.0 | 2.5 | 3.0 | 3.5 | 4.0 | 4.5 | 5.0 | 5.5 | ≥6.0 |
| 35.6 | 32.9 | 31.9 | 30.6 | 29.0 | 27.6 | 26.6 | 25.7 | 24.7 | 24.0 | 23.0 | 22.0 | 21.0 | 19.8 |
| 35.8 | 33.3 | 32.3 | 31.0 | 29.3 | 28.0 | 27.0 | 26.0 | 25.0 | 24.3 | 23.3 | 22.2 | 21.2 | 20.0 |
| 36.0 | 33.6 | 32.6 | 31.2 | 29.6 | 28.2 | 27.2 | 26.2 | 25.2 | 24.5 | 23.5 | 22.4 | 21.4 | 20.2 |
| 36.2 | 34.0 | 33.0 | 31.6 | 29.9 | 28.6 | 27.5 | 26.5 | 25.5 | 24.8 | 23.8 | 22.6 | 21.6 | 20.4 |
| 36.4 | 34.4 | 33.4 | 32.0 | 30.3 | 28.9 | 27.9 | 26.8 | 25.8 | 25.1 | 24.1 | 22.8 | 21.8 | 20.6 |
| 36.6 | 34.8 | 33.8 | 32.4 | 30.6 | 29.2 | 28.2 | 27.1 | 26.1 | 25.4 | 24.4 | 23.0 | 22.0 | 20.9 |
| 36.8 | 35.2 | 34.1 | 32.7 | 31.0 | 29.6 | 28.5 | 27.5 | 26.4 | 25.7 | 24.6 | 23.2 | 22.2 | 21.1 |
| 37.0 | 35.5 | 34.4 | 33.0 | 31.2 | 29.8 | 28.8 | 27.7 | 26.6 | 25.9 | 24.8 | 23.4 | 22.4 | 21.3 |
| 37.2 | 35.9 | 34.8 | 33.4 | 31.6 | 30.2 | 29.1 | 28.0 | 26.9 | 26.2 | 25.1 | 23.7 | 22.6 | 21.5 |
| 37.4 | 36.3 | 35.2 | 33.8 | 31.9 | 30.5 | 29.4 | 28.3 | 27.2 | 26.5 | 25.4 | 24.0 | 22.9 | 21.8 |
| 37.6 | 36.7 | 35.6 | 34.1 | 32.3 | 30.8 | 29.7 | 28.6 | 27.5 | 26.8 | 25.7 | 24.2 | 23.1 | 22.0 |
| 37.8 | 37.1 | 36.0 | 34.5 | 32.6 | 31.2 | 30.0 | 28.9 | 27.8 | 27.1 | 26.0 | 24.5 | 23.4 | 22.3 |
| 38.0 | 37.5 | 36.4 | 34.9 | 33.0 | 31.5 | 30.3 | 29.2 | 28.1 | 27.4 | 26.2 | 24.8 | 23.6 | 22.5 |
| 38.2 | 37.9 | 36.8 | 35.2 | 33.4 | 31.8 | 30.6 | 29.5 | 28.4 | 27.7 | 26.5 | 25.0 | 23.9 | 22.7 |
| 38.4 | 38.3 | 37.2 | 35.6 | 33.7 | 32.1 | 30.9 | 29.8 | 28.7 | 28.0 | 26.8 | 25.3 | 24.1 | 23.0 |
| 38.6 | 38.7 | 37.5 | 36.0 | 34.1 | 32.4 | 31.2 | 30.1 | 29.0 | 28.3 | 27.0 | 25.5 | 24.4 | 23.2 |
| 38.8 | 39.1 | 37.9 | 36.4 | 34.4 | 32.7 | 31.5 | 30.4 | 29.3 | 28.5 | 27.2 | 25.8 | 24.6 | 23.5 |
| 39.0 | 39.5 | 38.2 | 36.7 | 34.7 | 33.0 | 31.8 | 30.6 | 29.6 | 28.8 | 27.4 | 26.0 | 24.8 | 23.7 |
| 39.2 | 39.9 | 38.5 | 37.0 | 35.0 | 33.3 | 32.1 | 30.8 | 29.8 | 29.0 | 27.6 | 26.2 | 25.0 | 24.0 |
| 39.4 | 40.3 | 38.8 | 37.3 | 35.3 | 33.6 | 32.4 | 31.0 | 30.0 | 29.2 | 27.8 | 26.4 | 25.2 | 24.2 |
| 39.6 | 40.7 | 39.1 | 37.6 | 35.6 | 33.9 | 32.7 | 31.2 | 30.2 | 29.4 | 28.0 | 26.6 | 25.4 | 24.4 |
| 39.8 | 41.2 | 39.6 | 38.0 | 35.9 | 34.2 | 33.0 | 31.4 | 30.5 | 29.7 | 28.2 | 26.8 | 25.6 | 24.7 |
| 40.0 | 41.6 | 39.9 | 38.3 | 36.2 | 34.5 | 33.3 | 31.7 | 30.8 | 30.0 | 28.4 | 27.0 | 25.8 | 25.0 |
| 40.2 | 42.0 | 40.3 | 38.6 | 36.5 | 34.8 | 33.6 | 32.0 | 31.1 | 30.2 | 28.6 | 27.3 | 26.0 | 25.2 |
| 40.4 | 42.4 | 40.7 | 39.0 | 36.9 | 35.1 | 33.9 | 32.3 | 31.4 | 30.5 | 28.8 | 27.6 | 26.2 | 25.4 |
| 40.6 | 42.8 | 41.1 | 39.4 | 37.2 | 35.4 | 34.2 | 32.6 | 31.7 | 30.8 | 29.1 | 27.8 | 26.5 | 25.7 |
| 40.8 | 43.3 | 41.6 | 39.8 | 37.7 | 35.7 | 34.5 | 32.9 | 32.0 | 31.2 | 29.4 | 28.1 | 26.8 | 26.0 |
| 41.0 | 43.7 | 42.0 | 40.2 | 38.0 | 36.0 | 34.8 | 33.2 | 32.3 | 31.5 | 29.7 | 28.4 | 27.1 | 26.2 |
| 41.2 | 44.1 | 42.3 | 40.6 | 38.4 | 36.3 | 35.1 | 33.5 | 32.6 | 31.8 | 30.0 | 28.7 | 27.3 | 26.5 |
| 41.4 | 44.5 | 42.7 | 40.9 | 38.7 | 36.6 | 35.4 | 33.8 | 32.9 | 32.0 | 30.3 | 28.9 | 27.6 | 26.7 |
| 41.6 | 45.0 | 43.2 | 41.4 | 39.2 | 36.9 | 35.7 | 34.2 | 33.3 | 32.4 | 30.6 | 29.2 | 27.9 | 27.0 |
| 41.8 | 45.4 | 43.6 | 41.8 | 39.5 | 37.2 | 36.0 | 34.5 | 33.6 | 32.7 | 30.9 | 29.5 | 28.1 | 27.2 |
| 42.0 | 45.9 | 44.1 | 42.2 | 39.9 | 37.6 | 36.3 | 34.9 | 34.0 | 33.0 | 31.2 | 29.8 | 28.5 | 27.5 |
| 42.2 | 46.3 | 44.4 | 42.6 | 40.3 | 38.0 | 36.6 | 35.2 | 34.3 | 33.3 | 31.5 | 30.1 | 28.7 | 27.8 |
| 42.4 | 46.7 | 44.8 | 43.0 | 40.6 | 38.3 | 36.9 | 35.5 | 34.6 | 33.6 | 31.8 | 30.4 | 29.0 | 28.0 |
| 42.6 | 47.2 | 45.3 | 43.4 | 41.1 | 38.7 | 37.3 | 35.9 | 34.9 | 34.0 | 32.1 | 30.7 | 29.3 | 28.3 |
| 42.8 | 47.6 | 45.7 | 43.8 | 41.4 | 39.0 | 37.6 | 36.2 | 35.2 | 34.3 | 32.4 | 30.9 | 29.5 | 28.6 |
| 43.0 | 48.1 | 46.2 | 44.2 | 41.8 | 39.4 | 38.0 | 36.6 | 35.6 | 34.6 | 32.7 | 31.3 | 29.8 | 28.9 |
| 43.2 | 48.5 | 46.6 | 44.6 | 42.2 | 39.8 | 38.3 | 36.9 | 35.9 | 34.9 | 33.0 | 31.5 | 30.1 | 29.1 |

续表

| 平均回弹值 $R_m$ | 测区混凝土强度换算值 $f_{cu,i}^c$ (MPa) ||||||||||||| 
| | 平均碳化深度值 $d_m$ (mm) |||||||||||||
| | 0 | 0.5 | 1.0 | 1.5 | 2.0 | 2.5 | 3.0 | 3.5 | 4.0 | 4.5 | 5.0 | 5.5 | ≥6.0 |
|---|---|---|---|---|---|---|---|---|---|---|---|---|---|
| 43.4 | 49.0 | 47.0 | 45.1 | 42.6 | 40.2 | 38.7 | 37.2 | 36.3 | 35.3 | 33.3 | 31.8 | 30.4 | 29.4 |
| 43.6 | 49.4 | 47.4 | 45.4 | 43.0 | 40.5 | 39.0 | 37.5 | 36.6 | 35.6 | 33.6 | 32.1 | 30.6 | 29.6 |
| 43.8 | 49.9 | 47.9 | 45.9 | 43.4 | 40.9 | 39.4 | 37.9 | 36.9 | 35.9 | 33.9 | 32.4 | 30.9 | 29.9 |
| 44.0 | 50.4 | 48.4 | 46.4 | 43.8 | 41.3 | 39.8 | 38.3 | 37.3 | 36.3 | 34.3 | 32.8 | 31.2 | 30.2 |
| 44.2 | 50.8 | 48.8 | 46.7 | 44.2 | 41.7 | 40.1 | 38.6 | 37.6 | 36.6 | 34.5 | 33.0 | 31.5 | 30.5 |
| 44.4 | 51.3 | 49.2 | 47.2 | 44.6 | 42.1 | 40.5 | 39.0 | 38.0 | 36.9 | 34.9 | 33.3 | 31.8 | 30.8 |
| 44.6 | 51.7 | 49.6 | 47.6 | 45.0 | 42.4 | 40.8 | 39.3 | 38.3 | 37.2 | 35.2 | 33.6 | 32.1 | 31.0 |
| 44.8 | 52.2 | 50.1 | 48.0 | 45.4 | 42.8 | 41.2 | 39.7 | 38.6 | 37.6 | 35.5 | 33.9 | 32.4 | 31.3 |
| 45.0 | 52.7 | 50.6 | 48.5 | 45.8 | 43.2 | 41.6 | 40.1 | 39.0 | 37.9 | 35.8 | 34.3 | 32.7 | 31.6 |
| 45.2 | 53.2 | 51.1 | 48.9 | 46.3 | 43.6 | 42.0 | 40.4 | 39.4 | 38.3 | 36.2 | 34.6 | 33.0 | 31.9 |
| 45.4 | 53.6 | 51.5 | 49.4 | 46.6 | 44.0 | 42.3 | 40.7 | 39.7 | 38.6 | 36.4 | 34.8 | 33.2 | 32.2 |
| 45.6 | 54.1 | 51.9 | 49.8 | 47.1 | 44.4 | 42.7 | 41.1 | 40.0 | 39.0 | 36.8 | 35.2 | 33.5 | 32.5 |
| 45.8 | 54.6 | 52.4 | 50.2 | 47.5 | 44.8 | 43.1 | 41.5 | 40.4 | 39.3 | 37.1 | 35.5 | 33.9 | 32.8 |
| 46.0 | 55.0 | 52.8 | 50.6 | 47.9 | 45.2 | 43.5 | 41.9 | 40.8 | 39.7 | 37.5 | 35.8 | 34.2 | 33.1 |
| 46.2 | 55.5 | 53.3 | 51.1 | 48.3 | 45.5 | 43.8 | 42.2 | 41.1 | 40.0 | 37.7 | 36.1 | 34.4 | 33.3 |
| 46.4 | 56.0 | 53.8 | 51.5 | 48.7 | 45.9 | 44.2 | 42.6 | 41.4 | 40.3 | 38.1 | 36.4 | 34.7 | 33.6 |
| 46.6 | 56.5 | 54.2 | 52.0 | 49.2 | 46.3 | 44.6 | 42.9 | 41.8 | 40.7 | 38.4 | 36.7 | 35.0 | 33.9 |
| 46.8 | 57.0 | 54.7 | 52.4 | 49.6 | 46.7 | 45.0 | 43.3 | 42.2 | 41.0 | 38.8 | 37.0 | 35.3 | 34.2 |
| 47.0 | 57.5 | 55.2 | 52.9 | 50.0 | 47.2 | 45.2 | 43.7 | 42.6 | 41.4 | 39.1 | 37.4 | 35.6 | 34.5 |
| 47.2 | 58.0 | 55.7 | 53.4 | 50.5 | 47.6 | 45.8 | 44.1 | 42.9 | 41.8 | 39.4 | 37.7 | 36.0 | 34.8 |
| 47.4 | 58.5 | 56.2 | 53.8 | 50.9 | 48.0 | 46.2 | 44.5 | 43.3 | 42.1 | 39.8 | 38.0 | 36.3 | 35.1 |
| 47.6 | 59.0 | 56.6 | 54.3 | 51.3 | 48.4 | 46.6 | 44.8 | 43.7 | 42.5 | 40.1 | 38.4 | 36.6 | 35.4 |
| 47.8 | 59.5 | 57.1 | 54.7 | 51.8 | 48.8 | 47.0 | 45.2 | 44.0 | 42.8 | 40.5 | 38.7 | 36.9 | 35.7 |
| 48.0 | 60.0 | 57.6 | 55.2 | 52.2 | 49.2 | 47.4 | 45.6 | 44.4 | 43.2 | 40.8 | 39.0 | 37.2 | 36.0 |
| 48.2 | — | 58.0 | 55.7 | 52.6 | 49.6 | 47.8 | 46.0 | 44.8 | 43.6 | 41.1 | 39.3 | 37.5 | 36.3 |
| 48.4 | — | 58.6 | 56.1 | 53.1 | 50.0 | 48.2 | 46.4 | 45.1 | 43.9 | 41.5 | 39.6 | 37.8 | 36.6 |
| 48.6 | — | 59.0 | 56.6 | 53.5 | 50.4 | 48.6 | 46.7 | 45.5 | 44.3 | 41.8 | 40.0 | 38.1 | 36.9 |
| 48.8 | — | 59.5 | 57.1 | 54.0 | 50.9 | 49.0 | 47.1 | 45.9 | 44.6 | 42.2 | 40.3 | 38.4 | 37.2 |
| 49.0 | — | 60.0 | 57.5 | 54.4 | 51.3 | 49.4 | 47.5 | 46.2 | 45.0 | 42.5 | 40.6 | 38.8 | 37.5 |
| 49.2 | — | — | 58.0 | 54.8 | 51.7 | 49.8 | 47.9 | 46.6 | 45.4 | 42.8 | 41.0 | 39.1 | 37.8 |
| 49.4 | — | — | 58.5 | 55.3 | 52.1 | 50.2 | 48.3 | 47.1 | 45.8 | 43.2 | 41.3 | 39.4 | 38.2 |
| 49.6 | — | — | 58.9 | 55.7 | 52.5 | 50.6 | 48.7 | 47.4 | 46.2 | 43.6 | 41.7 | 39.7 | 38.5 |
| 49.8 | — | — | 59.4 | 56.2 | 53.0 | 51.0 | 49.1 | 47.8 | 46.5 | 43.9 | 42.0 | 40.1 | 38.8 |
| 50.0 | — | — | 59.9 | 56.7 | 53.4 | 51.4 | 49.5 | 48.2 | 46.9 | 44.3 | 42.3 | 40.4 | 39.1 |
| 50.2 | — | — | — | 57.1 | 53.8 | 51.9 | 49.9 | 48.5 | 47.2 | 44.6 | 42.6 | 40.7 | 39.4 |
| 50.4 | — | — | — | 57.6 | 54.3 | 52.3 | 50.3 | 49.0 | 47.7 | 45.0 | 43.0 | 41.0 | 39.7 |
| 50.6 | — | — | — | 58.0 | 54.7 | 52.7 | 50.7 | 49.4 | 48.0 | 45.4 | 43.4 | 41.4 | 40.0 |
| 50.8 | — | — | — | 58.5 | 55.1 | 53.1 | 51.1 | 49.8 | 48.4 | 45.7 | 43.7 | 41.7 | 40.3 |
| 51.0 | — | — | — | 59.0 | 55.6 | 53.5 | 51.5 | 50.1 | 48.8 | 46.1 | 44.1 | 42.0 | 40.7 |

续表

| 平均回弹值 $R_m$ | 测区混凝土强度换算值 $f_{cu,i}^c$ (MPa) ||||||||||||||
| --- | --- | --- | --- | --- | --- | --- | --- | --- | --- | --- | --- | --- | --- |
| | 平均碳化深度值 $d_m$ (mm) ||||||||||||||
| | 0 | 0.5 | 1.0 | 1.5 | 2.0 | 2.5 | 3.0 | 3.5 | 4.0 | 4.5 | 5.0 | 5.5 | ≥6.0 |
| 51.2 | — | — | — | 59.4 | 56.0 | 54.0 | 51.9 | 50.5 | 49.2 | 46.4 | 44.4 | 42.3 | 41.0 |
| 51.4 | — | — | — | 59.9 | 56.4 | 54.4 | 52.3 | 50.9 | 49.6 | 46.8 | 44.7 | 42.7 | 41.3 |
| 51.6 | — | — | — | — | 56.9 | 54.8 | 52.7 | 51.3 | 50.0 | 47.2 | 45.1 | 43.0 | 41.6 |
| 51.8 | — | — | — | — | 57.3 | 55.2 | 53.1 | 51.7 | 50.3 | 47.5 | 45.4 | 43.3 | 41.8 |
| 52.0 | — | — | — | — | 57.8 | 55.7 | 53.6 | 52.1 | 50.7 | 47.9 | 45.8 | 43.7 | 42.3 |
| 52.2 | — | — | — | — | 58.2 | 56.1 | 54.0 | 52.5 | 51.1 | 48.3 | 46.2 | 44.0 | 42.6 |
| 52.4 | — | — | — | — | 58.7 | 56.5 | 54.4 | 53.0 | 51.5 | 48.7 | 46.5 | 44.4 | 43.0 |
| 52.6 | — | — | — | — | 59.1 | 57.0 | 54.8 | 53.4 | 51.9 | 49.0 | 46.9 | 44.7 | 43.3 |
| 52.8 | — | — | — | — | 59.6 | 57.4 | 55.2 | 53.8 | 52.3 | 49.4 | 47.3 | 45.1 | 43.6 |
| 53.0 | — | — | — | — | 60.0 | 57.8 | 55.6 | 54.2 | 52.7 | 49.8 | 47.6 | 45.4 | 43.9 |
| 53.2 | — | — | — | — | — | 58.3 | 56.1 | 54.6 | 53.1 | 50.2 | 48.0 | 45.8 | 44.3 |
| 53.4 | — | — | — | — | — | 58.7 | 56.5 | 55.0 | 53.5 | 50.5 | 48.3 | 46.1 | 44.6 |
| 53.6 | — | — | — | — | — | 59.2 | 56.9 | 55.4 | 53.9 | 50.9 | 48.7 | 46.4 | 44.9 |
| 53.8 | — | — | — | — | — | 59.6 | 57.3 | 55.8 | 54.3 | 51.3 | 49.0 | 46.8 | 45.3 |
| 54.0 | — | — | — | — | — | — | 57.8 | 56.3 | 54.7 | 51.7 | 49.4 | 47.1 | 45.6 |
| 54.2 | — | — | — | — | — | — | 58.2 | 56.7 | 55.1 | 52.1 | 49.8 | 47.5 | 46.0 |
| 54.4 | — | — | — | — | — | — | 58.6 | 57.1 | 55.6 | 52.5 | 50.2 | 47.9 | 46.3 |
| 54.6 | — | — | — | — | — | — | 59.1 | 57.5 | 56.0 | 52.9 | 50.5 | 48.2 | 46.6 |
| 54.8 | — | — | — | — | — | — | 59.5 | 57.9 | 56.4 | 53.2 | 50.9 | 48.5 | 47.0 |
| 55.0 | — | — | — | — | — | — | 59.9 | 58.4 | 56.8 | 53.6 | 51.3 | 48.9 | 47.3 |
| 55.2 | — | — | — | — | — | — | — | 58.8 | 57.2 | 54.0 | 51.6 | 49.3 | 47.7 |
| 55.4 | — | — | — | — | — | — | — | 59.2 | 57.6 | 54.4 | 52.0 | 49.6 | 48.0 |
| 55.6 | — | — | — | — | — | — | — | 59.7 | 58.0 | 54.8 | 52.4 | 50.0 | 48.4 |
| 55.8 | — | — | — | — | — | — | — | — | 58.5 | 55.2 | 52.8 | 50.3 | 48.7 |
| 56.0 | — | — | — | — | — | — | — | — | 58.9 | 55.6 | 53.2 | 50.7 | 49.1 |
| 56.2 | — | — | — | — | — | — | — | — | 59.3 | 56.0 | 53.5 | 51.1 | 49.4 |
| 56.4 | — | — | — | — | — | — | — | — | 59.7 | 56.4 | 53.9 | 51.4 | 49.8 |
| 56.6 | — | — | — | — | — | — | — | — | — | 56.8 | 54.3 | 51.8 | 50.1 |
| 56.8 | — | — | — | — | — | — | — | — | — | 57.2 | 54.7 | 52.2 | 50.5 |
| 57.0 | — | — | — | — | — | — | — | — | — | 57.6 | 55.1 | 52.5 | 50.8 |
| 57.2 | — | — | — | — | — | — | — | — | — | 58.0 | 55.5 | 52.9 | 51.2 |
| 57.4 | — | — | — | — | — | — | — | — | — | 58.4 | 55.9 | 53.3 | 51.6 |
| 57.6 | — | — | — | — | — | — | — | — | — | 58.9 | 56.3 | 53.7 | 51.9 |
| 57.8 | — | — | — | — | — | — | — | — | — | 59.3 | 56.7 | 54.0 | 52.3 |
| 58.0 | — | — | — | — | — | — | — | — | — | 59.7 | 57.0 | 54.4 | 52.7 |
| 58.2 | — | — | — | — | — | — | — | — | — | — | 57.4 | 54.8 | 53.0 |
| 58.4 | — | — | — | — | — | — | — | — | — | — | 57.8 | 55.2 | 53.4 |
| 58.6 | — | — | — | — | — | — | — | — | — | — | 58.2 | 55.6 | 53.8 |
| 58.8 | — | — | — | — | — | — | — | — | — | — | 58.6 | 55.9 | 54.1 |

续表

| 平均回弹值 $R_m$ | 测区混凝土强度换算值 $f^c_{cu,i}$ (MPa) ||||||||||||
|---|---|---|---|---|---|---|---|---|---|---|---|---|
| | 平均碳化深度值 $d_m$ (mm) ||||||||||||
| | 0 | 0.5 | 1.0 | 1.5 | 2.0 | 2.5 | 3.0 | 3.5 | 4.0 | 4.5 | 5.0 | 5.5 | ≥6.0 |
| 59.0 | — | — | — | — | — | — | — | — | — | — | 59.0 | 56.3 | 54.5 |
| 59.2 | — | — | — | — | — | — | — | — | — | — | 59.4 | 56.7 | 54.9 |
| 59.4 | — | — | — | — | — | — | — | — | — | — | 59.8 | 57.1 | 55.2 |
| 59.6 | — | — | — | — | — | — | — | — | — | — | — | 57.5 | 55.6 |
| 59.8 | — | — | — | — | — | — | — | — | — | — | — | 57.9 | 56.0 |
| 60.0 | — | — | — | — | — | — | — | — | — | — | — | 58.3 | 56.4 |

注：本表系按全国统一曲线制定。

**泵送混凝土测区混凝土强度换算值的修正值** 表 4-4

| 碳化深度值 (mm) | 抗压强度值 (MPa) | | | | |
|---|---|---|---|---|---|
| 0.0；0.5；1.0 | $f^c_{cu}$ (MPa) | ≤40.0 | 45.0 | 50.0 | 55.0~60.0 |
| | $K$ (MPa) | +4.5 | +3.0 | +1.5 | 0.0 |
| 1.5；2.0 | $f^c_{cu}$ (MPa) | ≤30.0 | 35.0 | 40.0~60.0 | |
| | $K$ (MPa) | +3.0 | +1.5 | 0.0 | |

注：表中未列入的 $f^c_{cu,i}$ 值可用内插法求得其修正值，精确至 0.1MPa。

2. 结构或构件的测区混凝土强度平均值可根据各测区的混凝土强度换算值计算。当测区数为 10 个及以上时，应计算强度标准差。平均值及标准差应按下列公式计算：

$$m_{f^c_{cu}} = \frac{\sum_{i=1}^{n} f^c_{cu,i}}{n} \tag{4-15}$$

$$s_{f^c_{cu}} = \sqrt{\frac{\sum_{i=1}^{n}(f^c_{cu,i})^2 - n(m_{f^c_{cu}})^2}{n-1}} \tag{4-16}$$

式中 $m_{f^c_{cu}}$ ——结构或构件测区混凝土强度换算值的平均值（MPa），精确至 0.1MPa；

$n$ ——对于单个检测的构件，取一个构件的测区数；对批量检测的构件，取被抽检构件测区数之和；

$s_{f^c_{cu}}$ ——结构或构件测区混凝土强度换算值的标准差（MPa），精确至 0.01MPa。

如构件采取钻芯法进行修正时，测区混凝土强度换算值应乘以修正系数。
修正系数应按下列公式计算：

$$\eta = \frac{1}{n}\sum_{i=1}^{n} f_{cu,i}/f^c_{cu,i} \tag{4-17}$$

或

$$\eta = \frac{1}{n}\sum_{i=1}^{n} f_{cor,i}/f^c_{cu,i} \tag{4-18}$$

式中 $\eta$ ——修正系数，精确到 0.01；

$f_{cu,i}$ ——第 $i$ 个混凝土立方体试件（边长为 150mm）的抗压强度值，精确到 0.1MPa；

$f_{cor,i}$ ——第 $i$ 个混凝土芯样试件的抗压强度值,精确到 0.1MPa;

$f_{cu,i}^c$ ——对应于第 $i$ 个试件或芯样部位回弹值和碳化深度值的混凝土强度换算值。

3. 结构或构件的混凝土强度推定值($f_{cu,e}$)应按下列公式确定:

(1) 当该结构或构件测区数少于 10 个时:

$$f_{cu,e} = f_{cu,min}^c \tag{4-19}$$

式中 $f_{cu,min}^c$ ——构件中最小的测区混凝土强度换算值。

(2) 当该结构或构件的测区强度值中出现小于 10.0MPa 时:

$$f_{cu,e} < 10.0\text{MPa} \tag{4-20}$$

(3) 当该结构或构件测区数不少于 10 个或按批量检测时,应按下列公式计算:

$$f_{cu,e} = m_{f_{cu}^c} - 1.645 s_{f_{cu}^c} \tag{4-21}$$

注:结构或构件的混凝土强度推定值是指相应于强度换算值总体分布中保证率不低于 95% 的结构或构件中的混凝土抗压强度值。

4. 对按批量检测的构件,当该批构件混凝土强度标准差出现下列情况之一时,则该批构件应全部按单个构件检测:

(1) 当该批构件混凝土强度平均值小于 25MPa 时:$s_{f_{cu}^c} > 4.5\text{MPa}$;

(2) 当该批构件混凝土强度平均值不小于 25MPa 时:$s_{f_{cu}^c} > 5.5\text{MPa}$。

(七)例题

某现浇楼面板,混凝土设计强度等级为 C30,采用泵送混凝土浇筑,现场检测时选取了该楼面板 10 个测区,弹击楼板底面。回弹仪读数和碳化深度检测值如下表,试计算该构件的现龄期混凝土强度推定值。

| 构件 | 测区 | 构件名称及编号: ………轴楼面板 测试日期: 年 月 日 回 弹 值 | | | | | | | | | | | | | | | | 碳化深度(mm) |
|---|---|---|---|---|---|---|---|---|---|---|---|---|---|---|---|---|---|
| | | 1 | 2 | 3 | 4 | 5 | 6 | 7 | 8 | 9 | 10 | 11 | 12 | 13 | 14 | 15 | 16 | |
| | 1 | 44 | 42 | 40 | 43 | 42 | 42 | 40 | 45 | 45 | 41 | 43 | 41 | 40 | 42 | 43 | 38 | 1.0, 0.5, 1.0 |
| | 2 | 39 | 40 | 41 | 39 | 42 | 40 | 48 | 40 | 42 | 47 | 41 | 44 | 42 | 43 | 43 | 45 | |
| | 3 | 34 | 39 | 40 | 42 | 40 | 44 | 38 | 40 | 46 | 39 | 38 | 37 | 41 | 45 | 36 | 37 | |
| | 4 | 41 | 36 | 40 | 38 | 42 | 40 | 41 | 38 | 40 | 37 | 45 | 42 | 40 | 42 | 40 | 38 | |
| | 5 | 38 | 46 | 45 | 39 | 38 | 40 | 40 | 36 | 37 | 44 | 43 | 41 | 37 | 44 | 42 | | |
| | 6 | 41 | 38 | 42 | 44 | 40 | 43 | 40 | 38 | 40 | 38 | 38 | 41 | 39 | 37 | | | 0.5, 0.5, 0.0 |
| | 7 | 42 | 41 | 41 | 46 | 41 | 46 | 40 | 41 | 40 | 35 | 39 | 41 | 40 | 40 | 42 | | |
| | 8 | 40 | 41 | 37 | 40 | 40 | 40 | 38 | 39 | 40 | 39 | 41 | 40 | | | | | |
| | 9 | 44 | 45 | 38 | 44 | 46 | 41 | 40 | 37 | 41 | 43 | 41 | 47 | 40 | 39 | | | 0.5, 0.0, 0.0 |
| | 10 | 42 | 41 | 41 | 40 | 40 | 40 | 44 | 39 | 46 | 40 | 42 | 44 | 38 | 31 | 40 | | |

(1) 计算测区平均回弹值,应从该测区的 16 个回弹值中剔除 3 个最大值和 3 个最小值,余下的 10 个回弹值计算平均值;

(2) 角度修正:$R_m = R_{m\alpha} + R_{a\alpha}$,查表 4-1;

(3) 浇筑面修正:$R_m = R_m^b + R_a^b$,查表 4-2;

(4) 根据平均碳化深度查表得测区强度值,查表 4-3;

(5) 泵送修正:由于碳化深度值小于 2.0mm,泵送混凝土要针对测区强度值进行修正,查表 4-4;

(6) 测区数不小于 10 个,按 $f_{cu,e} = m_{f_{cu}^c} - 1.645 s_{f_{cu}^c}$ 计算,精确到 0.1MPa。

计算结果见下表:

| 构件名称及编号： | ……轴楼面板 | | | 计算日期： | | 年 月 日 | | | | |
|---|---|---|---|---|---|---|---|---|---|---|
| 项目 \ 测区 | 1 | 2 | 3 | 4 | 5 | 6 | 7 | 8 | 9 | 10 |
| 回弹值 测区平均值 | 41.9 | 41.8 | 39.4 | 40.4 | 40.5 | 40.5 | 41.1 | 39.7 | 41.6 | 40.6 |
| 回弹值 角度修正值 | -3.9 | -3.9 | -4.1 | -4.0 | -4.0 | -4.0 | -4.0 | -4.0 | -3.9 | -4.0 |
| 回弹值 角度修正值后 | 38.0 | 37.9 | 35.3 | 36.4 | 36.5 | 36.5 | 37.1 | 35.7 | 37.7 | 36.6 |
| 回弹值 浇灌面修正值 | -1.2 | -1.2 | -1.5 | -1.4 | -1.4 | -1.4 | -1.3 | -1.4 | -1.2 | -1.3 |
| 回弹值 浇灌面修正后 | 36.8 | 36.7 | 33.8 | 35.0 | 35.1 | 35.1 | 35.8 | 34.3 | 36.5 | 35.3 |
| 平均碳化深度（mm） | 0.5 | 0.5 | 0.5 | 0.5 | 0.5 | 0.5 | 0.5 | 0.5 | 0.5 | 0.5 |
| 测区强度值 $f_{cu}^c$（MPa） | 34.1 | 34.0 | 28.7 | 30.8 | 31.0 | 31.0 | 32.3 | 29.6 | 33.6 | 31.3 |
| 泵送混凝土修正值（MPa） | +4.5 | +4.5 | +4.5 | +4.5 | +4.5 | +4.5 | +4.5 | +4.5 | +4.5 | +4.5 |
| 泵送混凝土测区强度值 $f_{cu}^c$（MPa） | 38.6 | 38.5 | 33.2 | 35.3 | 35.5 | 35.5 | 36.8 | 34.1 | 38.1 | 35.8 |
| 强度计算 n = 10（MPa） | $m_{f_{cu}^c} = 36.1$ | | | | $s_{f_{cu}^c} = 1.84$ | | | $f_{cu,min}^c = 33.2$ | | |
| 使用测区强度换算表名称：JGJ/T23—2001 | | | | | $f_{cu,e} = 33.1$ | | | | | |

## 二、超声回弹综合法检测现场混凝土强度

### （一）检测原理

超声回弹综合法是指采用超声仪和回弹仪，在结构混凝土同一测区分别测量声速值 $V$ 及回弹值 $R$，根据混凝土强度与表面硬度以及超声波在混凝土中的传播速度之间的相关关系推定混凝土强度等级，即 $f_{cu} = f(R \cdot V)$。与单一回弹或超声法相比综合法具有以下特点：

1. 减少龄期和含水率的影响。

2. 弥补相互不足。采用回弹法和超声法综合测定混凝土强度，既可内外结合，又能在较低或较高的强度区间相互弥补各自的不足，能够较全面地反映结构混凝土的实际质量。

3. 提高测试精度。由于综合法能减少一些因素的影响程度，较全面的反映整体混凝土质量，所以对提高无损检测混凝土强度的精度，具有明显的效果。

### （二）检测依据

中国工程建设标准化委员会标准《超声回弹综合法检测混凝土强度技术规程》CECS02：2005

### （三）仪器设备及检测环境

**1. 说明**

本方法采用中型回弹仪，有关回弹仪的使用要求、检定和保养同回弹法中对回弹仪的规定，此处不再赘述。

**2. 超声波检测仪技术要求**

超声波检测仪应通过技术鉴定，并必须具有产品合格证。同时应符合现行行业标准《混凝土超声波检测仪》JG/T 5004 的要求，并在计量检定有效期内使用。仪器具有波形清晰、显示稳定的示波装置；声时最小分度值 $0.1\mu s$；具有最小分度值为 1dB 的信号幅度调整系统；接收放大器频响范围 10~500kHz，总增益不小于 80dB，接收灵敏度（信噪比 3:1 时）不大于 $50\mu v$；电源电压波动范围在标称值 ±10% 情况下能正常工作；连续正常工作时间不小于 4h。

**3. 换能器技术要求**

换能器的工作频率宜在 50~100kHz 范围以内。换能器的实测频率与标称频率相差应不大于 ±10%。

**4. 检测仪器维护**

如仪器在较长时间内停用，每月应通电一次，每次不少于 1h；仪器需存放在通风、阴凉、

干燥处，无论存放或工作，均需防尘；在搬运过程中须防止碰撞和剧烈振动。

换能器应避免摔损和撞击，工作完毕应擦拭干净单独存放。换能器的耦合面应避免磨损。

超声波检测仪应定期进行保养。

（四）取样要求与强度检测的一般规定

1．测试前应具备下列有关资料：

（1）工程名称及设计、施工、建设单位名称；

（2）结构或构件名称、施工图纸及要求的混凝土强度等级；

（3）水泥品种、强度等级、用量、出厂厂名、砂石品种、粒径、外加剂或掺合料品种、掺量以及混凝土配合比等；

（4）模板类型、混凝土浇灌和养护情况以及成型日期；

（5）结构或构件存在的质量问题。

2．测区布置应符合下列规定：

（1）当按单个构件检测时，应在构件上均匀布置测区，每个构件上的测区数不应少于10个；

（2）对同批构件按批抽样检测时，构件抽样数应不少于同批构件的30%，且不少于10件；对一般施工质量的检测和结构性能的检测，可按照现行国家标准《建筑结构检测技术标准》GB/T50344的规定抽样。

（3）对某一方向尺寸不大于4.5m且另一方向尺寸不大于0.3m的构件，其测区数量可适当减少，但不应少于5个。

3．当按批抽样检测时，符合下列条件的构件才可作为同批构件：

（1）混凝土强度等级相同；

（2）混凝土原材料、配合比、成型工艺、养护条件及龄期基本相同；

（3）构件种类相同；

（4）在施工阶段所处状态相同。

4．构件的测区布置，宜满足下列规定：

（1）在条件允许时，测区宜优先布置在构件混凝土浇筑方向的侧面；

（2）测区可在构件的两个对应面、相邻面或同一面上布置；

（3）测区宜均匀布置，相邻两测区的间距不宜大于2m；

（4）测区应避开钢筋密集区和预埋件；

（5）测区尺寸宜为200mm×200mm；采用平测时宜为400mm×400mm；

（6）测试面应清洁、平整、干燥，不应有接缝、施工缝、饰面层、泥浆和油垢，并应避开蜂窝、麻面部位。必要时，可用砂轮片清除杂物和磨平不平整处，并擦净残留粉尘。

5．结构或构件上的测区应注明编号，并记录测区位置和外观质量情况。

6．结构或构件的每一测区，宜先进行回弹测试，后进行超声测试。

7．非同一测区内的回弹值及超声声速值，在计算混凝土强度换算值时不得混用。

**五、检测方法与试验操作步骤**

1．回弹值的测量与计算

（1）用回弹仪测试时，应始终保持回弹仪的轴线垂直于混凝土测试面，并优先选择混凝土浇筑方向的侧面进行水平方向测试。如不能满足这一要求，也可非水平状态测试，或测试混凝土浇灌方向的顶面或底面。

（2）测量回弹值应在构件测区内超声波的发射和接收面各弹击8点；超声波单面平测时，可在超声波的发射和接收测点之间弹击16点。每一测点的回弹值测读精确至1。

（3）测点在测区范围内宜均匀分布，但不得布置在气孔或外露石子上。相邻两测点的间距一一般不小于30mm；测点距构件边缘或外露钢筋、铁件的距离不小于50mm，且同一测点只允许弹击一次。

（4）计算测区平均回弹值时，应从该测区两个相对测试面的16个回弹值中，剔除3个最大值和3个最小值，然后将余下的10个回弹值按下列公式计算：

$$R_m = \sum_{i=1}^{10} R_i / 10 \qquad (4-22)$$

式中　　$R_m$——测区平均回弹值，计算至0.1；
　　　　$R_i$——第$i$个测点的回弹值。

（5）非水平状态测得的回弹值，应按下列公式修正：

$$R_a = R_m + R_{a\alpha} \qquad (4-23)$$

式中　　$R_a$——修正后的测区回弹值；
　　　　$R_{a\alpha}$——测试角度为$\alpha$的回弹修正值，按表4-5选用。

非水平状态测得的回弹修正值 $R_{a\alpha}$　　　　表4-5

| 测试角度 $R_m$ | 向上 +90 | +60 | +45 | +30 | 向下 -30 | -45 | -60 | -90 |
|---|---|---|---|---|---|---|---|---|
| 20 | -6.0 | -5.0 | -4.0 | -3.0 | +2.5 | +3.0 | +3.5 | +4.0 |
| 25 | -5.5 | -4.5 | -3.8 | -2.8 | +2.3 | +2.8 | +3.3 | +3.8 |
| 30 | -5.0 | -4.0 | -3.5 | -2.5 | +2.0 | +2.5 | +3.0 | +3.5 |
| 35 | -4.5 | -3.8 | -3.3 | -2.3 | +1.8 | +2.3 | +2.8 | +3.3 |
| 40 | -4.0 | -3.5 | -3.0 | -2.0 | +1.5 | +2.0 | +2.5 | +3.0 |
| 45 | -3.8 | -3.3 | -2.8 | -1.8 | +1.3 | +1.8 | +2.3 | +3.0 |
| 50 | -3.5 | -3.0 | -2.5 | -1.5 | +1.0 | +1.5 | +2.0 | +2.5 |

注：1. 当测试角度等于0时，修正值为0；$R$小于20或大于50时，分别按20或50查表；
　　2. 当表中未列数值，可用内插法求得，精确至0.1。

由混凝土浇灌的顶面或底面测得的回弹修正值 $R_a^t$、$R_a^b$　　　　表4-6

| 测试面 $R_m$ | 顶面 | 底面 | 测试面 $R_m$ | 顶面 | 底面 |
|---|---|---|---|---|---|
| 20 | +2.5 | -3.0 | 40 | +0.5 | -1.0 |
| 25 | +2.0 | -2.5 | 45 | 0 | -0.5 |
| 30 | +1.5 | -2.0 | 50 | 0 | 0 |
| 35 | +1.0 | -1.5 | | | |

注：1. 在侧面测试时，修正值为0；$R$小于20或大于50时，分别按20或50查表；
　　2. 当先进行角度修正时，采用修正后的回弹代表值$R_a$；
　　3. 表中未列数值，可用内插法求得，精确至0.1。

（6）由混凝土浇灌方向的顶面或底面测得的回弹值，应按下列公式修正：

$$R_a = R_m + (R_a^t + R_a^b) \qquad (4-24)$$

式中　　$R_a^t$——测顶面时的回弹修正值，按表4-6选用；
　　　　$R_a^b$——测底面时的回弹修正值，按表4-6选用。

(7) 在测试时,如仪器处于非水平状态,同时构件测区又非混凝土的浇灌侧面,则应对测得的回弹值先进行角度修正,然后进行顶面或底面修正。

2. 超声声速值的测量与计算

(1) 超声测点应布置在回弹测试的同一测区内,每一测区不止3个测点。超声测试宜优先采用对测或角测,当被测构件不具备对测或角测条件时,可采用单面平测。

(2) 超声测试时,应保证换能器与混凝土测试面耦合良好。

(3) 声时测量应精确至 $0.1\mu s$,超声测距测量应精确至 $1.0mm$,测量误差不应超过 $\pm 1\%$。声速计算应精确至 $0.01km/s$。

(4) 当在混凝土浇筑方向的侧面对测时,测区混凝土中声速代表值应根据该测区中3个测点的混凝土中声速值,按下列公式计算:

$$v_i = \frac{l_i}{t_i - t_0} \tag{4-25}$$

$$v = \frac{1}{3}\sum_{i=1}^{3} v_i \tag{4-26}$$

式中 $v$——测区混凝土中声速代表值(km/s);
$v_i$——第 $i$ 点的声速代表值(km/s);
$l_i$——第 $i$ 个测点的超声测距(mm);
$t_i$——第 $i$ 个测点的声时读数($\mu s$);
$t_0$——声时初读数($\mu s$)。

(5) 当在混凝土浇灌的顶面与底面测试时,测区声速值应按下列公式修正:

$$v_a = \beta v \tag{4-27}$$

式中 $v_a$——修正后的测区声速值(km/s);
$\beta$——超声测试面修正系数。在混凝土浇灌顶面及底面测试时,$\beta = 1.034$;在混凝土侧面测试时,$\beta = 1$。

(六) 数据处理与结果判定

1. 构件第 $i$ 个测区的混凝土强度换算值 $f_{cu,i}^c$,应根据修正后的测区回弹值 $R_{ai}$ 及修正后的测区声速值 $v_{ai}$,优先采用专用或地区测强曲线推定。当无该类测强曲线时,经验证后也可按《超声回弹综合法检测混凝土强度技术规程》附录二的规定确定,或按下列公式计算:

(1) 粗骨料为卵石时

$$f_{cu,i}^c = 0.0038(v_i)^{1.23}(R_{ai})^{1.95} \tag{4-28}$$

(2) 粗骨料为碎石时

$$f_{cu,i}^c = 0.008(v_{ai})^{1.72}(R_{ai})^{1.57} \tag{4-29}$$

式中 $f_{cu,i}^c$——第 $i$ 个测区混凝土强度换算值(MPa),精确至 $0.1$ MPa;
$v_{ai}$——第 $i$ 个测区修正后的超声声速值(km/s),精确至 $0.01$ km/s;
$R_{ai}$——第 $i$ 个测区修正后的回弹值,精确至 $0.1$。

2. 当结构或构件所用材料及其龄期与制定的测强曲线所用材料有较大差异时,应用同条件立方体试件或从结构构件测区钻取的混凝土芯样的抗压强度进行修正,试件数量应不少于4个。此时,得到的测区混凝土强度换算值应乘以修正系数。修正系数可按下列公式计算:

(1) 有同条件立方体试块时

$$\eta = \frac{1}{n}\sum_{i=1}^{n} f_{cu,i}/f_{cu,i}^c \tag{4-30}$$

(2) 有混凝土芯样试件时

$$\eta = \frac{1}{n}\sum_{i=1}^{n} f_{\text{cor},i}/f_{\text{cu},i}^{\text{c}} \tag{4-31}$$

式中 $\eta$——修正系数,精确至小数点后两位;

$f_{\text{cu},i}$——第 $i$ 个混凝土立方体试块抗压强度值(以边长为150mm计,MPa),精确至0.1MPa;

$f_{\text{cu},i}^{\text{c}}$——对应于第 $i$ 个立方试块或芯样试件的混凝土强度换算值(MPa),精确至0.1MPa;

$f_{\text{cor},i}$——第 $i$ 个混凝土芯样试件抗压强度值(以 $\phi 100\times 100$mm计,MPa),精确至0.1MPa;

$n$——试件数。

3. 结构或构件的混凝土强度推定值 $f_{\text{cu},e}$,应按下列条件确定:

(1) 当结构或构件的测区抗压强度换算值中出现小于10.0MPa时,该构件的混凝土抗压强度推定值 $f_{\text{cu},e}$ 取小于10MPa。

(2) 当结构或构件中测区小于10个时,$f_{\text{cu},e} = f_{\text{cu,min}}^{\text{c}}$。

(3) 当按批抽样检测时,该批构件的混凝土强度推定值应按下列公式计算:

$$f_{\text{cu},e} = m_{f_{\text{cu}}^{\text{c}}} - 1.645 s_{f_{\text{cu}}^{\text{c}}} \tag{4-32}$$

式中各测区混凝土强度换算值的平均值 $m_{f_{\text{cu}}^{\text{c}}}$ 及标准差 $s_{f_{\text{cu}}^{\text{c}}}$,应按下列公式计算:

$$m_{f_{\text{cu}}^{\text{c}}} = \frac{1}{n}\sum_{i=1}^{n} f_{\text{cu},i}^{\text{c}} \tag{4-33}$$

$$s_{f_{\text{cu}}^{\text{c}}} = \sqrt{\frac{\sum_{i=1}^{n}(f_{\text{cu},i}^{\text{c}})^2 - n(m_{f_{\text{cu}}^{\text{c}}})^2}{n-1}} \tag{4-34}$$

4. 当属同批构件按批抽样检测时,若全部测区强度的标准差出现下列情况时,则该批构件应全部按单个构件检测:

(1) 当混凝土强度等级低于或等于C20时:$s_{f_{\text{cu}}^{\text{c}}} > 4.5$MPa;

(2) 当混凝土强度等级高于C20时:$s_{f_{\text{cu}}^{\text{c}}} > 5.5$MPa。

### 三、钻芯法检测现场混凝土强度

(一)检测原理

钻芯法检测混凝土抗压强度是指采用在混凝土中钻取直径100mm的标准芯样进行试压,以测定结构混凝土的强度。普遍认为它是一种直观、可靠和准确的方法,但对结构混凝土造成局部损伤,是一种半破损的现场检测手段。对混凝土强度等级低于C10的结构,不宜采用钻芯法检测。

(二)检测依据

中国工程建设标准化委员会标准《钻芯法检测混凝土强度技术规程》CECS03:88。

(三)仪器设备及环境

1. 钻取芯样及芯样加工的主要设备仪器均应具有产品合格证。钻芯机应具有足够的刚度、操作灵活、固定和移动方便,并应有水冷却系统。钻芯机主轴的径向跳动不应超过0.1mm,工作时噪音不应大于90dB。

2. 钻取芯样时宜采用内径100mm或150mm的金刚石或人造金刚石薄壁钻头。钻头筒体不得有肉眼可见的裂缝、缺边、少角、倾斜及喇叭口变形。钻头筒体对钢体的同心度偏差不得大于0.3mm,钻头的横向跳动不得大于1.5mm。

3. 钻切芯样用的锯切机应具有冷却系统和牢固夹紧芯样的装置;配套使用的人造金刚石圆锯片,应有足够的刚度。

4. 芯样宜采用补平装置(或研磨机)进行端面加工。补平装置除保证芯样的端面平整外,尚应保证端面与轴线垂直。

5. 探测钢筋位置的磁感仪,应适用于现场操作,其最大探测深度不应小于 60mm,探测位置偏差不宜大于 ±5mm。

(四) 芯样取样及加工制备要求

1. 芯样钻取部位

(1) 采用钻芯法检测结构混凝土强度前,应具备下列资料:

①工程名称(或代号)及设计施工建设单位名称;
②结构或构件种类外形尺寸及数量;
③设计采用混凝土强度等级;
④成型日期,原材料(水泥品种粗骨料粒径等)和混凝土试块抗压强度试验报告;
⑤结构或构件质量状况和施工中存在问题的记录;
⑥有关的结构设计图和施工图等。

(2) 芯样应在结构或构件的下列部位钻取:

①结构或构件受力较小的部位;
②混凝土强度质量具有代表性的部位;
③便于钻芯机安装与操作的部位;
④避开主筋预埋件和管线的位置,并尽量避开其他钢筋;
⑤用钻芯法和非破损法综合测定强度时,应与非破损法取同一测区。

(3) 钻取的芯样数量、芯样的钻取和加工要求应符合下列规定:

①按单个构件检测时,每个构件的钻芯数量不应少于 3 个;对于较小构件,钻芯数量可取 2 个;
②对构件的局部区域进行检测时,应由要求检测的单位提出钻芯位置及芯样数量。

(4) 钻取的芯样直径一般不宜小于骨料最大粒径的 3 倍,在任何情况下不得小于骨料最大粒径的 2 倍。

(5) 钻芯机就位并安放平衡后,应将钻机固定,以便工作时不致产生位置偏移。固定的方法应根据钻芯机构造和施工现场的具体情况,分别采用顶杆支撑、配重、真空吸附或膨胀螺栓等方法。

钻芯机接通水源电源后,拨动变速钮调到所需转速。正向转动操作手柄使钻头慢慢接触混凝土表面,待钻头刃部入槽稳定后方可加压。钻到预定深度后,反向转动操作手柄,将钻头提升到接近混凝土表面,然后停电停水。

钻芯时用于冷却钻头和排除混凝土料屑的冷却水流量宜为 3~5L/min,出口水温不宜超过 30℃。

从钻孔中取出的芯样在稍微晾干后,应标上清晰的标记。若所取芯样的高度及质量不能满足下列要求,则应重新钻取芯样:

①经端面补平后芯样高度小于 $0.95d$($d$ 为芯样试件平均直径),或大于 $2.05d$ 时;
②沿芯样高度任一直径与平均直径相差达 2mm 以上时;
③芯样端面的不平整度在 100mm 长度内超过 0.1mm 时;
④芯样端面与轴线的不垂直度超过 2°时;
⑤芯样有裂缝或其他缺陷时。

芯样在运送前应仔细包装,避免损坏。

(6) 结构或构件钻芯后所留下的孔洞应及时进行修补,以保证其正常工作。

2. 芯样加工及技术要求

(1) 芯样抗压试件的高度和直径之比应在 1~2 的范围内。

(2) 采用锯切机加工芯样试件时,应将芯样固定,并使锯切平面垂直于芯样轴线。锯切过程中应冷却人造金刚石圆锯片和芯样。

(3) 芯样试件内不应含有钢筋。如不能满足此项要求,每个试件内最多只允许含有二根直径小于 10mm 的钢筋,且钢筋应与芯样轴线基本垂直并不得露出端面。

(4) 锯切后的芯样,当不能满足平整度及垂直度要求时,宜采用以下方法进行端面加工:

①在磨平机上磨平;

②用水泥砂浆(或水泥净浆)或硫磺胶泥(或硫磺)等材料在专用补平装置上补平。水泥砂浆(或水泥净浆)补平厚度不宜大于 5mm,硫磺胶泥(或硫磺)补平厚度不宜大于 1.5mm。

补平层应与芯样结合牢固,以使受压时补平层与芯样的结合面不提前破坏。芯样端面补平方法可按《钻芯法检测混凝土强度技术规程》附录二进行。

(5) 芯样在试验前应对其几何尺寸作下列测量:

①平均直径:用游标卡尺测量芯样中部,在相互垂直的两个位置上,取其二次测量的算术平均值,精确至 0.5mm;

②芯样高度:用钢卷尺或钢板尺进行测量,精确至 1mm;

③垂直度:用游标量角器测量两个端面与母线的夹角,精确至 0.1°;

④平整度:用钢板尺或角尺紧靠在芯样端面上,一面转动钢板尺,一面用塞尺测量与芯样端面之间的缝隙。

(五)检测方法与试验操作步骤

1. 加工好的芯样试件的抗压试验应按现行国家标准《普通混凝土力学性能试验方法》中对立方体试块抗压试验的规定进行。

2. 芯样试件宜在被检测结构或构件混凝土湿度基本一致的条件下进行抗压试验。如结构工作条件比较干燥,芯样试件应以自然干燥状态进行试验;如结构工作条件比较潮湿,芯样试件应以潮湿状态进行试验。

按自然干燥状态进行试验时,芯样试件在受压前应在室内自然干燥 3d(天);按潮湿状态进行试验时,芯样试件应在 20±5℃ 的清水中浸泡 40~48h,从水中取出后应立即进行抗压试验。

(六)数据处理与结果判定

1. 芯样试件混凝土强度换算值系指用钻芯法测得的芯样强度,换算成相应于测试龄期的、边长为 150mm 的立方体试块的抗压强度值。

芯样试件的混凝土强度换算值,应按式 4-35 计算:

$$f_{cu}^c = \alpha \frac{4F}{\pi d^2} \tag{4-35}$$

式中 $f_{cu}^c$——芯样试件混凝土强度换算值(MPa),精确至 0.1MPa;

$F$——芯样试件抗压试验测得的最大压力(N);

$d$——芯样试件的平均直径(mm);

$\alpha$——不同高径比的芯样试件混凝土强度换算系数,应按表 4-7 选用。

芯样试件混凝土强度换算系数　　　　表 4-7

| 高径比 ($h/d$) | 1.0 | 1.1 | 1.2 | 1.3 | 1.4 | 1.5 | 1.6 | 1.7 | 1.8 | 1.9 | 2.0 |
|---|---|---|---|---|---|---|---|---|---|---|---|
| 系数 ($\alpha$) | 1.00 | 1.04 | 1.07 | 1.10 | 1.13 | 1.15 | 1.17 | 1.19 | 1.21 | 1.22 | 1.24 |

2. 高度和直径均为 100mm 或 150mm 芯样试件的抗压强度测试值,可直接作为混凝土的强度换算值。

3. 单个构件或单个构件的局部区域,可取芯样试件混凝土强度换算值中的最低值作为其代表值。

（七）例题

某生产车间柱混凝土设计强度等级 C20,现场对该构件钻取混凝土芯样 3 只,切割、水泥砂浆找平后放置于自然干燥环境,量得芯样①、芯样②、芯样③平均直径分别为 100.0mm、99.5mm、100.5mm,高度分别为 102mm、107mm、101mm。芯样试压最大压力分别为 157kN、121kN、105kN,试计算该混凝土构件现龄期混凝土强度代表值。

**解:**（1）求高径比:芯样①：1.02;芯样②：1.08;芯样③：1.00;

（2）采用内插法求得修正系数:芯样①：1.01;芯样②：1.03;芯样③：1.00;

（3）求芯样混凝土强度换算值:

芯样①：$f_{cu}^c = \alpha \dfrac{4F}{\pi d^2} = 1.01 \times (4 \times 157000)/(\pi \times 100.0^2) = 20.2\text{MPa}$,

芯样②：$f_{cu}^c = \alpha \dfrac{4F}{\pi d^2} = 1.03 \times (4 \times 121000)/(\pi \times 99.5^2) = 16.0\text{MPa}$,

芯样③：$f_{cu}^c = \alpha \dfrac{4F}{\pi d^2} = 1.00 \times (4 \times 105000)/(\pi \times 100.5^2) = 13.2\text{MPa}$。

（4）该混凝土构件现龄期混凝土强度代表值取芯样混凝土强度换算值中的最低值：13.2MPa。

## 四、超声法检测结构混凝土缺陷

（一）检测原理

采用超声波检测结构混凝土缺陷是利用脉冲波在技术条件相同（指混凝土的原材料、配合比、龄期和测试距离一致）的混凝土中传播的时间（或速度）、接收波的振幅和频率等声学参数的相对变化,来判定混凝土的缺陷。

因为超声波传播速度的快慢,与混凝土的密实程度有直接关系,对于原材料、配合比、龄期及测试距离一定的混凝土来说,声速高则混凝土密实,相反则混凝土不密实。当有空洞或裂缝存在时,便破坏了混凝土的整体性,超声脉冲只能绕过空洞或裂缝传播到接收换能器,因此传播的路程增大,测得的声时必然偏长或声速降低。

另外,由于空气的声阻抗率远小于混凝土的声阻抗率,脉冲波在混凝土中传播时,遇着蜂窝、空洞或裂缝等缺陷,便在缺陷界面发生反射和散射,声能被衰减,其中频率较高的成分衰减更快,因此接收信号的波幅明显降低,频率明显减小或者频率谱中高频成分明显减少。再者经缺陷反射或绕过缺陷传播的脉冲波信号与直达波信号之间存在声程和相位差,又叠加后互相干扰,致使接收信号的波形发生畸变。

根据上述原理,可以利用混凝土声学参数测量值和相对变化综合分析、判别其缺陷的位置和范围,或者估算缺陷的尺寸。

由于混凝土非匀质性,一般不能像金属探伤那样,利用超声波在缺陷界面反射的信号,作为判别缺陷状态的依据,而是利用超声波透过混凝土的信号来判别缺陷状况。一般根据被测结构或构件的形状、尺寸及所处环境,确定具体测试方法。常用的测试方法见表 4-8。

**超声波检测结构混凝土缺陷常用方法** 表 4-8

| 测 试 方 法 | | 定 义 |
|---|---|---|
| 平面测试（用厚度振动式换能器） | 对测法 | 一对发射（T）和接收（R）换能器,分别置于被测结构相互平行的两个表面,且两个换能器的轴线位于同一直线上 |
| | 斜测法 | 一对发射和接收换能器分别置于被测结构的两个表面,但两个换能器的轴线不在同一直线上 |
| | 单面平测法 | 一对发射和接收换能器置于被测结构同一个表面上进行测试 |

续表

| 测试方法 | | 定义 |
|---|---|---|
| 钻孔测试（采用径向振动式换能器） | 孔中对测 | 一对换能器分别置于两个对应钻孔中，位于同一高度进行测试 |
| | 孔中斜测 | 一对换能器分别置于两个对应钻孔中，但不在同一高度而是在保持一定高程差的条件下进行测试 |
| | 孔中平测 | 一对换能器置于同一钻孔中，以一定的高程差同步移动进行测试 |

厚度振动式换能器置于结构表面，径向振动式换能器置于钻孔中进行对测和斜测。

（二）检测依据

中国工程建设标准化协会标准《超声法检测混凝土缺陷技术规程》CECS21:2001。

（三）仪器设备及环境

1. 超声波检测仪的技术要求

（1）用于混凝土的超声波检测仪分为下列两类：

模拟式：接收信号为连续模拟量，可由时域波形信号测读声学参数；

数字式：接收信号转化为离散数字量，具有采集、储存数字信号、测读声学参数和对数字信号处理的智能化功能。

（2）超声波检测仪应符合国家现行有关标准的要求，并在法定计量检定有效期限内使用。

（3）超声波检测仪技术要求：除前述超声回弹综合法测强中超声波检测仪的一般要求以外，尚应具备以下要求：

①具有波形清晰、显示稳定的示波装置；

②具有最小分度为 1dB 的衰减系统；

③接收放大器频率响应范围 10~500kHz，总增益≥80dB，接收灵敏度（在信噪比为 3:1 时）≤50μV；

④电源电压波动范围在标称值 ±10% 的情况下能正常工作；

⑤对于模拟式超声波检测仪应具有手动游标和自动整形两种声时读数功能；

⑥对于数字式超声波检测仪还应满足下列要求：

a. 具有手动游标测读和自动测读方式。当自动测读时，在同一测试条件下，1h 内每隔 5min 测读一次声时的差异应不大于 ±2 个采样点；

b. 波形显示幅度分辨率应不低于 1/256，并具有可显示、存储和输出打印数字化波形的功能，波形最大存储长度不宜小于 4kbytes；

c. 自动测读方式下，在显示的波形上应有光标指示声时、波幅的测读位置；

d. 宜具有幅度谱分析功能（FFT 功能）。

2. 换能器的技术要求

（1）常用换能器具有厚度振动方式和径向振动方式两种类型，可根据不同测试需要选用。

（2）厚度振动式换能器的频率宜采用 20~250kHz。径向振动式换能器的频率宜采用 20~60kHz，直径不宜大于 32mm。当接收信号较弱时，宜选用带前置放大器的接收换能器；

（3）换能器的实测主频与标称频率相差应不大于 ±10%。对用于水中的换能器，其水密性应在 1MPa 水压下不渗漏。

3. 超声波检测仪的校准

（1）超声波检测仪的声时校准应按"时—距"法测量空气声速的实测值 $v_s$（见《超声法检测混凝土缺陷技术规程》附录 A），并与按公式（4-36）计算的空气声速标准 $v_c$ 相比较，二者的相对误差应不大于 ±0.5%。

$$v_c = 331.4\sqrt{1 + 0.00367 T_K} \tag{4-36}$$

式中 331.4——0℃时空气的声速（m/s）；

$v_c$——温度为 $T_K$ 度的空气声速（m/s）；

$T_K$——被测空气的温度（℃）。

（2）超声仪波幅计量检验。可将屏幕显示的首波幅度调至一定高度，然后把仪器衰减系统的衰减量增加或减少 6dB，此时屏幕波幅高度应降低一半或升高一倍。

（四）混凝土缺陷检测一般规定

1. 检测前应取得下列有关资料：

（1）工程名称；

（2）检测目的与要求；

（3）混凝土原材料品种和规格；

（4）混凝土浇筑和养护情况；

（5）构件尺寸和配筋施工图或钢筋隐蔽图；

（6）构件外观质量及存在的问题。

2. 依据检测要求和测试操作条件，确定缺陷测试的部位（简称测位）。

3. 测位混凝土表面应清洁、平整，必要时可用砂轮磨平或用高强度的快凝砂浆抹平。抹平砂浆必须与混凝土粘结良好。

4. 在满足首波幅度测读精度的条件下，应选用较高频率的换能器。

5. 换能器应通过耦合剂与混凝土测试表面保持紧密结合，耦合层不得夹杂泥砂或空气。

6. 检测时应避免超声传播路径与附近钢筋轴线平行，如无法避免，应使两个换能器连线与该钢筋的最短距离不小于超声测距的 1/6。

7. 检测中出现可疑数据时应及时查找原因，必要时进行复测校核或加密测点补测。

（五）检测方法与试验操作步骤

1. 裂缝深度检测

（1）一般规定

①本方法适用于超声法检测混凝土裂缝的深度；

②裂缝深度检测时，当裂缝部位只有一个可测表面可采用单面平测法，当裂缝部位具有两个相互平行的测试表面可采用双面穿透斜测法检测；

③被测裂缝中不得有积水或泥浆等。

（2）单面平测法

①当结构的裂缝部位只有一个可测表面，估计裂缝深度又不大于 500mm 时，可采用单面平测法。平测时应在裂缝的被测部位，以不同的测距，按跨缝和不跨缝布置测点（布置测点时应避开钢筋的影响）进行检测，其检测步骤为：

a. 不跨缝的声时测量：将 $T$ 和 $R$ 换能器置于裂缝附近同一侧，以两个换能器内边缘间距（$l'$）等于 100、150、200、250mm……分别读取声时值（$t_i$），绘制"时—距"坐标图（图4-2）或用回归分析的方法求出声时与测距之间的回归直线方程：$l_i = a + bt_i$。

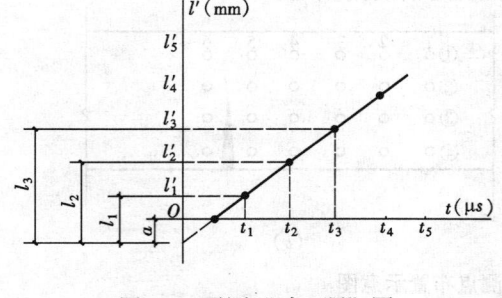

图 4-2 平测"时—距"图

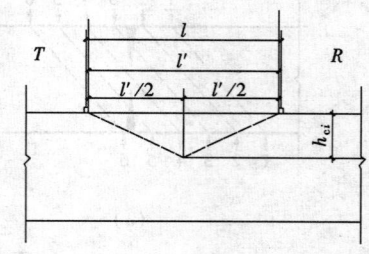

图 4-3 绕过裂缝示意图

每测点超声波实际传播距离 $l_i$ 为：
$$l_i = l' + |a| \tag{4-37}$$

式中　$l_i$——第 $i$ 点的超声波实际传播距离 (mm)；
　　　$l'$——第 $i$ 点的 R、T 换能器内边缘间距 (mm)；
　　　$a$——"时—距"图中 $l'$ 轴的截距或回归直线方程的常数项 (mm)。

不跨缝平测的混凝土声速值为：
$$v = (l'_n - l'_1)/(t_n - t_1)(\text{km/s}) \tag{4-38}$$

或
$$v = b(\text{km/s}) \tag{4-39}$$

式中　$l_n$、$l'_1$——第 $n$ 点和第 1 点的测距 (mm)；
　　　$t_n$、$t_1$——第 $n$ 点和第 1 点读取的声时值 (μs)；
　　　$b$——回归系数。

b. 跨缝的声时测量：如图 4-3 所示，将 T、R 换能器分别置于以裂缝为对称的两侧，$l'$ 取 100、150、200mm……分别读取声时值 $t_i^0$，同时观察首波相位的变化。

②平测法检测，裂缝深度应按下式计算：
$$h_{ci} = (l_i/2) \times \sqrt{(t_i^0 v/l_i)^2 - 1} \tag{4-40}$$

$$m_{hc} = (1/n) \times \sum_{i=1}^{n} h_{ci} \tag{4-41}$$

式中　$l_i$——不跨缝平测时第 $i$ 点的超声波实际传播距离 (mm)；
　　　$h_{ci}$——第 $i$ 点计算的裂缝深度值 (mm)；
　　　$t_i^0$——第 $i$ 点跨缝平测的声时值 (μs)；
　　　$m_{hc}$——各测点计算裂缝深度的平均值 (mm)；
　　　$n$——测点数。

③裂缝深度的确定方法如下：

a. 跨缝测量中，当在某测距发现首波反相时，可用该测距及两个相邻测距的测量值按式 4-40 计算 $h_{ci}$ 值，取此三点 $h_{ci}$ 的平均值作为该裂缝的深度值（$h_c$）；

b. 跨缝测量中如难于发现首波反相，则以不同测距按式 4-40、式 4-41 计算 $h_{ci}$ 及其平均值 ($m_{hc}$)。将各测距 $l'_i$ 与 $m_{hc}$ 相比较，凡测距 $l'_i$ 小于 $m_{hc}$ 和大于 3 $m_{hc}$，应剔除该组数据，然后取余下 $h_{ci}$ 的平均值，作为该裂缝的深度值（$h_c$）。

(3) 双面斜测法

①当结构的裂缝部位具有两个相互平行的测试表面时，可采用双面穿透斜测法检测。测点布置如图4-4所示，将 T、R 换能器分别置于两测试表面对应测点 1、2、3……的位置，读取相应声时值 $t_i$、波幅值 $A_i$ 及主频率 $f_i$。裂缝深度判定：当 T、R 换能器的连线通过裂缝，根据波幅、声时和主频的突变，可以判定裂缝深度以及是否在所处断面内贯通。

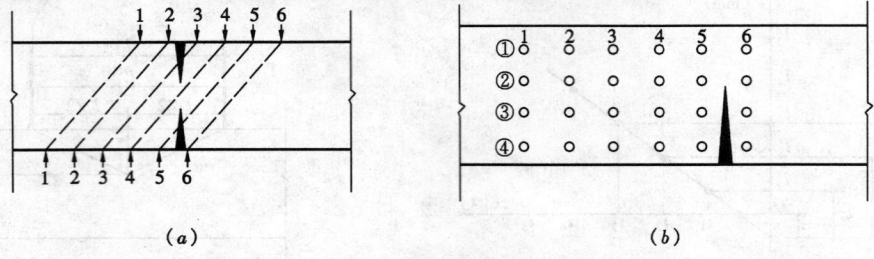

图 4-4　斜测裂缝测点布置示意图
($a$) 平面图；($b$) 立面图

②裂缝深度判定：当 $T$、$R$ 换能器的连线通过裂缝，根据波幅、声时和主频的突变，可以判定裂缝深度以及是否在所处断面内贯通。

2. 不密实区和空洞检测

（1）一般规定

①本方法适用于超声法检测混凝土内部不密实区、空洞的位置和范围；

②检测不密实区和空洞时构件的被测部位应满足下列要求：

a. 被测部位应具有一对（或两对）相互平行的测试面；

b. 测试范围除应大于有怀疑的区域外，还应有同条件的正常混凝土进行对比，且对比测点数不应少于20。

（2）测试方法

①根据被测构件实际情况，选择下列方法之一布置换能器：

a. 当构件具有两对相互平行的测试面时，可采用对测法。如图4-5所示，在测试部位两对相互平行的测试面上，分别画出等间距的网格（网格间距：工业与民用建筑为 100～300mm，其他大型结构物可适当放宽），并编号确定对应的测点位置。

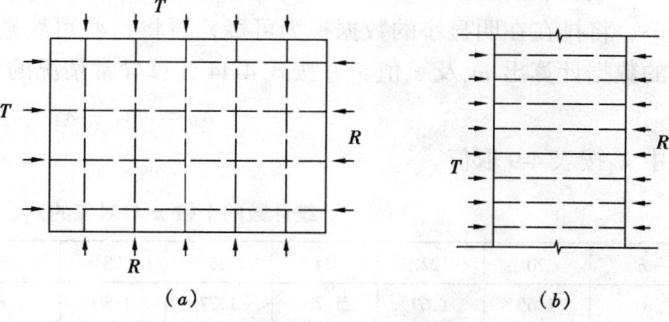

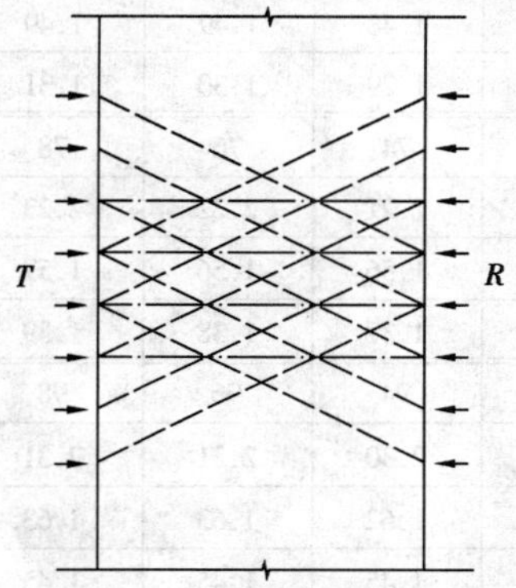

图 4-5 对测法示意图
(a) 平面图；(b) 立面图

b. 当构件只有一对相互平行的测试面时，可采用对测和斜测相结合的方法。如图4-6所示，在测位两个相互平行的测试面上分别画出网格线，可在对测的基础上进行交叉斜测。

c. 当测距较大时，可采用钻孔或预埋管测法。如图4-7所示，在测位预埋声测管或钻出竖向测试孔，预埋管内径或钻孔直径宜比换能器直径大 5～10mm，预埋管或钻孔间距宜为 2～3m，其深度可根据测试需要确定。检测时可用两个径向振动式换能器分别置于两测孔中进行测试，或用一个径向振动式与一个厚度振动式换能器，分别置于测孔中和平行于测孔的侧面进行测试。

图 4-6 斜测法立面图

②每一测点的声时、波幅、主频和测距，应按《超声法检测混凝土缺陷技术规程》第4.2节进行测量。

（3）数据处理及判断

①测位混凝土声学参数的平均值（$m_x$）和标准差（$s_x$）应按下式计算：

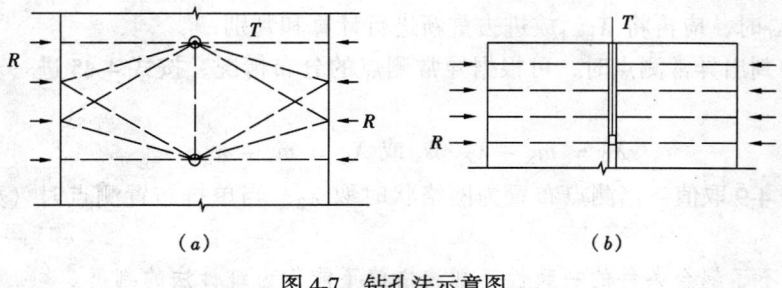

图 4-7 钻孔法示意图
(a) 平面图；(b) 立面图

$$m_x = \Sigma X_i / n \quad (4\text{-}42)$$

$$s_x = \sqrt{(\Sigma X_i^2 - n \cdot m_x^2)/(n-1)} \quad (4\text{-}43)$$

式中 $X_i$——第 $i$ 点的声学参数测量值；

$n$——参与统计的测点数。

②异常数据可按下列方法判别：

a. 将测位各测点的波幅、声速或主频值由大至小按顺序分别排列，即 $X_1 \geqslant X_2 \geqslant \cdots X_n \geqslant X_{n+1}$ ……，将排在在明显小的数据视为可疑，再将这些可疑数据中最大的一个（假定 $X_n$）连同其前面的数据计算出 $m_x$ 及 $s_x$ 值，并按式 4-44 计算异常情况的判断值（$X_0$）：

$$X_0 = m_x - \lambda_1 \cdot s_x \quad (4\text{-}44)$$

式中 $\lambda_1$ 按表 4-9 取值。

统计数的个数 $n$ 与对应的 $\lambda_1$、$\lambda_2$、$\lambda_3$ 值　　　　　表 4-9

| $n$ | 20 | 22 | 24 | 26 | 28 | 30 | 32 | 34 | 36 | 38 |
|---|---|---|---|---|---|---|---|---|---|---|
| $\lambda_1$ | 1.65 | 1.69 | 1.73 | 1.77 | 1.80 | 1.83 | 1.86 | 1.89 | 1.92 | 1.94 |
| $\lambda_2$ | 1.25 | 1.27 | 1.29 | 1.31 | 1.33 | 1.34 | 1.36 | 1.37 | 1.38 | 1.39 |
| $\lambda_3$ | 1.05 | 1.07 | 1.09 | 1.11 | 1.12 | 1.14 | 1.16 | 1.17 | 1.18 | 1.19 |
| $n$ | 40 | 42 | 44 | 46 | 48 | 50 | 52 | 54 | 56 | 58 |
| $\lambda_1$ | 1.96 | 1.98 | 2.00 | 2.02 | 2.04 | 2.05 | 2.07 | 2.09 | 0.10 | 2.12 |
| $\lambda_2$ | 1.41 | 1.42 | 1.43 | 1.44 | 1.45 | 1.46 | 1.47 | 1.48 | 1.49 | 1.49 |
| $\lambda_3$ | 1.20 | 1.22 | 1.23 | 1.25 | 1.26 | 1.27 | 1.28 | 1.29 | 1.30 | 1.31 |
| $n$ | 60 | 62 | 64 | 66 | 68 | 70 | 72 | 74 | 76 | 78 |
| $\lambda_1$ | 2.13 | 2.14 | 2.15 | 2.17 | 2.18 | 2.19 | 2.20 | 2.21 | 2.22 | 2.23 |
| $\lambda_2$ | 1.50 | 1.51 | 1.52 | 1.53 | 1.53 | 1.54 | 1.55 | 1.56 | 1.56 | 1.57 |
| $\lambda_3$ | 1.31 | 1.32 | 1.33 | 1.34 | 1.35 | 1.36 | 1.36 | 1.37 | 1.38 | 1.39 |
| $n$ | 80 | 82 | 84 | 86 | 88 | 90 | 92 | 94 | 96 | 98 |
| $\lambda_1$ | 2.24 | 2.25 | 2.26 | 2.27 | 2.28 | 2.29 | 2.30 | 2.30 | 2.31 | 2.31 |
| $\lambda_2$ | 1.58 | 1.58 | 1.59 | 1.60 | 1.61 | 1.61 | 1.62 | 1.62 | 1.63 | 1.63 |
| $\lambda_3$ | 1.39 | 1.40 | 1.41 | 1.42 | 1.42 | 1.43 | 1.44 | 1.45 | 1.45 | 1.45 |
| $n$ | 100 | 105 | 110 | 115 | 120 | 125 | 130 | 140 | 150 | 160 |
| $\lambda_1$ | 2.32 | 2.35 | 2.36 | 2.38 | 2.40 | 2.41 | 2.43 | 2.45 | 2.48 | 2.50 |
| $\lambda_2$ | 1.64 | 1.65 | 1.66 | 1.67 | 1.68 | 1.69 | 1.71 | 1.73 | 1.75 | 1.77 |
| $\lambda_3$ | 1.46 | 1.47 | 1.48 | 1.49 | 1.51 | 1.53 | 1.54 | 1.56 | 1.58 | 1.59 |

将判断值（$X_0$）与可疑数据的最大值（$X_n$）相比较，当 $X_n$ 不大于 $X_0$ 时，则 $X_n$ 及排列于其后的各数据均为异常值，并且去掉 $X_n$，再用 $X_1 \sim X_{n-1}$ 进行计算和判别，直至判不出异常值为止；当 $X_n$ 大于 $X_0$ 时，应再将 $X_{n+1}$ 放进去重新进行计算和判别；

b. 当测位中判出异常测点时，可根据异常测点的分布情况，按式 4-45 进一步判别其相邻测点是否异常：

$$X_0 = m_x - \lambda_2 \cdot s_x \text{ 或 } X_0 = m_x - \lambda_3 \cdot s_x \quad (4\text{-}45)$$

式中 $\lambda_2$、$\lambda_3$ 按表 4-9 取值。当测点布置为网络状时取 $\lambda_2$；当单排布置测点时（如在声测孔中检测）取 $\lambda_3$。

注：若保证不了耦合条件的一致性，则波幅值不能作为统计法的判据。

c. 当测位中某些测点的声学参数被判为异常值时，可结合异常测点的分布及波形状况确定混凝土内部存在不密实区和空洞的位置及范围。

当判定缺陷是空洞，可按《超声法检测混凝土缺陷技术规程》附录C估算空洞的当量尺寸。

**3. 混凝土结合面质量检测**

(1) 一般规定

①本章适用于前后两次浇筑的混凝土之间接触面的结合质量检测；

②检测混凝土结合面时，被测部位及测点的确定应满足下列要求：

a. 测试前应查明结合面的位置及走向，明确被测部位及范围；

b. 构件的被测部位应具有使声波垂直或斜穿结合面的测试条件。

(2) 测试方法

①混凝土结合面质量检测可采用对测法和斜测法，如图4-8所示。布置测点时应注意下列几点：

a. 使测试范围覆盖全部结合面或有怀疑的部位；

b. 各对 $T\text{-}R_1$（声波传播不经过结合面）和 $T\text{-}R_2$（声波传播经过结合面）换能器连线的倾斜角测距应相等；

c. 测点的间距视构件尺寸和结合面外观质量情况而定，宜为100～300mm。

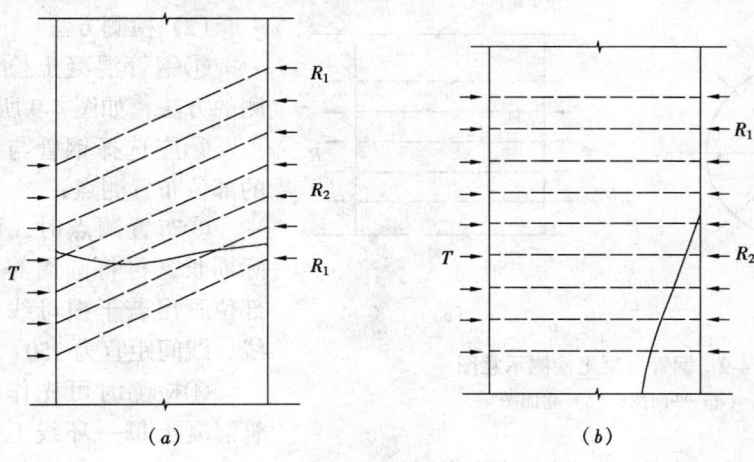

图4-8 混凝土结合面质量检测示意图
(a) 斜测法；(b) 对测法

②按布置好的测点分别测出各点的声时、波幅和主频值。

(3) 数据处理及判断

①将同一测位各测点声速、波幅和主频值分别按前述不密实取和空洞检测数据处理方法进行统计和判断；

②当测点数无法满足统计法判断时，可将 $T\text{-}R_2$ 的声速、波幅等声学参数与 $T\text{-}R_1$ 进行比较，若 $T\text{-}R_2$ 的声学参数比 $T\text{-}R_1$ 显著低时，则该点可判为异常测点；

③当通过结合面的某些测点的数据被判为异常，并查明无其他因素影响时，可判定混凝土结合面在该部位结合不良。

**4. 表面损伤层检测**

(1) 一般规定

①本章适用于因冻害、高温或化学腐蚀等引起的混凝土表面损伤层厚度的检测；

②检测表面损伤层厚度时，被测部位和测点的确定应满足下列要求：

a. 根据构件的损伤情况和外观质量选取有代表性的部位布置测位；

b. 构件被测表面应平整并处于自然干燥状态，且无接缝和饰面层。

③本方法测试结果宜作局部破损验证。

(2) 测试方法

①表面损伤层检测宜选用频率较低的厚度振动式换能器；

②测试时 $T$ 换能器应耦合好，并保持不动，然后将 $R$ 换能器依次耦合在间距为 30mm 的测点 1、2、3……位置上，读取相应的声时值 $t_1$、$t_2$、$t_3$……，并测量每次 $T$、$R$ 换能器内边缘之间的距离 $l_1$、$l_2$、$l_3$、……。每一测位的测点数不得少于 6 个，当损伤层较厚时，应适当增加测点数；

③当构件的损伤层厚度不均匀时，应适当增加测位数量。

(3) 数据处理及判断

损伤层厚度计算详见《超声法检测混凝土缺陷技术规程》8.3 条，此处不再赘述。

5. 钢管混凝土缺陷检测

(1) 一般规定

①本检测方法仅适用于管壁与混凝土胶结良好的钢管混凝土缺陷检测；

②检测过程中应注意防止首波信号经由钢管壁传播；

③所用钢管的外表面应光洁，无严重锈蚀。

(2) 检测方法

①钢管混凝土检测应采用径向对测的方法，如图 4-9 所示；

②应选择钢管与混凝土胶结良好的部位布置测点；

③布置测点时，可先测量钢管实际周长，再将圆周等分，在钢管测试部位画出若干根母线和等间距的环向线，线间距宜为 150～300mm；

④检测时可先作径向对测，在钢管混凝土每一环线上保持 $T$、$R$ 换能器连线通过圆心，沿环向测试，逐点读取声时、波幅和主频。

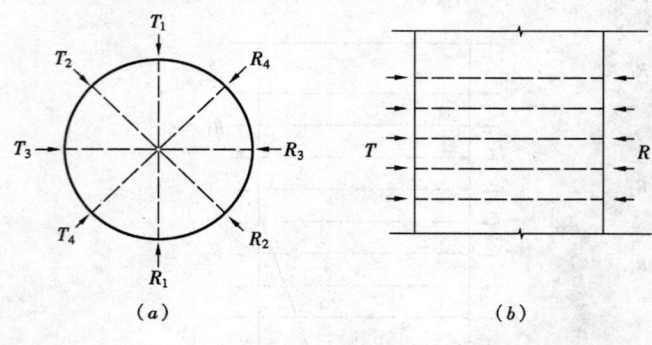

图 4-9 钢管混凝土检测示意图
(a) 平面图；(b) 立面图

(3) 数据处理与判断

①同一测距的声时、波幅和频率的统计计算及异常值判别应按前述不密实区和空洞检测数据处理方法进行统计和判断；

②当同一测位的测试数据离散性较大或数据较少时，可将怀疑部位的声速、波幅、主频与相同直径钢管混凝土的质量正常部位的声学参数相比较，综合分析判断所测部位的内部质量。

**思考题**

1. 现从下往上弹击一楼板底面，某测区回弹值为 33，31，35，33，33，35，32，37，28，30，36，34，31，32，38，30，碳化深度为 1.0mm，混凝土为泵送混凝土，计算该测区混凝土强度换算值。

2. 简述构件混凝土强度如何按单个构件和按批抽样检测混凝土强度推定值。

3. 超声回弹法和回弹法在构件测区布置上有何不同要求？

4. 对不满足 CECS02：88 规程中要求的条件，声速值须进行哪些修正？如何进行修正？

5. 钻芯法为半破损检测，考虑构件受力性能现场钻芯时对受弯构件、受压构件芯样的测区部位应如何确定？

6. 某芯样抗压试验压力值为 238kN，芯样高度 103mm，芯样直径 99.5mm，芯样试件混凝土强度换算值为多少？

7. 简述如何进行混凝土不密实区和空洞检测中异常数据的判别。
8. 简述进行混凝土不密实区和空洞检测时，可按哪几种方法布置换能器？

**参考文献**

1. 混凝土无损检测技术．中国建材工业出版社
2. 硬化混凝土芯样的钻取、检查及抗压试验．国际标准化组织标准草案．ISO/DIS7034，1987
3. 周明华．土木工程结构试验与检测．东南大学出版社，2002
4. 吴慧敏．结构混凝土现场检测技术．湖南大学出版社，1988
5. 李为杜．混凝土无损检测技术．同济大学出版社，1989

## 第二节 混凝土构件结构性能检验

### 一、概念

结构荷载试验是检验结构性能的最常用方法，主要通过对试验构件施加荷载，观测结构的受力反应（变形、裂缝、破坏）。因为构件的结构性能是一种力学行为，没有充分的外荷载激励，就不能完全的反映它的抗力能力。尽管目前正在探索许多无损检测方法，但至少它们目前还不能取代荷载试验的全部意义。

荷载试验按其在结构上作用荷载的特性不同，可分为静荷载试验（简称静载或静力试验）和动荷载试验（简称动载或动力试验）。又可按荷载在试验结构上的试验上的持续时不同，分为短期荷载试验和长期荷载试验。

本节主要讨论预制构件结构性能检验的短期静荷载试验。

### 二、检测依据

《混凝土结构工程施工质量验收规范》GB50204—2002
《混凝土结构试验方法标准》GB50152—92
《混凝土结构设计规范》GB50010—2002
《建筑结构荷载规范》GB50009—2001
《建筑结构检测技术标准》GB50344—2004

### 三、仪器设备及环境

1. 常用检测仪器一般分为加载设备和量测设备。

加载设备：加载梁、支墩、支座、千斤顶、加载砝码等；

量测仪器：应变仪、位移计、裂缝放大镜等。

2. 预制构件结构性能试验条件应满足下列要求：

(1) 构件应在 0℃ 以上的温度中进行试验；
(2) 蒸汽养护后的构件应在冷却至常温后进行试验；
(3) 构件在试验前应量测其实际尺寸，并检查构件表面，所有的缺陷和裂缝应在构件上标出；
(4) 试验用的加荷设备及量测仪表应预先进行标定或校准。

### 四、结构或构件取样与试件安装要求

1. 检验数量

对成批生产的构件，应按同一工艺正常生产的不超过 1000 件且不超过 3 个月的同类型产品为一批。当连续检验 10 批且每批的结构性能检验结果均符合本规范规定的要求时，对同一工艺正常生产的构件，可改为不超过 2000 件且不超过 3 个月的同类型产品为一批。在每批中应随机抽取一个构件作为试件进行检验。

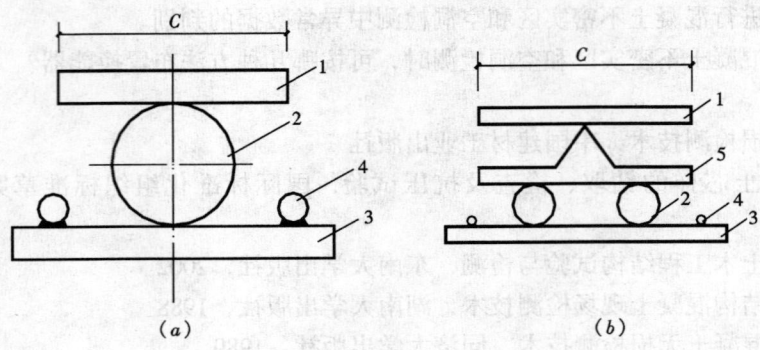

图 4-10 滚动支承
(a) 滚轴式；(b) 刀口式
1—上垫板；2—钢滚轴；3—下垫板；4—限位钢筋；5—刀口式垫板

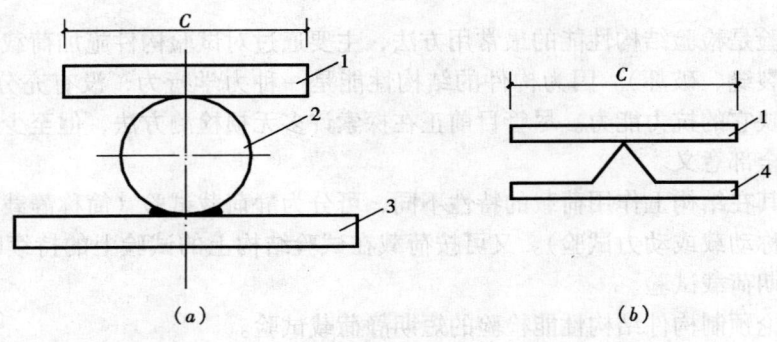

图 4-11 铰支承
(a) 滚轴式；(b) 刀口式
1—上垫板；2—钢滚轴；3—下垫板；4—刀口式垫板

2. 试验构件的支承方式应符合下列规定

(1) 板、梁和桁架等简支构件，试验时应一端采用滚动支承（图 4-10），另一端采用铰支承（图 4-11）。铰支承可采用角钢、半圆型钢或焊于钢板上的圆钢，滚动支承可采用圆钢；

(2) 四角简支（图 4-12）或四边简支（图 4-13）的双向板，其支承方式应保证支承处构件能自由转动，支承面可以相对水平移动；

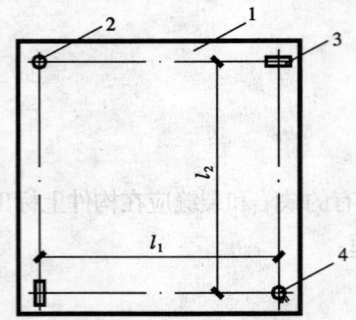

图 4-12 四角支承板支座设置
1—试验板；2—滚珠；3—滚轴；
4—固定滚珠

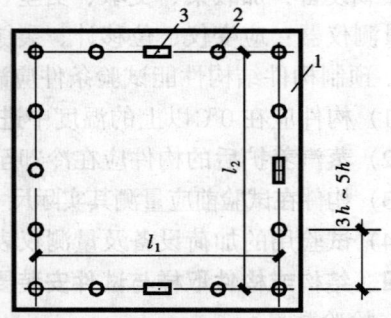

图 4-13 四边支承板支座设置
1—试验板；2—滚珠；3—滚轴

(3) 当试验的构件承受较大集中力或支座反力时，应对支承部分进行局部受压承载力验算；

(4) 构件与支承面应紧密接触；钢垫板与构件、钢垫板与支墩间，宜铺砂浆垫平；

(5) 构件支承的中心线位置应符合标准图或设计的要求。

3. 试验构件的荷载布置应符合下列规定

(1) 构件的试验荷载布置应符合标准图或设计的要求；

(2) 当试验荷载布置不能完全与标准图或设计的要求相符时，应按荷载效应等效的原则换算，即使构件试验的内力图形与设计的内力图形相似，并使控制截面上的内力值相等，但应考虑荷载布置改变后对构件其他部位的不利影响。

4. 加载方法应根据标准图或设计的加载要求、构件类型及设备条件等进行选择。当按不同形式荷载组合进行加载试验（包括均布荷载、集中荷载、水平荷载和竖向荷载等）时，各种荷载应按比例增加。

(1) 荷重块加载

荷重块加载适用于均布加载试验。荷重块应按区格成垛堆放，沿试验结构构件的跨度方向的每堆长度不应大于试验结构构件跨度的1/6；对于跨度为4m和4m以下的试验结构构件，每堆长度不应大于构件跨度的1/4；堆间宜留50～150mm的间隙（图4-14）。红砖等小型块状材料，宜逐级分堆称量；对于块体大小均匀，含水量一致又经抽样核实块重确系均匀的小型块材，可按平均块重计算加载量。

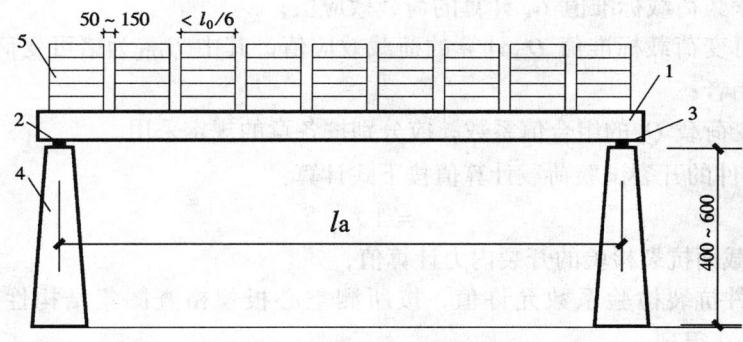

图4-14 简支板用重物加载装置
1—试验板；2—滚动铰支座；3—固定铰支座；4—支墩；5—重物

(2) 千斤顶加载

千斤顶加载适用于集中加载试验。千斤顶加载时，可采用分配梁系统实现多点集中加载。千斤顶的加载值宜采用荷载传感器量测，也可采用油压表量测。

(3) 结构试验用的各类量测仪表的量程应满足结构构件最大测值的要求，最大测值不宜大于选用仪表最大量程的80%。

(4) 试验结构构件、设备及量测仪表均应有防风防雨、防晒和防摔等保护设施。

**五、荷载试验操作步骤**

1. 荷载试验准备工作

(1) 预制构件应按标准图或设计要求的试验参数及检验指标进行结构性能检验。

检验内容：钢筋混凝土构件和允许出现裂缝的预应力混凝土构件进行承载力、挠度和裂缝宽度检验；不允许出现裂缝的预应力混凝土构件进行承载力、挠度和抗裂检验；预应力混凝土构件中的非预应力杆件按钢筋混凝土构件的要求进行检验。对设计成熟、生产数量较少的大型构件，当采取加强材料和制作质量检验的措施时，可仅作挠度、抗裂或裂缝宽度检验；当采取上述措施并有可靠的实践经验时，可不作结构性能检验。

(2) 试验荷载的确定：

①在进行混凝土结构试验前，应根据试验要求分别确定下列试验荷载值：

a. 对结构构件的挠度、裂缝宽度试验，应确定正常使用极限状态试验荷载值或检验荷载标准值；

b. 对结构构件的抗裂试验，应确定开裂试验荷载值；

c. 对结构构件的承载力试验，应确定承载能力极限状态试验荷载值，或称为承载力检验荷载设计值。

②检验性试验结构构件的检验荷载标准值应按下列方法确定：

预应力混凝土空心板的检验荷载标准值，按相应所测空心板规格查图集结构性能检验参数表中检验荷载标准值 $q_k^t$（kN/m）乘以板计算跨度计算得到。

现浇混凝土结构构件的正常使用极限状态试验荷载值应根据结构构件控制截面上的荷载短期效应组合的设计值 $S_s$ 和试验加载图式经换算确定。

荷载短期效应组合的设计值 $S_s$ 应按国家标准《建筑结构荷载规范》GB 50009—2001 公式 3.2.8 计算确定，或由设计文件提供。

注：《建筑结构荷载规范》GB 50009—2001 公式 3.2.8 荷载标准值 $S$：

$$S = S_{Gk} + S_{Q1k} + \sum_{i=2}^{n} \psi_{ci} S_{Qik}$$

式中 $S_{Gk}$——按永久荷载标准值 $G_k$ 计算的荷载效应值；

$Q_{Qik}$——按可变荷载标准值 $Q_{ik}$ 计算的荷载效应值，其中 $Q_{Q1k}$ 为诸可变荷载效应中起控制作用者；

$\psi_{ci}$——可变荷载 $Q_i$ 的组合值系数，应分别按各章的规定采用。

③试验结构构件的开裂试验荷载计算值按下式计算：

$$S_{cr}^c = [\gamma_{cr}] S_s \qquad (4-46)$$

式中 $S_{cr}^c$——正截面抗裂检验的开裂内力计算值；

$[\gamma_{cr}]$——构件抗裂检验系数允许值，按所测空心板规格查图集结构性能检验参数表中 $[\gamma_{cr}]$ 得到；

$S_s$——检验荷载标准值。

④构件的承载力检验值应按下列方法计算：

当按设计要求规定进行检验时，应按下式计算：

$$S_{ul}^c = \gamma_0 [v_u] S \qquad (4-47)$$

式中 $S_{ul}^c$——当按设计要求规定进行检验时，结构构件达到承载力极限状态时的内力计算值，也可称为承载力检验值（包括自重产生的内力）；

$\gamma_0$——结构构件的重要性系数；

$[v_u]$——结构构件承载力检验系数允许值，按现行国家标准《混凝土结构工程施工验收规范》GB 50204—2002 取用，具体见表 4-10；

构件的承载力检验系数允许值　　　　表 4-10

| 受力情况 | 达到承载能力极限状态的检验标志 | | $[v_u]$ |
|---|---|---|---|
| 轴心受拉、偏心受拉、受弯、大偏心受压 | 受压主筋处的最大裂缝宽度达到 1.5mm，或挠度达到跨度的 1/50 | 热轧钢筋 | 1.20 |
| | | 钢丝、钢绞线、热处理钢筋 | 1.35 |
| | 受压区混凝土破坏 | 热轧钢筋 | 1.30 |
| | | 钢丝、钢绞线、热处理钢筋 | 1.45 |
| | 受拉主筋拉断 | | 1.50 |

续表

| 受力情况 | 达到承载能力极限状态的检验标志 | $[v_u]$ |
|---|---|---|
| 受压构件的受剪 | 腹部斜裂缝达到1.5mm,或斜裂缝末端受压混凝土剪压破坏 | 1.40 |
|  | 沿斜截面混凝土斜压破坏,受压主筋在端部滑脱或其他锚固破坏 | 1.55 |
| 轴心受压、小偏心受压 | 混凝土受压破坏 | 1.50 |

$S$——承载力检验荷载设计值 $S$,按相应所测空心板规格查图集结构性能检验参数表中承载力检验荷载设计值 $q_u^e$(kN/m)乘以板计算跨度计算得到。

现浇混凝土结构构件的承载力检验荷载设计值 $S$ 按国家标准《建筑结构荷载规范》GB 50009—2001 公式 3.3.2 确定

注:《建筑结构荷载规范》GB 50009—2001 公式 3.3.2 荷载效应组合的设计值 $S$:

$$S = \gamma_G S_{Gk} + \gamma_{Q1} S_{Q1k} + \sum_{i=2}^{n} \gamma_{Qi} \psi_{ci} S_{Qik}$$

式中 $\gamma_G$——永久荷载的分项系数,应按《建筑结构荷载规范》GB 50009—2001 第 3.2.5 条采用;

$\gamma_{Qi}$——第 $i$ 个可变荷载的分项系数,其中 $\gamma_{Q1}$ 为可变荷载 $Q_1$ 的分项系数,应按《建筑结构荷载规范》GB 50009—2001 第 3.2.5 条采用;

$S_{Gk}$——按永久荷载标准值 $G_k$ 计算的荷载效应值;

$S_{Qik}$——按可变荷载标准值 $Q_{ik}$ 计算的荷载效应值,其中 $S_{Q1k}$ 为诸可变荷载效应中起控制作用者;

$\psi_{ci}$——可变荷载 $Q_i$ 的组合值系数,应分别按《建筑结构荷载规范》GB 50009—2001 各章的规定采用;

$n$——参与组合的可变荷载数。

⑤江苏省预应力混凝土空心板图集结构性能检验参数表:

a. 检验荷载标准值 $q_k^e$ 和承载力检验荷载设计值 $q_u^e$ 均包括自重在内;实际加载中检验荷载标准值和承载力检验值均应减去构件的自重标准值,构件的自重标准值按相应所测预制空心板规格查图集结构性能检验参数表中查表得到;

b. 短期挠度允许值 $[a_s]$ 和短期挠度计算值 $a_s^c$ 已扣除自重挠度。

2. 加载程序

(1) 结构试验宜进行预加载,以检查试验装置的工作是否正常,同时应防止构件因预加载而产生裂缝。预加载值不宜超过结构构件开裂试验荷载计算值的 70%。

(2) 试验荷载应按下列规定分级加载和卸载:

构件应分级加载。当荷载小于检验荷载标准值时,每级荷载不应大于检验荷载标准值的 20%;当荷载大于检验荷载标准值时,每级荷载不应大于检验荷载标准值的 10%;当荷载接近抗裂检验荷载值时,每级荷载不应大于检验荷载标准值的 5%;当荷载接近承载力检验值时,每级荷载不应大于承载力检验值的 5%。对仅作挠度、抗裂或裂缝宽度检验的构件应分级卸载。

作用在构件上的试验设备重量及构件自重应作为第一次加载的一部分。

每级卸载值可取为使用状态短期试验荷载值的 20% ~ 50%;每级卸载后在构件上的试验荷载剩余值宜与加载时的某一荷载值相对应。

3. 每级加载或卸载后的荷载持续时间

应符合下列规定:每级加载完成后,应持续 10 ~ 15min;在荷载标准值作用下,应持续 30min。在持续时间内,应观察裂缝的出现和开展,以及钢筋有无滑移等;在持续时间结束时,应观察并记录各项读数。

## 4. 挠度或位移的量测方法

(1) 挠度量测仪表的设置

挠度测点应在构件跨中截面的中轴线上沿构件两侧对称布置，还应在构件两端支座处布置测点；量测挠度的仪表应安装在独立不动的仪表架上，现场试验应消除地基变形对仪表支架的影响。

(2) 试验结构构件变形的量测时间

① 结构构件在试验加载前，应在没有外加荷载的条件下测读仪表的初始读数；

② 试验时在每级荷载作用下，应在规定的荷载持续时间结束时量测结构构件的变形。结构构件各部位测点的测读程序在整个试验过程中宜保持一致，各测点间读数时间间隔不宜过长。

## 5. 应力—应变测量方法

(1) 需要进行应力应变分析的结构构件，应量测其控制截面的应变。量测结构构件应变时，测点布置应符合下列要求：

对受弯构件应首先在弯矩最大的截面上沿截面高度布置测点，每个截面不宜少于二个；当需要量测沿截面高度的应变分布规律时，布置测点数不宜少于五个；在同一截面的受拉区主筋上应布置应变测点。

(2) 量测结构构件局部变形可采用千分表、杠杆应变仪、手持式应变仪或电阻应变计等各种量测应变的仪表或传感元件；量测混凝土应变时，应变计的标距应大于混凝土粗骨料最大粒径的3倍。

当采用电阻应变计量测构件内部钢筋应变时，宜事先进行贴片，并作可靠的防护处理。

对于采用机械式应变仪量测构件内部钢筋应变时，则应在测点位置处的混凝土保护层部位预留孔洞或预埋测点；也可在预留孔洞的钢筋上粘贴电阻应变计进行量测。

当采用电阻应变计量测构件应变时，应有可靠的温度补偿措施。在温度变化较大的地方采用机械式应变仪量测应变时，应考虑温度影响进行修正。

## 6. 抗裂试验与裂缝量测方法

(1) 结构构件进行抗裂试验时，应在加载过程中仔细观察和判别试验结构构件中第一次出现的垂直裂缝或斜裂缝，并在构件上绘出裂缝位置，标出相应的荷载值。

当在加载过程中第一次出现裂缝时，应取前一级荷载值作为开裂荷载实测值；当在规定的荷载持续时间内第一次出现裂缝时，应取本级荷载值与前一级荷载的平均值作为开裂荷载实测值；当在规定的荷载持续时间结束后第一次出现裂缝时，应取本级荷载值作为开裂荷载实测值。

(2) 用放大倍率不低于四倍的放大镜观察裂缝的出现；试验结构构件开裂后应立即对裂缝的发生发展情况进行详细观测，并应量测使用状态试验荷载值作用下的最大裂缝宽度及各级荷载作用下的主要裂缝宽度、长度及裂缝间距，并应在试件上标出。

(3) 最大裂缝宽度应在使用状态短期试验荷载值持续作用 30min 结束时进行量测。

## 7. 承载力的测定和判定方法

(1) 对试验结构构件进行承载力试验时，在加载或持载过程中出现下列标志之一即认为该结构构件已达到或超过承载能力极限状态：

① 对有明显物理流限的热轧钢筋，其受拉主钢筋应力达到屈服强度，受拉应变达到 0.01；对无明显物理流限的钢筋，其受拉主钢筋的受拉应变达到 0.01；

② 受拉主钢筋拉断；

③ 受拉主钢筋处最大垂直裂缝宽度达到 1.5mm；

④ 挠度达到跨度的 1/50；对悬臂结构，挠度达到悬臂长的 1/25；

⑤ 受压区混凝土压坏。

(2) 进行承载力试验时,应取首先达到上述第(1)条所列的标志之一时的荷载值,包括自重和加载设备重力来确定结构构件的承载力实测值。

(3) 当在规定的荷载持续时间结束后出现上述第(1)条所列的标志之一时,应以此时的荷载值作为试验结构构件极限荷载的实测值;当在加载过程中出现上述标志之一时,应取前一级荷载值作为结构构件的极限荷载实测值;当在规定的荷载持续时间内出现上述标志之一时,应取本级荷载值与前一级荷载的平均值作为极限荷载实测值。

### 六、数据处理与结果判定

1. 变形量测的试验结果整理

(1) 确定构件在各级荷载作用下的短期挠度实测值,按下列公式计算:

$$a_t^o = a_q^o \psi \tag{4-48}$$

$$a_q^o = v_m^0 - \frac{1}{2}(v_l^0 + v_r^0) \tag{4-49}$$

式中 $a_t^o$ ——全部荷载作用下构件跨中的挠度实测值(mm);

$\psi$ ——用等效集中荷载代替实际的均布荷载进行试验时的加载图式修正系数,按表 4-11 取用;

$a_q^o$ ——外加试验荷载作用下构件跨中的挠度实测值(mm);

$v_m^0$ ——外加试验荷载作用下构件跨中的位移实测值(mm);

$v_l^0$、$v_r^0$ ——外加试验荷载作用下构件左、右端支座沉陷位移的实测值(mm)。

(2) 预制构件的挠度应按下列规定进行检验:

当按规定的挠度允许值进行检验时,应符合下列公式的要求:

$$a_s^0 \leqslant [a_s] \tag{4-50}$$

式中 $a_s^0$ ——在检验荷载标准值下的构件挠度实测值;

$[a_s]$ ——短期挠度允许值,见图集结构性能检验参数表。

当按构件实配钢筋进行挠度检验或仅检验构件的挠度、抗裂或裂缝宽度时,应符合下列公式的要求:

$$a_s^0 \leqslant 1.2 a_s^c \tag{4-51}$$

同时,还应符合公式(4-51)的要求。

式中 $a_s^c$ ——在检验荷载标准值下的构件挠度计算值,见图集结构性能检验参数表。

加载图式修正系数 $\psi$  表 4-11

| 名 称 | 加 载 图 式 | 修正系数 $\psi$ |
|---|---|---|
| 均布荷载 | 均布荷载图,跨度 $l$ | 1.0 |
| 二集中力四分点等效荷载 | 两集中力作用于 $l/4$、$l/2$、$l/4$ 分点 | 0.91 |
| 二集中力三分点等效荷载 | 两集中力作用于 $l/3$、$l/3$、$l/3$ 分点 | 0.98 |

| 名　称 | 加　载　图　式 | 修正系数 $\psi$ |
|---|---|---|
| 四集中力八分点等效荷载 | $l/8$　$l/4$　$l/4$　$l/4$　$l/8$ | 0.97 |
| 八集中力十六分点等效荷载 | $l/16$　$l/8$　$l/8$　$l/8$　$l/8$　$l/8$　$l/8$　$l/8$　$l/16$ | 1.0 |

2. 抗裂试验与裂缝量测的试验结果整理

(1) 试验中裂缝的观测应符合下列规定：

①观察裂缝出现可采用精度为 0.05mm 的刻度放大镜等仪器进行观测；

②对正截面裂缝，应量测受拉主筋处的最大裂缝宽度；

③确定构件受拉主筋处的裂缝宽度时，应在构件侧面量测。

(2) 预制构件的抗裂检验应符合下列公式的要求：

$$\gamma_{cr}^0 \geqslant [\gamma_{cr}] \tag{4-52}$$

式中　$\gamma_{cr}^0$——构件的抗裂检验系数实测值，即试件的开裂荷载实测值与检验荷载标准值（均包括自重）的比值；

$[\gamma_{cr}]$——构件的抗裂检验系数允许值，见图集结构性能检验参数表。

(3) 预制构件的裂缝宽度检验应符合下列公式的要求：

$$w_{s.max}^0 \leqslant [w_{max}] \tag{4-53}$$

式中　$w_{s.max}^0$——在检验荷载标准值下，受拉主筋处的最大裂缝宽度实测值（mm）；

$[w_{max}]$——构件检验的最大裂缝宽度允许值（mm），按表 4-12 取用。

构件检验的最大裂缝宽度允许值（mm）　　表 4-12

| 设计要求的最大裂缝宽度限值 | 0.2 | 0.3 | 0.4 |
|---|---|---|---|
| $[w_{max}]$ | 0.15 | 0.20 | 0.25 |

3. 承载力试验结果整理

预制构件承载力应按下列规定进行检验：

$$\gamma_u^0 \geqslant \gamma_0 [\gamma_u] \tag{4-54}$$

式中　$\gamma_u^0$——构件的承载力检验系数实测值，即试件的荷载实测值与荷载设计值（均包括自重）的比值；

$\gamma_0$——结构重要性系数，按设计要求确定，当无专门要求时取 1.0；

$[\gamma_u]$——构件的承载力检验系数允许值，按表 4-10 取用。

4. 预制构件结构性能的检验结果应按下列规定验收

(1) 当试件结构性能的全部检验结果均符合上述第 1、2 和 3 条的检验要求时，该批构件的结构性能应通过验收。

(2) 当第一个试件的检验结果不能全部符合上述要求，但又能符合第二次检验的要求时，可再抽两个试件进行检验。第二次检验的指标，对承载力及抗裂检验系数的允许值应取第 2 条和第 3 条规定的允许值减 0.05；对挠度的允许值应取第 1 条规定允许值的 1.10 倍。当第二次抽取的两个试件的全部检验结果均符合第二次检验的要求时，该批构件的结构性能可通过验收。

（3）当第二次抽取的第一个试件的全部检验结果均已符合第 1、2 和 3 条的要求时，该批构件的结构性能可通过验收。

### 七、例题

1. 空心板 HWS42-4 进行出厂检验，试分析试验结果。

（1）试验时板的支点距离（计算跨度）为板的轴线距离减去 160mm：

$$l_e = 4200 - 160 = 4040\text{mm};$$

（2）检验荷载值（折合成荷重块重量）：

检验荷载标准值 $= q_k^e \times l_e = 4.58 \times 4.04 = 18.50\text{kN}$（包括板自重）

其中板自重 $= 1.10 \times 4.04 = 4.44\text{kN}$

抗裂检验荷载允许值 $= [\gamma_{cr}] \times q_k^e \times l_e = 1.11 \times 18.50 = 20.5\text{kN}$（包括板自重）

承载力检验荷载设计值 $= q_u^e \times l_e = 5.50 \times 4.04 = 22.22\text{kN}$（包括板自重）

达到承载力极限状态检验标志时的荷载值，按表 4.2.1 计算如下：

当主筋处最大裂缝宽度达到 1.5mm 或挠度达到跨度的 1/50 时为

$$q_u^e \times l_e \times [\gamma_u] = 22.22 \times 1.35 = 30.00\text{kN};$$

当腹部斜裂缝达到 1.5mm 或斜裂缝末端剪压破坏时为
$$22.22 \times 1.40 = 31.11\text{kN};$$

当受压区混凝土受压破坏时为  $22.22 \times 1.45 = 32.22\text{kN};$

当受拉主筋拉断时为  $22.22 \times 1.50 = 33.33\text{kN};$

当沿斜截面混凝土斜压破坏或受拉主筋在端部滑脱时为
$$22.22 \times 1.55 = 34.44\text{kN};$$

（3）均布加荷，检验荷载分级按相应分级规定；

（4）试验结果及分析

试验结果应记入统一的试验记录表中。

设试件在检验荷载标准值（扣除自重）作用下挠度实测值 $a_s^o = 5.20\text{mm}$，而 $[a_s]$ 为 9.54mm，$a_s^o < [a_s]$，故该试件挠度检验合格；

设开裂荷载实测值 $q_{cr}^o$ 为 24.05kN（包括板自重），$\gamma_{cr}^o = 24.05/18.50 = 1.30$，而 $[\gamma_{cr}] = 1.11$，$\gamma_{cr}^o > [\gamma_{cr}]$，故该试件抗裂检验合格；

该检验荷载加至 34.44kN（包括板自重）时，板的挠度达到跨度的 1/50，板的承载力检验系数实测值 $\gamma_u^o = 1.55 > 1.35$，故该试件承载力检验合格；

由于上述三项检验指标全部合格，则判该试件结构性能合格。

2. 某综合楼为四层框架结构，C-D 轴柱距 7.5m，4-5 轴和 5-6 轴柱距 12m，现需对二层 5/（C-D）轴楼面梁进行结构性能试验。该楼面梁截面尺寸 $b \times h = 300\text{mm} \times 800\text{mm}$，跨度 7.5m，相邻钢筋混凝土楼面板厚 120mm，水磨石楼地面，板面均布活载取 $6.0\text{kN/m}^2$，构件的承载力检验系数允许值 $[\gamma_u]$ 取 1.50。试验准备：百分表及表座、玻璃、黄油、标准砖、脚手架等安全设施。计算单元如下图阴影处所示：

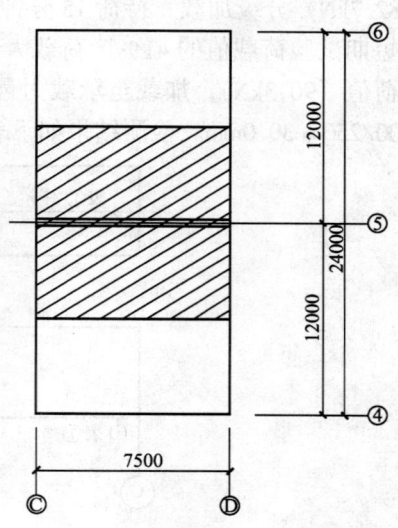

(1) 荷载设计数据

该梁承受相邻两块板所传递的荷载,在二层5/(C-D)轴楼面梁相邻两块板上加载,加载面积 $7.5m \times 24m = 180m^2$。

恒载:

楼面板自重：120mm 楼板 + 水磨石地面

$$25kN/m^3 \times 0.12m + 0.65kN/m^2 = 3.65kN/m^2;$$

框架梁自重：$25kN/m^3 \times 0.3m \times 0.8m = 6.0kN/m$；

活载：板面均布活载 $6.0kN/m^2$。

(2) 使用状态短期试验荷载值：

a. 楼面均布荷载　恒载+活载 = $3.65kN/m^2 + 6.0kN/m^2 = 9.65kN/m^2$；

b. 梁自重　　　　$6.0kN/m$；

短期荷载检验值合计：

恒载+活载 = $9.65kN/m^2 \times 90m^2 + 6.0kN/m \times 7.5m = 913.5kN$。

(3) 按荷载准永久组合计算：

楼面均布荷载　准永久系数取 0.85。

(4) 承载力最大加荷值：

a. 楼面均布荷载　恒载分项系数取 1.2，活载分项系数取 1.4，

$1.2 \times$ 恒载 + $1.4 \times$ 活载 = $1.2 \times 3.65kN/m^2 + 1.4 \times 6.0kN/m^2 = 12.78kN/m^2$；

b. 梁自重　　　　分项系数取 1.2，

$1.2 \times$ 恒载 = $1.2 \times 6.0 kN/m = 7.2kN/m$

c. 承载力检验系数允许值 $[\gamma_u]$ 取 1.50

承载力最大加荷值合计：

$1.50 \times (1.2 \times$ 恒载 $+ 1.4 \times$ 活载 $) = 1.50 \times (12.78kN/m^2 \times 90m^2 + 7.2kN/m \times 7.5m) = 1806.3kN$。

(5) 加载程序

采用标准砖作为荷载加载，单个砖体自重按 2.25kg/块。已有梁板自重荷载 $(3.65kN/m^2 \times 12m + 6.0kN/m) \times 7.5m = 373.5kN$。

当荷载小于使用状态短期试验荷载值时，每级荷载取 20% 使用状态短期试验荷载值 (182.7kN) 分级加载，持荷 15 分钟；在使用状态短期试验荷载值作用下持荷 30 分钟；其中自重占短期试验荷载值的 41%。荷载大于使用状态短期试验荷载值时，每级荷载取 5% 的承载力最大加荷值 (90.3kN)，加载至承载力最大加荷值，持荷 30 分钟。允许最大挠度值 $[a_s] = l/250 = 7500/250 = 30.0mm$。检测结果如下表（下图为百分表表位示意图）：

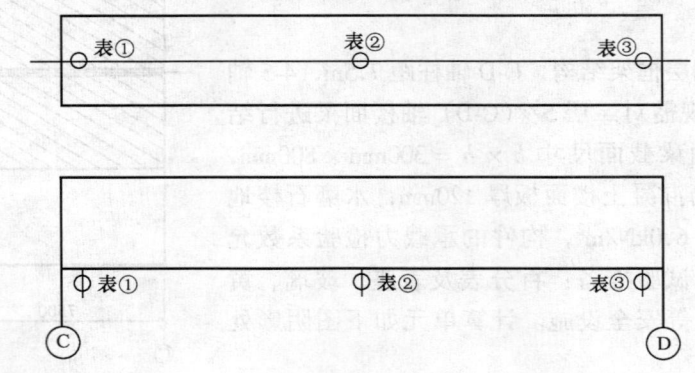

(6) 卸载程序

每级卸载值取20%使用状态短期试验荷载值分级加载，持荷15分钟；在使用状态短期试验荷载值作用下持荷30分钟。

分级加载后各级挠度值检测结果： 单位：mm

| 荷载（kN） | | 表① | | 表② | | 表③ | | 实测挠度值 |
|---|---|---|---|---|---|---|---|---|
| | | 本级 | 累计 | 本级 | 累计 | 本级 | 累计 | |
| 自重 | 373.5 | 0.00 | | 0.00 | | 0.00 | | 0.00 |
| 第1级 | 548.1 | -0.02 | -0.02 | 0.27 | 0.27 | -0.03 | -0.03 | 0.30 |
| 第2级 | 730.8 | -0.04 | -0.06 | 0.31 | 0.58 | -0.07 | -0.10 | 0.66 |
| 第3级 | 913.5 | -0.05 | -0.11 | 0.24 | 0.82 | -0.12 | -0.22 | 0.98 |
| 第4级 | 993.5 | -0.02 | -0.13 | 0.23 | 1.05 | -0.13 | -0.35 | 1.29 |
| 第5级 | 1083.8 | -0.03 | -0.16 | 0.22 | 1.27 | -0.09 | -0.44 | 1.57 |
| 第6级 | 1174.1 | -0.03 | -0.19 | 0.45 | 1.72 | -0.16 | -0.60 | 2.11 |
| 第7级 | 1264.4 | -0.02 | -0.21 | 1.23 | 2.95 | -0.13 | -0.93 | 3.40 |
| 第8级 | 1354.7 | -0.01 | -0.22 | 2.36 | 5.31 | -0.19 | -1.12 | 5.86 |
| 第9级 | 1445.0 | -0.01 | -0.23 | 3.58 | 8.89 | -0.16 | -1.28 | 9.52 |
| 第10级 | 1535.4 | -0.02 | -0.25 | 4.80 | 13.69 | -0.18 | -1.46 | 14.40 |
| 第11级 | 1625.7 | -0.01 | -0.26 | 3.21 | 16.90 | -0.19 | -1.65 | 17.70 |
| 第12级 | 1716.0 | 0.00 | -0.26 | 5.01 | 21.91 | -0.20 | -1.85 | 22.80 |
| 第13级 | 1806.3 | 0.00 | -0.26 | 5.20 | 27.11 | -0.15 | -2.00 | 28.07 |
| 检验指标 | | 挠度（mm） | | | | 最大裂缝宽度（mm） | | |
| | | $[a_s]$ | | 30.0 | | $[w_{max}]$ | | 0.20 |
| 检验结果 | | $a_l^o$ | | 3.34 | | $w_{s,max}$ | | 0.10 |
| 检验结论 | | 试验至最大加荷值时，未出现承载力极限状态的检验标志 | | | | | | |

注：$a_l^o$ 为正常使用短期试验荷载值作用下的实测挠度（包括自重挠度）并考虑长期效应影响后的挠度计算值；

$w_{s,max}$ 为正常使用短期试验荷载作用下，受拉主筋处最大裂缝宽度实测值。

**思考题**

1. 空心板HWS36-4进行出厂检验，试确定各项检验指标？
2. 根据第1题所定检验指标，承载力检验系数允许值取至1.5，考虑构件自重列出每级加载值？
3. 简述根据破坏形态和破坏形态出现时间如何确定相应抗裂和承载力荷载实测值？

**参考文献**

1. 沈在康．混凝土结构试验方法新标准应用讲评．中国建筑工业出版社．1994
2. 周明华．土木工程结构试验与检测．东南大学出版社．2002
3. 袁海军，姜红．建筑结构检测鉴定与加固手册．中国建筑工业出版社．2003

# 第三节 砌体工程现场检测

## 一、概念

我国城镇大量的公共建筑、工业厂房和住宅等，砖砌体结构应用极为广泛，可以说面广量大。由于种种原因（有的是使用已久的建筑，有的是材料质量低劣，有的是施工质量差，有的是使用功能改变，有的是遭受灾害损坏，有的为适应新的使用要求，需进行改造等）都需要技术鉴定或加固。对结构现状的调查和检测是进行可靠性鉴定的基础。砌体工程的现场检测主要检测砌体的抗压、抗剪强度、砌筑砂浆强度，砌体内砖的强度可通过直接从墙上取数量不多的砖，按现行标准在试验室内进行试验，直接获得更为准确的结果。砌体力学性能现场检测技术的方法很多，表4-13所示。有切割法、原位轴压法、扁顶法、原位单剪法、筒压法、回弹法、射钉法（贯入法）等。

砌体工程现场主要检测方法一览表　　　　　表4-13

| 序号 | 检测方法 | 特　点 | 用　途 | 限制条件 |
|---|---|---|---|---|
| 1 | 切割法 | 1. 直接在墙体适当部位选取试件，进行试验，是检测砖砌体强度的标准方法；<br>2. 直观性强；<br>3. 检测部位局部破损 | 检测≥M1.0的各种砌体的抗压强度 | 1. 要专用切割机<br>2. 测点数量不宜太多 |
| 2 | 原位轴压法 | 1. 属原位检测，直接在墙体上测试，测试结果综合反映了材料质量和施工质量；<br>2. 直观性、可比性强；<br>3. 设备较重；<br>4. 检测部位局部破损 | 检测普通砖砌体的抗压强度 | 1. 槽间砌体每侧的墙体宽度应不小于1.5m；<br>2. 同一墙体上的测点数量不宜多于1个；测点数量不宜太多；<br>3. 限用于240mm砖墙 |
| 3 | 扁顶法 | 1. 属原位检测，直接在墙体上测试，测试结果综合反映了材料质量和施工质量；<br>2. 直观性、可比性较强；<br>3. 扁顶重复使用率较低；<br>4. 砌体强度较高或轴向变形较大时，难以测出抗压强度；<br>5. 设备较轻；<br>6. 检测部位局部破损 | 1. 检测普通砖砌体的抗压强度；<br>2. 测试古建筑和重要建筑的实际应力；<br>3. 测试具体工程的砌体弹性模量 | 1. 槽间砌体每侧的墙体宽度不应小于1.5m；<br>2. 同一墙体上的测点数量不宜多于1个；测点数量不宜太多 |
| 4 | 原位单剪法 | 1. 属原位检测，直接在墙体上测试，测试结果综合反映了施工质量和砂浆质量；<br>2. 直观性强；<br>3. 检测部位局部破损 | 检测各种砌体的抗剪强度 | 1. 测点选在窗下墙部位，且承受反作用力的墙体应有足够长度；<br>2. 测点数量不宜太多 |
| 5 | 筒压法 | 1. 属取样检测；<br>2. 仅需利用一般混凝土试验室的常用设备；<br>3. 取样部位局部损伤 | 检测烧结普通砖墙体中的砂浆强度 | 测点数量不宜太多 |

续表

| 序号 | 检测方法 | 特　点 | 用　途 | 限制条件 |
|---|---|---|---|---|
| 6 | 回弹法 | 1. 属原位无损检测，测区选择不受限制；<br>2. 回弹仪有定型产品，性能较稳定，操作简便；<br>3. 检测部位的装修面层仅局部损伤 | 1. 检测烧结普通砖墙体中的砂浆强度；<br>2. 适宜于砂浆 | 强度均质性普查砂浆强度不应小于2MPa |
| 7 | 贯入法 | 1. 属原位无损检测，测区选择不受限制；<br>2. 贯入仪及贯入深度测量表有定型产品，设备较轻便；<br>3. 墙体装修面层仅局部损伤 | 检测砌体中砂浆的抗压强度值 | 1. 要求为自然养护、自然风干状态的砌体砂浆；<br>2. 砂浆强度为 0.4～16.0MPa；<br>3. 龄期为28d或28d以上 |

## 二、检测依据

《砌体工程现场检测技术标准》GB/T 50315—2000
《贯入法检测砌筑砂浆抗压强度技术规程》JGJ/T 136—2001
《建筑结构检测技术标准》GB/T 50344—2004
《砌体基本力学性能试验方法标准》GBJ 129—90

## 三、取样要求

对需要进行砌体各项强度指标检测的建筑物，应根据调查结果和确定的检测目的、内容和范围，选择一种或数种检测方法。对被检测工程划分检测单元，并确定测区和测点数。

1. 当检测对象为整栋建筑物或建筑物的一部分时，应将其划分为一个或若干个可以独立进行分析的结构单元，每一结构单元划分为若干个检测单元。

2. 每一检测单元内，应随机选择6个构件（单片墙体、柱），作为6个测区。当一个检测单元不足6个构件时，应将每个构件作为一个测区。对贯入法，每一检测单元抽检数量不应少于砌体总构件数的30%，且不应少于6个构件。

3. 每一测区应随机布置若干测点。各种检测方法的测点数，应符合下列要求：切割法、原位轴压法、扁顶法、原位单剪法、筒压法：测点数不应少于1个；原位单砖双剪法、推出法、砂浆片剪切法、回弹法（回弹法的测位，相当于其他检测方法的测点）、点荷法、射钉法：测点数不应少于5个。

## 四、检测方法与操作步骤

### （一）切割法

1. 仪器设备及环境

测试设备：专用切割机、电动油压试验机；当受条件限制时，可采用试验台座、加荷架、千斤顶和测力计等组成的加荷系统。

技术指标：测量仪表的示值相对不应大于2%。

2. 取样及样品制备要求

(1) 切割法测试块体材料为砖和中小型砌块的砌体抗压强度。

(2) 测试部位应具有代表性，并应符合下列规定：①测试部位宜选在墙体中部距楼、地面1m左右的高度处；切割砌体每侧的墙体宽度不应小于1.5m；②同一墙体上，测点不宜多于1个，且宜选在沿墙体长度的中间部位；多于1个时，切割砌体的水平净距不得小于2.0m；③测试部位不得选在挑梁下、应力集中部位以及墙梁的墙体计算高度范围内。

### 3. 操作步骤

(1) 在选定的测点上开凿试块，应遵守以下规定：①对于外形尺寸为 240mm×115mm×53mm 的普通砖，其砌体抗压试验切割尺寸应尽量接近 240×370×720mm；非普通砖的砌体抗压试验切割尺寸稍作调整，但高度应按高厚比 $\beta$ 等于 3 确定；中小型砌块的砌体抗压试验切割厚度应为砌块厚度，宽度应为主规格块的长度，高度取三皮砌块，中间一皮应有竖向缝。②用合适的切割工具如手提切割机或专用切割工具，先竖向切割出试件的两竖边。再用电钻清除试件上水平灰缝。清除大部分下水平灰缝，采用适当方式支垫后，清除其余下灰缝。③将试件取下，放在带吊钩的钢垫板上。钢垫板及钢压板厚度应不小于 10mm，放置试件前应做厚度为 20mm 的 1:3 水泥砂浆找平层。④操作中应尽量减少对试件的扰动。⑤将试件顶部采用厚度为 20mm 的 1:3 水泥砂浆找平，放上钢压板，用螺杆将钢垫板与钢压板上紧，并保持水平。将水泥砂浆凝结后运至试验室。

(2) 试件抗压试验之前应做以下准备工作：①在试件四个侧面上画出竖向中线。②在试件高度的 1/4、1/2、和 3/4 处，分别测量试件的宽度与厚度，测量精度为 1mm，取平均值。试件高度以垫板顶面量至压板底面。③将试件吊起清除垫板下杂物后置于试验机上，垫平对中。拆除上下压板间的螺杆。④采用分级加荷办法加荷。每级的荷载应为预估破坏荷载值的 10%，并应在 1～1.5min 内均匀加完；恒荷 1～2min 后施加下一级荷载。施加荷载时不得冲击试件。加荷至破坏值的 80% 后应按原定加荷速度连续加荷，直至试件破坏。当试件裂缝急剧扩展和增多，试验机的测力指针明显回退时，应定为该试件丧失承载能力而达到破坏状态。其最大的荷载计数即为该试件的破坏荷载值。⑤试验过程中，应观察与捕捉第一条受力的发丝裂缝，并记录初始荷载值。

### 4. 数据处理

(1) 砌体试件的抗压强度，应按下式计算

$$f_{mij} = \varphi_{ij} N_{uij} / A_{ij} \tag{4-55}$$

式中　$f_{mij}$——第 $i$ 个测区第 $j$ 个测点砌体试件的抗压强度（MPa）；
　　　$N_{uij}$——第 $i$ 个测区第 $j$ 个测点砌体试件的破坏荷载（N）；
　　　$A_{ij}$——第 $i$ 个测区第 $j$ 个测点砌体试件的受压面积（mm²）；
　　　$\varphi_{ij}$——第 $i$ 个测区第 $j$ 个测点砌体试件的尺寸修正系数。

$$\varphi_{ij} = \frac{1}{0.72 + \dfrac{20 S_{ij}}{A_{ij}}} \tag{4-56}$$

式中　$S_{ij}$——第 $i$ 个测区第 $j$ 个测点的试件的截面周长（mm）。

(2) 测区的砌体试件抗压强度平均值，应按下式计算

$$f_{mi} = \frac{1}{n_1} \sum_{j=1}^{n_1} f_{mij} \tag{4-57}$$

式中　$f_{mi}$——即第 $i$ 个测区的砌体抗压强度平均值（MPa）；
　　　$n_1$——测区的测点（试件）数。

#### （二）原位轴压法

### 1. 仪器设备及环境

测试设备：原位轴压仪。

技术指标：原位轴压仪力值，每半年应校验一次。其主要技术指标见表 4-14。

原位压力机主要技术指标    表 4-14

| 项目 | 指标 450型 | 指标 600型 | 项目 | 指标 450型 | 指标 600型 |
|---|---|---|---|---|---|
| 额定压力（kN） | 400 | 500 | 极限行程（mm） | 20 | 20 |
| 极限压力（kN） | 450 | 600 | 示值相对误差（%） | ±3 | ±3 |
| 额定行程（mm） | 15 | 15 | | | |

2．制备要求

（1）原位轴压法适用于推定 240mm 厚普通砖砌体的抗压强度。原位轴压仪的工作状况见图 4-15。

（2）测试部位应具有代表性，并应符合下列规定：①测试部位宜选在墙体中部距楼、地面 1m 左右的高度处；槽间砌体每侧的墙体宽度不应小于 1.5m；②同一墙体上，测点不宜多于 1 个，且宜选在沿墙体长度的中间部位；多于 1 个时，其水平净距不得小于 2.0m；③测试部位不得选在挑梁下、应力集中部位以及墙梁的墙体计算高度范围内。

3．操作步骤

（1）在选定的测点上开凿水平槽孔时，应遵守下列规定：①上水平槽的尺寸（长度×厚度×高度）为 250mm×240mm×70mm；使用 450 型轴压仪时下水平槽的尺寸为 250mm×240mm×70 mm，使用 600 型轴压仪时下水平槽的尺寸为 250mm×240mm×140 mm；②上下水平槽孔应对齐，两槽之间应相距 7 皮砖，约 430mm；③开槽时应避免扰动四周的砌体；槽间砌体的承压面应修平整。

（2）在槽孔间安放原位轴压仪时，应符合下列规定：①分别在上槽内的下表面和扁式千斤顶的顶面，均匀铺设湿细砂或石膏等材料的垫层，厚度约为 10mm；②将反力板置于上槽孔，扁式千斤顶置于下槽孔，安放四根钢拉杆，使两个承压板上下对

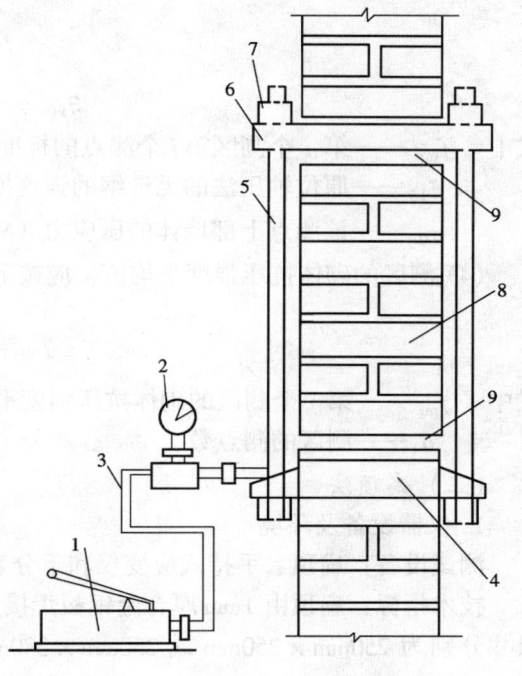

图 4-15 原位轴压仪测试工作状况
1—手动油泵；2—压力表；3—高压油管；4—扁式千斤顶；5—拉杆（共4根）；6—反力板；7—螺母；8—槽间砌体；9—砂垫层

齐后，拧紧螺母并调整其平行度；四根钢拉杆的上下螺母间的净距误差不应大于 2mm；③先试加荷载，试加荷载值取预估破坏荷载的 10%。检查测试系统的灵活性和可靠性，以及上下压板和砌体受压面接触是否均匀密实。经试加荷载，测试系统正常后卸荷，开始正式测试。

（3）正式测试时，记录油压表初读数，然后分级加荷。每级荷载可取预估破坏荷载的 10%，并应在 1~1.5min 内均匀加完，然后恒载 2min。加荷至预估破坏荷载的 80% 后，应按原定加荷速度连续加荷，直至槽间砌体破坏。当槽间砌体裂缝急剧扩展和增多，油压表的指针明显回退时，槽间砌体达到极限状态。

（4）试验过程中，如发现上下压板与砌体承压面因接触不良，使槽间砌体呈局部受压或偏心受压状态时，应停止试验。此时应调整试验装置，重新试验，无法调整时应更换测点。

（5）试验过程中，应仔细观察槽间砌体初裂裂缝与裂缝开展情况，记录逐级荷载下的油压表读数、测点位置、裂缝随荷载变化情况简图等。

4．数据处理

(1) 根据槽间砌体初裂和破坏时的油压表读数，分别减去油压表的初始读数，按原位轴压仪的校验结果，计算槽间砌体的初裂荷载值和破坏荷载值。

(2) 槽间砌体的抗压强度，应按下式计算：

$$f_{uij} = \frac{N_{uij}}{A_{ij}} \tag{4-58}$$

式中 $f_{uij}$——第 $i$ 个测区第 $j$ 个测点槽间砌体的抗压强度（MPa）；

$N_{uij}$——第 $i$ 个测区第 $j$ 个测点槽间砌体的受压破坏荷载值（N）；

$A_{ij}$——第 $i$ 个测区第 $j$ 个测点槽间砌体的受压面积（mm²）。

(3) 槽间砌体抗压强度换算为标准砌体的抗压强度，应按下列公式计算：

$$f_{mij} = \frac{f_{uij}}{\xi_{1ij}} \tag{4-59}$$

$$\xi_{1ij} = 1.36 + 0.54\sigma_{0ij} \tag{4-60}$$

式中 $f_{mij}$——第 $i$ 个测区第 $j$ 个测点的标准砌体抗压强度换算值（MPa）；

$\xi_{1ij}$——原位轴压法的无量纲的强度换算系数；

$\sigma_{0ij}$——该测点上部墙体的压应力（MPa），其值可按墙体实际所承受的荷载标准值计算。

(4) 测区的砌体抗压强度平均值，应按下式计算：

$$f_{mi} = \frac{1}{n_1}\sum_{j=1}^{n_1} f_{mij} \tag{4-61}$$

式中 $f_{mi}$——第 $i$ 个测区的砌体抗压强度平均值（MPa）；

$n_1$——测区的测点数。

（三）扁顶法

1. 仪器设备及环境

测试设备：扁顶、手持式应变仪和千分表。

技术指标：扁顶由 1mm 厚合金钢板焊接而成，总厚度为 5~7mm。对 240mm 厚墙体选用大面尺寸分别为 250mm×250mm 或 250mm×380mm 的扁顶；对 370mm 厚墙体选用大面尺寸分别为 380mm×380mm 或 380mm×500mm 的扁顶。每次使用前，应校验扁顶的力值。扁顶的主要技术指标见表 4-15。

**扁顶的主要技术指标** 表 4-15

| 项 目 | 指 标 | 项 目 | 指 标 |
|---|---|---|---|
| 额定压力（kN） | 400 | 额定行程（mm） | 10 |
| 极限行程（mm） | 15 | | |
| 极限压力（kN） | 480 | 示值相对误差（%） | ±3 |

手持式应变仪和千分表的主要技术指标应符合表 4-16 的要求。

**手持式应变仪和千分表的主要技术指标项目指标** 表 4-16

| 项 目 | 指 标 | 项 目 | 指 标 |
|---|---|---|---|
| 行程（mm） | 1~3 | 分辨率（mm） | 0.001 |

2. 取样与制备要求

扁顶法适用于推定普通砖砌体的受压工作应力、弹性模量和抗压强度。其工作状况见图 4-16 所示，测试部位布置要求与原位轴压法相同。

3. 操作步骤

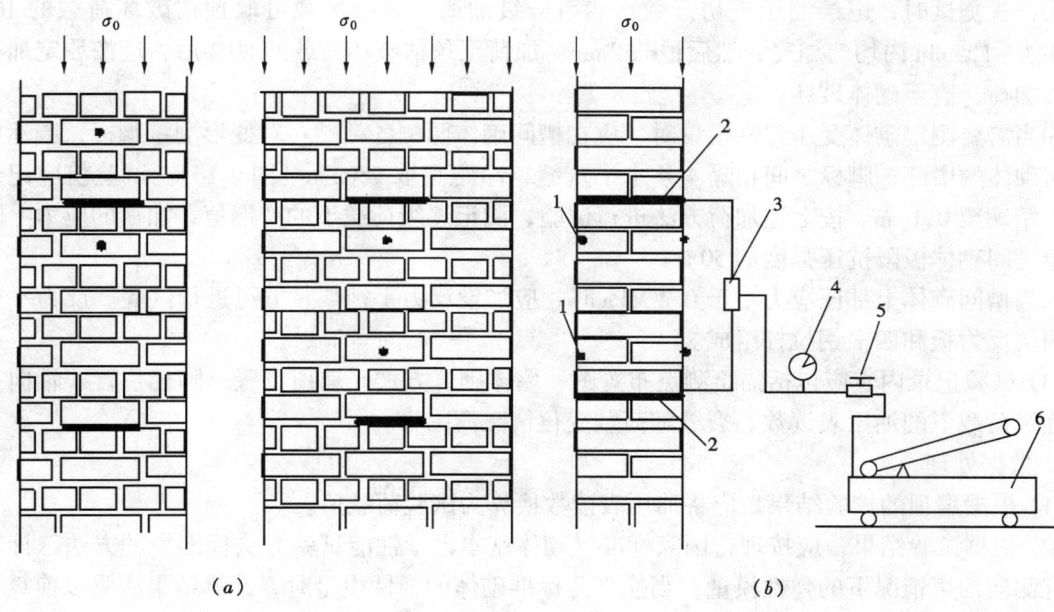

图 4-16 扁顶法测试装置与变形测点布置
（a）测试受压工作应力；（b）测试弹性模量、抗压强度
1—变形测量脚标（两对）；2—扁式液压千斤顶；3—三通接头；4—压力表；5—溢流阀；6—手动油泵

(1) 实测墙体的受压工作应力时，应符合下列要求：

①在选定的墙体上，标出水平槽的位置并应牢固粘贴两对变形测量的脚标。脚标应位于水平槽正中并跨越该槽；脚标之间的标距应相隔四皮砖，宜取 250mm。试验前应记录标距值，精确至 0.1mm。

②使用手持应变仪或千分表在脚标上测量砌体变形的初读数，应测量 3 次，并取其平均值。

③在标出水平槽位置处，剔除水平灰缝内的砂浆。水平槽的尺寸应略大于扁顶尺寸。开凿时不应损伤测点部位的墙体及变形测量脚标。应清理平整槽的四周，除去灰渣。

④使用手持式应变仪或千分表在脚标上测量开槽后的砌体变形值，待读数稳定后方可进行下一步试验工作。

⑤在槽内安装扁顶，扁顶上下两面宜垫尺寸相同的钢垫板，并应连接试验油路。

⑥正式测试前，应进行试加荷载试验，试加荷载值可取预估破坏荷载的 10%。检查测试系统的灵活性和可靠性。

⑦正式测试时，应分级加荷。每级荷载应为预估破坏荷载值的 5%，并应在 1.5~2min 内均匀加完，恒载 2min 后测读变形值。当变形值接近开槽前的读数时，应适当减小加荷级差，直至实测变形值达到开槽前的读数，然后卸荷。

(2) 实测墙内砌体抗压强度或弹性模量时，应符合下列要求：

①在完成墙体的受压工作应力测试后，开凿第二条水平槽，上下槽应互相平行、对齐。当选用 250mm×250mm 扁顶时，两槽之间相隔 7 皮砖，净距宜取 430mm；当选用其他尺寸的扁顶时，两槽之间相隔 8 皮砖，净距宜取 490mm。遇有灰缝不规则或砂浆强度较高而难以凿槽的情况，可以在槽孔处取出一皮砖，安装扁顶时应采用钢制楔形垫块调整其间隙。

②在槽内安装扁顶，扁顶上下两面宜垫尺寸相同的钢垫板，并应连接试验油路。

③正式测试前，应进行试加荷载试验，试加荷载值可取预估破坏荷载的 10%。检查测试系统的灵活性和可靠性。

④正式测试时,记录油压表初读数,然后分级加荷。每级荷载可取预估破坏荷载的10%,并应在1~1.5min内均匀加完,然后恒载2min。加荷至预估破坏荷载的80%后,应按原定加荷速度连续加荷,直至砌体破坏;

⑤当需要测定砌体受压弹性模量时,应在槽间砌体两侧各粘贴一对变形测量脚标,脚标应位于槽间砌体的中部,脚标之间相隔4条水平灰缝,净距宜取250mm(图4-16)。试验前应记录标距值,精确至0.1mm。按上述加荷方法进行试验,测记逐级荷载下的变形值,加荷的应力上限不宜大于槽间砌体极限抗压强度的50%;

⑥当槽间砌体上部压应力小于0.2MPa时,应加设反力平衡架,方可进行试验。反力平衡架可由两块反力板和四根钢拉杆组成。

(3)试验记录内容应包括描绘测点布置图、墙体砌筑方式、扁顶位置、脚标位置、轴向变形值、逐级荷载下的油压表读数、裂缝随荷载变化情况简图等。

4. 数据处理

(1)根据扁顶的校验结果,应将油压表读数换算为试验荷载值。

(2)根据试验结果,应按现行国家标准《砌体基本力学性能试验方法标准》的方法,计算砌体在有侧向约束情况下的弹性模量;当换算为标准砌体的弹性模量时,计算结果应乘以换算系数0.85。

墙体的受压工作应力,等于实测变形值达到开凿前的读数时所对应的应力值。

(3)槽间砌体的抗压强度,应按下式计算:

$$f_{uij} = \frac{N_{uij}}{A_{ij}} \tag{4-62}$$

(4)槽间砌体抗压强度换算为标准砌体的抗压强度,应按下列公式计算:

$$f_{mij} = \frac{f_{uij}}{\xi_{2ij}} \tag{4-63}$$

$$\xi_{2ij} = 1.18 + 4\frac{\sigma_{0ij}}{f_{uij}} - 4.18\left(\frac{\sigma_{0ij}}{f_{uij}}\right)^2 \tag{4-64}$$

式中 $\xi_{2ij}$——扁顶法的强度换算系数。

(5)测区的砌体抗压强度平均值,应按下式计算:

$$f_{mi} = \frac{1}{n_1}\sum_{j=1}^{n_1} f_{mij} \tag{4-65}$$

式中 $f_{mi}$——第$i$个测区的砌体抗压强度平均值(MPa);
$n_1$——测区的测点数。

(四)原位单剪法

1. 仪器设备及环境

测试设备:螺旋千斤顶、卧式液压千斤顶、荷载传感器和数字荷载表等。

技术指标:试件的预估破坏荷载值应在千斤顶、传感器最大测量值的20%~80%之间;检测前应标定荷载传感器及数字荷载表,其示值相对误差不应大于3%。

2. 取样与制备要求

原位单剪法适用于推定砖砌体沿通缝截面的抗剪强度。试件具体尺寸应符合图4-17的规定。测试部位宜选在窗洞口或其他洞口下三皮砖范围内,试件的加工过程中,应避免扰动被测灰缝。

3. 操作步骤

(1) 在选定的墙体上,应采用振动较小的工具加工切口,现浇钢筋混凝土传力件(图4-18)。

(2) 测量被测灰缝的受剪面尺寸,精确至1mm。

(3) 安装千斤顶及测试仪表,千斤顶的加力轴线与被测灰缝顶面应对齐(图4-18)。

(4) 应匀速施加水平荷载,并控制试件在2~5min内破坏。当试件沿受剪面滑动、千斤顶开始卸荷时,即判定试件达到破坏状态,记录破坏荷载值,结束试验。在预定剪切面(灰缝)破坏,此次试验有效。

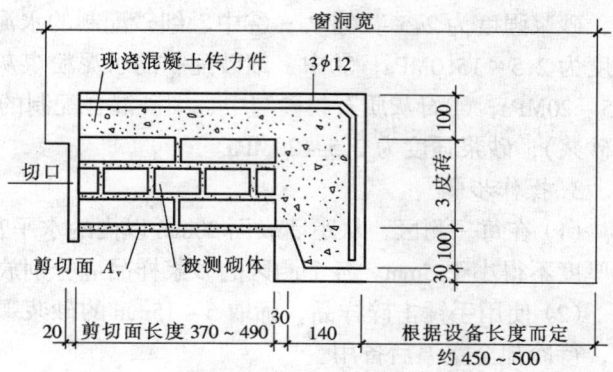

图4-17 原位单剪法试件大样

(5) 加荷试验结束后,翻转已破坏的试件,检查剪切面破坏特征及砌体砌筑质量,并详细记录。

4. 数据处理

根据测试仪表的校验结果,进行荷载换算,精确至10N。

根据试件的破坏荷载和受剪面积,应按下式计算砌体的沿通缝截面抗剪强度:

$$f_{vij} = \frac{N_{vij}}{A_{vij}} \quad (4\text{-}66)$$

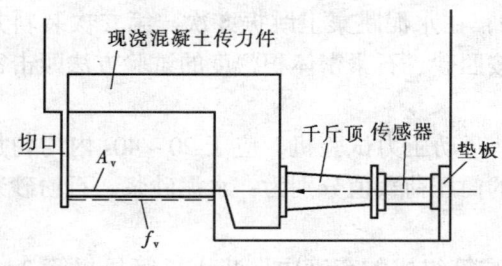

图4-18 原位单剪法测试装置

式中 $f_{vij}$——第 $i$ 个测区第 $j$ 个测点的砌体沿通缝截面抗剪强度(MPa);

$N_{vij}$——第 $i$ 个测区第 $j$ 个测点的抗剪破坏荷载(N);

$A_{vij}$——第 $i$ 个测区第 $j$ 个测点的受剪面积(mm²)。

测区的砌体沿通缝截面抗剪强度平均值,应按下式计算:

$$f_{vi} = \frac{1}{n_1} \sum_{j=1}^{n_1} f_{vij} \quad (4\text{-}67)$$

式中 $f_{vi}$——第 $i$ 个测区的砌体沿通缝截面抗剪强度平均值(MPa)。

(五)筒压法

1. 仪器设备及环境

测试设备:承压筒、压力试验机或万能试验机、摇筛机、干燥箱、标准砂石筛、水泥跳桌、托盘天平。

技术指标:压力试验机或万能试验机50~100kN;标准砂石筛(包括筛盖和底盘)的孔径为5mm、10mm、15mm;托盘天平的称量为1000g、感量为0.1g。

2. 取样与制备要求:筒压法适用于推定烧结普通砖墙中的砌筑砂浆强度;不适用于推定遭受火灾、化学侵蚀等砌筑砂浆的强度。筒压法的承压筒构造见图4-19。

筒压法所测试的砂浆品种及其强度范围,应符合下列要求:①中、细砂配制的水泥砂

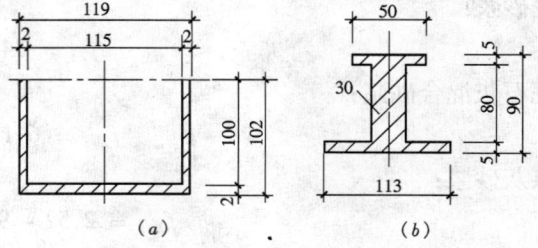

图4-19 承压筒构造
(a) 承压筒剖面;(b) 承压盖剖面

浆,砂浆强度为2.5~20MPa;②中、细砂配制的水泥石灰混合砂浆(以下简称混合砂浆),砂浆强度为2.5~15.0MPa;③中、细砂配制的水泥粉煤灰砂浆(以下简称粉煤灰砂浆),砂浆强度为2.5~20MPa;④石灰质石粉砂与中、细砂混合配制的水泥石灰混合砂浆和水泥砂浆(以下简称石粉砂浆),砂浆强度为2.5~20MPa。

3. 操作步骤

(1) 在每一测区,从距墙表面20mm以内的水平灰缝中凿取砂浆约4000g,砂浆片(块)的最小厚度不得小于5mm。各个测区的砂浆样品应分别放置并编号,不得混淆。

(2) 使用手锤击碎样品,筛取5~15mm的砂浆颗粒约3000g,在105±5℃的温度下烘干至恒重,待冷却至室温后备用。

(3) 每次取烘干样品约1000g,置于孔径5mm、10mm、15mm标准筛所组成的套筛中,机械摇筛2min或手工摇筛1.5min。称取粒级5~10mm和10~15mm的砂浆颗粒各250g,混合均匀后即为一个试样。共制备三个试样。

(4) 每个试样应分两次装入承压筒。每次约装1/2,在水泥跳桌上跳振5次。第二次装料并跳振后,整平表面,安上承压盖。如无水泥跳桌,可按照砂、石紧密体积密度的试验方法颠击密实。

(5) 将装料的承压筒置于试验机上,盖上承压盖,开动压力试验机,应于20~40s内均匀加荷至规定的筒压荷载值后,立即卸荷。不同品种砂浆的筒压荷载值分别为:水泥砂浆、石粉砂浆为20kN;水泥石灰混合砂浆、粉煤灰砂浆为10 kN。

(6) 将施压后的试样倒入由孔径5mm和10mm标准筛组成的套筛中,装入摇筛机摇筛2min或人工摇筛1.5min,筛至每隔5s的筛出量基本相等。

(7) 称量各筛筛余试样的重量(精确至0.1g),各筛的分计筛余量和底盘剩余量的总和,与筛分前的试样重量相比,相对差值不得超过试样重量的0.5%;当超过时,应重新进行试验。

4. 数据处理

(1) 标准试样的筒压比,应按下式计算:

$$T_{ij} = \frac{t_1 + t_2}{t_1 + t_2 + t_3} \tag{4-68}$$

式中 $T_{ij}$——第$i$个测区中第$j$个试样的筒压比,以小数计;

$t_1$、$t_2$、$t_3$——分别为孔径5mm、10mm筛的分计筛余量和底盘中剩余量。

(2) 测区的砂浆筒压比,应按下式计算:

$$T_i = 1/3(T_{i1} + T_{i2} + T_{i3}) \tag{4-69}$$

式中 $T_i$——第$i$个测区的砂浆筒压比平均值,以小数计,精确至0.01;

$T_{i1}$、$T_{i2}$、$T_{i3}$——分别为第$i$个测区三个标准砂浆试样的筒压比。

(3) 根据筒压比,测区的砂浆强度平均值应按下列公式计算:

水泥砂浆:

$$f_{2i} = 34.58\, T_i^{2.06} \tag{4-70}$$

水泥石灰混合砂浆:

$$f_{2,i} = 6.1 T_i + 11\, T_i^2 \tag{4-71}$$

粉煤灰砂浆:

$$f_{2,i} = 2.52 - 9.4 T_i + 32.8\, T_i^2 \tag{4-72}$$

石粉砂浆:

$$f_{2,i} = 2.7 - 13.9 T_i + 44.9\, T_i^2 \tag{4-73}$$

(六)回弹法

1. 仪器设备及环境

测试设备:砂浆回弹仪。

技术指标:砂浆回弹仪应每半年校验一次;在工程检测前后,均应对回弹仪在钢砧上做率定试验;砂浆回弹仪的主要技术指标见表4-17。

**砂浆回弹仪技术性能指标** 表4-17

| 项 目 | 指 标 | 项 目 | 指 标 |
|---|---|---|---|
| 冲击动能(J) | 0.196 | 弹击球面曲率半径(mm) | 25 |
| 弹击锤冲程(mm) | 75 | 在钢砧上率定平均回弹值(R) | 74±2 |
| 指针滑块的静摩擦力(N) | 0.5±0.1 | 外形尺寸(mm) | Φ60×280 |

2. 取样与制备要求

(1)回弹法适用于推定烧结普通砖砌体中的砌筑砂浆强度;不适用于推定高温、长期浸水、化学侵蚀、火灾等情况下的砂浆抗压强度。

(2)测位宜选在承重墙的可测面上,并避开门窗洞口及预埋件等附近的墙体。墙面上每个测位的面积宜大于0.3m²。

3. 操作步骤

(1)测位处的粉刷层、勾缝砂浆、污物等应清除干净;弹击点处的砂浆表面,应仔细打磨平整,并除去浮灰。

(2)每个测位内均匀布置12个弹击点。选定弹击点应避开砖的边缘、气孔或松动的砂浆。相邻两弹击点的间距不应小于20mm。

(3)在每个弹击点上,使用回弹仪连续弹击3次,第1、2次不读数,仅记读第3次回弹值,精确至1个刻度。测试过程中,回弹仪应始终处于水平状态,其轴线应垂直于砂浆表面,且不得移位。

(4)在每一测位内,选择1~3处灰缝,用游标尺和1%的酚酞试剂测量砂浆碳化深度,读数应精确至0.5mm。

4. 数据处理

从每个测位的12个回弹值中,分别剔除最大值、最小值,将余下的10个回弹值计算算术平均值,以$R$表示。每个测位的平均碳化深度,应取该测位各次测量值的算术平均值,以$d$表示,精确至0.5mm。平均碳化深度大于3mm时,取3.0mm。

第$i$个测区第$j$个测位的砂浆强度换算值,应根据该测位的平均回弹值和平均碳化深度值,分别按下列公式计算:

$d \leqslant 1.0$mm 时:

$$f_{2ij} = 13.97 \times 10^{-5} R^{3.57} \tag{4-74}$$

$1.0$mm $< d < 3.0$mm 时:

$$f_{2ij} = 4.85 \times 10^{-4} R^{3.04} \tag{4-75}$$

$d \geqslant 3.0$mm 时:

$$f_{2ij} = 6.34 \times 10^{-5} R^{3.60} \tag{4-76}$$

式中 $f_{2ij}$——第$i$个测区第$j$个测位的砂浆强度值(MPa);

$d$——第$i$个测区第$j$个测位的平均碳化深度(mm);

$R$——第$i$个测区第$j$个测位的平均回弹值。

测区的砂浆抗压强度平均值,应按下式计算:

$$f_{2i} = \frac{1}{n_1}\sum_{j=1}^{n_1} f_{2ij} \tag{4-77}$$

(七)贯入法

1. 仪器设备及环境

测试设备:贯入仪、贯入深度测量表。

技术指标:贯入仪、贯入深度测量表应每年至少校准一次。贯入仪应满足:贯入力应为 $800 \pm 8N$、工作行程应为 $20 \pm 0.10mm$;贯入深度测量表应满足:最大量程应为 $20 \pm 0.02mm$、分度值应为 $0.01mm$。测钉长度应为 $40 \pm 0.10mm$,直径应为 $3.5mm$,尖端锥度应为 $45°$。测钉量规的量规槽长度应为 $39.50 \pm 0.10mm$,贯入仪使用时的环境温度应为 $-4 \sim 40℃$。

2. 取样与制备要求

贯入法适用于检测自然养护、龄期为28d或28d以上、自然风干状态、强度为 $0.4 \sim 16.0MPa$ 的砌筑砂浆。

检测砌筑砂浆抗压强度时,以面积不大于 $25m^2$ 的砌体为一个构件。被检测灰缝应饱满,其厚度不应小于7mm,并应避开竖缝位置、门窗洞口、后砌洞口和预埋件的边缘。多孔砖砌体和空斗墙砌体的水平灰缝深度应大于30mm。

每一构件应测试16点。测点应均匀分布在构件的水平灰缝上,相邻测点水平间距不宜小于240mm,每条灰缝测点不宜多于2点。

检测范围内的饰面层、粉刷层、勾缝砂浆、浮浆以及表面损伤层等,应清除干净;应使待测灰缝砂浆暴露并经打磨平整后再进行检测。

3. 操作步骤

(1) 试验前先清除测钉上附着的水泥灰渣等杂物,同时用测钉量规检验测钉的长度;如测钉能够通过测钉量规槽时,应重新选用新的测钉。

(2) 将测钉插入贯入杆的测钉座中,测钉尖端朝外,固定好测钉;用摇柄旋紧螺母,直至挂钩挂上为止,然后将螺母退至贯入杆顶端;将贯入仪扁头对准灰缝中间,并垂直贴在被测砌体灰缝砂浆的表面,握住贯入仪把手,扳动扳机,将测钉贯入被测砂浆中。当测点处的灰缝砂浆存在空洞或测孔周围砂浆不完整时,该测点应作废,另选测点补测。

(3) 贯入深度的测量应按下列程序操作:①将测钉拔出,用吹风器将测孔中的粉尘吹干净;②将贯入深度测量表扁头对准灰缝,同时将测头插入测孔中,并保持测量表垂直于被测砌体灰缝砂浆的表面,从表盘中直接读取测量表显示值 $d'_i$,贯入深度应按下式计算:

$$d_i = 20.00 - d'_i \tag{4-78}$$

式中 $d'_i$——第 $i$ 个测点贯入深度测量表读数,精确至 $0.01mm$;

$d_i$——第 $i$ 个测点贯入深度值,精确至 $0.01mm$。

(4) 直接读数不方便时,可用锁紧螺钉锁定测头,然后取下贯入深度测量表读数。

(5) 当砌体的灰缝经打磨仍难以达到平整时,可在测点处标记,贯入检测前用贯入深度测量表测读测点处的砂浆表面不平整度读数 $d^0_i$,然后再在测点处进行贯入检测,读取 $d'_i$,则贯入深度取 $d^0_i - d'_i$。

4. 数据处理

检测数值中,应将16个贯入深度值中的3个较大值和3个较小值剔除,余下的10个贯入深度值取平均值。根据计算所得的构件贯入深度平均值,按不同的砂浆品种由规程 JGJ/T 136—

2001 附录 D 查得其砂浆抗压强度换算值。

在采用规程 JGJ/T 136—2001 附录 D 的砂浆抗压强度换算表时，应首先进行检测误差验证试验，试验方法可按规程附录 E 的要求进行，试验数量和范围应按检测的对象确定，其检测误差应满足规程第 E.0.10 条的规定，否则应按规程附录 E 的要求建立专用测强曲线。

**五、强度推定**

1. 每一检测单元的强度平均值、标准差和变异系数，应分别按下列公式计算：

$$\mu_f = \frac{1}{n_2} \sum_{j=1}^{n_2} f_i \tag{4-79}$$

$$s = \sqrt{\frac{\sum_{i=1}^{n_2}(\mu_f - f_i)^2}{n_2 - 1}} \tag{4-80}$$

$$\delta = \frac{s}{\mu_f} \tag{4-81}$$

式中 $\mu_f$——同一检测单元的强度平均值（MPa）。当检测砂浆抗压强度时，$\mu_f$ 即为 $f_{2,m}$；当检测砌体抗压强度时，$\mu_f$ 即为 $f_m$；当检测砌体抗剪强度时，$\mu_f$ 即为 $f_{v,m}$。

$n_2$——同一检测单元的测区数。

$f_i$——测区的强度代表值（MPa）。当检测砂浆抗压强度时，$f_i$ 即为 $f_{2i}$；当检测砌体抗压强度时，$f_i$ 即为 $f_{mi}$；当检测砌体抗剪强度时，$f_i$ 即为 $f_{vi}$。

$s$——同一检测单元，按 $n_2$ 个测区计算的强度标准差（MPa）。

$\delta$——同一检测单元的强度变异系数。

2. 砌筑砂浆抗压强度等级推定：

（1）当测区数 $n_2$ 不小于 6 时：

$$f_{2,m} > f_2 \tag{4-82}$$

$$f_{2,\min} > 0.75 f_2 \tag{4-83}$$

式中 $f_{2,m}$——同一检测单元，按测区统计的砂浆抗压强度平均值（MPa）；

$f_2$——砂浆推定强度等级所对应的立方体抗压强度值（MPa）；

$f_{2,\min}$——同一检测单元，测区砂浆抗压强度的最小值（MPa）。

（2）当测区数 $n_2$ 小于 6 时：

$$f_{2,\min} > f_2 \tag{4-84}$$

（3）当检测结果的变异系数 $\delta$ 大于 0.35 时，应检查检测结果离散性较大的原因，若系检测单元划分不当，宜重新划分，并可增加测区数进行补测，然后重新推定。

（4）对于贯入法

① 当按单个构件检测时，该构件的砌筑砂浆抗压强度推定值等于该构件的砂浆抗压强度换算值；

② 当按批抽检时，应按下列公式计算：

$$f_{2,e1}^c = m_{f_2^c} \tag{4-85}$$

$$f_{2,e2}^c = \frac{f_{2,\min}^c}{0.75} \tag{4-86}$$

式中　$f^c_{2,e1}$——砂浆抗压强度推定值之一，精确至 0.1MPa；
　　　$f^c_{2,e2}$——砂浆抗压强度推定值之二，精确至 0.1MPa；
　　　$m^c_{f_2}$——同批构件砂浆抗压强度换算值的平均值，精确至 0.1MPa；
　　　$f^c_{2,\min}$——同批构件中砂浆抗压强度换算值的最小值，精确至 0.1MPa。

取式 4-85 和式 4-86 中的较小值作为该批构件的砌筑砂浆抗压强度推定值 $f^c_{2,i}$。

③对于按批抽检的砌体，当该批构件砌筑砂浆抗压强度换算值变异系数不小于 0.3 时，则该批构件应全部按单个构件检测。

3. 砌体抗压强度标准值或砌体沿通缝截面的抗剪强度标准值推定：

(1) 当测区数 $n_2$ 小于 6 时，取同一检测单元中测区强度最低值作为相应抗压或抗剪强度标准值。

(2) 当测区数 $n_2$ 不小于 6 时：

$$f_k = f_m - k \cdot s \tag{4-87}$$

$$f_{v,k} = f_{v,m} - k \cdot s \tag{4-88}$$

式中　$f_k$——砌体抗压强度标准值（MPa）；
　　　$f_m$——同一检测单元的砌体抗压强度平均值（MPa）；
　　　$f_{v,k}$——砌体抗剪强度标准值（MPa）；
　　　$f_{v,m}$——同一检测单元的砌体沿通缝截面的抗剪强度平均值（MPa）；
　　　$k$——与 $\alpha$、$C$、$n_2$ 有关的强度标准值计算系数，见表 4-18；
　　　$\alpha$——确定强度标准值所取的概率分布下分位数，本标准取 $\alpha = 0.05$；
　　　$C$——置信水平，本标准取：$C = 0.60$。

计 算 系 数　　　表 4-18

| $n_2$ | 5 | 6 | 7 | 8 | 9 | 10 | 12 | 15 | 18 |
|---|---|---|---|---|---|---|---|---|---|
| $k$ | 2.005 | 1.947 | 1.908 | 1.880 | 1.858 | 1.841 | 1.816 | 1.790 | 1.773 |
| $n_2$ | 20 | 25 | 30 | 35 | 40 | 45 | 50 | | |
| $k$ | 1.764 | 1.748 | 1.736 | 1.728 | 1.721 | 1.716 | 1.712 | | |

(3) 当砌体抗压强度或抗剪强度检测结果的变异系数 $\delta$ 分别大于 0.2 或 0.25 时，不宜直接按式 4-89 或式 4-90 计算。此时应检查检测结果离散性较大的原因，若查明系混入不同总体的样本所致，宜分别进行统计，并分别确定标准值。

六、实例

某住宅楼为五层砖混结构（不含车库及阁楼），±0.000 以上～5.200m 以下墙体，采用 MU10 承重多孔黏土砖、M10 混合砂浆砌筑，5.200 以上墙体采用 MU10 承重多孔黏土砖、M7.5 混合砂浆砌筑。

根据要求，对 ±0.000 以上～5.200m 以下墙体，作为一个检测单元，抽取 6 片墙体，凿除墙体粉刷层，对其用回弹法进行砌筑砂浆抗压强度等级推定。

1. 对每个测位的 12 个回弹值中，分别剔除最大值、最小值，将余下的 10 个回弹值计算算术平均值。

2. 根据每个测位的回弹平均值和平均碳化深度，按本书第三节公式 4-74、4-75、4-76 计算该测区相应测位的砂浆抗压强度换算值，计算结果汇总见下表 4-19：

**回弹法检测砂浆抗压强度换算值汇总表**　　　　表 4-19

| 测区部位 | 测区数 | $f_{2i1}$ (MPa) | $f_{2i2}$ (MPa) | $f_{2i3}$ (MPa) | $f_{2i4}$ (MPa) | $f_{2i5}$ (MPa) | 平均值 (MPa) |
|---|---|---|---|---|---|---|---|
| 1#墙体 | 5 | 7.98 | 11.16 | 9.69 | 7.72 | 8.25 | 8.95 |
| 2#墙体 | 5 | 6.16 | 8.52 | 5.84 | 11.64 | 10.15 | 8.46 |
| 3#墙体 | 5 | 21.02 | 10.80 | 9.09 | 10.47 | 13.10 | 12.89 |
| 4#墙体 | 5 | 10.96 | 10.31 | 6.05 | 11.30 | 6.16 | 8.96 |
| 5#墙体 | 5 | 18.23 | 9.24 | 26.84 | 24.89 | 13.10 | 18.42 |
| 6#墙体 | 5 | 22.94 | 14.27 | 15.73 | 11.82 | 14.27 | 15.80 |

3. 该检测单元的砌筑砂浆抗压强度等级推定

根据公式 4-79、4-80、4-81、4-82、4-83，相关参数的计算结果如下：

最小值：$f_{2,\min} = 8.46\text{MPa} > 0.75 f_2 = 7.5\text{MPa}$；

平均值：$f_{2,m} = 12.25\text{MPa} > f_2 = 10\text{MPa}$；

标准差：$s = 4.18\text{MPa}$；

变异系数：$\delta = s/f_{2,m} = 4.18/12.25 = 0.34 < 0.35$；

4. 结果判定

该检测单元砌筑砂浆强度等级符合设计要求。

**思考题**

1. 解释检测单元、测区和测点的概念。
2. 砌体工程现场检测方法中，按测试内容可分为哪几类？各类检测中分别用哪种方法检测？
3. 用切割法检测砌体抗压强度时，当砌块试件的高厚比 $\beta$ 大于 3 时，试件的抗压强度如何计算？
4. 简要叙述原位轴压法检测砌体抗压强度的步骤。
5. 简要叙述筒压法检测砌筑砂浆强度的步骤。
6. 简要叙述回弹法检测砌筑砂浆强度的步骤。
7. 简要叙述贯入法检测砌筑砂浆强度的步骤。

## 第四节　建筑物沉降观测、垂直偏差检测

### （一）建筑物的沉降观测

**一、概念**

建筑物在施工期间及竣工后，由于地基处理不当等多种因素的影响，建筑物产生均匀或不均匀的沉降，尤其不均匀沉降将导致建筑物开裂、倾斜甚至倒塌。建筑物沉降观测是通过采用相关等级及精度要求的水准仪，通过在建筑物上所设置的若干观测点定期观测相对于建筑物附近的水准点的高差随时间的变化量，获得建筑物实际沉降的变化程度或变形趋势，并判定沉降是否进入稳定期和是否存在不均匀沉降对建筑物的影响。

沉降观测的几个主要参数和基本概念：

1. 高程的概念

绝对高程：地面点到大地水面的铅垂距离，称为该点的绝对高程，也叫海拔。

建筑标高：在工程设计中，每一个独立的单位工程都有它自身的高度起算面，一般取首层室内地坪高度为 ±0.000，单位工程本身各部位的高度都是以 ±0.000 为起算面算起的相对标高，称

建筑标高。

设计高程：工程设计人员在施工图中明确给出该单位工程的±0.000相当于绝对高程值，这个确定的绝对高程值叫设计高程，也叫设计标高。

相对高程：当引用绝对高程有困难时，可采用假定的水准面作为起算高程的基准面，地面点到假定水准面的铅垂距离，称为相对高程。

高差：两个地面点之间的高程差称为高差。

2. 水准点（BM）：水准点有永久性和临时性两种。由测绘部门，按国家规范埋设和测定的已知高程的固定点，作为在其附近进行水准测量时的高程依据，叫永久水准点。

3. 沉降观测中几个误差的概念

系统误差：在等精度观测中，对一个量进行多次观测，如果误差在大小、符号上表现出一致的倾向，或者按一定的规律变化，或保持常数，这种误差称为系统误差。

偶然误差：在等精度观测中，对一个量进行多次观测，如果误差的大小和符号没有规律性，这种误差称为偶然误差。

中误差（均方误差）$m$：数理统计学中叫标准差，在一组观测条件相同的观测值中，各观测值与真值之差叫做真误差，以$\Delta i$表示，观测次数为$n$，则表示该组观测值的中误差（均方误差）$m$的计算式为：

$$m = \pm\sqrt{\frac{[\Delta\Delta]}{n}} \tag{4-89}$$

式中

$$[\Delta\Delta] = \Delta_1^2 + \Delta_2^2 + \Delta_3^2 + \cdots + \Delta_n^2 \tag{4-90}$$

$m$值小即表示观测精度较好，反之表示观测精度差。

允许误差：又称极限误差或限差，是指在一定观测条件下偶然误差绝对值不应超过的限值。是区分观测成果是否合格的界限。在测量中常取2~3倍中误差作为允许误差。

闭合差：由一个已知高程点起，按一个环线向施工现场各欲求高程点引测后，又闭合回到起始的已知高程点，各段高差的总和即为闭合差。

平差：在水准路线上有若干个待求高程点，如果测得误差在允许范围内，则认为各测站产生的误差是相等的，对闭合差要按测站数成正比例反符号分配，即对高差进行改正使闭合差等于零。该调整计算过程即为平差。

4. 建筑沉降观测的等级划分及其精度要求见表4-20。

建筑物沉降观测的等级及其精度要求　　　　　　　表4-20

| 变形测量等级 | 观测点测站高差中误差（mm） | 适 用 范 围 |
| --- | --- | --- |
| 特级 | ≤0.05 | 特高精度要求的特种精密工程和重要科研项目变形观测 |
| 一级 | ≤0.15 | 高精度要求的大型建筑物和科研项目变形观测 |
| 二级 | ≤0.50 | 中等精度要求的建筑物和科研项目变形观测；重要建筑物主体倾斜观测、场地滑坡观测 |
| 三级 | ≤1.50 | 低精度要求的建筑物变形观测；一般建筑物主体倾斜观测、场地滑坡观测 |

注：1. 观测点测站高差中误差，系指几何水准测量测站高差中误差或静力水准测量相邻观测点相对高差中误差；
　　2. 沉降水准测量闭合差要求：一级小于$0.3\sqrt{n}$mm，二级小于$1.0\sqrt{n}$mm（其中$n$为测站数）。

## 二、检测依据

《建筑变形测量规程》JGJ/T8—97；

《建筑地基基础设计规范》GB50007—2002；
《建筑物沉降观测方法》DGJ 32/J 18—2006。

### 三、仪器设备及环境

1. 水准仪

（1）仪器精度要求

沉降观测精度宜采用Ⅱ级水准要求，应使用DS05或DS1级精密水准仪和铟钢水准尺进行。水准仪的$i$角不得大于15″、补偿式自动安平水准仪的补偿误差$\Delta a$绝对值不得大于0.2″。

DS05、DS1级精密水准仪的技术参数　　　　表4-21

| 技术参数项目 | 水准仪型号 | | 技术参数项目 | 水准仪型号 | |
| --- | --- | --- | --- | --- | --- |
| | DS05 | DS1 | | DS05 | DS1 |
| 每千米往返平均高差中误差 | ≤0.5mm/km | ≤1mm/km | 管状水准器格值 | 10″/2mm | 10″/2mm |
| 望远镜放大倍率 | ≥40倍 | ≥40倍 | 测微器有效量测范围（mm） | 5 | 5 |
| 望远镜有效孔径（mm） | ≥60 | ≥50 | 测微器最小分格值（mm） | 0.05 | 0.05 |

（2）精密水准仪的检验与校正

①使用方法

安平：安平方法与普通水准仪大致相同。不过此仪器长水准灵敏度极高，气泡动荡静止较慢，应注意将脚架安踏牢固，安平时先使圆水准大致居中。为了尽量提高视线，减少地面折光影响，仪器架应尽量架高。在瞄准水准尺之后用微倾螺旋作精确居中，此时只需稍微转动一下即可。螺旋转动的方向与气泡相对移动方向是一致的（图4-20）。

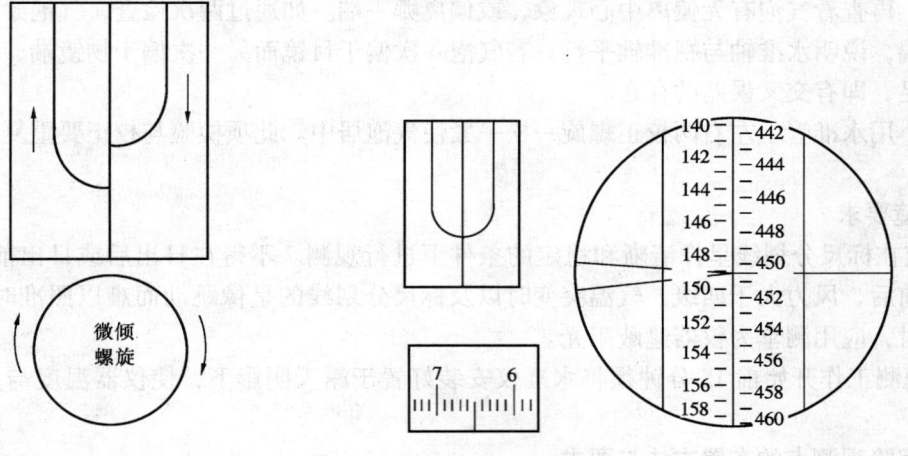

图4-20　调整气泡　　　　图4-21　读尺示例

读尺：精密水准仪配有铟钢水准尺，尺面分左右两条刻划的起点数值不同，测量时两尺都要读数，彼此校对。尺上每小格1cm，每两格注一字，由尺上直接读至厘米，零碎读数由光学测微计直读至0.1mm，估读至0.01mm，在瞄准后，转动测微计螺旋，尺像随之上下移动，使横线一端的楔形夹线恰好夹住尺上记得划线。

如图4-21左尺（或称主尺）读数为148mm，测微读数为0.647cm，此读数为主尺148.647cm。然而进行右尺（或称为副尺）读数，每一相同高度主副尺读数总是相差301.550cm，由此可以核对读数。

②校正

a.圆水泡的校正

目的：使圆水泡轴线垂直，以便安平。

校正方法：用长水准管使纵轴确切垂直，然后校正之，使圆水泡气泡居中，其步骤如下：拨转望远镜使之垂直于一对水平螺旋，用圆水泡粗略安平，再用微倾螺旋使长水准气泡居中微倾螺旋之读数，拨转仪器180°，倘气泡偏差，仍用微倾螺旋安平，又得一读数，旋转微倾螺旋至两读数之平均数。此时长水准轴线已与纵轴垂直。接头再用水平螺旋安平长水准管水泡居中，则纵轴即垂直。转动望远镜至任何位置气泡像符合差不大于1mm。纵轴既已旋得过紧，以免损坏水准盒。

b. 微倾螺旋上刻度指标差的改正

上述进行使长水准轴线与纵轴垂直的步骤中，曾得到微倾螺旋两数之平均数，当微倾螺旋对准此数时，则长水准轴线应与纵轴垂直，此数本应为零，倘不对零线，则有指标差，可将微倾螺旋外面周围三个小螺旋各松开半转，轻轻旋动螺旋头至指标恰指"0"线为止，然后重新旋紧小螺旋。在进行此项工作时，长水准必须始终保持居中，即气泡保持符合状态。

c. 长水准的校正

目的：是使水准管轴平行于视准轴（即无交叉误差）。

检验：安平仪器后，在距仪器约50m处竖立一水准尺。水准仪三个脚螺旋的位置应如图9-6所示，其中两脚螺旋的连线与仪器至标尺的连线相垂直。将仪器整平，使水准管气泡严格居中，用横丝的中心部位在尺上读数。然后将两个脚螺旋相对的旋转1~2整周，使水准仪向另一侧倾斜，此时横丝所对尺上读数必已变动，旋转微倾螺旋，使十字丝交点处读数保持不变，查看气泡是否偏离中心，如有偏离，记住气泡偏离中心的方向（如偏向目镜端或物镜端）。使脚螺旋恢复原来位置，并旋转微倾螺旋使气泡成中，此时横丝所对尺上读数仍为原来数值。然后再以前次相反的方向旋转脚螺旋1~2整周。使水准仪向另一侧倾斜，同时旋转微倾螺旋保持十字丝交点处读数不变，再查看气泡有无偏离中心现象，或偏离哪一端。如通过两次检查，气泡始终居中或仅偏于同一端，说明水准轴与视准轴平行。若气泡一次偏于目镜而另一次偏于物镜端，则说明此项条件不满足，即有交叉误差的存在。

校正：用水准管上左右两校正螺旋一松一紧使气泡居中。此项检验与校正要重复进行，直至满足条件。

2. 环境要求

（1）应在标尺分划线呈像清晰和稳定的条件下进行观测。不得在日出后或日出前约半小时、太阳中天前后、风力大于四级、气温突变时以及标尺分划线的呈像跳动而难以照准时进行观测。晴天观测时，应用测伞为仪器遮蔽阳光。

（2）观测工作开始前15分钟须将水准仪安装好置于露天阴影下，使仪器温度与大气温度相同。

**四、沉降观测点的布置方法与要求**

1. 水准点的布设

建筑物的沉降观测是根据建筑物附近的水准点进行的，所以水准点必须坚固稳定。在布设水准点时应注意以下几点：

（1）每一测区的水准基点不应少于3个；对于小测区，当确认点位稳定可靠时可少于3个，但连同工作基点不得少于3个，以组成水准网互校。

（2）水准点应布设在沉降区以外的通视良好、土质坚硬且不受施工影响的安全地点。水准点应避开交通干道、地下管线、仓库堆栈、水源地、河岸、松软填土、滑坡地段、机器振动区以及其他能使标石、标志易遭腐蚀和破坏的地点。在建筑区内，点位与邻近建筑物的距离应大于建筑物基础最大宽度的2倍，其标石埋深应大于邻近建筑物基础的深度。在建筑物内部的点位，其标石埋深应大于地基土压缩层的深度。

(3) 水准点与观测点之间的距离不能太远,以保证观测的精度。

2. 沉降观测点的布置

沉降观测点的位置以能全面反映建筑物地基变形特征,并结合地质情况及建筑结构特点确定,点位宜选设在下列位置:

(1) 建筑物的四角、大转角处及沿外墙每 10~15m 处或每隔 2~3 根柱基上。

(2) 高低层建筑物、新旧建筑物、纵横墙等交接处的两侧。

(3) 建筑物裂缝和沉降缝两侧、基础埋深相差悬殊处、人工地基与天然地基接壤处、不同结构的分界处及填挖方分界处。

(4) 宽度大于等于 15m 或小于 15m 而地质复杂以及膨胀土地区的建筑物,在承重内隔墙中部设内墙点,在室内地面中心及四周设地面点。

(5) 邻近堆置重物处、受振动有显著影响的部位及基础下的暗浜(沟)处。

(6) 框架结构建筑物的每个或部分柱基上或沿纵横轴线设点。

(7) 片筏基础、箱形基础底板或接近基础的结构部分之四角处及其中部位置。

(8) 重型设备基础和动力设备基础的四角、基础型式或埋深改变处以及地质条件变化处两侧。

(9) 电视塔、烟囱、水塔、油罐、炼油塔、高炉等高耸建筑物,沿周边在与基础轴线相交的对称位置上布点,点数不少于 4 个。

3. 沉降观测标志的形式与埋设

沉降观测标志可根据不同的建筑结构类型和建筑材料,采用墙(柱)标志、基础标志和隐蔽式标志(用于宾馆等高级建筑物)等型式。各类标志的立尺部位应加工成半球形或有明显的突出点,并涂上防腐剂。

标志的埋设位置应避开如雨水管、窗台线、暖气片、暖水管、电气开关等有碍设标与观测的障碍物,并应视立尺需要离开墙(柱)面和地面一定距离。隐蔽式沉降观测点标志的型式,可按图 4-22、图 4-23、图 4-24 的规格埋设。

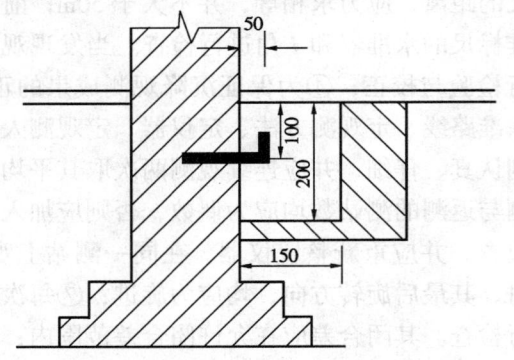

图 4-22 窨井式标志
(适用于建筑物内部埋设,单位:mm)

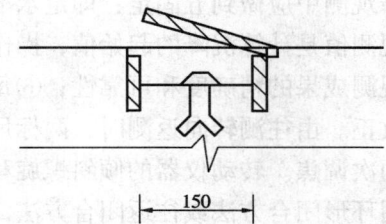

图 4-23 盒式标志
(适用于设备基础上埋设,单位:mm)

4. 沉降观测方法与观测要求:

(1) 沉降观测的周期和观测时间:①建筑物施工阶段的观测,应随施工进度及时进行。一般建筑,可在基础完工后或地下室砌完后开始观测,大型、高层建筑,可在基础垫层或基础底部完成后开始观测。观测次数与间隔时间应视地基与加荷情况而定。民用建筑可每加高 1~5 层观测一次;工业建筑可按不同施工阶段(如回填基坑、安装柱子和屋架、砌筑墙体、设备安装等)分别进行观测。如建筑物均匀增高,应至少在增加荷载的 25%、50%、75% 和 100% 时各测一次。

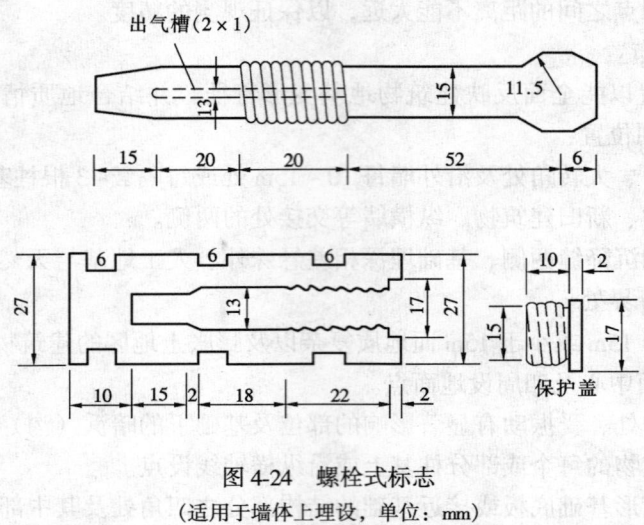

图 4-24 螺栓式标志
(适用于墙体上埋设,单位:mm)

施工过程中如暂时停工,在停工时及重新开工时应各观测一次。停工期间,可每隔 2~3 个月观测一次;②建筑物使用阶段的观测次数,应视地基土类型和沉降速度大小而定。除有特殊要求者外,一般情况下,可在第一年观测 3~4 次,第二年观测 2~3 次,第三年后每年 1 次,直至稳定为止。观测期限一般不少于如下规定:砂土地基 2 年,膨胀土地基 3 年,黏土地基 5 年,软土地基 10 年;③在观测过程中,如有基础附近地面荷载突然增减、基础四周大量积水、长时间连续降雨等情况,均应及时增加观测次数。当建筑物突然发生大量沉降、不均匀沉降或严重裂缝时,应立即进行逐日或几天一次的连续观测。

(2) 沉降观测点的观测方法与观测要求:①二级沉降观测,应使用 DS05 或 DS1 型水准仪、铟钢水准尺;②二级水准观测的视线长度应 ≤50m、前后视距差应 ≤2.0m、前后视距累积差应 ≤3.0m、视线高度应 ≥0.2m;二级水准观测的限差应 $\leq 1.0\sqrt{n}$;③作业中应遵守的规定:观测应在成像清晰、稳定时进行;仪器离前后视水准尺的距离,应力求相等,并不大于 50m;前后视观测,应使用同一把水准尺;经常对水准仪及水准标尺的水准器和 $i$ 角进行检查。当发现观测成果出现异常情况并认为与仪器有关时,应及时进行检验与校正;④为保证沉降观测成果的正确性,在沉降观测中应做到五固定:即定水准点、定水准路线、定观测方法、定仪器、定观测人员;⑤首次观测值是计算沉降的起始值,操作时应特别认真、仔细,并应连续观测两次取其平均值,以保证观测成果的精确度和可靠性;⑥每测段往测与返测的测站数均应为偶数,否则应加入标尺零点差改正。由往测转向返测时,两标尺应互换位置,并应重新整置仪器。在同一测站上观测时,不得两次调焦。转动仪器的倾斜螺旋和测微鼓时,其最后旋转方向,均应为旋进;⑦每次观测均需采用环形闭合方法或往返闭合方法,当场进行检查。其闭合差应在允许闭合差范围内;⑧在限差允许范围内的观测成果,其闭合差按测站数进行分配,计算高程。

## 五、观测结果与结果判定

1. 观测工作结束后,应提交下列成果:
(1) 沉降观测数据表;
(2) 沉降观测点位分布图及各周期沉降展开图;
(3) $v—t—s$(沉降速度、时间、沉降量)曲线图;
(4) $p—t—s$(荷载、时间、沉降量)曲线图(视需要提交);
(5) 建筑物等沉降曲线图(如观测点数量较少可不提交);
(6) 沉降观测分析报告。

**2.根据沉降量与时间关系曲线判定沉降是否进入稳定阶段。** 对重点观测和科研观测工程，若最后三个周期观测中每周期沉降量不大于 $2\sqrt{2}$ 倍测量中误差可认为已进入稳定阶段。一般观测工程，若沉降速度小于 0.01~0.04mm/d，可认为已进入稳定阶段，具体取值宜根据各地区地基土的压缩性确定。

**六、实例**

沉降观测实例

1. 概况

某住宅楼为三层结构，施工期间需对该楼进行六次沉降观测，布设沉降观测点共 6 个，具体点位布置见图 4-25。

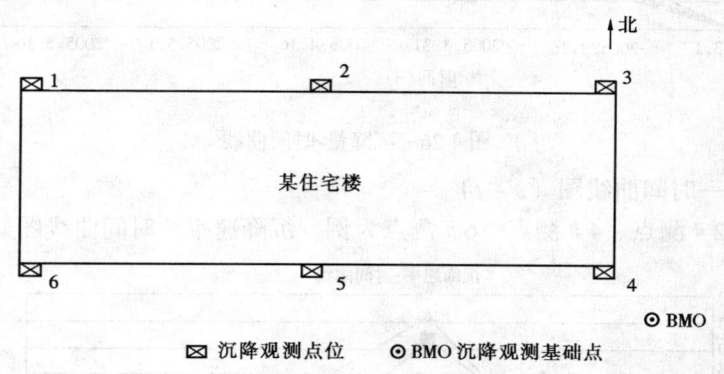

图 4-25 某住宅楼沉降观测点布置示意图

2. 检测仪器

水准仪 DS1 型；2m 精密钢钢水准尺（两根）。

3. 现场观测

此次沉降观测采用仪器两次测高法进行观测；现场观测时，整个观测过程为一闭合回路；受现场条件限制时，可使用适当的转点进行观测。

4. 原始记录整理

每次观测结束后，应及时计算出每次观测后各个测点的相对高程，同时计算出各个测点的本次沉降量和累计沉降量。计算如下：

$$本次沉降 = 本次高程 - 上次高程$$
$$累计沉降 = 本次高程 - 首次高程$$

六次沉降观测汇总结果见表 4-22。

沉降观测数据表　　　　表 4-22

| 观测点 | 第1次 沉降量（mm） | | 第2次 沉降量（mm） | | 第3次 沉降量（mm） | | 第4次 沉降量（mm） | | 第5次 沉降量（mm） | | 第6次 沉降量（mm） | |
|---|---|---|---|---|---|---|---|---|---|---|---|---|
| | 本次 | 累计 | 本次 | 累计 | 本次 | 累计 | 本次 | 累计 | 本次 | 累计 | 本次 | 累计 |
| 1 | 0.00 | 0.00 | 2.08 | 2.08 | 2.03 | 4.11 | 1.65 | 5.76 | 0.83 | 6.59 | 0.35 | 6.94 |
| 2 | 0.00 | 0.00 | 1.57 | 1.57 | 0.51 | 4.08 | 1.47 | 5.55 | 0.69 | 6.24 | 0.22 | 6.46 |
| 3 | 0.00 | 0.00 | 1.83 | 1.83 | 2.55 | 4.38 | 1.61 | 5.99 | 0.63 | 6.62 | 0.20 | 6.82 |
| 4 | 0.00 | 0.00 | 1.36 | 1.36 | 2.76 | 4.12 | 2.12 | 6.24 | 0.75 | 6.99 | 0.31 | 7.30 |
| 5 | 0.00 | 0.00 | 1.51 | 1.51 | 2.15 | 3.66 | 1.90 | 5.56 | 0.58 | 6.14 | 0.27 | 6.41 |
| 6 | 0.00 | 0.00 | 1.70 | 1.70 | 1.91 | 3.61 | 1.82 | 5.43 | 0.60 | 6.03 | 0.16 | 6.19 |

5. 观测结果总结

(1) 沉降量—时间曲线图 ($s-t$)

取 1#测点、2#测点、4#测点、6#测点为例,沉降量-时间曲线图如图 4-26 所示:

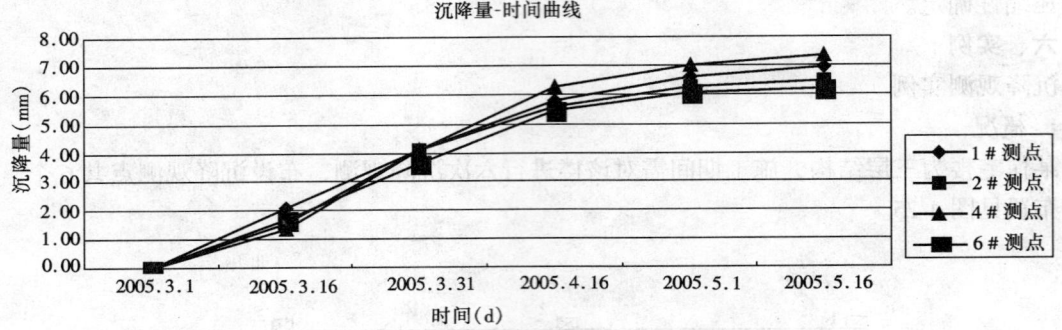

图 4-26 沉降量-时间曲线

(2) 沉降速率—时间曲线图 ($v-t$)

取 1#测点、2#测点、4#测点、6#测点为例,沉降速率-时间曲线图如图 4-27 所示:

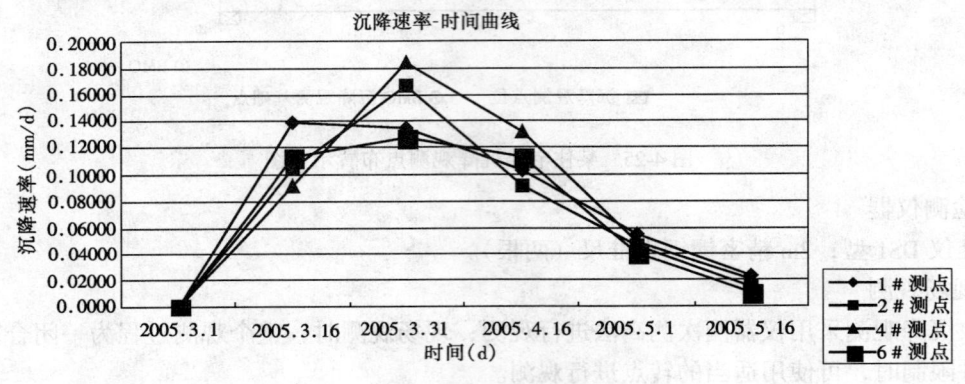

图 4-27 沉降速率-时间曲线

从沉降观测成果中可得,自 2004 年 03 月 01 日~2004 年 05 月 16 日,该楼的平均沉降量为 6.69mm,最大沉降量为 4#测点 7.30mm,最小沉降量为 6#测点 6.19mm。最近一次平均沉降速率为 0.0168mm/d,其中最近一次最大沉降速率为 1#测点,最大值 0.0233mm/d。

## (二) 垂直偏差检测 (倾斜观测)

### 一、概念

建筑物主体倾斜观测,应测定建筑物顶部相对于底部或各层间上层相对于下层的水平位移与高差,分别计算整体或分层的倾斜度、倾斜方向以及倾斜速度。对具有刚性建筑物的整体倾斜,亦可通过测量顶面或基础的相对沉降间接确定。

### 二、检测依据

《建筑变形测量规程》JGJ/T 8—97;
《建筑地基基础设计规范》GB 50007—2002。

### 三、仪器设备及环境

经纬仪、激光铅直仪、激光位移计、倾斜仪(如水管式倾斜仪、水平摆倾斜仪、气泡倾斜仪或电子倾斜仪)。

倾斜观测应避开强日照和风荷载影响大的时间段。

**四、观测点的布设与要求**

1. 主体倾斜观测点位的布设

(1) 观测点应沿对应测站点的某主体竖直线，对整体倾斜按顶部、底部，对分层倾斜按分层部位、底部上下对应布设。

(2) 当从建筑物外部观测时，测站点或工作基点的点位应选在与照准目标中心连线呈接近正交或呈等分角的方向线上距照准目标 1.5~2.0 倍目标高度的固定位置处；当利用建筑物内竖向通道观测时，可将通道底部中心点作为测站点。

(3) 按纵横轴线或前方交会布设的测站点，每点应选设 1~2 个定向点。基线端点的选设应顾及其测距或丈量的要求。

2. 主体倾斜观测点位的标志设置

(1) 建筑物顶部和墙体上的观测点标志，可采用埋入式照准标志型式。有特殊要求时，应专门设计。

(2) 不便埋设标志的塔形、圆形建筑物以及竖直构件，可以照准视线所切同高边缘认定的位置或用高度角控制的位置作为观测点位。

(3) 位于地面的测站点和定向点，可根据不同的观测要求，采用带有强制对中设备的观测墩或混凝土标石。

(4) 对于一次性倾斜观测项目，观测点标志可采用标记形式或直接利用符合位置与照准要求的建筑物特征部位；测站点可采用小标石或临时性标志。

**五、观测方法与观测要求**

1. 主体倾斜观测的方法

测定建筑物倾斜的方法有两类：(1) 直接测定法；(2) 间接推定法（通过测量建筑物基础相对沉降的方法来确定建筑物的倾斜）。

(1) 直接测定法

① 投影法。观测时，应在底部观测点位置安置量测设施（如水平读数尺等）。在每测站安置经纬仪投影时，应按正倒镜法以所测每对上下观测点标志间的水平位移分量，按矢量相加法求得水平位移值（倾斜量）和位移方向（倾斜方向）。

对需要观测的建筑物，通常对建筑物的四个阳角进行倾斜观测，综合分析整栋建筑物的倾斜情况。

经纬仪的位置如图 4-28 所示，其中要求经纬仪应设置在离建筑物较远的地方（距离最好大于 1.5 倍建筑物的高度），以减少仪器纵轴不垂直的影响。

观测时瞄准墙顶一点 $M$，向下投影得一点 $N$，投影时经纬仪在固定测站很好地对中严格整平，用盘左、盘右两个度盘位置往下投影，分别量取水平距离，取其平均值即为 $NN_1$ 间的水平距离 $a$。如图 4-29 所示。

另外，以 $M$ 点为基准，采用经纬仪测出角度 $\alpha$。$H$ 和 $H_1$ 也可用钢尺直接量取，或用手持式激光测距仪测定。

根据垂直角 $\alpha$ 可按下式算出高度

$$H = l \cdot \text{tg}\alpha \tag{4-91}$$

则建筑物的倾斜度

$$i = a/H \tag{4-92}$$

建筑物该阳角的倾斜量 $\beta$

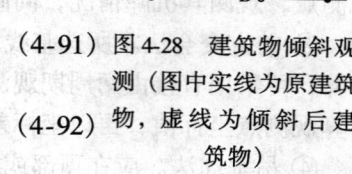

图 4-28 建筑物倾斜观测（图中实线为原建筑物，虚线为倾斜后建筑物）

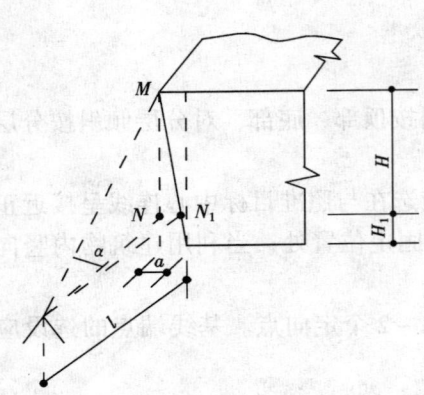

图 4-29 测量方法

$$\beta = i \cdot (H + H_1) \tag{4-93}$$

最后，综合分析四个阳角的倾斜度，即可描述整幢建筑物的倾斜情况。

②测水平角法。对塔形、圆形建筑物或构件，每测站的观测，应以定向点作为零方向，以所测各观测点的方向值和至底部中心的距离，计算顶部中心相对底部中心的水平位移分量。

以烟囱为例，为精确测定中心倾斜进而确定其整体倾斜情况，可在离烟囱高 $1.5 \sim 2$ 倍远、且能观测到烟囱勒角部分处、互相垂直的两个方向上选定两个测站，并做好固定标志。在烟囱上标出作为观测用的标志点 1、2、3、4（或观测特征点），再选定一个远方的不动点为零方向，如图 4-30 所示。

测站 $A$ 以 $M$ 为零方向，依次测出各标志点的方向值，并计算上部中心的方向 $a = (\alpha_2 + \alpha_3)/2$ 和勒角部分中心的方向 $b = (\alpha_1 + \alpha_4)/2$。再通过测量测站 $A$ 点到烟囱中心的水平距离 $L_1$，即可计算出倾斜分量 $a_1 = L_1 (b - a)$，如图 4-31 所示。

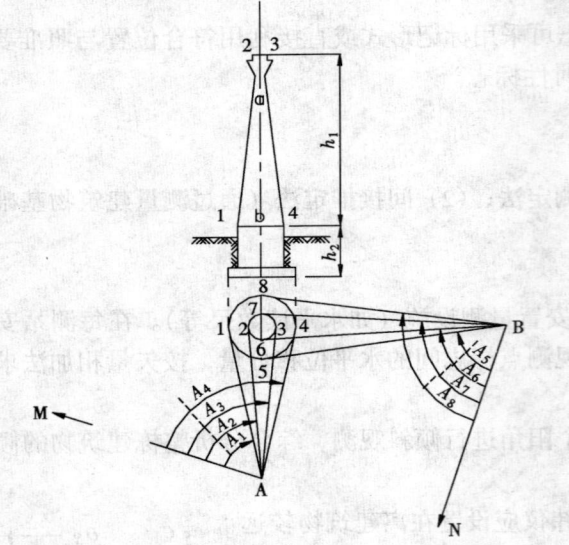

图 4-30 测水平角法测定倾斜

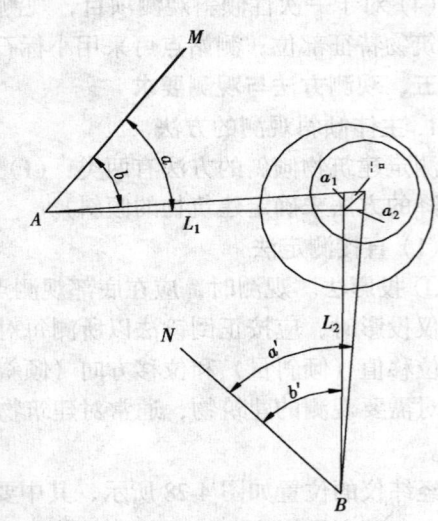

图 4-31 烟囱倾斜几何尺寸示意图

然后移站到测站 $B$，以 $N$ 为零方向，依次观测各标志点的方向值，计算另一个方向烟囱上部中心的方向 $a' = (\alpha_6 + \alpha_7)/2$ 和烟囱勒角部分中心的方向 $b' = (\alpha_5 + \alpha_8)/2$。再通过测量测站 $B$ 至烟囱中心的水平距离，即 $L_2$，计算出倾斜分量 $a_2 = L_2 (a' - b')$。如图 4-31 所所示。用矢量相加的方法，可求得烟囱上部相对于勒角部分的倾斜值和倾斜方向。进而计算出烟囱的倾斜度。对于烟囱等高耸构筑物，往往在测定其倾斜的同时，在其下部还均匀布设不少于 4 点的沉降观测点，观测其沉降情况，同倾斜现象一起进行研究分析。

③ 前方交会法。所选基线应与观测点组成最佳构形，交会角宜在 60°~120°之间。水平位移计算，可采用直接由两周期观测方向值之差解算坐标变化量的方向差交会法，亦可采用按每周期计算观测点坐标值，再以坐标差计算水平位移的方法。

④ 吊垂球法。应在顶部或需要的高度处观测点位置上，直接或支出一点悬挂适当重量的垂

球,在垂线下的底部固定读数设备(如毫米格网读数板),直接读取或量出上部观测点相对底部观测点的水平位移量和位移方向。

⑤ 激光铅直仪观测法。应在顶部适当位置安置接收靶,在其垂线下的地面或地板上安置激光铅直仪或激光经纬仪,按一定周期观测,在接收靶上直接读取或量出顶部的水平位移量和位移方向。作业中仪器应严格置平、对中。

⑥ 激光位移计自动测记法。位移计宜安置在建筑物底层或地下室地板上,接收装置可设在顶层或需要观测的楼层,激光通道可利用楼梯间梯井,测试室宜选在靠近顶部的楼层内。当位移计发射激光时,从测试室的光线示波器上可直接获取位移图像及有关参数,并自动记录成果。

⑦ 正锤线法。锤线宜选用直径 0.6~1.2mm 的不锈钢丝,上端可锚固在通道顶部或需要高度处所设的支点上。稳定重锤的油箱中应装有粘性小、不冰冻的液体。观测时,由底部观测墩上安置的量测设备(如坐标仪、光学垂线仪、电感式垂线仪),按一定周期测出各测点的水平位移量。

⑧ 摄影测量法。当建筑物立面上观测点数量较多或倾斜变形比较明显时,也可采用近景摄影测量方法。

(2) 间接推定法

按相对沉降间接确定建筑物整体倾斜时,所测建筑物应具有足够的整体结构刚度。可选用下列方法:① 倾斜仪测记法。采用的倾斜仪(如水管式倾斜仪、水平摆倾斜仪、气泡倾斜仪或电子倾斜仪)应具有连续读数、自动记录和数字传输的功能。监测建筑物上部层面倾斜时,仪器可安置在建筑物基础面上,以所测楼层或基础面的水平角变化值反映和分析建筑物倾斜的变化程度;② 测定基础沉降差法。可在基础上选设观测点,采用水准测量方法,以所测各周期的基础沉降差换算求得建筑物整体倾斜度及倾斜方向。

2. 主体倾斜观测的周期

(1) 主体倾斜观测的周期,可视倾斜速度每 1~3 个月观测一次。如遇基础附近因大量堆载或卸载、场地降雨长期积水等而导致倾斜速度加快时,应及时增加观测次数。

(2) 施工期间的观测周期,应随施工进度及时进行。一般建筑,可在基础完工后或地下室砌完后开始观测,大型、高层建筑,可在基础垫层或基础底部完成后开始观测。观测次数与间隔时间应视地基与加荷情况而定。民用建筑可每加高 1~5 层观测一次;工业建筑可按不同施工阶段(如回填基坑、安装柱子和屋架、砌筑墙体、设备安装等)分别进行观测。如建筑物均匀增高,应至少在增加荷载的 25%、50%、75% 和 100% 时各测一次。施工过程中如暂时停工,在停工时及重新开工时应各观测一次。停工期间,可每隔 2~3 个月观测一次。

### 六、观测结果与结果判定

1. 观测结果

倾斜观测工作结束后,应提交下列成果:倾斜观测点位布置图;观测数据表、成果图;主体倾斜曲线图;观测结果分析资料。

2. 结果判定

建筑物主体倾斜观测结果须小于倾斜容许值。建筑物主体倾斜的容许值见表 4-23。

建筑物主体倾斜的容许值 表 4-23

| 多层和高层建筑的整体倾斜 | | 高耸结构基础的倾斜 | |
| --- | --- | --- | --- |
| 建筑物高度 (m) | 倾斜允许值 | 建筑物高度 (m) | 倾斜允许值 |
| $H_g \leq 24$ | 0.004 | $H_g \leq 20$ | 0.008 |
| $24 < H_g \leq 60$ | 0.003 | $20 < H_g \leq 50$ | 0.006 |
| $60 < H_g \leq 100$ | 0.0025 | $50 < H_g \leq 100$ | 0.005 |
| $H_g > 100$ | 0.002 | $100 < H_g \leq 150$ | 0.004 |
| | | $150 < H_g \leq 200$ | 0.003 |
| | | $200 < H_g \leq 250$ | 0.002 |

## 七、实例

倾斜观测实例

1. 概况

某六层住宅楼,对该住宅楼的东、南、西、北四个楼角位置进行了倾斜测量。

2. 检测仪器

采用拓普康 GPT－6002LP 全站仪。

3. 测量结果

(1) 倾斜测量成果说明:①所有点位的偏移量均为该楼最上面点相对于最下面点(勒脚处)沿南北向或东西向的偏移量;②该楼楼角编号及楼角高度如图 4-32 所示:

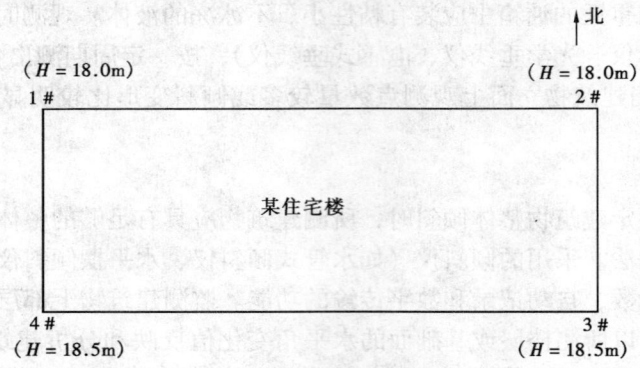

图 4-32 住宅楼楼角编号及高度

(2) 倾斜测量成果(表 4-24)

倾斜测量成果表　　表 4-24

| 点 号 | 倾斜方向 | 偏移方向 | 偏移量(mm) | 倾斜率(‰) |
|---|---|---|---|---|
| 1# | 南北向 | 南 | 9.4 | 0.5 |
|    | 东西向 | 东 | 6.4 | 0.4 |
| 2# | 南北向 | 南 | 11.2 | 0.6 |
|    | 东西向 | 西 | 3.2 | 0.2 |
| 3# | 南北向 | 南 | 6.4 | 0.3 |
|    | 东西向 | 西 | 15.6 | 0.8 |
| 4# | 南北向 | 北 | 7.6 | 0.4 |
|    | 东西向 | 西 | 17.9 | 1.0 |

**思考题**

1. 沉降观测的目的是什么?
2. 沉降观测应提交哪些资料?
3. 解释下列名词:偶然误差、中误差、闭合差、平差、水准点。
4. 在引测高程中取前后视线等长,有什么好处?为什么?
5. 沉降观测成果整理包括哪几项工作?分别说出每项的要点。
6. 如何用经纬仪投影法测定建筑物的倾斜?
7. 建筑物的倾斜观测方法有哪两类?常采用哪些方法?
8. 建筑物的倾斜观测应提交哪些资料?

**参考文献**

1. 测量放线工. 中国建筑工业出版社,2002
2. 胡任生等编著. 土木工程测量(第二版). 东南大学出版社,2002

# 第五节 钢结构检测（高强度螺栓）

## 一、概念

高强度螺栓广泛应用于工业与民用建筑、公路与铁路桥梁及其他工程。近年来发展的高强螺栓采用强度较高的钢材制作，安装时通过特制的扳手，以较大的扭矩上紧螺帽，使螺栓杆产生很大的预拉力，把被连接的部件夹紧，使部件间产生强大的摩擦力，外力就可通过摩擦力来传递，称为摩擦型高强度螺栓。它的优点是施工简单、受力性能良好、耐疲劳、可以拆换，承受动力荷载性能较好，具有很好的发展前途，可能成为用来代替铆钉连接的优良连接。高强螺栓也同普通螺栓一样，可用来承受剪力和拉力，成为抗剪型和抗拉型高强螺栓。

高强度螺栓所用的材料一般有两种：一种是优质碳素钢，如 35 号钢和 45 号钢，经热处理后，抗拉强度达 832~1030N/mm², 规定 $f_u \geq 800$N/mm², $f_y/f_u = 0.8$ 的称为 8.8 级高强度螺栓；另一种是合金结构钢，有 20MnTiB 钢、40B 钢和 35VB 钢，经热处理后，抗拉强度达 1040~1240N/mm², 规定 $f_u \geq 1000$N/mm², $f_y/f_u = 0.9$ 的称为 10.9 级高强度螺栓。钢结构的高强度螺栓连接形式有摩擦型和承压型两种，摩擦型连接形式的孔径比螺杆直径大 1.5mm（$d \leq 16$mm）、2.0mm（$d = 20~24$mm）、3.0mm（$d = 27~30$mm）；承压型连接形式的孔径比螺杆直径大 1.0mm（$d \leq 16$mm）、1.5mm（$d = 20~24$mm）、2.0mm（$d = 27~30$mm）。摩擦型连接形式的高强度螺栓靠螺杆预拉力压紧构件接触面的摩擦力来传递荷载，故螺孔的直径较承压型大 0.5~1.0mm。承压型连接形式的高强度螺栓可以承受抗剪、承压以及螺杆方向的拉力。

摩擦型高强度螺栓连接是轻钢结构厂房、钢结构高层民用建筑物等常用的连接方式，其高强度螺栓连接副分两种：高强度大六角头螺栓连接副和扭剪型高强度螺栓连接副。

## 二、检测依据

《钢结构用高强度大六角头螺栓、大六角螺母、垫圈技术条件》GB/T 1231—1991
《钢结构用扭剪型高强度螺栓连接副》GB/T 3632—1995
《钢结构用扭剪型高强度螺栓连接副技术条件》GB/T 3633—1995
《钢网架螺栓球节点用高强度螺栓》GB/T 16939—1997
《钢结构工程施工质量验收规范》GB 50205—2001
《钢结构设计规范》GB 50017—2003

## 三、仪器设备及环境

万能材料试验机（精度要求为 1 级）；
布洛维硬度计（精度要求为 2 级）；
轴力计（精度要求为 2 级）；
扭矩扳手（精度要求为 2 级）；
压力传感器（精度要求为 2 级）；
电阻应变仪（精度要求为 2 级）；
电动拧断器；
环境温度要求为 20℃ ± 5℃。

## 四、取样及制备要求

1. 同一性能等级、材料牌号、炉号、规格、机械加工、热处理及表面处理工艺的钢网架螺栓球节点用高强度螺栓为同批。最大批量：对于小于等于 M36 为 3000 件；大于 M36 为 2000 件。芯部硬度及拉力荷载试验抽样方案按 GB90《紧固件验收检查、标志与包装》规定；但对 M39~M64×4 螺栓的试验抽样方案按芯部硬度 $n = 2$，$A_c = 0$；实物拉力 $n = 3$，$A_c = 0$。$n$ 是指样本大小，$A_c$ 是指合格判别定数。

2. 摩擦型高强度螺栓副出厂检验亦按批进行。同一性能等级、材料、炉号、螺纹规格、长度（当螺栓长度≤100mm 时、长度相差≤15mm，螺栓长度>100mm 时、长度相差≤20mm，可视为同一长度）、机械加工、热处理工艺、表面处理工艺的螺栓为同批。同一性能等级、材料、炉号、螺纹规格、机械加工、热处理工艺、表面处理工艺的螺母为同批。同一性能等级、材料、炉号、规格、机械加工、热处理工艺、表面处理工艺的垫圈为同批。分别由同批螺栓、螺母、垫圈组成的连接副为同批连接副。对保证扭矩系数供货的螺栓连接副最大批量为 3000 套。

3. 高强度大六角头螺栓连接副扭矩系数的检验按批抽取 8 套。

4. 扭剪型高强度螺栓连接副预拉力的检验按批抽取 8 套。

5. 制造厂和安装单位应分别以钢结构制造批为单位进行抗滑移系数试验。制造批可按分部（子分部）工程划分规定的工程量每 2000t 为一批，不足 2000t 的可视为一批。选用两种及两种以上表面处理工艺时，每种处理工艺应单独检验。每批三组试件。

6. 抗滑移系数试验应采用双摩擦面的二栓拼接的拉力试件（如图 4-33 所示）。

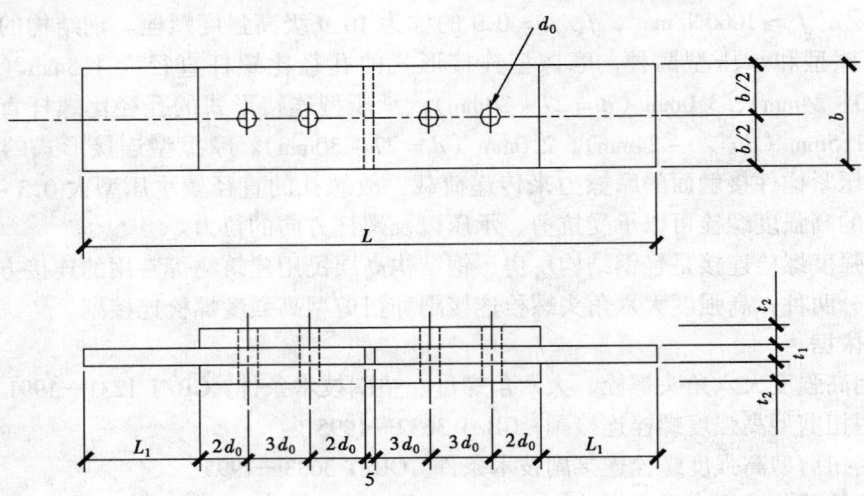

图 4-33　抗滑移系数拼接试件的形式和尺寸

7. 抗滑移系数试验用的试件应由制造厂加工，试件与所代表的钢结构构件应为同一材质、同批制作、采用同一摩擦面处理工艺和具有相同的表面状态，并应用同批同一性能等级的高强度螺栓连接副，在同一环境条件下存放。

8. 试件钢板的厚度 $t_1$、$t_2$ 应根据钢结构工程中有代表性的板材厚度来确定，同时应考虑在摩擦面滑移之前，试件钢板的净截面始终处于弹性状态；宽度 $b$ 按表 4-25 取值。$L_1$ 应根据试验机夹具的要求确定。

试件板的宽度（mm） 表 4-25

| 螺栓直径 $d$ | 16 | 20 | 22 | 24 | 27 | 30 |
| --- | --- | --- | --- | --- | --- | --- |
| 板宽 $b$ | 100 | 100 | 105 | 110 | 120 | 120 |

9. 试件板面应平整，无油污，孔和板的边缘无飞边、毛刺。

**五、试验操作步骤**

1. 螺栓试验方法

（1）楔负载试验

将螺栓拧在带有内螺纹的专用夹具上（至少六扣），螺栓头下置一 10°楔垫（硬度为 HRC45～

50），再装在拉力试验机上进行楔负载试验（如图4-34所示）。

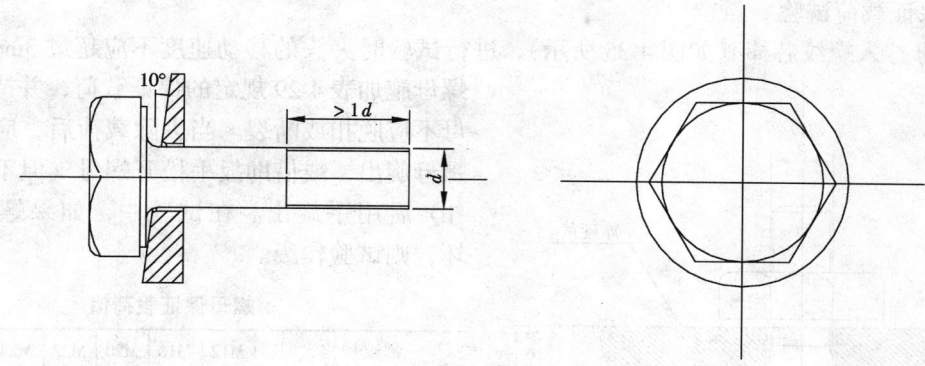

图 4-34　螺栓楔负载试验示意图

进行螺栓楔负载试验时，当拉力载荷在表4-26规定的范围内，断裂应发生在螺纹部分或螺纹与螺杆交接处。

螺栓楔负载试验拉力载荷　　　　　　表 4-26

| 螺纹规格 | | M12 | M16 | M20 | M22 | M24 | M27 | M30 |
|---|---|---|---|---|---|---|---|---|
| 性能等级 | 10.9s | 拉力载荷（kN） | 87.7~104.5 | 163~195 | 255~304 | 315~376 | 367~438 | 477~569 | 583~696 |
| | 8.8s | | 70~86.8 | 130~162 | 203~252 | 251~312 | 293~364 | 381~473 | 466~578 |

（2）芯部硬度试验

当螺栓 $L/d \leqslant 3$ 时，如不能做楔负载试验，允许做芯部硬度试验。螺栓硬度试验在距螺杆末端等于螺纹直径 $d$ 的截面上进行，对该截面距离中心的四分之一的螺纹直径处，任测四点，取后三点平均值。芯部硬度值应符合表4-27的规定。

对于钢网架螺栓球节点用高强度螺栓来说，其常规硬度值为32~37HRC；螺纹规格为M39~M64×4的螺栓可用硬度试验代替拉力载荷试验。

螺栓芯部硬度值　　　　　　表 4-27

| 性能等级 | 维氏硬度 $HV_{30}$ | | 洛氏硬度 HRC | |
|---|---|---|---|---|
| | min | max | min | max |
| 10.9s | 312 | 367 | 33 | 39 |
| 8.8s | 249 | 296 | 24 | 31 |

（3）钢网架螺栓球节点用高强度螺栓拉力载荷试验

将螺栓旋入专用夹具的内螺纹中，使旋入的螺纹长度不少于6P、未旋入的螺纹长度不少于2P（P 为螺距）。螺栓头下置一楔垫，楔垫角度 $\alpha = 4°$，当试验拉力达到表4-28规定的范围时，螺栓应断裂并发生在螺纹部分或螺纹与螺杆交接处。

钢网架螺栓球节点用高强度螺栓拉力载荷范围　　　　　　表 4-28

| 螺纹规格 | | M12 | M14 | M16 | M20 | M22 | M24 | M27 | M30 | M33 | M36 |
|---|---|---|---|---|---|---|---|---|---|---|---|
| 性能等级 | 10.9s | 拉力载荷(kN) | 88~105 | 120~143 | 163~195 | 255~304 | 315~376 | 367~438 | 477~569 | 583~696 | 722~861 | 850~1013 |
| 螺纹规格 | | M39 | M42 | M45 | M48 | M52 | M56×4 | | M60×4 | | M64×4 |
| 性能等级 | 8.8s | 拉力载荷(kN) | 878~1074 | 1008~1232 | 1179~1441 | 1323~1617 | 1584~1936 | 1930~2358 | | 2237~2734 | | 2566~3136 |

## 2. 螺母试验方法

### (1) 保证载荷试验

将螺母拧入螺纹芯棒（如图4-35所示），进行试验时夹头的移动速度不应超过3mm/min。对螺母施加表4-29规定的保证载荷，并持续15s，螺母不应脱扣或断裂。当去除载荷后，应可用手将螺母旋出，或借助扳手松开螺母（但不应超过半扣）后用手旋出。在试验中，如果螺纹芯棒损坏，则试验作废。

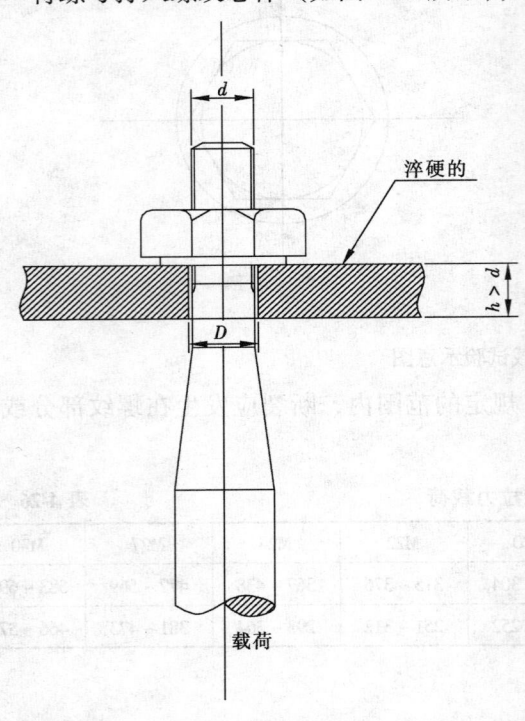

图4-35 螺母保证载荷试验示意图

螺母保证载荷值　　　表4-29

| 螺纹规格 | M12 | M16 | M20 | M22 | M24 | M27 | M30 |
|---|---|---|---|---|---|---|---|
| 10H 保证载荷 (kN) | 87.7 | 163 | 255 | 315 | 367 | 477 | 583 |
| 8H 保证载荷 (kN) | 70 | 130 | 203 | 251 | 293 | 381 | 466 |

### (2) 硬度试验

螺母硬度试验在螺母表面进行，任测四点，取后三点平均值。硬度应符合表4-30。

螺母硬度值　　　表4-30

| 性能等级 | 维氏硬度 | | 洛氏硬度 | |
|---|---|---|---|---|
| | min | max | min | max |
| 10H | $HV_{30}222$ | $HV_{30}274$ | HRB98 | HRC28 |
| 8H | $HV_{30}206$ | $HV_{30}237$ | HRB95 | HRC22 |

3. 垫圈硬度试验，在垫圈的表面上任测四点，取后三点平均值。垫圈的硬度为 $HV_{30}329 \sim 436$（HRC35~45）。

4. 高强度大六角头螺栓连接副扭矩系数试验

(1) 连接副的扭矩系数试验是在轴力计上进行，每一连接副（一个螺栓、一个螺母、两个垫圈）只能试验一次，不得重复使用。

(2) 施拧扭矩 $T$ 是施加于螺母上的扭矩，扭矩扳手在试验前应进行标定，其误差不得超过2%。

(3) 螺栓预拉力 $P$ 用轴力计测定，其误差不得大于测定螺栓预拉力值的2%。轴力计的示值应在测定轴力值的1%以下。

(4) 进行连接副扭矩系数试验时，螺栓预拉力值 $P$ 应控制在表4-31所规定的范围，超出范围者，所测得的扭矩系数无效。

螺栓预拉力值范围　　　表4-31

| 螺纹规格 | | M16 | M20 | M22 | M24 | M27 | M30 |
|---|---|---|---|---|---|---|---|
| 预拉力值 $P$ (kN) | 10.9s | 93~113 | 142~177 | 175~215 | 206~250 | 265~324 | 325~390 |
| | 8.8s | 62~78 | 100~120 | 125~150 | 140~170 | 185~225 | 230~275 |

(5) 组装连接副时，螺母下的垫圈有导角的一侧应朝向螺母支撑面。试验时，垫圈不得发生转动，否则试验无效。

(6) 进行连接副扭矩系数试验时，应同时记录环境温度。试验所用的机具、仪表及连接副均应放置在该环境内至少 2h 以上。

5. 扭剪型高强度螺栓连接副预拉力试验

(1) 连接副预拉力试验应在轴力计上进行,每一连接副(一个螺栓、一个螺母和一个垫圈)只能试验一次,螺母、垫圈亦不得重复使用。

(2) 组装连接副时,垫圈有导角的一侧应朝向螺母支撑面。试验时,垫圈不得转动,否则试验无效。

6. 高强度螺栓连接摩擦面抗滑移系数检验

(1) 试验用的试验机误差应在 1% 以内。

(2) 试验用的贴有电阻片的高强度螺栓、压力传感器和电阻应变仪应在试验前用试验机进行标定,其误差应在 2% 以内。

(3) 试件组装顺序:①将冲钉打入试件孔定位,然后逐个换成装有压力传感器或贴有电阻片的高强度螺栓,或换成同批经预拉力复验的扭剪型高强度螺栓;②紧固高强度螺栓应分初拧、终拧。初拧应达到螺栓预拉力标准值的 50% 左右。终拧后,螺栓预拉力应符合下列规定:对装有压力传感器或贴有电阻片的高强度螺栓,实测控制试件每个螺栓的预拉力值应在 $0.95P \sim 1.05P$ ($P$ 为高强度螺栓设计预拉力值)之间。不进行实测时,扭剪型高强度螺栓的预拉力可按同批复验预拉力的平均值取用。

(4) 在试件侧面画出观察滑移的直线。

(5) 将组装好的试件置于拉力试验机上,试件的轴线应与试验机夹具中心严格对中。

(6) 加荷时,应先加 10% 的抗滑移设计荷载值,停 1min 后,再平稳加荷,加荷速度为 3~5kN/s。直拉至滑动破坏,测得滑移荷载 $N_v$。

(7) 在试验中当发生以下情况之一时,所对应的荷载可定为试件的滑移荷载:①试验机发生回针现象;②试件侧面画线发生错动;③X—Y 记录仪上变形曲线发生突变;④试件突然发生"嘣"的响声。

### 六、数据处理与结果判定

1. 高强度大六角头螺栓连接副扭矩系数复验

(1) 数据处理:扭矩系数计算公式如下:

$$K = T/(P \cdot d) \tag{4-94}$$

式中 $K$——扭矩系数;

$T$——施拧扭矩(N·m);

$d$——螺栓的螺纹规格(mm);

$P$——螺栓预拉力(kN)。

(2) 结果判定:①高强度大六角头螺栓连接副必须按规定的扭矩系数供货,同批连接副的扭矩系数平均值为 0.110~0.150,扭矩系数标准偏差应小于或等于 0.010。每一连接副包括一个螺栓、一个螺母、二个垫圈,并应分属同批制造;②连接副扭矩系数保证期为自出厂之日起六个月,用户如需延长保证期,可由供需双方协议解决;③螺栓、螺母、垫圈均应进行表面防锈处理,但经处理后的高强度大六角头螺栓连接副扭矩系数还必须符合①的规定。

2. 扭剪型高强度螺栓连接副预拉力复验

(1) 数据处理

$$\overline{P} = \frac{1}{n} \sum_{i=1}^{n} p_i \tag{4-95}$$

$$\sigma = \sqrt{\frac{\sum_{i=1}^{n}(P_i - \overline{P})^2}{n-1}} \tag{4-96}$$

式中 $\bar{P}$——螺栓预拉力平均值（kN）；
$P_i$——第 $i$ 个螺栓预拉力（kN）；
$n$——螺栓个数；
$\sigma$——预拉力标准偏差（kN）。

(2) 结果判定

① 连接副预拉力应控制在表 4-32 所规定的范围，超出范围者，所测得的预拉力无效，且预拉力标准偏差应满足表 4-32 的要求。

扭剪型高强度螺栓紧固预拉力和标准偏差　　　　　　　　　表 4-32

| 螺纹规格 | | M16 | M20 | M22 | M24 |
|---|---|---|---|---|---|
| $P$ | max（kN） | 120 | 186 | 231 | 270 |
|  | min（kN） | 99 | 154 | 191 | 222 |
| 预拉力标准偏差 $\sigma \leqslant$（kN） | | 10.1 | 15.7 | 19.5 | 22.7 |

② 当 $L$（螺栓长度）小于表 4-33 数值时，可不进行预拉力试验。

可不进行预拉力试验的螺栓长度限值　　　　　　　　　表 4-33

| 螺纹规格 | M16 | M20 | M22 | M24 |
|---|---|---|---|---|
| $L$（mm） | 60 | 60 | 65 | 70 |

③ 螺栓、螺母、垫圈均应进行表面防锈处理，但经处理后的连接副轴力应符合表 4-32 的规定。

3．高强度螺栓连接摩擦面抗滑移系数复验

(1) 数据处理

抗滑移系数，应根据试验所测得的滑移荷载 $N_v$ 和螺栓预拉力 $P$ 的实测值计算（宜取小数点二位有效数字）。

$$\mu = N_v / (n_f \cdot \Sigma P_i) \tag{4-97}$$

式中 $N_v$——试验测得的滑移荷载（kN）；
$n_f$——摩擦面面数，取 $n_f = 2$；
$\Sigma P_i$——试件滑移一侧高强度螺栓预拉力实测值（或同批螺栓连接副的预拉力平均值）之和（取三位有效数字）（kN），$i = 1, 2……m$；
$m$——试件一侧螺栓数量，取 $m = 2$。

(2) 结果判定

测得的抗滑移系数最小值应符合设计要求。

**七、实例**

送检高强度大六角头螺栓规格为 M27×80-10.9s，共八套连接副，对高强度螺栓连接副扭矩系数进行复验。

首先，对高强度螺栓连接副进行扭矩系数复验，螺栓施拧扭矩分别为（单位：N·m）：1120、1100、1120、1100、1120、1120、1120、1120；螺栓预拉力试验值分别为（单位：kN）：302.8、318.3、305.1、318.2、316.6、316.7、319.1、316.7。

其次，根据式 4-94 计算得出扭矩系数分别为：0.137、0.128、0.136、0.128、0.131、0.131、

0.130、0.131。

最后,根据式 4-95、式 4-96 的计算方法得出,扭矩系数平均值为 0.132,扭矩系数标准偏差为 0.003。

故所检螺栓扭矩系数复验结果满足规范要求。

**思考题**

1. 组装连接副时,螺母下的垫圈有导角的一侧应朝向哪个方向?
2. 高强度螺栓楔负载试验如何进行?
3. 高强度螺栓硬度试验如何进行?
4. 高强度大六角头螺栓连接副扭矩系数复验如何进行?试验中应注意哪些问题?复验结果如何判定?
5. 高强度螺栓连接摩擦面抗滑移系数复验如何进行?试验中应注意哪些问题?复验结果如何判定?
6. 钢网架螺栓球节点用高强度螺栓拉力载荷试验如何进行?

**参考文献**

1. 《紧固件机械性能 螺栓、螺钉和螺柱》GB 3098.1—82
2. 《钢结构用高强度大六角头螺栓》GB/T 1228—91
3. 《钢结构用高强度大六角头螺母》GB/T 1229—91
4. 《钢结构用高强度垫圈》GB/T 1230—91

## 第六节 钢结构焊缝无损检测

### 一、概念

焊接技术广泛应用于建筑钢结构,是与国计民生密切相关的实用技术。许多工业部门都对焊接技术提出新的要求,焊接量大,技术要求高,新的焊接材料、特殊的和现代的焊接方法不断被采用,焊接结构的使用条件也日趋苛刻。由于焊接结构件本身及应力分布的复杂性,在制造过程中很难杜绝焊接缺陷,在使用的过程中也会有新缺陷的产生,使焊接结构发生破坏性事故,这些事故造成了重大的损失甚至是灾难性的后果。所以焊接质量的控制已经引起相关部门的高度重视,并制定了相应的标准法规,为了确保焊接结构在制造和使用过程中安全、经济、可靠,焊接检验在焊接生产中具有举足轻重的作用。

焊接过程中在焊接接头中产生的金属不连续、不致密或连接不良的现象称为焊接缺陷。由于缺陷的种类、形态、数量的不同,所引起的应力集中的程度也不同,因而对结构的危害程度也不一样。另外,由于焊接结构的使用条件不同,对其质量的要求也不一样,因而对缺陷的容限范围也不相同。根据 GB/T6417《金属熔化焊焊缝缺陷分类及说明》,熔焊缺陷可分为六类:裂纹、孔穴、固体夹杂、未熔合和未焊透、形状缺陷及其他缺陷。焊接检验的方法很多,大致分为破坏性检验、非破坏性检验两大类,其中非破坏性检验中的无损检测方法在建筑领域中应用较广泛。焊缝焊接质量的无损检测方法有四种:射线探伤、超声波探伤、渗透探伤及磁粉探伤。

### 二、检测依据

《钢结构工程施工质量验收规范》GB 50205—2001
《钢熔化焊对接接头射线照相和质量分级》GB/T 3323—1987
《钢焊缝手工超声波探伤方法和探伤结果分级》GB 11345—1989
《焊缝渗透检验方法和缺陷迹痕的分级》JB/T 6062—92
《焊缝磁粉检验方法和缺陷磁痕的分级》JB/T 6061—1992

### 三、焊缝无损检测方法

（一）射线探伤

射线探伤是利用射线可穿透物质和在穿透物质时能量有衰减的特性来发现缺陷的一种探伤方法。它可以检验金属材料和非金属及其制品的内部缺陷。具有缺陷检验的直观性、准确性和可靠性，且射线底片可作为质量存档，缺点是设备复杂，成本高，射线对人体有害等。射线探伤主要采用 X 射线和 γ 射线。

X 射线与 γ 射线都是波长很短的电磁波，其本质是相同的，区别是发生的方法不同。射线探伤按其所使用射线源不同，分为 X 射线探伤、γ 射线探伤和高能 X 射线探伤等，按其显示缺陷方法不同，又可分为射线照相法探伤、射线实时图像法探伤和射线计算机断层扫描技术等。射线探伤的实质是利用射线穿透物质，且在穿透不同物质（如被检物中有缺陷）时射线能量衰减程度不同，因而在透过的射线中强度存在差异，使缺陷能在 X 光感光胶片或 X 光电视屏上显示出来，供人们分析判断被检物中的缺陷情况。射线照相法探伤是通过底片上缺陷影像，对照有关标准来评定工件内部质量的，具有灵敏度高、底片能作为质量凭证长期保存等优点，目前在国内外射线探伤中应用最为广泛。

1. 仪器设备及环境

射线探伤采用射线探伤机，射线探伤机可根据射线穿透厚度等技术参数进行选择，射线照相法探伤系统基本组成如下：

(1) 射线源：射线源为 X 射线机、γ 射线机或高能射线加速器。

(2) 射线胶片：射线胶片与普通照相胶卷不同之处是片基的两面均涂有乳剂，以增加对射线敏感的卤化银含量。射线胶片通常根据卤化银颗粒粗细和感光速度的快慢将射线胶片分为 J1、J2、J3 三类。

(3) 增感屏：金属增感屏是由金属箔粘合在纸基或胶片片基上制成。探伤时紧贴于射线胶片两侧，先于胶片接收射线照射者称前屏，后于胶片接收射线照射者称后屏，其作用是增加对胶片的感光作用并吸收散射线，提高胶片感光速度和底片成像质量。

(4) 像质计：像质计是用来定量评价射线底片影像质量的工具，与被检工件材质应相同。GB/T 3323—1987 中规定采用线型像质计，其型号规格应符合 JB/T 7902—1999《线型像质计》的规定。

(5) 暗盒：暗盒是由对射线吸收不明显，对影像无影响的柔软塑料制成，其作用是防止胶片漏光。

(6) 标记带：标记带可使选定的焊缝探伤位置的底片与工件被检部位能始终对照，易于找出返修位置。

2. 取样及制备要求

(1) 取样

设计要求全焊透的一、二级焊缝采用超声波探伤不能对缺陷做出判断时，应采用射线探伤方法进行检测。对于一级焊缝探伤比例为 100%，二级焊缝探伤比例为 20%，且探伤比例的计数方法应按以下原则确定：

对工厂制作焊缝，应按每条焊缝计算百分比，且探伤长度应不小于 200mm，当焊缝长度不足 200mm 时，应对整条焊缝进行探伤。

对现场安装焊缝，应按同一类型、同一施焊条件的焊缝条数计算百分比，探伤长度应不小于 200mm，并应不少于 1 条焊缝。

(2) 制备要求

射线照相探伤之前，必须首先对工件进行表面质量检查，将易与焊缝内部缺陷相混淆的表面缺陷在射线探伤之前处理好,以免影响底片评定的准确性。

3. 操作步骤

(1) 确定探伤位置并做标记

探伤位置的确定:在探伤工作中,焊缝探伤比例应严格按标准确定。焊缝按比例探伤检查时,抽查的焊缝位置一般选在:可能或常出现缺陷的位置;危险断面或受力最大的焊缝部分;应力集中部位;外观检查可疑的部位。

探伤位置的标记:选定的焊缝探伤位置必须按一定顺序和规律进行标记,使每张底片与构件被检部位能始终对照。

(2) 选择适当的探伤条件

① 探伤要求

像质等级:应根据有关规程和标准要求选择适当的探伤条件。如钢熔化焊对接接头透照探伤应以 GB/T 3323—1987 为准,标准将像质等级分为 A 级、AB 级和 B 级。不同的像质等级对探伤工艺要求不同。

黑度 D:底片黑度是指曝光并经暗室处理后的底片黑化程度。数值上等于底片照射光强与透过光强之比的对数值。底片黑度可用黑度计直接在底片的规定位置测量。灰雾度 D0 是未经曝光的胶片经暗室处理后获得的微小黑度,要求 $D_0 \leqslant 0.3$。

灵敏度:射线照相质量重要指标之一,一般以在焊缝中发现的最小缺陷尺寸或在构件钢材厚度上所占百分比来表示。GB/T 3323—1987 规定,射线照相灵敏度以像质指数表示,可根据透照厚度、像质等级来选择像质计型号。

② 射线能量、焦点及透照距离的选择

射线能量:普通 X 光机的 kV 值越高,产生的射线能量越大,其穿透能力越强,即可透照的工件厚度愈大,但同时也导致衰减系数的降低而使成像质量下降(主要是对比度,即底片上相邻两个区域的相对黑度明显下降),所以在保证穿透的前提下,应根据材质和成像质量要求,尽量选择较低的射线能量。GB/T 3323—1987 对允许使用的最高管电压和透照厚度的下限值均作了规定。

射线焦点:X、γ 射线的焦点是指射线源的尺寸大小。随 X 光管阳极的结构不同,其焦点有方形和圆形两大类。实际透照表明,选用小焦点射线源探伤时,可以获得清晰度很高的显示图像,因此在射线能量满足穿透的前提下,应尽可能选择使用小焦点射线源。

透照距离:焦点至胶片的距离称为透照距离(又称焦距)。目前在射线探伤的国内外标准中,均推荐使用诺模图来确定(最小)透照距离。

(3) 选择焊缝透照方法进行拍照

进行射线探伤时,为了准确反映焊缝接头内部缺陷存在的情况,应根据接头形式和构件几何形状合理选择透照方法。

①一般接头焊缝:图 4-36 所示为对接焊缝的透照方法;图 4-37 所示为角接焊缝的透照方法;丁字角焊缝和十字角焊缝可采用图 4-38 所示进行透照;搭接和卷边角焊缝可采用图 4-39;封闭容器的角焊缝可采用图 4-40 的方法进行透照。

②筒体焊缝(钢管环焊缝):GB/T 3323—1987 规定,按射线源、构件和胶片之间的相互位置关系,筒体焊缝透照方法分为纵缝透照法、环缝外透法、环缝内透法、双壁单影法和双壁双影法等五种,其中纵缝透照方法与对接缝透照方法相同。钢管环焊缝的透照方法基本相同,执行标准是 GB/T 12606—1990《钢管环缝熔化焊对接接头射线透照工艺和质量分级》。

③环缝外透法:射线源在工件外侧,胶片放在工件内侧,射线穿过单层壁厚对焊缝进行透照,如图 4-41 所示。对于能在筒体(管)内贴胶片的构件对接焊缝可采用图 4-41 (a) 方式进行

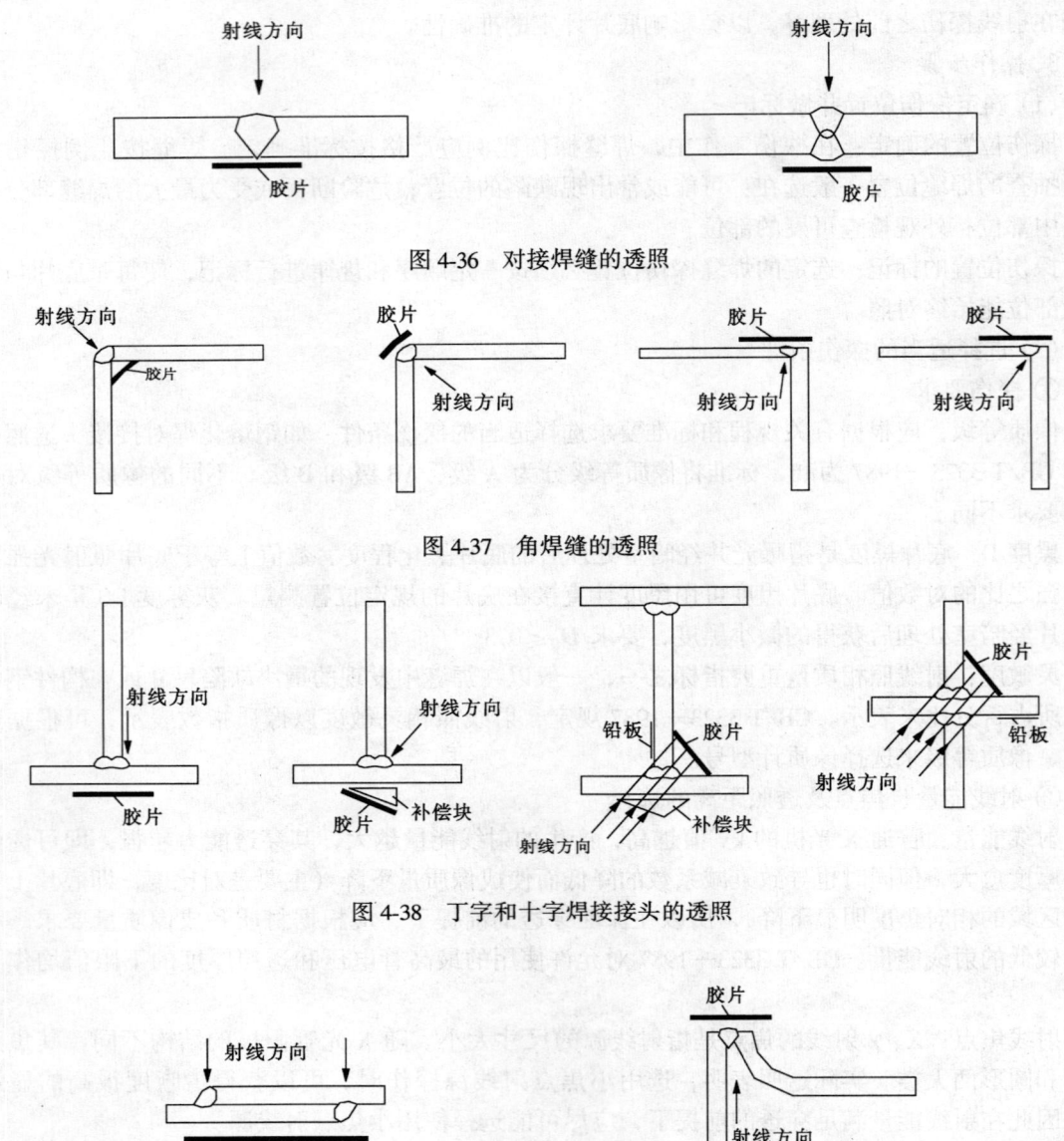

图 4-36 对接焊缝的透照

图 4-37 角焊缝的透照

图 4-38 丁字和十字焊接接头的透照

图 4-39 搭接和卷边接焊缝的透照

透照，如果整圈焊缝都要检查，可采用图 4-41（b）方式分段曝光。

④环缝内透法：射线源在筒体内，胶片贴在筒体外表面，射线穿过筒体单层壁厚对焊缝进行透照，如图 4-42 所示。环缝内透法根据射线源位置可分为内透中心法和内透偏心法。设透照距离为 $F$，工件外半径为 $R$，当 $F=R$ 时，称内透中心法。如 $F>R$ 或 $F<R$，则称为内透偏心法。

⑤双壁单影法：射线源在工件外侧，胶片贴在射线源对面的构件外侧，射线通过双层壁厚把贴近胶片侧的焊缝投影在胶片上的透照方法称双壁单影法。

外径大于 89mm 的管子对接焊缝也可采用此法进行分段透照。图 4-43（a）是采用垂直构件表面入射，按几何光学的原理，靠近射线源一侧的焊缝图像，由于像距和物距的比例失调而发散，不在胶片上成像。只有靠近胶片一侧的焊缝图像在胶片上成像。此法适用于外径在 200mm 以上的构件。对于外径小于 200mm 的构件，可采用图 4-43（b）所示的倾斜入射。

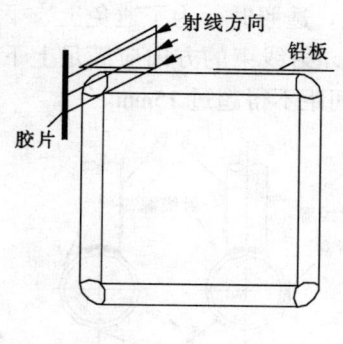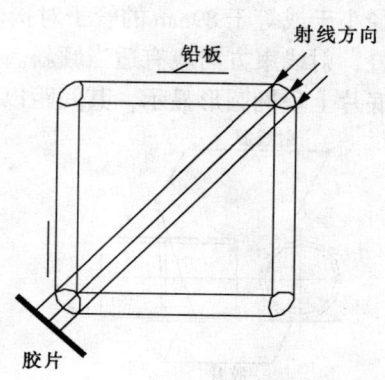

图 4-40 封闭容器角焊缝的透照

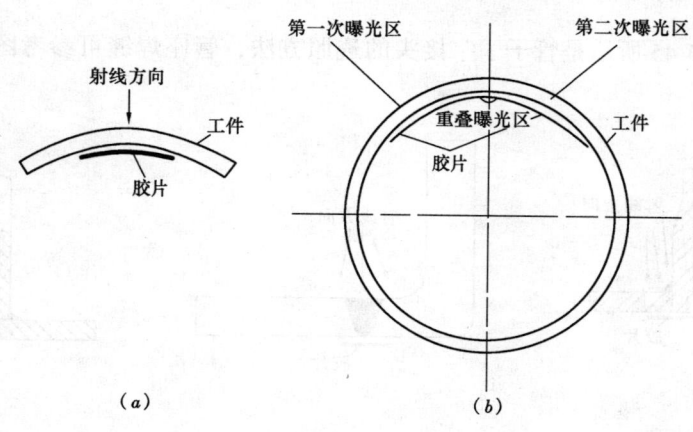

图 4-41 环焊缝外透法

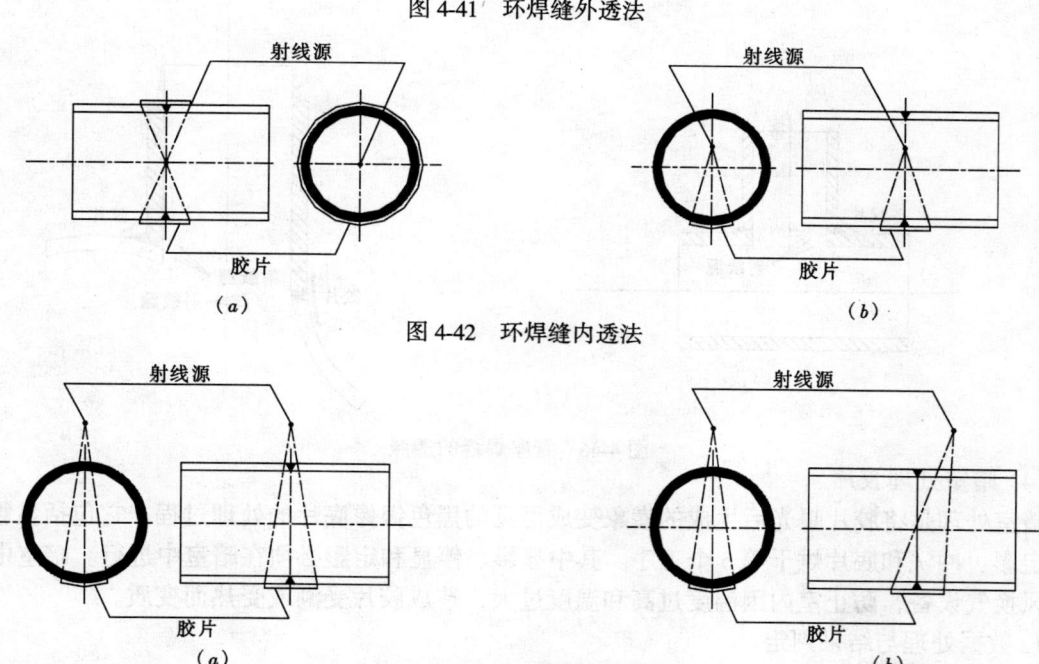

图 4-42 环焊缝内透法

图 4-43 双壁单影法

⑥双壁双影法：射线源在构件外侧，胶片放在射线源对面的构件外侧，射线透过双层壁厚把构件两侧都投影到胶片上的透照方法称为双壁双影法。如图 4-44 所示。

外径小于或等于 89mm 的管子对接焊缝也可采用此法透照。透照时，为了避免上、下层焊缝影像重叠，射线束方向应有适当倾斜。GB/T 3323—1987 规定，射线束的方向应满足上下焊缝的影像在底片上呈椭圆形显示，其间距以 3～10mm 为宜，最大间距不得超过 15mm。

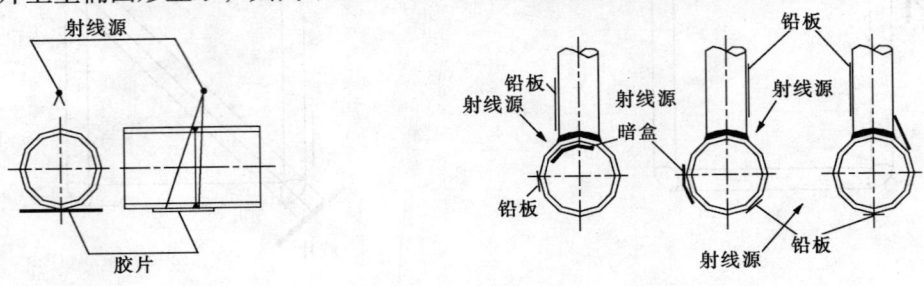

图 4-44 双壁双影法　　　　图 4-45 圆管丁字接焊缝的透照

⑦其他焊缝：图 4-45 所示是管子丁字接头的透照方法，管座焊缝可参考图 4-46 所示方法进行透照。

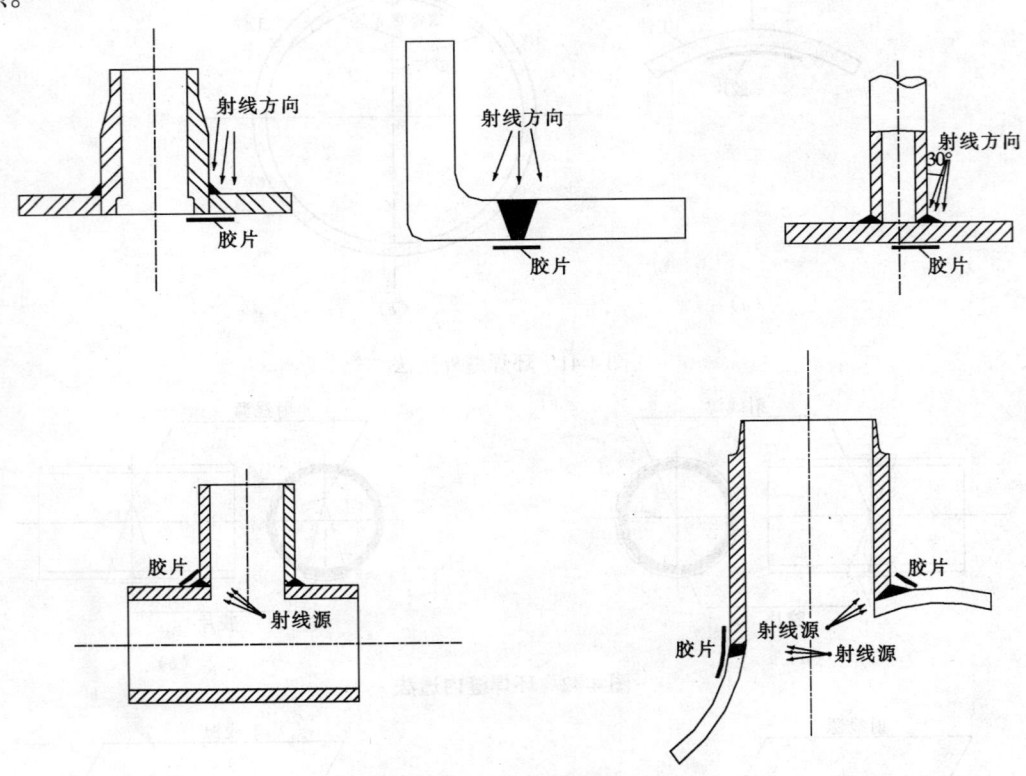

图 4-46 管座焊缝的透照

（4）暗室处理胶片

暗室处理是将胶片曝光后生成的潜象变成可见的黑色银像底片的处理过程。它包括显影、停显、定影、冲洗和底片烘干等 5 个工序。其中显影、停显和定影必须在暗室中进行。暗室中必须有通风换气设备，防止室内因温度过高和温度过大，造成胶片受潮或受热而变质。

4．数据处理与结果判定

射线底片评定工作简称评片，由Ⅱ级或Ⅱ级以上探伤人员在评片室内利用观片灯、黑度计等仪器和工具进行该项工作。根据底片所反映出的接头缺陷进行判别，并评定出该接头的质量等级，首先应对底片反映出来的缺陷进行性质、大小、数量及位置的识别，然后与探伤标准进行比较定级。

各种焊接缺陷的显示特征及辨别见表 4-34。

**各种焊接缺陷的显示特征及辨别** 表 4-34

| 焊接缺陷 种 类 | 名 称 | 射线照相法底片 |
|---|---|---|
| 裂纹 | 横向裂纹 | 与焊接方向垂直的黑色条纹 |
| | 纵向裂纹 | 与焊接方向一致的黑色条纹,两头尖细 |
| | 放射裂纹 | 由一点辐射出去星形黑色条纹 |
| | 弧坑裂纹 | 弧坑中纵、横向及星形黑色条纹 |
| 未熔合与未焊透 | 未熔合 | 坡口边缘、焊道之间以及焊缝根部等处的伴有气孔或夹渣的连续或断续黑色影像 |
| | 未焊透 | 焊缝根部钝边未熔化的直线黑色影像 |
| 夹渣 | 条状夹渣 | 黑度值较均匀的呈长条黑色不规则影像 |
| | 夹钨 | 白色状块 |
| | 点状夹渣 | 黑色点状 |
| 圆形缺陷 | 球形气孔 | 黑度值中心较大边缘较小且均匀过渡的圆形黑色影像 |
| | 均布及局部密集气孔 | 均匀分布及局部密集的黑色点状影像 |
| | 链状气孔 | 与焊接方向平等的成串并呈直线状的黑色影像 |
| | 柱状气孔 | 黑度极大且均匀的黑色圆形显示 |
| | 斜针状气孔（螺孔、虫形孔） | 单个或呈人字分布的带尾黑色影像 |
| | 表面气孔 | 黑度值不太高的圆形影像 |
| | 弧坑缩孔 | 指焊道末端的凹陷,为黑色显示 |
| 形状缺陷 | 咬边 | 位于焊缝边缘与焊缝走向一致的黑色条纹 |
| | 缩沟 | 单面焊,背部焊道两侧的黑色影像 |
| | 焊缝超高 | 焊缝正中的灰白色突起 |
| | 下塌 | 单面焊,背面焊道正中的灰白色影像 |
| | 焊瘤 | 焊缝边缘的灰白色突起 |
| | 错边 | 焊缝一侧与另一侧的黑色值不同,有一明显界限 |
| | 下垂 | 焊缝表面的凹槽,黑度值较高的一个区域 |
| | 烧穿 | 单面焊,背部焊道由于熔池塌陷形成孔洞在底片上为黑色影像 |
| | 缩根 | 单面焊,背部焊道正中的沟槽,呈黑色影像 |
| 其他缺陷 | 电弧擦伤 | 母材上的黑色影像 |
| | 飞溅 | 灰白色圆点 |
| | 表面撕裂 | 黑色条纹 |
| | 磨痕 | 黑色影像 |

注：缺陷种类以 GB/T 6417—1986《金属熔化焊焊缝缺陷分类及说明》为依据。

GB/T 3323—1987 标准中，根据缺陷性质、数量和大小将焊缝质量分为Ⅰ、Ⅱ、Ⅲ、Ⅳ共四级，质量依次降低。

Ⅰ级焊缝内不允许存在任何裂纹、未熔合、未焊透以及条状夹渣，允许有一定数量和一定尺寸的圆形缺陷存在。

Ⅱ级焊缝内不允许存在任何裂纹、未熔合、未焊透等三种缺陷，允许有一定数量、一定尺寸的条状夹渣和圆形缺陷存在。

Ⅲ级焊缝内不允许存在任何裂纹、未熔合以及双面焊和加垫板的单面焊中的未焊透，允许一定数量和一定尺寸的条状夹渣和圆形缺陷以及未焊透（指非氩弧焊封底的不加垫板的单面焊）存在。

Ⅳ级焊缝指焊缝缺陷超过Ⅲ级者。

(1) 圆形缺陷的评定

圆形缺陷是长宽比≤3的缺陷，它的评定是在评定区域内进行的，评定区应选择在缺陷最严重的部位，其区域大小根据工件厚度确定，见表4-35所示。

圆形缺陷评定区（mm） 表4-35

| 母材厚度 $T$ | ≤25 | >25~100 | >100 |
|---|---|---|---|
| 评定区尺寸 | 10×10 | 10×20 | 10×30 |

注意：评定区域内圆形缺陷的大小不同时应按表4-36的规定将尺寸换算成缺陷点数。应指出的是，并不是所有缺陷都要计算缺陷点数，对于满足表4-37规定的缺陷不计缺陷点数。评定时，根据评定区域中每个缺陷的尺寸，按表4-36查出其相应的缺陷点数，并计算出评定区域内缺陷点数总和，然后按表4-38提供的数值来确定缺陷的等级。

缺陷点数换算表 表4-36

| 缺陷长径/mm | ≤1 | >1~2 | >2~3 | >3~4 | >4~6 | >6~8 | >8 |
|---|---|---|---|---|---|---|---|
| 点数 | 1 | 2 | 3 | 6 | 10 | 15 | 25 |

不计点数的缺陷尺寸（mm） 表4-37

| 母材厚度 $T$ | ≤25 | >25~60 |
|---|---|---|
| 缺陷长径 | ≤0.5 | ≤0.7 |

圆形缺陷的分级 表4-38

| 质量等级 \ 母材厚度/mm | ≤10 | >10~15 | >15~25 | >25~50 | >50~100 | >100 |
|---|---|---|---|---|---|---|
| Ⅰ | 1 | 2 | 3 | 4 | 5 | 6 |
| Ⅱ | 3 | 6 | 9 | 12 | 15 | 18 |
| Ⅲ | 6 | 12 | 18 | 24 | 30 | 36 |
| Ⅳ | 缺陷点数大于Ⅲ者 | | | | | |

注：表中数字为允许缺陷点数的上限。

(2) 条状夹渣的评定

条状夹渣的等级评定根据单个条状夹渣长度、条状夹渣总长及相邻两条夹渣间距三个方面来进行综合评定。

①单个条状夹渣的评定：

当底片上存在单个条状夹渣时，以夹渣长度确定其等级，见表4-39所示。一般钢材较厚的焊缝允许较长的条渣存在，钢材较薄的焊缝则允许较短的条渣存在，因此标准规定，用条状夹渣长度占板厚的比值来进行等级评定。同时规定薄板焊缝的最小允许值和厚板焊缝的最大允许值。

条状夹渣的分级（mm） 表4-39

| 质量等级 | 单个条状夹渣长度 | | 条状夹渣总长 |
|---|---|---|---|
| | 板厚 $T$ | 夹渣长度 | |
| Ⅱ | $T≤12$ | 4 | 在任意直线上，相邻两夹渣间距不超过6L的任何一组夹渣，其累计长度在12T焊缝长度内不超过T |
| | $12<T<60$ | $T/3$ | |
| | $T≥60$ | 20 | |

续表

| 质量等级 | 单个条状夹渣长度 | | 条状夹渣总长 |
|---|---|---|---|
| | 板厚 T | 夹渣长度 | |
| Ⅲ | T≤9 | 6 | 在任意直线上,相邻两夹渣间距不超过3L的任何一组夹渣,其累计长度在6T焊缝长度内不超过T |
| | 9＜T＜45 | 2T/3 | |
| | T≥45 | 30 | |
| Ⅳ | | | 大于Ⅲ级者 |

注：1. 表中"L"为该组夹渣中最长者的长度。
　　2. 长宽比＞3的长气孔的评级与条状夹渣相同。

②断续条状夹渣的评定：

如果底片上的夹渣是由几段相隔一定距离的条状夹渣组成，此时的等级评定应从单个夹渣长度、夹渣间距以及夹渣总长三方面进行评定。先按单个条状夹渣，对每一条状夹渣进行评定（一般只需评定其中最长者），然后从其相邻两夹渣间距来判别夹渣组成情况，最后评定夹渣总长。

Ⅰ、Ⅱ级焊缝内不允许存在未焊透缺陷。Ⅲ级焊缝内不允许存在双面焊和加垫板的单面焊中的未焊透。不加垫板单面焊中的未焊透允许长度按表4-39条状夹渣长度的分级评定。

事实上，焊缝中的缺陷往往不是单一的，可能同时有几种缺陷。对于几种缺陷同时存在的等级评定，应先各自评级，然后进行综合评级。如有两种缺陷，可将其级别之和减1作为缺陷综合评级后的焊缝质量级别。如有三种缺陷，可将其级别之和减2作为缺陷综合评级后的焊缝质量等级。

当焊缝的质量级别不符合设计要求时，焊缝评为不合格。不合格焊缝必须进行返修。返修后，经再探伤合格，该焊缝才算合格。

（二）超声波探伤检测

超声波探伤是利用超声波在物质中的传播、反射和衰减等物理特征来发现缺陷的一种探伤方法。与射线探伤相比，超声波探伤具有灵敏度高、探测速度快、成本低、操作方便、探测厚度大、对人体和环境无害，特别对裂纹、未熔合等危险性缺陷探伤灵敏度高等优点。但也存在缺陷评定不直观、定性定量与操作者的水平和经验有关，存档困难等缺点。在探伤中，常与射线探伤配合使用，提高探伤结果的可靠性。超声波是频率大于20000Hz的机械波。探伤中常用的超声波其频率为0.5～10MHz，其中2～2.5MHz被推荐为焊缝探伤的公称频率。

1. 仪器设备及环境

超声波探伤设备一般由超声波探伤仪、探头和试块组成。

（1）超声波探伤仪：仪器的性能将直接影响探伤结果的正确性。超声波探伤仪的主要性能必须符合JB/T 10061—1999《A型脉冲反射式超声探伤仪通用技术条件》、JB/T 9214—1999《A型脉冲反射式超声波探伤系统工作性能测试方法》的规定和GB/T 11345—1989《钢焊缝手工超声波探伤方法和探伤结果的分级》等相关规定。

（2）探头：探头又称换能器，其核心部件是压电晶体，又称晶片。晶片的功能是把高频电脉冲转换为超声波，又可把超声波转换为高频电脉冲，实现电-声能量相互转换的能量转换器件。由于焊缝形状和材质、探伤的目的及探伤条件等不同，需使用不同形式的探头。在焊接探伤中常采用以下几种探头：①直探头：声速垂直于被探构件表面入射的探头称为直探头，可发射和接收纵波；②斜探头：斜探头和直探头在结构上的主要区别是斜探头在压电晶体的下前方设置了透声斜楔块，斜楔块用有机玻璃制作，它与工件组成固定倾角的不同介质界面，使压电晶片发射的纵波通过波形转换，以单一折射横波的形式在工件中传播。通常横波斜探头以波在钢中折射角（$\beta$）标称：40°、45°、50°、60°、70°，或以折射角的正切值标称：$K$（$tg\beta$）1.0、K1.5、K2.0、

K2.5、K3.0；③双晶探头：又称分割式 TP 探头，内含两个压电晶片，分别为发射接收晶片，中间用隔声层隔开。主要用于近表面探伤和测厚。

(3) 试块：试块是按一定用途专门设计制作的具有简单形状人工反射体的试件。它是探伤设备系统的一个组成部分，也是探伤标准的一个组成部分，是判定探伤质量的重要尺度。根据使用目的和要求不同，通常将试块分成以下两大类：标准试块和对比试块。

标准试块：由法定机构对材质形状尺寸性能等作出规定和检定的试块称标准试块。GB/T 11345—1989 规定 CSK-ZB 试块为焊缝探伤用标准试块。CSK-ZB 试块是 ISO-2400 标准试块（即 ⅡW-Ⅰ型试块）的改变型，其主要用途如下：①利用 R100 圆弧面测定斜探头入射点和前沿长度，调整探测范围；②校验探伤仪水平线性和垂直线性；③利用 $\phi$1.5mm 横孔的反射波调整探伤灵敏度；④利用 $\phi$50mm 圆孔估测直探头盲区和斜探头前后扫查声束特性，测定斜探头折射角 $\beta$（或 $K$ 值）；⑤采用测试回波幅度或反射波宽度的方法可测定远场分辨力。

对比试块：对比试块又称参考试块，它是由各专业部门按某些具体探伤对象规定的试块。GB/T 11345—1989 规定 RB-1（适应 8~25mm 板厚）、RB-2（适应 8~100mm 板厚）和 RB-3（适用 8~150mm 板厚）为焊缝探伤用对比试块。RB 试块组主要用于绘制距离-波幅曲线、调整探测范围和扫描速度、确定探伤灵敏度和评定缺陷大小，它是焊缝评级判定的依据。

2. 取样及制备要求

(1) 取样

设计要求全焊透的一、二级焊缝采用超声波进行内部缺陷的检验。对于一级焊缝探伤比例为 100%，二级焊缝探伤比例为 20%，且探伤比例的计数方法应按以下原则确定：对工厂制作焊缝，应按每条焊缝计算百分比，且探伤长度应不小于 200mm，当焊缝长度不足 200mm 时，应对整条焊缝进行探伤；对现场安装焊缝，应按同一类型、同一施焊条件的焊缝条数计算百分比，探伤长度应不小于 200mm，并应不少于 1 条焊缝。

(2) 制备要求

探伤前必须对探头需接触的区域清除飞溅、浮起的氧化皮和锈蚀等，且表面粗糙度不大于 6.3$\mu$m。要求去除余高的焊缝，如焊缝表面有咬边、较大的隆起和凹陷等，也应进行适当的修磨并作过渡圆弧，以免影响结果的判定。

3. 操作步骤

(1) 确定检验等级

根据构件材质、结构、焊接方法及承受载荷的不同，检验等级分为 A、B、C 三级，检验的完善程度 A 级最低、B 级一般、C 级最高。检验工作的难度系数按 A、B、C 顺序逐级增高。按不同检验等级和板厚范围选择探伤面、探伤方向和斜探头折射角 $K$ 值；测试探伤仪及探伤仪与探头的组合性能；确定检验区域的宽度及探头移动区；选用适当的耦合剂；仪器探伤范围的调节。

(2) 绘制距离—波幅曲线及调节探伤灵敏度

(3) 单探头扫查方式

① 锯齿形扫查

通常以锯齿形轨迹作往复移动扫查，探头前后移动范围应保证扫查到全部焊缝截面及热影响区，同时探头还应在垂直于焊缝中心线位置上作 ±（10°~15°）的左右转动（见图 4-47$a$）。该扫查方法常用于焊缝纵向缺陷的粗探伤。

② 斜平行扫查

C 级检查，其特点是探头与焊缝方向成 10°~20° 的斜平行扫查，有助于发现焊缝及热影响区的横向裂纹和与焊缝方向成倾斜角度的缺陷（见图 4-47$b$）。在电渣焊接头的探伤中，增加 45° 的斜平行扫查，可避免焊缝中"八"字形裂纹的漏检。

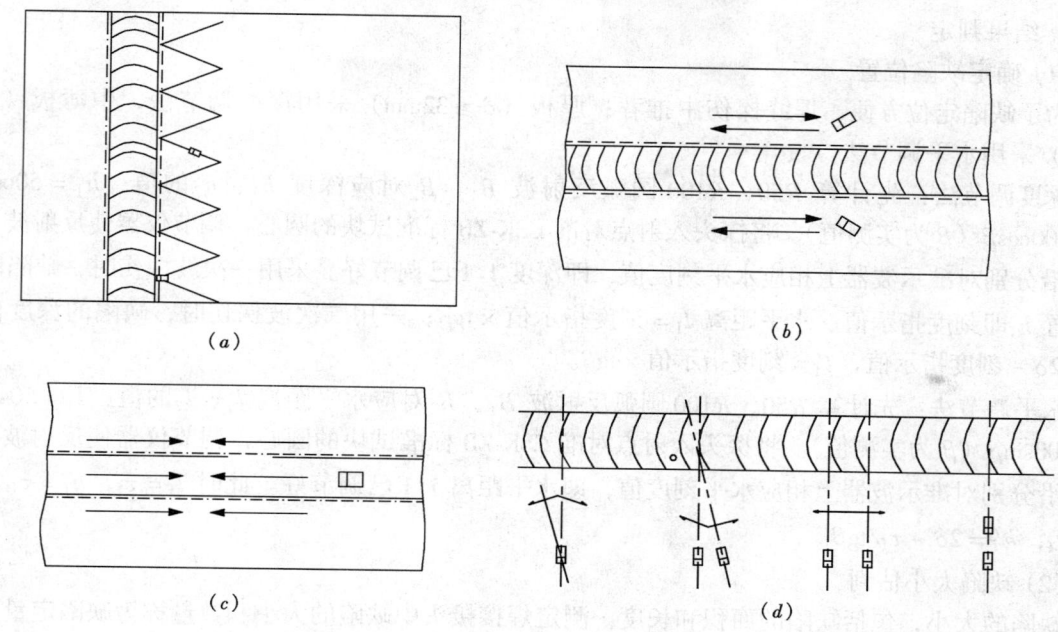

图 4-47 扫查类型
(a) 锯齿形扫查；(b) 斜平行扫查；(c) 平行扫查；(d) 基本扫查

③ 平行扫查

C 级检查，作平行于焊缝的移动扫查（见图 4-47c），可探测焊缝及热影响区的横向缺陷粗探伤（如横向裂纹）。

④ 基本扫查

为确定缺陷的位置、方向、形状等情况或确定讯号的真伪，可采用四种探头基本扫查方式扫查（见图 4-47d）。其中，转角扫查的特点是探头作定点转动，用于确定缺陷方向并可区分点、条状缺陷，同时，转角扫查的动态波形特征有助于对裂纹的判断；环绕扫查的特点是以缺陷为中心，变换探头位置，主要评估缺陷形状，尤其是对点状缺陷的判断；左右扫查的特点是平行于焊缝或缺陷方向作左右移动，用于估判缺陷形状，特别是可区分点、条状缺陷，在定量法中常用来测定缺陷指示长度；前后扫查的特点是探头垂直于焊缝前后移动，常用于估判缺陷形状和估计缺陷高度。

(4) 双探头扫查方法

双探头扫查是为了实现某种特殊的目的而采取的探伤方法。串列扫查其特点为两个斜探头垂直于焊缝前后布置，进行横方形扫查或纵方形扫查，GB/T 11345—1989 规定在 C 级探伤中使用，主要用于探测厚焊缝中垂直于表面的竖直面状缺陷，特别是反射面较光滑的缺陷（如窄间隙焊中的未熔合）；交叉扫查其特点为两个探头置于焊缝的同侧或两侧且成 60°～90° 布置，用于探测焊缝中的横向或纵向面状缺陷；V 或 K 形扫查是用两个探头置于焊缝两侧且垂直于焊缝对称布置，可探测与探伤面平行的面状缺陷，如多层焊层间未熔合。

注意：粗探伤是以发现缺陷为主要目的，包括纵向缺陷的探测、横向缺陷的探测、其他取向缺陷的探测、鉴别结果的假信号等。精探伤是以缺陷为核心，进一步确切的测定缺陷的有关参数，以及对可疑部位更细致的鉴别工作。缺陷的有关参数是指：缺陷的位置参数（纵向坐标、横向坐标、深度坐标）、缺陷的尺寸参数（最大回波幅度 dB 数及在距离-波幅曲线上分区的位置、缺陷的当量或缺陷指示长度）、缺陷的形状参数（形状参数是指缺陷的长度、体积、面状及密集性）、取向参数（取向参数则指缺陷方向与焊缝方向间的倾斜角度关系）。

## 4. 结果判定

### (1) 确定缺陷位置

为了缺陷定位方便，焊缝探伤中推荐：厚板（$\delta \geqslant 32\text{mm}$）采用深度调节法，中薄板（$\delta \leqslant 24\text{mm}$）采用水平调节法。

**深度调节法**：先计算 $R50$、$R100$ 圆弧反射波 $B_1$、$B_2$ 对应深度 $h_1$、$h_2$ 的值：$h_1 = 50\cos\beta$，$h_2 = 100\cos\beta$（$\beta$ 为实测值）。将探头入射点对准 CSK-ZB 标准试块的圆心，调节仪器使反射波 $B_1$、$B_2$ 前沿分别对准示波器上相应水平刻度值，即深度 1:1 已调节好。采用一次波探伤时，缺陷的深度位置 $h_f$ 即刻度指示值、水平距离 $l_f = $ 刻度指示值 $\times \text{tg}\beta$；采用二次波探伤时，缺陷的深度位置 $h'_f = 2\delta - $ 刻度指示值，$l'_f = $ 刻度指示值 $\times \text{tg}\beta$。

**水平调节法**：先计算 $R50$、$R100$ 圆弧反射波 $B_1$、$B_2$ 对应水平距离 $l_1$、$l_2$ 的值：$l_1 = 50\sin\beta$，$l_2 = 100\sin\beta$（$\beta$ 为实测值）。将探头入射点对准 CSK-ZB 标准试块的圆心，调节仪器使反射波 $B_1$、$B_2$ 前沿分别对准示波器上相应水平刻度值，即水平距离 1:1 已调节好。此时 $l_f = \tau_f$，$h_f = \tau_f / \text{tg}\beta$；$l'_f = \tau_f$，$h'_f = 2\delta - \tau_f / \text{tg}\beta$。

### (2) 缺陷大小估判

缺陷的大小，包括缺陷的面积和长度。测定焊接接头中缺陷的大小和数量称为缺陷定量，常用的定量方法有两种：探头移动法（又称测长法）和当量法。

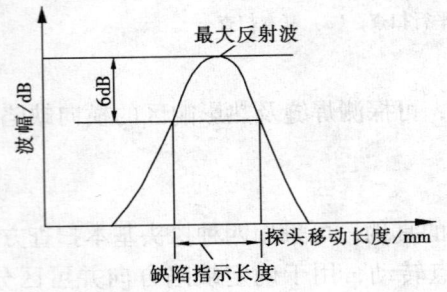

图 4-48　相对灵敏度测长法

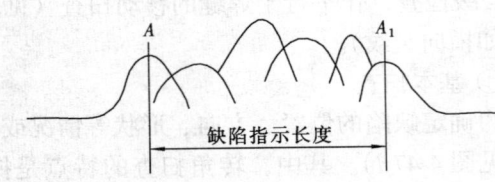

图 4-49　端点峰值测长法

**探头移动法**：对于尺寸或面积大于声束直径或截面的缺陷，一般用探头移动法来测定其指示长度或范围。GB/T 11345—1989 规定，缺陷指示长度 $\Delta L$ 的测定推荐采用以下两种方法：①当缺陷反射波只有一个高点时，先找到最高缺陷反射波作基准，用降低 6dB 相对灵敏度法测定的移动长度确定为缺陷指示长度，原理见图 4-48；②在测长扫查过程中，如发现缺陷反射波峰值起伏变化，有多个高点，则以缺陷两端最高缺陷反射波作基准，用降低 6dB 相对灵敏度法测定的移动长度确定为缺陷指示长度，即为端点峰值法，原理见图 4-49。

**当量法**：当缺陷尺寸小于声束截面时，一般采用当量法来确定缺陷的大小。

### (3) 缺陷性质的估判

焊缝中缺陷的性质与产生的部位大小和分布情况有关。因此，可根据缺陷波的大小、位置、探头运动时波幅的变化特点，结合焊接工艺情况对缺陷性质进行综合判断。因在很大程度上要依靠检验人员的实际经验和操作技能，故较难掌握。

### (4) 焊缝质量评定

**缺陷评定**：超过评定线的信号应注意其是否具有裂纹等危害性缺陷的特征。如有怀疑时，应采取改变探头角度、增加探伤面、观察动态波形、结合结构工艺性作判定。如对波形不能准确判断时，应辅以其他探伤方法（如射线照相法）作综合判定。表 4-40 为缺陷的等级分类。

**缺陷的等级分类**　　　　　　　　　　　表 4-40

| 检验等级<br>评定等级　板厚 δ/mm | A<br>8~50 | B<br>8~300 | C<br>8~300 |
|---|---|---|---|
| Ⅰ | 2/3δ，最小 12 | 1/3δ，最小 10，最大 30 | 1/3δ，最小 10，最大 20 |
| Ⅱ | 3/4δ，最小 12 | 2/3δ，最小 12，最大 50 | 1/2δ，最小 10，最大 30 |
| Ⅲ | <δ，最小 20 | 3/4δ，最小 16，最大 75 | 2/3δ，最小 12，最大 50 |
| Ⅳ | 超过Ⅲ级者 | | |

检验结果的等级分类：

①最大反射波幅位于Ⅱ区（参见图 4-50）的缺陷，根据缺陷的指示长度按表 4-40 的规定予以评级。

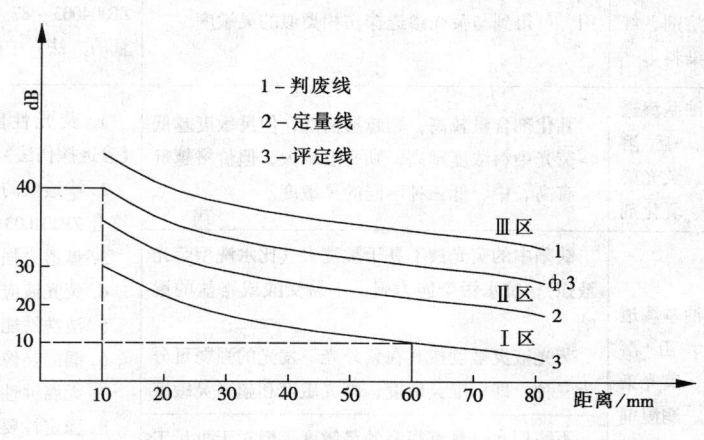

图 4-50　距离——波幅曲线

② 最大反射波幅不超过评定线的缺陷，均评为Ⅰ级。

③ 最大反射波幅超过评定线的缺陷，检验者判定为裂纹等危害性缺陷时，无论其波幅和尺寸如何，均评为Ⅳ级。

④ 反射波幅位于Ⅰ区的非裂纹性缺陷，均评为Ⅰ级。

⑤ 反射波幅位于Ⅲ区的缺陷，无论其指示长度如何，均评为Ⅳ级。

### （三）渗透探伤检测

渗透探伤是一种以毛细管作用原理为基础的检查表面开口缺陷的无损探伤方法，与磁粉探伤统称为表面探伤。渗透探伤适应于焊接件、奥氏体不锈钢焊缝、铸锻件、有色金属制品、玻璃钢、陶瓷塑料制品的探伤，不适用于多孔型材料的表面探伤。

渗透探伤的优点是：不受被检物的形状、大小、组织结构、化学成分和缺陷方向的限制，一次探伤可能查出被检物表面各方向的开口缺陷；操作简单，探伤人员经短期培训即可独立工作；基本不需要特殊的复杂设备；缺陷显示直观，探伤灵敏度高，目前检验出工件表面微米级开口尺寸的缺陷并不困难。渗透探伤的局限性是：渗透探伤只能查出工件表面开口型缺陷，对表面过于粗糙或多孔型材料无法探伤；不能判断缺陷的深度和缺陷在工件内部的走向；操作方法虽简单，但难以定量控制，操作者的熟练程度对探伤结果影响很大。

**1. 渗透探伤剂**

渗透探伤剂包括渗透剂、清洗剂和显像剂。表 4-41 为渗透探伤剂的基本组成、特点、应用及质量要求。

## 渗透探伤剂及质量要求　　　　　　　　　　　　　　　表 4-41

| 探伤剂 | 分类 | | 基本组成 | 特点及应用 | 质量要求 |
|---|---|---|---|---|---|
| 渗透剂 | 着色渗透剂 | 水洗型 水基型 | 水、红色染料 | 不可燃、使用安全，不污染环境，价格低廉，但灵敏度欠佳 | 1. 渗透力强，渗透速度快<br>2. 着色液应有鲜艳的色泽<br>3. 清洗性好<br>4. 润湿显像剂的性能好，即容易从缺陷中吸附到显像剂表面<br>5. 无腐蚀性<br>6. 稳定性好，在光和热的作用下，材料成分和色泽能维持较长时间<br>7. 毒性小<br>8. 其密度、浓度及外观检验应符合 ZBJ04003-87《控制渗透探伤材料质量的方法》中的规定 |
| | | 水洗型 乳化型 | 油液、红色染料乳化剂、溶剂 | 渗透性较好，容易吸收水分产生浑浊、沉淀等污染现象 | |
| | | 后乳化型 | 油料、溶剂、红色染料 | 渗透力强，探伤灵敏度高，适合于检查浅而细致的表面缺陷，但不适用于表面粗糙及不利于乳化的焊缝 | |
| | | 溶剂去除型 | 油液、低黏度易挥发的溶剂、红色染料 | 具有很快的渗透速度，与快干式显像剂配合使用，可得到与荧光渗透探伤相类似的灵敏度 | |
| | 荧光渗透剂 | 水洗型 | 油基渗透剂、互溶剂、荧光染料、乳化剂 | 乳化剂含量越高，则越易清洗，但灵敏度越低荧光染料浓度越高，则亮度越大，但价格越贵有高、中、低三种不同的灵敏度 | 1. 荧光性能应符合 ZBJ04005—87《渗透探伤法》附录中的规定<br>2. 渗透液的密度浓度及外观检验应符合 ZBJ04003—87 中的规定<br>3. 渗透力强，渗透速度快<br>4. 荧光液应有鲜明的荧光<br>5. 清洗性能好<br>6. 润湿显像剂的性能要好<br>7. 无腐蚀性<br>8. 稳定性要好<br>9. 毒性小 |
| | | 后乳化型 | 油基渗透剂、互溶剂、荧光染料、润湿剂 | 缺陷中的荧光液不易于被洗去（比水洗型荧光液强），抗水污染能力强，不易受酸或铬盐的影响<br>荧光液灵敏度按其在紫外光下发光的强弱可分为三种，即标准灵敏度，高灵敏度和超高灵敏度 | |
| | | 溶剂去除型 | | 不需要水，具有很高的灵敏度，但对于批量工件的探伤效率较低，适合于受限制的区域性探伤 | |
| 乳化剂 | 亲水性乳化剂 | | 烷基苯酚聚氧乙烯醚、脂肪醇聚氧、乙烯醚 | 乳化剂浓度决定了它的乳化能力乳化速度和乳化时间，推荐使用浓度为 5%~20% | 1. 乳化剂应容易清除渗透剂，同时应具有良好的洗涤作用；2. 具有高闪点和低蒸发率；3. 耐水和渗透剂污染的能力强；4. 对工件和容器无腐蚀；5. 无毒、无刺激性臭味；6. 性能稳定、不受温度影响 |
| | 亲油性乳化剂 | | 脂肪醇聚氧乙烯醚 | 不加水使用，其粘度大时扩散速度慢，则乳化过程容易控制，但乳化剂损耗大；反之亦然 | |
| 清洗剂 | 水 | | | 清除水洗型渗透液 | 有机溶剂去除剂应与渗透剂有良好的互溶性，不与荧光渗透剂起化学反应 |
| | 有机溶剂去除剂 | | 煤油或者酒精、丙酮、三氯乙烯 | 清除溶剂去除型渗透液 | |
| | 乳化剂和水 | | | 清除后乳化型渗透液 | |
| 显像剂 | 干粉显像剂 | | 氧化镁或者碳酸镁、氧化钛、氧化锌等粉末 | 适用于粗糙表面的荧光渗透探伤显像粉末使用后很容易清除 | 1. 粒度不超过 1~3μm；2. 松散状态下密度应小于 0.075g/cm³；3. 吸水、吸油性能好；4. 在黑光下不发荧光；5. 无毒、无腐蚀 |
| | 湿式显像剂 | 水悬浮型湿式显像剂 | 干粉显像剂加水按比例配制而成 | 要求焊缝表面有较高的光洁度，不适应于水洗型渗透液呈弱碱性 | 1. 每升水中应加进 30~100g 的显像粉末，不宜太多也不宜太少；2. 显像剂中加有润湿剂、分散剂和防锈剂；3. 颗粒应细致 |

续表

| 探伤剂 | 分 类 | 基本组成 | 特点及应用 | 质量要求 |
|---|---|---|---|---|
| 显像剂 | 湿式显像剂 / 水溶性湿式显像剂 | 将显像剂结晶粉溶解于水中制成，结晶粉多为无机盐类 | 不可燃、使用安全，清洗方便，不易沉淀和结块；白色背景不如水悬浮式；要求工件有较好的表面粗糙度不适于水洗型渗透液 | ① 应加适当的防锈剂、润湿剂、分散剂和防腐剂<br>② 应对工作和容器无腐蚀，对操作无害 |
| | 快干显像剂 | 将显像剂粉末加入挥发性的有机溶剂中配制而成。有机溶剂多为丙酮、苯、二甲苯等 | 显像灵敏度高，挥发快，形成的显示扩散小，显示轮廓清晰，常与着色渗透液配合使用 | 为调整显像剂粘度，使显像剂不太浓，应加一定量的稀释剂（如丙酮、酒精等） |
| | 不使用显像剂 | | 省掉了显像剂，简化了工艺，只适用于灵敏度要求不高的荧光渗透液 | |

2. 取样及制备要求

取样：每批同类构件抽查10%，且不应少于3件；被抽查构件中，每一类型焊缝按条数抽查5%，且不应少于1条；每条检查1处，总抽查数不应少于10处。

制备要求：彻底清除妨碍渗透剂渗入缺陷的铁锈、氧化皮、飞溅物、焊渣及涂料等表面附着物。

3. 操作步骤

(1) 预处理：预处理包括表面清理和预清洗，表面清理的目的是彻底清除妨碍渗透剂渗入缺陷的铁锈、氧化皮、飞溅物、焊渣及涂料等表面附着物；预清洗是为了去除残存在缺陷内的油污和水分。

表面附着物不允许采用喷砂、喷丸等可能堵塞缺陷开口的方法进行前处理。预清洗后，应注意让残留的溶剂清洗剂和水分充分干燥，特别应予指出的是大部分渗透剂与水是不相溶的，缺陷处和缺陷中残留有水分将严重阻碍渗透剂的渗入，降低渗透探伤的灵敏度。

(2) 渗透：渗透是指在规定的时间内，用浸喷或刷涂方法将渗透剂覆盖在被检焊缝表面上，并使其全部润湿。从施加渗透剂到开始乳化或清洗操作之间的时间称为渗透时间。渗透时间取决于渗透剂的种类、被检物形态、预测的缺陷种类与大小、被检物和渗透剂的温度。实际应用时参考渗透剂生产厂家推荐的渗透时间。

(3) 清洗：清洗是从被检焊缝表面上去除掉所有的渗透剂，但又不能将已渗入缺陷的渗透剂清洗掉。

(4) 干燥：用干式或快干式显像剂显像前，溶剂去除后的被检焊缝表面可自然干燥或用布、纸擦干；水清洗的被检表面应作温度不超过52℃的干燥处理。用湿式显像剂显像时，可不经干燥处理，在水清洗或溶剂去除后的被检焊缝表面上直接覆盖显像剂，并使其迅速干燥形成显像剂薄膜。

(5) 显像：显像是从缺陷中吸出渗透剂的过程。用快干式显像剂显像时，一般用压力喷罐或刷涂法在经干燥处理后的被检焊缝表面上覆盖显像剂。显像剂要喷涂得薄而均匀，以略能看出被检焊缝表面为宜。

(6) 观察与后处理：施加显像剂后一般在7~30min内观察显示迹痕。观察荧光渗透剂的显示迹痕,被检焊缝表面上的标准荧光照度应大于50lx。观察着色渗透剂的显示迹痕时,可见光照度应在350lx以上。

4. 结果判定:焊缝渗透探伤的质量评定见表4-42缺陷磁痕的分级。

(四)磁粉探伤检测

磁粉探伤是利用缺陷处漏磁场与磁粉相互作用而产生磁痕的原理,检测铁磁性材料表面及近表面缺陷的一种无损探伤方法。铁磁材料的构件被磁化后,其表面和近表面的缺陷处磁力线发生变形,逸出工件表面形成漏磁场。通过漏磁场吸引磁粉堆积显示缺陷,进而确定缺陷的位置(甚至形状、大小和深度),这就是磁粉探伤的基本原理。

磁粉探伤的优点主要是:可以直观的显示出缺陷的形状、位置与大小,并能大致确定缺陷的性质;探伤灵敏度高,可检出宽度仅为0.1μm的表面裂纹;应用范围广,几乎不受被检构件大小及几何形状的限制;工艺简单,探伤速度快,费用低廉。它的局限性是不能检查非磁性材料及内部埋藏较深的缺陷。裂纹特别是表面及近表面的裂纹,在焊接结构中的危害最大。磁粉探伤是钢制焊接件表面及近表面裂纹等缺陷探伤的最有效手段之一。

1. 仪器设备及环境

磁粉探伤机:磁粉探伤机的形式多样,有磁化装置、夹持装置、磁粉喷洒装置和退磁装置等。磁化装置是磁粉探伤机的主体部分,其余为附属装置。磁粉探伤机的主体部分按携带方式分类有:手提式、移动式和固定式。

磁粉:磁粉是用以显示缺陷的,可分为:非荧光磁粉和荧光磁粉两大类。非荧光磁粉的磁性称量在7g以上即可用于湿法磁粉探伤,达15g以上则满足干法磁粉探伤要求,荧光磁粉可略低于此值。磁粉的粒度是指它的颗粒大小。磁粉的颗粒大小对它的悬浮性以及漏磁场对磁粉的吸附均有影响。用干粉法时磁粉颗粒度范围应为10~60μm,用湿粉法磁粉粒度范围应为1~10μm。荧光粉粒度约为5~25μm。磁粉颜色的选择要求得到最大的衬度。

磁悬液:磁粉与油或水按一定比例混合而成的悬浮液体称为磁悬液。用油配置时一般采用轻质、低粘度、闪点在60℃以上的无味煤油;用水配置时,要在水中加入润湿剂、防锈剂和消泡剂,以保证磁悬液有良好的使用性能。磁悬液的浓度(即每升液体中所含有的磁粉克数)一般为:非荧光磁粉10~15g/L,荧光磁粉1~2g/L。

2. 取样及制备要求

(1)取样:每批同类构件抽查10%,且不应少于3件;被抽查构件中,每一类型焊缝按条数抽查5%,且不应少于1条;每条检查1处,总抽查数不应少于10处。

(2)制备要求:被探表面应充分干燥;用化学或机械方法彻底清除被检表面上可能存在的油污铁锈氧化皮毛刺焊渣及焊接飞溅等表面附着物。根据探伤精度的需要,可以考虑先用砂轮修整被检焊缝的表面,然后再进行探伤;必须采用直接通电法检测带有非导电涂层的构件时,应预先彻底清除导电部位的局部涂料,以避免因接触不良而产生电弧,烧伤被检面。

3. 操作步骤

(1)表面预处理:被探构件的表面状态对磁粉探伤的灵敏度有很大的影响。例如,光滑的表面有助于磁粉的迁移,而锈蚀或油污的表面则会妨碍磁粉移动。为保证等得到满意的探伤灵敏度,探伤前应对被检表面作预处理。

(2)确定探伤方法:磁粉施放方法包括干法和湿法两种。

干法:用干燥磁粉进行磁粉探伤的方法称为干法。用干法探伤时,磁粉与被检工件表面先要充分干燥,然后用喷粉器或其他工具将呈雾状的干燥磁粉施于被检工件表面,形成薄而均匀的磁粉覆盖层,同时用干燥的压缩空气吹去局部堆积的多余磁粉,观察磁痕应在喷粉和去除多余磁粉的同时进行,观察完磁痕后再撤除外磁场。

湿法：磁粉悬浮在油水或其他载液中的磁粉探伤方法称为湿法。与干法比较，湿法具有更高的探伤灵敏度，特别适合于检测表面上如疲劳裂纹一类的细微缺陷，探伤时，用浇浸或喷法将磁悬液施加到被检表面上。使用浇法时的液流要微弱，使用浸法时要适当掌握浸没时间，相对而言，浸法的探伤灵敏度较高。

磁化方法常用的有两种：

① 连续法：在外加磁场的作用下向被检表面施加磁粉或磁悬液的探伤方法称为连续法。采用连续法探伤时，既可在外加磁场的作用下观察磁痕，也可在撤去外加磁场后观察磁痕。

连续法探伤的操作程序是：

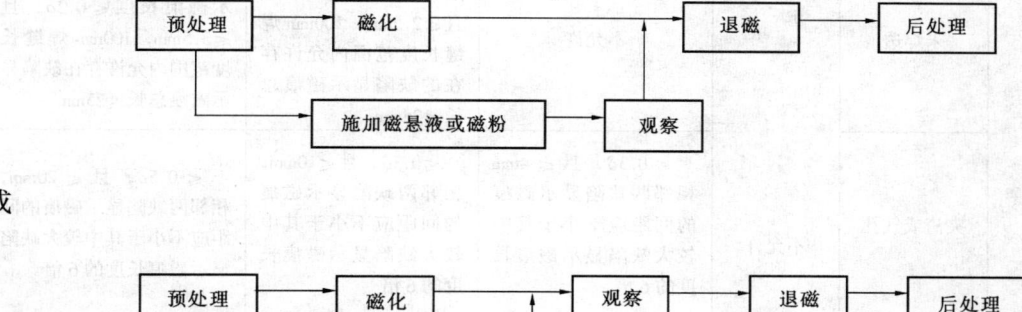

或

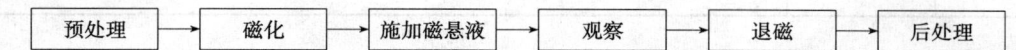

连续法探伤的灵敏度高，但探伤效率较低，而且易出现干扰缺陷评定的杂乱显示。

② 剩磁法：利用磁化过后被检构件上的剩磁进行磁粉探伤的方法称为剩磁法。剩磁法的探伤程序是：

预处理 → 磁化 → 施加磁悬液 → 观察 → 退磁 → 后处理

剩磁法探伤的效率高，其磁痕易于辨别，并有足够的探伤灵敏度。一般情况下，剩磁法不与干粉配合使用。

(3) 观察磁痕：所谓磁痕就是由缺陷或其他因素造成的漏磁场积聚磁粉所形成的迹象。有磁痕显示并不一定是缺陷显示，如构件截面突变，两种磁导率不同的材料焊接在一起，划伤与刀痕，也可出现磁痕，除了非缺陷磁痕外，还有不是漏磁场引起的假磁痕，脏物粘附磁粉是磁粉探伤中常见的假磁痕。因而，对磁痕显示应观察与分析。分析与判断真假缺陷磁痕需要积累经验，或采用不同规范多次磁化的办法进行判断。另外，磁痕的形成与磁粉施加方法也有一定联系。焊件磁粉探伤大多数使用非荧光磁粉，为了能充分识别磁痕，检验区域的照度应在1500lx以上。如选用荧光磁粉时，应在环境区照度不大于10lx的条件下，使用黑光辐照，使被检表面黑光强度不低于970lx。

(4) 退磁：应按规定将构件中的剩磁减小到一定限值以下。

(5) 后处理：后处理是指某些表面要求较高的构件探伤完毕后，应清除残留在被探表面的磁悬液，干燥被探构件，必要时抹上防护油等。

(6) 标记：对确认为缺陷部位，要用打钢印、油漆或涂色等方法明显标记，并作好记录。

4. 结果判定

根据缺陷磁痕的形态，缺陷磁痕大致上分为圆形和线形两种。凡长轴与短轴之比小于3的磁痕称为圆形磁痕，长轴与短轴之比大于等于3的磁痕称为线形磁痕。磁粉探伤的质量评定见表4-42缺陷磁痕的分级。

**缺陷磁痕的分级** 表 4-42

| 质量等级 | | | Ⅰ | Ⅱ | Ⅲ | Ⅳ |
|---|---|---|---|---|---|---|
| 缺陷显示磁痕的类型及缺陷性质 | 不考虑的最大缺陷显示磁痕长度/mm | | ≤0.3 | ≤1 | ≤1.5 | ≤1.5 |
| 线形缺陷 | 裂纹 | | 不允许 | 不允许 | 不允许 | 不允许 |
| | 未焊透 | | | 不允许 | 允许存在的单个缺陷显示磁痕≤0.15δ，且≤2.5mm，100mm焊缝长度范围内允许存在的缺陷显示磁痕总长≤25mm | 允许存在的单个缺陷显示磁痕长度≤0.2δ，且≤3.5mm，100mm焊缝长度范围内允许存在缺陷显示磁痕总长≤25mm |
| | 夹渣或气孔 | | 不允许 | ≤0.3δ，且≤4mm，相邻两缺陷显示磁痕的间距应不小于其中较大缺陷显示磁痕长度的6倍 | ≤0.3δ，且≤10mm，相邻两缺陷显示磁痕的间距应不小于其中较大缺陷显示磁痕长度的6倍 | ≤0.5δ，且≤20mm，相邻两缺陷显示磁痕的间距应不小于其中较大缺陷显示磁痕长度的6倍 |
| 圆形缺陷 | 夹渣或气孔 | | | 任意50mm焊缝显示长度范围内允许存在长度≤0.15δ，且≤2mm的缺陷显示磁痕的2个；缺陷显示磁痕间距应不小于其中较大显示长度的6倍 | 任意50mm焊缝长度范围内允许存在显示长度≤0.3δ，且≤3mm的缺陷显示磁痕2个；缺陷显示磁痕的间距应不小于其中较大显示长度的6倍 | 任意50mm焊缝长度范围内允许存在显示长度≤0.4δ，且≤4mm的缺陷显示磁痕2个；缺陷显示磁痕的间距应不小于其中较大显示长度的6倍 |

### 四、实例

射线探伤板厚为24mm的焊缝中，条渣分布如图4-51所示，该焊缝评为几级？

首先评定单渣长度，均未超过1/3板厚（$T/3=8$mm），符合Ⅱ级。第二步，由于最长条渣为6mm则$6L=36$mm，它与最近邻夹渣间距为40mm，故不属"组"的范围。剩下三条渣最长者为4mm，由于它们的间距都小于$6L$，因此计算共总长$4+3+2=9$（mm），未超过板厚，故可评为Ⅱ级。

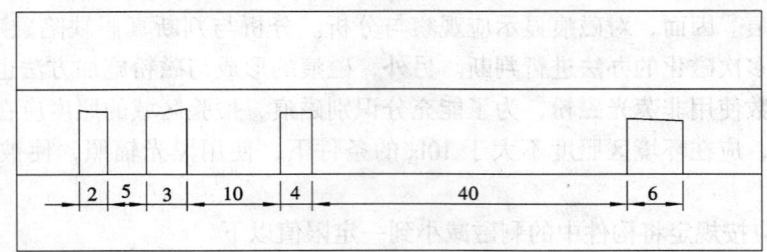

图 4-51

**思考题**

1. 试叙述射线照相法探伤的步骤？
2. 试叙述射线照相法底片的评定步骤？
3. 超声波探伤的操作步骤有哪些？
4. 斜探头选择折射角（$K$值）的依据是什么？

5. 超声波探伤对焊缝表面有什么要求？
6. 渗透探伤的步骤是什么？
7. 渗透探伤有哪些优、缺点？
8. 磁粉探伤的操作步骤是什么？
9. 磁粉探伤的优点及局限性有哪些？

**参考文献及资料**
1. 《焊缝磁粉检验方法和缺陷磁痕的分级》. JB/T 6061—1992
2. 赵熹华主编. 焊接检验. 北京：机械工业出版社. 2000
3. 王朝前主编. 焊接检验. 哈尔滨：哈尔滨工业大学出版社. 1993

## 第七节 碳纤维检测

### 一、概念

普通碳纤维是以聚丙烯腈（PAN）或中间相沥青（MPP）纤维为原料经高温碳化制成。目前，在混凝土结构加固中一般使用 CFRP 高强度型碳纤维片材，CFRP 碳纤维片材主要有碳纤维布和碳纤维板两种制品形式。CFRP 碳纤维布是由连续碳纤维单向或多向排列，未经树脂浸渍的布状制品；碳纤维板是由连续碳纤维单向或多向排列，并经树脂浸渍固化的板状制品。

CFRP 碳纤维片材的最基本的三个力学性能指标为强度、弹性模量和延伸率。美国 ACI440 委员会关于碳纤维材料指标的规定见表 4-43。国内常用 CFRP 碳纤维布的单位面积碳纤维质量、截面面积和计算厚度见表 4-44。

碳纤维材料力学性能指标（ACI committee 440）　　表 4-43

| 型号 | 强度（MPa） | 弹性模量（GPa） | 延伸率（%） |
|---|---|---|---|
| 普通 | 2050～3790 | 220～235 | 1.2 |
| 高强 | 3790～4825 | 220～235 | 1.4 |
| 超高强 | 4825～6200 | 220～235 | 1.5 |
| 高模 | 1725～3100 | 345～515 | 0.5 |
| 超高模 | 1375～2400 | 515～690 | 0.2 |

国内常用 CFRP 碳纤维布的单位面积质量、截面面积和计算厚度　　表 4-44

| 纤维单位面积质量（g/m²） | 密度 g/m² | 单位宽度的截面面积（mm²/m） | 计算厚度（mm） |
|---|---|---|---|
| 200 | $1.8 \times 10^{-3}$ | 111 | 0.111 |
| 300 | | 167 | 0.167 |
| 450 | | 250 | 0.250 |
| 600 | | 333 | 0.333 |

碳纤维片材按碳纤维的排列方向可分为单向、双向和多向碳纤维片材，目前在加固工程中大量使用的是单向碳纤维片材，其主要力学性能指标的要求见表 4-45。对于双向或多向碳纤维片材可以参照单向碳纤维片材的指标采用。

国内常用 CFRP 碳纤维片材的主要力学性能指标　　表 4-45

| 性能项目 | 碳纤维布 | 碳纤维板 |
|---|---|---|
| 抗拉强度标准值 $f_{cfk}$ | ≥3000MPa | ≥2000MPa |
| 弹性模量 $E_{cf}$ | $\geq 2.1 \times 10^5$ MPa | $\geq 1.4 \times 10^5$ MPa |
| 伸长率 | ≥1.5% | ≥1.5% |

### 二、检测依据

《定向纤维增强塑料拉伸性能试验方法》GB/T 3354—1999
《纤维增强塑料性能试验方法总则》GB 1446—83
《碳纤维片材加固混凝土结构技术规程》CECS 146：2003

### 三、CFRP 碳纤维布拉伸性能试验和粘结质量现场检验

1. CFRP 碳纤维布拉伸性能试验

(1) 仪器设备及环境

电子拉力试验机、伺服液压式试验机（试验机使用吨位的选择应参照相应说明书，试验机载荷相对误差不得超过±1%）。

油压式试验机和变形仪（试验机使用吨位的选择应使试样施加载荷落在满载的10%～90%范围内，尽量落在满载的一边，且不得小于试验机最大吨位的4%；试验机载荷和变形仪仪表的相对误差均不得超过±1%）。

试验标准环境条件：温度23±2℃；相对湿度50±5%。

(2) 取样及制备要求

① 取样：每组试样应多于5个，保证同批有5个有效试样。试样几何形状及尺寸如图4-52和表4-46。

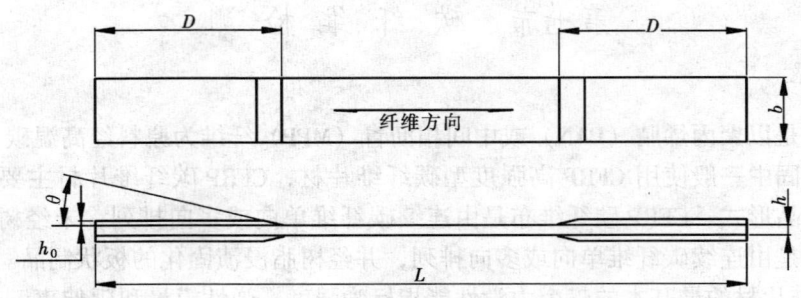

图 4-52 拉伸性能试样

$L$—试样长度；$b$—试样宽度；$h$—试样厚度；$D$—加强片长度；

$h_0$—加强片厚度；$\theta$—加强片斜削角

试 样 尺 寸（mm）　　　　　表 4-46

| 试样类别 | $L$ | $b$ | $h$ | $D$ | $H_0$ | $\theta$ |
|---|---|---|---|---|---|---|
| 0° | 230 | 15±0.5 | 1～3 | 50 | 1.5 | 15°～90° |
| 90° | 170 | 25±0.5 | 2～4 | 50 | 1.5 | 15°～90° |
| 0°/90°均衡对称 | 230 | 25±0.5 | 2～4 | | | |

注：仲裁试样厚度：2.0mm±0.1mm；测定泊松比也可采用无加强片直条形试样；测定0°泊松比时试样宽度也可采用25mm±0.5mm

② 试样制备

试样可以采用机械加工法和模塑法进行加工。

采用机械加工法时，试样的取位区，应距板材边缘（已切除工艺毛边）20～30mm。若取位区有气泡、分层、树脂淤积、皱褶、翘曲、错误铺层等缺陷，则应避开。若对取位区有特殊要求或需从产品中取样时，则按有关技术要求确定，并在试验报告中注明。

CFRP碳纤维片材一般为各向异性材料，故应按各向异性材料的两个主方向或预先规定的方向（例如板的纵向和横向）切割试样，且应严格地保证纤维方向和铺层方向与试验要求相符。碳纤维片材试样应采用硬质合金刃具或砂轮片等加工。加工时要防止试样产生分层、刻痕和局部挤压等机械损伤。加工试样时，可采用水冷却（禁止用油）。但加工后，应在适宜的条件下对试样及时进行干燥处理。对试样的成型表面尽量不要加工。当需要加工时，一般应单面加工，并在试验报告中注明。

采用模塑法时，模塑成型的试样按产品标准或技术规范的规定进行制备。在试验报告中注明制备试样的工艺条件及成型时受压的方向。

试样的加强片可按试样的失效模式和失效部位，确定是否使用加强片和使用加强片的设计参量。设置加强片时夹持方法的关键是有效的把载荷加到试样上,并防止因明显的不连续性而引起试样的提前失效。加强片的材料可采用铝合金板或纤维增强塑料板。胶接加强片所用胶粘剂应保证在试验过程中加强片不脱落,胶粘剂固化温度不高于试样层板成型温度,对胶接加强片处的试样表面进行处理时,不允许损伤试样纤维。加强片可在试样制备后胶接,也可在试样制备前整片胶接,然后加工成试样。为了试样对中,两侧加强片厚度和胶层厚度应相同,余胶应清除。

(3) 试验方法与操作步骤

① 试验前,试样需经外观检查,如有缺陷和不符合尺寸及制备要求者,应予作废。

② 试验前,试样在试验标准环境条件下至少放置 24h;若不具备试验标准环境条件,试验前,试样可在干燥器内至少放置 24h;特殊状态调节条件按需要而定。

③ 将试样编号,并测量任意三点的宽度和厚度,取平均值,测量精度:试样尺寸小于和等于 10mm 的,精确到 0.02mm;大于 10mm 的,精确到 0.05mm。

④ 装夹试样,使试样的轴线与上下夹头中心线一致。

⑤ 在试样中部位置安装应变规。施加初载(约为破坏载荷 5%),检查并调整试样及应变规或变测量系统,使其处于正常工作状态。

⑥ 测定拉伸强度时,连续加载至试样失效,记录最大载荷值及试样失效形式和位置。

⑦ 测定形变时,连续加载,用自动记录装置记录载荷-形变曲线或载荷-应变曲线。也可采用分级加载,级差为破坏载荷的 5%~10%,至少五级并记录各级载荷与相应的形变值。

⑧ 凡在夹持部位内破坏的试样应作废,同批有效试样不足五个时,应重做试验。

(4) 数据处理与结果判定

① 碳纤维布拉伸强度按式 4-98 计算:

$$\sigma_t = \frac{P_b}{b \cdot h} \tag{4-98}$$

式中 $\sigma_t$——拉伸强度(MPa);

$P_b$——试样破坏时的最大载荷(N);

$b$——试样宽度(mm);

$h$——试样厚度(mm)。

② 拉伸弹性模量按式 4-99 计算:

$$E_t = \frac{\Delta P \cdot l}{b \cdot h \cdot \Delta l} \text{ 或 } E_t = \frac{\Delta P}{b \cdot h \cdot \Delta \varepsilon} \tag{4-99}$$

式中 $E_t$——拉伸弹性模量(MPa);

$\Delta P$——载荷-形变曲线或载荷-应变曲线上初始直线段的载荷增量(N);

$\Delta l$——与 $\Delta P$ 对应的标距 $l$ 内的变形增量(mm);

$l$——测量标距(mm);

$\Delta \varepsilon$——与 $\Delta P$ 对应的应变增量。

③ 拉伸破坏伸长率按式 4-100 计算:

$$\varepsilon_t = \frac{\Delta l_b}{l} \times 100 \tag{4-100}$$

式中 $\varepsilon_t$——拉伸破坏伸长率(%);

$\Delta l_b$——试样破坏时标距 $l$ 的总伸长量(mm)。

④ 绘制应力-应变曲线

⑤ 对每一组各性能值的试验结果分别计算平均值、标准差和离散系数。

算术平均值 $\overline{X}$ 计算到三位有效数字。

$$\overline{X} = \frac{\sum_{i=1}^{n} X_i}{n} \tag{4-101}$$

式中  $X_i$ ——每个试样的性能值；
　　　$n$ ——试样数。

标准差 $S$ 计算到二位有效数字。

$$S = \sqrt{\frac{\sum_{i=1}^{n}(X_i - \overline{X})^2}{n-1}} \tag{4-102}$$

式中符号同式 4-101。

离散系数 $C_v$ 计算到二位有效数字。

$$C_v = \frac{S}{\overline{X}} \tag{4-103}$$

式中符号同式 4-101、式 4-102。

⑥ 试验结果

给出每个试样的性能值、算术平均值、标准差及离散系数。若有要求，可按 ISO 2602—1980《试验结果的统计分析—平均值的估算—置信区间》给出一定置信度的平均值置信区间。

2. 碳纤维布粘结质量现场检验

（1）仪器设备：粘结强度检测仪，对粘结强度检测仪的要求，可参照现行行业标准《数显式粘结强度检测仪》JG 3056 的规定。粘结强度检测仪应每年检定一次，发现异常时应随时维修、检定。

（2）取样及制备要求：

① 取样

现场检验应在已完成碳纤维片材粘贴加固的混凝土结构表面上进行。按实际粘贴碳纤维片材的加固结构表面面积计，500m² 以下工程取一组试样测区，500m² 至 1000m² 工程取两组试样测区，1000m² 以上工程每 1000m² 取两组试样测区。每组试样数量为三个测区，试样应由检验人员随机抽取确定，试样测区的间距不得小于 500mm。

② 现场试样测区的制备

表面处理：被测部位的加固表面应清除污渍并保持干燥。

切割预切缝：从加固表面向混凝土基体内部切割预切缝，切入混凝土深度 2~3mm，宽度 1~2mm。预切缝形状为直径 40mm 的圆形。

粘贴钢标准块：采用取样粘结剂粘贴直径为 40mm 的圆形钢标准块（图 4-53）。取样粘结剂的正拉粘结强度应大于碳纤维片材粘贴树脂的正拉粘结强度。钢标准块粘贴后应及时固定。

（3）试验方法与操作步骤：① 按照粘结强度检测仪生产厂提供的使用说明书，连接钢标准块；② 以 1500~2000N/min 匀速加载，记录破坏时的荷载值，并观察破坏形式。

（4）数据处理与结果判定：

① 粘结强度计算

每组取 3 个被测试样，每个试样的正拉粘结强度应按下式计算：

$$f = \frac{P}{A} \tag{4-104}$$

式中  $f$ ——正拉粘结强度（MPa）；
　　　$P$ ——试样破坏时的荷载值（N）；
　　　$A$ ——钢标准块的粘结面面积（mm²）。

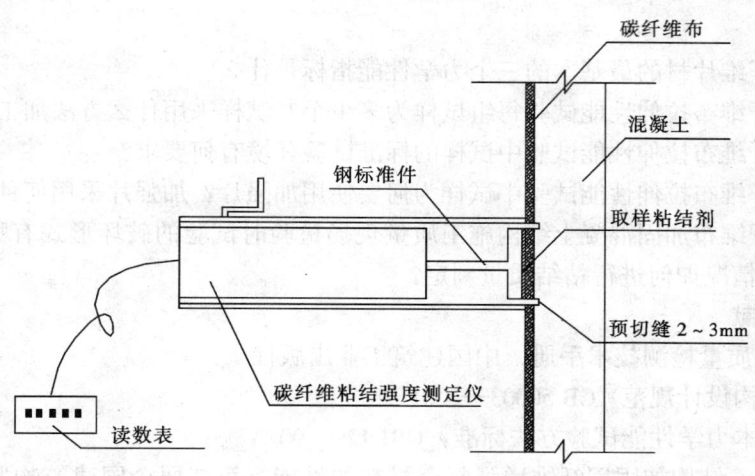

图 4-53 碳纤维片材粘结质量现场检验示意

②破坏形式

混凝土破坏：混凝土试块破坏，以 $A_f$ 表示。

层间破坏：树脂与混凝土间复合涂层界面破坏，以 $B_f$ 表示。

碳纤维片材破坏：碳纤维片材内部破坏，以 $C_f$ 表示。

粘结失效：碳纤维片材与钢标准块之间破坏，以 $D_f$ 表示。

③试验结果

以 3 个被测试样的算术平均值作为该组正拉粘结强度的试验结果。试验结果应包括破坏形式、3 个试样的正拉粘结强度值和该组正拉粘结强度的试验平均值。

④根据试验结果对施工质量进行判定：

a. 破坏形式为 $A_f$ 时，施工质量判定为合格；

b. 破坏形式为 $B_f$、$C_f$、$D_f$ 时，如满足每组试样的正拉粘结强度试验平均值不小于 2.5MPa，且其中单个试样的正拉粘结强度最小值不小于 2.25MPa 的要求，施工质量判定为合格；

c. 破坏形式为 $B_f$、$C_f$，如不能满足每组试样的正拉粘结强度试验平均值不小于 2.5MPa，且其中单个试样的正拉粘结强度最小值不小于 2.25MPa 的要求，施工质量判定为不合格，或根据实际工程情况加大样本数量重新检验；

d. 破坏形式为 $D_f$ 时，如不能满足每组试样的正拉粘结强度试验平均值不小于 2.5MPa，且其中单个试样的正拉粘结强度最小值不小于 2.25MPa 的要求，应重新制备试样和检验。

四、实例

某桥梁加固工程，实际粘贴 CFRP 碳纤维片材的加固结构表面积为 400m²，采用 200g/m²，即厚度为 0.111mm 的碳纤维片材及配套的底层树脂、找平材料和粘结树脂施工，施工结束后，需要进行施工质量的现场检验。

（1）按规范要求，取一组 3 个试样，分别粘贴直径为 40mm 的圆形钢标准块。

（2）以 1500~2000N/min 匀速加载，记录破坏时的荷载值和破坏形态如下：

| 试样编号 | 破坏荷载值（N） | 破坏形式 | 正拉粘结强度（MPa） | 正拉粘结强度平均值（MPa） |
|---|---|---|---|---|
| 1 | 2850 | 混凝土破坏 $A_f$ | 2.27 | 2.43 |
| 2 | 3200 | 混凝土破坏 $A_f$ | 2.55 | |
| 3 | 3100 | 混凝土破坏 $A_f$ | 2.47 | |

（3）结果判定：3 个试件的破坏形式均为混凝土破坏 $A_f$，施工质量判为合格。

## 五、思考题

1. CFRP碳纤维片材的最基本的三个力学性能指标是什么？
2. CFRP碳纤维布拉伸性能试验每组试样为多少个？试样采用什么方法加工？
3. CFRP碳纤维布拉伸性能试验中试样的标准试验环境有何要求？
4. CFRP碳纤维布拉伸性能试验中试样为何要使用加强片？加强片采用何种材料制成？
5. CFRP碳纤维布加固混凝土结构施工质量现场检验时试验的破坏形式有哪几种？根据破坏形式和现场试验情况如何进行粘结质量判定？

## 六、参考文献

1. 建筑工程质量检测技术手册．中国建筑工业出版社
2. 《砌体结构设计规范》GB 50003—2001
3. 《砌体基本力学性能试验方法标准》GBJ 129—90
4. 杨勇新等．结构加固用纤维增强复合材料的性能．第7届全国建筑物鉴定与加固改造学术会议论文集
5. 吴刚，安琳，吕志涛．碳纤维布用于钢筋混凝土梁加固的试验研究建筑结构．2000.7
6. 朱虹，张继文．结构加固过程中CFRP布基本力学性能检测．第二届全国土木工程用纤维增强复合材料（FRP）应用技术学术交流会论文集，2002.7昆明。
7. 赵彤，谢剑．碳纤维布补强加固混凝土新技术．天津大学出版社，2001

# 建设工程质量检测人员
# 培训教材

(下 册)

江苏省建设工程质量监督总站 编

中国建筑工业出版社

# 目 录

## 上 册

第一章 概论 ⋯⋯⋯⋯⋯⋯⋯⋯⋯⋯⋯⋯⋯⋯⋯⋯⋯⋯⋯⋯⋯⋯⋯⋯⋯⋯⋯⋯⋯⋯⋯⋯⋯⋯⋯ 1
  第一节 建设工程质量检测的目的和意义 ⋯⋯⋯⋯⋯⋯⋯⋯⋯⋯⋯⋯⋯⋯⋯⋯⋯⋯ 1
  第二节 建设工程质量检测的机构及人员 ⋯⋯⋯⋯⋯⋯⋯⋯⋯⋯⋯⋯⋯⋯⋯⋯⋯⋯ 4
  第三节 建设工程质量检测的历史、现状及发展 ⋯⋯⋯⋯⋯⋯⋯⋯⋯⋯⋯⋯⋯⋯⋯ 8
  第四节 学习方法与要求 ⋯⋯⋯⋯⋯⋯⋯⋯⋯⋯⋯⋯⋯⋯⋯⋯⋯⋯⋯⋯⋯⋯⋯⋯⋯ 11
第二章 工程质量检测基础知识 ⋯⋯⋯⋯⋯⋯⋯⋯⋯⋯⋯⋯⋯⋯⋯⋯⋯⋯⋯⋯⋯⋯⋯⋯ 12
  概述 ⋯⋯⋯⋯⋯⋯⋯⋯⋯⋯⋯⋯⋯⋯⋯⋯⋯⋯⋯⋯⋯⋯⋯⋯⋯⋯⋯⋯⋯⋯⋯⋯⋯ 12
  第一节 数理统计 ⋯⋯⋯⋯⋯⋯⋯⋯⋯⋯⋯⋯⋯⋯⋯⋯⋯⋯⋯⋯⋯⋯⋯⋯⋯⋯⋯⋯ 12
  第二节 误差分析与数据处理 ⋯⋯⋯⋯⋯⋯⋯⋯⋯⋯⋯⋯⋯⋯⋯⋯⋯⋯⋯⋯⋯⋯⋯ 25
  第三节 不确定度原理和应用 ⋯⋯⋯⋯⋯⋯⋯⋯⋯⋯⋯⋯⋯⋯⋯⋯⋯⋯⋯⋯⋯⋯⋯ 31
  第四节 法定计量单位及其应用 ⋯⋯⋯⋯⋯⋯⋯⋯⋯⋯⋯⋯⋯⋯⋯⋯⋯⋯⋯⋯⋯⋯ 37
第三章 建筑材料检测 ⋯⋯⋯⋯⋯⋯⋯⋯⋯⋯⋯⋯⋯⋯⋯⋯⋯⋯⋯⋯⋯⋯⋯⋯⋯⋯⋯⋯ 43
  概述 ⋯⋯⋯⋯⋯⋯⋯⋯⋯⋯⋯⋯⋯⋯⋯⋯⋯⋯⋯⋯⋯⋯⋯⋯⋯⋯⋯⋯⋯⋯⋯⋯⋯ 43
  第一节 混凝土拌合物性能和配合比设计 ⋯⋯⋯⋯⋯⋯⋯⋯⋯⋯⋯⋯⋯⋯⋯⋯⋯⋯ 43
  第二节 混凝土物理力学性能 ⋯⋯⋯⋯⋯⋯⋯⋯⋯⋯⋯⋯⋯⋯⋯⋯⋯⋯⋯⋯⋯⋯⋯ 66
  第三节 砂 ⋯⋯⋯⋯⋯⋯⋯⋯⋯⋯⋯⋯⋯⋯⋯⋯⋯⋯⋯⋯⋯⋯⋯⋯⋯⋯⋯⋯⋯⋯⋯ 85
  第四节 石 ⋯⋯⋯⋯⋯⋯⋯⋯⋯⋯⋯⋯⋯⋯⋯⋯⋯⋯⋯⋯⋯⋯⋯⋯⋯⋯⋯⋯⋯⋯⋯ 111
  第五节 外加剂 ⋯⋯⋯⋯⋯⋯⋯⋯⋯⋯⋯⋯⋯⋯⋯⋯⋯⋯⋯⋯⋯⋯⋯⋯⋯⋯⋯⋯⋯ 132
  第六节 建筑砂浆物理力学性能 ⋯⋯⋯⋯⋯⋯⋯⋯⋯⋯⋯⋯⋯⋯⋯⋯⋯⋯⋯⋯⋯⋯ 151
  第七节 砖、瓦 ⋯⋯⋯⋯⋯⋯⋯⋯⋯⋯⋯⋯⋯⋯⋯⋯⋯⋯⋯⋯⋯⋯⋯⋯⋯⋯⋯⋯⋯ 161
  第八节 砌块 ⋯⋯⋯⋯⋯⋯⋯⋯⋯⋯⋯⋯⋯⋯⋯⋯⋯⋯⋯⋯⋯⋯⋯⋯⋯⋯⋯⋯⋯⋯ 180
  第九节 水泥 ⋯⋯⋯⋯⋯⋯⋯⋯⋯⋯⋯⋯⋯⋯⋯⋯⋯⋯⋯⋯⋯⋯⋯⋯⋯⋯⋯⋯⋯⋯ 198
  第十节 建筑钢材 ⋯⋯⋯⋯⋯⋯⋯⋯⋯⋯⋯⋯⋯⋯⋯⋯⋯⋯⋯⋯⋯⋯⋯⋯⋯⋯⋯⋯ 209
  第十一节 沥青 ⋯⋯⋯⋯⋯⋯⋯⋯⋯⋯⋯⋯⋯⋯⋯⋯⋯⋯⋯⋯⋯⋯⋯⋯⋯⋯⋯⋯⋯ 222
  第十二节 防水卷材 ⋯⋯⋯⋯⋯⋯⋯⋯⋯⋯⋯⋯⋯⋯⋯⋯⋯⋯⋯⋯⋯⋯⋯⋯⋯⋯⋯ 228
  第十三节 建筑结构胶 ⋯⋯⋯⋯⋯⋯⋯⋯⋯⋯⋯⋯⋯⋯⋯⋯⋯⋯⋯⋯⋯⋯⋯⋯⋯⋯ 252
  第十四节 建筑涂料 ⋯⋯⋯⋯⋯⋯⋯⋯⋯⋯⋯⋯⋯⋯⋯⋯⋯⋯⋯⋯⋯⋯⋯⋯⋯⋯⋯ 260
  第十五节 防水涂料 ⋯⋯⋯⋯⋯⋯⋯⋯⋯⋯⋯⋯⋯⋯⋯⋯⋯⋯⋯⋯⋯⋯⋯⋯⋯⋯⋯ 275
  第十六节 建筑石灰 ⋯⋯⋯⋯⋯⋯⋯⋯⋯⋯⋯⋯⋯⋯⋯⋯⋯⋯⋯⋯⋯⋯⋯⋯⋯⋯⋯ 304
  第十七节 粉煤灰 ⋯⋯⋯⋯⋯⋯⋯⋯⋯⋯⋯⋯⋯⋯⋯⋯⋯⋯⋯⋯⋯⋯⋯⋯⋯⋯⋯⋯ 314
  第十八节 水泥化学分析 ⋯⋯⋯⋯⋯⋯⋯⋯⋯⋯⋯⋯⋯⋯⋯⋯⋯⋯⋯⋯⋯⋯⋯⋯⋯ 321
  第十九节 钢材化学分析 ⋯⋯⋯⋯⋯⋯⋯⋯⋯⋯⋯⋯⋯⋯⋯⋯⋯⋯⋯⋯⋯⋯⋯⋯⋯ 333
  第二十节 混凝土拌合用水 ⋯⋯⋯⋯⋯⋯⋯⋯⋯⋯⋯⋯⋯⋯⋯⋯⋯⋯⋯⋯⋯⋯⋯⋯ 347

## 第四章 结构工程检测 ... 356
### 第一节 现场混凝土强度、缺陷检测 ... 357
### 第二节 混凝土构件结构性能检验 ... 385
### 第三节 砌体工程现场检测 ... 396
### 第四节 建筑物沉降观测、垂直偏差检测 ... 409
### 第五节 钢结构检测（高强度螺栓） ... 421
### 第六节 钢结构焊缝无损检测 ... 427
### 第七节 碳纤维检测 ... 445

# 下　册

## 第五章 市政工程检测 ... 451
### 第一节 土工 ... 452
### 第二节 土工合成材料 ... 490
### 第三节 水泥土 ... 498
### 第四节 沥青混合料 ... 501
### 第五节 道桥结构 ... 515
### 第六节 道路砖及混凝土路缘石 ... 559
### 第七节 埋地排水管 ... 569
### 第八节 岩石 ... 586
### 第九节 预应力钢材 ... 593
### 第十节 预应力锚具、夹具和连接器检测 ... 607
### 第十一节 预应力混凝土留孔用波纹管 ... 617
### 第十二节 橡胶支座 ... 623
### 第十三节 检查井盖 ... 632
### 第十四节 桥梁伸缩装置 ... 637

## 第六章 建筑安装工程检测 ... 646
### 第一节 建筑水电 ... 646
### 第二节 硬聚氯乙烯（PVC-U）管材、管件检测 ... 650
### 第三节 聚氯乙烯绝缘电线电缆检测 ... 662
### 第四节 建筑电气 ... 675
### 第五节 仪表检测 ... 690
### 第六节 电梯检测技术 ... 695
### 第七节 空调系统 ... 707
### 第八节 火灾自动报警系统 ... 718
### 第九节 建筑智能化系统检测 ... 728

## 第七章 建筑装饰与室内环境检测 ... 766
### 第一节 石膏板检测 ... 766
### 第二节 墙地饰面砖检测 ... 775
### 第三节 饰面石材检测 ... 790
### 第四节 建筑工程饰面砖粘结强度检测 ... 800
### 第五节 轻钢龙骨力学性能检测 ... 807

|  |  |  |
|---|---|---|
| 第六节 | 铝合金建筑型材 | 814 |
| 第七节 | 门、窗用未增塑聚氯乙烯型材 | 818 |
| 第八节 | 建筑外窗物理性能检测 | 822 |
| 第九节 | 建筑材料放射性检测 | 828 |
| 第十节 | 土壤中氡气浓度及氡气析出率测定 | 832 |
| 第十一节 | 室内环境检测 | 835 |

**第八章 建设工程检测新技术简介** ······ 847
 第一节 冲击回波检测技术 ······ 847
 第二节 结构动力检测技术 ······ 850
 第三节 红外热像检测技术 ······ 854
 第四节 雷达检测技术 ······ 858
 第五节 光纤传感器在工程检测中的应用 ······ 862

# 第五章 市政工程检测

市政工程是现代化城市建设的重要组成部分，市政工程的规划、设计和建设水平最能反映一个城市的形象和现化代气息。由于市政建设项目的资金，一般都是由政府投入为主，并普遍实行招投标和工程监理制度，形成政府监督、社会监理和施工单位自检的质量保证体系。其质量控制的主要手段是依据国家和建设部颁布的相关法规、技术标准、规范和规程进行试验检测。近几年随着试验检测市场的放开，市场竞争加剧，这对原有质量保证体系和原有检测行业垄断行为产生了一定程度的冲击和不利影响。为此，健全和完善相关管理法规，规范检测市场和检测行为，加大政府对市政建设的监管力度，显得更为重要。

与交通工程和房建工程相比，市政工程建设项目涉及面更广，施工难度更大，影响工程建设和施工质量的因素更多。如对新建设项目的合理布局和对原有设施的拆迁处理、对地下不明构造物和埋置管线的探测、对地下土层和地质情况的勘探、对地基土的处理、项目施工对周围建筑物的影响以及项目本身的施工质量等，其中若有一个因素考虑不周，都会造成严重后果。试验检测对解决和控制这些因素的影响程度将会发挥重要作用。市政工程涉及的试验检测项目很多，作为质量监督部门和质量检测单位，其主要目的和任务有以下几个方面：

1. 市政工程项目的施工监控：对城市道路、高架桥和立交桥、地铁和地下行车隧道，人行过街通道，各种管道（给排水管、煤气管、通信电缆管等）的埋设等大型项目，试验检测是施工监控的重要手段。为了使建设项目达到设计要求和合理的受力状态，施工各阶段需要对项目的几何位置和受力状态进行监测。根据监测数据，对下一道工序进行预测和制定调整方案，实现对项目的施工监控。

2. 市政工程项目的施工质量控制：对于市政工程的任何一个建设项目，施工前首先对土方和地基工程，对施工所需的原材料、成品和半成品构件等，是否符合国家产品质量标准和设计文件的要求；对路基、路面和桥涵结构、地下行车隧道和地下过街通道等每个项目的每一道施工工序及结构部位的施工质量等，是否满足设计图纸和施工规范要求，均需要通过试验检测手段来判定。因此，试验检测手段对控制施工质量至关重要。由于市政工程建设的复杂性，要做好施工质量控制，其主要检测项目一个不能少，详见表 5-1。

市政工程施工建设项目质量控制有关的检测项目和监测项目一览表　　　　表 5-1

| 检测类别 | 检测项目 | 备注 |
| --- | --- | --- |
| 土方与地基工程 | 土工试验、土工合成材料、水泥土、二灰碎石、路基压实度、桩基等 | 施工前和施工过程中 |
| 原材料成品或半成品构件 | 水泥、砂、石料、沥青、沥青混合料、普通钢筋、预应力钢材、锚具、波纹管、道路砖、岩石、混凝土、橡胶支座、桥梁伸缩缝、窨井盖、埋地排水管等 | 施工过程中 |
| 道路、桥梁、隧道及相关结构工程的交工验收 | 道桥检测（路面压实度、平整度、弯沉试验、路面摩擦系数、车辙试验、桥梁荷载试验等）和结构混凝土强度 | 工程交工验收前的质量检测 |
| 施工监测 | 道路、桥梁、地下行车隧道、地下过街通道、地铁及其他结构工程及相关设施的几何放样位置和轴线控制，高程控制、坡度控制及结构的沉降观测等 | 施工前和施工过程中 |

3. 对市政工程建设项目经常采用的新结构、新材料、新工艺，必须通过试验检测，取得可靠的科学实验数据，经鉴定符合国家相关规范、标准后方可使用。

4. 评价市政工程的质量与质量缺陷以及处理工程质量事故，也主要通过试验检测手段取得实测数据，为判定工程质量优劣、判别质量缺陷的程度及工程质量事故的性质、范围，提供依据，以便确定工程是否满足质量要求并判断能否安全使用。

5. 试验检测的所有原始资料和检测报告，是工程交工验收和评定工程优良率的主要依据，同时也作为今后工程维修保养和改扩建的档案备查资料。

## 第一节 土 工

### 一、含水率试验

**1. 概念**

本法所指含水率仅适用于测定粗粒土、细粒土、有机质土和冻土的含水率。含水率为某物质所含水质量与该物质干质量之百分比。含水率是土工试验中的一个基本参数。

**2. 检测依据**

《土工试验方法标准》GB/T 50123—1999

**3. 仪器设备及环境**

仪器设备

天平：称量200g，精度0.01g（10~50g）；
　　　称量600g，精度0.1g（50~500g）；
　　　称量6000g，精度1g（500~5000g）。

烘箱：能控制温度在105~110℃。

铝盒：大小适当。

料盘：大小适当。

环境：在室内常温条件下进行。

**4. 取样及制备要求**

素土、灰土等细粒土每份一般取15~30g，二灰碎石等粗粒土由于含大颗粒，每份宜取1000g以上。取样要有代表性，宜采用四分法取样。当取样后不立即进行称量测定时，必须密封防止水分损失。当采用抽样法测定含水率时，必须抽取两份样品进行平行测定，平行测定两个含水率的差值应符合以下要求：

含水率<40%，差值≤1%；

含水率≥40%，差值≤2%；

冻土，差值≤3%；

当采用整体法测定含水率时，则直接测定其含水率。

**5. 操作步骤**

（1）素土、灰土取代表性试样或环刀中试样15~30g，放入已称重的铝盒，称重精确至0.01g；二灰碎石等粗粒土取代表性试样1000g左右，称重精确至1g，放在已称重的料盘中；整体法测定环刀中土的含水率时，称重精确至0.1g。

（2）将打开盖的铝盒或存料盘放入烘箱，在105~110℃下烘至恒量（恒量的概念一般为间隔2小时质量差不大于0.1%）。烘干时间对黏土、粉土不得少于8小时，对砂土不得少于6小时，对有机质含量超过5%的土，应在65~70℃恒温下烘至恒量，时间需更长一些。

（3）将铝盒或料盘从烘箱中取出，铝盒盖上盒盖，放入干燥容器内冷却至室温，用天平称量，精确至相应的精度（0.01g、0.1g或1g）。

6. 数据处理与结果判定

试样的含水率应按下式计算，准确至0.1%。

$$W_0 = (m_0 - m_d)/m_d \times 100 \tag{5-1}$$

或

$$W_0 = (m_1 - m_2)/(m_2 - m_3) \times 100 \tag{5-2}$$

式中　$m_d$——干土质量；

　　　$m_0$——湿土质量；

　　　$m_2$——盒与干土质量之和；

　　　$m_1$——盒与湿土质量之和；

　　　$m_3$——盒质量。

当两个平行测定含水率的差值符合误差要求时，取两个平行测定含水率的平均值作为测定结果。当两个平行测定含水率的差值超出误差要求时，重新测定。

## 二、环刀法测密实度试验

1. 概念

所谓环刀法是采用一定体积的不易变形的钢质环刀打入被测土样内，使土样充满环刀，修平上下面而测定土样密度的一种方法。本法适用于测定细粒土的密度和压实度。密度为单位体积内物质的质量；压实度为实测干密度与最大干密度之比。

2. 检测依据

《土工试验方法标准》GB/T 50123—1999

3. 仪器设备及环境

(1) 仪器设备

环刀：①体积60cm³，内径61.8mm，高度20mm；

　　　②体积100cm³，内径79.8mm，高度20mm；

手柄：与环刀相配套；

修土刀：刀口应锋利平整；

榔头：打击用；

天平：称量500g，精度0.1g；

　　　称量200g，精度0.01g；

烘箱：室温～300℃，精度2℃。

(2) 环境要求：室内工作在常温下进行。

4. 取样及制备要求

(1) 建筑工程每组2点取平均值；市政工程路基灰土每组1点，其他每组3点取平均值。

(2) 取样频率按验收规范执行，市政工程路基每1000m²每层取一组，沟槽回填每一井段每层取一组。

(3) 取样要有代表性。

5. 操作步骤

(1) 环刀内壁涂一薄层凡士林，装在手柄内，刀口向下对准选好的取土部位。

(2) 用榔头垂直向下打击，直至环刀全部没入土内。

(3) 用铁锹挖去环刀四周的土，再用铁锹对准环刀下将整个环刀连同土一起铲出，注意不得扰动环刀内的土。

(4) 用修土刀修去环刀四周多余的土，修平环刀上下表面土层，并与环刀口平齐。

(5) 擦净环刀外壁，放入铝盒带回称量，称铝盒、环刀和土的总质量 $m_1$，精确至 0.1g。

(6) 测定环刀内土的含水量：可整个在 105～110℃烘干称重 $m_2$ 测定，也可取样烘干测定。一般大环刀宜用取样烘干测定含水量，在环刀内土样中分别取两份土样，重约 20～30g，精确至 0.01g，分别放入两个铝盒称重 $m_4$、烘干称重 $m_5$ 测定其平均值。

保证环刀法测量准确的操作要点：

①环刀体积准确。

②选取的测量部位要有代表性。

③挖出及修土时不得扰动环刀内的土，并修平。

④准确称量。

⑤烘干到位。

6. 数据处理与结果判定

(1) 计算

含水量
$$w = (m_1 - m_2)/(m_2 - m_3 - m_6) \tag{5-3}$$

式中，$m_3$ 为环刀重，$m_6$ 为铝盒重。

或
$$\text{含水量} \ w_1 = (m_{4-1} - m_{5-1})/(m_{5-1} - m_{6-1}) \tag{5-4}$$

$$w_2 = (m_{4-2} - m_{5-2})/(m_{5-2} - m_{6-2}) \tag{5-5}$$

$$w = (m_1 + m_2)/2 \tag{5-6}$$

$$\text{湿密度} \ \rho = (m_1 - m_3 - m_6)/v \tag{5-7}$$

$$\text{干密度} \ \rho_d = (m_2 - m_3 - m_6)/v \tag{5-8}$$

式中，$v$ 为环刀的体积。

或
$$\text{干密度} \ \rho_d = \rho/(1 + w) \tag{5-9}$$

$$\text{平均干密度} \ \rho_d = (\rho_{d1} + \rho_{d2} + \rho_{d3})/3 \tag{5-10}$$

$$\text{或平均干密度} \ \rho_d = (\rho_{d1} + \rho_{d2})/2 \tag{5-11}$$

$$\text{压实度} = \rho_d/\rho_{\text{最大}} \tag{5-12}$$

(2) 结果判定

当干密度或平均干密度≥设计要求的干密度时为合格；

当干密度或平均干密度＜设计要求的干密度时为不合格；

或当压实度≥设计要求的压实度时为合格；

当压实度＜设计要求的压实度时为不合格。

建筑工程中设计要求是压实系数，市政工程中称为压实度。

最大干密度由击实试验测得。

7. 例题

市政道路沟槽回填土素土一组三个环刀的试验数据如下：

| 序号 | 环刀+湿土重（g） | 环刀+干土重（g） | 环刀重（g） | 序号 | 环刀+湿土重（g） | 环刀+干土重（g） | 环刀重（g） |
|---|---|---|---|---|---|---|---|
| 1 | 156.6 | 134.3 | 42.4 | 3 | 155.4 | 133.2 | 43.6 |
| 2 | 156.7 | 134.5 | 42.2 | | | | |

已知所用环刀体积为 60cm³，该素土的最大干密度为 1.76g/cm³，设计要求素土沟槽回填压实度≥85%。试计算该组环刀的代表密度和压实度，并作评定。

**解：**

(1) 干密度 = [（环刀+干土重）- 环刀重] / 环刀体积

$$\rho_{d1} = [134.3 - 42.4]/60 = 1.532 \text{g/cm}^3$$
$$\rho_{d2} = [134.5 - 42.2]/60 = 1.538 \text{g/cm}^3$$
$$\rho_{d3} = [133.2 - 43.6]/60 = 1.493 \text{g/cm}^3$$

(2) 平均干密度 = (1.532 + 1.538 + 1.493)/3 = 1.52g/cm³

(3) 压实度 = 平均干密度/最大干密度 = 1.52/1.76 = 86.4% ≈ 86%

(4) 该组素土沟槽回填的压实度符合设计要求。

### 三、灌砂法测密实度

#### (一) 国标方法

**1. 概念**

所谓灌砂法是利用已知密度的砂灌入试坑来测得被测土样试坑的体积，从而测定土样密度的一种方法。本法适用于测定粗粒土的密度和压实度，也可以测定细粒土的密度和压实度。密度为单位体积内物质的质量；压实度为实测干密度与最大干密度之百分比。

**2. 检测依据**

《土工试验方法标准》GB/T 50123—1999

**3. 仪器设备及环境**

仪器设备

密度测定器：由容砂瓶、灌砂漏斗和底盘组成（见图5-1）。

灌砂漏斗高135mm，直径165mm，底部有孔径为13mm的圆柱形阀门；容砂瓶容积为4升，容砂瓶与灌砂漏斗之间用螺纹接头连接；底盘承托灌砂漏斗和容砂瓶。

天平：称量15kg，精度5g（1～15kg）；
　　　称量6000g，精度1g（1000～5000g）。

烘箱：能控制温度在105～110℃。

料盘：大小适当。

工具：挖土铲，料勺、尺等。

环境：室内工作在常温下进行。

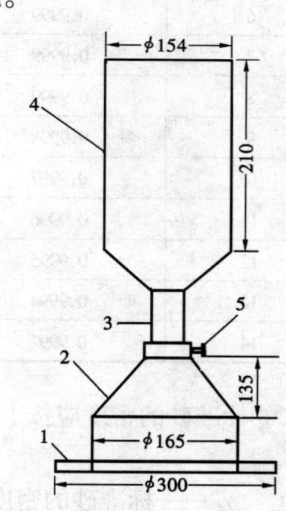

图5-1 密度测定器
1—底盘；2—漏斗；3—漏斗口；
4—容砂瓶；5—阀门

**4. 取样及制备要求**

(1) 每组1点。

(2) 取样频率按验收规范执行，市政工程路基每1000m²每层取一组。

(3) 取样要有代表性。

**5. 操作步骤**

(1) 标准砂密度的测定

①标准砂应清洗洁净并烘干，粒径宜选用0.25～0.50mm，密度宜选用1.47～1.61g/cm³。

②组装容砂瓶与灌砂漏斗，螺纹连接处应拧紧，称其总质量。

③将密度测定器竖立，灌砂漏斗口向上，关阀门，向灌砂漏斗中注满标准砂，打开阀门使灌砂漏斗内的标准砂漏入容砂瓶中，继续向漏斗内注砂漏入容砂瓶中，当砂停止流动时迅速关闭阀门，倒掉漏斗内多余的砂，称容砂瓶与灌砂漏斗和灌满的标准砂的总质量，准确至5g，试验中应避免振动。

④倒出容砂瓶内的标准砂，通过漏斗向容砂瓶内注水至水面高出阀门，关上阀门，去掉漏斗中多余的水，称容砂瓶与灌砂漏斗和灌满的水的总质量，准确至5g，并测定水温，准确至0.5℃。重复测定三次，三次测值之间的差值不得大于3mL，取三次的平均值。

⑤容砂瓶的容积应按下式计算

$$V_r = (m_{t2} - m_{r1})/\rho_{wr} \tag{5-13}$$

式中 $V_r$——容砂瓶容积（mL）；

$m_{t2}$——容砂瓶与灌砂漏斗和灌满的水的总质量（g）；

$m_{r1}$——容砂瓶与灌砂漏斗质量（g）；

$\rho_{wr}$——不同温度时水的密度（g/cm³），见表5-2。

**不同温度下水的密度**　　　　　表5-2

| 温度（℃） | 水的密度（g/cm³） | 温度（℃） | 水的密度（g/cm³） | 温度（℃） | 水的密度（g/cm³） |
|---|---|---|---|---|---|
| 4 | 1.0000 | 15 | 0.9991 | 26 | 0.9968 |
| 5 | 1.0000 | 16 | 0.9989 | 27 | 0.9965 |
| 6 | 0.9999 | 17 | 0.9988 | 28 | 0.9962 |
| 7 | 0.9999 | 18 | 0.9986 | 29 | 0.9959 |
| 8 | 0.9999 | 19 | 0.9984 | 30 | 0.9957 |
| 9 | 0.9998 | 20 | 0.9982 | 31 | 0.9953 |
| 10 | 0.9997 | 21 | 0.9980 | 32 | 0.9950 |
| 11 | 0.9996 | 22 | 0.9978 | 33 | 0.9947 |
| 12 | 0.9995 | 23 | 0.9975 | 34 | 0.9944 |
| 13 | 0.9994 | 24 | 0.9973 | 35 | 0.9940 |
| 14 | 0.9992 | 25 | 0.9970 | 36 | 0.9937 |

⑥标准砂的密度应按下式计算

$$\rho_s = (m_{rs} - m_{r1})/V_r \tag{5-14}$$

式中 $\rho_s$——标准砂的密度（g/cm³）；

$m_{rs}$——容砂瓶与灌砂漏斗和灌满的标准砂的总质量（g）。

（2）灌砂法试验步骤

①根据试样最大粒径，确定试坑尺寸见表5-3。

②将选定试验处的表面整平，除去表面松散的土层。

③按确定的试坑直径划出坑口轮廓线，在轮廓线内下挖至要求深度，边挖边将坑内挖出的试样装入盛土容器中，称试样质量 $m_p$，精确至5g，带回后测定试样的含水率。

**试 坑 尺 寸**　　表5-3

| 试样最大粒径（mm） | 试坑尺寸（mm） ||
|---|---|---|
| | 直径 | 深度 |
| 5（20） | 150 | 200 |
| 40 | 200 | 250 |
| 60 | 250 | 300 |

④向容砂瓶中注满砂，关上阀门，称容砂瓶与灌砂漏斗和灌满的标准砂的总质量 $m_0$，准确至5g。

⑤将密度测定器倒置（容砂瓶向上）于挖好的坑口上，打开阀门，使砂注入试坑。在注砂过程中不得有震动。当砂注满试坑时关闭阀门，称容砂瓶与灌砂漏斗和余砂的总质量 $m_1$，准确至5g，并计算注满试坑所用的标准砂质量 $m_s$。

（实际上，仅通过上述方法还无法求得 $m_s$，$m_0 - m_1 \neq m_s$。因为灌入试坑的量砂除了试坑表面以下部分 $m_s$ 外，由于灌砂漏斗的存在还在试坑表面以上形成一个量砂圆锥体，$m_0 - m_1$ 必须减去该量砂圆锥体的质量才是我们所需要的 $m_s$。而该量砂圆锥体的质量只有通过在试坑未挖前的

表面上先空灌一次量砂来获得)

6. 数据处理与结果判定

(1) 试样的密度应按下式计算

$$\rho_0 = m_p/(m_s/\rho_s) \tag{5-15}$$

(2) 试样的干密度,应按下式计算,准确至 $0.01\text{g/cm}^3$。

$$\rho_d = \rho_0/(1 + w_1) \tag{5-16}$$

(3) 试样的压实度,应按下式计算

$$压实度 = \rho_d/\rho_{最大} \times 100(\%) \tag{5-17}$$

7. 注意事项

(1) 挖试坑要注意尽量不扰动旁边的土,挖松的土要全部取出称量,不得漏掉;

(2) 称量好后要立即装入塑料袋密封,防止水分蒸发影响试样含水率的测定,从而影响干密度测定的准确性。

(二) 交通方法

1. 概念

所谓灌砂法是利用已知密度的砂灌入试坑来测得被测土样试坑的体积从而测定土样密度的一种方法。本法适用于测定粗粒土的密度和压实度,也可以测定细粒土的密度和压实度。测定粒径 ≤15mm 细粒土时用 $\phi$100mm 灌砂筒,测定粒径 ≥15mm,达 40~60mm 时,应用 $\phi$150mm~$\phi$200mm 的灌砂筒。密度为单位体积内物质的质量;压实度为实测干密度与最大干密度之百分比。

2. 检测依据

《公路土工试验规程》JTJ 051—93 (T0 111—93)

3. 仪器设备及环境

灌砂筒:直径 100mm、150mm、200mm。(见图 5-2)

标定罐:直径 100mm、150mm、200mm。(见图 5-2)

天平:称量 10~15kg,精度 5g (1~15kg);
称量 6000g,精度 1g (500~5000g)。

烘箱:能控制温度在 105~110℃。

料盘:大小适当。

工具:挖土铲、料勺、尺等。

环境:室内工作在常温下进行。

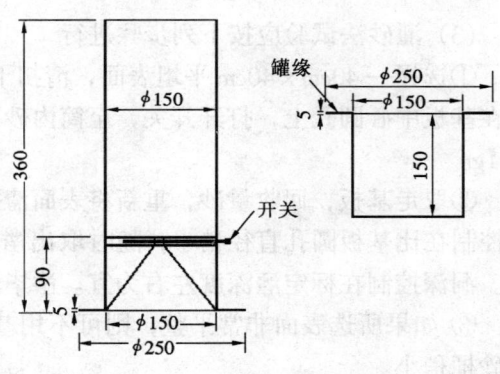

图 5-2 灌砂筒和标定罐

4. 取样及制备要求

(1) 每组 1 点。

(2) 取样频率按验收规范执行,市政工程路基每 $1000\text{m}^2$ 每层取一组。

(3) 取样要有代表性。

5. 操作步骤

(1) 确定灌砂筒下部圆锥体内量砂的质量

① 在灌砂筒上部储砂筒内装满量砂,筒内量砂的高度与筒顶的距离不超过 15mm,称重 $m_1$,准确至 1g。每次标定及而后的试验都维持这个质量不变。

② 将开关打开,让砂流出,并使流出砂的体积与工地所挖试坑的体积相当(或与标定罐体积相当)。然后关上开关,称量筒及余砂质量 $m_5$,准确至 1g。

③将灌砂筒放在玻璃板上,打开开关,让砂流出,直到筒内砂不再下流时,关上开关,细心取走灌砂筒。

④收集并称量玻璃板上的量砂 $m_{2i}$ 或称量筒及余砂质量 $m'_5$,准确至1g。($m_{2i} = m_5 - m'_5$)玻璃板上的量砂就是填满灌砂筒下部圆锥体的量砂。

⑤重复上述过程三次,取平均值 $m_2$,准确至1g。

(2)标定量砂的密度

①在灌砂筒上部储砂筒内装入质量为 $m_1$ 的量砂,将灌砂筒放在标定灌上,打开开关,让砂流出,直到筒内砂不再下流时,关上开关,取下灌砂筒,称量筒及余砂质量 $m_{3i}$,准确至1g。

②重复上述过程三次,取平均值 $m_3$,准确至1g。

③按下式计算填满标定罐所需量砂的质量 $m_a$:

$$m_a = m_1 - m_2 - m_3 \tag{5-18}$$

④用水确定标定罐的体积。

将空罐放在称台上,使罐上口处于水平位置,称量罐重 $m_7$,准确至1g。罐顶放一直尺,慢慢加水至水面刚好接触直尺,移去直尺,称量罐和水的总重 $m_8$,并测量水温。重复三次,取平均值。重复测量时仅需用吸管从罐中吸取少量水,并用滴管重新将水加满至接触直尺。标定罐的体积按下式计算:

$$v = (m_8 - m_7)/\rho_{水} \tag{5-19}$$

⑤按下式计算量砂的密度 $\rho_s$（g/cm$^3$）:

$$\rho_s = m_a/v \tag{5-20}$$

(3)灌砂法试验应按下列步骤进行

①选择一 40cm×40cm 平坦表面,清扫干净,放上基板,将装有适量量砂的灌砂筒(重 $m_5$)放在基板中心圆孔上,打开开关,至筒内砂不再流动,关上开关,取走灌砂筒并称重 $m_6$,准确至1g。

②取走基板,回收量砂,重新将表面清扫干净。将基板放在原位上,沿基板圆孔边凿洞,直径控制在比基板圆孔直径稍小,随时取出凿松的料,小心放入塑料袋中以防丢失,密封以防失水。洞深控制在标定灌深度左右为宜。凿毕清空松料后,称全部取出料重 $m_t$。

③ 如果所选表面非常平整,则可不用基板,直接挖坑测定。需注意所挖坑要圆整,直径比灌砂桶稍小。

④从全部取出料中取有代表性样品测其含水量 $w$。细粒土不小于100g,粗粒土不宜小于1000g。

$$w = (m_{湿} - m_{干})/m_{干} \times 100 \, (\%) \tag{5-21}$$

⑤将灌砂筒(重 $m_1$)放在对准试坑的基板中心圆孔上(不用基板时直接放试坑上),打开开关,至筒内砂不再流动,关上开关,取走灌砂筒,称量筒及余砂质量 $m_4$,准确至1g。

⑥回收量砂以备后用。若量砂的湿度已变化或混有杂质,则应烘干过筛,并放置一段时间与空气湿度平衡后再用。

⑦如试坑中颗粒间有较大孔隙,量砂可能进入孔隙时,则应按试坑外形,松弛地放入一层柔软的纱布,再进行灌砂测定。

⑧填满试坑所需量砂的质量 $m_b$ 按下式计算:

有基板:
$$m_b = m_1 - m_4 - (m_5 - m_6) \tag{5-22}$$

无基板:
$$m_b = m_1 - m_4 - m_2 \tag{5-23}$$

## 6. 数据处理与结果判定

(1) 试样的湿密度 $\rho$（g/cm³）应按下式计算，准确至 0.01g/cm³：

$$\rho = m_t / (m_b/\rho_s) \tag{5-24}$$

(2) 试样的干密度 $\rho_d$（g/cm³）应按下式计算，准确至 0.01g/cm³：

$$\rho_d = \rho/(1 + 0.01w) \tag{5-25}$$

(3) 试样的压实度应按下式计算：

$$压实度 = \rho_d/\rho_{最大} \times 100 \,(\%) \tag{5-26}$$

## 7. 例题

某一组二灰碎石灌砂试验数据如下，要求压实度 95%，试计算并作判定。（量砂密度为 1.450g/cm³）

| 序号 | 桩　　　号 | 1+230 | 序号 | 桩　　　号 | 1+230 |
| --- | --- | --- | --- | --- | --- |
| 1 | 取样位置 | 第一层 | 11 | 试坑体积（cm³） | (1669) |
| 2 | 试坑深度（cm） | 15.0 | 12 | 挖出料质量（g） | 3585 |
| 3 | 筒与原量砂质量（g） | 11800 | 13 | 试样质量（g） | (3555) |
| 4 | 筒与第一次剩余量砂质量（g） | 10930 | 14 | 含水量测定 | 湿样质量（g） | 3585 |
| 5 | 套环内耗量砂质量（g） | (870) | 15 |  | 干样质量（g） | 3375 |
| 6 | 量砂密度（g/cm³） | 1.450 | 16 |  | 含水率（%） | (6.22) |
| 7 | 从套环内取回量砂质量（g） | 840 | 17 | 试样干密度（g/cm³） | (2.005) |
| 8 | 套环内残留量砂质量（g） | (30) | 18 | 最大干密度（g/cm³） | 2.050 |
| 9 | 筒与第二次剩余量砂质量（g） | 8480 | 19 | 压实度（%） | (98) |
| 10 | 试坑及套环内耗量砂质量（g） | (3290) |  |  |  |

**解：**（5）=（3）－（4）　　　　　　　　（8）=（5）－（7）
（10）=（3）－（8）－（9）　　　　　　（11）=[（10）－（5）]/（6）
（13）=（12）－（8）　　　　　　　　　（16）=[（14）－（15）]/（15）
（17）=（13）/（11）/[1+（16）]　　　（19）=（17）/（18）

**答：** 该组二灰碎石压实度为 98%，符合要求。

### 四、标准击实

#### 1. 概念

所谓标准击实试验其目的是求得土样的最大干密度和最佳含水量。最大干密度表示在一定击实功下某土样所能达到的干密度最大值，而达到最大干密度所对应的含水量即为某土样的最佳含水量。

标准击实分轻型和重型两种，单位体积击实功分别为：轻型—592.2kJ/m³；重型—2684.9 kJ/m³。轻型击实适用于粒径小于 5mm 的黏性土，重型击实适用于粒径不大于 20mm 的土，当采用三层击实时，最大粒径不大于 40mm。

#### 2. 检测依据

《土工试验方法标准》GB/T 50123—1999

#### 3. 仪器设备及环境

(1) 仪器设备

①标准击实仪：重型、轻型，由击实筒、击锤和导筒组成。其技术条件见表 5-4，简图见

标准击实仪技术条件 表5-4

| 试验方法 | 锤底直径（mm） | 锤质量（kg） | 落高（mm） | 击实筒 | | | 护筒高度（mm） |
|---|---|---|---|---|---|---|---|
| | | | | 内径（mm） | 筒高（mm） | 容积（cm³） | |
| 轻型 | 51 | 2.5 | 305 | 102 | 116 | 947.4 | 50 |
| 重型 | 51 | 4.5 | 457 | 152 | 116 | 2103.9 | 50 |

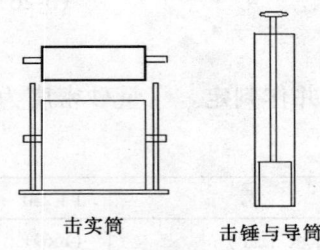

图 5-3 击实仪简图

②脱模器。
③烘箱：室温~300℃，精度2℃。
④天平：感量0.01g。
⑤台秤：10kg，感量5g。
⑥其他：喷水设备、盘、铲、量筒、铝盒、修土刀等。

(2) 环境

在室内常温条件下进行。

4. 取样及制备要求

(1) 干土法（土样重复使用）

取有代表性的风干或50℃下烘干试样，碾碎，过筛，用四分法取样，大筒6.5kg，小筒3kg。估计土样现有含水量，适量加水至五级含水量中最低一级含水量，充分拌合，闷料一夜备用。

(2) 干土法（土样不重复使用）

用四分法取5个样，按2%~3%含水量间隔分别加入不同量的水，充分拌合，闷料一夜备用。

(3) 湿土法（土样不重复使用）

对于高含水量土，不用过筛，拣去大于38mm粗石子即可。以天然含水量土样作为第一个土样，可直接用于击实。其余几个试样分别风干，使含水量按2%~3%递减。

5. 操作步骤

(1) 将准备好的一份试样分3~5次加入装好套模的击实筒内，使每一层击实后的试样层高略高于筒高的1/3或1/5。每一层按规定次数击实后，应拉毛该层表面，再加入下一层料进行下一层击实。击实结束后，试样应高出筒顶2~5mm。

轻型击实　分三层，每层击实25次；
重型击实　分五层，每层击实56次；
　　　　　或分三层，每层击实94次。

(2) 脱去套筒，用修土刀齐筒顶仔细削平试样表面，拆除底板，擦净筒外壁，称量 $m_1$，精确到1g。

(3) 用脱模器脱出筒内试样，从试样中心处取样测其含水量。素土一般取20~30g两份，其他试样按最大粒径的大小，适当增加取样数量，取一份。

也可整个试样全部烘干来测其含水量。

称量100g以内精确到0.01g，称量100g以上精确到0.1g，称量1000g以上精确到1g。含水量精确到0.1%。

(4) 按上述步骤击实其他几个试样。

6. 数据处理与结果判定

(1) 计算

$$湿密度 \rho = (m_1 - m_0)/v \tag{5-27}$$

式中 $m_0$——击实筒重；

$v$——体积。

$$干密度 \rho_d = \rho/(1+w) \tag{5-28}$$

(2) 确定最大干密度和最佳含水量

以干密度为纵坐标，含水量为横坐标，绘制干密度与含水量的关系曲线，曲线上峰值的纵、横坐标分别为该试样的最大干密度和最佳含水量。

对于标准击实，GB/T 50123—1999 与 JTJ 051—93 的主要区别在于击实仪尺寸及击实功稍有不同。

7. 例题

某一组素土重型击实试验数据如下，击实筒体积为 997g/cm³，试计算确定最大干密度和最佳含水量。

| 序 号 | 试件湿土重（g） | 小试样湿土重（g） | 小试样干土重（g） | 小试样含水量（%） | 平均含水量（%） | 试件干重（g） | 试件干密度（g/cm³） |
|---|---|---|---|---|---|---|---|
| 1 | 1885 | 25.87 | 23.50 | 10.09 | 9.9 | 1715 | 1.72 |
|   |      | 24.45 | 22.28 | 9.74  |     |      |      |
| 2 | 2025 | 24.85 | 22.27 | 11.58 | 11.7 | 1813 | 1.82 |
|   |      | 25.94 | 23.20 | 11.81 |     |      |      |
| 3 | 2105 | 25.49 | 22.46 | 13.49 | 13.6 | 1853 | 1.86 |
|   |      | 26.32 | 23.15 | 13.69 |     |      |      |
| 4 | 2110 | 24.69 | 21.35 | 15.64 | 15.5 | 1827 | 1.83 |
|   |      | 25.28 | 21.91 | 15.38 |     |      |      |
| 5 | 2030 | 25.4  | 21.57 | 17.76 | 17.8 | 1723 | 1.73 |
|   |      | 26.27 | 22.29 | 17.86 |     |      |      |

**解：**（1）含水量 =（小试样湿土重 − 小试样干土重）/小试样干土重

（2）平均含水量 = 同组两个含水量之和/2

（3）试件干重 = 试件湿土重/（1 + 平均含水量）

（4）试件干密度 = 试件干重/击实筒体积

（5）根据上表计算结果确定：

最大干密度为 1.86g/cm³

最佳含水量为 13.6%

**答：** 该组素土的最大干密度为 1.86g/cm³；最佳含水量为 13.6%。

### 五、界限含水率试验（液塑限联合测定法）

1. 概念

界限含水率试验的目的是测定土样的液限和塑限，塑限是土样从固体颗粒不可塑状态变为塑性状态的含水率界限，而液限则是土样从塑性状态变为液性状态的含水率界限。本方法适用于粒径小于 0.5mm 以及有机质含量不大于 5% 的土。

2. 检测依据

《土工试验方法标准》GB/T 50123—1999

3. 仪器设备及环境

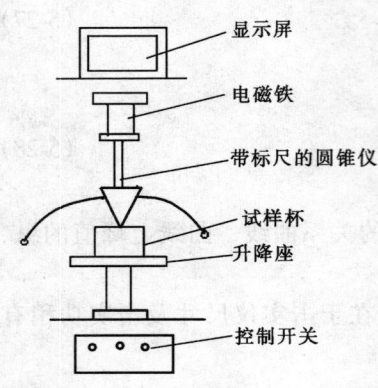

图 5-4 液塑限联合测定仪

(1) 仪器设备：

①液塑限联合测定仪（见图 5-4）：包括带标尺的圆锥仪、电磁铁、显示屏、控制开关和试样杯。圆锥质量为 76g，锥角为 30°；读数显示宜采用光电式、游标式和百分表式；试样杯内径为 40mm，高度为 30mm。

②天平：量程 200g，最小分度值 0.01g。

(2) 环境：在室内常温下进行

4. 取样及制备要求

(1) 本试验宜采用天然含水率试样，当土样不均匀时，采用风干试样，当试样中含有粒径大于 0.5mm 的土粒和杂质时，应过 0.5mm 筛。

(2) 采用天然含水率试样时，取代表性土样 250g；采用风干试样时，取 0.5mm 筛下的代表性土样 200g；将试样放在橡皮板上用纯水将土样调成均匀膏状，放入调土皿，浸润过夜。

5. 操作步骤

(1) 将制备的试样充分调拌均匀，填入试样杯中，填样时不应留有空隙，对较干的试样，应充分搓揉，密实地填入试样杯中，填满后刮平表面。

(2) 将试样杯放在联合测定仪的升降台上，在圆锥上抹一薄层凡士林，接通电源，使电磁铁吸住圆锥。

(3) 调节零点，将屏幕上的标尺调到零位，调整升降座，使圆锥尖接触试样表面，指示灯亮时圆锥在自重下沉入试样，经 5 秒后测读下沉深度（显示在屏幕上），取出试样杯，挖去锥尖入土处的凡士林，取锥体附近的试样不少于 10g，放入铝盒内，测定其含水率。

(4) 将试样再加水或吹干并调匀，重复 (3) ~ (5) 步骤测定第二点、第三点试样的圆锥下沉深度及相应的含水率。液、塑限联合测定应不少于 3 点。三点入土深度宜控制在 3~4mm、7~9mm、15~17mm 左右。

6. 数据处理与结果判定

(1) 以含水率的对数为横坐标，圆锥入土深度的对数为纵坐标绘制关系曲线（见图 5-5）。三点应在一直线上如图中 A。当三点不在一条直线上时，通过高含水率的点分别与其余两点连成两条直线，在入土深度为 2mm 处查得 2 个含水率，当这两个含水率的差值小于 2% 时，应以其平均值与高含水率点再连一条直线作为结果如图中 B；当这两个含水率的差值≥2% 时，应重做试验。

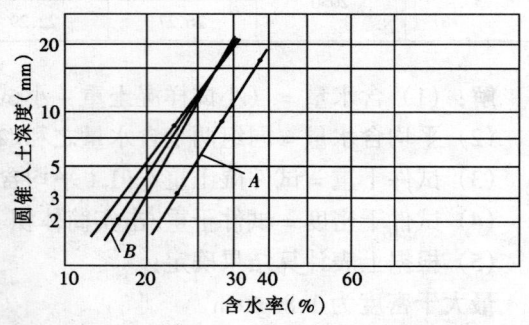

图 5-5 含水率与圆锥入土深度对数关系图

(2) 在含水率与圆锥入土深度对数关系图上查得入土深度为 17mm 所对应的含水率为液限 $W_L$，查得入土深度为 10mm 所对应的含水率为 10mm 液限，查得入土深度为 2mm 所对应的含水率为塑限 $W_p$，取值以百分数表示，准确至 0.1%。

(3) 塑性指数应按下式计算：

$$I_p = W_L - W_p \tag{5-29}$$

(4) 液性指数应按下式计算：

$$I_L = (W_0 - W_p) / I_p \tag{5-30}$$

式中 $W_0$——某一土样的含水率。

## 六、水泥石灰剂量测定（EDTA 滴定法）

### 1. 概念

石灰稳定土是市政道路工程中一种常用的路基材料，有时为了加快施工进度，也使用水泥作为稳定材料加入土中来提高基层的早期强度。石灰土或水泥土的强度主要取决于石灰或水泥的含量以及它们的品质。EDTA 滴定法是测定水泥或石灰剂量最常用的一种方法。

本方法适用于在工地快速测定水泥和石灰类稳定土中的水泥和石灰剂量，并可用于检查混合料拌合的均匀性。用于稳定的土可以是细粒土、也可以是中粒土和粗粒土。本方法不受水泥和石灰稳定土龄期（7 天以内）的影响。工地水泥和石灰稳定土含水率的少量变化（±2%），实际上不影响测定结果。用本方法进行一次测定，只需 10 分钟左右。

### 2. 本方法也可以用来测定水泥和石灰综合稳定土中的结合料剂量。

### 3. 检测依据

《公路工程无机结合料稳定材料试验规程》JTJ 057—94（T 0809—94）

### 4. 仪器设备及环境

（1）仪器

①酸式滴定管 50mL；

②大肚移液管 10mL；

③锥形瓶 200mL；

④烧杯 2000mL、1000mL、3000mL；

⑤容量瓶 1000mL；

⑥天平：500g，感量不大于 0.5g；

⑦秒表；

⑧分析天平：200g，感量 0.001g。

（2）试剂

①0.1mol/cm³ 乙二胺四乙酸二钠（简称 EDTA 二钠）标准液：准确称取 EDTA 二钠（分析纯）37.226g，用微热的无二氧化碳蒸馏水溶解，待全部溶解并冷却至室温后，定容 1000mL。

②10% 氯化铵（$NH_4Cl$）溶液：将 500g 氯化铵（分析纯或化学纯）放在 10L 的聚乙烯桶内，加蒸馏水 4500mL，充分振荡，使氯化铵完全溶解。也可以在 1000mL 的烧杯内分批配制，然后到入塑料桶内摇匀。

③1.8% 氢氧化钠（内含三乙醇胺）溶液：称取 18g 氢氧化钠（NaOH 分析纯），放入洁净干燥的 1000mL 烧杯中，加 1000mL 蒸馏水使其全部溶解，待溶液冷却至室温后，加入 2mL 三乙醇胺（分析纯），搅拌均匀后储于塑料桶中。

④钙红指示剂：将 0.2g 钙试剂羟酸钠（分子式 $C_{21}H_{13}O_7N_2SNa$，分子量 460.39）与 20g 预先在 105℃烘箱中烘过 1 小时的硫酸钾混合。一起放入研钵中，研成极细粉末，储于棕色广口瓶中，以防吸湿受潮。

（3）环境

在 20±5℃下进行。

### 5. 试样及制备要求

（1）相同原材料的每一种基层混合材料需抽取代表性原材料预先送样试验建立灰剂量标准曲线。

（2）市政道路工程现场抽样检测要求每 2000m² 每一层抽取一组样品送检，在混合均匀压实前抽取及时送检。

### 6. 操作步骤

准备标准曲线。

(1) 取样：取工地用水泥或石灰和骨料。风干后分别过 2.0 或 2.5mm 筛，用烘干法或酒精法测其含水量（水泥可假定为 0%）

(2) 混合料组成的计算

公式：干料质量 = 湿料质量/（1 + 含水量）

计算步骤：

①干混合料质量 = 300/（1 + 最佳含水量）
②干土质量 = 干混合料质量/（1 + 石灰（或水泥）剂量）
③干石灰（或水泥）质量 = 干混合料质量 - 干土质量
④湿土质量 = 干土质量 × （1 + 土的风干含水量）
⑤湿石灰质量 = 干石灰质量 × （1 + 石灰的风干含水量）
⑥石灰土中应加入的水 = 300g - 湿土质量 - 湿石灰质量

(3) 准备 5 种试样，每种 2 个样品（以水泥为例），如下：

第一种：称两份 300g 骨料①分别放在 2 个搪瓷杯内，骨料的含水量应等于工地预期达到的最佳含水量。骨料中所加水应与工地所用的水相同（300g 为湿质量）。

第二种：准备两份水泥剂量为 2% 的水泥土混合料试样各 300g，分别放在 2 个搪瓷杯内，水泥土混合料的含水量应等于工地预期达到的最佳含水量。混合料中所加水应与工地所用的水相同。

第三种、第四种、第五种的水泥剂量分别为 4%、6%、8%②，其他同第二种。

注①：如为细粒土，则每份的质量可以减为 100g，对应加 200mL10% 氯化铵（$NH_4Cl$）溶液。

注②：举例水泥剂量为 0%、2%、4%、6%、8%，实际应使工地所用水泥或石灰剂量位于准备标准曲线的五个剂量的中间。

(4) 取一个盛有试样的搪瓷杯，在杯中加 600mL10% 氯化铵溶液，用不锈钢搅拌棒充分搅拌 3 分钟（每分钟搅 110～120 次）。如混合料是细粒土，则也可以用 1000mL 的具塞三角瓶代替搪瓷杯，手握三角瓶（口向上）用力振荡 3 分钟（每分钟 120 ± 5 次）以代替搅拌。放置沉淀 4 分钟（如 4 分钟后得到的是浑浊悬浮液，则应增加放置沉淀时间，直到出现澄清悬浮液为止，并记录所需的时间，以后所用该种水泥（或石灰）土混合料的试验，均以该时间为准），然后将上部清液转移到 300mL 烧杯内，搅匀，加表面皿待测。

(5) 用移液管吸取上层（液面下 1～2cm）悬浮液 10.0mL 放入 200mL 三角瓶内，用量筒量取 50mL1.8% 氢氧化钠（内含三乙醇胺）溶液倒入三角瓶中，此时溶液的 pH 值为 12.5～13.0（可用 pH12～14 精密试纸检验），然后加入钙红指示剂（体积约为黄豆大小），摇匀，溶液呈玫瑰红色。用 EDTA 二钠标准液滴定至纯蓝色为终点，记录 EDTA 二钠标准液的耗量（精确至 0.1mL）。

(6) 对其他几个搪瓷杯中的试样，用同样的方法进行试验，记录下各自的 EDTA 二钠标准液的耗量。

(7) 以统一水泥或石灰剂量混合料 EDTA 二钠标准液的耗量毫升数的平均值为纵坐标，以水泥或石灰剂量（%）为横坐标制图。两者的关系应是一条顺滑的曲线，如图 5-6。如工地所用材料改变，必须重新做标准曲线。

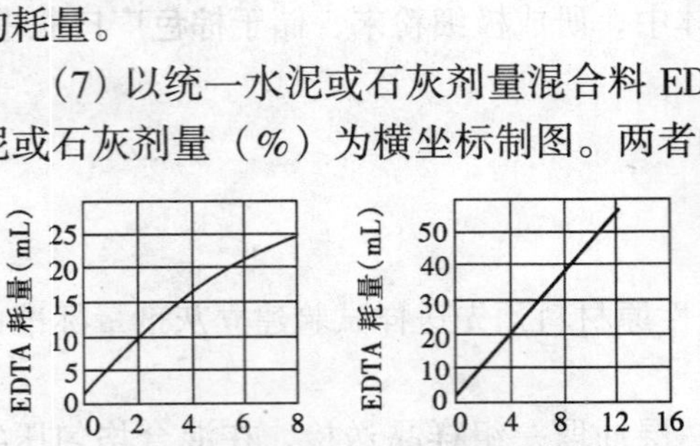

水泥或石灰剂量测定步骤：取有代表性的水泥土或石灰土混合料，称 300g 放入搪瓷杯中，用搅拌棒将结块搅散，加 600mL10% 氯化铵溶液，然后按上述步骤 (4)(5) 进行操作，测出其 EDTA 耗量（mL）。

图 5-6 水泥或石灰剂量-EDTA 耗量曲线

7. 数据处理与结果判定

(1) 当为石灰土时，一般在常规剂量下灰剂量标准曲线基本为一条直线，相关系数在 0.999 以上，此时，实测灰剂量按下式计算：

$$Y = aX + b \tag{5-31}$$

式中　$a$、$b$——回归常数；

　　　$X$——实测样品 EDTA 消耗量（mL）；

　　　$Y$——实测样品灰剂量（%）。

（2）当灰剂量标准曲线不为一条直线时，以实测样品 EDTA 消耗量，在 EDTA 消耗量—灰剂量曲线图上查图反推直接得到实测样品灰剂量数值。

（3）CJJ 4—97 对含灰量的要求范围是 −1% ~ +2%。当检测结果在设计灰剂量的 −1% ~ +2%时为符合要求，否则不符合要求。

8．例题

某一组 10% 灰土含灰量试验数据如下：

| 序　号 | 初读数（mL） | 终读数（mL） | EDTA 耗量（mL） | 平均 EDTA 耗量（mL） |
| --- | --- | --- | --- | --- |
| 1 | 50 | 26.5 | 23.5 | 3.7 |
| | 26.5 | 2.6 | 23.9 | |

含灰量标准曲线公式为 $y = 0.410x - 1.15$

式中　$y$——含灰量%；

　　　$x$——EDTA 耗量（mL）。

试计算该组灰土含灰量，并作评定。

**解**：（1）EDTA 耗量 = 初读数 − 终读数

（2）平均 EDTA 耗量 = （23.5 + 23.9）/2 = 23.7mL

（3）含灰量 $y = 0.410x - 1.15 = 0.410 \times 23.7 - 1.15 = 8.6\% \approx 9\%$

（4）该组样品的石灰剂量在 10% 的 −1% ~ +2% 范围内，符合要求。

EDTA 滴定法测定灰剂量存在以下缺点：

① 标准曲线所用试样的含水量均为最佳含水量，而现场取的试样其含水量不太可能正好是对应含灰量下的最佳含水量，有时可能相差很大，从而产生较大的误差。

例如：某灰土的最佳含水量为 18%，工地取样含水量为 23%，则 100g 湿试样中干试样就少了 3.45g，占干试样的 4.2%，实际上测出的含灰量就有 4.2% 的负偏差。

② 每一个基准含灰量试样都要做一组标准击实，一方面工作量巨大，另一方面收费很多。

为此，建议采用了以下变通办法：

① 试验方法不变，在进行含灰量标准曲线试验和现场取样试验时，采用固定含水量，比如 19%，此时取烘干混合细料 84g，加入 16mL 蒸馏水就可以了。为了与现场取样试验吻合，消除烘干误差，可将按比例混合好的料适当喷水后也烘干再进行滴定。

② 现场取的试样先烘干，再碾碎后进行试验。

另外，需要特别注意的是龄期对结果影响很大，要求施工单位或监理单位在工地混合料混合搅拌均匀后立即抽样送检。CJJ 4—97 对含灰量的要求范围是 −1% ~ +2%。

### 七、无机结合料稳定土抗压强度

（一）市政方法

1．概念

无机结合料抗压强度是市政工程路基施工中的一个重要指标，基层结合料的抗压强度对整个道路的质量起着重要作用。目前常用的路基混合材料有石灰粉煤灰稳定碎石（二灰碎石）、石灰稳定碎石（三渣），石灰土稳定碎石，水泥稳定碎石。无机结合料抗压强度试验的目的：对工地混合料基层的施工质量或拌合厂混合料生产质量进行检验；在试验室对混合料的配合比进行选择或核验试验。

2. 检测依据：《粉煤灰石灰道路基层施工及验收规程》CJJ 4—97。

3. 仪器设备及环境

仪器设备：

(1) 圆柱形试模三套，见图5-7及表5-5；

圆柱形试模尺寸（mm） 表5-5

| 公称试件尺寸（直径×高）（cm×cm） | 适用混合料 | $d$ | $d_1$ | $d_2$ | $H$ | $h_1$ | $h_2$ | $\delta$ | 试件截面积（cm²） |
|---|---|---|---|---|---|---|---|---|---|
| 5×5 | 石灰土 粉煤灰石灰土 | 50.4 | 50.0 | 50.0 | 130 | 40.0 | 80.0 | 10.0 | 20 |
| 10×10 | 粉煤灰石灰骨料（最大粒径≤25mm） | 100.8 | 100.4 | 100.4 | 180 | 50.0 | 90.0 | 11 | 80 |
| 15×15 | 粉煤灰石灰骨料（最大粒径≤50mm） | 151.4 | 151 | 151 | 270 | 60.0 | 100 | 14.0 | 180 |

(2) 压制试件用1000kN压力机一台；

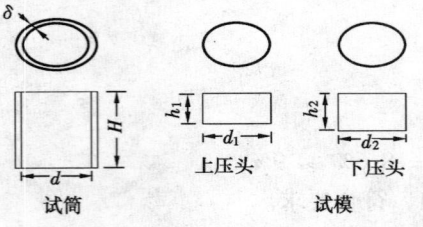

图5-7 圆柱形试模

(3) 测定试件抗压强度用100~300kN压力试验机一台；

(4) 脱模器一台；

(5) 天平：1000~5000g，感量1g；

(6) 台秤：10~15kg，感量5g；

(7) 水浴；

(8) 养生室；

(9) 配套工具。

环境要求：试验在常温下进行。

养生条件：温度20±2℃，相对湿度大于90%。

4. 取样及制备要求

(1) 试验室配料

先将粉煤灰、石灰、土的团粒打碎，粉煤灰、石灰过5mm筛，土过10mm筛，骨料过25mm、40mm、50mm筛（当规定最大粒径为25mm、40mm、50mm时）。按设计配合比进行配料，将各材料在拌合盘内拌合均匀，再将其摊平，按最佳含水量将应加的水（扣除原材料中所含水分）均匀喷洒在试料上，用拌合铲将混合料拌合均匀；然后将其装入密封容器或塑料袋中浸润备用。如混合料中含有土，其浸润时间可适当延长至6~10h。如采用1%~3%水泥和石灰作为结合料，应在试料浸润后再加入水泥拌合均匀，并在1h内将试件制完。

(2) 工地或拌合厂取样

取工地或拌合厂拌合均匀的混合料不少于成型6个试件的试料，用塑料袋密封后，记录试样采集桩号或厂拌日期和混合料配合比，送试验室立即测定含水量，并制作试件。如采用1%~3%水泥和石灰作为结合料，应在混合料拌匀后立即取样送检，并在1h内完成试件制作。在制作试件时，如试料中有少量超尺寸颗粒骨料（不应大于5%），可在制作试件前将其拣掉。

(3) 取样频率为每层每2000m²抽取一组样品送检。

5. 操作步骤

(1) 如为试验室配料试验，根据混合料的最大干密度和规定的压实系数，计算出每个湿试件的质量；如为工地取样，则根据基层压实干密度和实际含水量，计算出每个湿试件的质量；如为拌合厂取样，则根据最大干密度和最佳含水量，计算出每个湿试件的质量；5cm 试件按 100cm³ 计算、10cm 试件按 800cm³ 计算、15cm 试件按 2700cm³ 计算试件湿重，然后分别称取试样。

(2) 选取合适的试模，擦净涂油，制试件时，先将下压头放在制试件用的垫板上，压头两边垫 2~3cm 高的垫块，再放上试筒。将湿试料分一次（5cm 试件）、分二次（10cm 试件）、分三次（15cm 试件）均匀地装入试模中，并将其整平。每次装料后用捣棒均匀捣实一遍，并将表面整平，然后装下一层试料。全部混合料装完后，将试模连同垫板放在压力机上，再放上压头。先以约 1MPa 的压强对混合料进行初压，撤去试筒底部垫块，然后慢速均匀的施加压力，直至达到规定的试件高度为止，记录成型压力，稳定 3 分钟后卸载，将试模移至脱模机上，将试件脱出。

(3) 在试件端部十字交叉位置，用卡尺测量试件高度，精确至 0.1mm，取 4 处高度的平均值作为试件的高度，它与试件规定高度的允许偏差：5cm 试件为 ±0.5mm、10cm 试件为 ±1.0mm、15cm 试件为 ±1.3mm；以上相当于干密度允许偏差为 ±1%。

(4) 称试件质量，5cm 试件、10cm 试件、15cm 试件分别精确至 0.2g、1g、5g。

(5) 试件一次共 6 个或 9 个，分成 A、B 两组或 A、B、C 三组，编号并注明制作日期。

(6) 养生：A、B 两组试件称重后，以塑料薄膜裹覆，立即放到养生室养生 7 天和 28 天，养生温度为 20±2℃，相对湿度大于 90%。

(7) 试验步骤：

①在到达养生龄期前一天，将试件取出置于同温度条件水浴中浸水 24h，在浸水过程中始终保持水面高出试件顶面 2.5cm。

②到达浸水时间后，将试件从水浴中取出，用湿布吸去周边水分，再将试件放置在压力试验机的下压板上，启动压力机使上压板与试件顶面均匀接触，然后以 1mm/min 的变形速度加压，直至试件破坏，记录破坏荷载。

(8) 试件快速抗压强度测定：这种强度测定方法是供拌合厂控制日常产品质量或工地及时了解混合料基层施工质量时使用，可与 7 天和 28 天常温抗压强度建立相关关系。

①将 C 组试件放在 65±1℃ 的恒温箱内保温 20~24h，取出冷却到室温。

②按试验步骤测定试件的抗压破坏荷载。

6. 数据处理与结果判定

(1) 按下式计算混合料试件的抗压强度：

$$R_7、R_{28} 或 R_{快} = P/A \tag{5-32}$$

以三块平均值作为结果

式中 $R_7$、$R_{28}$ 或 $R_{快}$ ——分别代表 7 天、28 天和快速养生抗压强度（MPa）精确至 0.01；

$P$ ——试件的破坏荷载（N）；

$A$ ——试件的受压面积（mm²）。

(2) 当有混合料抗压强度设计要求值时，按设计要求值评定。当无混合料抗压强度设计要求值时，按表 5-6 要求值评定。大于等于要求值为符合要求，小于要求值为不符合要求。

**CJJ 4—97 对粉煤灰石灰类混合料抗压强度的要求**　　　　表 5-6

| 部 位 | $R_7$ | | | $R_{28}$ | |
|---|---|---|---|---|---|
| | 快速路和主干路 | 次干路 | 支 路 | 快速路和主干路 | 次干路 |
| 基 层 | ≥0.70 | ≥0.55 | ≥0.50 | ≥1.75 | ≥1.38 |
| 底基层 | ≥0.50 | ≥0.45 | — | — | — |

(二) 交通方法

1. 概念

本试验方法适用于测定无机结合料稳定土（包括稳定细粒土、中粒土和粗粒土）试件的抗压强度。本试验方法是按照预定干密度用静压法或用击实法制作高度：直径＝1:1的圆柱体试件，经标准条件养护、浸水后测定其抗压强度。由于击实法制作试件比较困难，所以应尽可能采用静压法制备等干密度试件。其他稳定材料或综合稳定土的抗压强度应参照本法。

2. 检测依据

《公路工程无机结合料稳定材料试验规程》JTJ 057—94

3. 仪器设备及环境

(1) 仪器设备

①圆孔筛：孔径 40mm、25mm（或 20mm）及 5mm 的筛各一个。

②试模：$\phi 50mm \times 50mm$；适用于最大粒径≤10mm 的细粒土；

$\phi 100mm \times 100mm$；适用于最大粒径≤25mm 的中粒土；

$\phi 150mm \times 150mm$；适用于最大粒径≤40mm 的细粒土。

每种试模配相应的上下压柱。

③脱模器。

④万能试验机：量程 1000kN 或 600kN。

⑤夯锤和导管：尺寸同标准击实仪。

⑥养护箱或养护室：能恒温保湿。

⑦水槽：深度应大于试件高度 50mm。

⑧测强设备：路面材料强度试验仪，或量程不大于 200kN 的压力机和万能试验机。

⑨称量设备：天平：感量 0.01g；台称：称量 10kg，感量 5g。

⑩其他：烘箱、铝盒、量筒、拌合工具等。

(2) 环境条件：在室内常温下进行。

4. 取样及制备要求

(1) 试料准备：

①将具有代表性的风干试料（必要时也可以在 50℃烘箱内烘干），用木锤和木碾捣碎，但应避免破碎颗粒的原粒径。将土过筛并进行分类。如试料为粗粒土，则除去大于 40mm 的颗粒备用；如试料为中粒土，则除去大于 25mm（或 20mm）的颗粒备用；如试料为细粒土，则除去大于 10mm 的颗粒备用。试料数量应多于实际用量。

②在预定做试验的前一天，取有代表性的试料测定其风干含水量，取样数量按细粒土不少于 100g，中粒土不少于 1000g，粗粒土不少于 2000g。

(2) 按标准击实法确定最佳含水量和最大干密度。

5. 操作步骤

(1) 制作试件

①对于同一无机结合料剂量的混合料，需要制作相同状态的试件数量（即平行试验的数量）与土类及操作的仔细程度有关。对于无机结合料稳定细粒土，一组至少应制作 6 个试件；对于无机结合料稳定中粒土和粗粒土，一组至少应分别制作 9 个和 13 个试件。

②称取一定数量的风干土并计算干土的质量，其数量随试件大小而变化。对于 $\phi 50mm \times 50mm$ 试件，每个约需干土 180～210g；对于 $\phi 100mm \times 100mm$ 试件，每个约需干土 1700～1900g；对于 $\phi 150mm \times 150mm$ 试件，每个约需干土 5700～6000g。

粗粒土可以一次称取 6 个试件的土；中粒土可以一次称取 3 个试件的土；粗粒土只能一次称

取 1 个试件的土。

③将称好的土放在长方盘内。向土中加水，对于细粒土（特别是黏性土），使其含水量较最佳含水量小 3% 左右，对于中粒土和粗粒土可按最佳含水量加水。将土和水拌合均匀后放在密封容器内浸润备用。如为石灰稳定土和水泥石灰综合稳定土，可将石灰和土一起搅拌后进行浸润。

浸润时间：黏性土 12~24 小时；粉性土 6~8 小时；砂性土、砂砾土、红土砂砾、级配砂砾等可以缩短到 4 小时左右；含土很少的未筛分碎石、砂砾及砂可以缩短到 2 小时。

④在浸润过的试料中，加入预定数量的水泥或石灰并拌合均匀。在拌合过程中，应将预留的 3% 的水（对于细粒土）加入土中，使混合料的含水量达到最佳含水量。拌合均匀的加有水泥的混合料应在 1 小时内按下述方法制成试件，超过 1 小时的混合料应作废。其他结合料稳定土混合料虽不受此限制，但也应尽快制成试件。

(2) 按预定的干密度试件

①在万能试验机上制作试件。制备一个预定干密度的试件所需要的稳定土混合料数量 $m_1$(g) 随试模的规格尺寸而变，用下式计算：

$$m_1 = \rho_d V (1 + w) \tag{5-33}$$

式中　$V$——试模的体积；

　　　$w$——稳定土混合料的含水量；

　　　$\rho_d$——稳定土试件的干密度（g/cm³）。

②将试模的下压柱放入试模的下部，两侧加垫块使下压柱外露 2~3cm。将称量好的规定数量 $m_2$ (g) 的稳定土混合料分 2~3 次加入试模中（可用漏斗），每次加入后用夯棒轻轻均匀插捣密实。$\phi$50mm×50mm 小试件可一次加料。然后，将上压柱放入试模内，理想时上压柱外露也在 2~3cm，即上下压柱外露距离相当。注：预先在试模的内壁及上下压柱的底面涂一薄层机油，方便脱模。

③将整个试模连同上下压柱一起放到万能机上，加压直至上下压柱都压入试模为止。维持压力 1 分钟。卸压，取下试模，放到脱模器上将试件顶出。称量试件的质量 $m_2$，小、中、大试件分别准确至 1g、2g、5g。用游标卡尺测量试件的高度 $h$，准确至 0.1mm。在对试件进行编号。注：用水泥稳定有粘结性的材料时，可立即脱模；用水泥稳定无粘结性的材料时，最好过几小时再脱模。

④用锤击法制作试件时，步骤同前。只是用击锤（可以利用标准击实试验的锤，但上压柱顶面需垫一层橡皮，以保护锤面和压柱顶面不受损伤）将上下压柱打入试模内。

(3) 养生

①试件称量测尺寸并编号后，应立即放到养护设备内恒温保湿养生。但大、中试件应先用塑料薄膜包裹。有条件时可采用蜡封保湿养生。养生时间视需要而定。作为工地施工控制，通常只取 7 天。质量检测应取 7 天和 28 天。养生温度：北方 20±2℃，南方 25±2℃。

②在养生期的最后一天，取出试件称其质量 $m_3$，再将试件浸泡在同温度的水中，水面应高出试件 2.5cm 左右。在养生期间，试件的质量损失应符合：小、中、大试件分别不大于 1g、4g、10g，否则试件作废。

(4) 抗压强度试验步骤

① 将已浸水一昼夜的试件从水中取出，用软布吸去试件表面可见自由水，并称试件的质量 $m_4$。

②用游标卡尺量记试件的高度 $h_1$，对面各量一次，取平均值，准确至 0.1mm。

③将试件放到路面材料强度试验仪或小量程压力机、万能机的受压球座平台上，进行抗压试验。加压过程应保持约 1mm/min 的速度等变形加压，直至试件破坏，记录试件最大荷载值 $P$ (N)。

④从试件内部取代表性试样测定其含水量 $w_1$。

## 6. 数据处理与结果判定

(1) 单个试件的抗压强度 $R_c$ 按下式计算：

$$R_c = P/A \tag{5-34}$$

式中 $P$——试件破坏时的最大压力（N）；

$A$——试件的截面积（mm²）。

(2)《公路路面基层施工技术规范》JTJ 034—2000 中的规定：

①每组试件的最少数量见表 5-7；

②水泥和石灰稳定土的抗压强度标准如表 5-8：

每组试件的最少数量　　表 5-7

| 偏差系数 | <10% | 10%~15% | 15%~20% |
|---|---|---|---|
| 细粒土 | 6 | 9 | |
| 中粒土 | 6 | 9 | 13 |
| 粗粒土 | | 9 | 13 |

水泥和石灰稳定土的抗压强度标准（MPa）　　表 5-8

| 类　型 | 水泥稳定土 | | 石灰稳定土 | |
|---|---|---|---|---|
| 公路等级 | 二级及以下 | 高速和一级 | 二级及以下 | 高速和一级 |
| 基　层 | 2.5~3 | 3~5 | ≥0.8 | — |
| 底基层 | 1.5~2.0 | 1.5~2.5 | 0.5~0.7 | ≥0.8 |

③一组抗压强度按下式计算评定：

$$R \geq R_d / (1 - Z_a C_v) \tag{5-35}$$

式中 $R$——一组抗压强度的平均值（MPa）；

$R_d$——抗压强度要求值（MPa）；

$C_v$——一组抗压强度值的偏差系数，等于标准差除以平均值；

$Z_a$——标准正态分布表中随保证率而变的系数，高速和一级公路取 95% 保证率，$Z_a = 1.645$；其他公路取 90% 保证率，$Z_a = 1.282$。

当一组抗压强度的平均值符合上式要求时为合格；不符合上式要求时为不合格。

(3) 精密度或允许误差要求：

一组试块抗压强度的偏差系数 $C_v$（%）应符合以下要求：

小试件：不大于 10%；

中试件：不大于 15%；

大试件：不大于 20%。

## 7. 例题

一组二灰碎石经试件制作、养生、浸水，高度和质量变化符合要求，试件直径为 150mm，一组共成型了 9 个试件，实测破坏荷载值（单位 kN）分别为：14.6，15.2，16.3，15.1，13.3，14.4，14.8，14.8，15.5；该路段为一级公路二灰碎石设计强度要求值为 0.8MPa，试计算强度值并作判定。

**解**：(1) 按单个强度公式 $R_c = P/A$ 计算出 9 个试件的单块强度为：

0.83，0.86，0.92，0.85，0.75，0.81，0.84，0.84，0.88

(2) 计算强度平均值为 $R = 0.84$MPa

(3) 计算标准差为 0.0468MPa

(4) 计算偏差系数为 0.0468/0.84 = 0.0558，小于 0.15，符合要求

(5) 计算抗压强度判定值 $R$：

$$R = R_d / (1 - Z_a C_v)$$
$$= 0.8 / (1 - 1.645 \times 0.0558)$$
$$= 0.88\text{MPa}$$

(6) 判定：由于强度平均值 $R = 0.84 < 0.88$MPa，所以该批二灰碎石混合料抗压强度不符合要求。

### 八、土粒比重试验

1. 概念

土粒比重为土粒质量与其自身体积之比，该体积不包括土粒堆积所形成的土粒间的孔隙。土粒比重是土的基本物理性能之一。土粒比重试验方法有三种，比重瓶法、浮称法和虹吸管法。其适用范围如下：

（1）比重瓶法

土粒粒径小于 5mm 的各类土。

（2）浮称法

土粒粒径等于、大于 5mm 的各类土，且其中粒径大于 20mm 的土质量应小于总土质量的 10%。

（3）虹吸管法

土粒粒径等于、大于 5mm 的各类土，且其中粒径大于 20mm 的土质量应等于、大于总土质量的 10%。

2. 检测依据

《土工试验方法标准》GB/T 50123—1999

3. 仪器设备及环境

（1）仪器设备

①比重瓶法

a. 比重瓶：100 或 50mL，长颈或短颈。

b. 恒温水槽：准确度 ±1℃。

c. 砂浴：可调节温度。

d. 天平：称量 200g，最小分度值 0.001g。

e. 温度计：0~50℃，最小分度值 0.5℃。

②浮称法

a. 浮秤天平：称量 2000g，最小分度值 0.5g，见图 5-8。

b. 盛水容器：尺寸大于铁丝筐。

c. 铁丝筐：孔径小于 5mm，边长或直径 10~15cm，高 10~20cm。

③虹吸管法

a. 虹吸筒装置：有虹吸筒和虹吸管组成，见图 5-9。

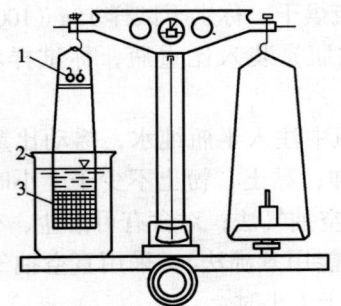

图 5-8 浮秤天平
1—平衡砝码；2—盛水容器；
3—盛粗粒土的铁丝筐

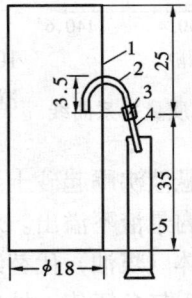

图 5-9 虹吸筒装置
1—虹吸筒；2—虹吸管；3—橡皮管；
4—管夹；5—量筒

b. 天平：称量1000g，最小分度值0.1g。

c. 量筒：大于500mL。

(2) 环境

在室内进行，温度20±5℃。

4. 取样及制备要求

(1) 将土样从土样筒或包装袋中取出，对土样的颜色、气味、夹杂物、类别和均匀程度进行描述记录，分散成碎块。

(2) 对于粒径全部小于5mm的土样用四分法称取500g烘干备用。

(3) 对于粒径全部大于5mm的土样，用四分法称取3000g烘干备用。称取烘干试样1000g两份，分别过20mm孔径筛，以两次的平均值确定该样品中粒径大于20mm的土颗粒质量占试样总质量的百分比。以确定采用何种方法。

(4) 对于既有5mm以下颗粒又有5mm以上颗粒的土样，按5mm以上颗粒所占比例用四分法称取适量烘干备用，确保至少有2000g以上大于5mm颗粒，一般取5000~6000g。称取烘干样品1000g两份，分别过5mm和20mm孔径筛，以两次的平均值确定该样品中粒径小于5mm的土颗粒质量占试样总质量的百分比和粒径等于、大于5mm的土颗粒质量占试样总质量的百分比；同时确定该样品中粒径大于20mm的土颗粒质量占粒径大于5mm的土颗粒质量的百分比。以确定采用何种方法测定大于5mm的土颗粒的比重。

(5) 烘干温度一般土105~110℃，对于有机质含量超过5%的土以及含石膏或硫酸盐的土，应在65~70℃下烘干。

5. 操作步骤

(1) 比重瓶法

① 比重瓶的校准：

a. 将比重瓶洗净、烘干，置于干燥器内，冷却后称重，准确至0.001g。

b. 将煮沸经冷却的纯水注入比重瓶，长颈比重瓶注水至刻度处；短颈比重瓶注满水，塞紧瓶塞，多余水自瓶塞毛细管中溢出。将比重瓶放入恒温水槽直至瓶内水温稳定。取出比重瓶，擦干外壁，称瓶水总质量，准确至0.001g。测定恒温水槽内水温，准确至0.5℃。

c. 调节数个恒温水槽内的水温，宜每级相差5℃，测定不同温度下的瓶、水总质量。每个温度下应平行测定两次，其差值不得大于0.002g，取两次的平均值。以水温为纵坐标，瓶、水总质量为横坐标绘制温度与瓶、水总质量的关系曲线，见图5-10。

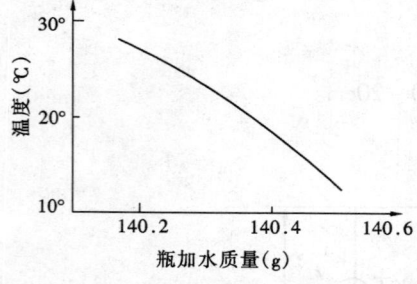

图5-10 温度与瓶、水总质量关系曲线

② 将比重瓶烘干。称烘干试样15g（100mL比重瓶）或10g（50mL比重瓶）装入比重瓶，称试样和瓶的总质量，准确至0.001g。

③ 向比重瓶中注入半瓶纯水，摇动比重瓶，并放在砂浴上煮沸。煮沸时间自悬液沸腾起砂土不少于30分钟；黏土、粉土不少于1小时。沸腾后应调节砂浴温度，使比重瓶内悬液不溢出。对砂土宜用真空抽气法；对含有可溶盐、有机质和亲水性胶体的土必须用中性液体（煤油）代替纯水（此时不能用煮沸法），采用真空抽气法排气，真空表读数宜接近当地一个大气负压值，抽气时间不得少于1小时。

④ 将煮沸经冷却的纯水（或抽气后的中性液体）注入装有试样悬液的比重瓶中。长颈比重瓶注水至刻度处；短颈比重瓶注满水，塞紧瓶塞，多余水自瓶塞毛细管中溢出。将比重瓶放入恒温水槽直至瓶内水温稳定，且瓶内上部悬液澄清。取出比重瓶，擦干外壁，称瓶、试样、水总质

量,准确至0.001g。测定瓶内水温,准确至0.5℃。

⑤从温度与瓶水总质量的关系曲线上查得个试验温度下的瓶、水总质量。

(2) 浮称法

①取代表性试样500~1000g,将试样颗粒表面清洗干净,浸入水中一昼夜后取出,放入铁丝筐,并缓慢地将铁丝筐浸没于水中,在水中摇动至试样中无气泡逸出。

②称铁丝筐和试样在水中的质量,取出试样烘干,并称烘干试样的质量。

③称量铁丝筐在水中的质量,并测定盛水容器内水的温度,准确至0.5℃。

(3) 虹吸管法

①取代表性试样700~1000g,将试样颗粒表面清洗干净,浸入水中一昼夜后取出晾干,对大颗粒试样宜用干布擦干表面,并称晾干试样质量。

②将清水注入虹吸筒至虹吸管口有水溢出时关死管夹,再将试样缓慢放入虹吸筒中,边放边搅拌,直至试样中再无气泡逸出为止,搅动时不得将水溅出筒外。

③当虹吸筒内水面平稳后开启管夹,让试样排开的水通过虹吸管流入量筒,称量筒与水的总质量,准确至0.5g。并测定量筒内水的温度,准确至0.5℃。

④取出试样烘干至恒重,称烘干试样的质量,准确至0.1g。称量筒质量,准确至0.5g。

6. 数据处理与结果判定

(1) 比重瓶法

土粒的比重应按下式计算:

$$G_s = G_{iT} \times m_d / (m_{bw} + m_d - m_{bws}) \tag{5-36}$$

式中 $m_{bw}$——比重瓶、水总质量(g);

$m_{bws}$——比重瓶、水、试样总质量(g);

$G_{iT}$——$T$℃时纯水和中性液体的比重;

$m_d$——试样质量(g)。

(2) 浮称法

土粒的比重应按下式计算:

$$G_s = G_{wT} \times m_d / [m_d - (m_{1s} - m'_1)] \tag{5-37}$$

式中 $m_{1s}$——铁丝筐和试样在水中的质量(g);

$m'_1$——铁丝筐在水中质量(g);

$G_{wT}$——$T$℃时纯水的比重;

$m_d$——试样质量(g)。

(3) 虹吸管法

土粒的比重应按下式计算:

$$G_s = G_{wT} \times m_d / [(m_{cw} - m_c) - (m_{ad} - m_d)] \tag{5-38}$$

式中 $m_{cw}$——量筒和水的总质量(g);

$m_c$——量筒的质量(g);

$G_{wT}$——$T$℃时纯水的比重;

$m_{ad}$——晾干试样质量(g);

$m_d$——试样质量(g)。

(4) 当包含小于和大于5mm颗粒时,土颗粒平均比重按下式计算:

$$G_{sm} = 1 / (P_1 / G_{s1} + P_2 / G_{s2}) \tag{5-39}$$

式中 $G_{sm}$——土颗粒平均比重;

$G_{s1}$——粒径等于、大于5mm的土颗粒比重；

$G_{s2}$——粒径小于5mm的土颗粒比重；

$P_1$——粒径等于、大于5mm的土颗粒质量占试样总质量的百分比（%）；

$P_2$——粒径小于5mm的土颗粒质量占试样总质量的百分比（%）。

### 九、土颗粒分析试验

（一）筛析法

1．概念

筛析法土颗粒分析试验是利用孔径从小到大的一套筛对土样的级配情况进行定量分析的一种方法，它适用于粒径大于0.075mm至小于等于60mm的土。

2．检测依据

《土工试验方法标准》GB/T 50123—1999

3．仪器设备及环境

（1）仪器设备

①分析筛：一套共十只加底盘和盖。

粗筛：孔径为60、40、20、10、5、2mm。

细筛：孔径为：2.0、1.0、0.5、0.25、0.075mm。

②天平：称量5000g，最小分度值1g；

称量1000g，最小分度值0.1g；

称量200g，最小分度值0.01g。

③振筛机。

④其他：烘箱、研钵、瓷盘、毛刷等。

（2）环境条件

室内常温下进行。

4．取样及制备要求

（1）取样数量见表5-9。

（2）取样应有代表性。

5．操作步骤

（1）称取规定数量的土样，500g以内准确至0.1g，500g以上准确至1g。

土颗粒筛析法取样数量　　表5-9

| 颗粒尺寸（mm） | 取样数量（g） |
|---|---|
| <2 | 100~300 |
| <10 | 300~1000 |
| <20 | 1000~2000 |
| <40 | 2000~4000 |
| <60 | 4000以上 |

（2）将试样过2mm筛，称筛上和筛下的试样质量。当筛下试样质量小于试样总质量的10%时，不作细筛分析；当筛上试样质量小于试样总质量的10%时，不作粗筛分析。

（3）取筛上的试样倒入依次叠好的粗筛中，取筛下的试样倒入依次叠好的细筛中，分别进行筛析。细筛宜置于振筛机上振筛，振筛时间为10~15分钟。手筛时要确保筛析充分。筛析结束后，按由上而下的顺序将各筛取下，称各级筛上及底盘内试样的质量，准确至0.1g。

（4）筛后各级筛上和筛底内试样的总和与筛前试样总质量的差值不得大于试样总质量的1%。

（5）当土样为含细颗粒的砂土时，所取试样先置于盛水容器中充分搅拌，使试样粗细颗粒完全分离。然后将容器中的试样悬液通过2mm筛，取筛上的试样烘干至恒量，称烘干试样质量，准确至0.1g，按（3）（4）步骤进行粗筛分析；取筛下的试样悬液，用带橡皮头的研杆研磨，再过0.075mm筛，并将筛上试样烘干至恒量，称烘干试样质量，准确至0.1g，按（3）（4）步骤进行细筛分析。当粒径小于0.075mm的试样质量大于试样总质量的10%时，应按标准密度计法或移液管法测定小于0.075mm试样的颗粒组成。

6. 数据处理与结果判定

(1) 小于某粒径的试样质量占试样总质量的百分比按下式计算：

$$X = d_x \times m_A / m_B \tag{5-40}$$

式中 $X$——小于某粒径的试样质量占试样总质量的百分比（%）；

$m_A$——小于某粒径的试样质量（g）；

$m_B$——细筛分析时为小于 2mm 试样质量；粗筛分析时为试样总质量（g），粗筛时公式为：

$X = m_A / m_B$；

$d_x$——粒径小于 2mm 试样质量占试样总质量的百分比（%）。

(2) 以小于某粒径的试样质量占试样总质量的百分比为纵坐标，以颗粒粒径的对数为横坐标，绘制颗粒大小分布曲线，见图 5-11。

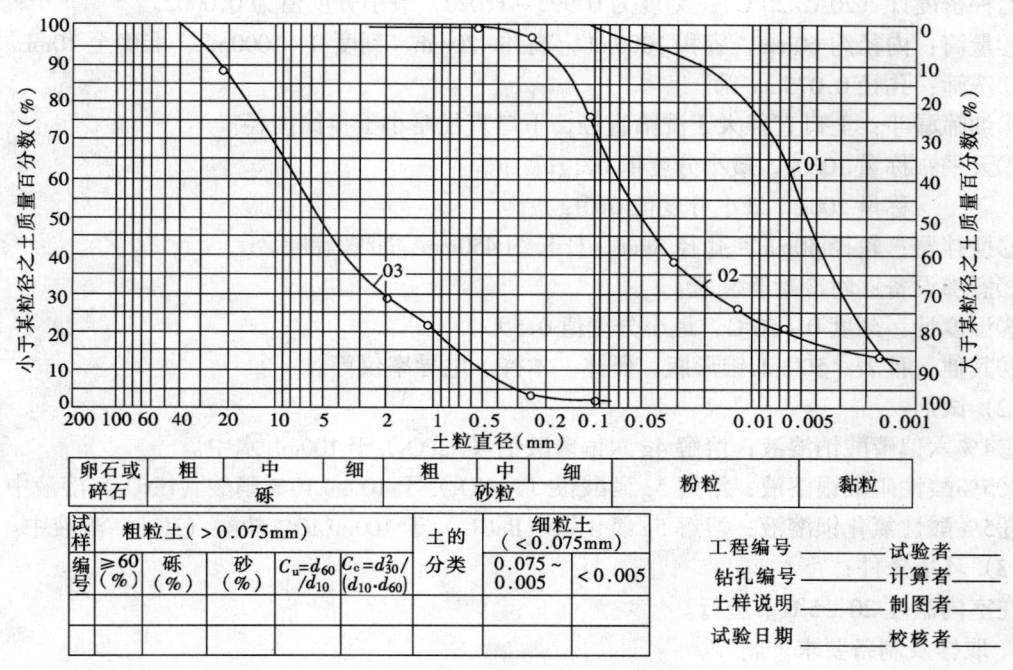

图 5-11 颗粒大小分布曲线

(3) 必要时计算级配指标：不均匀系数和曲率系数。

① 不均匀系数按下式计算：

$$C_u = d_{60} / d_{10} \tag{5-41}$$

式中 $C_u$——不均匀系数；

$d_{60}$——限制粒径，颗粒大小分布曲线上的某粒径，小于该粒径的试样质量占试样总质量的 60%；

$d_{10}$——有效粒径，颗粒大小分布曲线上的某粒径，小于该粒径的试样质量占试样总质量的 10%。

② 曲率系数按下式计算：

$$C_c = d_{30}^2 / (d_{10} \times d_{60}) \tag{5-42}$$

式中 $C_c$——曲率系数；

$d_{30}$——颗粒大小分布曲线上的某粒径，小于该粒径的试样质量占试样总质量的 30%。

## （二）密度计法

### 1. 概念

密度计法是通过测定水和土颗粒的混合悬液随时间由于颗粒大小不同使沉降速度不同而引起的密度变化来间接测定土颗粒大小的一种方法，仅适用于粒径小于 0.075mm 的试样。

### 2. 检测依据

《土工试验方法标准》GB/T 50123—1999

### 3. 仪器设备及环境

（1）仪器设备：

①密度计：

甲种密度计：刻度 -5°~50°，最小分度值 0.5°。

乙种密度计（20℃/20℃）：刻度为 0.995~1.020，最小分度值为 0.0002。

②量筒：内径约 60mm，容积 1000mL，高约 420mm，刻度 0~1000mL，准确至 10mL。

③洗筛：孔径 0.075mm 筛。

④细筛漏斗：上口直径大于洗筛直径，下口直径略小于量筒内径。

⑤天平：称量 1000g，最小分度值 0.1g；
　　　　称量 200g，最小分度值 0.01g。

⑥搅拌器：轮径 50mm，孔径 3mm，杆长约 450mm，带螺旋叶。

⑦煮沸设备：附冷凝管装置。

⑧温度计：刻度 0~50℃，最小分度值 0.5℃。

⑨其他：秒表、500mL 锥形瓶、研钵、木杵、电导率仪等。

（2）试剂：

①4% 六偏磷酸钠溶液：溶解 4g 六偏磷酸钠 $(NaPO_3)_6$ 于 100mL 水中。

②5% 酸性硝酸银溶液：溶解 5g 硝酸银 $(AgNO_3)$ 于 100mL10% 硝酸 $(HNO_3)$ 溶液中。

③5% 酸性氯化钡溶液：溶解 5g 氯化钡 $(BaCL_2)$ 于 100mL10% 盐酸 $(HCL)$ 溶液中。

（3）环境条件：

在室内温度 20±5℃ 下进行。

### 4. 取样及制备要求

（1）取样应有代表性；

（2）宜采用风干试样；

（3）当试样中易溶盐含量大于 0.5% 时，应洗盐。

易溶盐含量测定方法：

①电导法：按电导率仪使用说明书操作测定 $T$℃ 时，试样溶液（水土比 1:5）的电导率，并按下式计算 20℃ 时试样溶液的电导率：

$$K_{20} = K_T / [1 + 0.02(T - 20)] \tag{5-43}$$

式中　$K_{20}$——20℃ 时悬液的电导率（$\mu S/cm$）；

　　　$K_T$——$T$℃ 时悬液的电导率（$\mu S/cm$）；

　　　$T$——测定时悬液的温度（℃）。

当 $K_{20}$ 大于 1000$\mu S/cm$ 时，试样应洗盐。

②目测法：取风干试样 3g 于烧杯中，加适量纯水调成糊状研散，再加纯水 25mL，煮沸 10 分钟，冷却后移入试管中，放置过夜，观察试管，出现凝聚现象时应洗盐。

③易溶盐总量测定：

a. 浸出液制取：

(a) 称取过 2mm 晒下的风干试样 50~100g,准确至 0.01g。置于广口瓶中,按水土比 1:5 加入纯水,搅匀,在振荡器上振荡 3 分钟后抽气过滤。另取试样 3~5g 测定风干含水率。

(b) 将滤纸用纯水浸湿后贴在漏斗底部,漏斗装在抽滤瓶上,连通真空泵抽气,使滤纸与漏斗贴紧,将振荡后的试样悬液摇匀,倒入漏斗中抽气过滤,过滤时漏斗应用表面皿盖好。

(c) 当发现滤液浑浊时,应重新过滤,经反复过滤,如果仍然浑浊,应用离心机分离。所得的透明滤液,即为试样浸出液,储于细口瓶中供分析用。

b. 用移液管吸取试样浸出液 50~100mL,注入已知质量的蒸发皿中,盖上表面皿,放在水浴锅上蒸干。当蒸干残渣中呈现黄褐色时,应加入 15% 双氧水 1~2mL,继续在水浴锅上蒸干,反复处理至黄褐色消失。

c. 将蒸发皿放入烘箱,在 105~110℃ 温度下烘干 4~8 小时,取出后放入干燥器中冷却,称蒸发皿加试样的总质量,在烘干 2~4 小时,于干燥器中冷却再称蒸发皿加试样的总质量,反复进行直至最后相邻两次质量差值不大于 0.0001g。

d. 当浸出液蒸干残渣中含有大量结晶水时,将使测得的易溶盐质量偏高,遇此情况,可取蒸发皿两个,一个加浸出液 50mL,另一个加纯水 50mL(空白),然后各加入等量 2% 碳酸钠溶液,搅拌均匀后,一起按照上面的步骤操作,烘干温度改为 180℃。

e. 未经 2% 碳酸钠处理的易溶盐总量按下式计算:

$$W = (m_2 - m_1)(1 + 0.01\omega)V_w/V_s/m_s \tag{5-44}$$

式中 $W$——易溶盐总量(%);
$V_w$——浸出液用纯水体积(mL);
$V_s$——吸取浸出液体积(mL);
$m_s$——风干试样质量(g);
$\omega$——风干试样含水率(%);
$m_2$——蒸发皿加烘干残渣质量(g);
$m_1$——蒸发皿质量(g)。

f. 用 2% 碳酸钠处理的易溶盐总量按下式计算:

$$W = (m - m_0)(1 + 0.01\omega)V_w/V_s/m_s \tag{5-45}$$

$$m_0 = m_3 - m_1$$

$$m = m_4 - m_1$$

式中 $m_3$——蒸发皿加碳酸钠蒸干后质量(g);
$m_4$——蒸发皿加碳酸钠加试样蒸干后质量(g);
$m_0$——蒸干后碳酸钠质量(g);
$m$——蒸干后试样加碳酸钠质量(g)。

④洗盐方法:按式(5-45)计算,称取干土质量为 30g 的风干试样质量,准确至 0.01g,倒入 500mL 的锥形瓶中,加纯水 200mL,搅拌后用滤纸过滤或抽气过滤,并用纯水洗涤至滤液的电导率 $K_{20}$ 小于 1000μS/cm(或对 5% 酸性硝酸银溶液和 5% 酸性氯化钡溶液无白色沉淀反应)为止,滤纸上的试样按操作步骤(3)进行操作。

5. 操作步骤

(1) 称取代表性风干试样 200~300g,过 2mm 筛,求出筛上试样占试样总质量的百分比。取筛下试样测定风干含水率 $\omega_0$。

(2) 试样干质量为 30g 的风干试样质量按下式计算:

当易溶盐含量小于 1% 时:

$$m_0 = 30\ (1 + 0.01\omega_0) \tag{5-46}$$

当易溶盐含量大于1%时：

$$m_0 = 30\ (1 + 0.01\omega_0)\ /\ (1 - W) \tag{5-47}$$

（3）将风干试样或洗盐后在滤纸上的试样，倒入 500mL 锥形瓶，注入纯水 200mL，浸泡过夜，然后置于煮沸设备上煮沸宜 40 分钟。

（4）将冷却后的悬液移入烧杯中，静置 1 分钟，通过洗筛漏斗将上部悬液过 0.075mm 筛，遗留杯底的沉淀物用带橡皮头研杵研散，再加适量水搅拌，静置 1 分钟，再将上部悬液过 0.075mm 筛，如此重复倾洗（每次倾洗最后所得悬液不得超过 1000mL）直至杯底砂粒洗净，将筛上和杯中砂粒合并洗入蒸发皿中，倾去清水，烘干称量并按筛析法进行细筛分析，并计算各粒级占试样总质量的百分比。

（5）将过滤液倒入量筒，加入 4% 六偏磷酸钠溶液 10mL，再注入纯水至 1000mL。注：对加入六偏磷酸钠后仍产生凝聚的试样应选用其他分散剂。

（6）将搅拌器放入量筒中，沿悬液深度上下搅拌 1 分钟，取出搅拌器，立即开动秒表，将密度计放入悬液中，测记 0.5、1、2、5、15、30、60、120、1440 分钟时的密度计读数。每次读数均应在预定时间前 10~20 秒将密度计放入悬液中，且接近读数的深度，保持密度计浮泡处在量筒中心，不得贴近量筒内壁。

（7）密度计读数均以弯液面上缘为准。甲种密度计应准确至 0.5，乙种密度计应准确至 0.0002。每次读数后应取出密度计放入盛有纯水的量筒中，并应测定相应悬液的温度，准确至 0.5℃，放入和取出密度计时应小心轻放，不得扰动悬液。

6. 数据处理与结果判定

（1）小于某粒径的试样质量占试样总质量的百分比按下式计算：

①甲种密度计：

$$X = 100 C_G (R + m_T + n - C_D)/m_d \tag{5-48}$$

式中　$X$——小于某粒径的试样质量占试样总质量的百分比（%）；

　　　$m_d$——试样干质量（g）；

　　　$C_G$——土粒比重校正值，查表 5-10；

　　　$m_T$——悬液温度校正值，查表 5-11；

　　　$n$——弯液面校正值；

　　　$C_D$——分散剂校正值；

　　　$R$——甲种密度计读数。

土粒比重校正表　　　　表 5-10

| 土粒比重 | 比重校正值 | | 土粒比重 | 比重校正值 | |
|---|---|---|---|---|---|
| | 甲种密度计 $C_G$ | 乙种密度计 $C'_G$ | | 甲种密度计 $C_G$ | 乙种密度计 $C'_G$ |
| 2.5 | 1.038 | 1.666 | 2.7 | 0.989 | 1.588 |
| 2.52 | 1.032 | 1.658 | 2.72 | 0.985 | 1.581 |
| 2.54 | 1.027 | 1.649 | 2.74 | 0.981 | 1.575 |
| 2.56 | 1.022 | 1.641 | 2.76 | 0.977 | 1.568 |
| 2.58 | 1.017 | 1.632 | 2.78 | 0.973 | 1.562 |
| 2.6 | 1.012 | 1.625 | 2.8 | 0.969 | 1.556 |
| 2.62 | 1.007 | 1.617 | 2.82 | 0.965 | 1.549 |
| 2.64 | 1.002 | 1.609 | 2.84 | 0.961 | 1.543 |
| 2.66 | 0.998 | 1.603 | 2.86 | 0.958 | 1.538 |
| 2.68 | 0.993 | 1.595 | 2.88 | 0.954 | 1.532 |

## 温度校正值表

表 5-11

| 悬液温度℃ | 温度校正值 | | 悬液温度℃ | 温度校正值 | |
|---|---|---|---|---|---|
| | 甲种密度计 $C_G$ | 乙种密度计 $C'_G$ | | 甲种密度计 $C_G$ | 乙种密度计 $C'_G$ |
| 10 | −2 | −0.0012 | 20 | 0 | 0 |
| 10.5 | −1.9 | −0.0012 | 20.5 | 0.1 | 0.0001 |
| 11 | −1.9 | −0.0012 | 21 | 0.3 | 0.0002 |
| 11.5 | −1.8 | −0.0011 | 21.5 | 0.5 | 0.0003 |
| 12 | −1.8 | −0.0011 | 22 | 0.6 | 0.0004 |
| 12.5 | −1.7 | −0.001 | 22.5 | 0.8 | 0.0005 |
| 13 | −1.6 | −0.001 | 23 | 0.9 | 0.0006 |
| 13.5 | −1.5 | −0.0009 | 23.5 | 1.1 | 0.0007 |
| 14 | −1.4 | −0.0009 | 24 | 1.3 | 0.0008 |
| 14.5 | −1.3 | −0.0008 | 24.5 | 1.5 | 0.0009 |
| 15 | −1.2 | −0.0008 | 25 | 1.7 | 0.001 |
| 15.5 | −1.1 | −0.0007 | 25.5 | 1.9 | 0.0011 |
| 16 | −1 | −0.0006 | 26 | 2.1 | 0.0013 |
| 16.5 | −0.9 | −0.0006 | 26.5 | 2.2 | 0.0014 |
| 17 | −0.8 | −0.0005 | 27 | 2.5 | 0.0015 |
| 17.5 | −0.7 | −0.0004 | 27.5 | 2.6 | 0.0016 |
| 18 | −0.5 | −0.0003 | 28 | 2.9 | 0.0018 |
| 18.5 | −0.4 | −0.0003 | 28.5 | 3.1 | 0.0019 |
| 19 | −0.3 | −0.0002 | 29 | 3.3 | 0.0021 |
| 19.5 | −0.1 | −0.0001 | 29.5 | 3.5 | 0.0022 |

②乙种密度计：

$$X = 100 V_x C'_G [(R' - 1) + m'_T + n' - C'_D] \rho_{w20} / m_d \tag{5-49}$$

式中 $C'_G$——土粒比重校正值，查表 5-10；

$m'_T$——悬液温度校正值，查表 5-11；

$n'$——弯液面校正值；

$C'_D$——分散剂校正值；

$R'$——乙种密度计读数；

$V_x$——悬液体积（=1000mL）；

$\rho_{w20}$——20℃时纯水的密度（=0.998232g/cm³）。

（2）试样颗粒粒径应按下式计算：

$$d = \sqrt{\frac{1800 \times 10^4 \times \eta \times L}{(G_s - G_{wT}) \rho_{wT} \times g \times t}} \tag{5-50}$$

式中 $d$——试样颗粒粒径（mm）；

$\eta$——水的动力粘滞系数（kPa·S（$10^{-6}$）），查表；

$G_{wT}$——T℃时水的比重；

$\rho_{wT}$——4℃时纯水的密度（g/cm³）；

$L$——某一时间内土粒的沉降距离（cm）；

$t$——沉降时间（s）；

$g$——重力加速度（cm/s²）。

(3) 按筛析法中步骤绘制颗粒大小分布曲线,当密度计法和筛析法联合分析时,应将试样总质量折算后绘制颗粒大小分布曲线,并将两段曲线连成一条平滑的曲线。

（三）移液管法

1. 概念

移液管法是通过抽取经不同时间沉降后的水和土颗粒的混合悬液来测定土颗粒大小的一种方法,仅适用于粒径小于0.075mm的试样。

2. 检测依据

《土工试验方法标准》GB/T 50123—1999

3. 仪器设备及环境

(1) 仪器设备

①移液管装置:容积25mL,见图5-12;
②烧杯:容积50mL;
③天平:称量200g,最小分度值0.001g;
④其他:烘箱、研钵、瓷盘、毛刷等。

(2) 环境条件

在室内温度20±5℃下进行。

4. 取样及制备要求

同密度计法。

5. 操作步骤

(1) 取代表性试样,黏土10~15g;砂土20g,准确至0.001g,并按密度计法中的(1)~(4)步骤制备悬液。

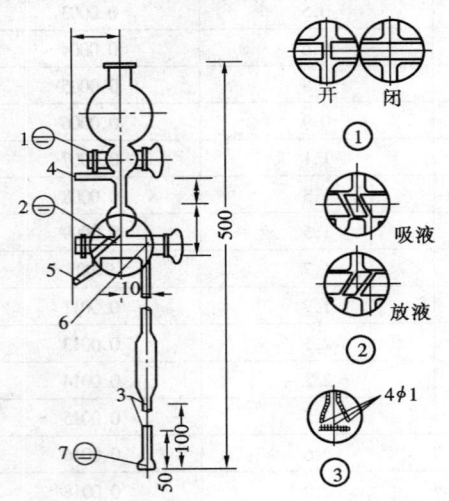

图5-12 移液管装置
1—二通阀；2—三通阀；3—移液管；4—接吸球；5—放液口；6—移液管容积（25±0.5mL）；7—移液管口

(2) 将装置悬液的量筒置于恒温水槽中,测记悬液温度,精确至0.5℃,实验过程中悬液的温度变化范围为±0.5℃。按密度计法中式(5-50)计算粒径小于0.05、0.01、0.005、0.002mm和其他所需粒径下沉一定深度所需的静置时间(或查表5-12获得)。

土粒在不同温度静水中沉降时间表　　　　表5-12

| 土粒比重 | 土粒直径 mm | 沉降距离 cm | 15℃ h | 15℃ min | 15℃ s | 17.5℃ h | 17.5℃ min | 17.5℃ s | 20.0℃ h | 20.0℃ min | 20.0℃ s | 22.5℃ h | 22.5℃ min | 22.5℃ s | 25.0℃ h | 25.0℃ min | 25.0℃ s | 27.5℃ h | 27.5℃ min | 27.5℃ s |
|---|---|---|---|---|---|---|---|---|---|---|---|---|---|---|---|---|---|---|---|---|
| 2.6 | 0.05 | 25 | | 2 | 20 | | 2 | 02 | | 1 | 55 | | 1 | 49 | | 1 | 43 | | 1 | 37 |
| 2.6 | 0.05 | 12.5 | | 1 | 05 | | 1 | 01 | | | 58 | | | 54 | | | 51 | | | 48 |
| 2.6 | 0.01 | 10 | | 21 | 45 | | 20 | 24 | | 19 | 14 | | 18 | 06 | | 17 | 06 | | 16 | 09 |
| 2.6 | 0.005 | 10 | 1 | 26 | 59 | 1 | 21 | 37 | 1 | 16 | 55 | 1 | 12 | 24 | 1 | 08 | 25 | 1 | 04 | 14 |
| 2.65 | 0.05 | 25 | | 2 | 06 | | 1 | 59 | | 1 | 52 | | 1 | 45 | | 1 | 40 | | 1 | 34 |
| 2.65 | 0.05 | 12.5 | | 1 | 03 | | | 59 | | | 56 | | | 53 | | | 50 | | | 47 |
| 2.65 | 0.01 | 10 | | 21 | 05 | | 19 | 47 | | 18 | 40 | | 17 | 33 | | 16 | 35 | | 15 | 39 |
| 2.65 | 0.005 | 10 | 1 | 24 | 21 | 1 | 19 | 08 | 1 | 14 | 34 | 1 | 10 | 12 | 1 | 06 | 21 | 1 | 02 | 38 |
| 2.7 | 0.05 | 25 | | 2 | 03 | | 1 | 55 | | 1 | 48 | | 1 | 42 | | 1 | 36 | | 1 | 31 |
| 2.7 | 0.05 | 12.5 | | 1 | 01 | | | 58 | | | 54 | | | 51 | | | 48 | | | 45 |
| 2.7 | 0.01 | 10 | | 20 | 28 | | 19 | 13 | | 18 | 06 | | 17 | 02 | | 16 | 06 | | 15 | 12 |
| 2.7 | 0.005 | 10 | 1 | 21 | 54 | 1 | 16 | 50 | 1 | 12 | 24 | 1 | 08 | 10 | 1 | 04 | 24 | 1 | 00 | 47 |

续表

| 土粒比重 | 土粒直径 mm | 沉降距离 cm | 15℃ h | min | s | 17.5℃ h | min | s | 20.0℃ h | min | s | 22.5℃ h | min | s | 25.0℃ h | min | s | 27.5℃ h | min | s |
|---|---|---|---|---|---|---|---|---|---|---|---|---|---|---|---|---|---|---|---|---|
| 2.75 | 0.05 | 25 | | 1 | 59 | | 1 | 52 | | 1 | 45 | | 1 | 39 | | 1 | 34 | | 1 | 28 |
| | 0.05 | 12.5 | | 1 | 00 | | | 56 | | | 53 | | | 50 | | | 47 | | | 44 |
| | 0.01 | 10 | | 19 | 53 | | 18 | 40 | | 17 | 35 | | 16 | 33 | | 15 | 38 | | 14 | 46 |
| | 0.005 | 10 | 1 | 19 | 33 | 1 | 14 | 38 | 1 | 10 | 19 | 1 | 06 | 13 | 1 | 02 | 34 | | 59 | 04 |
| 2.8 | 0.05 | 25 | | 1 | 56 | | 1 | 49 | | 1 | 42 | | 1 | 36 | | 1 | 31 | | 1 | 26 |
| | 0.05 | 12.5 | | | 58 | | | 54 | | | 51 | | | 48 | | | 46 | | | 43 |
| | 0.01 | 10 | | 19 | 20 | | 18 | 09 | | 17 | 05 | | 16 | 06 | | 15 | 12 | | 14 | 21 |
| | 0.005 | 10 | 1 | 17 | 20 | 1 | 12 | 33 | 1 | 08 | 22 | 1 | 04 | 22 | 1 | 00 | 50 | | 57 | 25 |

（3）用搅拌器沿悬液深度上下搅拌 1 分钟，取出搅拌器，开启秒表，将移液管的二通阀置于关闭位置、三通阀置于移液管与吸球相通的位置，根据各粒径所需的静置时间，提前 10 秒将移液管放入悬液中，浸入深度为 10cm，用吸球吸取悬液。吸取量应不少于 25mL。

（4）旋转三通阀，使吸球与放液口相通，将多余的悬液从放液口流出，收集后倒入原悬液中。

（5）将移液管下口放入烧杯内，旋转三通阀，使吸球与移液管相通，用吸球将悬液挤入烧杯中，再从上口倒入少量纯水，旋转二通阀，使上下口连通，水则通过移液管将悬液洗入烧杯中。

（6）将烧杯内的悬液蒸干，在 105～110℃ 温度下烘干至恒量，称烧杯内试样质量，准确至 0.001g。

6. 数据处理与结果判定

（1）小于某粒径的试样质量占试样总质量的百分比按下式计算：

$$X = 100 m_x V_x / V'_x m_d \tag{5-51}$$

式中 $V_x$——悬液总体积（1000mL）；

$V'_x$——吸取悬液的体积（25mL）；

$m_d$——试样干质量（g）；

$m_x$——吸取 25mL 悬液中试样干质量（g）。

（2）按筛析法中步骤绘制颗粒大小分布曲线，当移液管法和筛析法联合分析时，应将试样总质量折算后绘制颗粒大小分布曲线，并将两段曲线连成一条平滑的曲线。

**十、砂的相对密度试验**

1. 概念

砂的相对密度试验是先进行砂的最大干密度和最小干密度试验，再通过计算得到砂的相对密度试验。砂的最小干密度试验采用漏斗法和量筒法，砂的最大干密度试验采用振动锤击法。本法适用于粒径不大于 5mm 的土，且粒径 2～5mm 的试样质量不大于总质量的 15%。

2. 检测依据

《土工试验方法标准》GB/T 50123—1999

3. 仪器设备及环境

（1）仪器设备

①量筒：容积 500mL 和容积 1000mL，后者内径应大于 60mm；

②长颈漏斗：颈管的内径为 12mm，颈口应磨平；

③长杆锥形塞：直径为15mm的圆锥体，焊接在长铁杆上，见图5-13；
④砂面拂平器：外环中十字形金属平面焊接在铜杆下端，见图5-13。
⑤金属圆筒：容积250mL，内径为50mm；容积1000mL，内径为100mm，高度均为127mm，附护筒；
⑥振动叉；见图5-14；
⑦击锤：锤质量1.25kg，落高15cm，锤直径5cm，见图5-14。

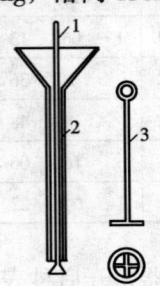

图5-13 漏斗及拂平器
1—锥形塞；2—长颈漏斗；3—砂面拂平器

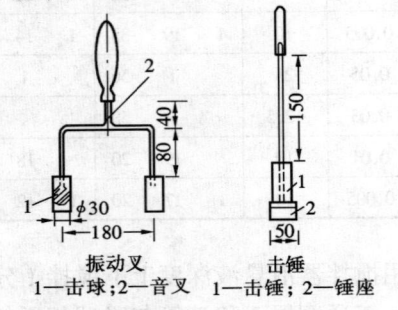

图5-14 振动叉和击锤
振动叉 1—击球；2—音叉　击锤 1—击锤；2—锤座

⑧天平：称量1000g，准确至1g。

(2) 环境条件

在室内常温下进行。

4. 取样及制备要求

取代表性试样6000g烘干备用。

5. 操作步骤

(1) 砂的最小干密度试验

①将长杆锥形塞自长颈漏斗下口穿入，并向上提起，使锥底堵住漏斗管下口，一并放入1000mL的量筒内，使其下端与量筒底接触。

②称取烘干的代表性试样700g（$m_d$），均匀缓慢地倒入漏斗中，将漏斗和锥形塞杆同时提高，使锥体略微离开管口，管口应经常保持高出砂面1~2cm，使试样缓慢且均匀分布地落入量筒中。

③试样全部落入量筒后，取出漏斗和锥形塞，用砂面拂平器将砂面拂平，侧记试样体积，估读至5mL。

注：如果试样中不含2mm以上颗粒时，可取试样400g用500mL的量筒进行试验。

④用手掌或橡皮板堵住量筒口，将量筒倒转并缓慢地转回到原来的位置，重复数次，记录下试样在量筒内所占体积的最大值，估读至5mL。

⑤取上述两种方法测得的较大体积值（$V_d$），计算最小干密度。

(2) 砂的最大干密度试验

①取代表性试样2000g，拌匀，分3次倒入金属圆筒进行振击，每层试样宜为圆筒容积的1/3，试样倒入筒后用振动叉以每分钟往返150~200次的速度敲击圆筒两侧，并在同一时间内用击锤锤击试样表面，每分钟30~60次，直至试样体积不变为止。如此重复锤击第二层和第三层。

②取下护筒，刮平试样表面，称圆筒和试样的总质量，计算出试样质量。

6. 数据处理与结果判定

(1) 最小干密度按下式计算：

$$\rho_{dmin} = m_d / V_d \tag{5-52}$$

式中　$\rho_{dmin}$——试样的最小干密度（g/cm³）。

(2) 最大孔隙比按下式计算：

$$e_{\max} = \rho_w G_s / \rho_{d\min} - 1 \tag{5-53}$$

式中 $e_{\max}$——试样的最大孔隙比；
　　$\rho_w$——水的密度（g/cm³）；
　　$G_s$——试样的相对密度。

(3) 最大干密度按下式计算：

$$\rho_{d\max} = m_d / V_d \tag{5-54}$$

式中 $\rho_{d\max}$——试样的最大干密度（g/cm³）。

(4) 最小孔隙比按下式计算：

$$e_{\min} = \rho_w G_s / \rho_{d\max} - 1 \tag{5-55}$$

式中 $e_{\min}$——试样的最小孔隙比；
　　$\rho_w$——水的密度（g/cm³）；
　　$G_s$——试样的相对密度。

(5) 砂的相对密实度按下式计算：

$$D_r = (e_{\max} - e_0)/(e_{\max} - e_{\min}) \tag{5-56}$$

$$D_r = \rho_{d\max}(\rho_d - \rho_{d\min})/\rho_d(\rho_{d\max} - \rho_{d\min}) \tag{5-57}$$

式中 $e_0$——砂的天然孔隙比；
　　$D_r$——砂的相对密实度；
　　$\rho_d$——要求的干密度（或天然干密度）（g/cm³）。

(6) 最小干密度和最大干密度试验应进行两次平行试验，两次密度的差值应不大于0.03 g/cm³，取两次的平均值。

**十一、承载比试验**

**1. 概念**

所谓承载比就是试样制作成标准试件，用贯入仪对标准试件贯入一定深度所需的单位压力与标准压力的百分比。本方法适用于在规定试样筒内制样后，对扰动土进行试验，试样的最大粒径不大于20mm，采用3层击实制样时，试样的最大粒径不大于40mm。

**2. 检测依据**

《土工试验方法标准》GB/T 50123—1999

**3. 仪器设备及环境**

(1) 仪器设备

①试样筒：内径152mm，高166mm的金属圆筒，护筒高50mm；筒内垫块直径151mm，高50mm，见图5-15；

②击锤和导筒：锤底直径51mm，锤质量4.5kg，落距457mm，见图5-15；

③标准筛：孔径20mm，40mm，和5mm。

④膨胀量测定装置由三脚架和位移计组成，见图5-16；

⑤带调节杆的多孔顶板，板上孔径宜小于

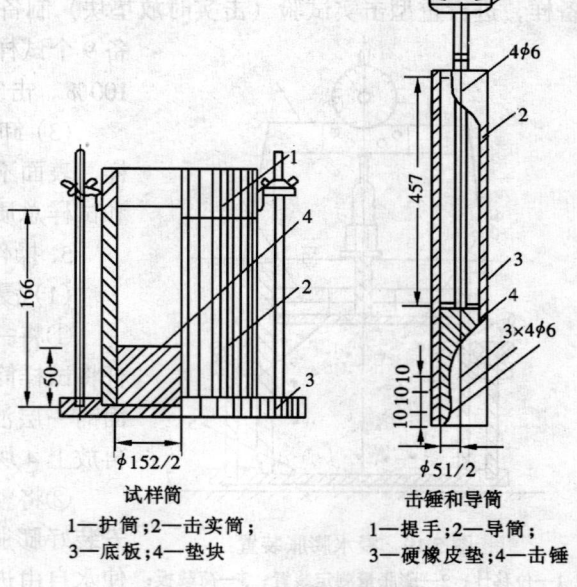

图5-15 试样筒、击锤和导筒

试样筒
1—护筒；2—击实筒；3—底板；4—垫块

击锤和导筒
1—提手；2—导筒；3—硬橡皮垫；4—击锤

2mm，见图 5-16；

⑥贯入仪由下列部件组成，见图 5-17：

　　a. 加压和测力设备：测力计量程不小于 50kN，最小贯入速度应能调节至 1mm/min；

　　b. 贯入杆：杆的端面直径 50mm，长约 100mm，杆上应配有安装位移计的夹孔；

　　c. 位移计两只，最小分度值为 0.01mm 的百分表或准确度为全量程 0.2% 的位移传感器；

⑦荷载块：直径 150mm，中心孔眼直径 52mm，每块质量 1.25kg，共 4 块，并沿直径分成两个半圆块，见图 5-18；

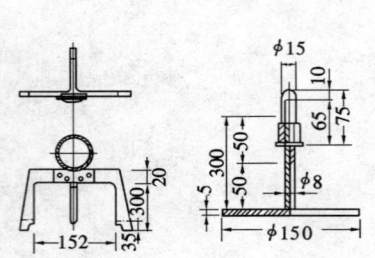

图 5-16　膨胀量测定装置及带调节杆的多孔顶板

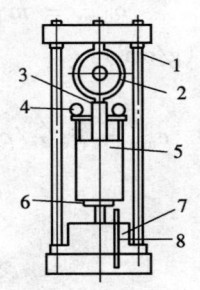

图 5-17　贯入仪
1—框架；2—测力计；3—贯入杆；4—位移计；5—试样；6—升降台；7—蜗轮蜗杆箱；8—摇把

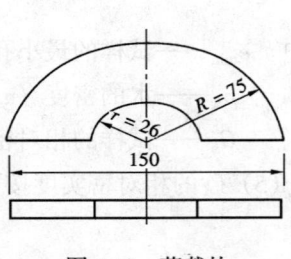

图 5-18　荷载块

⑧水槽：浸泡试样用，槽内水面应高出试样顶面 25mm；

⑨其他：台秤、脱模器等。

(2) 环境条件

在室内常温下进行。

4. 取样及制备要求

(1) 取代表性试样测定风干含水率，按重型击实试验步骤进行备样。土样过 20mm 或 40mm 筛，以筛除大于 20mm 或 40mm 的颗粒，并记录超径颗粒的百分比，按需要制备数份试样，每份试样质量约 6kg。

(2) 试样制备应按重型击实试验方法测定试样的最大干密度和最佳含水率。再按最佳含水率备样，进行重型击实试验（击实时放垫块）制备 3 个试样，若需要制备 3 种干密度试样，就应制备 9 个试样，试样的干密度应控制在最大干密度的 95%～100%。击实完成后试样超高应小于 6mm。

(3) 卸下护筒，用修土刀或直刮刀沿试样筒顶修平试样，表面不平处应细心用细料填补，取出垫块，称试样筒和试样总质量。

5. 操作步骤

(1) 浸水膨胀试验应按下列步骤进行：

①将一层滤纸铺于试样表面，放上多孔底板，并用拉杆将试样筒和多孔底板固定。倒转试样筒，在试样另一表面铺一层滤纸，并在该表面上放上带调节杆的多孔顶板，再放上 4 块荷载板。

②将整个装置（见图 5-19）放入水槽内（先不放水），安装好膨胀量测定装置，并读取初读数。向水槽内注水，使水自由进入试样的顶部和底部，注水后水槽内水面应保持高出试样顶面 25mm，通常浸泡 4 昼夜。

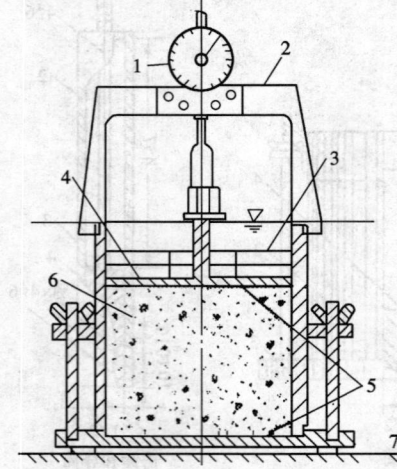

图 5-19　浸水膨胀装置
1—位移计；2—膨胀量测定装置；3—荷载板；4—多孔顶板；5—滤纸；6—试样；7—多孔底板

③量测浸水后试样的高度变化，并按下式计算膨胀量：

$$\delta_w = 100\Delta h_w / h_0 \tag{5-58}$$

式中 $\delta_w$——浸水后试样的膨胀量（%）；

$\Delta h_w$——试样浸水后的高度变化（mm）；

$h_0$——试样的初始高度（116mm）。

④卸下膨胀量测定装置，从水槽中取出试样筒，吸去试样顶面的水，静置15分钟后卸下荷载块、多孔顶板和多孔底板，取下滤纸，称试样及试样筒的总质量，并计算试样的含水率及密度的变化。

（2）贯入试验应按下列步骤进行：

①将浸水后的试样放在贯入仪的升降台上，调整升降台的高度，使贯入杆与试样顶面刚好接触，试样顶面放上4块荷载块，在贯入杆上施加45N的荷载，将测力计和变形测量设备的位移计调整至零位。

②开启电动机，施加轴向压力，使贯入杆以1~1.25mm/min的速度压入试样，测定测力计内百分表在指定整读数（如20、40、60等）下相应的贯入量，使贯入量在2.5mm时的读数不少于5个，试验至贯入量为10~12.5mm时终止。

③以单位压力为横坐标，贯入量为纵坐标，绘制单位压力与贯入量的关系曲线，开始段无明显凹曲为正常。否则在变曲率点向坐标引一切线，与坐标的交点为修正后的起点。

6. 数据处理与结果判定

（1）贯入量为2.5mm时的承载比按下式计算：

$$\mathrm{CBR}_{2.5} = 100p / 7000 \tag{5-59}$$

式中 $\mathrm{CBR}_{2.5}$——贯入量为2.5mm时的承载比（%）；

$p$——贯入量为2.5mm时的单位压力（kPa）；

7000——贯入量为2.5mm时所对应的标准压力（kPa）。

（2）贯入量为5.0mm时的承载比按下式计算：

$$\mathrm{CBR}_{5.0} = 100p / 10500 \tag{5-60}$$

式中 $\mathrm{CBR}_{5.0}$——贯入量为5.0mm时的承载比（%）；

$p$——贯入量为5.0mm时的单位压力（kPa）；

10500——贯入量为5.0mm时所对应的标准压力（kPa）。

（3）当贯入量为5.0mm时的承载比大于贯入量为2.5mm时的承载比时，试验应重做。若数次试验结果仍相同时，则采用贯入量为5.0mm时的承载比。

（4）本试验应进行3个平行试验，3个试样的干密度差值应小于0.03g/cm³，当3个试验结果的变异系数大于12%时，去掉一个偏离大的值，取其余两个的平均值，当变异系数小于12%时，取3个的平均值。

**十二、标准贯入试验简介**

采用标准：《土工试验规程》SL 237—1999

1. 概念、目的和适用范围

（1）标准贯入试验是用63.5±0.5kg的穿心锤，以76±2cm的自由落距，将一定规格尺寸的标准贯入器在孔底预打入土中15cm，测记再打入30cm的锤击数，称为标准贯入击数。

（2）标准贯入试验的目的是用测得的标准贯入击数 $N$，判断砂土的密实程度或黏性土的稠度，以确定地基土的容许承载力；评定砂土的振动液化势和估计单桩的承载力；并可确定土层剖面和取扰动土样进行一般物理性能试验。

(3) 本方法适用于黏质土和砂质土。

2. 仪器设备

(1) 标准贯入器

由刃口形的贯入器靴、对开圆筒式贯入器身和贯入器头三部分组成。见图5-20。

(2) 落锤（穿心锤）

质量为 63.5±0.5kg 的钢锤，应配有自动提落锤装置，落距为 76±2cm。

(3) 钻杆

直径 42mm，抗拉强度应大于 600MPa；轴线的直线度误差应小于 0.1%。

(4) 锤垫

承受锤击钢垫，附导向杆，两者总质量不超过 30kg 为宜。

3. 试验方法

(1) 先用钻具钻至试验土层标高以上 15cm 处，清除残土。清孔时应避免试验土层受到扰动。当地下水位以下的土层进行试验时，应使孔内水位高于地下水位，以免出现涌砂和坍孔。必要时应下套管或用泥浆护壁。

(2) 贯入前应拧紧钻杆接头，将贯入器放入孔内，避免冲击孔底，注意保持贯入器、钻杆、导向杆联接后的垂直度。孔口宜加导向器，以保证穿心锤中心施力。

注：贯入器放入孔内，测定其深度，要求残土厚度不大于 10cm。

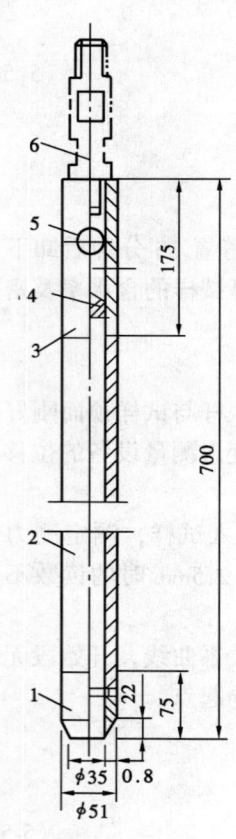

图 5-20　标准贯入器
1—贯入器靴；2—贯入器身；
3—贯入器头；4—钢球；
5—排水孔；6—钻杆接头

(3) 采用自动落锤法，将贯入器以每分钟 15～30 击打入土中 15cm 后，开始记录每打入 10cm 的锤击数，累计 30cm 的锤击数为标准贯入击数 $N$，并记录贯入深度和试验情况，若遇密实土层，贯入 30cm 的锤击数超过 50 击时，不应强行打入，记录 50 击时贯入深度即可。

(4) 旋转钻杆，提出贯入器，取贯入器内的土样进行鉴别、描述、记录，并量测其长度。将需要保存的土样仔细包装、编号，供其他试验所用。

(5) 按需要进行下一层贯入试验，直至所需的深度。

4. 计算

(1) 贯入 30cm 的锤击数 $N$ 按下式换算：

$$N = 0.3n/\Delta S \tag{5-61}$$

式中　$n$——所选取贯入的锤击数；

$\Delta S$——对应锤击数为 $n$ 的贯入深度。

注：根据用途及相应规范是否需要对 $N$ 值修正。

(2) 如果做了许多深度的贯入试验，可以锤击数（$N$）为横坐标，以贯入深度标高（$H$）为纵坐标，绘制锤击数——贯入深度标高关系曲线（见图5-21）。

### 十三、静力触探试验

采用标准：《土工试验规程》SL 237—1999

1. 概念和适用范围

(1) 静力触探试验是将圆锥形探头按一定速度静态匀速压入土中，量测其贯入阻力（锥头阻力、侧壁磨阻力)的一种方法。

(2) 静力触探是工程地质勘察中的一项原位测试方法,其作用有:

①划分土层,判定土层类别,查明软、硬夹层及土层在水平和垂直方向的均匀性。

②评价地基土的工程特性(容许承载力、压缩性质、不排水抗剪强度、水平向固结系数、饱和砂土液化势、砂土密实度等)。

③探寻和确定桩基持力层,预估打入桩沉桩的可能性和单桩承载力。

④检验人工填土的密实度及地基加固效果。

(3) 本方法适用于黏质土和砂质土。

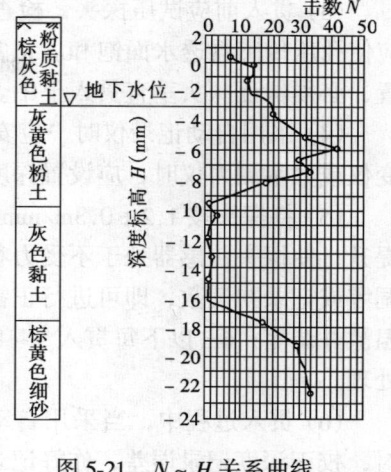

图 5-21 N~H 关系曲线

2. 仪器设备

(1) 触探主机:应能匀速静态将探头垂直压入土中,其功率和贯入速度应满足相关要求。见图 5-22。

反力装置:可提供足够的反力。

(2) 探头:按功能分为单桥探头、双桥探头和孔压探头。见图 5-23。

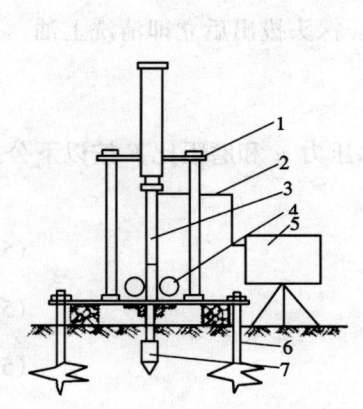

图 5-22 贯入装置示意图
1—触探主机;2—导线;3—探杆;4—深度转换装置;5—测量记录仪;6—反力装置;7—探头

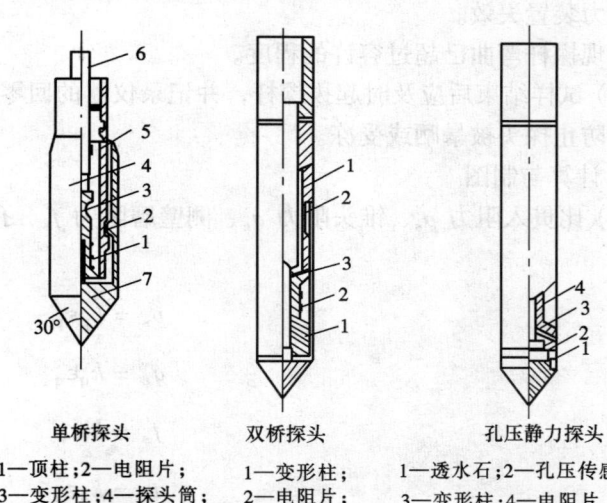

单桥探头
1—顶柱;2—电阻片;
3—变形柱;4—探头筒;
5—密封圈;6—电缆;
7—锥头

双桥探头
1—变形柱;2—电阻片;
3—摩擦筒

孔压静力探头
1—透水石;2—孔压传感器;
3—变形柱;4—电阻片

图 5-23 三种探头示意图

(3) 探杆:应符合相关要求。

(4) 测量仪器:可采用静态电阻应变仪、静力触探数字测力仪、电子电位差计、深度记录装置。

(5) 其他配套工具。

3. 试验方法

(1) 平整试验场地,设置反力架装置。将触探主机对准孔位,调平机座,并紧固在反力装置上。

(2) 将已穿入探杆内的传感器引线按要求接到量测仪器上,打开电源开关,预热并调试到正常工作状态。

(3) 贯入前应试压探头,检查顶柱、锥头、摩擦筒等部件工作是否正常。当测孔隙压力时,应使孔压传感器透水面饱和。正常后将连接探头的探杆插入导向器内,调整垂直并紧固导向装置,必须保证探头垂直贯入土中。启动动力设备并调整到正常工作状态。

(4) 采用自动记录仪时,应安装深度转换装置,并检查卷纸机构运转是否正常;采用电阻应变仪或数字测力仪时,应设置深度标尺。

(5) 将探头按 $1.2 \pm 0.3$ m/min 均速贯入土中 $0.5 \sim 1.0$ m 左右(冬季应超过冻结线),然后稍许提升,使探头传感器处于不受力状态。待探头温度与地温平衡后(仪器零点基本稳定),将仪器调零或记录初读数,即可进行正常贯入。在深度 6m 以内,一般每贯入 $1 \sim 2$ m,应提升探头检查温漂并调零;6m 以下每贯入 $5 \sim 10$ m 应提升探头检查回零情况,当出现异常时,应检查原因及时处理。

(6) 贯入过程中,当采用自动记录时,应根据贯入阻力大小合理选用供桥电压,并随时核对,校正深度记录误差,作好记录;使用电阻应变仪或数字测力计时,一般每隔 $0.1 \sim 0.2$ m 记录读数一次。

(7) 当测定孔隙水压力消散时,应在预定的深度或土层停止贯入,并按适当的时间间隔或自动测读孔隙水压力消散值,直至基本稳定。

(8) 当贯入到预定深度或出现下列情况之一时,应停止贯入。

触探主机达到额定贯入力;探头阻力达到最大容许压力。

反力装置失效。

发现探杆弯曲已超过容许的程度。

(9) 试样结束后应及时起拔探杆,并记录仪器的回零情况。探头拔出后立即清洗上油,妥善保管,防止探头被暴晒或受冻。

4. 计算与制图

(1) 比贯入阻力 $p_s$、锥头阻力 $q_c$、侧壁磨阻力 $f_s$、孔隙水压力 $u$ 和磨阻比 $F$ 按以下公式计算:

$$p_s = k_p \varepsilon_p \tag{5-62}$$

$$q_c = k_q \varepsilon_q \tag{5-63}$$

$$f_s = k_f \varepsilon_f \tag{5-64}$$

$$u = k_u \varepsilon_u \tag{5-65}$$

$$F = f_s / q_c \tag{5-66}$$

式中 $k_p$、$k_q$、$k_f$、$k_u$——分别为 $p_s$、$q_c$、$f_s$、$u$ 对应的率定系数(kPa/$\mu\varepsilon$、kPa/mV);

$\varepsilon_p$、$\varepsilon_q$、$\varepsilon_f$、$\varepsilon_u$——分别为单桥探头、双桥探头、摩擦筒及孔压探头传感器的应变量或输出电压($\mu\varepsilon$、mV)。

(2) 静探水平向固结系数 $C_{ph}$ 按下式估算:

$$C_{ph} = T_{50} R^2 / t_{50} \tag{5-67}$$

式中 $T_{50}$——与圆锥几何形状、透水板位置有关的相应于孔隙压力消散度 50% 的时间因数(对于锥角 60°、截面积为 10cm$^2$、透水板位于锥底处的孔压探头, $T_{50} = 5.6$);

$R$——探头圆锥底半径(cm);

$t_{50}$——实测孔隙消散度达 50% 时的经历时间(s)。

(3) 以深度（$H$）为纵坐标，以锥头阻力 $q_c$（或比贯入阻力 $p_s$）、侧壁磨阻力 $f_s$、孔隙水压力 $u$ 和磨阻比 $F$ 为横坐标，绘制 $q_c \sim H$（$p_s \sim H$）、$f_s \sim H$、$u \sim H$、$F \sim H$ 关系曲线，即为静力触探曲线图。见图 5-24。

(4) 绘制孔隙水压力消散曲线

① 数据舍弃：由于土的变异、孔压传感器含气以及操作等原因，使实测的初始孔隙水压力滞后很多或波动太大，这些数据应舍弃。

② 将消散数据归一化为超孔隙压力，消散度 $U$ 定义为：

$$U = \frac{u_t - u_0}{u_i - u_0} \quad (5-68)$$

式中　$U$——$t$ 时孔隙水压力消散度（%）；

　　　$u_t$——$t$ 时孔隙水压力的实测值（kPa）；

　　　$u_0$——静水压力（kPa）；

　　　$u_i$——开始（或贯入）时的孔隙水压力（$t=0$）（kPa）。

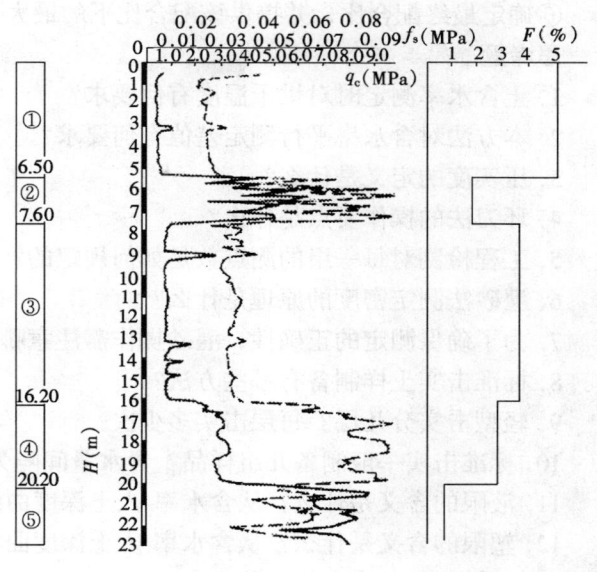

图 5-24　静力触探曲线图

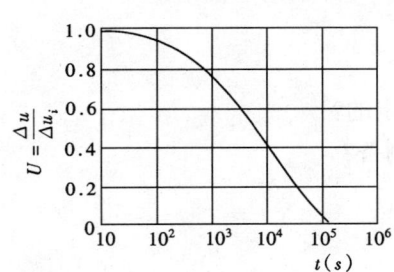

图 5-25　$U \sim \lg t$ 曲线

③ 绘制 $U$ 对 $\lg t$ 的曲线，见图 5-25。

### 十四、路基混合材料配合比设计简介

采用《公路路面基层施工技术规范》JTJ 034—2000

**1．概述**

路基混合材料配合比设计的目的是通过试验室试配获得既满足设计和施工要求又比较经济的混合材料配合比。

**2．主要试验仪器设备**

① 标准筛；

② 振筛机；

③ 电子秤；

④ 1000kN 万能试验机；

⑤ 养生室；

⑥ 泡水池。

**3．试验方法**

① 首先对所用的各种原材料进行分析试验，确保使用合格的原材料。

② 利用各级石料的筛分结果，确定各级石料的使用比例，使全部石料的颗粒级配曲线在规范规定的范围之内。

③ 分别选用几个不同的结合材料掺量比例，按最佳含水量试拌并分别制作抗压强度试件（一般采用最大干密度及最佳含水量经验值，必要时先进行标准击实），按无机结合料混合材料抗压强度试验方法测定其 7 天抗压强度。

④ 按各组 7 天抗压强度测定值确定采用哪一个结合材料掺量比例。

⑤ 当采用经验值制作试件时，应按确定的材料比例进行标准击实试验。

⑥确定最终配合比,并提供该配合比下的最大干密度和最佳含水量。

**思考题**
1. 土含水率测定时对烘干温度有何要求?
2. 本方法对含水率平行测定差值有何要求?
3. 压实度的定义是什么?
4. 环刀法的操作要点是什么?
5. 工程检测对每一组的测点数是如何规定的?
6. 灌砂法测定密度的原理是什么?
7. 为了确保测定的正确性,灌砂操作需注意哪些方面?
8. 标准击实土样制备有哪些方法?
9. 轻型击实分几层?每层击实多少次?
10. 标准击实一般制备几组样品?含水量间隔为多少?
11. 液限的含义是什么?从含水率-入土深度曲线上如何求得?
12. 塑限的含义是什么?从含水率-入土深度曲线上如何求得?
13. 塑性指数的大小代表什么含义?
14. 密度计法的适用范围是什么?
15. 所用密度计的种类。
16. EDTA 滴定法测灰剂量的基本原理是什么?
17. EDTA 二钠标准液如何配制?
18. 无机混合料抗压强度试件是以什么为基准进行制作的?
19. 无机结合料稳定材料试件的规格有几种?
20. 对稳定材料的养生时间和条件如何要求?
21. 土粒比重试验有哪几种方法?各自的适用范围是如何规定的?
22. 对于既有 5mm 以下颗粒又有 5mm 以上颗粒的土样如何制备?
23. 什么情况下只需做粗筛分析或细筛分析?
24. 取样数量有什么规定?
25. 移液管法的适用范围是什么?
26. 砂的相对密度的含义。
27. 承载比的含义是什么?

## 第二节 土工合成材料

**一、概念**

随着建设工程的发展,土工合成材料的应用越来越多,广泛应用在水利、公路与城市道路、铁路、港口、建筑、航道、隧道。近年来在公路和城市道路上应用得到到迅速推广。在工程建设中,设计单位为了选择和应用土工合成材料,必须了解材料的工程特性,以便正确确定设计参数;而施工单位则必须通过抽样检测来验证土工合成材料的工程特性,以确定材料是否符合设计要求。因此,材料测试是土工合成材料应用中的一个重要环节,测试结果的准确与否直接影响工程质量以及安全使用。因此,要认真做好土工合成材料检测,为工程设计和施工提供可靠的依据。

1. 土工材料种类

土工合成材料:以人工合成的聚合物为原料制成的各种类型产品,是工程建设应用的土工织物、土工膜、土工复合材料、土工特种材料的总称。

(1) 土工织物：透水性的平面土工合成材料，按制造方法不同分为无纺（非织造）土工织物和有纺（织造）土工织物。无纺土工织物是由细丝或纤维按定向排列或非定向排列并结合在一起的织物；有纺土工织物是由两组平行细丝或纱按一定方式交织而成的织物。

(2) 土工膜：由聚合物或沥青制成的一种相对不透水薄膜。

(3) 土工复合材料：由两种或两种以上材料复合成的土工合成材料。有复合土工膜、复合土工织物、复合防排水材料等。

(4) 土工特种材料：有土工格栅、土工网、土工模袋、土工带、土工格室、土工垫等种类。

(5) 土工格栅：聚合物材料经过定向拉伸形成的具有开孔网格、较高强度的平面网状材料。

(6) 土工网：合成材料条带或合成树脂压制成的平面结构网状土工合成材料。

(7) 土工膜袋：双层聚合化纤织物制成的连续（或单独）袋状材料。其中充填混凝土或水泥砂浆，凝结后形成板状防护块体。

(8) 土工带：经挤压拉伸或再加筋制成的条带抗拉材料。

(9) 土工格室：由土工格栅、土工织物或土工膜、条带构成的蜂窝状或网格状三维结构材料。

(10) 土工垫：以热塑性树脂为原料，经挤压、拉伸等工序形成的相互缠绕、并在接点上相互熔合、底部为高模量基础层的三维网垫。

2. 检测参数

(1) 抗拉强度：单位宽度的土工合成材料试样在外力作用下拉伸时所能承受的最大拉力。

(2) 延伸率：对应于最大拉力时的应变量。

(3) 握持强度：土工合成材料试样在握持拉伸过程中所能承受的最大拉力。

(4) 握持延伸率：对应于握持强度时应变量。

(5) 撕裂强度：土工合成材料在撕裂过程中抵抗扩大破损裂口的最大拉力。

(6) 圆球（CBR）顶破强度：以规定直径圆球（CBR仪的圆柱形）顶杆匀速垂直顶压于土工合成材料平面时，土工合成材料所能承受的最大顶压力。

(7) 刺破强度：一刚性顶杆以规定速率垂直顶向土工合成材料平面将试样刺破时的最大力。

(8) 当量孔径：当量孔径用来表示土工网材孔径的大小，当量孔径是指将某种形状的土工网材孔径换算为等面积圆的直径。

(9) 垂直渗透系数：与土工织物平面垂直方向的渗流的水力梯度等于1时的渗透流速。

二、检测依据

1.《公路土工合成材料试验规程》JTJ/T 060—98
2.《土工合成材料应用技术规范》GB 50290—98
3.《公路土工合成材料应用技术规范》JTJ 019—98

三、样品要求及数据整理

1. 试样的制备共同要求

(1) 试样不应含有灰尘、折痕、损伤部分和可见疵点。

(2) 每项试验的试样应从样品长度与宽度方向上随机剪取，但距样品边缘至少100mm。

(3) 为同一试验剪取两个以上的试样时，不应在同一纵向或横向位置上剪取，如不可避免时应在试验报告中说明。

(4) 剪取试样应满足精度要求。

(5) 剪取试样时，应先制定剪裁计划，对每项试验所用的全部试样，应予编号。

(6) 上述原则适用于各种土工布、膜和土工复合制品，但不包括土工格栅等专门用途制品。

## 2. 试样的调湿与饱和

(1) 试样一般应置于温度为 20±2℃，相对湿度为 65%±2% 和标准大气压的环境中调湿 24h。

(2) 如果确认试样不受环境影响，则可不调湿，但应在记录中注明试验时的温度和湿度。

(3) 土工织物试样在需要饱和时，宜采用真空抽气饱和法。

## 3. 数据整理

(1) 要计算平均值、标准差、变异系数。

(2) 在资料分析中，可疑数据的舍弃宜按照 K 倍标准差作为舍弃标准，即舍弃那些在平均值 $\bar{X} \pm K\sigma$ 范围以外的测定值，对不同的试件数量，K 值按表 5-13 选用：

统计量的临界值 K　　　　　　　　表 5-13

| 试件数量 | 3 | 4 | 5 | 6 | 7 | 8 | 9 | 10 | 11 | 12 | 13 | 14 |
|---|---|---|---|---|---|---|---|---|---|---|---|---|
| K | 1.15 | 1.46 | 1.67 | 1.82 | 1.94 | 2.03 | 2.11 | 2.18 | 2.23 | 2.28 | 2.33 | 2.37 |

## 四、试验方法

### 1. 单位面积质量

(1) 仪器设备：尺：最小分度值为 1mm；
天平：感量 0.01g（现场测试可为 0.1g）。

(2) 具体制样要求：

①试样数量：不得少于 10 块，对试样进行编号。

②试样面积：对一般土工合成材料，试样面积为 10cm×10cm，裁剪和测量精度为 1mm；对网孔较大或均匀性较差的土工合成材料，可适当加大试样尺寸。

(3) 操作步骤：

称量：将剪裁好的试样按编号顺序逐一在天平上称量，并细心测读和记录，读数应精确到 0.01g（现场测试可为 0.1g）。

(4) 数据处理：

计算每块试样的单位面积质量

$$M = m/A$$

式中　$M$——单位面积质量（$g/m^2$）；
　　　$m$——试样质量（g）；
　　　$A$——试样面积（$m^2$）。

### 2. 厚度试验

(1) 仪器设备：厚度试验仪。

(2) 具体制样要求：

①试样数量：不得少于 10 块，对试样进行编号。

②试样面积：10cm×10cm。

(3) 操作步骤：

①擦净基准板和压脚，检查压脚轴是否灵活，调整百分表至零读数。

②提起压脚，将试样在不受张力情况下放置在基准板与压脚之间。轻轻放下压脚，稳压 30s 后记录百分表读数。

③土工合成材料的厚度一般指在 2kPa 压力下的厚度测定值，在需要测定厚度随压力的变化时，尚需调整砝码对样品进行变压检测。

④重复②~③步骤，测试完10块试样。

(4) 数据处理：计算10块试样平均值。

3. 土工格栅、土工网网孔尺寸试验

(1) 仪器设备：游标卡尺（量程250mm，精度0.001mm）。

(2) 具体取样要求：

①试样数量：对同一种网材至少量测10个网孔。

②试样尺寸：试样应根据格栅网孔形状和大小决定尺寸，每块试样应至少包括10个完整的较有代表性的网孔。

(3) 操作步骤：

①对于较规则的网孔（孔边呈直线，网孔接近于正多边形），当网孔为矩形或偶数多边形时量测相互平行的两边之间的距离；对于三角形或奇数多边形量测顶点与对边的垂直距离，同一测点（从某一顶点到对边或某一平行对边之间）测定两次，两次测定误差应小于5%，每个网孔至少测定3个测点，读数精确到0.1mm。

②对于孔边呈弧形或不规则多边形网孔，在检测时，应将网材平整地放在坐标纸上并固定好，用削尖的铅笔紧贴网孔内壁边将网孔完整的描画在坐标纸上，在同一坐标纸上可一次性描出所有需要测的网孔，然后用求积仪测出坐标纸上每个网孔的面积。每个网孔量测两次，两次测定值误差应小于3%。

(4) 数据处理：

①对较规则网孔，按下式计算网孔面积：

三角形网孔：$A = 0.05774h^2$；$h$ 表示三角形的高；

巨形网孔：$A = h_x h_y$；$h_x h_y$ 长边和短边的距离；

五边形网孔：$A = 0.7265h^2$；$h$ 底边到五角顶点的距离；

六边形网孔：$A = 0.7461h^2$；$h$ 两平行边的距离。

②按下式计算网孔的当量网孔直径：

$$De = 2 \times \sqrt{\frac{A}{\pi}}$$

4. 条带拉伸试验

(1) 仪器设备：拉力机，夹具（宽条试样有效宽度200mm，夹具实际宽度不小于210mm。窄条试样有效宽度50mm，夹具实际宽度不小于60mm），宽条夹具：长210mm。

(2) 具体取样要求：剪取试样各6块。

①宽条试样：裁剪试样宽度200mm，长度至少200mm，必须有足够的长度使试样伸出夹具，试样计量长度为100mm。对于有纺土工织物，裁剪试样宽度210mm，再在两边拆去大约相同数量的纤维，使试样宽度达到200mm。

②窄条试样：裁剪试样宽度50mm，长度至少200mm，必须有足够的长度使试样伸出夹具，试样计量长度为100mm。对于有纺土工织物，裁剪试样宽度60mm，再在两边拆去大约相同数量的纤维，使试样宽度达到50mm。

③对于土工格栅、土工网等大孔径材料，其拉伸试验宽度和长度方向应包括一个或多个完整的肋（格栅）或者是一个或多个完整的网孔。在裁剪试样时，应从肋间或网孔间对称剪取，土工格栅等大孔径材料拉伸试样尺寸可不受①、②条的限制。

④除测干态强度外还要求测定湿态强度时，则裁剪两倍的长度，然后剪为二块，一块测干态强度，另一块测湿态强度。

⑤对湿态试样，要求从水中取出到上机拉伸的时间间隔不大于10min。

(3) 操作步骤：

①调整两夹具的初始间距到100mm，两个夹具中其中一个的支点能自由旋转或为万向接头，保证两夹具平行并在一个平面内。

②将试样对中放入夹具内，为方便对中，事先可在试样上画垂直拉伸方向的两条相距100mm的平行线，使两条线尽可能贴近上下夹具的边缘，夹紧夹具。

③测读试样的初始长度 $L_0$。

④以拉伸速率50mm/min进行拉伸，直至破坏。

(4) 数据处理：

①抗拉强度：

a. 土工织物或小孔径土工网的抗拉强度

$$T_S = P_f/B$$

式中　$P_f$——测读的最大拉力（N、kN）；
　　　$B$——试样宽（m）；
　　　$T_S$——抗拉强度（N/m、kN/m）。

b. 土工格栅或大孔径土工网的抗拉强度

$$T_S = P_f n/n_1$$

式中　$P_f$——测读的最大拉力（N、kN）；
　　　$n$——1m范围内格栅的根数或网孔的孔数；
　　　$n_1$——试样宽度范围内格栅的肋数或网孔的孔数。

②延伸率：

$$\varepsilon_p = (L_f - L_0)/L_0$$

式中　$L_0$——初始长度（mm）；
　　　$L_f$——对应最大拉力时的试样长度（mm）。

5. 握持拉伸试验

(1) 仪器设备：拉力机，夹具（钳口面宽25mm，沿拉力方向钳口面长为50mm）。

(2) 具体取样要求：

①试样数量：顺机向试样最少6块，横机向试样最少6块。

②试样尺寸：试样宽为100mm，裁剪长度为200mm，长边平行于荷载作用方向，在长度方向上试样两端伸出夹具至少10mm。

③除测干态强度外，还要求测定湿态强度时，则裁剪两倍的长度，然后剪为二块，一块测干态强度，另一块测湿态强度。

④对湿态试样，要求从水中取出到上机拉伸的时间间隔不大于10min。

(3) 操作步骤：

①调整两夹具的初始间距到75mm。

②选择拉力机的拉力满量程范围，使试样的握持强度在10%~90%的满量程范围内，设定拉伸速率为100mm/min。

③为方便试样在夹具宽度方向上对中，可在离试样边缘37.5mm处画一条线，将引线延伸刚好通过上下夹具边缘线。夹紧夹具，测读试样的初始长度 $L_0$。

④开动拉力机，以拉伸速率为100mm/min对试样进行拉伸，连续运转直至破坏，读出最大抗拉力。

(4) 数据处理：

①握持强度 $T_g$：计算全部试样最大抗拉力的算术平均值，以 $N$ 表示。

②握持延伸率：

$$\varepsilon_p = (L_f - L_0)/L_0$$

式中　$L_0$——初始长度（mm）；

　　　$L_f$——对应最大拉力时的试样长度（mm）。

6. 撕裂试验

(1) 仪器设备：拉力机，夹具（夹持面尺寸：长×宽为 50mm×84mm），梯形模板。

(2) 具体取样要求：

①试样数量：经向和纬向各取 10 块试样。

②试样尺寸：试样为宽 75mm、长 150mm 的矩形试样，在试样中部用梯形模板画一等腰梯形，以长边为梯形两底边，在一边量 25mm，居中；另一边量 100mm，居中。

③有纺土工织物试样：测定经向纤维的撕裂强度时，剪取试样长边应与经向纤维平行，使试样切缝切断和试验时拉断的为经向纤维，测定纬向撕裂强度时，剪取试样长边应与纬向纤维平行，使试样被切断和撕裂拉断的为纬向纤维。

④无纺土工织物试样，测定经向纤维的撕裂强度时，剪取试样长边应与织物经向平行，使切缝垂直于经向，测定纬向撕裂强度时，剪取试样长边应与织物纬向平行，使切缝垂直于纬向。

⑤在已画好的梯形试样短边 1/2 处剪一条垂直于短边的长 15mm 的切缝。

⑥如进行湿态撕裂试验，试样从水中取出到试验时间不超过 10min。

(3) 操作步骤：

①调整两夹具的初始距离到 25mm。

②将试样放入夹具内，沿梯形不平行的两腰边缘夹住试样。梯形的短边平整绷紧，其余呈起皱叠合状，夹紧夹具。

③开机，以拉伸速率 100mm/min 拉伸试样。

④试样破坏时停机。取最大撕裂力为撕裂强度，以 $N$ 表示

(4) 数据处理：

分别计算顺机向和横机向的平均撕裂强度 $T_t$，单位为 N。

7. 圆球顶破试验

(1) 仪器设备：配反向器的拉力机，圆球顶破装置（两部分组成，即一端部带有钢球的顶杆和一个安装试样的环形夹具。钢球直径为 25.4mm，环形夹具内径为 44.5mm）。

(2) 具体取样要求：每组试验取 10 块试样；试样尺寸为 $\Phi$120mm。

(3) 操作步骤：

①将试样在不受拉力的状态下放入环形夹具内，将试样夹紧。

②开动拉力机，顶压速率为 100mm/min，在此速率下连续运行直至试样被顶破，记下最大压力，单位为 N。

(4) 数据处理：计算 10 块试样圆球顶破强度的算术平均值，单位为 N。

8. CBR 顶破试验

(1) 仪器设备：CBR 试验仪；环形夹具内径为 150mm。

(2) 具体取样要求：每组试验取 10 块试样；试样尺寸为 $\Phi$230mm。

(3) 操作步骤：

①将试样放入环形夹具内，拧紧夹具，使试样在自然状态下绷紧；

②将夹具放在加荷系统的托盘上，调整高度，使试样与顶杆刚好接触。

③将顶压速率设定在60mm/min。
④开动机器。
⑤圆柱顶压杆接触并顶压试样过程中,记录百分表读数和量力环读数,到确认试样破坏为止。
⑥停机,取下已破坏试样。
⑦重复上述步骤。
(4) 数据处理:计算10块试样圆球顶破强度的算术平均值,单位为N。

9. 刺破试验

(1) 仪器设备:配反向器的拉力机,环形夹具:内径为44.5mm;刚性顶杆:直径8mm,平头。

(2) 具体取样要求:每组试验取10块试样;试样的尺寸为Φ120mm。

(3) 操作步骤:
①将试样放入环形夹具内,使试样在自然状态下放平,拧紧夹具。
②将夹具放在加荷装置上并对中。
③将速率设定在100mm/min。
④调整连接在刚性顶杆上的量力环的百分表读数至零。
⑤开机,记录顶杆顶压试样时的最大压力值。
⑥停机,取下试样。
⑦重复第①~⑥步骤,每组试验进行10块试验。

(4) 数据处理:计算10块试样刺破强度算术平均值,单位为N。

10. 落锥穿透试验

(1) 仪器设备:落锥试验仪

落锥支架:装好落锥后,落高为500mm;

环形夹具:内径为150mm;

落锥:材料为黄铜,质量1kg,顶角45°,直径50mm;落锥锥体等分为10份,沿锥面刻9道环,每环直径相差5mm。

(2) 具体取样要求:每组试验取10块试样;试样尺寸为Φ230mm。

(3) 操作步骤:
①将试样放入环形夹具内,使试样在自然状态下放平,拧紧夹具。
②将落锥支架放在环形夹具上。

图5-26 土工布渗透系数测试仪

③将落锥插入支架导向孔内,要求落锥对中于夹具中心。
④让落锥自由落下。
⑤取下落锥支架,测量孔洞直径,可直接用落锥上的刻环测读,也可用卡尺测量,单位为mm。
⑥取下已破坏试样。
⑦重复上①~⑥步骤进行试验。

(4) 数据处理:各块试样的孔洞直径及其算术平均值,以mm为单位。

11. 垂直渗透系数试验

(1) 仪器设备:常水头渗透仪,测压管装置,供水系统,加压设备等,见图5-26。

(2) 具体取样要求：单片试样测定时取 6 块试样；多片试样测定时取 5 组。

(3) 操作步骤：

①将试样浸泡在水中并饱和，将饱和的试样装入渗透仪，有条件的可在水下装样或装好试样后将渗透仪抽气饱和。

②调节供水管阀门，使进入常水位装置的水量多于经渗透仪流出的水量，溢水管始终有水溢出，以保证筒中水面不变。

③关闭调节管止水夹，检查测压管水位，待测压管水位齐平，并与溢水孔位一致。

④将调节管固定在某一高度，造成上下游一定的水位差，打开调节管止水夹，水即渗过试样，经调节管流出，在渗流过程中应注意保持常水位。

⑤测压管水位稳定后，测记各管水位。

⑥开动秒表，同时用量筒接取一定时间内的渗透水量，接取时，调节管管口不得浸于水中。

⑦测记进水与出口处水温，取平均值。

⑧重复步骤⑤~⑦三次。

⑨改变调节管管口的高度，以改变水力梯度，重复步骤⑤~⑧，作渗流流速与水力梯度关系曲线，取其线性范围内的试验结果计算平均渗透系数。

⑩如需确定不同法向压力下渗透系数，则对同一试样逐渐加压，在每种压力下重复步骤⑤~⑨。加压标准为 2kPa，20kPa，200kPa，或根据需要加压；重新安装一个试样，按上述步骤进行平行试验，直至全部试样进行完毕。

(4) 数据处理：

渗透系数
$$k_n = Q\delta / tA\Delta h$$

式中 $k_n$——渗透系数；

$\delta$——土工织物的厚度（cm）；

$t$——测量透水量的历时（s）；

$A$——土工织物试样的透水面积（cm²）；

$Q$——$t$ 时间内的透水量（cm³）；

$\Delta h$——土工织物上下面测压管水位差。

### 五、试验中几个注意问题

1. 厚度试验也可用无侧限强度试验仪来检测。

2. 对土工格栅、土工网的比较规则的网孔，除了直接测量边长方法，也可以用不规则网孔的求积仪法量测网孔面积。

3. 为避免试样在钳口内打滑或在钳口边缘断裂，和使试样受力均匀，可采取下列措施：

(1) 钳口内加衬垫；

(2) 钳口内的土工合成材料用固化胶加强；

(3) 改进钳口面。不论采取哪种措施均应在试验报告中说明。

4. 计算数据处理中，计算变异系数 $c_v$，$c_v$ 反映样品的均匀程度，$c_v$ 越大样品越不均匀，测试值离散性大，平均值的代表性差。一般限定 $c_v < 10\%$。

5. 各指标判定要依据各种产品要求的技术指标。

6. 土工合成材料还有参数：摩擦试验、水平渗透系数、淤堵试验。在产品标准里明确涉及不多，这里不作介绍。

### 六、例题

做玻纤土工格栅经向拉伸试验，试验数据如表 5-14，试样宽度为 1 个完整的肋，1m 范围内肋数 41 个，问拉伸强度和延伸率各是多少？

试 验 数 据　　　　　　　表 5-14

| 序号 | 经向拉伸 | | | 序号 | 经向拉伸 | | |
| --- | --- | --- | --- | --- | --- | --- | --- |
| | 初始长度（mm） | 最终长度（mm） | 拉力（kN） | | 初始长度（mm） | 最终长度（mm） | 拉力（kN） |
| 1 | 103.2 | 106.3 | 2.731 | 4 | 100.0 | 102.1 | 2.732 |
| 2 | 102.5 | 105.4 | 2.728 | 5 | 103.2 | 106.4 | 2.731 |
| 3 | 101.7 | 104.5 | 2.729 | 6 | 102.3 | 104.4 | 2.727 |

**解：**（1）$\varepsilon_p = (L_f - L_0)/L_0$，$\varepsilon_{p1} = (106.3 - 103.2)/103.2 = 3.00\%$；

$\varepsilon_{p2} = (105.4 - 102.5)/102.5 = 2.83\%$；

$\varepsilon_{p3} = (104.5 - 101.7)/101.7 = 2.75\%$；

$\varepsilon_{p4} = (102.1 - 100.0)/100.0 = 2.10\%$；

$\varepsilon_{p5} = (106.4 - 103.2)/103.2 = 3.10\%$；

$\varepsilon_{p6} = (104.4 - 102.3)/102 = 2.06\%$。

$\varepsilon_p = 2.64\%$；$\sigma = 0.45\%$，经 $K$ 倍计算，无需要舍弃数据。

$C_V = 0.45/2.64 = 17.0\%$。

（2）$T_S = P_f/B$ 平均值 $P_f = 2.730$ kN；$\sigma = 0.002$ kN，显然无需要舍弃数据；

$C_V = 0.002/2.730 = 0.07\%$。

1 米范围内有 41 个肋；

$T_S = 2.730 \times 41 \div 1 = 111.93$ kN/m。

拉伸强度为 111.93kN/m；延伸率为 2.62%。

**思考题**

1. 土工布试样制备要求是什么？
2. 试样的调湿与饱和对环境要求是什么？调湿时间是多少？
3. 单位面积质量试验仪器主要名称及精度要求是什么？
4. 土工合成材料的厚度一般指在多少压力下的厚度测定值？
5. 对于较规则的格栅网孔，怎么做网孔尺寸试验？精度要求是什么？
6. 条带拉伸试验，宽条试样、窄条试样的有效宽度是多少？夹具实际宽度是多少？
7. 条带拉伸试验试样数量要求是什么？两夹具的初始间距为多少？设定拉伸速度为多少？
8. 握持拉伸试验夹具尺寸是多少？握持拉伸试验速率是多少？
9. 撕裂试验夹具尺寸是多少？加荷速率是多少？
10. 顶破试验试样尺寸及数量是多少？顶破装置组成是什么？顶破强度的单位是什么？
11. 刺破试验刚性顶杆要求是什么？刺破试验试样尺寸及数量是多少？刺破试验加荷速率是多少？
12. 落锥要求、落锥穿透试验样品要求是什么？
13. 垂直渗透试验过程是什么？
14. 拉力机试验过程中，为改进各种钳口工作效果，有哪些改进措施？

## 第三节　水　泥　土

### 一、概念

随着工程建设的发展，在深厚的软土层上建造大型工业建筑、高层房屋以及道路工程、港口码头日益增多，因此软土地基加固技术越来越受到工程技术人员的重视。而水泥土深层搅拌法加固软土技术（粉喷法）这种方法就适于加固软土，加固效果显著，加固后可很快投入使用，适应快速施工要求。在加固施工中无振动、无噪音，对环境不会造成污染。目前，此方法在施工中已得到广泛使用。而实验室对水泥土深层搅拌法质量控制主要是通过水泥土配合比设计和强度检测验证。

水泥土深层搅拌法（粉喷法）定义：是利用水泥作为固化剂的主剂，通过特制的深层搅拌机械，在地基深处就地将软土和固化剂强制拌合，利用固化剂和软土之间所产生的一系列物理-化学反应，使软土硬结成具有整体性、水稳定性和一定强度的优质地基或地下挡土构筑物。

适用范围：深层搅拌法（粉喷法）适用于天然含水量30%～70%的淤泥质土、黏性土、粉性土地基；但不适用于pH值小于4的土层；加固深度不宜大于15m。

基本原理：基于水泥土的物理化学反应。水泥拌入软黏土中，遇到土中水分即发生水化和水解反应。当水泥的各种水化物生成后，有的继续硬化，形成水泥石骨架，有的则与周围具有一定活性的黏土颗粒发生离子交换、团粒化作用、凝结硬化反应和碳酸化反应，生成新的化合物，从而提高水泥土的强度。

水泥土室内试验目的：
（1）为制定满足设计要求的施工工艺提供可靠的强度数据；
（2）为现场施工进行材料检验。

## 二、检测依据
1.《软土地基深层搅拌加固法技术规程》YBJ 225—91
2.《建筑地基处理技术规范》JGJ 79—2002
3.《粉体喷搅法加固软弱土层技术规范》TB 10113—96
4.《普通混凝土力学性能试验方法标准》GB/T 50081—2002（试验方法、方法步骤）
5.《土工试验方法标准》GB/T 50123—1999

## 三、仪器设备及环境
1. 30kN压力机或无侧限抗压强度试验机；
2. 70.7mm×70.7mm×70.7mm或50mm×50mm×50mm试模；
3. 振动台（频率为3000±200次/min，负载振幅0.35±0.05mm）；
4. 标准养护箱。
5. 试验环境温度为室温。

## 四、试验方法
1. 加固处理土的强度，应以无侧限抗压强度衡量。
2. 试验操作要求按土工试验规程所规定的操作方法进行。
3. 在需要加固处理的软弱土地基中，选择有代表性的土层，在取样钻孔中（或试坑）采集必要数量的试料土（考虑到富余量）。如果地层复杂，处理范围内多层土时，应取最软弱的一层土进行室内配比试验。试坑采集的试料土，应采用塑料袋或其他密封方法包装，保持天然含水量；当试料土采集地点离实验室较远，运输过程中不能保持天然含水量的情况下，试料土可采用风干土料。但两者均必须采集部分原状土，以满足常规土工试验要求。
4. 试料土制备时，应除去其中所夹有的贝壳、树枝、草根等杂物。以现场施工为目的的室内配合比试验应采集保持天然含水量的扰动土，当采用风干土料时，土料应粉碎，过5mm筛，加水在室内重新配制成相当于天然含水量的试料土，放置24小时，并防止水分蒸发。
5. 试料土含水量必须在同一地层的不同部位，至少3处取样测定。
6. 加固料、添加料、拌合用水应符合下列要求：

（1）室内试验所用的加固料、添加料应与工地实际使用的加固料、添加料在品种与规格上相符。

（2）当用风干土料时，拌合用水的 pH 值应与工地软弱土的 pH 值相符，否则应采用蒸馏水作拌合用水。

7. 试件制作：

（1）按拟定的试验配方称重后放入搅料锅内，用搅料铲人工拌合均匀。然后在 50mm×50mm×50mm 或 70.7mm×70.7mm×70.7mm 的试模内装入一半试料，击振试模 50 下，紧接填入其余试料再击 50 下；试件也可在振动台上振实，振实 3min。试料分层放入试模要填塞均匀并不得产生空洞或气泡。最后将试块上下两端面刮平。每个制成的试样应连试模称取质量，同一类型试件质量误差不得大于 0.5%。

（2）应将制作好的试件带模放入养护箱内养护，试块成型后 1~2d 拆模，脱模试块称重后放入标养室养护。

（3）试件养护温度宜为 20±3℃，湿度宜为 75%。

（4）试件养护龄期为 1d、7d、28d、90d。

8. 室内抗压强度：宜采用控制应力试验方法。对试样逐级加压并保持应力水平，量测垂直向变形量，待变形稳定后再加下一级荷载，直至破坏。

（1）稳定标准：试件垂直变形速率小于 0.5mm/min；

（2）破坏标准：应力不变，变形不断发展，试件裂纹产生，应力下降。

## 五、数据处理

1. 每组试件必须有三个以上平行试验；

2. 无侧限抗压强度 $f_{cu}$（MPa）= 破坏时最大压力 $P$（N）/试件的截面积 $A$（mm$^2$）；

3. 取三个试件的测试值的算术平均值作为该组试件的无侧限抗压强度值。如果单个试件与平均值的差值超过平均值的 15%，则该试件的测试值予以剔除，取其余两个的平均值。如剔除后某组试件的测试值不足两个，则该组试验结果无效。

## 六、水泥土强度试验注意的几个问题

1. 原材料要事先检测，确定是否符合要求；

2. 依据不同规范，选择用不同试模；

3. 试料拌合要尽力均匀，装入试模分层捣实；

4. 试件的截面积要以实际测量值为准；

5. 为减少试件上下粗糙程度对其抗压强度的影响，抗压试验时可在试件受压面抹油（如凡士林等）；

6. 试验报告必须包括以下内容：现场地层地质剖面、代表性土层的天然含水量、重度、液塑限、pH 值、有机质含量、无侧限抗压强度；试料土采集方法、位置、深度、日期；试料土保存方法；加固料、添加料名称、化学成分分析、生产厂家及出厂日期；试验结果相关图表。

## 七、例题

一组水泥土试件，设计强度为 0.80MPa，尺寸分别为（单位：mm）：70.7×70.5、70.6×70.5、71.0×70.7，破坏荷载对应为 4986N，4425N，4998N。此组试件强度是否合格？

**解：** $f_{cu1} = 4986/70.7 \times 70.5 = 1.00$ MPa；

$f_{cu2} = 3925/70.6 \times 70.5 = 0.79$ MPa；

$f_{cu3} = 5198/71.0 \times 70.7 = 1.04$ MPa；

平均值 $f'_{cu} = 0.943$ MPa；而 $(0.943-0.79)/0.943 = 0.162 > 15\%$，即差值超过平均值 15%，舍去 $f_{cu2}$。

∴取平均值为 $f_{cu} = 1.02$ MPa。检查，显然 $f_{cu1}$、$f_{cu3}$ 与平均值的差值在允许范围内。

$f_{cu} = 1.02$ MPa $> 0.80$ MPa，∴此组试件强度合格。

**思考题**

1. 简述水泥土室内试验的目的。
2. 简述水泥用来加固土的基本原理。
3. 水泥土试验的取土样的要求是什么？
4. 水泥土试验试料土制备的要求是什么？
5. 水泥土试件如何制作？
6. 水泥土抗压强度试验操作要求是什么？
7. 如何对水泥土抗压强度进行数据处理？
8. 影响水泥土抗压强度有哪些因素？

## 第四节 沥青混合料

沥青混合料是一种最常用的路面结构材料，它是利用沥青加热后的可塑性使混合料搅拌均匀并易于压实，再利用沥青冷却后的胶结性使混合料成为具有一定稳定性的整体。

沥青混合料按其粗细骨料的多少可分为三种组成结构类型：①密实-悬浮结构：粗骨料少，不能形成骨架。②骨架-空隙结构：细骨料少，不足以填满空隙。③密实-骨架结构：粗骨料足以形成骨架，同时，细骨料也可以填满骨架间的空隙。其中第三种结构是比较理想的结构。一般在沥青路面结构设计中，至少有一层为密级配沥青混凝土，以防止雨水下渗。

沥青混凝土的基本技术性能有：①高温稳定性；②低温抗裂性；③耐久性；④抗滑性。常以各种参数试验来间接反映沥青混凝土的基本技术性能。本教材着重介绍马歇尔稳定度试验、密度试验、饱水率试验、沥青含量试验和矿料级配检验方法。

### 一、沥青混合料马歇尔稳定度及流值试验

**1. 概念**

马歇尔稳定度试验是沥青混合料所有试验中最重要的一个试验方法，该试验所确定的稳定度和流值两个指标也是反映沥青混合料性能的最主要的参数。按试验时浸水条件的不同，分为标准马歇尔试验、浸水马歇尔试验和真空饱水马歇尔试验。稳定度是规定条件下试件所能承受的最大荷载，流值是试件至最大荷载所产生的变形。

（1）本方法适用于标准马歇尔稳定度试验和浸水马歇尔稳定度试验，以进行沥青混合料配合比设计或沥青路面施工质量检测。浸水马歇尔稳定度试验（根据需要也可进行真空饱水马歇尔试验）供检验沥青混合料受水损害时抵抗剥落的能力时使用，通过测试其水稳定性检验配合比设计的可行性。

（2）本方法适用于按本标准 T0702 制作的标准马歇尔试件和大型马歇尔试件。

**2. 检测依据**

《公路工程沥青与沥青混合料试验规程》JTJ 052—2000

《沥青混合料马歇尔稳定度试验》T0709—2000

**3. 仪器设备及环境**

（1）标准马歇尔击实仪：由击实锤、$\phi 98.5$ mm 平圆形压实头及导向槽组成。通过机械将击实锤提起，从 $453.2 \pm 1.5$ mm 高度沿导向槽自由落下击实，击实锤重 $4536 \pm 9$ g。配套用试模内径 $101.6 \pm 0.2$ mm、高 87mm 的圆柱形金属筒；底座；套筒；脱模器。

（2）恒温水浴：精度 1℃，深度不小于 150mm。

(3) 马歇尔试验仪：最大荷载不小于25kN，精度0.1kN，加荷速度能保持50±5mm/min。钢球直径16mm，上下压头曲率半径为50.8mm。

(4) 烘箱。

(5) 天平：感量不大于0.1g。

(6) 真空饱水容器：包括真空泵和真空干燥器。

(7) 其他配套器具。

4. 取样及制备要求

取样可在拌合厂及道路施工现场采集热拌沥青混合料或常温沥青混合料，所取试样应有充分的代表性。

(1) 取样数量

按检测要求来决定，一般不宜少于试验用量的2倍。具体见表5-15：

**沥青混合料取样数量** 表5-15

| 试验项目 | 目的 | 最少试样量（kg） | 取样量（kg） |
|---|---|---|---|
| 马歇尔试验、抽提筛分 | 施工质量检验 | 12 | 20 |
| 车辙试验 | 高温稳定性检验 | 40 | 60 |
| 浸水马歇尔试验 | 水稳定性检验 | 12 | 20 |
| 冻融劈裂试验 | 水稳定性检验 | 12 | 20 |
| 弯曲试验 | 低温性能检验 | 15 | 25 |

根据沥青混合料骨料的最大粒径，取样数量应不少于：

细粒式沥青混合料：4kg；

中粒式沥青混合料：8kg；

粗粒式沥青混合料：12kg；

特粗式沥青混合料：16kg。

另外，当用于仲裁时，取样数量在满足上述要求外，另留一份代表性试样直至仲裁结束。

(2) 取样方法

沥青混合料应随机取样，具有充分的代表性。在检查拌合质量时，应一次取样；在评定混合料质量时，必须分几次取样，拌合均匀后作为代表性试样。

在拌合厂取样：宜用专用容器在拌合机卸料斗下方，每放一次料取一次样，连续三次，混合均匀后四分法取适当数量。

在运料车上取样：装料一半时从料堆不同方向的三个不同高度取适量试样，在三辆车上各取一份，混合均匀后四分法取适当数量。

在施工现场取样：摊铺后碾压前在摊铺宽度1/2~1/3位置处全层取样，每铺一车取一次，连取三次，混合均匀后四分法取适当数量。

取样时，应测量温度，准确至1℃。

(3) 样品保存与处理

热拌热铺的沥青混合料试样宜在取样后装在保温桶内立即送检，当混合料温度符合要求时，宜立即成型试件。如料温稍低时，应适当加热，尽快成型试件。

当不具备立即送检条件时，在试样冷却到60℃以下后，装在塑料编织袋或盛样桶中，注意防潮防雨淋，且时间不宜太长。

在进行沥青混合料质量检测时，可用微波炉或烘箱适当加热重塑，但只允许加热一次，且时间越短越好，烘箱加热不宜超过4小时，工业微波炉加热约5~10分钟。

(4) 样品的标识

取样后，应对所取样品加以适当标识，注明工程名称、路段桩号、沥青混合料种类、取样时样品温度、取样日期、取样人等必要的信息。

(5) 标准试件的制作（击实法）

方法与数量要求：

当混合料中骨料的公称最大粒径≤26.5mm时，可直接用来制作试件，一组试件的数量通常为4个；当混合料中骨料的公称最大粒径≤31.5mm时，宜将大于26.5mm部分筛除后使用，一组仍为4个，也可直接制作试件，但一组试件的数量增加为6个；当混合料中骨料的公称最大粒径＞31.5mm时，必须将大于26.5mm部分筛除后使用，一组仍为4个。

沥青混合料的拌合与击实控制温度见表5-16；针入度小、稠度大的沥青取高限，针入度大、稠度小的沥青取低限，一般取中值。

**沥青混合料拌合与击实控制温度　　表 5-16**

| 沥青种类 | 拌合温度（℃） | 击实温度（℃） |
|---|---|---|
| 石油沥青 | 130~160 | 120~150 |
| 煤沥青 | 90~120 | 80~110 |
| 改性沥青 | 160~175 | 140~170 |

将沥青混合料加热至上表要求的温度范围，试模、底座、套筒涂油加热至100℃备用。均匀称取1200g试样，垫上滤纸从四个方向装入试模，用插刀周边插捣15次，中间10次。插捣后将沥青混合料表面整平成凸圆弧面，检查沥青混合料中心温度。当沥青混合料中心温度符合要求后，将试模连同底座一起移至击实台上固定，表面垫上滤纸，插入击实锤，开启击实仪单面击实75次，击完后，换另一面也击75次。击实结束后，立即用镊子取掉上下面的滤纸，用卡尺量取试件表面离试模上口的高度并由此算出试件高度，当高度不符合63.5±1.3mm时，该试件作废，并按下式调整沥青混合料的用量。两侧高度差大于2mm时作废重做。

$$G = (H/H_i)G_i \tag{5-69}$$

式中　$G$——调整后沥青混合料质量（g）；

　　　$G_i$——原用沥青混合料质量（g）；

　　　$H$——试件要求高度63.5mm；

　　　$H_i$——原试件高度（mm）。

卸去套筒和底座，将带模试件横向放置冷却至室温（不少于12小时）后，用脱模器脱出试件，置于干燥洁净处备用。

5. 操作步骤

(1) 测量试件的高度，剔除不符合要求的试件。

(2) 将恒温水浴调到规定的温度。对于石油沥青混合料或烘箱养生过的乳化沥青混合料为60±1℃；对于煤沥青混合料为33.8±1℃；对于空气养生的乳化沥青或液体沥青混合料为25±1℃。

(3) 将试件置于已达规定温度的恒温水浴中保温30~40分钟，试件之间应有间隔，试件离底板不小于5cm，并应低于水面。

(4) 将马歇尔试样仪的上下压头放入水浴或烘箱达到同样温度。取出擦拭干净内壁。导棒上加少量黄油。

(5) 将试件取出置于下压头上，盖上上压头，立即移至加载设备上。如上压头与钢球为分离式时，还应在上压头球座上放妥钢球，并对准测力装置的压头。

(6) 将位移传感器插入上压头边缘插孔中与下压头上表面接触，开启已调整好零点的自动马歇尔试验仪，试验仪将自动按50±5mm/min的速度加荷，并自动记录荷载-变形曲线和读取马歇尔稳定度和流值，最大荷载值即为该试件的马歇尔稳定度值$MS$（kN），最大荷载值时所对应的变形即为流值$FL$（mm）。

(7) 从恒温水浴中取出试件到测出最大荷载值的时间不得超过30秒。

(8) 浸水马歇尔试验方法与标准马歇尔试验方法惟一不同之处，是试件在已达规定温度的恒温水浴中的保温时间为48小时。

(9) 真空饱水马歇尔试验方法：

试件先放入真空干燥器中，关闭进水胶管，开动真空泵，使干燥器的真空度达到98.3kPa（730mmHg）以上，维持15min，打开进水胶管，靠负压进入冷水流使试件全部浸入水中，浸水15min后恢复常压，取出试件再放入已达规定温度的恒温水浴中保温48小时，其余同标准法。

6. 数据处理与结果判定

(1) 当采用自动马歇尔试样仪时，直接读记马歇尔稳定度和流值数据，并打印出荷载-变形曲线和马歇尔稳定度和流值数据作为原始记录。（当采用压力环和流值计测定时，根据压力环的标定曲线，将压力环百分表最大读数换算为荷载值即为马歇尔稳定度值，由流值计测得的最大荷载值时所对应的垂直变形即为流值）稳定度 $MS$ 以 kN 计，准确至0.01kN；流值 $FL$ 以 mm 计，准确至0.1mm。

(2) 试件的马歇尔模数按下式计算：

$$T = MS/FL \tag{5-70}$$

式中 $T$——马歇尔模数（kN/mm）。

(3) 试件的浸水残留稳定度按下式计算：

$$MS_0 = (MS_1/MS) \times 100 \tag{5-71}$$

式中 $MS_0$——试件的浸水残留稳定度（%）；

$MS_1$——试件的浸水48小时稳定度（kN）。

(4) 试件的真空饱水残留稳定度按下式计算：

$$MS'_0 = (MS_2/MS) \times 100 \tag{5-72}$$

式中 $MS'_0$——试件的真空饱水残留稳定度（%）；

$MS_2$——试件真空饱水后浸水48小时稳定度（kN）。

(5) 当一组测定值中某个测定值与平均值之差大于标准差的 $K$ 倍时，该测定值应予舍去，并以其余测定值的平均值作为试验结果。当试件数目为3、4、5、6时，$K$ 值分别为1.15，1.46，1.67，1.82。

(6) 以试验结果与规程或设计要求相比较，马歇尔稳定度试验结果值≥要求值时为符合要求；流值在规定范围之内时为符合要求。

## 二、沥青混合料密度试验

密度是单位体积内物质的质量。沥青混合料密度测定分为两种情况：一是马歇尔试件的密度测定；另外是沥青混合料路面钻芯芯样密度测定。规程对于各种沥青混合料规定了四种密度测定方法：①表干法；②水中重法；③蜡封法；④体积法。下面介绍最常用也是适用性最广的蜡封法。

1. 概念

蜡封法是将被测试件用蜡封起来再测定其密度的一种方法。蜡封法特别适合测定吸水率大于2%的沥青混合料试件的毛体积相对密度和毛体积密度，其他大部分沥青混合料也可用本法测定。利用毛体积相对密度可以计算出沥青混合料试件空隙率等其他多项体积指标。

2. 检测依据

《公路工程沥青与沥青混合料试验规程》JTJ 052—2000

《压实沥青混合料密度试验（蜡封法）》T0707—2000

3. 仪器设备及环境

(1) 仪器设备

①浸水力学天平：量程 5000g，感量不大于 0.5g；或量程 1000~2000g，感量不大于 0.1g。有测量水中重的挂钩、网篮、悬吊装置、溢流水箱。

②熔点已知的石蜡。

③冰箱：可保持 4~5℃温度。

④电炉。

⑤秒表。

⑥其他：电风扇、铁块、滑石粉、温度计等。

(2) 环境条件

在室内常温下进行。

4. 取样及制备要求

沥青混合料试件的表面不应有杂物和浮粒。

5. 操作步骤

(1) 选取适宜的浸水力学天平，是称量值在量程的 20%~80% 之内。

(2) 称取沥青混合料干燥试件的空中质量 $m_a$，当试件为钻芯法取得的非干燥试件时，应用电风扇吹干 12 小时以上至恒重作为其空中质量，不得用烘干法。

(3) 将试件置于冰箱中，在 4~5℃下冷却不少于 30 分钟。

(4) 将石蜡在电炉上熔化并稳定在其熔点以上 5~6℃。

(5) 从冰箱中迅速取出试件立即浸入石蜡液中，至全部表面被石蜡封住后迅速取出试件，在常温下放置 30 分钟，称取蜡封试件的空中质量（$m_p$）。

(6) 挂上网篮，浸入溢流水箱中，调节水位，将天平调零。将蜡封试件放入网篮浸水约 1 分钟，（无溢流功能的水箱要注意使试件浸水前后水位基本一致）读取水中质量（$m_c$）。

(7) 如果试件在测定密度后还需要做其他试验时，为便于除去石蜡，可事先在干燥试件表面涂一薄层滑石粉，称取涂滑石粉后的试件质量（$m_s$），然后再蜡封测定。

(8) 用蜡封法测定时，石蜡对水的相对密度按下列步骤进行：

取一小铁块，称取空中质量（$m_g$）；再称取铁块的水中质量（$m'_g$）；待重物干燥后，按上述试件蜡封的步骤将铁块蜡封后测定其空中质量（$m_d$）和水中质量（$m'_d$）；

6. 数据处理与结果判定

(1) 按下式计算石蜡对水的相对密度：

$$\gamma_p = (m_d - m_g)/[(m_d - m'_d) - (m_g - m'_g)] \tag{5-73}$$

(2) 按下式计算试件的毛体积相对密度：取三位小数。

$$\gamma_f = m_a/[m_p - m_c - (m_p - m_a)/\gamma_p] \tag{5-74}$$

(3) 试件表面涂滑石粉时按下式计算试件的毛体积相对密度：

$$\gamma_f = m_a/[m_p - m_c - (m_p - m_s)/\gamma_p - (m_s - m_a)/\gamma_s] \tag{5-75}$$

式中 $m_p$——蜡封试件的空气中质量（g）；

$m_c$——蜡封试件的水中质量（g）；

$m_s$——涂滑石粉试件空气中质量（g）；

$m_g$——小铁块的空气中质量（g）；

$m'_g$——小铁块的水中质量（g）；

$m_d$——小铁块蜡封后的空气中质量（g）；

$m'_d$——小铁块蜡封后的水中质量（g）；

$\gamma_s$——滑石粉对水的相对密度。

（4）按下式计算试件的毛体积密度：

$$\rho_f = \gamma_f \times \rho_w \tag{5-76}$$

式中 $\rho_f$——蜡封法测定的试件毛体积密度（g/cm³）；

$\rho_w$——常温水的密度，取 1g/cm³。

（5）按下式计算试件的空隙率：取一位小数。

$$VV = (1 - \gamma_f/\gamma_t) \times 100 \tag{5-77}$$

式中 $VV$——试件的空隙率（%）；

$\gamma_f$——试件的毛体积相对密度；

$\gamma_t$——试件的理论最大相对密度；当实测困难时，可通过下面方法计算而得。

（6）计算试件的理论最大相对密度或理论最大密度，取 3 位小数。

当已知试件的油石比时，试件的理论最大相对密度按下式计算：

$$\gamma_t = (100 + P_a)/(P_1/\gamma_1 + P_2/\gamma_2 + \cdots\cdots + P_n/\gamma_n + P_a/\gamma_a) \tag{5-78}$$

式中 $P_a$——油石比（%）；

$\gamma_a$——沥青的相对密度（25℃/25℃）；

$P_1\cdots\cdots P_n$——各种矿料占矿料总质量的百分率（%）；

$\gamma_1\cdots\cdots\gamma_n$——各种矿料对水的相对密度。

当已知试件的沥青含量时，试件的理论最大相对密度按下式计算：

$$\gamma_t = 100/(P'_1/\gamma_1 + P'_2/\gamma_2 + \cdots\cdots + P'_n/\gamma_n + P_b/\gamma_a) \tag{5-79}$$

式中 $P_b$——沥青含量（%）；

$P'_1,\cdots\cdots P'_n$——各种矿料占混合料总质量的百分率（%）。

试件的理论最大密度按下式计算：

$$\rho_t = \gamma_t \times \rho_w \tag{5-80}$$

（7）试件中沥青的体积百分率按下式计算：取一位小数。

$$VA = P_b \times \gamma_f/\gamma_a \tag{5-81}$$

（8）试件中矿料间隙率按下式计算，取一位小数。

采用计算理论最大相对密度时：

$$VMA = VA + VV \tag{5-82}$$

采用实测理论最大相对密度时：

$$VMA = (1 - P_s \times \gamma_f/\gamma_{sb}) \times 100 \tag{5-83}$$

式中 $P_s$——沥青混合料中总矿料所占百分率（%）；

$\gamma_{sb}$——全部矿料对水的平均相对密度，按下式计算：

$$\gamma_{sb} = 100/(P_1/\gamma_1 + P_2/\gamma_2 + \cdots\cdots + P_n/\gamma_n) \tag{5-84}$$

（9）试件的沥青饱和度按下式计算：取一位小数。

$$VFA = VA/(VA + VV) \times 100 \tag{5-85}$$

（10）试件中粗骨料骨架间隙率按下式计算，取一位小数。

$$VCA_{mix} = (1 - P_{ca} \times \gamma_f/\gamma_{ca}) \times 100 \tag{5-86}$$

式中 $VCA_{mix}$——沥青混合料中粗骨料骨架之外的体积（通常指小 4.75mm 骨料、矿粉、沥青及空隙）占总体积的比例（%）；

$P_{ca}$——沥青混合料中粗骨料的比例，（$P_{ca} = P_s \times PA_{4.75}$），为矿料中 4.75mm 筛余量（%）；

$\gamma_{ca}$——矿料中所有粗骨料部分对水的合成毛体积密度，可按下式计算：

$$\gamma_{ca} = (P_{1c} + \cdots\cdots + P_{nc})/(P_{1c}/\gamma_1 + \cdots\cdots + P_{nc}/\gamma_n) \tag{5-87}$$

### 三、沥青混合料中沥青含量试验

沥青混合料中沥青含量表示沥青混合料中沥青质量占沥青混合料总质量的百分率。而另一常用表示法——油石比则表示沥青混合料中沥青质量占沥青混合料中矿料总质量的百分率。规程对于沥青混合料规定了四种沥青含量测定方法：①射线法；②离心分离法；③回流式抽提仪法；④脂肪抽提器法。下面介绍最常用的离心分离法。

1. 概念

离心分离法测定沥青混合料中沥青含量是先用溶剂将沥青混合料中的沥青溶解，再通过离心分离的方法把已溶解的沥青与矿料分离开来，从而测定沥青含量的一种方法。本方法适用于热拌热铺沥青混合料路面施工时的沥青含量检测，以评定沥青混合料质量。

2. 检测依据

《公路工程沥青与沥青混合料试验规程》JTJ 052—2000

《沥青混合料中沥青含量试验（离心分离法）》T 0722—1993

3. 仪器设备及环境

（1）仪器设备：

①离心抽提仪：由试样容器及转速不小于 3000r/min 的离心分离器组成，分离器备有滤液出口，容器盖与容器之间用耐油的圆环形滤纸密封。

②圆环形滤纸。

③天平。

④烘箱。

⑤三氯乙烯：工业用。

⑥回收瓶。

⑦量筒。

（2）环境条件：

在室内常温下进行，必须安装排风设备，以减少三氯乙烯对操作人员身体的损害。

4. 取样及制备要求

（1）如果试样是热料，应放在金属盘中适当拌合，待沥青混合料温度冷却到 100℃ 以下备用。

（2）如果试样是冷料，应放在金属盘中，置于烘箱中适当加热成松散状后取样，但不得用锤击以防骨料破碎。

（3）如果试样是湿料，应先用电风扇将样品完全吹干，再烘热取样。

（4）用装料盆称取 1000~1500g 沥青混合料试样 $m$（粗、中、细粒式分别取上中下限），准确至 0.1g。

5. 操作步骤

（1）将称取好的试样放入离心抽提仪中的容器内，粘在装料盆上的沥青应用三氯乙烯溶剂洗入容器，注入三氯乙烯溶剂将试样浸没，浸泡 30 分钟，期间用玻璃棒适当搅拌混合料，使沥青充分溶解，玻璃棒上如有粘附物应在容器中洗净。

（2）称量洁净干燥的圆环形滤纸质量 $m_{00}$，准确至 0.01g。（滤纸不宜多次反复使用，破损者不得使用，有石粉粘附时应用毛刷清除干净）

(3) 将滤纸填在容器边缘，加盖紧固，在分离器滤液出口处放上回收瓶，上口应注意密封，防止流出液成烟雾状散失。

(4) 开启离心抽提仪，使转速逐渐增加到 3000 转/分钟，待沥青溶液流出停止后停机。

(5) 从上盖的中孔中加入三氯乙烯溶剂，每次量大体相当，稍停 3~5 分钟，重复上述操作，如此数次直至流出的抽提液成清澈的淡黄色为止。

(6) 卸下上盖，取下圆环形滤纸，在通风橱或室内空气中蒸发干燥，然后放入 $105\pm5$℃的烘箱中烘干，称取其质量 $m_{01}$，其增重部分 $m_2=(m_{01}-m_{00})$ 为矿粉的一部分。

(7) 将容器中的骨料仔细取出，在通风橱或室内空气中适当蒸发后放入 $105\pm5$℃的烘箱中烘干（一般需 4 小时），然后放入大干燥器中冷却至室温，称取骨料质量 $m_1$。

(8) 用过滤法或燃烧法测定漏入滤液中的矿粉。

①过滤法：称滤纸原重 $m_{02}$，用压力过滤器过滤回收瓶中的沥青溶液，称滤纸烘干重 $m_{03}$，则滤液中的矿粉 $m_3=(m_{03}-m_{02})$。

②燃烧法：将回收瓶中的沥青抽提溶液全部倒入量筒，准确定量 $V_a$ 至 mL。充分搅匀抽提液，吸取 10mL（$V_b$）放入坩埚中，在热浴上适当加热使抽提液试样变成暗黑色后，置于 500~600℃的高温炉中烧成残渣，取出坩埚冷却。再向坩埚中按每 1g 残渣 5mL 的比例注入碳酸胺饱和溶液，静置 1 小时，放入 $105\pm5$℃的烘箱中烘干。取出在干燥器中冷却，称取残渣质量 $m_4$，准确至 1mg。

6. 数据处理与结果判定

(1) 沥青混合料中矿料的总质量按下式计算：

$$m_a = m_1 + m_2 + m_3 \tag{5-88}$$

式中　$m_a$——沥青混合料中矿料的总质量（g）；

　　　$m_1$——容器中留下的骨料质量（g）；

　　　$m_2$——圆环形滤纸试验前后的增重（g）；

　　　$m_3$——漏入抽滤液中的矿粉质量（g），当用燃烧法时：

$$m_3 = m_4 \times V_a/V_b \tag{5-89}$$

(2) 沥青混合料的沥青含量按下式计算：

$$P_b = (m - m_a)/m \tag{5-90}$$

式中　$P_b$——沥青混合料的沥青含量（%）；

　　　$m$——沥青混合料的总质量（g）；

　　　$m_a$——沥青混合料中矿料的总质量（g）。

(3) 沥青混合料的油石比按下式计算：

$$P_a = (m - m_a)/m_a \tag{5-91}$$

式中　$P_a$——沥青混合料的油石比（%）。

注：验收规程中所说的沥青用量即为油石比。

(4) 同一沥青混合料试样至少做两次平行试验，取其平均值作为试验结果。两次试验值之差应不大于 0.3%，当大于 0.3%但不大于 0.5%时，应补充平行试验一次，并以三次试验值的平均值作为试验结果，三次试验的最大值与最小值之差不得大于 0.5%。

(5) 以沥青含量试验结果与验收规程中该级别的沥青混合料的沥青含量要求范围相比较，在要求范围之内为符合要求。

### 四、沥青混合料的矿料级配

1. 概念

沥青混合料的性能与沥青混合料中的矿料级配有很大的关系，只有颗粒级配适当的矿料，才能获得既经济又性能良好的沥青混合料。沥青混凝土路面施工与验收规程中对各种类型的沥青混合料中的矿料级配范围作出了规定，特别对 0.075mm、2.36mm、4.75mm 三个筛上的矿料通过量要求更严。沥青混合料的矿料级配检验是评定沥青混合料质量的重要指标之一。沥青混合料的矿料级配检验一般随同沥青混合料沥青含量试验同时进行。

2. 检测依据

《公路工程沥青与沥青混合料试验规程》JTJ 052—2000
《沥青混合料的矿料级配检验方法》T0725—2000

3. 仪器设备及环境

(1) 仪器设备：

①标准筛：孔径尺寸为 53.0mm、37.5mm、31.5mm、26.5mm、19.0mm、16.0mm、13.2mm、9.5mm、4.75mm、2.36mm、1.18mm、0.6mm、0.3mm、0.15mm、0.075mm 的标准筛系列中，根据沥青混合料级配选用相应的筛号，必须有密封圈、盖和底。

②天平：感量不大于 0.1g。

③摇筛机。

④烘箱：有温度自动控制器。

⑤其他工具：样品盘、毛刷等。

(2) 环境条件：

在室内常温下进行。

4. 取样及制备要求

同沥青混合料沥青含量试样中要求。

5. 操作步骤

(1) 将沥青混合料经沥青含量抽提试验后的全部矿质混合料放入样品盘中，置于 105±5℃ 的烘箱中烘干，冷却至室温，称重，准确至 0.1g。

(2) 按所检沥青混合料类型，选取全部或部分需要筛孔的标准筛，至少应包括 0.075mm、2.36mm、4.75mm 和骨料公称最大粒径四个筛孔孔径的标准筛，加上筛底筛盖，按上大下小的顺序排成套筛，安装在摇筛机上。

(3) 将抽提试验后的全部矿料试样倒入最上层筛内，盖上筛盖，拧紧摇筛机，开动摇筛机摇动 10 分钟。

(4) 取下套筛后，按大小顺序，在一清洁的浅盘上，再逐个进行手筛。手筛时可用手轻轻拍击筛框并经常转动筛，直至每分钟筛出量不超过试样总量的 0.1% 为止，筛下的颗粒并入下一号筛上的样品中。对于 0.075mm 筛，也可以根据需要参照《公路工程骨料试验规程》（JTJ 058—2000）的筛分方法，采用水筛法或对同一种混合料适当进行几次干筛和水筛的对比试验后，对 0.075mm 筛的通过率进行适当的换算和修正。

(5) 称量各筛上筛余颗粒的质量，准确到 0.1g。并将沾在滤纸、棉花上的矿粉及抽提液中的矿粉计入通过 0.075mm 筛的矿粉中。所有各筛的分计筛余量和底盘中剩余质量的总和与筛分前试样总质量之差不得超过总质量的 1%。

6. 数据处理与结果判定

(1) 试样的分计筛余百分率按下式计算：

$$P_i = (m_i/m) \times 100 \tag{5-92}$$

式中　$P_i$——第 $i$ 级试样筛上的分计筛余百分率（%），准确至 0.1%；

　　　$m_i$——第 $i$ 级试样筛上的颗粒质量（g）；

　　　$m$——试样的质量（g）。

(2) 累计筛余百分率等于该号筛上的分计筛余百分率与孔径大于该筛的各筛上的分计筛余百分率之和，准确至 0.1%。即：

$$L_i = P_i + P_{i+1} + \cdots\cdots + P_{i+n} \tag{5-93}$$

式中　$L_i$——第 $i$ 级试样筛上的累计筛余百分率（%），准确至 0.1%；

$P_{i+1}$——比 $i$ 级大一号的试样筛上的分计筛余百分率（%）；

$P_{i+n}$——最大号试样筛上的分计筛余百分率（%）。

(3) 通过筛分百分率：等于 100 减去该筛号上的累计筛余百分率，准确至 0.1%。即：

$$T_i = 100 - L_i \tag{5-94}$$

式中　$L_i$——第 $i$ 级试样筛上的通过筛分百分率（%），准确至 0.1%。

(4) 同一混合料取两个试样做两次平行试验，取平均值作为试验结果。

(5) 以各筛的通过筛分百分率与规范要求范围相比较，来评定该沥青混合料中矿料的颗粒组成。

(6) 有条件时，以筛孔尺寸为横坐标，以各筛的通过筛分百分率为纵坐标，绘制矿料组成级配曲线，可以更直观地评价试样的颗粒组成。

### 五、沥青路面芯样马歇尔试验

本试验根据 JTJ 052—2000，沥青路面芯样马歇尔试验方法与沥青混合料马歇尔稳定度试验方法完全相同，仅试验的对象不同，沥青混合料马歇尔稳定度试验的对象为热拌沥青混合料击实试件，而沥青路面芯样马歇尔试验的对象为现场钻芯获得的沥青路面芯样。由于试验对象不同，沥青路面芯样马歇尔试验有特殊要求如下：

1. 目的

供评定沥青路面施工质量是否符合设计要求或进行路况调查之用。

2. 芯样规格

(1) 标准：圆柱体直径 100mm，高度 30mm～80mm；

(2) 大型：圆柱体直径 150mm，高度 80mm～100mm。

3. 芯样处理

适当清理沥青路面芯样表面，如果底面沾有基层泥土则应洗净，若底面凹凸不平严重，则应用锯石机将其锯平。

4. 如缺乏被测路面沥青混合料的沥青含量、矿料配合比及各种材料的密度等数据时，应按 JTJ 052—2000 中相关方法测定沥青混合料的理论最大相对密度、试件的密度、空隙率等指标。

5. 试件尺寸的测量

(1) 直径：中间两个方向的平均值，准确至 0.1mm；

(2) 高度：4 个对称位置的平均值，准确至 0.1mm。

6. 稳定度的测定

试件的稳定度 $MS$ 等于实测稳定度乘以试件高度修正系数 $K$。试件高度修正系数 $K$ 见表 5-17。

7. 其他计算同沥青混合料马歇尔稳定度试验方法。

芯样试件高度修正系数（直径 150mm）　　表 5-17

| 试件高度（mm） | 试件体积（cm³） | 修正系数 $K$ |
| --- | --- | --- |
| 8.81～8.97 | 1608～1636 | 1.12 |
| 8.98～9.13 | 1637～1665 | 1.09 |
| 9.14～9.29 | 1666～1694 | 1.06 |
| 9.30～9.45 | 1695～1723 | 1.03 |
| 9.46～9.60 | 1724～1752 | 1 |
| 9.61～9.76 | 1753～1781 | 0.97 |
| 9.77～9.92 | 1782～1810 | 0.95 |

### 六、沥青混合料弯曲试验

1. 目的与适用范围

(1) 本方法根据 JTJ 052—2000,适用于测定热拌沥青混合料在规定温度和加载速度时弯曲破坏的力学性能。试验温度和加载速度按有关规定和需要选用,如无特殊规定,一般采用试验温度为 $15 \pm 0.5℃$。当用于评价沥青混合料低温拉伸性能时,试验温度应 $10 \pm 0.5℃$,加载速度宜为 50mm/min。采用的试验温度和加载速度应注明。

(2) 本方法适用于有轮碾成型后切制的长 $250 \pm 2.0mm$,宽 $30 \pm 2.0mm$,高 $35 \pm 2.0mm$ 的棱柱体小梁,其跨径为 $200 \pm 0.5mm$,若采用其他尺寸应予注明。

2. 试验方法

(1) 试件制作:先用轮碾法制作 $300mm \times 300mm \times 50mm$ 的沥青混合料板块,冷却后再用切割机将板块切割成所要求尺寸的棱柱体小梁。

(2) 量取棱柱体小梁跨中及两支点处的断面尺寸,当两支点断面高度或宽度之差超过 2mm 时,试件应作废。跨中断面的宽度为 $b$,高度为 $h$,取相对两侧的平均值,准确至 0.1mm。

(3) 将试件置于规定温度的恒温水槽中保温 45 分钟或恒温空气浴中 3h 以上,直至试件内部温度达到要求的试验温度 $\pm 0.5℃$ 为止。

(4) 将试件取出,立即对称安放在支座上,试件上下方向与试件成型时方向一致。

(5) 选择适当的试验机量程,安装位移计,连接数据采集系统。

(6) 开动万能机以规定的速度在跨中施加集中荷载,直至破坏。记录仪同时记录下荷载—跨中挠度的曲线。

(7) 当试验机无环境保温箱时,自试件从恒温处取出至试验结束的时间应不超过 45 秒。(当加荷速度≥50mm/min 时可不用环境保温箱)

3. 计算

(1) 抗弯拉强度 $R_B$ 按下式计算:

$$R_B = 3LP_B/2bh^2 \tag{5-95}$$

式中 $P_B$——试件破坏时的最大荷载(N);
$L$——试件的跨径(mm);
$b$——试件的跨中断面宽度(mm);
$h$——试件的跨中断面高度(mm)。

(2) 试件破坏时的最大弯拉应变 $\varepsilon_B$ 按下式计算:

$$\varepsilon_B = 6hd/L^2 \tag{5-96}$$

式中 $d$——试件破坏时的跨中挠度(mm);

(3) 试件破坏时的弯曲劲度模量 $S_B$ (MPa);

$$S_B = R_B/\varepsilon_B \tag{5-97}$$

(4) 一组试件可以为 3~6 个试件,当其中某个数据与平均值之差大于其标准差的 $k$ 倍时,该测定值应予舍弃,并以其余测定值的平均值作为试验结果。试件数为 3~6 个时的 $k$ 值分别为 1.15、1.46、1.67、1.82。

### 七、沥青混合料劈裂试验

1. 目的与适用范围

(1) 本方法根据 JTJ 052—2000,适用于测定热拌沥青混合料在规定温度和加载速度时劈裂破坏或处于弹性阶段时的力学性能,也可供沥青路面结构设计选择沥青混合料力学设计参数及评价沥青混合料低温抗裂性能时使用。试验温度和加载速度可由当地气候条件根据试验目的或有关规定选用,但试验温度不得高于 30℃,如无特殊规定,宜采用试验温度 $15 \pm 0.5℃$,加载速度 50mm/min;当用于评价沥青混合料低温抗裂性能时,宜采用试验温度 $-10 \pm 0.5℃$,加载速度

1mm/min。

(2) 本方法测定时采用沥青混合料的泊松比 $\mu$ 值如表 5-18，其他试验温度时由内插法确定。本方法也可由试验实测的垂直变形及水平变形计算实际的 $\mu$ 值，但其必须在 0.2～0.5 之间。

劈裂试验使用的泊松比 $\mu$ 值　　　　表 5-18

| 试验温度℃ | ≤10 | 15 | 20 | 25 | 30 |
|---|---|---|---|---|---|
| 泊松比 $\mu$ 值 | 0.25 | 0.3 | 0.35 | 0.4 | 0.45 |

(3) 本方法采用的圆柱体试件应符合下列条件：

①最大粒径不超过 26.5mm 时，采用马歇尔标准击实试件即直径 101.6±0.25mm，高度 63.5±1.3mm。

②从轮碾成型的板块上或从现场沥青路面上钻取的直径为 100±2mm 或 150±2.5mm，高度 40±5mm 的圆柱体试件。

2. 试验方法

(1) 准备工作

①按规定制作圆柱体试件。

②测定试件的直径和高度，准确至 0.1mm，在试件两侧通过圆心画上对称的十字标记。

③将试件置于规定温度 ±0.5℃的恒温水槽中保温不少于 1.5h。当为恒温空气浴时不少于 6h，直至试件内部温度达到要求的试验温度 ±0.5℃为止。

④将试验机环境保温箱调至要求的试验温度，当加荷速度≥50mm/min 时可不用环境保温箱。

(2) 试验步骤

①从恒温环境中取出试件，迅速置于试验台的夹具中安放稳定，其上下均安放有圆弧形压条，与侧面的十字画线对准，上下压条应居中平行。

②迅速安装试件变形测量装置，水平变形测量装置应对准水平轴线并位于中央位置，垂直变形测量装置的支座与试验机下支座固定，上端支于上支座上。

③连接好记录仪，选择好量程和记录走纸速度。

④开动试验机，使压头与上下压条（劈裂夹具中下压条固定，上压条可上下自由移动，压条形状见图 5-27）刚接触，荷载不超过 30N，迅速将记录仪调零。

⑤启动试验机，以规定的加荷速度向试件加荷劈裂直至破坏。记录仪同时记录下荷载及水平位移（或还有垂直位移）。

⑥当试验机无环境保温箱时，自试件从恒温处取出至试验结束的时间应不超过 45 秒。

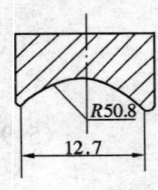
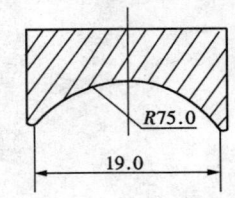

图 5-27　压条形状

(3) 数据读取

在应力-应变曲线图中，以直线段的延长线与应变轴的交点为原点，取应力峰值为最大荷载值 $P_T$，峰值与原点的应变差为最大变形（$X_T$ 或 $Y_T$）。

3. 计算：

(1) 小试件劈裂抗拉强度 $R_T$ 按下式计算：

$$R_T = 0.006287 P_T / h \qquad (5-98)$$

式中　$P_T$——最大试验荷载值（N）；

　　　$h$——试件的高度（mm）。

(2) 大试件劈裂抗拉强度 $R_T$ 按下式计算：

$$R_T = 0.00425 P_T/h \tag{5-99}$$

（3）泊松比 $\mu$ 按下式计算：

$$\mu = (0.1350A - 1.7940)/(-0.5A - 0.0314) \tag{5-100}$$

式中　$A$——试件垂直变形与水平变形的比值（$A = Y_T/X_T$）。

（4）破坏拉伸应变 $\varepsilon_B$ 按下式计算：

$$\varepsilon_B = X_T(0.0307 + 0.0936\mu)/(1.35 + 5\mu) \tag{5-101}$$

（5）破坏劲度模量 $S_T$ 按下式计算：

$$S_T = R_T(0.27 + 1.0\mu)/(h \times X_T) \tag{5-102}$$

（6）一组试件可以为 3~6 个试件，当其中某个数据与平均值之差大于其标准差的 $k$ 倍时，该测定值应予舍弃，并以其余测定值的平均值作为试验结果。试件数为 3~6 个时的 $k$ 值分别为 1.15、1.46、1.67、1.82。

### 八、沥青混合料线收缩系数试验

**1. 目的与适用范围**

本方法根据 JTJ 052—2000，目的是测定沥青混合料物理性能之一的线收缩系数，适用于从轮碾法成型的板块上切取制作的棱柱体试件，试件尺寸为长 200±2.0mm，宽和均为高 30±1.0mm 的棱柱体。温度区间及降温速度根据当地气候条件决定，一般采用的温度区间为 +10~-20℃，降温速度为 5℃/h。

**2. 准备工作**

（1）按规定方法轮碾法制作 300mm×300mm×50mm 的沥青混合料板块，再用切割机切制 200mm×20mm×20mm 棱柱体试件，一组试件不应少于 3 个，一般为 3~6 个。

（2）用卡尺量测试件的尺寸，长度（$L$）为对面两次的平均值，宽度（$b$）和高度（$h$）为两端及中间三处的平均值，准确至 0.1mm。尺寸应符合误差要求。

**3. 试验步骤**（图 5-28）

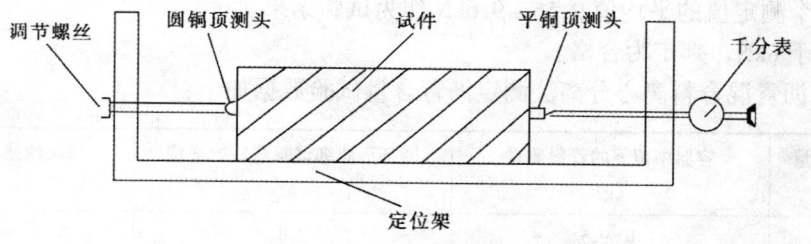

图 5-28　沥青混合料收缩试验仪示意图

（1）将试件两端正中央粘上金属测头，与千分表接触的一端为平头形测头，另一端为半球形测头，用 502 胶粘剂粘结牢，注意一定要粘在中轴线上，测头平面应垂直与中轴线，并放在玻璃板上。

（2）在恒温水槽中注入甲醇水溶液作冷媒，深度应高出试件 20mm 以上，并将水槽的温度控制至试验开始温度（+10℃）保温。

（3）将玻璃板及试件（一组 3 个）移置在恒温水槽中，玻璃板的架空高度距底板不少于 30mm，各试件的间距不少于 10mm，在整个过程中，试件的上下位置不得颠倒。开始试验温度的水槽中恒温 30min。

（4）恒温后，将试件迅速从水槽中取出，一手拔出收缩仪千分表测杆，一手将试件置于试件架的左端紧靠测杆，里侧紧靠定位挡板，右手轻轻松开测杆与测头接触，在无受力状态下读取千分表读数（$L_0$）作为测量收缩的零点，准确至 0.001mm。然后，迅速将试件放回甲醇水溶液中。

从恒温水槽中取出试件到测出千分表读数的时间不应超过 5s。否则，应放回水槽中保温 10min 左右后再测。

(5) 一组试件全部测完并放回原处后，水槽开始按规定速度降温，直至预定的终点温度 −20℃，停止降温，并在此条件下保温 30min。按上述方法测定，读取千分表终读数（$L_e$），准确至 0.001mm。

(6) 如要测定不同温度区间的收缩系数，可每降温 10℃，恒温 30min 后测定。

4. 计算

(1) 降温区间的平均收缩应变 $\varepsilon_e$ 变按下式计算：

$$\varepsilon_e = (L_e - L_0)/L_0 \tag{5-103}$$

(2) 降温区间的平均收缩系数 $C$ 变按下式计算：

$$C = \varepsilon_e/\Delta T \tag{5-104}$$

(3) 如分温度区间测定时，可按上述公式计算各温度区间的收缩系数。以该区间的温度中值为代表温度，由此得出收缩系数随温度的变化曲线。

(4) 一组沥青混合料至少平行试验 3 个试件，当测定结果最大值与最小值之差不超过平均值的 20% 时，取其平均值作为试验结果。

### 九、例题

1. 某一组沥青混合料马歇尔稳定度试验结果如下：9.75kN，11.22kN，9.52kN，9.38kN。假定设计要求稳定度为 8kN，试计算并判定。

**解：** 稳定度平均值为 9.97kN，

标准差为 0.849kN，

最大值 11.22 与平均值的差值为 1.25kN，

$K$ 值为 1.46，标准差的 $K$ 倍为 1.24kN，

由于 1.25 > 1.24；该值舍去，

取其他三个测定值的平均值 9.55≈9.6kN 作为试验结果。

由于其大于 8kN，判定为合格。

2. 某一组沥青混合料离心分离法测定沥青含量试验数据如下：

| 沥青混合料总质量（g） | 容器中留下的骨料质量（g） | 圆环形滤纸试验前后的增重（g） | 漏入抽滤液中的矿粉质量（g） |
| --- | --- | --- | --- |
| 1125.0 | 1069.5 | 3.8 | 2.2 |

要求沥青用量范围为 4.0%～6.0%，试计算并判定。

**解：** 沥青混合料中矿料的总质量 $m_a = 1069.5 + 3.8 + 2.2 = 1075.5g$；

沥青用量 = 油石比 = (1125.0 − 1075.5)/1075.5 = 4.6%；

该组沥青混合料沥青含量符合要求。

**思考题**

1. 沥青混合料稳定度和流值的含义是什么？
2. 标准马歇尔稳定度试件的尺寸要求是什么？
3. 一般石油沥青混合料马歇尔试件的保温温度和时间是如何要求的？
4. 测定试件的马歇尔稳定度从恒温水浴中取出试件到测出最大荷载值的时间不得超过多少秒？
5. 试验结果如何计算？
6. 沥青混合料密度测定有哪几种方法？

7. 蜡封法中对石蜡的熔化温度有何要求？
8. 试件蜡封前需放在多少度的冰箱多少时间？
9. 沥青混合料中沥青含量的含义是什么？
10. 沥青混合料中油石比的含义是什么？
11. 离心分离法测定沥青混合料中沥青含量的基本原理是什么？
12. 离心分离法所用的溶剂是什么？
13. 沥青混合料中沥青含量试样对来样如何处理？
14. 测定漏入抽提液中的矿粉可用哪两种方法？
15. 标准筛孔径尺寸有哪些？
16. 0.075mm筛的通过筛分百分率如何确定？
17. 什么是分计筛余百分率？
18. 什么是累计筛余百分率？
19. 什么是通过筛分百分率？

**参考文献**

1. 黄晓明，潘刚华，赵永利编著．土木工程材料．东南大学出版社，2001
2. 周明华主编．土木工程结构试验与检测．东南大学出版社，2003
3. 严家伋编著．道路建筑材料．北京人民交通出版社，1996
4. 徐培华，陈忠达主编．路基路面试验检测技术．北京人民交通出版社，2000

## 第五节 道桥结构

### 一、路基路面现场检测

（一）路面厚度测试方法

1. 概念

路面结构的厚度是保证路面使用性能的基本条件，实际施工检测时，路面结构的厚度是一项十分重要的指标，必须满足设计要求。路面结构可靠度分析结果表明，路面厚度的变异性对路面结构的整体可靠度影响很大，路面厚度的变化将导致路面受力不均匀，局部将可能有应力集中现象，加快路面结构破坏，因此，要求路面结构厚度的变异性较小。同时施工监理要求检验路面各结构层施工完成后的厚度，该数据是工程交工验收的基础资料。所以在《公路工程质量检验评定标准》JTG F80/1—2004 中，路面各个层次的厚度的分值较高。

检测依据

《公路路基路面现场测试规程》JTJ 059—95

《公路工程质量检验评定标准》JTG F80/1—2004

2. 仪器设备及环境

（1）挖坑用镐、铲、凿子、小铲、毛刷；

（2）取样用路面取芯钻机及钻头、冷却水。钻头的标准直径为 $\phi$100mm，如芯样仅供测量厚度，不作其他试验时，对沥青面层与水泥混凝土板也可用直径 $\phi$50mm 的钻头，对基层材料有可能损坏试件时，也可用直径 $\phi$150mm 的钻头，但钻孔深度均必须达到层厚；

（3）量尺：钢板尺、钢卷尺、卡尺；

（4）补坑材料：与检查层位的材料相同；

（5）补坑用具：夯、热夯、水等；

（6）其他：搪瓷盘、棉纱等。

### 3. 取样部位与取样要求

根据现行规范《公路路基路面现场测试规程》JTJ 059—95 的要求，按附录 A 的方法，随机取样决定挖坑检查的位置，如为旧路，该点有坑洞等显著缺陷或接缝时，可在其旁边检测。

### 4. 试验方法与操作步骤

（1）用挖坑法测定基层或砂石路面的厚度

用挖坑法测定厚度应按下列步骤执行：

①选一块约 40cm×40cm 的平坦表面作为试验点，用毛刷将其清扫干净。

②根据材料坚硬程度，选择稿、铲、凿子等适当的工具，开挖这一层材料，直至层位底面。在便于开挖的前提下，开挖面积应尽量缩小，坑洞大体呈圆形，边开挖边将材料铲出，置搪瓷盘中。

③用毛刷将坑底清扫，确认为下一层的顶面。

④将钢板尺平放横跨于坑的两边，用另一把钢尺或卡尺等量具在坑中间位置垂直至坑底，测量坑底至钢板尺的距离，即为检查层的厚度，以 cm 计，准确至 0.1cm。

（2）用钻孔取样法测定沥青面层及水泥混凝土路面的厚度

用钻孔取样法测定厚度应按下列步骤执行：

①按规定的方法用路面取芯钻机钻孔，芯样的直径应符合规定的要求，钻孔深度必须达到层厚。

②仔细取出芯样，清除底面灰土，找出与下层的分层面。

③用钢板尺或卡尺沿圆周对称的十字方向四处量取表面至上下层界面的高度，取其平均值，即为该层的厚度，准确至 0.1cm。

在施工过程中，当沥青混合料尚未冷却时，可根据需要，随机选择测点，用大改锥插入量取或挖抗量取沥青层的厚度（必要时用小锤轻轻敲打），但不得使用铁搞扰动四周的沥青层。挖坑后清扫坑边，架上钢板尺，用另一钢板尺量取层厚，或用改锥插入坑内量取深度后用尺读数，即为层厚，以 cm 计，准确至 0.1cm。

（3）填补试坑或钻孔

按下列步骤用取样层的相同材料填补试坑或钻孔：

①适当清理坑中残留物，钻孔时留下的积水应用棉纱吸干。

②对无机结合料稳定层及水泥混凝土路面板，应按相同配比用新拌的材料分层填补并用小锤压实。水泥混凝土中宜掺加少量快凝早强的外掺剂。

③对无结合料粒料基层，可用挖坑取出的材料，适当加水拌加后分层填补，并用小锤压实。

④对正在施工沥青路面，用相同级配的热拌沥青混合料分层填补并用加热的铁锤或热夯压实。旧路钻孔也可用乳化沥青混合料修补。

⑤所有补坑结束时，宜比原面层略高出少许，用重锤或压路机压实平整。

注：补坑工序如有疏忽、遗留或补得不好，易成为隐患而导致开裂，因此，所有挖坑、钻坑均应仔细做好。

### 5. 数据处理及结果判定

（1）按式（5-105）计算实测厚度 $T_{li}$ 与设计厚度 $T_{oi}$ 之差。

$$\Delta T_i = T_{li} - T_{oi} \tag{5-105}$$

式中　$T_{li}$——路面的实测厚度（cm）；

　　　$T_{oi}$——路面的设计厚度（cm）；

　　　$\Delta T_i$——路面实测厚度与设计厚度的差值（cm）。

（2）按下面方法计算一个评定路段检测的厚度的平均值、标准差、变异系数，并计算代表厚度。

①按式（5-105）计算实测值 $T_{li}$ 与设计值 $T_{oi}$ 之差 $\Delta T_i$；

②测定值的平均值、标准差、变异系数、绝对误差、精度性质按式（5-106）、（5-107）、（5-

108)、(5-109)、(5-110) 计算：

$$\overline{T} = \frac{\Sigma T_i}{N} \tag{5-106}$$

$$S = \sqrt{\frac{\Sigma(T_i - \overline{T})^2}{(N-1)}} \tag{5-107}$$

$$C_v = \frac{S}{\overline{T}} \times 100 \tag{5-108}$$

$$m_x = \frac{S}{\sqrt{N}} \tag{5-109}$$

$$P_x = \frac{m_x}{\overline{T}} \cdot 100 \tag{5-110}$$

式中　$T_i$——各个测点的测定值；

　　　$N$——一个评定路段内的测点数；

　　　$\overline{T}$——一个评定路面内测定值的平均值；

　　　$C_v$——一个评定路段内测定值的变异系数（%）；

　　　$m_x$——一个评定路段内测定值的绝对误差；

　　　$P_x$——一个评定路段内测定值的试验精度（%）。

计算一个评定路段内测点厚度的代表值时，对单侧检验的指标，按式（5-111）计算；对双侧检验的指标，按式（5-112）计算：

$$T' = \overline{T} \pm \frac{t_{a/2}}{\sqrt{N}} \tag{5-111}$$

$$T' = \overline{T} \pm S\frac{t_a}{\sqrt{N}} \tag{5-112}$$

式中　$T'$——一个评定路段内测定值的代表值；

　　$t_a$ 或 $t_{a/2}$——$T$ 分布表中随自由度（$N-1$）和置信水平 $A$（保证率）而变化的系数，见《路基路面现场测试规程》附表。

（3）当为检查路面总厚度时，则将各层平均厚度相加即为路总厚度。

路面厚度检测报告应列表填写，并记录与设计厚度之差，不足设计厚度为负，大于设计厚度为正。

（二）路面基层压实度与含水量测试方法

1. 基本概念

路面基层压实度的测试方法有挖坑灌砂法，核子仪法，环刀法三种。

核子仪法适用于施工现场的快速评定，不宜用作仲裁试验或评定验收的依据。环刀法适用于细粒土及无机结合料稳定细粒土的密度，但对于无机结合料稳定细粒土，其龄期不宜超过 2 天，且宜用于施工过程中的压实度检验。本节仅介绍灌砂法测定路基或路面基层压实度。

2. 仪器设备及环境

本试验需要下列仪具与材料：

（1）灌砂筒：有大小两种，根据需要采用。形式和主要尺寸见图 5-29 及表 5-19。当尺寸与表中不一致，但不影响使用时，亦可使用。储砂筒筒底中心有一个圆孔，下部装一倒置的圆锥型漏斗，漏斗上端开口，直径与储砂筒的圆孔相同。漏斗焊接在一块铁板上，铁板中心有一圆孔与漏斗上开口相接。在储砂筒筒底与漏斗顶端铁板之间设有开关。开关为一薄铁板，一端与筒底及漏斗铁板铰接在一起，另一端伸出筒身外。开关铁板上也有一个相同的直径的圆孔。

(2) 金属标定罐：用薄铁板制作的金属罐，上端周围有一罐缘。

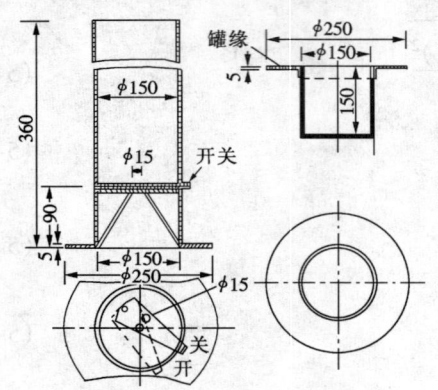

图 5-29 灌砂筒和标准定罐

| 结构 | | 灌砂筒尺寸 | 表 5-19 |
|---|---|---|---|
| | | 小型灌砂筒 | 大型灌砂筒 |
| 储砂筒 | 直径（mm） | 100 | 150 |
| | 容积（cm³） | 2120 | 4600 |
| 流砂孔 | 直径（mm） | 10 | 15 |
| 金属标定罐 | 内径（mm） | 100 | 150 |
| | 外径（mm） | 150 | 200 |
| 金属方盘基板 | 边长（mm） | 350 | 400 |
| | 深（mm） | 40 | 50 |
| | 中孔直径（mm） | 100 | 150 |

(3) 基板：用薄铁板制作的金属方盘，盘的中心有一圆孔。

(4) 玻璃板：边长约 500~600mm 的方形板。

(5) 试样盘：小筒挖出的试样可用铝盒存放，大筒挖出的试样可用 300mm×400mm×500mm 的搪瓷盘存放。

(6) 天平或台秤：称量 10~15kg，感量不大于 1g。用于含水量测定的天平精度，对细粒土、中粒土、粗粒土宜分别为 0.01g、0.1g、1.0g。

(7) 含水量测定器具：如铝盒、烘箱等。

(8) 量砂、粒径 0.30~0.60mm 或 0.25~0.50mm 清洁干燥的均匀砂，约 20~40kg，使用前须洗净、烘干，并放置足够的时间，使其与空气的湿度达到平衡。

(9) 盛砂的容器：塑料桶等。

(10) 其他：凿子、改锥、铁锤、长把勺、长把小簸箕、毛刷等。

3．目的和适用范围

(1) 本试验法适用于在现场测定基层（或底基层），砂石路面及路基土等各种材料压实层的密度和压实度，也适用于沥青表面处置、沥青贯入式路面层的密度和压实度检测，但不适用于填石路堤等有大孔洞或大孔隙材料的压实度检测。

(2) 用挖坑灌砂法测定密度与压实度时，应符合下列规定：

①当骨料的最大粒径小于 15mm，测定层厚度不超过 150mm 时，宜采用直径 100mm 的小型灌砂筒测试。

②当骨料的最大粒径等于或大于 15mm，但不大于 40mm，测定层的厚度超过 150mm，但不超过 200mm 时，应用直径 150mm 的大型灌砂筒测试。

4．检测方法与操作步骤

(1) 按现行试验方法对检测对象用同样材料进行击实试验，得到最大干密度及最佳含水量。

(2) 按规定选用适宜的灌砂筒。

(3) 按下列步骤标定灌砂筒下部圆锥体内砂的质量：

①在灌砂筒口高度上，向灌砂筒内装砂至距离顶 15mm 左右为止。称取装入筒内砂的质量 $m_1$ 准确至 1g。以后每次标定及试验都应维持装砂高度与质量不变。

②将开关打开，使灌砂筒筒底的流砂孔、圆锥形漏斗上端开口圆孔及开关铁板中心的圆孔上下对准，让砂自由流出，并使流出砂的体积与工地所挖试坑内的体积相当（或等于标定罐的容

积),然后关上开关。

③不晃动储砂筒的砂,轻轻地灌砂筒移至玻璃板上,将开关打开,让砂流出,直到筒内砂不再下流时,将开关关上,并细心地取走灌砂筒。

④收集并称量留在玻璃板上的砂或称量筒内的砂,准确至1g。玻璃板上的砂就是填满筒下部圆锥形的砂 ($m_2$)。

⑤重复上述测量三次,取其平均值。

(4) 按下列步骤标定量砂的单位质量:

①用水确定罐的容积 $V$ 准确至1mL。

②在储砂筒中装入质量为 $m_1$ 的砂,并将灌砂筒放在标定罐上,将开关打开,让砂流出。在整个流砂过程中,不要碰动罐砂筒,直到储砂筒内的砂不再下流时,将开关关闭。取下灌砂筒,称取筒内剩余砂的质量 ($m_3$),准确至1g。

③按式 (5-113) 计算填满标定罐所需砂的质量 $m_a$ (g):

$$m_a = m_1 - m_2 - m_3 \tag{5-113}$$

式中 $m_1$——装入灌砂筒内砂的总质量 (g);

$m_2$——灌砂筒下部圆锥体内砂的质量 (g);

$m_3$——灌砂筒内砂的剩余质量,取其平均值 (g)。

④重复上述测量三次,取其平均值。

⑤按式 (5-114) 计算量砂的单位质量

$$\gamma_s = \frac{m_a}{V} \tag{5-114}$$

式中 $\gamma_s$——量砂的单位质量;

$V$——标定罐的体积。

(5) 试验步骤

①在试验地点,选一块平坦表面,并将其清扫干净,其面积不得小于基板面积。

②将基板放在平坦表面上。当表面的粗糙度较大时,则将盛有量砂($m_s$)的灌砂筒放在基板中间的圆孔上,将灌砂筒的开关打开,让砂流入基板的中孔内,直到储砂筒内的砂不再下流时关闭开关。取下灌砂筒,并称量筒内砂的质量 ($m_6$),准确至1g。

注:当需要检测厚度时,应先测量厚度后再进行这一步骤。

③取走基板,并将留在试验地点的量砂收回,重新将表面清扫干净。

④将基板放回清扫干净的表面上(尽量放在原处),沿基板中孔凿洞(洞的直径与灌砂筒一致)。在凿洞过程中,应注意不便凿出的材料丢失,并随时将凿松的材料取出装入塑料袋中,不使水分蒸发。也可放在大试样盒内。试洞的深度应等于测定层厚度,但不得有下层材料混入,最后将洞内的全部凿松材料取出,对土基或基层,为防止试样盘内材料的水分蒸发,可以分几次称取材料的质量。全部取出材料的总质量为 $m_w$,准确至1g。

⑤从挖出的全部材料中取出有代表性的样品,放在铝盒或洁净的搪瓷盘中,测定其含水量 $w$。样品的数量如下:用小灌砂筒测定时,对于细粒土,不少于100g;对于各种中粒土;不少于500g。用大灌砂筒测定时,对于细粒土,不少于200g;对于各种中粒土,不少于1000g;对于粗粒土或水泥、石灰、粉煤灰等无机结合料稳定材料,宜将取出的全部材料烘干,且不少于2000g,称其质量 $m_d$,准确至1g。(注:当为沥青表面处治或沥青贯入式结构类材料时,则省去测定含水量步骤)

⑥将基板安放在试坑上,将灌砂筒安放在基板中间(储砂筒内放满砂到要求质量 $m_1$),使灌

砂筒的下口对准基板的中孔及试筒，打开灌砂筒的开关，让砂流入试坑内。在此期间，应注意勿碰动灌砂筒。直到储砂筒内的砂不在下流时，关闭开关。仔细取走灌砂筒，并称量剩余砂的质量（$m_4$），确准至1g。

⑦如清扫干净的平坦表面的粗糙度不大，也可少去②和③的操作。在试洞挖好后，将灌砂筒直接对准放在试坑上，中间不需要放基板。打开筒的开关，让砂流入试坑内。在此期间，应注意勿碰动灌砂筒。直到储砂筒内的砂不再下流时，并闭开关。仔细取走灌砂筒，并称量剩余砂的质量（$m'_4$），准确至1g。

⑧仔细取出试坑内的量砂，以备下次试验时再用。若量砂的湿度已发生变化或量砂中混有杂质，则应该重新烘干、过筛，并放置一段时间，使其与空气的湿度达到平衡后再用。

5. 数据处理与结果判定

（1）按式（5-115）或（5-116）计算填满试坑所用的砂的质量 $m_b$（g）：

灌砂时，试坑上放有基板时：

$$m_b = m_1 - m_4 - (m_5 - m_6) \tag{5-115}$$

灌砂时，试坑上不放基板时：

$$m_b = m_1 - m'_4 - m_2 \tag{5-116}$$

式中 $m_b$——填满试坑的砂的质量（g）；

$m_1$——灌砂前灌砂筒内砂的质量（g）；

$m_2$——灌砂筒下部圆锥体内砂的质量（g）；

$m_4$、$m'_4$——灌砂后，灌砂筒剩余砂的质量（g）；

$m_5 - m_6$——灌砂筒下部圆锥体内及基板和粗糙表面间砂的合计质量（g）。

（2）按式（5-117）计算试坑材料的湿密度

$$\rho_w = \frac{m_w}{m_b} \gamma_s \tag{5-117}$$

式中 $m_w$——试坑中取出的全部材料的质量（g）；

$\gamma_s$——量砂的单位质量（g/cm³）。

（3）按式（5-118）计算试坑材料的干密度：

$$\rho_d = \frac{\rho_w}{1 + 0.01w} \tag{5-118}$$

式中 $w$——试坑材料的含水量（%）。

（4）当为水泥、石灰、粉煤灰等无机结合料稳定土时，可按式（5-119）计算干密度 $\rho_d$（g/cm³）：

$$\rho_d = \frac{m_d}{m_b} \cdot \gamma_s \tag{5-119}$$

式中 $m_d$——试坑中取出的稳定土的烘干质量（g）。

（5）按式（5-120）计算施工压实度：

$$K = \frac{\rho_d}{\rho_c} \times 100 \tag{5-120}$$

式中 $K$——测试地点的施工压实度（%）；

$\rho_d$——试样的干密度（g/cm³）；

$\rho_c$——由击实试验得到的试样的最大干密度（g/cm³）。

判定是否合格的依据是施工图设计要求。

注：当试坑材料组成与击实试验的材料有较大差异时，可用试坑材料作标准击实，求取实际的最大干密度。

（三）沥青面层的压实度测试方法

1. 概念

压实度是指按规定方法采取的混合料试样的毛体积密度与标准密度之比，以百分率表示，标准密度可采用室内马歇尔试件密度、试验路现场密度或最大理论密度。沥青路面压实度的好坏直接关系到沥青路面的使用寿命，在《公路工程质量检验评定标准》JTG F80/1—2004 中得分值较高。

2. 仪器设备与环境

本试验需要下列仪具与材料：

(1) 路面取芯钻机；

(2) 天平：感量不大于 0.1g；

(3) 溢流水槽；

(4) 吊篮；

(5) 石蜡；

(6) 其他：卡尺、毛刷、小勺、取样袋（容器）、电风扇。

3. 取样与样品制备

试样采用钻孔取芯法钻取，芯样直径≥100mm，分层锯开，分别进行测定。

4. 检测方法与操作步骤

(1) 钻取芯样：按规程 T0901 "路面钻孔及切割取样方法" 钻取路面芯样，芯样直径不宜小于 $\phi$100mm。当一次钻孔取得的芯样包含有不同层位的沥青混合料时，应根据结构组合情况用切割机将芯样沿各层结合面锯开分层进行测定。

(2) 测定试件密度：

①将钻取的试件在水中用毛刷轻轻净粘附的粉尘。如试件边角有浮松颗粒，应仔细清除。

②将试件晾干或电风扇吹干不少于 24h，直至恒重。

③按现行《公路工程沥青及沥青混合料试验规程》JTJ 052—2000 和沥青混合料试件密度试验方法测定试件的视密度或毛体积密度 $\rho_s$。当试件的吸水率小于 2% 时，采用水中重法或表干法测定；当吸水率大于 2% 时，用蜡封法测定；对空隙率很大的透水性混合料及开级配混合料用体积法测定。

(3) 根据现行的《公路沥青路面施工技术规范》JTG F40—2004 的规定确定计算压实度的标准密度。

5. 数据处理与结果判定

(1) 当计算压实度的沥青混合料的标准密度采用马歇尔击实试件成型密度或试验路段钻孔取样密度时，沥青面层的压实度按式（5-121）计算：

$$K = \frac{\rho_s}{\rho_0} \times 100 \tag{5-121}$$

式中 $K$——沥青层面的压实度（%）；

　　$\rho_s$——沥青混合料芯样试件的视密度或毛体积密度（g/cm³）；

　　$\rho_0$——沥青混合料的标准密度（g/cm³）。

(2) 由沥青混合料实测最大理论密度计算压实度时，应按式（5-122）进行空隙率折算，作为标准密度，再按式（5-121）计算压实度：

$$\rho_0 = \rho_t(100 - VV)/100 \tag{5-122}$$

式中 $\rho_t$——沥青混合料实测最大密度（g/cm³）；

$\rho_0$——沥青混合料的标准密度（g/cm³）；

$VV$——试样的空隙率（%）。

(3) 按规范 JTJ 059—95 的方法，计算一个评定路段检测的压实度平均值、标准差、变异系数，并计算代表压实度。

6. 报告

压实度试验报告应记录压实度检查的标准密度及依据，并列表表示各测点的检测结果。

（四）路面平整度测试方法

1. 基本概念

路面是铺筑在路基上供车辆行驶的结构层。它要求按照相应等级的设计标准而修建，能为经济建设和人民生活提供舒适良好的行车条件。

路面的使用性能，从不同侧面反应了路面状况对行车要求的满足或适应程度。路面的使用性能可分为五个方面：功能性能、结构性能、结构承载力、安全性和外观，图 5-30 为路面使用性能随时间的变化。本节详细讨论路面的功能性能即路面的平整度，其余部分在其他章节叙述。

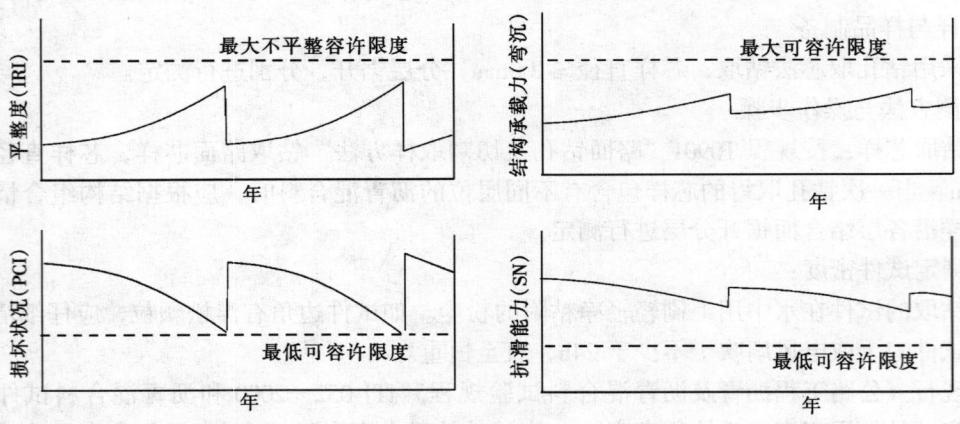

图 5-30 路面使用性能随时间的变化

路面平整度即是以规定的标准量规，间断地或连续地量测路表面的凹凸情况，即不平整度。它既是一个整体性指标，又是衡量路面质量及现有路面破坏程度的一个重要指标。除可以用来评定路面工程的质量，汽车沿道路行驶的条件（安全、舒适）、汽车的动力作用，行驶速度、轮胎的磨耗、燃料和润滑油的消耗、运输成本等外，重要的是还影响着路面的使用年限。

不平整的路表面会增大行车阻力，并使车辆产生附加的振动作用，这种振动作用会对路面施加冲击力，从而加剧路面和汽车机件的损坏和轮胎的磨损等。而且不平整的路面还会积滞雨水，加速路面的破坏，平整度的测量有两个用处，一是确定路面是否具有适应汽车行驶的舒适性；二是作为一个相关因素，用来判明路面结构中一层或几层的破坏情况。如果从施工和养护角度来看，也可认为：一是为了检查和控制路面施工质量和竣工验收；二是根据测定的路面平整度指标以确定养护维修计划。

路面的不平整性有纵向和横向两类，但这两种不平整性的形成原因基本是相同的。首先是由于施工原因而引起的建筑不平整，其次是由于个别的或多数的结构层承载能力过低，特别时沥青面层中使用的混合料抗变形能力低，致使道路产生永久变形。

纵向不平整性主要表现为坑槽、波浪。研究表明不平整所造成的影响如图 5-31 所示，纵向高低畸变，不同频率和不同振幅的跳动会使行驶在这种路面上的汽车产生振荡，从而影响行车速度和乘客的舒适性。

横向不平整性主要表现为车辙和隆起，它除造成车辆跳动外，还妨碍行驶时车道变换及雨水的排出，以至影响行车的安全和舒适，如图 5-31 所示。

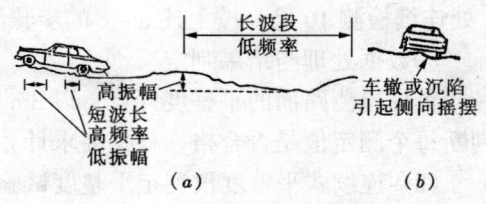

图 5-31 路面不平整度
(a) 纵向跳动；(b) 横向跳动

由此可知，纵向和横向的不平整度对车辆产生的影响虽有所不同，但它们都影响交通安全和不同程度地影响车辆及行驶舒适性。

目前国际上对路面的平整度测试方法大致有以下三种：一是三米直尺法；二是连续式平整度仪法；三是车载颠簸累积仪法，最新的检测方法还有激光平整度仪法，前面三种测试方法目前在我国也普遍采用。路面的不平整度的主要表示方法有：(1) 单位长度上的最大间隙；(2) 单位长度间的间隙累积值；(3) 单位长度内间隙超过某定值的个数；(4) 路面不平整的斜率；(5) 路面的纵断面；(6) 振动和加速度（根据行车舒适感作为评价指标）。

平整的路表面，要依靠优良的施工机具，精细的施工工艺，严格的施工质量控制以及经常和及时的养护来保证，同时应采用强度和抗变形能力较好的路面结构和面层混合料。

2．路面平整度测试方法

路面平整度测试方法有三种：三米直尺法、连续式平整度仪法、激光平整度仪法。

(1) 三米直尺测定平整度试验方法

①目的和适用范围

a. 用 3m 直尺测定距离路表面的最大间隙表示路基路面的平整度，以毫米计。

b. 本方法适用于测定压实成型的路面各层面的平整度，以评定路面的施工质量及使用质量，也可用于路基表面成型后的施工平整度检测。

②仪具与材料

本试验需要下列仪具与材料：

a. 3m 直尺：硬木或铝合金钢板，底面平直，长 3m。

b. 楔形塞尺：木或金属制的三角形塞尺，有手柄。塞尺的长度与高度之比不小于 10，宽度不大于 15mm，边部有高度标记，刻度精度不小于 0.2mm，也可使用其他类型的量尺。

c. 其他：皮尺或钢尺、粉笔等。

③测试部位与测试要求

a. 按有关规范规定选定测试路段。

b. 在测试路段路面上选择测试地点：当为施工过程中质量检测需要时，测试地点根据需要确定，可以单杆检测；当为路基路面工程质量检查验收或进行路况评定需要时，应连续测量 10 尺。除特殊需要者外，应以行车道一侧车轮轮迹（踞车道线 80~100cm）作为连续测定的标准位置。对旧路已形成车辙的路面，应取车辙中间位置为测定位置，用粉笔在路面上作好标记。

c. 清扫路面测定位置处的污物。

④试验方法与测试步骤

a. 在施工过程中检测时，按根据需要确定的方向，将 3m 直尺摆在测试地点的路面上。

b. 目测 3m 直尺底面与路面之间的间隙情况，确定间隙为最大的位置。

c. 用有高度标线的塞尺塞进间隙处，量测其最大间隙的高度（mm），准确至 0.2mm。

d. 施工结束后检测时，按现行《公路工程质量检验评定标准》JTG F80/1—2004 的规定，每

1处连续检测10尺,按上述a~c的步骤测记10个最大间隙。

⑤数据处理与结果判定

单杆检测路面的平整度计算,以3m直尺与路面的最大间隙为测定结果。连续测定10尺时,判断每个测定值是否合格,根据要求计算合格百分率,并计算10个最大间隙的平均值。

(2) 连续式平整度仪测定平整度试验方法

①目的和适用范围

a. 用连续式平整度仪量测路面的不平整度的标准差（$\sigma$）,以表示路面的平整度,以毫米计。

b. 本方法适用于测定路表面的平整度,评定路面的施工质量和使用质量,但不适用于在已有较多坑槽、破坏严重的路面上测定。

②仪器设备与环境

a. 连续式平整度仪:结构如示意图5-32。除特殊情况外,连续式平整度仪的标准长度3m,其质量应符合仪器标准的要求。中间一个3m长的机架,机架可缩短或折叠,前后各有4个行走轮,前后两组轮的轴间距离为3m。机架中间有一个能起落的测定轮。机架上装有蓄电池电源及可拆卸的检测箱,检测箱可采用显示、记录、打印或绘图等方式输出测试结果。测定轮上装有位移传感器、距离传感器等检测器,自动采集位移数据时,测定间距为10cm,每一计算区间的长度为100m,输出一次结果。当为人工检测、无自动采集数据及计算功能时,应能记录测试曲线。机架头装有一牵引钩及手拉柄,可用人力或汽车牵引。

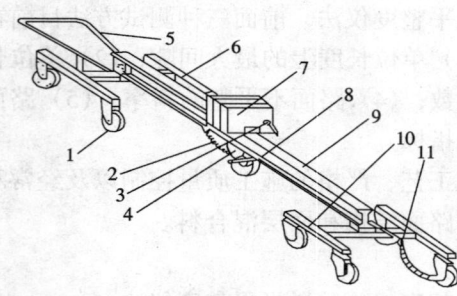

图5-32 连续式平整度仪结构示意图
1—脚轮；2—拉簧；3—离合器；4—测量架；5—牵引架；6—前架；7—记录计；8—测定轮；9—纵梁；10—后架；11—次轴

b. 牵引车:小面包车或其他小型牵引汽车。

c. 皮尺或测绳。

③测试部位与测试要求

a. 选择测试路段。

b. 当为施工过程中质量检测需要时,测试地点根据需要决定;当为路面工程质量检查验收后进行路况评定需要时,通常以行车道一侧车轮轮迹带作为连续测定的标准位置。对旧路已形成车辙的路面,取一侧车辙中间位置为测量位置,按规定在测试路段路面上确定测试位置,当以内侧轮迹带（IWP）或外侧轮迹带（OWP）作为测定位置时,测定位置距车道标线80~100cm。

c. 清扫路面测定位置处的脏物。

d. 检查仪器检测箱各部分是否完好、灵敏,并将各连接线接妥,安装记录设备。

④检测方法与试验步骤

a. 将连续式平整度测定仪置于测试路段路面起点上。

b. 在牵引汽车的后部,将平整度仪的挂钩挂上后,放下测定轮,启动检测器及记录仪,随即启动汽车,沿道路纵向行驶,横向位置保持稳定,并检查平整度检测仪表上测定数字显示、打印、记录的情况。如遇检测设备中某项仪表发生故障,即须停止检测。牵引平整度仪的速度应保持匀速,速度宜为5km/h,最大不得超过12km/h。

在测试路段较短时,亦可用人力拖拉平整度仪测定路面的平整度,但拖拉时应保持匀速前行。

⑤数据处理

a. 连续式平整度测定仪测定后,可按每10cm间距采集的位移值自动计算每100m计算区间的平整度标准差（mm），还可记录测试长度（m）、曲线振幅大于某一定值（如3、5、8、10mm等）的次数、曲线振幅的单向（凸起或凹下）累计值及以3m机架为基准的中点路面偏差曲线图，计算打印。当为人工计算时，在记录曲线上任意设一基准线，每隔一定距离（宜为1.5m）读取曲线偏离基准线的偏离位移值$d_i$。

b. 每一计算区间的路面平整度以该区间测定结果的标准差表示，按式（5-123）计算：

$$\sigma_i = \sqrt{\frac{\Sigma(\overline{d} - d_i)^2}{N - 1}} \tag{5-123}$$

式中 $\sigma_i$——各计算区间的平整度计算值（mm）；

$d_i$——以100m为一个计算区间，每隔一定距离（自动采集间距为10cm，人工采集间距为1.5m）采集的路面凹凸偏差位移值（mm）；

$\overline{d}$——偏差位移值的平均值（mm）；

$N$——计算区间用于计算标准差的测试数据个数。

c. 按《路基路面现场测试规程》附录B的方法计算一个评定路段内各区间的平整度标准差的平均值、标准差、变异系数。

⑥报告

试验应列表报告每一个评定路段内个测定区间的平整度标准差、一个评定路段平整度的平均值、标准差、变异系数以及不合格区间数。

（3）激光平整度仪法（略）

（五）路面强度与承载能力检测方法

路基路面强度是衡量柔性路面承载能力的一项重要内容，它的调查指标为路面弯沉值，目前一般采用非破损检测，通过测得弯沉值从而得出强度指标。路表面在荷载作用下的弯沉值，可以反映路面的结构承载能力，然而，路面的结构破坏可以是由于过量的变形所造成的；也可能是由于某一结构层的断裂破坏所造成的。对于前者，采用最大弯沉值表征结构的承载能力较为合适；而对于后者，则采用路面在荷载作用下的弯沉盆曲率半径表征其承载能力更为合适。

目前使用的弯沉测定系统有4种：（1）贝克曼梁弯沉仪；（2）自动弯沉仪；（3）稳态动弯沉仪；（4）脉冲弯沉仪。前两种为静态测定，得到路表的最大弯沉值；后两种为动态测定，可得到最大弯沉值和弯沉盆。

1. 贝克曼弯沉仪测量法

①目的与意义

a. 利用弯沉仪量测路面表面在标准试验车后轮垂直静载作用下的轮隙回弹弯沉值，用作评定路面强度的指标。

b. 根据实测所得的土基或整层路面材料的回弹弯沉值，按照弹性半空间体理论的垂直位移公式计算土基或路面材料的回弹模量。

c. 通过对路面结构分层测定所得的回弹弯沉值，根据弹性层状体系垂直位移理论解，反算路面各结构层的材料回弹模量值。

②仪器设备与检测环境

a. 弯沉仪1~2台，我国目前多使用贝克曼弯沉仪。通常由铝合金制成总长为3.6m和5.4m两种，杠杆比（前臂与后臂长度之比）一般为2:1。要求刚度好、重量轻、精度高、灵敏度高和使用方便。

b. 试验用标准汽车：规范规定试验用标准车为BZZ-60（或用解放CA-10B型汽车）和BZZ-

100（或用黄河 JN-150 型汽车）。用作试验的标准汽车，要求轮胎花纹清晰，没有明显磨损，车上所装重物应稳固均匀，汽车行驶时载物不得移动。装载后后轴总重 $P$ 对于解放 CA-10B 型应为 60kN，黄河 JN-150 型为 100kN，轮胎对路面压力 $P$ 则分别为 0.5MPa 和 0.7MPa。测试前应对轮胎气压进行检验；

c. 百分表 1~2 只，量程大于 10mm，并带百分表支架。

d. 皮尺 1~2 把，长 30~50m。

e. 其他工具和物品：如千斤顶、加载用重物、花杆、手杖、口哨、油漆、粉笔、记录板、记录表、厘米纸、铅笔和扳手等。

③检测部位与选择要求

测点选定：一般路段可在行车带上每隔 50~100m 选一测点，并记录测点里程、位置。如果情况特殊，可根据具体情况适当加密测点，有条件时，可用两台弯沉仪对左、右两行车带同时进行测定。

④试验方法与步骤

a. 汽车加载：以砂石、砖等材料或铁块等重物加载，注意堆放稳妥；

b. 称量汽车后轴重量：此时前轮应驶离地面，调整汽车加载重物，使汽车后轴总量 $P$ 符合上述规定；

c. 印取轮迹：在平整坚实的地表上，将合乎荷载标准的汽车后轮用千斤顶顶起，在车轮下放置盖有复写纸的厘米纸。开启千斤顶使车轮缓缓下放，即在复写纸覆盖的厘米纸上压现轮迹。然后再顶起后轮，取出厘米纸，注明左右轮，用笔勾画出轮印迹周界，计算其面积（虚面积）$F$；

d. 计算后轮的单位面积压力及荷载相当圆直径

压力为：

$$p = \frac{P}{2F} \tag{5-124}$$

单圆荷载直径为：

$$D = \sqrt{\frac{4F}{\pi}} \tag{5-125}$$

双圆荷载直径为：

$$d = \frac{D}{\sqrt{2}} \tag{5-126}$$

e. 测定方法：由于目前我国沥青路面设计方法是以路面的回弹弯沉值作为其强度指标的，因此测定弯沉值一般都采用"前进卸荷法"。其具体操作程序如下：

（a）将试验车的一侧后轮（一般均使用左右轮）停于测点上。

（b）迅速在此一侧后轮的两轮胎间隙中间安置弯沉仪测头，并调平弯沉仪。为了得到较精确的弯沉值，测头应置于轮胎接地中间稍前 5~10cm 处。

（c）调整百分表，使读数为 4~5mm。

（d）吹口哨。读取初数指挥汽车缓缓前进。百分表指针随路面变形的增加持续向前转动。当转动到最大值时，迅速读取初读数 $d_1$；汽车仍在继续前进，百分表指针反向回转。待汽车驶出弯沉影响半径后，百分表指针回转稳定，读取终读数 $d_2$。当弯沉仪的杠杆比为 2:1 时，则回弹弯沉值为：

$$l_t = 2 \times (d_1 - d_2) \times \frac{1}{100} \quad \text{mm} \tag{5-127}$$

## 回弹弯沉试验记录表　　　　　　　　　　　　　　表5-20

路线名称＿＿＿＿＿＿＿＿＿＿＿＿＿＿＿＿　试验日期＿＿＿＿＿＿＿＿＿＿＿＿＿＿＿　气温（℃）＿＿＿

试验车型号＿＿＿＿＿＿＿＿＿＿＿＿＿＿　后轴重＿＿＿＿＿＿＿＿（kN）

车轮当量圆半径＿＿＿＿＿＿＿＿（cm）　车轮当量圆压力＿＿＿＿＿＿＿＿（MPa）

| 编号 | 测点桩号 | 百分表读数（0.01mm） | | | | 回弹弯沉（0.01mm） | 土基干湿类型 | 路况描述 | 备 注 |
|---|---|---|---|---|---|---|---|---|---|
| | | 初读数 | | 终读数 | | | | | |
| | | 左侧 | 右侧 | 左侧 | 右侧 | | | | |
| | | | | | | | | | |
| | | | | | | | | | |
| | | | | | | | | | |

⑤数据处理与结果判定

回弹弯沉测量的结果，可用表5-20予以记录。

如需测定总弯沉值和残余弯沉值，则应用"后退加载法"。即先将试验车停驻在弯沉影响半径范围以外，在测点先安置好弯沉仪测头，读记百分表读数 $d_3$，然后指挥试验车缓慢地由前后倒退至测点，并使弯沉仪测头刚好对准轮胎间隙中心，待百分表稳定后读记数值 $d_4$，随即指挥汽车向前缓缓驶离测点至影响半径范围之外，待百分表稳定后读记数值 $d_5$。则总弯沉为：

$$l_z = 2 \times (d_4 - d_3) \times \frac{1}{100} \tag{5-128}$$

回弹弯沉为：

$$l_t = 2 \times (d_4 - d_5) \times \frac{1}{100} \text{ mm} \tag{5-129}$$

总弯沉与回弹弯沉之差即为残余弯沉，即：

$$l_c = l_z - l_t \tag{5-130}$$

路面结构强度评定时，可以利用测定的弯沉与路面设计弯沉进行比较。

### 2. 承载板法测试土基回弹模量

**(1) 概念**

土基是路面结构的支承物，车轮荷载通过路面结构传至土基。所以土基的荷载—变形特性对路面结构的整体强度和刚度有很大影响。路面结构的损坏，除了它本身的原因外，主要是由于土基变形过大所引起的。在路面结构的总变形中，土基的变形占有很大部分，约为70%~90%。以回弹模量表征土基的荷载—变形特性可以反映土基在瞬时荷载作用下的可恢复变形性质。对于各种以半空间弹性体模型来表征土基特性的设计方法，无论是柔性路面或是刚性路面，都以回弹模量 $E_R$ 作为土基的强度或刚度指标。土基回弹模量测定方法有承载板测试方法和分层测定法。

**(2) 仪器设备与环境**

①BZZ-60标准轴测试汽车一辆或解放牌CA-10B型汽车一辆，后轴重6t，轮胎内压0.5MPa，附设加劲小横梁一根，横梁架设在汽车大梁上后轴以后80cm处；

②刚性承载板一块，直径为28cm，直径两端设有立柱及可以调整高度的供安放弯沉仪测头的支座；

③弯沉仪二台，附有百分表及其支架；

④油压千斤顶一台，规格8~10t，装有已经标定的压力表或测力环。

**(3) 测试部位与要求**

根据《公路路基路面现场试验规程》JTJ 059—95附录A的方法随机选点。

(4) 检测方法与测试步骤

①选定有代表性的测点。

②仔细平整土基表面,撒细砂填平土基凹处,砂子不可覆盖全部土基表面以免形成一层。

③将承载板放置平稳,并用水平尺进行校正。

④将试验车置于测点上,使系于加劲小横梁中部的垂球对准承载板中心,然后收起垂球。

⑤在承载板上安放千斤顶,上面衬垫钢圆筒、钢板,并将球座置于顶部与加劲横梁接触。如用测力环时,应将测力环置于千斤顶于横梁中间,千斤顶及衬垫物必须保持铅直,以免加压时千斤顶倾倒发生事故。

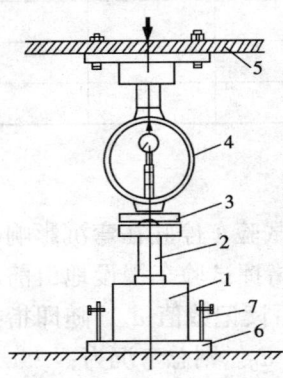

图 5-33 承载板测试示意图
1—加载千斤顶;2—钢圆筒;3—钢板及球座;4—测力计;5—加劲横梁;6—承载板;7—立柱及支座

⑥安放弯沉仪,将两台弯沉仪的测头分别置于承载板立柱的支座上,百分表对零或其他合适的位置(见图 5-33)。

⑦测定土基的压力—变形曲线。采用逐级加载卸载法,用已经标定的压力表或测力环控制加载重量。

首先预压 0.05MPa(加载为 3.02kN),使承载板与土基紧密接触;同时检查百分表的工作情况是否正常,然后放松千斤顶油门卸载,待百分表稳定后,将指针对零。再按下列程序逐级进行加载卸载测定:

$0 \rightarrow 0.05 \rightarrow 0$;
$0 \rightarrow 0.10 \rightarrow 0$;
$0 \rightarrow 0.15 \rightarrow 0$;
$0 \rightarrow 0.20 \rightarrow 0$;
$0 \rightarrow 0.30 \rightarrow 0$;
$0 \rightarrow 0.40 \rightarrow 0$;
$0 \rightarrow 0.50 \rightarrow 0$。

每级卸载后百分表不再对零。每次加载,卸载稳定 1 分钟后立即记取读数。两台弯沉仪变形值之差小于 15% 时,取平均值,如超过,则应重测。

当回弹变形值超过 1mm 时,即可停止加载。

⑧测定总影响量 $a$。加载结束后取走千斤顶,重新读取百分表初读数,再将汽车开出 10m 以外,读取终读数,两个百分表的终、初读数差之和即为总影响量 $a$。

各级压力的回弹变形值应加上表 5-21 所列的影响量后,则为计算回弹变形值。

影响量修正系数  表 5-21

| 承载板压力(MPa) | 0.05 | 0.10 | 0.15 | 0.20 | 0.30 | 0.40 | 0.50 |
|---|---|---|---|---|---|---|---|
| 影响量 | 0.06$a$ | 0.12$a$ | 0.18$a$ | 0.24$a$ | 0.36$a$ | 0.48$a$ | 0.60$a$ |

(5) 数据处理与结果判定

①绘制 $p$-$l$ 曲线。将各级计算回弹变形值点绘于标准计算纸上,排除异常点并绘出 $p$-$l$ 曲线。如曲线起始部分出现反弯,应按图 5-34 所示修正原点。0 则是修正后的原点。

②计算 $E_i$ 值。按下式计算土基回弹模量 $E_i$ 值(单位:MPa):

$$E_i = \frac{\pi D}{4} \frac{p_i}{l_i}(1 - \mu_0^2) = 19.3 \frac{p_i}{l_i} \tag{5-131}$$

式中 $\mu_0$——泊松比,土基取 0.35;

$D$——承载板直径 28cm;

$p_i$——承载板压力(MPa);

$l_i$——相对于 $p_i$ 的计算回弹变形(cm);

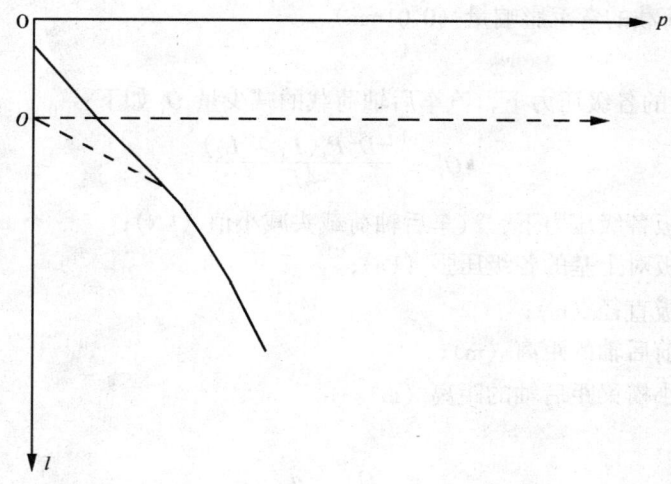

图 5-34 修正原点示意图

或取 $l < 1\text{mm}$ 的点用线性归纳法计算 $E_i$ 值

$$E_i = \frac{\pi D}{4} \frac{\Sigma p_i}{\Sigma l_i}(1 - \mu_o^2) = 19.3 \frac{\Sigma p_i}{\Sigma l_i} \tag{5-131}$$

式中　$\Sigma l_i$——取 1mm 变形前的各级计算回弹变形值；

$\Sigma p_i$——对应于 $l_i$ 的压力值（MPa）。

承载板测定记录表见表 5-22。

**承载板测定记录表**　　　　　　　　　　　表 5-22

路线和编号：　　　　　　　　　　路面结构：
测定部位：　　　　　　　　　　　承载板直径：
测定日期：

| 千斤顶表读数 | 承载板压力（MPa） | 百分表读数（0.01mm） | | 总弯沉（0.01mm） | 回弹弯沉（0.01mm） | 分级影响量（0.01mm） | 计算回弹弯沉（0.01mm） |
|---|---|---|---|---|---|---|---|
| | | Ⅰ | Ⅱ | | | | |
| | | | | | | | |
| | | | | | | | |

(6) 影响量原理

①影响量的产生

施加到承载板上的荷载，是靠千斤顶顶起汽车大梁的尾部来实现的，因此，需要负载一定荷载的汽车开到测点附近。这样汽车后轴的两组车轮对土基产生沉降，这个沉降量即为总影响量 $a$。在同一测点上，$a$ 值与汽车后轴重成正比。

如果承载板在逐级施加荷载的过程中，汽车后轮对土基表面压力不变，则总影响量 $a$ 值不变，故对实测点所测得的回弹弯沉值没有影响。但实际上承载板逐级加荷的同时，汽车后轮对土基表面的压力逐级减少，因而总影响量也在逐级减小，至使测点实测回弹弯沉值比实际回弹弯沉值小一个影响量的变化值。总影响量的变化值即为各级荷载的影响量，其值与汽车后轴荷载的减少量成正比。

各级荷载的计算（实际）弯沉 $l_i$ 按下式计算

$$l_i = l'_i + a_i \tag{5-133}$$

式中　$l'_i$——施加各级荷载的实测弯沉（0.01mm）；

$a_i$——各级荷载的弯沉影响量（0.01mm）。

②影响量的计算

施加到承载板上的各级压力下，汽车后轴荷载的减少量 $Q_i$ 如下：

$$Q_i = \frac{\pi D^2 P_i (L_1 + L_2)}{4L_1} \tag{5-134}$$

式中　$Q_i$——承载板各级压力下，汽车后轴荷载头减小值（kN）；
　　　$P_i$——承载板对土基的各级压强（Pa）；
　　　$D$——承载板直径（m）；
　　　$L_1$——汽车前后轴的距离（m）；
　　　$L_2$——加劲小横梁距后轴的距离（m）。

由于：

$$\frac{Q}{Q_i} = \frac{a}{a_i} \tag{5-135}$$

则：

$$a_i = a \frac{Q_i}{Q} \tag{5-136}$$

式中　$Q_i$——汽车后轴总荷载（kN）。

将式（5-134）代入式（5-136），得各级压力下的影响量：

$$a_i = \frac{(L_1 + L_2) \pi D^2 P_i}{4L_1 Q} a \tag{5-137}$$

对于解放 CA-10B 型汽车 $L_1 = 4\text{m}$，$Q = 58800\text{N}$，如果 $L_2 = 0.8\text{m}$，$D = 0.28\text{m}$，则 $a_i = 1.26 P_i a$，如表 5-21。

（六）路面抗滑性能测试方法

世界各国随着汽车工业的发展，公路及城市道路交通运输事业也相应地蓬勃发展，全世界汽车保有量逐年不断增加，公路里程也不断地增长。高级路面，特别是沥青路面所占比率逐渐增大，与此同时，航空运输事业也得到了相应的发展，从而交通密度增大、车速增高、客货运量增大。为了保证行车安全，提高运输效率，要求路面和机场道面具有一定的粗糙度，防止在不利条件下产生滑溜行车事故，即路面的使用安全性能。

据资料分析造成行车事故的原因除了人为因素及汽车故障等之外，很大部分是直接或间接与路面滑溜有关。一般情况下，事故中 25% 是与路面潮湿而产生的滑溜有关，在严重的情况下大概为 40%，在冰雪路面这种百分率还要高些，因此，对路面有一定的粗糙度要求。在我国这种情形尤为明显，目前我国高等级公路路面所占的比例还很小，大多数为多年修建的等级路面，由于施工水平及原材料的缺陷，路面的抗滑性能较差，从而影响路面的使用安全。

路面的主要安全成分分为以下几个方面：（1）刹车阻力；（2）车辙；（3）路表反光；（4）车道的划分；（5）碎片及外部物体等。

1. 路面摩擦系数测试方法（摆式仪测定路面抗滑值试验方法）

（1）目的和适用范围

本方法适用于以摆式摩擦系数测定仪（摆式仪）测定沥青路面及水泥混凝土路面的抗滑值，用以评定路面在潮湿状态下的抗滑能力。

（2）仪器设备与材料

①摆式仪：形状及结构如图 5-35 所示，摆及摆的连接部分总质量为 1500 ± 30g，摆动中心至摆的重心距离为 410 ± 5mm，测定时摆在路面上滑动长度为 126 ± 1mm，摆上橡胶片端部距摆动中

心的距离为508mm，橡胶片对路面的正向静压力为22.2±0.5N，橡胶物理性质技术要求见表5-23。

橡胶物理性质技术要求　　　　　　　　　　　　　表5-23

| 温度℃ | 0 | 10 | 20 | 30 | 40 |
|---|---|---|---|---|---|
| 弹性（%） | 43~49 | 58~65 | 66~73 | 71~77 | 74~79 |
| 硬度 | 55±5 ||||| 

②橡胶片：当用于测定路面抗滑值时的尺寸为6.35mm×25.4mm×76.2mm，橡胶质量应符合表5-23的要求。当橡胶片使用后，端部在长度方向上磨耗超过1.6mm或边缘在宽度方向上磨耗超过3.2mm，或有油类污染时，即应更换新橡胶片。新橡胶片应先在干燥路面上测试10次后再用于测试。橡胶片的有效使用期为1年。

③标准量尺：长126mm。

④洒水壶。

⑤橡胶刮板。

⑥路面温度计：分度不大于1℃。

⑦其他：皮尺或钢卷尺、扫帚、粉笔等。

(3) 检测部位与要求

按规定的方法，对测试路段按随机取样选点的方法，决定测点所在横断面位置。测点应选在行车车道的轮迹带上，距路面边缘不应小于1m，并用粉笔作出标记。测点位置宜紧靠铺砂法则定构造深度的测点位置，一一对应。

(4) 测试方法与步骤

①检查摆式仪的调零灵敏情况，并定期进行仪器的标定。当用于路面工程检查验收时，仪器必须重新标定。

②仪器调平：

a. 仪器置于路面测点上，并使摆的摆动方向与行车方向一致。

b. 转动底座上的调平螺栓，使水准泡居中。

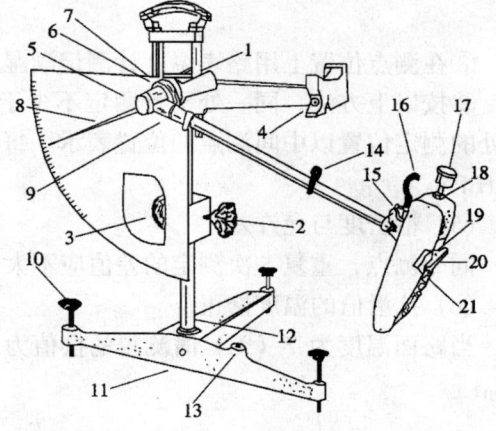

图5-35　摆式仪形状及结构

1、2—紧固把手；3—升降把手；4—释放开关；5—转向节螺盖；6—调节螺母；7—针簧片或毡垫；8—指针；9—连接螺栓；10—调平螺栓；11—底座；12—垫块；13—水准泡；14—卡环；15—定位螺丝；16—举升柄；17—平衡锤；18—并紧螺母；19—滑溜块；20—橡胶片；21—止滑螺丝

③调零：

a. 放松上下两个紧固把手，转动升降把手，使摆升高并能自由摆动，然后旋紧紧固把手。

b. 将摆向右运动，按下安装于悬臂上的释放开关，使摆上的卡环进入开关槽，放开释放开关，摆即处于水平释放位置，并把指针抬至与摆杆平行处。

c. 按下释放开关，使摆向左带动指针摆动，当摆达到最高位置后下落时，用左手将摆杆接住，此时指针应指零。若不指零时，可稍旋紧或放松摆的调节螺母，重复本项操作，直至指针指零，调零允许误差为±1BPN。

④校核滑动长度

a. 用扫帚扫净路面表面，并用橡胶刮板清除摆动范围内路面上的松散粒料。

b. 让摆自由悬挂，提起摆头上的举升柄，将底座上垫块置于定位螺丝下面，使摆头上的滑溜块升高。放松紧固把手，转动立柱上的升降把手，使摆缓缓下降。当滑溜块上的橡胶片刚刚接触路面时即将紧固把手旋紧，使摆头固定。

c. 提起举升柄，取下垫块使摆向右运动。然后手提举升柄使摆慢慢向左运动，直至橡胶片的边缘刚刚接触路面。在橡胶片的外边摆动方向设置标准量尺，尺的一端正对该点，再用手提起举升柄，使滑溜块向上抬起并使摆继续运动至左边，使橡胶片返回落下再一次接触路面，橡胶片两次同路面接触点的距离应在126mm（即滑动长度）。若滑动长度不符标准时，则升高或降低仪器底正面的调平螺丝来校正，但需调水准泡，重复此项校核直至使滑动长度符合要求。而后，将摆和指针置于水平释放位置。

注：校核滑动长度时应以橡胶片长边刚刚接触路面为准，不可借摆力量向前滑动，以免标定的滑动长度过长。

⑤用喷壶的水浇洒测试路面，并用橡胶刮板刮除表面泥浆。

⑥再次洒水，并按下释放开关，使摆在路面上滑过，指针即可指示出路面的摆值。但第一次测定，不做记录。当摆杆回落时，用左手接住摆，右手提起举升柄时滑溜块升高，将摆向右运动，并使摆杆和指针重新置于水平释放位置。

⑦重复⑤的操作测定5次，并读记每次测定的摆值，即BPN，5次数值中最大值与最小值的差值不得大于3BPN。如果差数大于3BPN时应检查产生的原因，并再次重复上述各项操作，至符合规定为止。取5次测定的平均值作为每个测点路面的抗滑值（即摆值$F_B$），取整数，以BPN表示。

⑧在测点位置上用路表温度计测记潮湿路面的温度，准确至1℃。

⑨按以上方法，同一处平行测定不少于3次，3个测点均位于轮迹带上，测点间距3~5m。该处的测定位置以中间测点的位置表示。每一处均取3次测定结果的平均值作为试验结果，准确至1BPN。

（5）精密度与允许差

同一测点，重复5次测定的差值应不大于3BPN。

（6）抗滑值的温度修正

当路面温度为$T$（℃）时测得的摆值为$F_{BT}$，必须按式（5-138）换算成标准温度20℃的摆值$F_{B20}$：

$$F_{B20} = F_{BT} + \Delta F \tag{5-138}$$

式中　$F_{B20}$——换算成标准温度20℃时的摆值（BPN）；

　　　$F_{BT}$——路面温度$T$时测得的摆值（BPN）；

　　　$T$——测定的路表潮湿状态下的温度（℃）；

　　　$\Delta F$——温度修正值，按表5-24采用。

**温度修正值**　　　　　　表5-24

| 温度 $T$（℃） | 0 | 5 | 10 | 15 | 20 | 25 | 30 | 35 | 40 |
|---|---|---|---|---|---|---|---|---|---|
| 温度修正值 $\Delta F$ | -6 | -4 | -3 | -1 | 0 | +2 | +3 | +5 | +7 |

（7）数据处理与结果判定

①测试日期，测点位置，天气情况，洒水后潮湿路面的温度，并描述路面类型，外观，结构类型等。

②列表逐点报告路面抗滑值的测定值$F_{BT}$，经温度修正后的$F_{B20}$及3次测定的平均值。

③每一个评定路段路面抗滑值的平均值，标准差，变异系数。

**2. 路面构造深度测定（手工铺砂法测定路面构造深度试验方法）**

(1) 目的与适用范围

本方法适用于测定沥青路面及水泥混凝土路面表面构造深度，用以评定路面的宏观粗糙度、路面表面的排水性能和抗滑性能。

(2) 仪器设备与材料

①人工铺砂仪：由圆筒、推平板组成。

a. 量砂筒：形状尺寸如力图 5-36 所示，一端是封闭的，容积为 25±0.15mL，可通过称量砂筒中水的质量以确定其容积 $V$，并调整其高度，使其容积符合规定要求。带一专门的刮尺将筒口量砂刮平。

b. 平板：形状尺寸如图 5-37 所示，推平板应为木制或铝制，直径 50mm，底面粘一层厚 1.5mm 的橡胶片，上面有一圆柱把手。

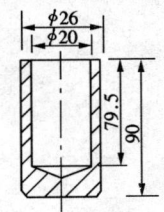

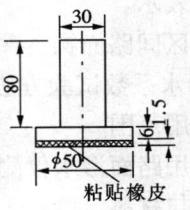

图 5-36 量砂筒　　　　　图 5-37 推平板

c. 刮平尺：可用 30cm 钢板尺代替。

d. 量砂：足够数量的干燥洁净的匀质砂，粒径 0.15~0.3mm。

②量尺：钢板尺、钢卷尺，或采用已按式 (5-139) 将直径换算成构造深度作为刻度单位的专用构造深度尺。

③其他：装砂容器（小铲）、扫帚或毛刷、挡风板等。

(3) 测试部位与要求

按规定的方法，对测试路段按随机取样选点的方法，决定测点所在横断面位置。测点应选在行车道的轮迹带上，距路面边缘不应小于 1m。

(4) 测试方法与步骤

①准备工作：

量砂准备：取洁净的细砂晾干、过筛，取 0.15~0.3mm 的砂置适当的容器中备用。量砂只能在路面使用一次，不宜重复使用。回收砂必须经干燥、过筛处理后方可使用。

②试验步骤

a. 用扫帚或毛刷子将测点附近的路面清扫干净，面积不小于 30cm×30cm。

b. 用小铲装砂沿筒向圆筒中注满砂，手提圆筒上方，在硬质路表面上轻轻地叩打 3 次，使砂密实，补足砂面用钢尺一次刮平。

注：不可直接用量砂筒装砂，以免影响量砂密度的均匀性。

c. 将砂倒在路面上，用底面粘有橡胶片的推平板，由里向外重复做摊铺运动，稍稍用力将砂细心地尽可能的向外摊开，使砂填入凹凸不平的路表面的空隙中，尽可能将砂摊成圆形，并不得在表面上留有浮动余砂。注意摊铺时不可用力过大或向外摊挤。

d. 用钢板尺测量所构成圆的两个垂直方向的直径，取其平均值，准确至 5mm。

e. 按以上方法，同一处平行测定不少于 3 次，3 个测点均位于轮迹带上，测点间距 3~5m。该处的测定位置以中间测点的位置表示。

(5) 数据处理

①路面表面构造深度测定结果按式（5-139）计算：

$$TD = \frac{1000V}{\pi D^2/4} = \frac{31831}{D^2} \tag{5-139}$$

式中 $TD$——路面表面的构造深度（mm）；
$V$——砂的体积（25cm³）；
$D$——摊平砂的平均直径（mm）。

②每一处均取3次路面构造深度测定结果的平均值作为试验结果，准确至0.1mm。
③按规定的方法计算每一个评定区间路面构造深度的平均值、标准差、变异系数。

（6）报告
①列表逐点报告路面构造深度的测定值及3次测定的平均值，当平均值小于0.2mm时，试验结果以<0.2mm表示。
②每一个评定区间路面构造深度的平均值、标准差、变异系数。

3. 沥青路面渗水系数试验方法

（1）目的和适用范围

本方法适用于用路面渗水仪测定沥青路面的渗水系数。

（2）仪器设备与材料

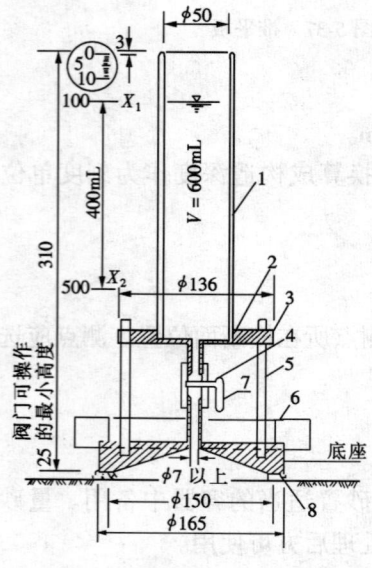

图5-38
1—透明有机玻璃筒；2—螺纹连接；3—预板；4—阀；5—立柱支架；6—压重铁圈；7—把手；8—密封材料

①路面渗水仪：形状及尺寸如图5-38所示，上部盛水量筒由透明有机玻璃制成，容积600mL，上有刻度，在100mL及500mL处有粗标线，下方通过φ10mm的细管与底座相接，中间有一开关。量筒通过支架连接，底座下方开口径φ150mm，外径φ163mm，仪器附压重铁圈两个，每个质量约5kg，内径160mm。
②水量及水漏斗。
③秒表。
④密封材料：玻璃腻子、油灰或橡皮泥。
⑤其他：水、红墨水、粉笔、扫帚等。

（3）测试部位与要求

在测试路段的行车道路面上，按规定的随机取样方法选择测试位置，每一个检测路段应测定5个测点，用扫帚清扫表面，并用粉笔划上测试标记。

（4）测试方法与步骤

①准备工作
a. 在洁净的水桶内滴入几点红墨水，使水成淡红色。
b. 装妥路面渗水仪。

②试验步骤
a. 将清扫后的路面用粉笔按测试仪器底座大小划好圆圈记号。
b. 在路面上沿底座圆圈抹一薄层密封材料，边涂边用手压紧，使密封材料嵌满缝隙且牢固地粘结在路面上，密封料圈的内径与底径座内径相同，约150mm，将组合好的渗水试验仪底座用力压在路面密封材料圈上，在加上压重铁圈压住仪器底座，以防压力水从底座与路面间流出。
c. 关闭细管下方的开关，向仪器的上方量筒中注入淡红色的水至满，总量为600mL。
d. 迅速将开关全部打开，水开始从细管下部流出，待水面下降100mL时，立即开动秒表，每间隔60s，读记仪器管的刻度一次，至水面下降500mL时为止。测试过程中，如水从底座与密封材料间渗出，说明底座与路面密封不好，应移至附近干燥路面处重新操作。如水面下降速度很慢，从水面下降至 100mL 开始，测得 3min 的渗水量即可停止。若试验时水面下降至一定程度后基本保持不动，说明路面基本不透水或根本不透水，则在报告中注明。

e. 按以上步骤在同 1 个检测路侧面选择 5 个测点测定渗水系数，取其平均值，作为检测结果。

(5) 数据处理与结果判定

沥青路面的渗水系数按式（5-140）计算，计算时以水面从 100 下降至 500 所需的时间为标准，若渗水时间过长，亦可采用 3min 通过的水量计算：

$$C_w = \frac{V_2 - V_1}{t_2 - t_1} \times 60 \tag{5-140}$$

式中　$C_w$——路面渗水系数（mL/min）；
　　　$V_1$——第一次读数时的水量（mL），通常为 100mL；
　　　$V_2$——第二次读数时间的水量（mL），通常为 50mL；
　　　$t_1$——第一次读数时的时间（s）；
　　　$t_2$——第二次读数时间的时间（s）。

(6) 报告

列表逐点报告每个检测路段各个测点的渗水系数，及 5 个测点的平均值、标准差、变异系数。若路面不透水，则在报告中注明为 0。

## 二、桥梁现场荷载试验

(一) 概念

桥梁荷载试验是指已建成桥梁按实际运营条件下最不利工况进行的现场荷载试验。

1. 桥梁荷载试验分为三种情况

(1) 检验新建桥梁的竣工质量，评定工程可靠性。竣工试验是对新建的一般大中型桥梁和新型桥梁，通过试验，综合评定工程质量的安全性和可靠性，判断工程是否符合设计文件和规范的要求，并将试验报告作为评定桥梁工程质量优劣的技术文件档案归档备查。

(2) 检验旧桥的整体受力性能和实际承载力，为旧桥改造提供依据。所谓旧桥是指已建成运营了较长时间的桥梁。这些桥梁有的已不能满足当前通行的需要；有的年久失修，不同程度地受到损伤与破坏；其中大多数都缺乏原始设计与施工资料和图纸。因此经常采用荷载试验的方法来确定旧桥的实际承载能力和运营等级，提出加固和改造方案。

(3) 处理工程事故，为修复加固提供数据。对因受到自然灾害或人为因素而遭受损坏的桥梁，通常为处理工程事故进行现场调查和必要的荷载试验，通过试验数据分析确定修复加固的方案。

2. 桥梁荷载试验主要检测指标

(1) 作用力

外力包括静荷载、支座反力、推力等；

构件内力包括弯矩、轴力、剪力、扭矩等。

(2) 结构截面上各种应力的分布状态及其大小

静应力通过检测结构的静应变而求得；

动应力通过检测结构的动应变而求得。

(3) 结构的各种静态变形

静态变形包括水平位移、竖向挠度、相对滑移、转角等。

桥梁结构的变形中，最主要的是挠度变形。通常我们通过对中小型梁桥结构检测其挠度来评定是否符合要求。

(4) 结构的裂缝

桥梁结构的裂缝主要通过检测桥梁在荷载作用下，是否产生裂缝；原裂缝是否发展；裂缝宽度是否扩大；裂缝的高度是否增加等情况来评定。

(二) 检测依据

《公路桥涵设计通用规范》JTG D60—2004

《公路砖石混凝土桥涵设计规范》JTJ 022—85

《公路钢筋混凝土及预应力混凝土桥梁设计规范》JTG D62—2004

《公路桥涵地基与基础设计规范》JTT 024—85

《公路桥涵钢结构及木结构设计规范》JTT 025—86

《公路桥涵施工技术规范》JTJ 041—2000

《公路桥涵养护规范》JTG H11—2004

《公路桥梁承载能力检测评定规程》(即将出版)

《城市桥梁养护技术规范》CJJ 99—2003 or J281—2003

设计文件中对桥梁结构各部分结构尺寸、材料强度的要求是试验检测的基本依据，结构理论内力和变形是检测与评估重要依据。

(三) 检测仪器与使用方法

桥梁结构检测常用的仪器有机械式仪器、光学仪器和电测仪器。其中光学仪器如精密水准仪、全站仪等在测量部分已详细地介绍过，本节主要介绍机械测试仪器和电测仪器。

1. 结构应变量测

(1) 千分表式应变计

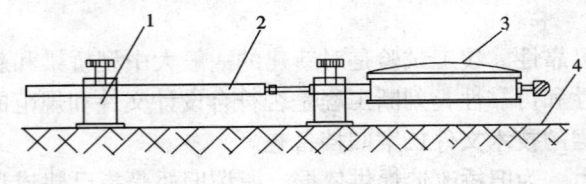

图 5-39 千分表式应变计

1—夹具；2—金属顶杆；3—千分表；4—试件

应变是结构构件某区段单位长度的相对变化 ($\varepsilon = \Delta L/L$)。千分表式应变计是用金属制作的夹具把千分表安装在构件测点上构成的检测应变的装置，见图 5-39。夹具采用胶粘剂粘贴的方法安装。在混凝土构件表面粘贴夹具时，应将混凝土表面打磨平整，用丙酮或无水乙醇擦净。待表面干燥后用胶粘剂按预先选定的标距 $L$ (一般为 10~20cm) 粘贴上，待夹具与混凝土牢固地粘住后，方可安装千分表进行测量。两个夹具中心间距即为仪器的标距 $L$；当结构变形后，从千分表上读出变化值 $\Delta L$；从而求得测点应变 $\varepsilon = \Delta L/L$。

千分表式应变计结构轻巧，使用灵活，装拆方便，又能重复使用，适用于测点不多及缺少电源的地方。缺点是多点测量时，需千分表数量多，要大量人员观测。

(2) 手持式应变计

手持式应变计也是一种利用位移计 (百分表或千分表) 测量应变的仪器。其优点是一台仪器可测量多个测点，且操作方便，可重复使用。使用时不必将仪器固定在结构测点上，而是每次量测时用手把持着，临时按在各结构测点标距上的钢制测头上进行测读，读完收起，而所测的结果仍能保持数值的连续性。

手持式应变计其构造原理见图 5-40。使用时，将千分表固定在一根刚性金属杆上，其测杆自由地顶在另一根刚性金属杆的外突部分，两根金属杆之间由两片富有弹性的弹簧片连接，因而能彼此相对平行移动。每根金属杆的一端带有一个尖形的插足，两插足间的距离即为仪器的标距 $L$。其标距一般为 25cm。

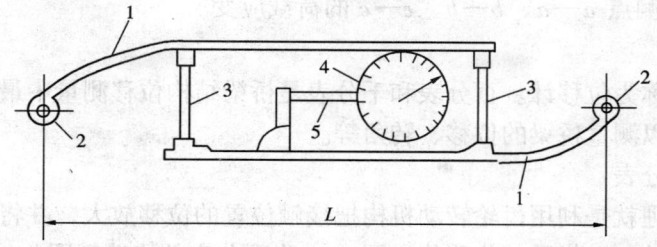

图 5-40 手持式应变计其构造原理
1—刚性金属杆；2—插足；3—弹簧片；4—位移计；5—位移计测杆

测试前应在构件的测点部分，按标距 $L$ 打上测孔（钢结构）或预埋或预贴带有圆锥孔穴的钢制测头（混凝土）。测头一般用不锈钢或铜、铝合金制成，其外径 $\phi 8mm$，中心孔径为 $\phi 1 \sim \phi 1.5mm$。如图 5-41 所示。

测量时，将仪器的两个插足垂直插在孔穴中，两个测头间的相对长度的变化 $\Delta l$，可由仪器加载前后两次读数之差得出，经计算可确定被测点的应变值 $\varepsilon = \Delta l / L$。

使用手持式应变计，当温度变化较大时应考虑温度补偿。为了从读数中扣除温度部分的影响，在布设测点时，在垂直应变的方向布置温度补偿测点，如图 5-42 所示。

图中测点 $a$—$a$、$b$—$b$、$c$—$c$ 分别为构件的应变测点，$d$—$d$ 为温度补偿测点，位于杆件中部并垂直于应变测点。各测点的应变和温度应变可用下列公式计算：

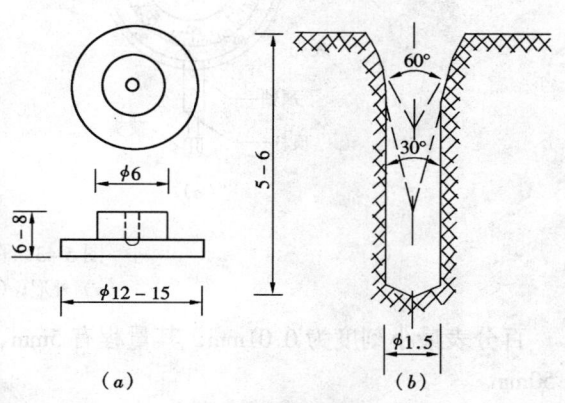

图 5-41 金属测头
($a$) 脚标；($b$) 中心孔径

$$\varepsilon_t = \frac{\mu\varepsilon'_b + \varepsilon'_d}{1 + \mu} \tag{5-141}$$

$$\varepsilon_a = \varepsilon'_a - \frac{\mu\varepsilon'_b + \varepsilon'_d}{1 + \mu} \tag{5-142}$$

$$\varepsilon_b = \frac{\varepsilon'_b - \varepsilon'_d}{1 + \mu} \tag{5-143}$$

$$\varepsilon_c = \varepsilon'_c - \frac{\mu\varepsilon'_b + \varepsilon'_d}{1 + \mu} \tag{5-144}$$

式中 $\mu$——材料泊松比（混凝土为 $\mu = 0.2$）；
$\varepsilon_t$——温度应变；
$\varepsilon'_a$、$\varepsilon'_b$、$\varepsilon'_c$、$\varepsilon'_d$——测点 $a$—$a$、$b$—$b$、$c$—$c$、$d$—$d$ 的综合荷载应变读数；

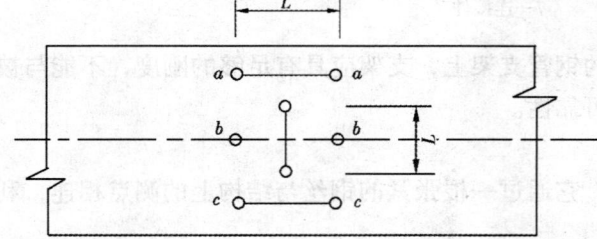

图 5-42 应变横向温度补偿

$\varepsilon_a$、$\varepsilon_b$、$\varepsilon_c$——测点 $a$—$a$、$b$—$b$、$c$—$c$ 的荷载应变。

**2. 结构位移量测**

测量位移的仪器称为位移计。百分表和千分表是桥梁结构位移测量中最常用的仪器，配合使用相应的夹具装置可以测量桥梁的位移、转角等。

(1) 百分表和千分表

百分表的工作原理就是利用齿轮转动机构把接触位置的位移放大，并将测杆的直线往复运动转换成指针的回旋转动，以指示其位移值。图 5-43 为百分表的构造简图。

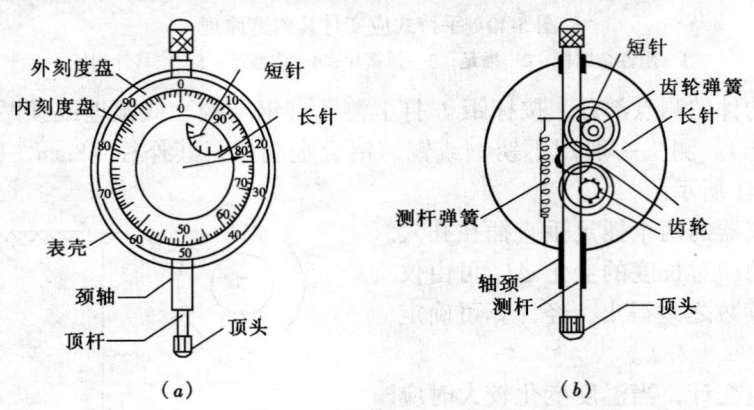

图 5-43 百分表构造
(a) 外形；(b) 构造简图

百分表最小刻度为 0.01mm；其量程有 5mm、10mm、30mm 和 50mm。桥梁位移检测通常用 30~50mm。

千分表最小刻度为 0.001mm；通常量程为 1mm。千分表和百分表的结构相似，比百分表多增加了一对放大齿轮，灵敏度提高了 10 倍。桥梁通常用其检测小的变位。

磁性表座是与百分表安装配套使用的附属装置。其作用是夹持百分表，吸附在钢板平面或钢管架上。图 5-44 为磁性表座的构造图。

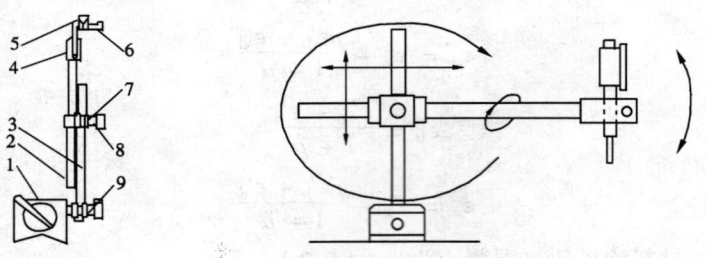

图 5-44 磁性表座构造图
1—磁体开关；2、3—连接杆；4—微调螺栓；5—颈箍；6、8、9—紧固螺栓；
7—连接件

桥梁检测通常将其安装在临时搭设的钢管支架上，支架应具有足够的刚度，不能与被测结构和人行走道相连，以免影响检测数据的可靠性。

(3) 张线式位移计

张线式位移计是一种大行程位移计。它通过一根张紧的钢丝与结构上的测点相连，利用钢丝传递测点的位移，其构造见图 5-45。

从图 5-45 可见，当结构测点 A 产生位移时，利用绕在仪器摩擦轮上的钢丝和挂在钢丝上的重物，直接带动滚轮转动，进而引起主动齿轮、中心齿轮和被动齿轮传动，读数由大、小指针指示。如钢丝过长，要注意消除温度的影响。

（4）简易式挠度计

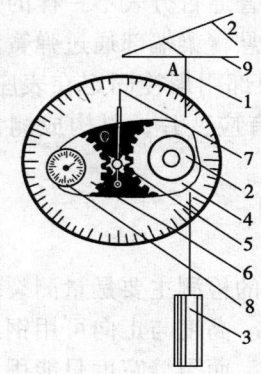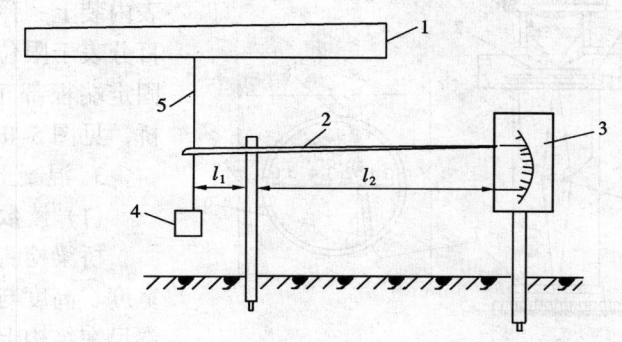

图 5-45 张线式位移计
1—钢丝；2—摩擦滚轮；3—重物；4—主动齿轮；5—中心齿轮；6—被动齿轮；7—大指针；8—小指针；9—测点

图 5-46 简易挠度计
1—结构；2—指针；3—刻度盘；4—重物；5—钢丝

图 5-46 为一简易挠度计。当结构测点产生位移时，利用绕在指针根部上的钢丝和挂在钢丝上的重物，直接引起指针运动，读数由指针在刻度盘上指出。这种设备制作构造简单，安装方便，成本低廉，杠杆的放大率 $V = L_1/L_2 = 10 \sim 20$ 倍。刻度值一般可用 0.05~0.1mm，量程可达 100mm；钢丝的直径为 0.2~0.3mm，悬挂重物一般在 2~3kg 左右。

位移传感器

（5）电测位移计

桥梁检测中，位移传感器与电阻应变仪是配套使用的。

①应变式位移传感器

图 5-47 为应变式位移传感器构造和工作原理图。传感器将二个弹性元件（弹簧和悬臂梁）串联。悬臂梁为铍青铜制成，固定在仪器的外壳，在悬臂梁（矩形截面）固定端，正反两面粘贴四片应变片组成全桥线路。当测杆随试件位移而移动时，通过传力弹簧使悬臂梁产生挠曲，利用悬臂梁自由端位移使固定端产生应变的线性关系，通过电阻应变仪即可测得试件的位移。位移传感器的量程从 50~150mm，其读数分辨能力可达 0.01mm。

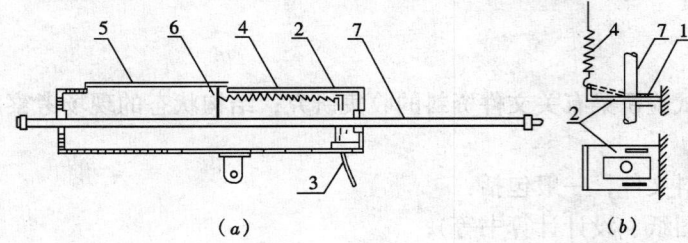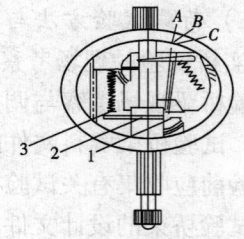

图 5-47 应变式位移传感器工作原理及构造
（a）应变式位移传感器；（b）悬臂梁构造
1—电阻应变片；2—悬臂梁；3—引线；4—拉簧；5—标尺；6—标尺指针；7—测杆

图 5-48 电测百分表
1—应变片；2—弹性悬梁；3—弹簧

②电测百分表

桥梁检测中最常用的还有电测百分表,这是应变式位移传感器与机械式百分表融于一体的仪表。它既可象普通百分表那样灵活使用、直接读数,又能象位移传感器作为电测仪器一样使用。

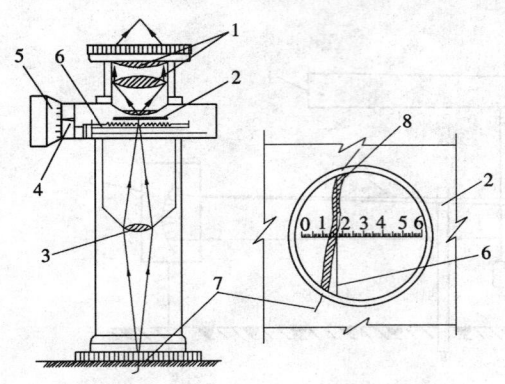

图 5-49 读数显微镜及构造原理
1—目镜、场镜；2—上分划板；3—物镜；4—读数指针；5—读数鼓轮；6—下分划板；7—试件裂缝；8—放大后裂缝

电测百分表的构成与普通百分表不一样的是在表内装上一弹性悬臂梁,悬臂梁端部通过弹簧固定百分表于限位螺钉上,根部用螺栓固定在表座上。固定端根部正反两面贴有应变片,以构成测量电桥,见图 5-48。

3. 混凝土裂缝的量测

(1) 读数显微镜

桥梁检测中,对裂缝的检测主要是量测裂缝的宽度、高度与裂缝的走向。高度与走向可用钢尺或卷尺在结构上打方格测量,而裂缝宽度只能用读数显微镜等仪器来量测。目前国产的读数显微镜种类很多,刻度值由 0.01～0.1mm,量程为 3～8mm 不等。

读数显微镜的构造原理如图 5-49 所示。它主要由目镜、物镜、测微分划板、侧微读数鼓轮和镜筒等组成。

使用读数显微镜测量裂缝宽度时,使被测构件的被测部位照明,再调节目镜螺旋,使视场中看清分划板,然后旋动读数鼓轮,使视场中长线与裂缝的一边相切,得一读数(如 3.51mm),再旋动读数鼓轮,使长线与裂缝的另一边相切,又得一读数(如 3.84mm),则裂缝的宽度为两次读数的差值(即 3.84 - 3.51 = 0.33mm)。

(2) 塞尺

塞尺又名塞规。原用于机械间隙的测量,工程检测中主要用于粗略测定混凝土裂缝的宽度和深度,由一些不同厚度的薄钢片组成。

使用时按裂缝的大致宽度选择不同的塞尺,刚好插入的塞尺厚度即为裂缝宽度；测量深度采用比宽度小的塞尺插入裂缝中,根据塞尺插入深度而得到裂缝的深度。

测量裂缝还有一些其他的仪器,如裂缝视频仪、裂缝成像技术仪等,因为价格昂贵,加之性能单一,此处就不再介绍了。

(四) 加载设备

加载车辆(按设计要求选择车型)或加载重物(因地制宜选择)。

(五) 荷载试验方法与操作程序

1. 实桥试验的现场考察与调查

试验桥梁现场考察与调查包括：试验桥梁有关文件资料的收集研究；结构状态的现场考察。

(1) 试验桥梁资料文件的收集

试验前应收集有关试验桥梁的资料文件,一般包括：

①试验桥梁的设计文件(如设计图纸、设计计算书等)；

②试验桥梁的施工文件(施工日志及记录,相关材料性能的检验报告,竣工图及隐蔽工程验收记录等)；

③试验桥梁如为改建或加固的旧桥,应收集包括历次试验记录报告,改建加固的设计与施工文件等。

(2) 桥梁结构状态的现场考察

桥梁结构的现场考察是通过有经验的工程师和试验人员的现场目测和利用简易量测仪器对桥梁进行全面细致的外观检查，观察和发现试验桥梁已存在的缺陷和外部损伤，判断分析其对试验可能产生的影响程度。实桥试验的现场考察内容一般为上部结构的外观检查、支座检查和下部结构外观检查三部分。

①桥梁上部结构外观检查

桥梁上部结构是桥梁主要承重结构，主要有梁、板、拱肋、桁架等基本构件组成。检查主要对基本构件的工作状况进行检查。检查内容包括基本构件的主要几何尺寸及纵轴线；基本构件的横向联系；基本构件的缺陷和损伤。

基本构件的主要几何尺寸检查，主要用钢尺量测其实际长度，截面尺寸以及用混凝土保护层测试仪量测混凝土的实际保护层厚度和主筋的尺寸及位置。

基本构件的纵轴线检查，主要指梁桥主梁纵轴线下挠度的测量；对拱桥是指主拱圈的实际拱轴线及拱顶下沉量的测量。基本构件纵轴线的检查可以先目测，发现基本构件纵轴线发生明显变化时，再用精密水准仪量测。

基本构件的横向联系检查，对梁桥应检查横隔板的缺陷及裂缝情况；对拱桥除应检查横系梁（板）的缺陷和裂缝外，还应注意与拱肋连接处是否有脱离现象等。

基本构件的缺陷和损伤检查主要对已存在的混凝土的表面裂缝、蜂窝、麻面、露筋、孔洞等缺陷进行细心观察，将观察到的缺陷的种类、发生部位、范围及严重程度记录下来，作为后面进行综合分析和判断桥梁结构性能的参考依据。

②支座的检查

桥梁支座的作用是将上部结构重量及车辆荷载作用传给墩台，并完成梁体按设计所需要的变形，即水平位移和转角。

支座的检查主要是观察支座的橡胶是否老化，支座垫石有无裂缝、破损，特别要注意的是活动支座的伸缩与转动是否正常，支座有无错位和变形等缺陷。

③下部结构外观检查

桥梁下部结构检查内容一般为墩台台身缺陷和裂缝；墩台变位（沉降、位移等）以及墩台基础的冲刷和浆砌片石扩大基础的破裂松散。

对钢筋混凝土的墩台主要缺陷检查混凝土的表面的侵蚀剥落、露筋以及风化、掉角等；裂缝主要检查墩台沿主筋方向的裂缝或箍筋方向的裂缝，盖梁与主筋方向垂直的裂缝。

对砖、石及混凝土墩台缺陷主要检查砌缝砂浆的风化，大体积混凝土内部空洞引起的破损等；裂缝主要检查墩台台身的网状裂缝及沿墩台高度方向延伸的竖向裂缝等。

墩台变位（位移、沉降等）可采用精密水准仪测量墩台的位移沉降量，观测点设在墩台顶面两端，与两岸设置永久水准点组成闭合网。另外对墩台倾斜可在墩台上设置固定的铅垂线测点，用经纬仪观察墩台的倾斜度。

墩台基础注意检查圬工表面的剥落、破损外，特别要注意当桥梁墩台有位移、沉降或在活载作用下墩顶位移较大时，可能是基础存在着冲刷或局部冲空等病害，应进行挖探检查。必要时，可用激光探测和振动检查方法，检查墩台基础中裂缝、断裂、冲空等病害。

2. 加载方案的制定与实施

(1) 加载试验工况确定

加载试验工况应根据不同桥型的承载力鉴定要求来确定。通常为了满足试验桥梁承载力鉴定的要求，加载试验工况应选择桥梁设计中的最不利受力状态，对单跨的中小桥可选加载试验工况1~2个，对多跨及大跨径的大中桥梁可多选几个工况。总之工况的选择原则是在满足试验目的的前提下，工况宜少不宜多。加载试验工况的布置一般以理论分析桥梁截面内力和变形影响线进行，选择一两个主要内力和变形控制截面布置。常见的主要桥型加载试验工况如下：

①简支梁桥

跨中最大正弯矩和最大挠度；

1/4 跨弯矩和挠度；

支点混凝土主拉应力；

墩台最大竖向力。

②连续梁桥

主跨跨中最大正弯矩和最大挠度；

主跨支点最大负弯矩；

主跨桥墩最大竖向力；

支点混凝土主拉应力；

边跨跨中最大正弯矩和最大挠度。

③T形刚构桥（悬臂梁桥）

锚固孔跨中最大正弯矩和最大挠度工况；

支点最大负弯矩工况；

支点混凝土主拉应力工况；

挂梁跨中最大正弯矩和最大挠度工况。

④无铰拱桥

跨中最大正弯矩和最大挠度工况；

拱脚最大负弯矩工况；

拱脚最大水平推力工况；

1/4 和 3/8 跨弯矩及挠度工况。

此外，对于大跨径箱梁桥面板或桥梁相对薄弱的部位，可专门设置加载试验工况，检验桥面板或该部位对结构整体性能的影响。

(2) 荷载类型与加载方法

对于实桥荷载试验，在满足试验要求的情况下，一般情况下可只进行静载试验。为了全面了解移动车辆荷载作用于桥面不同部位时结构承载状况，通常在静载试验结束后，安排加载车（多辆车则相应的进行排列）沿桥长方向以时速小于 5km 的速度缓慢行驶一趟，同时观测各截面的变形情况。桥梁动载试验项目一般安排跑车试验，车辆制动试验，跳车试验以及无荷载时的脉动观测试验。跑车试验一般用标准汽车车列（对小跨径桥也可用单列）以时速 10km、20km、30km、40km、50km 的匀速平行驶过预定的桥跨路线，测试桥梁的动态增量，量测桥梁的动态反应。车辆制动力或跳车试验一般用 1 至 2 辆标准重车以时速 10km、20km、30km、40km 的速度行驶通过桥梁测试截面位置时进行紧急刹车或跃过按国际惯例高为 7cm 有坡面的三角木，测试桥梁承受活载水平力性能或测定桥梁的动力反应性能。

(3) 试验荷载等级的确定

①车辆荷载系统

桥梁检测通常利用车辆荷载来作为试验荷载。而车辆荷载系统，就是按设计等级和要求，利用相适应的满载的汽车类型或履带车作为试验荷载。按照公路桥涵设计的有关规范规定，桥梁设计的车辆荷载主要有汽车、平板挂车及履带车。其中计算荷载分为四级，分别为汽—10 级、汽—15 级、汽—20 级、和汽—超 20 级。车辆纵向排列见图 5-50。

验算车辆荷载主要为履带车和挂车，荷载级别又分为四种，分别为履—50、挂—80、挂—100 和挂—120，见图 5-51。

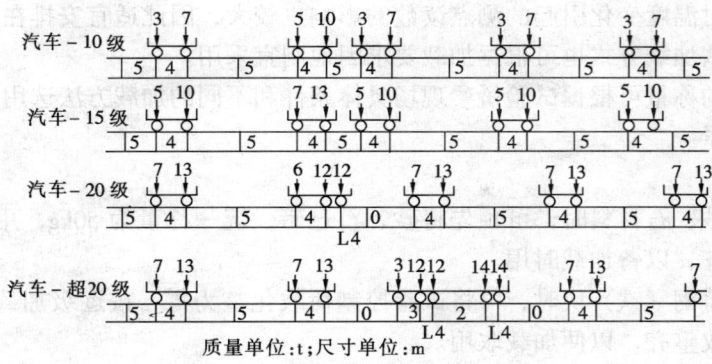

图 5-50 汽车的纵向排列

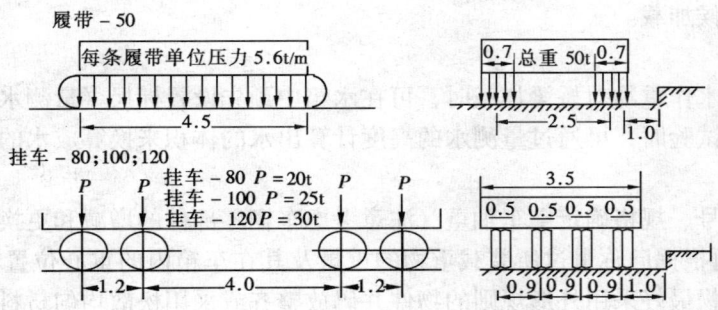

图 5-51 验算车辆的纵向排列和横向排列

按桥梁结构设计理论分析的内力和变形影响线进行布置，计算出控制截面的内力和变形的最不利结果，将最不利结果所对应的车辆荷载作为静载试验的控制荷载，由此决定试验用车辆的型号和所需的数量。因为平板挂车和履带车在桥梁设计规范中规定不计冲击力，所以动载试验一般采用汽车荷载。

实桥试验的车辆荷载应尽量采用与设计控制荷载相近的车辆荷载，当现场客观条件有所限制时，实桥试验的车辆荷载与设计控制车辆荷载会有所不同，为了确保实桥试验的效果，在选择试验车辆荷载大小和加载位置时，采用静载试验效率 $\eta_q$ 和动载试验效率 $\eta_d$ 来控制。

实桥试验通常选择温度相对稳定的季节和天气进行。当大气温度变化对某些桥型结构内力产生的影响较大时，应选择对桥梁温度内力不利的季节进行试验，如果现场条件和工期受限时，可考虑适当增大静载试验效率 $\eta_q$ 来弥补温度影响对结构控制截面产生的不利内力。

当现场条件受限，需用汽车荷载代替控制荷载的挂车或履带车加载时，由于汽车荷载产生的横向应力增大系数较小，为了使试验车辆产生的截面最大应力与控制荷载作用下截面产生的最大应力相等，可适当增大静载试验效率 $\eta_q$。

②重物加载系统

重物加载系统是指重物与加载承载架等组成的荷载系统。重物加载系统是利用物件的重量作为静荷载作用于桥梁上，其做法是一般按桥梁加载车辆控制荷载的着地轮迹的尺寸搭设承载架，再在承载架上设置水箱或堆放重物（如铸钢块，路缘石等）进行加载。如加载仅为满足控制截面的内力要求，也可采用直接在桥面上设置水箱或堆放重物的方法加载。

另外，承载架的搭设应使加载物体保持平稳，加载物的堆放应安全、合理，能按试验要求分布加载重量，避免因重物堆放空隙尺寸不合要求，而致使荷载作用方向改变的现象。

由于重物加载系统准备工作量大，费工费事，加卸载周期所需时间较长，导致中断交通的时间也长，加之试验时温度变化引起的测点读数的影响也较大，因此适宜安排在夜间进行。

此外，其他一些加载方式也可根据加载要求因地制宜采用。

对于加载重物的称量可根据试验桥梁现场具体条件和不同的加载方法选用以下几种方法来对所加载重物进行称量。

a. 称重法

当采用重物为砂、石材料时，可预先将砂、石过磅，统一称量为50kg，用塑料编织袋装好，按加载级距堆放整齐，以备加载时用。

当采用重物为铸钢（铁）块时，可将试验控制荷载化整为零，按逐级加载要求将铸钢（铁）块称重后，分级码放整齐，以便加载取用。

当采用车辆荷载加载时，可先用地磅称量全车的总重（包括车辆所装重物的重量），再按汽车的前后轴分别开上地磅称重，并记录下每辆车的总重和前、后轴重，同时将汽车按加载工况编号，排放整齐，等候加载。

b. 体积法

当采用水箱用水作重物对桥梁加载时，可在水箱中预先设置标尺（量测水的高度）和虹吸管（调整加载重量），试验时，可通过量测水的高度计算出水的体积来换算成水的重量来控制。

c. 综合法

根据车辆的型号、规格确定空车轴重（注意考虑车辆零部件的增减和更换，汽油、水以及乘员重量的变化），再根据已称量过所装载重物的重量及其在车箱内的重心位置将重量分配至前后各轴。对于装载重物最好采用外形规则的物件并码放整齐或采用松散均匀材料在车箱内能摊铺平整，以便准确确定其重心位置和计算重量。

无论采用何种确定加载重物称量方法，称量必须做到准确可靠，其称量误差一般应控制在不超过5%，有条件时也可采用两种称量方法互相校核。

（4）静载加载试验工况分级与控制

实桥静载试验加载试验工况最好采用分级加载与卸载。分级加载的作用在于既可控制加载速度，又可以观测到桥梁结构控制截面的应变和变位随荷载增加的变化关系，从而了解桥梁结构各个阶段的承载性能。另外在操作上分级加载也比较安全。

①加载工况分级控制的原则

a. 当加载工况分级较为方便，而试验桥型（如钢桥）又允许时，可将试验控制荷载均分为5级加载。每级加载级距为20%的控制荷载。

b. 当使用车辆加载，车辆称重有困难而试验桥型为钢筋混凝土结构时，可按3级不等分加载级距加载，试验加载工况的分级为：空车、计算初裂荷载的0.9倍和控制荷载。

c. 当遇到桥梁现场调查和检算工作不充分或试验桥梁本身工况较差的情况，应尽量增多加载级距。并注意在每级加载时，车辆应逐辆以不大于5km/小时的速度缓缓驶入桥梁预定加载位置，同时通过监控控制截面的控制测点的读数，确保试验万无一失。

d. 当划分加载级距时，应充分考虑加载工况对其他截面内力增加的影响，并尽量使各截面最大内力不应超过控制荷载作用下的最不利内力。

e. 另外，根据桥梁现场条件划分分级加载时，最好能在每级加载后进行卸载，便于获取每级荷载与结构的应变和变位的相应关系。当条件有所限制时，也可逐级加载至最大荷载后再分级卸载，卸载量可为加载总荷载量的一半，或全部荷载一次卸完。

②车辆荷载加载分级的方法

a. 先上单列车，后上双列车；

b. 先上轻车，后上重车；

c. 逐渐增加加载车数量；

d. 车辆分次装载重物；

e. 加载车位于桥梁内力（变位）影响线预定的不同部位。

以上各法也可综合运用。

③加卸载的时间选择

加卸载时间的确定一般应注意以下两个问题：

a. 加卸载时间的长短应取决于结构变位达到稳定时所需要的时间。

b. 应考虑温度变化的影响。

对于正常的桥梁结构试验，加、卸载级间间歇时间如钢结构应不少于10分钟，对于其他结构一般不少于15分钟。所定的加、卸载时间是否符合实际情况，试验时，可根据观测控制截面的仪表读数是否稳定来调整和验证。

对于采用重物加载，因其加卸载周期比较长，为了减少温度变化对荷载试验的影响，通常桥梁荷载试验安排在晚10时至晨6时时间段内进行。对于采用加卸载迅速方便的车辆荷载，如受到现场条件限制，也可安排在白天进行，但加载试验时每一加卸载周期花费时间应控制在20分钟内。

对于拱桥当拱上建筑或桥面系参与主要承重构件受力，有时因其连接较弱或变形缓慢，造成测点观测值稳定时间较长，如其结构实测变位（或应变）值远小于理论计算值，则可将加载稳定时间定为20~30分钟。

(5) 加载程序实施与控制

①加载程序的实施

加载程序实施应选择在天气较好，温度相对稳定性好的时间段内。加载应在现场试验指挥的统一指挥下，严格按照设计好的加载程序计划有条不紊地进行。加载施加的次序一般按计划好的工况，先易后难进行，加载量施加由小到大逐级增加。对采用车辆加载时，如为对称加载，每级荷载施加次序一般纵向为先施加单列车辆，后施加双列车辆；横桥向先沿桥中心布置车辆，后施加外侧车辆。

为了防止现场试验意外情况的发生，加载过程中应随时准备做好停止加载和卸载的准备。

②加载试验的控制

加载过程中，应对桥梁结构控制截面的主要测点进行监控，随时整理控制测点的实测结果，并与理论计算结果进行比较。另外注意监控桥梁构件薄弱部位的开裂和破损，组合构件的结合面的开裂错位等异常情况，并及时报告试验指挥人员，以便采取相应措施。

加载过程中，当发现下列情况应立即终止加载：

a. 控制测点挠度超过规范允许值或试验控制理论值时。

b. 控制测点应力值已达到或超过按试验荷载计算的控制理论值时。

c. 混凝土梁裂缝的长度和缝宽的扩展在未加载到预计的试验控制荷载前，达到和超过允许值时或在加载过程中，新裂缝不断出现，缝宽和缝长不断增加，达到和超过允许值的裂缝大量出现，对桥梁结构使用寿命造成较大影响时。

d. 桥梁结构发生其他损坏，影响桥梁承载能力或正常使用时。

3. 量测方法与试验数据采集

(1) 测点布置

①测点布置的原则

根据桥梁试验项目的要求，测点布置应遵循以下原则：

a. 在满足试验目的的前提下，桥梁控制截面测点布置宜少不宜多。

b. 测点的位置必须有代表性并服从桥梁结构分析的需要。测点的位置和数量必须是合理的，同时又是足够的。测点布置一般在桥梁结构的最不利部位上，如对箱梁截面腹板高度应变测点布置应不少于5个。

c. 布置一定数量的校核性测点。在测试过程中，就可以同时测得控制数据与校核数据，将二者比较，可以判别试验数据的可靠程度。

d. 测点的布置应有利于工作操作和量测安全。为了试验时测读的方便，测点宜适当集中，在现场情况许可时桥梁荷载试验可充分利用结构的对称性，尽量将测点布置在桥梁结构的半跨或1/4跨区域内。

② 主要测点布置

一般情况下，桥梁试验对主要测点的布置应能监控桥梁结构的最大应力（应变）和最大挠度（或位移）截面以及裂缝的出现或可能扩展的部位。几种主要桥梁体系的主要测点布置如下：

a. 简支梁桥

跨中挠度，支点沉降，跨中截面应变，支点斜截面应变。

b. 连续梁桥

跨中挠度，支点沉降，跨中截面应变，支点截面应变和支点斜截面应变。

c. 悬臂桥梁（包括T型刚构的悬臂部分）

悬臂端的挠度，支点沉降，支点截面应变，T形刚构墩身控制截面应变。

d. 拱桥

跨中挠度，1/4跨挠度，跨中、1/4处、拱脚截面应变。

e. 刚架桥（包括框架、斜腿刚架和刚架——拱式体系）

跨中截面的挠度和应变，结点附近截面的应变和变位。

f. 悬索结构（包括斜拉桥和上承式悬吊桥）

刚性梁的最大挠度，索塔顶部的水平位移，塔柱底截面应变，偏载扭转变位和控制截面应变。

挠度测点一般布置在桥梁中轴线位置，有时为了实测横向分布系数，也会在各梁跨中沿桥宽方向布置。截面抗弯应变测点一般设置在跨中截面应变最大部位，沿梁高截面上、下缘布设，横桥向测点设置数量以能监控到截面最大应力的分布为宜。

③ 其他测点布设

根据桥梁现场调查和桥梁试验目的的要求，结合桥梁结构的特点和状况，在确定了主要测点的基础上，为了对桥梁的工作状况进行全面评价，也可适当增加一些以下测点：

a. 挠度测点沿桥长或沿控制截面桥宽方向布置；

b. 应变沿控制截面桥宽方向布置；

c. 剪切应变测点；

d. 组合构件的结合面上、下缘应变测点布置；

e. 裂缝的监控测点；

f. 墩台的沉降、水平位移测点等。

对于桥梁现场调查发现结构横向联系构件质量较差，联结较弱的桥梁，必须实测控制截面的横向应力增大系数。简支梁的横向应力分布系数可采用观测沿桥宽方向各梁的应变变化的方法计算，也可采用观测跨中沿桥宽方向各梁的挠度变化的方法来进行计算求得。

对于剪切应变一般采用布置应变花测点的方法进行观测。梁桥的实际最大剪应力截面的测点通常设置在支座附近，而不是在支座截面上。

对于钢筋混凝土或部分预应力混凝土桥梁的裂缝的监控测点，可在桥梁结构内力最大受拉区沿受力主筋高度和方向连续布置测点，通常连续布置的长度不小于2~3个计算裂缝间距，监控试验荷载作用下第一条裂缝的产生以及每级荷载作用下，出现的各条裂缝宽度、开展高度和发展趋向。

④温度测点布置

为了消除温度变化对桥梁荷载试验观测数据的影响，通常选择在桥梁上大多数测点较接近的部位设置1~2处温度观测点，另外还根据需要在桥梁控制截面的主要测点部位布置一些构件表面温度测点，进行温度补偿。

(2) 试验数据的采集

①温度观测

在桥梁试验现场，通常在加载试验前对各测点仪表读数进行1小时的温度稳定观测。测读时间间隔为每10分钟一次，同时记录下温度和测点的观测数据，计算出温度变化对数据的影响误差，用于正式试验测点的温度影响修正。

②预载观测

在正式加载试验前应进行一至二次的预载试验。预载的目的在于：

a. 预载可以起预演作用，达到检查试验现场组织和人员工作质量，检查全部观测仪表和试验装置是否工作正常。以便能及时发现问题，在正式试验前得到解决。

b. 预载可以使桥梁结构进入正常工作状态，特别是对新建桥梁，预载可以使结构趋于密实；对于钢筋混凝土结构经过若干次预载循环后，变形与荷载的关系才能趋向稳定。

对于钢桥，预载的加载量最大可达到试验控制荷载。对于钢筋混凝土和部分预应力混凝土桥梁，预载的加载量一般不超过90%的开裂荷载；对于全预应力混凝土桥梁，预载的加载量为试验控制荷载的20%~30%。

③变形量测仪表的观测

a. 因为桥梁结构的变形与桥梁结构的荷载作用时间有关，因此，测读仪表的一条原则就是试验现场仪表的观测读数必须在同一时间段内读取。只有同时读取的试验数据才能真实的反映桥梁结构整体受载的实际工作状态。

b. 测读时间一般选在加载与卸载的间歇时间内进行。每一次加载或卸载后等10~15分钟，当结构变形测点稳定后即可发出讯号，统一开始测读一次，并记录在专门的表格上或在自动打印记录上做好每级的加载时间和加载序号，以便整理资料。

c. 在量测仪表的观测过程中，对桥梁控制截面的重要测点数据，应边记录边做整理，计算出每级荷载下的实测值，与检算的理论值进行比较分析，发现异常情况应及时报告指挥者，查明原因后再进行。

④裂缝观测

裂缝观测的重点是钢筋混凝土和预应力混凝土桥梁构件中承受拉力较大的部位以及旧桥原有的裂缝中较长和裂缝较宽的部位。加载试验前，对这些部位应仔细测量裂缝的长度、宽度，并沿裂缝走向离缝约1~3mm处用记号笔进行描绘。加载过程中注意观测裂缝的长度和宽度的变化，并直接在混凝土表面描绘。如发现加载过程中，裂缝长度突然增加很大，宽度突变超过允许宽度等异常情况时，应及时报告现场指挥，立即中止试验，查明情况。试验结束后，应对桥梁结构裂缝进行全面检查记录，特别应仔细检查在桥梁结构控制截面附近是否产生新的裂缝，必要时将裂缝发展情况用照相或录像的方式记录下来，或绘制在裂缝展开图上。

(六) 试验成果分析与评定

1. 静载试验数据整理分析

(1) 测试值修正与计算

桥梁结构的实测值应根据各种测试仪表的率定结果进行测试数据的修正，如机械式仪表的校正系数，电测仪表的灵敏系数，电阻应变观测的导线电阻等影响，这些影响的修正公式前面章节有的已经涉及，没有涉及的公式可查相关书籍。在桥梁检测中，当上述影响对于实测值的影响不超过1%时，一般可不予修正。

(2) 温度影响修正计算

在桥梁荷载试验过程中，温度对测试结果的影响比较复杂，一般采用综合分析的方法来进行温度影响修正。具体做法采用加载试验前进行的温度稳定观测结果，建立温度变化（测点处构件表面温度或大气温度）和测点实测值（应变或挠度）变化的线性关系，按下式进行修正计算：

$$S = S_1 - \Delta t \cdot k_t \tag{5-145}$$

式中　$S$——温度修正后的测点加载观测值；

　　　$S_1$——温度修正前的测点加载观测值；

　　　$\Delta t$——相应于 $S_1$ 时间段内的温度变化值（℃）；

　　　$k_t$——空载时温度上升1℃时测点测值变化值。

$$k_t = \frac{\Delta S}{\Delta t_1} \tag{5-146}$$

式中　$\Delta S$——空载时某一时间段内测点观测变化值；

　　　$\Delta t_1$——相应于 $\Delta S$ 同一时间段内温度变化值。

在桥梁检测中，通常温度变化值的观测对应变采用构件表面温度，对挠度则采用大气温度。温度修正系数 $k_t$ 应采用多次观测的平均值，如测点测试值变化与温度变化关系不明显时则不能采用。由于温度影响修正比较困难，一般可不进行这项工作，而通过在加载过程中，尽量缩短加载时间或选择温度稳定性好的时间进行试验等方法来尽量减少温度对试验的影响。

(3) 测点变位及相对残余变位计算

①测点变位

根据控制截面各主要测点量测的挠度，可作下列计算：

总变位　　　　　$S_t = S_l - S_i \tag{5-147}$

弹性变位　　　　$S_e = S_l - S_u \tag{5-148}$

残余变位　　　　$S_p = S_t - S_e = S_u - S_i \tag{5-149}$

式中　$S_i$——加载前仪表初读数；

　　　$S_l$——加载达到稳定时仪表读数；

　　　$S_u$——卸载后达到稳定时仪表读数。

②相对残余变位计算

桥梁结构残余变位中最重要的是残余挠度，相对残余变位的计算主要是针对桥梁结构加载试验的主要监控测点的变位进行，可按下式计算：

$$S'_p = \frac{S_p}{S_t} \times 100\% \tag{5-150}$$

式中　$S'_p$——相对残余变位；

　　　$S_p$，$S_t$——意义同式 (5-149)。

(4) 荷载横向分布系数计算

通过对试验桥梁跨中及其他截面横桥向各主梁挠度的实际测定，可以整理绘制出跨中及其他截面横向挠度曲线，按照桥梁荷载横向分布的概念，采用变位互等原理，即可计算并绘制出实测的任一主梁的荷载横向分布影响线。荷载横向分布系数可用下式求得：

$$k_i = \frac{y_i}{\sum y_i} \tag{5-151}$$

式中 $k_i$——第 $i$ 根主梁的荷载横向分布系数；

$y_i$——第 $i$ 根主梁的实测挠度值；

$\sum y_i$——桥梁某截面横向各主梁实测挠度值的总和。

根据变位互等原理，以荷重 $p=1$ 作用于第 $i$ 根主梁轴上时，绘制横桥向各主梁处挠度的连线，即为第 $i$ 根主梁位的荷载横向分布影响线。

(5) 试验结果整理分析

桥梁结构的荷载内力、强度、刚度（变形）以及裂缝等试验资料，经过相应的修正计算后，通常将最不利工况的每级荷载作用下的桥梁控制截面的实测结果与理论分析值整理绘制成曲线，便于直观比较和分析。通常需整理的桥梁结构试验常用曲线种类大致如下：

①桥梁结构纵横向的挠度分布曲线；

②桥梁结构荷载位移 ($P-f$) 曲线；

③桥梁结构控制截面的荷载与应力 ($P-\sigma$) 曲线；

④桥梁结构控制截面应变沿梁高度分布曲线；

⑤桥梁结构裂缝开展分布图（图中注明各裂缝编号、长度、宽度、荷载等级与裂缝发展过程情况）。

通过以上将结果整理绘制的曲线，即可直观地对实测结果与理论分析值的关系进行比较，初步判断试验桥梁的实际工作状态是否满足设计与安全运营要求。

2. 静载试验效率计算

静载试验效率 $\eta_q$ 可用下式表示：

$$\eta_q = \frac{S_s}{S(1+\mu)} \tag{5-152}$$

式中 $\eta_q$——静载试验效率；

$S_s$——静载试验车辆荷载作用下控制截面内力（或变位）计算值；

$S$——控制荷载作用下控制截面最不利内力（或变位）计算值；

$\mu$——按桥梁设计规范采用的冲击系数。当车辆为平板挂车、履带车、重型车辆时，取 $\mu = 0$。

静载试验效率 $\eta_q$ 的取值范围，对大跨径桥梁 $\eta_q$ 可采用 0.8~1.0；对旧桥试验的 $\eta_q$ 可采用 0.8~1.05。$\eta_q$ 的取值高低主要根据桥梁试验的前期工作的具体情况来确定。当桥梁现场调查与检算工作比较完善而又受到加载设备能力限制时，$\eta_q$ 可采用低限；当桥梁现场调查、检算工作不充分，尤其是缺乏桥梁计算资料时，$\eta_q$ 可采用高限；一般情况下旧桥的 $\eta_q$ 值不宜低于 0.95。

3. 动载试验资料的整理分析

桥梁实测冲击系数可按下式计算：

$$\mu_t = \frac{y_{dmax}}{y_{smax}} - 1 \tag{5-153}$$

式中 $\mu_t$——试验车辆的实测冲击系数；

$y_{dmax}$——实测的最大动挠度；

$y_{smax}$——实测的最大静挠度。

对于公路桥梁行驶的车辆荷载因为无轨可循，所以不可能使两次通过桥梁的路线完全相同。因此，一般采取以不同速度通过桥梁的方法，逐次记录下控制部位的挠度时程曲线，并找出其中一次通过使挠度达到最大值的时程曲线来计算冲击系数，静挠度取动挠度记录曲线中最高位置处

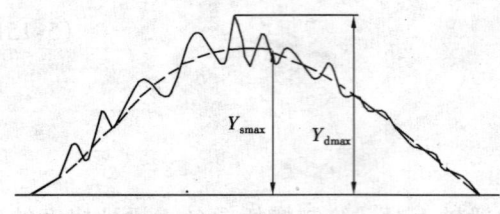

图 5-52 车辆荷载作用下桥梁变形曲线

振动曲线的中心线。如图 5-52 所示,最大动挠度与最大挠度在桥梁动变形记录图中的取值位置。

实测的冲击系数应满足下列条件:

$$\mu_t \cdot \eta_d \leq \mu_s \quad (5-154)$$

式中 $\mu_t$——实测冲击系数;

$\mu_s$——设计时采用的冲击系数;

$\eta_d$——动载试验效率。

当式(5-154)条件不满足时,应按实测的 $\mu_t$ 值来考虑试验桥梁标准设计中汽车荷载的冲击作用。

4. 桥梁试验结果的分析评定

(1) 结构的工作状况

①结构校验系数 $\eta$ 是评定桥梁结构工作状况,确定桥梁承载能力的一个重要指标。通常根据桥梁控制截面的控制测点实测的变位或应变与理论计算值比较,得到桥梁结构的校验系数 $\eta$,按公式 (5-155) 计算

$$\eta = \frac{S_e}{S_s} \quad (5-155)$$

式中 $S_e$——试验荷载作用下实测的变位(或应变)值;

$S_s$——试验荷载作用下理论计算变位(或应变)值。

公式 (5-155) 计算得到的 $\eta$ 值,可按以下几种情况判别:

当 $\eta = 1$ 时,说明理论值与实际值相符,正好满足使用要求。

当 $\eta < 1$ 时,说明结构强度(刚度)足够,承载力有余,有安全储备。

当 $\eta > 1$ 时,说明结构设计强度(刚度)不足,不够安全。应根据实际情况找出原因,必要时应适当降低桥梁结构的载重等级,限载限速或者对桥梁进行加固和改建。

在大多数情况下,桥梁结构设计理论值总是偏安全的。因此,荷载试验桥梁结构的校验系数 $\eta$ 往往稍小于 1。

不同桥梁结构型式的 $\eta$ 值常不相同,表 (5-25) 所列的结构校验系数 $\eta$,可供参考。

②实测值与理论值的关系曲线

对于桥梁结构的荷载与位移 (P-f) 曲线,荷载与应力 (P-σ) 曲线的分析评定,因为理论值一般按线性关系计算,所以如果控制测点的实测值与理论计算值成正比,其关系曲线接近于直线,说明结构处于良好的弹性工作状况。

桥梁结构校验系数常值表  表 5-25

| 桥梁类型 | 应变(或应力)校验系数 | 挠度校验系数 |
|---|---|---|
| 钢筋混凝土板桥 | 0.20~0.40 | 0.20~0.50 |
| 钢筋混凝土梁桥 | 0.40~0.80 | 0.50~0.90 |
| 预应力混凝土桥 | 0.60~0.90 | 0.70~1.00 |
| 圬工拱桥 | 0.70~1.00 | 0.80~1.00 |

③相对残余变位

桥梁控制测点在控制加载工况时的相对残余变位 $S'_p$ 越小,说明桥梁结构越接近弹性工作状况。我国公路桥梁荷载试验标准一般规定 $S'_p$ 不得大于 20%。当 $S'_p$ 大于 20% 时,应查明原因。如确系桥梁结构强度不足,应在评定时,酌情降低桥梁的承载能力。

④动载性能

当动载试验效率 $\eta_d$ 接近 1 时,不同车速下实测的冲击系数最大值可用于桥梁结构强度及稳定性检算。

对 40~120kN 载重汽车行车激振试验测得的竖向振幅值宜小于表 5-26 所列的参考指标。

竖向振幅允许值  表 5-26

| 桥型及跨度 | 竖向振幅允许值（mm） | 桥型及跨度 | 竖向振幅允许值（mm） |
| --- | --- | --- | --- |
| 跨度为 20m 以下的钢筋混凝土梁桥 | 0.3 | 跨度为 60~70m 的连续梁桥和 T 型刚构桥 | 3.0~5.0 |
| 跨度为 20~45m 的预应力混凝土梁桥 | 1.0 | 跨度为 30~124m 的钢梁桥和组合梁桥 | 2.0~3.0 |

对于公路桥梁中小跨径的一阶自振频率测定值一般应大于 3.0Hz，否则认为该桥结构的总体刚度较差。

(2) 结构强度及稳定性

①新建桥梁

新建桥梁的试验荷载一般情况下，选用设计荷载作为试验荷载，在试验荷载的作用下，桥梁结构混凝土控制截面实测最大应力（应变）就成为评价结构强度的主要依据。一方面可通过控制截面实测最大应力与相关设计规范规定的允许应力进行比较来说明结构的安全程度；另一方面可通过控制截面实测最大应力与理论计算最大应力进行比较，采用桥梁结构校验系数 $\eta$ 来评价结构强度及稳定性。

②旧桥

我国公路部门提出的《公路旧桥承载能力鉴定方法》，对于旧桥承载能力的检算基本上按现行的有关公路桥梁设计规范进行，但可根据桥梁现场调查得到的旧桥检算系数 $Z_1$ 和桥梁经荷载试验得到的 $Z_2$ 值，对检算结果进行适当修正。

当旧桥经全面荷载试验后，可采用通过结构控制截面主要挠度测点的校验系数 $\eta$ 值查取旧桥检算系数 $Z_2$ 值代替仅仅根据现场调查得到的旧桥检算系数 $Z_1$ 值，对旧桥进行检算，通过检算结果对桥梁结构抗力效应予以提高或折减。验算公式按式 (5-156) 和式 (5-157) 计算：

砖、石及混凝土桥

$$S_d(\gamma_{s0}\psi\Sigma\gamma_{sl}Q) \leq R_d(\frac{R^j}{\gamma_m}, \alpha_k)Z_2 \tag{5-156}$$

式中　$S_d$——荷载效应函数；

　　$Q$——荷载在结构上产生的效应；

　　$\gamma_{s0}$——结构重要性系数；

　　$\gamma_{sl}$——荷载安全系数；

　　$\psi$——荷载组合系数；

　　$R_d$——结构抗力效应函数；

　　$R^j$——材料或砌体的安全系数；

　　$\alpha_k$——结构几何尺寸；

　　$Z_2$——旧桥检算系数。

钢筋混凝土及预应力混凝土桥

$$S_d(\gamma_g G, \gamma_q \Sigma Q) \leq \gamma_b R_d(\frac{R_c}{\gamma_c}, \frac{R_s}{\gamma_s})Z_2 \tag{5-157}$$

式中　$G$——永久荷载（结构重力）；

　　$\gamma_g$——永久荷载（结构重力）的安全系数；

　　$Q$——可变荷载及永久荷载中混凝土收缩、徐变影响力，基础变位影响力；

　　$\gamma_q$——荷载 $Q$ 的安全系数；

　　$R_d$——结构抗力函数；

$\gamma_b$——结构工作条件系数;

$R_c$——混凝土强度设计采用值;

$\gamma_c$——在混凝土强度设计采用值基础上的混凝土安全系数;

$R_s$——预应力钢筋或非预应力钢筋强度设计采用值;

$\gamma_s$——在钢筋强度设计采用值基础上的钢筋安全系数。

$Z_2$值的取值范围根据校验系数 $\eta$ 在表 5-27 中查取。$\eta$ 值是评价桥梁实际工作状态的一个重要指标。对于 $\eta$ 的某一个值,都可在表 5-27 中的 $Z_2$ 有一个相应的取值范围,符合下列条件时,$Z_2$ 值可取高限,否则应酌减,直至取低限。

**经过荷载试验桥梁检算系数 $Z_2$ 值表**　　　　　　表 5-27

| $\eta$ | $Z_2$ | $\eta$ | $Z_2$ | $\eta$ | $Z_2$ | $\eta$ | $Z_2$ |
|---|---|---|---|---|---|---|---|
| 0.4 及以下 | 1.20~1.30 | 0.8 | 1.00~1.10 | 0.6 | 1.10~1.20 | 1.0 | 0.95~1.05 |
| 0.5 | 1.15~1.25 | 0.9 | 0.97~1.07 | 0.7 | 1.05~1.15 | | |

注:1. $\eta$ 值应经校验确保计算及实测无误;

2. $\eta$ 值在表列之间时可内插;

3. 当 $\eta$ 值大于 1 时应查明原因,如确系结构本身强度不够,应适当降低检算承载能力。

当采用 $Z_1$ 值根据式(5-155)、式(5-156)检算不符合要求,但采用 $Z_2$ 值进行检算符合要求时,可评定桥梁承载能力的检算满足要求。

③墩台及基础

当试验荷载作用下实测的墩台沉降,水平位移及倾角较小,符合上部结构检算要求,卸载后变位基本回复时,认为墩台与基础在检算荷载作用下能正常工作。否则,应进一步对墩台与基础进行探查、检算,必要时应进行加固处理。

④结构刚度分析

在试验荷载作用下,桥梁结构控制截面在最不利工况下主要测点挠度校验系数 $\eta$ 应不大于 1。

另外,在公路桥梁现有设计规范中,对不同桥梁都分别规定了允许挠度的范围。在桥梁荷载试验中,可以测出在桥梁结构设计荷载作用时结构控制截面的最大实测挠度 $f_z$,应符合下列公式要求。

$$f_z \leq [f] \tag{5-158}$$

式中　$f_z$——消除支点沉降影响的跨中截面最大实测挠度值;

$[f]$——设计规范规定的允许挠度值。

当试验荷载小于桥梁设计荷载时,可用下式推算出结构设计荷载时的最大挠度 $f_z$,然后与规范规定值进行比较:

$$f_z = f_s \frac{P}{P_s} \tag{5-159}$$

式中　$f_s$——试验荷载时实测跨中最大挠度;

$P_s$——试验荷载;

$P$——结构设计荷载。

⑤裂缝

对于新建桥梁在试验荷载作用下全预应力混凝土结构不应出现裂缝。

对于钢筋混凝土结构和部分预应力混凝土结构 B 类构件在试验荷载作用下出现的最大裂缝宽度不应超过有关规范规定的允许值。即

$$\delta_{\max} \leq [\delta] \tag{5-160}$$

式中 $\delta_{\max}$——控制荷载下实测的最大裂缝宽度值；

$[\delta]$——规范规定的裂缝宽度允许值。

另外，一般情况下对于钢筋混凝土结构和部分预应力混凝土结构 B 类构件在试验荷载作用下出现的最大裂缝高度不应超过梁高的 1/2。

通过试验桥梁的荷载试验得到的试验资料的整理，就可对桥梁结构的工作状况、强度、刚度和裂缝宽度等各项指标进行综合分析，再结合桥梁结构的下部构造和动力特性评定，就可得出试验桥梁的承载能力和正常使用的试验结论，并用桥梁荷载试验鉴定报告的形式给出评定结论。

（七）桥梁现场荷载试验实例

1. 试验桥梁概况

南京长江二桥北汊桥主桥为 90m + 3 × 165m + 90m 的五跨变截面连续箱梁桥，位于半径 $R$ = 16000m 的竖曲线上。桥面宽 32m，预应力混凝土箱梁桥由上、下行分离的两个单箱单室箱形截面组成。箱梁采用纵、横、竖三向预应力体系。全桥于 2000 年 12 月底建成时，为亚洲当时已完成的最大跨径预应力混凝土连续箱梁桥。

为了确保大桥安全可靠地投入营运，对竣工后的大桥进行荷载试验是十分必要的。根据大桥建设指挥部的要求，北汊主桥的竣工荷载试验工作由东南大学交通学院桥梁与隧道工程研究所具体实施，北汊主桥由两幅分离的预应力混凝土单室箱梁组成，现场竣工荷载试验选择在上游幅进行。

2. 荷载试验目的

(1) 检验北汊桥主桥主体结构受力状况和承载能力是否符合设计要求，确定能否交付正常使用。

(2) 根据北汊桥主桥特大跨径预应力混凝土连续箱梁桥的结构特点，用静载测试的方法了解桥梁结构体系的实际工作状况，检验桥梁结构的使用阶段性能是否可靠。同时，也为评价工程的施工质量、设计的可靠性和合理性以及竣工验收提供可靠依据。

(3) 通过测试移动车辆荷载作用下桥梁控制截面的动应变和动挠度得到结构实际的动态增量，判别其动态反应是否在预应力连续箱梁桥允许范围内。

(4) 通过动力性能试验，了解桥梁结构的固有振动特性以及在长期使用荷载阶段的动力性能。

3. 静载试验

(1) 试验荷载

试验荷载采用的加载车辆由东风康明思 EQ3141 自卸车和太脱拉 815-2 自卸车两种车型组成。加载车辆主要尺寸如图 5-53。

南京长江二桥北汊主桥按静载试验方案，共使用 6 辆太脱拉自卸车和 21 辆东风康明思自卸车。采用的车辆均按标准配量进行配载称重。

(2) 测试截面、测试内容及测点布置

①测试截面

根据设计提供的资料和对北汊桥主桥预应力混凝土连续箱梁在营运阶段的分析计算，北汊主桥桥跨中跨跨中截面 $A$ 和次中跨跨中截面 $C$ 的正弯矩值以及 23 号墩顶附近截面 $B$ 的负弯矩值是设计的主要控制值；而箱梁混凝土主应力由边跨截面 $D$ 控制。因此，北汊主桥桥跨结构的静载试验相应选择了 4 个主要控制截面。见图 5-54。

②测试内容及测点布置

根据《大跨径混凝土桥梁的试验方法》和选择的控制截面要求，本次静载试验是在每种加载工况作用下，测试截面的混凝土应变和观测各桥跨的挠度变形。

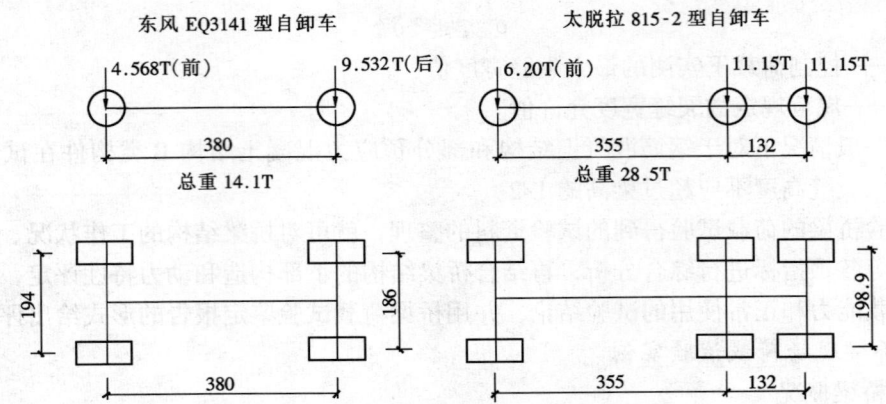

图 5-53 加载车主要尺寸（单位：cm）

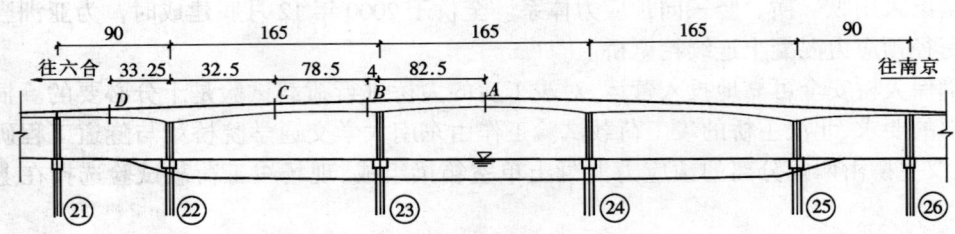

图 5-54 北汉主桥静载试验测试截面位置图（单位：m）

a. 箱梁挠度变形测试

箱梁挠度变形测点布置见图 5-55。除在每个桥墩纵向中心线位置箱梁上布设测量测点外，每跨的跨中处及四分点处均设挠度变形测点。

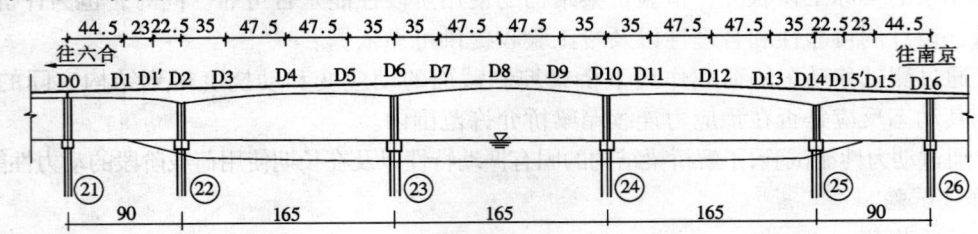

图 5-55 桥跨箱梁挠度变形纵向布置图（单位：m）

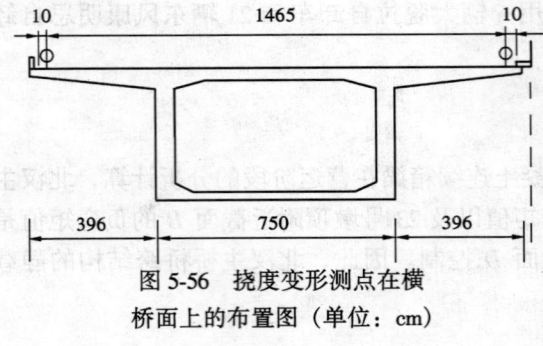

图 5-56 挠度变形测点在横桥面上的布置图（单位：cm）

挠度变形测点设在桥面上，在桥面横桥向的上、下游两侧，分别布置了 19 个点共 38 个测点，见图 5-56。

挠度变形采用多台水准仪沿全桥分段同时进行测试。

b. 箱梁应力测试

在箱梁主要控制截面（A、B、C）上各布置混凝土应变测点 17 个，其中钢弦式应变计 5 点（在箱梁施工中已预先埋入混凝土内），外贴大标距铂式应变片测点 12 个。部分截面的应变测点布置见图 5-57。

D 截面为箱梁主应力测试截面，共设置了 4 个应变花测点，计 12 片混凝土应变片。主应力测点布置见图 5-58。

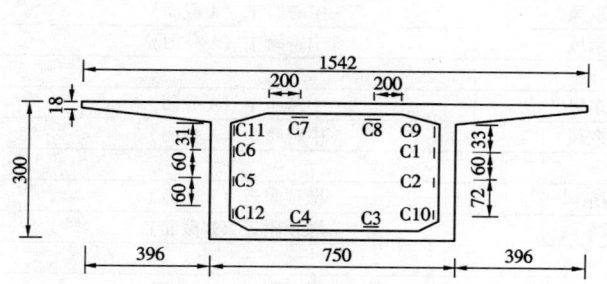

图 5-57 截面应变片测点布置图（单位：cm）

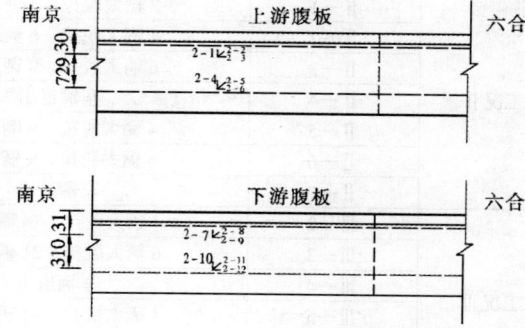

图 5-58 截面主应力测点布置图（单位：cm）

（3）加载工况及方法

① 加载工况

北汉主桥跨结构静载试验采用汽车车队加载。在桥面宽度上布置 3 列车队，每列车队按照加载工况要求由数量不等的东风康明斯和太脱拉自卸车组成。

对于北汉主桥桥跨结构 A、B、C、D 测试截面，除在桥面宽度方向进行对称加载工况，还进行偏心加载工况，在桥面横向位置具体对称加载和偏心加载布置见图 5-59。

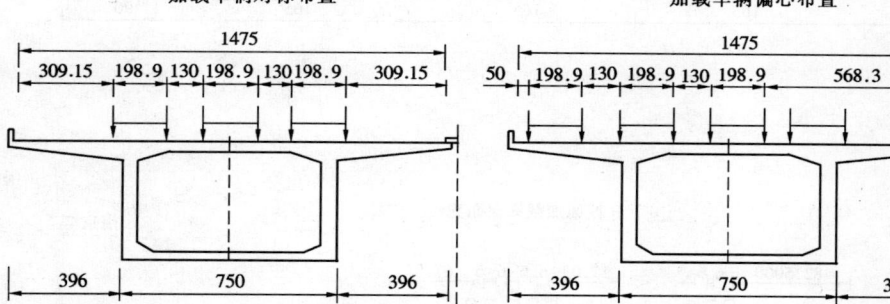

图 5-59 加载车在桥面横向位置图（单位：cm）

北汉主桥静载试验根据对桥跨结构具体分析和设计要求，主要进行 4 个大加载工况，共计 8 个小加载工况。静载试验具体实施工况详见表 5-28。

静载试验工况表  表 5-28

| 工况 | | 加载车辆车队 | 加载位置 |
|---|---|---|---|
| 全桥预压 | | 3 辆太脱拉，3 辆东风 | 缓慢通过全桥 |
| 工况 I | I—1 | 2 辆太脱拉，3 辆东风 | 次中跨跨中（C 截面） |
| | I—2 | 4 辆太脱拉，6 辆东风 | 次中跨跨中（C 截面） |
| | I—3 | 6 辆太脱拉，9 辆东风 | 次中跨跨中（C 截面） |
| | I—4 | 车辆退出 | |
| | I—5 | 4 辆太脱拉，6 辆东风 | 次中跨跨中（C 截面） |
| | I—6 | 6 辆太脱拉，9 辆东风 | 次中跨距中（C 截面） |
| | I—7 | 车辆退出 | |

续表

| 工况 | | 加载车辆车队 | 加载位置 |
|---|---|---|---|
| 工况Ⅱ | Ⅱ—1 | 2辆太脱拉，3辆东风 | 中跨跨中（A截面） |
| | Ⅱ—2 | 4辆太脱拉，6辆东风 | 中跨跨中（A截面） |
| | Ⅱ—3 | 6辆太脱拉，9辆东风 | 中跨跨中（A截面） |
| | Ⅱ—4 | 车辆退出 | |
| | Ⅱ—5 | 4辆太脱拉，6辆东风 | 中跨跨中（A截面） |
| | Ⅱ—6 | 6辆太脱拉，9辆东风 | 中跨跨中（A截面） |
| | Ⅱ—7 | 车辆退出 | |
| 工况Ⅲ | Ⅲ—2 | 4辆太脱拉，14辆东风 | 墩顶附近（B截面） |
| | Ⅲ—3 | 6辆太脱拉，21辆东风 | 墩顶附近（B截面） |
| | Ⅲ—4 | 车辆退出 | |
| | Ⅲ—5 | 4辆太脱拉，14辆东风 | 墩顶附近（B截面） |
| | Ⅲ—6 | 6辆太脱拉，21辆东风 | 墩顶附近（B截面） |
| | Ⅲ—7 | 车辆退出 | |
| 工况Ⅳ | Ⅳ—1 | 6辆太脱拉，3辆东风 | （D截面） |
| | Ⅳ—2 | 车辆退出 | （D截面） |

按照静载试验4个大加载工况，部分车队沿桥跨结构的纵向排列布置见图5-60。

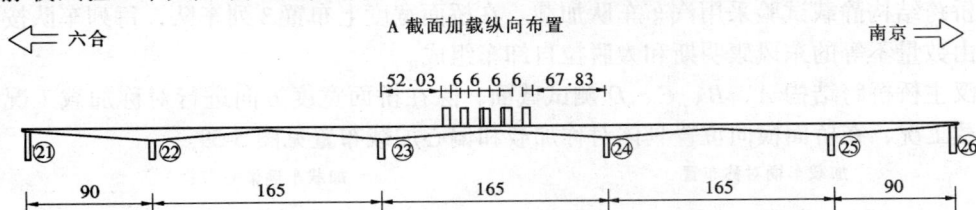

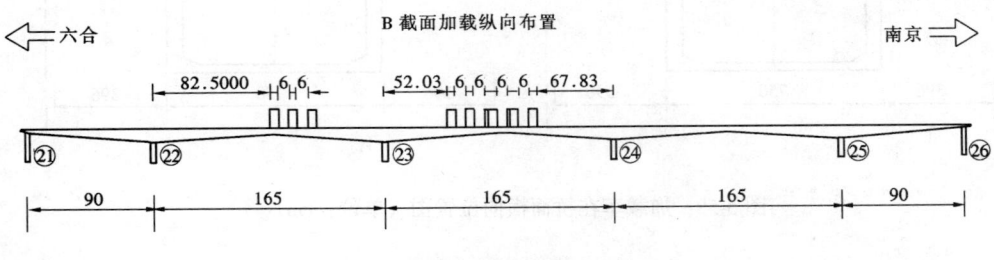

图 5-60 加载车队纵向布置图（单位：m）

②加载方法

北汊主桥静载试验按表5-28所示的加载大工况，每个加载大工况采用分级加载的方法，当加载工况为沿桥面横向对称布置车队时，分3级加载，即1列车队为1级；当加载工况为非对称布置车队时，分2级加载，即先上1列车队为第1级，而后同时上2列车队为第2级。本次加载时在桥跨结构经过车队预压之后，依次按表5-28的工况顺序进行加载试验。

③静载试验效率

按照图5-60所示车队纵向排列位置以及桥面上共3个试验车队作用时，计算得到的静载试验效率 $\eta_q = 0.8 \sim 0.9$，满足《大跨径桥梁试验方法》的要求。

(4) 试验仪器

①混凝土应变测试采用 TDS-303 静态数据采集仪,其分辨率为 $0.1\times 10^{-6}$;最大测量测点数据为 1000 个,量测速度为 0.06sec,与之相配的混凝土应变片为大标距铂式应变片。

同时对箱梁截面混凝土应变还使用了 SS-2 型液晶显示钢弦频率接收仪 2 台,其测量精度为 1Hz,最大测量范围为 8000Hz。与之相配的是预先埋入箱梁混凝土内的钢弦式应变计。

②桥跨结构挠度变形测试仪器采用 8 台精密水准仪沿全桥分段同时测量进行。

(5) 静载试验结果

①桥梁结构的挠度

根据北汉主桥桥跨结构各控制截面最大加载工况实测得到部分的最大挠度值与相应加载工况的理论计算挠度值对照表见 5-29。

根据全桥跨结构实测挠度结果整理绘制的部分加载工况挠度实测曲线见图 5-61。

**控制截面实测最大挠度与理论计算挠度对照表**　　表 5-29

| 测试截面 | 实测挠度 (mm) | 理论计算挠度 (mm) | 备 注 |
|---|---|---|---|
| A 截面 | 46 | 62.5 | 中跨跨中 |
| B 截面 | 49 | 52.4 | 次中跨跨中 |

| 测点编号 | D0 | D3 | D1 | D2 | D3 | D4 | D5 | D6 | D7 | D9 | D9 | D10 | D11 | D12 | D13 | D14 | D35 | D15 | D16 |
|---|---|---|---|---|---|---|---|---|---|---|---|---|---|---|---|---|---|---|---|
| 实测挠度 (mm) | ×1 | ×2 | ×3 | 6 | 8 | 18 | 25 | −1 | −33 | −43 | −23 | 8 | 11 | 13 | 4 | 2 | 2 | −2 | 1 |
| 计算挠度 (mm) | 0.0 | −7.6 | −5.6 | 0.0 | 10.2 | 32.6 | 25.0 | 0.0 | −31.0 | −62.8 | −28.2 | 0.0 | 22.5 | 28.5 | 9.6 | 0.0 | 0.5 | −6.8 | 0.0 |

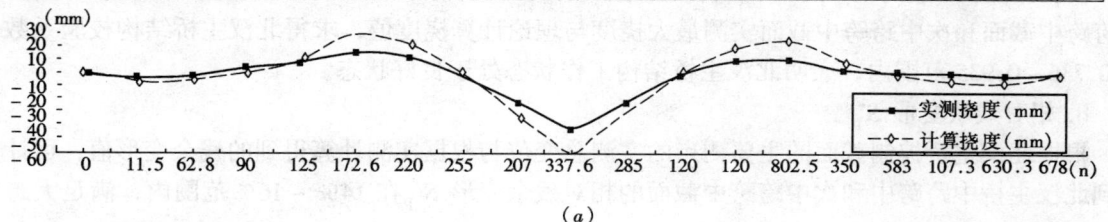

(a)

| 测点编号 | D0 | D3 | D1 | D2 | D3 | D4 | D5 | D6 | D7 | D9 | D9 | D10 | D11 | D12 | D13 | D14 | D15′ | D15 | D16 |
|---|---|---|---|---|---|---|---|---|---|---|---|---|---|---|---|---|---|---|---|
| 实测挠度 (mm) | 1 | 4 | −3 | 3 | 7 | 20 | 19 | 0 | −18 | −16 | −22 | −6 | 32 | 31 | 1 | 0 | −1 | −3 | 3 |
| 计算挠度 (mm) | 0.0 | −7.6 | −3.0 | 0.0 | 10.7 | 31.6 | 23.0 | 0.0 | −32.0 | −62.8 | −28.2 | 0.0 | 22.5 | 28.5 | 9.8 | 0.0 | −1.5 | −6.8 | 0.0 |

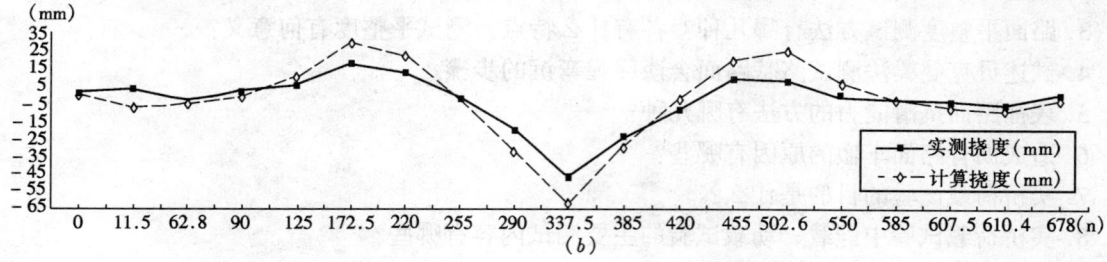

(b)

图 5-61　A 截面偏载上、下游测点挠度曲线图

②箱梁混凝土应变

根据北汉主桥桥跨结构各控制截面加载工况,静载试验中所测得的箱梁控制截面各部位应力值均为加载后的应力增量值,下面仅将理论计算的应力增量值与实测的应力增量值进行比较。其中应力值为负号代表受压,正号代表受拉。下面实测应力值与理论计算值均指加载后的应力值增量。

a. 根据全桥各控制截面箱梁混凝土正应力实测得到的范围与理论计算正应力值对照见表 5-30。表中实测混凝土正应力变化范围均小于理论计算值。

**混凝土实测应力范围与理论计算值对照表**　　　　　表 5-30

| 截面部位 | | 实测应力范围（MPa） | 理论计算应力值（MPa） | 备注 |
|---|---|---|---|---|
| A | 顶板 | 2.77~3.58 | 3.73 | |
| | 底板 | 2.96~3.89 | 4.20 | |
| B | 顶板 | 0.92~1.04 | 1.85 | |
| | 底板 | 0.57~1.07 | 1.58 | |
| C | 顶板 | 0.69~0.77 | 1.77 | |
| | 底板 | 2.5~2.60 | 2.62 | |

b. 根据北汉主桥施工控制组在全桥桥面铺装施工后对预埋在中跨跨中截面和次中跨跨中截面的钢弦应变计测试结果，中跨跨中截面顶板混凝土压应力为 6.67MPa，底板混凝土压应力为 11.42MPa；次中跨跨中截面顶板混凝土压应力为 8.89MPa，底板混凝土压应力为 14.96MPa。因此，静载试验各工况在试验荷载作用下，北汉主桥箱梁截面混凝土总的应力状态处于压应力范围内。

③主应力测试结果

实测计算结果得到的箱梁腹板混凝土主拉应力最大为 0.94MPa，小于理论计算得到的主拉应力值 1.2MPa。

④结构工作状况

a. 结构校验系数 $\eta$

桥梁结构的校验系数 $\eta$ 主要是利用控制截面的主要测点的实测值与理论值之比求得。根据中跨跨中截面和次中跨跨中截面实测最大挠度与理论计算挠度值，求得北汉主桥结构校验系数 $\eta$ 在 0.736~0.935 范围内，表明北汉主桥结构工作状态处于良好状态。

b. 相对残余变形 $S'_p$

根据北汉主桥控制截面的主要测点的实测总变位与根据实测计算得到的残余变形值，可计算得到北汉主桥中跨跨中和次中跨跨中截面的相对残余变形 $S'_p$ 在 14%~16% 范围内，满足大跨径桥梁试验方法中 $S'_p$ 不大于 20% 的要求。

**思考题**

1. 路面结构厚度测试有何实际意义？
2. 试述对于不同材料的路基路面结构层，应采取何种方法检测其压实度？
3. 路面平整度测试方法有哪几种？各有什么特点？测试平整度有何意义？
4. 试述贝克曼梁法测试路基路面会谈回弹弯沉的步骤。
5. 表征路面抗滑能力的方法有哪几种？
6. 造成沥青路面车辙的原因有哪些？
7. 实桥荷载试验的目的是什么？
8. 实桥荷载试验中静载、动载试验的主要测试内容有哪些？
9. 实桥现场调查与考察应进行哪些项目检查？
10. 常见主要桥型静载试验中主要有哪些加载工况？
11. 实桥荷载试验常采用哪些加载设备与方法？车辆荷载应如何称重？
12. 几种主要桥梁体系的试验控制截面的主要测点应如何布置？
13. 采用汽车车队作桥梁静载试验时，如何进行加载工况的分级？
14. 静载试验时，钢筋混凝土梁桥加载稳定时间应如何控制？
15. 实桥现场荷载试验中，什么条件下应终止加载试验？
16. 如何利用荷载试验的校验系数评定桥梁的工作状况？
17. 桥梁的冲击系数应如何测试？

18. 桥梁荷载试验报告应包括哪些内容？

19. 某新桥按规范标准汽车—20级设计计算跨中截面的控制内力为4401kN·m，因现场条件所限，荷载试验需用其他型号汽车车队加载，计算得到的跨中截面试验控制内力为4225 kN·m，问该桥静载试验效率是否满足荷载试验要求？

20. 某简支梁桥采用汽车荷载加载计算得到的跨中挠度值为56mm，荷载试验实测得到的跨中挠度值为45.4mm，问该桥结构的工作状况是否满足要求？

**参考文献**

1. 徐培华．陈忠达主编．路基路面检测技术．北京：人民交通出版社，2000
2. 周明华主编．土木工程结构试验与检测．南京：东南大学出版社，2003
3. 公路路基路面现场测试规程．北京：人民交通出版社，1995
4. 胡大琳主编．桥涵工程试验检测技术．北京：人民交通出版社，2000
5. 徐志旭等编．桥梁检验．北京：人民交通出版社，1992
6. 交通部标准．公路旧桥承载力鉴定方法．（试行）．北京：人民交通出版社，1998
7. 顾安邦主编．桥梁工程．北京：人民交通出版社，2000

## 第六节　道路砖及混凝土路缘石

### 一、道路砖

（一）概念

以水泥和骨料为主要原材料，经加压、振动加压或其他成型工艺制成的，用于铺设人行道、车行道、广场、仓库等的混凝土路面及地面工程的块、板等。其表面可以有面层的或无面层的，本色或彩色的。按路面砖形状分为普通型路面砖和联锁型路面砖。普通型路面砖代号为 $N$，联锁型路面砖代号为 $S$。

等级与规格：

1. 抗压强度等级分为：$C_c30$、$C_c35$、$C_c40$、$C_c50$、$C_c60$。
2. 抗折强度等级分为：$C_f3.5$、$C_f4.0$、$C_f5.0$、$C_f6.0$。
3. 质量等级：符合规定强度等级的，根据外观质量、尺寸偏差和物理性能分为优等品（A）、一等品（B）和合格品（C）。
4. 标记：按产品代号、规格尺寸、强度、质量等级进行标记。如普通型路面砖规格为 $250\times250\times60$mm，抗压强度等级为 $C_c40$，合格品的标记示例：$N250\times250\times60C_c40C$。

道路砖外观尺寸见表5-31。

（二）检测依据

《混凝土路面砖》JC/T446—2000

道路砖外观尺寸　　　表 5-31

| 边长（mm） | 100，150，200，250，300，400，500 |
|---|---|
| 厚度（mm） | 50，60，80，100，120 |

（三）主要仪器设备

1. 砖用卡尺或精度不低于0.5 mm其他量具；
2. 冷冻箱：装有试件后能使箱内温度保持 -15 ~ -20℃范围以内；
3. 压力试验机：要带有抗折试验架；
4. 天平：称量为10kg，感量为5g；
5. 烘箱：能使温度控制在 $105\pm5$℃；
6. 耐磨试验机；
7. 钢垫板：厚度不小于30mm、硬度应大于HB200、平整光滑的钢质垫压板，垫压板的长度和宽度根据路面砖公称厚度按表 5-32 选取。

垫压板尺寸（mm） 表 5-32

| 试件公称厚度 | 垫 压 板 | | 试件公称厚度 | 垫 压 板 | |
|---|---|---|---|---|---|
| | 长 度 | 宽 度 | | 长 度 | 宽 度 |
| ≤60 | 120 | 60 | 100 | 200 | 100 |
| 80 | 160 | 80 | ≥120 | 240 | 120 |

（四）取样及制备要求

1. 外观质量检验：从每批产品中随机抽取 50 块。
2. 尺寸偏差检验：在外观检测合格的试件中抽取 10 块。
3. 物理力学性能检验：在外观检测、尺寸偏差检验合格的试件中抽取 30 块，龄期不少于 28 天。

抗压强度：试件数量为 5 块，试件的两个受压面应平行、平整。否则应对受压面磨平或用水泥浆抹面找平处理，找平层厚度小于等于 5mm；

抗折强度：试件数量为 5 块；耐磨性试验：试件数量为 5 块，尺寸不小于 100mm×150mm，试件表面应平整，且应在 105~110℃下烘干至恒重；

吸水率试验：取 5 整块试件，当质量大于 5kg 时，可切取 4.5±0.5kg 的部分路面砖；

抗冻试验：试件数量为 10 块，其中 5 块进行冻融试验；5 块用作对比试件。

（五）试验步骤

1. 外观质量

(1) 正面粘皮及缺损测量方法：测量正面粘皮及缺损处对应路面砖边的长、宽两个投影尺寸，精确至 0.5mm。

(2) 缺棱掉角测量方法：测量缺棱、掉角处对应路面砖棱边的长、宽、厚三个投影尺寸，精确至 0.5mm。

(3) 裂纹长度测量方法：测所在面上最大投影长度，若裂纹由一个面延伸至其他面时，测量其延伸的投影长度和，精确至 0.5mm。

(4) 分层：对路面砖的侧面进行目测检验。

(5) 色差、杂色：在平地上将路面砖铺成不小于 $1m^2$ 的正方形，在自然光照或功率不小于 40W 的日光灯下，1.5m 处用肉眼观察检验。

2. 尺寸偏差

(1) 长度、宽度、厚度、厚度差测量方法：测量路面砖长度和宽度时分别测量路面砖正面离角部 10mm 处对应平行侧面，长度宽度各测量两次，厚度测量路面砖宽度中间距边缘 10mm 处，两厚度测量值之差为厚度差，测值精确至 0.5mm。

(2) 平整度测量方法：将砖用卡尺支角任意放置在砖正面四周边缘，滑动测量尺，测量最大凹凸处，精确至 0.5mm。

(3) 垂直度测量方法：将砖用卡尺尺身紧贴路面砖的正面，一个支角顶住砖底棱边，读出路面砖正面对应棱边偏离数值作为垂直度偏差，每一棱边测量两次，记录最大值，精确至 0.5mm。

3. 力学性能

根据路面砖边长与厚度比值，选择做抗压强度或抗折强度试验。

(1) 抗压强度：边长/厚度＜5

①清除试件表面的粘渣、毛刺、放入室温水中浸泡 24 小时；

②将试件从水中取出，用拧干的湿毛巾擦去表面附着水，放置在试验机下压板的中心位置，根据试件厚度选择垫压板，将垫压板放在试件的上表面中心对称位置；

③启动试验机,匀速加荷,速度控制在 0.4~0.6MPa/s,直至试件破坏。

(2) 抗折强度:边长/厚度≥5

①清除表面的粘渣、毛刺、放入室温水中浸泡 24 小时;

②将试件取出,用拧干的湿毛巾擦去表面附着水,顺着长度方向外露表面朝上置于支座上,抗折支距为试件厚度的 4 倍,在支座及加压棒与试件接触面之间应垫有 3~5mm 厚的胶合板垫层;

③启动试验机,连续匀速加荷,速度控制在 0.0~0.06 MPa/s,直至试件破坏。

4. 物理性能

(1) 耐磨性

①将标准砂装入磨料斗,并将试件固定在托架上,使试件表面平行于钢轮轴垂直于托架底座;

②启动电机,调节磨料的速度至 1L/分钟以上,均匀下落,立即将试件与摩擦轮接触并开始记时间;

③磨至 1 分钟后关闭电机,移开托架,关闭节流阀,调整试件在不同部位相互垂直方向上准备试验;

④依上述方法完成垂直方向上试验及其余 4 个试件的试验;

⑤用卡尺测量磨坑两边缘和中间的长度,精确至 0.1mm 并取平均值;

⑥计算 5 个试件 10 次试件的平均磨坑长度。

(2) 吸水率

①将试件置于 105±5℃ 的烘箱内烘干,每隔 4 小时称量一次,直到前后两次相差 0.1% 时,视为干燥质量 $m_0$;

②等试件冷却至室温后侧向直立在水槽中,注入温度为 20±10℃ 的洁净水,使水面高出试件约 20mm;

③浸水 $24^{+0.25}_{-0}$ 小时,将试件取出,用拧干的湿毛巾擦去表面附着水,分别称量一次,直至前后两次称量差小于 0.1% 时,为试件吸水 24 小时质量 $m_1$。

(3) 抗冻性

①检查试件外观质量,记录缺陷情况,将试件放入 20±10℃ 的水中浸泡 24 小时,水面高出试件约 20mm;

②将试件取出,用拧干的湿毛巾擦去表面附着水,放入预先降温至 -15℃ 的冷冻箱,试件间隔不小于 20mm,待温度达到 -15℃ 时,开始计算时间,从装试件到温度重新达到 -15℃ 所用时间不应大于 2 小时;

③在 -15℃ 温度下冻结规定时间(厚度小于 60mm 砖时间不少于 3 小时,厚度大于或等于 60mm 时间不少于 4 小时),然后取出试件,立即放入 20±10℃ 的水中融解 2 小时,此为一次循环,依次进行 25 次冻融循环。

④完成 25 次后,将试件取出,用拧干的湿毛巾擦去表面附着水,检查并记录外观质量,然后进行强度试验。

(六)数据处理与结果判定

1. 技术指标

(1) 外观质量(表 5-33)

(2) 尺寸允许偏差(表 5-34)

混凝土路面砖外观质量(mm)　　表 5-33

| 项　目 | 优等品 | 一等品 | 合格品 |
|---|---|---|---|
| 正面粘皮及缺损最大投影尺寸≤ | 0 | 5 | 10 |
| 缺棱掉角的最大投影尺寸≤ | 0 | 10 | 20 |
| 裂纹 非贯穿裂纹长度最大投影尺寸≤ | 0 | 10 | 20 |
| 裂纹 贯穿裂纹 | 不允许 | | |
| 分　层 | 不允许 | | |
| 色差、杂色 | 不明显 | | |

混凝土路面砖尺寸允许偏差（mm）　　　　表5-34

| 项　目 | 优　等　品 | 一　等　品 | 合　格　品 |
|---|---|---|---|
| 长度、宽度 | ±2.0 | ±2.0 | ±2.0 |
| 厚　度 | ±2.0 | ±3.0 | ±4.0 |
| 厚度差 | ≤2.0 | ≤3.0 | ≤3.0 |
| 平整度 | ≤1.0 | ≤2.0 | ≤2.0 |
| 垂直度 | ≤1.0 | ≤2.0 | ≤2.0 |

（3）力学性能指标（表5-35）

混凝土路面砖力学性能指标（MPa）　　　　表5-35

| 边长/厚度 | <5 | | ≥5 | | |
|---|---|---|---|---|---|
| 抗压强度等级 | 平均值≥ | 单块最小值≥ | 抗折强度等级 | 平均值≥ | 单块最小值≥ |
| $C_c30$ | 30.0 | 25.0 | $C_f3.5$ | 3.50 | 3.00 |
| $C_c35$ | 35.0 | 30.0 | $C_f4.0$ | 4.00 | 3.20 |
| $C_c40$ | 40.0 | 35.0 | $C_f5.0$ | 5.00 | 4.20 |
| $C_c50$ | 50.0 | 42.0 | $C_f6.0$ | 6.00 | 5.00 |
| $C_c60$ | 60.0 | 50.0 | | | |

（4）物理性能指标（表5-36）

混凝土路面砖物理性能指标　　　　表5-36

| 质量等级 | 耐　磨　性 | | 吸水率%≤ | 抗　冻　性 |
|---|---|---|---|---|
| | 磨坑长度（mm）≤ | 耐磨度≥ | | |
| 优等品 | 28.0 | 1.9 | 5.0 | 冻融循环试验后，外观质量必须符合规定；强度损失不得大于20.0% |
| 一等品 | 32.0 | 1.5 | 6.5 | |
| 合格品 | 35.0 | 1.2 | 8.0 | |

磨坑长度试验与耐磨度二项试验只做一项即可

2. 数据处理

（1）抗压强度：
$$R_C = P/A$$

式中　$P$——破坏荷载（N）；

　　　$A$——试件上垫板面积，或试件受压面积（$mm^2$）。

结果以5块试件抗压强度的平均值和单块最小值表示，计算精确至0.1MPa。

（2）抗折强度：
$$R_F = 3Pl/2bh^2$$

式中　$P$——破坏荷载（N）；

　　　$l$——两支座间的中心距离（mm）；

　　　$b$——试件宽度（mm）；

　　　$h$——试件厚度（mm）。

结果以5块试件抗折强度的平均值和单块最小值表示，计算精确至0.01MPa。

（3）耐磨性

计算5个试件10次试验的平均磨坑长度，精确至0.1mm。

（4）吸水率：
$$w = (m_1 - m_0)/m_0 \times 100$$

式中　$m_1$——试件吸水24h的质量（g）；

　　　$m_0$——试件干燥的质量（g）。

结果以5块试件的平均值表示，计算精确至0.1%。

（5）抗冻性

冻融试验后强度损失率
$$\Delta R = (R - R_0)/R \times 100$$

式中　$R$——表示冻融试验前，试件强度试验结果的平均值（MPa）；

$R_0$——表示冻融试验后，试件强度试验结果的平均值（MPa）。

试验结果计算精确至 0.1%。

3. 判定规则（表 5-37）

**混凝土路面砖判定规则**　　　　　表 5-37

| 检测项目 | 一次取样 | | | 二次取样（含第一次） | |
|---|---|---|---|---|---|
| | 合格 | 不合格 | 需二次取样 | 合格 | 不合格 |
| 外观（不合格试件数） | ≤3 | ≥7 | 4—6 | ≤8 | ≥9 |
| 尺寸（不合格试件数） | ≤1 | ≥3 | 2 | 2 | ≥3 |
| 物理力学 | 符合某等级相应技术参数要求即判为相应等级 | | | | |
| 总判定 | 所有项目的检验结果都符合某一等级规定时，判为相应等级；有一项不符合合格品等级规定时，判为不合格品 | | | | |

（七）例题

某混凝土路面砖，规格尺寸为 200×100×60（单位：mm），破坏荷载的试验数据如下：250、216、220、221、186（单位：kN），对此砖进行有关强度检验，并判定强度符合什么等级。

解：∵长度与厚度比值为 200÷60 = 3.3 < 5；

∴做抗压强度试验。

选垫板尺寸 120×60 = 7200mm²。

250÷7200 = 34.7 MPa；

216÷7200 = 30.0 MPa；

220÷7200 = 30.6 MPa；

221÷7200 = 30.7 MPa；

186÷7200 = 25.8 MPa；

平均值 $R_C$ =（34.7 + 30.0 + 30.6 + 30.7 + 25.8）÷5 = 30.4 MPa

$R_{min}$ = 25.8 MPa。

对照技术指标表，符合 $C_c30$ 抗压强度等级。

## 二、混凝土路缘石

（一）概念

1. 定义：

（1）混凝土路缘石：以水泥和密实骨料为主要原料，经振动法、压缩法或以其他能达到同等效能之方法预制的铺设在路面边缘或标定路面界限及导水用的预制混凝土的界石。其可视面可以是有面层（料）或无面层（料）的、本色或彩色及凿毛加工的。

（2）混凝土平缘石：顶面与路面平齐的混凝土路缘石。有标定路面范围、整齐路容、保护路面边缘的作用。

（3）混凝土立缘石：顶面高出路面的混凝土路缘石。有标定车行道范围以及引导排除路面水的作用。

（4）混凝土平面石：铺砌在路面与立缘石之间的混凝土平缘石。

2. 分类：缘石按其结构形状分为直线形缘石和曲线形缘石。直线形缘石按其截面分为 H 型、T 型、R 型、F 型、P 型、RA 型。

3. 等级：

（1）直线形缘石抗折强度等级分为 $C_f6.0$、$C_f5.0$、$C_f4.0$、$C_f3.0$。

（2）曲线形及直线形截面 L 状缘石抗压强度等级分为 $C_c40$、$C_c35$、$C_c30$、$C_c25$。

（3）质量等级：符合某个强度等级的缘石，根据其外观质量、尺寸偏差和物理性能分为优等品（A）、一等品（B）、合格品（C）。

4. 缩略语：CC——混凝土路缘石；BCC——直线形混凝土路缘石；CCC——曲线形混凝土路缘石；CFC 混凝土平缘石；CGA 混凝土平面石；CVC 混凝土立缘石；RACC 直线形截面 $L$ 状混凝土路缘石。

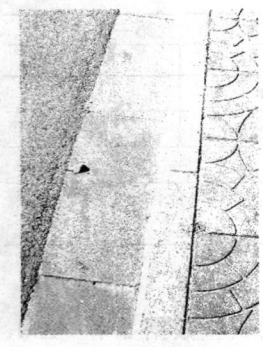

图 5-62 某路段的路缘石

5. 标记：路缘石按产品代号、规格尺寸、强度、质量等级和本标准编号顺序进行标记。

示例：H 型的立缘石，规格尺寸 240mm×300mm×1000mm，抗折强度等级为 $C_f4.0$，一等品的标记为：CVCH240×300×1000（$C_f4.0$）（B）

6. 实物见图 5-62。

（二）检测依据

《混凝土路缘石》JC899—2002

（三）主要仪器设备及环境

1. 钢直尺：精度为 1mm，量程为 300mm 和 1000mm；卡尺；塞尺；直角尺或丁字尺。

2. 试验机。

3. 加载压块。

采用厚度大于 20mm、直径为 50mm、硬度大于 HB200、表面平整光滑的圆形钢块。

4. 找平垫板。

垫板厚度为 3mm、直径大于 50mm 的胶合板或硬纸板。

5. 抗折试验支承装置要求：

抗折试验支承装置应可自由调节试件处于水平，同时可调节支座间距，精确至 1mm。支承装置两端支座上的支杆直径为 30mm，一为滚动支杆，一为绞支杆；支杆长度应大于试件的宽度 $b_0$，且应互相平行。

6. 冷冻箱：装有试件后能使水温保持在 -15℃ ~ -20℃ 的范围以内。

7. 融解水槽：装有试件后能使水温保持在 15 ~ 20℃ 的范围以内。

8. 混凝土切割机：

满足本标准要求的，能制备抗压强度、吸水率、抗冻性试块的切割机。

9. 天平：称量 5kg，感量 5g。

10. 干燥箱：鼓风干燥箱自动控制温度（105±2）℃；具有鼓风排湿功能。

11. 水槽：能浸试样的，深度约为 300mm 的水箱或水槽。

试验环境为室温。

（四）取样及制备要求

1. 每批缘石应为同一类别、同一型号、同一规格、同一等级，每 20000 件为一批；不足 20000 件，亦按一批计；超过 20000 件，批量由供需双方商定。塑性工艺生产的缘石每 5000 件为一批，不足 5000 件，亦按一批计。

2. 抽取龄期不小于 28d 的试件。

3. 外观质量和尺寸偏差试验的试件，按随机抽样法从成品堆场中每批产品抽取 13 块。

4. 物理性能和力学性能试验的试件（块），按随机抽样法从外观质量和尺寸偏差检验合格的试件中抽取。每项物理性能和力学性能中的抗压强度试块分别从 3 个不同的缘石上各切取 1 块符合试验要求的试块；抗折强度直接抽取 3 个试件。

抗折强度试件的制备：在试件的正侧面标定出试验跨距，以跨中试件宽度（$b_0$）1/2 处为施加荷载的部位，如试件正侧面为斜面、切削角面、圆弧面，则试验时加载压块不能与试件完全水平吻合接触，应用1:2的水泥砂浆将加载压块所处部位抹平使之试验时可均匀受力，抹平处理后试件，养护3d后方可试验。

抗压强度试件制备：曲线形缘石，直线形截面$L$状缘石及不适合作抗折强度的缘石应做抗压强度试验。从缘石的正侧面距端面和顶面各20mm以内的部位切割出100mm×100mm×100mm试块。以垂直于缘石成型加料方向的面作为承压面。试块的两个承压面应平行、平整。否则应对承压面磨平或用水泥砂浆抹面找平处理，找平层厚度不大于5mm，养护3d。与承压面相邻的面应垂直与承压面。制备好的试块，清除其表面的粘渣、毛刺，放入20±3℃的清水中浸泡24h。

吸水率试验试件制备：从缘石截取约为100mm×100mm×100mm带有可视面的立方体的块体为试块，每组3块。

抗冻性试验试件制备：从缘石中切割出带有面层（料）和基层（料）的100mm×100mm×100mm的试块，每组3块，做两组，一组比对，一组试验。

（五）试验步骤

1. 外观质量

（1）面层（料）厚度

将缘石断开，在其截面测量面层（料）厚度尺寸（可用抗折试件的断口处测量），精确至1mm。

（2）缺棱掉角

测量顶面和正侧面缺棱掉角处损坏、掉角的长度和宽度（或高度）投影尺寸，精确至1mm。

（3）表面裂纹

测量裂纹所在面上的投影长度；若裂纹由一个面延伸至相邻面时，测量其延伸长度之和，精确至1mm。

（4）粘皮（脱皮）

测量顶面和正侧面上粘皮（脱皮）及表面缺损或伤痕处互相垂直的两个最大尺寸，精确至1mm；计算其面积，精确至$1mm^2$。

（5）分层、色差和杂色

在自然光照或不低于40W日光灯下，距缘石1.5m处，对缘石的端面、背面（或底面）肉眼检验分层；对表面风干的缘石肉眼检验色差及杂色。

2. 尺寸偏差

（1）长度：分别在缘石顶面中部，正侧面及背面距底面10mm处测量长度，取三个测量值的算术平均值为该试件的长度值，精确至1mm。

（2）宽度：分别在缘石底面的两端，距端面10mm处及底面中部测量宽度，取三个测量值的算术平均值为该试件的宽度值，精确至1mm。

（3）高度：分别在缘石背面的两端，距端面10mm处及背面中部测量高度，取三个测量值的算术平均值为该试件的高度值，精确至1mm。

（4）平整度：用1000mm长的钢板尺分别侧立在缘石顶面和正侧面的中部，另用塞尺测量缘石表面与侧立钢板尺之间的最大间隙，取其最大值，精确至1mm。

（5）垂直度：用直角尺或丁字尺的一边紧靠缘石的顶面，另用小量程钢板尺或卡尺测量直角尺（或丁字尺）另一边与其端面所垂直面之间的最大间隙，记录其最大值，精确至1mm。

3. 抗折强度试验

（1）使抗折试验支承装置处于可进行试验状态。调整试验跨距$L_s = L - 2 \times 50mm$，精确至1mm，$L$为试件长度。

（2）将试件从水中取出擦去表面附着水，正侧面朝上置于试验支座上，试件的长度方向与支杆垂直，使试件加载中心与试验机压头同心。将加载压块置于试件加载位置，并在其与试件之间垫上找平垫板。

(3) 检查支距、加荷点无误后，起动试验机，调节加荷速度 0.04~0.06MPa/s 匀速连续地加荷，直至试件断裂，记录最大荷载 $P_{max}$。

4. 抗压强度试验

(1) 用卡尺或钢板尺测量承压面互相垂直的两个边长，分别取其平均值，精确至 1mm，计算承压面积 $A$，精确至 $1mm^2$。将试块从水中取出用拧干的湿毛巾擦去表面附着水，承压面应面向上、下压板，并置于试验机下压板的中心位置上。

(2) 启动试验机，加荷速度调整在 0.3~0.5MPa/s，匀速连续地加荷，直至试块破坏，记录最大荷载 $P_{max}$。

5. 吸水率试验

(1) 将试块截取后，用硬毛刷将试块表面及周边松动的渣粒清除干净，放入温度为 105±2℃的干燥箱内烘干。试块之间、试块与干燥箱内壁之间距离不得小于 20mm。每间隔 4h 将试块取出分别称量一次，直至两次称量差小于 0.1% 时，视为试块干燥质量 $m_0$，精确至 5g。

(2) 将试块放入水槽中，注入温度为 20±3℃的洁净水，使试块浸没水中 24±0.5h，水面应高出试块 20~30mm。

(3) 取出试块，用拧干的湿毛巾擦去表面附着水，立即称量试块浸水后的质量 $m_1$，精确至 5g。

6. 抗冻性试验

(1) 取 28 天龄期试件，试验前 4 天把冻融试件从养护地点取出，检查试件外观质量，记录缺陷情况，随后将试件放入 15~20℃的水中浸泡 4 天，水面高出试件约 20mm；对比试件则保留在养护室内，直到完成冻融循环，与抗冻试件同时试压。

(2) 将试件取出，用拧干的湿毛巾擦去表面附着水，称试件质量，放入预先降温至 -15℃的冷冻箱，试件间隔不小于 20mm，待温度达到 -15℃时，开始计算时间，从装试件到温度重新达到 -15℃所用时间不应大于 2 小时；

(3) 在 -15℃温度下冻结规定时间不少于 4 小时，然后取出试件，立即放入能使水温保持在 15~20℃的水槽中进行融化。试件在水中融化时间不应小于 4 小时。此为一次循环，依次进行 50 次冻融循环。

(4) 完成 50 次后，将试件取出，用拧干的湿毛巾擦去表面附着水，检查并记录外观质量，称试件质量，然后进行强度试验。

(六) 数据处理与结果判定

1. 技术指标

(1) 外观质量 (表 5-38)

**混凝土路缘石外观质量要求** 表 5-38

| 项 目 | 单位 | 优等品 (A) | 一等品 (B) | 合格品 (C) |
|---|---|---|---|---|
| 缺棱掉角影响顶面或正侧面的破坏最大投影尺寸≤ | mm | 10 | 15 | 30 |
| 面层非贯穿裂纹最大投影尺寸≤ | mm | 0 | 10 | 20 |
| 可视面粘皮 (脱皮) 及表面缺损最大面积≤ | mm² | 20 | 30 | 40 |
| 贯穿裂纹 | | 不允许 | | |
| 分层 | | 不允许 | | |
| 色差、杂色 | | 不明显 | | |

(2) 尺寸偏差 (表 5-39)

混凝土路缘石尺寸允许偏差要求（单位：mm） 表 5-39

| 项 目 | 优等品（A） | 一等品（B） | 合格品（C） | 项 目 | 优等品（A） | 一等品（B） | 合格品（C） |
|---|---|---|---|---|---|---|---|
| 长度，$l$ | ±3 | +4 / −3 | +5 / −3 | 高度，$h$ | ±3 | +4 / −3 | +5 / −3 |
| 宽度，$b$ | ±3 | +4 / −3 | +5 / −3 | 平整度≤ | 2 | 3 | 4 |
| | | | | 垂直度≤ | 2 | 3 | 4 |

(3) 力学性能

①直线形缘石抗折强度（表 5-40）

②曲线形缘石、直线形截面 $L$ 状缘石抗压强度（表 5-41）

(4) 物理性能

①吸水率（表 5-42）

②抗冻性：D50 缘石经冻融后，质量损失率不超过 3%，强度损失率不超过 5%。

2. 数据处理

(1) 抗折强度

$$C_f = MB/(1000 \times W_\eta)$$
$$MB = P_{max} \cdot L_s/4$$

式中 $C_f$——抗折强度（MPa）；

$MB$——弯距（N·mm）；

$P_{max}$——最大荷载（N）；

$W_\eta$——截面模量（cm³）；

$L_s$——试件跨距（mm）。

直线形缘石抗折强度（单位：MPa） 表 5-40

| 等 级 | $C_f6.0$ | $C_f5.0$ | $C_f4.0$ | $C_f3.0$ |
|---|---|---|---|---|
| 平均值，$C_f$≥ | 6.00 | 5.00 | 4.00 | 3.00 |
| 单块最小值，$C_{fmin}$≥ | 4.80 | 4.00 | 3.20 | 2.40 |

直线形截面 $L$ 状缘石抗压强度（单位：MPa） 表 5-41

| 等 级 | $C_c40$ | $C_c35$ | $C_c30$ | $C_c25$ |
|---|---|---|---|---|
| 平均值，$C_c$≥ | 40.0 | 35.0 | 30.0 | 25.0 |
| 单块最小值，$C_{cmin}$≥ | 32.0 | 28.0 | 24.0 | 20.0 |

混凝土路缘石吸水率（单位：%） 表 5-42

| 项 目 | 优等品（A） | 一等品（B） | 合格品（C） |
|---|---|---|---|
| 吸水率，%≤ | 6.0 | 7.0 | 8.0 |

以 3 件（块）试验结果的算术平均值及单件（块）最小值表示。

(2) 抗压强度

$$C_c = P_{max}/A$$

式中 $C_c$——抗压强度（MPa）；

$P_{max}$——最大荷载（N）；

$A$——试块承压面积（mm²）。

以 3 件（块）试验结果的算术平均值及单件（块）最小值表示。

(3) 吸水率

$$W = (m_1 - m_0)/m_0 \times 100$$

式中 $W$——吸水率（%）；

$m_1$——试块吸水 24h 后的质量（g）；

$m_0$——试块烘干后质量（g）。

以 3 块试验结果的算术平均值表示。

(4) 抗冻性试验

①冻融试验后强度损失率  $\Delta R = (R - R_0)/R \times 100$

式中 $R$——表示冻融试验前，试件强度试验结果的平均值（MPa）；

$R_0$——表示冻融试验后，试件强度试验结果的平均值（MPa）。

试验结果计算精确至 0.1%。

②冻融试验后质量损失率  $\Delta M = (M_0 - M_1)/M_0 \times 100$

式中 $M_0$——表示冻融试验前，试件质量平均值（kg）；
　　　$M_1$——表示冻融试验后，试件质量平均值（kg）。

3．判定规则（表 5-43）

混凝土路缘石判定规则　　　　表 5-43

| 检测项目 | 一次取样 | | | 二次取样（含第一次） | |
|---|---|---|---|---|---|
| | 合格 | 不合格 | 需二次取样 | 合格 | 不合格 |
| 外观、尺寸(不合格试件数)$R_1$ | ≤1 | ≥3 | 2 | ≤4 | ≥5 |
| 物理性能 | 经检验，各项物理性能 3 块试验结果的算术平均值符合某一等级规定时，判定该项为相应质量等级 | | | | |
| 力学性能 | 各项力学性能 3 块试验结果的算术平均值及单件（块）最小值都符合某一等级规定时，判定该项为相应质量等级 | | | | |
| 总判定 | 所有项目的检验结果都符合某一等级规定时，判为相应等级；有一项不符合合格品等级规定时，判为不合格品 | | | | |

说明：经检验外观质量及尺寸允许偏差的所有项目都符合某一等级规定时，判定该项为相应质量等级。根据某一项目不合格试件的总数 $R_1$ 及二次抽样检验中不合格（包括第一次检验不合格试件）的总数 $R_2$ 进行判定。

若 $R_1$≤1 时，合格；若 $R_1$≥3 时，不合格；$R_1$=2 时，则允许按抽样频率进行第二次抽样检验。若 $R_2$≤4 时，合格；

若 $R_2$≥5 时，不合格。若该批产品两次抽样检验达不到标准规定的要求而不合格时，可进行逐件检验处理，重新组成外观质量和尺寸偏差合格的批。

（七）注意几个问题

1．路缘石截面为矩形，截面模量 $W_\eta = bh^2/6$；则抗折强度公式简化为：

$$C_f =: 3Pl/2bh^2$$

2．寒冷地区、严寒地区冬季道路使用冰盐除雪及盐碱地区应进行抗盐冻性试验，需做抗盐冻性试验时，可不做抗冻性试验。考虑本地区情况，这里不介绍抗盐冻性试验。

3．路缘石俗称：路牙沿。平缘石和立缘石俗称分别为睡牙和站牙。

**思考题**

1．路面砖可按什么分类？分为几类？
2．路面砖物理试验的样品规定是什么？
3．路面砖力学试验的样品规定是什么？
4．抗压强度试验和抗折强度试验如何选择？
5．抗压强度试验垫板要求是什么？
6．抗折强度试验过程是什么？
7．吸水率试验步骤是什么？
8．抗冻性试验步骤是什么？
9．怎样进行抗压、抗折强度数据处理？
10．路缘石样品取样要求是什么？
11．路缘石力学性能试验样品制备要求是什么？
12．外观尺寸检验项目有哪些？
13．抗压强度试验步骤是什么？
14．抗折强度试验步骤是什么？
15．吸水率试验步骤是什么？
16．试验项目结果怎样判定？

# 第七节 埋地排水管

埋地排水管从用料可分为钢筋混凝土排水管；硬聚氯乙烯（PVC-U）排水管和聚乙烯（PE）排水管及玻璃纤维增强塑料夹砂排水管四大类。其中，钢筋混凝土排水管为刚性排水管，其余则为柔性埋地排水管。本节分刚性排水管和柔性埋地排水管二个部分来介绍埋地排水管。

## 一、混凝土和钢筋混凝土排水管（刚性排水管）

（一）概念

混凝土和钢筋混凝土排水管（图5-63）是以混凝土和钢筋为主要材料，分别采用挤压成型、离心成型、悬辊成型、芯模振动成型等工艺生产的用于排放雨水、污水的管子。混凝土排水管又称为素混凝土排水管，该型排水管由于承受外压荷载能力较低，不能适应城市市政建设的需要，已很少或已被禁止使用，在农村等一些要求较低的情况下仍有少量使用。钢筋混凝土排水管根据承受外压荷载能力的大小分为Ⅰ、Ⅱ、Ⅲ级管。根据管型又分为刚性接口平口管、柔性接口承插口管、刚性接口承插口管、柔性接口企口管、柔性接口钢承口管、柔性接口双插口管、刚性接口企口管以及刚性接口双插口管等。目前，使用较多的是刚性接口平口管、柔性接口承插口管、柔性接口钢承口管以

图5-63 混凝土和钢筋混凝土排水管

及柔性接口双插口管等。柔性接口承插口管根据接口形式的不同又分为甲型、乙型、丙型管。

混凝土和钢筋混凝土排水管的规格是以管子公称内径划分的。混凝土排水管的公称内径为100~600mm，以50mm级差为一规格。钢筋混凝土排水管的公称内径为200~3000mm。目前我国已能生产公称内径为4000mm的钢筋混凝土排水管。

柔性接口钢承口管即业内人士所称的F型顶管，它是专用于非开挖式顶进工艺排管施工中的钢筋混凝土排水管。该施工工艺可以最大限度减小开挖土方量和由于排管施工对地面交通和设施的影响，在城市排水管网建设中被大量使用。

（二）检测依据

《混凝土和钢筋混凝土排水管试验方法》GB/T 16752（报批稿）

《混凝土和钢筋混凝土排水管》GB/T 11836—1999

《顶进施工法用钢筋混凝土排水管》JC/T 640—1996

（三）仪器设备及环境

1．外压试验加荷装置—最大加荷值不小于500kN；

2．内水压力试验装置；

3．测力仪—最大测力值500kN，准确度1级；

4．精密压力表—精确度0.25级，分度值0.01MPa；

5．读数显微镜—JC-10型，准确度0.01，分度值0.01mm；

6．专用检验量具—测量范围100~2000mm，准确度0.5，分度值0.5mm；

7．钢卷尺—测量范围5m，准确度Ⅱ级；

8．深度游标卡尺—测量范围0~200mm，准确度0.05，分度值0.05mm；

9．钢直尺—测量范围0~150mm，准确度0.10，分度值0.5mm；

10．宽座角尺；

11．环境条件为常温室内或室外。

## (四)取样及制备要求

1. 外观及几何尺寸检验样品的取样：从受检批中采用随机抽样方法抽取10根管子作为该项检验样品。

2. 内水压力和外压荷载试验样品的抽取：从外观及几何尺寸检验合格的管子中抽取二根管子，一根进行内水压力试验，另一根进行外压荷载试验。

3. 样品应能反映该批产品的质量状况，样品无须加工制备。

## (五)试验检测方法与操作步骤

1. 几何尺寸检验步骤

(1) 确定直径测点位置：各项直径的环向测点的位置为与合缝连线形成约45°圆心角的二个方向，见图5-64。

直径纵向测点的位置为：

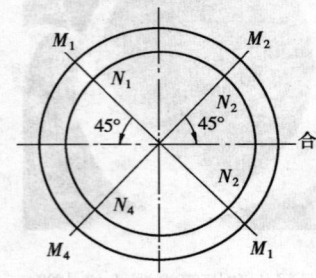

图5-64 直径环向测点位置示意

①双插口管、承插口管、企口管、钢承口管的承口及插口工作面直径的纵向测点位置在工作面长度的中点。

②平口管、双插口管、企口管的内径可在任一端测量。测量的纵向位置为当公称内径小于或等于300mm时，测点位置距管子端部约100mm；当公称内径大于300mm且小于或等于800mm时，测点位置距管子端部约200mm；当公称内径大于800mm时，测点位置距管子端部约500mm。

(2) 测量方法：

① 管公称内径、承口工作面内径

a. 按照上述方法确定平口管、双插口管公称内径的测点，确定企口管、承插口管、钢承口管公称内径和承口工作面直径测点，用内径千分尺（或专用量具）测量。

b. 将内径千分尺的固定测头紧贴在管内径的一个测点，可调测头沿通过相对测点的弧线移动，测得的最大值即为该测点的管公称内径值或承口工作面内径值，在另一个测点处采用相同的方法测得另一个值。

c. 数值处理及修约：

管内径：取两个测量值的平均值，修约到1mm；

承口工作面内径：两个测量值分别修约到1mm。

② 插口工作面直径

a. 按照上述方法确定柔性接口乙型和丙型承插口管、企口管、刚性接口双插管等插口工作面直径的测点，用游标卡尺（或专用量具）测量。将游标卡尺的一个测头紧贴在一个测点，另一个测头沿通过相对测点的弧线移动，测得最大值为插口工作面直径。

b. 按照上述方法确定柔性接口甲型承插口管、钢承口管、柔性接口双插口管等插口工作面直径的测点，用游标卡尺（或专用量具）测量密封槽靠插口端的槽顶外径，再用钢直尺和深度游标卡尺测量与槽顶外径相对应的两处密封槽的深度，槽顶外径减去两处密封槽深度即为该类管插口工作面直径。

c. 数值修约：插口工作面直径的两个测量值分别修约到1mm。

③ 承口深度、插口长度

a. 在与内径环向测点相对应的位置，确定承口深度、插口长度的测点，用两把钢直尺测量。

b. 将一把钢直尺放在承口内壁或插口外壁与管子轴线平行，另一把钢直尺紧贴管子的承口端面或插口端面，测量承口深度、插口长度各两个值，修约到1mm。

④ 管子有效长度

a. 对平口管和双插管分别在管子外表面、内表面用钢圈尺测量,要使钢圈尺紧贴管子外表面或内表面,管子两端 A、B 两点的最小值即为管子的有效长度 L,见图 5-65(a)、图 5-65(b)。

b. 企口管、承插口管在管子内表面用钢圈尺测量,要使钢圈尺紧贴管子内表面,并与轴线平行,管子承口立面 A 点、插口端面 B 点两点的最小距离为管子的有效长度,见图 5-65 (c)。

c. 对钢承口管在管子的内表面用钢圈尺和钢直尺测量,钢直尺紧贴管子承口立面,钢圈尺紧贴管子内表面,并与轴线平行,承口立面 A 点、插口端面 B 点两点的最小距离即为管子的有效长度,见图 5-65 (d)。

d. 每个管子任意测量两个对边的有效长度分别修约到 1mm。

⑤管壁厚度

目测管壁厚度是否均匀,在管壁厚度最大和最小处测量两个厚度值(浮浆层不计入内)。

a. 平口管任选一端,用钢直尺测量。

b. 企口管、双插口管任选一端,用钢直尺和角尺测量,见图 5-66 (a)。

c. 柔性接口甲型、乙型承插口管、钢承口管、刚性接口承插口管,在插口端用钢直尺和角尺测量,见图 5-66 (b)。

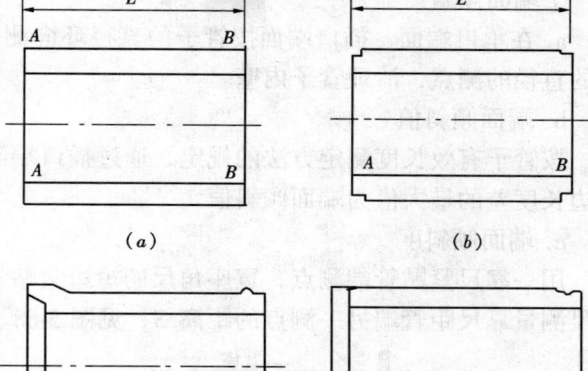

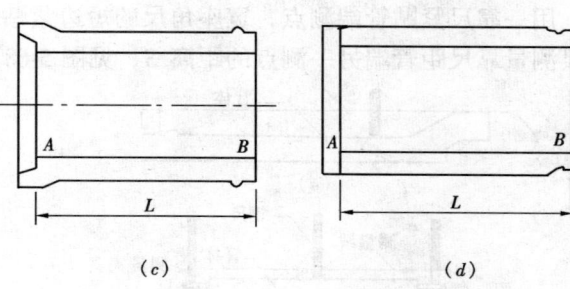

图 5-65 管子有效长度测量方法示意图

d. 柔性接口丙型承插口管,在插口端用深度游标卡尺、钢直尺和角尺测量,见图 5-66 (c)。管壁厚度按下式计算。

$$t_i = t_{1i} - t_{2i} \tag{5-161}$$

式中 $t_i$——管壁厚度(mm);
$t_{1i}$——止胶台处壁厚(mm);
$t_{2i}$——止胶台高度(mm)。

e. 每个管子测量最大和最小壁厚值,分别修约到 1mm。

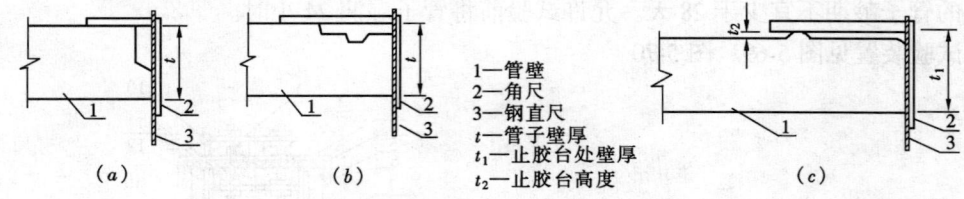

图 5-66 管壁厚度测量位置示意图

⑥弯曲度

a. 目测管体弯曲情况,有明显弯曲的管子,测量最大弯曲处的弯曲度;无明显弯曲的管子,在管子两端按管子的直径环向测点位置布置方法确定两对测点的环向位置。

b. 测量夹具固定在管体的两端或一端,在夹具上做好标记,使测点之间的距离等于管子的有效长度,紧贴标记拉弦线(或细钢丝),并使弦线(或细钢丝)与管子轴线平行,用钢直尺测量弦线与管外表面之间的最大距离和最小距离,见图 5-67。

管子的弯曲度按下式计算:

$$\delta = \frac{H - h}{L} \times 100\% \tag{5-162}$$

式中 δ——管子的弯曲度（%），修约到0.1%；
H——弦线与管子表面平直段的最大距离（mm）；
h——弦线与管子表面平直段的最小距离（mm）；
L——管子的有效长度（mm）。

⑦端面倾斜

a. 在承口端面、插口端面按管子的直径环向测点位置布置方法任意确定两条相对的相互垂直的直径的测点，清理管子内壁。

b. 端面倾斜值

按管子有效长度测定方法的规定，通过插口端面的4个测点，测量管子的有效长度，以两组对边长度差的最大值为端面倾斜值。

c. 端面倾斜度

用一靠尺紧贴管端测点，宽座角尺的短边紧贴管子清理过的内壁，靠尺紧贴角尺长边，用钢直尺测量靠尺距管端另一测点的距离S，见图5-68。每端测两个值，分别修约到1mm。

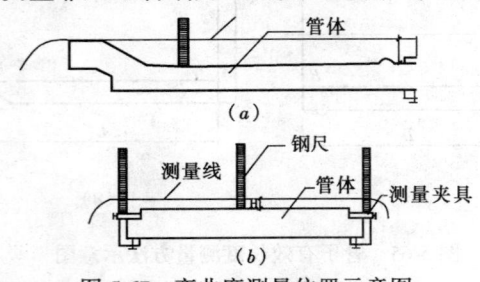

图5-67 弯曲度测量位置示意图

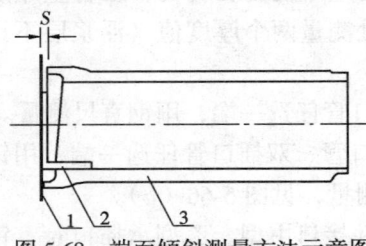

图5-68 端面倾斜测量方法示意图
1—靠尺；2—宽座角尺；3—管子

端面倾斜度按下式计算：

$$\lambda = \frac{S}{D_{wN}} \times 100\% \tag{5-163}$$

式中 λ——端面倾斜度（%），修约到1%；
S——端面倾斜偏差（mm）；
$D_{wN}$——管子外径或内径（mm）。

2. 内水压力试验

(1) 内水压力试验用管子试样龄期应满足下列规定：蒸汽养护的管子龄期不宜少于14天。自然养护的管子龄期不宜少于28天。允许试验前将管子湿润24小时。

(2) 试验装置见图5-69、图5-70。

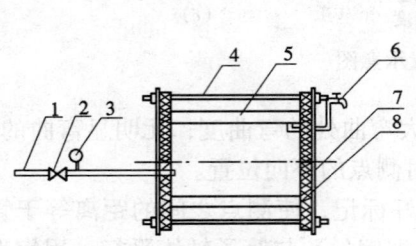

图5-69 卧式内水压力试验装置
1—进水管；2—阀门；3—压力表；4—拉杆；
5—管子；6—排气管；7—堵头；8—橡胶垫

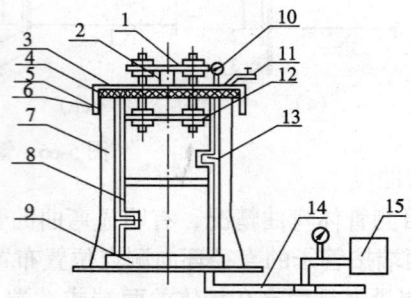

图5-70 立式内水压力试验装置
1—顶梁；2—千斤顶；3—活动梁；4—胶垫；5—插口堵板；
6—胶圈；7—管子；8—内套筒；9—承口底盘；10—压力表；
11—排气管；12—下顶梁；13—定位器；14—进水排水导管；
15—电动水压泵

(3) 试验步骤：

①根据管子类型,从《混凝土和钢筋混凝土排水管》GB/T11836—1999 表 1 中查得试验内水压力值。

②检查水压试检机两端的堵头是否平行以及其中心线是否重合。

③水压试验机宜选用直径不小于 100mm,分度值不大于 0.01MPa,准确度不低于 0.25 级的压力表,量程应满足管子检验压力的要求,加压泵能满足水压试验时的升压要求。

④对于柔性接口钢筋混凝土排水管,橡胶垫的厚度及硬度应能满足封堵要求,可通过反复试验确定。当采用立式内水压力试验装置进行试验时,所用胶圈应符合排水管用胶圈标准的规定要求。

⑤擦掉管子表面的附着水,清理管子两端,使管子轴线与堵头中心对正,将堵头锁紧。

⑥管内充水直到排尽管内的空气,关闭排气阀。开始用加压泵加压,宜在 1min 内均匀升至规定检验压力值并恒压 10min。

⑦在升压过程中及在规定的内水压力下,检查管子表面有无潮片及水珠流淌,检查管子接头是否滴水并作记录。若接头滴水允许重装。

⑧在规定的内水压力下,允许采用专用装置检查管子接头密封性。

3. 外压荷载试验

外压荷载试验用管子试样龄期应满足下列规定:蒸汽养护的管子龄期不宜少于 14 天。自然养护的管子龄期不宜少于 28 天。试验装置见图 5-71。

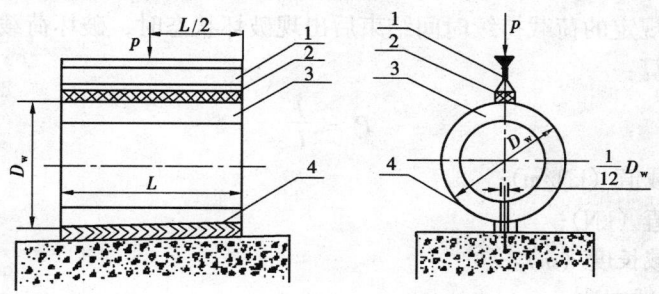

图 5-71 外压荷载试验装置加荷示意图
1—上支承梁(工字钢梁或组合钢梁);2—橡胶垫;3—管子;4—下支承梁(方木条)

加荷装置的要求:

①外压试验装置机架必须有足够的强度和刚度,保证荷载的分布不受任何部位变形的影响。在试验机的组成中,除固定部件外,另外还有上、下两个支承梁。上、下支承梁匀应延长到试件的整个试验长度上。试验时,荷载通过刚性的上支承梁传递到试件上。

②上支承梁为一钢梁,钢梁的刚度应保证它在最大荷载下,其弯曲度不超过管子试验长度的 1/720,钢梁与管子之间放一条橡胶垫板,橡胶垫板的长度、宽度与钢梁相同,厚度不小于 25mm,邵氏硬度为 45~60。

③下支承梁由两条硬木组合而成,其截面尺寸为宽度不小于 50mm,厚度不小于 25mm,长度不小于管子的试验长度。硬木制成的下支承梁与管子接触处应做成半径为 12.5mm 的圆弧,两条下支承梁之间的净距离为管子外径的 1/12,但不得小于 25mm,见图 5-72。

试验步骤:

①试验荷载的确定:首先测量管子平直段长度,根据管子的类型,从《混凝土和钢筋混凝土排水管》GB/T11836—1999 表 1、表 2 中查得管子单位长度的裂缝荷载以及破坏荷载。

②将管子放在外压试验装置的两条平行的下承载梁上,然后在管子上部放置橡胶垫,将上承载梁放在橡胶垫上面,使上、下承载梁的轴线平行,并确保上承载梁能在通过上、下承载梁中心

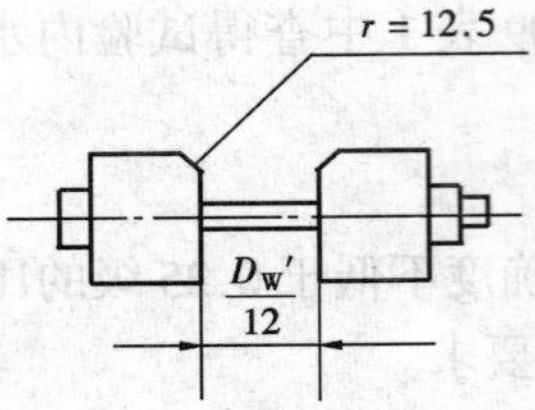

线的垂直平面内自由移动。

③通过上承载梁加载，可以在上承载梁上集中一点加荷，或者是采用二点同步加荷，集中荷载作用点的位置应在加载区域的1/2处。

④开动油泵，使加压板与上承载梁接触，施加荷载于上承载梁。对于混凝土排水管加荷速率约每分钟1.5kN/m；对于钢筋混凝土排水管加荷速率约为每分钟3.0 kN/m。

图 5-72　外压试验下支承硬木组合示意图

⑤连续匀速加荷至标准规定的裂缝荷载的80%，恒压1min，观察有无裂缝。若出现裂缝时，用读数显微镜测量其宽度；若未出现裂缝或裂缝较小，继续按裂缝荷载的10%加荷，恒压1 min。分级加荷至裂缝荷载，恒压3min。

⑥裂缝宽度达到0.20mm时的荷载为管子的裂缝荷载。恒压结束时裂缝宽度达到0.20mm，裂缝荷载为该级荷载值；恒压开始时裂缝宽度达到0.20mm，裂缝荷载为前一级的荷载值。

⑦按上述规定的加荷速度继续加荷至破坏荷载的80%，恒压1 min，观察有无破坏；若未破坏，按破坏荷载的10%继续分级加荷，恒压1min。分级加荷至破坏荷载值时，恒压3min，检查破坏情况，如未破坏，继续按破坏荷载的10%分级加荷，每级恒压1mim直到破坏。

⑧管子失去承载能力时的荷载值为破坏荷载。在加荷过程中管子出现破坏状态时，破坏荷载为前一级荷载值；在规定的荷载持续时间内出现破坏状态时，破坏荷载为该级荷载值与前一级荷载值的平均值；当在规定的荷载持续时间结束后出现破坏状态时，破坏荷载为该级荷载值。

⑨结果按下式计算：

$$P = \frac{F}{L} \tag{5-164}$$

式中　$P$——外压荷载值（kN/m）；
　　　$F$——总荷载值（kN）；
　　　$L$——加压区域长度（m）。

4. 保护层厚度测试方法

(1) 保护层厚度测试可在下列管子中进行

外压荷载试验后的管子；

同批管子中因搬运损坏的管子；

在同批管子中随机抽样的管子。

(2) 测点位置布置

测点的纵向位置布置：平口管、双插口管、企口管、钢承口管测点$A$和$C$各距端面300mm，测点$B$在管的中部，见图5-73（a）、（b）、（f）。承插口管测点$A$在承口外斜面的中部，测点$B$在距拐点100mm处的管体平直段上，测点$C$距插口端面300mm，见图5-73（c）、（d）、（e）。

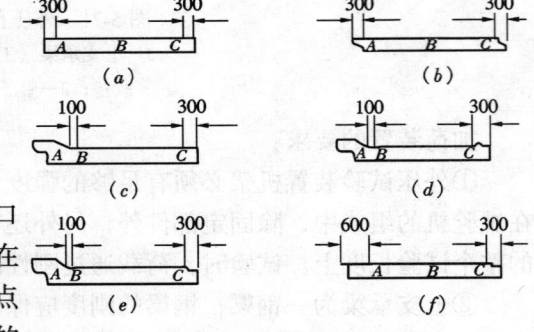

图 5-73　保护层厚度纵向测点位置布置示意图

测点的环向位置布置：测点在环向截面的分布，应使三个测点与管子圆心的夹角为120°，见图5-74。

(3) 测试方法

①在管子表面测点处凿去表层混凝土，不得损伤钢筋，使钢筋暴露，清除钢筋表面浮灰。

②用深度游标卡尺测量环筋表面至管体表面的距离，即为保护层厚度。测量时，深度游标卡尺测量面应与管子的轴线平行。

③对于公称内径小于或等于600mm的管子，因凿去管子内表面混凝土比较困难，可在外表

面测点处凿通管壁,用钢卷尺(或钢直尺)测量测点处的管壁厚度,用游标卡尺测量环向钢筋直径,按下式计算管体混凝土内保护层厚度。

$$c_n = t - (c_w - d_0) \quad (5-165)$$

式中 $c_n$——内保护层厚度(mm);
  $t$——管壁厚度(mm);
  $c_w$——外保护层厚度(mm);
  $d_0$——环向钢筋直径(mm)。

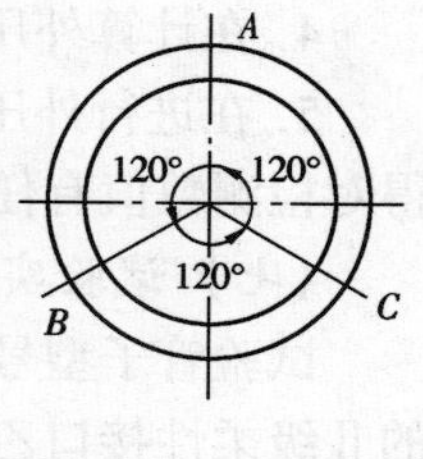

图 5-74 保护层厚度环向测点位置布置示意图

④保护层厚度亦可在测点处钻取一个芯样进行测量。

(4) 关于混凝土和钢筋混凝土排水管混凝土强度试验的一些规定:

①混凝土拌合物取样的规定:在混凝土浇筑地点随机抽取;取样频率宜按 GBJ 107 的规定执行;每次取样量应满足产品标准有关混凝土试件组数的规定。

②试件制作的规定:塑性混凝土拌合物按 GB/T 50080 的规定制作试件;干硬性混凝土拌合物,将拌合物适量加水搅拌,然后采用加压振动的方法制作试件。

③试件养护的规定:评定混凝土强度等级的试件按 GB/T 50081 的规定进行养护;测定脱模强度、出厂强度、蒸汽养护后 28 天强度的混凝土试件,先采用与管子同条件的蒸汽养护,除测定脱模强度的试件外,其余试件在标准养护条件或与管子同条件继续养护至规定龄期。

④混凝土强度试验方法:按 GB/T 50081 的规定试验混凝土立方试件抗压强度 $f_{cc}$。

⑤混凝土强度结果换算:混凝土排水管因制管工艺不同,混凝土试件的抗压强度按下式计算:

$$f_{cu} = K_g \cdot f_{cc} \quad (5-166)$$

式中 $f_{cu}$——换算后的混凝土立方试件抗压强度(MPa);
  $f_{cc}$——混凝土立方试件抗压强度(MPa);
  $K_g$——工艺换算系数。当工厂尚未取得实用的工艺换算系数时,可参照 GB/T 11837—1989 中第 6.4 条的规定选取(见表 5-44)。对于掺用减水剂的混凝土离心工艺、振动挤压工艺,表 5-44 的系数不适用。

混凝土抗压强度工艺换算系数   表 5-44

| 制管工艺 | 离心工艺 | 悬辊工艺 | 立式振动工艺 | 振动挤压工艺 |
|---|---|---|---|---|
| 工艺换算系数 | 1.25 | 1.0 | 1.0 | 1.5 |

⑥混凝土 28 天抗压强度的评定按 GBJ 107 进行。

(六) 进行混凝土和钢筋混凝土排水管试验应注意的几个问题

1. 在进行几何尺寸测试时应首先抽取测试试样,在试样上标注测点。

2. 进行内水压力试验时,要求内水压力试验装置的堵头密封性能良好。密封性能符合试验要求的关键是选择厚度及硬度合适的橡胶垫,可通过反复试验确定。

3. 外压试验装置机架必须有足够的强度和刚度,保证荷载的分布不受任何部位变形的影响。在试验装置的组成中,除固定部件外,另外还有上、下两个支承梁。上、下支承梁匀应延长到试件的整个试验长度上。试验时,荷载通过刚性的上支承梁传递到试件上。上支承梁可选择工字钢或组合钢梁,钢梁的刚度应保证它在最大荷载下,其弯曲度不超过管子试验长度的 1/720。下支承梁由两条硬木组合而成,其截面尺寸为宽度不小于 50mm,厚度不小于 25mm,长度不小于管子的试验长度。硬木制成的下支承梁与管子接触处应做成半径为 12.5mm 的圆弧,两条下支承梁之间的净距离为管子外径的 1/12,但不得小于 25mm。

4. 在计算外压荷载时，应将千斤顶、传感器、上支承梁、垫块等重量计入试验荷载中。

5. 在进行外压试验时，千斤顶、压力传感器及垫块均应采用铁丝制作防跌落保险带并且不得对检测数值有任何影响。

（七）试验实例

试验管子型号为 RCP Ⅱ 1000×2000 GB11836，管子为公称内径 1000mm、有效长度为 2000mm 的Ⅱ级柔性接口乙型承插口钢筋混凝土排水管，千斤顶、传感器等质量为 2kN，试验加载区域长度为 1700mm，进行内水压力及外压荷载试验。

**解：**（1）内水压力试验情况

根据管子型号在《混凝土和钢筋混凝土排水管》GB/T11836—1999 表2中查得内水压力试验值为 0.10MPa。

内水压力试验结果：在上述内水压力值下未出现渗漏和潮片等情况，符合标准要求。

（2）外压荷载试验情况

根据管子型号在《混凝土和钢筋混凝土排水管》GB/T11836—1999 表2中查得该管子裂缝荷载为 69kN/m，破坏荷载为 100kN/m。

外压试验裂缝荷载值为：69×1700÷1000＝117.3（kN）

外压试验破坏荷载值为：100×1700÷1000＝170.0（kN）

外压试验加压结果见表 5-45：

（3）验结果计算

管子裂缝荷载＝（115.3＋2.0）÷1.7＝69（kN/m） 裂缝荷载符合标准要求

管子破坏荷载＝（134.0＋2.0）÷1.7＝80（kN/m） 破坏荷载不符合标准要求

外压试验加压结果　　　　　　　　　　　　　表 5-45

| 序号 | 荷载（kN） | 测力仪读数值（kN） | 加压级别 | 裂缝及破坏情况记录 |
|---|---|---|---|---|
| 0 | 2.0 | 0 | 初读数 | 上支承梁、千斤顶及传感器等重量 |
| 1 | 93.8 | 91.8 | 80%裂缝荷载 | |
| 2 | 105.6 | 103.6 | 90%裂缝荷载 | |
| 3 | 117.3 | 115.3 | 100%裂缝荷载 | 内部裂缝宽度＝0.2mm |
| 4 | 136.0 | 134.0 | 80%破坏荷载 | |
| 5 | 153.0 | 151.0 | 90%破坏荷载 | 加载至读数值＝138.0 时破坏 |
| 6 | 170.0 | 168.0 | 100%破坏荷载 | |

（4）结论

按《混凝土和钢筋混凝土排水管试验方法》GB/T 16752（报批稿）标准试验，该管子内水压力试验结果符合《混凝土和钢筋混凝土排水管》GB/11836—1999 标准要求，外压荷载试验结果不符合《混凝土和钢筋混凝土排水管》GB/11836—1999 标准要求，判定该排水管为不合格产品。

## 二、柔性（塑料）埋地排水管

（一）概念

柔性埋地塑料排水管正在迅速成长，其优点正在逐步被认识。柔性（塑料）排水管在建筑内排水管领域、室外给水管领域、埋地排水管领域内得到了广泛的应用，其中市场潜力最大的领域是室外的埋地排水管。因为现代化的国家需要建设一个庞大的，遍布城乡的排水排污管道系统，不仅生活排水，工业排水要进入这个管系，体量更大的雨水也有很大部分需要通过这个排水系统收集和输送。

1. 埋地环境下排水管承受的负载

排水管中液体一般靠重力流动（有一定的坡度），一般不充满。所以，没有内压负载。埋地排水管因为是埋在地下所以主要承受外压负载。外压负载可以分为静负载和动负载两部分。静负载主要是由管道上方的土壤重量造成的。在工程设计中一般简化地认为静负载等于管道正上方土壤的重量，即宽等于其直径，长等于其长度，高等于其埋深的那一部分土壤的重量。因为这部分土壤形成一个柱体，称其为'土柱重'。动负载主要是由地面上的运输车辆压过时造成的。一般根据压过车辆的重量和压力在土壤中分布的情况来计算管道承受的负载。（如果埋深很浅，还要考虑车辆经过时的冲击负载）。此外，埋地排水管还可能承受其他的负载。如在地下水位高过管道时承受地下水水头的外加压力和浮力，见图5-75。

埋地排水管承受的静负载和动负载都和埋深有密切关系。埋地愈深，静负载愈大；反之，埋地愈深，动负载愈小。如在埋深2.4m以上典型的车辆负载可以忽略不计了。

2. 塑料埋地排水管承受负载的机理——"柔性管"理论

塑料埋地排水管属于"柔性管"，即在破坏之前可以有较大的变形。某些金属排水管（如美国应用较多的钢波纹管）也属于"柔性管"。混凝土排水管属于"刚性管"，即在破坏之前不可能有较大变形（不超过2%）。

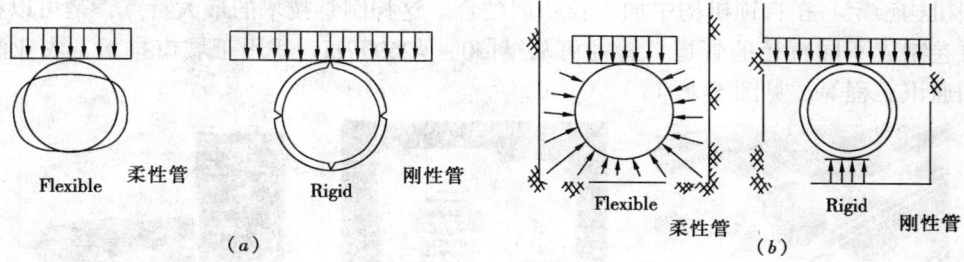

图 5-75 埋地排水管的受力状态
(a) 柔性管和刚性管对负载的反映图；(b) 管材和回填土间的相互作用

当埋在地下承受外压负载时，"柔性管"和"刚性管"的机理是完全不同的。见图5-75，当"刚性管"受外压负载时，负载完全经过管材壁传递到底部的管床上。在管材壁内产生弯矩，用材料力学可以分析（可以简化为一个弯梁在中央承受集中负载下产生的弯矩）在管材的上下两点管壁内的应力是外侧受压、内侧受拉。在管材的左右两点管壁内的应力是外侧受拉、内侧受压。随着直径加大，管壁内的弯矩和应力急剧加大（正比于直径平方）。（所以大直径的混凝土排水管常常需要加钢筋）。当"柔性管"受外压负载时，"柔性管"在破坏前先变形-横向外扩，如果在"柔性管"周围有适当的回填土壤，回填土壤阻止"柔性管"的变形就产生对"柔性管"的横向压力，外压负载就这样传递和分担到周围的回填土壤中去了。从材料力学分析，"柔性管"在横向压力下管壁中产生的弯矩和应力正好和垂直方向外压负载产生的弯矩和应力相反。在比较理想的情况下，"柔性管"受到的负载接近于四周均匀外压。在负载是四周均匀外压时，管材内只有均匀的压应力，没有弯矩和弯矩产生的应力。所以，同样外压负载下"柔性管"管壁内的应力比较小，它是和周围的回填土壤共同在承受负载，工程上被称为"管-土共同作用"。

3. 柔性管分类和特点

柔性（塑料）埋地排水管从结构形式分为实壁管（图5-76a）和结构壁管两大类。从世界各国的使用情况看，各种结构壁管都有使用。由此可见都有其可取之处。因为埋地排水管主要承受外压负载，主要评定指标为环刚度（$S$），而环刚度和管壁的惯性矩成正比。所以，使用实壁管显然不及使用结构壁管经济。达到同样的环刚度结构壁管可以比实壁管节约材料50%~70%。发展各种结构壁管就是为了节省材料。

结构壁管从构造形式分有三大类：环状肋管 Ribbed（国内称加筋管，见图5-76b）、三层夹芯管 Sandwich（芯层发泡管）波纹管 Corrugated（单壁、双壁、三壁，见图 5-76d 和图 5-76e）。结构壁管从成型方式分有直接挤出成型和缠绕熔接成型两大类。缠绕成型的其波纹或肋成螺旋形。

聚乙烯管按其密度不同分为高密度聚乙烯管（HDPE）、中密度聚乙烯管（MDPE）和低密度聚乙烯管（LDPE）。HDPE 和 MDPE 管被广泛用作城市燃气管道、城市供水管道。目前，国内的 HDPE 管主要用作城市燃气管道，也用作城市供、排水管道，LDPE 管大量用作农用排灌管道。

HDPE 管具有较高的强度和刚度；MDPE 管除了有 HDPE 管的耐压强度外，还具有良好的柔性和抗蠕变性能；LDPE 管的柔性、伸长率、耐冲击性能较好，尤其是耐化学稳定性和抗高频绝缘性能良好。

径向加筋管　聚氯乙烯（UPVC）径向加筋管是采用特殊模具和成型工艺生产的管材，其特点是减薄了管壁厚度，同时还提高了管子承受外压荷载的能力，管外壁上带有径向加强筋，起到了提高管材环向刚度和耐外压强度的作用。此种管材在相同外荷载能力下，比普通管材可节约 30% 左右的材料，主要用于城市排水。

螺旋缠绕管　螺旋缠绕管是带有'T'型肋的 UPVC 塑料板材卷制而成，板材之间由快速嵌接的自锁机构锁定。在自锁机构中加入胶粘剂粘合。这种制管技术的最大特点，是可以在现场按工程需要卷制成不同直径的管道，管径可从 $\phi150 \sim \phi2600$mm。适用于城市排水、农业灌溉、输水工程和通讯工程等，见图 5-76（c）。

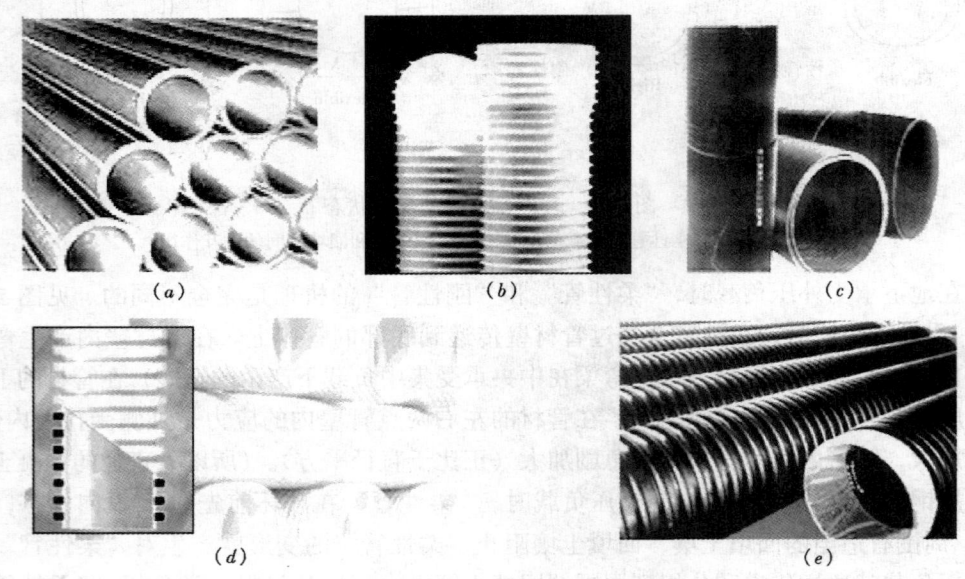

图 5-76　各类塑料管
(a) 实壁塑料管；(b) 径向加筋管；(c) 螺旋缠绕管；(d) 双壁波纹管（PVC）；(e) 双壁波纹管（HDPE）

双壁波纹管　聚氯乙烯波纹管管壁纵截面由两层结构组成，外层为波纹状，内层光滑，这种管材比普通 UPVC 管节省 40% 原料，并且在较好的承受外荷载能力，主要用于室外埋地排水管道、通讯电缆套管和农用排水管。

4. 埋地排水管的主要技术指标

(1) 环刚度（$S$）

环刚度是管件的一个主要机械特性，表示管件在外力下抵抗环向变形的能力。仲裁试验需提供外力与环向变形的检测过程的负荷—环向变形曲线。

《热塑性管材管件—公称环刚度》ISO13966 对热塑性管材环刚度的分级做出了规定。ISO13966 标准规定，管材产品的环刚度应按下列公称环刚度 SN 分级：SN2、(SN2.5)、SN4、

(SN6.3)、SN8、(SN12.5)、SN16、SN32（注：括号内是非优选值）。标志时用 SN 后加数字。

$$S = \frac{EI}{D^3} \tag{5-167}$$

式中　$S$——管材的环刚度（单位为 kN/m²）；
　　　$E$——材料的弹性模量；
　　　$I$——惯性矩；
　　　$D$——管环的平均直径。

ISO 标准规定环刚度通过试验后用试验结果计算出来。按 GB/T 9647—2003（idt ISO 9969：1994）试验方法，将规定的管材试样在两个平行板间按规定的条件垂直压缩，使管材直径方向变形达到 3%。根据试验测定造成 3% 变形的力计算环刚度。

（2）扁平试验

抗应力开裂性能。管材压缩至直径的 30% 时管材不龟裂、分裂、破损、两壁不脱开。

（3）缝的拉伸强度

管材能承受的最小拉伸强度。

（4）熔接或焊接连接的拉伸强度

管材连接处熔接纵向所能承受的最小拉伸强度。

（5）冲击试验

管材在低温条件下管材耐重物冲击试验性能，管内壁不破裂、两壁不脱开。

（6）管件维卡软化温度

管材的软化温度。管材热稳定性试验检查与确认维卡软化温度

（7）烘箱试验和回缩率。

管材耐高温的能力。

（8）环柔性

管件的一个机械特性，是测定管机械度或柔性的复原能力。

（二）检测依据

《埋地用聚乙烯（PE）结构壁管道系统　第 1 部分：聚乙烯双壁波纹管材》GB/T 19472.1—2004

《埋地用聚乙烯（PE）结构壁管道系统　第 2 部分：聚乙烯缠绕结构壁管材》GB/T 19472.2—2004

《热塑性塑料管材环刚度的测定》GB/T 9647—2003

《热塑性塑料管材、管件维卡软化温度的测定》GB/T 8802—2001

《热塑性塑料管材耐外冲击性能试验方法时针旋转法》GB/T 14152—2001

《埋地排水用硬聚氯乙烯（PVC-U）双壁波纹管材》GB/T 18477—2001

《橡胶密封件给排水管及污水管道用接口密封圈材料规范》HG/T 3091—2000

《塑料试样状态调节和试验的标准环境》GB/T 2918—1998

《埋地排污、废水用硬聚氯乙烯（PVC-U）管材》GB/T 10002.3—1996

《塑料拉伸性能试验方法》GB/T 1040—1992

《塑料管材尺寸测量方法》GB/T 8806—1988

《塑料密度和相对密度试验方法》GB/T 1033—1986

《玻璃纤维增强塑料夹砂管》CJ/T 3079—1998

《排水用芯层发泡硬聚氯乙烯（PVC-U）管材》GB/T 16800—1997

《塑料管道及输送系统　热塑性塑料管材环柔性的测定》ISO 13968：1997

## (三) 仪器设备及环境

压力试验机（精确到力值的 2% 以内）；

冲击试验装置；

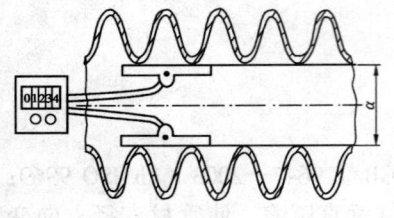

图 5-77　测量波纹管内径的典型装置

维卡软化温度试验装置；

拉伸试验机（精确到力值的 2% 以内）；

烘箱（室温至 200℃；0.5℃）；

试验室的标准温度为 23℃ ± 2℃。

量具：试样的长度（精确到 1 mm）；试样的内径（精确到内径的 0.5%）；

在负载方向上试样的内径变化，精度为 0.1 mm，或变形的 1%，取较大值。以测量波纹管内径的量具为例，见图 5-77。

试验机具备下列功能：微机控制，能自动、平稳连续加载、卸载，且无冲击和颤动现象，自动采集数据，自动绘制应力-应变图，自动储存试验原始记录及曲线图和自动打印结果的功能。试验用承载板应具有足够的刚度，平面尺寸必须大于被测试试样的平面尺寸，在最大荷载下不应发生挠曲。

## (四) 取样及制备要求

### 1. 环刚度试验试样的长度

环刚度试验试样的平均长度应满足以下要求：

公称直径小于或等于 1500mm 的管材，每个试样的平均长度应在 300mm ± 10mm；

公称直径大于 1500mm 的管材，每个试样的平均长度不小于 $0.2DN$（单位为 mm）；

有垂直肋、波纹或其他规则结构的结构壁管，切割试样时，在满足长度要求的同时（见图 5-78），应使其所含的肋、波纹或其他结构最少。切割点应在肋与肋，波纹与波纹或其他结构的中点。

对于螺旋管材切割试样（见图 5-79），应在满足长度要求的同时，使其所含螺旋数最少。带有加强肋的螺旋管和波纹管，每个试样的长度，应包含所有数量的加强肋，肋数不少于 3 个。

### 2. 拉伸试样制备

焊接或熔接连接的拉伸强度最小拉伸力应符合表 5-49 中缝的拉伸强度要求且连接不破坏。缝的拉伸强度试样按 GB/T 19472.2—2004 附录 D 中图 D.I 制备试样（115×15），按 GB/T 8804.3—2003 规定进行试验，拉伸速率 15mm/min。

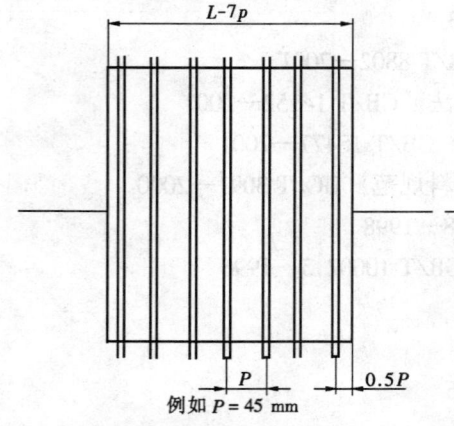

图 5-78　从垂直管肋切取的试样

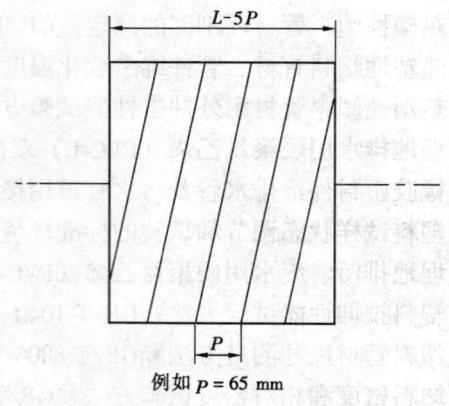

图 5-79　从螺旋管切得的试样

垂直于熔缝方向切下一个长方形样条，从每一个样条中制取一个试样。缝的拉伸强度试样的形状和尺寸如图 5-80 所示，焊缝或熔缝的拉伸强度试样的形状和尺寸如图 5-81。缝的拉伸强度和焊缝或熔缝的拉伸强度试验样品的制备方法如图 5-80 所示，试样应包括整个管材壁厚（结构壁高度）。

如果切割下的试样的尺寸与图 5-80 或图 5-81 不符，试样的尺寸可以被修整，修整中应注意：

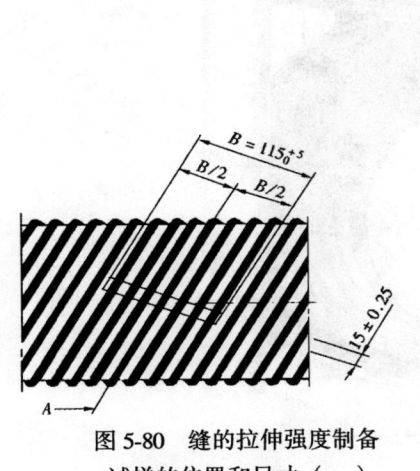

图 5-80　缝的拉伸强度制备
试样的位置和尺寸（mm）
注：图中 A 为熔缝。

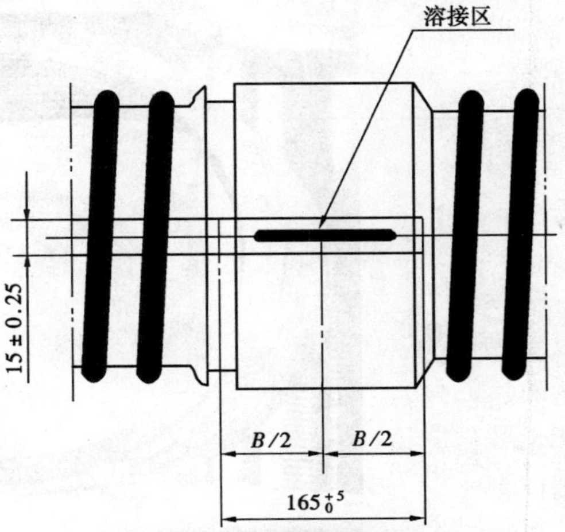

图 5-81　焊缝或熔缝的
拉伸强度制备试样
的位置和尺寸（mm）

（1）试样修整中避免发热；
（2）试样表面不可损伤，诸如刮伤，裂痕或其他使表面品质降低的可见缺陷。
注：1. 任何偏差都会影响拉伸结果。
2. 如果试样上有多个熔缝，那么必须有一个熔缝位于试样的中间。
3. 在拉伸范围内至少有一个熔缝，否则可以加长，如果必要，夹具夹持面上的熔缝可以去掉，或用专用夹具夹持。

**3. 冲击性能试样制备**

试样内径 $DN/ID < 500$ mm 时，按 GB/T 14152—2001 规定进行试验。当管材内径 $DN/ID > 500$mm 时，可切块进行试验。试块尺寸为：长度 $200 \pm 10$mm，内弦长 $300 \pm 10$mm。试验时试块应外表面圆弧向上，两端水平放置在底板上，B 型管材应保证冲击点为肋的顶端。

**（五）试验操作步骤**

**1. 环刚度试验步骤**

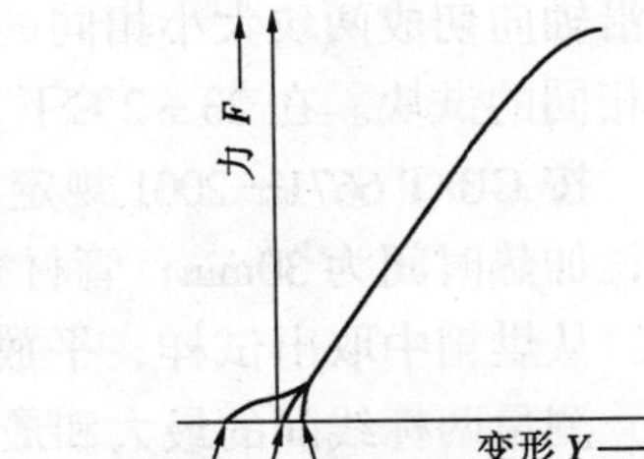

除非在其他标准中有特殊规定，测试应在 $23 \pm 2$℃ 条件下进行。如果能确定试样在某位置的环刚度最小，把试样该位置和压力机上板相接触，或把第一个试样放置时，把另两个试样的放置位置依次相对于第一个试样转 120°和 240°放置。对于每一个试样，放置好变形测量仪并检查试样的角度位置。放置试样时，使其长轴平行于压板，然后放置于试验机的中央位置。使上压板和试样恰好接触且能夹持住试样，根据规定以恒定的速度压缩试样直到至少达到管材内径的 3%的变形，按照标准规定正确记录力值和变形量。

通常，变形量是通过测量一个压板的位置得到，但如果在试验的过程中，管壁厚度的变化超过 10%，则应通过直接测量试样内径的变化来得到。典型的力——变形曲线图是一条光滑的曲线，否则意味着零点可能不正确，如图 5-82 所示，用曲线开始的直线部分倒推到和水平轴相交于（0，0）点（原点）并得到管材内径的 3%的变形的力值。

图 5-82　校正原点方法

## 2. 环柔性或扁平试验步骤

对于聚乙烯双壁波纹管材试验按 ISO 13968:1997 进行,试验力应连续增加。当试样在垂直方向外径变形量为原外径的 30% 时立即卸荷,观察试样的内壁是否保持圆滑,有无反向弯曲,是否破裂,两壁是否脱开,如图 5-83 所示。

图 5-83 环柔性或扁平试验中

对于聚乙烯缠绕结构壁管材,试样按 GB/T 9647—2003 规定。试验按 ISO 13968:1997 规定进行试验。试验力应连续增加,当试样在垂直方向外径 $d_e$ 变形量为原外径的 30% 时立即卸载。试验时管材壁结构的任何部分无开裂,试样沿肋切割处开始的撕裂允许小于 $0.075d_{em}$ 或 75mm(取较小值),$d_{em}$ 为平均外径。

## 3. 纵向回缩率试验步骤

从一根管材上不同部位切取三段试样,试样长度为 200±20mm,管材 $DN/ID$ < 400mm 时,可沿轴向切成两块大小相同的试块;管材 $DN/ID$ > 400mm 时,可沿轴向切成四块(或多块)大小相同的试块。在 23±2℃ 下,测量标线间距离 $L_0$,精确至 0.25mm。

按 GB/T 6671—2001 规定方法进行试验,试验参数如下:管材测量的最大壁厚小于等于 8mm 时,加热时间为 30min;管材测量的最大壁厚大于 8mm 时,加热时间为 60min。

从烘箱中取出试样,平放于光滑平面上。待完全冷却至 23±2℃ 时,沿母线(直径上相对的)测量两标线间的最大和最小距离 $L$。

## 4. 烘箱试验步骤

从一根管材上不同部位切取三段试样,试样长度为 300±20 mm。管材 $DN/ID$ < 400mm 时,可沿轴向切成两块大小相同的试块;管材 $DN/ID$ > 400mm 时,可沿轴向切成四块(或多块)大小相同的试块。

将烘箱温度升到 110℃ 时放入试样,试样放置时不得相互接触且不与烘箱壁接触。待烘箱温度回升到 110℃ 时开始计时,维持烘箱温度 110±2℃,管材测量的最大壁厚小于等于 8mm 时,加热时间为 30min;管材测量的最大壁厚大于 8 mm 时,加热时间为 60min。加热到规定时间后,从烘箱内将试样取出,冷却至室温,检查试样有无开裂和分层及其他缺陷。

## 5. 冲击性能试验步骤

试样内径 $DN/ID$ ≤ 500 mm 时,按 GB/T 14152—2001 规定对管材直接进行试验。管材 $DN/ID$ > 500mm 时,可切块进行试验。试块尺寸为:长度 200±10 mm,内弦长 300±10mm。试验时试块应外表面圆弧向上,两端水平放置在底板上,B 型管材应保证冲击点为肋的顶端。

按 GB/T 14152—2001 的规定进行，试验温度 $0 \pm 1$℃，各种管材冲锤质量、型号和冲击高度见表 5-46~表 5-48。

**埋地用聚乙烯（PE）结构壁管材冲锤质量、型号和冲击高度** 表 5-46

| 公称尺寸 DN/ID | 冲锤质量（kg） | 冲击高度（mm） | 冲头型号 | 公称尺寸 DN/ID | 冲锤质量（kg） | 冲击高度（mm） | 冲头型号 |
|---|---|---|---|---|---|---|---|
| DN/ID≤150 | 1.6 | 2000 | d90 | 200<DN/ID≤250 | 2.5 | 2000 | d90 |
| 150<DN/ID≤200 | 2.0 | 2000 | d90 | DN/ID>250 | 3.2 | 2000 | d90 |

**埋地排水用硬聚氯乙烯（PVC-U）双壁波纹管材冲锤质量、型号和冲击高度** 表 5-47

| 公称外径 mm | 冲锤质量（kg） | 冲击高度（mm） | 冲头型号 |
|---|---|---|---|
| $d_e$≤100 | 0.5 | 1600 | 冲头球面曲率半径为50mm，冲头柱直径为90mm |
| 100<$d_e$≤125 | 0.8 | 2000 | |
| 125<$d_e$≤160 | 1.0 | 2000 | |
| 160<$d_e$≤200 | 1.6 | 2000 | |
| 200<$d_e$≤250 | 2.5 | 2000 | |
| 250<$d_e$≤315 | 3.2 | 2000 | |

**排水用芯层发泡硬聚氯乙烯（PVC-U）管材冲锤质量、型号和冲击高度** 表 5-48

| 公称直径 mm | 冲锤质量（kg） | 冲击高度（mm） | 冲头型号 |
|---|---|---|---|
| 40 | 0.25 | 500 | d25 |
| 50 | 0.25 | 500 | d25 |
| 75 | 0.25 | 1500 | d25 |
| 90 | 0.25 | 2000 | d25 |
| 110 | 0.5 | 2000 | d90 |
| 125 | 0.75 | 2000 | d90 |

### （六）数据处理与结果判定

**1. 环刚度的测定方法**

GB/T 9647—2003 规定在两个平行的平板间压缩一段管材，测量当管材直径方向变形达到 3% 时的作用力 $F$，按照以下公式计算出管材的环刚度：

$$S_i = (0.0186 + 0.025 Y_i/d_i) \frac{F_i}{L_i Y_i} \tag{5-168}$$

式中　$S_i$——试样的环刚度（$kN/m^2$）；
　　　$d_i$——管材的内径（m）；
　　　$F_i$——相对于管材 3.0% 变形时的力值（kN）；
　　　$L_i$——试样长度（m）；
　　　$Y_i$——变形量（m），相对于管材 3.0% 变形时的变形量，如 $Y_i/d_i = 0.03$。

计算管材的环刚度，单位为千牛每平方米（$kN/m^2$），在求三个值的平均值时，用以下公式：

$$S = (S_a + S_b + S_c)/3 \tag{5-169}$$

式中　$S_a$、$S_b$、$S_c$——每个试样实测环刚度的计算值，精确到小数点后第 2 位；环刚度的计算值 $S$，保留 3 位有效数字。

新标准要求正确记录力值和变形量，并通过力/变形曲线图修正测试零点。典型的力/变形曲线图是一条光滑的曲线，否则意味着零点可能不正确。

结果判定规则：环刚度 $S$ 为三个试样实测环刚度的算术平均值（$S$）。应不低于管材的环刚度级别。

**2. 纵向回缩率（用于 A 型管材）**

用下列公式计算每一试验的纵向回缩率（$T$），以百分率表示：

$$T = \frac{|L_0 - L|}{L_0} \times 100 \tag{5-170}$$

式中　$L_0$——试验前两条标线间距离（mm）；
　　　$L$——试验后沿母线测量两条标线间距离（mm）。

选择使 $|L_0 - L|$ 为最大值时的 $L$ 测量值，其中，$|L_0 - L|$ 可为正值或负值。求出三段试样

的算术平均值，作为管材纵向回缩率。

结果判定规则：管材纵向回缩率≤3%，管材应无分层、无开裂。

3．烘箱试验：加热到规定时间后，从烘箱内将试样取出，冷却至室温，检查试样有无开裂和分层及其他缺陷。管材熔缝处应无分层、无开裂。

4．环柔性试验：试样按 GB/T 9647—2003 规定进行试验。试验力应连续增加，当试样在垂直方向外径 $d_e$ 变形量为原外径的 3% 时立即卸载。试验时管材壁结构的任何部分无开裂，试样沿肋切割处开始的撕裂允许小于 $0.075d_e$ 或 75mm（取较小值）。

5．冲击试验：观察试样，经冲击后产生裂纹、裂缝或试样破碎判为试样破坏，根据试样破坏数按 GB/T 14152—2001 中表 5 进行判定 TIR 值。管材 TIR 值 < 10%，管材应无分层、无开裂。

6．缝的拉伸强度：缝的拉伸强度和焊缝或熔缝的拉伸强度符合表 5-49 规定。

**埋地用聚乙烯（PE）结构壁管材缝的拉伸强度和焊缝或熔缝的拉伸强度** 表 5-49

| 管材的规格（mm） | 管材能承受的最小拉伸力（N） | 管材的规格（mm） | 管材能承受的最小拉伸力（N） |
| --- | --- | --- | --- |
| $DN/ID \leq 300$ | 380 | $600 \leq DN/ID \leq 700$ | 760 |
| $400 \leq DN/ID \leq 500$ | 510 | $DN/ID \geq 300$ | 1020 |

注：1．焊接或熔接连接的拉伸强度最小拉伸力应符合本表中缝的拉伸强度要求且连接不破坏。
2．缝的拉伸强度试样按 GB/T 19472.2—2004 附录 D 中图 D.1 制备试样（115×15），按 GB/T 8804.3—2003 规定进行试验，拉伸速率 15mm/min。

7．埋地用聚乙烯（PE）结构壁管材

组批：同一批原料，同一配方和工艺情况下生产的同一规格管材为一批，管材内径≤500mm 时，每批数量不超过 60t，如生产数量少，生产期 7 天尚不足 60t，则以 7 天产量为一批；管材内径>500mm 时，每批数量不超过 300t，如生产数量少，生产期 30 天尚不足 300t，则以 30 天产量为一批。

结果判定规则：颜色、外观、规格尺寸中除层压壁厚和内层壁厚外任一条不符合标准规定时，判该批为不合格。层压壁厚、内层壁厚及物理力学性能（环刚度、环柔性和烘箱试验等）有一项达不到指标时，再随机抽取双倍样品进行该项的复验，如仍不合格，判该批为不合格批。

8．埋地排水用硬聚氯乙烯（PVC-U）双壁波纹管材

组批：同一批原料，同一配方和工艺情况下生产的同一规格管材为一批，每批数量不超过 30t。如生产数量少，生产期 6 天尚不足 30t，则以 6 天产量为一批。

结果判定规则：外观、尺寸中任一条不符合标准规定时，判该批为不合格。物理力学性能中有一项达不到指标时，再随机抽取双倍样品进行该项的复验。若仍不合格，判该批为不合格批。

9．玻璃纤维增强塑料夹砂管

组批：以相同材料、相同工艺、相同规格尺寸的 100 根产品为一个批量（不足 100 根的作一个批次，下同），随机抽样一根，进行树脂不可溶分含量、力学性能和 24 h 性能检验。

结果判定规则：每一根管的外观质量、尺寸、巴氏硬度均应达到规定的技术要求，否则判为不合格产品。树脂不可溶分含量和力学性能应达到技术要求。如果发现不合格则加倍抽检。复检样品应全部达到技术要求，否则，该批产品应降级使用。

10．排水用芯层发泡硬聚氯乙烯（PVC-U）管材

组批：同一原料，配方和工艺条件下生产的同一规格管材为一批，每批数量不超过 50t。如果生产数量少，生产期 7d 尚不足 50t，则以 7d 产量为一批。

结果判定规则：物理机械性能中有一项达不到指标时，可随机在该批中抽取双倍样品进行该项的复验。如果仍然不合格，则判该批为不合格。

## （七）计算实例

某工程抽检 HDPE 排水管，结构形式为双壁波纹管，公称环刚度为 $SN8$。三件管材样品实测内径均为 800mm，三件管材样品实测长度分别为 320mm；315mm；327mm。

采用平板法对其进行压缩试验，当三件管材内径方向变形达到 3% 时的作用力实测结果分别为

3.721kN；

3.653kN；

3.759kN

见图 5-84，试计算该批管材的环刚度的实测值。

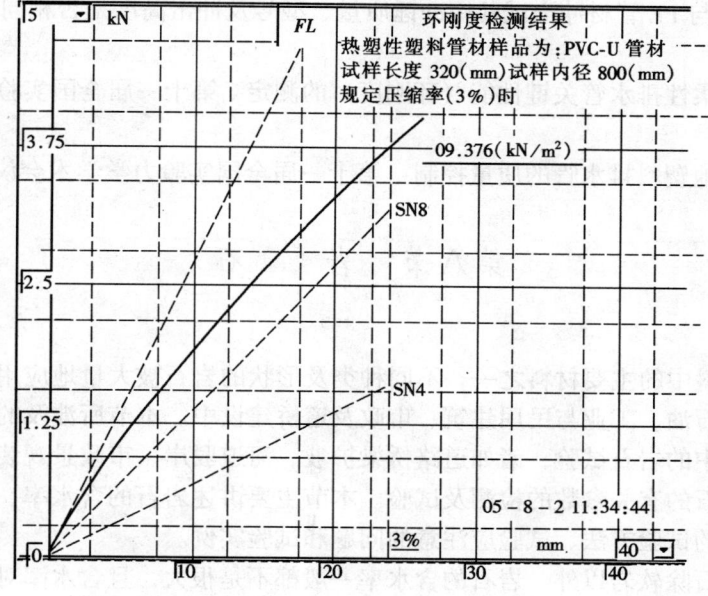

图 5-84 管材压缩负荷-变形实测曲线

**解**：根据标准规定计算三件管材样品实测环刚度 $S_1$；$S_2$；$S_3$

$$S_1 = \left(0.0186 + 0.025 \times \frac{24}{800}\right) \cdot \frac{3.721}{320 \cdot 24} = 9.38 (kN/m^2)$$

$$S_2 = \left(0.0186 + 0.025 \times \frac{24}{800}\right) \cdot \frac{3.653}{315 \cdot 24} = 9.35 (kN/m^2)$$

$$S_3 = \left(0.0186 + 0.025 \times \frac{24}{800}\right) \cdot \frac{3.759}{325 \cdot 24} = 9.33 (kN/m^2)$$

该批管材的环刚度的实测值为

$$S = \frac{S_1 + S_2 + S_3}{3} = 9.353 (kN/m^2)$$

$$S = 9.353 > 8kN/m^2$$

该批管材的环刚度符合 $SN8$ 级的性能要求。

**答**：根据《热塑性塑料管材环刚度的测定》GB/T 9647—2003 规定的检测方法，实测得该批管材的环刚度为 $9.353kN/m^2$，符合公称环度 $SN_8$ 级的性能要求。

**思考题**

1. 混凝土和钢筋混凝土排水管根据承受外压荷载能力共分为几级？
2. 进行外观及几何尺寸检验需抽取多少根样品？进行内水压力和外压荷载试验需抽取多少

根样品？

3. 进行外压荷载试验时，如何计算试验样品的裂缝荷载值和破坏荷载值？
4. 进行外压荷载试验时，如何判定试验样品的裂缝荷载及破坏荷载？
5. 进行内水压力试验和外压荷载试验时对试验样品的龄期有何规定？
6. 进行外压荷载试验时，如何分级加载试验荷载？加载速率是多少？
7. 结构壁管从构造形式分有哪几类？其特点是什么？
8. "柔性埋地排水管"与"刚性埋地排水管"的主要区别是什么？
9. 为何"柔性埋地排水管"不需要做得像"刚性管"那样结实？
10. 简述环刚度的定义与检测方法，试验中应注意哪些事项。
11. PVC-U 管材与 PE 管材冲击试验用冲锤质量、型号及冲击高度是否相同？有何区别？

**参考文献**

1. 黄跃平等. 柔性排水管关键性能（环刚度）的测定. 第十一届全国实验力学学术会议. 大连，2005
2. 黄跃平. 埋地塑料排水管的质量控制. 第十一届全国实验力学学术会议. 大连，2005

# 第八节　岩　石

## 一、概念

岩石是建筑材料中的主要材料之一，不同种类及形状的岩石被大量地应用于水利、电力、铁路、交通、国防、石油、工业与民用建筑、市政及道桥建设中。本节所涉及的岩石试验是指应用于市政及道桥建设中的岩石试验，诸如道路桥梁护坡、河道驳岸、市政景观装饰用石材以及岩石类侧石、平石等岩石的有关参数的检测及试验。本节主要讲述岩石的含水率、块体密度、吸水率以及单轴抗压强度的试验方法、试验应注意的问题和试验实例。

对于大多数岩石除软岩以外，岩石的含水率一般都不是很大，且含水率对其力学特性的影响也不显著。而对于软岩，由于其内部组成中大部分都是黏土矿物，因此，含水率对其力学特性有很大的影响。岩石含水率的测试方法比较简单但要获得准确的试验结果并不容易，其原因在于难于保持其天然含水量。为了能准确测得岩石的含水率，要求在采样方法以及样品运送过程中及时将样品密封并尽快送交试验室测试。

由于岩石成岩过程中其所处的地质环境不同而所受动力地质作用的程度也不同，致使岩石中含有不同的矿物成分和不同风化程度的矿物，这些不同的矿物组成影响岩石密度值的大小。岩石的密度不仅反映岩石的内部组成结构状态，而且能间接反映岩石的力学特性。一般而言，密度大的岩石比较致密，且岩石中所含的孔隙较少。本节介绍了三种密度试验方法即量积法、水中称量法和蜡封法，三种方法各有明显的特点。水中称量法可以测定多个参数，但某些岩石（如遇水崩裂岩石）不可采用此法。蜡封法适用于各种岩石和不规则试样，但测试较烦琐。量积法测试较简单，但需制备具有一定精度的规则试样。在进行岩石密度试验时可根据试验室条件以及岩石品种情况合理选择试验方法。

岩石的单轴抗压强度是反映岩石力学性质的主要指标之一，而由于岩石的矿物组成、结构构造、含水状态以及试样形状、大小、高径比和加荷速率等不同，其单轴抗压强度值会有较大的差异。

## 二、检测依据

《工程岩体试验方法标准》GB/T 50266—1999
《公路工程岩石试验规程》JTG E41—2005

### 三、仪器设备及环境

1. 钻石机、切石机、磨石机、砂轮机等；
2. 材料试验机——准确度 1 级；
3. 烘箱——能使温度控制在 110±5℃；
4. 干燥器；
5. 天平——称量应大于试件饱水质量，感量 0.01g；
6. 真空抽气设备或煮沸设备；
7. 水槽；
8. 试验环境温度为室温。

### 四、取样及制备要求

1. 含水率试验应在现场采取天然含水率试样，不得采用爆破或湿钻法取样并应保持在采取、运输、储存和制备过程中含水率的变化不大于 1%。
2. 每个试件的尺寸应大于组成岩石最大颗粒的 10 倍。
3. 含水率试验的每个试件质量不得小于 40g。
4. 除含水率试验及湿密度试验试件数不宜少于 5 个外，其余试验试件数不得少于 3 个。
5. 当采用量积法测试块体密度时试件除符合上述第 2 条要求外还应满足下列要求：

可采用直径或边长的误差小于等于 0.3mm 的圆柱体、方柱体或立方体试件；

试件两端面不平整度误差不得大于 0.05mm；

试件端面应垂直于轴线，最大偏差不得大于 0.25°；

方柱体或立方体试件相邻两面应互相垂直，最大偏差不得大于 0.25°。

6. 吸水性试验试件宜采用边长为 40~60mm 的浑圆状岩块。
7. 单轴抗压强度试验试件除应满足上述第 2 条要求外还应满足下列要求：

宜采用直径为 48~54mm 圆柱体；

试件高度与直径之比宜为 2.0~2.5。

### 五、操作步骤

1. 含水率试验操作步骤：

（1）称量已制备完毕的试件质量。

（2）将试件置于烘箱内，在 105~110℃ 的恒温下烘干试件。

（3）将试件从烘箱中取出，放入干燥器内冷却至室温，称量烘干后试件质量。

（4）重复本条（2）、（3）程序，直到将试件烘干至恒重为止，即相邻 24h 两次称量之差不超过后一次称量的 0.1%。称量精确至 0.01g。

（5）试验结果按下式计算岩石含水率：

$$\omega = \frac{m_0 - m_s}{m_s} \times 100 \qquad (5-171)$$

式中 $\omega$——岩石含水率（%）；

$m_0$——试件烘干前的质量（g）；

$m_s$——试件烘干后的质量（g）。

（6）以 5 个试样的算术平均值作为试验结果，计算值精确至 0.1。

（7）含水率试验应注意的几个问题：

含水率试验的样品抽取必须是天然含水率试样，应在不同部位抽取试样并放入密闭容器或较厚实的塑料袋中以保证含水率变化不大于 1%。

选取的试样质量不得小于 40g，但不宜过大，应根据所选用天平的称量大小抽取试样，为保证称量的准确性，所抽取试样质量为天平称量值的 20% 至 80% 为宜。

试样必须严格按照本试验步骤（2）、（3）、（4）条的要求烘干至恒重。

含水率试验记录及试验报告应包含试验委托单位、工程名称、岩石名称、试件编号、主要仪器设备名称、试件描述、试件烘干前后的质量、试验结果、试验结论。

2. 块体密度试验操作步骤

（1）量积法试验按下列步骤进行：

①量测试件两端和中间三个断面上相互垂直的两个直径或边长，按平均值计算截面积。

②量测端面周边对称四点和中心点的五个高度，计算高度平均值。

③将试件置于烘箱中，在 105～110℃ 的烘箱下烘干 24h，然后放入干燥器内冷却至室温，称量烘干后试件质量。

④长度量测精确至 0.01mm，称量精确至 0.01g。

⑤量积法按下式计算岩石块体干密度：

$$\rho_d = \frac{m_s}{AH} \tag{5-172}$$

式中　$\rho_d$——岩石块体干密度（g/cm³）；

　　　$m_s$——干试件质量（g）；

　　　$A$——试件截面积（cm²）；

　　　$H$——试件高度（cm）。

（2）水中称量法试验按下列步骤进行：

①将试件置于烘箱内，在 105～110℃ 温度下烘 24h，取出放入干燥器内冷却至室温后称量。

②采用下列二种饱和试件方法中的一种使试件吸水饱和：

a. 煮沸法饱和试件：加水至沸煮容器内并保证容器内的水面始终高于试件，煮沸时间不得少于 6h。经煮沸的试件，应放置在原容器中冷却至室温。

b. 真空抽气法饱和试件：加水至真空抽气设备的容器内并使水面高于试件，关闭真空抽气设备的容器，开启真空泵抽气，真空压力表读数宜保持为 100kPa，直至无气泡逸出为止，但总抽气时间不得少于 4h。经真空抽气的试件应放置在原容器中，在大气压力下静置 4h。

③将饱和的试件置于水中称量装置上称量试件在水中的质量，称量精确至 0.01g。

④水中称量法按下式计算岩石干密度：

$$\rho_d = \frac{m_s}{m_p - m_w} \times \rho_w \tag{5-173}$$

式中　$\rho_d$——岩石块体干密度（g/cm³）；

　　　$m_s$——干试件质量（g）；

　　　$m_p$——试件经煮沸或真空抽气饱和后的质量（g）；

　　　$m_w$——饱和试件在水中的称量值（g）；

　　　$\rho_w$——水的密度（g/cm³）。

（3）蜡封法试验按下列步骤进行：

①测湿密度时，应取有代表性的岩石制备试件并称量。测干密度时，试件应在 105～110℃ 恒温下烘 24h，然后放入干燥器内冷却至室温，称量干试件质量。

②将试件系上细线，置于温度 60℃ 左右的熔蜡中约 1～2s，使试件表面均匀涂上一层蜡膜，其厚度约 1mm 左右。当试件上蜡膜有气泡时，应用热针刺破并用蜡液涂平，待冷却后称蜡封试件质量。

③将蜡封试件置于水中称量。

④ 取出试件，擦干表面水分后再次称量。当浸水后的蜡封试件质量增加时，应重做试验。
⑤ 湿密度试件在剥除蜡膜后，按上述岩石含水率测定方法测定岩石含水率。
⑥ 称量精确至 0.01g。
⑦ 蜡封法按下式计算岩石块体干密度和块体湿密度：

$$\rho_d = \frac{m_s}{\frac{m_1 - m_2}{\rho_w} - \frac{m_1 - m_s}{\rho_p}} \tag{5-174}$$

$$\rho_d = \frac{m}{\frac{m_1 - m_2}{\rho_w} - \frac{m_1 - m_s}{\rho_p}} \tag{5-175}$$

$$\rho_d = \frac{\rho}{1 + 0.01\omega} \tag{5-176}$$

式中　$\rho$——岩石块体湿密度（g/cm³）；
　　　$m$——湿试件质量（g）；
　　　$m_1$——蜡封试件质量（g）；
　　　$m_2$——蜡封试件在水中的称量值（g）；
　　　$\rho_w$——水的密度（g/cm³）；
　　　$\rho_p$——石蜡的密度（g/cm³）；
　　　$\omega$——岩石含水率（%）。

(4) 取试样干密度平均值为样品的干密度，计算值精确至 0.01。
(5) 块体密度试验应注意的问题：
① 应首先测试试验温度下的水的密度以及所选用的石蜡的密度。尽量采用蒸馏水做试验，并查表得出试验温度下蒸馏水的密度。
② 应按上述含水率试验操作步骤准确测试试件的含水率。
③ 块体密度试验记录及报告应包括工程名称、试件编号、试件描述、主要仪器设备名称、试验方法、试件质量、试件水中称量、试件尺寸、水的密度和石蜡密度。

**3. 吸水性试验操作步骤**

(1) 将试件置于烘箱内，在 105~110℃温度下烘 24h，取出放入干燥器内冷却至室温后称量。
(2) 当采用自由浸水法饱和试件时，将试件放入水槽，先注入清水至试件高度的 1/4 处，以后每隔 2h 分别注水至高度的 1/2 和 3/4 处，6h 后全部浸没试件。试件在水中自由吸水 48h 后，取出试件并沾去表面水分称量。
(3) 当采用煮沸法饱和试件时，煮沸容器内的水面应始终高于试件，煮沸时间不得少于 6h。经煮沸的试件，应放置在原容器中冷却至室温，取出试件并沾去表面水分称量。
(4) 当采用真空抽气法饱和试件时，饱和容器内的水面应高于试件，真空压力表读数宜为 100kPa，直至无气泡逸出为止，但总抽气时间不得少于 4h。经真空抽气的试件应放置在原容器中，在大气压力下静置 4h，取出试件并沾去表面水分称量。
(5) 将经煮沸法或真空抽气法饱和的试件置于水中称量装置上称量试件在水中的质量。
(6) 所有称量精确至 0.01g。
(7) 试验结果按下式计算岩石吸水率、饱和吸水率、干密度：

$$\omega_a = \frac{m_0 - m_s}{m_s} \times 100 \tag{5-177}$$

$$\omega_{sa} = \frac{m_0 - m_s}{m_s} \times 100 \tag{5-178}$$

$$\rho_d = \frac{m_s}{m_p - m_w} \times \rho_w \tag{5-179}$$

式中 $\omega_a$——岩石吸水率（%）；

$\omega_{sa}$——岩石饱和吸水率（%）；

$\rho_d$——岩石块体干密度（g/cm³）；

$m_0$——试件浸水 48h 的质量（g）；

$m_s$——干试件质量（g）；

$m_p$——试件经煮沸或真空抽气饱和后的质量（g）；

$m_w$——饱和试件在水中的称量值（g）；

$\rho_w$——水的密度（g/cm³）。

（8）取试样吸水率平均值为样品的吸水率，计算值精确至 0.01。

（9）吸水率试验应注意的几个问题：

① 岩石吸水性试验包括岩石吸水率试验和岩石饱和吸水率试验，当测试岩石吸水率时采用自由浸水法测定，当测试岩石饱和吸水率时采用煮沸法或真空抽气法测定。

② 在测定岩石吸水率和饱和吸水率的同时，可采用水中称量法测定岩石块体干密度。

③ 本试验适用于遇水不崩解的岩石吸水性试验。

④ 吸水性试验记录及报告应包括工程名称、试件编号、试件描述、主要仪器设备名称、试验方法、干试件质量、浸水后质量、强制饱和后的质量、试件水中称量值、试验水温及水的密度。

4. 单轴抗压强度试验操作步骤：

（1）每组试验应精确加工 3 个或 3 个以上的试件，试件尺寸应符合下列要求：

① 试件宜选用直径为 48~54mm 圆柱体试件，试件高度与直径之比为 2.0~2.5。含水颗粒的岩石试件其直径应大于岩石最大颗粒尺寸的 10 倍。

② 试件两端面不平整度误差不得大于 0.05mm。

③ 沿试件高度，直径的误差不得大于 0.3mm。

④ 端面应垂直于试件轴线，最大偏差不得大于 0.25°。

（2）用游标卡尺量测各试样的直径，在顶面和底面分别测量两个相互正交的直径，并以其各自的算术平均值分别计算顶面和底面的面积，取其顶面和底面面积的算术平均值作为计算单轴抗压强度所用的截面积。测量直径精确至 0.02mm。

（3）试件含水状态可根据需要选择天然含水状态、烘干状态、饱和状态或其他含水状态。试件烘干和饱和方法按吸水性试验方法中试件的烘干和饱和方法进行。

（4）将试件置于试验机承压板中心部位，调整球形座，使试件两端面接触均匀。

（5）以每秒 0.5~1.0MPa 的速率加荷直至试件破坏。记录破坏荷载及加荷过程中出现的问题。

（6）试验结果按下式计算岩石单轴抗压强度：

$$R = \frac{P}{A} \tag{5-180}$$

式中 $R$——岩石单轴抗压强度（MPa）；

$P$——试件破坏荷载（N）；

$A$——试件截面积（mm²）。

（7）取试样单轴抗压强度平均值为样品的单轴抗压强度，计算值取 3 位有效数字。

（8）单轴抗压强度试验应注意的几个问题：

试验记录中应详细描述试件的岩石名称、颜色、含水状态和饱和试件所采用饱和方法,试验加荷方向与岩石内层理、节理、裂隙的关系以及试件加工中出现的问题。

试验报告应包括工程名称、取样部位、试件编号、试件描述、主要仪器设备名称、试件尺寸、试件含水率状态和使用的试样饱和方法及破坏荷载。

(9) 有关名词解释:

层理:是指沉积岩中的成层构造,其成层性是通过沉积物的成分、粒度、色调的变化而显现的。

节理:岩石中的裂隙,是没有明显位移的断裂。

### 六、试验实例

**例 1**:经现场取样某种岩石样品需进行岩石含水率试验,试样编号及烘干前后试样质量见表 5-50。计算各试样及整个样品的含水率。

**烘干前后试样质量** 表 5-50

| 试样编号 | 烘干前试样质量 $m_0$ (g) | 烘干后试样质量 $m_s$ (g) | 试样编号 | 烘干前试样质量 $m_0$ (g) | 烘干后试样质量 $m_s$ (g) |
|---|---|---|---|---|---|
| 1 | 57.01 | 56.86 | 4 | 62.59 | 62.45 |
| 2 | 85.80 | 85.63 | 5 | 69.01 | 68.86 |
| 3 | 50.68 | 50.56 | | | |

**解**:将上表中数据按计算公式 (5-171) 计算,得出各试样含水率如下:

试样 1 号 $\quad \omega_1 = \dfrac{m_0 - m_s}{m_s} \times 100 = \dfrac{57.01 - 56.86}{56.86} \times 100 = 0.26\%$

试样 2 号 $\quad \omega_2 = \dfrac{m_0 - m_s}{m_s} \times 100 = \dfrac{85.80 - 85.63}{85.63} \times 100 = 0.20\%$

试样 3 号 $\quad \omega_3 = \dfrac{m_0 - m_s}{m_s} \times 100 = \dfrac{50.68 - 50.56}{50.56} \times 100 = 0.24\%$

试样 4 号 $\quad \omega_4 = \dfrac{m_0 - m_s}{m_s} \times 100 = \dfrac{62.59 - 62.45}{62.45} \times 100 = 0.22\%$

试样 5 号 $\quad \omega_5 = \dfrac{m_0 - m_s}{m_s} \times 100 = \dfrac{69.01 - 68.86}{68.86} \times 100 = 0.22\%$

样品含水率

$$\omega = \dfrac{\omega_1 + \omega_2 + \omega_3 + \omega_4 + \omega_5}{5} = \dfrac{0.26 + 0.20 + 0.24 + 0.22 + 0.22}{5} = 0.2(\%)$$

该样品含水率为 0.2%。

**例 2** 某种岩石样品测试饱和吸水率,采用真空抽气法饱和试样。试样干质量以及经真空抽气饱和后试样质量见表 5-51,计算各试样及整个样品的饱和吸水率。

**试样干质量及饱和后质量** 表 5-51

| 试样编号 | 试样烘干后质量 $m_s$ (g) | 试样饱和后质量 $m_p$ (g) | 试样编号 | 试样烘干后质量 $m_s$ (g) | 试样饱和后质量 $m_p$ (g) |
|---|---|---|---|---|---|
| 1 | 290.55 | 291.59 | 4 | 295.66 | 296.67 |
| 2 | 300.17 | 301.25 | 5 | 290.91 | 292.98 |
| 3 | 291.61 | 292.73 | | | |

**解**:将上表中数据按计算公式 (5-178) 计算,得出各试样饱和吸水率如下:

试样 1 号 $\quad \omega_{sa1} = \dfrac{m_p - m_s}{m_s} \times 100 = \dfrac{291.59 - 290.55}{290.55} \times 100 = 0.358(\%)$

试样 2 号　　$\omega_{sa2} = \dfrac{m_p - m_s}{m_s} \times 100 = \dfrac{301.25 - 300.17}{300.17} \times 100 = 0.360(\%)$

试样 3 号　　$\omega_{sa3} = \dfrac{m_p - m_s}{m_s} \times 100 = \dfrac{292.73 - 291.61}{291.61} \times 100 = 0.384(\%)$

试样 4 号　　$\omega_{sa4} = \dfrac{m_p - m_s}{m_s} \times 100 = \dfrac{296.67 - 295.66}{295.66} \times 100 = 0.342(\%)$

试样 5 号　　$\omega_{sa5} = \dfrac{m_p - m_s}{m_s} \times 100 = \dfrac{291.95 - 290.91}{290.91} \times 100 = 0.357(\%)$

样品吸水率：

$$\omega = \dfrac{\omega_{sa1} + \omega_{sa2} + \omega_{sa3} + \omega_{sa4} + \omega_{sa5}}{5} = \dfrac{0.358 + 0.360 + 0.384 + 0.342 + 0.357}{5} = 0.36(\%)$$

该样品饱和吸水率为 0.36%。

**例 3**　上例样品进行岩石块体干密度试验，饱和试样在水中的称量值 $m_w$ 见表 5-52，计算样品块体干密度。

饱和试样在水中的称量值　　表 5-52

| 试样编号 | 试样烘干后质量 $m_s$ (g) | 试样饱和后质量 $m_p$ (g) | 饱和试样在水中的称量值 $m_w$ (g) | 试样编号 | 试样烘干后质量 $m_s$ (g) | 试样饱和后质量 $m_p$ (g) | 饱和试样在水中的称量值 $m_w$ (g) |
| --- | --- | --- | --- | --- | --- | --- | --- |
| 1 | 290.55 | 291.59 | 182.52 | 4 | 295.66 | 296.67 | 185.27 |
| 2 | 300.17 | 301.25 | 188.05 | 5 | 290.91 | 292.98 | 183.59 |
| 3 | 291.61 | 292.73 | 183.03 | | | | |

**解**：将上表中数据按计算公式（5-179）计算，得出各试样块体干密度如下：

试验水温为 23℃，查《公路工程岩石试验规程》JTG E41—2005 附录得 $\rho_w$ 为 0.9976g/cm³。

试样 1 号　　$\rho_{d1} = \dfrac{m_s}{m_p - m_w} \times \rho_w = \dfrac{290.55}{291.59 - 182.52} \times 0.9976 = 2.657(\text{g/cm}^3)$

试样 2 号　　$\rho_{d2} = \dfrac{m_s}{m_p - m_w} \times \rho_w = \dfrac{300.17}{301.25 - 188.05} \times 0.9976 = 2.645(\text{g/cm}^3)$

试样 3 号　　$\rho_{d3} = \dfrac{m_s}{m_p - m_w} \times \rho_w = \dfrac{300.17}{301.25 - 188.05} \times 0.9976 = 2.645(\text{g/cm}^3)$

试样 4 号　　$\rho_{d4} = \dfrac{m_s}{m_p - m_w} \times \rho_w = \dfrac{295.66}{296.67 - 185.27} \times 0.9976 = 2.648(\text{g/cm}^3)$

试样 5 号　　$\omega_{sa5} = \dfrac{m_p - m_s}{m_s} \times 100 = \dfrac{290.91}{292.98 - 183.59} \times 100 = 2.653(\text{g/cm}^3)$

样品干密度：

$$\rho_d = \dfrac{\rho_{d1} + \rho_{d2} + \rho_{d3} + \rho_{d4} + \rho_{d5}}{5} = \dfrac{2.657 + 2.645 + 2.652 + 2.648 + 2.653}{5} = 2.65(\text{g/cm}^3)$$

该样品块体干密度为 2.65（g/cm³）。

**例 4**　一岩石样品测试岩石单轴抗压强度，数据见表 5-53：

测 试 数 据　　表 5-53

| 试样编号 | 试样直径（mm） | 试样高度（mm） | 破坏荷载（kN） |
| --- | --- | --- | --- |
| 1 号 | 50.26 | 106.4 | 286.7 |
| 2 号 | 50.48 | 106.6 | 336.8 |
| 3 号 | 50.40 | 106.5 | 313.9 |

**解**：将上表中数据按计算公式（5-180）计算，得出各试样单轴抗压强度：

试样1号 $$R_1 = \frac{P}{A} = \frac{286.7 \times 1000}{0.25 \times \pi \times 50.26^2} = 144.5 (\text{MPa})$$

试样2号 $$R_2 = \frac{P}{A} = \frac{336.8 \times 1000}{0.25 \times \pi \times 50.48^2} = 168.3 (\text{MPa})$$

试样3号 $$R_3 = \frac{P}{A} = \frac{313.9 \times 1000}{0.25 \times \pi \times 50.40^2} = 157.3 (\text{MPa})$$

样品单轴抗压强度平均值为：

$$R = \frac{R_1 + R_2 + R_3}{3} = \frac{144.5 + 168.3 + 157.3}{3} = 156.7 (\text{MPa})$$

该样品单轴抗压强度平均值为156.7（MPa）。

**思考题**

1. 含水率试验不得采用何种样品作为测试试样？
2. 含水率、吸水率、块体密度以及单轴抗压强度试件数各为多少？
3. 试件烘干应达到何种状态下方可认为试件已烘干至恒重？
4. 块体密度试验中有哪几种饱和试件的方法？
5. 单轴抗压强度试验加压速率是多少？
6. 岩石密度试验有哪几种方法？其各自特点是什么？

## 第九节 预应力钢材

### 一、概念

预应力混凝土用钢材（中、高强度钢丝、钢绞线、钢棒和高强精轧螺纹钢筋）广泛应用于预应力混凝土构件，大大改善了其结构性能。由于其含碳量高，无明显屈服点，到达最大力后颈缩小，预应力钢绞线还存在着钢丝结构变形，这些特点使得其在试验中不确定因素较多。

2002年我国对预应力混凝土用钢丝、钢绞线国家标准进行了重新修订。同时，金属材料拉伸试验方法也进行了重要修订，对力学性能指标的定义和表示符号参照国际标准进行了重新规定。

1. 预应力钢丝是采用直径13mm的82B盘条通过拉拔工艺而成的钢丝，具有强度高、塑性好、松弛性能低以及屈服强度高等特点，强度级别有1570MPa、1860MPa、1960MPa等，主要应用于水泥制品。

高强度预应力钢丝包括消除应力钢丝、消除应力光圆、螺旋肋钢丝及刻痕钢丝，直径有$\phi 3$、$\phi 4$、$\phi 5$、$\phi 6$、$\phi 7$多种。

2. 预应力混凝土用钢绞线是采用82B盘条通过拉拔工艺而成$\phi 5$钢丝，然后再由多根钢丝以一定的捻距捻制而成。其中有二股、三股及七股钢绞线。捻向又分左捻和右捻。常用的有$\phi 12.7$和$\phi 15.20$（15.24），强度级别有1570MPa、1860MPa、1960MPa等三种，广泛应用于工业、民用建筑、桥梁、核电站、水利、港口设施等建设工程。

3. 预应力混凝土用钢棒（Steel Bar for Prestressed Concrete）（简称"预应力钢棒"或PC钢棒）（GB/T 5223.3—2005）

预应力钢棒是盘条经机械除锈后，经螺旋模变形20%形成螺旋槽，然后进入热处理生产线加工而成，淬火温度和回火温度是影响预应力钢棒性能的最重要工艺参数。日本、韩国等称之为"PC钢棒"。预应力混凝土用钢棒现已成为我国预应力钢材中的一个新品种。主要应用于电线杆和管桩。

4. 高强精轧螺纹钢筋是在采用热轧方法生产的不带纵向肋的螺纹钢筋。其特点是在其任意截面处都可拧上带有内螺纹的连接器或锚具，避免了焊接。连接锚固简便，张拉锚固安全可靠，施工方便，是发展预应力混凝土构件的新型材料。预应力混凝土用高强度精轧螺纹钢筋，常用的直径有 $\phi28$ 和 $\phi32$ 两种。其强度等级有：JL540、JL735、JL800 等强度系列。

## 二、检测依据与主要力学性能指标

### 1. 检测依据

《金属材料 室温拉伸试验方法》GB/T 228—2002

《预应力混凝土用钢绞线》GB/T 5224—2003

《预应力混凝土用钢丝》GB/T 5223—2002

《金属应力松弛试验方法》GB/T10120—1996

《预应力混凝土用钢棒》GB/T 5223.3—2005

《公路桥涵施工技术规范》JTJ 041—2000

《预应力混凝土用无涂层消除应力七丝钢绞线标准技术条件》ASTM A416－02a（美国）

### 2. 预应力钢材主要力学性能指标

目前国内生产及应用的预应力钢材产品标准规定的力学性能指标有：最大力及抗拉强度；规定非比例延伸强度；弹性模量；伸长率；弯曲性能；松弛性能。

拉伸试验是主要的试验项目。由于钢材力学性能具有屈服现象，冷脆现象，时效现象这三大特点，因此，预应力钢材的主要考核参数除几何尺寸以外，主要是考核其强度；延性；弹性模量和松弛性能。

(1) 规定非比例延伸强度（$R_p$）

非比例延伸率等于规定的引伸计标距百分率时的应力。使用的符号应附以下脚注说明所规定的百分率，例如 $R_{p0.2}$，表示规定非比例延伸率为 0.2% 时的应力，即屈服强度。

(2) 抗拉强度（$R_m$）

试样在屈服阶段之后所能抵抗的最大力（$F_m$）除以试样原始横截面积（$S_o$）之商。

(3) 弹性模量（$E$）

钢材在弹性范围内服从虎克定律，即变形与受力成正比。纵向应力与纵向应变的比例常数就是材料的弹性模量，$E = \dfrac{\sigma}{\varepsilon}$。因此，$E$ 值是度量材料对弹性变形的抗力。经过冶炼轧制、热处理、冷拔加工等若干工艺制成的预应力钢材具有其固有的弹性模量。

(4) 最大力总伸长率（$A_{gt}$）

延伸率是钢材的变形能力，与抗震耗能及构件的破坏形态（脆性、韧性）有关，是不亚于强度的重要性能。通常以拉伸试验的伸长率及屈强比描述。原标准用断后伸长率来评定钢材的延性性能。新标准规定"最大力下的总伸长率"（$A_{gt}$），即试样的均匀伸长率包括弹性和塑性伸长作为钢筋延性的真正指标。由于预应力钢筋张拉后应力、应变起点高，混凝土的抗裂性及刚度又高，往往在无明显预兆（变形、裂缝）的情况下脆断。均匀伸长率高的延性钢材可适应塑性铰区的变形而考虑内力重分布设计。

(5) 应力松弛性能

钢材在长期保持拉应力时，出现应力逐渐缓慢下降的现象为应力松弛。这种损失量相对初应力的比例就是应力松弛率。通过特殊加工可以改善这种特性，实现更低的松弛率，这就是低松弛概念的基本含义。

## 三、仪器设备及环境

### 1. 专用拉伸试验机（精度要求为1级）（图 5-85）

试验机应选择适宜的量程。GB/T228—2002 中对 1 级准确度的试验机试验力准确度规定：从每级的 20% 开始，示值精度为 ±1%，因此，试样的最大力在试验机量程的 30%～70% 范围内为最佳选择。例如 1×7-15.24mm1860MPa 级钢绞线,公称最大力是 260.7kN,应选择测量范围为 0~500kN 或 0~600kN 级别的预应力钢绞线专用试验机。

2. 松弛试验机（对应变控制精度要求为 $\pm 5 \times 10^{-6}$ mm/mm）（图 5-86）

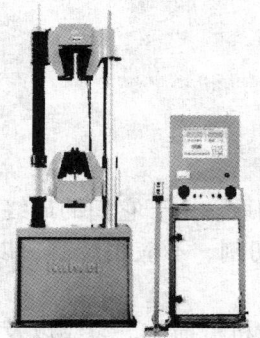

图 5-85 预应力钢绞线专用拉伸试验机

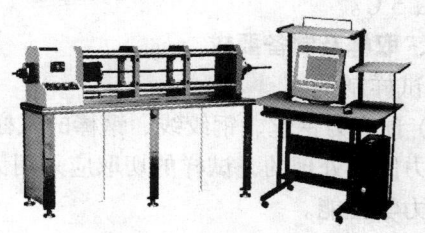

图 5-86 钢绞线应力松弛试验机

试验机两端夹头同轴度是一个重要的指标,如果两端夹头不能同轴,就会造成试样承受切向应力,其两侧伸长不一致,严重影响试验结果。ASTME 标准规范对两夹头同轴度提出了要求:两侧弹性应变读数之差小于 15%。GB10120 规定偏心率不大于 15%。

3. 引伸计（精度要求为 1 级或 2 级）（图 5-87）

用引伸计测量试样延伸时所使用试样平行长度部分的长度。测定屈服强度和规定强度性能时推荐 $L_e \geq L_0/2$。测定屈服点延伸率和最大力时或在最大力之后的性能,推荐 $L_e$ 等于 $L_0$ 或近似等于 $L_0$。

引伸计是测延伸用的仪器（包括位移传感器、记录器和显示器）。它的准确度、稳定性直接影响拉伸力学性能的测定。引伸计必须符合 GB/T 12160—2002 规定的准确度级,并按照该标准要求定期进行检验。对于预应力钢材试验用的引伸计示值误差应≤0.2μm,示值。当最大力总延伸率 <5 %时,使用不劣于 1 级引伸计;当最大力总延伸率≥5%时,使用不劣于 2 级引伸计。

图 5-87 可变标距大变形引伸计

4. 钢绞线专用夹具（图 5-88）

试验机的吨位、试验力的准确度、夹具的夹持力和咬入钢绞线的深度等对钢材拉伸试验结果影响很大,夹具齿形应为细齿,间距 1.5mm,角度 60°~70°,齿高 0.5~0.7mm,要求夹具齿与钢绞线表面接触面积大,减轻齿咬入钢绞线的深度,降低钢绞线的高强度下缺口敏感性,确保试验有效。根据 GB/T 228—2002 规定,根据预应力钢材产品特点,对试验机夹具的要求如下:

（1）试验机拉伸钳口最大间距应满足产品标准中原始标距 $L_0$ 的要求。例如美国标准《预应力混凝土用无镀层七丝钢绞线技术条件》ASTM A419—99 规定,测量伸长率时试样的原始标距 $L_0 \geq 610$mm,GB/T5224—2003 规定 1×2 和 1×3 结构钢绞线原始标距 $L_0 \geq 400$mm、1×7 结构钢绞线原始标距 $L_0 \geq 500$mm。这就要求试验机拉伸钳口最大间距大于 600mm,否则会影响试验机结果的准确度。

（2）试验机夹具应保证夹持可靠,夹头在夹持部分的全长内应均匀地夹紧试样,并应保证在加力状态下或试验过程中试样与夹头不应产生

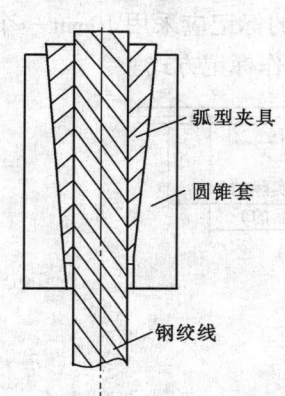

图 5-88 钢绞线专用夹用

相对滑移。为使试样在夹具内不产生滑动,试样的夹持长度要足够长,对于1×7钢绞线来讲,夹具长度应钢绞线公称直径的10~16倍。《预应力混凝土用无镀层七丝钢绞线技术条件》ASTM A419—99规定最小夹持长度为102mm。我国试验机生产厂家根据这一要求,生产的500kN钢绞线专用试验机夹具长度为180~260mm。

5. 环境温度要求

20±5℃。

### 四、取样及制备要求

1. 试样制备

(1) 预应力钢丝、钢绞线、钢棒的试样应从产品上直接切取。由于它们的最终交货状态是经消除应力回火处理的,试样的切取应采用无齿锯(砂轮片)切割、不应用烧割,以免试样过热,影响其力学性能。

(2) 应从外观检查合格的产品上切取试样,表面有磨痕或机械损伤、裂纹以及肉眼可见的冶金缺陷的试样均不允许用于试验(供货厂家应确保提供的钢材质量合格)。

(3) 预应力钢材拉伸试验采用的是定标距试样,其标距$L_0$和试样平行长度应符合表5-54的规定。

预应力钢材的试样长度(mm)　　　表5-54

| 参　数 | 预应力钢丝 | 预应力钢绞线 | | | 预应力钢棒 |
| --- | --- | --- | --- | --- | --- |
| | | 1×2 | 1×3 | 1×7 | |
| 原始标距 $L_0$ | 200 | ≥400mm | | ≥500mm | 200 |
| 平行长度 $L_c$（试验机上下钳口之间的距离） | ≥250 | ≥600 | | | ≥250 |
| 试样全长 $L$（平行长度+夹具内长度） | ≥350 | ≥800 | | | ≥350 |

(4) 原始标距的标记

预应力钢丝、钢棒在拉伸试验后要测量断后伸长率。在试验之前需对试样原始标距进行标记。首先应在试样表面划一条平行于试样纵轴的线,采用细划线或细墨线标记出试样的原始标距。一般情况下可以标记一系列套叠的原始标距(见图5-89a)。如果需要精确的断后伸长率的数值或仲裁试验,考虑到采用移位方法测定断后伸长率,这时原始标距的标记应采用10mm一个点的连续标点标记(见图5-89b)。注意不得采用易引起过早断裂的缺口作标记方式。

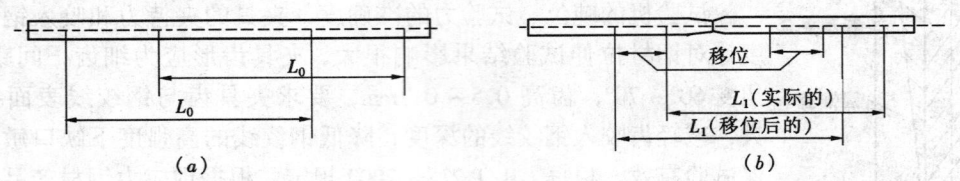

图5-89 原始标距的标注方法
(a) 套叠的原始标距; (b) 连续标点标记

(5) 试样端部的处理

预应力钢材表面硬度较高,如1860~2000MPa钢绞线表面HRC约为50~60,这就要求试验机夹具有足够的硬度,否则试样与夹具打滑,不能正常拉伸。一般情况试验机夹具的硬度比试样硬度高,但是夹具硬度过高又会使试样产生机械损伤提前断裂。因此,在试验之前应将试样端部进行处理,最好的方法是用104乳胶将金刚砂粘到薄铝片上,再将铝片与试样端部捆在一起。为使试样夹持端受力均匀,对预应力钢丝、钢棒的试样,夹持长度应大于50mm,螺旋肋钢丝的端头夹持长度应大于1个导程。预应力钢绞线的试样，端头夹具长度应大于110mm。

2. 预应力混凝土用钢丝组批规则

预应力钢丝应成批验收，每批由同一牌号、同一规格、同一生产工艺制成的钢丝组成，每批重量不大于60t。检验规则GB/T 5223—2002在盘钢丝的两端取样进行抗拉强度，弯曲和伸长率的试验。屈服强度和松弛率每季度抽验一次，每次不少于3根。见表5-55。

**预应力混凝土用钢丝组批规则** 表5-55

| 序号 | 检验项目 | 取样数量 | 取样部位 | 检验方法 |
|---|---|---|---|---|
| 1 | 表面 | 逐盘 | 在每（任一）盘中任意一端截取 | 目视 |
| 2 | 外形尺寸 | 逐盘 | | 按本标准GB/T5223.2规定执行 |
| 3 | 消除应力钢丝伸直性 | 1根/盘 | | 用分度为1mm的量具测量 |
| 4 | 抗拉强度 | 1根/盘 | | 按本标准GB/T5223.4.1规定执行 |
| 5 | 规定非比例伸长应力 | 3根/每批 | | 按本标准GB/T5223.4.2规定执行 |
| 6 | 最大力下总伸长率 | 3根/每批 | | 按本标准GB/T5223.4.3规定执行 |
| 7 | 断后伸长率 | 1根/盘 | | 按本标准GB/T5223.4.4规定执行 |
| 8 | 弯曲 | 1根/盘 | | 按本标准GB/T5223.5规定执行 |
| 9 | 断面收缩率 | 1根/盘 | | 按本标准GB/T5223.6规定执行 |
| 10 | 扭转 | 1根/盘 | | 按本标准GB/T5223.4.5规定执行 |
| 11 | 镦头强度 | 3根/每批 | | 按本标准GB/T5223.8规定执行 |
| 12 | 应力松弛性能 | 不小于1根/每批合同 | | 按本标准GB/T5223.7规定执行 |

3. 预应力混凝土用钢绞线组批规则

钢绞线应成批验收，每批钢绞线由同一牌号、同一规格、同一生产工艺捻制的钢绞线组成，每批质量不大于60t。见表5-56。

**预应力混凝土用钢绞线组批规则** 表5-56

| 序号 | 检验项目 | 取样数量 | 取样部位 | 检验方法 |
|---|---|---|---|---|
| 1 | 表面 | 逐盘卷 | 在每（任一）盘卷中任意一端截取 | 目视 |
| 2 | 外形尺寸 | 逐盘卷 | | 按本标准8.2规定执行 |
| 3 | 钢绞线伸直性 | 3根/每批 | | 用分度为1mm的量具测量 |
| 4 | 整根钢绞线最大力 | 3根/每批 | | 按本标准8.4.1规定执行 |
| 5 | 规定百比例伸长力 | 3根/每批 | | 按本标准8.4.2规定执行 |
| 6 | 最大力下总伸长率 | 3根/每批 | | 按本标准8.4.3规定执行 |
| 7 | 应力松弛性能 | 不小于1根每合同批 | | 按本标准8.5规定执行 |

注 1000h的应力松弛性能试验、疲劳性能试验、偏斜拉伸试验只进行型式检验，仅在原料、生产工艺、设备有重大变化及新产品生产、停产后恢复生产时进行检验。

复验与判定：

当表中规定的某一项检验结果不符合本标准规定时，则该盘卷不得交货。并从同一批未经试验的钢绞线盘卷中取双倍数量的试样进行该不合格项目的复验，复验结果即使有一个试样不合格，则整批钢绞线不得交货或进行逐盘检验合格后交货。供方有权对复验不合格产品进行重新组批提交验收。

4. 预应力混凝土用钢棒组批规则

应成批验收，每批由同一牌号、同一外形、同一公称截面尺寸、同一热处理制度加工的钢棒组成。钢棒的批量、取样数量及取样部位见表5-57。

**钢棒的批量、取样数量及取样部位** 表5-57

| 交货状态 | 公称直径 | 检验项目 | 批量 | 取样数量 | 取样部位 | 试验方法 |
|---|---|---|---|---|---|---|
| 盘卷 | ≤13mm | 抗拉强度 | 小于等于5盘 | 1根 | 盘端部 | GB228 |
| | | 伸长率 | | | | |
| | | 平直度 | | | | |
| | | 规定非比例伸长应力 | 小于等于30盘 | | | |
| | | 松弛率 | 全部产品 | 1根 | 盘端部 | GB/T 10120 |

续表

| 交货状态 | 公称直径 | 检验项目 | 批量 | 取样数量 | 取样部位 | 试验方法 |
|---|---|---|---|---|---|---|
| 直条 | ≤13mm | 抗拉强度 | 小于等于1000条 | 1根 | 条端部 | GB 228 |
| | | 伸长率 | | | | |
| | | 平直度 | | | | |
| | | 规定非比例伸长应力 | 小于等于6000条 | | | |
| | | 松弛率 | 全部产品 | 1根 | 条端部 | GB/T 10120 |
| | >13mm~<26mm | 抗拉强度 | 小于等于200条 | 1根 | 条端部 | GB 228 |
| | | 伸长率 | | | | |
| | | 平直度 | | | | |
| | | 规定非比例伸长应力 | 小于等于1200条 | | | |
| | | 松弛率 | 全部产品 | 1根 | 条端部 | GB/T 10120 |
| | ≥26mm | 抗拉强度 | 小于等于100条 | 1根 | 条端部 | GB 228 |
| | | 伸长率 | | | | |
| | | 平直度 | | | | |
| | | 规定非比例伸长应力 | 小于等于600条 | | | |
| | | 松弛率 | 全部产品 | 1根 | 条端部 | GB/T 10120 |

### 五、试验操作步骤

**1. 最大力总伸长率 $A_{gt}$ 的检测**

最大力总伸长率 $A_{gt}$ 为最大力时原始标距的总伸长与原始标距（$L_o$）之比的百分率。

（1）图解方法（包括自动方法）：引伸计标距应等于或近似等于试样标距。当最大力总延伸率<5%时，使用不劣于1级引伸计；≥5%时，使用不劣于2级引伸计。试验时纪录力~延伸曲线或采集力~延伸数据，直至超过最大力点。取最大力点的总延伸计算 $A_{gt}$。当曲线在最大力呈现一平台时，应以平台的中点作为最大力点，见图5-90。

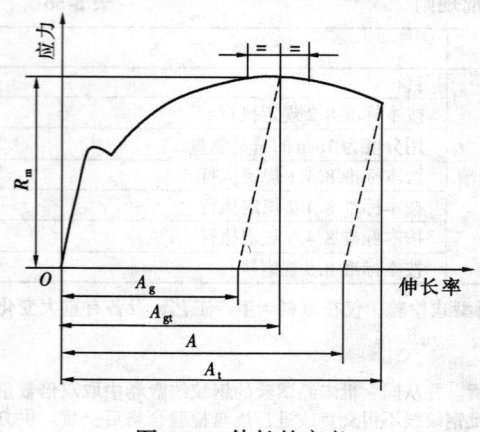

图5-90 伸长的定义

（2）人工方法：仅适用于棒材、线材和条材等长产品，而且要提供（或通过测定）材料的弹性模量 $E$ 方能进行结果的计算，测定方法见 GB/T 228—2003 标准中的附录 G。

钢绞线伸长率的测定：各国标准对钢绞线伸长率的测定方法有所不同，美国标准 ASTM A416—99、日本标准《预应力钢丝和钢绞线》JIS G3536—1994 及原国家标准《预应力混凝土用钢绞线》GB/T5224—1995 中，伸长率均指负荷下的总伸长率，即将钢绞线拉断时的总伸长率；英国标准 BS5896—1980、国际标准 ISO6934：1991 以及新修订的国家标准《预应力混凝土用钢绞线》GB/T5224—2003 中，伸长率指最大力下总伸长率。上述所有标准规定的伸长率指标均为≥3.5%。

**2. 最大力的测定（$F_m$）**

预应力钢绞线的最大力是指1根或几根钢丝破坏时试件所承受的力。由于钢绞线有着特殊的外表形状以及很强的缺口敏感性，测定最大力时往往受到一些客观因素的影响，因此应特别注意：①试件的夹持装置是否合理，对试件是否造成划伤，这是完成试验的必要条件；②适宜的加载速度是做好试验的重要保证；③试件破坏后，最大力未达到标准规定数值时，应根据破断钢丝的断口分析破断原因。如果断口呈明显颈缩，说明数据是真实的，如果由于夹持装置不合理或夹持装置对试件划伤或咬伤，从而在划伤处造成应力集中，导致试件提前在划伤处破断，该试验判为无效，应重新取样测试。

3. 规定非比例延伸负荷的测定（$F_{p0.2}$）

根据力-延伸曲线图测定规定非比例延伸强度。在曲线图上，划一条与曲线的弹性直线段部分平行，且在延伸轴上与此直线段的距离等效于规定非比例延伸率 0.2% 的平行直线。根据此平行线与曲线的交点给出所求规定非比例延伸强度的力（$F_{p0.2}$）。准确绘制力-延伸曲线图十分重要。

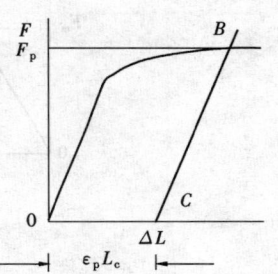

图 5-91 平行线方法测定 $F_p$

GB/T 228—2002 标准中保留了旧标准中的四种方法，删去了逐级施力的人工方法。四种方法都是图解方法（均要求自动采集数据）。

（1）常规平行线方法 此方法仅适用于具有弹性直线段的材料测定 $F_{p0.2}$，使用的试验机和引伸计均应不劣于 1 级准确度，引伸计标距不小于标距 $L_0$ 的二分之一，试验时弹性阶段应力速率为 3～30MPa/s，在进入塑性范围和直至 $F_p$ 应变速率不超过 0.0025/s。试验时，记录力～延伸曲线或采集力～延伸数据，直至超过规定非比例延伸率为 0.2% 的负荷 $F_{p0.2}$。在记录得到的曲线图上图解确定规定非比例延伸力 $F_{p0.2}$，进而计算 $R_{p0.2}$，见图 5-91 所示。

（2）滞后环方法 此种方法仅仅适用于不具有明显弹性直线段的材料，不适用于钢绞线规定非比例延伸力（$F_{p0.2}$）的检测。

（3）逐步逼近方法 此方法适用于具有和不具有明显弹性直线段的材料测定 $F_{p0.2}$。不适用于钢绞线规定非比例延伸力（$F_{p0.2}$）的检测。

（4）相关提示 相关产品标准或协议规定 $R_{p0.2}$ 性能时，应说明规定的非比例延伸率。应进行曲线的原点修正。应以规定非比例延伸率对应的应力为所测规定比例延伸强度，而不管在此应力之前出现较高的应力。当材料呈现明显的屈服现象，建议此时测定的屈服强度应注明明显屈服。呈现图 5-91 的曲线类型，为连续屈服状态，应测定 $R_{p0.2}$。

4. 抗拉强度 $R_m$ 的测定

抗拉强度是预应力钢材必测的性能项目。在旧标准中，测定抗拉强度比较简单，测出拉伸试验过程中的最高应力便是。但新标准对抗拉强度的定义（见标准中的 4.8 和 4.9.1）与旧标准有所不同。故判定抗拉强度对应的最大力时，不能完全照搬过去习惯的判定方法。可采用两种方法测定抗拉强度。

（1）图解方法（包括自动方法）图解方法要求试验机不劣于 1 级准确度，引伸计为不劣于 2 级准确度，引伸计标距不小于试样标距的一半，试验时的应变速率不超过 0.008/s（相当于两夹头分离速率 $0.48L_c$/min）。试验时，记录力～延伸曲线或力～位移曲线或采集相应的数据。在记录得到的曲线图上按定义判定最大力，对于连续屈服类型，试验过程中的最大力判为最大力 $F_m$，由最大力计算抗拉强度 $R_m$。

（2）指针方法 指针方法测定抗拉强度是相对简单的方法。它是通过人工读取试验机指示的最大力，进而计算抗拉强度。由于新标准对最大力的定义与旧标准的不同，所以不能完全借助于被动指针所指示的最大力作为最大力。试验时，应注视指针的指示，对于连续屈服类型（图 5-92），读取试验过程中指示最大的力，对于不连续屈服类型（见图 5-92b、c），读取屈服阶段之后指示的最大的力作为最大力 $F_m$，进而计算抗拉强度 $R_m$。对于模拟标度的测力度盘，其分度的间隔宽度 ≥2.5mm 和 <2.5mm 时，建议分别估读到 1/10 和 1/2 分度值。

5. 试验速率

塑性范围平行长度的应变速率不应超过 0.008/s。弹性范围如试验不包括屈服强度或规定强度的测定，试验机的速率可以达到塑性范围内允许的最大速率。

6. 弹性模量

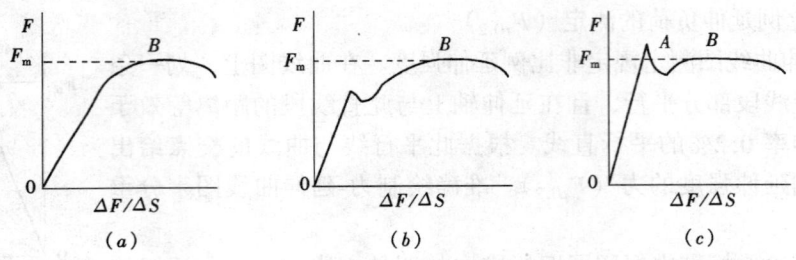

图 5-92 图解方法测定最大力 $F_m$

弹性模量是预应力钢材一项重要的力学性能指标,在预应力混凝土构件制做过程中,是根据钢材的弹性模量来确定张拉伸长量,从而正确地对构件施加预应力。国外所有预应力钢材标准规范都对这项指标提出了要求。因此正确测定预应力钢材的弹性模量对生产及应用都是非常重要的。各国标准均直接给出弹性模量取值。如:英国标准《预应力混凝土用高强度钢丝和绞线》BS5896—1980 中表 4 "冷拔钢丝的尺寸和性能" 规定弹性模量取值为 $205 \pm 10 kN/mm^2$,国际标准《预应力混凝土用钢丝》ISO6934:1991 中表 2 "消除应力钢丝的尺寸、重量及拉伸性能" 规定,"弹性模量可以采用($205 \pm 10$)GPa",GB/T5223—2002《预应力混凝土用钢丝》中 7.3.6 规定:"钢丝弹性模量为 $205 \pm 10 GPa$,但不做为交货条件"。

以钢丝捻制成钢绞线(甚至再制成绳索),尽管钢丝本身的弹性模量是不变的,但由于钢绞线各根钢丝强度存在差异,捻股机各放线轮松紧程度存在差异,钢绞线实际弹性模量与理论值存在着微小的差异,使用单位可以根据测量值与标准给出的理论值进行比较来评价钢绞线的质量。但从工程含义上讲,弹性模量又是指在载荷方向上产生单位应变所需的应力或产生伸长所需载荷,而钢绞线整体受力和变形方向同钢丝的正弹性模量不同,因此钢绞线的弹性模量应称为"钢绞线的工程弹性模量"。如果用 $E$ 表示钢丝的弹性模量,用 $E_j$ 表示钢绞线的弹性模量,$E_j < E$。对于 $1 \times 7 - 15.24 mm$ 钢绞线,各国标准中已给出了弹性模量取值为 $195 \pm 10 GPa$,但不做为交货条件。由于钢绞线在捻制过程中因各钢丝强度不均,股机各放线工字轮刹带盘摩擦力不均等因素影响,其真实弹性模量自然要小于理论计算值,钢绞线的伸直性越差,钢绞线的工程弹性模量越小。

(1)增量方法 测定材料弹性模量 $E$ 一般采用比例极限内的拉伸试验,材料在比例极限内服从虎克定律,其荷载与变形关系为:

$$\Delta L = \frac{\Delta P L_0}{E A_0} \quad (5-181)$$

若已知载荷 $\Delta P$ 及试件尺寸,只要测得试件伸长 $\Delta L$ 即可得出弹性模量 $E$。

$$E = \frac{\Delta P L_0}{\Delta(\Delta L) A_0} \quad (5-182)$$

由于应变增量为:

$$\Delta \varepsilon = \frac{\Delta(\Delta L)}{L_0} \quad (5-183)$$

所以:

$$E = \frac{\Delta P}{A_0} \cdot \frac{1}{\Delta \varepsilon} \quad (5-184)$$

式中 $\Delta P$——载荷增量(kN);

$A_0$——试件的横截面面积($mm^2$)。

采用增量法逐级加载,分别测量在相同载荷增量 $\Delta P$ 作用下试件所产生的应变增量 $\Delta \varepsilon$。增量法可以验证力与变形间的线性关系,若各级载荷量 $\Delta P$ 相等,相应地应变增量 $\Delta \varepsilon$ 也大至相等。用增量法进行试验还可以判断出试验是否有错误,若各次测出的变形不按一定规律变化就说明试验有错误,应进行检查。加载方案应在测试前就拟定好。最大应力值要在钢材的比例极限内进行测试,故最大的应力值不能超过材料的比例强度,一般荷载取值范围为规定非比例延伸荷载 $F_{p0.2}$ 的 10%~70%,加载级数一般不少于5级。

(2) 图解方法　图解方法要求试验机不劣于1级准确度,引伸计为不劣于1级准确度,引伸计标距不小于试样标距的一半,试验时的应变速率不超过 0.008/s（相当于两夹头分离速率 $0.48L_c/\min$）。试验时,记录力—延伸曲线或力—位移曲线或采集相应的数据。在记录得到的曲线图上按定义判定弹性模量 $E$。

7. 应力松弛性能

对于预应力钢绞线,应力松弛性能试验期间试样的环境温度应保持在 20±2℃ 的范围内,试样不得进行任何热处理和冷加工,试样标距长度不小于公称直径的60倍,初应力为公称最大力的70%（60%和80%极少采用）,初始负荷应在3至5分钟内施加完毕,对于Ⅰ级松弛保持2分钟,对于Ⅱ级松弛保持1分钟后开始记录松弛值。低松弛级别要满足1000小时应力松弛率不大于2.5%的要求,普通松弛的这个指标为8%,实际上长期松弛差异比这个要更大。

允许用不少于100小时的测试数据推算1000小时的松弛值。

## 六、数据处理与结果判定

1. 性能测定结果数值的修约

试验测定的性能结果数值应按照表5-58的要求进行修约。其中六种强度性能 $R_{eH}$,$R_{eL}$,$R_p$,$R_t$,$R_r$ 和 $R_m$ 的修约间隔与旧标准的相同。而六种延性性能 $A_e$,$A_{gt}$,$A_g$,$A_t$,$A_m$ 和 $Z$ 的测定结果数值的修约要求与旧标准不同,新标准中规定 $A_e$ 的修约间隔为 0.05%,其余五种性能的修约间隔均规定为 0.5%。修约的方法按照 GB/T8170。

2. 最大力总伸长率（$A_{gt}$）数据处理方法

在用引伸计得到的力-延伸曲线图上测定最大力时的总延伸（$\Delta L_m$）。最大力总伸长率按照下式计算

性能结果数值的修约间隔　　表5-58

| 性　能 | 范　围 | 修约间隔 |
|---|---|---|
| $R_p$；$R_m$ | ≤200N/mm² | 1N/mm² |
|  | 200~1000N/mm² | 5N/mm² |
|  | >1000N/mm² | 10N/mm² |
| $A_{gt}$ |  | 0.5% |

$$A_{gt}=\frac{\Delta L_m}{L_e}\times 100 \qquad (5-185)$$

有些材料在最大力时呈现一平台。当出现这种情况,取平台中点的最大力对应的总伸长率。试验报告中应报告引伸计标距,测得的伸长率应修约到 0.05%。

3. 强度（$R_m$）的数据处理方法

预应力钢丝、钢棒、钢绞线在拉伸试验期间的最大力（$F_m$）与试样公称横截面积（$S_0$）之商。

$$R_m=\frac{F_m}{S_0} \qquad (5-186)$$

4. 规定非比例延伸强度（$F_{p0.2}$）的数据处理方法

关于钢绞线的屈服负荷,各国标准有不同的定义,比较常见的有测非比例伸长 0.2% 时的荷载值（$F_{p0.2}$）及测总伸长为 1% 时的荷载（$F_{t1}$）。但不管测定 $F_{p0.2}$ 或 $F_{t1}$,常见的测定方法多为图解法。图解法借助于数据采集装置,将所测荷载应变数据绘成荷载（$F$）-变形（$\varepsilon$）曲线,利用 $F$-$\varepsilon$ 曲线能很方便地计算出 $F_{p0.2}$ 或 $F_{t1}$。

预应力钢丝、钢棒、钢绞线在拉伸试验期间当非比例伸长为 0.2% 时的荷载值（$F_{p0.2}$）与试

样参考横截面积（$S_0$）之商。

$$R_{p0.2} = \frac{F_{p0.2}}{S_0} \tag{5-187}$$

5. 弹性模量（$E$）的数据处理方法

方法1　传统测试线材的弹性模量的方法是用双表引伸仪，对试样施加10%破断负荷的初始负荷，装上引伸计，在线性阶段读取拉力机表盘和引伸计若干数据组，计算出弹性模量。这种方法测试弹性模量简单、准确。弹性模量按下式计算

$$E = \frac{\Delta F_i}{S_0} \times \frac{L_e}{\Delta L_i} \tag{5-188}$$

方法2　计算机系统应用于试验机上为确定弹性模量（$E$）提供了必要的工具和手段。使用拉力传感器和电子引伸计，位移传感器将拉力值和位移信号转换成电信号，自动给出 $F$-$\Delta L$ 曲线及 $R$-$\varepsilon$ 曲线，在 $R$-$\varepsilon$ 曲线上选弹性直线段确定 $E$ 值。

6. 应力松弛的数据处理方法

预应力钢材具有线性模式的松弛发展规律，拉伸应力松弛发展规律大至如下：

（1）高强钢丝（低松弛级）、高强钢绞线（低松弛级）和热处理钢筋等服从双对数坐标中直线方程的规律。

（2）冷拉Ⅳ级钢筋、中强钢丝、低碳冷拔钢丝等服从时间对数坐标中直线方程的规律。

（3）高强钢丝、钢绞线（普通松弛级）则服从对数坐标中指数方程的规律。

采用线性回归分析方法对试验数据进行推算1000小时的应力松弛性能，试验时间不得少于100小时。

7. 关于试验无效的规定

GB/T 228—2002规定了如下两种情况为试验无效：

（1）试样断在标距外或机械刻划的标距标记上，而且断后伸长率低于规定最小值；

（2）在试验时，试验设备发生了故障（包括中途停电），影响了试验结果。有上述两种情况之一，试验结果无效，重做相同试样相同数量的试验。

如果标距标记是用无损伤试样表面的方法标记的，断在标距标记上，不列入重试范围。如果断在机械刻划的标记上或标距外，但测得的断后伸长率达到了规定最小值的要求，则试验结果有效，无需重试。

如果试样拉断后，显现出肉眼可见的冶金缺陷（例如分层、气泡、夹渣、缩孔等）或显现两个或两个以上的缩颈情况，应在报告中注明。如果试验后显现肉眼可见的冶金缺陷，而且拉伸性能不合格，建议双方协商重做相同试样相同数量的试验。

GB/T 5224—2003规定如整根钢绞线在夹头内和距钳2倍钢绞线公称直径内断裂，最大力未达到标准规定的性能要求时，则该试验应作废。计算抗拉强度时取钢绞线的参考截面积值。

8. 预应力混凝土用钢绞线复验与判定规则

预应力混凝土用钢绞线检验结果的某一项不符合标准规定时，则该盘卷不得交货。并从同一批未经试验的钢绞线盘卷中取双倍数量的试样进行该不合格项目的复验，复验结果即使有一个试样不合格，则整批钢绞线不得交货，或进行逐盘检验合格后交货。

规定非比例延伸力 $F_{p0.2}$ 值不小于整根钢绞线公称最大力 $F_m$ 的90%。

允许使用推算法确定1000小时松弛率。

钢绞线弹性模量为195±10GPa，但不作为交货条件。

9. 预应力混凝土用钢丝复验与判定规则

**钢丝弯曲试验**　钢丝弯曲试验应按GB238的规定进行。弯曲半径符合本标准规定。两面刻

痕钢丝弯曲试验时，凹坑平面应于钳口平行。

**扭转裂纹的复验**　复验试样按每 210mm 长度扭转 3 圈的比例进行扭转，当进行到规定圈数时停机检验，如仍有目视可见或裸手可触摸到的螺旋裂纹，该盘钢丝应判定为不合格。

若试样在离夹头 2d 范围断裂，且未达到标准的扭转次数，则该试验无效。

**镦头强度**　钢丝的镦头直径应不小于钢丝公称直径的 1.5 倍，带锚具进行拉伸试验，此时钢丝的最大力与钢丝公称截面积之比即为镦头强度。

在检查中，如有某一项检查结果不符合产品标准要求，则该盘不得交货，并从同一批未经试验的钢丝盘中取双倍数量的试样进行该不合格项的复验，复验结果即使有一个试样不合格，则整批不得交货。或逐盘检验合格者交货。

10. 预应力混凝土用钢棒复验与判定规则

钢棒力学性能试验结果如有一项不符合规定，则可从不合格盘或条上重新取一根试样，同时从未试验过的任意两盘或两条的任意一端各取一根试样进行该不合格项的复验，如仍有一根试验样不符合规定，则该批判为不合格，但可逐盘检验，合格者交货。

11. 高强度精轧螺纹钢筋复验与判定规则

钢筋表面不得有横向裂纹、结疤和机械损伤，钢筋表面允许有不影响力学性能和连接的缺陷。

### 七、计算实例

某钢绞线其标记为：预应力钢绞线 1×7-15.4-1860-GB/T 5224—2003。实测弹性模量为 195GPa，$F$-$\varepsilon$ 曲线如图 5-93 所示，其中线段 $\overline{OAB}$ 为弹性变形阶段，$\overline{BC}$ 为强化变形阶段，$\overline{CD}$ 为纯塑性变形阶段（负荷保持不变），$\overline{DE}$ 为颈缩阶段。由图解法已得到图中 A、B、C、D、E 各点的座标，见表 5-59。

请按现行标准求出该钢绞线的主要力学性能，并与已废止标准（GB5224—95，GB228—87）的计算结果进行比较。

解：

（1）强度计算

试样为 1×7-15.0 钢绞线，因此试样参考横截面积（$S_0$）。

**图　解　结　果**　　　　　　　　　　　　　　　　　　　　　　　　表 5-59

| 标记 | X 轴（%） | Y 轴（kN） | 注 |
|---|---|---|---|
| O | 0 | 0 | 原点 |
| A | 1.0 | 240.8 | 规定总延伸为 1% 时的荷载（$F_{t1}$） |
| B | 1.1 | 243.7 | 规定非比例伸长 0.2% 时的荷载值（$F_{p0.2}$） |
| C | 3.0 | 277.0 | 最大力平台始点 |
| D | 3.8 | 277.0 | 最大力平台末点 |
| E | 4.4 | 252.0 | 断裂点，试样断在样品中部 |

计算规定总延伸为 1% 时的强度（$R_{t1}$）

$$R_{t1} = \frac{F_{t1}}{S_o} = \frac{240.8\text{kN}}{140\text{mm}^2} = 1720\text{MPa}$$

计算规定非比例伸长为 0.2% 时的强度（$R_{p0.2}$）

$$R_{p0.2} = \frac{F_{p0.2}}{S_0} = \frac{243.7\text{kN}}{140\text{mm}^2} = 1740\text{MPa}$$

计算抗拉强度（$R_m$）

$$R_m = \frac{F_m}{S_0} = \frac{277.0\text{kN}}{140\text{mm}^2} = 1980\text{MPa}$$

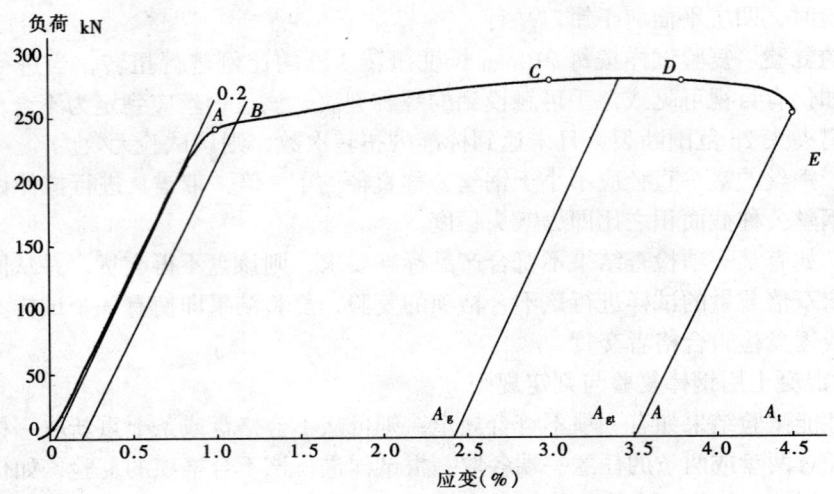

图 5-93 某预应力钢绞线负荷-应变实测曲线

(2) 伸长率计算

计算断后总伸长率（$A$）

由于实测弹性模量为 195GPa，因此：

$$A = 4.4 - \frac{F}{S_0 E} = 4.4 - \frac{252.0\text{kN}}{140\text{mm}^2 \cdot 195\text{GPa}} \times 100 = 4.4 - 0.92 = 3.5\%$$

计算最大力（$F_m$）总伸长率（$A_{gt}$）%

$$A_{gt} = \frac{3.0 + 3.8}{2} = 3.4\%$$

计算最大力（$F_m$）非比例伸长率（$A_g$）

$$A_g = 3.4 - \frac{F_m}{S_0 E} = 3.4 - \frac{277}{140\text{mm}^2 \cdot 195\text{GPa}} \times 100 = 3.4 - 1.0 = 2.4\%$$

(3) 屈强比计算

$$\text{屈强比} = \frac{R_{p0.2}}{R_m} = \frac{1740}{1980} = 88\%$$

(4) 判定

抗拉强度（$R_m$）符合 GB/T 5224—2003 的规定，判定为合格。

最大力（$F_m$）总伸长率（$A_{gt}$）不符合 GB/T 5224—2003 的规定，判定为不合格。

屈强比小于 90%，不符合 GB/T 5224—2003 的规定，判定为不合格。

(5) 如果按 GB/T5224—1995 计算，则结果为（注：GB/T5224—1995 已废止，被 GB/T5224—2003 替代）

规定总伸长 1% 应力

$$\sigma_{t1} = \frac{240.8\text{kN}}{140\text{mm}^2} = 1720\text{MPa}；合格。$$

抗拉强度（$\sigma_b$）计算

$$\sigma_b = \frac{277.0\text{kN}}{140\text{mm}^2} = 1980\text{MPa}；合格。$$

屈强比计算

$$\text{屈强比} = \frac{\sigma_{t1}}{\sigma_b} = \frac{1720}{1980} = 87\%；合格。$$

伸长率（$\delta$）计算

$$\delta = 4.4\%；合格。$$

6. 从以上实例可见，新修订的预应力钢绞线标准 GB/T 5224—2003，比旧标准 GB/T 5224—1995 要求更严格、更科学。且准确绘制力-延伸曲线图十分重要。

**思考题**

1. 请问标记为"预应力钢绞线 $1 \times 7 - 15.20 - 1860 - $ GB/T5224—2003"的钢绞线的参考截面积是多少？
2. 预应力钢材拉伸试验试样制备时，应如何取样？请问预应力钢丝试验的规定最小的试验标距为多少？其标距 $L_0$ 和试样平行长度有何不同？
3. 简述断裂伸长率与最大力下总伸长率的测定方法，并请问最大力总伸长率与断后伸长率有何区别？
4. 请问根据 GB/T5224—2003 的规定，预应力钢绞线最大力总伸长率应符合什么条件？
5. 请问预应力钢绞线最大力总伸长率应如何检测及执行标准？
6. 请问预应力钢丝试验的规定最小的试验标距为多少？
7. 请问 GB228—2002《金属材料 室温拉伸试验方法》比 GB228—87 有何变化？
8. 金属在拉伸时，其弹性变形阶段的性能指标有哪几项？
9. 金属在拉伸时，其塑性变形阶段的性能指标有哪几项？
10. 预应力钢丝试样制备时，应如何取样？试验标距为多少？
11. 预应力钢棒试样制备时，应如何取样？试验标距为多少？

**参考文献**

1. 谢先彪.钢绞线拉伸的夹具及引伸计的改造应用.理化检验-物理分册.1998年4月第34卷第4期，P21~23
2. 梁新邦.GB/T228—2002 实施要点.理化检验-物理分册.第40卷第1期，2004年1月，P45~48
3. 梁新邦.GB/T228—2002 实施要点（续）.理化检验-物理分册.第40卷第2期.2004年1月.P93~99
4. 梁新邦.GB/T228—2002 实施要点（续）.理化检验-物理分册.第40卷第3期.2004年1月.P150~155
5. 黄跃平，周明华.预应力混凝土用钢绞线弹性模量测定结果的不确定度评定.现代交通技术，2005，第一期（江苏省交通厅主办全国发行）

**附录 拉伸试验力学性能项目符号与内容的变化**

附表 5-1 拉伸试验产生的主要力学性能项目定义符号变化

| | GB/T 228—2002 | | GB/T 228—1987 | |
|---|---|---|---|---|
| | 力学性能名称 | 符号与单位 | 力学性能名称 | 符号与单位 |
| 屈服强度—规定强度—抗拉强度 | 抗拉强度：相应最大力（$F_n$）的应力 | $R_n$ N/mm² | 抗拉强度 | $\sigma_b$ N/mm² |
| | 屈服强度：当金属呈现屈服现象时，在试验期间达到塑性变形发生而力不增加的应力点，应区分上屈服点和下屈服点 | — | 屈服点 | $\sigma_s$ N/mm² 例 $\sigma_{0.2}$ |
| | 上屈服强度：试样发生屈服而力首次下降前的最高应力 | $R_{eH}$ N/mm² | 上屈服点 | $\sigma_{sU}$ N/mm² |
| | 下屈服强度：在屈服期间，不计初始瞬时效应时的最低应力 | $R_{eL}$ N/mm² | 下屈服点 | $\sigma_{sL}$ N/mm² |
| | 规定非比例延伸强度：非比例延伸率等于引伸计标距百分率时的应力 | $R_p$ N/mm² 例 $R_{p0.2}$ | 规定非比例伸长应力 | $\sigma_p$ N/mm² 例 $\sigma_{p0.2}$ |
| | 规定总延伸强度：总延伸率等于规定的引伸计标距百分率时的应力 | $R_t$ N/mm² 例 $R_{t0.2}$ | 规定总伸长应力 | $\sigma_t$ N/mm² |
| | 规定残余延伸强度：卸除应力后残余延伸率等于规定的引伸计标距百分率时对应的应力 | $R_r$ N/mm² 例 $R_{r0.2}$ | 规定残余伸长应力 | $\sigma_r$ N/mm² |

续表

| GB/T 228—2002 | | | GB/T 228—1987 | |
|---|---|---|---|---|
| 力学性能名称 | | 符号与单位 | 力学性能名称 | 符号与单位 |
| 伸长 | 断后伸长率：断后标距的残余伸长（$L_u - L_0$）与原始标距（$L_0$）之比的百分率 | $A$ % | — | — |
| | 断裂总伸长率：断裂时刻原始标距的总伸长（弹性伸长加塑性伸长）与原始标距（$L_0$）之比的百分率 | $A_t$% | — | — |
| | 屈服点延伸率：呈现明显屈服（不连续屈服）现象的金属材料，屈服开始至均匀加工硬化开始之间引伸计标距的延伸与引伸计标距（$L_e$）之比的百分率 | $A_e$% | 屈服点伸长率 | $\delta_s$% |
| 试样 | 断面收缩率：断裂后试样横截面积的最大缩减量（$S_0 - S_u$）与原始横截面积（$S_0$）之比的百分率 | $Z$ % | 断面收缩率 | $\psi$ % |
| 力 | 最大力：试样在屈服阶段之后所能抵抗的最大力。对于无明显屈服（连续屈服）的金属材料，为试验期间的最大力 | $F_m$ N | 最大力 | $F_b$ N |

注：$1N/mm^2 = 1MPa$。

**人工方法测定棒材、线材和条材等长产品的最大力总伸长率**

第12条中规定的引伸计方法可以用下列人工方法代替。仲裁试验应采用引伸计方法。

本附录方法是测量已拉伸试验过的试样最长部分在最大力时的非比例伸长，根据此伸长计算总伸长率。

试验前，在标距上标出等分格标记，连续两个等分格标记之间的距离等于原始标距（$L_0'$）的约数，原始标距（$L_0'$）的标记应准确到 ±0.5mm 以内。为总伸长率值函数的这一长度（$L_0'$）应在产品标准中规定。断裂后，在试样的最长部分上测量断后标距（$L_u'$），准确到 ±0.5mm。为使测量有效，应满足以下条件：

a）测量区的范围应处于距离断裂处至少 5d 和距离夹头至少 2.5d。
b）测量用的原始标距应至少等于产品标准中规定的值。

最大力非比例伸长率按照式（G1）计算：

$$A_g = \frac{L_u' - L_0'}{L_0'} \times 100 \tag{G1}$$

最大力总伸长率按照式（G2）计算：

$$A_{gt} = A_g + \frac{R_m}{E} \times 100 \tag{G2}$$

式中弹性模量 $E$ 的值应由相关产品标准给定。

**新老版本标准对 $S_0$ 和 $L_0$ 的准确度比较**　　　　　　　　附表 5-2

| 项目名称 | GB/T 228—2002 | GB/T 228—1987 |
|---|---|---|
| 原始横截面积（$S_0$） | 应根据测量的试样原始尺寸计算原始横截面积，并至少保留 4 位有效数字 | 试样原始横截面积的计算值修约到 3 位有效数字 |
| 原始标距（$L_0$） | 对于比例试样，应将原始标距的计算值修约至最接近 5mm 的倍数，中间数值向较大一方修约，原始标距的标记应准确到 ±1% | 原始标距应精确到标称标距的 ±0.5% |

伸长率、延伸率和断面收缩率结果数值的修约间隔变化　　　　　　附表 5-3

| 项 目 名 称 | | GB/T 228—2002 结果数值的修约间隔 | GB/T 228—1987 | |
|---|---|---|---|---|
| | | | 范　围 | 结果数值的修约间隔 |
| 屈服点延率 | $A_e$ ($\delta_5$) | 0.05% | — | 0.1% |
| 断后延伸率 | $A$ | 0.5% | <10% | 0.5% |
| 断裂总延伸率 | $A_t$ | | | |
| 最大力非比例伸长率 | $A_g$ | | >10% | 1% |
| 最大力总伸长率 | $A_{gt}$ | | | |
| 断面收缩率　$Z$ ($\psi$) | | | | |

## 第十节　预应力锚具、夹具和连接器检测

### 一、概念

预应力是指通过预加应力的方法调整结构内力，人为地在混凝土结构中建立一项永久的预压应力，其预压应力的大小和分布能抵消或部分抵消结构在外荷载作用下预期要发生的拉应力，预压应力和拉应力结合起来的总应力要满足结构在长期受外荷载下的安全使用应力范围之内，这是预应力的基本概念。这就是法国科学家弗来西奈（E.Fregssinet）在19世纪末对混凝土结构施加预应力的重大发明思想，是对混凝土结构的一次技术革命，影响深远。其重要意义是通过预应力技术能充分发挥混凝土的抗压性能和充分利用混凝土中钢筋的抗拉性能，从而能节省材料、减小结构截面尺寸、减轻自重，提高和改善混凝土结构的受力性能，并具有平衡外荷载的作用。

1. 先张法和后张法的基本概念

（1）先张法

将预应力钢材（高强钢丝或钢绞线）张拉到设计预应力后锚固在台座上，然后立模板、浇筑混凝土，当混凝土强度等级达到70%设计强度时，可以放松预应力筋。利用预应力筋与混凝土之间的粘结力传递预应力，使混凝土获得预压应力。适合在工厂，有固定的场地和固定的张拉台座。

（2）后张法

先立模浇筑混凝土，同时预留孔道，待混凝土强度等级达到100%设计强度时，通过预留孔道穿入预应力筋，然后张拉预应力筋通过锚具永久锚固在混凝土构件的两端，使混凝土获得预压应力。

2. 预应力锚具、夹具和连接器的基本概念

（1）锚具、夹具、连接器的定义

制作预应力构件时，锚固预应力筋的工具统称为锚具。根据用途不同，又有如下区分：

①夹具（又称工具锚）：临时锚固预应力筋，使用后可以拆除并能重复使用的锚具称为夹具（或称工具锚）。一般用于先张法生产预应力构件，而临时将预应力筋锚固在固定台座上的锚具，或用于后张法张拉预应力时，当预应力张拉完后，安装在张拉千斤顶后面使用需要拆除的锚具均称为夹具或称工具锚。要求夹具应有良好的自锚性能、松锚性能和重复使用性能。

②锚具（又称工作锚）：用于后张预应力结构，主要依靠锚具传递预应力，并永久锚固在结构或构件端部的锚具称为锚具（亦称为工作锚具），要求具有可靠的锚固性能、足够的承载力和

良好的适用性,并能安全地实现预应力张拉作业。

③连接器:用于张拉预应力多跨连接梁结构时,需要分段施工、分段张拉和接长预应力筋时使用,既有锚具作用(通过夹片锚实现),又有接长功能(通过P形锚实现),在张拉预应力后并永久留在混凝土构件中的锚具称为连接器,要求符合工作锚具的性能指标。

(2) 锚具的分类与代号:

①精轧螺纹钢锚具、连接器:适用于精轧螺纹钢使用,见图5-94;

②墩头锚具:适用于高强钢丝(现在很少用),代号DM5A,见图5-95;

③锥形锚具(或称弗氏锚),适用于高强钢丝(现在很少用),代号GZM5,见图5-96;

④JM锚具:适用于钢绞线和热处理粗钢筋(现在很少用),见图5-97;

⑤QM、OVM、YM、XM夹片式锚具(或称群锚):适用于钢绞线,应用广泛,见图5-98;

⑥扁锚(夹片式扁形锚具):适用于钢绞线。代号BM15,见图5-99;

⑦挤压锚(又称P型锚):适用于钢绞线,是一种固定端使用的锚具,代号PM15-1,见图5-100;

⑧连接器(又称锚头连接器或接长连接器):也是锚具的一种形式,由夹片锚和P型锚组合而成;代号YML15,见图5-101;

⑨冷铸锚(镦头锚):适用于高强钢丝,主要用斜拉桥的拉索锚固,见图5-102。

⑩夹具(又称工具锚):主要应用于先张法张拉用。

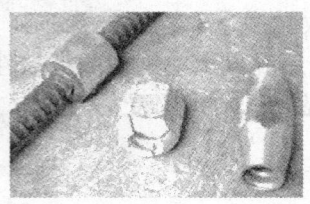
图5-94 精轧螺纹钢锚具、连接器

图5-95 镦头锚具

图5-96 CZM锥形锚具

图5-97 JM锚具

图5-98 YM、OVM锚具

图5-99 BM扁锚

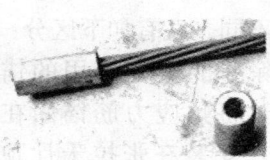
图5-100 挤压P型锚

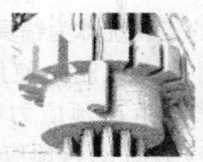
图5-101 连接器

图5-102 冷铸锚(镦头锚)

图 5-103　铸铁锚垫板

图 5-104　限位板

（3）锚具的配套附件：
①铸铁锚垫板，见图 5-103。
②螺旋筋。
主要用于后张预应力构件，其作用是增强混凝土构件端部锚固区的局部承压力。
③限位板。见图 5-104，后张法张拉预应力保证锚具夹片同时跟进时使用。
（4）锚具、夹具和连接器的质量检测的主要检测项目见表 5-60：

锚具、夹具和连接器的质量检测的主要检测项目　　　　表 5-60

| 检测类别 | 出厂检验 | 型　式　检　验 | 施工现场抽检 |
| --- | --- | --- | --- |
| 锚具及永久留在混凝土中的连接器 | 外观、硬度静载试验 | 外观、硬度、静载试验、疲劳试验、周期荷载试验、辅助性试验（包括摩阻损失、张拉锚固工艺、内缩量） | 外观、硬度静载试验 |
| 夹具及张拉后放张和拆卸的连接器 | 外观、硬度静载试验 | 外观、硬度静载试验 | 外观、硬度静载试验 |

## 二、检测依据
《预应力筋用锚具、夹具和连接器》GB/T 14370—2000
《公路桥梁预应力钢绞线用锚具、连接器试验方法及检验规则》JT 329·2—1997
《公路桥梁预应力钢绞线用 YM 锚具、连接器规格系列》JT 329·1—1997
《预应力用锚具、夹具和连接器应用技术规程》JGJ 85—2002
《金属洛氏硬度试验方法》GB/T 230.1—2004
《金属布氏硬度试验方法》GB/T 231.1—2002
《公路桥涵施工技术规范》JTJ 041—2000

## 三、检测设备与检测环境
1. 外观检测设备：直尺、卡尺、放大镜
2. 硬度检测设备：布氏硬度计、洛氏硬度计（见图 5-105 所示）。
3. 静载试验设备：
（1）试验张拉台座：要求有足够的承载力和刚度，刚度 $K \geqslant 10$，台座的长度 $L \geqslant 3m$。
（2）张拉千斤顶：根据张拉力大小配套并配备 0.4 级标准压力表或力传感器等测力系统，要求测力系统的不确定度不大于 2%，必须定期计量标定，保证满量程误差 $\leqslant 1\%$。
（3）钢尺：最小刻度值 1mm。
（4）位移传感器：配套二次仪表或计算机采集数据。

图 5-105　洛氏硬度计

(5) 测量总应变的量具，其标距的不确定度不得大于标距的0.2%，指示应变的量具不确定度不得大于0.1%。

4. 检测环境：常温下进行（一般0~35℃）。

### 四、取样和样品制备要求

锚具进场验收时，需方应按合同核对产品质量证明书中所列的型号、规格、数量及适用于何种强度等级的预应力钢材等。确认无误后按下列四项规定进行取样检验。

1. 验收组批的规定和原则：同一批原材料，同一生产工艺，一次投料生产的产品，锚具、夹具的每个抽检组批不得大于1000套，连接器以不大于500套为一个验收批。

2. 外观检查的取样：从每个验收批中任意抽取10%，但不得少于10套。

3. 硬度检验的取样和制备要求

(1) 取样数量和比例

对硬度有严格要求的锚具零件，从每个验收批中任意抽取5%的样品，进行硬度检测，当用量较少时，不应少于5套。

(2) 样品制备：样品硬度检测部位，用砂皮打磨，并去除污渍物。

4. 静载锚固性能试验的取样和制备要求

(1) 取样数量

从外观检查和硬度检验合格的锚具中抽取6套样品，与符合试验要求的和检验合格的预应力筋组装成3个预应力筋-锚具组装件，由国家或省级质量技术监督部门授权的专业质量检测机构进行试验。

(2) 样品制备

①组装时的所有锚具零件必须擦拭干净，不得在锚固零件上存在影响锚固性能的物质如金刚砂、石墨、润滑剂、退锚灵等。

②预应力筋的受力自由长度不得小于3m，具体样品长度要加上台座两端安装张拉千斤顶和力传感器等操作长度，通过计算后确定下料长度。

③预应力筋的直径公差应在受检锚具设计的允许范围内。

④试验用的预应力筋的实测抗拉强度平均值$f_{pm}$应符合工程选定的强度等级，不宜超过1.05倍的抗拉强度标准值$f_{ptk}$即不得高于一个强度等级（选用1860不能大于1960级）。

⑤预应力筋的取样数量由锚具的孔数确定，一般由孔的数量乘以3（束）。

### 五、检测方法与操作步骤

1. 外观检查

(1) 外观检测项目：

采用直尺、卡尺、放大镜等工具，重点检查外观尺寸偏差，表面及锥孔光洁度，夹片的齿形缺陷，表面有否裂纹和碰痕等。

(2) 检测结果判别：

若发现有尺寸偏差和表面缺陷，要求加倍复检。

2. 硬度检测

(1) 硬度指标与硬度表示方法及常用硬度范围：

锚环：HB 160-350（布氏硬度）
　　　HRC17-35（洛氏硬度）

夹片：HRC57-65（洛氏硬度）
　　　HRA77-85（洛氏硬度）

(2) 布氏硬度检测方法：

①检测方法原理：

采用布氏硬度计，先用一定直径的钢球或硬质合金球，以相应的试验力压入试样表面，经规定保持时间后，卸除试验力，测试样表面的压痕直径，如图 5-106 所示。

布氏硬度值等于试验力除以压痕球形表面积所得的商。计算公式见表 5-61。

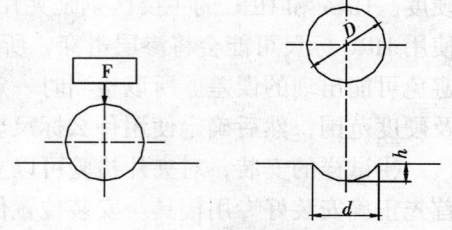

图 5-106 布氏硬度检测示意图

**布氏硬度计算公式及其符号说明**   表 5-61

| 公式符号 | 计算公式及其符号说明 |
|---|---|
| D | 钢球直径 mm |
| F | 试验力 kgf（N） |
| d | 压痕平均直径 mm |
| h | 压痕深度 = $\dfrac{D - \sqrt{D^2 - d^2}}{2}$ mm |
| HBS 或 HBW | 布氏硬度 = $\dfrac{2F}{\pi D(D - \sqrt{D^2 - d^2})}$<br>（当试验力用牛顿时，公式采 0.102 系数） |

②检测仪器：布氏硬度计，压头和压痕测量装置。

③试样要求：

试样表面应清洁、光滑、不应有氧化物及污物，要有一定的光洁度；

④检测步骤及检测方法

a. 根据硬度范围，按 GB 231—84 标准中表 2 和表 3 选择试验力和钢球直径；钢球直径宜选用 10mm。

b. 将试样稳固地放置在试验台上，保证检测过程中不发生位移和挠曲；

c. 对试样均匀平稳地施加试验力，不得有冲击震动，试验力作用方向应与试验台面垂直；

d. 施加试验力的时间为 2~8s，黑色金属的试验力保持时间为 10~15s；

e. 压痕中心距试样边缘距离不应小于压痕平均直径的 2.5 倍，两相邻压痕中心距不应小于压痕平均值的 4 倍。每个试样检测三点。

f. 应在两相互垂直方向测量压痕直径；

g. 用压痕两直径的算术平均值计算，或按 GB 231—84 标准附录 C 查表求得布氏硬度值。

(3) 洛氏硬度检测方法（HRC 和 HRA）

① 洛氏硬度检测方法原理：

采用洛氏硬度计，依据国家标准 GB/T 230—91《金属洛氏硬度试验方法》规定在初始试验力及总试验力的先后作用下，将压头（金刚石锥体或钢球）压入试样表面，按规定保持时间后，卸除主试验力，测量残余压痕深度的增量（差值）计算硬度值。

②测量 HRC 硬度时，采用 C 标尺（主试验力 $P = 1471N$）进行洛氏硬度试验。将制备好的试样放置在硬度计台面上，在打磨好的位置上找好测量点，按硬度计使用要求检测试样硬度。根据 GB/T 14370 锚具标准规定，硬度检验每个试样测试 3 点。（锚板，夹片相同）

③测量 HRA 硬度时，采用 A 标尺（主试验力 $P = 588N$）进行洛氏硬度检验。主要检验夹片

硬度。HRA和HRC的主要区别是夹片的热处理技术要求不同,若采用碳氮共渗,其渗碳层较薄,使用HRC标尺可能会将渗层击穿,所测硬度值与实际硬度值误差较大,采用HRA标尺检测,可避免可能出现的误差。所以检测时一定要查看生产厂家的质保书采用的硬度值是HRC或是HRA及硬度范围,然后确定使用什么标尺。

④试样的安装,对夹片检验可以立打,也可以卧打,一般卧打的较多,卧打要求专用模具,首先正确安装好专用模具。安装位置保证硬度压头正对专用模具的中心线,使用试验方向与试样表面垂直。检测时,试验装置和试样不能产生振动。

⑤施加初始试验力时,指针或指示线不得超过硬度计规定范围。

⑥调整示值指针至零点后,在2~8s内施加全部主试验力。施加主试验力后,总试验力的保持时间以末值指针基本不动为准,保持时间一般为6~8s。

⑦达到保持时间后,在2s内平稳地卸除主试验力,保持初试验力,从相应的标尺刻度上读出硬度值。每个试样检测三点。

(4) 试验结果处理与判别

①计算的布氏硬度值≥100时,数字修约到整数,一般锚板的布氏硬度值设计为HB160~350范围内;

②检测报告中给出的洛氏硬度值精确到0.1洛氏硬度单位,每个试样三个数据,不得取平均值。

③每个试样测试3点,与硬度值符合设计要求的范围,或生产厂家规定的硬度值范围内,则判为合格。如有一个试样不合格,则另取双倍数量的试样进行复检,如仍有不合格,则需要逐个检测,合格者方可使用。

3. 锚具、夹具和连接器静载锚固试验方法

(1) 一般规定

①对于先安装锚具、夹具和连接器再张拉的预应力体系,应在专用试验台座上进行,加载示意见图5-107~图5-109所示,先锚固后张拉试验实例见图5-110所示,先张拉后锚固张拉试验实例见图5-111所示。

②对于预应力筋在锚具夹持部位有偏转角度或部分锚筋孔与锚板底面有倾斜角(如扁锚和连接器),而必须使预应力筋在某个位置弯折时,则可以在此处安装轴向可移动的偏转装置(钢环或多孔梳子板等参见图5-108中编号)。保证组装件在施加张拉力时,偏转装置不与预应力之间产生滑动摩擦而影响试验结果。预应力锚具—连接器张拉试验实例见图5-112所示。

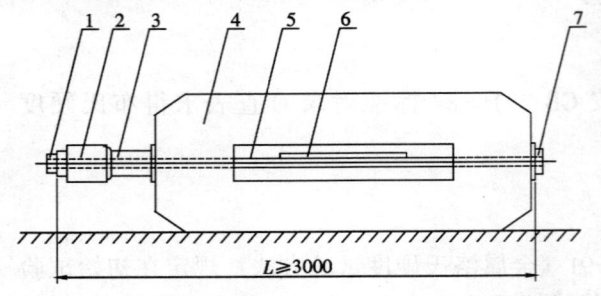

图5-107 先锚固后张拉方式
预应力筋—锚具组装件静载试验装置
1—试验锚具;2—加荷载用千斤顶;3—荷载传感器;4—承力台座;5—预应力筋;6—测量总应变的装置;7—试验锚具

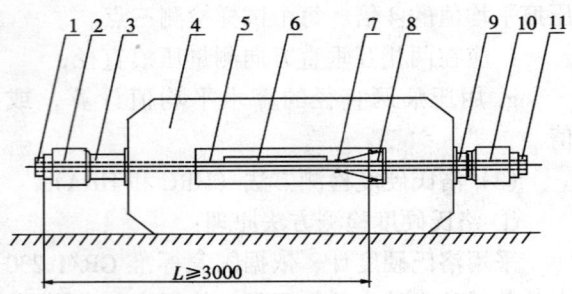

图5-108 预应力锚具—连接器组装件静载试验装置
1—试验锚具;2—1号加荷载用千斤顶;3—荷载传感器;4—承力台座;5—预应力筋;6—测量总应变的装置;7—转向钢环;8—连接器;9—试验锚具;10—2号千斤顶(预紧锚固后卸去);11—工具锚

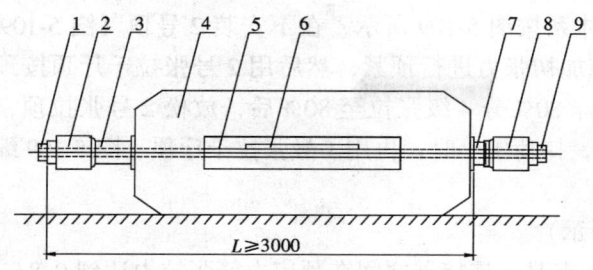

图5-109 先张拉后锚固式预应力筋
—锚具组装件静载试验装置

1—试验锚具;2—1号加荷载用千斤顶;3—荷载
传感器;4—承力台座;5—预应力筋;6—测量
总应变的装置;7—试验锚具;8—2号加荷载
用千斤顶(施工用型号);9—工具锚

图5-110 先锚固后张拉试验实例图
(一端安装张拉千斤顶)

图5-111 先张拉后锚固试验实例图
(两端安装张拉千斤顶)

图5-112 预应力锚具—连接器
组装件试验实例图

③单根预应力筋锚具组装件(如P型锚),不包括头持部位的受力长度不应 $<0.8m$。

④对于先张拉预应力筋再锚固的预应力体系,试验装置可对照图5-109所示,产品检验和型式检验时应采用这种预应力体系方法,张拉实例见图5-111所示,主要检验锚具的自锚能力。什么叫自锚能力?下面作简单介绍:

夹片锚具和预应力筋的组装件中,夹片受力情况见图5-113。

由图5-113可知,当 $H'\tan\gamma > H\tan(\alpha+\beta)$ 时,夹片随预应力筋向孔内移动,产生自锚。因 $H'=H$,故有 $\gamma > \alpha+\beta$。即当预应力筋与夹片的当量摩擦角 $\gamma$,大于夹片圆台面斜角 $\alpha$ 与夹片锚环间的当量摩擦角 $\beta$ 之和时,才能有效保证夹片自行锚固预应力筋。

(2) 试验操作步骤:

①将试验用的预应力筋、锚具、夹具或连接器全部组装件,在试验台座上进行组装。

②加载前,首先采用前卡式小千斤顶对组装件的每根预应力筋施加初张力进行预紧,初张力取 $0.10 f_{ptk}$。

③对于先锚固后张拉方式,正式加载按预应力筋抗拉强度标准值的20%、40%、60%、80%分4级均匀等速加载,加载速度每分钟为100MPa。达到80%时持荷1小时,然后按2%一级加至90%以后再按1%一级逐步缓慢加载至破坏。特别注意90%以后预应力筋进入屈服阶段,力增加缓慢,变形增大。要使预应力筋充分变形,使其总应变能满足国标要求。

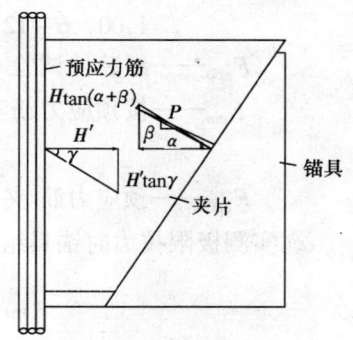

图5-113 锚具、夹片受力原理图
$\alpha$—夹片斜角;$\beta$—锚环与夹片间的当量摩擦角;$P$—锚环对夹片的约束力和摩擦力的合力;$H$—$P$ 的径向分力;
$H\tan(\alpha+\beta)$—$P$ 的轴向分力;
$\gamma$—预应力筋与夹片的当量摩擦角;
$H'$—预应力筋对夹片的径向分力;
$H'\tan\gamma$—预应力筋对夹片的轴向分力

④对于先张拉预应力筋再锚固的预应力体系按图 5-109 所示,在不安装 2 号顶(图 5-109 中编号 8)的情况下,与操作步骤②相同方法施加初张力进行预紧,然后用 2 号张拉千斤顶按预应力筋抗拉强度标准值 $f_{ptk}$ 的 20%、40%、60%、80%分 4 级张拉至 80%后,放松 2 号张拉顶,完成图 5-109 所示,试验锚具(编号 7)的锚固,持荷 1 小时,再用 1 号张拉千斤顶(图 5-109 编号 2)逐步缓慢加载至破坏。

(3) 试验过程中的检测项目 (图 5-114 所示)

①选择有代表性的几根预应力筋与锚具、夹具、连接器之间在预应力筋张拉力达到 $0.8f_{ptk}$ 时的相对位移或称内缩量 $\Delta a$;

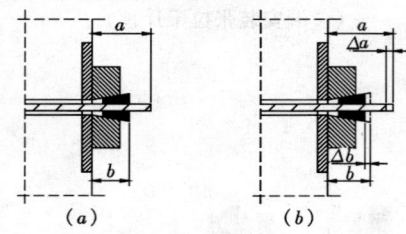

图 5-114 试验期间的位移
(a) 锚固之前;(b) 锚固之后

②锚具、夹具、连接器有代表性的零件之间(主要是夹片)在预应力筋张拉力达到 $0.8f_{ptk}$ 时的相对位移 $\Delta b$;

③试件的实测极限拉力 $F_{apu}$;

④试件达到实测极限拉力时的总应变 $\varepsilon_{apu}$;

⑤试验过程中的观察项目:

a. 在预应力筋达到 $0.8f_{ptk}$ 时,持荷 1 小时,观察锚具、夹具、连接器的变形情况;

b. 试件的破坏部位与形式。

⑥静载锚固试验应连续进行三个组装件试验,全部试验结果均应做出记录,依据国标 GB/T 14370—2000 计算出锚具效率系数 $\eta_a$ 或 $\eta_g$ 和相应的总应变 $\varepsilon_{apu}$。

(4) 试验数据处理与结果判定

①锚具效率系数计算

锚具效率系数计算方法:
$$\eta_a = \frac{F_{apu}}{\eta_p \cdot F_{pm}} \tag{5-189}$$

夹具效率系数计算方法:
$$\eta_g = \frac{F_{gpu}}{F_{pm}} \tag{5-190}$$

式中 $\eta_a$、$\eta_g$——锚具、夹具效率系数(精确至小数点后两位)

$\eta_p$——预应力筋效率系数(或称受力不均匀系数),标准中取值规定:1~5 根 $\eta_p = 1.00$,6-12 根 $\eta_p = 0.99$,13-19 根 $\eta_p = 0.98$,20 根以上 $\eta_p = 0.97$;

$F_{apu}$——组装件试验时实测破断力(kN);

$F_{pm}$——按预应力筋实测破断力平均值计算的组装件预应力筋的理论破断力;

$$F_{pm} = f_{pm} \cdot A_p \text{ (kN)} \tag{5-191}$$

$F_{gpu}$——预应力筋-夹具组装件的实测极限拉力(kN)。

② 实测极限拉力时锚具组装件受力长度的总应变 $\varepsilon_{apu}$ 计算:

$$\varepsilon_{apu} = \frac{L_1 + L_2 - \Delta a}{L_0} \times 100\% \text{(精确到 0.01)} \tag{5-192}$$

式中 $\varepsilon_{apu}$——实测极限拉力时组装件受力长度的总应变;

$L_0$——试验台座安装预应力筋受力时的自由长度(mm);

$L_1$——$0 \sim 0.2f_{ptk}$ 时预应力筋的理论伸长值(mm);

$L_2$——$0.2f_{ptk}$ 时预应力筋破断时实测伸长值(mm);

$\Delta a$——组装件的内缩量实测值(mm),如图 5-114 所示。

③锚具静载试验合格与否的试验结果判定

a. 锚具的静载锚固性能试验三个试件的试验结果,应同时满足 $\eta_a \geq 0.95$,$\varepsilon_{apu} \geq 0.2\%$ 方可判合格;夹具的效率系数 $\eta_g \geq 0.92$ 判合格,对总应变形没有要求。破坏形态,应是预应力筋断裂，而不应是锚具或夹具的破坏所致。

b. 三个试件的试验数据不得进行平均，只要其中一个试件不合格，必须加倍取样复检，如果复检仍有一个试件不合格，则判定该批产品不合格。

4. 疲劳试验（型式检验项目）

(1) 疲劳性能指标

预应力组装件除必须满足静载锚固性能外，还须满足 200 万次的疲劳性能试验。

(2) 疲劳试验方法

①专用疲劳试验设备（中国建科院专门研制）：

当试验机能力不够时，要以试验结果有代表性为原则，可以在实际锚板上少安装预应力筋，但锚具组装件中的预应力筋根数不得少于实际根数的 1/10。

②荷载取值，当预应力筋为钢丝、钢绞线或热处理钢筋时，上限取 $0.65f_{ptk}$，疲劳应力幅度应不小于 80MPa。若预应力筋有明显屈服台阶的如热轧钢筋、冷拉带肋钢筋等，荷载上限可取 $0.80f_{ptk}$。

③加载速率以 100MPa/分的速度进行。

(3) 疲劳性能合格判别

试件经受 200 万次疲劳荷载后，锚具零件不应疲劳破坏。预应力筋在锚具夹持区域发生疲劳破坏的截面积不应大于试件总截面积的 5%。

5. 周期荷载性能（型式检验项目）

(1) 周期荷载性能指标

用于有抗震要求结构中的锚具，其组装件试验应满足 50 次周期荷载试验。

(2) 周期荷载试验取值

①当预应力筋为钢丝、钢绞线或热处理钢筋时，试验应力上限取值为 $0.80f_{ptk}$，下限取值为 $0.4f_{ptk}$。

②当预应力筋有明显屈服台阶的，试验应力上限取值为 $0.90f_{ptk}$。下限取值为 $0.40f_{ptk}$。

③加载速率为 100MPa/分钟。

(3) 周期荷载试验合格判别

试件经 50 次周期荷载试验后，预应力在锚具夹持区域不应发生破坏。

6. 锚具的辅助性试验项目（型式检验项目）

(1) 锚具的内缩量试验

①内缩量的基本概念

内缩量是指预应力筋张拉至 $0.8f_{ptk}$ 锚固时，预应力筋的滑移量（包含了夹片的滑移量 $\Delta b$）。

②测量方法：

试验时可直接测量锚固处预应力筋的相对位移量。即锚固前测量一次，锚具锚固后测量一次，两者之差即为内缩量值。试件不得少于三个，取平均值。

③检验指标，不大于 6mm（交通部行业标准规定）

(2) 锚具摩阻损失（又称锚口摩阻损失）试验

①锚具摩阻损失基本概念：

张拉预应力时，锚具零件和预应力筋之间可能出现摩擦或强迫预应力弯折（扁锚）从而产生因锚具摩擦引发的预应力损失。

②试验方法：

与静载组装件试验方法相同。测出试验张拉 $0.8f_{ptk}$ 时锚固前后的预应力差值 $\Delta F$

③检验指标：不大于 2.5%，（交通部行业标准规定），试件不得少于三个，取平均值。

④计算方法：

$$\mu = \frac{\Delta F}{0.8 f_{ptk}} \times 100\% \qquad (5\text{-}193)$$

式中 $\Delta F$——锚固前后钢绞线拉力差值（kN）。

(3) 张拉锚固工艺试验

①试验方法：

采用锚具静载试验方法在试验台座上进行，最高张拉力为 $0.8 f_{ptk}$，分四级逐级张拉，每张拉一级锚固一次。张拉完毕后，再放松预应力。

②试验结果与判别要求：

a. 分级张拉或因张拉设备倒缸（倒换行程）需要临时锚固的可能性；

b. 经过多次张拉锚固后，每根预应力筋的受力均匀性；

c. 张拉发生故障时，将预应力筋全部放松的可能性。

经过分级张拉，锚固后，夹片不应损坏。

### 六、锚具静载锚固能力试验计算实例

东南大学试验台座，$L = 3m$，采用450t张拉千斤顶，加上千斤顶长度，钢绞线自由长度3.5m。

**例1** 芜湖长江大桥南接线06标，送检锚具 YM15—12，钢绞线1860级 $\phi 15.24$，实测抗拉强度1910MPa，延伸率5.3%，弹性模量 $2.03 \times 10^5$ MPa。

静载试验时，实测破断力为3031kN，$0.2\sigma_k$→破断时实测钢绞线伸长量为97mm，钢绞线内缩量和夹片位移量为5mm。

1. 锚具效率系数计算

钢绞线理论计算极限拉力值 $F_{pm}$

$$F_{pm} = 1910\text{MPa} \times 140 \times 12 = 3208.8\text{kN}$$

钢绞线效率系数按国标规定，12根钢绞线 $\eta_p$ 取0.99

$$\eta_p = \frac{F_{apu}}{\eta_a F_{pm}} = \frac{3031}{0.99 \times 3208.8} = 0.954 > 0.95 \quad 合格$$

2. 极限总应变计算值

$0 \to 0.2 F_{ptk}$ 时理论伸长值 $L_1$

$$L_1 = \frac{0.2 f_{ptk}}{E} L = \frac{0.2 \times 1860}{2.03 \times 10^5} \times 3500\text{mm} = 6.4\text{mm}$$

$$\varepsilon_{apu} = \frac{L_1 + L_2 - \Delta a}{L_a} = \frac{6.4 + 97 - 5}{3500} = 2.81\% > 2\% \quad 合格$$

**例2** 合徐高速公路淮南连接线03标。送检 YM15—3 锚具，采用150t千斤顶张拉，试验钢绞线自由长度为3400mm，锚具静载试验实测破断力为750kN，$0.2 f_{ptk}$→破断时实测钢绞线伸长量为60mm，钢绞线内缩量和夹片位移量为4mm。

1. 钢具效率系数 $\eta_a$

$$F_{pm} = 1910 \times 140 \times 3 = 802.2\text{kN}$$

$\eta_p$ 按国标规定3根钢绞线取值1.00

$$\eta_a = \frac{F_{apu}}{\eta_p F_{pm}} = \frac{750}{1.0 \times 802.2} = 0.935 < 0.95 \quad 不合格$$

2. 极限总应变 $\varepsilon_{apu}$

$0 \to 0.2 f_{ptk}$ 理论伸长值

$$L_1 = \frac{0.2f_{ptk}}{E} \times L = \frac{0.2 \times 1860}{2.03 \times 10^5} \times 3400\text{mm} = 6.23\text{mm}$$

$$\varepsilon_{apu} = \frac{L_1 + L_2 - \Delta a}{L} = \frac{6.23 + 60 - 4}{3400} = 1.8\% < 2\% \quad 不合格$$

破坏形态为钢绞线在锚口处剪断。

**思考题**

1. 锚具的外观检查内容有哪些？国标 GB/T 14370—2000 有何规定？
2. 检测锚夹片硬度前，对试样要进行什么处理？
3. 硬度单位的检测依据是什么？对锚夹片的硬度检测抽样比例，国家标准有何规定？
4. HB、HRC 与 HRA 硬度检测方法有何区别？
5. HB、HRC 与 HRA 硬度检测时，检测方法有何不同？
6. 锚具组装件试验对组成材料有什么要求？（锚夹具、钢绞线），国标 GB/T 14370 有何规定？
7. 组装件试验主要检测哪些项目？工程项目锚具抽检项目与型式检验有何区别？
8. 组装件试验的加载程序有何规定？加载至 80% 时为什么要求持荷 1 小时？试验时观察哪些内容？
9. 组装件试验时，对测力系统、测应变的量具包括标距有何要求？
10. 组装件试验对锚具夹持部位有偏转角度的（扁锚、连接器等），国标有何规定？
11. 对夹具（工具锚）的锚固性能试验的夹具效率系数，国标有何规定？
12. 对锚具组装件试验的主要技术指标标为哪两项？
13. 锚具效率系数公式 $\eta_a = \dfrac{F_{apu}}{\eta_P \cdot F_{pm}}$ 中 $\eta_P$、$F_{apn}$、$F_{pm}$ 是如何取值计算的？$\eta_P$ 的含义是什么？
14. 总应变 $\varepsilon_{apu}$ 是如何通过测量值来计算的？国标要求多少为合格？可以取平均值吗？
15. 锚具静载试验的最后破坏形态应以什么为标准确认锚具的可靠性？

**参考文献**

1. 吕志涛、孟少平著．现代预应力设计．北京：中国建筑工业出版社，1998.12
2. 杨宗放、方先和编著．现代预应力施工．北京：中国建筑工业出版社，1993
3. 周明华．影响夹片式锚具锚固性能的综合因素．桥梁建设，2001，第 2 期
4. 周明华．预应力筋–锚具组装件静载试验方法的研究．工业建筑，1985，第 10 期

## 第十一节 预应力混凝土留孔用波纹管

### 一、概念

波纹管是后张预应力混凝土结构留孔用的成品管材，目前国内采用的波纹管有预应力混凝土用金属螺旋管又称金属波纹管（图 5-115）和塑料波纹管（图 5-116）两种。在上世纪 80 年代之前普遍采用抽管工艺，使预应力混凝土结构施工质量得不到保证。随着预应力混凝土结构在一些大跨度桥梁、大空间和超高层的大型建筑工程中的大量应用，金属波纹管也在后张法预应力混凝土留孔施工中普遍采用。对于金属波纹管国外在上世纪 70 年代初开始使用，我国从 1980 年以后开始推广应用，已有 20 多年。1994 年建设部编制出台了产品行业标准《预应力混凝土用金属螺旋管》JG/T3013—94。对提高预应力混凝土结构质量，促进后张预应力技术的发展，起了积极的推动作用。

图 5-115 金属波纹管

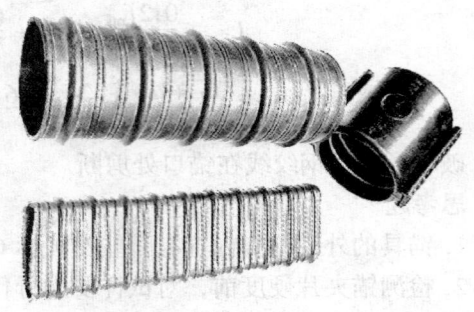
图 5-116 塑料波纹管

1992年瑞士VSL公司首次推出了后张预应力孔道真空辅助压浆工艺新技术和留孔塑料波纹管，以提高孔道压浆质量。应用塑料波纹管的目的是为了实施真空辅助压浆工艺的配套技术，提高抽真空时孔道的密封性。通过大量工程实践证明，采用该方法后压浆饱满度、密实度明显优于普通压浆工艺。同时塑料波纹管具有质量轻、对孔道连接方便、孔道摩阻系数比钢管和金属波纹管小等优点，所以从上世纪90年代中期得到了普遍推广和应用。我国是1999年南京长江二桥预应力索塔施工中第一次从国外引进使用，产生了良好效果。由此可见，这对后张预应力混凝土结构孔道压浆技术的发展是一个重大科技创新。

交通部新修订的产品行业标准《预应力混凝土桥梁用塑料波纹管》JT/T529—2004 已于2004年7月15日正式实施。这使塑料波纹管的规范生产和质量检测与控制有法可依。

## 二、检测依据与主要性能参数

（一）金属波纹管

1. 依据

《预应力混凝土用金属螺旋管》JG/T3013—94

2. 主要检测参数

（1）钢带厚度

钢带厚度宜为 0.3mm。

（2）外观尺寸

外观要求：预应力混凝土用金属螺旋管外观应清洁，内外表面无油污，无引起锈蚀的附着物，无孔洞和不规则的拆皱，咬口无开裂，无脱扣。

尺寸偏差：金属螺旋圆管内径尺寸允许偏差如表5-62所示。

允许偏差（mm）   表 5-62

| 内 径 | 40 | 45 | 50 | 55 | 60 | 65 | 70 | 75 | 80 | 85 | 90 | 95 | 100 |
|---|---|---|---|---|---|---|---|---|---|---|---|---|---|
| 允许偏差 | | | | | | | +0.5<br>0 | | | | | | |

注：表中未列尺寸的规格由供需双方协议决定。

金属螺旋扁管尺寸允许偏差如表 5-63 所示。

允许偏差（mm）   表 5-63

| 短轴方向 | 长度 $\mu_s$ | 19 | 19 | 19 | 25 | 25 | 25 |
|---|---|---|---|---|---|---|---|
| | 允许偏差 | ±0.5 | | | ±0.5 | | |
| 长轴方向 | 长度 $\mu_L$ | 57 | 70 | 84 | 67 | 83 | 99 |
| | 允许偏差 | ±1.0 | | | ±2.0 | | |

注：1. 短边可以是直线或曲线。短边是圆弧时，其半径应为短轴方向内径之半。
2. 表中未列尺寸的规格由供需双方协议决定。

(3) 径向刚度（表5-64）

表中：$F$—均布荷载值（N）；$d$—（圆管直径（mm）；$\mu_s$—扁管短轴方向长（mm）；$\mu_L$—扁管长轴方向长度（mm）。

径向刚度（mm） 表5-64

| 截面形状 | 圆形 | 扁形 |
|---|---|---|
| 集中荷载值 N | 800 | 800 |
| 均布荷载值 N | $F = 0.31d^2$ | $F = 0.13(\mu_s + \mu_L)^2$ |

(4) 抗渗漏性能

经规定的集中荷载和均布荷载作用后，或在弯曲情况下，预应力混凝土用金属螺旋管不得渗出泥浆，但允许渗水。

（二）塑料波纹管

1．依据

《热塑性塑料管环刚度的测定》GB/T 9647—2003
《预应力混凝土桥梁用塑料波纹管》JT/T 529—2004
《热塑性塑料管材耐外冲击性能试验方法真实冲击力法》GB/T 14152—93

2．主要检测参数

①外观尺寸。
②环刚度—环刚度是塑料管材抗外压负载能力的重要参数应不小于6kN/m。
③局部横向载荷—波纹管承受横向载荷时，管材表面不应破裂，卸荷3~5min后管材永久变形量不得超过管材内径的10%。
④柔韧性—波纹管当达到规定的曲率半径时，横截面直径变化量应不大于原直径的10%。
⑤抗冲击性—波纹管低温落锤冲击试验的真实冲出率TIR最大允许值为10%。

三、仪器设备及环境

（一）金属波纹管

1．直尺、游标卡尺，螺旋千分尺。
2．杠杆—砝码机构。
3．百分表。

（二）塑料波纹管

1．环刚度试验机，配备位移传感器、力传感器、计算机等。
2．落锤冲击试验机。
3．柔韧性试验架。
4．局部横向载荷试验机。
5．试验环境温度为23±2℃，抗冲击性能除外。
6．抗冲击性能试验温度为0±1℃。

仪器设备精度要求见表5-65。

仪器设备精度要求表 表5-65

| 名 称 | 符号 | 精度要求 | 名 称 | 符号 | 精度要求 |
|---|---|---|---|---|---|
| 管材试样内径 | $d_i$ | 0.5% $d_i$ | 环刚度 | $S$ | — |
| 负 荷 | $F$ | 2% | 垂直方向上的变形量 | $Y$ | 精确为0.1mm或变形的1%取较大值 |
| 试样长度 | $L$ | 精确到1mm | 规定变形量 | $Y/d_i$ | 3% |

四、取样及制备要求

（一）金属波纹管

1．径向刚度

1m长管材6根。

2. 抗渗漏性能

6m 长管材 3 根。

钢带 20cm 长 一根。

（二）塑料波纹管

1. 外观尺寸、壁厚、不圆度，见 JT/T 529—2004 表 1 和表 2 的规定。

2. 环刚度检测

从五根管材中各取 300±10mm 长试样一段。如果是结构壁管材，试样长度内需包含 6 个完整的结构；如是螺旋管材，试样长度内需包含加强肋数不少于 3 个。

3. 局部横向荷载

4. 柔韧性取样长度 1100mm，取五个样品。

5. 抗冲击性能。

## 五、试验操作步骤

（一）金属波纹管

1. 钢带厚度：用螺旋千分尺。

2. 外观尺寸：内外径尺寸用游标卡尺，长度用钢卷尺。

3. 径向刚度：集中荷载，均布荷载。

(1) 集中荷载试验方法：

取长度为 1m 的试件，如图 5-117 所示，通过直径 $\phi$10mm 的圆钢，用砝码—杠标机构，向试件缓缓施加集中荷载至 800N，直至停止变形。用百分表测量试件两侧的变形，取平均值。

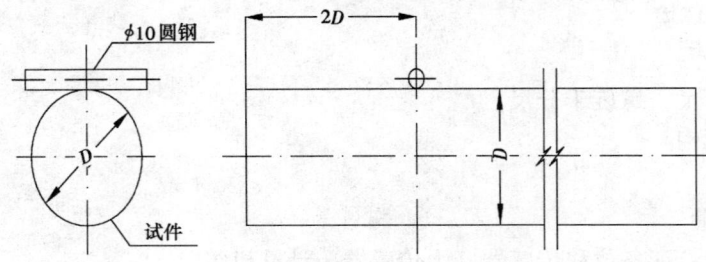

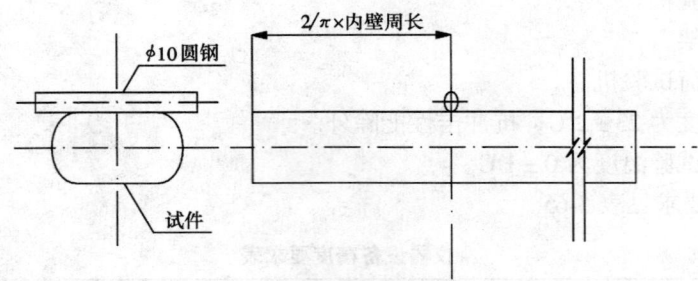

图 5-117 集中荷载试验方法

扁管的计算内径为内轮廓周长除圆周率 π。

(2) 均布荷载试验方法：

取长度为 1m 的试件，按图 5-118 所示，通过上、下加荷板和海绵垫、杠杆—砝码机构，向试件缓缓施加均布荷载至规定值，直至停止变形。用百分表测量试件两侧的变形，取平均值。

4. 承受荷载后抗渗漏性能试验方法

(1) 试件制作

将已进行过抗集中荷载试验的试件的另一端，按集中荷载试验方法，在管内放入 0.8 倍圆管内径

（扁管为短边长度）的圆钢，施加 100N 的集中荷载，制成集中荷载作用后抗渗漏性能试验试件；

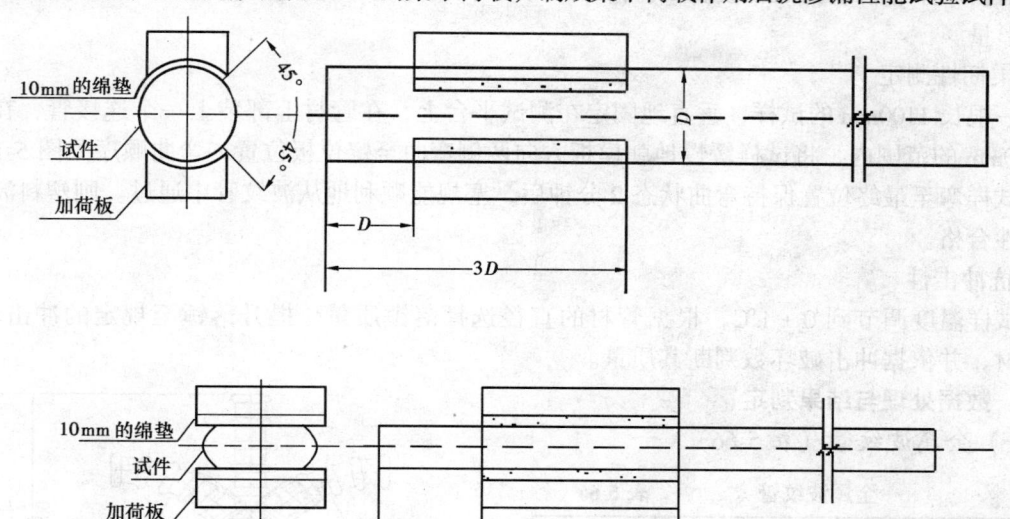

图 5-118　均布荷载试验方法

承受过均布荷载作用下刚度性能的试件就是均布荷载作用后抗渗漏性能的试件。

（2）试件试验

试件竖放将此次加荷部位朝下，下端封闭，用 0.50 水灰比的纯水泥浆灌入试件，其灌注高度为 1.0m，观察表面渗漏情况 30min。

5. 抗弯曲渗漏性能试验方法

将预应力混凝土用金属螺旋管弯成圆弧，圆弧半径为：圆管为 30 倍内径，扁管短轴方向为 30 倍短轴长度，长轴方向为 30 倍长轴长度且不大于 800 倍预应力钢丝直径。灌入水灰比为 0.50 的纯水泥浆，水泥浆高度不低于 1.0m，观察表面渗漏情况 30min，见图 5-119 所示。

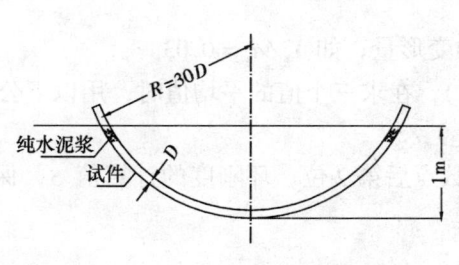

图 5-119　抗弯曲渗漏性能试验　　　　　　　　　图 5-120

（二）塑料波纹管

1. 环刚度测定

将试样放在两个平行压板之间压缩，同时正确记录力值和变形量，并通过力-变形曲线图修正测试零点。典型的力-变形曲线图是一条光滑的曲线，否则意味着零点可能不正确。如图 5-120 所示，用曲线开始的直线部分倒推到和水平轴相交于（0，0）点（原点）并得到管材直径方向变形达到 3% 时的力值。

2. 局部横向载荷测定

在试样中部位置取一点，用端部为 $\phi 12$ 圆柱顶压头，施加横向荷载 800N，要求在 3 秒内达到规定值,观察管材表面是否破裂。持荷2分钟后卸荷,卸荷2分钟后测量加载处波纹管内径的残余变形量。

3. 柔韧性测定

将一根长1100mm的试样,垂直地固定在测试平台上,在管材上部装上一个连接管,在试样上部800mm的范围内,将试样缓慢地朝模板方向两侧弯曲至定位板位置,弯曲顺序见图5-121所示。当试样弯至最终位置保持弯曲状态2分钟后,塞规能顺利地从波纹管中通过。则塑料波纹管的柔韧性合格。

4. 抗冲击性

将试样温度调节到0±1℃,根据管材的直径选择落锤质量,提升落锤至规定的冲击高度,击打管材,并依据冲击破坏数判断其质量。

### 六、数据处理与结果判定

（一）金属波纹管（表5-66）

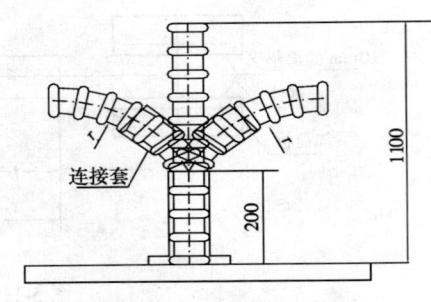

图5-121 柔韧性试验装置

| 金属波纹管 | | 表5-66 |
|---|---|---|
| 截面形状 | 圆 形 | 扁 形 |
| 外径允许变形值/内径 | 不大于0.20 | 不大于0.25 |

（二）塑料波纹管

1. 环刚度测定数据处理

测量管材直径方向变形达到3%时的作用力$F_i$,按照以下公式计算出管材的环刚度:

$$S_i = (0.0186 + 0.025 Y_i/d_i) \frac{F_i}{L_i Y_i}$$

式中　$S_i$——试样的环刚度（kN/m²）;

　　　$d_i$——管材的内径（m）;

　　　$F_i$——相对于管材3.0%变形时的力值（kN）;

　　　$L_i$——试样长度（m）;

　　　$Y_i$——变形量（m）,相对于管材3.0%变形时的变形量,如$Y_i/d_i = 0.03$。

计算管材的环刚度,单位为千牛每平方米（kN/m²）,在求三个值的平均值时,用以下公式:

$$S = (S_1 + S_2 + S_3)/3$$

每个试样环刚度的计算值$S_1$,$S_2$,$S_3$,精确到小数点后第2位；环刚度的计算值$S$,保留3位有效数字；如果需要,作每个试样的力-变形曲线图。

2. 局部横向载荷测定数据处理

持荷2分钟后卸荷,卸荷2分钟后测量加载处波纹管内径的残余变形量。变形量不大于内径的10%为合格。每根试样测试一次,取五个试样的平均值。

3. 柔韧性测定数据处理

当试样弯至最终位置保持弯曲状态2分钟后,塞规能顺利的从波纹管中通过。则塑料波纹管的柔韧性合格。

4. 抗冲击性

将试样温度调节到0±1℃,根据管材的直径选择落锤质量,提升落锤至规定的冲击高度,击打管材。

（1）试样冲击破坏数在A区,则判断该批的TIR值小于或等于10%。

（2）试样冲击破坏数在 C 区，则判断该批的 TIR 值大于 10%。

（3）试样冲击破坏数在 B 区，则应进一步取样试验，直至根据全部冲击试样的累计结果能够做出判定。

### 七、计算实例

某高速公路第 X 标送直径 $\phi 55$、长 1m 6 根金属波纹管检验，检测项目为钢带厚度，外观尺寸，径向刚度（均布荷载，集中荷载），抗渗漏性能。其中集中荷载试验数据如表 5-67。

**集中荷载试验数据**　　　　　　　　　　　　　　　　　　　表 5-67

| 序号 | 荷载读数 | 集中荷载加载表 | | | | | | 变形平均值 | 计算结果 |
|---|---|---|---|---|---|---|---|---|---|
| | | 50 | 100 | 200 | 400 | 600 | 800 | | 外径允许变形值 内径 |
| 1 | 表1 | 3.36 | 3.87 | 5.63 | 6.40 | 7.45 | 9.67 | 9.11 | 0.166 |
| | 表2 | 21.48 | 22.27 | 25.26 | 26.51 | 28.26 | 32.09 | | |
| 2 | 表1 | 2.44 | 3.38 | 4.42 | 5.61 | 6.28 | 8.45 | 9.39 | 0.171 |
| | 表2 | 19.96 | 21.56 | 23.10 | 25.30 | 27.02 | 30.19 | | |
| 3 | 表1 | 4.50 | 4.74 | 5.20 | 6.07 | 8.03 | 9.96 | 7.66 | 0.139 |
| | 表2 | 23.41 | 23.81 | 24.55 | 26.02 | 29.33 | 32.62 | | |

**思考题**

1．金属波纹管有哪些检测参数？对钢带厚度标准中有何规定？
2．金属波纹管的外观检测有何具体要求？
3．何为径向刚度？标准中有何具体要求？如何检测？
4．抗渗漏检测有何要求？如何检测？
5．塑料波纹管有哪些检测参数？标准中对外观尺寸有何规定？
6．什么叫环刚度？如何检测和取样？
7．局部横向荷载的测定方法和取样要求如何？
8．抗冲击性能的测量方法有何具体要求？

**参考文献**

1．周明华，黄跃平．预应力结构留孔用塑料波纹管应用中的若干技术问题．第八届全国预应力技术学术交流会论文集，2005

2．周明华，孟少平．南京长江二桥索塔小曲率 U 形预应力束操作工艺试验研究．铁道建设技术，2001 第 6 期

3．周明华．真空辅助压浆工艺技术在南京长江二桥索塔预应力结构中应用．建筑技术，2001 第 12 期

4．周明华，张蓓．大跨度预应力桥梁结构施工中金属波纹管的选用原则和质量检验．施工技术，2001 年第 7 期

## 第十二节　橡　胶　支　座

### 一、概念

橡胶支座广泛应用于公路、铁路、城市桥梁支座和建筑工程框架基础，支座将上部结构的荷载可靠地传递给桥墩和基础；且有较大的剪切变形能力，以满足上部结构的水平位移及转角，同时起减振抗振作用。为了保证橡胶支座的规范使用，交通部组织修订了新的产品行业标准 JT/T4—2004《公路桥梁板式橡胶支座》，于 2004 年 6 月 1 日开始实施。新版标准在引用标准、定义

和符号、试样、试验要求、性能测定方法、测定结果数值修约及性能测定结果准确度阐述等方面都作了较大修改和补充。要求逐步实现自动数据采集，即测试 E 与 G 时要求绘制应力—应变曲线，取值范围是应力—应变呈现线性关系区段，这样有助于判断结果的准确性。

桥梁橡胶支座可分为盆式橡胶支座、板式橡胶支座、铅芯橡胶支座和四氟板式橡胶支座。按外形可分为圆形和矩形两种。

1. 盆式橡胶支座（图 5-122）

盆式橡胶支座的工作原理是利用半封闭钢制盆腔内的弹性橡胶块，在三向受力状态下具有流体的性质，来实现上部结构的转动；盆式橡胶支座是能满足大的支承反力，大的水平位移，大的转角要求的新型产品。

图 5-122  盆式橡胶支座

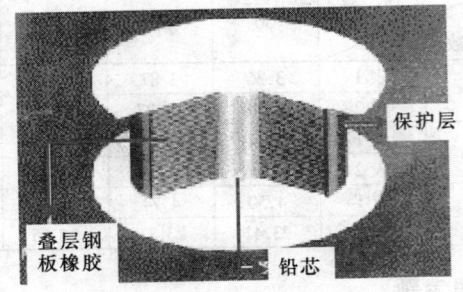

图 5-123  铅芯橡胶支座内部结构

2. 铅芯橡胶支座（图 5-123）

铅芯橡胶支座主要包括三个部分叠层钢板橡胶；铅芯及橡胶保护层。

叠层钢板橡胶：它是由一层钢板一层橡胶经过特殊工艺交替叠合而成。它具有较高的竖向承载能力和较小的水平刚度；

铅芯：将圆型铅芯设置在普通板式橡胶支座中，可提供较高的阻尼；通过变化支座中铅芯面积的含量，可以得到预期的阻尼比。

橡胶保护层：用来防止内部钢板的腐蚀。

3. 板式橡胶支座（图 5-124）

板式橡胶支座有矩形和圆形属加劲的板式橡胶支座。支座的橡胶材料以氯丁橡胶为主，也可采用天然橡胶。氯丁橡胶一般用于最低气温不超过 -25℃ 的地区，天然橡胶用于 -30℃～-40℃ 的地区。板式橡胶支座通常由若干层薄钢板作为加劲层。由于橡胶片之间的加劲层能起阻止橡胶片侧向膨胀作用，从而显著提高了橡胶片的抗压强度和支座的抗压刚度。支座的设计容许压应力为 10MPa，目前已在桥梁工程中广泛采用。

图 5-124  板式橡胶支座内部结构

图 5-125  板式四氟滑板橡胶支座

4. 四氟滑板橡胶支座（图 5-125）

四氟滑板橡胶支座是在板式橡胶支座上用特殊方法粘覆一层聚四氟乙稀（$F_4$），利用梁底不锈钢与 $F_4$ 钢板之间磨擦系数很小的特点，通过二者之间的自由滑动，完成上部结构较大的位移量。

5. 支座布置

简支梁桥一般一端采用固定支座，一端采用活动支座即四氟滑板橡胶支座。连续梁一般每一联中的一个桥墩设固定支座。支座的设置应有利于墩台传递水平力。

6. 主要技术参数

板式橡胶支座的主要力学性能参数有形状系数（$S$）、抗压弹性模量（$E$）、抗剪弹性模量（$G$）、极限抗压强度（Ru）、转角正切（$\tan\theta$）及四氟板与不锈钢板表面摩擦系数（$\mu_f$）。根据试验分析，抗压弹性模量 $E$、抗剪弹性模量 $G$、极限抗压强度（Ru）和转角正切（$\tan\theta$）的数值，均与支座的形状系数 $S$ 有关。

(1) 形状系数（$S$）（图 5-126）

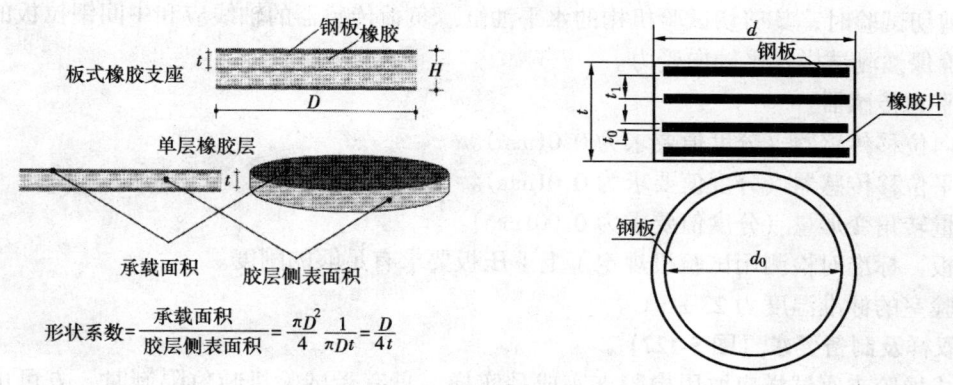

图 5-126 板式橡胶支座的形状系数

板式橡胶支座的形状系数（$S$）的定义为支座有效承压面积与单层橡胶层的侧表面积之比。

$$S = \frac{d_0}{4t_1}，圆形支座 \tag{5-194}$$

$$S = \frac{l_{0a} \cdot l_{0b}}{2t_1(l_{0a} + l_{0b})}，矩形支座 \tag{5-195}$$

式中　$d_0$——圆形加劲钢板的直径；

　　　$l_{0a}$，$l_{0b}$——矩形加劲钢板的边长；

　　　$t_1$——中间单层橡胶层的厚度。

《公路钢筋混凝土与预应力混凝土桥涵设计规范》JTG D62—2004 中规定：$S$ 控制在 5～12 范围内。

(2) 抗压弹性模量（$E$）

$$E = 5.4GS^2 \tag{5-196}$$

式中　$G$——抗剪弹性模量，取 $G = 1\mathrm{MPa}$；

　　　$S$——形状系数。

《公路桥梁板式橡胶支座》JT/T 4—2004 中规定：$E_{实测} = E \cdot (1 \pm 20\%)$。

(3) 抗剪弹性模量（$G$）

《公路桥梁板式橡胶支座》JT/T 4—2004 中规定：$G_{实测} = G \cdot (1 \pm 15\%)$。

(4) 四氟板与不锈钢板表面摩擦系数（$\mu_f$）

## 二、检测依据

1. 《公路桥梁板式橡胶支座》JT/T 4—2004
2. 《公路桥梁盆式橡胶支座》JT 391—1999

## 三、仪器设备及环境

1. 压力试验机

压力试验机精度要求为 I 级，使用范围 0.4%～90%，施力速率 0.03～0.04MPa/s。试验机须具备下列功能：微机控制，能自动、平稳连续加载、卸载，且无冲击和颤动现象，自动持荷（试验机满负荷保持时间不少于 4h，且试验荷载的示值变动不应大于 0.5%），自动采集数据，自动绘制应力—应变图，自动储存试验原始记录及曲线图和自动打印结果的功能。

试验用承载板应具有足够的刚度，其厚度应大于其平面最大尺寸的 1/2，且不能用分层垫板代替。平面尺寸必须大于被测试试样的平面尺寸，在最大荷载下不应发生挠曲。

2. 剪切试验装置（使用范围 1%～90%）

进行剪切试验时，其剪切试验机构的水平油缸、负荷传感器的轴线应和中间钢拉板的对称轴相重合，确保被测试样水平轴向受力。

3. 水平力传感器。
4. 竖向位移传感器（分度值要求为 0.01mm）。
5. 水平位移传感器（分度值要求为 0.01mm）。
6. 测量转角变形量（分度值要求为 0.001mm）。
7. 压板　标准对检测用试验机规定了上下压板要求有足够的刚度。
8. 试验室的标准温度为 $23 \pm 5$℃。

### 四、取样及制备要求（图 5-127）

1. 板式橡胶支座试样应取用橡胶支座成品实样。只有受试验机吨位限制时，方可由抽检单位或用户与检测单位协商用特制试样代替实样。试验前应将试样直接暴露在标准温度 $23 \pm 5$℃下，停放 24h，以使试样内外温度一致。

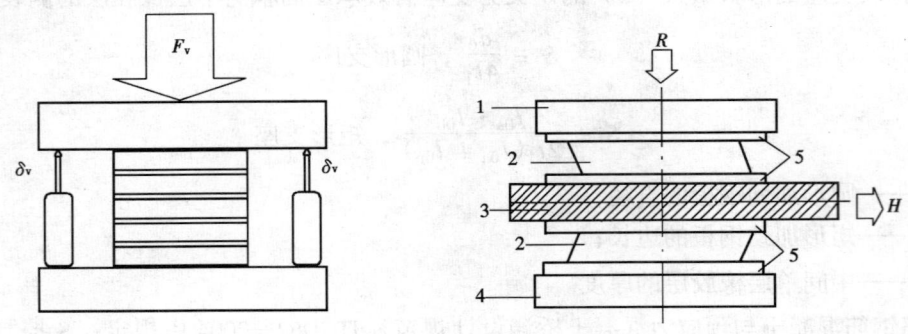

图 5-127　支座测试系统示意图

2. 试样的长边、短边、直径、中间层橡胶片厚度、总厚度等，均以该试样所属规格系列中的公称值为准。

3. 抗压弹性模量的检测按每检验批次抽取橡胶支座成品 3 块，每一块橡胶支座成品试样的抗压弹性模量 $E_1$ 为三次加载过程所得的三个实测结果的算术平均值。且单项结果和算术平均值之间的偏差应小于算术平均值的 3%。三块橡胶支座成品的抗压弹性模量实测值均应符合要求。否则应对该试样重新复核试验一次，如果仍超过 3%，应请试验机生产厂专业人员对试验机进行检修和检定，合格后再重新进行试验。

4. 抗剪弹性模量的检测按每检验批抽取橡胶支座成品 3 对，每一对橡胶支座成品试样的抗剪弹性模量 $G_1$ 为三次加载过程所得的三个实测结果的算术平均值。且单项结果和算术平均值之间的偏差应小于算术平均值的 3%。三对橡胶支座成品的抗剪弹性模量实测值均应符合要求。否则应对该试样重新复核试验一次，如果仍超过 3%，应请试验机生产厂专业人员对试验机进行检修和检定，合格后再重新进行试验。

5. 摩擦系数的检测按每检验批抽取橡胶支座成品 3 对。

6. 极限抗压强度检测按每检验批抽取橡胶支座成品 3 块。

7. 支座解剖检验按每检验批抽取橡胶支座成品一块。将其沿垂直方向锯开，进行规定项目检验。

8. 盆式支座整体支座力学性能

测试盆式支座整体支座力学性能原则上应选实体支座，如试验设备不允许对大型支座进行试验，经与用户协商可选用小型支座。

**五、试验操作步骤**

橡胶支座纵向抗压（剪）弹性模量测试系统由压力试验机、压力传感器、位移传感器、信号调理器模块，与专用检测软件组成。桥梁板式橡胶支座抗压弹性模量测试时要求实时采集数据、按标准规定的检测加载循环、速率及分级和持荷时间加载，并绘制应力—应变曲线。

1. 抗压弹性模量检测（图 5-128）

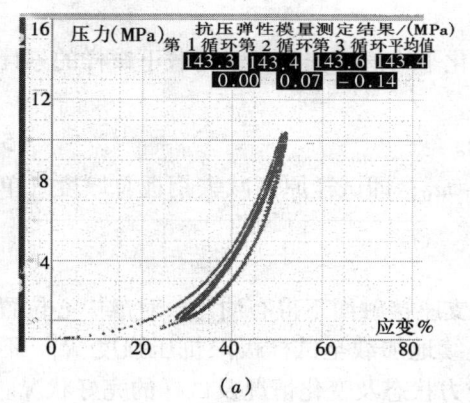
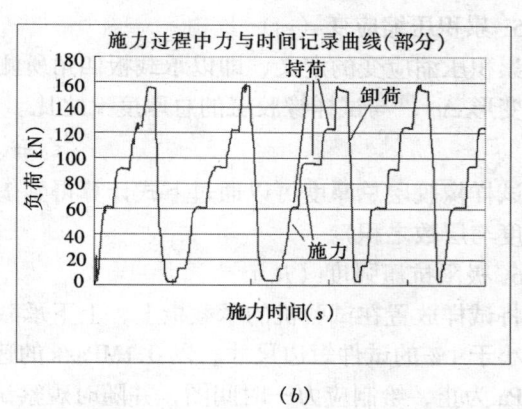

图 5-128 橡胶支座抗压弹性模量自动检测循环图
(a) 标准加载循环应力—应变实测曲线；(b) 标准加载循环负载—时间实测曲线

（1）预压三次，将压应力以 0.03~0.04MPa/s 速率连续地增至平均压应力 $\sigma$ = 10MPa，持荷 2 分钟，然后以连续均匀的速度将压应力卸至 1.0MPa，持荷 5 分钟，记录初始值，绘制应力应变曲线。

（2）正式加载循环，自 1MPa 起，以 0.03 至 0.04MPa/s 的施力速率均匀加载至 4MPa，持荷 2 分钟后采集变形值，然后以 2MPa 为一级逐级加载，每级持荷 2 分钟后采集变形值，直至平均压应力为止。计算实测抗压弹性模量，绘制应力—应变曲线。

（3）以连续均匀的速度卸载至压应力为 1MPa，稳定 10 分钟后重复第二步骤加载循环，连续进行三次。

（4）每一块试样的抗压弹性模量 $E_1$ 为三次加载过程所得的三个实测结果的算术平均值。且单项结果和算术平均值之间的偏差应小于算术平均值的 3%。

2. 抗剪弹性模量检测

（1）以 0.03~0.04MPa/s 的施力速率均匀加载（竖向力）至平均压应力 10MPa，并在整个抗剪试验过程中保持不变。

（2）预加水平力。以 0.002~0.003MPa/s 的施力速率连续施加水平剪应力至剪应力 1.0MPa，持荷 5 分钟后卸载至剪应力为 0.1MPa。持荷 5 分钟，绘制应力应变曲线，预载三次。

（3）以 0.002~0.003MPa/s 的施力速率加连续水平剪应力至剪应力 0.1MPa，持荷 5 分钟后采集变形值，然后每 0.1MPa 为一级剪应力逐级加载，每级持荷 1 分钟后采集变形值。直至剪应力为 1MPa 为止。计算实测抗剪弹性模量，绘制应力应变曲线。

（4）以连续均匀的速度卸载至 $\tau$ = 0.1MPa，稳定 10 分钟后重复第二步骤加载循环。连续进行三次。

**3. 抗剪老化试验**

将橡胶支座成品试样置于老化箱内,在70±2℃温度下经72h后取出,将试样在标准温度23±5℃下,停放48h,再在标准试验室温度下进行剪切试验,试验与标准抗剪弹性模量试验方法步骤相同。老化后抗剪弹性模量$G_2$的计算方法与标准抗剪弹性模量计算方法相同。

**4. 摩擦系数试验**

试验时应在四氟滑板试样的储油槽内注满5201-2硅脂油,将压应力以0.03~0.04MPa/s的速率连续地增至平均压应力$\sigma$,绘制应力—时间图,并在整个摩擦系数试验过程中保持不变。其预压1小时后。再以0.002~0.003MPa/s的速率连续地施加水平力,直至不锈钢板与四氟滑板试样接触面间发生滑动为止,记录滑动时的水平剪应力作为初始值。试验过程应连续进行三次,每对试样的摩擦系数为三次试验结果的算术平均值。

**5. 累积压缩应变($\varepsilon_i$)**

累积压缩应变的定义,即以承载板四角所测的变化平均值,作为各级荷载下试样的累计竖向压缩变形$\Delta c$,与试样橡胶层的总厚度$t_e$之比。

$$\varepsilon_i = \Delta_C / t_e \tag{5-197}$$

试样橡胶层总厚度可以通过下式计算得到$t_e = t - nt_0$;即试样原高减去钢板总厚度(单层钢板厚度与层数之积)。

**6. 极限抗压强度($R_u$)**

将试样放置在试验机的承载板上,上下承载板与支座接触面不得有油污,对准中心位置,精度应小于1%的试件短边尺寸;以0.1MPa/s的速率连续地加载至试样极限抗压强度$R_u$。不小于70MPa为止,绘制应力—时间图,并随时观察试样受力状态及变化情况及试样的完好状况。

**7. 盆式支座竖向压缩变形和盆环径向变形试验**

盆式支座的检验荷载应是支座设计承载力的1.5倍,并以10个相等的增量加载。在支座顶底板间均匀安装四只百分表,测试支座竖向压缩变形;在盆环上口相互垂直的直径方向安装四只千分表,测试盆环径向变形。加载前应对试验支座预压3次,预压荷载为支座设计承载力。试验时检验荷载以10个相等的增量加载。加载前先给支座一个较小的初始压力,初始压力的大小可视试验机精度具体确定,然后逐级加载。每级加载稳压后即可读数,并在支座设计荷载时加测读数,直至加载到检验荷载后,卸载至初始压力,测定残余变形,此时一个加载程序完毕。一个支座需往复加载3次。支座压缩变形和盆环径向变形量分别取相应各测点实测数据的算术平均值。根据实测各级加载的变形量分别绘制荷载—竖向压缩变形曲线和荷载—盆环径向变形曲线,两变形曲线均应呈线性关系。卸载后支座复原不能低于95%。

**六、数据处理与结果判定**

**1. 实测抗压弹性模量$E_1$**

(1)数据处理

实测抗压弹性模量计算公式如下:

$$E_1 = \frac{\sigma_{10} - \sigma_4}{\varepsilon_{10} - \varepsilon_4} \tag{5-198}$$

式中 $E_1$——试样实测的抗压弹性模量计算值,精确至1MPa;

$\sigma_4$,$\varepsilon_4$——第4MPa级试验荷载下的压应力和累积压缩应变值;

$\sigma_{10}$,$\varepsilon_{10}$——第10MPa级试验荷载下的压应力和累积压缩应变值。

(2)结果判定

①弹性模量 $E_1$ 为三次加载过程所得的三个实测结果的算术平均值。且单项结果和算术平均值之间的偏差应小于算术平均值的 3%。

②试样的抗压弹性模量 $E_1$，与 $E$ 的标准值的偏差在 ±20% 范围之内时应认为满足要求，即 $E - E \times 20\% < E_1 < E + E \times 20\%$。

③$E$ 的标准值为 $E = 5.4GS^2$，且根据《公路钢筋混凝土及预应力混凝土桥涵设计规范》JTG D62—2004 的规定抗剪弹性模量的标准值取值为 $G = 1$。

2. 抗剪弹性模量 $G_1$ 和 $G_2$

（1）数据处理

实测抗剪弹性模量计算公式如下：

$$G_1 = \frac{\tau_{1.0} - \tau_{0.3}}{\gamma_{1.0} - \gamma_{0.3}} \tag{5-199}$$

式中　　$G_1$——试样的实测抗剪弹性模量计算值，精确至 1MPa；

$\tau_{1.0}$，$\gamma_{1.0}$——第 1.0MPa 级试验荷载下的剪应力和累计剪切应变值；

$\tau_{0.3}$，$\gamma_{0.3}$——第 0.3MPa 级试验荷载下的剪应力和累计剪切应变值。

（2）结果判定：

①抗剪弹性模量 $G_1$ 为三次加载过程所得的三个实测结果的算术平均值。且单项结果和算术平均值之间的偏差应小于算术平均值的 3%；

②试样的抗剪弹性模量 $G_1$，与标准值 $G$ 的偏差在 +15% 范围之内时，应认为满足要求；

③试样老化后的抗剪弹性模量 $G_2$ 与规定 $G$ 值的偏差在 ±15% 范围之内时，应认为满足要求。

3. 摩擦系数

（1）数据处理

摩擦系数计算公式如下：

$$\mu_f = \frac{\tau}{\sigma} \; ; \; \tau = \frac{H}{A_0} \; ; \; \sigma = \frac{R}{A_0} \tag{5-200}$$

式中　$\mu_f$——四氟滑板与不锈钢板表面的摩擦系数，精确至 0.01；

$\tau$——接触面发生滑动时的平均剪应力（MPa）；

$\sigma$——支座的平均压应力（MPa）；

$H$——支座承受的最大水平力（kN）；

$R$——支座最大承压力（kN）；

$A_0$——支座有效承压面积（$mm^2$）。

（2）结果判定：四氟滑板试样与不锈钢板试样的摩擦系数 $\mu_f \leqslant 0.03$，应认为满足要求。

4. 极限抗压强度

（1）数据处理

极限抗压强度计算公式如下：

$$\sigma = \frac{Fu}{A_0} \tag{5-201}$$

式中　$Fu$——至试样极限抗压荷载（kN），

$A_0$——支座的有效承载面积（即计算钢板面积）（$mm^2$）。

（2）结果判定：在不小于 70MPa 压应力时，橡胶层未被挤坏，中间层钢板未断裂，四氟滑板与橡胶未发生剥离，应认为试样的极限抗压强度满足要求。

**5. 仲裁**

JT/04—2004 第 A.7.1 条规定两个试验室的测试结果不同有争议时，则应以试验室温度为 23±5℃的试验结果为准。两台压力试验机测试结果不同有争议时，应以试验设备满足 A.3.1～A.3.4 要求的试验机的试验结果为准。两台试验机的功能相同时，可请国家批准的第三方质量监督机构仲裁。

检测单位应将检测结果连同检测原始数据一同提供被检测单位，以便发生争议时，作为判定的依据。检测单位与生产厂应将检测结果存档，便于追踪。

**6. 判定规则**

支座检验时，若有一项不合格，则应从该批产品中随机再取双倍支座，对不合格项目进行复检，若仍有一项不合格，则判定该批产品不合格。

支座力学性能试验时，随机抽取三块（或三对）支座，若有两块（或两对）不能满足要求，则认为该批产品不合格。若有一块（或一对）支座不能满足要求时，则应从该批产品中随机再抽取双倍支座对不合格项目进行复检，若仍有一项不合格，则判定该批产品不合格。

**7. 盆式支座检测结果的判定**

（1）盆式支座的竖向压缩在竖向设计荷载作用下，支座压缩变形值不得大于支座总高度的2%。

（2）盆式支座的盆环上口径向变形在竖向设计荷载作用下不得大于盆环外径的0.5%，支座残余变形不得超过总变形量的5%的规定，支座为合格，该试验支座可以继续使用。

（3）盆式支座的实测荷载—竖向压缩变形曲线或荷载—盆环径向变形曲线呈非线性关系，该支座为不合格。

（4）盆式支座卸载后，如残余变形超过总变形量的5%，应重复上述试验；若残余变形不消失或有增长趋势，则认为该支座不合格。

（5）盆式支座在加载中出现损坏，则该支座为不合格。

## 七、计算实例

GYZ$\phi$200×42 橡胶支座一组，中间有 6 层钢板，厚度为 2mm，其中一块支座的抗压、抗剪弹性模量实测数据见表 5-68、表 5-69。

**实测抗压弹性模量原始记录值（mm）** 表 5-68

| 试验编号 | 橡胶层厚度 $\delta_i$ (mm) | 测定次数 | 传感器编号 | 压应力（MPa） | | | | |
|---|---|---|---|---|---|---|---|---|
| | | | | 1.0 | 4.0 | 6.0 | 8.0 | 10.0 |
| 1 | 30 | 1 | $N_1$ | 2.75 | 3.02 | 3.18 | 3.29 | 3.41 |
| | | | $N_2$ | 2.54 | 3.09 | 3.29 | 3.42 | 3.52 |
| | | | $N_3$ | 3.72 | 4.30 | 4.48 | 4.60 | 4.70 |
| | | | $N_4$ | 7.67 | 7.97 | 8.11 | 8.23 | 8.37 |
| | | 2 | $N_1$ | 2.80 | 3.07 | 3.24 | 3.36 | 3.46 |
| | | | $N_2$ | 2.57 | 3.10 | 3.30 | 3.45 | 3.54 |
| | | | $N_3$ | 3.84 | 4.33 | 4.51 | 4.63 | 4.71 |
| | | | $N_4$ | 7.76 | 8.05 | 8.20 | 8.30 | 8.40 |
| | | 3 | $N_1$ | 2.72 | 3.02 | 3.20 | 3.33 | 3.47 |
| | | | $N_2$ | 2.45 | 3.06 | 3.27 | 3.39 | 3.49 |
| | | | $N_3$ | 3.60 | 4.09 | 4.25 | 4.32 | 4.41 |
| | | | $N_4$ | 7.63 | 7.86 | 7.99 | 8.09 | 8.24 |

**实测抗剪弹性模量原始记录值（mm）** 表 5-69

| 试验编号 | 橡胶层厚度 $\delta_i$ (mm) | 测定次数 | 传感器编号 | 剪应力 (MPa) | | | | | | | | | |
|---|---|---|---|---|---|---|---|---|---|---|---|---|---|
| | | | | 0.1 | 0.2 | 0.3 | 0.4 | 0.5 | 0.6 | 0.7 | 0.8 | 0.9 | 1.0 |
| 1 | 30 | 1 | $N_1$ | 45.15 | 43.50 | 41.82 | 39.87 | 37.90 | 35.92 | 34.18 | 32.02 | 30.53 | 29.14 |
| | | | $N_2$ | 45.00 | 43.38 | 41.68 | 39.63 | 37.70 | 35.73 | 34.00 | 31.83 | 30.30 | 28.96 |
| | | 2 | $N_1$ | 44.62 | 42.90 | 41.18 | 39.15 | 37.14 | 34.75 | 33.12 | 31.03 | 29.70 | 28.33 |
| | | | $N_2$ | 43.96 | 42.28 | 40.60 | 38.55 | 36.48 | 37.09 | 32.84 | 30.30 | 29.00 | 27.68 |
| | | 3 | $N_1$ | 48.82 | 47.53 | 46.18 | 44.50 | 42.72 | 40.81 | 38.42 | 36.73 | 34.52 | 32.92 |
| | | | $N_2$ | 48.00 | 46.81 | 45.22 | 43.83 | 41.86 | 39.00 | 37.93 | 35.79 | 33.38 | 31.95 |

**解**：（1）抗压弹性模量

橡胶层厚度 $\delta_i = 42 - (2 \times 6) = 30$ mm

净橡胶层厚度 $t_1 = (30 - 5)/5 = 5$ mm

形状系数 $S = d_0/4t_1 = (200 - 2 \times 5)/(4 \times 5) = 9.5$

抗压弹性模量标准值 $E = 5.4GS^2 = 5.4 \times 9.5^2 = 487$ MPa

实测抗压弹性模量 $E_1 = \dfrac{\sigma_{10} - \sigma_4}{\varepsilon_{10} - \varepsilon_4}$

第一次加载时：$\varepsilon_{10} = \dfrac{(3.41 + 3.52 + 4.70 + 8.37)/4}{30} = \dfrac{5}{30}$

$\varepsilon_4 = \dfrac{(3.02 + 3.09 + 4.30 + 7.97)/4}{30} = \dfrac{4.595}{30}$

$E_{11} = \dfrac{\sigma_{10} - \sigma_4}{\varepsilon_{10} - \varepsilon_4} = \dfrac{10 - 4}{\dfrac{5}{30} - \dfrac{4.595}{30}} = 444$ MPa

同理，算出第二次加载时：

$$E_{12} = 462 \text{ MPa}$$

第三次加载时：

$$E_{13} = 456 \text{ MPa}$$

第一块的实测抗压弹性模量值 $E_1 = \dfrac{444 + 462 + 456}{3} = 454$ MPa

测试偏差　$\Delta E_{11} = \left(\dfrac{444 - 454}{454}\right) \times 100\% = 2.2\% < 3\%$

测试偏差　$\Delta E_{12} = \left(\dfrac{462 - 454}{454}\right) \times 100\% = 1.8\% < 3\%$

测试偏差　$\Delta E_{13} = \left(\dfrac{456 - 454}{454}\right) \times 100\% = 0.4\% < 3\%$

$\left(\dfrac{487 - 454}{487}\right) \times 100\% = 6.8\% < 20\%$

根据以上结果可以判定第一块支座的抗压弹性模量满足要求。

（2）抗剪弹性模量

第一次加载时：$\gamma_{1.0} = \dfrac{(29.14 + 28.96)/2}{30} = \dfrac{29.05}{30}$

$\gamma_{0.3} = \dfrac{(41.82 + 41.68)/2}{30} = \dfrac{41.75}{30}$

$G_{11} = \dfrac{\tau_{1.0} - \tau_{0.3}}{\gamma_{1.0} - \gamma_{0.3}} = \dfrac{1.0 - 0.3}{\dfrac{29.05}{30} - \dfrac{41.75}{30}} = 1.65$

同理第二次加载时：$G_{12} = 1.63$

第三次加载时：$G_{13} = 1.58$

第一块支座的抗剪弹性模量为：$G_1 = \dfrac{1.65 + 1.63 + 1.58}{3} = 1.62$

三次结果和算术平均值之间的偏差均小于算术平均值的3%，但与规定的 $G$ 值（1.0）的偏差大于 $\pm 15\%$，所以此块支座的抗剪弹性模量不满足要求。

**思考题**

1. 在做橡胶支座的抗压弹性模量试验中，竖向荷载如何计算？
2. 一组（三块）橡胶支座中，有一块抗压弹性模量不满足要求，如何判定？两块抗压弹性模量不满足要求，如何判定？
3. 盆式支座中的设计荷载和检验荷载之间的关系如何？在试验、计算中如何区分？

**参考文献**

1. 周明华. 公路桥梁橡胶支座的使用寿命和应用对策. 土木工程学报. No.6. 2005
2. 周明华，张蓓. 公路桥梁橡胶支座的应用前景与质量忧思. 公路. No.4. 2003
3. 黄跃平，胥明，周明华. 公路桥梁板式橡胶支座抗压弹性模量试验方法的研究. 现代交通技术. No.4, 2005

## 第十三节 检 查 井 盖

### 一、概念

1. 检查井盖的种类：铸铁检查井盖、再生树脂复合材料检查井盖、钢纤维混凝土检查井盖。

2. 基本定义

(1) 检查井盖：检查井口可开启的封闭物，由支座和井盖组成。

(2) 支座：检查井盖中固定于检查井井口的部分，用于安放井盖。

(3) 井盖：检查井盖中未固定部分。其功能是封闭检查井口，需要时能够开启。

(4) 试验荷载：在测试检查井盖承载能力时规定施加的荷载。

(5) 热塑性再生树脂：聚乙烯、聚丙烯、ABS 等。

(6) 再生树脂复合材料：以再生的热塑性树脂和粉煤灰为主要原料，在一定温度压力条件下，经助剂的理化作用形成的材料。

3. 按承载能力分级（表 5-70）

按承载能力分级　　　　表 5-70

| 名　称 | 等级 | 标志 | 设　置　场　合 |
| --- | --- | --- | --- |
| 铸铁检查井盖 | 重型 | Z | 机动车行驶、停放的道路、场地 |
| | 轻型 | Q | 除上述范围以外的绿地、禁止机动车通行和停放的道路、场地 |
| 再生树脂复合材料检查井盖 | 轻型 | Q | 禁止机动车进入的绿地、匝道，自行车道或人行道 |
| | 普型 | P | 汽 10 级及其以下车辆通行的道路或停放场地 |
| | 重型 | Z | 机动车通行的道路或停放场地 |
| 钢纤维混凝土检查井盖 | A级 | | 机场或可供直升飞机起降的高速公路等特种道路和场地 |
| | B级 | | 机动车行驶、停放的城市道路、公路和停车场 |
| | C级 | | 慢车道、居民住宅小区内通道和人行道 |
| | D级 | | 绿化带及机动车辆不能行驶、停放的小巷和场地 |

4. 材料

(1) 铸铁检查井盖：灰口铸铁、球墨铸铁；

(2) 再生树脂复合材料检查井盖：热塑性再生树脂、粉煤灰；

(3) 钢纤维混凝土检查井盖：钢纤维、钢筋、钢板、水泥、砂、石、外加剂、水。

5. 型号和标记

(1) 铸铁检查井盖编号由产品代号（JG）；结构形式：单层（D）、双层（S）；主要参数：圆形井盖的公称直径（mm）或方形、矩形井盖的长（mm）×宽（mm）；设计号四部分组成。标记示例：JG-D-600-Z。

(2) 再生树脂复合材料检查井盖由产品代号（RJG）；结构形式：单层（1）、双层（2）；承载等级：轻型（Q）、普（P）、重（Z）；主要参数：圆形井盖的公称直径（mm）四部分组成：标记示例：RJG-1-Z-600。

## 二、检测依据

《铸铁检查井盖》CJ/T 3012—93

《再生树脂复合材料检查井盖》CJ/T 121—2000

《钢纤维混凝土检查井盖》JC 889—2001

## 三、仪器设备及环境

承载能力试验机：由机架、橡胶垫片、加压装置、测力仪组成，机架的配套支座支撑面应与井盖接触面匹配，且要平整；橡胶垫片在刚性垫片与井盖之间，其平面尺寸应与刚性垫块相同，厚度为 6~10mm，且具有一定的弹性；刚性垫块为直径 356mm，厚度等于或大于 40mm，上下表面平整的圆形钢板；加压装置能施加的荷载不小于 500kN，其工作尺寸必须大于检查井盖配套支座最大外缘尺寸，测力仪误差低于 ±3%。

钢卷尺：量程范围 0~1m，精确度Ⅱ级，最小分度值 1mm；

钢直尺：量程范围 0~300mm，精确度Ⅱ级，最小分度值 1mm；

直角尺：量程范围 0~150mm，精确度Ⅱ级，最小分度值 1mm；

JC-10 读数显微镜（钢纤维混凝土检查井盖）：量程范围 0~8mm，精确度 ±0.01，最小分度值 0.1mm；

塞尺（钢纤维混凝土检查井盖）：量程范围 0.01~5mm，精确度 ±0.03；

热老化试验箱（再生树脂复合材料检查井盖）；

人工老化试验装置（再生树脂复合材料检查井盖）：调温调湿装置、喷水装置、光源装置（氙灯）；

环境：常温。

## 四、取样要求

1. 铸铁检查井盖、再生树脂复合材料检查井盖：

产品以同一规格、同一种类、同一原材料在相似条件下生产的检查井盖构成批量。一批为 100 套检查井盖，不足 100 套时也作为一批。

出厂检验：对外观，尺寸是逐套检查；加载试验，随机抽取 2 套。

型式检验：对外观，尺寸是随机抽取 20 套逐套检查；加载试验，在外观、尺寸合格产品中随机抽取 3 套。

2. 钢纤维混凝土检查井盖：

出厂检验：产品以同种类、同规格、同材料与配合比生产的 500 只检查井盖为一批，但在三个月内不足 500 套时仍作为一批，随机抽取 10 套进行检验外观尺寸；在外观和尺寸合格的产品中随机抽取 2 只进行承载能力试验。

型式检验：在不少于100个同种类、同规格产品随机抽取10套进行外观尺寸检测，在外观和尺寸合格的产品中随机抽取2只进行承载能力试验。

### 五、操作步骤

1. 外观尺寸

（1）铸铁检查井盖、再生树脂复合材料检查井盖

井盖形状宜为圆形，也可以是方形或矩形；井盖与支座表面应铸造平整、光滑；不得有裂纹以及有影响检查井盖使用性能的冷隔、缩松等缺陷，不得补焊；井盖和支座装配结构符合要求，要保证井盖与支座互换性；井盖接触面与支承面应进行机加工，保证井盖与支座接触平稳。井盖与支座缝宽、支座支承面的宽度、井盖的嵌入深度，用钢直尺测量，至少4处，每边至少1处，精确至1mm；井盖表面凸起的防滑花纹，用钢直尺和直角尺结合测量，至少4处，精确至1mm。

（2）钢纤维混凝土检查井盖

①用目测检查钢纤维混凝土检查井盖的表面有无破损和裂纹，是否光洁、平整，防滑花纹和标记是否清晰。

②外径：在井盖同一平面上测量通过圆心且互相垂直的两个外径值。

③边长：用钢卷尺测量方形井盖的每个边长。

④井盖搁置高度：在井盖周边约四等分处，测量四个搁置高度值。

⑤搁置面宽度：目测井盖搁置面宽度范围内是否均匀、平整，用直尺在宽度最大和最小处测量两个搁置面宽度值。

以上测量都精确至1mm，测量值与标称值之差即是产品的尺寸偏差，取其最大值为测量结果。

2. 承载能力试验

（1）铸铁检查井盖、再生树脂复合材料检查井盖：调整检查井盖的位置，使其几何中心与荷载中心重合；以1~3kN/s速度加载，加载至2/3试验荷载，然后卸载，此过程重复进行五次；第一次加载前与第5次加载后的变形之差为残留变形；再以上述相同的速度加载至试验荷载，5min后卸载，井盖、支座不得出现裂纹。

（2）钢纤维混凝土检查井盖：调整检查井盖的位置，使其几何中心与荷载中心重合；以1~3kN/s速度加载，每级加荷量为裂缝荷载的20%，恒压1min，逐级加荷至裂缝出现或规定的裂缝荷载，然后以裂缝荷载的5%的级差继续加载，同时用塞尺或读数显微镜测量裂缝宽度，当裂缝宽度达到0.2mm，读取的荷载值即为裂缝荷载。读取裂缝荷载后继续按规定的破坏荷载分级加荷，每级加荷量为破坏荷载的20%，恒压1min，逐级加荷至规定的破坏荷载，再继续按破坏荷载值的5%的级差加载至破坏，读取检查井盖的破坏荷载值。

3. 老化试验（再生树脂复合材料检查井盖）

（1）热老化试验：热老化试验箱，试验控制温度80±2℃；试样尺寸40mm×40mm×160mm，龄期7d。一组试样在热老化箱条件下达到龄期，在室温下冷却24h，一组试样正常情况养护，做抗折强度试验。以经热老化后试件抗折强度与正常情况试样抗折强度相对变化率表示老化性能。

（2）人工老化试验：两组试样，一组人工老化：60±5℃，氙灯及雨淋500h；一组正常环境。做抗折强度试验，以人工老化的试件抗折强度与常温条件下试件抗折强度相对变化率表示。

### 六、数据处理与结果判定

1. 尺寸指标

（1）铸铁检查井盖：

① 井盖与支座间的缝宽应符合表 5-71 要求。
② 支座支承面的宽度应符合表 5-72 要求。

**铸铁检查井盖与支座间的缝宽要求　表 5-71**

| 检查井盖净宽（mm） | 缝宽（两边之和）(mm) |
|---|---|
| ≥600 | $8^{+2}_{-4}$ |
| <600 | $6^{+2}_{-4}$ |

**铸铁检查井盖支座支承面的宽度要求　表 5-72**

| 检查井盖净宽（mm） | 支座支承面的宽度（mm） |
|---|---|
| ≥600 | ≥20 |
| <600 | ≥15 |

③井盖的嵌入深度，重型检查井盖应不小于 40mm，轻型检查井盖应不小于 30mm。
④井盖表面的防滑花纹的凸起高度应不小于 3mm。

（2）再生树脂复合材料检查井盖：
①井盖与支座间的缝宽应符合表 5-73 要求。
②支座支承面的宽度应符合表 5-74 要求。

**再生树脂复合材料检查井盖与支座间的缝宽要求　表 5-73**

| 检查井盖净宽（mm） | 缝宽（两边之和）(mm) |
|---|---|
| ≥600 | 7±3 |
| <600 | 6±3 |

**再生树脂复合材料检查井盖支座支承面的宽度要求　表 5-74**

| 检查井盖净宽（mm） | 支座支承面的宽度（mm） |
|---|---|
| ≥600 | ≥30 |
| <600 | ≥20 |

③井盖的嵌入深度，重型检查井盖应不小于 70mm，普型检查井盖不应小于 50mm，轻型检查井盖应不小于 20mm。
④井盖表面的防滑花纹的凸起高度应不小于 3mm。

（3）钢纤维混凝土检查井盖（表 5-75）：

**钢纤维混凝土检查井盖要求（mm）　表 5-75**

| 等级 | 井口尺寸 | | 外径或边长 | | 井盖搁置高度 | | | 井盖搁置面宽 | |
|---|---|---|---|---|---|---|---|---|---|
| | 标称值 | 允许偏差 | 标称值 | 允许偏差 | 标称值≥ | | 允许偏差 | 标称值≥ | 允许偏差 |
| A | 600 | ±20 | 660 | ±3 | 板式 | 60 | $^{+2}_{-3}$ | 35 | ±3 |
| | | | | | 带肋 | 50 | | | |
| | 650 | | 740(760) | | 板式 | 65 | | | |
| | | | | | 带肋 | 55 | | | |
| | 700 | | 800 | | 板式 | 70 | | | |
| | | | | | 带肋 | 60 | | | |
| B | 600 | ±20 | 660 | ±3 | 板式 | 55 | $^{+2}_{-3}$ | 30 | ±3 |
| | | | | | 带肋 | 45 | | | |
| | 650 | | 740(760) | | 板式 | 60 | | | |
| | | | | | 带肋 | 50 | | | |
| | 700 | | 800 | | 板式 | 65 | | | |
| | | | | | 带肋 | 55 | | | |
| C | 600 | ±20 | 660 | ±3 | 板式 | 45 | $^{+2}_{-3}$ | 30 | ±3 |
| | | | | | 带肋 | 35 | | | |
| | 650 | | 720 | | 板式 | 50 | | | |
| | | | | | 带肋 | 40 | | | |
| | 700 | | 780 | | 板式 | 60 | | | |
| | | | | | 带肋 | 45 | | | |
| D | 600 | ±20 | 660 | ±3 | 35 | | $^{+2}_{-3}$ | 30 | ±3 |
| | 650 | | 710 | | 40 | | | | |
| | 700 | | 770 | | 45 | | | | |

2. 承载能力指标

(1) 铸铁检查井盖承载能力规定（表 5-76）

(2) 再生树脂复合材料检查井盖承载能力规定（表 5-77）

铸铁检查井盖承载能力　　表 5-76

| 检查井盖等级 | 试验荷载（kN） | 允许残留变形（mm） |
| --- | --- | --- |
| 重型 | 360 | $1/500 \times D$ |
| 轻型 | 210 | $1/500 \times D$ |

再生树脂复合材料检查井盖承载能力　　表 5-77

| 检查井盖等级 | 试验荷载（kN） | 允许残留变形（mm） |
| --- | --- | --- |
| 轻型 | 20 | $1/500 \times D$ |
| 普型 | 100 | $1/500 \times D$ |
| 重型 | 240 | $1/500 \times D$ |

(3) 钢纤维混凝土检查井盖承载能力规定（表 5-78）

钢纤维混凝土检查井盖承载能力　　表 5-78

| 检查井盖等级 | 裂缝荷载（kN） | 破坏荷载（kN） | 检查井盖等级 | 裂缝荷载（kN） | 破坏荷载（kN） |
| --- | --- | --- | --- | --- | --- |
| A | 180 | 360 | C | 50 | 100 |
| B | 105 | 210 | D | 10 | 20 |

3. 老化试验（再生树脂复合材料检查井盖）：热老化抗折强度相对变化率≤0.4%；人工老化抗折强度相对变化率≤3%。

4. 检验规则

(1) 铸铁检查井盖、再生树脂复合材料检查井盖：

① 出厂检验：对外观尺寸，逐套检查；对荷载能力，每批随机抽取两套，如有一套不符合规定要求，则再抽取 2 套重复检测。如再有一套不符合要求，则该批检查井盖为不合格；

② 型式检验：外观尺寸，每一批量中抽取 20 套逐套检查，如果有两套及以下不符合要求，则该批产品可视为合格，有 3 套及以上不符合要求，则该批产品为不合格；荷载能力，在抽取的 20 套中随机抽取三套，如有一套不符合要求，则再抽取 3 套重复本项试验，如再有一套不符合要求，则该批检查井盖不合格。

(2) 钢纤维混凝土检查井盖：出厂检验、型式检验抽检：都是在每批中抽取 10 套进行外观质量和尺寸偏差检验，不符合标准要求的样品不超过 2 套，则该批产品外观质量和尺寸偏差为合格；在外观尺寸合格的产品中抽取两套进行承载能力试验，若 2 套样品全部符合规定，则该判该批产品承载能力合格；若有 1 套不符合，应以同批产品中再抽取 2 只进行复验，若仍有一只样品不符合规定，则判该批产品不合格。

七、注意事项

(1) 检查井盖的原材料要事先检测。

(2) 检查井盖应按成套产品（井盖与支座一起为一套）进行承载能力检测。

八、例题

某铸铁井盖，试验荷载为 210kN，检查井盖净宽为 600mm，以规定的速度加载，加载至规定值为 $x$ kN，然后卸载，此过程重复进行 5 次，

第一次加载前与第一次加载后变形差为 0.3mm，

第一次加载前与第二次加载后变形差为 0.7mm，

第一次加载前与第三次加载后变形差为 0.9mm，

第一次加载前与第四次加载后变形差为 1.1mm，

第一次加载前与第五次加载后变形差为 1.3mm，再继续，以相同速度加载至试验荷载，5min 后卸载，井盖、支座没出现裂纹。

问：$x$ 值为多少 kN？此试验残留变形值为多少？此检查井盖承载能力是否合格？

解：按规范规定值为试验荷载的 2/3；

$$x = 2/3 \times 210 = 140 \text{kN}$$

此试验残留变形值为 $1.3\text{mm} > 1/500 D = 1.2\text{mm}$

残留变形值超过允许残留变形

结果判定：此检查井盖承载能力不合格。

**思考题**

1. 检查井盖有哪些种类？各种类井盖原材料的组成是怎样的？
2. 各种井盖的分类极其承载能力的指标是什么？
3. 检查井盖有什么取样要求？
4. 什么是残留变形？
5. 铸铁检查井盖承载能力、再生树脂复合材料检查井盖承载能力试验有哪些操作步骤？
6. 钢纤维混凝土检查井盖承载能力有哪些操作步骤？

## 第十四节　桥梁伸缩装置

### 一、概念

桥梁伸缩装置是安装在桥梁两端的伸缩变形装置。其主要作用功能是满足桥梁结构在车辆荷载作用下的顺桥向受力变形和春夏秋冬以及昼夜环境温差变化下的热胀冷缩产生的温度变形的需要。桥梁设计人员根据不同桥型、不同结构材料、不同跨度等因素设计选用不同规格型号的伸缩装置。市政桥梁与公路桥梁相比，一般跨度都不大，设计所要求的伸缩量都比较小，一般选用的规格为单缝和双缝的偏多。

1. 桥梁伸缩装置按伸缩体结构的不同分类

① 模数式伸缩装置：适用于伸缩量 160～2000mm 的公路桥梁和特大桥梁工程（见图 5-129、图 5-130）。

图 5-129　模数式伸缩装置（1040mm）
（南京长江三桥用）

图 5-130　模数式伸缩装置（2000mm）
（润扬长江大桥用）

② 梳齿板式伸缩装置：适用于伸缩量不大于 300mm 的桥梁工程，市政桥梁应用较多（见图 5-131）。

③ 橡胶板式伸缩装置：分为板式橡胶伸缩装置和组合式橡胶伸缩装置两种。适用于伸缩量小于 60mm 的桥梁工程，市政桥梁应用较多，但容易损坏（见图 5-132）。

图 5-131 梳齿板式伸缩装置

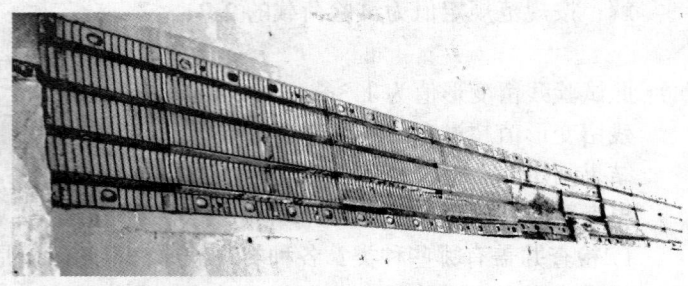
图 5-132 橡胶板式伸缩装置

④异型钢单缝和双缝伸缩装置：适用于伸缩量 80～160mm 的桥梁工程，市政桥梁应用较多（见图 5-133 和图 5-134）。

图 5-133 单缝式伸缩装置

图 5-134 双缝式伸缩装置

2. 按 JT/T 327—2004 标准要求，伸缩装置的检测项目见表 5-79。

桥梁伸缩装置检测项目一览表　　　　　表 5-79

| 伸缩装置类型 | 检验项目 | | | | 整体性能 |
| --- | --- | --- | --- | --- | --- |
| | 外形尺寸 | 外观质量 | 内在质量 | 组装精度 | |
| 模数式 | ✓ | ✓ | — | ✓ | 按表 5-86 要求 |
| 梳齿板式 | ✓ | ✓ | — | ✓ | ✓ |
| 橡胶式伸缩装置 | ✓ | ✓ | ✓ | — | — |
| 异型钢单缝式 | ✓ | ✓ | — | — | — |
| 检验周期 | 每 道 | | 每 100 块取一块 | 每 道 | 每批一道 |

## 二、检测依据

交通部行业标准《公路桥梁伸缩装置》JT/T 327—2004
国家标准《钢焊缝手工超声探伤方法和探伤结果分级》GB/T 11345
交通部标准《钢筋混凝土与预应力混凝土桥涵设计规范》JTGD 62—2004
交通部标准《公路工程质量检验评定标准》JTJ 071
建设部标准《城市桥梁养护技术规范》CJJ 99—2003、J 281—2003
交通部标准《公路桥涵养护规范》JTGH 11—2004
国家标准《钢结构设计规范》GB 50017—2003
生产厂家企业标准

## 三、仪器设备与检测环境

1. 钢直尺、游标卡尺。
2. 平整度仪、水准仪。
3. 测厚仪。
4. 超声波探伤仪。
5. 万能试验机和压力试验机。

6. 成品整体试验设备

检测环境温度一般在常温下进行。

### 四、取样及制备要求

1. 市政桥梁采用的不同规格型号的伸缩装置一般伸缩量不大，在产品进入施工现场后，直接在现场进行外观质量、尺寸偏差等检测，不专门取样加工制备。

2. 伸缩装置的整体性能试验取样要求（特殊要求时做，市政工程一般不做）

整体试验应在制造厂家或专门试验机构进行，如果受试验设备限制不能进行整体试验时，可按《公路桥梁伸缩装置》JT/T4—2004标准中的下列规定取样：

①模数式伸缩装置取不小于4m长并具有4个单元变位，支承横梁间距等于1.8m的组装试样进行试验；

②梳齿板式伸缩装置取单元加工长度为2m的组装试样进行试验；

③橡胶伸缩装置应取1m长的试样进行试验；

④异型钢单缝伸缩装置应取组装件试样进行试验。

### 五、检测方法与试验操作步骤

（一）外观质量检测方法

1. 橡胶伸缩装置，密封橡胶带的外观质量，通过目测和相应的量具，对进场产品逐个进行观测。

2. 模数式伸缩装置的异型钢、型钢、钢板等外观质量，通过目测和平整度仪、水准仪等对进场产品逐个观测，采用测厚仪对表面涂装的厚度进行测量。

（二）尺寸偏差检测方法

伸缩装置的尺寸偏差，应采用经过计量标定的钢直尺，游标卡尺，平整度仪，水准仪等量测。

1. 橡胶板式伸缩装置平面尺寸除量测四边长度外，还应量测对角线尺寸，厚度应在四边量测8点取其平均值。

2. 梳齿板式伸缩装置应每2m取其断面量测后，取其平均值。

3. 模数式伸缩装置的成品外观尺寸采用钢直尺，游标卡尺测量以下项目：

① 中梁、边梁断面尺寸；

② 伸缩量预留尺寸；

③ 锚固筋间距；

④ 锚固板的厚度；

⑤ 锚固件距工作面高度；

⑥ 直线度、平整度（每米测一直线度）。

（三）内在质量检测方法

1. 对橡胶板式橡胶支座的解剖试验，每100块取一块，沿中横断面锯开进行规定项目检测。

2. 对焊缝进行超声波探伤（适用于发现有严重质量缺陷的检测，一般情况下不做）。

（四）整体性能试验方法

1. 对整体组装的伸缩装置进行力学性能试验时，应将伸缩装置试样两边的固定系统用定位螺栓或其他有效方法固定在试验平台上（见图5-135），然后使试验装置模拟伸缩装置在桥梁结构中实际受力状态进行规定项目试验。橡胶伸缩装

图5-135 伸缩装置整体试验平台

置应在15~28℃温度下进行；

2. 模数式伸缩装置应进行拉伸、压缩、纵向、竖向、横向错位试验，测定水平摩阻力及变位均匀性。应按实际受力荷载测定中梁，支承横梁及其连接部件应力、应变值，并对试样进行振动、冲击试验，对橡胶密封带进行防水试验；

3. 梳齿板式伸缩装置应进行拉伸、压缩试验，测定水平摩阻力和变位均匀性；

4. 橡胶伸缩装置，应进行拉伸、压缩试验，测定水平摩阻力及垂直变形；

5. 异型钢单缝伸缩装置应进行橡胶密封带防水试验。

## 六、检测结果判定

（一）外观质量

1. 伸缩装置密封橡胶带的外观质量检查应满足JT/T327—2004标准规定要求（见表5-80）。

**外观质量检查要求一览表** 表5-80

| 缺陷名称 | 质量标准 |
|---|---|
| 骨架钢板外露 | 不允许 |
| 钢板与粘结处开裂或剥离 | 不允许 |
| 喷霜、发脆、裂纹 | 不允许 |
| 明疤缺胶 | 面积不超过30mm×5mm，深度不超过2mm缺陷，每延米不超过4处 |
| 气泡、杂质 | 不超过成品表面面积的0.5%，且每处不大于25mm²，深度不超过2mm |
| 螺栓定位孔歪斜及开裂 | 不允许 |
| 连接榫槽开裂、闭合不准 | 不允许 |

2. 伸缩装置的异型钢、型钢、钢板等外观应光洁、平整，表面不得有大于0.3mm的凹坑、麻点、裂纹、结疤、气泡和夹杂、不得有机械损伤。上下表面应平行，端面应平整，长度大于0.5mm的毛刺应清除。

（二）内在质量

1. 板式橡胶伸缩装置解剖后，其内在质量应满足表5-81的要求。

**板式橡胶伸缩装置内在质量要求** 表5-81

| 名称 | 内在质量要求 |
|---|---|
| 锯开后钢板、角钢位置 | 钢板、角钢位置要求准确，其平面位置偏差±3mm，高度位置偏差应在-1~2mm之间 |
| 钢板与橡胶粘结 | 钢板与橡胶粘结应牢固且无离层现象 |

2. 模数式伸缩装置：

①伸缩装置的所有焊接、连接部位的焊缝应饱满，不应有漏焊，脱焊现象，不合格者要求补焊。

②异型钢对接接长时，接缝应错开布置并设在受力较小处，错开距离不应小于80mm，同时接缝不能设在行车道位置。接缝应采用厚度>20mm的钢板加强，焊缝处应进行探伤，并清除内应力。不满足要求，为不合格品。

（三）外观尺寸偏差

1. 橡胶板式伸缩装置的尺寸偏差，应满足表5-82（标准JT/327—2004）的规定要求：

**橡胶板式伸缩装置尺寸偏差表** 表5-82

| 长度范围 | 偏差 | 宽度范围 | 偏差 | 厚度范围 | 偏差 | 螺孔中距 $l_1$ 偏差 |
|---|---|---|---|---|---|---|
| $l=1000$ | -1, +2 | $a \leq 80$ | -2.0, +1.0 | $t \leq 80$ | -1.0, +1.8 | <1.5 |
| | | $80 < a \leq 240$ | -1.5, +2.0 | $t > 80$ | -1.5, +2.3 | |
| | | $a > 240$ | -2.0, +2.0 | — | — | |

注：宽度范围正偏差用于伸缩体顶面，负偏差用于伸缩体底面。

## 第五章 市政工程检测

**2.** 模数式伸缩缝的异型钢断面尺寸，应满足表5-83（标准 JT/T 327—2004）规定要求。

异型钢断面尺寸表　　　　　　　　　　表 5-83

| 断面部位 \ 钢梁类别 | 中梁钢 | 边梁钢 | 单缝钢 |
|---|---|---|---|
| $H$ | ≥120 | ≥80 | ≥50 |
| $B$ | ≥16 | ≥15 | ≥11 |
| $t_1$ | ≥10 | ≥10 | ≥10 |
| $t_2$ | ≥15 | ≥12 | ≥10 |
| $B_1$ | ≥80 | ≥40 | ≥40 |
| $B_2$ | ≥80 | ≥70 | ≥50 |
| 质量（kg/m） | ≥36 | ≥19 | ≥12 |
| 图例 | （工字形断面图） | （边梁断面图） | （单缝断面图） |

注：不满足表中尺寸要求的产品为不合格品。

**3.** 模数式伸缩装置（包括单缝）组装后的成品尺寸偏差按表5-84（设计图纸和企业标准）规定检测。

检测项目、图纸尺寸与实测数据比（单位：mm）　　　　表 5-84

| 检测项目 | 图纸尺寸（mm） | 实测值（mm） | 备 注 |
|---|---|---|---|
| 中梁、边梁尺寸 | | | 按标准要求 |
| 伸缩量预留尺寸 | | | 按标准要求 |
| 锚固筋间距 | | | 按图纸和企业标准要求 |
| 锚固钢板几何尺寸 | | | 按图纸和企业标准要求 |
| 直线度 | | | 每米测一直线度 |
| 锚固性体距工作面高度 | | | 按图纸和企业标准要求 |
| 涂装（防腐层）厚度 | | | 按图纸和企业标准要求 |
| 异型钢接缝位置及错开距离 | | | 按标准和规范要求 |
| 表面缺陷 | | | 按标准要求 |

注：如果不满足表 5-84 要求，允许进行一次修补。

### 4. 密封橡胶带的尺寸偏差

在自然状态下，伸缩装置中使用的单元密封橡胶带尺寸（不包括锚固部分）的公差应满足表 5-85 的要求。

密封橡胶带尺寸（单位：mm）　　　　表 5-85

| 图示 | 宽度范围 | 偏差 | 厚度范围 | 偏差 |
|---|---|---|---|---|
| （图） | $a = 80$ | +3<br>0 | $b \geq 7$ | 0，+1.0 |
| | | | $b_1 \geq 4$ | 0，+0.3 |
| | $a < 80$ | +2<br>0 | $b \geq 6$ | 0，+0.5 |
| | | | $b_1 \geq 3$ | 0，+0.2 |

### 5. 伸缩装置整体性能应满足 JT/T 327—2000 标准规定要求，见表 5-86。

桥梁伸缩装置整体性能要求　　　　表 5-86

| 序号 | 项目 | | 模数式 | 梳齿式 | 橡胶式 | | 异型钢单缝式 |
|---|---|---|---|---|---|---|---|
| | | | | | 板式 | 组合式 | |
| 1 | 拉伸、压缩时最大水平摩阻力（kN/m） | | ≤4 | ≤5 | <18 | ≤8 | |
| 2 | 拉伸、压缩时变位均匀性（mm） | 每单元最大偏差值 | −2~2 | | | | |
| | | 总变位最大偏差值 | $e \leq 480$　−5~5 | $e \leq 480$　±1.5 | | | |
| | | | $480 < e \leq 480$　−10~10 | $e > 800$　±2.0 | | | |
| | | | $e > 800$　−15~15 | | | | |
| 3 | 拉伸、压缩时最大竖向偏差或变形（mm） | | 1~2 | 0.3~0.5 | −3~3 | −2~2 | |
| 4 | 相对错位后拉伸、压缩试验（满足 1、2 项要求前提下） | 纵向错位 | 支承横梁倾斜角度不小于 2.5° | — | | | |
| | | 竖向错位 | 相当顺桥向产生 5% 坡度 | — | | | |
| | | 横向错位 | 两支承横梁 3.6m 范围内两端相差 80mm | | | | |
| 5 | 最大荷载时中梁应力、横梁应力、应变测定、水平力（模拟制动力） | | 满足设计要求 | — | — | — | |
| 6 | 防水性 | | 注满水 24h 无渗漏 | — | — | — | 注满水 24h 无渗漏 |

### 七、检测实例

1. 某桥模数式伸缩装置检测报告，见表 5-87。

## 伸缩缝几何尺寸检测报告

表 5-87

| 建设单位 | | 委托单位 | |
|---|---|---|---|
| 工程名称 | | 监理单位 | |
| 样品名称 | 伸缩缝 | 检测类别 | |
| 样品数量 | 一件 | 规格型号 | DT-160 |
| 生产厂家 | | 送样日期 | 现场检测 |
| 送样人 | | 监理 | |
| 样品状态 | 完好、可检 | 检测日期 | 2005.6.25 上午 9:30~10:30 |
| 检测地点 | 施工现场 | 检测环境温度 | 33℃ |
| 检测项目 | 组焊后伸缩量预留尺寸、锚固（钢）筋几何尺寸、锚固（钢）筋间距、锚固（钢板）几何尺寸、直线度、锚固件距工作面高度防腐层厚度、表面缺陷 | 样品编号 | M407001 |
| 检测依据 | 交通部标准 JT/T 327—2004，企业标准，设计图纸 | | |
| 主要检测设备 | 150卡尺、1m钢尺、30m皮卷尺、测厚仪 | | |

### 检 测 数 据

| 检测项目 | 图纸尺寸（mm） | 测量值 | 备注 |
|---|---|---|---|
| 边梁钢 | ≥80 | 80.2、80.1、80.2 | JT/T 327—2004 标准 |
| 中梁钢 | ≥120 | 120.2、120.1、120.2 | |
| 组焊后伸缩量预留尺寸 | 30±2 | 30、28<br>31、29<br>29、31、29、30 | JTGD 62—2004 设计规范 |
| 锚固（钢）筋几何尺寸 | φ20 | 20.5、20.5<br>20.5、20.5<br>20.5、20.5 | 企业标准 |
| 锚固（钢）筋间距 | 250 | 250、250、250、247<br>251、255、247<br>251、248、251 | 企业标准 |
| 锚固（钢板）几何尺寸 | 厚18 | 18.5、18<br>18、18<br>18、18 | 企业标准 |
| 直线度 | ≤1.5 | 0.2、0、0.15<br>0.25、0.10、0 | 每 m 测一直线度 |
| 锚固件距工作面高度 | 250±5 | 251、248、255、254<br>252、248、250<br>250、252、252 | 企业标准 |
| 防腐层厚度 | 平均厚度≥45μm | 51μm | 企业标准 |
| 表面缺陷 | 不得有裂纹、夹渣、分层、坑点、划伤 | 未见裂纹、夹渣、分层、坑点、划伤 | JT/T 327—2004 标准<br>企业标准 |
| 检测结论 | 该批 D-160 型公路桥梁伸缩装置，经现场检测，其中边梁钢、中梁钢尺寸符合交通部 JT/T 327—2004 标准要求，其余技术指标符合企业提供的设计图要求。 | | |

技术负责人： 审核： 检测：

## 2. 伸缩缝用异型钢材料抗弯性能检测报告

（1）检测结果

1）试件截面类型（表 5-88）

2）几何特性（表 5-88）

试件截面类型与几何特性　　　　表 5-88

| 截面类型 | 1 号 | 2 号 | 3 号 | 4 号 |
|---|---|---|---|---|
| $I$（抗弯惯性矩 mm$^4$） | 3.75 | 17.10 | 18.40 | 6.58 |
| $A$（截面面积 mm$^2$） | 141.00 | 240.00 | 255.00 | 158.00 |
| $h$（形心距下缘距离 mm） | 26.10 | 36.20 | 34.40 | 39.10 |
| 图例 | | | | |

3）三点弯曲荷载-挠度试验图及实测数据（图 5-136、表 5-89～表 5-91）

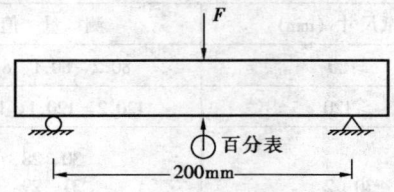

图 5-136　三点弯曲荷载—挠度试验图

2 号类型伸缩缝异型钢三点弯曲荷载—挠度实测数据　　　　表 5-89

| 荷载（kN） | 实测挠度（mm） | | |
|---|---|---|---|
| | 2-1 | 2-2 | 2-3 |
| 40 | 0.19 | 0.21 | 0.18 |
| 80 | 0.39 | 0.42 | 0.36 |
| 120 | 0.58 | 0.63 | 0.55 |
| 160 | 0.78 | 0.85 | 0.80 |
| 200 | 0.97 | 1.03 | 0.95 |

3 号类型伸缩缝异型钢三点弯曲荷载—挠度实测数据　　　　表 5-90

| 荷载（kN） | 实测挠度（mm） | | |
|---|---|---|---|
| | 3-1 | 3-2 | 3-3 |
| 45 | 0.20 | 0.18 | 0.23 |
| 90 | 0.41 | 0.45 | 0.38 |
| 135 | 0.61 | 0.68 | 0.65 |
| 180 | 0.82 | 0.90 | 0.88 |
| 225 | 1.02 | 1.08 | 1.10 |

4 号类型伸缩缝异型钢三点弯曲荷载—挠度实测数据　　　　表 5-91

| 荷载（kN） | 实测挠度（mm） | | |
|---|---|---|---|
| | 4-1 | 4-2 | 4-3 |
| 15 | 0.19 | 0.21 | 0.17 |
| 30 | 0.38 | 0.33 | 0.40 |
| 45 | 0.57 | 0.65 | 0.61 |
| 60 | 0.76 | 0.82 | 0.80 |
| 75 | 0.95 | 1.03 | 1.08 |

(2) 检测结论

伸缩缝用异形钢抗弯刚度符合《公路桥涵设计规范》JTGD60—2004 和《钢结构设计规范》GB50017—2003 要求，判定合格。

3．桥梁伸缩装置锚固筋力学性能检测报告

试样名称：伸缩装置锚固筋

检测要求：锚固筋拉伸力学性能

锚固筋力学性能测试结果见表 5-92：

锚固筋力学性能测试结果　　　　　表 5-92

| 试件编号 | 螺栓规格（mm） | 计算面积（mm²） | 极限负荷（kN） | 抗拉强度（MPa） | 检　测　结　论 |
|---|---|---|---|---|---|
| 1-1 | M20 | 245 | 150.7 | 615 | 依 GB/T 3098.1—2000《螺栓、螺钉和螺柱的机械性能分级标准》，经检测，此批受检锚固钢筋力学性能符合高强度螺栓 5.8 S 级抗拉强度性能要求，判合格 |
| 1-2 | | | 150.2 | 610 | |
| 1-3 | | | 149.3 | 610 | |
| 性能要求 | 抗拉强度≥500MPa | | | | |

检测执行标准

《螺栓、螺钉和螺柱的机械性能分级标准》GB/T 3098.1—2000

《金属材料 室温拉伸试验方法》GB/T 228—2002

**思考题**

1．桥梁伸缩装置的作用是什么？

2．桥梁伸缩装置的检测依据是什么？

3．桥梁伸缩装置的主要有哪几种结构类型？其主要特点和适用范围。

4．市政桥梁一般应用较多的有哪些规格和类型？为什么？

5．桥梁伸缩装置主要检测哪些项目？

6．桥梁伸缩装置的外观检测主要有哪些内容？如何判别？

7．桥梁伸缩装置的外观尺寸的主要检测内容有哪些？检测和判定依据是什么？

8．桥梁伸缩装置的内在质量如何检测？

9．整体性能试验对不同类型的伸缩装置如何取样？

10．交通部标准 JT/T327—2004 中，关于模数式伸缩装置对异型钢使用的材料和规格尺寸、重量等，有何规定和要求？

**参考文献**

1．鲍卫刚、郑学珍等编著．桥梁伸缩装置．北京人民交通出版社，1997.8

2．周明华．公路桥梁伸缩装置的病害与预防对策．2004 年全国桥梁病害诊治论坛文集，大连，2004.8

3．周明华．桥梁橡胶支座与伸缩装置损坏预防对策．江苏省高速公路建设论文集（京福徐州段、宁杭、锡宜篇）．北京：人民交通出版社，2004

# 第六章 建筑安装工程检测

建筑安装工程是建筑工程的一项重要内容，它所涉及的专业很多，除了一般的土建工程（如主体结构工程、屋面工程、楼地面工程、地下防水工程等）和装饰工程外，其他的建筑工程基本上都纳入了安装工程的范畴，主要有建筑给排水及采暖工程、建筑电气工程、通风与空调工程、电梯工程、智能建筑工程等。随着社会和经济的发展以及人们对生活质量的要求越来越高，建筑工程的作用已不再仅仅满足于为人类提供一个生活场所，人们越来越关注它所提供的生活环境是否舒适、方便，具备的基本生活功能是否齐全；近几年，信息技术等高新技术产业突飞猛进的发展，进一步改变了人们对建筑使用功能的认识，现在的建筑工程已逐步向智能建筑发展，因此，安装工程在建筑工程中的重要性也越来越凸现。

建筑安装工程的质量好坏，直接影响其功能能否正常发挥，甚至还会影响到工程的安全，因此在其施工前、施工过程中以及施工后，对其质量进行控制和检测就显得至关重要。由于建筑安装工程的内容很多，本章主要就安装工程中常见的建筑材料、建筑水电、建筑电气、建筑仪表、通风空调、火灾自动报警以及智能建筑的质量检测有关内容进行讲述。因每个项目涉及到的检测参数非常多，且篇幅有限，本章重点介绍影响安全及重要使用功能的参数检测。

## 第一节 建 筑 水 电

### 一、概念

建筑水电通称建筑水电安装工程，涵盖了很多内容，在专业上它分为建筑给排水工程与建筑电气工程。建筑给排水工程包含建筑给水、饮水供应、内部排水、雨水排水、消防水、内部热水供应、特殊建筑物的给水排水（如游泳池、水景等）等；建筑电气工程包含10kV以下架空线路、室内各种用电设备及电器器具安装、照明动力线路配管配线、电线电缆接线、电缆头制作、防雷接地系统，以及等电位系统的安装、各种电气设备试运行等。

建筑水电安装工程中各类检测非常多，根据规范标准的要求和实际情况，本节主要介绍三项：线路绝缘电阻检测、防雷接地电阻检测、排水通球试验。这三项检测看起来很简单，其实对检测人员的要求较高。首先检测人员必须了解建筑电气和给排水的基础知识，必须识图，还要了解建筑电气和给排水安装过程与特点。为此下面简要介绍一些相关知识。

1. 线路绝缘电阻检测相关知识

（1）三相或单相的交流单芯电缆，不得单独穿于钢导管内。

（2）电管内电线不得有接头。

（3）同一建筑物的电线电缆绝缘层颜色选择应一致，即保护地线（PE线）应是黄绿相间色，零线用淡蓝色，相线用：A相—黄色，B相—绿色，C相—红色。

2. 防雷接地电阻检测相关知识

（1）雷电的形成与危害

雷电是带正负电荷的雷云之间或雷云与大地之间产生强烈放电的自然现象。常见的雷电危害有三种形式：直接雷击、雷电感应、雷电波侵入。

（2）防雷措施和防雷装置组成

针对三种常见雷电危害，应采取必要的防雷措施。

防止直接雷击的主要措施：设法引导雷击时雷电流按预先安排好的通道泻入大地，从而避免雷云向被保护的建筑物放电。防雷装置主要由接闪器、引下线和接地装置三部分组成。

防止雷电感应的主要措施：建筑物内部所有金属部件以及突出建筑物的所有金属部件均应通过接地装置与大地做可靠连接。

防止雷电波侵入的主要措施：低压线路宜全线直接埋地引入建筑物，或者不小于 50m 的一段用金属铠装电缆埋地引入建筑物，并将电缆外皮接地；在架空线路与电缆连接处或架空线入户端应装避雷器或保护间隙，并应与绝缘子铁脚连在一起连接到防雷接地装置上。

(3) 防雷接地与防雷接地电阻

所有的防雷措施归根结底都要涉及到防雷接地、接地装置与接地电阻。

防雷接地指的是过电压保护装置或设备的金属结构的接地，如避雷器的接地、避雷针构架的接地等，也称过电压保护接地。

接地装置由接地体、接地线和接地母排组成。

接地电阻指的是电流通过接地装置流向大地受到的阻碍作用。在数值上，接地电阻是电气设备的接地体对接地体无穷远处的电压与接地电流之比。

影响接地电阻的主要原因有土壤电阻率、接地体的尺寸、形状及埋入深度、接地线与接地体的连接等。

3. 排水通球试验相关知识

生活污水管道应使用塑料管、铸铁管或混凝土管。

## 二、检测依据

《建筑电气工程质量验收规范》GB50303—2002
《建筑给水排水及采暖工程施工质量验收规范》GB50242—2002
设计文件

## 三、检测方法及结果判定

1. 线路绝缘电阻检测

(1) 环境条件：要求被检测对象周围环境温度不宜低于 5℃，空气相对湿度不宜大于 80%。

(2) 检测准备：先熟悉图纸，根据现场情况，确定抽检部位和数量。

(3) 仪器仪表要求：

选择电压等级为 500V 的绝缘电阻测试仪。

(4) 检测方法：

①首先检查配电箱、检查接线是否符合图纸要求；

②确认检测线路上已经不带电；

③确认检测线路上要求断开的负载已处开路状态。

根据从左向右、从上向下的顺序用仪表探针分别紧密接触各线路的各相与地，并按下测试按钮，以分别测试线间、线对地间的绝缘电阻值。如果是单相回路，则测量相零（L-N）、相地（L-E）、零地（N-E）；如果是三相回路，则测试 A、B、C、N、E 所有线对间的绝缘电阻值。检测时，记录人员要求复诵并将检测结果（实测值）按配电箱号、回路编号等逐一记录在原始记录本上。

(5) 技术要求与结果判定：

低压线路的绝缘电阻值的标准值为 0.5MΩ。将检测数据与标准值相比较，小于等于标准值为不合格，大于标准值为合格。

(6) 操作注意事项：

①检测电气回路应符合图纸要求，即应按图施工；如果接线与图纸不符，则不予检测；
②检测线路应断开电源；
③检测线路中应没有负载；
④检测时，仪表指针或读数开始会无序跳动，待仪表读数稳定后读取结果。

**2. 防雷接地电阻检测**

（1）环境条件：要求被检测对象周围环境温度不宜低于5℃，空气相对湿度不宜大于80%。

（2）检测准备：预先熟悉图纸，了解图纸的设计要求；现场查看，确定抽检部位和数量，并将准备检测的接地极清洁干净。

（3）仪器仪表选择：

接地电阻测试仪种类很多，最普遍使用的是ZC-8型接地电阻测试仪。

（4）检测方法

将被测接地极与仪器"G"接线柱相接，将仪器探针电压极和电流极分别插在距离接地极20m和40m的地方，并用导线将探针与P、C接线柱相连。将仪表指针调到零位，将倍率开关置于最大倍率上，缓慢摇动手柄，调节"测量标度盘"使仪表指针指于中心线，然后逐渐加快手柄转速，使其达到每分钟120转，调节"测量标度盘"使指针完全指零。如果"测量标度盘"读数小于"1"，则将倍率开关调小一档测量，直到调到最小倍率。这时，接地电阻＝倍率×"测量标度盘"读数。

将实测的接地电阻记录在原始记录本上，并记录检测环境条件，包括天气、土壤性质等，同时记录测试部位的轴线，设计阻值等。

（5）技术要求与结果判定

从设计文件中选取最小允许阻值。

将检测数据乘以季节系数（见表6-1），其结果小于等于设计文件中允许的最小阻值为合格，反之为不合格。

**各种性质土壤的季节系数** 表6-1

| 土壤性质 | 深度（m） | £1 | £2 | £3 |
| --- | --- | --- | --- | --- |
| 黏 土 | 0.5~0.8 | 3 | 2 | 1.5 |
|  | 0.8~5 | 2 | 1.5 | 1.4 |
| 陶 土 | 0-2 | 2.4 | 1.4 | 1.2 |
| 砂砾盖于陶土 | 0-2 | 1.8 | 1.2 | 1.1 |
| 园 地 | 0-2 | — | 1.3 | 1.2 |
| 黄 砂 | 0-2 | 2.4 | 1.6 | 1.2 |
| 杂以黄砂的砂砾 | 0-2 | 2.4 | 1.6 | 1.2 |
| 混 炭 | 0-2 | 1.4 | 1.1 | 1.0 |
| 石灰石 | 0-2 | 2.5 | 1.5 | 1.2 |
| 备 注 | £1—测量前数天下过较长时间的雨，土壤很潮湿时。£2—测量时土壤较潮湿，具有中等含水量。£3—测量时土壤干燥或测量时降雨不大 | | | |

（6）操作注意事项

①接地极必须清洁干净，除去油漆、锈迹、污物等；
②20m与40m接地探针距离必须符合要求；
③仪表应放置平稳，不能倾斜放置；

④检测有干扰影响时,应调整放线方向,尽量避开干扰大的方向,使仪表读数减少跳动。

3．排水通球试验

(1) 环境条件无要求;

(2) 检测准备：预先熟悉图纸,确定要进行通球试验的排水管,将准备通球的排水管的窨井打开,清除污染物;

(3) 仪器选择：管径通球球径不小于排水管道管径的2/3。采用硬制球。可以使用木球、塑料球等;

(4) 检测方法：

①球由立管上口通过排水管至窨井内;

②如上口封死,可从检查口抛球;

③检测结束,将排水管号、通球结果等情况记录。

(5) 技术要求与结果判定：球由窨井内取出为合格,球不通出来为不合格。

(6) 操作注意事项

①检测管道必须完全符合图纸,即按图施工,否则不予检测;

②管道检测前应预先清洁,可用水冲洗;

③如果检查的管道是塑料管道,为防止球将管道砸坏,球最好从中间层检查口抛入;

④允许冲水,如果数次冲水球仍然通不出来,判定不合格。

**四、例题**

现以 ZC-8 型接地电阻测试仪举例说明防雷接地电阻检测。

有一建筑物,楼高七层,屋面用 $\phi12$ 镀锌圆钢明敷防雷网,在建筑物四角 ±0 以上 80cm 有 4 个防雷测试点。建筑物地处郊区,地势开阔,四周有植被,检测天气为晴天,一周前下过雨。图纸上接地电阻值不大于 $1\Omega$。

首先选择使用 ZC-8 型接地电阻测试仪检测测试点的接地电阻值。将测试点清洁干净,表面油漆、杂物去除,仪表测试端和测试点用夹子接触紧密,将 20m 与 40m 辅助接地棒打好,仪表接线接好,调零。表盘刻度调到最大档位,最大刻度, 120 转/分钟匀速摇动手柄,移动表盘,使指针居中,然后读数,为 2.2。然后乘以档位 0.1,实测值结果为 $2.2 \times 0.1 = 0.22\Omega$。

根据季节系数表格选定季节系数为 1.5,则最后结果为 $1.5 \times 0.22 = 0.33\Omega$。

检测结果 $0.33\Omega <$ 设计值 $1.0\Omega$,则该测试点接地电阻值符合设计要求,结果判定为合格。

**思考题**

1．为什么规范 GB50303—2002 中规定了绝缘电阻值有 $0.5M\Omega$、$1M\Omega$、$2M\Omega$、$5M\Omega$、$20M\Omega$?

2．线路绝缘电阻检测时应注意哪些问题?

3．在测接地电阻时,有哪些因素造成接地电阻不准确?如何避免?

4．在测高层建筑物屋面防雷接地时,阻值为什么会比从地面测试的阻值大,且显示数据跳动严重?是什么原因造成的?如何避免?

5．为什么在测接地电阻时,要求测量线分别为 20m 和 40m? 它与钳形地阻表有什么区别?

6．被保护的电器设备的接地端是否可以不断开测试?这样对测试仪表或被保护电器设备有什么影响?

7．检测接地电阻读数不准确的原因是什么?有何解决方法?

## 第二节 硬聚氯乙烯（PVC-U）管材、管件检测

### 一、概念

建筑排水用塑料管的品种主要有建筑排水用硬聚氯乙烯（PVC-U）管材及管件、芯层发泡硬聚氯乙烯（PVC-U）管材及管件、硬聚氯乙烯（PVC-U）内螺旋管材及管件等，其主要用于正常排放水温不大于40℃、瞬时水温不大于80℃的建筑物内生活污水。本节主要介绍建筑排水用硬聚氯乙烯（PVC-U）管材及管件的有关性能及其试验方法。

建筑排水用硬聚氯乙烯（PVC-U）管材，是以聚氯乙烯树脂为主要原料，加入必需的助剂，经挤出成型工艺制成的管材。PVC-U 中的"U"是"unplasticized"的缩写，其含义为未增塑。(PVC-U)具有良好的耐老化性能，能长期保持其理化性能，阻燃性好、耐腐蚀性强，使用寿命长、不结垢、质轻、耐温等级较低、绝缘性能较好等性能特点。

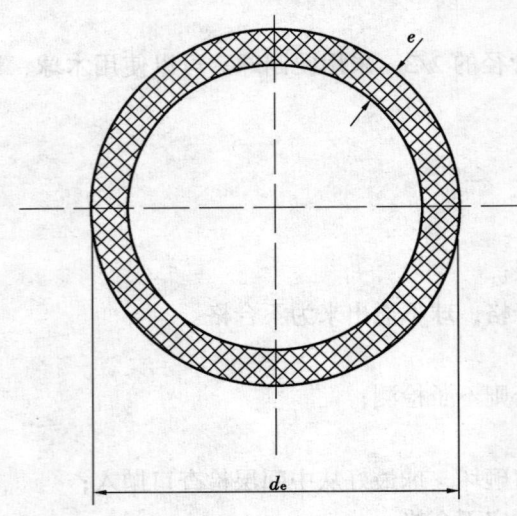

图 6-1 管材公称外径与壁厚

建筑排水用硬聚氯乙烯（PVC-U）管材标准代号 GB/T 5836.1—1992。管材规格用 $d_e$（公称外径）×$e$（公称壁厚）表示见图6-1，公称外径、壁厚见表6-2。技术要求见表6-3。

管材尺寸偏差（mm）                                   表 6-2

| 公称外径 $d_e$ | 平均外径极限偏差 | 壁厚 $e$ | | 长度 $L$ | |
|---|---|---|---|---|---|
| | | 基本尺寸 | 极限偏差 | 基本尺寸 | 极限偏差 |
| 40 | +0.30<br>0 | 2.0 | +0.4<br>0 | 4000 或 6000 | ±10 |
| 50 | +0.3<br>0 | 2.0 | +0.4<br>0 | | |
| 75 | +0.3<br>0 | 2.3 | +0.4<br>0 | | |
| 90 | +0.3<br>0 | 3.2 | +0.6<br>0 | | |
| 110 | +0.4<br>0 | 3.2 | +0.6<br>0 | | |
| 125 | +0.4<br>0 | 3.2 | +0.6<br>0 | | |
| 160 | +0.5<br>0 | 4.0 | +0.6<br>0 | | |

注：长度亦可由供需双方协商确定。

管材技术要求　　　　　　　　　　　　　　　　　　表 6-3

| 项　目 | 技　术　要　求 | | 试　验　方　法 |
|---|---|---|---|
| | 优等品 | 合格品 | |
| 颜　色 | 管材一般为灰色，其他颜色可供需双方商定 | | GB/T 5836.1—1992 |
| 外　观 | 管材内外壁应光滑、平整，不允许有气泡、裂口和明显的痕纹、凹陷、色泽不均匀及分解变色线 | | GB/T 5836.1—1992 |
| 规格尺寸偏差 | 平均外径、壁厚和长度极限偏差应符合表 6-2 相关规定 | | GB/T 8806—1988、GB/T 8805—1988 |
| 同一截面壁厚偏差 | ≤14% | | GB/T 8806—1988 |
| 管材弯曲度 | ≤1% | | GB/T 8805—1988 |
| 拉伸屈服强度（MPa） | ≥43 | ≥40 | GB/T 8804.1—2003<br>GB/T 8804.2—2003 |
| 断裂伸长率（%） | ≥80 | — | 同上 |
| 维卡软化温度（℃） | ≥79 | ≥79 | GB/T 8802—2001 |
| 扁平试验 | 无破裂 | 无破裂 | GB/T 5836.1—1992 |
| 落锤冲击试验 TIR<br>　20℃<br>　0℃ | <br>TIR≤10%<br>TIR≤5% | <br>9/10 通过<br>9/10 通过 | GB/T 14152—2001 |
| 纵向回缩率（%） | ≤5.0 | ≤9.0 | 按 GB/T 6671—2001 |

注：TIR 表示真实冲击率。

建筑排水用硬聚氯乙烯（PVC-U）管件采用注射成型，标准代号为 GB/T 5836.2—1992。除标准中列出的 45 度弯头、90 度弯头、90 度顺水三通、45 度斜三通、瓶口三通、正四通、斜四通、直角四通、异径管箍及管箍等 10 种管件外，还有存水弯、检查口等连接件。管件连接通常采用承插溶剂粘接，即将溶剂胶粘剂涂在管道承口的内壁和插口的外壁，等溶剂作用后承插并固定一段时间形成连接。管件承口尺寸应符合图 6-2、表 6-4 的规定。技术要求见表 6-5。

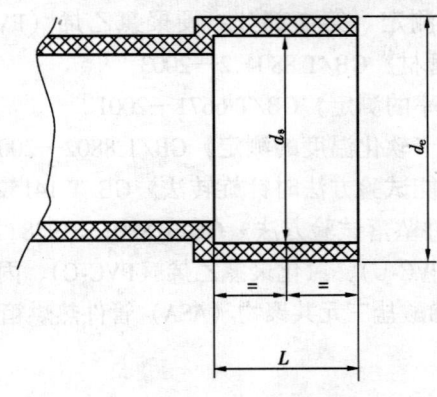

图 6-2　粘结承口

管件尺寸偏差（mm）　　　　　　　　　　　　　　　表 6-4

| 公称直径 $d_e$ | 承口中部内径 $d_o$ | | 承口深度 $L$ 最小 |
|---|---|---|---|
| | 最小尺寸 | 最大尺寸 | |
| 40 | 40.1 | 40.4 | 25 |
| 50 | 50.1 | 50.4 | 25 |
| 75 | 75.1 | 45.5 | 40 |
| 90 | 90.1 | 90.5 | 46 |
| 110 | 110.2 | 110.6 | 48 |
| 125 | 125.2 | 125.6 | 51 |
| 160 | 160.2 | 160.7 | 58 |

管件技术要求　　　　　　　　　　　　　　　　　表 6-5

| 项　目 | 技　术　要　求 | | 试验方法 |
|---|---|---|---|
| | 优等品 | 合格品 | |
| 颜　色 | 管材一般为灰色，其他颜色可供需双方商定 | | GB/T 5836.2—1992 |
| 外　观 | 管件内外壁应光滑、平整，不允许有气泡、裂口和明显的痕纹、凹陷、色泽不均匀及分解变色线。管件应完整无缺损，浇口及溢边应修除平整 | | GB/T 5836.2—1992 |
| 规格尺寸偏差 | 管件承口中部平均内径和承口深度应符合相关规定。管件壁厚应大于或等于 GB/T 5836.1—1992 规定的同规格管材的壁厚 | | GB/T 8806—1988、GB/T 5836.2—1992 |
| 维卡软化温度（℃） | ≥77 | ≥70 | 按 GB/T 8802—2001 |
| 烘箱试验 | 合　格 | 合　格 | 按 GB/T 8803—2001 |
| 坠落试验 | 无破裂 | 无破裂 | 按 GB/T 8801—1988 |

## 二、检测依据

《塑料试样状态调节和试验的标准环境》GB/T 2918—1998
《建筑排水用硬聚氯乙烯管材》GB/T 5836.1—1992
《建筑排水用硬聚氯乙烯管件》GB/T 5836.2—1992
《塑料管材尺寸测量方法》GB/T 8806—1988
《硬质塑料管材弯曲度测量方法》GB/T 8805—1988
《热塑性塑料管材拉伸性能测定　第 1 部分：试验方法总则》GB/T 8804.1—2003
《热塑性塑料管材拉伸性能测定　第 2 部分：硬聚氯乙烯（PVC-V）、氯化聚乙烯（PVC-C）和高抗冲聚氯乙烯（PVC-HI）管材》GB/T 8804.2—2003
《热塑性塑料管材纵向回缩率的测定》GB/T 6671—2001
《热塑性塑料管材、管件维卡软化温度的测定》GB/T 8802—2001
《热塑性塑料管材耐冲击性能试验方法时针旋转法》GB/T 14152—2001
《硬聚氯乙烯（PVC-U）管件坠落试验方法》GB/T 8801—1988
《注塑成型硬质聚氯乙烯（PVC-U）、氯化聚氯乙烯（PVC-C）、丙烯腈-丁二烯-苯乙烯三元共聚物（ABS）和丙烯腈-苯乙烯-丙烯酸盐三元共聚物（ASA）管件热烘箱试验方法》GB/T 8803—2001

## 三、仪器设备及环境

1. 检测环境

除有特殊规定外，建筑排水用硬聚氯乙烯（PVC-U）管材和管件检测应先在温度 23±2℃ 条件下对试样进行状态调节 24h，并在同样条件下进行试验。

## 2. 主要仪器设备

见表6-6。

**建筑排水用硬聚氯乙烯（PVC-U）管材和管件检测用主要仪器设备**　　　表6-6

| 项　　目 | 主　要　仪　器　设　备 |
|---|---|
| 管材管件颜色、外观 | 目测 |
| 管材弯曲度 | 1. 游标卡尺或最小分度值不大于0.5mm的金属直尺；<br>2. 测量线：长度大于试样长度的细线 |
| 管材管件规格尺寸偏差 | 1. 管壁测厚仪（分度值不大于0.01mm）；<br>2. 直接以直径为刻度的卷尺（分度值不大于0.05mm）或其他能达到相同测量精度的仪器；<br>3. 分度值不大于0.05mm的游标卡或其他能达到相同测量精度的仪器；<br>4. 精度0.01mm内径量表；<br>5. 0.02mm游标卡尺 |
| 拉伸屈服强度、断裂伸长率 | 1. 拉力试验机（准确度±1%）；<br>2. 测厚仪和游标卡尺（精度0.01mm）；<br>3. 裁刀；<br>4. 制样机和铣刀 |
| 纵向回缩率（烘箱试验） | 1. 烘箱；<br>2. 划线器（保证两标线间距为100mm） |
| 维卡软化温度 | 维卡软化温度测定仪 |
| 扁平 | 压力试验机（配制变形测量装置） |
| 落锤冲击 | 1. 落锤冲击试验机；<br>2. 低温箱（精度±1℃） |
| 坠落 | 低温箱（精度±1℃） |
| 烘箱 | 烘箱（精度±2℃） |

### 四、检验规则

#### 1. 取样

建筑排水用硬聚氯乙烯（PVC-U）管材以相同原料、配方和工艺情况下生产的相同规格管材为一批，每批数量不超过30t，如生产数量少，生产期6d尚不足30t，则以产量6d为一批。出厂检验项目为颜色、外观、规格尺寸偏差、管材同一截面壁厚偏差、管材弯曲度及纵向回缩率、扁平试验两个物理机械性能。颜色、外观、规格尺寸偏差、管材同一截面壁厚偏差、管材弯曲度为计数检验项目，按表6-7抽样，在抽样合格的产品中，随机抽取不少于三根样品，进行纵向回缩率和扁平试验。型式检验是在出厂检验计数检验项目抽样合格的产品中随机抽取足够的样品，对物理机械性能中的所有项目进行检测。

建筑排水用硬聚氯乙烯（PVC-U）管件以相同原料、配方和工艺情况下生产的相同规格管件为一批，每批数量不超过5000件，如生产数量少，生产期6d尚不足5000件，则以产量6d为一批。出厂检验项目为颜色、外观、规格尺寸偏差及烘箱试验、坠落试验两个物理机械性能。颜色、外观、规格尺寸偏差为计数检验项目，按表6-7抽样，在抽样合格的产品中，随机抽足够的样品，进行烘箱试验、坠落试验。型式检验是在出厂检验计数检验项目抽样合格的产品中随机抽取足够的样品，对物理机械性能中的所有项目进行检测。

建筑排水用硬聚氯乙烯（PVC-U）管材和管件样品数量见表6-8。

#### 2. 判定

管材颜色、外观、规格尺寸偏差、同一截面壁厚偏差、弯曲度，管件颜色、外观、规格尺寸偏差分别依据表6-3、表6-5技术要求按表6-7进行判定。物理机械性能有一项达不到表6-3、表6-5给出的规定指标时，可随机抽取双倍样品进行复验。如仍不合格，则判该批产品为不合格。

管材、管件计数检验项目样本大小与判定    表6-7

| 批量范围 $N$ | 样本大小 $n$ | 合格判定数 $A_c$ | 不合格判定数 $R_e$ |
|---|---|---|---|
| ≤150 | 8 | 1 | 2 |
| 151–280 | 13 | 2 | 3 |
| 281–500 | 20 | 3 | 4 |
| 501–1200 | 32 | 5 | 6 |
| 1201–3200 | 50 | 7 | 8 |
| 3201–10000 | 80 | 10 | 11 |

建筑排水用硬聚氯乙烯（PVC-U）管材和管件样品数量    表6-8

| 项　目 | 样品数量 |
|---|---|
| 管材管件外观、颜色、规格尺寸偏差，管材同一截面壁厚偏差、管材弯曲度 | 计数检验，见表6-7 |
| 管材拉伸屈服强度、断裂伸长率 | 公称外径<75mm：3个，公称外径≥75mm：5个 |
| 管材纵向回缩率 | 3个 |
| 管材管件维卡软化温度 | 2个 |
| 管材扁平 | 3个 |
| 管材落锤冲击 | 视管径和试样破坏情况定 |
| 管件坠落 | 5个 |
| 管件烘箱 | 3个 |

### 五、试验方法

1. 外观

用肉眼直接观察，内部可用光源照射。

2. 管材弯曲度（图6-3）

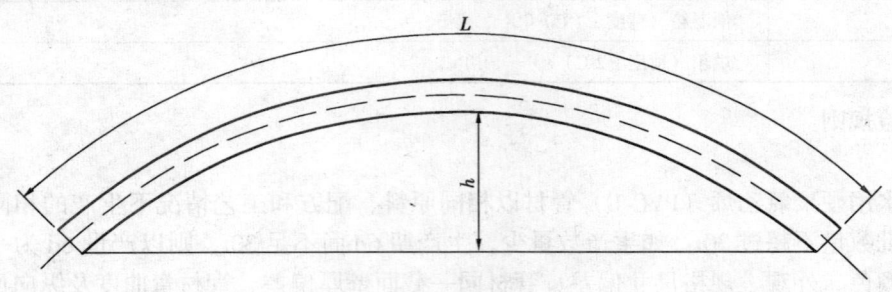

图6-3　管材弯曲度测量

（1）样品制备

①生产后的管材在常温下至少放置24h

②试样长度：4±0.1m。也可根据用途不同商定调整。

③试样向同方向弯曲，试样两端截面应与轴线垂直。

（2）操作步骤

①将试样置于一平面上，使其滚动，当试样与平面呈最大间隙时，标记试样两端与平面接触点。然后将试样滚动90°，使凹面面向操作者，用卷尺从试样一端贴外壁拉向另一端，测量其长度。

②在试样两端标记点将测量线沿长度方向水平拉紧，用游标卡尺或金属直尺测量线至和管壁的最大垂直距离，即弦到弧的最大高度。

（3）数据处理

管材弯曲度 $R$（%）按式（6-1）计算：

$$R(\%) = h/L \times 100 \tag{6-1}$$

式中 $h$——弦到弧的最大高度（mm）；
　　　$L$——管材长度（mm）。
试验结果取至小数点后一位。

3. 规格尺寸偏差

（1）操作步骤

①管材平均外径

将卷尺垂直于管材轴线绕外壁一周，紧密贴合后，读数。分别在管材两端部和中部测试三个点。

②管件承口中部平均内径

用精确至 0.01mm 的内径量表测量承口中部相互垂直的两个内径。

③管件承口深度

用精确至 0.02mm 的游标卡尺测量。

④壁厚

将定触点伸入管内使之与管内表面接触并调整动杆，管件读取最小读数，管材读取最大和最小读数。测量结果精确到 0.05mm。必要时可将管件切开测量。

⑤长度

参照弯曲度长度测量进行。

（2）数据处理

管材平均外径、壁厚和长度极限偏差应符合表 6-2 的规定。

①平均外径

如读数为周长，需除以圆周率 3.142，计算值精确到 0.1mm。如读数为直径，直接将数据精确至 0.1mm。实测平均外径减去公称外径得出管材平均外径极限偏差。

②管件承口中部平均内径

计算相互垂直的两个内径的算术平均值，精确至 0.1mm。

③管件承口深度

精确至 1mm。

④壁厚

取每个试样测量结果的最大值和最小值计算极限偏差值。

⑤管材同一截面壁厚偏差

根据每个试样同一截面壁厚测量结果按式（6-2）进行计算，取最大偏差为测试结果。

$$e = (e_1 - e_2) / e_1 \times 100 \tag{6-2}$$

式中 $e$——同一截面壁厚偏差（%）；
　　　$e_1$——同一截面上测量的壁厚最大值（mm）；
　　　$e_2$——同一截面上测量的壁厚最小值（mm）。

⑥长度

测量尺寸减去基本尺寸或供需方协商尺寸即得长度偏差，将其与极限偏差相比较判定长度是否符合标准要求。

4. 拉伸屈服强度、断裂伸长率

（1）样品制备

①样条

先从管材上截取 150mm 长度的管段，以一条任意直线为参考线沿管段圆周方向均匀取样条，样条的纵向平行于管材的轴线，取样条时不应加热或压平。公称外径小于 75mm 的管材取 3 条，公称外径大于等于 75mm 管材取 5 条，每根样条制取试样 1 片。

②制样方法

可选择采用冲裁（见图6-4或表6-9）或机械加工（见图6-5或表6-10）两种方法进行制样。试验室间比对和仲裁试验采用机械加工方法制样。

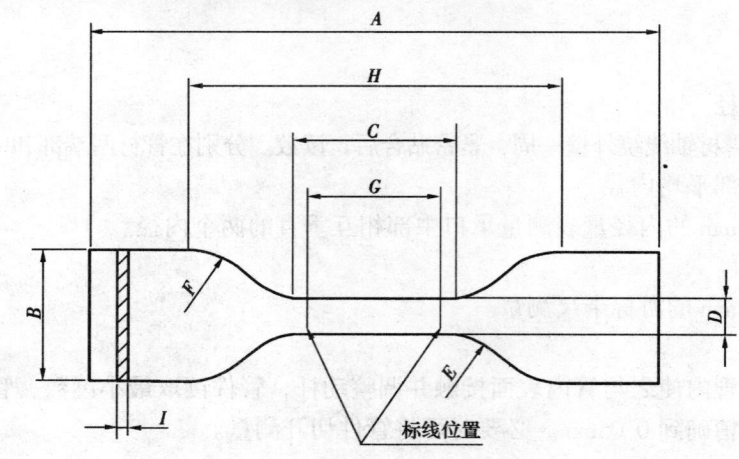

图6-4 冲裁试样（类型2）

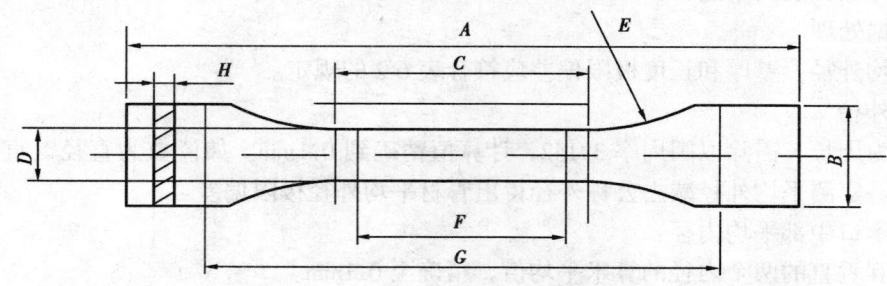

图6-5 机械加工试样（类型1）

冲裁方法：选择合适的没有刻痕、刀口干净的裁刀，将样条放置于125~130℃的烘箱中加热，加热时间按每毫米加热1min计算。加热结束取出样条，快速地将裁刀置于样条内表面，均匀地一次施压裁切得到试样，然后将试样放置于空气冷却至常温。

注：必要时可加热裁刀。

机械加工方法：公称外径大于110mm的管材，直接采用机械加工方法制样。公称外径小于110mm的管材，将样条压平后制样，压平时样条加热温度125~130℃，加热时间按每毫米加热1min计，施加压力不应使样条的壁厚发生减小，压平后在空气中冷却至常温用机械方法制样。机械加工试样采用铣削，铣削时应尽量避免使试样发热，避免出现如裂痕、刮伤及其他使试样表面品质降低的可见缺陷。

冲裁试样尺寸　　　表6-9

| 符号 | 说明 | 尺寸 |
|---|---|---|
| A | 最小总长度 | 115 |
| B | 端部宽度 | 25±1 |
| C | 平行部分长度 | 33±2 |
| D | 平行部分宽度 | 6 |
| E | 小半径 | 14±1 |
| F | 大半径 | 25±2 |
| G | 标线间长度 | 25±1 |
| H | 夹具间长度 | 80±5 |
| I | 厚度 | 管材实际厚度 |

机械加工试样尺寸　　　表6-10

| 符号 | 说明 | 尺寸 |
|---|---|---|
| A | 最小总长度 | 115 |
| B | 端部宽度 | ≥15 |
| C | 平行部分长度 | 33±2 |
| D | 平行部分宽度 | 6 |
| E | 半径 | 14±1 |
| F | 标线间长度 | 25±1 |
| G | 夹具间长度 | 80±5 |
| H | 厚度 | 管材实际厚度 |

③标线

沿试样纵向中心点近似等距离划两条标线，标线间距离应精确到1%。划标线时不得以任何方式刮伤、冲击或施压于试样，以避免试样受损伤。标线不应对被测试样产生不良影响，标注的线条应尽可能窄。

④状态调节

除了生产检测外，试样在管材生产15h之后测试，试验前根据试样厚度，应将试样置于23±2℃的环境中进行状态调节，壁厚$e_{min}$小于3mm（如公称外径40、50、75管材）调节时间不少于1h±5min，壁厚$e_{min}$大于等于3mm小于8mm（如公称外径90、110、125、160管材）调节时间不少于3h±15min。

(2) 操作步骤

①测量试样标距间中部的宽度和最小厚度，精确到0.01mm，计算初始截面积；

②将试样安装在拉力试验机上并使其轴线与拉伸应力的方向一致，使夹具松紧适宜以防止试样滑脱；

③断裂伸长率检测使用引伸计，将其放置或调整在试样的标线上；

④取用试验速度5±0.5mm/min进行试验，记录试样屈服点处的应力值及断裂时标线间的长度。如试样从夹具处滑脱或在平行部位之外渐宽处发生拉伸变形并断裂，应重新取相同数量的试样进行试验。

(3) 数据处理

①拉伸屈服应力

对于每个试样，拉伸屈服应力以试样的初始截面积为基础，按式（6-3）计算。

$$\sigma = F/A \tag{6-3}$$

式中　$\sigma$——拉伸屈服应力（MPa）；

　　　$F$——屈服点的拉力（N）；

　　　$A$——试样的原始截面积（mm²）。

所得结果保留三位有效数字。

②断裂伸长率

对于每个试样，断裂伸长率按式（6-4）计算。

$$\varepsilon = (L-L_0)/L_0 \times 100\% \tag{6-4}$$

式中　$\varepsilon$——断裂伸长率（%）；

　　　$L$——断裂时标线间长度（mm）；

　　　$L_0$——标线间的原始长度（mm）。

所得结果保留三位有效数字。

③补做试验：如果所测的一个或多个试样的试验结果异常应取双倍试样重新试验，例如五个试样中的两个试样结果异常，则应再取四个试样补做试验，如补做的测试结果和原两个异常的测试结果接近，将补做的四个测试结果和原五个试样的测试结果并在一起参与计算，如补做的测试结果和原三个正常的测试结果接近，可以考虑舍去原两个异常的测试结果，将原正常的三个测试结果和补做的四个测试结果并在一起参与计算。

④试验结果以每组试样的算术平均值表示，取三位有效数字。

5．纵向回缩率（烘箱试验）

(1) 样品制备

GB/T 6671—2001 标准中规定了液浴和烘箱两种试验方法，本节介绍烘箱方法。

①试样

从一根管材上截取三个 $200 \pm 20$mm 长的管段。

②划线

使用划线器，在试样上划两条相距 100mm 的圆周标线，并使其中一标线距任一端至少 10mm。

③状态调节

试样在 $23 \pm 2$℃下至少放置 2h。

(2) 操作步骤

①在 $23 \pm 2$℃下，测量标线间距 $L_0$，精确到 0.25mm；

②将烘箱温度调节至 $150 \pm 2$℃；

③把试样放入烘箱，使样品不触及烘箱底和壁。若悬挂试样，则悬挂点应在距标线最远的一端。若把试样平放，则应放于垫有一层滑石粉的平板上；

④壁厚小于等于 8mm 时，把试样放入烘箱内保持 60min，这个时间从烘箱温度回升到 $150 \pm 2$℃时算起；

⑤从烘箱中取出试样，平放于一光滑平面上，待完全冷却至 $23 \pm 2$℃时，在试样表面沿母线测量标线间最大或最小距离，精确至 0.25mm。

(3) 数据处理

①按式 (6-5) 计算每一试样的纵向回缩率 $R_{Li}$ 以百分率表示。

$$R_{Li} = \Delta L / L_0 \times 100 \tag{6-5}$$

$$\Delta L = |L_0 - L_i|$$

式中 $L_0$——放入烘箱前试样两标线间距离 (mm)；

$L_i$——试验后沿母线测量的两标线间距离 (mm)；

选择 $L_i$ 使 $\Delta L$ 的值最大。

②计算三个试样的 $R_{Li}$ 的算术平均值，其结果作为管材的纵向回缩率 $R_L$。

6. 维卡软化温度

(1) 样品制备

①试样

a. 从管材上沿轴向裁下弧形管段，长度约 50mm，宽度 10~20mm；

b. 从管件的承口、插口或柱面上裁下弧形片段，直径小于或等于 90mm 的管件，试样长度和承口长度相等；直径大于 90mm 的管件，试样长度为 50mm。试样宽度为 10~20mm。试样应从没有模线或注射点的部位切取。

②壁厚要求

在 2.4~6mm（含 6mm）范围内的试样，可直接测试；管材或管件壁厚小于 2.4mm，则可将两个弧形管段叠加在一起使其总厚度不小于 2.4mm，作为垫层的下层管段试样应当首先压平，为此可将该试样加热到 140℃并保持 15min，再置于两块光滑平板之间压平，上层弧段应保持其原样不变。

③预处理

将试样在低于预期维卡软化温度 50℃的温度下预处理至少 5min。

(2) 操作步骤

①将加热浴槽温度调至约低于试样软化温度 50℃并保持恒温。

②将试样凹面向上,水平放置在无负载金属杆的压针下面,试样和仪器底座的接触面应是平的。对于壁厚小于 2.4mm 的试样,压针端部应置于未压平试样的凹面上,下面放置压平的试样。压针端部距试样边缘不小于 3mm。

③将试验装置放在加热浴槽中,压针定位 5min 后,在载荷盘上加所要求的质量,使试样所承受的总轴向力为 50±1N,记录千分表(或其他测量仪器)的读数或将其调至零点。

④以每小时 50±5℃ 的速度等速升温提高浴槽温度,整个试验过程中应开动搅拌器。

⑤当压针压入试样内 1±0.01mm 时,迅速记录下此时的温度,此温度即为该试样的维卡软化温度。

(3) 数据处理

两个试样的维卡软化温度的算术平均值,即为所测试管材或管件的维卡软化温度,单位以 ℃ 表示。若两个试样结果相差大于 2℃ 时,应重新取不少于两个试样进行试验。

7. 扁平

(1) 样品制备

从三根管材中各取一段长度为 50±1.0mm 管段,两端应切割平整并与轴线垂直。

(2) 操作步骤

将试样放在试验机的上下压板之间,以 10±5mm/min 的速度压缩试样,压至试样外径的 50% 时立即卸荷。

(3) 数据处理

三个试样均无破坏或破裂为合格。

8. 落锤冲击

(1) 样品制备

①试样

长度为 200±10mm,试样切割面应与管材的轴线垂直,切割端应清洁、无损伤。

②标线

外径大于 40 的试样应沿其长度方向画出等距离标线,并顺序编号。外径 50mm、63mm 管材 3 条,外径 75mm、90mm 管材 4 条,外径 110mm、125mm 管材 6 条,外径 140mm、160mm 管材 8 条。对于外径小于 40mm 的管材,每个试样只进行一次冲击。

③试样数量

可根据操作步骤中有关规定确定。

④状态调节

试样应在 0±1℃ 或 20±2℃ 的水浴或空气浴中进行状态调节,壁厚小于 8.6mm 时,水浴最短调节时间 15min,空气中最短调节时间 60min,状态调节后应在空气中取出 10s 内或水浴中取出 20s 内完成试验。如果超过此时间间隔,应将试样立即放回预处理装置,最少进行 5min 调节处理。仲裁试验时应使用水浴。

(2) 操作步骤

①试验条件见表 6-11。

②优等品落锤冲击试验:外径小于或等于 40mm 的试样,每个试样只承受一次冲击。外径大于 40mm 的试样进行冲击试验时,首先使落锤冲击在 1 号标线上,若试样未破坏,则按样品制备中状态调节的规定对样品进行调节处理后再对 2 号标线进行冲击,直至试样破坏或全部标线都冲击一次。逐个对试样进行冲击,直至取得判定结果。

③合格品落锤冲击试验:对试样进行 10 次进行冲击。

(3) 数据处理

落锤冲击试验条件　　　　　　　　　　　　　　表 6-11

| 公称外径 (mm) | 20℃试验条件 | | 0℃试验条件 | |
|---|---|---|---|---|
| | 落锤质量（kg） | 落下高度（m） | 落锤质量（kg） | 落下高度（m） |
| 40 | 1.375 ± 0.005 | 2 ± 0.01 | 0.25 ± 0.005 | 1 ± 0.01 |
| 50 | 1.5 ± 0.005 | 2 ± 0.01 | 0.25 ± 0.005 | 1 ± 0.01 |
| 75 | 2 ± 0.005 | 2 ± 0.01 | 0.25 ± 0.005 | 2 ± 0.01 |
| 90 | 2.25 ± 0.005 | 2 ± 0.01 | 0.5 ± 0.005 | 2 ± 0.01 |
| 110 | 2.75 ± 0.005 | 2 ± 0.01 | 0.5 ± 0.005 | 2 ± 0.01 |
| 125 | 2.75 ± 0.005 | 2 ± 0.01 | 1 ± 0.005 | 2 ± 0.01 |
| 160 | 3.25 ± 0.005 | 2 ± 0.01 | 1 ± 0.005 | 2 ± 0.01 |

① 优等品落锤冲击试验

若试样冲击破坏数在表 6-12 的 $A$ 区，则判定该批的 TIR 值小于或等于 10%；若试样冲击破坏数在表 6-12 的 $C$ 区，则判定该批的 TIR 值大于或等于 10%；若试样冲击破坏数在表 6-12 的 $B$ 区，则应进一步取样试验，直至根据全部冲击试样的累计结果能够作出判定。

② 合格品落锤冲击试验

10 次冲击有二次以上破坏，则该试样不合格，10 次冲击中 9 次无破坏为合格。

落锤冲击破坏区域　　　　　　　　　　　　　　表 6-12

| 冲击总数 | 冲击破坏数 | | | 冲击总数 | 冲击破坏数 | | |
|---|---|---|---|---|---|---|---|
| | $A$ 区 | $B$ 区 | $C$ 区 | | $A$ 区 | $B$ 区 | $C$ 区 |
| 25 | 0 | 1 – 3 | 4 | 81 – 88 | 4 | 5 – 11 | 12 |
| 26-32 | 0 | 1 – 4 | 5 | 89 – 91 | 4 | 5 – 12 | 13 |
| 33 – 39 | 0 | 1 – 5 | 6 | 92 – 97 | 5 | 6-12 | 13 |
| 40 – 48 | 1 | 2 – 6 | 7 | 98 – 104 | 5 | 6 – 13 | 14 |
| 49 – 56 | 1 | 2 – 7 | 8 | 105 | 6 | 7 – 13 | 14 |
| 57 – 64 | 2 | 3 – 8 | 9 | 106-113 | 6 | 7 – 14 | 15 |
| 65 – 72 | 2 | 3 – 9 | 10 | 114 – 116 | 6 | 7 – 15 | 16 |
| 73 – 79 | 3 | 4 – 10 | 11 | 117 – 122 | 7 | 8 – 15 | 16 |
| 80 | 4 | 5 – 10 | 11 | 123 – 124 | 7 | 8 – 16 | 17 |

9. 烘箱

（1）样品制备

① 试样要求

试样为注射成型的完整管件。如管件带有弹性密封圈，试验前应去掉；如管件由一种以上注射成型部件组合而成的，这些部件应彼此分开进行试验。

② 试样数量

同批同类产品至少取三个试样。

（2）操作步骤

① 将烘箱升温使其达到 150 ± 2℃。

② 试验前，应先测量试样壁厚，在管件主体上选取横切面，在圆周面上测量间隔均匀的至少六点的壁厚，计算算术平均值作为平均壁厚 e，精确到 0.1mm。

③将试样放入烘箱内，使其中一承口向下直立，试样不得与其他试样和烘箱壁接触，不易放置平稳或受热软压后易倾倒的试样可用支架支撑。

④待烘箱温度回升至设定温度时开始计时，根据试样的平均壁厚确定试样在烘箱内恒温时间，壁厚小于等于3mm时，恒温时间15min，壁厚大于3mm小于等于10mm时，恒温时间30min。

⑤恒温时间达到后，从烘箱中取出试样，小心不要损伤试样或使其变形。

⑥待试样在空气中冷却至室温，检查试样出现的缺陷，例如：试样的开裂、脱层、壁内变化（如气泡等）和熔接缝开裂，并确定这些缺陷的尺寸是否在规定最小范围内。

(3) 数据处理

试样的开裂、脱层、气泡和熔接缝开裂等缺陷，应满足下面要求：

①在注射点周围：在以15倍壁厚为半径的范围内，开裂、脱层或气泡的深度应不大于该处壁厚的50%。

②对于隔膜式浇口注射试样，任一开裂、脱层或气泡在距隔膜区域10倍壁厚的范围内，且深度应不大于该处壁厚的50%。

③对于环形浇口注射试样：试样壁内任一开裂应在距离浇口10倍壁厚的范围内，如果开裂深入环形浇口的整个壁厚，其长度应不大于壁厚的50%。

④对于有熔接缝的试样：任一熔接处部分开裂深度应不大于壁厚的50%。

⑤对于注射试样的所有其他外表面，开裂与脱层深度应不大于壁厚的30%，试样壁内气泡长度应不大于壁厚的10倍。

判定时需将试样缺陷处剖开进行测量，三个试样均通过判定为合格。

10. 坠落

(1) 样品制备

① 取完整管件做为试样，试样应无机械损伤。

② 同一规格同一品种的试样，每组5只。

③ 跌落高度

公称直径小于或等于75mm的管件，从距地面$2.00\pm0.05$m处坠落；公称直径大于75mm的管件，从距地面$1.00\pm0.05$m处坠落。异径管件以最大口径为准。

④ 试验场地

平坦混凝土路面。

(2) 操作步骤

① 将试样放入$0\pm1$℃的试验环境中，当温度重新达到$0\pm1$℃时开始计时，并保持30min。

② 取出试样，迅速从规定高度自由坠落于混凝土地面，坠落时应使5个试样在五个不同位置接触地面，并应尽量使接触点为易损点。

③ 试样从离开恒温状态到完成坠落，必须在10s之内进行完毕。

(3) 数据处理

检查试样破损情况，其中任一试样在任何部位产生裂纹或破裂，则该组试样为不合格。

**六、实例**

批量$N=100$、规格$110\times3.2$、长为4m的建筑排水用硬聚氯乙烯管材按优等品进行颜色、外观、拉伸强度和断裂伸长率的检验，样本大小$n=8$，检测与判定示例如下：

1. 颜色

目测，8根管材均为灰色，不合格数为0<合格判定数$A_c=1$，符合规范要求。

2. 外观

目测，8根管材中有1根色泽不均，不合格数为1=合格判定数$A_c=1$，符合规范要求。

### 3. 拉伸屈服强度、断裂伸长率

选择采用冲裁试样，样品数5个，断裂伸长率初始标距25mm，有关测试数据如表6-13。表中断裂伸长率单个值（%）计算（以试样1为例）：$(46.24-25.00)/25.00\times100=85.0$，断裂伸长率平均值$(85.0+88.1+83.8+91.5+87.9)/5=87.3$；拉伸屈服强度单个值计算（以试样1为例）：$850N/(3.36mm\times6.20mm)=40.8MPa$，拉伸屈服强度平均值$(40.8+39.5+40.5+41.1+39.5)/5=40.3MPa$。断裂伸长率$87.3\%>80\%$，符合标准中优等品规定要求；拉伸屈服强度$40.3MPa<43MPa$，不符合标准中优等品规定要求，可随机抽取双倍样品进行拉伸屈服强度的复验。

**管 材 测 试 数 据** 表 6-13

| 序号 | 断裂伸长率（%） | | | | 最小厚度（mm） | 宽度（mm） | 拉力（N） | 强度（MPa） | |
|---|---|---|---|---|---|---|---|---|---|
| | $L$ | $L_0$ | 单个值 | 平均值 | | | | 单个值 | 平均值 |
| 1 | 25.00 | 46.24 | 85.0 | | 3.36 | 6.20 | 850 | 40.8 | |
| 2 | 25.22 | 47.44 | 88.1 | | 3.41 | 6.16 | 830 | 39.5 | |
| 3 | 25.40 | 46.68 | 83.8 | 87.3 | 3.45 | 6.12 | 855 | 40.5 | 40.3 |
| 4 | 24.68 | 47.26 | 91.5 | | 3.39 | 6.24 | 870 | 41.1 | |
| 5 | 25.06 | 47.10 | 87.9 | | 3.33 | 6.28 | 825 | 39.5 | |

**思考题**

1. 建筑排水用硬聚氯乙烯管材纵向回缩率检测应如何进行状态调节？
2. 建筑排水用硬聚氯乙烯管材拉伸性能测定制样方法有几种？如何选用？
3. 建筑排水用硬聚氯乙烯管材拉伸性能测定时如发现试验结果有异常应如何处理？
4. 建筑排水用硬聚氯乙烯管材维卡软化温度测定时如两个试样的测试结果相差大于2℃时应如何处理？
5. 建筑排水用硬聚氯乙烯管材落锤冲击试验优等品和合格品有何区别？

**参考文献**

黄鸿翔、朱洪祥主编．建设用塑料管道性能与施工．济南：山东科学技术出版社，2005

## 第三节 聚氯乙烯绝缘电线电缆检测

### 一、概念

电线电缆是整个电力系统的骨架，电缆电缆质量的好坏对于电力系统的运行是至关重要的。以10～35kV电力电缆为例，美国1978年29家电力公司统计的电缆击穿故障率为0.36次/年·100km，而我国1991年统计的数字为0.5次/年·100km。对10kV以下的电力电缆所产生的事故率我国没有完全统计，但可以确定是远高于10～35kV的电力电缆的事故率，这无疑会给国家或人民生命财产造成巨大的损失。为减少这类事故的发生，必须狠抓电线电缆的质量，而电线电缆的质量检测是其质量控制的必要手段。

电线电缆检测方法很多，产品标准也很多，不能一一叙述。本节以GB 5023—1997《额定电压在450/750V及以下聚氯乙烯绝缘电缆》为例介绍相关的抽样检测方法，并介绍一些电线电缆检测中涉及到的概念和相关内容。

1. 额定电压：电缆结构设计和电性能检测用的基准电压。

2. 中间值：将获得的检测数据以递增或递减排列，有效数据个数为奇数时则中间值为正中间的数值；若为偶数时，中间值为中间两个数值的平均数。

3. 绝缘材料混合物型号：每种型号的电线电缆绝缘材料根据产品标准相应规定的一种聚氯乙烯混合物，其中

| | |
|---|---|
| 固定敷设用电缆 | PVC/C 型 |
| 软电缆 | PVC/D 型 |
| 内部布线用耐热电缆 | PVC/E 型 |

4. 镀金属：指的是导体外面镀有适当的金属薄层，例如锡、锡合金或铅合金。

电线电缆检测中应了解的相关内容很多，在附录A、B里有一些介绍。

## 二、检测依据

《电缆绝缘和护套材料通用检测方法》GB/T 2951—1997

《电线电缆及塑料电性能检测方法》GB/T 3048—1997

《额定电压450/750V及以下聚氯乙烯绝缘电缆》GB 5023—1997

《电缆的导体》GB/T 3956—1997

《额定电压450/750V及以下聚氯乙烯绝缘电缆电线和软线》JB 8734—1998

## 三、环境条件

除非另有规定，检测环境温度应为15～25℃。

## 四、预处理与试样制备

1. 预处理：除非另有规定，样品检测前须在检测环境温度下保存3h以上才能开始检测。

2. 试样制备前的准备工作

将电线电缆去掉线头，再按顺序截取电线电缆线段12段，线段长度分别为：第5段1200mm，第9段为5000mm，其余各段为100mm。

100mm长试样按顺序截取，分为两部分，第一部分用做老化前拉力检测，第二部分用于老化检测和老化后拉力检测。1200mm长线段用于导体电阻检测。5000mm长线段绕成直径为150～200mm的线圈，两头露出大约各250mm用于电压检测和绝缘电阻检测。

3. 试样制备

（1）线芯直径和线芯结构

将100mm长10段用于拉力和老化检测的电线线段抽取出导体铜芯，第1、6、9电线线段铜芯截取30mm，用于线芯直径和线芯结构测量。

（2）绝缘厚度和外形尺寸测量

将第1、6、9线段绝缘层用适当的刀具（锋利的刀片如剃刀刀片）沿着与导体轴线相垂直的平面切取薄片。如果绝缘上有压印标记凹痕，会使该处厚度边薄，因此试件应取包含标记的一段。该试样用于绝缘厚度和外形尺寸的测量。

（3）老化前拉力试验

用100mm长线段试件来进行老化前拉力检测。拉力检测试样尽可能使用哑铃试件，只有当绝缘线芯尺寸不能制备哑铃试件时才使用管状试件（一般情况下16mm²以下的线采用管状试件）。

哑铃试件：将绝缘线芯轴向切开，抽出导体展开，每一个试样切成适当的试条，在试条上标上记号，以识别取自哪个试样及其在试样上的相关位置。试条应磨平或削平，使标记线之间具有平行的表面。用冲模（哑铃刀）在制备好的试条上冲切哑铃试件，如有可能应并排冲切2个哑铃

试件。

管状试件:将试样都统一切成100mm长的线段,抽出导体。

(4) 老化检测试样制备

将100mm长第2部分5个试件的一端插入为铜导体直径90%的20mm长的铜丝,用小夹子将其有铜丝一头夹住。将试件挂于老化箱中部进行老化检测。每一个试件距离其他试件至少20mm。老化检测时间为7×24h,老化检测温度为80±2℃。老化箱内不应使用鼓风机,应是自然通风,内部空气更换次数每小时应不少于8次,也不多于20次。并且在原始记录上记录下试件进出老化箱时间。当老化检测结束后,应从箱内取出,并在实验室环境温度下放置至少16h。老化后拉力检测试件制备同老化前。

试样经过预处理并制备完毕后,可正式开始检测。下面按照检测操作步骤作一叙述。

### 五、检测操作步骤

1. 结构检查

(1) 标志检查

①技术要求:

电线包装应附有产品型号、规格、标准号、厂名和产地的标志,即产品合格证。

电线上应有制造厂名、产品型号和标准号额定电压的连续标志,所有标志字迹应清晰、颜色应易于辨认。(导体温度超过70℃时使用的电缆,其识别标志可用型号或最高温度表示)。

一个完整的标志的末端与下一个标志的始端之间的距离在绝缘层上应不超过200mm;在护套上应不超过500mm。

电线上的标记还应具有耐擦性。

②检测方法与结果判定:

用直尺测量电线电缆上印字间距,如果符合要求则为合格,超过则判为不合格。

耐擦性检测应用浸过水的一团脱脂棉或一块棉布轻轻擦拭线上的印字,共擦10次,经擦拭后,印字清晰易于辨认为合格,否则判为不合格。

(2) 导体结构检查

①技术要求

导体应是退火铜丝。

软导体中单线最大直径(除铜皮软线外)和硬导体中单线最少根数应符合规定(见附录C)。

②检测方法与结果判定

目测

该检测是复核性的,只将结果记录,不做判定。

2. 线芯直径

(1) 检测仪器:低倍投影仪。

(2) 技术要求(表6-14)

标准 GB/T 3956—1997 中部分线芯直径　　　　表6-14

| | 电线电缆标称截面（mm²） | 1.0 | 1.5 | 2.5 | 4.0 | 6.0 | 10.0 | 16.0 |
|---|---|---|---|---|---|---|---|---|
| 线芯直径<br>（mm²） | 实心（第1种） | 1.2 | 1.5 | 1.9 | 2.4 | 2.9 | 3.7 | 4.6 |
| | 绞合（第2种） | 1.4 | 1.7 | 2.2 | 2.7 | 3.3 | 4.2 | 5.3 |
| | 软导体（第5、6种） | 1.5 | 1.8 | 2.6 | 3.2 | 3.9 | 5.1 | 6.3 |

说明:该标准为圆铜导体标准。

(3) 检测方法

将已经制备好的3根30mm长的铜芯取出，分别放置于投影仪下，观测一个面以后，再旋转90°，观测另一个面。3个铜芯共观测6个数值，并将结果记录。要求结果精确到小数点后两位，修约采用四舍五入。

（4）数据处理和结果判定

取观测的6个数值的算术平均数，结果判定时保留1位小数，数据修约采用四舍五入。

最后结果与标准中的最大值比较，小于等于为合格，大于判为不合格。

（5）操作注意事项

线芯直径只规定了上限，而没有规定下限，所以说并不是线芯越粗越好。

3．绝缘厚度

（1）检测仪器：读数显微镜或放大倍数至少为10倍的投影仪，精度0.01mm。

（2）技术要求（表6-15）

标准 GB 5023—1997 中部分绝缘厚度与最薄点厚度　　　表6-15

| 227IEC01（BV）型电缆 | | | | 227IEC02（RV）型电缆 | | |
|---|---|---|---|---|---|---|
| 标称截面（mm²） | 导体种类 | 绝缘厚度规定值（mm） | 绝缘最薄点厚度（mm） | 标称截面（mm²） | 绝缘厚度规定值（mm） | 绝缘最薄点厚度（mm） |
| 1.5 | 1 | 0.7 | 0.46 | 1.5 | 0.7 | 0.46 |
| 1.5 | 2 | 0.7 | 0.46 | 2.5 | 0.8 | 0.62 |
| 2.5 | 1 | 0.8 | 0.62 | 4.0 | 0.8 | 0.62 |
| 2.5 | 2 | 0.8 | 0.62 | 6.0 | 0.8 | 0.62 |
| 4.0 | 1 | 0.8 | 0.62 | 10.0 | 1.0 | 0.80 |
| 4.0 | 2 | 0.8 | 0.62 | 16.0 | 1.0 | 0.80 |
| 6.0 | 1 | 0.8 | 0.62 | — | — | — |
| 6.0 | 2 | 0.8 | 0.62 | — | — | — |

（3）检测方法

从已经制备好的3个绝缘薄片，分别放置于低倍投影仪的测量装置工作面上，切割面与光轴垂直。从目测最薄点开始测量，读取数值；转动60度，再读取一个数字；一共转动5次，读取6个数值为一组，共读取三组。若绝缘厚度大于等于0.5mm，应读取两位小数；若绝缘厚度小于0.5mm，应读取三位小数。将所有数值记录。

（4）数据处理和结果判定

绝缘厚度修约到小数点后两位，可作为中间参数带入机械性能检测时进行计算。结果判定时先分别取三组数值的算术平均数，再取这三个计算数值的算术平均，数据修约采用四舍五入。

最后结果与标准值比较，大于等于该标准为合格，小于为不合格。

（5）操作注意事项

检测时，应从目测最薄点开始测量。

4．外形尺寸测量

（1）检测仪器：电缆外径不超过25mm时，用测微计、投影仪或类似仪器；电缆外径超过25mm时，应用测量带测量其圆周长，然后计算直径，也可使用可直接读数的测量带测量。

（2）技术要求（表6-16）

标准 GB 5023—1997 中部分外形尺寸　　　表 6-16

| 227IEC01（BV）型电缆 | | | 227IEC02（RV）型电缆 | |
|---|---|---|---|---|
| 标称截面（mm²） | 导体种类 | 平均外径上限（mm） | 标称截面（mm²） | 平均外径上限（mm） |
| 1.5 | 1 | 3.3 | 1.5 | 3.5 |
| 1.5 | 2 | 3.4 | 2.5 | 4.2 |
| 2.5 | 1 | 3.9 | 4.0 | 4.8 |
| 2.5 | 2 | 4.2 | 6.0 | 6.3 |
| 4.0 | 1 | 4.4 | 10.0 | 7.6 |
| 4.0 | 2 | 4.8 | 16.0 | 8.8 |
| 6.0 | 1 | 4.9 | — | — |
| 6.0 | 2 | 5.4 | — | — |

（3）检测方法：

将 3 个绝缘薄片再分别放置于低倍投影仪的测量装置工作面上；任意取其中的一个直径，读取一个数字；转动 90°，再读取一个数字；三个薄片共读取六个数值，尺寸为 25mm 及以下者，读数应精确至小数点后两位，大于 25mm 以上者，读数至小数点后一位。将所有数值记录。

（4）数据处理和结果判定：

外形尺寸取 6 个数值的算术平均数，保留位数同检测时读数位数；结果判定时保留位数同产品标准，数据修约采用四舍五入。

最后结果与标准值比较，小于等于该标准为合格，大于为不合格。

5．电压试验

（1）检测仪器：交流高压试验。

（2）检测方法：

将绕好待检的 5000mm 长的线圈两头各拨开大约 10mm 长铜丝后，放置于高压水池中。注入水，注意线圈两端露出水面约 250mm；线圈在水中浸泡 1h；电压检测要注意安全，进行检测时两人在场；将交流高压试验台一头接线夹子夹在拨开的铜丝上；接通电源按产品标准要求缓慢施加电压。

（3）技术要求和结果判定：

如果高压 5min 没有击穿，则为合格；如果击穿，则为不合格，那么紧跟其后的绝缘电阻检测不用做了。如果合格，则取出样品放置于盘中，等待绝缘电阻测试，并将检测结果记录。

（4）操作注意事项

① 注意安全，两人同时在场检测，脚下必须有绝缘垫；

② 接通电源后应缓慢施加电压。

6．绝缘电阻

（1）检测仪器：绝缘电阻测试仪。

（2）检测温度：水温 70℃。

（3）技术要求（表 6-17）：

（4）检测方法：

该检测必须紧接着电压试验后面做。

将绝缘电阻水箱注满，温控开关打开，设置为 70℃；将做完电压检测后的线圈放于 70℃水箱中，线圈两端露出水面约 250mm；线圈在 70℃的水中浸泡 3h；在此过程中将线圈轻轻抖动，除去线圈上的气泡;然后开始检测,在导体和水之间施加 80~500V 的直流电压,在施加电压 1min 后测量,按顺序一一将读数记录。

(5) 数据处理及结果判定

将结果换算成 1km 的值,结果判定时保留位数同产品标准,数据修约采用四舍五入。

最后结果与标准值比较,大于等于为合格,小于为不合格。

**标准 GB 5023—1997 中部分绝缘电阻值**　　　　　　　　　　　表 6-17

| 227IEC01（BV）型电缆 | | | 227IEC02（RV）型电缆 | |
| --- | --- | --- | --- | --- |
| 标称截面 (mm²) | 导体种类 | 70℃时最小绝缘电阻 (MΩ·km) | 标称截面 (mm²) | 70℃时最小绝缘电阻 (MΩ·km) |
| 1.5 | 1 | 0.011 | 1.5 | 0.010 |
| 1.5 | 2 | 0.010 | 2.5 | 0.009 |
| 2.5 | 1 | 0.010 | 4.0 | 0.007 |
| 2.5 | 2 | 0.009 | 6.0 | 0.006 |
| 4.0 | 1 | 0.0085 | 10.0 | 0.0056 |
| 4.0 | 2 | 0.0077 | 16.0 | 0.0046 |
| 6.0 | 1 | 0.0070 | — | — |
| 6.0 | 2 | 0.0065 | | |

(6) 操作注意事项

① 该检测必须紧接着电压检测后面做;
② 水温度达到 70℃时再放入被检测电线;
③ 在浸泡过程中应轻轻抖动电线,除去线圈上的水泡;
④ 仪器充电时间足够长。

**7. 导体电阻试验**

(1) 检测仪器:直流电阻电桥;温度计,精确到 0.5℃。

(2) 检测温度:检测温度为 20 ± 2℃。

(3) 技术要求（表 6-18）

**标准 GB/T 3956—1997 中部分导体电阻**　　　　　　　　　　　表 6-18

| 电线电缆标称截面（mm²） | | 1.0 | 1.5 | 2.5 | 4.0 | 6.0 | 10.0 | 16.0 |
| --- | --- | --- | --- | --- | --- | --- | --- | --- |
| 20℃时导体最大电阻 (Ω/km) | 实心（第1种） | 18.1 | 12.1 | 7.41 | 4.61 | 3.08 | 1.83 | 1.15 |
| | 绞合（第2种） | 18.1 | 12.1 | 7.41 | 4.61 | 3.08 | 1.83 | 1.15 |
| | 软导体（第5种） | 19.5 | 13.3 | 7.98 | 4.95 | 3.30 | 1.91 | 1.21 |
| | 软导体（第6种） | 19.5 | 13.3 | 7.98 | 4.95 | 3.30 | 1.91 | 1.21 |

说明:该标准为不镀金属的圆铜导体标准。

(4) 检测方法

将准备做导体电阻的试样取出,两端绝缘皮去掉放置于直流电阻电桥上,将线拉直,开始检测。转动仪表表盘,直到电桥指针居中,读取数值,并立即查看温度计,并将检测结果和温度分别记录。

(5) 数据处理和结果判定

根据导体电阻公式 (6-6) 进行数据处理

$$R = R_t \times 254.5 \times 1000 / (234.5 + t) \times L \tag{6-6}$$

式中 $R$——20℃时的导体电阻（Ω/km）。
$Rt$——在 t℃时的导体电阻（Ω）。
$t$——测量时样本温度（℃），在这里可以等于室温。最小读数为0.5℃。
$L$——检测长度（m）。

导体电阻结果保留到小数点后两位，结果判定时保留位数同产品标准，数据修约采用四舍五入。

最后结果与标准值比较，小于等于为合格，大于为不合格。

(6) 操作注意事项：
① 线在电桥夹具上必须绷紧拉直；
② 检测温度宜在20℃。
③ 检测前，先检查仪器电量是否符合要求。

标准 GB/T 5023—1997 中部分
抗张强度和断裂伸长率　　　　表 6-19

| 混合物代号 | 抗张强度（≥MPa） | 断裂伸长率（≥%） |
|---|---|---|
| PVC/C | 12.5 | 125 |
| PVC/D | 10.0 | 125 |
| PVC/E | 15.0 | 150 |

8. 老化前拉力
(1) 检测仪器：拉力试验机。
(2) 技术要求（表 6-19）
(3) 检测方法

拉力检测前，所有试样均应在 23±5℃温度下放置至少 3h；如有疑问，则在制备试件前，所有材料或试条应在 20±2℃温度下放置 24h。

首先进行电线电缆截面积测量，截面积测量应根据试件型式采用不同的测试方法，具体如下：

① 哑铃试件：哑铃试件截面积是试件宽度和最小厚度的乘积。

宽度测量是在 3 个试件上分别取 3 处测量上下两边的宽度，计算上下测量处测量值的平均值。取 3 个试件 9 个平均值中的最小值为该组哑铃试件的宽度。

厚度测量是使用光学仪器或指针式测厚仪测量每个试件拉伸区域共 3 处，取 3 个测量值的最小值作为试件的最小厚度。

② 管状试件：管状试件截面积是一个圆环形，具体计算公式如下：

$$S = (D - d) \times d \times 3.14$$

式中 $D$——前面所述的测量外型尺寸（mm）；
$d$——前面所述的测量的绝缘厚度（mm）。

截面积测量完毕后，将待检盘中 5 根绝缘试件分别在线的中部标出间距为 20mm 长两个标记点；试件分别放置于拉力机钳口上，拉力机钳口间距为：哑铃试件 34mm 或 50mm，管状试件 50mm 或 85mm；将拉伸速度调为 250±50mm/min（$PE$ 和 $PP$ 绝缘除外），如有疑问时，移动速度应为 25±5mm/min；在试件拉伸断裂时，读出试件拉伸长度值和拉力机上拉力的读数，并将结果记录。

若电线电缆试样拉伸断裂在根部，即拉力机钳口位置，检测结果应作废。在这种情况下，计算抗张强度和断裂伸长率至少需要 4 个有效数据，否则检测重做。

(4) 数据处理和结果判定
抗张强度按公式（6-7）计算：

$$P = N/S \tag{6-7}$$

式中 $P$——所求的抗张强度（N/mm²）；
$N$——拉断力，是拉力机所读取的数值（N）。

结果判定时，抗张强度取 5 个数值的中间值，保留 1 位小数，数据修约采用四舍五入。

最后结果与标准值比较，大于等于为合格，小于为不合格。

断裂伸长率按公式（6-8）计算：

$$I = (L - 20) \times 100/20 \qquad (6-8)$$

式中　$I$——所求的断裂伸长率（%）；

　　　$L$——断裂时的拉伸长度，是尺子上所读取的读数（mm）；

　　　20——在线上所画的标记，为20mm。

结果判定时，断裂伸长率取5个数值的中间值，保留整数，修约采用四舍五入。

最后结果与标准值比较，大于等于为合格，小于为不合格。

（5）操作注意事项

如果用直尺测量断裂伸长率，要注意尺子要跟随试件沿拉伸方向做线性移动。始终保持测量尺的起算点与其中的一个标记点对齐。

**标准 GB/T 5023—1997 部分抗张强度变化率和断裂伸长率变化　表6-20**

| 　 | 　 | 抗张强度变化率（%） | 断裂伸长率变化率（%） |
|---|---|---|---|
| 混合物代号 | PVC/C | ±20 | ±20 |
| | PVC/D | ±20 | ±20 |
| | PVC/E | ±25 | ±25 |

9. 老化后拉力试验

（1）检测仪器：拉力检测机，老化检测箱。

（2）检测温度：老化温度 80±2℃。

（3）技术要求（表6-20）：

（4）检测方法：

老化后的线从老化箱中取出，在检测室避免阳光直射的环境温度中放置16h，再进行老化后拉力检测。检测的方法与老化前拉力检测一致，并将检测结果记录。

（5）数据处理和结果判定

老化后抗张强度和断裂伸长率数据处理和判定同老化前。

断裂伸长率变化率按公式（6-9）计算：

$$I_{变} = (I_{后} - I_{前}) \times 100/I_{前} \qquad (6-9)$$

式中　$I_{变}$——断裂伸长率变化率（%）；

　　$I_{后}$ 和 $I_{前}$——分别为老化后和老化前的断裂伸长率。

结果判定时保留位数同产品标准，数据修约采用四舍五入。

抗张强度变化率按公式（6-10）计算：

$$P_{变} = (P_{后} - P_{前}) \times 100/P_{前} \qquad (6-10)$$

式中　$P_{变}$——所求的抗张强度变化率（%）。

　　$P_{后}$ 和 $P_{前}$——分别为老化后和老化前的抗张强度。

结果判定时保留整数，数据修约采用四舍五入。

随后，将结果与标准值比较，在标准值范围内为合格，大于标准值为不合格。

六、实例

某实验室接到规格为 227 IEC01（BV）2.5 的电线电缆的检测任务，客户要求检测绝缘厚度、外形尺寸、导体电阻、绝缘电阻、拉力与老化试验等项目。表6-21 是实验室对该样品检测的原始记录：

下面就该原始记录进行数据分析与处理：

（1）绝缘厚度：每片绝缘层厚度6个数据求和，再取算术平均值。得3个值。

　　　　（0.80 + 0.99 + 0.95 + 0.85 + 0.88 + 0.85）/6 = 0.89

　　　　（0.77 + 0.95 + 0.95 + 0.82 + 0.86 + 0.88）/6 = 0.87

　　　　（0.79 + 0.97 + 0.93 + 0.80 + 0.90 + 0.88）/6 = 0.88

再取这3个值的算术平均值，为 $d = 0.88$。

结果判定时保留 1 位小数,数据修约采用四舍五入,在这里为 0.9mm。

实验室对该样品检测的原始记录   表 6-21

| 外形尺寸(mm) | | | 3.45、3.49、3.43、3.50、3.42、3.53 | | | | |
|---|---|---|---|---|---|---|---|
| 绝缘层厚度 | 序号 | 厚度测试结果(mm) | | | | | |
| | 1 | 0.80 | 0.99 | 0.95 | 0.85 | 0.88 | 0.85 |
| | 2 | 0.77 | 0.95 | 0.95 | 0.82 | 0.86 | 0.88 |
| | 3 | 0.79 | 0.97 | 0.93 | 0.8 | 0.90 | 0.88 |
| 老化前、后力学性能 | | 老 化 前 | | | | 老 化 后(温度 80℃ 时间 7×24 h) | |
| | 拉断力(N) | 133 138 136 136 135 | | | | 拉断力(N) | 140 137 139 134 136 |
| | 拉伸长度(mm) | 69 74 73 73 70 | | | | 拉伸长度(mm) | 72 70 71 68 75 |
| 导体电阻 | $R_{tl} = 0.700 \times 10^{-2} (\Omega/m)$ | | | | 温度($t_1$) | 21.0℃ | |
| 绝缘电阻 | $R_{t2} = 3.34 \times 10^7 (5m \cdot \Omega)$ | | | | 温度($t_2$) | 70℃ | |

(2) 绝缘最薄点厚度:直接读取,则结果为 0.77mm。

(3) 外型尺寸:3.45、3.49、3.43、3.50、3.42、3.53 取其算术平均值,

$$D = (3.45 + 3.49 + 3.43 + 3.50 + 3.42 + 3.53) = 3.47$$

结果判定时保留 1 位小数,数据修约采用四舍五入,在这里为 3.5mm。

(4) 20℃环境下导体电阻:读取数据 $0.700 \times 10^{-2}$ ($\Omega/m$),温度 21℃,带入公式:

$$R = Rt \times 254.5 \times 1000 / (234.5 + t) \times L$$
$$= 0.700 \times 10^{-2} \times 254.5 \times 1000 / (234.5 + 21) \times 1$$
$$= 6.973$$

结果判定时保留 2 位小数,数据修约采用四舍五入,在这里为 6.97Ω/km。

(5) 70℃环境下绝缘电阻:仪器上读取 $3.34 \times 10^7$ ($5m \cdot \Omega$),将结果换算成单位为 km·MΩ 的值:

$$R = 3.34 \times 10^7 / (2 \times 10^8) = 0.167$$

结果判定时保留 3 位小数,数据修约采用四舍五入,在这里为 0.167MΩ/km。

(6) 老化前抗张强度、老化后抗张强度:抗张强度取 5 个数值的中间值。如老化前 5 个数字:138、133、136、136、135 中取 136;老化后 5 个数字 140、137、139、134、136 中取 137。

$$截面积 S = (D - d) \times d \times 3.14$$

其中 D 取外型尺寸,取上面计算结果中的 3.47mm;d 为绝缘厚度,取上面计算结果中的 0.88mm。(注意:这里带入计算的数值采用的是最后结果修约前的数值。)

则 $S = (D - d) \times d \times 3.14 = (3.47 - 0.88) \times 0.88 \times 3.14 = 7.1567$

结果保留两位小数,则 $S = 7.16 mm^2$

那么:

$$老化前 P = N/S = 136/7.16 = 18.994$$
$$老化后 P = N/S = 137/7.16 = 19.134$$

结果判定时保留位数同产品标准,数据修约采用四舍五入,在这里

$$老化前 P = 19.0 N/mm^2$$

$$老化后\ P = 19.1 \text{N/mm}^2$$

（7）老化前断裂伸长率、老化后断裂伸长率：

取拉伸长度 5 个数值的中间值。

老化前拉伸长度 5 个数字 69、74、73、73、70 中取 73；老化后拉伸长度 5 个数字 72、70、68、71、75 中取 71。

则老化前断裂伸长率 $I = (L - 20) \times 100/20 \times 100 = (73 - 20) \times 100/20 = 265$

老化后断裂伸长率 $I = (L - 20) \times 100/20 \times 100 = (71 - 20) \times 100/20 = 260$

（8）伸长率变化率：

$$I = (I_后 - I_前)/I_前 \times 100 = (260 - 265) \times 100/265 = -1.8868$$

则结果判定时保留位数同产品标准，数据修约采用四舍五入，在这里为 $-2$。

（9）抗张强度变化率：

$$P = (P_后 - P_前)/P_前 \times 100 = (19.1 - 19.0) \times 100/19.0 = 0.526$$

则结果判定时保留位数同产品标准，数据修约采用四舍五入，在这里为 1。

最后根据以上处理后的数据整理出测试结果见表 6-22：

**电线电缆测试结果**     表 6-22

| 序 号 | 检验项目 | 技术要求 | 实测结果 | 单项评定 |
|---|---|---|---|---|
| 1 | 绝缘厚度（mm） | ≥0.8 | 0.9 | 合格 |
| 2 | 绝缘最薄点厚度（mm） | ≥0.62 | 0.77 | 合格 |
| 3 | 外型尺寸（mm） | ≤3.9 | 3.5 | 合格 |
| 4 | 20℃环境下导体电阻（Ω/km） | ≤7.41 | 6.97 | 合格 |
| 5 | 70℃环境下绝缘电阻检测（MΩ/km） | ≥0.010 | 0.167 | 合格 |
| 6 | 老化前抗张强度（N/mm²） | ≥12.5 | 18.5 | 合格 |
| 7 | 老化后抗张强度（N/mm²） | ≥12.5 | 18.6 | 合格 |
| 8 | 老化前断裂伸长率（%） | ≥125 | 265 | 合格 |
| 9 | 老化后断裂伸长率（%） | ≥125 | 260 | 合格 |
| 10 | 伸长率变化率（%） | ±20 | -2 | 合格 |
| 11 | 抗张强度变化率（%） | ±20 | 1 | 合格 |

**思考题**

1. 电线电缆线芯直径为什么只规定上限，而不规定下限？
2. 电线电缆检测各检测顺序是怎么样？
3. 导体电阻检测时注意点有哪些？
4. 绝缘电阻检测应注意哪些事项？
5. 电压检测时应注意什么？
6. 检测结果的数据修约规则是什么？
7. 检测过程中计算时所采用的数据有哪些要求？
8. 分别简述导体电阻检测、电压检测、绝缘电阻检测的检测过程。

**附录 A：电线电缆型号表示法**

GB 5023—1997 所包括的各种电缆型号用两个数字命名，放在标准号后面。第一个数字表示电缆的基本分类；第二个数字表示在基本分类中的特定形式。

分类和型号如下：

0——固定布线用无护套电缆

01—— 一般用途单芯硬导体无护套电缆（227IEC 01）

02——一般用途单芯软导体无护套电缆（227IEC 02）

05——内部布线用导体温度为70℃的单芯实心导体无护套电缆（227IEC 05）

06——内部布线用导体温度为70℃的单芯软导体无护套电缆（227IEC 06）

07——内部布线用导体温度为90℃的单芯实心导体无护套电缆（227IEC 07）

08——内部布线用导体温度为90℃的单芯软导体无护套电缆（227IEC 08）

1——固定布线用护套电缆

    10——软型聚氯乙烯护套电缆（227IEC 08）

4——轻型无护套软电缆

    41——扁形铜皮软线（227IEC 41）

    42——扁形无护套软线（227IEC 42）

    43——户内装饰照明回路用软线（227IEC 43）

5——一般用途护套软电缆

    52——轻型聚氯乙烯护套软线（227IEC 52）

    53——普通聚氯乙烯护套软线（227IEC 53）

7——特殊用途护套软电缆

    71f——扁形聚氯乙烯护套电梯电缆和挠性连接用电缆（227IEC 71f）

    74——耐油聚氯乙烯护套屏蔽软电缆（227IEC 74）

    75——耐油聚氯乙烯护套非屏蔽软电缆（227IEC 75）

**附录B：GB 5023.1～5023.3—85标准产品型号表示法及与本标准GB 5023.1～5023.7—1997产品型号的对照**

GB 5023.1～5023.3–85及GB 5023.4、5023.5–86产品型号中各字母代表意义：

1. 按用途分

固定敷设用电缆（电线） ················································· B

连接用软电缆（软线） ··················································· R

电梯电缆 ······························································· T

装饰照明用软线 ························································· S

2. 按材料特征分

铜导体 ······························································· 省略

铜皮铜导体 ···························································· TP

绝缘聚氯乙烯 ·························································· V

护套聚氯乙烯 ·························································· V

护套耐磨聚氯乙烯 ······················································ VY

3. 按结构特征分

圆形 ································································ 省略

扁形（平型） ·························································· B

双绞型 ································································ S

屏蔽形 ································································ P

软结构 ································································ R

4. 按耐热特性分

70℃ ································································ 省略

90℃ ································································· 90

5. 97标准和85标准型号对照表

### 聚氯乙烯绝缘电缆型号对照表

| 序号 | 名称 | GB 5023—1997 | GB 5023—85 |
|---|---|---|---|
| 1 | 一般用途单芯硬导体无护套电缆 | 227 IEC 01 | BV |
| 2 | 一般用途单芯导体无护套电缆 | 227 IEC 02 | RV |
| 3 | 内部布线用导体温度为70℃的单芯实心导体无护套电缆 | 227 IEC 05 | BV |
| 4 | 内部布线用导体温度为70℃的单芯软导体无护套电缆 | 227 IEC 06 | RV |
| 5 | 内部布线用导体温度为90℃的单芯实心导体无护套电缆 | 227 IEC 07 | BV—90 |
| 6 | 内部布线用导体温度为90℃的单芯软导体无护套电缆 | 227 IEC 08 | RV—90 |
| 7 | 轻型聚氯乙烯护套电缆 | 227 IEC 10 | BVV |
| 8 | 扁形铜皮软线 | 227 IEC 41 | RTPVR |
| 9 | 扁形无护套软线 | 227 IEC 42 | RVB |
| 10 | 户内装饰照明回路用软线 | 227 IEC 43 | SVR |
| 11 | 轻型聚氯乙烯护套软线 | 227 IEC 52 | RVV |
| 12 | 普通聚氯乙烯护套软线 | 227 IEC 53 | RVV |
| 13 | 扁形聚氯乙烯护套软线 | 227 IEC 71f | TVVB |
| 14 | 耐油聚氯乙烯护套屏蔽软电缆 | 227 IEC 74 | RVVYP |
| 15 | 耐油聚氯乙烯护套非屏软电缆 | 227 IEC 75 | RVVY |

**附录C：导体种类**

第1种和第2种预定用于固定敷设电缆的导体。第1种为实心导体，第2种为绞合导体。
第5种和第6种预定用于软电缆和软线的导体，第6种比第5种更柔软。

### 单芯和多芯电缆用第1种实心导体

| 标称截面 $mm^2$ | 20℃时导体最大电阻 $\Omega/km$ | | | 标称截面 $mm^2$ | 20℃时导体最大电阻 $\Omega/km$ | | |
|---|---|---|---|---|---|---|---|
| | 圆铜导体 | | 圆或成型铝导体 | | 圆铜导体 | | 圆或成型铝导体 |
| | 不镀金属 | 镀金属 | | | 不镀金属 | 镀金属 | |
| 0.5 | 36.0 | 36.7 | — | 35 | 0.524* | — | 0.868 |
| 0.75 | 24.5 | 24.8 | — | 50 | 0.387* | — | 0.641 |
| 1 | 18.1 | 18.2 | — | 70 | 0.268* | — | 0.443 |
| 1.5 | 12.1 | 12.2 | 18.1# | 95 | 0.193* | — | 0.320 |
| 2.5 | 7.41 | 7.56 | 12.1# | 120 | 0.153* | — | 0.253 |
| 4 | 4.61 | 4.70 | 7.41# | 150 | 0.124* | — | 0.206 |
| 6 | 3.08 | 3.11 | 4.61# | 185 | | | 0.164 |
| 10 | 1.83 | 1.84 | 3.08# | 240 | | | 0.125 |
| 16 | 1.15 | 1.16 | 1.92# | 300 | | | 0.100 |
| 25 | 0.727* | — | 1.20 | | | | |

注：1. *标称截面 $25mm^2$ 及以上的实心铜导体仅预定用于特种电缆，而不适用于一般用途的电缆。
  2. # $1.5mm^2$ 到 $16mm^2$ 只有圆铝导体。

### 单芯和多芯电缆用第2种绞合导体

| 标称截面 $mm^2$ | 导体中单线最少根数 | | | | | | 20℃时导体最大电阻 $\Omega/km$ | | |
|---|---|---|---|---|---|---|---|---|---|
| | 非紧压圆型导体 | | 紧压圆型导体 | | 成型导体 | | 圆铜导体 | | 铝导体 |
| | 铜 | 铝 | 铜 | 铝 | 铜 | 铝 | 不镀金属 | 镀金属 | |
| 0.5 | 7 | — | — | — | — | — | 36.0 | 36.7 | — |
| 0.75 | 7 | — | — | — | — | — | 24.5 | 24.8 | — |
| 1 | 7 | — | — | — | — | — | 18.1 | 18.2 | |

续表

| 标称截面 mm² | 导体中单线最少根数 |||||| 20℃时导体最大电阻 Ω/km |||
|---|---|---|---|---|---|---|---|---|---|
| | 非紧压圆型导体 || 紧压圆型导体 || 成型导体 || 圆铜导体 || 铝导体 |
| | 铜 | 铝 | 铜 | 铝 | 铜 | 铝 | 不镀金属 | 镀金属 | |
| 1.5 | 7 | — | 6 | — | — | — | 12.1 | 12.2 | — |
| 2.5 | 7 | — | 6 | — | — | — | 7.41 | 7.56 | — |
| 4 | 7 | 7* | 6 | — | — | — | 4.61 | 4.70 | 7.41 |
| 6 | 7 | 7* | 6 | — | — | — | 3.08 | 3.11 | 4.61 |
| 10 | 7 | 7 | 6 | — | — | — | 1.83 | 1.84 | 3.08 |
| 16 | 7 | 7 | 6 | 6 | — | — | 1.15 | 1.16 | 1.91 |
| 25 | 7 | 7 | 6 | 6 | 6 | 6 | 0.727 | 0.734 | 1.20 |
| 35 | 7 | 7 | 6 | 6 | 6 | 6 | 0.524 | 0.529 | 0.868 |
| 50 | 19 | 19 | 6 | 6 | 6 | 6 | 0.387 | 0.391 | 0.641 |
| 70 | 19 | 19 | 12 | 12 | 12 | 12 | 0.268 | 0.270 | 0.443 |
| 95 | 19 | 19 | 15 | 15 | 15 | 15 | 0.193 | 0.195 | 0.320 |
| 120 | 37 | 37 | 18 | 15 | 18 | 15 | 0.153 | 0.054 | 0.253 |
| 150 | 37 | 37 | 18 | 15 | 18 | 15 | 0.124 | 0.126 | 0.206 |
| 185 | 37 | 37 | 30 | 30 | 30 | 30 | 0.0991 | 0.100 | 0.164 |
| 240 | 61 | 61 | 34 | 30 | 34 | 30 | 0.0754 | 0.0762 | 0.125 |
| 300 | 61 | 61 | 34 | 30 | 34 | 30 | 0.0601 | 0.0607 | 0.100 |
| 400 | 61 | 61 | 53 | 53 | 53 | 53 | 0.0470 | 0.0475 | 0.0778 |
| 500 | 61 | 61 | 53 | 53 | 53 | 53 | 0.0366 | 0.0369 | 0.0605 |
| 630 | 91 | 91 | 53 | 53 | 53 | 53 | 0.0283 | 0.0286 | 0.0469 |
| 800 | 91 | 91 | 53 | 53 | — | — | 0.0221 | 0.0224 | 0.0367 |
| 1000 | 91 | 91 | 53 | 53 | — | — | 0.0176 | 0.0177 | 0.0291 |
| 1200 | # | # | # | # | — | — | 0.0151 | 0.0151 | 0.0247 |
| (1400) | # | # | # | # | — | — | 0.0129 | 0.0129 | 0.0212 |
| 1630 | # | # | # | # | — | — | 0.0113 | 0.0113 | 0.0186 |
| (1800) | # | # | # | # | — | — | 0.0101 | 0.0101 | 0.0165 |
| 2000 | # | # | # | # | — | — | 0.0090 | 0.0090 | 0.0149 |

注：1. 括号内的尺寸为非优选尺寸。
2. *绞合铝导体截面一般应不小于10mm²，但如果特殊考虑4mm²和6mm²的绞合铝导体能适合某种特殊电缆及其使用场合，则也允许采用。
3. #不规定单线最少根数。

**单芯和多芯电缆用第5种软铜导体**

| 标称截面 mm | 导体中单线最大直径 mm | 20℃时导体最大电阻 Ω/km || 标称截面 mm | 导体中单线最大直径 mm | 20℃时导体最大电阻 Ω/km ||
|---|---|---|---|---|---|---|---|
| | | 不镀金属 | 镀金属 | | | 不镀金属 | 镀金属 |
| 0.6 | 0.21 | 39.0 | 40.1 | 50 | 0.41 | 0.386 | 0.393 |
| 0.75 | 0.21 | 26.0 | 26.7 | 70 | 0.51 | 0.272 | 0.277 |
| 1 | 0.21 | 19.5 | 20.0 | 95 | 0.51 | 0.206 | 0.210 |
| 1.5 | 0.26 | 13.3 | 13.7 | 120 | 0.51 | 0.161 | 0.164 |
| 2.5 | 0.26 | 7.98 | 8.21 | 150 | 0.51 | 0.129 | 0.132 |
| 4 | 0.31 | 4.95 | 5.09 | 185 | 0.51 | 0.106 | 0.108 |
| 6 | 0.31 | 3.30 | 3.39 | 240 | 0.51 | 0.0801 | 0.0817 |
| 10 | 0.41 | 1.91 | 1.95 | 300 | 0.51 | 0.0641 | 0.0654 |
| 16 | 0.41 | 1.21 | 1.24 | 400 | 0.51 | 0.0495 | 0.0495 |
| 25 | 0.41 | 0.780 | 0.795 | 500 | 0.61 | 0.0391 | 0.0391 |
| 35 | 0.41 | 0.554 | 0.565 | 630 | 0.61 | 0.0287 | 0.0292 |

**单芯和多芯电缆用第6种软铜导体**

| 标称截面 mm | 导体中单线最大直径 mm | 20℃时导体最大电阻 Ω/km | | 标称截面 mm | 导体中单线最大直径 mm | 20℃时导体最大电阻 Ω/km | |
|---|---|---|---|---|---|---|---|
| | | 不镀金属 | 镀金属 | | | 不镀金属 | 镀金属 |
| 0.6 | 0.16 | 39.0 | 40.1 | 35 | 0.21 | 0.554 | 0.565 |
| 0.75 | 0.16 | 26.0 | 26.7 | 50 | 0.31 | 0.386 | 0.393 |
| 1 | 0.16 | 19.5 | 20.0 | 70 | 0.31 | 0.272 | 0.277 |
| 1.5 | 0.16 | 13.3 | 13.7 | 95 | 0.31 | 0.206 | 0.210 |
| 2.5 | 0.16 | 7.98 | 8.21 | 120 | 0.31 | 0.161 | 0.164 |
| 4 | 0.16 | 4.95 | 5.09 | 150 | 0.31 | 0.129 | 0.132 |
| 6 | 0.21 | 3.30 | 3.39 | 185 | 0.41 | 0.106 | 0.108 |
| 10 | 0.21 | 1.91 | 1.95 | 240 | 0.41 | 0.0810 | 0.0817 |
| 16 | 0.21 | 1.21 | 1.24 | 300 | 0.41 | 0.0641 | 0.0654 |
| 25 | 0.21 | 0.780 | 0.795 | | | | |

# 第四节 建 筑 电 气

## 一、概念

电气检测的任务，就是通过各项试验项目的检测检查，对电气设备的性能和绝缘水平有所了解，分析判断其质量优劣，确定其是否可以投运。本节仅对建筑电气常见检测项目重点介绍，并将电气检测分为绝缘检测和特性检测两类。绝缘检测通常应定期进行，以检查设备的绝缘水平，分析判断绝缘缺陷情况和薄弱环节，进而确定设备是否可以正常投运；而特性（性能）检测大多在设备投运前和检修后进行，以保证设备能够达到施工验收规范的要求。

1. 电工测量仪表知识

电工测量所用的仪器仪表统称为电工仪表。电工仪表种类繁多，按仪表的结构和用途大致可分为以下几类：指示仪表类、比较仪表类、记录仪表和示波器类、扩大量程装置和变换器类。其中，指示仪表类按其工作原理可分为：磁电系、电磁系、电动系和感应系等；按用途可分为：电流表、电压表、钳形表、兆欧表、万用表、电能表等等。

（1）磁电系仪表：常被用来测量直流电流与直流电压，按其结构又可分为外磁式、内磁式和内外磁式结合式。磁电系仪表测量机构允许通过的电流很小（微安级），因此，将其制成仪表时，必须扩大量程，对于电流表，通常并联一个小电阻（称分流器）；对于电压表，通常串联一个大电阻（被称为附加电阻）。

（2）电磁系仪表：通常用来测量交流电流和交流电压。电磁系仪表线圈中允许通过较大的电流。制成电流表可不用并联分流器，但不能制成低量线电流表。电压表通常可采用串联附加电阻的方式扩大量程。

（3）电动系仪表：与电磁仪表相比，电动系仪表的最大特点是以可动线圈代替可动铁心，从而消除磁滞与涡流的影响，使其精度大为提高，常用来进行交流电量的精密测量。

（4）感应系仪表：常见的感应系仪表是电能表。

2. 电气图基本知识

电气图是以各种图形、符号和图线等形式来表示电气系统中各电气设备、装置、元器件的相互连接关系。一般包括系统图、框图、电路图、接线图和接线表等。电气一次设备连接的电路为一次回路；根据测量、保护和信号显示的要求，表示二次设备的互相连接关系的电路，称为二次回路或二次接线。

(1) 系统图和框图：用符号或带注释的框概略地表示系统、分系统、成套装置或设备的基本组成、相互关系及主要特征的一种简图或框图。其用途是为进一步编制详细的技术文件提供依据，供操作及维修时参考。

(2) 电路图：用图形符号绘制，并按工作顺序排列，详细表示电路、设备或成套装置的全部基本组成部分和连接关系，而不考虑其实际位置的一种简图称为电路图。

(3) 接线图和接线表：用符号表示成套装置、设备或装置的内、外部各种连接关系的一种简图称为接线图。

(4) 回路标号：回路标号就是根据各回路的种类和特征以一定的规则对回路进行数字（或附加文字符号）标号，目的是为了识别回路导线，便于安装接线和故障分析。

### 3. 继电保护及二次回路

继电器是一种根据电量（电流、电压）或非电量（时间、速度、温度、压力等）的变化自动接通和断开控制电路，以完成控制或保护任务的电器。继电器可以对各种电量或非电量的变化作出反应，它用于切换小电流的控制电路，继电器触头容量不大于5A，且无灭弧装置。

继电器用途广泛，种类繁多。按反映的参数可分为：电压继电器、电流继电器、中间继电器、热继电器、时间继电器和速度继电器等；按动作原理可分为：电磁式、电动式、电子式和机械式等。其中电压继电器、电流继电器、中间继电器均为电磁式。

(1) 继电保护装置的基本任务：继电保护装置就是指能反应电力系统中电力设备和线路发生故障或不正常（异常）运行而动作于断路器跳闸或发出信号的一种自动装置。它的基本任务是：

① 自动、迅速和有选择地将有故障的电力设备或线路从电力系统中切除，保证其他无故障部分迅速恢复正常运行，使故障元件免于继续遭到破坏。

② 及时反应电力设备或线路的不正常运行状态，并根据运行维护的条件（例如有无经常值班人员）而动作于发出信号、减负荷或动作于断路器跳闸。此时，一般带有一定的延时，以保证选择性和维修的要求。

(2) 继电保护装置的基本要求：继电保护装置应满足可靠性、选择性、灵敏性和速动性的要求。

① 可靠性是指保护该动作时应可靠动作，不该动作时应不误动作。

② 选择性是指首先由故障设备或线路的保护切除故障，当故障设备或线路的保护或断路器拒动时，应由相邻设备或线路的保护切除故障。

③ 灵敏性是指在被保护设备或线路范围内发生故障时，反应能力要强，能灵敏地感受和动作。

④ 速动性是指保护装置应能尽快地切除短路故障，其目的是提高系统稳定性，限制故障设备和线路的损坏程度，缩小故障波及范围。

(3) 继电保护的基本原理及结构

为完成继电保护所担负的任务，继电保护装置应该能正确地区分电力系统正常运行与发生故障或异常运行状态之间的区别，以实现对电力设备和线路的保护，稳定电力系统的正常运行。

在通常情况下，电力系统中的电力设备或线路发生故障时，总伴随有电流增大、电压降低、电压与电流之间相位变化、故障电流与正常运行时流向不同及线路始端测量阻抗减小等现象。因此，利用正常运行与故障时这些基本参数的区别，便可以构成各种不同原理的继电保护。例如：反应电流增大的过电流保护，反应电压变动的低电压及过电压保护，反应电流与电压之间相位变化的功率方向保护，反应阻抗降低的距离保护以及反应其他参数变化的种种保护。

以上各种原理的保护，可以由一个或若干个各种不同类型的继电器，按照一定的性能和要求连结在一起组成保护装置实现对系统的保护。结构框图如6-6所示。其中启动测量元件及判断元件从各类保护继电器中选用；逻辑元件、出口元件由中间继电器、时间继电器、信号继电器组成。

**4. 电力变压器的并联运行**

为了提高变压器的利用率及改善系统的功率因数，提高系统运行的可靠性，很多变电所采用两台或两台以上的电力变压器并联运行的方式。要得到理想的运行情况，必须满足如下条件：

（1）参加并联的变压器，它们的初级、次级电压应相等，即电压比应相等；

（2）各变压器的短路阻抗电压应相等；

（3）三相变压器属于同一联结组别。

上述三个条件中要做到电压比和短路电压完全相等是不容易的，允许有极小的差别，但连接组别不允许有差别。此外，变压器的并联运行，还要注意负载分配的问题。一般投入并联运行的各变压器中，最大容量与最小容量之比不超过3:1。

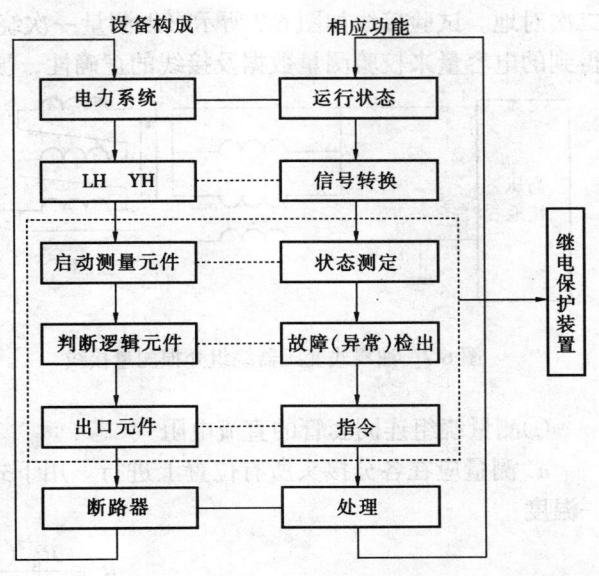

图6-6 继电保护的基本组成和功能

**二、检测依据**

《电气装置安装工程电气设备交接试验标准》GB 50150—91

相关文件、标准、规定

**三、检测方法和结果判定**

1. 电力变压器

（1）检测设备：

①全自动变比组别测试仪：变比测量范围为0~5000，测量组别范围1~12组，精度要求0.1%；

②智能化介质损耗仪：介质损耗测量范围0~50%，电容测试范围在10kV加载电压下20000Pf，精度均为1%；

③轻型高压试验变压器：容量为6kVA，交流输出电压0~50kV，直流输出电压为70kV；

④感性负载直流电阻速测仪：测量范围在20mΩ~2kΩ，测量精度0.2级，最大分辨率为1μΩ，数显值电阻值为四位半。

（2）技术要求及数据处理

① 测量直流电阻时，对1600kVA及以下三相变压器，各相测得值的相互差值应小于平均值的4%，线间测得值的相互差值应小于平均值的2%；1600kVA以上的三相变压器，各相测得的相互差值应不小于平均值的2%，线间测得的相互差值应不小于平均值的1%；变压器的直流电阻，与同温下产品出厂实测数值比较，相应变化不应大于2%。

② 测分接头的变压比时，额定分接的变压比允许偏差为±0.5%，其他分接的偏差应在变压器阻抗值（%）的1/10以内，但不超过1%。

③ 测量绝缘电阻与吸收比，35kV变压器且容量在4000kVA及以上时，使用2500V兆欧表测量绝缘电阻和吸收比$R60/R15$，吸收比与产品出厂值相比应无明显差别，在常温下不应小于1.3，绝缘电阻值不应低于出厂试验值的70%。

④ 35kV变压器且容量在8000kVA及以上时，应测量介质损耗角正切值。试验电压不超过线

圈的额定电压，35kV 和 110kV 变压器绕组，试验电压均为 10kV。以双线圈电力变压器为例，根据现场条件一般采用反接法进行 4 次测量分别为一次对二次及地、一次对地、二次对一次及地、二次对地。试验接线如图 6-7 所示（以测量一次绕组对二次绕组及地的 tanδ 为例），用 4 次测量得到的电容量来校验测量数据及接线的正确性，被测绕组的值不应大于产品出厂值的 130%。

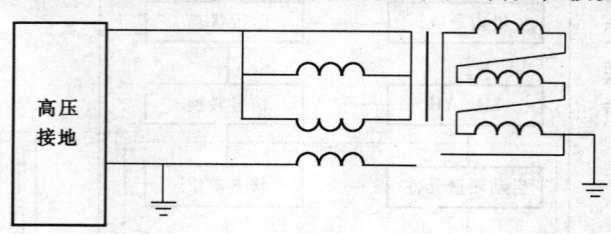

图 6-7 油浸式变压器绕组介损测量接线

⑤现场绝缘油击穿电压试验标准为：10kV 及以下变压器不应低于 25kV；35kV 及以下变压器不应低于 35kV；110kV 及以下变压器不应低于 40kV；已注入变压器的绝缘油的介损 tanδ（%）标准为：90℃时，不应大于 0.7；新油 tanδ（%）标准为：90℃时，不应大于 0.5。

(3) 操作过程及判定

①测量绕组连同套管的直流电阻

a. 测量应在各分接头所有位置上进行。用下式将不同温度下的绕组直流电阻温度换算到同一温度：

$$R_x = \frac{R_a(T+t_x)}{T+t_a} \tag{6-11}$$

式中　$R_x$——换算至温度为 $t_x$ 时的电阻；
　　　$R_a$——温度为 $t_a$ 时所测得的电阻；
　　　$T$——温度换算系数，铜线为 235，铝线为 225；
　　　$t_x$——需要换算 $R_x$ 的温度；
　　　$t_a$——测量 $R_a$ 时的温度。

b. 直流电阻测量方法：用感性负载速测仪测量绕组直流电阻时，其接线及测量方法应符合测试仪器的技术要求；用双臂电桥测量时，双臂电桥其测量引线的接线如图 6-8 所示。若用单臂电桥测量阻值较大的变压器绕组，则注意测量的数据应减去电桥引线的电阻值。

②检查所有分接头的变压比：变压比与制造厂铭牌数据相比应无明显差别，且符合变比的规律。额定分接的变压比允许偏差为 ±0.5%，其他分接的偏差应在变压器阻抗值（%）的 1/10 以内，但不超过 1%。

③检查三相变压器的结线组别和单相变压器引出线的极性：采用直流法判断三相变压器接线组别的测试得出如表 6-23 中的 12 组数据来确认接线组别；双电压表法是将变压器的一次侧 A 端与二次侧 a 端短接，并测量 $U_{Bb}$、$U_{Bc}$、$U_{Cb}$ 两侧线电压 $U_{AB}$、$U_{BC}$、$U_{CA}$、$U_{ab}$、$U_{bc}$、$U_{ca}$；并根据所测电压值按如下三种方法来判断组别：计算法、电压比较法、相量法。

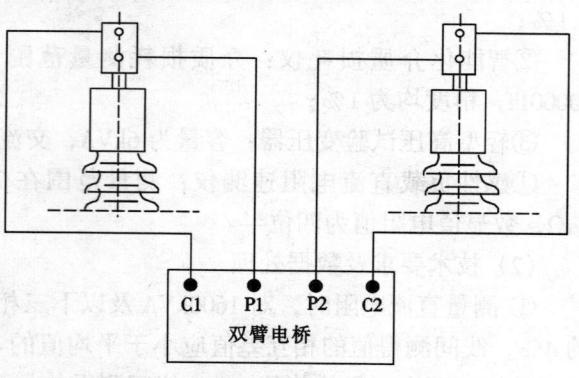

图 6-8 双臂电桥测量接线图

相位表法：相位表法就是用相位表测量一次侧电源与二次侧电源之间的相位角，相位表电流线圈通过一个电阻接在二次侧，当变压器通入三相交流电源时，接在二次侧回路的电压与接在一次侧电压的相位即变压器一、二次的相位。

④测量绕组连同套管的绝缘电阻、吸收比。当测量温度与产品出厂试验时温度不符合时，

可按表 6-24 换算到同一温度时的数值进行比较。

直流法测试电力变压器连接级别规律表　　　　表 6-23

| 组别 | 通电侧 + - | 低压侧表记指示 $a^+b^-$ | 低压侧表记指示 $b^+c^-$ | 低压侧表记指示 $a^+c^-$ | 组别 | 通电侧 + - | 低压侧表记指示 $a^+b^-$ | 低压侧表记指示 $b^+c^-$ | 低压侧表记指示 $a^+c^-$ |
|---|---|---|---|---|---|---|---|---|---|
| 1 | A B | + | − | 0 | 7 | A B | + | + | 0 |
|   | B C | 0 | + | + |   | B C | 0 | − | − |
|   | A C | + | 0 | + |   | A C | − | 0 | − |
| 2 | A B | + | − | − | 8 | A B | − | + | + |
|   | B C | + | + | + |   | B C | − | − | − |
|   | A C | + | + | + |   | A C | − | + | − |
| 3 | A B | 0 | − | − | 9 | A B | 0 | + | + |
|   | B C | + | 0 | + |   | B C | − | 0 | − |
|   | A C | + | − | 0 |   | A C | + | + | 0 |
| 4 | A B | − | − | − | 10 | A B | + | + | + |
|   | B C | + | + | + |   | B C | − | + | − |
|   | A C | + | − | + |   | A C | − | + | + |
| 5 | A B | − | 0 | − | 11 | A B | + | 0 | + |
|   | B C | + | − | 0 |   | B C | − | − | 0 |
|   | A C | 0 | − | − |   | A C | 0 | + | + |
| 6 | A B | − | + | + | 12 | A B | + | − | − |
|   | B C | + | − | + |   | B C | − | + | + |
|   | A C | − | + | − |   | A C | + | + | + |

油浸式电力变压器绝缘电阻的温度换算系数　　　　表 6-24

| 温度值 | K | 5 | 10 | 15 | 20 | 25 | 30 | 35 | 40 | 45 | 50 | 55 | 60 |
|---|---|---|---|---|---|---|---|---|---|---|---|---|---|
| 换算系数 | A | 1.2 | 1.5 | 1.8 | 2.3 | 2.8 | 3.4 | 4.1 | 5.1 | 6.2 | 7.5 | 9.2 | 11.2 |

注：表中 $K$ 为实测温度与20℃差值的绝对值。

当测量绝缘电阻的温度差不是表中所列数值时，其换算系数按下列公式计算：

$$A = 1.5^{K/10} \tag{6-12}$$

当实测温度为 20℃ 以上时：　　　$R_{20} = AR_t$ 　　　(6-13)

当实测温度为 20℃ 以下时：　　　$R_{20} = R_t/A$ 　　　(6-14)

式中　$R_{20}$——校正到20℃时的绝缘电阻值（MΩ）；

$R_t$——在测量温度下的绝缘电阻值（MΩ）；

⑤测量绕组连同套管的直流泄漏电流：当变压器电压等级在 35kV 及以上，且容量在 10000kVA 及以上时，应测量直流泄漏电流；施加电压标准应符合下表 6-25 得规定。

油浸式电力变压器直流泄漏试验电压标准　　　　表 6-25

| 绕组额定电压（kV） | 6~10 | 20~35 | 63~330 | 500 |
|---|---|---|---|---|
| 直流试验电压（kV） | 10 | 20 | 40 | 60 |

当施加电压达 1 分钟时,在高压端读取泄漏电流。泄漏电流不应超过表 6-26 规定。

油浸式电力变压器直流泄漏试验电压标准　　　表 6-26

| 额定电压 | 试验电压峰值 | 在下列温度时绕组泄漏电流值（μA） | | | | | | | |
|---|---|---|---|---|---|---|---|---|---|
| | | 10℃ | 20℃ | 30℃ | 40℃ | 50℃ | 60℃ | 70℃ | 80℃ |
| 6～15kV | 10kV | 22 | 33 | 50 | 77 | 112 | 166 | 250 | 356 |
| 20～35kV | 20kV | 33 | 50 | 74 | 111 | 167 | 250 | 400 | 570 |
| 63～330 | 40kV | 33 | 50 | 74 | 111 | 167 | 250 | 400 | 570 |
| 500kV | 60kV | 20 | 30 | 45 | 67 | 100 | 150 | 235 | 330 |

⑥交流耐压试验：试验电压的频率为 50Hz，电压波形应尽可能接近正弦波形。变压器进行交流耐压前，绝缘油的击穿电压值及其他的试验项目试验应合格，如新补充油的变压器，应在注油二十四小时后方可进行耐压试验。进行交流耐压时，非被试侧绕组应短接后接地。试验所需电源容量按式 6-15 计算；试验接线如图 6-9 所示，图中限流电阻按照 0.2～1.0Ω/V 选取。如果在试验中需要测量电容电流，可在试验变压器高压线圈尾端接入毫安表和与它并联的短路保护开关：

$$P = \omega C_x U_S^2 \times 10^{-3} \text{kVA} \quad (6-15)$$

式中　$\omega$——电源角频率；
　　　$U_S$——试验电压（kV）；
　　　$C_x$——被试品的电容量（μF）。

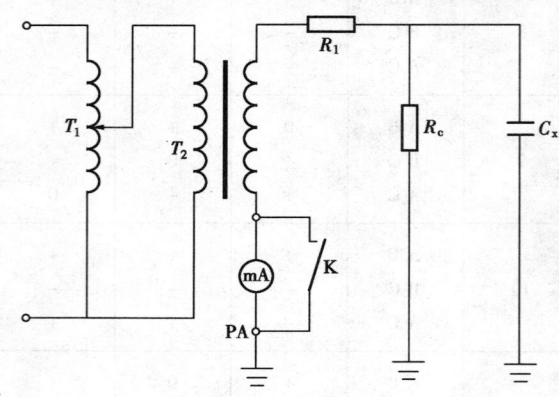

图 6-9　工频交流耐压试验图
$T_1$—调压器；$T_2$—试验变压器；$R_1$—限流电阻；$R_c$—阻容分压器；$C_x$—被试品；K—短接开关；PA—毫安表

变压器交流耐压标准如表 6-27：

油浸式电力变压器交流泄漏试验电压标准　　　表 6-27

| 线圈额定电压（kV） | 110 | 35 | 10 | 6 | 3 |
|---|---|---|---|---|---|
| 耐压试验电压（kV） | 170 | 72 | 30 | 21 | 15 |

⑦测量与铁芯绝缘的各紧固件及铁芯接地线引出套管对外壳的绝缘电阻：进行器身检查的变压器，应测量可接触到的穿芯螺栓、轭铁夹件及绑钢带对铁轭、铁芯、油箱及绕组压环的绝缘电阻；用 2500V 兆欧表测量，持续时间为 1 分钟，应无闪络及击穿现象。

当轭铁梁及穿芯螺栓一端与铁芯相连时，应将连接片断开后进行试验；铁芯必须为一点接地，对变压器上有专用的铁芯接地线引出套管时，应在注油前测量其对外壳的绝缘电阻，其绝缘电阻值一般不低于 10MΩ。

⑧冲击合闸试验：在额定电压下对变压器进行冲击合闸试验，应进行 5 次，每次间隔宜为 5 分钟，无异常现象，冲击合闸试验宜在变压器高压侧进行；对中性点接地的电力系统，冲击试验时变压器的中性点必须接地；发电机变压器组中间连接无操作断开点的变压器，可不进行冲击合闸试验。

⑨测量绕组连同套管的介质损失角正切值 $\tan\delta$。当测量时的温度与产品出厂试验温度不符合时，可按表 6-28 换算到同一温度时的数值进行比较。

油浸式电力变压器正切值 $\tan\delta$（%）温度换算系数　　　表 6-28

| 温度 K | 5 | 10 | 15 | 20 | 25 | 30 | 35 | 40 | 45 | 50 |
|---|---|---|---|---|---|---|---|---|---|---|
| 换算系数 A | 1.15 | 1.3 | 1.5 | 1.7 | 1.9 | 2.2 | 2.5 | 2.9 | 3.3 | 3.7 |

注：表中 K 为实测温度减去 20℃ 的绝对值。

当测量时的温度差不是表中所列数值时，其换算系数 $A$ 可按式（6-16）计算

$$A = 1.3^{K/10} \tag{6-16}$$

校正到 20℃时的介质损耗角正切值可用下述公式计算：

当测量温度在 20℃以上时：$\qquad \tan\delta_{20} = \tan\delta_1/A \tag{6-17}$

当测量温度在 20℃以下时：$\qquad \tan\delta_{20} = A\tan\delta_1 \tag{6-18}$

式中　$\tan\delta_{20}$——校正到 20℃时的介质损失角正切值；

　　　$\tan\delta_1$——在测量温度下的介质损失角正切值。

⑩绝缘油的试验：绝缘油试验类别及试验标准应符合规定。现场绝缘油击穿电压试验标准为：10kV 及以下变压器不应低于 25kV；35kV 及以下变压器不应低于 35kV；110kV 及以下变压器不应低于 40kV；已注入变压器的绝缘油的介损 $\tan\delta$（%）标准为：90℃时，不应大于 0.7；新油 $\tan\delta$（%）标准为：90℃时，不应大于 0.5。

⑪非纯瓷套管的试验：按电气装置安装工程电气设备交接试验标准中套管的规定进行。

⑫有载调压切换开关的检查和试验：切换开关取出检查时，检查限流电阻的电阻值，测得动作顺序，应符合产品技术条件规定；检查切换装置在全部切换过程中，应无开路现象；电气和机械限位动作正确且符合产品技术条件的规定；在变压器无电压下 10 个操作循环。在空载下按产品技术条件的规定检查切换装置的调节情况，其三相切换的同步性及电压变化范围和规律，与出厂数据相比，应无明显差别；绝缘油注入切换开关油箱前，其电气强度应符合绝缘油规定。

⑬检查相位：检查变压器的相位必须与电网相位一致。

2．真空断路器

（1）检测设备

①开关机械特性测试仪：主要用于真空开关的测量，分合闸操作电源可在 0～250V 内人工调节；

②轻型高压试验变压器：容量为 6kVA，交流输出电压 0～50kV，直流输出电压为 70kV；

③感性负载直流电阻速测仪：测量范围在 20mΩ～2kΩ，测量精度 0.5 级，最大分辨率为 1μΩ，数显值电阻值为四位半；

④绝缘电阻测试仪：输出直流电压 2500V；

⑤交直流电源：0～250V 可调；

⑥标准电压表：交直流两用，0.5 级。

（2）技术要求及数据处理

①电磁式操作机构的合闸接触器的动作电压不大于 85%，分闸线圈的动作电压应不大于 65%，不小于 30%；弹簧储能式操作机构应分别测量合闸线圈、分闸线圈的动作电压，其动作值应符合产品技术要求。

②断路器合闸过程中触头接触后的弹跳时间不应大于 2ms。

③直流或交流的分闸电磁铁，在其线圈端钮处测得的电压大于额定值的 65%时，应可靠的分闸；当此电压小于额定值的 30%时，不应分闸。附装过流脱扣器的，其额定电流规定不小于 2.5A。

（3）操作过程及判定

①测量绝缘拉杆的绝缘电阻值使用 2500V 兆欧表，在常温下不应低于表 6-29 的规定。

绝缘拉杆的绝缘电阻标准　　　　　　　　表 6-29

| 额定电压（kV） | 3～15 | 20～35 | 63～220 | 330～500 |
| --- | --- | --- | --- | --- |
| 绝缘电阻值（MΩ） | 1200 | 3000 | 6000 | 10000 |

②测量每相导电回路的电阻值：在合闸状态下采用 100A 直流电压降法（使用回路电阻测试仪）测量，其电阻值不应大于制造厂的技术标准所规定值。

③测量分、合闸线圈的动作电压：试验时应采用突然加压法。

④交流耐压试验：应在断路器合闸及分闸状态下进行交流耐压试验。在合闸状态时，符合表 6-30 规定；分闸状态下进行耐压试验时，真空灭弧室断口间的试验电压应按产品技术条件的规定，试验中不应发生贯穿性放电。

真空断路器交流耐压标准　　表 6-30

| 额定电压 (kV) | 6 | 10 | 35 | 110 |
|---|---|---|---|---|
| 试验电压 (kV) | 21 | 30 | 72 | 180 |

⑤测量断路器的分、合闸时间：按试验仪器的要求接线，测量断路器的分、合闸时间，应在断路器额定操作电压下进行。实测数值应符合产品技术条件的规定。

⑥测量断路器主触头分、合闸的同期性：按要求接线，测量断路器主触头分、合闸的同期性，应符合产品技术条件规定。

⑦断路器合闸过程中触头接触后的弹跳时间。

⑧测量分、合闸线圈及合闸接触器线圈的绝缘电阻不应低于 10MΩ；直流电阻值与出厂试验值相比应无明显差别。

⑨断路器操动机构的合闸操作检测：

a. 当操作电压在表 6-31 范围内时，操作机构应可靠动作；

断路器操动机构合闸操作测试电压、液压范围　　表 6-31

| 电压 | | 液压 |
|---|---|---|
| 直流 | 交流 | |
| 85% ~ 110% | 85% ~ 110% | 按产品规定的最低及最高值 |

注：对电磁机构，当断路器关合电流峰值小于 50kV 时，直流操作电压范围为 80% ~ 110%Un（Un 为额定电源电压）。

附装失压脱扣器的脱扣测试　　表 6-32

| 电源电压与额定电源电压的比值 | 小于 35%* | 大于 65% | 大于 85% |
|---|---|---|---|
| 失压脱扣器的工作状态 | 铁芯应可靠地释放 | 铁芯不得释放 | 铁芯应可靠地吸合 |

注：*当电压缓慢下降至规定比值时，铁芯应可靠地释放。

b. 弹簧机构的合闸线圈以及电磁操动机构的合闸接触器的动作要求，均应符合以上规定。

⑩断路器操动机构的脱扣操作检测

a. 附装失压脱扣器的，其动作特性应符合表 6-32 中的规定；

b. 附装过流脱扣器的，其额定电流规定不小于 2.5A，脱扣电流的等级范围及其准确度，应符合表 6-33 中规定。

附装过流脱扣器的脱扣测试表　　表 6-33

| 过流脱扣的种类 | 延时动作的 | 瞬时动作的 |
|---|---|---|
| 脱扣电流等级范围 (A) | 2.5 ~ 10 | 2.5 ~ 15 |
| 每级脱扣电流的准确度 | ±10% | |
| 同一脱扣器各级脱扣电流准确度 | ±5% | |

注：对于延时动作的过流脱扣器，应按制造厂提供的脱扣电流与动作延时的关系曲线进行核对。另外，还应检查在预定延时终了前主回路电流降至返回值时，脱扣器不应动作。

直流电磁或弹簧机构的操动试验　　表 6-34

| 操作类别 | 操作线圈端钮电压与额定电源电压的比值% | 操作次数 |
|---|---|---|
| 合、分 | 110 | 3 |
| 合闸 | 85 (80) | 3 |
| 分闸 | 65 | 3 |
| 合、分、重合 | 100 | 3 |

注：括号内数字适用于装有自动重合闸装置的断路器。

⑪模拟操动试验

a. 当具有可调电源时,可在不同电压条件下,对断路器进行就地或远控操作,每次操作断路器均应正确、可靠地动作,其连锁及闭锁装置回路的动作应符合产品及设计要求;当无可调电源时,只在额定电压下进行试验。

b. 直流电磁或弹簧机构的操动试验,应按表6-34中的规定进行。

⑫断路器电容器试验:按电气装置安装工程电气设备交接试验标准中电容器的规定进行。

(4) 注意事项

检测数据均应按规定要求和格式做好记录,测量受外界环境影响的参数时,如绝缘电阻的测量,还应记录检测时的环境温度及湿度。

3. 交流电动机检测项目及标准交接试验

(1) 检测设备

① 轻型高压试验变压器:容量为6kVA,交流输出电压0~50kV,直流输出电压为70kV;

② 感性负载直流电阻速测仪:测量范围在20mΩ~2kΩ,测量精度0.5级,最大分辨率为1μΩ,数显值电阻值为四位半;

③ 绝缘电阻测试仪:输出电压直流2500V。

(2) 技术要求及数据处理

① 测绝缘电阻时,额定电压为1kV以下,常温下绝缘电阻值不应低于0.5MΩ;额定电压为1kV及以上,在运行温度时的绝缘电阻值,定子绕组不低于每千伏1MΩ,转子绕组不应低于每千伏0.5MΩ。1kV及以上的电动机应测量吸收比($R_{60}/R_{15}$),吸收比不应低于1.2,中性点可拆开的应分相测量。

② 测量直流电阻时,1kV以上或100kW以上的电动机各相绕组直流电阻值相互差别不应超过其最小值的2%,中性点未引出的电动机可测量线间直流电阻,其相互差别不应超过最小值的1%。

③ 1kV以上及1000kW以上、中性点连线已引出至出线端子板的定子绕组应分相进行直流耐压试验。试验电压为定子绕组额定电压的3倍。在规定电压下,各相泄漏电流的值不应大于最小值的100%;当最大泄漏电流在20μA以下时,各相间应无明显差别。

④ 同步电动机转子绕组的交流耐压试验电压值为额定励磁电压的5倍,且不应低于1200V,但不应高于出厂试验电压值的75%。

(3) 操作步骤及标准

① 测量绕组的绝缘电阻。

② 测量绕组的直流电阻。测量时应记录环境温度,以便与出厂试验值相比较。

a. 采用专用测试仪器测量绕组直流电阻时,其接线及测量方法应符合测试仪器的技术要求。

b. 用双臂电桥测量时,双臂电桥引线的接线如图6-10所示。

c. 采用单臂电桥测量阻值较大的电机绕组,测量的数据应减去电桥引线的电阻值。

③ 定子绕组直流耐压试验和泄漏电流测量。试验电压按每级0.5倍额定电压分阶段升高,每阶段停留1min,并记录泄漏电流,

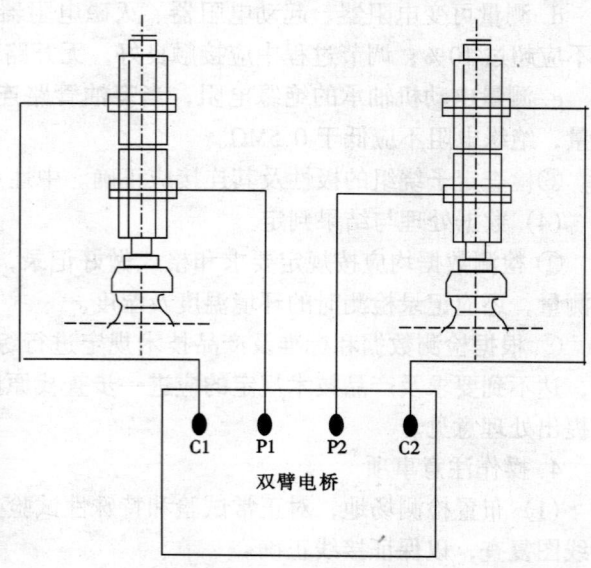

图6-10 交流电动机电桥法测量直流电阻接线图

泄漏电流不应随时间而增大。

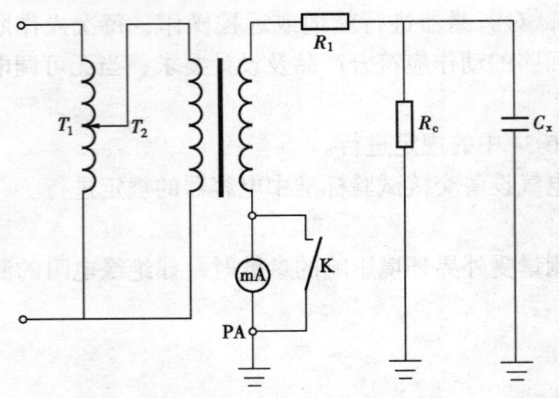

图 6-11 工频交流耐压试验图
$T_1$—调压器；$T_2$—试验变压器；$R_1$—限流电阻；$R_e$—阻容分压器；$C_x$—被试品；K—短接开关；PA—毫安表

④交流耐压试验

a. 当吸收比大于 1.2 时，定子绕组方可进行交流耐压试验，接线见图 6-11。定子绕组可以分相试验的，应分相试验。试验时，非试相应短接后接地。同步电动机定子绕组的交流耐压试验时，应将转子绕组线圈短接后接地。

b. 交流耐压试验标准如表 6-35 所示：

c. 绕线式电动机转子绕组交流耐压试验电压如表 6-36 所示：

d. 同步电动机转子绕组的交流耐压：同步电动机转子绕组的交流耐压试验电压值为额定励磁电压的 5 倍，且不应低于 1200V，但不应高于出厂试验电压值的 75%。

⑤其他特性试验

a. 测试无刷励磁的同步电动机旋转整流器（整流环）绝缘电阻或其他特性时，测试方法及测试结果应符合制造厂的技术要求。

电动机定子绕组交流耐压标准　　表 6-35

| 电动机额定电压（kV） | 3 | 6 | 10 |
|---|---|---|---|
| 试验电压（kV） | 5 | 10 | 16 |

绕线式电动机转子绕组交流耐压标准　　表 6-36

| 转子工况 | 试验电压（V） |
|---|---|
| 不可逆的 | $1.5U+750$ |
| 可逆的 | $3.0U+750$ |

注：$U$ 为转子静止时，在定子绕组上施加额定电压，转子绕组开路时测得的电压。

b. 交流励磁发动机的测试方法应按制造厂技术标准进行。

c. 可变电阻器、起动电阻器、灭磁电阻器的绝缘电阻，当与回路一起测量时，绝缘电阻值不应低于 0.5MΩ。

d. 测量可变电阻器、起动电阻器、灭磁电阻器的直流电阻值，与产品出厂数值比较，其差值不应超过 10%；调节过程中应接触良好，无开路现象，电阻值的变化应有规律。

e. 测量电动机轴承的绝缘电阻，当有油管路连接时，应在油管安装后，采用 1000V 兆欧表测量，绝缘电阻不应低于 0.5MΩ。

⑥检查定子绕组的极性及其连接应正确。中性点未引出者可不检查。

(4) 数据处理与结果判定

① 检测数据均应按规定要求和格式做好记录，测量受外界环境影响的参数时，如绝缘电阻的测量，还应记录检测时的环境温度及湿度。

② 根据检测数据和标准及产品技术规定进行综合判断，符合标准及产品技术规定即认为合格，达不到要求及产品技术规定的应进一步查找原因处理。如确实存在问题，应下不合格结论，并提出处理意见。

4. 操作注意事项

(1) 布置检测场地，对正常试验和特殊性试验必须有试验接线图。试验接线后需经第二人按接线图复查，以保证接线正确。

(2) 检测前应检查工作电源及接地是否可靠，检测区域内无交叉施工、无振动、无强电、磁场干扰等妨碍试验的工作。

(3) 高压试验时，在试验区域内不得有造成其他人危险的因素，应拉上警戒带，闲杂人员不得接近，防止电击。

(4) 检测环境温度：不低于5℃；相对湿度：低于80%，电源电压波动幅度不超过±5%，电源电压的畸变率不超过5%，试验电源频率与额定频率之差应在额定频率的1%以内。

(5) 要对检查过程中的检测设备提前预检，确认其达到精度要求及处于完好状态。

(6) 负责检测技术人员应在检测工作前负责编写试验技术方案；并依据经批准的检测方案进行试验；负责对检测报告中数据的正确性进行审核；对检测数据中的疑点进行复核；必要时，通知该项检测人员重新复试。对检测报告中的试验项目，数据是否符合规范要求负责。

(7) 参加检测的人员应该熟知检测工作内容，标准规范；依据检测方案中确定的方法进行试验；认真填写检测记录；维护检测仪器设备。对检测结果的真实性，正确性和有效性负责。

(8) 高压直流试验后要对试品完全放电，对大电容试品放电应用专用放电棒，放电时不能将放电棒立即接触试品，应将电棒逐渐接近试品，在一定距离上游离放电，无嘶嘶声后再接触放电，最后直接接上地线放电。

### 四、实例

1. 电能表检测

(1) 目的：用于电能表检测

(2) 检测项目

① 外观检查；

② 检查相序；

③ 接线检查。

(3) 检测方法

① 外观检查：被检测品表面应清洁，铭牌清晰标志完整；检查电能表检定标记和检定证书，校准证书是否有效；检查电能计量装置的封缄是否真实、完整、无缺损。

② 相序检查：用相序表或相位表检查接入电能表电源相序的正确性。

③ 接线检查内容

a. 检查电能计量装置的二次回路接线正确性和导线截面积应符合规程的规定要求；

b. 检查二次回路中间触点、熔断器、试验接线盒的接触情况；

c. 检查电能计量装置的接地系统。

④ 检查接线方法

a. 用电流表、电压表、功率表、相位表检查电能表的接线，如果不易判断接线正确性时，可以使用断B相电压法，A、C相电压交叉法，转动方向法，六角图法等检查电能表的接线，也可以用带有接线检查功能的现场校准仪检查接线。

b. 根据作出的相量图和实际负荷电流及功率因数相比较，分析确定电能表的接线是否正确。

⑤ 电能表二次连线检查方法

a. 电能表电流回路任意断开一点，用万用表串入测量直流电阻，以防电流至电流互感器二次回路错接至电压回路或开路，正常时其值近似于零。

b. 用万用表测量电压回路以防错接或短路，检测时可在电压互感器端子处拆开，分别测$U_{ab}$、$U_{bc}$、$U_{ca}$间的电阻，此时电阻值应较大，约在数百欧以上。若表计等级较高，阻值可能只有数十欧左右。

⑥ 检查计量差错和不合理的计量方式

a. 电能表倍率差错。

b. 电压互感器熔断器熔断或二次回路接触不良。

c. 电流互感器二次接触不良、极性接反或开路。

d. 电流互感器的变比过大，致使电能表经常在 1/3 标定电流下运行的；电能表与其他二次设备共用一组电流互感器的。

e. 电压与电流互感器分别接在电力变压器不同电压侧的；不同的母线共用一组电压互感器的。

f. 无功电能表与双向计量的有功电能表无止逆器的。

g. 电压互感器的额定电压与线路额定电压不相符的。

⑦带电检查

a. 测量三相电压：用电压表测量接入电能表的电压是否齐全、平衡，电压互感器的一、二次侧是否有断线或互感器极性反接现象。

b. 测量三相电流：用钳形电流表测试接入电能表的电流是否齐全、平衡，电流互感器二次侧是否有断线或互感器极性反接现象。

c. 确定接地地点：对 v/v 接线方式，B 相应接地，可用电压表分别测试 $U_a$、$U_b$、$U_c$ 对地的电压值。如有一项电压值为零，则说明互感器有接地点，否则无接地点。如果各相端钮对地电压相近，都指示 $100/\sqrt{3}V$，则说明三相电压互感器是按星形连接的，二次侧是中性点接地。用电压表的一端和电能表未接地的电压端钮连接，另一端一次触及电能表的各电流端子，如果电流回路没有断线和安全接地，电压表应指示 100V 或 $100/\sqrt{3}V$。

d. 电能表错误接线判别：电能表要求必须是按正相序接入电压，电压正相序时有三种情况，即 $A$、$B$、$C$ 或 $B$、$C$、$A$ 或 $C$、$A$、$B$。根据前面已判明的 B 相电压线，用相序表测试接入电能表端钮盒的三相电压的相序应为正相序，如果三相电压为逆相序，应将接线更正，在排除电压、电流回路断线、短路的情况下，再进行电能表错误接线的判别。

电能表错误接线的判断可用方法：相量图法、相位表法、六角相量图法、力矩法、断 B 相法、电压置换法。

2. 油浸式电力变压器检测

(1) 目的：用于电压等级为 10kV，容量为 1600kVA 油浸式电力变压器检测。

(2) 检测项目

① 外部检查；

② 测量变压器的绝缘电阻；

③ 测量变压器的直流电阻；

④ 变比及组别测试；

⑤ 交流耐压。

(3) 检测方法

① 外观检查：仔细观察变压器油箱、油枕、防爆管及其他附件等有无机械损伤和渗油现象；检查铭牌数据和其他标牌与设计要求及厂家技术参数是否一致，附件是否完整；吊心螺栓、螺丝和密封应完整良好，特别要仔细检查高低压瓷瓶有无裂缝和缺陷；外表无锈蚀，油漆应完好，油温、油面标线均应正常。

② 绝缘电阻测量：

a. 绝缘电阻的测量对任何电气设备都是很重要的试验项目。故变压器在试验中绝缘电阻要测量好几次，至少要测二次；第一次在其他试验项目之前，第二次复测一般在工频耐压试验之后。这样根据测得的绝缘电阻数据可以初步判断变压器内部绝缘电阻好坏。同时测得的吸收比数值可以判断绝缘纸板、套管及线圈上的油垢等局缺陷和受潮情况。测量绝缘电阻和吸收比都是采用摇表，因其操作方便，多测几次，对绝缘也无妨害。即使绝缘已经破坏，也不会扩大其故障点。

b. 因吸收比和绝缘电阻之间是相互联系的，所以一般吸收比较低的变压器，其绝缘电阻阻值也相应降低。如果吸收比低了，对新的变压器的判断很可能是变压器油渗入水分而受潮，可采取油样，经油化学分析，就能确定。如果吸收比在 1.3 以上，而绝缘电阻有明显的降低，这说明变压器没有受潮，也可能是变压器经过运输致使结构变形，或高低压瓷瓶有肉眼看不见的裂缝等缺陷。有时，为了查明真正原因，还必须采取其他方法测定。

③ 直流电阻测试：

a. 通过线圈直流电阻的测试，可以检查出电路是否完整，分接开关、引线和套管载流部分的接触是否良好，线圈内部导线的焊接质量和线圈所用的导线是否符合设计要求，以及三相电阻值是否平衡等情况。在试验过程中，三相电阻不平衡，可能有以下几种原因造成：首先人为的问题，是我们使用的测试钳在转换时所夹的位置不同或松紧不一致，导致数据差别较大。在测充电时，由于变压器有电感的存在，充放电时间的长短，有时也能影响测量的数值。这些问题都可以通过调整测试位置多次测量的方法解决。其次便是变压器本身的问题：分接开关接触不良，一般出现在个别分接开关电阻偏大，造成三相不平衡，主要由于分接开关内部不清洁、电镀脱落、弹簧压力不够等原因造成的。焊接不良，引线和线圈等焊接处接触电阻偏大。变压器线圈使用导线质量不同，线规差异，也能造成三相不平衡。三角形接线一相断线，测出三相电阻就相差很大，没断线的二相要比实际数大 1.5 倍，而断线的一相比实际大三倍。当有这些情况出现时，就要通过生产厂家处理解决。

b. 线圈电阻的大小还与线圈温度有关。所以我们在用现场测试的直流电阻值与出厂数据比较时，往往都发现差值超过规范要求，这是由于两次的测试温度不同造成的，所以在测量时，要以当时油面温度作为被试线圈的温度，再将测试的电阻值与出厂数据都换算至 75℃时的电阻对照，才能确保结果的真实与准确。

④ 变比及组别测试：

a. 变压比测试的目的基本上与测量直流电阻相似，可采用 QJ95 变比电桥或变压器变比测试仪进行，两者均可直接读出变比误差及组别。

b. 变比误差超差可由变压器分接开关焊错，匝数不符及线圈断路匝间短路和半短路现象引起。

c. 变压器的高低压线圈同一相电压或电流的相位关系叫变压器连接组别。并联的几台变压器的一次侧电压和二次侧电压的向量图必须一致，也就是组别一定要相同。否则电压相位不同时，就会造成并联变压器同相线圈之间产生电压差，在线圈内产生数倍于额定电流的不平衡电流，甚至有烧毁变压器的危险。因此，变压器并联条件除要求高低压相等和阻抗相等外，连接组别必须十分正确。

⑤ 变压器交流工频耐压试验

a. 变压器经过以上一系列试验后，最后应进行交流工频耐压试验。它对考核主绝缘强度，特别对考核主绝缘的局部缺陷，具有决定性的作用，对主绝缘来讲，在冲击试验中不易显示出来的问题，而在工频耐压试验中都能明显地发现出来。同时，通过耐压试验，也考核变压器能否承受超过其额定电压一定倍数的电压的能力。但是耐压试验极容易发生过电压，引起的原因有谐振过电压或误操作过电压。对于误操作引起的过电压，只要我们在操作中谨慎从事，便可以避免。但谐振过电压是无法控制的。所以，在耐压试验前，要根据试验电压选择球隙装置采取保护措施，再用静电电压表或阻容分压器在高压侧监视电压，便可以有效的保护变压器不受破坏。

b. 在耐压试验过程中，要随时观察仪表指示是否稳定，并倾听被试变压器内部有无放电响声,以及其他异常情况。如果仪表指示稳定,被试变压器无放电声,这标志着被试变压器承受住了耐压试验,即认为合格。

c. 如果在外施高压过程中,仪表指示突然上升或下降,电源侧过电流继电器切断电源,说明被试变压器已被击穿。有时发现仪表指示左右摇摆不稳定或周期性跳动,都证明被试变压器内部或外部有放电现象。这种放电现象在变压器外部比较少,大部分在变压器内部,并且只要靠近被试变压器是可以听出放电声音的。从声音和仪表指针摆动的情况,可以分辨出故障的原因。如果声音比较清脆"当当当"但仪表摆动不大,在重复时放电现象消失了,这种现象可能是变压器油中气泡放电。当变压器油中有气泡时,在高压电场力作用下,造成气泡空隙中的击穿,以至发出声音,在重复试验时,就可能消失,这是因为放电击穿后,气泡被分散,所以变压器在注油后要在二十四小时后方能进行试验。如果耐压试验过程中清楚的听到连续放电声,比气泡放电声大,好象金属碰击油箱的声音,这往往是线圈离金属导电部分距离不够造成的。还有一种是时断时续的"擦擦"声,那就很有可能是变压器内部有小块的金属遗留在底部,由于磁场作用将它吸引到铁芯上,产生持续的声音。以上故障如果发现在试验过程中,就应停止试验,通知被检单位或做吊芯处理。

(4) 检测结果处理

① 检测数据均按规定格式和要求认真做好记录。

② 根据检测数据和标准要求进行判断,符合标准要求的即为合格,不符合标准要求的就作不合格结论,并提出处理意见。

3. 组合式过电压保护器检测

(1) 目的:用于电压等级为 10kV 及以下过电压保护器(替代氧化物避雷器)检测。

(2) 检测项目

① 测量组合式过电压保护器的绝缘电阻;

② 测量组合式过电压保护器的工频放电电压。

(3) 检测方法

① 测量组合式过电压保护器的绝缘电阻,10kV 及以下使用 2500V 兆欧表,测量各相间绝缘电阻,应大于 1000MΩ;

② 测量组合式过电压保护器的工频放电电压

a. 试验时,从开始升压至放电,时间控制在 3.5~7s 为宜,动作后应在 0.2s 内切断电源。

b. 检测电压应分别加在 $A$ 和 $D$,$B$ 和 $D$,$C$ 和 $D$,$A$ 和 $C$,$B$ 和 $C$,$A$ 和 $B$ 上,具体放电值参照表 6-37 规定。

过电压保护器放电测试数值范围  表 6-37

| 型号\工放值\电压等级 | 3.15kV | 6.3kV | 10.5kV |
| --- | --- | --- | --- |
| TBP-A | 4.9—7.2 | 9.8—14.4 | 16.3—23.7 |
| TBP-B | 6.6—9.7 | 13.2—19.3 | 21.9—32 |
| TBP-C | 7—10.2 | 13.8—20.1 | 23.1—33.6 |

注:此标准为产品技术要求。

c. 对电压等级为 10kV 及 10kV 以下的,检测时应将其放在铁板上进行,铁板需可靠接地。电压等级为 10kV 以上的,检测时用绝缘子将保护器支起交放在铁板上,铁板可靠接地后方可进行,铁板面积应略大于保护器底座的底面。

d. 测量次数不少于 3 次,每两次时间间隔应不小于 10 秒,工放值取其平均值,工放值在出厂参数的 90%~120% 范围内为合格。

e. 对安装有保护器的开关柜作耐压试验时,必须将保护器的四只接线端头全部拆除后方可进行试验。

f. 检测时,只有施加高压端头与接地端头间隙放电,其他任何部分不得发生闪络。

(4) 检测结果处理

① 检测数据均按规定格式和要求认真做好记录；

② 根据检测数据和标准要求进行判断，符合标准要求的即为合格，不符合标准要求的就作不合格结论，并提出处理意见。

4. 接地装置检测

(1) 目的：用于新接地装置交接检测。

(2) 检测项目

① 外部检查；

② 内部和机械部分检查。

(3) 检测方法

① 外观检查

a. 接地体顶面埋设深应符合设计规定。垂直接地体的间距不宜小于其长度 2 倍，水平接地体间距应符合设计规定；

b. 接地体应有防止发生机械损伤和化学腐蚀的保护措施；

c. 接地体连接采用焊接时，必须牢固无虚焊，采用搭接焊时，其搭接长度必须符合以下规定：扁钢为其宽度 2 倍（且至少三个棱边焊接）；圆钢为其径 6 倍；圆钢与扁钢连接时，其长度为圆直径的 6 倍。

② 检测仪器的选择

测量地装置接地电阻，应采用接地电阻测试仪，其精度不低于 1.5 级。

③ 检测方法

将被测接地极接仪器"G"接线柱，将电位探针和电流探针插在距离接地极 20m、40m 的地方（电位探针近）并有导线将探针与 P、C 接线柱相联。将仪表指针调到零点，将倍率开关置于最大倍率上，缓慢摇动发动机手柄，调节"测量标度盘"使检流计的指针指于中心线，然后逐渐加快手柄转速，使其达到每分钟 120 转，调节"测量标度盘"使指针完全指零，这时，接地电阻 = 倍率 × 测量标度盘读数。

若测量标度盘读数小于 1，应将倍率开关置于较小一档重新测量。

(4) 检测结果处理

① 检测数据均按规定格式和要求认真做好记录；

② 根据检测数据和标准及设计要求进行判断，符合标准要求的即为合格，不符合标准要求的就作不合格结论，并提出处理意见。

**思考题**

1. 测量误差分为哪几类？引起这些误差的主要原因是什么？
2. 对电气设备进行直流耐压检测，并测试其泄漏电流的目的是什么？
3. 什么是功率因数，提高负荷功率因数有何意义？
4. 什么叫电流速断保护？其动作值如何计算？
5. 什么叫接触电阻？断路器接触电阻有哪几部分组成？影响接触电阻的因素有哪些？
6. 什么是介质损耗？什么是介质损耗角 $\delta$？
7. 电力系统产生谐波有哪些因数？谐波有哪些危害？
8. 电流互感器的接线方式有哪几种？适用于什么样的场合？
9. 两台变压器并联运行的条件是什么？当不符合并联运行条件时，会引起什么样的后果？
10. 何谓安全保护接地？安全保护接地分为哪几类？
11. 何谓过电压？过电压分为几类？各类过电压是如何产生的？

12. 变配电所的防雷保护主要是哪两个方面？各用什么保护装置？
13. 高压电动机一般应装设哪些保护？
14. 如何测量交流耐压试验的试验高压？

## 第五节 仪表检测

### 一、概念

**1. 仪表分类**

检测与过程控制仪表（通常称自动化仪表）根据不同原则可以进行相应的分类。例如按仪表所使用的能源分类，可以分为气动仪表、电动仪表和液动仪表（很少见）；按仪表组合形式，可以分为基地式仪表、单元组合仪表和综合控制装置；按仪表安装形式，可以分为现场仪表、盘装仪表和架装仪表；根据仪表有否引入微处理机（器）又可以分为智能仪表与非智能仪表；根据仪表信号的形式可分为模拟仪表和数字仪表。

**2. 检测仪表**

建筑仪表中常见的是检测仪表，检测仪表根据其被测变量不同，根据5大参量又可分为温度检测仪表、流量检测仪表、压力检测仪表、物位检测仪表和分析仪表。

显示仪表根据记录和指示、模拟与数字等功能，又可以分为记录仪表和指示仪表、模拟仪表和数显仪表，其中记录仪表又可分为单点记录和多点记录（指示亦可以有单点和多点）。

检测与过程控制仪表最通用的分类，是按仪表在测量与控制系统中的作用进行划分，一般分为检测仪表、显示仪表、调节（控制）仪表和执行器4大类，见表6-38。

**检测与过程控制仪表分类表**　　　　　　　　　　　　　　　表6-38

| 按功能 | 按被测变量 | 按工作原理和结构形式 | 按组合形式 | 按能源 | 其 他 |
|---|---|---|---|---|---|
| 检测仪表 | 压力<br>温度<br>流量<br>物位<br>成分 | 液柱式,弹性式,电气式,活塞式<br>膨胀式,热电偶,热电阻,光学,辐射<br>节流式,转子式,容积式,速度式,靶式,电磁,旋涡<br>直读,浮力,静压,电学,声波,辐射,光学<br>pH值,氧分析,色谱,红外,紫外 | 单元组合<br>单元组合<br>单元组合<br>单元组合<br>实验室和流程 | 电、气<br>电、气<br>电、气<br>电、气 | 智能、现场总线<br>智能、现场总线<br>智能、现场总线<br>智能、现场总线 |
| 显示仪表 |  | 模拟和数字<br>指示和记录<br>动圈,自动平衡电桥,电位差计 |  | 电、气 | 单点,多点,<br>打印,笔录 |
| 调节仪表 |  | 自立式<br>组装式<br>可编程 | 基地式<br>单元组合 | 气动<br>电动 |  |
| 执行器 | 执行机构阀 | 薄膜,活塞,长行程,其他<br>直通单座,直通双座,套筒球阀,蝶阀,隔膜阀<br>偏心旋转,角形,三通,阀体分离 | 执行机构<br>和阀可各<br>种组合 | 气,电,液 | 直线,对数,<br>抛物线,快开 |

（1）温度检测仪表

温度是热力生产过程中最主要的热工参数，温度的测量对保证电厂热力设备安全、经济运行十分重要，在各种热工仪表中测温仪表的应用也最广泛。温度只能通过物体随温度变化的某些特性来间接测量，而用来量度物体温度数值的标尺叫温标。它规定了温度的读数起点（零点）和测量温度的基本单位。

(2) 压力测量仪表

这里所说的压力,实际上是物理概念中的压强,即垂直作用在单位面积上的力。根据压力测量原理可分为液柱式、弹性式、电阻式、电容式、电感式和振频式等。

(3) 流量测量仪表

工业生产过程中另一个重要参数就是流量。流量就是单位时间内流经某一截面的流体数量。流量可用体积流量和质量流量来表示,其单位分别用 $m^3/h$、$L/h$ 和 $kg/h$ 等。流量计是指测量流体流量的仪表,它能指示和记录某瞬时流体的流量值;计量表(总量表)是指测量流体总量的仪表,它能累计某段时间间隔内流体的总量,即各瞬时流量的累加和,如水表、煤气表等。

(4) 物位测量

物位测量仪表的种类很多,如果按液位、料位、界面来分可分为:

① 测量液位的仪表:玻璃管(板)式、称重式、浮力式(浮筒、浮球、浮标)、静压式(压力式、差压式)、电容式、电感式、电阻式、超声波式、放射性式、激光式及微波式等;

② 测量界面的仪表:浮力式、差压式、电极式和超声波式等;

③ 测量料位的仪表:重锤探测式、音叉式、超声波式、激光式、放射性式等。

**二、检测依据**

《石油化工仪表工程施工技术规程》SH3521—1999

《自动化仪表工程施工及验收规范》GB50093—2002

设计文件规定及产品说明书

**三、仪表检测的基本要求**

1. 检测设备

数字压力计　　　　　0.05 级

标准电阻箱　　　　　0.05 级

精密电流表　　　　　0.05 级

交直流稳压电源

数字万用表　　　　　0.2 级

兆欧表　　　　　　　0.5 级

HART 通讯器

标准设备具备有效的计量检定合格证明,基本误差的绝对值不宜超过被校准仪表基本误差绝对值的 1/3。

环境温度 10~35℃;相对湿度小于 85%;调校环境应清洁、安静,光线充足,无振动,无对仪表及线路的电磁场干扰;有上、下水和符合调校要求的电源及仪表空气源。

2. 数据处理及技术要求

(1) 指示仪表的数据处理:

① 按下式可计算各点的误差

$$\delta_n = \frac{V_{n1} - V_{n0}}{V} \times 100\% \tag{6-19}$$

式中　$\delta_n$——某点的百分误差;

　　　$V_{n1}$——某点的指示值;

　　　$V_{n0}$——某点的标准值;

　　　$V$——仪表的量程。

② 按下式可计算各点的变差

$$\delta_{\mathrm{nrm}} = \frac{|V_{\mathrm{n}l1} - V_{\mathrm{n}l2}|}{V} \times 100\% \qquad (6\text{-}20)$$

式中 $\delta_{\mathrm{nrm}}$——某点的变差示值；
$V_{\mathrm{n}l1}$——某点的上行指示值；
$V_{\mathrm{n}l2}$——某点的下行指示值；
$V$——仪表的量程。

(2) 差压（压力）仪表的数据处理：
① 按下式计算出基本误差：

$$\delta = \frac{I_{\text{示}} - I_{\text{标}}}{16} \times 100\% \qquad (6\text{-}21)$$

式中 $\delta$——某点的基本误差；
$I_{\text{示}}$——某点的实际测量值；
$I_{\text{标}}$——某点的标准输出值。

② 按下式可计算各点的变差

$$\delta_{\mathrm{nrm}} = \frac{|V_{\mathrm{n}l1} - V_{\mathrm{n}l2}|}{V} \times 100\% \qquad (6\text{-}22)$$

式中 $\delta_{\mathrm{nrm}}$——某点的变差示值；
$V_{\mathrm{n}l1}$——某点的上行指示值；
$V_{\mathrm{n}l2}$——某点的下行指示值；
$V$——仪表的量程。

(3) 温度仪表的数据处理：
① 基本误差按下式计算：

$$\delta = \frac{I_{\text{示}} - I_{\text{标}}}{16} \times 100\% \qquad (6\text{-}23)$$

式中 $I_{\text{标}}$——标准值；
$I_{\text{示}}$——实际输出值。

② 回程误差：

$$\Delta = \frac{|I_{\text{示上}} - I_{\text{示下}}|}{16} \times 100\% \qquad (6\text{-}24)$$

式中 $I_{\text{示上}}$——上行输出值；
$I_{\text{示下}}$——下行输出值。

**3. 操作过程及判定**

(1) 外观检查

① 检查仪表铭牌、名称、位号、型号、量程、精度等级、制造厂、出厂编号、电（气）源等技术条件，应符合设计要求（仪表规格书）；

② 检查仪表有无变形、损伤、油漆脱落、零件丢失等缺陷，外形主要尺寸、连接尺寸应符合设计要求；

③ 端子、接头固定件等应完整，附件齐全；

④ 合格证及检定证书齐全。

(2) 基本误差校验：

① 指示仪表的基本误差校验

**a.** 根据说明书首先进行零点量程的调整。

取 0%、25%、50%、75%、100%五点进行正、反行程的校验（为了取整数，可分四点或六点）。

b. 计算最大误差，其最大误差不超过精度要求为合格。

c. 计算最大变差，其最大变差不超过精度要求为合格。

d. 报警设置点的检查

调整仪表报警设置旋钮到设计报警值上，无设计值，下限定到 15%，上限定到 85%。

e. 将信号调至正常值上，然后降低检查下限；上升检查上限，同时用万用表检查输出接点，报警设置误差应不大于说明书的要求。

f. 填写校验记录。

② 电动差压（压力）变送器的基本误差校验

a. 变送器按图 6-12 原理图进行气路和电路连接。

b. 变送器入口侧（差压变送器则高、低压侧）通大气，启动电源开关，待稳定 3 分钟后，此时变送器为 0%的压力信号，输出应为 4mA。

c. 向变送器（差压变送器则向正压侧）施加 100%的压力信号，输出应为 20mA。如果不符合要求则进行调整，具体调整方法见说明书（智能变送器用通讯器修改其参数：位号、测量范围、阻尼时间、零点调整与迁移、输出特性等）。

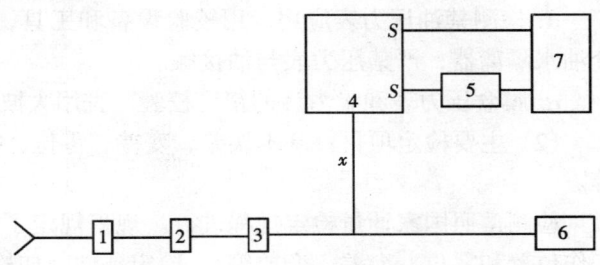

图 6-12　电动差压（压力）变送器检测原理图
1—气源切断阀；2—减压阀；3—气动定值器；4—被校表；5—精密电流表；6—数字压力计；7—直流电源；$x$—输入；$S$—输出

d. 零点、量程反复调整合格后，按 0%、25%、50%、75%、100%五点为标准值进行校验。平稳地输入差压信号，读取各点相应的实测值。

e. 使输出信号上升到上限值的 105%保持 1min，然后逐渐使输出信号减少到最小，读取各点相应的实测值。

f. 计算基本误差，符合精度要求为合格。

g. 在同一点测得正、反行程实测值之差的绝对值，即为电动变送器的回程误差，其符合精度要求为合格。

h. 填写校验记录。

③ 温度仪表的基本误差校验

a. 按温度仪表说明书中校验接线图进行接线。

b. 参照说明书，如果需配线路电阻的要进行配置。

c. 热电偶变送器内部均有零点补偿电路，因此在送 mV 信号时要减去该补偿电势，即校验时的室温电势。

d. 信号发生器向变送器送零点信号，调整输出为零。

e. 信号发生器向变送器送量程信号，调整输出为 100%。

f. 零点量程反复调整合格后，按 0%、25%、50%、75%、100%五点对变送器输出电流进行正反行程校验。

g. 计算最大误差和变差将其折算成百分比误差，两个误差均不能超过基本误差要求。

h. 填写校验记录。

4. 最大误差和变差将其折算成百分比误差，两个误差均不能超过基本误差要求。整理原始数据按 GB8176—87 要求处理，整理原始记录，填写报告单，报告要有校验人、质量检查员、技术负责人签名，注明校验日期，表体贴上校验合格证标签（带有仪表位号），在试验报告单上加盖单位校验合格章；经校验不合格的仪表，应会同监理、业主等有关人员检查、确认后，交还被检单位处理。

### 四、实例

1. 压力表检测

（1）压力仪表的精度校验应按其不同使用条件分别采用下列信号源和校验设备进行：

a. 校验测量范围小于 0.1MPa 的压力表，宜用仪表空气作信号源。

b. 测量范围大于 0.1MPa 的压力表应用活塞式压力计加压，与标准压力表或标准砝码相比较。当使用砝码比较时，应在砝码旋转的情况下读数。

c. 检测真空压力表时，应用真空泵产生真空度。

d. 检测禁油压力表应用专用校验设备和工具，或在被校压力表与活塞式压力计之间安装一套油水隔离器，严禁压力表与油接触。

e. 膜盒压力表和吸力计的精度校验，宜用大波纹管微压发生器，用袮式微压计作标准表。

（2）主要检定项目：基本误差、变差、零位、指针移动的平稳性及轻敲表壳后示值的变动量等。

检测遵照国家计量检定规程进行。规程规定了这些表计的技术要求（如外观、部件、封印、工作位置和零位、允差、变差等），检定条件（如检定设备、环境条件、传压介质等），检定项目和方法（如外观检查、示值检定及相应操作、特殊表计的附加检定等）。

（3）压力表和双波纹管差压计的校验应符合下列规定：

a. 按增大或减小方向施加压力信号，压力仪表指示值的基本误差和变差不得超过仪表精度要求的允许误差，指针的上升与下降应平衡，无迟滞、摇晃现象；

b. 校验点应在刻度范围内均匀选取，且不得少于五点，真空压力表的压力部分不得少于三点，真空部分不得少于两点，但压力部分测量上限值超过 0.3MPa 时，真空部分只校验一点。

c. 轻敲仪表外壳时，指针偏移不得超过基本误差的一半，且示值误差不得超过仪表允许误差。

2. 一台西安仪表厂 1151DP 型差压变送器检测

基本误差及回程误差的校准

（1）按变送器校验原理图——"电动差压（压力）变送器检测原理图"进行气路连接。

（2）按变送器校验原理图进行电路连接。

（3）调整零点、量程。

（4）零点、量程反复调整合格后，按 0%、25%、50%、75%、100% 五点为标准值进行校验。平稳地输入差压信号，读取各点相应的实测值。

（5）使输出信号上升到上限值的 105% 保持 1min，然后逐渐使输出信号减少到最小，读取各点相应的实测值。

（6）计算基本误差和回差，符合精度要求为合格。

（7）填写校验报告。

### 思考题

1. 什么叫温标？常用温标有哪几类？常用的热电偶可分为哪几类？
2. 简述差压式液位计的特点。
3. 简述质量流量计的特点。
4. 今有一台测量范围为 0~1.6MPa 的压力表，其校验结果如下：

| 被校表刻度值（MPa） | 0 | 0.4 | 0.8 | 1.2 | 1.6 |
|---|---|---|---|---|---|
| 正行程示值（MPa） | 0 | 0.39 | 0.8 | 1.19 | 1.59 |
| 反行程示值（MPa） | 0.01 | 0.41 | 0.81 | 1.21 | 1.6 |

此表表盘上的标志为 1.0 级，试计算此表的允许误差，并判断此表是否合格。

5. 何为节流装置？标准节流装置有哪几种？
6. 简述电容式压力变送器测量原理。

**参考文献**

1. 乐嘉谦. 化工仪表维修工. 化学工业出版社，2004.8
2. 卫东. 仪表安装与维修. 化学工业出版社，2000.8

## 第六节 电梯检测技术

### 一、概念

#### 1. 电梯简介及发展

电梯是多层及高层建筑物中不可缺少的垂直运输设备。电梯已广泛应用于人们的日常工作和生活中，特别是在高层建筑尤其是超高层建筑里，电梯的作用在一定程度上比建筑物本身更为重要。如今电梯已成为现代物质文明的一个标志。

电梯作为升降设备，它的起源可以追溯到公元前 1100 年前我国古代的周朝时期人们发明用于提水的辘轳。电梯的诞生是在 1852 年，由美国人奥的斯发明，1889 年美国奥的斯升降机公司推出了世界上第一部直流升降电梯。1903 年，美国奥的斯电梯公司将电梯的驱动方式由卷筒驱动改为曳引驱动，这为今天的长行程电梯的生产奠定了基础。因此，与最初的电梯相比，现在的电梯及其性能得到了很大发展，主要表现在驱动方式、电动机、控制技术、运行速度等方面。

交流电动机真正应用于电梯驱动是在 20 世纪中期，随着电子技术的发展，人们研制出了交流调压调速系统，使交流电梯得到快速发展。80 年代，由于微机技术在电梯中的应用，出现了交流变频调速系统，80 年代中期，日本将此系统用于用于中、低速交流调速电梯以及 2m/s 以上的高速电梯，使交流电梯的调速性能大大改善。随着技术发展，交流变频调速系统将取代交流调压调速系统。

在控制技术方面，电梯已由微机控制全面取代继电器控制，实现闭环控制，进一步提高电梯性能和可靠性，简化控制系统和减少现场调试的要求已是控制的主流。因此，目前更加强调运行质量和开拓功能，电梯控制正向多微机分散控制发展。

在运行速度上，电梯也有了很大提高，目前世界各地都有 6～9m/s 的电梯在运行，日本日立公司已研制出 13.5m/s 的超高速电梯。

我国电梯行业发展的历史较短，解放前只有 2000 台左右的电梯，几乎没有电梯制造企业。新中国成立以后，才有了三家电梯生产厂，60 年代开始起步，到 70 年代初还不足 10 个电梯生产，年产电梯只有近 2000 台。此后有了较大发展，但真正的发展始于 80 年代，随着经济建设的发展，电梯生产厂迅速增加，目前已发展到 500 家左右，年产电梯约 4 万台。生产的电梯产品从一般的载货电梯、医用电梯发展到乘客电梯、高级乘客电梯、自动扶梯和自动人行道以及液压电梯、无机房电梯等。电梯的运行速度从 0.25m/s 发展到 2.5m/s 以上，并已由变频调速系统全面取代了 4m/s 以下的直流调速系统。

另外，在发展电梯控制新技术方面，从 20 世纪 80 年初已有部分电梯生产厂先后与国外一些大的电梯公司合资，引进先进的技术和产品来提高国内电梯产品的质量和技术水平。目前国内已能批量生产微电脑控制的电梯，电梯产品的质量和技术水平有了很大提高，同时也有了国内自己设计的变频器。

2. 电梯的定义、结构组成、主要参数及分类

为对电梯有个概括的了解,我们选择了垂直电梯一些主要内容进行介绍。

(1) 电梯的定义:

电梯是服务于规定楼层的固定式升降设备。它具有一个轿厢,运行在至少两列垂直的或倾斜角小于15°的刚性导轨之间。轿厢尺寸与结构形式便于乘客出入或装卸货物。

(2) 电梯的主要结构组成

是由曳引装置、钢丝绳、承重梁、对重装置、限速装置、控制柜、轿厢、导轨、层门装置、缓冲器、随行电缆、井道电气装置等几部分组成,其结构见图6-13。

(3) 电梯的主参数

是指额定载重量和额定速度。

① 电梯的额定载重量主要有以下几种:

200kg、500kg、630kg、800kg、1000kg、1350kg、1600kg、2000kg、2500kg、3000kg、5000kg等。

② 电梯的额定速度一般常见的有:

0.25m/s、0.5m/s、0.63m/s、1.0m/s、1.75m/s、2.50m/s、3.0m/s、4.0m/s等。

(4) 电梯的分类

电梯的种类有多种。它的分类方式主要有四种,分别为按用途、运行速度、拖动方式、控制方式分类。

3. 电梯检测相关参数及术语

电梯检测主要针对影响电梯功能和安全的内容,检测人员首先应掌握或了解其概念。有关电梯的一些名词、定义、术语解释可参见附录。

(1) 接地电阻及电梯绝缘检测

是指对电梯所需接地电阻值的测量和对电梯的电动机、门机、安全回路、控制线路绝缘的检测。

(2) 极限、限位开关动作检测

是指对电梯轿厢向上、向下运行的终端保护行程开关的作用情况进行检测。

(3) 曳引平衡系数检测

① 曳引平衡系数:是GB 7588—2003国家标准规定的系数。曳引驱动的理想状态是对重侧与轿厢侧的重量相等。此时,曳引轮两侧钢丝绳的张力 $T_1 = T_2$,若不考

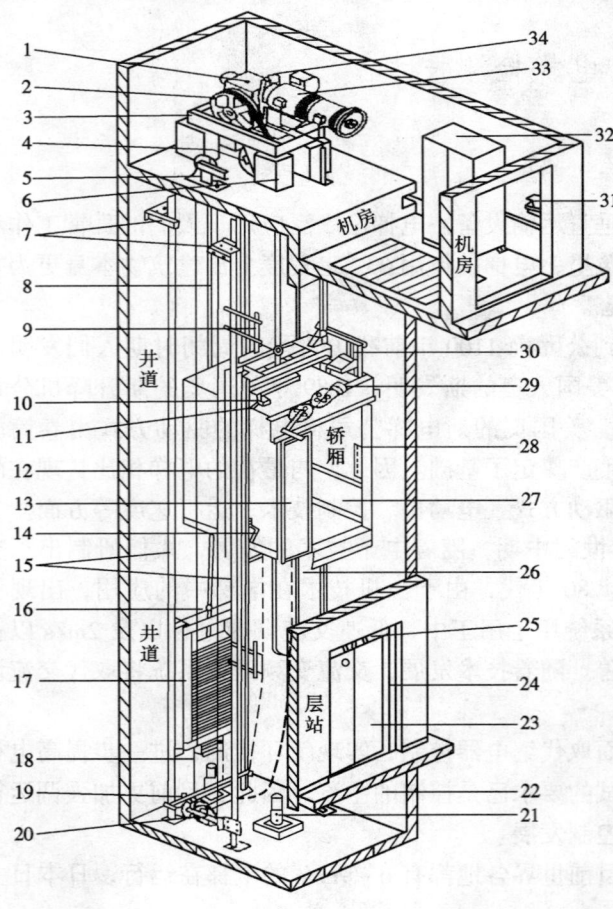

图6-13 电梯的装置图

1—减速箱;2—曳引轮;3—曳引机底座;4—导向轮;5—限速器;6—机座;7—导轨支架;8—曳引钢丝绳;9—开关碰铁;10—紧急终端开关;11—导靴;12—轿架;13—轿门;14—安全钳;15—导轨;16—绳头组合;17—对重;18—补偿链;19—补偿链导轮;20—张紧装置;21—缓冲器;22—底坑;23—层门;24—呼梯盒(箱);25—层楼指标灯;26—随行电缆;27—轿壁;28—轿内操纵箱;29—开门机;30—井道传感器;31—电源开关;32—控制柜;33—曳引电机;34—制动器(抱闸)

虑钢丝绳重量的变化,曳引机只要克服各种摩擦力就能轻松地运行。但实际上轿厢侧的重量是个变量,随着载荷的变化而变化,固定的对重不可能在各种载荷情况下都完全平衡轿厢侧的重量。

基于上述情况对重只能取中间值，按标准规定只平衡 0.4~0.5 的额定载荷，故对重侧的总重量应等于轿厢自重加上 0.4~0.5 倍的额定载重量。此 0.4~0.5 即为平衡系数，若以 $K$ 表示平衡系数则 $K=0.4~0.5$。

② 曳引平衡系数检测：是指将轿厢内放入电梯额定载重量 50% 的重物时，使电梯作上、下运行，当轿厢与对重运行到同一水平位置时，用电流表测量得到的数据，根据国家标准判断是否达到曳引平衡系数的要求。本要求用于交流电动机。

（4）运行试验检测

是指对电梯的空载、50%载荷（重点）、100%载荷、110%载荷、125%载荷运行能力试验的检测。

（5）安全钳试验检测

是指对电梯的限速器、安全钳、安全开关联动试验检测。

（6）缓冲器负载试验检测

是指通过对电梯以检修速度向下运行至缓冲器完全压缩后即向上运行这一过程试验来检查缓冲器所应达到的功能。

（7）报警装置试验检测

是指对电梯的报警器和三方通话能力的检测。

（8）平层准确度的检测

是指对电梯到达每一层时轿厢地坎与层门地坎的水平高度垂直差值的检测。

（9）噪声试验检测

是指当电梯正常运行时，用声级计分别对机房、轿厢、开门或关门的噪声进行检测。

## 二、电梯检测依据

《电梯制造与安装安全规范》GB 7588—2003
《电梯技术条件》GB 10058—1997
《电梯试验方法》GB 10059—1997
《电梯安装验收规范》GB 10060—1993
《电梯工程施工质量验收规范》GB 50310—2002

## 三、检测方法与结果判定

1. 接地电阻及电梯绝缘的检测

（1）仪器设备：数字式万用表　精度：±2%；
　　　　　　　数字式兆欧表　精度：±1.5%。

（2）抽样：全部检测。

（3）技术要求：

① 系统接地型式应根据供电系统采用 TN-S 或 TN-C-S 系统，进入机房起中性线（N）与保护线（PE）应始终分开。其接地电阻值必须小于 $4\Omega$。

② 易于意外带电的部件与机房接地端连通性应良好，且之间的电阻值不大于 $0.5\Omega$。在 TN 供电系统中，严禁电气设备外壳单独接地；电梯轿厢可利用随行电缆的钢芯或芯线作保护线，采用电缆芯线作保护线时不得少于 2 根。

③ 导体之间和导体对地的绝缘电阻：动力电路不小于 $0.5M\Omega$；电气安全装置电路不小于 $0.5M\Omega$；照明电路不小于 $0.25M\Omega$；其他电路不小于 $0.25M\Omega$。

（4）操作过程及判定：

① 将主电源断开，在进线端断开零线，用万用表的通断档检查零线和地线之间是否连通；并用万用表的电阻档检测接地电阻值，达到技术要求规定判为合格；

② 用万用表电阻档测量曳引电动机、电源开关、线槽、轿厢等部件与机房接地端的电阻值，达到技术要求规定判为合格；

③ 用500V数字式兆欧表分别测量动力电路、电气安全装置电路和照明电路导体之间和导体对地的绝缘电阻，达到技术要求规定判为合格。

(5) 操作注意事项：

① 检测时应先断开主电源开关，并断开所有电子元件；

② 因为检测人员不一定都熟悉微电子特性，很容易误操作造成不必要的损失；其他电路绝缘电阻的检测由安装调试和维护保养单位自检，检测人员负责查看自检记录，可根据记录的数据来判定；

③ 在检测绝缘时，应注意绝缘表的档位：当检测220伏以上线路时宜使用500V的档位，而对于110伏以下的线路易使用250V的档位。

2. 极限、限位开关动作检测

(1) 仪器设备：300mm钢直尺　　精度：1级。

(2) 抽样：所有开关全部检测。

(3) 技术要求：

① 井道上下两终端应装设限位和极限位置保护开关；

② 慢速移动轿厢直到使下限位开关应动作的位置，其开关应能停止电梯运行并应保持在轿厢地坎低于最底层门地坎的状态，两地坎之间的垂直距离偏差值应为：60~100mm，此时极限开关应不动作；而当慢速移动轿厢直到使上限位开关应动作的位置，其开关应能停止电梯运行并应保持在轿厢地坎高于最高层门地坎的状态，两地坎之间的垂直距离偏差值应为：60~100mm，此时极限开关应不动作；

③ 极限开关应在轿厢或对重接触缓冲器前起作用，并在缓冲器被压缩期间保持其动作状态。

(4) 操作过程及判定：

① 慢速移动轿厢并靠近限位和极限开关时，用手拨动开关，电梯能立即停止运行，判为合格；

② 分别选择向下（或向上）方向慢速移动轿厢直到使限位开关动作且电梯停止后，用钢直尺测量所得的数据在技术要求规定的范围内判为合格；

③ a. 分别短接上方向或下方向限位开关慢速移动轿厢直到使极限开关应该动作的位置时，观察极限开关动作状态，此时，电梯不能自动恢复运行，达到技术要求规定判为合格；

b. 分别短接上下极限开关和限位开关，提升（下降）轿厢，使对重（轿厢）完全压实在缓冲器上，检查极限开关是否在整个过程中保持动作状态。达到技术要求的规定判为合格。

(5) 操作注意事项：

在进行极限开关和限位开关检测时，一般有一个检测人员需在底坑，由于需要运行电梯，所以在底坑的人员要注意安全。检测过程中电梯是否运行必须听从底坑检测人员命令。

3. 曳引平衡系数的检测

(1) 仪器设备：数字式钳型电流表　　精度：±2%；
　　　　　　　数字型转速表　　　　精度：±1Km/h。

(2) 抽样：全部检测。

(3) 技术要求：

① 当电源为额定电压、额定频率时，将电梯轿厢加入50%额定载荷的砝码，向上或向下运行方向的电流绝对误差值不大于0.5A（安培）；

② 当电源为额定电压、额定频率时，将电梯轿厢加入50%额定载荷的砝码，向上或向下运

行方向的速度绝对偏差值不大于5%。

(4) 操作过程及判定：

① 用钳型电流表检测平衡系数：将电梯轿厢承载50%额定载荷，在机房将厅、轿门关闭，并将门机和外呼信号的电源断开（可由安装人员操作），将电流表钳住某一相线，给电梯方向运行指令。当电梯运行到中间段同一点时，分别观察向上、向下运行时电流表的读数，将得到的电流表读数（见表6-39平衡系数）进行比较，再将电流表钳住另一相线重复上述做法，利用得到的电流表读数差值来判断电梯的曳引平衡系数是否符合规定要求。平衡系数用绘制电流—负荷曲线，以向上、向下运行曲线的交点来确定。试验和检测数据符合技术要求规定判定合格；（假设当50%额定载荷时，向上的电流为10A，向下的电流为9.6A，此时电流误差值 = 10 - 9.6 = 0.4 (A) < 0.5 (A)。

② 用转速表检测：电梯轿厢承载50%的额定载重量，在机房将厅、轿门关闭，并将门机和外呼信号的电源断开（可由安装人员操作），将数字转速表对准电动机的轴心，给电梯方向运行指令，分别观察向上、向下运行中间段同一点时数字转速表的读数并记录，利用下式计算并判断电梯的曳引平衡系数是否符合规定要求。此方法用于直流电梯，不用于交流电梯。

偏差值按下列公式计算：

$$偏差值 = \frac{运行速度 - 额定速度}{额定速度} \times 100\% \qquad (6-25)$$

平衡系数用绘制速度—负荷曲线，以向上、向下运行曲线的交点来确定。试验和检测数据符合技术要求规定判定合格。

(5) 操作注意事项：

① 由于现在电梯的控制都由电脑板控制的，检测人员不一定熟悉电气控制原理，所以一般可由安装人员进行电气线路的短接或断开操作，检测人员只要在旁观测就行了；

② 当在电梯运行中进行平衡系数检测时，检测人员应有两人进行，同时应注意他人的安全；

③ 检测平衡系数时，平衡系数取值 $K = 0.4 \sim 0.5$，即客梯取 $K = 0.45 \sim 0.5$，货梯取 $K = 0.4 \sim 0.45$。

平衡系数记录表　　　　　　　　　表6-39

| 承重方式 | 0 | | 25% | | 50% | | 75% | | 100% | |
| --- | --- | --- | --- | --- | --- | --- | --- | --- | --- | --- |
| | 上行 | 下行 | 上行 | 下行 | 上行 | 下行 | 上行 | 下行 | 上行 | 下行 |
| 电流（A） | | | | | | | | | | |
| 电压（V） | | | | | | | | | | |
| 转速（r/min） | | | | | | | | | | |

4. 运行试验检测

(1) 仪器设备：数字式钳型电流表　　精度：±2%；
　　　　　　　温湿度计　　　　　　精度：±2%；

(2) 抽样：按电梯设备类型检测。

(3) 技术要求：

① 轿厢分别以空载、50%额定载荷和100%额定载荷三种工况，并在通电持续率40%情况下，到达全行程范围，按120次/h，每天不少于8h，各起、制动运行1000次，电梯应运行平稳、制动可靠、连续运行无故障。制动器温升不应超过60℃，曳引机减速器油温温升不应超过60℃，其温度不应超过85℃。曳引机减速器，除蜗杆轴伸出一端只允许有轻微的渗漏油，其余各处不得有渗漏油。

②超载运行试验，即电梯在110%额定载荷，通电持续率40%的情况下，起、制动运行3000次，电梯应可靠地起动、运行和停止（平层不计），曳引机工作正常。

③轿厢承载125%额定载荷，以正常运行速度下行时，切断电动机与制动器供电，轿厢应被可靠制停且无明显变形和损坏。

④当轿厢面积不能限制载荷超过额定值时，需要150%额定载荷做曳引静载检查，历时10min，曳引绳无打滑现象。

(4) 操作过程及判定：

①对于轿厢分别以空载、50%额定载荷和100%额定载荷三种工况的试验，一般是由安装调试单位在安装调试过程中进行；在进行电梯检测时先查看其调试检验记录进行判断，决定是否符合检测要求。但是50%额定载荷的试验是要进行一次检测，因为50%额定载荷的试验是衡量电梯曳引平衡系数的关键，如果电梯曳引平衡系数达不到规定的要求，其他一些相关的参数是不可能达到规定要求的。一般电梯调试试验结束后安装调试单位都应该提供一份电梯调试试验时测得电梯上、下行电流数据而画的电流—载荷曲线图，从曲线图可以看出电梯分别以空载、25%额定载荷、50%额定载荷、75%额定载荷和100%额定载荷几种工况运行轨迹，通过电流—载荷曲线图的圆滑程度也可判断调试试验是否符合规定的要求。符合规定判定合格；

②对超载运行试验先应断开超载控制电路，然后进行运行试验并观察是否符合规定的要求；另外，将电梯轿厢放置基站，恢复超载控制电路，在电梯110%额定载荷的情况下加入一块25kg的砝码，检查在超载功能的作用下，此时电梯不能起动，结果正确判定合格；

③先将轿厢承载125%额定载荷，在机房将厅、轿门关闭，并将门机、外呼信号的电源和超、满载控制电路断开（可由安装人员操作）；给电梯直驶最高层的指令，当电梯运行到最高层后，再给电梯向下运行的指令，并在行程下部范围内分别停层3次以上检查有无异常后，电梯以正常速度向下运行并突然断电，检查轿厢制停及完好情况。上述结果正常、制停可靠，判定合格；

④对轿厢面积不能限制载荷超过额定值的检测，一般多指货梯，因为大多数货梯都没有超满载装置，不能有效地限制载荷在额定值内；因此须按规定要求进行检测：在曳引轮上将钢丝绳和曳引轮的相对位置做出标记，轿厢承载150%额定载荷，历时10min，检查是否出现打滑现象。上述内容全部符合要求，判定合格。

(5) 操作注意事项：

①进行上述检测试验时，所用载荷一般选择25kg/块的砝码来作载荷；

②进行上述检测试验时，特别当轿厢承载125%额定载荷运行时轿厢内是不允许有人的，应通过安装调试人员在机房操作完成；

③需静载检测时，应先将电梯置于基站并一定要断开电源，然后再进行。

5. 安全钳试验检测

(1) 仪器设备：无。

(2) 抽样：全部检测。

(3) 技术要求：

①额定速度大于0.63m/s的轿厢和额定速度大于1m/s需设置安全钳的对重，应采用渐进式安全钳，其他情况下可采用瞬时式安全钳。若轿厢装有数套安全钳装置，应全部采用渐进式安全钳。

②应设有在安全钳动作之前（瞬间）或与安全钳同时动作使曳引机停止转动的电气开关，开关工作应可靠有效。

③新安装具有型式试验证书的瞬时式（或渐进式）安全钳，轿厢承载额定载荷（或1.25倍

额定载荷)、电梯以检修速度向下移动做限速器——安全钳联动试验,安全钳工作应可靠。

(4) 操作过程及判定:

① 外观检查,查看标牌与速度参数的对比,检查选型合适,判定合格;

② 手动断开安全钳电气联动开关,电梯不能启动,判定合格;

③ 将轿厢均匀布置相应载荷,短接限速器和安全钳电气联动开关。在机房操纵电梯以检修速度向下运行,人为动作限速器,使轿厢可靠制停。检查安全钳在道轨上的制动痕迹是否一致。经检测符合技术要求规定判定合格;

(5) 操作注意事项:

① 本项内容的检测主要是在轿顶、底坑进行,应有安装人员陪同,并注意安全;

② 进行第③项检测操作过程应在曳引试验之后进行。

6. 缓冲器负载试验检测

(1) 仪器设备:300mm 钢直尺　　精度:1 级

　　　　　　5m 磁力线锤

(2) 抽样:全部检测。

(3) 技术要求:

① 蓄能(弹簧)型缓冲器仅适用于 $V \leqslant 1.0 \text{m/s}$ 的电梯;耗能(液压)型缓冲器适用任何速度的电梯,缓冲器固定应可靠;

② 液压缓冲器安装应垂直、油位正确柱塞无锈蚀;

③ 液压缓冲器应设有在缓冲器动作后未恢复到正常位置使电梯不能正常运行的电气安全开关;

④ 对耗能型缓冲器需进行复位试验,复位时间应不大于 120s。

(4) 操作过程及判定:

① 检查蓄能(弹簧)型缓冲器铭牌,看选型是否合适,外观有无损伤;然后将轿厢以额定载重量和减低的速度,对轿厢缓冲器进行静压 5min,再将轿厢脱离缓冲器,缓冲器能回复正常位置;厢空载,对重装置对对重缓冲器进行静压 5min,再将对重脱离缓冲器,缓冲器能回复正常位置;符合要求判定合格;

② 检查耗能(液压)型缓冲器铭牌及外观,检查油位且不外漏;并用磁力线锤和钢直尺检查液压缓冲器的垂直度,测得数值小于偏差值 ±0.5mm,符合规定判定合格;

③ 检查电气安全开关安装位置;按动开关,电梯不能启动;符合技术要求规定判定合格;

④ 轿厢在空载情况下,以检修速度下降,将缓冲器完全压缩,从轿厢开始离开缓冲器瞬间起,直到缓冲器回复原状。观察并秒表计时,复位时间应 $\leqslant 120s$,符合要求判定合格;

(5) 操作注意事项:

① 进行第④项的检测时可用手表计时;

② 上述内容的检测主要是在底坑进行,应有安装人员陪同,并注意安全。

7. 报警装置试验检测

(1) 仪器设备:无。

(2) 抽样:全部检测。

(3) 技术要求:

紧急报警装置应具备三方通话的功能,并保证建筑物内的组织机构能有效地应答紧急呼救。

(4) 操作过程及判定:

分别在轿厢、机房、有人值班的房间进行观察,检查紧急报警装置功能应有效,并进行三方通话试验,结果有效判定合格。

## 8. 平层准确度的检测

(1) 仪器设备：300mm 钢直角尺　　精度：1级。

(2) 抽样：全部检测。

(3) 技术要求：

轿厢在空载和额定载荷范围内的平层精度应符合下列要求：额定速度 $V \leqslant 0.63$m/s 的交流双速电梯，在 ±15mm 范围内；$0.63$m/s$\leqslant V \leqslant 1.0$m/s 的交流双速电梯，在 ±30mm 范围内；$V \leqslant 2.5$m/s 的交、直流调速电梯，均在 ±15mm 范围内；$V > 2.5$m/s 的电梯应满足电梯生产厂家的设计要求。

(4) 操作过程及判定：

① 先将电梯置于司机或独立服务状态，按向上或向下顺序给电梯单层运行指令，当电梯运行到目的层并停止后，检测人员用钢直角尺检查电梯平层时轿厢地坎与厅门地坎的垂直差值，并做好记录；按上述方法操作逐层检测平层准确度即可；

② 轿厢在空载和额定载荷工况时的检测；应根据被检测电梯的速度范围按以下规定操作：

a. 当电梯的额定速度不大于 1.0m/s 时，平层准确度的检测方法为轿厢自底层端站向上逐层运行和自顶层端站向下逐层运行；

b. 当电梯的额定速度大于 1.0m/s 时，平层准确度的检测方法为以达到额定速度的最小间隔层站为间距作向上、向下运行，测量全部层站；

c. 轿厢在两个端站之间直驶；

d. 按上述两种工况检测当电梯停靠层站后，轿厢地坎上平面对层门地坎上平面在开门宽度1/2 处垂直方向的差值。将所有检测的数据和结果与要求比较，符合规定判定合格。

(5) 操作注意事项：

检测的人员应处于轿厢内侧或厅门外侧，切不可一只脚于轿厢内，一只脚于厅门外。

## 9. 噪声试验检测

(1) 仪器设备：声级计　　精度：±0.5dB

(2) 抽样：在所检测位置至少取 3 点检测。

(3) 技术要求：

电梯的各机构和电气设备在工作时不得有异常振动或撞击声响。电梯噪声值为：机房平均噪声不大于 80dB（A）；额定速度小于 2.5m/s 的电梯，运行中轿内最大噪声不大于 55dB（A）；额定速度等于 2.5m/s 的电梯，运行中轿内最大噪声不大于 60dB（A）；开关门过程中不大于 65dB。

(4) 操作过程及判定：

① 机房噪声检测：当电梯以正常运行速度运行时，声级计距机房地面高 1.5m，距声源 1m 处进行，检测点取不少于 3 点，取最大值作评定依据；

② 轿厢内噪声检测：电梯以额定速度运行时，将声级计置于轿厢内中央，距地面高 1.5m 测试 3 点，取全过程运行中的最大值；

③ 开关门噪声检测：将声级计置于层门轿厢门宽度的中央，距门 0.24m，距地面高 1.5m，测试开、关门过程中的噪声 3 次，取最大值作评定依据。

检测结果记入表 6-40。

(5) 操作注意事项：

① 货梯只考核机房噪声；

② 进行轿厢内噪声检测时应无风机噪声；

③ 声级计使时选择 A 计权、快挡。

当然，电梯的检测内容应该不限于这些，做为教学，本节重点介绍了以垂直电梯为主要内容的电梯结构组成、电梯检测的依据、检测电梯使用的仪器设备、应重点检测的内容和要求及概念；以及电梯检测的操作过程、结果判定，并在附录中对电梯的相关名词、定义、术语作了解释。关于液压电梯、杂物电梯、自动扶梯和自动人行道的检测技术可以参照相关参考文献及资料。

噪 声 检 验 记 录    表 6-40

| 层站 | 轿厢门 | | | 层站门 | | | 运行时轿厢内 | | | 机房 |
|---|---|---|---|---|---|---|---|---|---|---|
| | 开门 | 关门 | 背景 | 开门 | 关门 | 背景 | 上行 | 下行 | 背景 | |
| | | | | | | | | | | 1 |
| | | | | | | | | | | 2 |
| | | | | | | | | | | 3 |
| | | | | | | | | | | 最大值 |
| | | | | | | | | | | 背景 |
| | | | | | | | | | | 备注 |

### 四、实例

现有一台 2 层/2 站的电梯，已安装调试完成需检测，其额定电流：15A，额定电压：380V，额定转速：0.5r/min。下面我们就以曳引平衡系数为例进行检测。分别按本节曳引平衡系数的内容一一进行，将检测的电流数据填入表 6-41。

电 流 数 据 表    表 6-41

| 方式 \ 承重 | 0 | | 25% | | 50% | | 75% | | 100% | |
|---|---|---|---|---|---|---|---|---|---|---|
| | 上行 | 下行 | 上行 | 下行 | 上行 | 下行 | 上行 | 下行 | 上行 | 下行 |
| 电流（A） | 0.4 | 12.6 | 2.4 | 9.4 | 5.7 | 5.2 | 9.8 | 2.2 | 13.2 | 0.3 |
| 电压（V） | 380 | 380 | 380 | 380 | 380 | 380 | 380 | 380 | 380 | 380 |

根据表中的数据可以画出电流—载荷曲线图（如图 6-14），看到电梯在 50% 额定载荷时，电梯的上行电流（5.7A），下行电流（5.2A），即：5.7A－5.2A≤0.5A。而从图中曲线的交点得到本台电梯的平衡系数为 0.47，是符合技术要求内容规定的，因此，判定合格。所以，在实际检测中我们只要按照本节关于电梯曳引平衡系数的检测中所要求的内容操作就可以了。

**思考题**

1. 动力和安全电路的绝缘电阻及其他电路的绝缘电阻最小值应为多少？
2. 电梯的主参数是什么？
3. 什么是电梯的平衡系数？为什么电梯的平衡系数取值为 0.4~0.5？
4. 进行电梯检测时，什么情况下要做静载实验？请简述。
5. 简述电梯进行 125% 载重实验的步骤。
6. 电梯的主要结构组成有哪些？

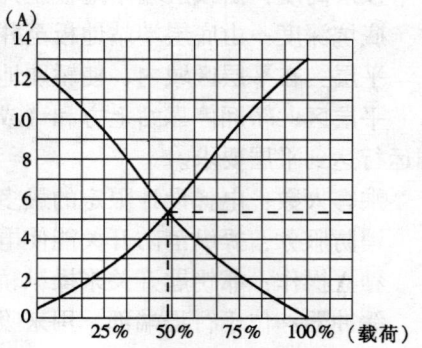

图 6-14 电流—荷载曲线图

7. 电梯是怎样分类的？
8. 简述电梯的定义。

**参考文献**

1. 《自动扶梯和自动人行道的制造与安装安全规范》GB 16899—1997
2. "国家质量监督检验检疫总局。"《电梯监督检验规程》，2002
3. 《电梯、自动扶梯、自动人行道术语》GB/T 7024—1997
4. 《建筑工程施工质量验收统一标准》GB 50300—2001
5. 《电梯用钢丝绳》GB 8903—1988
6. 《液压电梯》JG 5071—1996
7. 《杂物电梯》JG 135—2000
8. "国家质量监督检验检疫总局。"《自动扶梯和自动人行道监督检验规程（试行）》，2002
9. "国家质量监督检验检疫总局。"《液压电梯监督检验规程（试行）》，2002
10. 《电梯与自动扶梯技术检验》毛怀新主编．北京学苑出版社，2001

**附录**

电梯、自动扶梯、自动人行道一般术语：

观光电梯：井道和轿厢壁至少有同一侧透明，乘客可观看轿厢外景物的电梯。

平层准确度：轿厢到站停靠后，轿厢地坎上平面与层门地坎上平面之间垂直方向的偏差值。

电梯额定速度：电梯设计所规定的速度。

额定载重量：电梯设计所规定的轿厢内最大载荷。

检修速度：电梯检修运行时的速度。

电梯提升高度：从底层端站楼面至顶层端站楼面之间的垂直距离。

机房：安装一台或多台曳引机及其附属设备的专用房间。

层站：各楼层用于出入的地点。

基站：轿厢无投入运行指令时停靠的层站。一般位于大厅或底层端站乘客最多的地方。

底层端站：最低的轿厢停靠站。

顶层端站：最高的轿厢停靠站。

层间距离：两个相邻停靠层站层门地坎之间距离。

井道：轿厢和对重装置或（和）液压缸柱塞运动的空间。此空间是以井道底坑的底、井道壁和井道顶为界限的。

底坑：底层端站地板以下的井道部分。

顶层高度：由顶层端站地板至井道顶，板下最突出构件之间的垂直距离。

底坑深度：由底层端站地板至井道底坑地板之间的垂直距离。

平层：在平层区域内，使轿厢地坎与层门达到同一平面的运动。

平层区：轿厢停靠站上方和（或）下方的一段有限区域。在此区域内可以用平层装置来使轿厢运行达到平层要求。

乘客人数：电梯设计限定的最多乘客量。

消防服务：操纵消防开关能使电梯投入消防员专用状态。

独立操作：靠钥匙开关来操纵轿厢内按钮使轿厢升降运动。

缓冲器：位于行程端部，用来吸收轿厢动能的一种弹性缓冲安全装置。

油压缓冲器：（耗能缓冲器）。以油作为介质吸收轿厢或对重产生动能的缓冲器。

弹簧缓冲器：（蓄能缓冲器）。以弹簧变形来吸收轿厢或对重产生动能的缓冲器。

减振器：用来减小电梯运行振动和噪声的装置。

开门机：使轿门和（或）层门开启或关闭的装置。

自动门：靠动力开关的轿门或层门。

层门；厅门：设置在层站入口的门。

轿厢门；轿门：设置在轿厢入口的门。

安全触板：在轿门关闭过程中，当有乘客或障碍物触及时，轿门重新打开的（机械）门保护装置。

安全光幕；光电：在轿门关闭过程中，当有乘客或障碍物触及时，轿门重新打开的（电气）门保护装置。

中分门：层门或轿门，由门口中间各自相左、右以相同速度开启的门。

旁开门；双折门；双速门：层门或轿门的两扇门，以两种不同速度向同一侧开启的门。

左开门：面对轿厢，向左方向开启的层门或轿门。

右开门：面对轿厢，向右方向开启的层门或轿门。

垂直中分门：层门或轿门的两扇门，由门口中间以相同速度各自向上、下开启的门。

曳引绳补偿装置：用来平衡由于电梯提升高度过高、曳引绳过长造成运行过程中偏重现象的部件。

补偿链装置：用金属链构成的补偿装置。

补偿绳防跳装置：当补偿绳张紧装置超出限定位置时，能使曳引机停止运转的电气安装装置。

地坎：轿厢或层门入口处出入轿厢的带槽金属踏板。

轿顶检修装置：设置在轿顶上部，供检修人员检修时应用的装置。

底坑检修照明装置：设置在井道底坑，供检修人员检修时应用的装置。

轿厢内反映层灯；轿厢位置指示：设置在轿厢内，显示其运行层站的装置。

层门门套：装饰层门门框的构件。

层门指示灯：设置在层门上方或一侧，显示轿厢运行层站和方向的装置。

控制屏：有独立的支架，支架上有金属绝缘底板或横梁，各种电子器件和电器元件安装在底板或横梁上的一种屏式电控设备。

操纵箱：用开关、按钮操纵轿厢运行的电气装置。

警铃按钮：设置在操纵盘上操纵警铃的按钮。

停止按钮；急停按钮：能断开控制电路使轿厢停止运行的按钮。

曳引机：包括电动机、制动器和曳引轮在内的靠曳引绳和曳引轮槽摩擦力驱动或停止电梯的装置。

有齿轮曳引机：电动机通过减速齿轮箱驱动曳引轮的曳引机。

无齿轮曳引机：电动机直接驱动曳引轮的曳引机。

曳引轮：曳引机上的驱动轮。

曳引绳：连接轿厢和对重装置，并靠与曳引轮槽摩擦力驱动轿厢升降的专用钢丝绳。

绳头组合：曳引绳与轿厢、对重装置或机房承重梁连接用的部件。

端站停止装置：当轿厢将达到端站时，强迫其减速并停止的保护装置。

平层装置：在平层区域内，使轿厢达到平层准确度要求的装置。

平层感应板：可使平层装置动作的金属板。

极限开关：当轿厢运行超越端站停止装置时，在轿厢或对重装置未接触缓冲器之前，强迫切断主电源和控制电源的非自动复位的安全装置。

超载装置：当轿厢超过额定载重量时，能发出警告信号并使轿厢不能运行的安全装置。

称量装置：能检测轿厢内荷载值，并发出信号的装置。

随行电缆：连接于运行的轿厢底部与井道固定点之间的电缆。

随行电缆架：在轿厢底部架设随行电缆的部件。

钢丝绳夹板：夹持曳引绳，能使绳距和曳引轮槽距一致的部件。

导向轮：为增大轿厢与对重之间的距离，使曳引绳经曳引轮再导向对重装置或轿厢一侧而设置的绳轮。

复绕轮：为增大曳引绳对曳引轮的包角，将曳引绳绕出曳引轮后经绳轮再次绕入曳引轮，这种兼有导向作用的绳轮为复绕轮。

反绳轮：设置在轿厢架和对重框架上部的动滑轮。根据需要曳引绳绕过反绳轮可以构成不同的曳引比。

导轨：供轿厢和对重运行的导向部件。

承重梁：敷设在机房楼板上面或下面，承受曳引机自重及其负载的钢梁。

底坑护栏：设置在底坑，位于轿厢和对重装置之间，对维修人员起防护作用的栅栏。

速度检测装置：检测轿厢运行速度，将其转变成电信号的装置。

盘车手轮：靠人力使曳引轮转动专用手轮。

制动器扳手：松开曳引机制动器的手动工具。

限速器：当电梯的运行速度超过额定速度一定值时，其动作能导致安全钳起作用的安全装置。

限速器张紧轮：张紧限速器钢丝绳的绳轮装置。

安全钳装置：限速器动作时，使轿厢或对重停止运行保持静止状态，并能夹紧在导轨上的一种机械安全装置。

瞬时式安全钳装置：能瞬时使夹紧力达到最大值，并能完全夹紧在导轨上的安全钳。

渐进式安全钳装置：采取特殊装置，使夹紧力逐渐达到最大值，最终能完全夹紧在导轨上的安全钳。

钥匙开关盒：一种供专职人员使用钥匙才能使电梯投入运行或停止的电气装置。

门锁装置；联锁装置：轿门与层门关闭后锁紧，同时接通控制回路，轿厢方可运行的机电联锁安全装置。

滑动导靴：设置在轿厢架和对重装置上，其靴衬在导轨上滑动，使轿厢和对重装置沿导轨运行的导向装置。

靴衬：滑动导靴中的滑动摩擦零件。

滚轮导靴：设置在轿厢架和对重装置上，其滚轮在导轨上滚动，使轿厢和对重装置沿导轨运行的导向装置。

对重装置；对重：由曳引绳经曳引轮与轿厢连接，在运行过程中起平衡作用的装置。

挡绳装置：防止曳引绳越出绳轮槽的安全防护部件。

轿厢安全窗：在轿厢顶部向外开启的封闭窗，供安装、检修人员使用或发生事故时援救和撤离乘客的轿厢应急出口。窗上装有当窗扇打开即可断开控制电路和开关。

紧急开锁装置：为应急需要，在层门外借助层门上三角钥匙孔可将层门打开的装置。

按钮控制：电梯运行由轿厢内操纵盘上的选层按钮或层站呼梯按钮来操纵。某层站乘客将呼梯按钮揿下，电梯就起动运行去应答。在电梯运行过程中如果有其他层站呼梯按钮揿下，控制系统只能把信号记存下来，不能去应答，而且也不能把电梯截住，直到电梯完成前应答运行层站之后方可应答其他层站呼梯信号。

信号控制：把各层站呼梯信号集合起来，将与电梯运行方向一致的呼梯信号按先后顺序排列好，电梯依次应答接运乘客。电梯运行取决于电梯司机操纵，而电梯在何层站停靠由轿厢操纵盘上的选层按钮信号和层站呼梯按钮信号控制。电梯往复运行一周可以应答所有呼梯信号。

集选控制：在信号控制的基础上把呼梯信号集合起来进行有选择的应答。电梯为无司机操纵。在电梯运行过程中可以应答同一方向所有层站呼梯信号和按照操纵盘上的选层按钮信号停靠。电梯运行一周后若无呼梯信号就停靠在基站待命。为适应这种控制特点，电梯在各层站停靠时间可以调整，轿门设有安全触板或其他近门保护装置，以及轿厢设有过载保护装置等。

下集合控制：集合电梯运行下方向的呼梯信号，如果乘客欲从较低的层站到较高的层站去，须乘电梯到底层基站后再乘电梯到要去的高层站。

并联控制：共用一套呼梯信号系统，把两台或三台规格相同的电梯并联起来控制。无乘客使用电梯时，经常有一台电梯停靠在基站待命称为基梯；另一台电梯则停靠在行程中间预先选定的层站称为自由梯。当基站有乘客使用电梯并起动后，自由梯即刻前往基站充当基梯待命。当有除基站外其他层站呼梯时，自由梯就近先行应答，并在运行过程中应答与其运行方向相同的所有呼梯信号。如果自由梯运行时出现与其运行方向相反的呼梯信号，则在基站待命的电梯就起动前往应答。先完成应答任务的电梯就近返回基站或中间选下的层站待命。

梯群控制：具有多台电梯客流量大的高层建筑物中，把电梯分为若干组，每组四至六台电梯，将几台电梯控制连在一起，分区域进行有程序或无程序综合统一控制，对乘客需要电梯情况进行自动分析后，选派最适宜的电梯及时应答呼梯信号。

## 第七节 空 调 系 统

**一、概念**

空气调节是按人们的要求，把室内或某个场所的空气调节到所需的状态。调节的内容包括温度、湿度、气流，以及除尘和污染空气的排除等等。空气调节处理装置主要由制冷系统、空气系统、电气控制系统三部分组成。

空调系统有如下分类：

1. 按照使用目的可分为：舒适性空调和工艺性空调。
2. 按照空气处理方式可分为：集中式（中央）空调、局部式空调和半集中式空调。
3. 按照设备制冷（热）量可分为：大型空调机组、中型空调机组和小型空调机。
4. 按服务区域可分为：全室性空调和局部性（局部区域）空调。

常用的空调术语表述如下：

（1）空调区域：空调车间（空调房间）内部离墙、离地面、离顶棚一定距离以内的空调有效区域称空调区域。空调区域的范围由送风方式、气流组织、室内热源、设备的高低及工艺要求等因素确定。通常说的空调区域是指离外墙 0.5m，离地面 0.3m 至高于精密设备 0.3~0.5m 范围内的空间。

（2）辐射温度：辐射温度计所指示的温度。

（3）机外余压：在额定风量下，机组进出口全压之差。

（4）空气分布特性指标：舒适性空调中用来评价人舒适性的指标之一，定义为活动区满足规定风速和温度要求的测点数占总测点数的百分比。

（5）通风效率：表示通风系统排除室内污染物的迅速程度。当送风污染物浓度为零时，可用排风口处的污染物浓度与室内活动区污染物平均浓度的比值来表示。

（6）机组制冷性能系数：指额定工况下制冷机组的制冷量与输入能量之比。

(7) 机组制热性能系数：指额定工况下制热量与其输入能量之比。

(8) 室内静压差：室内相对室外的压力差，以满足空调或工艺要求。

(9) 风口：用于通风空调系统末端空气集中或扩散的装置。

(10) 风口风管法：是指在风口处，采用辅助风管或风口风量罩对通过风口的风量大小进行测量的方法。

(11) 噪声：噪声是指单位面积上声压的大小，或者是指单位面积上、单位时间内通过声能量的多少。

(12) 温度：温度是表征物体冷、热程度的物理量。温度只能通过物体随温度变化的某些特性来间接测量，而用来量度物体温度数值的标尺叫温标。它规定了温度的读数起点（零点）和测量温度的基本单位。

(13) 空气湿度：表示空气中水汽多寡亦即干湿程度的物理量。湿度的大小常用水汽压、绝对湿度、相对湿度和露点温度等表示。相对湿度是空气中实际水汽含量（绝对湿度）与同温度下的饱和湿度（最大可能水汽含量）的百分比值。它只是一个相对数字，并不表示空气中湿度的绝对大小。

(14) 空气洁净度：指以单位体积空气某粒径粒子的数量来区分的洁净程度。

## 二、检测依据

包括规范、图纸、设计文件和设备的技术资料等，分以下二类。

1. 设计类：
(1)《采暖通风与空气调节设计规范》GB 50019—2003
(2)《洁净厂房设计规范》GB 50073—2001
(3)《冷库设计规范》

2. 施工安装类：
(1)《通风与空调工程施工质量验收规范》GB 50243—2002
(2)《洁净室施工及验收规范》JGJ 71—90
(3)《通风与空调施工工艺标准手册》

## 三、检测方法及结果判定

1. 室内静压差测试

(1) 仪器设备及环境

测量仪器：微压仪或读值分辨率可达到1Pa的斜管微压计或其他有同样分辨率的仪表。压力计的量程为0~1000Pa，精度1Pa。

环境温度：常温或设计温度下。

(2) 抽样

对有设计要求的各个相邻区域实施检测。通风与空调系统总量小于10个，可酌情抽检20%~25%；系统总数在20~30个时，抽检15%~20%；系统总数超过30个时，抽检10%~15%。洁净空调系统应全数检测。

(3) 技术要求

对于普通通风空调系统：应符合设计及规范要求。如设计和规范无明确要求时，应保证空调区域压力高于非空调区压力、相对洁净区域压力高于相对污染区域压力。

对于洁净空调系统：洁净室与周围的空间应保持一定的正压或负压差（按生产工艺要求决定）。不同等级的洁净室（区）与非洁净室（区）之间的静压差不应小于5Pa，洁净室（区）与室外的静压差不应小于10Pa。

(4) 操作过程及判定

①先关闭所有门窗，确保整体结构处于封闭状态。通风空调系统正常运转 30min 后。

②调整压力计，使其处于正常工作状态。将压力计的皮管通过门缝隙放入室内。由高压向低压，由平面布置上与外界最远的里间房间开始，依次向外测定。

③测量房间与外界之间的压差，当压差有小范围波动时应取所读压力的平均值。当压差波动范围较大时不得计取压力值，此时应检查系统或房间，排除波动原因后再行测试。记录所测得的压差数据，所测量记录的数据应精确到 0.1Pa。每一测点一般平均测量三次，取平均值。

将平均值与设计值进行比较，大于等于设计值为合格，反之为不合格。

(5) 操作注意事项

压差测管口设在室内没有气流影响的任何地方均可，测管口面须与气流流线平行，同时注意保持测管通畅。

在平面上应按设计压差由高到低的顺序依次进行，一直检测到直通室外的房间。静压差的测定应在所有的门关闭的条件下，从高压向低压，由平面布置上与外界距离最远的里间房开始，依次向外测定。

2. 风口风量测试

(1) 仪器设备及环境

测量风速的常用仪器有：热式风速计、智能形热式风速仪、热敏式风速计、叶轮式风速计、数字手持式风速温湿度仪（三合一）、风量罩、TSI 套帽式风量计等。

风量罩（Air Volume Capture Hood）—利用热线风速计来测量气体流量，它结构轻巧，能够数字显示和存储读数，可拆卸的数字表，配以相应的探头即可测量风速、温度和湿度，独特的手柄设计使您可单手操作仪器，非常方便。

风量罩能迅速而准确地测量风口平均通风量，无论是安装于天花板上、墙壁上或地面上的送、回、排风口。风量罩测量的数据为液晶显示屏数字直读式，同时可以测量气流温度、相对湿度、风速和压力。环境温度为常温。

(2) 抽样

对于抽检系统各个风口都应单独测量、计算。通风与空调系统总量小于 10 个，可酌情抽检 20%~25%；系统总数在 20~30 个时，抽检 15%~20%；系统总数超过 30 个时，抽检 10%~15%。

(3) 技术要求

系统总风量与设计风量的偏差不大于 10%，风口风量的测量结果与设计值之间的偏差不应大于 15%。

(4) 操作过程及判定

风口风量采用风口风罩法或风口风速法进行检测。对散流器式风口，宜采用风口风罩法测量，对格栅风口或条缝形风口，宜采用风口风速法测量。确认通风空调系统正常运行后，再打开风口风量罩，确认其工作正常。然后将风口风量罩的罩口紧贴天花面，将风口整体完全包容。读取风口风量罩的显示数值，当数值有小范围波动时取平均值。当读数波动范围较大时不得计取数值，并应重新检查空调系统，排除干扰因素，再进行测试。采用风口风速法测量，用风速仪在风口测得多点风速取平均风速，量取风口吸效送风面积，再经过计算得出实际风量，风速至少应进行三次测量，取其平均值。记录所测得的压差数据。计量单位精确到 $1m^3/h$。

测试结果与设计值进行比较，符合技术要求即为合格，反之就是不合格。

3. 室内温、湿度测试

(1) 仪器设备及环境

检测仪器、设备及环境要求详见表 6-42。

仪器设备及环境　　　　表 6-42

| 设计波动范围 | 测定仪器 | 设计波动范围 | 测定仪器 |
| --- | --- | --- | --- |
| 温度（$\Delta t$）< ±0.5℃ | 小量程温度自动记录仪或 0.01℃刻度的水银温度计 | $\Delta RH$ < ±5% ~ ≤ ±10% | 用 0.2℃的通风干湿球温度计 |
| 相对湿度（$\Delta RH$）< ±5% | 氯化锂温湿度计 | $\Delta t \geq ±2℃$ | 0.2℃刻度水银温度计 |
| $\Delta t = ±0.5℃ ~ ≤ ±2℃$ | 0.1℃刻度水银温度计 | $\Delta RH \geq ±10\%$ | 通风干湿球温度计 |

注：当进行瞬间测试时，可使用数字式温湿度计。

（2）抽样

测点数量的确定：详见表 6-43。

取样点数的要求　　　　表 6-43

| 设计波动范围 | 测点数量 |
| --- | --- |
| 温度（$\Delta t$）< ±0.5℃<br>相对湿度（$\Delta RH$）< ±5% | 测点间距为 0.5~2m，每个房间测点不应少于 20 个<br>测点距墙大于 0.5m |
| $\Delta t = ±0.5℃ ~ ≤ ±2℃$<br>$\Delta RH$ < ±5% ~ ≤ ±10% | 面积≤50m²，测 5 点；>50m²时，每增加 20~50m²，增加 3~5 点 |
| $\Delta t \geq ±2℃$<br>$\Delta RH \geq ±10\%$ | 面积≤50m²，测 1 点；>50m²时，每增加 50m²，增加 1 点 |

（3）技术要求

温、湿度指标应符合设计要求，设计无要求时，参考相关规范要求。对有工艺或特殊要求的，应符合相关要求。

舒适性空气调节室内的设计参数，参照国家现行标准《室内空气质量标准》（GB/T 18883）等资料制定，详见表 6-44。

工业建筑工作地点的温度，其下限是根据现行国家标准《工业企业设计卫生标准》（GBZ—1）制定的，工业建筑的工作地点，宜采用表 6-45。

舒适性空气调节室内的设计参数　　　表 6-44

| 参　数 | 冬　季 | 夏　季 |
| --- | --- | --- |
| 温度（℃） | 18~24 | 22~28 |
| 相对湿度（%） | 30~60 | 40~65 |

工业建筑工作地点温度　　　表 6-45

| 作业种类 | 温度（℃） | 作业种类 | 温度（℃） |
| --- | --- | --- | --- |
| 轻作业 | 18~21 | 中作业 | 16~18 |
| 重作业 | 14~16 | 过重作业 | 12~14 |

注：作业种类的划分，应按国家现行的《工业企业设计卫生标准》（GBZ—1）执行。

（4）操作过程及判定

室内温、湿度测点布置：对于舒适性空调房间，室内不足 16m²，测室中央 1 点；16m² 及以上不足 30m²测 2 点（居室对角线三等分，其中二个等分点作为测点）；30m² 及以上不足 60m²测 3 点（居室对角线四等分，其中三个等分点作为测点）；60m² 以上每增加 20~50m²酌情增加 1~2 个测点（均匀布置）。测点一般应离开外墙表面和热源不小于 0.5m，离地面 0.8~1.6m。

恒温恒湿空调房间和恒温洁净室测点布置在工作区高度以下，距墙内表面 0.5~0.7m，离地面 0.3m，划分若干横向和竖向测量断面，形成交叉网格，每一交点为测点；一般测点水平间距为 1~3m，竖向间距为 0.5~1.0m，根据精度要求决定疏密程度；测点数应不少于 5 个；在对温、湿度波动敏感的局部区域，可适当增加测点数。

测试时应手持温（湿）度计，或设立移动支架将温（湿）度计置于支架上，并确认温（湿）度计处于正常工作状态，还应避免发热（湿）源对感温（湿）度元件的直接影响。

在进行一般瞬间测试时,在 1 分钟内读取数字式温(湿)度计的读数。需要进行连续测试时,根据温湿度波动范围要求,检测宜连续进行 8~48h,每次读数间隔不大于 30min。

记录所测得的温(湿)度数据,根据设计和规范要求确定计量精度,如无明确要求,温度应精确到 0.1℃,湿度应精确到 1%。

室温波动范围按各测点的各次记录温度数据中,偏差控制温度的最大值整理成累计统计曲线,若 90% 以上测点偏差值在室温控制范围内,为符合设计要求,反之为不合格。相对湿度波动范围可按湿度波动范围的规定进行。

(5) 操作注意事项

① 多点测定每次时间间隔不应大于 30min。

② 湿度检测不宜布点在腐蚀性气体(如二氧化碳、氨气、酸、碱蒸汽)浓度高的环境。

③ 当温(湿)度有小范围波动时应取所读数的平均值。当温(湿)度波动范围较大时不得计取数值,此时应检查系统或房间,排除波动原因后再行测试。

④ 室内平均温度检测应在建筑物达到稳定后进行。受建筑物或系统热惯性影响的参数测定,延续时间不得小于 1h,参数测定时间间隔不得大于 15min。

⑤ 对没有恒温要求的房间,温度仅测房间中心 1 个点即可。

⑥ 测定前,空调系统应连续运行 24h 以上,或确保处于正常运行状态。

⑦ 对有温湿度波动要求的区域,测点应放在送、回风口处或具有代表性的地点。

4. 噪声测试

(1) 仪器设备及环境

噪声测量常用的仪器:有声级计、频谱分析仪、声级记录仪与磁带记录仪等。根据不同的测量目的与要求,可选择不同的测量仪器和不同的测量方法。精度等级不低于 2 级。环境温度:常温。

(2) 抽样

对有噪声设计要求的各个场所分别测量。通风与空调系统总量小于 10 个,可酌情抽检 20%~25%;系统总数在 20~30 个时,抽检 15%~20%;系统总数超过 30 个时,抽检 10%~15%。

(3) 技术要求

噪声指标应符合设计要求,设计无要求时,应符合国家现行标准规定:《工业企业噪声控制设计规范》(GB J87)、《民用建筑隔声设计规范》(GBJ 118)、《城市区域环境噪声标准》(GB 3096)和《工业企业厂界噪声标准》(GB 12348)等的要求。

(4) 操作过程及判定

根据噪声设计允值,选择所用测试仪器,允许值一般达到测量仪表满刻度的 2/3 以上。确认空调系统处于正常工作状态,需要测试噪声的对象处于正常工作状态。打开声级计,根据噪声的大小调到相应的范围档位。如无特殊要求,等效连续声级调到 A 声级。确认仪器处于正常工作状态。

噪声检测宜在外界干扰较小的晚间进行,以 A 声级为准。不足 50m² 的房间在室中心,每超过 50m² 的增加 1 个点。测点离地面 1.2m,距离操作者 0.5m 左右,距墙面和其他主要反射面不小于 1m。关闭空调系统和测试对象(如果有的话),保持室内安静不发声,将声级计在室中心 1.2m 高处测一点,测量并记录此时的背景的平均值。

对于机组噪声的测试,安装在地面的机组,测点位置为水平距离 1m,进(出)风口上方高度 1m,交叉点作为测点;吊顶内的机组,测点位置为水平距离 1m,出风口下方高度 1m,交叉点作为测点。打开空调系统和测试对象,保持室内安静不发声,将声级计在各取样点测量并记录此时的噪声的平均值,各个测点宜平均测试三次以上。

测量时声级计或传声器可以手持,也可以固定在三角架上,使传声器指向被测声源。测试所得室内噪声减去背景噪声后,即为空调系统噪声(室内噪声与背景噪声相差 6~9dB 时,从测量值中减去 1dB;当测量值二者相差 4~5dB 时,从测量值中减去 2dB;当测量值二者相差 3dB 时,从测量值中减去 3dB)。

将所测噪声与设计要求或国家标准相比较。在设计值范围内即为合格,反之就是不合格。

5. 室内空气洁净度等级检测

(1) 仪器设备及环境

测量 ≥0.5μm 粒子时,建议采用光学粒子计数器;

测量 ≥0.1μm 粒子时,建议采用大流量的激光光学粒子计数器;测量粒径:0.3/0.5/0.7/1.0/2.0/5.0μm;可用于 100 级到 30 万级测试。

测量 ≥0.02μm 粒子时,建议采用凝聚核激光粒子计数器,详细参考各设备等级及使用说明。

(2) 抽样

最小采样点数目按下式计算:

$$N_L = A^{0.5} \tag{6-26}$$

式中　$N_L$——最小采样点数(四舍五入为整数);

　　　$A$——洁净室或洁净区的面积($m^2$)。

在水平单向流时,面积 $A$ 可以看做是与气流方向垂直的空气的截面积,采样点应均匀分布于整个洁净室或洁净区内,并位于工作区的高度(距地坪 0.8m 的水平面)。

每个采样点的每次采样量应根据《洁净厂房设计规范》GB 50073 规定,在指定的空气洁净度等级下被考虑粒径的最大浓度限值时,在每个采样点要采集能保证检测出至少 20 个粒子的空气量,每个采样点的每次采样量 $V_s$ 用式(6-27)确定:

$$V_s = \frac{20}{C_n \cdot m} \times 1000 \tag{6-27}$$

式中　$V_s$——每个采样点的每次采样量(L);

　　　$C_n \cdot m$——被测洁净室空气洁净度等级被考虑粒径的最大浓度限值($pc/m^3$);

　　　20——在规定被测粒径粒子的空气洁净度等级限值时,可检测到的粒子数(pc)。

但 $V_s$ 必须大于等于 2L,采样时间最少为 1min。当 $V_s$ 很大时,可使用顺序采样法,有关顺序采样法见 ISO 14644-1 附件 F。

对于任一洁净室(区)的采样次数至少应为 3 次。当洁净室(区)仅有一个采样点时,则在该点至少采 3 次。对于单向流洁净室,采样口应对着气流方向;对于非单向流洁净室,采样口宜朝上;采样口处的采样速度均应尽可能接近室内气流速度。

对于空气洁净度等级表粒径范围之外的粒子之粒径和计数,通常是用户与供应商就这类粒子的最大允许浓度和选择验证的相符性的测试方法等问题达成协议。

(3) 技术要求

每点连续采样 3 次;采样点的数目不少于 2 个,总采样次数不得少于 5 次。技术要求如下:

①每个采样点的平均粒子浓度,必须低于或等于规定的级别界限,即 $Ai$ 不大于级别界限。

②全部采样点的粒子浓度平均值的 95% 置信上限,必须低于或等于规定的级别上限,即 UCL 不大于级别界限。

检测等级要求见附录附表 2。

(4) 操作过程及判定

测定之前,净化空调系统已经过反复清洗并连续稳定运行 48h 以上。必须在空气流量、流速、压差以及过滤器检漏，维护结构泄漏测试之后进行。所用测试仪器必须经过有效检定，并在有效期范围内。粒子计数器的采样量应大于 1L/min。

把每次采样测量的结果与空气洁净度等级相关的各个被考虑的粒径的浓度记录下来，并计算采样数据的平均值。

当采样点只有 1 个或多于 9 个时，不用计算 95% 置信上限。当采样点多于 1 个而少于 9 个时，按下述方法计算粒子平均浓度的平均值、标准误差、95% 置信上限。

测点的平均粒子浓度：($\overline{X_i}$) 按式（6-28）计算：

$$\overline{X_i} = \frac{X_{i1} + X_{i2} + \cdots + X_{in}}{n} \tag{6-28}$$

式中　$\overline{X_i}$——采样点 $i$（代表任何位置）的平均粒子浓度；
$X_{i1}、X_{i2}、\cdots、X_{in}$——某采样点每次采样的粒子浓度；
　　$n$——在采样点 $I$ 的采样次数。

洁净室的平均粒子浓度 ($\overline{\overline{X}}$) 按式（6-29）计算：

$$\overline{\overline{X}} = \frac{\overline{X_{i1}} + \overline{X_{i2}} + \cdots + \overline{X_{im}}}{m} \tag{6-29}$$

式中　$\overline{\overline{X}}$——洁净室的平均粒子浓度的总均值；
$\overline{X_{i1}} + \overline{X_{i2}} + \cdots + \overline{X_{im}}$——用式（6-28）计算得出的各个采样点的平均值；
　　$m$——采样点的总数。

平均值的标准偏差（$S$），按式（6-30）计算：

$$S = \sqrt{\frac{(\overline{X_{i1}} - \overline{\overline{X}})^2 + (\overline{X_{i2}} - \overline{\overline{X}})^2 + \cdots + (\overline{X_{im}} - \overline{\overline{X}})^2}{m}} \tag{6-30}$$

总均值的 95% 置信上限 UCL 按式（6-31）：

$$95\% UCL = \overline{\overline{X}} + t \times \frac{s}{\sqrt{m}} \tag{6-31}$$

式中　$t$——分布系数，见下表 6-46。

**95% 置信上限 UCL 的研究的 $t$ 分布系数**　　表 6-46

| 采样点数 | 2 | 3 | 4 | 5 | 6 | 7~9 |
|---|---|---|---|---|---|---|
| $t$ | 6.3 | 2.9 | 2.4 | 2.1 | 2.0 | 1.9 |

每次性能测试或再认证测试应做记录，并提交性能合格或不合格的综合报告。

如果在各个采样点测得的粒子平均浓度 $\overline{X_i}$ 不大于级别上限及室内平均浓度统计值 95% 置信上限不大于级别上限，则该洁净室或洁净区即被认为是达到了规定的空气洁净度等级。

如果是由于测量差错或异常低的粒子浓度，而产生单个的、非随机性的"界外值"，影响 95% 置信上限的计算结果不能满足规定的空气洁净度等级，在符合条件的情况下，可以把该"界外值"排除，但最多只有一个测量值排除在外。检测报告应标明检测时所处状态。

（5）操作注意事项

根据需要可采用空态、静态检测或动态检测。静态检测时，室内检测人员不得多于 2 人。在确认洁净室（区）送风量和压差达到要求后，方可进行采样；对于单向流，计数器采样管口应正对气流方向，对于非单向流，采样口宜向上；布置采样点时，应避开高效送风口；采样时，检测人员应位于采样口的下风侧。

**6. 风管法测量风量**

（1）测量设备

热球式风速仪、毕托管和微压计等。热球式风速仪的量程宜采用 0.05～5m/s，精度 <±3%。常用的毕托管有（长度）500mm、1000mm、1500mm。

(2) 抽样

对于风口上风侧有较长的支管段，且已经或可以钻孔时，可用风管法测定风量。测定截面位置和测定截面内测点数：测定截面的位置原则上选择在气流比较均匀稳定的地方；距局部阻力部件的距离：在局部阻力部件前不少于 3 倍风管管径或长边长度，在局部阻力部件后不少于 5 倍管径或长边长度。

(3) 技术要求

系统总风量与设计风量的偏差不大于 10%，风口风量的测量结果与设计值之间的偏差不大于 15%。

(4) 操作过程及判定

风量检测前，必须检查风机运行是否正常，系统各部件安装是否正确，有无障碍，所有阀门应固定在一定的开启位置上，并应实测风管、风口的尺寸是否符合设计要求，测量截面应选择在气流较均匀的直管段上，并距局部阻力管件管径上游 4 倍以上，下游 1.5 倍以上的位置。对于矩形风管，将测定截面分成若干个相等的小截面，尽可能接近正方形，边长最好不大于 200mm，其截面积不大于 0.05m²，测点在各小截面中心处，但整个截面点数不宜小于 3 个，测点布置见图 6-15。

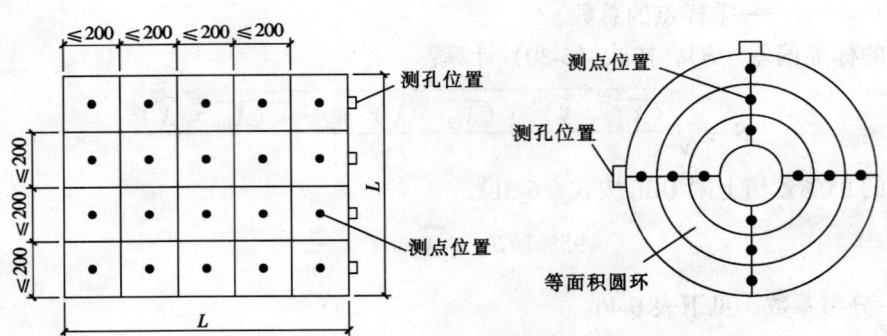

图 6-15

对于圆形风管截面，应按等面积圆环法划分测定截面和确定测点数；即根据管径大小将圆管截面分成若干个面积相等的同心圆环，每个圆环上有 4 个测点，4 个测点必须在相互垂直的 2 个直径上，圆环的中心设 1 个测点，测点的布置见图 6-16。

圆环划分数按表 6-47 确定：

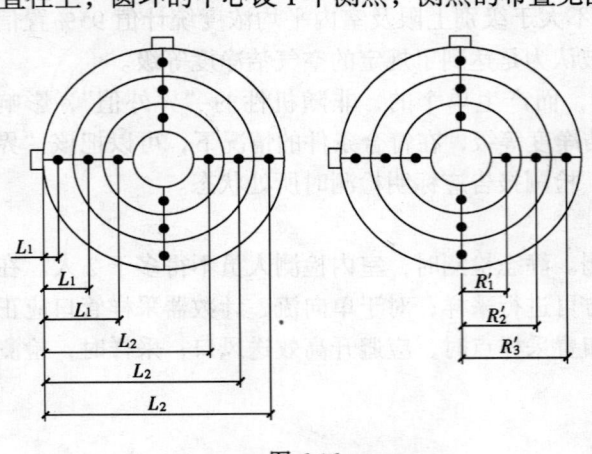

图 6-16

**圆形风管分环表**　　表 6-47

| 风管直径 | <200 | 200～400 | 400～700 | >700 |
|---|---|---|---|---|
| 圆环个数 | 3 | 4 | 5 | >6 |

各测点距风管中心的距离 $R_m$ 按下式计算

$$R_m = \frac{D}{4} \times \sqrt{\frac{2m-1}{2n}} \quad (6-32)$$

式中　$R_m$——从圆风管中心到第 $m$ 个测点的距离（mm）；

　　　$D$——风管直径（mm）；

　　　$m$——圆环的序数（由中心算起）；

$n$——圆环的总数。

各测点距测孔（即风管壁）的距离 $L_1$、$L_2$（见图6-16）按下式计算。

$$L_1 = \frac{D}{2} - R_m \quad (6\text{-}33)$$

$$L_2 = \frac{D}{2} + R_m$$

式中 $L_1$——由风管内壁到某一圆环上最近的测点之距离；

$L_2$——由风管内壁到某一圆环上最近的测点之距离。

风管内送风量的测定，送风量按式（6-34）计算

$$Q = v \times F \quad (6\text{-}34)$$

式中 $Q$——风管内送风量（$m^3/h$）；

$F$——风管的测定截面面积（$m^2$）；

$v$——风管截面平均风速（m/s）。

风速可以通过热球风速仪直接测量，然后取平均值；也可以利用毕托管和微压计测量风管上的平均动压，通过计算求出平均风速。当风管的风速超过2m/s时，用动压法测量比较准确。

平均动压和平均风速的确定：

算术平均法；

均方根值法。

平均风速

$$(\rho \times v^2)/2 = (H_{d1} + H_{d2}\cdots H_{dn})/n = H_{dp} \quad (6\text{-}35)$$

式中 $H_{d1}$、$H_{d2}\cdots H_{dn}$——测定各点的动压值（Pa）；

$H_{dp}$——平均动压值（Pa）；

$\rho$——空气密度（$kg/m^3$）；

$v$——平均风速（m/s）。

各点测定值读数应在2次以上取平均值，各点动压值相差较大时，用均方根法比较准确。测试结果与设计值进行比较，符合技术要求即为合格，反之就是不合格。

(5) 操作注意事项：

①所有检测所用仪器、仪表的性能应稳定可靠，其精度等级及最小分度值应能满足测定的要求，并符合国家有关计量法规及检定规程的规定。

②所有系统的检测均应在系统调试完成，并达到设计要求。

③所有系统检测时，不应损坏风管保温层，检测完毕后，应将各测点截面处的保温层修复好，测孔应堵好，调节阀门固定好，不得随便改动。

**四、实例**

**例1** 图6-17所示为有三个圆环的测定截面，试确定各测点至测孔的距离。

**解**：按下式，当 $m = 3$ 时，各测点至风管中心的距离如下

$$R_n = R\sqrt{\frac{2n-1}{2m}}$$

$$N = 1, R_1 = R\sqrt{\frac{2 \times 1 - 1}{2 \times 3}} = 0.408R;$$

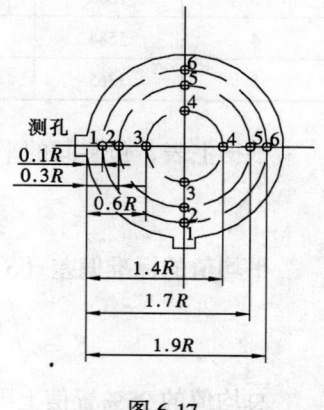

图6-17

$$N = 2, R_2 = R\sqrt{\frac{2 \times 2 - 1}{2 \times 3}} = 0.707R;$$

$$N = 3, R_3 = R\sqrt{\frac{2 \times 3 - 1}{2 \times 3}} = 0.914R。$$

显然，各测点距测孔的距离（见图 6-17）为：

$$L_1 = R - 0.914R \approx 0.1R; L_2 = R - 0.707R \approx 0.3R;$$

$$L_3 = R - 0.408R \approx 0.6R; L_4 = R + 0.408R \approx 1.4R;$$

$$L_5 = R + 0.707R \approx 1.7R; L_6 = R + 0.914R \approx 1.9R。$$

为了简化计算，现将圆风管测定截面内各圆环上的测点至测孔的距离列于表 6-48，供选用。

**圆环上的测点到测孔的距离表** 表 6-48

| 测点\圆环数\距离 | 3 | 4 | 5 | 6 | 测点\圆环数\距离 | 3 | 4 | 5 | 6 |
|---|---|---|---|---|---|---|---|---|---|
| 1 | 0.1R | 0.1R | 0.05R | 0.05R | 7 | | 1.8R | 1.5R | 1.3R |
| 2 | 0.3R | 0.2R | 0.2R | 0.15R | 8 | | 1.9R | 1.7R | 1.5R |
| 3 | 0.6R | 0.4R | 0.3R | 0.25R | 9 | | | 1.8R | 1.65R |
| 4 | 1.4R | 0.7R | 0.5R | 0.35R | 10 | | | 1.95R | 1.75R |
| 5 | 1.7R | 1.3R | 0.7R | 0.5R | 11 | | | | 1.85R |
| 6 | 1.9R | 1.6R | 1.3R | 0.7R | 12 | | | | 1.95R |

如果测定截面上气流比较稳定，也可将皮托管从测孔开始向风管中间等距离地推进，所测的数据也比较可靠。

**例 2** 某一净化 30 万级车间，内包装间面积 $24m^2$，检测是否达到净化要求？

**解**：内包装间洁净度检测报告见表 6-49；检测仪器：激光尘埃粒子计数器。

**内包装间洁净度检测报告** 表 6-49

| 测点\次数 | 0.5μm 的粒子数（个/$m^3$） | | | | | | 平均 $\overline{X}_i$ |
|---|---|---|---|---|---|---|---|
| | 1 | 2 | 3 | 4 | 5 | 6 | |
| 1 | 1865 | 1952 | 1724 | 1355 | 1398 | 2148 | 1740 |
| 2 | 2460 | 1983 | 1745 | 1855 | 1942 | 2115 | 2016 |
| 3 | 1688 | 1753 | 1521 | 1465 | 1522 | 1832 | 1630 |
| 4 | 1584 | 1764 | 1623 | 1743 | 1158 | 1465 | 1556 |
| 5 | 1365 | 1301 | 1451 | 1508 | 1752 | 1655 | 1505 |

根据上表，包装间的平均粒子浓度 $\overline{\overline{X}}$ 按式（6-29）进行计算，

$$\overline{\overline{X}} = \frac{\overline{X}_1 + \overline{X}_2 + \overline{X}_3 + \overline{X}_4 + \overline{X}_5}{5} = 1689$$

平均值的标准偏差（$S$），按下式计算

$$S = \sqrt{\frac{(\overline{X}_1 - \overline{\overline{X}})^2 + (\overline{X}_2 - \overline{\overline{X}})^2 + \cdots + (\overline{X}_5 - \overline{\overline{X}})^2}{m}} = 181$$

总均值的 95% 置信上限 UCL 按下式，$t = 2.1$，

$$95\% UCL = \overline{\overline{X}} + t \times \frac{S}{\sqrt{m}} = 1689 + 2.1 \times \frac{181}{\sqrt{5}} = 1858$$

检测结果显示，采样点测得的粒子平均浓度 $\overline{X}_i$ 不大于级别上限及室内平均浓度统计值 95%

置信上限不大于级别上限，则该洁净室或洁净区即被认为是达到了规定的空气洁净度等级。

**思考题**

1. 空调系统一般由哪些部分组成？
2. 室内环境参数由哪些组成？
3. 洁净厂房辅助房面积 $32m^2$，洁净等级 10 万级，采样点数为多少？
4. 舒适性空调房间 $20m^2$，如何设置噪声测量点？
5. 洁净区域与非洁净区域的静压差一般为多少？

**参考文献**

1. 建设部．通风与空调工程施工质量验收规范 GB 50243—2002．中国计划出版社，2003.7
2. 邓明．通风空调工程施工与质量验收实用手册．中国建材工业出版社，2003.9
3. 建设部．采暖通风与空气调节设计规范 GB 50019—2003．中国计划出版社，2004.3
4. 电子工业部第十设计研究院．空气调节设计手册．中国建筑工业出版社，1999.1
5. 潘延平．建筑安装工程质量监督检测．中国建筑工业出版社，2001.11
6. 张学助．空调洁净工程安装调试手册．机械工业出版社，2004.7
7. 陈霖新等．洁净厂房的设计与施工．化学工业出版社，2003.1

**附录**

ISO14644-1，附件 F 部分：

**每次采样的最少采样量 $V_S$（L）**

| 洁净度等级 | 粒径（μm） | | | | | |
| --- | --- | --- | --- | --- | --- | --- |
| | 0.1 | 0.2 | 0.3 | 0.5 | 1.0 | 5.0 |
| 1 | 2000 | 8400 | — | — | — | — |
| 2 | 200 | 840 | 1960 | 5680 | — | — |
| 3 | 20 | 84 | 196 | 568 | 2400 | — |
| 4 | 2 | 8 | 20 | 57 | 240 | — |
| 5 | 2 | 2 | 2 | 6 | 24 | 680 |
| 6 | 2 | 2 | 2 | 2 | 2 | 68 |
| 7 | — | — | — | 2 | 2 | 7 |
| 8 | — | — | — | 2 | 2 | 2 |
| 9 | — | — | — | 2 | 2 | 2 |

**洁净度等级及悬浮粒子浓度限值**

| 洁净度等级 | 大于或等于表中粒径 D 的最大浓度限值 | | | | | |
| --- | --- | --- | --- | --- | --- | --- |
| | 0.1μm | 0.2μm | 0.3μm | 0.5μm | 1.0μm | 5.0μm |
| 1 | 10 | 2 | — | — | — | — |
| 2 | 100 | 24 | 10 | 4 | — | — |
| 3 | 1000 | 237 | 102 | 35 | 8 | — |
| 4 | 10000 | 2370 | 1020 | 352 | 83 | — |
| 5 | 100000 | 23700 | 10200 | 3520 | 832 | 29 |
| 6 | 1000000 | 237000 | 102000 | 35200 | 8320 | 293 |
| 7 | — | — | — | 352000 | 83200 | 2930 |
| 8 | — | — | — | 3520000 | 832000 | 29300 |
| 9 | — | — | — | 35200000 | 8320000 | 293000 |

注：1. 本表仅表示了数值的洁净度等级（N）悬浮最大浓度的限值。

2. 对于非整数洁净度等级，应对应于粒子粒径 D（μm）的最大浓度限值，按公式（6-31）计算求取。

3. 洁净度等级的粒径范围为 $0.5\sim5.0\mu m$，用于定级的粒径数不应大于 3 个，且其粒径的顺序差不小于 1.5 倍。

# 第八节 火灾自动报警系统

## 一、概念

火灾自动报警系统是人们为了及早发现和通报火灾,并及时采取有效措施控制和扑灭火灾而设置在建筑物内或其他场所的一种自动消防系统。它是一种应用相当广泛的现代消防设施,是人们同火灾作斗争的一种有力工具。

火灾自动报警系统是由触发器件、火灾报警控制装置以及具有其他辅助功能的装置组成的火灾报警系统。系统原理如框图 6-18 所示:

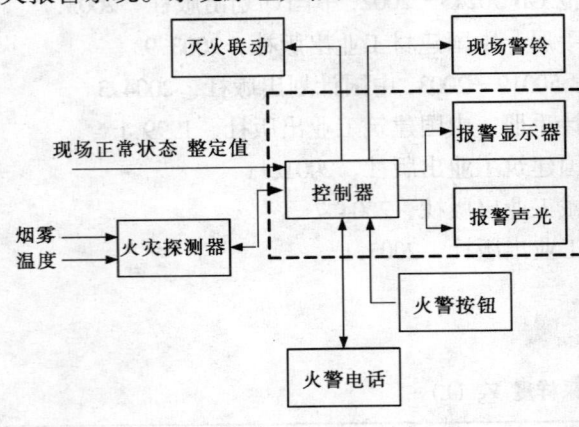

图 6-18 火灾报警系统原理框图

1. 触发器件:指在火灾自动报警系统中,自动或手动产生火灾报警信号的器件称为触发器件,主要包括火灾探测器和手动报警按钮。火灾探测器是能对火灾参数(如烟、温、光、火焰辐射、气体浓度等)响应,并自动产生火灾报警信号的器件。按照响应火灾参数的不同,火灾探测器分成如下种类:

(1) 感烟式火灾探测器

火灾的起火过程一般都伴有烟、热、光三种燃烧产物。在火灾初期,由于温度较低,物质多处于阴燃阶段,所以产生大量烟雾。烟雾是早期火灾的重要特征之一,感烟式火灾探测器是能对可见的或不可见的烟雾粒子响应的火灾探测器,它是将探测部位烟雾浓度的变化转换为电信号实现报警目的的一种器件。

感烟式火灾探测器适宜安装在发生火灾后产生烟雾较大或容易产生阴燃的场所;它不宜安装在平时烟雾较大或通风速度较快的场所。

(2) 感温式火灾探测器:火灾时物质的燃烧产生大量的热量,使周围温度发生变化。感温式火灾探测器是对警戒范围中某一点或某一线路周围温度变化时响应的火灾探测器。它是将温度的变化转换成电信号以达到报警目的。

感温式火灾探测器适宜安装于起火后产生烟雾较小的场所,平时温度较高的场所不宜安装感温式火灾探测器。

(3) 感光式火灾探测器:物质燃烧时,在产生烟雾和放出热量的同时,也产生可见或不可见的光辐射。感光式火灾探测器又称火焰探测器,它是用于响应火灾的光特性—即扩散火焰燃烧的光照强度和火焰的闪烁频率的一种火灾探测器。根据火焰的光特性,感光式火灾探测器宜安装在有瞬间产生爆炸的场所。如石油、炸药等化工制造的生产存放场所等。

(4) 可燃气体探测器:可燃气体探测器是对单一或多种可燃气体浓度响应的探测器。可燃气体探测器有催化型和半导体型两种类型。

(5) 复合式火灾探测器:是对两种或两种以上火灾参数响应的探测器,它有感烟感温式、感烟感光式、感温感光式等几种型式。

(6) 手动火灾报警按钮:是手动触发装置,具有应急情况下,人工手动通报火警功能。在探测器失灵或火警线路发生故障时,现场人员发现火灾,可以通过安装在现场的破玻璃按钮和火灾报警电话直接向控制室传呼报警信号。

2. 报警控制器:指在火灾自动报警系统中,用以接收、显示和传递火灾报警信号,并能发出控制信号和具有其他辅助功能的控制指示设备。火灾报警控制器担负着为火灾探测器提供稳定的工作电源；监视探测器及系统自身的工作状态；接受、转换、处理火灾探测器输出的报警信号；进行声光报警；指示报警的具体部位及时间；同时执行相应辅助控制等任务。是火灾报警系统中的核心组成部分。

火灾报警控制器的基本功能有：主电、备电自动转换、备用电源充电功能；电源故障监测功能；电源工作状态指示功能；为探测器回路供电功能；探测器或系统故障声光报警；火灾声、光报警，火灾报警记忆功能；时钟单元功能；火灾报警优先功能；声报警音响消音及再次声响报警功能。

（1）火灾报警控制器按其用途不同，可分为区域火灾报警控制器、集中火灾报警控制器和通用火灾报警控制器三种基本类型。

区域火灾报警控制器的主要特点是控制器直接连接火灾探测器，处理各种报警信号，是组成自动报警系统最常用的设备之一。

集中火灾报警控制器的主要特点是一般不与火灾探测器相连，而与区域火灾报警控制器相连，处理区域级火灾报警控制器送来信号，常使用在较大型系统中。

通用火灾报警控制器的主要特点是它兼有区域、集中两级火灾报警控制器的双重特点。通过设置或修改某些参数（可以是硬件或者是软件方面），可作区域级使用，连接探测器；又可作集中级使用，连接区域火灾报警控制器。

近年来，随着火灾探测报警技术的发展和模拟量、总线制、智能化火灾探测报警系统的逐渐应用，在许多场合，火灾报警控制器已不再分为区域、集中和通用三种类型，而统称为火灾报警控制器。

（2）火灾报警控制器按其信号处理方式可分为，有阈值火灾报警器和无阈值模拟量火灾报警控制器。

（3）火灾报警控制器按其系统连结方式，可分为多线式火灾报警控制器和总线式火灾报警控制器。

多线式火灾报警控制器的主要特点是其探测器与控制器连接采用一一对应方式。每个探测器对应三根线与控制器连接，因而其连线较多，仅适用于小型火灾报警控制器系统。

总线式火灾报警控制器的主要特点是控制器与探测器要用总线（少线）方式连接。所有探测器均并联或串联在总线上（一般总线数量为2~4根），具有安装、调试、使用方便的特点，适用于大型火灾报警控制器系统。

还有一些如中继器、区域显示器、火灾显示盘等功能不完整的报警装置，它们可视为报警控制器的演变或补充，在特定条件下应用。

3．消防联动控制设备：在火灾自动报警系统中，接收到来自触发器件的火灾报警信号后，能自动或手动启动相关消防设备并显示其状态的设备，称为消防联动控制设备。包括自动灭火系统的控制装置，室内消火栓系统的控制装置，防烟排烟系统及空调通风系统的控制装置，常开防火门、防火卷帘的控制装置，电梯回降控制装置，以及火灾应急广播、火灾警报装置、消防通信设备、火灾应急照明与疏散指示标志的控制装置中的部分或全部。消防控制设备一般设置在消防控制中心，以便于实行集中统一控制，也有消防联动控制设备设置在被控消防设备所在现场（如消防电梯控制按钮），但其动作信号则必须返回消防控制室，实行集中与分散相结合的控制方式。

4．电源：火灾自动报警系统电源属于消防用电，其主电源应当采用消防电源，备用电源采用蓄电池。系统电源除为火灾报警控制器供电外，还为与系统相关的消防联动控制设备供电。

5．工程检测：以火灾探测、报警控制和系统联动控制为主，主要有：

（1）火灾的探测功能，感烟、感温探测器对现场火灾的响应；

(2) 火灾报警装置功能（包括各种手动报警按钮、区域报警控制器和集中报警控制器等）；

(3) 联动控制（包括自动灭火系统的控制装置，室内消火栓系统的控制装置，常开防火门、防火卷帘的控制装置，防烟排烟系统及空调通风系统的控制装置等）；

①湿式系统、干式系统、预作用系统及水流指示器、水力警铃、压力开关的检测试验；

②其他灭火系统（包括卤代烷、二氧化碳、泡沫等）的启动和紧急切断、联动，以及对一个防护区的代用气体喷洒试验；

③消防泵、喷淋泵的启停、运行、双泵转换以及在消火栓处的启停功能；

④电动防火门、防火卷帘的一步、两步动作及相应的联动功能；

⑤空调设备和防排烟设备（包括送新风机、排烟风机和相应的阀门）动作及相应的联动功能；

6. 检测的基本条件：

建筑物内各消防系统施工、调试完毕，经建设、监理单位自验合格；

申报消防检测的工程，施工、安装、调试内容不得甩项或缺省；

建设单位必须承诺：所申报消防检测内容，严格按照已经审核的设计图纸进行施工、安装、调试，消防设备符合《中华人民共和国质量法》、公安部有关消防产品的管理规定，消防设计符合相关的消防技术规范要求。

二、检测依据

《建筑工程施工质量验收统一标准》GB 50300—2001
《火灾自动报警系统施工及验收规范》GB 50166—92
《建筑电气工程施工质量验收规范》GB 50303—2002
《智能建筑工程质量验收规范》GB 50339—2003

苏公消字（2000）44号关于印发《江苏省消防工程施工安装质量管理要点》的通知

三、检测方法及结果判定

1. 火灾探测器功能：感烟、感温探测器对现场火灾的响应情况

(1) 仪器设备

①BHTS-1型便携式火灾探测试验器

其中JTY-SY-A型和B型为点型感烟探测器试验器；JTW-SY-A型是点型感温探测器试验器；JB-YW-1型是火灾探测器单点试验器（可进行可燃气体探测器检测）。

a. JTY-SY-A型点型感烟探测试验器（简称烟杆）。

烟源：棒线香 $\phi 8 \times 100$（连续点燃时间 < 30min）；响应时间：≤30s；

电源：直流3伏；工作电流：< 120mA；拉伸杆长度：0.5~2.8m；

b. JTY-SY-B型感烟探测器试验器（简称烟瓶）

烟源：氟里昂气体；响应时间：< 15s；

连杆长度：0.55~2.4m；气瓶：$\phi 55 \times 80$ 容量为 $0.25 dm^3$（可连续工作10h）；

无电源，适用有防爆要求场所，如采用充可燃气体（如丁烷）的气瓶，还可对可燃气体探测器进行检测。

c. JTW-SY-A型点型感温探测器试验器（简称温杆）

温源：300W、出口温度80℃；响应时间：< 10s。

电源：交流220V；电源线长度：15m；连杆长度：0.55~2.4m；

d. JB-YW-1型火灾探测器单点试验器

电源：交流220V；输出电压：18V、20V、24V（直流）；

报警方式：声光报警，具有复位、自检功能；可对二至四线制及编码探测器进行检测；

该仪器与 FJ-2706/001 型火灾探测器检查装置功能基本相同，采用接线式连接，不受探测器底座规格限制，适用性更广。

②FJ-2706/001 型火灾探测器检查装置

输入电压：AC220V±15%；输出电压：DC24V；工作环境温度：-10~50℃；

报警方式：当探测器有火灾信号输出时，本装置发出声光报警；

功能：通过自检开关，可产生模拟火警信号，检查探测器内部线路是否正确；

用于多型号火灾探测器检测，也可输出检测、报警信号，供检测火灾报警控制器用。

③YIS-3.7 感烟探测器试验装置

电源：DC6V；发烟棒长度：100mm；检测杆长度：600~3200mm 可调；

最大风速：1.65mm/s；模拟火灾时产生的烟雾，检测感烟探测器的报警功能。

④GAY-03 便携式火灾探测器加烟试验器

主要部件：伸缩杆、壳体、烟腔、风泵、电机、蓄电池，采用独特的上加烟方式；

电源：直流 4.8V、700mA/h（四节充电电池）；响应时间：<30 秒；

⑤WTS-3.5 感温探测器试验装置

温度调节范围：80~200℃　装置可调高度：0.9~3.5m；使用最高环境温度：≤50℃；

使用燃料：丁烷气体；充满丁烷气后可持续加热时间：45min；

由加热套、燃烧杯、加热笔、支架组成，通过加热笔燃烧产生热量模拟火灾时温度的变化，主要用于对感温（定温、差定温）探测器进行火灾响应试验。

(2) 抽样方法及要求

火灾探测器（感烟、感温探测器）应按下列要求进行模拟火灾响应和故障报警抽验：

实际安装数量在 100 只以下者，抽验 10 只；实际安装数量超过 100 只，按实际安装数量 5%~10% 比例抽验，但不少于 10 只。

探测器应能输出火警信号，且报警器所显示位置应与该探测器安装位置相一致。

(3) 操作过程及判定：

①感烟探测器

采用烟雾发生器（如烟杆）进行检测：

将线香点燃置于烟杆下部的紧固座下；把拉伸杆安装到烟杆主体上，安上烟嘴，根据探测器安装高度调节长度；将烟嘴对准待检探测器进烟口，接通电源将烟排至探测器周围；30s 以内探测器确认灯亮，探测器正常，否则工作不正常。

注意：每次检查前，应将烟储存 3~5s，以保证开启风机时有足够的烟量排出；检验结束时，一定要将烟源取出熄灭，擦拭干净，取出电池。

防爆场所采用适用有防爆要求的感烟探测器试验器（如烟瓶）：

将气源接在连节杆上，并视探测器安装高度决定连节杆的节数；当连节杆较长时，双手应靠近气源缓缓竖起；将气瓶口上部波纹管对准感烟探测器，向上稍用力（持续时间 1~2s）气体喷出；15s 内探测器确认灯亮，探测器工作正常，否则不正常。

注意：气体用完后，旋下气源下端螺塞，更换气瓶，旋上螺塞至适当位置；气源可为丁烷或氟里昂气体。

②感温型探测器

采用温度加热器（如温杆）进行检测：

将送温头接在连节杆上部，并视高度调节杆的长度，将送温头对准待检探测器；接入 220V 交流电源，接通电源；温源升温，10s 内探测器确认灯亮，探测器工作正常。

③定温、差温复合型探测器

根据设计所设定的定温及差温数据，以设定的最低温度限值，参照普通感温型探测器，采用温度加热器进行检测（详见②感温型探测器）。

④感烟、感温复合型探测器

先按感烟探测器进行检测（详见①感烟探测器检测）；再按感温型探测器（详见②感温型探测器检测）进行。

2. 火灾报警控制器（区域报警控制器、集中报警控制器）及手动报警按钮

(1) 仪器设备

与火灾探测器功能检测相同。

(2) 抽样方法及要求：

①火灾报警控制器应按下列要求进行功能抽验：

实际安装数量在5台以下者，全部抽验；

实际安装数量在6~10台者，抽验5台；

实际安装数量超过10台者，按实际安装数量30%~50%的比例抽验，但不少于5台。

②手动报警按钮应按下列要求进行模拟火灾响应和故障报警抽验：

实际安装数量在100只以下者，抽验10只；实际安装数量超过100只，按实际安装数量5%~10%比例抽验，但不少于10只。

(3) 操作过程及判定：

①火灾报警控制器：

a. 采用有输出检测、报警信号的火灾探测器检查装置（如②FJ-2706/001型火灾探测器检查装置），通过操作开关，在检查装置端子上输出模拟报警信号和检查信号，将信号输入报警控制器后进行下列检测：

火灾报警声光系统是否工作，若能正常工作，时钟是否记录报警时间，地址信号灯或地址是否显示；

报警后有关联动继电器是否动作，信号是否正常；

输入检查信号，自检信号、地址指示灯是否闪亮；

测量电源电压（直流部分），拨动自检开关，测量自检回路的输出电压，报警线上的电压信号与报警控制器的有关技术数据核对；

将区域报警控制器的有关信号输至集中报警控制器，测量集中报警控制器的各种功能是否符合设计要求；

对警报器、警铃等回路进行信号测试；

功能符合设计要求及产品技术条件，合格。

b. 采用火灾探测器输出报警信号检查：将报警控制器上的操作开关置于工作位置，采用上述三、1.(3)方法，在报警区域内对任一探测器进行操作，探测器输出报警信号，这些信号应输入报警控制器，可进行上述a.所有检测内容，且报警器所显示位置应与该探测器安装位置相一致。

注意：若采用上述试验方法，探测器无输出报警信号时，应将探测器从安装底座上取下，可采用JB-YW-1型号火灾探测器单点报警试验器进一步判断探测器故障或为输出线路故障。

选好被检探测器的工作电压；按探测器的供电极性连接好检测线：检测线的红线为"+"，蓝线是"-"，绿线是信号线，黄线是判别线，将检测线插入面板"探头接线"插口。

将电源插头插入外网电源，开关闭合后电源指示灯亮（如果检测线尚未与探测器相接或与探测器之间出现断路，黄灯亮，故障），这时给探测器送烟或加温度火灾模拟信号，探测器确认灯亮，试验器发出声、光报警信号（火警声与故障声有明显区别），表明探测器工作正常；否则，

探测器不正常。

两线制探测器，将检测线连接到探测器"+"接点，绿线（信号线）连接探测器的"-"接点，其余两线悬空（不用）；如果是三线制探测器，将检测线连接到探测器"+"接点，将蓝线连接探测器"-"接点，绿线（信号线）连接探测器的信号输出极；如果是四线制探测器，在三线制探测的基础上，将黄线连接四线制探测器的信号判别输出极。

所有检测内容功能符合设计要求及产品技术条件，合格。

②手动报警按钮

用工具松动按钮盖板，启动手动火灾报警按钮，按钮处应有可见光指示并输出火灾报警信号，火灾报警控制器接收到火警信号后，发出声、光信号报警；且报警器所显示位置应与该报警按钮安装位置相一致。

3. 自动喷水灭火系统联动控制功能

(1) 仪器设备

压力表、流量计、秒表。

(2) 抽样方法及要求

水流指示器、闸阀关闭器及电动阀等按实际安装数量的10%~30%的比例进行末端放水试验。

(3) 操作过程及判定：

湿式系统：启动一只喷头或在末端试水装置处放水（流量在0.94~1.5L/s间），水流指示器动作后，输出报警信号，消防控制设备显示报警信号；水力警铃报警，压力开关应及时动作，启动消防泵；

干式系统：开启系统试验阀，系统应排气充水，水流指示器及压力开关应动作，水力警铃应报警，在消防控制设备有信号显示，并启动消防泵。报警阀启动时间、启动点压力、水流到试验装置时间应符合设计要求；

预作用系统：启动预作阀，使系统呈临时湿式系统后，按湿式系统进行试验；

操作过程中，不带延迟的水力警铃应在15s内报警，带延迟的水力警铃应在5~90s内报警，消防泵应在30s内启动，干式及预作用系统加速排气装置投入运行，预作用系统充水时间不超过3min，其他消防联动装置正常投入，所有报警信号显示正确，合格。

4. 室内消火栓系统的联动控制功能：

(1) 仪器设备

无。

(2) 抽样方法及要求

①消防控制室内操作启、停泵1~3次；

②消火栓处操作启泵按钮按5%~10%的比例抽验。

(3) 操作过程及判定：

①通过联动控制器分别让消防泵，以及其他水泵（包含备用泵）起动和运转，观察控制及运行情况，信号能否正确返回消防中心；

②现场按动消火栓按钮，应有红色光指示，能正常启动消防水泵，联动控制设备应接收到信号并显示报警部位；

联动控制功能、信号正常，合格。

5. 卤代烷、泡沫、二氧化碳、干粉等灭火系统联动控制功能

(1) 仪器设备

秒表、压力表，其余与火灾探测器功能检测相同。

(2) 抽样方法及要求

抽一个防护区进行系统模拟喷气试验（卤代烷应用氮气等介质代替）。

(3) 操作过程及判定：

任选一防护区，选择相应数量充有氮气或压缩空气的贮存容器取代灭火剂贮瓶进行试验。试验时，将防护区门窗打开，关断有关灭火剂贮存容器上的驱动器，装上相应的指示灯泡、压力表，打开控制柜电源并将控制开关板向"自动"或"手动"位置，用火灾探测器试验器对火灾探测器加烟、加温（参见火灾探测器功能检测）使其报警，直至启动灭火系统，喷射出氮气或压缩空气。

灭火系统接到灭火指令后应能正常启动，试验气体能正常从被防护区的每个喷口射出，消防联动设备接到控制指令，立即启动或关闭风机、防排烟阀、通风空调设备，切断火场电源，按程序规定声光报警动作，灭火剂释放灯显示正常。

秒表测定系统延时时间应在 30s 内；报警、喷射的各阶段，防护区内相关声、光报警信号正确。

6. 电动防火门、防火卷帘联动控制功能

(1) 仪器设备

秒表、钢尺，其余与火灾探测器功能检测相同。

(2) 抽样方法及要求

应按 10%～20% 抽验联动控制功能，其控制功能及信号均应正常。

(3) 操作过程及判定：

①防火卷帘联动控制功能：

一般在电动防火卷帘两侧设有专用的感烟及感温两种探测器，用火灾探测器试验器［参见三、1.(3)］对感烟探头加烟，报警控制器应发出声响，卷帘由上始点下降至地面 1.5～2m 处定位；

再对感温探头加温，报警控制器应发出变调声响，延时 30～40s 后，卷帘由中位下降至全闭；

有水幕保护时水幕喷水；

联动控制系统响应正确，卷帘的一步、两步动作及时间在规定范围内，合格。

②防火门联动控制功能：

对电动防火门进行开、闭控制，电动防火门能接收到控制信号，并实现其动作功能，联动控制装置能反馈动作信号；

联动控制系统响应正确，声、光信号正确，合格。

7. 防排烟及通风空调系统联动控制功能

(1) 仪器设备火灾探测器功能检测相同。

(2) 抽样方法及要求

按 10%～20% 抽验联动控制功能，其控制功能及信号均应正常。

(3) 操作过程及判定：

①手动控制功能：

手动开启任一加压送风口，信号应能传送到消防控制室，确认后加压风机、排烟风机自动启动，排烟风机入口处的排烟防火阀自动打开，同时关闭防火分区所有通风、空调设备及相关防火阀。

联动控制功能及信号均正常，合格。

②自动控制功能：

用火灾探测器试验器向探测器加烟〔参见三、1.(3)〕，火灾信号应反馈到消防控制室，可自动或远程控制方式打开防烟分区送风口、排烟口，启动风机，开启排烟风机入口的排烟防火阀，同时关闭防烟区的所有通风空调设备及相关防火阀。

联动控制功能及信号均正常，合格。

各项检验项目中，当有不合格者时，应限期修复或更换，并进行复验。复验时，有抽验比例要求的，应进行加倍抽验。

### 四、实例

工程概况：大厦地下 2 层，地上 28 层，建筑总高度 108.3m，建筑总面积 31600$m^2$，是集金融、办公、娱乐与休闲于一体的现代化多功能综合大厦。其消防工程涉及的范围主要有火灾自动报警、自动喷水灭火、室内消火栓、防火卷帘、防排烟、应急照明和疏散指示等，要求火灾自动报警设备不拒报、不误报，同时要求相关防火卷帘、防排烟、消防给水及其他联动设备及时、准确动作。

1. 系统功能简介

(1) 消防中心报警

当消防中心接到探测器或手动报警按钮的报警信号时，由消防联动控制器向报警装置所在楼层及相邻层发出信号，使警铃报警，消防广播接通，及时打开排烟阀和送风阀，关闭新风设备，并在本层火灾显示盘示以声光报警。

(2) 起动喷淋泵

若某层喷淋头超温爆裂、喷水，水流指示器动作，向消防中心报警，压力表动作，喷淋泵开始起动。

(3) 起动消防泵

当按下某个消防栓报警按钮，消防中心接到报警信号，起动消防泵。

2. 检测前准备

(1) 准备好所需的图纸、资料和仪器，组织好人员，分工清楚，责任明确。

(2) 全面检查

①按设计图纸和有关规范的要求，检查系统的每个回路，对于开路、虚焊和短路等情况要及时进行处理，注意检测各种导线的绝缘状况；

②检查所有手动报警按钮、消防栓按钮、警铃和喇叭的安装与接线是否符合要求；

③检查所有水流指示器的安装是否符合设计图纸及规范要求，水流方向是否正确；

④检查消防电源供电情况是否稳定，电压是否达到要求，主电源和备用电源是否能够自动切换。

3. 检测程序和方法

(1) 火灾探测器功能

感烟探测器用吹烟器进行检测，感温探测器加温其热敏元件，使探测器上的指示灯亮后，查验消防中心是否接到预报警信号和火警信号，并核对地址。

注意：应使用专用的检查仪器对探测器进行功能检测。用香烟、蚊香等对感烟探测器加烟，用打火机对感温探测器加温，往往使探测器污染、外壳变色变形，影响使用效果，严重时会引起误报。

(2) 手动报警按钮功能测试

在手动报警按钮处插入电话对讲机，测试其与消防中心的联系情况，再用测试钥匙插入报警器按下报警按钮，查验消防中心是否接到报警信号，并核对地址。

(3) 消防栓报警按钮报警功能测试

用配备的消防栓按钮测试钥匙接通其报警开关，查验消防中心是否接到报警信号，并核对地址。

(4) 水流指示器报警功能测试

打开喷淋管的放水阀放水，看水流指示器是否动作，控制面板是否能接到报警信号，水力警铃是否动作。

(5) 火灾报警控制器的功能检查

对以下功能进行检查和测试：火灾报警自检功能；报警和二次报警功能；故障报警和火警优先功能；显示功能（各种显示器、显示灯）；记忆功能；电源自动切换和备用电源的自动充电功能；电源的欠压和过压报警功能。

(6) 防火卷帘试运作

对防火卷帘进行落闸试验，先利用卷帘两侧的起动开关进行落闸和升闸动作，然后设定让烟感和温感报警，观察帘板的初降与复降是否正常，消防控制中心有无接到防火卷帘帘板动作信号且显示火警信号。

(7) 送风阀、排烟阀、加压、排烟风机单机动作测试

通过消防控制中心检测送风阀、排烟阀、加压风机、排烟风机动作情况，并观察有无信号返回控制台。

(8) 气体灭火装置试运行

①按下手动报警按钮，观察警铃、蜂鸣器和闪灯是否都正常动作，气阀是否动作，消防中心是否接到火警信号；

②设定让烟感和温感报警，查验消防中心是否接到报警信号（注意：事先要确认已关闭好气体）。

(9) 报警和联动控制系统功能

①探测器报警和联动功能测试

按地址编号（抽检）对感烟探测器吹烟，对感温探测器加温，模拟火警发生。

注意观察被测试的探测器所在楼层及与其相邻层间的警铃是否响铃报警，消防广播是否已接通，排烟阀是否已打开，送风阀是否都动作，新风设备是否都关闭，防火卷帘是否落闸，消防电梯是否降至首层，探测器所在楼层的显示盘是否有声光报警，并显示出被测试探测器的具体位置，消防控制中心是否收到有关设备动作的相应反馈信号。

②手动报警按钮和联动功能测试。对手动报警按钮用测试钥匙按下按钮，使其向消防中心报警，其情形应同上所述。

③消防栓按钮报警和联动功能的测试。按下消防栓报警按钮，其报警情形同上所述，同时起动消防泵工作，检查消防中心是否接到反馈信号。

④自动喷淋系统功能调试。（抽取）打开某层喷淋放水阀，让该层的水流指示器动作，其情形将同上所述，但起动的是喷淋泵而不是消防泵。

⑤水泵起动测试。通过消防中心联动控制台上水泵的起动开关，分别让消防泵、喷淋泵和水幕泵（使用和备用）起动和运转，观察各种信号是否都能正确返回消防中心。

**思考题**

1. 掌握感烟式火灾探测器的适用范围及种类。
2. 掌握感温式火灾探测器的适用范围及种类。
3. 掌握火灾报警控制器的作用及按用途分类。
4. 掌握消防联动控制设备的定义及主要装置。
5. 掌握开展检测的基本条件。

6. 掌握火灾探测器检测的主要仪器设备。
7. 掌握复合型火灾探测器检测特点。
8. 了解自动喷水（水喷雾）灭火联动控制系统检测抽样要求。
9. 了解卤代烷、泡沫、二氧化碳、干粉等灭火系统控制系统检测抽样方法及要求。
10. 检验项目中，有不合格时，如何处置？

**参考文献**

1. 《高层民用建筑设计防火规范》GB 50045—2001
2. 《火灾自动报警系统设计规范》GB 50116—98
3. 《自动喷水灭火系统施工及验收规范》GB 50261—2005
4. 《气体灭火系统施工及验收规范》GB 50263—97
5. 《泡沫灭火系统施工及验收规范》GB 50281—98
6. 《点型感烟火灾探测器技术要求和试验方法》GB 4715—1993
7. 《点型感温火灾探测器技术要求和试验方法》GB 4716—1993
8. 《报警控制器通用技术条件》GB 4717—1993
9. 《火灾报警设备检验规则》GB 12978—1991
10. 《点型红外火焰探测器性能要求和试验方法》GB 15631—1995
11. 《线性感温火灾探测器技术要求和试验方法》GB 16280—1996
12. 《建筑设计防火规范》GBJ 16—87—2001
13. 《智能建筑设计标准》GB/T 50314—2000
14. 《手动火灾报警按钮技术要求及试验方法》GA 05—1991
15. 《家用可燃性气体报警器技术要求及试验方法》GA 127—1996
16. 《火灾报警设备图形符号》GA/T 229—1999

**附录**

名词、术语：

（1）自动喷水灭火系统

自动喷水灭火系统靠喷洒头喷水灭火。喷头集火情探测与喷水灭火于一身。失火点燃烧产生的热使其上方的喷头感温元件（玻璃球或易熔合金）启动，喷头喷水灭火。同时系统中的水流指示器向消防控制中心报警，并显示出失火地点。报警阀的压力开关也向消防控制中心报警并启动消防水泵。水力警铃也同时发出声音报警。

（2）消火栓灭火系统

该系统在我国被作为最基本的灭火设备。在每一个高层建筑中都设有。消火栓系统实施灭火需要有两个基本要素：一是消火栓设备，二是消火栓的使用者——消防队员，二者缺一不可。

（3）防火分区系统

它是采用相应耐火性能的建筑构件或防火分隔物，将建筑物人为划分的能在一定时间内防止火灾向同一建筑物的其他部分蔓延的局部空间。该系统主要由防火墙、板、防火门、防火卷帘、防火阀等及相应的火灾探测装置构成。探测装置探测到火情后，防火门及防火卷帘等自动关闭，把火势封闭在一局部空间内，阻止其蔓延，以有利于消防扑救。

（4）气体灭火系统

包括卤代烷灭火系统、二氧化碳灭火系统。这是一种以气体作为灭火介质的灭火系统。卤代烷 1301 和 1211 灭火剂主要是通过溴和氟等卤素氢化物的化学催化作用和化学净化作用大量扑捉、消耗火焰中的自由基，抑制燃烧的链式反应，迅速将火焰扑灭。二氧化碳灭火剂主要通过稀释氧浓度、窒息燃烧和冷却等物理作用灭火，二氧化碳在空气中含量达到 15% 以上时能使人窒息死亡，达到 30%～35%时，能使一般可燃物质的燃烧逐渐窒息，达到 43.6%时能抑制汽油气及其他易燃气体的爆炸。

## 第九节 建筑智能化系统检测

### 一、概念

**1. 智能化系统简介**

智能建筑是为了适应现代信息社会对建筑物的功能、环境和高效率管理的要求，特别是对建筑物应具备信息通信、办公自动化和建筑设备自动控制和管理等一系列功能的要求而在传统建筑的基础上发展起来的新型建筑。

智能建筑是通过对建筑物的四个基本要素，即结构、系统、服务和管理以及它们之间的内在联系进行最优化设计，从而提供具有高效、舒适、安全、便捷环境的建筑空间。智能建筑的本质，简言之就是为人们提供一个优越的工作与生活环境，这种环境具有安全、舒适、便利、高效与灵活的特点。

智能建筑中的"智能"主要是通过其中的各种智能化系统来实现的。建筑智能化系统主要包括建筑设备自动化系统（BAS：Building Automation System）、消防自动化系统（FAS：Fire Automation System）、安全防范自动化系统（SAS：Safety Automation System）、通信网络系统（CNS：Communication Network System）、办公自动化系统（OAS：Office Automation System）、综合布线系统（GCS：Generic Cabling System）和集成系统（SI：System Integration）。

BAS 的监控范围主要包括暖通空调、给排水、电力、照明、电梯等设备系统。

FAS 由火灾自动报警系统和消防联动控制系统两部分组成。

SAS 包括入侵报警系统、电视监控系统、出入口控制系统、停车库管理系统、巡更系统等。

CNS 主要包括由电话通信系统、有线电视系统、视频会议系统、卫星通信系统、公共/紧急广播系统、计算机局域网等系统。

OAS 是以计算机网络作为基础平台，在办公自动化软件的支持下实现先进的信息处理功能。

GCS 是建筑物和建筑群内部之间的传输网络。它能使建筑物或建筑群内部的电话、电视、计算机、办公自动化设备、通信网络设备、各种测控设备以及信息家电等设备之间彼此相连，并能接入外部公共通信网络。

SI 是将以上分离的诸个智能化系统通过计算机网络集成为一个相互关联、统一协调的整体。实现信息、资源、任务的重组和共享，提升智能化系统的整体效能。

**2. 智能化系统检测的范围与步骤**

智能化系统的检测范围主要包括 BAS、SAS、CNS、GCS 和 SI。在我国由于管理体制的原因，FAS 一般都单独设计与实施，单独检测，故本教材未纳入。同时对于有关防雷接地，电源质量的检测已在本教材的其他章节中介绍，本节亦不再重复。

对智能化系统的检测主要分为功能检测和性能检测。功能检测主要检测智能化系统对预定功能的完成情况。性能测试主要检测智能化系统在不同条件下完成预定功能的能力强弱程度。

对智能化系统的检测应在系统自我调试结束，并试运行一段时间后进行。各系统规定的试运行时间的长短不太一致，一般应有三个月以上的运行时间。

智能化系统的检测过程应由以下几个步骤组成：

（1）熟悉工程情况，了解各系统结构模式、配置、设备选型、工艺要求（如设计标准、功能要求、控制逻辑、控制方法、控制精度、响应时间要求等）。

（2）编制检测大纲。

(3) 实施测试。
(4) 工程整改后的复检。

业主单位和施工单位在检测前通常应提供下列资料：
(1) 智能化系统设计文件，包括：设计说明、系统结构图、控制原理图、设备布置及管线平面图、监控设备电气接线图、设备清单、监控点表等；
(2) 智能化系统竣工图；
(3) 智能化系统招投标文件、商务及技术合同；
(4) 设备合格证书及检验报告；
(5) 设备技术说明书；
(6) 系统技术、操作和维护手册；
(7) 隐蔽工程验收报告；
(8) 智能化系统调试及运行记录。

## 二、检测依据

1．《商用建筑物电信布线标准》ANSI/TIA/EIA 568—B：2002
2．《信息技术用户建筑群的通用布缆》ISO/IEC 11801：2002
3．《光纤通信分系统基本试验程序．第4-1部分：光纤电缆性能指标．多模光纤电缆性能衰减》ISO/IEC 61280-4-1-1999
4．《光纤通信分系统基本试验程序．第4-2部分：光纤电缆性能指标．单模光纤电缆性能衰减》ISO/IEC 61280-4-2-1999
5．《智能建筑工程质量验收规范》GB 50339—2003
6．《安全防范工程技术规范》GB 50348—2004
7．《建筑与建筑群综合布线系统工程验收规范》GB/T 50312—2000
8．《建筑电气安装工程施工质量验收规范》GB 50303—2001
9．《光纤的传输特性和光学特性测试方法》GB/T 8401—1987
10．《光纤的（几何）尺寸参数测量方法》GB/T 8402—1987
11．《光缆的环境性能试验方法》GB/T 8405—1987
12．《光缆的机械性能试验方法》GB/T 7425—2000
13．《通信用单模光纤系列》GB/T 9771—2000
14．《通信用多模光纤系列》GB/T 12357—1990
15．《信息技术设备的无线电干扰极限值和测量方法》GB 9254—1998
16．《信息技术设备抗扰度限值和方法》GB/T 17618—1998
17．《建筑与建筑群综合布线系统工程设计规范》GB/T 50311—2000
18．《建筑物防雷设计规范》GB 50057—1994
19．《智能建筑设计标准》GB/T 50314—2000
20．《透视式电视测试图》GB 6996.12—1986
21．《透视式电视灰度测试图》GB 6996.3—1986
22．《彩色电视图像质量主观评价方法》GB/T 7401—1987
23．《电磁辐射防护规定》GB 8702—1988
24．《入侵探测器通用技术条件》GB 10408.1—1989
25．《防盗报警控制器通用技术条件》GB 12663—1990
26．《视频入侵报警器》GB 15207—1994
27．《报警系统电源装置　测试方法和性能规范》GB/T 15408—1994

28.《报警图像信号有线传输装置》GB/T 16677—1996
29.《安全防范报警设备安全要求和试验方法》GB 16796—1997
30.《建筑物电子信息系统防雷技术要求》GB 50343—2004
31.《民用闭路监控电视系统工程技术规范》GB 50198—1998
32.《建筑智能化系统工程检测规程》DB 32/365—1999

### 三、建筑设备自动化系统（BAS）的检测

1. 空气处理机组（AHU）和新风机组（PAU）的检测

（1）仪器设备

温度计：精度高于被测对象精度一个等级；

湿度计：精度±2%；

风速仪：精度±5%；

秒表；

电平信号发生器；

对讲机。

（2）检测数量

每类机组按总数20%抽检，且不得少于5台，不足5台时全部检测。

（3）检测项目及操作

①传感器精度测试。检测室外温湿度、室内温湿度、回风温湿度的测量与传输精度。通过现场实测与系统显示值比对方式检验。实测值与显示值相对误差在±5%以内为合格，或遵从有关技术文件及合同的规定。

温度测试时，应避免直射阳光、人体及周围物体对温度计及湿度计的辐射影响。

②执行机构性能测试。在中央站分别强制设定执行器为0%、50%、80%、100%行程。测试执行机构（风阀、水阀）实际定位精度，偏差不超过±5%为合格。

③状态显示值测试

核对电机运行状态、故障状态、手/自动模式的实际状态与显示值的一致性。实际状态与显示值一致为合格。

④启/停控制

在中央站发出启/停信号，记录现场机组对命令的响应时间及符合性。在中央站修改预定时间表，使机组按时间程序运行。记录机组工作状态，在中央站通过事件记录查看命令响应时间，或现场记录机组对启/停命令的响应时间，机组能按命令启/停且响应时间不超过2秒为合格，或遵从技术文件合同的规定。

⑤故障报警检测

在现场人工触发电机故障报警信号，在AHU上人工封堵空气过滤器。在中央站观察报警响应状况，查看报警响应时间，中央站能够报警，报警时间不超过2秒为合格，或遵从技术文件合同的规定。

⑥温度控制功能检测

在中央站人工改变温度设定值1~2℃，系统按预定控制逻辑正常工作，并能达到控制目标（AHU为室内温湿度，PAU为送风温度），记录温度调节过度时间及温度稳定值，精度在技术文件合同的规定允许范围内为合格。

本项目测试通常需几分钟甚至更长时间。

⑦AHU多工况运行调节检测

在DDC的室外温湿度输入端口，分别按冬、夏、过渡三季典型温湿度人工输入电平信号。

记录风阀、水阀的变化状态,系统能够按照预定多工况设计方案进行运行为合格。

⑧冬、夏季工况切换控制检测

在中央站人工改变冬夏工况,温度控制系统按照冬夏控制逻辑工作为合格。

⑨防冻保护

停止机组工作,设定室外温度为0℃,记录水阀、风阀工作状态,系统按防冻设计要求工作为合格。

2. 变风量(VAV)空调系统功能检测

(1) 仪器设备与 AHU 和 PAU 的检测相同。

(2) 检测数量,按 VAV 系统总数的 20% 检测,且不少于 4 台,不足 4 台时全部检测。

(3) 检测项目与操作

①传感器精度测试与 AHU 和 PAU 的检测相同。

②执行机构性能测试与 AHU 和 PAU 的检测相同。

③状态显示值测试与 AHU 和 PAU 的检测相同。

④启/停控制测试与 AHU 和 PAU 的检测相同。

⑤故障报警测试与 AHU 和 PAU 的检测相同。

⑥室内温度控制与最小风量控制。

在检测的 VAV 系统中,每个系统分别抽测 2 个房间。

a. 在 VAVBox 的 DDC 上人工改变温度设定值 1~2℃,记录 VAVBox 风阀开度的变化及室内温度的变化。当室内温度达到控制目标,精度在允许范围内为合格。

b. 在夏季人工升高室内温度设定值 3~5℃。在冬季人工降低室内温度设定值 3~5℃。记录 VAVBox 风阀的开度变化,风阀能保持最小开度为合格。

⑦AHU 总风量的调节测试:

将系统内所有 VAVBox 投入运行,用风速仪测量系统总风量,然后分别关闭 1/3 总数的 VAVBox、1/2 总数的 VAVBox、3/4 总数的 VAVBox。测量总风量的变化,总风量调节过程稳定,无显著波动且总风量呈相应递减关系为合格。

3. 送、排风机的检测

(1) 检测数量

送排风机各按其总数的 15% 检测,不少于 3 台,不足 3 台时,全部检测。

(2) 检测项目与操作

①状态显示测试与 AHU 和 PAU 的检测相同。

②启/停控制测试与 AHU 和 PAU 的检测相同。送排风机有联锁要求时,应记录启停时的联锁工作状况。符合设计要求为合格。

③故障报警测试与 AHU 和 PAU 的检测相同。

4. 变配电系统检测

(1) 检测数量:低压回路:回路数的 20%,不少于 5 路,低于 5 路时全部检测,高低压柜,全部检测。

(2) 检测项目与操作

①电压、电流、有功功率、无功功率、用电量的测试,采用现场数据与显示值比对方式检测。相对误差不超过 2% 为合格。

②高低压柜的运行状态、变压器温度测试,采用现场值与显示值比对方式检测,全部一致为合格。

5. 公共照明系统

(1) 检测数量

按照明回路总数的 20% 抽检，数量不少于 10 路，不足 10 路时全部检测。

(2) 检测项目与操作

①状态显示测试

对照明状态、故障状态、手/自动状态进行现场与显示值的比对，全部一致为合格。

②启/停控制

在中央站发出启/停控制、分组控制以及修改时间程序的命令，各照明回路能按控制命令正常工作为合格。

③故障报警测试，测试方法与 AHU 和 PAU 的检测相同。

6. 给排水系统检测

(1) 检测数量

对给水系统、排水系统和中水系统各抽检 50%，不少于 5 套，总数少于 5 套时，全部检测。

(2) 检测项目与操作

①状态显示测试

对设备的工作状态、故障状态、手/自动模式、液位、压力参数进行现场值与显示值的比对。全部一致为合格。

②启/停控制测试

在中央站发出启/停命令，现场设备能按命令正确工作为合格，通过事件记录查询命令响应时间，响应时间不大于 3 秒为合格，或遵从技术文件合同的规定。

③液位控制测试

对给水箱或污水坑进行液位控制测试。启动给水泵为给水箱补水或向污水坑人工注水，记录达到控制液位时水泵的工作状态，其工作逻辑正确时为合格。

④故障报警测试

测试方法与 AHU 和 PAU 的检测相同。

7. 热源和热交换系统

(1) 检测数量

对全部监控设备检测。

(2) 检测项目与操作

①状态显示测试

对热源、热交换器、水泵等设备的工作状态、故障状态、手/自动模式、温度、压力、流量等参数进行现场值与显示值的比对。状态值全部一致，温度、压力、流量参数相对误差不超过 5% 为合格。

②故障报警测试

对油泵、水泵等进行故障报警测试，测试方法与 AHU 和 PAU 的检测相同。

8. 冷冻站系统功能检测

(1) 检测数量

全部检测。

(2) 检测项目与操作

①状态参数显示测试

对冷冻机、冷却塔、冷冻水泵、冷却水泵的工作状态、故障状态、手/自动模式进行现场值与显示值的比对，全部一致为合格。

②温度参数测试

对比冷冻机机内所测冷冻水、冷却水进出口温度与中央站的显示值，偏差不超过0.5℃为合格。

③冷冻机启/停控制及联锁控制

在中央站发出冷冻机启/停命令，记录冷冻机启/停与冷却水泵、冷冻水泵、冷却塔等相关设备的联锁关系。符合正确的开机程序和关机程序为合格。即开机时，冷冻水泵、冷却水泵、冷却塔先开启，再开启冷冻机；关机时，则秩序相反。

④水泵、冷却塔的控制测试

a. 对冷冻水泵、冷却水泵、冷却塔的启动命令测试。设备按命令正确工作为合格。

b. 对冷冻水泵、冷却水泵、冷却塔的关闭命令测试。水泵、冷却塔全部开启，冷冻机至少开启一台。在中央站依次对水泵、冷却塔发出停止命令。最后一组水泵和冷却塔不能停止运行为合格。

⑤报警检测

对冷冻机、水泵、冷却塔的报警功能测试，测试方法与AHU和PAU的检测相同。

⑥冷冻水温度再设控制

在中央站发出对冷冻水出水温度的再设命令，冷冻机能按再设温度工作为合格。

⑦冷冻机群控测试

先将所有空调机组和新风机组全部投入运行，运行参数稳定后人工关闭总数1/2的空调机组和新风机组，在新的条件下各参数达到稳定后，再将关闭的空调机组和新风机组全部开启。记录末端空调设备由全负荷运行——1/2负荷运行——全负荷运行过程中各阶段冷水机组开机台数变化及冷冻水供回水温度；冷冻机群能实现与末端空调设备负荷变化的匹配调节为合格。

9. 电梯和自动扶梯的功能检测

(1) 检测数量

全部检测。

(2) 检测项目及操作

①状态显示测试

对运行状态、故障状态、手/自动模式进行现场值与显示值的比对，全部一致为合格。

②故障报警测试

检测方法与AHU和PAU的检测相同。

10. 数据通信接口测试

(1) 检测数量

全部检测。

(2) 检测项目与操作

①数据传输检测

对通过通信接口传输的数据，采用现场实际值与传输结果的显示值进行比对，相对误差不超过5%为合格。检测时，人工改变其中一部分数据的现场值，记录传输结果的准确性。

②传输时间检测

在现场人工改变部分数据（报告/温度值等），记录数据传输时间。响应时间遵从技术合同约定，无约定时，传输时间不超过8秒为合格。

③启/停控制测试

在中央站发出启/停控制命令。现场设备能按命令正确工作为合格。

11. 系统可维护性测试

检测项目与操作：

（1）应用软件的在线编程功能检测

在中央站对二个 AHU 的温度控制的 P 参数修改，将 I 设为 O，并下载至相应 DDC。比较控制效果。DDC 能按新的调节参数运行为合格。

（2）I/O 点位的增加和删除功能检测

选取二个 DDC，在每个 DDC 中增加二个和删除二个 I/O 按点，控制系统能正确适应为合格。

（3）I/O 点位的总量统计

I/O 点位的总冗余数不少于 10% 为合格。

12．系统可靠性测试

检测项目与操作：

（1）人工关闭中央站，抽测 2～3 个 DDC。记录 DDC 工作状态，各 DDC 能坚持独立工作为合格。

（2）人工关闭二个 DDC，中央站能正常工作为合格。

（3）人工断电，重启电源后，中央站和 DDC 无系统数据丢失，系统能正常工作为合格。

（4）切断电源，测试 UPS 供电。

UPS 切换后无系统数据丢失，系统正常工作为合格。

（5）人工触发 DDC 故障、人工线路断线，检测系统故障自检能力，系统能自我检测，定位故障点为合格。

（6）时钟同步检测：检测 DDC 和中央站的时钟，两者保持一致为合格。

13．系统安全性测试

检测项目与操作：

（1）工作权限

分别测试不同级别操作人员的工作权限的有效性。访问及操作级别与工作权限相对应为合格。

（2）数据记录、保存的全面性和时效性

检测历史数据记录的种类及时间，符合技术文件要求为合格。

14．判定标准：

根据《智能建筑质量验收规范》GB 50339—2004，系统检测质量的判定标准如下：

（1）除 10.3.1 中传感器精度测试，执行机构性能测试检测项目外，其他检测项目全部合格，则判定系统检测合格，否则不合格。

（2）除 I/O 冗余数小于 10%、AHU 多工况运行调节、冷冻机群控、冷水温度再设控制检测项目外，其余检测项目全部合格，则判定系统合格，否则为不合格。

**四、综合布线系统（GCS）的检测**

1．检测设备要求

用于双绞线检测工具必须符合 TIA/EIA568 或 ISO11801 标准的 Ⅱ 或 Ⅲ 级精度的要求，并应具备线缆 NEXT 故障定位、结果分析、自动存储及打印功能。

用于多模、单模光缆的测试工具，必须符合标准 IEC61280-4-1 和 IEC61280-4-2 的要求。

表 6-50 列出的是 Ⅱ 级精度和 Ⅲ 级精度的现场测试仪对残余 NEXT 特性的允许值。残余 NEXT 是指在测试仪输入端没有连接任何电缆时测量到的测试仪自身的串扰值，它是测量近端串扰中底线噪声的一部分，残余 NEXT 是影响测试仪精度水平的众多因素之一。对于基线和永久链路指标，Ⅲ 级精度的测试仪在 100MHz 时残余 NEXT 的最差值比 Ⅱ 级精度所允许的要小 18 倍。Ⅲ 级精度的测试带宽要求为 250MHz。

**检测设备精度最低性能要求** 表 6-50

| 序号 | 性能参数 | 1~100兆赫（MHz） | 序号 | 性能参数 | 1~100兆赫（MHz） |
|---|---|---|---|---|---|
| 1 | 随机噪音最低值 | 65-15log（f100）dB | 5 | 动态精确度 | ±0.75dB |
| 2 | 剩余近端串音（NEXT） | 55-15log（f100）dB | 6 | 长度精确度 | ±1m±4% |
| 3 | 平衡输出信号 | 37-15log（f100）dB | 7 | 回损 | 15dB |
| 4 | 共模抑制 | 37-15log（f100）dB | | | |

注：动态精确度适用于从0dB基准值至优于NEXT极限值10dB的一个带宽，按60dB限制。

标准既定义了基本仪器（也称为基线精度）的精度，也定义了仪器带有为测试永久链路和通道的适配器后的精度。一些厂家仅仅会提及基线精度。在实际应用中这是一个误导性的概念，因为无论是测试永久链路还是通道，测试仪总是要与测试适配器一起工作的。标准确实计划在定义基线精度的同时为这些在测试实际链路时所必须的适配器制定严格的性能要求。

2. 检查及测试技术要求

（1）光纤连接损耗（表 6-51）

**光 纤 连 接 损 耗** 表 6-51

| 连接类别 | 光纤连接损耗（dB） | | | |
|---|---|---|---|---|
| | 多 模 | | 单 模 | |
| | 平均值 | 最大值 | 平均值 | 最大值 |
| 熔 接 | 0.15 | 0.3 | 0.15 | 0.3 |

（2）光缆布线链路的衰减（表 6-52）

**光缆布线链路的衰减** 表 6-52

| 布线 | 链路长度（m） | 衰减（dB） | | | |
|---|---|---|---|---|---|
| | | 单模光缆 | | 多模光缆 | |
| | | 1310nm | 1550nm | 850nm | 1300nm |
| 水 平 | 100 | 2.2 | 2.2 | 2.5 | 2.2 |
| 建筑物主干 | 500 | 2.7 | 2.7 | 3.9 | 2.6 |
| 建筑物主干 | 1500 | 3.6 | 3.6 | 7.4 | 3.6 |

（3）最小光回波损耗

光缆布线链路的任一接口测出的光回波损耗大于表 6-53 给出的值。

**最小光回波损耗** 表 6-53

| 类 别 | 单 模 光 缆 | | 多 模 光 缆 | |
|---|---|---|---|---|
| 波 长 | 1310nm | 1550nm | 850nm | 1300nm |
| 光回波损耗 | 26dB | 26dB | 20dB | 20dB |

（4）对绞电缆与电力线最小净距（表 6-54）

**对绞电缆与电力线最小净距** 表 6-54

| 单位范围条件 | 最小净距（mm） | | |
|---|---|---|---|
| | 380V <2kV·A | 380V 2.5~5kV·A | 380V >5kV·A |
| 对绞电缆与电力电缆平行敷设 | 130 | 300 | 600 |
| 有一方在接地的金属槽道或钢管中 | 70 | 150 | 300 |
| 双方均在接地的金属槽道或钢管中 | 注 | 80 | 150 |

注：双方都在接地的金属槽道或钢管中，且平行长度小于10m时，最小间距可为10mm。
表中对绞电缆如采用屏蔽电缆时，最小净距可适当减小，并符合设计要求。

(5) 电光缆暗管敷设与其他管线最小净值（表 6-55）

**电光缆暗管敷设与其他管线最小净值**　　　　　　表 6-55

| 管线种类 | 平行净距（mm） | 垂直交叉净距（mm） | 管线种类 | 平行净距（mm） | 垂直交叉净距（mm） |
|---|---|---|---|---|---|
| 避雷引下线 | 1000 | 300 | 给水管 | 150 | 20 |
| 保护地线 | 50 | 20 | 煤气管 | 300 | 20 |
| 热力管（不包封） | 500 | 500 | 压缩空气管 | 150 | 20 |
| 热力管（包封） | 300 | 300 | | | |

(6) 管径和截面利用率的要求

在暗管中布放的电缆为屏蔽电缆（具有总屏蔽和线对屏蔽层）或扁平型缆线（可为两根非屏蔽 4 对对绞电缆或两根屏蔽 4 对对绞电缆组合，一根 4 对对绞电缆和一根多芯光缆组合及其他类型的组合）；主干电缆为 25 对以上，主干光缆为 12 芯以上时，宜采用管径利用率进行计算，选用合适规格的暗管。

在暗管中布放的对绞电缆采用非屏蔽或总屏蔽 4 对对绞电缆及 4 芯以下光缆时，为了保证线对扭绞状态，避免缆线受到挤压，宜采用管截面利用率公式进行计算，选用合适规格的暗管。

有关暗管布放缆线的根数及截面利用率可参照表 6-56 和表 6-57 所列数据。

**暗管允许布线缆线数量**　　　　　　表 6-56

| 暗管规格 | 缆线数量（根） | | | | | | | | | |
|---|---|---|---|---|---|---|---|---|---|---|
| | 每根缆线外径（mm） | | | | | | | | | |
| 内径（mm） | 3.3 | 4.6 | 5.6 | 6.1 | 7.4 | 7.9 | 9.4 | 13.5 | 15.8 | 17.8 |
| 15.8 | 1 | 1 | — | — | — | — | — | — | — | — |
| 20.9 | 6 | 5 | 4 | 3 | 2 | 2 | 1 | — | — | — |
| 26.6 | 8 | 8 | 7 | 6 | 3 | 3 | 2 | 1 | — | — |
| 35.1 | 16 | 14 | 12 | 10 | 6 | 4 | 3 | 1 | 1 | 1 |
| 40.9 | 20 | 18 | 16 | 15 | 7 | 6 | 4 | 2 | 1 | 1 |
| 52.5 | 30 | 26 | 22 | 20 | 14 | 12 | 7 | 4 | 3 | 2 |
| 62.7 | 45 | 40 | 36 | 30 | 17 | 14 | 12 | 6 | 3 | 3 |
| 77.9 | 70 | 60 | 50 | 40 | 20 | 20 | 17 | 7 | 6 | 6 |
| 90.1 | | | | | | | 22 | 12 | 7 | 6 |
| 102.3 | | | | | | | 30 | 14 | 12 | 7 |

(7) 管道截面利用率及布放电缆根数（表 6-57）

**管道截面利用率及布放电缆根数**　　　　　　表 6-57

| 管道 | | 管道面积 | | |
|---|---|---|---|---|
| | | 推荐的最大占用面积 | | |
| 内径 D（mm） | 内径截面积 A（mm） | 1 | 2 | 3 |
| | | 布放 1 根电缆截面利用率为 53% | 布放 2 根电缆截面利用率为 31% | 布放 3 根（或 3 根以上电缆）截面利用率为 40% |
| 20.9 | 345 | 183 | 107 | 138 |
| 26.6 | 559 | 296 | 173 | 224 |
| 35.1 | 973 | 516 | 302 | 389 |
| 40.9 | 1322 | 701 | 410 | 529 |
| 52.5 | 2177 | 1154 | 675 | 871 |
| 62.7 | 3106 | 1646 | 963 | 1242 |
| 77.9 | 4794 | 2541 | 1486 | 1918 |
| 90.1 | 6413 | 3399 | 1988 | 2565 |
| 102.3 | 8268 | 4382 | 2563 | 3307 |
| 128.2 | 12984 | 6882 | 4025 | 5194 |
| 154.1 | 18760 | 9943 | 5816 | 7504 |

(8) 电缆电气性能指标

①测试参数及其物理意义

用于布线系统验收的测试标准要求测量几个重要的电气参数以便于认证布线系统满足一定的传输性能要求。每个标准都有其特定的通过/失败极限值，这些极限值取决于链路的类别和链路模型的定义。

接线图测试。接线图测试用于验证线缆链路中每一根针脚端至端的连通性，同时检查串绕问题。任何错误的接线形式，例如断路、短路、跨接、反接、串绕等都应能够检测出来。

衰减。任何电子信号从信号源发出后在传输过程中都会有能量的损失，这对于局域网信号来说也不例外。衰减随着温度和频率的增加而增加。高频信号比低频信号衰减得更严重。这也是为什么链路有正确的接线图，在10Base-T网络中运行得非常好，而不能在100Base-T网络中正常工作的原因。对于5类布线系统，各个厂商的产品在衰减方面的性能非常接近。

串扰，其中近端串扰（NEXT）被提出的最早（始于TSB-67）。串扰是由于一对线的信号产生了辐射并感应到其他临近的一对线而造成的。串扰也是随频率变化的，3类线可以很好地支持10Base-T的应用，但却不能用于100Base-T网络。

保持线对紧密地绞结和线对间的平衡可以有效地降低串绕。较小的绞距可以形成电磁场的方向相反以有效地相互抵消彼此间的影响，从而降低线对向外的辐射。超5类线的绞距比3类线的要小，而且绞距的一致性比3类线也好，还使用了性能更好的绝缘材料，这些都进一步抑制了串扰并降低了衰减。TIA/EIA-568-B标准要求所有UTP连接在端接处未绞结的部分不能超过1.3cm（0.5英寸）。

长度。在标准规定中永久链路的长度不能超过90m，通道的长度不能超过100m。精确测量长度受几个方面的影响，包括线缆的额定传输速度（NVP），绞线长度与外皮护套的长度，以及沿长度方向的脉冲散射。当使用现场测试仪器测量长度时，通常测量的是时间延时，再根据设定的信号速度计算出长度值。

额定传输速度（NVP）表述的是信号在线缆中传输的速度，用光速的百分比形式表示。NVP设置不正确是常见的错误。如果NVP设定为75%而线缆实际的NVP值是65%，那么测量还没有开始就有了10%以上的误差。此外，每对线之间的NVP都可能差别，还会随频率的变化而变化。对于3类线和混用的5类线来说，线对间NVP值最大可能有12%的差别。

传输延迟和延迟偏差（Propagation delay & delay skew）：传输延迟指的是当电信号延电缆传输时的时间延迟。一个电缆绕对的延迟决定于绕对的长度、缠绕率和电特性。同一UTP电缆中的各绕对由于缠绕数和每一绕对的电特性的不同而导致各绕对的传输延迟稍有差异，各绕对之间的延迟差异就是延迟偏差。延迟偏差对于以多线对电缆同时传输数据的高速并行数据传输网络是一个非常重要的参数，如果绕对之间的延迟偏差过大，就会失去比特传输的同步性，接收到的数据就不能被正确地重组。

特性阻抗（Characteristic Impedance）：是指电缆无限长时该电缆所具有的阻抗。阻抗是阻止交流电流通过一种电阻。一条电缆的特性阻抗是由电缆的电导率、电容以及阻值组合后的综合特性。这些参数是由诸如导体尺寸、导体间的距离以及电缆绝缘材料特性等物理参数决定的。正常的物理运行依靠整个系统电缆与连接器件具有的恒定的特性阻抗。特性阻抗的突变或特性阻抗异常，会造成信号反射，从而会引起网络电缆中的传输信号畸变并导致网络出错。常用UTP的特性阻抗为100Ω。

近端串扰损耗（NEXT）：近端串扰是指处于某侧的发送线对对同侧相邻的另一对线通过电磁感应所产生的偶合信号。近端串绕损耗NEXT就是近端串扰值和导致该串扰值的另一对线上的发送信号之差值。近端串绕与线缆的类别、连接方式、频率值有关。在所有的网络运行特性中，串扰值对网络的性能影响是最大的。

近端串扰与衰减差（ACR）：是指近端串扰损耗与衰减的差值。是线对上信噪比的一种形式。ACR（dB）= NEXT（dB）-A（dB） ACR是一个十分重要的物理量，是线对上信噪比的一种形式。ACR = 0 表明在该线对上传输的信号将被噪声淹没，因此，对应 ACR = 0 的频率点越高越好。高的 ACR 值意味着接收信号大于串扰。

等电平远端串扰（ELFEXT）：由于五类线采用全双工并行方式来传输数据，远端的串扰也会对信号造成影响，因此必须在远端点测量可感应到的串扰信号，这就是 FEXT 值的测量。可是由于线路中信号的衰减，使得远端点发送的信号强度太弱，以至于所测量到的 FEXT 值不是真实的远端串扰值，因此需要用测量到的 FEXT 值减去线路的衰减值，以得到所谓的 ELFEXT 值。ELFEXT = FEXT-A（A 为接收线对的传输衰减）。

综合等电平远端串扰（Power sum ELFEXT）：远端串扰则是指能量被耦合到与传输信号的线对相邻的线对的远端（远离信号发送端）的能量耦合。在千兆以太网中，所有的线对都被用来传输信号，每个线对都会受到其他线对的干扰，因此远端串扰必须进行功率加总，从而获得对于能量耦合的真实描述。

②六类永久链路部分测试参数的参考值

参数（dB） NEXT ATTN RL ACR ELFEXT PS
频率（MHz）
100　41.8　18.5　14.0　23.4　24.2　39.3
125　40.3　20.9　13.0　19.4　22.2　37.7
200　36.9　27.1　11.0　9.9　18.23　34.3
250　35.3　30.7　10.0　4.6　16.2　32.7

③超五类永久链路部分测试参数在 100MHz 时的参考值

参数（dB） NEXT ATTN RL ACR ELFEXT PS
频率（MHz）
100　30.1　24.0　10.0　6.1　17.4　27.1

④五类在选定的某一频率上信道和基本链路衰减量应符合表 6-58 和表 6-59 要求，信道的衰减包括 10m（跳线、设备连接线之和）及各电缆段、接插件的衰减量的总和。

信 道 衰 减 量　　表 6-58

| 频率（MHz） | 三类（dB） | 五类（dB） | 频率（MHz） | 三类（dB） | 五类（dB） |
| --- | --- | --- | --- | --- | --- |
| 1.00 | 4.2 | 2.5 | 20.00 | — | 10.3 |
| 4.00 | 7.3 | 4.5 | 25.00 | — | 11.4 |
| 8.00 | 10.2 | 6.3 | 31.25 | — | 12.8 |
| 10.00 | 11.5 | 7.0 | 62.50 | — | 18.5 |
| 16.00 | 14.9 | 9.2 | 100.00 | — | 24.0 |

注：总长度为 100m 以内。

基本链路衰减量　　表 6-59

| 频率（MHz） | 三类（dB） | 五类（dB） | 频率（MHz） | 三类（dB） | 五类（dB） |
| --- | --- | --- | --- | --- | --- |
| 1.00 | 3.2 | 2.1 | 20.00 | — | 9.2 |
| 4.00 | 6.1 | 4.0 | 25.00 | — | 10.3 |
| 8.00 | 8.8 | 5.7 | 31.25 | — | 11.5 |
| 10.00 | 10.0 | 6.3 | 62.50 | — | 16.7 |
| 16.00 | 13.2 | 8.2 | 100.00 | — | 21.6 |

注：总长度为 94m 以内。

以上测试是以20℃为准,每增加1℃则衰减量增加1.5%,对5类对绞电缆,则每增加1℃会有0.4%的变化。近端串音是对绞电缆内二条线对间信号的感应。对近端串音的测试,必须对每对线在两端进行测量。见表6-60及表6-61。

信道近端串音(最差线间) 表6-60

| 频率(MHz) | 3类(dB) | 5类(dB) | 频率(MHz) | 3类(dB) | 5类(dB) |
|---|---|---|---|---|---|
| 1.00 | 39.1 | 60.0 | 25.00 | — | 37.4 |
| 4.00 | 29.3 | 50.6 | 31.25 | — | 37.4 |
| 8.00 | 24.3 | 45.6 | 62.50 | — | 35.7 |
| 10.00 | 22.7 | 44.0 | 100.00 | — | 30.6 |
| 16.00 | 19.5 | 40.6 | | | 27.1 |
| 20.00 | — | 39.0 | | | |

注:最差值限于60dB。

基本链路近端串音(最差线间) 表6-61

| 频率(MHz) | 三类(dB) | 五类(dB) | 频率(MHz) | 三类(dB) | 五类(dB) |
|---|---|---|---|---|---|
| 1.00 | 40.1 | 60.0 | 20.00 | — | 40.7 |
| 4.00 | 30.7 | 51.8 | 25.00 | — | 39.1 |
| 8.00 | 25.9 | 47.1 | 31.25 | — | 37.6 |
| 10.00 | 24.3 | 45.5 | 62.50 | — | 32.7 |
| 16.00 | 21.0 | 42.3 | 100.00 | — | 29.3 |

注:最差值限于60dB。

3.检测方法

(1)环境检查

应对交接间、设备间、工作区的建筑和环境条件进行检查,检查内容如下:

①交接间、设备间、工作区土建工程已全部竣工。房屋地面平整、光洁,门的高度和宽度应不妨碍设备和器材的搬运,门锁和钥匙齐全。

②房屋预埋地槽、暗管及孔洞和竖井的位置、数量、尺寸均应符合设计要求。

③铺面活动地板的场所,活动地板防静电措施的接地应符合设计要求。

④交接间、设备间应提供220V单相带地电源插座。

⑤交接间、设备间应提供可靠的接地装置,设置接地体时,检查接地电阻值及接地装置应符合设计要求。

⑥交接间、设备间的面积、通风及环境温、湿度应符合设计要求。

(2)器材检查

①缆线的检验要求如下:

a.工程使用的对绞电缆和光缆形式、规格应符合设计的规定和合同要求。

b.电缆所附标志、标签内容应齐全、清晰。

c.电缆外护线套需完整无损,电缆应附有出厂质量检验合格证。如用户要求,应附有本批量电缆的技术指标。

d.光缆开盘后应先检查光缆外表有无损伤,光缆端头封装是否良好。

②光纤接插软线(光跳线)检验应符合下列规定:

a.光纤接插软线,两端的活动连接器(活接头)端面应装配有合适的保护盖帽。

b.每根光纤接插软线中光纤的类型应有明显的标记,选用应符合设计要求。

③接插件的检验要求如下:

a.配线模块和信息插座及其他接插件的部件应完整,检查塑料材质是否满足设计要求。

b. 光纤插座的连接器使用形式和数量、位置应与设计相符。

④配线设备的使用应符合下列规定：

a. 光、电缆交接设备的形式、规格应符合设计要求。

b. 光、电缆交接设备的编排及标志名称应与设计相符。各类标志应统一，标志位置正确、清晰。

c. 有关对绞电缆电气性能、机械特性、光缆传输性能及接插件的具体技术指标和要求，应符合设计要求。

(3) 设备安装检验

①机柜、机架安装要求如下：

a. 机柜、机架安装完毕后，垂直偏差度应不大于3mm。机柜、机架安装位置应符合设计要求。

b. 机柜、机架上的各种零件不得脱落或碰坏，漆面如有脱落应予以补漆，各种标志应完整、清晰。

c. 机柜、机架的安装应牢固，如有抗震要求时，应按施工图的抗震设计进行加固。

②各类配线部件安装要求如下：

a. 各部件应完整，安装就位，标志齐全；

b. 安装螺丝必须拧紧，面板应保持在一个平面上。

③8位模块通用插座安装要求如下：

a. 安装在活动地板或地面上，应固定在接线盒内，插座面板采用直立和水平等形式；接线盒盖可开启，并应具有防水、防尘、抗压功能。接线盒盖面应与地面齐平。

b. 8位模块式通用插座、多用户信息插座或集合点配线模块，安装位置应符合设计要求。

c. 8位模块式通用插座底座盒的固定方法按施工现场条件而定，宜采用预置扩张螺丝钉固定等方式。

d. 固定螺丝需拧紧，不应产生松动现象。

e. 各种插座面板应有标识，以颜色、图形、文字表示所接终端设备类型。

④电缆桥架及线槽的安装要求如下：

a. 桥架及线槽的安装位置应符合施工图规定，左右偏差不应超过50mm。

b. 桥架及线槽水平度每米偏差不应超过2mm。

c. 垂直桥架及线槽应与地面保持垂直，并无倾斜现象，垂直度偏差不应超过3mm。

d. 线槽截断处及两线槽拼接处应平滑、无毛刺。

e. 吊架和支架安装应保持垂直，整齐牢固，无歪斜现象。

f. 金属桥架及线槽节与节间应接触良好，安装牢固。

g. 安装机柜、机架、配线设备屏蔽层及金属钢管、线槽使用的接地体应符合设计要求，就近接地，并应保持良好的电气连接。

(4) 缆线的敷设和保护方式检验

①缆线一般应按下列要求敷设：

a. 缆线的形式、规格应与设计规定相符。

b. 缆线的布放应自然平直，不得产生扭绞、打圈接头等现象，不应受外力的挤压和损伤。

c. 缆线两端应贴有标签，应标明编号，标签书写应清晰，端正和正确。标签应选用不易损坏的材料。

d. 缆线终接后，应有余量。交接间、设备间对绞电缆预留长度宜为0.5~1.0m，工作区为10~30mm；光缆布放宜盘留，预留长度宜为3~5m，有特殊要求的应按设计要求预留长度。

②缆线的弯曲半径应符合下列规定：

a. 非屏蔽4对对绞线电缆的弯曲半径应至少为电缆外径的4倍。

b. 屏蔽 4 对对绞线电缆的弯曲半径应至少为电缆外径的 6~10 倍。

c. 主干对绞电缆的弯曲半径应至少为电缆外径的 10 倍。

d. 光缆的弯曲半工半续径应至少为光缆外径的 15 倍。

e. 电源线、综合布线系统缆线应分隔布放，缆线间的最小净距应符合设计要求，并应符合表 6-54 的规定。

f. 建筑物内电、光缆暗管敷设与其他管线最小净距见表 6-55 的规定。

g. 在暗管或线槽中缆线敷设完毕后，宜在信道两端口出口处用填充材料进行封堵。

③预埋线槽和暗管敷设缆线应符合下列规定：

a. 敷设线槽的两端宜用标志表示出编号和长度等内容。

b. 敷设暗管宜采用钢管或阻燃硬质 PVC 管。布放多层屏蔽电缆、扁平缆线和大对数主干光缆时，直线管道的管径利用率为 50%~60%，弯管道应为 40%~50%。暗管布放 4 对对绞电缆或 4 芯以下光缆时，管道的截面利用率应为 25%~30%。预埋线槽宜采用金属线槽，线槽的截面利用率不应超过 50%。

④设置电缆桥架和线槽敷设缆线应符合下列规定：

a. 电缆线槽、桥架宜高出地面 2.2m 以上。线槽和桥架顶部距楼板不宜小于 30mm；在过梁或其他障碍物处，不宜小于 50mm。

b. 槽内缆线布放应顺直，尽量不交叉，在缆线进出线槽部位、转弯处应绑扎固定，其水平部分缆线可以不绑扎。垂直线槽布放缆线应每间隔 1.5m 固定在缆线支架上。

c. 电缆桥架内缆线垂直敷设时，在缆线的上端和每间隔 1.5m 处应固定在桥架的支架上；水平敷设时，在缆线的首、尾、转弯及每间隔 5~10m 处进行固定。

d. 在水平、垂直桥架和垂直线槽中敷设缆线时，应对缆线进行绑扎。对绞电缆、光缆及其他信号电缆应根据缆线的类别、数量、缆径、缆线芯数分束绑扎。绑扎间距不宜大于 1.5m，间距应均匀，松紧适度。

e. 楼内光缆宜在金属线槽中敷设，在桥架敷设时应在绑扎固定段加装垫套。

f. 采用吊顶支撑柱作为线槽在顶棚内敷设缆线时，每根支撑柱所辖范围内的缆线可以不设置线槽进行布放，但应分束绑扎，缆线护套应阻燃，缆线选用应符合设计要求。

g. 建筑群子系统采用架空、管道、直埋、墙壁及暗管敷设电、光缆的施工技术要求应按照本地网通信线路工程验收的相关规定执行。

(5) 保护措施

①水平子系统缆线敷设保护应符合下列要求：

a. 预埋金属线槽保护要求如下：

（a）在建筑物中预埋线槽，宜按单层设置，每一路由预埋线槽不应超过 3 根，线槽截面高度不宜超过 25mm，总宽度不宜超过 300mm。

（b）线槽直埋长度超过 30m 或在线槽路由交叉、转弯时，宜设置过线盒，以便于布放缆线和维修。

（c）过线盒盖能开启，并与地面齐平，盒盖处应具有防水功能。

（d）过线盒和接线盒盒盖应能抗压。

（e）从金属线槽至信息插座接线盒间的缆线宜采用金属软管敷设。

b. 预埋暗管保护要求如下：

（a）预埋在墙体中间的最大管径不宜超过 50mm，楼板中暗管的最大管径不宜超过 25mm。

（b）直线布管每 30m 处应设置过线盒装置。

（c）暗管的转弯角度应大于 90°，在路径上每根暗管的转弯角度不得多于 2 个，并不应有 S

弯出现。有弯头的管段长度超过 20m 时，应设置管线过线盒装置；在有 2 个弯时，不超过 15m 应设置过线盒。

（d）暗管转弯的曲率半径不应小于该管外径的 6 倍，如暗管外径大于 50mm 时，不应小于 10 倍。

（e）暗管管口应光滑，并加有护口保护，管口伸出部位宜为 25~50mm。

c. 网络地板缆线敷设保护要求如下：

（a）线槽之间应沟通。

（b）线槽盖板应可开启，并采用金属材料。

（c）线槽的宽度由网络地板盖板的宽度而定，一般宜在 200mm 左右，支线槽宽不宜小于 70mm。

（d）地板块应抗压、抗冲击和阻燃。

d. 设置缆线桥架和缆线线槽保护要求如下：

（a）桥架水平敷设时，支撑间距一般为 1.5~3m，垂直敷设时固定在建筑物构体上的间距宜小于 2m，距地 1.8m 以下部分应加金属盖板保护。

（b）金属线槽敷设时，在下列情况下设置支架或吊架：线槽接头处；每间距 3m 处；离开线槽两端出口 0.5m 处；转弯处。

（c）塑料线槽槽底固定点间距一般宜为 1m。

（d）铺设活动地板敷设缆线时，活动地板内净空应为 150~300mm。

（e）采用公用立柱作为顶棚支撑柱时，可在立柱中布放缆线。立柱支撑点宜避开沟槽和线槽位置，支撑应牢固。立柱中电力线和综合布线缆线合一布放时，中间应有金属板隔开，间距应符合设计要求。

（f）金属线槽接地应符合设计要求。

（g）金属线槽、缆线桥架穿过墙体或楼板时，应有防火措施。

②干线子系统缆线敷设保护方式应符合下列要求：

a. 缆线不得布放在电梯或供水、供气、供暖管道竖井中，亦不应布放在强电竖井中。

b. 干线通道间应沟通。

c. 建筑群子系统缆线敷设保护方式应符合设计要求。

（6）缆线终接

①缆线终接的一般要求如下：

a. 缆线在终接前，必须核对缆线标识内容是否正确。

b. 缆线中间不允许有接头。

c. 缆线终接处必须牢固、接触良好。

d. 对绞电缆与插接件连接应认准线号、线位色标，不得颠倒和错接。

②对绞电缆芯线终接应符合下列要求：

终接时，每对对绞线应保持扭绞状态，扭绞松开长度对于 5 类线不应大于 13mm。对绞线在与 8 位模块式通用插座相连时，必须按色标和线对顺序进行卡接。插座类型、色标和编号应符合下图的规定。在两种连接图中，首推 A 类连接方式，但在同一布线工程中两种连接方式不应混合使用。屏蔽对绞电缆的屏蔽层与接插件终接处屏蔽罩必须可靠接触，缆线屏蔽层应与接插件屏蔽罩 360 度圆周接触，接触长度不宜小于 10mm。

③光缆芯线终接应符合下列要求：

a. 采用光纤连接盒对光纤进行连接、保护，在连接盒中光纤的弯曲半径应符合安装工艺要求。

b. 光纤熔接处应加以保护和固定，使用连接器以便于光纤的跳接。

c. 光纤连接盒面板应有标志。

d. 光纤连接损耗值，应符合表 6-52 的规定。

④各类跳线的终接应符合下列规定：

a. 各类跳线缆线和接插件间接触应良好，接线无误，标志齐全。跳线选用类型应符合系统设计要求。

b. 各类跳线长度应符合设计要求，一般对绞电缆跳线不应超过5m，光缆跳线不应超过10m。

（7）电气测试

①电缆电气指标检测：

需使用多功能测试仪（如Fluke公司生产的DSP系统测试仪，Agilent公司生产的Wirescope系统测试仪）。它带两根两头适合RJ45信息点的电缆。如果是在使用RCP型连接模块的配线架上连接，应一头连接带RJ45插头的4对线，另一头连接带跳线连接头。

多功能测试仪是一种电缆测试仪，可检测双绞线电缆的带宽和精度。这种多功能测试仪自动核对双绞线的所有组合，不仅决定你的安装级别，还决定你在使用什么样的地域网络。它可以储存、打印数据，或将数据传输至个人电脑上。

多功能测试仪使用方便，配有标准电缆、地域网络和水平特性的预设程序。其中的数据库使多功能测试仪可以判断安装水平和可以支持的网络。

一份标准的测试报告汇集所有根据标准中连接性能所作测试的数据，在测试时可自定义所选标准类型或可设置标准数据。

下面是采用DSP-2000测试仪测试的一份连接报告：在实施检测之前，应了解标准对测试链路的不同要求。

| BEIJING SUNSVIEW | | | | | 测试总结果：PASS | |
|---|---|---|---|---|---|---|
| 地点：TONGLIAOVEHICLESECTION | | | | | 电缆识别名：CJ-A | |
| 操作人员： | | | | | 日期/时间：19.12.97  16:34:33 | |
| 额定传输速度：69.0%　阻抗异常临界限值：15% | | | | | 测试标准：TIA Cat 5 Basic | |
| Link | | | | | | |
| FLUKE DSP-2000S/N：6835701 | | | | | 电缆类型：UTP 100 0hm Cat 5 | |
| 余量：6.3dB | | | | | 标准版本：5.00 | |
| | | | | | 软件版本：5.1 | |

| 连线图 PASS | 结果 | | RJ45 PIN： | 1　2　3　4　5　6　7　8　S | | |
|---|---|---|---|---|---|---|
| | | | RJ45 PIN： | 1　2　3　4　5　6　7　8 | | |

| | | | | | | |
|---|---|---|---|---|---|---|
| 线对 | | | 1.2 | 3.6 | 4.5 | 7.8 |
| 特性阻抗（ohms），极限值80~120 | | | 106 | 108 | 106 | 107 |
| 长度（m），极限值94.0 | | | 100.3 | 99.3 | 99.9 | 98.5 |
| 传输延迟（ns） | | | 485 | 480 | 483 | 476 |
| 延迟偏离（ns），极限值50 | | | 9 | 4 | 7 | 0 |
| 电阻值（ohms） | | | 17.3 | 17.2 | 17.1 | 17.1 |
| 衰减（dB） | | | 19.7 | 19.4 | 19.3 | 19.3 |
| 极限值（dB） | | | 21.7 | 21.7 | 21.7 | 21.7 |
| 余量（dB） | | | 2.0 | 2.3 | 2.4 | 2.4 |
| 频率（MHz） | | | 100.0 | 100.0 | 100.0 | 100.0 |
| 线对 | 1.2~3.6 | 1.2~4.5 | 1.2~7.8 | 3.6~4.5 | 3.6~7.8 | 4.5~7.8 |
| 近端串扰（dB） | 58.6 | 56.5 | 43.5 | 53.4 | 44.1 | 41.1 |
| 极限值（dB） | 45.3 | 44.5 | 32.5 | 47.1 | 32.9 | 31.7 |
| 余量（dB） | 13.3 | 12.0 | 11.0 | 6.3 | 11.2 | 9.4 |
| 频率（MHz） | 10.2 | 11.7 | 64.7 | 8.0 | 61.1 | 71.7 |
| 远端的近端串扰（dB） | 42.0 | 43.1 | 46.2 | 39.1 | 42.6 | 42.2 |
| 极限值（dB） | 31.1 | 33.6 | 32.5 | 29.9 | 33.1 | 34.5 |
| 余量（dB） | 10.9 | 9.5 | 13.7 | 9.2 | 9.5 | 7.7 |
| 频率（MHz） | 78.4 | 55.2 | 64.2 | 92.4 | 58.7 | 48.6 |

TIA2002年6月批准的TIA-568-B标准，已经修改了关于商业建筑布线系统的设计、安装和性能的TIA-568-A标准要求，该标准包括了所有自TIA-568-A标准公布后的电信系统说明，并引用了TSB标准。针对现场测试的需要，TIA-568-B标准有了重要的变化，TIA采用新的链路配置来验证已安装电缆性能——这就是永久链路测试模式，它是另一标准化组织ISO的布线标准ISO11801中较早采用的测试模式。

②检测步骤

完成综合布线的检测需要2~3名配备通讯系统（电话或对讲机）的操作人员。需测试的信息点应事先列表。

第一步先用供检测的电缆将发射器与测试仪连接来校准仪器。在每次测试之前实施这一步骤是必须的。1名操作人员持测试仪在配线架处，测试仪通过电缆连接配线盘，另1名操作人员持发射器沿安装接点用另一根电缆连接。

测试仪的电缆数据库包含目前所有的双绞线电缆和同轴电缆规格，需在数据库中确认被测试的电缆规格，然后即可开始测试；信息点一个一个测试；主干缆和电话电缆的检测也在各点间进行。

根据报告的不同，有几种不同的测试：

a. 自动测试

自动测试是决定电缆级别和电缆可以支持什么样的网络的工具。它在所有对线电缆上进行一整套测试，以100MHz或250MHz测试频带，将串音、衰减和信噪比与预录的水平和网络限制比较以得出"通过"或"不通过"的结果。每次测试结果可以存储，打印或传送至个人电脑。在检测时应注意，若2个以上测试余量在检测仪器精度范围内（即带＊号的测试点），应判不通过。

b. 快速检查

这种方式可以快速检查布线的完整性而不必进行全套测试。它可在大约10秒钟内检查完电缆的连续性、测量出电缆的长度和发现电缆分路。

电缆的连续性可以用图像显示，以检查接点是否错误、短路或断裂。另外至断裂或短路的距离也可以测量。STP电缆屏蔽层的连续性同样可以通过测量进行检查。

多功能测试仪可以将给定日期内测试的电缆长度相加，这样就可以按安装长度进行计算收费的工程。

快速检测的结果可以进行打印或存储。

c. "线路图"方式

为了快速检查电缆的连续性或识别电缆，应采用线路图方式。这种方式不但可以及时检测电缆的连续性。而且如果发现问题，它可以通过图像显示坏点、短路和断裂，并给出距离。

d. 其他可选的测试方式

网络测试

网络测试提供比自动测试更快的选择。当只测试特定地域网络的安装时采用这种方式。从一系列地域网络中选定一个网络后，多功能测试仪通过CONTACTs（接触）对频率范围和所选网络的性能进行所有测量，然后检测串音、衰减和信噪比的预设限制，以得出"通过"或"不通过"的结论。

电缆长度

一个综合时间域反射计（TDR）确定每对电缆的长度，可以从数据库中选择一种电缆，利用所选电缆的标准传输速率可以计算出电缆长度。如果不知道传输速率，可以利用一根已知长度的电缆测出。电缆长度可以由不同终端测得：断裂、短路或适当的远点。

环境噪声

必须启动 NOISE（环境噪声）菜单检查电缆上是否有间歇噪声。这项功能记录最大噪声并能不断更新噪声水平记录。最好让 NOISE 功能保持一定时间以便捕捉噪声源。

（8）光缆测试

光纤测试使用的仪器主要是 OTDR 测试仪，可以测试光纤断点的位置、光纤链路的全程损耗；了解沿光纤长度的损耗分布；光纤接续点的接头损耗。

为了测试准确，OTDR 测试仪的脉冲大小和宽度要适当选择，应按照厂方给出的折射率 $n$ 值的指标设定。在判断故障点时，如果光缆长度预先不知道，可先放在自动 OTDR，找出故障点的大体地点，然后放在高级 OTDR。将脉冲大小和宽度选择小一点，但要与光缆长度相对应，盲区减小直至与坐标线重合，脉宽越小越精确，当然脉冲太小后曲线显示出现噪波，要恰到好处。再就是加接探纤盘，目的是为了防止近处有盲区不易发觉。判断断点时，如果断点不在接续盒处，将就近处接续盒打开，接上 OTDR 测试仪，测试故障点距离测试点的准确距离，利用光缆上的米标就很容易找出故障点。利用米标查找故障时，对层绞式光缆还有一个绞合率问题，那就是光缆的长度和光纤的长度并不相等，光纤的长度大约是光缆长度的 1.005 倍，利用上述方法可成功排除多处断点和高损耗点。为了确保电缆的安装质量在接上了电缆和安装了连接器之后，必须进行光纤的连续性的检查。所有的光缆芯都必须经过测试。

其中有两种测量必须进行：

光纤和接插件产生衰减的全面测试；

能产生光纤连接线路损失曲线示意图的反射测量。

这一测量可以显示连接线路的长度、出错点。

所有测试的结果都应进行储存。

① 衰减测量

衰减测量，也称第一级测量，用一个发射信号的大功率的校准发生器和一个测量接收的光纤辐射测量仪进行。

方法：

a. 在每次测量之前，都应清洗所有的接插件。

b. 为了避免测量错误，两架仪器（发生器和接受器）应当使用同样的测量电缆（3m 长）。这些电缆应当具有和所测光纤芯同样的特点。

测试可以用以下两个方法进行：

a. 一名测试人员，两架仪器采用放在同一个地方进行测试，但在测试时可以与另一处形成回环；

b. 两名测试人员进行测试，两个地方各放一架测试仪。

所有测试程序都从校准接收器开始。为此，须将发生器和接收器用一根 3m 长的电缆直接连接在一起。然后向接收器进行大功率发射，再校准接收器至液晶显示上出现 0dB。用 850nm 的波长进行测试。测试中得到的衰减最大值，等于光纤衰减即这段波长的 3.5dB/km，在此之上增加各种连接所产生的衰减（接插件和接头）。我们认为连接设备的 90% 在不超过 850nm 时衰减为 0.3dB。

测试结果放入验收报告资料。

1 名测试人员进行测试的方法：

1 名测试人员进行测试，要求在最后配线架的不同光缆处通过一些长度为 10m 的光纤跳线电缆构成回环。然后一对一对检测每对光纤的光芯。发射器和接收器放在同一地点（开始配线间）。用一根长 3m 的光纤电缆把发射器连接到光缆头或光纤配线架上的第一根光纤上。用第二根 3m 长的光纤电缆将接收器连接至第二根光纤上。先测量一下回环情况，然后测试人员再将接收器连

接至第三根光纤上进行同样测试,以同样方法测试第四、第五和第六根光纤。测试程序是:
   a. 校准接收器;
   b. 装上跳线电缆;
   c. 测量线路并将测试结果存入电脑中。

校准时用一根 3m 长的电缆将发射器和接收器构成回环。应当向接收器进行大功率发射并校准接收器至液晶显示 0dB。如果测试出的值超过了最大希望值,就应当借助于光纤反射仪来确定出故障的地点。

两位测试人员进行测试的方法:

这两位测试人员应当拥有一些通信工具(电话,对讲机)以便于及时交流。检测是一芯一芯进行的。两名测试人员分别在不同的两端。一个测试人员带有一个光信号发生器,另一位测试人员通过接收器记录测试结果。

②用反射测量仪测量

用反射测量仪测量,又称之为第二级的测量,其目的是看一看光纤芯的物理状态。因此,损耗的分布可以在显示屏上显示并打印在纸上。

所有测试的结果都应进行储存。

测量原理如下:

反射测量仪发出一个大功率的校准光束,然后观察显示屏上是否有一个视觉看得见的反射功率信号出现。这些测试采用波长 850nm,但如果人们需要为网络的未来发展趋势测出布线的等级,也可以用 1300nm。测试中得到的最高衰减值等于光纤衰减值,即 850nm 时为 3.5dB/km,1300nm 时为 2dB/kin,在此之上加上各连接部分产生的衰减(接插件和接头)。我们认为接插部分的 90% 在不超过 850nm 时衰减为 0.3dB 和在不超过 1300nm 时衰减为 0.2dB。这些不同测试可以检测出光纤是否处于某个不正常情况(弯曲半径,过分的拉拽或挤压),也可检测得出是否有断线,断线是否因为操作不当,同时也能知道 ST/2 接插件是查连接得正确。

(9) 安全等级测试

检测布线除传输性能,有时也需判定安全等级;下表是列入 UL 清单——检测布线和相关的硬件安全等级。

UL 把语音和数据系统使用的布线分成"通信布线和电缆",缩写为 CM。这一类别中为具体应用提供了多种安全等级,用来检测电缆外套的质量,具体参见表 6-62:

**表 6-62**

| | |
|---|---|
| CMP | 填实级通信电缆,这是最高的电缆安全等级,它具有完美的阻燃能力,散发的烟雾和毒素很低。根据 UL 定义,在风扇强制密集燃烧条件下,一捆 CMP 电缆必须在燃烧扩散不到 5m 内自行熄灭。CMP 电缆使用基于 Teflo 的化学物质,阻止燃烧扩散,使发出的烟雾和毒素达到最小。与 UL 等级较低的电缆相比,这增加了大量的成本。CMP 级电缆用于在通风回气通到内敷设电缆的大楼中。在发生火灾时,大楼中不会充满电缆散发的大量的烟雾或危险毒素。美国广泛使用这种回气网状物,但世界上其他地方使用的较少。CMP 级电缆必须经过严格的燃烧测试:UL910-"火焰传播和烟雾密度值测试" |
| CMR | 干线级通信电缆。这是等级居于第二位的电缆,它具有完美的阻燃能力,但没有对散发的烟雾和毒素检测。除 CMP 及电缆外,CMR 电缆与所有的其他通信电缆都使用基于卤化物的化学物质,如氯,阻止燃烧扩散。根据定义,在风扇强制燃烧条件下,一捆 CMR 电缆必须在燃烧扩散不到 5m 内自行熄灭。CMR 电缆外套一般由某类 PVC 制成,在燃烧室会散发出氯气,氯气会耗尽空气中的氧气,使火焰熄灭。CMR 级电缆广泛用于通风系统在物理上与布线系统分开的干线应用中。这在亚洲和澳大利亚非常常见。CMR 级电缆必须经过密集火焰测试:UL1666-"通道中垂直安装的电缆火焰传播高度测试" |

续表

| | |
|---|---|
| CM/CMG | 通用通信布线。这常见于大楼的水平走线中，与 CMR 级电缆相比，他们通常分成更小的捆。CM/CMG 级电缆使用基于卤化物的化学物质时线阻燃。根据定义，在一小捆电缆中，CM/CMG 电缆必须在燃烧扩散不到 5m 内自行熄灭。火焰没有使用风扇强制燃烧。CM/CMG 级电缆外套通常由某类 PVC 制成，在燃烧室会散发出氯气。CM/CMG 级电缆通常用于英国、亚洲和澳大利亚的水平走线中。CM/CMG 级电缆必须经过 CSA FT-4 "垂直燃烧测试" |
| CMX | 住宅通信布线。这种电缆限定于住宅或使用的通信电缆数量非常少的其他小型应用中，这些应用一般仅敷设一条电缆。CMX 级工具不能用于成捆的电缆应用。CMX 级电缆必须经过 UL VW1 燃烧测试 |

布线行业中使用的另一种安全等级是低烟雾零卤素（LSZH）电缆。这种安全等级是 ISO/IEC 标准划分的，在欧洲应用广泛。LSZH 级与 UL CMP 级一样，检测阻燃能力和散发的气体。顾名思义，燃烧的 LSZH 不会发出卤化物气体，散发的烟雾非常低。LSZH 级电缆可以用于铜缆和光纤通信电缆，其结构与 UL 级电缆类似。

（10）常见故障及定位分析

通过测试可以发现链路中存在的各种故障，这些故障包括接线图（Wire Map）错误、电缆长度（Length）问题、衰减（Attenuation）过大、近端串扰（NEXT）过高、回波损耗（Return Loss）过高等。为了保证工程质量通过验收，需要及时确定和解决故障，从而对故障的定位技术以及定位的准确度提出了较高的要求。

本章介绍两种先进的故障定位技术：

①线图错误

主要包括以下几种错误类型：反接、错对、串绕。对于前两种错误，一般的测试设备都可以很容易地发现，测试技术也非常简单，而串绕却是很难发现的。由于串绕破坏了线对的双绞因而造成了线对之间的串扰过大，这种错误会造成网络性能的下降或设备的死锁。然而一般的电缆验证测试设备是无法发现串绕位置的。利用 HDTDX 我们就可以轻松地发现这类错误，它可以准确地报告串绕电缆的起点和终点（即使串绕存在于链路中的某一部分）。

②电缆接线图及长度问题

主要包括以下几种错误类型：开路、短路、超长。开路、短路在故障点都会有很大的阻抗变化，对这类故障可以利用 HDTDR 技术来进行定位。故障点会对测试信号造成不同程度的反射，并且不同的故障类型的阻抗变化是不同的，因此测试设备可以通过测试信号相位的变化以及相应的反射时延来判断故障类型和距离。当然，定位的准确与否还受设备设定的信号在该链路中的额定传输速率（NVP）值的影响。超长链路发现的原理是相同的。

下面介绍两种常见故障的定位方法。

①HDTDR（High Definition Time Domain Reflectometry）

高精度的时域反射技术，主要针对有阻抗变化的故障进行精确的定位。该技术通过在被测线对中发送测试信号，同时监测信号在该线对的反射相位和强度来确定故障的类型，通过信号发生反射的时间和信号在电缆中传输的速度可以精确地报告故障的具体位置。

②HDTDC（High Definition Time Domain Crosstalk）

高精度的时域串扰分析技术，主要针对各种导致串扰的故障进行精确的定位。以往对近端串扰的测试仅能提供串扰发生的频域结果，即只能知道串扰发生在那个频点（MHz），并不能报告串扰发生的物理位置，这样的结果远远不能满足现场解决串扰故障的需求。而 HDTDC 技术是通过在一个线对上发送测试信号，同时在时域上对相邻线对测试串扰信号。由于是在时域进行测试，因此根据串扰发生的时间以及信号的传输速度可以精确地定位串扰发生的物理位置。这是目前唯一能够对近端串扰进行精确定位并且不存在测试死区的技术。

#### 4. 抽样规则

施工单位必须提交布线系统的自测报告。测试报告必须覆盖工程100%的综合布线链路或信道。在验收测试时，应根据以下规则作全部或抽样测试。

(1) 全部测试

系统中的光纤必须全部测试，双绞线链路也可采用此方案。

(2) 抽样测试

双绞线布线系统以不低于总信息点10%的比例进行随机抽样测试；超五类、六类以不低于20%的比例进行随机抽样测试；抽样点应不少于100点。系统总点数不足100点时，需全部测试。抽样点应兼顾信息点的全面性，并应包括最长布线点。

对于光缆系统，主干链路的光纤必须全部测试，水平布线光纤到桌面抽样测试的比例应不低于20%。

验收测试单项合格判据：

(3) 对于测试的信息点，若规定的指标有一项不符合标准要求，则判定该信息点不合格。

(4) 若规定的所有指标都符合标准要求，则判定该信息点合格。

#### 5. 综合合格判据

(1) 抽样测试

若一次抽样测试不合格信息点比例小于1%，则判定此系统为合格；否则需进行加倍抽测；若加倍测试不合格比例仍大于1%，则需全部测试。

(2) 全部测试

光缆布线系统：若有一芯光纤无法修复，则判定此系统为不合格；只有当全部光纤合格（允许修复），才判定此系统为合格。

双绞线系统：在全部测试时，若不可修复的不合格信息点比例大于1%时，则判定此系统为不合格，否则判定此系统合格。

### 五、安全防范自动化系统（SAS）的检测

#### 1. 入侵报警系统的检测

(1) 仪器设备

①兆欧表　量程：100V，精度1.0级；

②直流电压表　量程：额定值的1.5倍，精度0.5级；

③直流电流表　量程：额定值的1.5倍，精度0.5级；

④音频信号发生器；

⑤万用表；

⑥声级计；

⑦电子秒表。

(2) 检测数量及合格判定

探测器和前端设备抽检的数量不低于20%且不得少于3台，不足3台时全部检测。被抽检设备合格率为100%时为合格。

系统功能、联动功能和报警数据记录的保存等全部检测，功能符合设计要求时为合格，合格率为100%时为系统功能检测合格。

(3) 检测项目

①入侵报警功能检测

a. 各类入侵探测器报警功能检验

各类入侵探测器应按相应标准规定的检验方法检验探测灵敏度及覆盖范围。在设防状态下，

当探测到有人入侵发生，应能发出报警信息。防盗报警控制设备上应显示出报警发生的区域，并发出声、光报警。报警信息应能保持到手动复位。防范区域应在入侵探测器的有效探测范围内，防范区域内应无盲区。

被动红外、微波、超声及双鉴探测器。采用步行法进行现场测试，目标（双臂叉在胸前）在探测范围边界上分别以0.3、1、3m/s的三种速度移动，在3m或最大探测距离的30%以内（二者取其小值），应产生报警状态。本试验应在最大探测范围内至少选3点进行。

主动红外、微波探测器。用一直径200mm的圆柱体，其长度应能充分遮断光束，以大于10m/s的速度垂直于射束轴线方向通过射束，探测器不应产生报警，当物体以小于5m/s的速度通过射束时探测器应立即产生报警。本试验应在最大探测范围内至少选3点进行。

磁开关探测器。逐渐打开装有磁开关入侵探测器的门、窗，开启门隙最大为60mm，磁开关入侵探测器应产生报警。本试验以不同速度进行，至少重复3次。

单技术玻璃破碎探测器：在设计探测范围内以玻璃破碎模拟器发出玻璃破碎模拟声音信号，探测器应立即产生报警。

声音振动玻璃破碎复合探测器：在设计范围内，以玻璃破碎模拟器发出玻璃破碎模拟声音信号，同时用力击打探测器安装位置的同侧墙壁，探测器应立即产生报警。本试验在最大探测范围边界上进行，不少于5次。

建筑物入侵探测器：在设计范围内，用0.5kg的钢制测力锤，以大于100N的力连续对装有振动探测器的墙壁进行敲击，探测器应产生报警。本试验应在探测器最不灵敏的方向及设计的最大范围边界上进行，不少于3次。

地音振动入侵探测器：人体质量大于40kg的单人行走在装有地音振动入侵探测器的地面上以0.75m/s的速度行走，探测器应产生报警。本试验应在设计的最大范围边界上的不同点进行，不少于3人次。

b. 紧急报警功能检验

系统在任何状态下触动紧急报警装置，在防盗报警控制设备上应显示出报警发生地址，并发出声、光报警。报警信息应能保持到手动复位。紧急报警装置应有防误触发措施，被触发后应自锁。当同时触发多路紧急报警装置时，应在防盗报警控制设备上依次显示出报警发生区域，并发出声、光报警信息。报警信息应能保持到手动复位，报警信息应无丢失。

c. 多路同时报警功能检验

当多路探测器同时报警时，在防盗报警控制设备上应显示出报警发生地址，并发出声、光报警信息。报警信息应能保持到手动复位，报警信息应无丢失。

d. 报警后的恢复功能检验

报警发生后，入侵报警系统应能手动复位。在设防状态下，探测器的入侵探测与报警功能应正常；在撤防状态下，对探测器的报警信息应不发出报警。

②防破坏及故障报警功能检验

a. 入侵探测器防拆报警功能检验。

在任何状态下，当探测器机壳被打开，在防盗报警控制设备上应显示出探测器地址，并发出声、光报警信息，报警信息应能保持到手动复位。

b. 防盗报警控制器防拆报警功能检验。

在任何状态下，防盗报警控制器机盖被打开，防盗报警控制设备应发出声、光报警，报警信息应能保持到手动复位。

c. 防盗报警控制器信号线防破坏报警功能检验。

在有线传输系统中，当报警信号传输线被开路、短路及并接其他负载时，防盗报警控制设备应发出声、光报警信息，应显示报警信息，报警信息应能保持到手动复位。

　　d. 入侵探测器电源线防破坏功能检验。

　　在有线传输系统中，当探测器电源线被切断，防盗报警控制设备应发出声、光报警信息，应显示线路故障信息，该信息应能保持到手动复位。

　　e. 防盗报警控制器主备电源故障报警功能检验。

　　当防盗报警控制器主电源发生故障时，备用电源应自动工作，同时应显示主电源故障信息；当备用电源发生故障或欠压时，应显示备用电源故障或欠压信息，该信息应能保持到手动复位。

　　f. 电话线防破坏功能检验。

　　在利用市话网传输报警信号的系统中，当电话线被切断，防盗报警控制设备应发出声、光报警信息，应显示线路故障信息，该信息应能保持到手动复位。

　　③ 记录、显示功能检验

　　a. 显示信息检验。

　　系统应具有显示和记录开机、关机时间、报警、故障、被破坏、设防时间、撤防时间、更改时间等信息的功能。

　　b. 记录内容检验。

　　应记录报警发生时间、地点、报警信息性质、故障信息性质等信息。信息内容要求准确、明确。

　　c. 管理功能检验。

　　具有管理功能的系统，应能自动显示、记录系统的工作状况，并具有多级管理密码。

　　④ 系统自检功能检验

　　a. 自检功能检验。

　　系统应具有自检或巡检功能，当系统中入侵探测器或报警控制设备发生故障、被破坏，都应有声、光报警，报警信息应保持到手动复位。

　　b. 设防/撤防、旁路功能检验。

　　系统应能手动/自动设防/撤防，应能按时间在全部及部分区域任意设防和撤防；设防、撤防状态应有显示，并有明显区别。

　　⑤ 系统报警响应时间检测

　　检测从探测器探测到报警信号到系统联动设备启动之间的响应时间，应符合设计要求。

　　检测从探测器探测到报警发生并经市话网电话线传输，到报警控制设备接收到报警信号之间的响应时间，应符合设计要求。（一般不大于20s）

　　检测系统发生故障到报警控制设备显示信息之间的响应时间，应符合设计要求。报警响应时间一般小于4s（1、2级风险工程小于2s）。

　　⑥ 报警复核功能检验

　　在有报警复核功能的系统中，当报警发生时，系统应能对报警现场进行声音或图像复核。

　　⑦ 报警声级检验

　　用声级计在距离报警发生器件正前方1米处测量（包括探测器本地报警发声器件、控制台内置发声器件及外置发声器件），声级应符合设计要求。

　　⑧ 报警优先功能检验

　　经市话网电话线传输报警信息的系统，在主叫方式下应具有报警优先功能。检查是否有被叫禁用措施。

　　(4) 检测方法

　　① 常用探测器工程检测方法

a. 用观察法检测探测器的安装位置、高度和角度，应符合产品技术条件的规定。
b. 检查探测器的防破坏功能

人为模拟使探测器的外壳打开；传输线路断路、短路或并接其他负载；检查监控中心主机应有故障报警信号并指示故障部位，直至故障排除。故障报警时对非故障回路的报警无影响。

c. 检查探测器的报警功能

主动红外入侵探测器、室内用被动红外入侵探测器、室内用超声波多普勒探测器、室内用微波多普勒探测器、微波和被动红外复合入侵探测器、超声和被动红外复合入侵探测器等，采用步移测试探测器的报警功能。

对室内用被动式玻璃破碎探测器采用模拟的方法检测。在玻璃破碎探测器的探测范围（根据产品技术指标确定）内，用信号发生器模拟玻璃破碎的声音频率（4~5kHz）信号，检查探测器是否有报警信号输出。

对振动入侵探测器，采用人为模拟步行、用钢锤敲击建筑物或保险箱等检查探测器是否有报警信号输出。

对磁开关探测器，采用人为开、关门和窗等方法，监测探测器是否有报警信号输出。

对可燃气体泄漏探测器可用打火机进行模拟检查：在报警器进入工作状态后，用打火机持续向探测器气孔喷入可燃气体（使打火机不点火方式）5s左右，探测器正常时应在5~8s左右发出报警信号。

在检测探测器的报警功能的同时，应在监控中心主机检测下列几项：

- 报警的响应时间：响应时间是指从现场探测器报警指示灯亮起，到监控中心报警主机接收到报警信号为止的这段时间；
- 监控中心报警信号的声、光显示；
- 报警信号在CRT或电子地图上的显示；
- 报警信号的持续时间，应保持到手动复位；
- 在其中某一路报警时应不影响其他回路的报警功能。

②报警控制主机检测

a. 检查布防/撤防功能：就地布防/撤防、远距离布防/撤防、定时布防/撤防、各防区分别设置、分区设置；
b. 检查报警信息的显示；
c. 检查报警信号的记录；
d. 检查报警控制主机与管理计算机的联接；
e. 检查报警信号的传输：向固定电话的传输，无线传输，向手机传输等。

③在监控中心检查从现场报警至报警控制器输出报警信号的响应速度。

④在监控中心模拟市电停电时检查备用电源自动投入和来电时自动恢复功能。

备用电源的连续工作时间：按《防盗报警控制器通用技术条件》GB 12663—1990的规定，备用电源应保持系统能连续工作24h。当市电恢复供电时，系统能自动切换到市电供电。系统应有断电事件数据记忆功能。

⑤采用现场模拟报警状态，在监控中心控制器、管理计算机上检查系统间的联动效果。

⑥在监控中心管理计算机上检查各项软件功能和报警事件的记录，报警事件数据记录应为不可更改记录。

⑦通过运行记录检查系统工作的稳定性：系统处于正常警戒状态下，在正常大气条件下连续工作7天，不应产生误报警和漏报警。

**2. 视频安防监控系统的检测**

(1) 仪器设备

①视频信号发生器。

能输出多波群、对数灰度（灰电平）、彩条、彩色副载波、色同步、复合同步信号、复合色度副载波的 20T 正弦平方波脉冲和条信号等；

输出信号：0~2.0V（p-p）输出阻抗 75Ω；

行频频率：15.625kHz；

彩色副载波频率：4.433 618 75MHz。

②视频扫频信号发生器。

频率范围：50kHz~10MHz；

固定频标（MHz）：0.50，1.00，2.00，3.00，4.00，4.43，5.50，6.00，7.00；

可变频标：50kHz~10MHz；

输出信号：1.0V（p-p）75Ω 终接。

③视频噪声测量仪。

频率范围：40Hz~10MHz（频响平直度：±2dB）；

测量范围：0~80dB；

精度：±1dB。

④阻抗桥。

测量范围：0~100Ω；

工作频率：100kHz~10MHz；

误差：±1%。

⑤照度计。

测量范围：0.1~100000lx；

误差：±2%。

⑥监示器。

图像分辨率：≥800 线（中心水平）；

灰度等级：≥10 级；

图像重显率：100%；

具有报警输入接口。响应时间：≤0.05s。

⑦双踪示波器。

频带宽度：0~20MHz。

输入灵敏度：5mV（p-p）/cm。

扫描时间：0.1μs/cm~0.5s/cm。

⑧测试卡。

⑨视频波形示波器。

⑩视频矢量示波器。

(2) 检测数量及合格判定

前端设备（摄像机、镜头、护罩、云台等）抽检的数量应不低于 20% 且不得少于 3 台，不足 3 台时全部检测。被抽检设备的合格率为 100% 时为合格。

系统功能、联动功能和图像记录的保存等全部检测，功能符合时要求时为合格。

(3) 检测项目

①系统前端设备功能的检测

a. 摄像机：摄像机的选配是否与被监视的环境相匹配；分辨率及灰度是否符合要求；照度

指标是否与现场条件相匹配。

b. 镜头：是否满足被监视目标的距离及视角要求；镜头的调节功能包括光圈调节、焦距调节、变倍调节是否正常。

c. 云台：摄像机云台的水平、俯仰方向的转动是否平稳、旋转速率是否符合要求；旋转范围是否满足监视目标的需要，有无盲区；一体化球机的转动功能检查。

d. 护罩、支架：摄像机的护罩选配是否符合要求，特别是室外用摄像机护罩是否符合全天候要求；固定摄像机的支架是否符合要求。

e. 解码器（箱）：解码器功能是否满足要求，是否支持对摄像机、镜头、云台的控制；是否为云台、摄像机供电；是否为雨刷、灯光、电源提供现场开关量节点。前端设备是否具有现场脱机自测试和现场编制功能。

②图像质量检测

a. 监视器与摄像机数量的比例是否符合要求；

b. 检查视频信号在监视器输入端的电压峰值，应为 1V（p-p）±3dB；

c. 图像应无损伤和干扰，达到 4 分标准；

d. 图像的清晰度是否符合要求，黑白电视系统不应低于 350 线，彩色电视系统不应低于 270 线；

e. 系统在低照度使用时，监视画面应达到可用图像要求；

f. 数字式视频监控系统的图像质量（包括实时监视图像质量与录像回放图像质量）是否符合要求。

③系统控制功能检验

a. 编程功能检验。通过控制设备键盘可手动或自动编程，实现对所有的视频图像在指定的显示器上进行固定或时序显示、切换。

b. 遥控功能检验。控制设备对云台、镜头、防护罩等所有前端受控部件的控制应平稳、准确。

④监视功能检验

a. 监视区域应符合设计要求。监视区域内照度应符合设计要求，如不符合要求，检查是否有辅助光源；

b. 对设计中要求必须监视的要害部位，检查是否实现监视、无盲区。

⑤显示功能检验

a. 单画面或多画面显示的图像应清晰、稳定。

b. 监视画面上应显示日期、时间及所监视画面前端摄像机的编号或地址码。

c. 应具有画面定格、切换显示、多路报警显示、任意设定视频警戒区域等功能。

⑥记录功能检验

a. 对前端摄像机所摄图像应能按设计要求进行记录，对设计中要求必须记录的图像应连续、稳定。

b. 记录画面上应有记录日期、时间及所监视画面前端摄像机的编号或地址码。

c. 应具有存储功能。在停电或关机时，对所有的编程设置、摄像机变号、时间、地址等均可存储，一旦恢复供电，系统应自动进入正常工作状态。

⑦回放功能检验

a. 回放图像应清晰，灰度等级、分辨率应符合设计要求。

b. 回放图像画面应有日期、时间及所监视画面前端摄像机的编号或地址码，应清晰、准确。

c. 当记录图像为报警联动所记录图像时，回放图像应保证报警现场摄像机的覆盖范围，使回放图像能再现报警现场。

d. 回放图像与监视图像比较应无明显劣化，移动目标图像的回放效果应达到设计和使用要求。

⑧报警联动功能检验

a. 当入侵报警系统有报警发生时，联动装置应将相应设备自动开启。报警现场画面应能显示到指定监视器上，应能显示出摄像机的地址码及时间，应能单画面记录报警画面。

b. 当与入侵探测系统、出入口控制系统联动时，应能准确触发所联动设备。

其他系统的报警联动功能，应符合设计要求。

⑨图像丢失报警功能检验。

当视频输入信号丢失时，应能发出报警。

（4）检测方法

①视频监控系统质量的主观评价

a. 系统图像质量的主观评价标准

对图像质量的要求是：图像清晰度好，层次应分明，无明显的干扰、畸变或失真；彩色还原性好，不能有明显的失真。

常用的系统质量主观评价的标准有五级损伤制标准（五级质量制）或七级比较制。

五级损伤制标准（五级质量制）

系统的图像质量按《彩色电视图像质量主观评价方法》GB 7401—1987 中对五级损伤制标准的规定进行主观评价。评价标准见表 6-63。

视频监控系统图像质量五级损伤制标准　　　　表 6-63

| 序　号 | 评分分级 | 图像质量损伤的主观评价 |
| --- | --- | --- |
| 1 | 5分（优） | 图像上不觉察有损伤或干扰存在 |
| 2 | 4分（良） | 图像上有稍可觉察的损伤或干扰，但不令人讨厌 |
| 3 | 3分（中） | 图像上有明显觉察的损伤或干扰，令人讨厌 |
| 4 | 2分（差） | 图像上损伤或干扰较严重，令人相当讨厌 |
| 5 | 1分（劣） | 图像上损伤或干扰极严重，不能观看 |

系统的主观评价的得分值应不低于4分。

七级比较制

七级比较制是将一个基准图像与被测试的图像同时显示，由评价人员对两者做出比较判断，并给出评分，见表 6-64。

视频监控系统图像质量七级比较制　　　　表 6-64

| 序　号 | 等　级 | 与基准图像质量的比较 | 序　号 | 等　级 | 与基准图像质量的比较 |
| --- | --- | --- | --- | --- | --- |
| 1 | +3分 | 比基准图像质量好得多 | 5 | -1分 | 比基准图像质量稍差点 |
| 2 | +2分 | 比基准图像质量显得较好 | 6 | -2分 | 比基准图像质量显得较差 |
| 3 | +1分 | 比基准图像质量稍好 | 7 | -3分 | 比基准图像质量差得多 |
| 4 | 0分 | 与基准图像质量相同 | | | |

b. 随机杂波对图像影响的主观评价

随机杂波对图像的影响一般不进行信噪比测试，而采用主观评价方法。随机杂波对图像影响的主观评价标准见表 6-65。

**随即杂波对图像影响的主观评价** 表6-65

| 序号 | 评价等级 | 影 响 程 度 | 序 号 | 评价等级 | 影 响 程 度 |
|---|---|---|---|---|---|
| 1 | 5 | 不觉察有杂波 | 4 | 2 | 杂波较严重,很讨厌 |
| 2 | 4 | 可觉察有杂波,但不妨碍观看 | 5 | 1 | 杂波严重,无法观看 |
| 3 | 3 | 有明显杂波,有些讨厌 | | | |

随机杂波对图像的影响的主观评价的得分应不低于4级。

c. 系统质量主观评价的要求

（a）系统质量主观评价时所用的信号源必须是高质量的,必要时可采用标准信号发生器或标准测试卡；

（b）系统应处于正常工作状态；

（c）对视频图像进行主观评价时应选用高质量的监视器；

（d）观看距离为监视器荧光屏图像高度的6倍；

（e）观看室内的环境应光线柔和适度、照度适中,彩色、亮度、对比度调节适中。

d. 系统质量主观评价的方法

（a）参与系统质量主观评价的人员一般为5~7人,由专业人员和非专业人员组成；

（b）主观评价人员经过独立观察,对规定的各项参数逐项打分,取其平均值计为主观评价结果；

（c）在主观评价过程中如对某一项参数不合格或有争议时,则应以客观测试为准。

e. 系统质量主观评价的结论。在五级损伤制标准（五级质量制）中；当每项参数均不低于四级时定为系统主观评价合格。在主观评价过程中,如发现有不符合规定要求的性能时,允许对系统进行必要的维修或调整,经维修和调整后应对全部指标重新进行评价。

②视频监控系统质量客观测试

a. 系统质量客观测试内容

系统质量客观测试分系统功能测试和性能测试两类。

系统功能测试内容如表6-66。

**视频监控系统功能测试内容** 表6-66

| 序号 | 测试项目 | 规定值 | 实测值 | 序号 | 测试项目 | 规定值 | 实测值 |
|---|---|---|---|---|---|---|---|
| 1 | 云台水平转动 | | | 6 | 切换功能 | | |
| 2 | 云台垂直转动 | | | 7 | 录像功能 | | |
| 3 | 自动光圈调整 | | | 8 | 后焦距调整 | | |
| 4 | 调焦功能 | | | 9 | 报警功能 | | |
| 5 | 变倍功能 | | | 10 | 防护套功能 | | |

系统性能测试内容如表6-67。

**视频监控系统性能测试内容** 表6-67

| 序号 | 测试项目 | 规定值 | 实测值 | 序号 | 测试项目 | 规定值 | 实测值 |
|---|---|---|---|---|---|---|---|
| 1 | 信号幅度 | | | 8 | 彩色电视水平清晰度 | | |
| 2 | 灰 度 | | | 9 | 彩色电视系统信噪比 | | |
| 3 | 黑白电视水平清晰度 | | | 10 | 彩色电视系统电源干扰 | | |
| 4 | 黑白电视系统信噪比 | | | 11 | 彩色电视系统单频干扰 | | |
| 5 | 黑白电视系统电源干扰 | | | 12 | 彩色电视系统脉冲干扰 | | |
| 6 | 黑白电视系统单频干扰 | | | 13 | 供 电 | | |
| 7 | 黑白电视系统脉冲干扰 | | | | | | |

b. 系统质量客观测试的允许值

系统随机信噪比及各种信号干扰的允许值见表 6-68。

随机杂波对图像的影响，一般都采用主观评价，不进行信噪比测试，若有争议时，再进行客观测试，其客观评价等级如表 6-69。

**系统随机信噪比和信号干扰客观测试的允许值** 表 6-68

| 序号 | 项目 | 允许值（dB） | |
|---|---|---|---|
| | | 黑白电视系统 | 彩色电视系统 |
| 1 | 随机信噪比 | 37 | 36 |
| 2 | 单频干扰 | 40 | 37 |
| 3 | 电源干扰 | 40 | 37 |
| 4 | 脉冲干扰 | 37 | 31 |

**随机杂波信噪比对图像的影响客观评价等级** 表 6-69

| 序号 | 信噪比（dB） | | 评价等级 |
|---|---|---|---|
| | 黑白电视系统 | 彩色电视系统 | |
| 1 | 40 以上 | 40 以上 | 5 |
| 2 | 37 | 36 | 4 |
| 3 | 31 | 28 | 3 |
| 4 | 25 | 19 | 2 |
| 5 | 17 | 13 | 1 |

c. 客观测试的工程检测方法

在实际安全防范工程中对视频监控系统的检测主要采用清晰度测试卡测试系统图像显示的分辨率。具体做法是：在摄像机的实际工作环境下，检查摄像机对清晰度测试卡上的渐近条纹的拍摄，然后读取条纹开始模糊处的标记读数，如标记为 4，则认为是 400 电视线。

d. 客观测试的综合检测方法

客观测试时根据工程的级别，有关标准对系统中探测（信号采集与处理）、传输和显示记录各部分的指标分别有要求，详见表 6-70。

**视频监控系统客观测试的综合检测标准** 表 6-70

| 级别 | 系统规模分级输入图像路数 | 系统功能与设备性能技术指标 | | |
|---|---|---|---|---|
| | | 探测 | 传输 | 显示记录 |
| 一级（甲级）工程 | >128 路 | 1. 最低现场照度≥0.5LUX，此时的镜头光圈在 f1.4<br>2. 输出信噪比≥45dB<br>3. 分辨率≥450TVL | 1. 信噪比≥49dB<br>2. 视频信道宽带≥7.5MHz | 1. 视频信号分配器的信噪比≥47dB<br>2. 显示设备的信噪比≥47dB<br>3. 显示分辨率≥470TVL<br>4. 单画面记录分辨率≥350TVL<br>5. 单画面记录回放分辨率≥350TVL |
| 二级（乙级）工程 | 16 路<输入录像路数≤128 路 | 1. 最低现场照度≥1LUX，此时的镜头光圈在 f1.4<br>2. 输出信噪比≥45dB<br>3. 分辨率≥400TVL | 1. 信噪比≥47dB<br>2. 视频信道宽带≥7MHz | 1. 视频信号分配器的信噪比≥42dB<br>2. 显示设备的信噪比≥42dB<br>3. 显示分辨率≥420TVL<br>4. 单画面记录分辨率≥300TVL<br>5. 单画面记录回放分辨率≥300TVL |
| 三级（丙级）工程 | ≤16 路 | 1. 最低现场照度≥2LUX，此时的镜头光圈在 f1.4<br>2. 输出信噪比≥40dB<br>3. 分辨率≥350TVL | 1. 信噪比≥42dB<br>2. 视频信道宽带≥6MHz | 1. 视频信号分配器的信噪比≥40dB<br>2. 显示设备的信噪比≥40dB<br>3. 显示分辨率≥370TVL<br>4. 单画面记录分辨率≥300TVL<br>5. 单画面记录回放分辨率≥300TVL |

3. 出入口控制系统检测

（1）仪器设备

声级计；

秒表。

(2) 检测数量及合格判定

出/入口控制系统的前端设备（各类读卡器、识别器、控制器、电锁等）抽检的数量应不低于20%，且不得少于3台，不足3台时全部检测；被抽检设备的合格率为100%时为合格。系统功能、软件和数据记录的保存等全部检测，功能符合设计要求为合格，合格率为100%时为系统功能监测合格。

(3) 检测项目

①出入目标识读装置功能检验

a. 出入目标识读装置的性能应符合相应产品标准的技术要求。

b. 目标识读装置的识读功能有效性应满足 GA/T394 的要求。

②信息处理/控制设备功能检验

a. 信息处理/控制/管理功能应满足设计要求。

b. 对各类不同的通行对象及其准入级别，应具有实时控制和多级程序控制功能。

c. 不同级别的入口应有不同的识别密码，以确定不同级别证卡的有效进入。

d. 有效证卡应有防止使用同类设备非法复制的密码系统。密码应能修改。

e. 控制设备对执行机构的控制应准确、可靠。

f. 对于每次有效进入，都应自动存储该进入人员的相关信息和进入时间，并能进行有效统计和记录存档。可对出入口数据进行统计、筛选等数据处理。

g. 应具有多级系统密码管理功能，对系统中任何操作均应有记录。

h. 出入口控制系统应能独立运行。当处于集成系统中时，应可与监控中心联网。

i. 应有应急开启功能。

③执行机构功能检验

a. 执行机构的动作应实时、安全、可靠。

b. 执行机构的一次有效操作，只能产生一次有效动作。

④报警功能检验

a. 出现非授权进入、超时开启时应能发出报警信号，应能显示出非授权进入、超时开启发生的时间、区域或部位，应与授权进入显示有明显区别。

b. 当识读装置和执行机构被破坏时，应能发出报警。

⑤访客（可视）对讲电控防盗门系统功能检验

a. 室外机与室内机应能实现双向通话，声音应清晰，应无明显噪声。

b. 室内机的开锁机构应灵活、有效。

c. 电控防盗门及防盗门锁具应符合 GA/T72 等相关标准要求，应具有有效的质量证明文件；电控开锁、手动开锁及用钥匙开锁，均应正常可靠。

d. 具有报警功能的访客对讲系统报警功能应符合入侵报警系统相关要求。

e. 关门噪声应符合设计要求。

f. 可视对讲系统的图像应清晰、稳定。图像质量应符合设计要求。

(4) 检测方法

对出入口控制（门禁）系统的检测以功能性检测为主。

①在现场采用模拟的方法，检查各类识别器的工作情况：

a. 对有效卡的识别功能，应给出放行信号；

b. 检查识别器的"误识"和"拒识"情况；

c. 用秒表检查识别的速度。

② 人工制造无效卡、无效时段、无效时限，检查识别器、控制器的工作情况：

a. 对无效卡、无效时段、无效时限的判别符合要求，系统拒绝放行；

b. 识别器对误闯时向监控中心报警的情况；

c. 检查监控中心的误闯记录。

③ 识别器的其他功能检测：

a. 采用模拟方法对识别器的防破坏功能检查，包括：防拆卸、防撬功能，信号线断开、短路，电源线断开等情况的报警；

b. 通过不同的读卡距离检测非接触式读卡器的灵敏度是否符合产品的指标；

c. 具有液晶显示器的读卡器，应通过目测观察，检查读卡时相应信息的显示，如：有效、读错误、无效卡、无效时段等；

d. 密码开锁功能检测：读卡器一般都配有辅助的密码开锁功能，通过目测观察检查其密码开锁功能；

e. 通过观察和检查运行记录，对识别器，特别是生物特征识别器的"误识率"和"拒识率"进行检查。

④ 控制器功能检测

a. 采用模拟方法对控制器的防破坏功能检测，包括：防拆卸、防撬功能，信号线断开、短路，剪断电源线断开等情况的报警；

b. 用秒表检测控制器前端响应时间，即从接受到读卡信息到做出动作时间应<0.5s，确保对有效卡可立即打开通道门；

c. 用目测观察检查控制器在离线工作时的独立工作功能，应符合准确、实时的要求，并能准确地存储通行信息；

d. 检查出门按钮按下时，门禁控制器、电控锁的动作是否正常；

e. 直接由管理计算机给出指令，对控制器进行开锁或闭锁检查；

f. 采用模拟方法检查对非法通行（无效卡、无效时段等）的报警功能。

⑤ 系统监控功能的检测

a. 现场控制器的完好率和接入率；

b. 和门禁控制器间进行信息传输功能，当门禁控制器允许通行时在监控中心工作站上应有通行者的信息、门磁开关的状态信息等；

c. 有关通行信息、图像信息往现场控制器下载的功能，以及对控制信息的增、删、修改功能；

d. 管理计算机对控制器指令开锁或闭锁的功能；

e. 对门禁点人员通行情况的实时监控功能；

f. 系统对非法强行入侵、误闯时报警的功能；

g. 对控制器通信回路的自动检测功能，当通信线路故障时，系统给出报警信号；

h. 在管理中心对现场的控制器进行授权、时间区设定、报警设布/撤防等操作。

⑥ 模拟市电停电时，检查控制器充电电池自动投入功能：

a. 检查市电正常供电时，对充电电池的充电功能是否正常；

b. 检查市电供电掉电、直流欠压时，给系统发出报警信号；

c. 检查市电停电时，充电电池是否在规定时间内自动切换到市电供电；蓄电池能支持工作8h以上；

d. 检查市电恢复供电时，现场控制器是否在规定时间内自动切换到市电供电；

e. 检查充电电池自动切换过程中控制器存储的记录有无丢失。

⑦在监控中心管理计算机上检查系统间的联动效果，系统联动功能的检测应根据工程的具体要求进行以下检查：

a. 火灾自动报警及消防联动系统报警时与出入口控制系统的联动；

b. 入侵报警系统报警时与出入口控制系统的联动；

c. 出入口控制系统报警时与视频监控系统的联动；

d. 巡更管理系统报警时与出入口控制系统的联动。

⑧在监控中心管理计算机上检查各项软件功能和事件的记录，演示软件的所有功能。并检查：

a. 系统软件的汉化、图形化界面友好程度，人机操作界面是否简单、方便、实用；

b. 系统软件的管理功能：可通过软件对控制器进行设置，如增加卡、删除卡、设定时间表、级别、日期、时间、布/撤防等功能的设置；

c. 对具有电子地图功能的软件，可在电子地图上对门禁点进行定义，查看详细信息，包括：门禁状态、报警信息、门号、通行人员的卡号及姓名、进入时间、通行是否成功等信息；

d. 数据记录的查询功能：可按部门、日期、人员名称、门禁点名称等查询事件报警；

e. 系统应具有自检功能，当系统发生故障时，管理计算机应以声音或文字发出报警；

f. 系统安全性：对系统操作人员的分级授权功能；

g. 通过检查运行记录，检查系统软件长时间连续运行的稳定性，如：有无死机现象，有无操作不灵现象。

h. 在软件测试的基础上，对软件给出综合评价。

⑨在监控中心管理计算机上检查事件的记录：

a. 检查控制器和监控中心管理计算机的通行数据记录，两者应一致；

b. 检查控制器和监控中心管理计算机中的非法入侵事件记录，两者应一致；

c. 检查监控中心管理计算机对现场控制器的操作记录；

d. 检查数据存储的时间是否符合管理要求。

4．电子巡更系统的检验

(1) 检测数量及合格判定

巡更终端抽检的数量应不低于20%，且不得少于3台，不足3台时全部检测。被抽检设备的合格率为100%时为合格。

系统功能、联动功能和数据记录的保存等全部检测，功能符合设计要求为合格，合格率为100%时为系统功能检测合格。

(2) 检测项目

① 巡查设置功能检验。

在线式的电子巡查系统应能设置保安人员巡查程序，应能对保安人员巡逻的工作状态（是否准时、是否遵守顺序等）进行实时监督、记录。当发生保安人员不到位时，应有报警功能。当与入侵报警系统、出入口控制系统联动时，应保证对联动设备的控制准确、可靠。离线式的电子巡查系统应能保证信息识读准确、可靠。

② 记录打印功能检验。应能记录打印执行器编号，执行时间，与设置程序的比对等信息。

③ 管理功能检验。应能有多级系统管理密码，对系统中的各种状态均应有记录。

(3) 检测方法

① 离线式巡更系统的检测以功能性检测为主

a. 用目测观察检查现场巡更钮的防破坏功能，包括：防拆卸、防撬功能，有无电磁干扰；

b. 用目测观察检查巡更设备是否完好，功能是否正常，包括：巡更棒、下载器等；

c. 通过软件演示检查巡更软件的功能，包括：

(a) 对巡更班次、巡更路线设置等功能的检查；

(b) 软件启动口令保护功能、防止非法操作等的检查；

(c) 应能准确显示巡更钮的信息。

d. 检查巡更记录

(a) 检查巡更人员、巡更路线、巡更时间等记录的存储和打印输出等功能；

(b) 可按人名、时间、巡更班次、巡更路线对巡更人员的工作情况进行查询、统计等检查；

(c) 检查防止巡更数据和信息被恶意破坏或修改的功能；

(d) 检查管理软件数据下载、报表生成和查询功能。

② 在线式巡更系统的检测

以功能性检测为主。

a. 系统前段设备的功能检测

采用模拟方法对读卡器，或巡更开关的防破坏功能检查，包括：防拆卸、防撬功能，信号线断开、短路，电源线断开等情况的报警。

用实际操作和目测观察，检查非接触式读卡器的读卡距离和灵敏度。

b. 系统功能的检测

(a) 检查系统和读卡器间进行的信息传输功能，包括：巡更路线和巡更时间设置数据的传输，现场巡更记录向监控中心的传输；

(b) 检查系统的编程和修改功能：进行多条巡更路线和不同巡更时间间隔设置、修改；

(c) 在监控中心对现场的读卡器进行授权、取消授权、布防/撤防功能检查；

(d) 用人工制造无效卡、对巡更点漏检、不按规定路线、不按规定时间（提前到达及未按时到达指定巡更点）等异常巡更事件，检查巡更异常时的故障报警情况，监控主机应能立即接收报警信号，并记录巡更情况；

(e) 检查对读卡器通信回路的自动检测功能，当通信线路故障时，系统给出报警信号。

c. 在控制中心管理计算机上检查系统管理软件的功能

演示软件的所有功能，并检查：

(a) 系统软件的稳定性、图形化界面友好程度；

(b) 系统软件的管理功能：是否可通过软件对读卡器进行设置，如增加卡、删除卡、设定时间表、级别、日期、时间、布/撤防等功能的设置；

(c) 对巡更路线、巡更时间的设置、修改；

(d) 对具有电子地图功能的软件，可在电子地图上对巡更点进行定义、查看详细信息，包括：巡更路线、巡更时间、报警信息显示、巡更人员的卡号及姓名、巡更是否成功等信息；

(e) 数据记录的查询功能：可按日期或人员名称、巡更点名称等查询事件记录；

(f) 系统安全性：对系统操作人员的分级授权功能，对系统操作信息的存储记录。

(g) 在软件测试的基础上，对软件给出综合评价。

d. 在监控中心管理计算机上检查系统的联动功能

系统联动功能的检测应根据工程的具体要求进行以下检查：

(a) 巡更管理系统报警时与视频监控系统的联动；

(b) 巡更管理系统报警时与出入口控制系统的联动。

e. 巡更数据记录的检查

(a) 检查正常巡更的数据记录；

(b) 按保安员检查巡更记录；
(c) 检查巡更报警记录及应急处理记录；
(d) 检查巡更数据和信息的防止被恶意破坏或修改的功能；
(e) 数据存储的时间应符合要求。

f. 检查巡更管理制度
(a) 检查对巡更员的安全保障措施；
(b) 检查巡更报警时的应急预案。

5. 停车（场）管理系统
(1) 检测数量及合格判定

停车场（库）管理系统功能、联动功能和数据图像记录的保存等应全部检测，功能符合设计要求为合格，合格率为100%时为系统功能检测合格。

图像对比系统的车牌识别系统应全部检测，功能符合设计要求为合格，对车牌的自动识别率达98%时为检测合格。

(2) 检测项目

① 识别功能检验：对车型、车号的识别应符合设计要求，识别应准确、可靠。
② 控制功能检验：应能自动控制出入挡车器，并不损害出入目标。
③ 报警功能检验：当有意外发生时，应能报警。
④ 出票、验票功能检验：在停车库（场）的入口区、出口区设置得出票装置、验票装置，应符合设计要求，出票验票均应准确、无误。
⑤ 管理功能检验：应能进行整个停车场的收费统计和管理（包括多个出入口的联网和监控管理）；应能独立运行，应能与安防系统监控中心联网。
⑥ 显示功能检验：应能明确显示车位，应有出入口及场内通道的行车指示，应有自动计费与收费金额显示。

(3) 检测方法

① 系统前端设备的功能检测

a. 车辆探测器

用一辆车或一根铁棍（$\phi 10 \times 200$mm 左右）分别压在出、入口的各个感应线圈上，检查感应线圈是否有反应，并检查探测器的灵敏度；探测器有无电磁干扰。

b. 读卡机

(a) 分别用实际使用的各类通行卡（贵宾卡、长期卡、临时卡等）检验出、入口读卡机对有效卡的识别能力，有无"识误"和"拒识"的情况。

(b) 分别用实际使用的通行卡检验出、入口非接触式感应卡读卡机的读卡距离和灵敏度，应符合设计要求。读卡机的读卡距离：按设计要求，分别在设计读卡距离的0%、25%、50%、75%和100%等5个距离上检验读卡机的读卡效果；读卡机的响应时间应小于2s。

(c) 分别用无效卡在入口站、出口站进行功能检查，读卡机应发出拒绝放行信号，并向管理系统报警。

c. 发卡（票）机

(a) 用实际操作和目测观察检查入口处发卡（票）机功能是否顺畅、正常，是否每次一卡，有无一次吐多张卡或吐不出卡等现象。

(b) 检查卡上记录的车辆进场日期、时间、入口点等数据是否准确无误。

d. 控制器

(a) 用观察和秒表分别检查出、入口控制器动作的响应时间，应符合要求。

(b) 用实际操作分别检查应急情况下对出、入口点控制器的手动控制功能。
(c) 分别检查管理中心对出、入口控制器的控制作用。
(d) 分别检查出、入口控制器与消防系统和入侵报警系统的联动功能。

f. 自动栏杆

(a) 分别检查出、入口自动栏杆的手动、自动、遥控升降功能；升降速度、运行噪声应符合要求。
(b) 用模拟方法分别检查出、入口栏杆的防砸车功能。当栏杆下有"车辆"时，手动操作栏杆下落，检查栏杆是否会下落；当栏杆下落过程中碰到阻碍时，栏杆是否自动抬起。

g. 满位显示器

检查满位显示器显示的数据是否与停车场内的实际空车位数相符。

② 系统管理功能的检测

a. 检查管理系统中心对出、入口管理系统的管理是否达到设计要求。
b. 检查管理计算机与出、入口管理站的通信是否正常。
c. 对临时停车户的管理包括计费是否准确、收费显示是否正确、打印票据。
d. 图像对比功能的检测：

(a) 检查出、入口摄像机摄取的车辆图像信息（包括车型、颜色、车牌号）是否符合车型可辨认、颜色失真小、车牌字符清晰的要求。
(b) 检查车辆图像信息在图像管理计算机中的存储情况。
(c) 检查图像调用的正确性，调用的响应时间应符合要求。
(d) 采用车牌自动识别时检查识别情况，应满足识别率大于98%。

③ 检查管理计算机的软件功能

采用软件演示和实际操作，检查：

a. 系统安全性：对系统操作人员的分级授权功能。
b. 系统对日期、时间的设置、修改，并下载至读卡机、发卡（票）机和控制器。
c. 收费类型的设置：年租、季租、月租、固定、免费、计时、计次等。
d. 计费标准的设置、修改，按车型、停车时间设置计费标准。
e. 系统的统计、报表管理、备份数据等功能，查询功能。
f. 对卡管理的安全性检测，包括：

(a) 未进先出。
(b) 入库车辆未出库，再次持该卡进场（"防折返"功能）。
(c) 已出场的卡再重复出场一次。
(d) 临时卡未交款先出场。
(e) 临时卡交款先出场。
(f) 临时卡交款后在超出规定的时间后出场。
(g) 出场车辆的卡号和进场时车辆的车牌号、车型不同等。

④ 系统联动功能的检测

系统联动功能的检测应根据工程的具体要求进行以下检查：

a. 火灾自动报警及消防联动系统报警时与停车场（库）管理系统的联动。
b. 入侵报警系统报警时与停车场（库）管理系统的联动。

⑤ 图像及数据记录的检测

a. 检查管理中心的车辆通行数据记录。
b. 检查管理中心的通行车辆的图像数据记录。

c. 检查管理中心的临时停车收费数据记录。

6. 安全防范综合管理系统的检测

(1) 检测数量及合格判定。

综合管理系统功能、对各子系统的通信接口和对各子系统的管理功能应全部检测，功能符合设计要求为合格，合格率为100%时为系统功能检测合格。

(2) 检测项目

a. 对子系统的通信接口。

b. 综合管理功能的检测：各子系统的信息共享、对各子系统的控制功能等。

c. 系统联动功能的检测。

(3) 检测方法

① 对与子系统通信接口的检测

a. 检查与各子系统的数据通信接口。

b. 检查综合管理系统对各子系统的管理命令的发送，并检查子系统的响应情况，是否准确、实时、一致。

c. 检查各子系统向综合管理系统传输监视图像、报警信息的情况，是否准确、实时、一致。

② 综合管理功能的检测

a. 在现场模拟各子系统的报警，检查综合管理系统监控站接受的报警信息，与子系统是否一致。

b. 检查各子系统工作状态和对各子系统的控制功能：

(a) 对视频监控系统的监视点、显示图像和图像记录进行设置，并向综合管理系统传输监视点的图像信息。

(b) 对视频监控系统的摄像机进行操作，检查向综合管理系统传输的图像信息是否随操作而变化。

(c) 对入侵报警系统的防区布防、撤防进行设置管理，并向综合管理系统传输报警信号。

(d) 对出入口控制（门禁）系统进行系统参数设置，登录、删除卡，时段和时限设置，并向综合管理系统传输报警信号。

(e) 对巡更系统的巡更路线、巡更时间进行设定、启动，并向综合管理系统传输报警信号。

对停车场（库）管理系统的出入口管理、计费管理的设置，并向综合管理系统传输通行信息。

c. 检查综合管理系统监控站对各子系统报警信息的显示、记录、统计功能；并确认与子系统的记录是否一致。

d. 检查综合管理系统监控站的数据报表打印、报警打印功能。

e. 对综合管理系统监控站的软硬件功能的检测，包括操作的方便性，人机界面应友好、汉化、图形化。

③ 系统联动功能的检测

a. 检查火灾自动报警及消防联动系统报警时，通过综合管理系统与视频安防监控子系统、出入口管理子系统、停车场（库）管理子系统和入侵报警子系统间的联动信号。

b. 检查入侵报警子系统报警时，通过综合管理系统与视频安防监控子系统、出入口管理子系统、停车场（库）管理子系统之间的联动信号。

c. 检查入侵报警子系统报警时，通过综合管理系统与建筑设备监控、公共广播系统的联动信号。

d. 检查出入口管理子系统报警时，通过综合管理系统与视频安防监控子系统的联动信号。

e. 检查巡更管理子系统报警时，通过综合管理系统与视频安防监控子系统、出入口管理子系统的联动信号。

f. 在综合管理系统监控站模拟火灾自动报警及消防联动系统报警信号，综合管理系统监控站向各子系统发送联动信号的正确性。

7. 安装质量检查

(1) 检测数量及合格判定

现场设备安装质量应符合《建筑电气安装工程施工质量验收规范》GB 50303—2002 第六章及第七章设计文件和产品技术文件的要求，检查合格率达到 100% 时为合格。

a. 现场安装的摄像机、各类探测器、控制器、电锁、停车场（库）等设备：抽检的数量不应低于 20%，且不得少于 3 台，不足 3 台时全部检测；被抽检设备安装的合格率为 100% 时为合格。

b. 监控中心安装的设备全部检测，安装合格率为 100% 时为合格。

(2) 检测项目

① 现场设备安装质量

a. 摄像机（包括镜头、防护罩、支撑装置、云台）的安装位置、外观、视野范围、安装质量及紧固情况。

b. 各类探测器安装位置、安装质量及外观。

c. 现场控制器（包括门禁控制器、车库控制器等）安装位置、安装质量及外观。

d. 电锁安装位置，安装质量及外观，开关性能、灵活性。

e. 辅助电源安装位置和安装质量。

f. 现场设备接线的标志、排列、固定、绑扎质量，接插头安装质量，接线盒接线质量。

g. 接地线的材料、焊接质量和接地电阻。

② 监控中心设备安装质量

a. 监视器、电视墙的安装位置、安装质量。

b. 控制台与机架安装垂直度、水平度，控制台与电视墙的距离是否合理等。

c. 设备安装（包括视频矩阵、报警控制器、记录设备）安装位置、质量及外观。

d. 开关、按钮的位置是否合理，操作是否灵活、安全。

e. 监控中心的支架、线槽的安装质量；缆线的敷设、排列、绑渣、标志及接插头安装质量。

f. 设备接地线的材料、焊接质量和接地电阻。

g. 电源和信号的防雷措施。

(3) 检测方法

现场实地目测检查设备的安装位置是否合理、安装方式是否规范，以及安装观感质量的检查。

**思考题**

1. 房间空气温度控制目标为 $25 \pm 1$℃，测试用温度计应选用什么精度？
2. 在系统可维护测试中，改变温度控制的 P、I 参数后，温度控制变化应有什么特点？
3. 判断中央站关闭后 DDC 能否独立工作，应记录哪些信息？
4. 如果传感器精度检测不合格、AHU 多工况运行调节不合格，则能否判 BAS 系统检测不合格？
5. 简述 GCS 中链路与通道的区别。
6. 简述回波损耗、衰减/串扰比、近端串扰、远端串扰的含义。
7. 简述提高通道传输质量的措施。

8. 对六类布线系统，应采用何种仪器测试？
9. 摄像机的性能评价指标有哪些？其各自含义是什么？
10. 视频传输性能指标有哪些？其各自含义是什么？
11. 如何进行图像质量的主观评价？
12. 图像清晰度、灰度的测试方法是什么？
13. 出入口控制系统检测项目有哪些？其各自含义是什么？
14. 安防系统检测数量及合格判定标准是什么？

# 第七章 建筑装饰与室内环境检测

近年来，随着我国社会经济的快速发展和人民生活水平的不断提高，建筑装饰材料在工程中得到大量的使用，其装饰质量和环境质量越来越受到人们的重视，如外装饰中大量使用的饰面砖、石料块材及建筑门窗质量，内装饰中大量使用的石膏板、轻钢龙骨及铝合金（塑料）建筑型材质量等。而要保证这些装饰材料在工程中使用的安全性、功能性和耐久性，又不影响工程的环境性，就有必要加强建筑装饰材料、装饰工程施工质量以及环境质量的检测。本章主要就建筑装饰材料的常规物理性能指标、力学指标、装饰施工质量以及室内环境等方面的检测进行详细的讲解，主要包括石膏板、墙地饰面砖、饰面石材、外墙饰面砖粘结强度、轻钢龙骨力学性能、铝合金建筑型材、塑料建筑型材以及建筑门窗的物理性能、饰面石材、墙地饰面砖、混凝土等材料的放射性检测、土壤氡气的检测及室内环境的检测。

## 第一节 石膏板检测

### 一、概念

石膏板是在建筑石膏中加入适量促凝剂或缓凝剂增强材料、发泡剂和胶材，加水搅拌，浇筑成型，凝固脱模修边干燥后制成，作为装饰性材料，其主要应用于隔墙材和吊顶料。石膏板的种类有：石膏空心条板、纸面石膏板（普通纸面石膏板、耐水纸面石膏板、耐火纸面石膏板）、纤维石膏板、装饰石膏板、嵌装式装饰石膏板等。

### 二、检测依据及技术要求

1. 标准名称与代号

《纸面石膏板》GB/T 9775—1997

《装饰石膏板》GB/T 9777—1988

《嵌装式装饰石膏板》GB/T 9778—1988

2. 检测参数

纸面石膏板、装饰石膏板、嵌装式装饰石膏板应检参数见表7-1。

纸面石膏板、装饰石膏板、嵌装式装饰石膏板应检参数表　　　　表7-1

| 产品名称 | 应检参数（√） | | | | | | | | |
|---|---|---|---|---|---|---|---|---|---|
| | 外观质量 | 尺寸偏差 | 含水率 | 吸水率 | 表面吸水量 | 单位面积质量 | 断裂荷载 | 受潮挠度 | 护面纸与石膏芯的粘结 |
| 纸面石膏板 GB/T 9775—1997 | √ | √ | | √ | √ | √ | √ | | √ |
| 装饰石膏板 GB/T 9777—1988 | √ | √ | √ | √ | | √ | √ | √ | |
| 嵌装式装饰石膏板 GB/T 9778—1988 | √ | √ | √ | | | √ | √ | | |

3. 技术要求

（1）外观质量

纸面石膏板表面应平整不得有影响使用的破损、波纹、沟槽、污痕、过烧、亏料、边部漏料和纸面脱开等缺陷。

装饰石膏板和嵌装式装饰石膏板，正面不得有影响装饰效果的气孔、污痕、裂纹、缺角、色彩不均和图案不完整等缺陷。

(2) 尺寸偏差

石膏板尺寸允许偏差见表7-2。

**石膏板尺寸允许偏差（mm）** 表7-2

| 类 别 | 项 目 | | 优 等 品 | 一 等 品 | 合 格 品 |
|---|---|---|---|---|---|
| 纸面石膏板 GB/T 9775—1997 | 长 度 | | 0 −6 | | |
| | 宽 度 | | 0 −5 | | |
| | 厚 度 | 9.5 | ±0.5 | | |
| | | ≥12.0 | ±0.6 | | |
| 装饰石膏板 GB/T 9777—1988 | 边 长 | | 0 −2 | | +1 −2 |
| | 厚 度 | | ±0.5 | | ±1.0 |
| 嵌装式装饰石膏板 GB/T 9778—1988 | 边长 $L$ | | ±1 | | +1 −2 |
| | 边厚 $S$ | $L=500$ | ≥25 | | |
| | | $L=600$ | ≥28 | | |

(3) 含水率

装饰石膏板和嵌装式装饰石膏板板材必须经过干燥，各等级石膏板的含水率应不大于表7-3中的要求。

**石膏板含水率（%）** 表7-3

| 类 别 | 项 目 | 优 等 品 | 一 等 品 | 合 格 品 |
|---|---|---|---|---|
| 装饰石膏板 GB/T 9777—1988 | 平均值 | 2.0 | 2.5 | 3.0 |
| | 最大值 | 2.5 | 3.0 | 3.5 |
| 嵌装式装饰石膏板 GB/T 9778—1988 | 平均值 | 2.0 | 3.0 | 4.0 |
| | 最大值 | 3.0 | 4.0 | 5.0 |

(4) 吸水率

各等级纸面石膏板和装饰石膏板吸水率应不大于表7-4的要求。

**石膏板吸水率（%）** 表7-4

| 类 别 | 项 目 | 优 等 品 | 一 等 品 | 合 格 品 |
|---|---|---|---|---|
| 纸面石膏板（仅适用于耐水纸面石膏板） | 平均值 | | 10.0 | |
| 装饰石膏板（仅适用于防潮板） | 平均值 | 5.0 | 8.0 | 10.0 |
| | 最大值 | 6.0 | 9.0 | 11.0 |

(5) 单位面积质量

纸面石膏板、装饰石膏板和嵌装式装饰石膏板单位面积质量应不大于表7-5的要求。

(6) 断裂荷载

纸面石膏板、装饰石膏板和嵌装式装饰石膏板断裂荷载应不小于表7-6中规定的要求。

**石膏板单位面积质量（kg/m²）** 表7-5

| 类别 | 代号 | 厚度 | 项目 | 优等品 | 一等品 | 合格品 |
|---|---|---|---|---|---|---|
| 装饰石膏板 GB/T 9777—1988 | P, K, FP, FK | 9 | 平均值 | 8.0 | 10.0 | 12.0 |
| | | | 最大值 | 9.0 | 11.0 | 13.0 |
| | | 11 | 平均值 | 10.0 | 12.0 | 14.0 |
| | | | 最大值 | 11.0 | 13.0 | 15.0 |
| | D, FD | 9 | 平均值 | 11.0 | 13.0 | 15.0 |
| | | | 最大值 | 12.0 | 14.0 | 16.0 |
| 纸面石膏板 GB/T 9775—1997 | ****** | 9.5 | 平均值 | | 9.5 | |
| | | 12.0 | | | 12.0 | |
| | | 15.0 | | | 15.0 | |
| | | 18.0 | | | 18.0 | |
| | | 21.0 | | | 21.0 | |
| | | 25.0 | | | 25.0 | |
| 嵌装式装饰石膏板 GB/T 9778—1988 | ****** | *** | 平均值 | | 16.0 | |
| | | | 最大值 | | 18.0 | |

**石膏板断裂荷载（N）** 表7-6

| 类别 | 代号 | 厚度（mm） | 项目 | 优等品 | 一等品 | 合格品 |
|---|---|---|---|---|---|---|
| 装饰石膏板 GB/T 9777—1988 | P, K, FP, FK | *** | 平均值 | 176 | 147 | 118 |
| | | | 最小值 | 159 | 132 | 106 |
| | D, FD | *** | 平均值 | 186 | 167 | 147 |
| | | | 最小值 | 168 | 150 | 132 |
| 嵌装式装饰石膏板 GB/T 9778—1988 | ****** | *** | 平均值 | 196 | 176 | 157 |
| | | | 最小值 | 176 | 157 | 127 |

| 类别 | 代号 | 厚度（mm） | 项目 | 纵向 | 横向 |
|---|---|---|---|---|---|
| 纸面石膏板 GB/T 9775—1997 | ****** | 9.5 | 平均值 | 360 | 140 |
| | | 12.0 | | 500 | 180 |
| | | 15.0 | | 650 | 220 |
| | | 18.0 | | 800 | 270 |
| | | 21.0 | | 950 | 320 |
| | | 25.0 | | 1100 | 370 |

（7）受潮挠度

各等级装饰石膏板中防潮板的受潮挠度应不大于表7-7的要求。

**石膏板受潮挠度（mm）** 表7-7

| 类别 | 项目 | 优等品 | 一等品 | 合格品 |
|---|---|---|---|---|
| 装饰石膏板（仅适用防潮板） | 平均值 | 5 | 10 | 15 |
| | 最大值 | 7 | 12 | 17 |

（8）表面吸水量

纸面石膏板（仅适用于耐水纸面石膏板）板材的表面吸水量应不大于160kg/m²。

(9) 护面纸与石膏芯的粘结

纸面石膏板护面纸与石膏芯应粘结良好,按规定方法测定时石膏芯应不裸露。

### 三、仪器设备及环境

1. 仪器设备

钢卷尺：最大量程 5000mm，分度值 1mm；

钢直尺：最大量程 1000mm，分度值 1mm；

板厚测定仪：最大量程 30mm，分度值 0.01mm；

游标卡尺：0～300mm，精度 0.02mm；

天平：最大称量 5kg，感量 1g；

电热鼓风干燥箱：最高温度 300℃，控温器灵敏度 ±1℃；

受潮挠度测定仪；

板材抗折机：最大量程 2000N，示值误差 ±1%；

护面纸与石膏芯粘结试验仪。

2. 环境要求

单位面积质量、断裂荷载、受潮挠度、吸水率测定试件、烘干恒重的干燥温度：40±2℃；

吸水率测定时水温 20±3℃；

受潮挠度测定时温度为 32±2℃，空气相对湿度 90%±3%。

### 四、试样及制备要求

1. 纸面石膏板试样

纸面石膏板以每 2500 张同品种、同型号、同规格的产品为一批，不足对应数量时，按一批计。取五张整板试样为一组，依次观测其外观质量、尺寸偏差后，距板四周大于 100mm 处按表 7-8 规定的方向、尺寸和数量切取试样，进行编号，供其余各项试验用。

纸面石膏板制样要求　　　　表 7-8

| 试件用途 | 试件代号 | 纵向 (mm) 基本尺寸 | 纵向 (mm) 允许偏差 | 横向 (mm) 基本尺寸 | 横向 (mm) 允许偏差 | 每张板切取试件数 |
|---|---|---|---|---|---|---|
| 纵向断裂荷载单位面积质量 | Z | 400 | ±1.5 | 300 | ±1.5 | 1 |
| 横向断裂荷载单位面积质量 | H | 300 | ±1.5 | 400 | ±1.5 | 1 |
| 吸水率 | S | 300 | | 300 | | 1 |
| 面纸与石膏芯粘结 | M | 120 | ±1.0 | 50 | ±1.0 | 1 |
| 背纸与石膏芯粘结 | D | 120 | ±1.0 | 50 | ±1.0 | 1 |
| 表面吸水量 | B | 125 | | 125 | | 1 |

2. 装饰石膏板试样

(1) 试样要求

装饰石膏板以每 500 块同品种、同型号、同规格的产品为一批，不足对应数量时，按一批计。

对于平板、孔板及浮雕板，以 3 块整板作为一组试样，用于检查和测定外观质量、尺寸偏差、含水率、单位面积质量和断裂荷载。

对于防潮板，以 9 块整板作为一组试样，其中 3 块的用途与平板、孔板及浮雕板的规定相同；另外 3 块用于测定吸水率；余下的 3 块则从每块板上锯取二分之一，组成 3 个 500mm×250mm 或 600mm×300mm 的试件，用于受潮挠度的测定。

(2) 试件的处理

用于单位面积质量、断裂荷载、受潮挠度和吸水率测定的试件，应预先在电热鼓风干燥箱中，在 40±2℃ 条件下烘干至恒重（试件在 24h 内的质量变化小于 5g 时即为恒重），并在不吸湿的条件下冷却至室温，再进行试验。

3. 嵌装饰石膏板

(1) 试样要求

嵌装式装饰石膏板以每 500 块同品种、同型号、同规格的产品为一批，不足对应数量时，按一批计，以 3 块整板作为一组试样，用于检查和测定外观质量、尺寸偏差、含水率、单位面积质量和断裂荷载。

(2) 试件的处理

用于单位面积质量和断裂荷载测定的试件，应预先放入电热鼓风干燥箱中，在 40±2℃ 的条件下烘干至恒重（试件在 24h 内的重量变化小于 5g 时即为恒重），并在不吸湿的条件下冷却至室温，然后进行试验。

### 五、试验方法及步骤

1. 外观质量的检查

在 0.5m 远处光照明亮的条件下，纸面石膏板对试样逐张进行检查，记录每张板影响使用的破损、波纹、沟槽、污痕、过烧、亏料、边部漏料和纸面脱开等缺陷情况。装饰面和嵌装式装饰石膏板，分别对 3 块试件的正面逐个进行目测检查，记录每个试件影响装饰效果的气孔、污痕、裂纹、缺角、色彩不均匀和图案不完整等缺陷。

2. 尺寸偏差的测定

(1) 仪器设备

钢直尺：最大量程 1000mm，分度值 1mm；

板厚测定仪：最大量程 30mm，分度值 0.01mm。

(2) 试验方法

① 长度的测定

对纸面石膏试样测量时，钢卷尺与石膏板的棱边平行，每张板测定三个长度值，测点分布于距棱边 50mm 处和对称轴上，记录每张板上三个长度值，并以最大偏差值作为该试样的长度偏差，精确至 1mm。

② 对边长的测定

装饰石膏板，用钢直尺测量 3 块试件，精确至 1mm，一般在试件正面测定，如果棱边有倒角时，应以背面测得的边长尺寸为准，每块试样在互相垂直的方向上各测三个值，其中二个值在离棱边 20mm 处测定，一个值在对称轴上测定，记录每块试件两个垂直方向上各三个值的平均值，精确至 1mm。

对嵌装式装饰石膏板用钢直尺测量试件正面边部的长度后，直接计算每个试件四个边长的平均值。

③ 宽度的测定

测量时，直尺应与石膏板的棱边垂直。如果板材具有倒角，应测定板材背面的宽度。每张试样测定三个宽度值，测点分布于距端头 30mm 处和对称轴上。

记录每张板上三个宽度值，并以最大偏差值作为该试样的宽度偏差，精确至 1mm。

④ 厚度的测定

纸面石膏板试样在每张板任一端头的宽度上，等距离布置六个测点，用板厚测定仪测量。测点距板的端头不小于 25mm，距板棱边不小于 80mm。记录每张板上六个厚度测量值，并以最大偏差值，作为试件的厚度偏差，精确至 0.1mm。

装饰石膏板试样用板厚测定仪逐个测量3块试件，精确至0.1m。测定时，在每块试件棱边的中点布置四个测点。记录每块试件四个值的平均值，精确至0.1mm。

嵌装式装饰石膏板在边长中点离板边30mm处布置四个测点，用板厚测定仪测定试件的厚度，精确至1mm。计算每个试件四个测点的平均值作为试件的厚度。

3. 含水率的测定

(1) 仪器设备

电热鼓风干燥箱：最高温度300℃，控温器灵敏度±1℃；

天平：最大称量5kg，感量1g。

(2) 试验方法

分别称量三块试件的质量 $G_{h1}$（试件尺寸见纸面石膏板试样的要求），在把试件置入 $40\pm2$℃ 条件的电热鼓风干燥箱中烘干至恒重（试件在24h内的重量变化小于5g时即为恒重），并在不吸湿的条件下冷却至室温，称量试件的干燥后质量 $G_{h2}$，精确至5g，试件含水率的计算见式 (7-1)：

$$W_h = \frac{G_{h1} - G_{h2}}{G_{h2}} \times 100 \tag{7-1}$$

式中　$W_h$——试件含水率（%）；

　　　$G_{h1}$——试件烘干前的质量（g）；

　　　$G_{h2}$——试件烘干后的质量（g）。

计算三块试件含水率的平均值，并记录其中最大值，精确至0.5%。

4. 吸水率的测定

(1) 仪器设备：

电热鼓风干燥箱：最高温度300℃，控温器灵敏度±1℃；

天平：最大称量5kg，感量1g。

(2) 试验方法

将经恒重的试件称量（$G_1$），然后浸入温度为 $20\pm3$℃ 的水中，试件上表面低于水面30mm。试件互相不紧贴，也不与水槽底部紧贴。浸水2h后取出试件，用湿毛巾吸去试件表面的水，称量（$G_2$）。试件的吸水率按式 (7-2) 计算，精确到1%。

$$W_1 = \frac{G_2 - G_1}{G_1} \times 100 \tag{7-2}$$

式中　$W_1$——试件吸水率（%）；

　　　$G_1$——试件浸水前的质量（g）；

　　　$G_2$——试件浸水后的质量（g）。

5. 单位面积质量的测定

(1) 仪器设备

钢直尺：最大量程1000mm，分度值1mm；

天平：最大称量5kg，感量1g。

(2) 试验方法

纸面石膏板取10个用于断裂荷载测定的试件进行单位面积质量的测定。在 $40\pm2$℃ 条件的电热鼓风干燥箱中烘干至恒重（试件在24h内的质量变化小于5g时即为恒重）。根据其面积计算每张板上两个试件单位面积质量的平均值，精确至 $0.1kg/m^2$。

装饰石膏板和嵌装式装饰石膏板称量试件（3块）的干燥后质量 $G_{h2}$，计算平均值，并记录其中的最大值，分别乘以折算系数（500×500取4.0；600×600取2.8），即可求得板材的单位面积质量的平均值和最大值。

6. 断裂荷载的测定

(1) 仪器设备

钢直尺：最大量程1000mm，分度值1mm；

板材抗折机：最大量程2000N，示值误差±1%。

(2) 试验方法

纸面石膏板取10个试件，分别进行断裂荷载的测定。

测定时，将试件置于板材抗折机的支座上。沿板材纵向切取的试件（代号Z）正面向下放置，板材横向切取的试件（代号H）背面向下放置。支座中心距为350mm。在跨距中央，通过加荷辊沿平行于端支座的方向施加荷载，加荷速度为250±50N/min，直至试件断裂。记录断裂时的荷载，精确至1N。

装饰石膏板和嵌装式装饰石膏板取单位面积质量测定后的3块试件分别进行断裂荷载的测定。将试件置于板材抗折机的上下压辊之间，试件正面向下放置，下压辊中心间距为试件长度减去50mm。在跨距中央，通过上压辊施加荷载，加荷速度为4.9±1N/s，直至试件断裂。计算3块试件断裂荷载的平均值，并记录其中的最小值，精确至1N。

7. 受潮挠度的测定

(1) 仪器设备

钢直尺：最大量程1000mm，分度值1mm；

电热鼓风干燥箱：最高温度300℃，控温器灵敏度±1℃；

受潮挠度测定仪。

(2) 试验方法

将三块整板分别锯取二分之一，组成3个500mm×250mm或600mm×300mm的试件，置入40±2℃的电热鼓风干燥箱中烘干至恒重（试件在24h内的质量变化小于5g时即为恒重）。然后将每块试件正面向下，分别悬放在受潮挠度测定仪试验箱中三个试验架的支座上，支座中心距为试件长减去20mm。在温度为32±2℃，空气相对湿度为90%±3%条件下，将试件放置48h。然后将试件连同试验架从试验箱中取出，利用专用的测量头，分别测定每个试验架上试件中部的下垂挠度。计算3个试件受潮挠度的平均值，并记录其中的最大值，精确至1mm。

8. 表面吸水量的测定：

(1) 仪器设备

标准圆桶

天平：最大称量5kg，感量1g。

(2) 试验方法

试件于40±2℃的条件下干燥至恒重，在干燥器中冷却至室温。将试件水平放在支架上，面纸向上，在试件上放置一个内径为113mm圆筒，试件与圆筒接触处用油腻子密封，称量$G_3$，往圆筒内注入20±3℃的水，其高度为25mm，静置2h，倒去水并用吸水纸吸去试件表面和圆筒内壁的附着水，称量$G_4$，称量精确至0.1g，按式(7-3)计算每个试件的表面吸水量：

$$W_2 = \frac{G_4 - G_3}{F} \tag{7-3}$$

式中 $W_2$——表面吸水量（g/m²）；

$G_4$——吸水后的试件、圆筒和油腻子总质量（g）；

$G_3$——吸水前的试件、圆筒和油腻子总质量（g）；

$F$——吸水面积（m²）。

9. 护面纸与石膏芯粘结的测定:

(1) 仪器设备

电热鼓风干燥箱:最高温度 300℃,控温器灵敏度 ±1℃;

护面纸与石膏芯粘结试验仪。

(2) 试验方法

试件在 40±2℃ 的条件下干燥至恒重后,在试件长边距端头 20mm 处锯一条缝,把石膏折断,但不得破坏另一面的护面纸。测定背纸与石膏芯粘结的试件(代号 D),锯缝在试件的正面;测定面纸与石膏芯粘结的试件(代号 M),锯缝在试件的背面。

将试件固定在护面纸与石膏芯粘结试验仪上,在试件沿锯缝弯折的部分挂上 20N 荷重(包括夹具质量),慢慢松开手使护面纸剥离。观察每张板上两个试件护面纸剥离后的状况。

## 六、检验规则

1. 出厂检验

产品出厂必须进行出厂检验。

纸面石膏板出厂检验项目为:外观质量、尺寸偏差、对角线长度差、楔形棱边断面尺寸、断裂荷载、护面纸与石膏芯的粘结、吸水率、表面吸水量。

装饰石膏板出厂检验项目为:外观质量、尺寸偏差、不平度、直角偏离度、单位面积重量、含水率和断裂荷载。对于防潮板还应包括吸水率和受潮挠度二项。

嵌装式装饰石膏板检验的项目有:外观质量、边长、厚度、不平度、铺设高度、直角偏离度、单位面积重量、含水率和断裂荷载。

2. 型式检验

型式检验的项目为标准的全部技术要求。

有下列情况之一时,应进行型式检验:

原料、配方、工艺有较大改变时;

产品停产满半年以上恢复生产时;

正常生产满半年时;

国家产品质量监督抽查时。

3. 判定规则

对板材试件的外观质量、尺寸偏差、护面纸与石膏芯粘结等质量指标,其中有一项不合格,即为不合格。不合格试件多于一件时则该批产品判为批不合格。

对板材试件的含水率、吸水率、单位面积质量、断裂荷载、受潮挠度、表面吸水量等质量指标全部试件均需合格,否则该批产品判为批不合格。

对于以上两条判为不合格的批,允许再抽取两组试样,对不合格的项目进行重检,重检结果的判定规则同上,若二组试样均合格,则判为批合格,如有一组试样不合格,则判为批不合格。

## 七、断裂荷载的测定实例

某生产方委托规格 PC1800×1200×12.0GB/T 9775—1998 纸面石膏板断裂荷载单项检测。

1. 样品数量

取 5 块纸面石膏板整板,尺寸见图 7-1。

2. 试样制备

分别在 5 块纸面石膏板整板上按图示位置、尺寸用手持式电动切割机沿放线外口切取试件,取下后用裁刀沿靠尺修整四周,用最大量程 1000mm,分度值 1mm 钢直尺测量试件尺寸,对尺寸测量值在 300±1.5mm、400±1.5mm 范围内试件,依次编号:纵向 Z1、Z2、Z3、Z4、Z5,横向 H1、H2、H3、H4、H5。对不在此允许偏差内的试件,应在对应整板上重新切取试件。

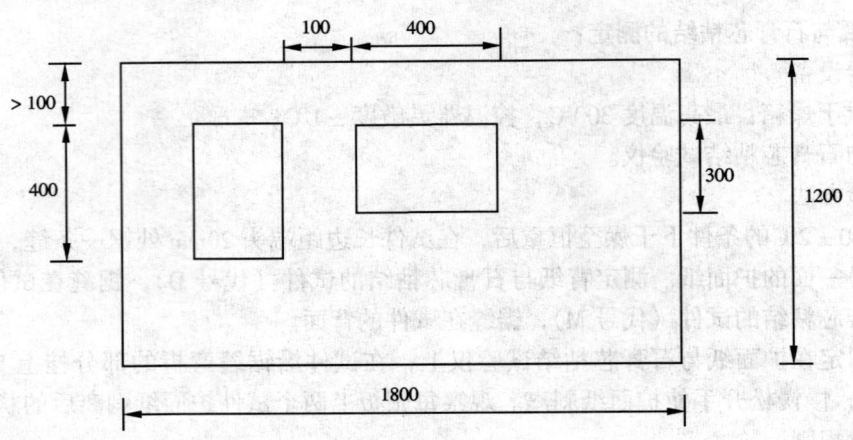

图 7-1 整板尺寸图

**3. 试样处理**

分别在编号为 Z1、Z2、Z3、Z4、Z5 和编号为 H1、H2、H3、H4、H5 的试件两个侧面,沿 400mm 边,用铅笔画出与试件中心对称的两条标记线,使标记线间距为 350mm。

将 10 个试件置入 40±2℃的电热鼓风干燥箱中烘干至恒重(试件在 24h 内的质量变化小于 5g 时即为恒重)。

**4. 试验步骤**

调整板材抗折机的支座,使支座中心距为 350mm;

把纵向切取的试件 Z1、Z2、Z3、Z4、Z5 分别正面向下放置于支座上,使标记线与板材抗折机的支辊对齐;

以 250±50N/min 加荷速度,通过加荷辊沿平行于端支座的方向施加荷载,直至试件断裂。

记录断裂时的荷载,精确至 1N。断裂荷载值分别为 500、512、523、527、510N。

依次把横向切取的试件 H1、H2、H3、H4、H5 背面向下。置于支座上按上述方法测定其断裂荷载值分别为 204、191、180、192、195N。

**5. 结果判定**

对厚度为 12.0 的纸面石膏,板材的纵向断裂荷载检测值均不小于 500N,横向断裂荷载检测值均不小于 180N,故判该样品断裂荷载符合 GB/T 9775—1998 标准要求。

**思考题**

1. 试叙述尺寸偏差测量中,对纸面石膏板、嵌装式装饰石膏板、装饰石膏板,测点布置的不同点。

2. 表面吸水量测定中对试件应如何预处理?试件放在支架时应注意什么?如何保持整个试验过程中水温在 20±3℃范围内?

3. 测定断裂荷载的试件数量为多少?纸面石膏板为何要进行两个方向试件测定?断裂荷载评定时是利用单个检测值还是用平均值评定?

4. 在纸面石膏板护面纸与石膏芯的粘结测定中,制取试件时应注意哪几点?在挂荷载时应注意什么?

**参考文献**

1. 徐家保主编. 建筑材料学. 华南理工大学出版社
2. 现行建筑材料规范大全. 中国建筑工业出版社

## 第二节 墙地饰面砖检测

### 一、概念

陶瓷砖由黏土或其他无机非金属原料，经成型、烧结等工艺处理，用于装饰与保护建筑物、构筑物墙面及地面的板状或块状陶瓷制品。也可称为陶瓷饰面砖。

陶瓷砖根据吸水率不同分为：瓷质砖（吸水率 $E\leq 0.5\%$）、炻瓷砖（吸水率 $0.5\%<E\leq 3\%$）、细炻砖（吸水率 $3\%<E\leq 6\%$）、炻质砖（吸水率 $6\%<E\leq 10\%$）和陶质砖（吸水率 $E>10\%$）五种。根据施釉情况分为有釉砖和无釉砖。另外根据工艺情况还可生产出抛光砖、陶瓷锦砖、渗花砖、劈离砖等等。

### 二、检测依据

1. 标准名称及代号

《干压陶瓷砖　第1部分：瓷质砖（吸水率 $E\leq 0.5\%$）》GB/T 4100.1—1999
《干压陶瓷砖　第2部分：炻瓷砖（吸水率 $0.5\%<E\leq 3\%$）》GB/T 4100.2—1999
《干压陶瓷砖　第3部分：细炻砖（吸水率 $3\%<E\leq 6\%$）》GB/T 4100.3—1999
《干压陶瓷砖　第4部分：炻质砖（吸水率 $6\%<E\leq 10\%$）》GB/T 4100.4—1999
《干压陶瓷砖　第5部分：陶质砖（吸水率 $E>10\%$）》GB/T 4100.5—1999
《陶瓷砖试验方法　第1部分：抽样和接收条件》GB/T 3810.1—1999
《陶瓷砖试验方法　第2部分：尺寸和表面质量的检验》GB/T 3810.2—1999
《陶瓷砖试验方法　第3部分：吸水率、显气孔率、表观相对密度和容重的测定》GB/T 3810.3—1999
《陶瓷砖试验方法　第4部分：断裂模数和破坏强度的测定》GB/T 3810.4—1999
《陶瓷砖试验方法　第9部分：抗热震性的测定》GB/T 3810.9—1999
《陶瓷砖试验方法　第12部分：抗冻性的测定》GB/T 3810.12—1999
《陶瓷砖试验方法　第13部分：耐化学腐蚀性的测定》GB/T 3810.13—1999
《建筑饰面材料镜向光泽度测定方法》GB/T 13891—1992
《挤压陶瓷砖　第3部分：细炻砖（吸水率 $3\%<E\leq 6\%$）》JC/T 457.3—2002
《挤压陶瓷砖　第4部分：炻质砖（吸水率 $6\%<E\leq 10\%$）》JC/T 457.3—2002

2. 技术要求

陶瓷砖的技术要求应符合表7-9。

检测项目的技术要求　　　　表7-9

| 序号 | 项目 | | 被检参数范围 | |
|---|---|---|---|---|
| | | | 优等品 | 合格品 |
| 1 | 表面质量 | | 至少有95%的砖距0.8m远处垂直观察表面无缺陷 | 至少有95%的砖距1m远处垂直观察表面无缺陷 |
| 2 | 尺寸偏差 | | 见表7-10~表7-17 | |
| 3 | 吸水率（$E$） | 瓷质砖 | $E\leq 0.5\%$ | |
| | | 炻瓷砖 | $0.5\%\leq E\leq 3\%$ | |
| | | 细炻砖 | $3\%<E\leq 6\%$ | |
| | | 炻质砖 | $6\%<E\leq 10\%$ | |
| | | 陶质砖 | $E>10\%$ | |

续表

| 序号 | 项目 | | 被检参数范围 | |
|---|---|---|---|---|
| | | | 优等品 | 合格品 |
| 4 | 抗热震性 | | 经10次抗热震试验不出现炸裂或裂纹 | |
| 5 | 抗冻性 | | 经抗冻性试验后应无裂纹或剥落 | |
| 6 | 耐化学腐蚀性 | 有釉陶瓷砖 | ≥GB级 | |
| | | 无釉陶瓷砖 | ≥UB级 | |
| 7 | 光泽度（瓷质抛光砖） | | ≥55 | |
| 8 | 破坏强度 | 瓷质砖 | ≥700N（厚度＜7.5mm）；≥1300N（厚度≥7.5mm） | |
| | | 炻瓷砖 | ≥700N（厚度＜7.5mm）；≥1100N（厚度≥7.5mm） | |
| | | 细炻砖 | ≥600N（厚度＜7.5mm）；≥1000N（厚度≥7.5mm） | |
| | | 炻质砖 | ≥500N（厚度＜7.5mm）；≥800N（厚度≥7.5mm） | |
| | | 陶质砖 | ≥200N（厚度＜7.5mm）；≥600N（厚度≥7.5mm） | |
| 9 | 断裂模数 | 瓷质砖 | 单个值≥32MPa；平均值≥35MPa | |
| | | 炻瓷砖 | 单个值≥27MPa；平均值≥30MPa | |
| | | 细炻砖 | 单个值≥20MPa；平均值≥22MPa | |
| | | 炻质砖 | 单个值≥16MPa；平均值≥18MPa | |
| | | 陶质砖 | 单个值≥12MPa；平均值≥15MPa | |

瓷质砖、炻瓷砖的尺寸偏差见表 7-10、表 7-11。

尺寸（长度、宽度、厚度）偏差　　　　　表 7-10

| 允许偏差（%） | 产品表面面积 $S$（cm²） | | $S≤90$ | $90<S≤190$ | $190<S≤410$ | $410<S≤1600$ | $S>1600$ |
|---|---|---|---|---|---|---|---|
| 长度和宽度 | (1) | 每块砖（2或4条边）的平均尺寸相对于工作尺寸的允许偏差 | ±1.2 | ±1.0 | ±0.75 | ±0.6 | ±0.5 |
| | (2) | 每块砖（2或4条边）的平均尺寸相对于10块砖（20或40条边）平均尺寸的允许偏差 | ±0.75 | ±0.5 | ±0.5 | ±0.4 | ±0.3 |
| 厚度 | | 每块砖厚度的平均值相对于工作尺寸的最大允许偏差 | ±10.0 | ±10.0 | ±5.0 | ±5.0 | ±5.0 |

注：1. 每块抛光砖（2或4条边）的平均尺寸相对于工作尺寸的允许偏差为±1.0mm；
　　2. 模数砖名义尺寸连接宽度为（2～5）mm，非模数砖工作尺寸与名义尺寸之间的偏差不大于±2%（最大±5mm）；
　　3. 特殊要求的尺寸偏差可由供需双方协商。

尺寸（边直度、直角度、表面平整度）　　　　表 7-11

| 允许偏差（%） 产品表面面积 $S$（cm²） | $S≤90$ | | $90<S≤190$ | | $190<S≤410$ | | $410<S≤1600$ | | $S>1600$ | |
|---|---|---|---|---|---|---|---|---|---|---|
| | 优等品 | 合格品 | 优等品 | 合格品 | 优等品 | 合格品 | 优等品 | 合格品 | 优等品 | 合格品 |
| 边直度[①]（正面）相对于工作尺寸的最大允许偏差 | ±0.50 | ±0.75 | ±0.4 | ±0.5 | ±0.4 | ±0.5 | ±0.4 | ±0.5 | ±0.3 | ±0.5 |
| 直角度[①]（正面）相对于工作尺寸的最大允许偏差 | ±0.70 | ±1.0 | ±0.4 | ±0.6 | ±0.4 | ±0.6 | ±0.4 | ±0.6 | ±0.3 | ±0.5 |
| 表面平整度相对于工作尺寸的最大允许偏差<br>1. 对于由工作尺寸计算的对角线的中心弯曲度 | ±0.7 | ±1.0 | ±0.4 | ±0.5 | ±0.4 | ±0.5 | ±0.4 | ±0.5 | ±0.3 | ±0.4 |
| 2. 对于由工作尺寸计算的对角线的翘曲度 | ±0.7 | ±1.0 | ±0.4 | ±0.5 | ±0.4 | ±0.5 | ±0.4 | ±0.5 | ±0.3 | ±0.4 |
| 3. 对于由工作尺寸计算的边弯曲度 | ±0.7 | ±1.0 | ±0.4 | ±0.5 | ±0.4 | ±0.5 | ±0.4 | ±0.5 | ±0.3 | ±0.4 |

① 不适用于有弯曲形状的砖。

细炻砖的尺寸偏差见表 7-12、表 7-13。

尺寸（长度、宽度、厚度）偏差　　表 7-12

| 允许偏差（%） | | 产品表面面积 $S$（cm²） | $S \leqslant 90$ | $90 < S \leqslant 190$ | $190 < S \leqslant 410$ | $S > 410$ |
|---|---|---|---|---|---|---|
| 长度和宽度 | (1) | 每块砖（2或4条边）的平均尺寸相对于工作尺寸的允许偏差 | ±1.2 | ±1.0 | ±0.75 | ±0.6 |
| | (2) | 每块砖（2或4条边）的平均尺寸相对于10块砖（20或40条边）平均尺寸的允许偏差 | ±0.75 | ±0.5 | ±0.5 | ±0.4 |
| 厚度 | | 每块砖厚度的平均值相对于工作尺寸的最大允许偏差 | ±10.0 | ±10.0 | ±5.0 | ±5.0 |

注：1. 模数砖名义尺寸连接宽度为（2~5）mm，非模数砖工作尺寸与名义尺寸之间的偏差不大于±2%（最大±5mm）；
　　2. 特殊要求的尺寸偏差可由供需双方协商。

尺寸（边直度、直角度、表面平整度）　　表 7-13

| 允许偏差（%） | 产品表面面积 $S$（cm²） | $S \leqslant 90$ | | $90 < S \leqslant 190$ | | $190 < S \leqslant 410$ | | $S > 1600$ | |
|---|---|---|---|---|---|---|---|---|---|
| | | 优等品 | 合格品 | 优等品 | 合格品 | 优等品 | 合格品 | 优等品 | 合格品 |
| 边直度①（正面）相对于工作尺寸的最大允许偏差 | | ±0.50 | ±0.75 | ±0.4 | ±0.5 | ±0.4 | ±0.5 | ±0.4 | ±0.5 |
| 直角度①（正面）相对于工作尺寸的最大允许偏差 | | ±0.70 | ±1.0 | ±0.4 | ±0.6 | ±0.4 | ±0.6 | ±0.4 | ±0.6 |
| 表面平整度相对于工作尺寸的最大允许偏差 a) 对于由工作尺寸计算的对角线的中心弯曲度 | | ±0.7 | ±1.0 | ±0.4 | ±0.5 | ±0.4 | ±0.5 | ±0.4 | ±0.5 |
| b) 对于由工作尺寸计算的对角线的翘曲度 | | ±0.7 | ±1.0 | ±0.4 | ±0.5 | ±0.4 | ±0.5 | ±0.4 | ±0.5 |
| c) 对于由工作尺寸计算的边弯曲度 | | ±0.7 | ±1.0 | ±0.3 | ±0.5 | ±0.3 | ±0.5 | ±0.3 | ±0.5 |

① 不适用于有弯曲形状的砖。

炻质砖的长度、宽度、厚度偏差见表 7-12，炻质砖的边直度、直角度、表面平整度见表 7-14。

尺寸（边直度、直角度、表面平整度）　　表 7-14

| 允许偏差（%） | 产品表面面积 $S$（cm²） | $S \leqslant 90$ | | $90 < S \leqslant 190$ | | $190 < S \leqslant 410$ | | $S > 1600$ | |
|---|---|---|---|---|---|---|---|---|---|
| | | 优等品 | 合格品 | 优等品 | 合格品 | 优等品 | 合格品 | 优等品 | 合格品 |
| 边直度①（正面）相对于工作尺寸的最大允许偏差 | | ±0.50 | ±0.75 | ±0.4 | ±0.5 | ±0.4 | ±0.5 | ±0.4 | ±0.5 |
| 直角度①（正面）相对于工作尺寸的最大允许偏差 | | ±0.70 | ±1.0 | ±0.4 | ±0.6 | ±0.4 | ±0.6 | ±0.4 | ±0.6 |
| 表面平整度相对于工作尺寸的最大允许偏差 1. 对于由工作尺寸计算的对角线的中心弯曲度 | | ±0.7 | ±1.0 | ±0.4 | ±0.5 | ±0.4 | ±0.5 | ±0.4 | ±0.5 |
| 2. 对于由工作尺寸计算的对角线的翘曲度 | | ±0.7 | ±1.0 | ±0.4 | ±0.5 | ±0.4 | ±0.5 | ±0.4 | ±0.5 |
| 3. 对于由工作尺寸计算的边弯曲度 | | ±0.7 | ±1.0 | ±0.3 | ±0.5 | ±0.4 | ±0.5 | ±0.4 | ±0.5 |

① 不适用于有弯曲形状的砖。

陶质砖的尺寸偏差见表 7-15、表 7-16。

尺寸（长度、宽度、厚度）偏差　　　　　　　　　　　　　表 7-15

| 允许偏差（%） | | 类别 | 无间隔凸缘 | 有间隔凸缘 |
|---|---|---|---|---|
| 长度和宽度 | (1) | 每块砖（2 或 4 条边）的平均尺寸相对于工作尺寸的允许偏差① | $L \leq 12cm$：±0.75<br>$L > 12cm$：±0.50 | +0.60<br>-0.30 |
| | (2) | 每块砖（2 或 4 条边）的平均尺寸相对于 10 块砖（20 或 40 条边）平均尺寸的允许偏差① | $L \leq 12cm$：±0.50<br>$L > 12cm$：±0.30 | ±0.25 |
| 厚度 | | 每块砖厚度的平均值相对于工作尺寸的最大允许偏差 | ±10.0 | ±10.0 |

① 砖可以有 1 条或几条上釉边。

注：1. 模数砖名义尺寸连接宽度为（1.5~5）mm，非模数砖工作尺寸与名义尺寸之间的偏差不大于±2mm；
　　2. 特殊要求的尺寸偏差可由供需双方协商。

尺寸（边直度、直角度、表面平整度）　　　　　　　　　　表 7-16

| 允许偏差（%） | 无间隔凸缘 | | 有间隔凸缘 | |
|---|---|---|---|---|
| 类别 | 优等品 | 合格品 | 优等品 | 合格品 |
| 边直度①（正面）相对于工作尺寸的最大允许偏差 | ±0.20 | ±0.30 | ±0.20 | ±0.30 |
| 直角度①（正面）相对于工作尺寸的最大允许偏差 | ±0.30 | ±0.50 | ±0.20 | ±0.30 |
| 表面平整度相对于工作尺寸的最大允许偏差<br>1. 对于由工作尺寸计算的对角线的中心弯曲度 | +0.40<br>-0.20 | +0.50<br>-0.30 | +0.75mm<br>-0.10mm | +0.80mm<br>-0.20mm |
| 2. 对于由工作尺寸计算的对角线的弯曲度 | | | | |
| 3. 对于由工作尺寸计算的对角线的翘曲度 | ±0.30 | ±0.50 | $S \leq 250cm^2$<br>0.30mm<br>$S > 250cm^2$<br>0.50mm | $S \leq 250cm^2$<br>0.50mm<br>$S > 250cm^2$<br>0.75mm |

① 不适用于有弯曲形状的砖。

### 三、陶瓷砖的试验方法

陶瓷砖的物理性能试验依据《陶瓷砖试验方法》GB/T 3810.1~4—1999、GB/T 3810.9—1999、GB/T 3810.12~13—1999 以及《建筑饰面材料镜向光泽度测定方法》GB/T 13891—1992，常规试验包括以下几个方面：

1. 尺寸偏差的测定

（1）仪器设备

陶瓷砖变形综合测定仪；

千分表；

测厚仪；

游标卡尺；

金属直尺；

塞尺。

（2）试验方法

① 长度与宽度的测量

a. 试样：每种类型的砖取 10 块整砖进行测量。

b. 步骤：在离砖顶角 5mm 处测量砖的每边，测量值精确到 0.1mm。

c. 结果表示：正方形砖的平均尺寸是四边测量结果的平均值。试样的平均尺寸是 40 次测量的平均值。长方形砖以对边二次测量的平均尺寸作为相应的平均尺寸，试样的长度和宽度的平均值各为 20 个测量值的平均值。

② 厚度的测量

a. 试样：每种类型的砖取 10 块砖进行测量。

b. 步骤：对表面平整的砖，在砖面上画两条对角线，测量 4 条线段每段上最厚的点，每块试样测量 4 点，精确到 0.1mm。

对于表面不平的砖，垂直于挤出方向划 4 条线，线的位置分别为从砖的末端起测量砖的长度的 0.125，0.375，0.625，0.875，在每条直线上最厚点测量厚度。

c. 结果表示：所有砖以 4 次测量值的平均值作为单块砖的平均厚度。试样的平均厚度是 40 次测量值的平均值。

③ 边直度的测量

a. 边直度定义：在砖的平面内，边的中央偏离直线的偏差。

b. 试样：每种类型的砖取 10 块整砖进行测量。

c. 步骤：把砖放在仪器的支承销，使定位销离被测边每一角的距离为 5mm。

将合适的标准板，准确地置于仪器的测量位置上，调整千分表读数至合适的起始值。

取出标准板，将砖的正面恰当地放在仪器的定位销上，记录边中央处的千分表读数。如果是正方形的砖，转动砖的位置得到 4 次测量值。每块砖都重复上述步骤，如果是长方形砖，分别使用合适尺寸的仪器来测量其长边和宽边的直度，测量精确到 0.1mm。

d. 计算公式：

$$边直度 = \frac{C}{L} \times 100 \tag{7-4}$$

式中　$C$——测量边的中央偏离直线的偏差（mm）；

$L$——测量边长度（mm）。

④ 直角度的测量

a. 直角度定义：将砖的一个角紧靠着放在用标准板校正过的直角上，测量它与标准直角的偏差。

b. 试样：每种类型砖取 10 块符合要求的整砖进行测量。

c. 步骤：把砖放在仪器的支承销，使定位销靠近被测边，离测量边每个角的距离为 5mm，千分表的测杆也应离测量边的一个角 5mm 处。

将合适的标准板，准确地置于仪器的测量位置上，调整千分表读数至合适的起始值。

取出标准板，将砖的正面恰当地放在仪器的定位销上，记录离角 5mm 处的千分表读数。如果是正方形的砖，转动砖的位置得到 4 次测量值。每块砖都重复上述步骤，如果是长方形砖，分别使用相应的尺寸的仪器来测量其长边和宽边的直角度，测量精确到 0.1mm。

⑤ 平整度的检验（弯曲度和翘曲度）

a. 与平整度有关的定义主要有以下几个：

表面平整度：由砖面上 3 点的测量值来定义。有凸纹浮雕的砖，如果正面无法检验，可能时应在其背面检验。

边弯曲度：砖一条边的中点偏离由该边两角为直线的距离。

中心弯曲度：砖的中心点偏离由砖4个角中3个角所决定的平面的距离。

翘曲度：砖的3个角决定一个平面，其第4个角偏离该平面的距离。

b. 试样：每一类型的砖取10块整砖进行检验。

c. 步骤：尺寸大于40mm×40mm的砖，将相应的标准板准确地放在3个定位支承销上。每个支承销的中心到砖边的距离10mm，两个边部的千分表离砖边的距离也是10mm，调节3个千分表的读数至合适的初始值。

取出标准板，将一块砖的釉面或合适的面朝下置于仪器上，记录3个千分表的读数。如果是正方形的砖，转动试样，每块试样得到4个测量值，每块砖重复上述步骤。对长方形砖，要分别选用尺寸合适的仪器，记录每块砖最大的中心弯曲度、边弯曲度和翘曲度，测量精确到0.1mm。

尺寸等于或小于40mm×40mm的砖。为测定边弯曲度，将一把直尺靠在砖的测量边上，用塞尺测量直尺下的间隙。中心弯曲度用同样方法测量，只是把直尺靠在砖的对角线上。

尺寸小于或等于40mm×40mm的砖不检验翘曲度。

d. 结果表示：中心弯曲度以对角线长的百分数表示。边弯曲度，长方形砖以长度和宽度的百分数表示；正方形砖以边长的百分数表示。翘曲度以对角线长的百分数表示。有间隔凸缘的砖检验时用mm表示。

2. 表面质量的测定

(1) 仪器

色温为5000~6500K的荧光灯、1m长的直尺或其他合适测量距离的量具以及照度计。

(2) 试样

至少检验30块以上的砖组成的不小于$1m^2$的试样。

(3) 步骤

将砖的正面放置在1m远处垂直观察，砖表面用照度为300lx的灯光均匀地照射，检验被检验砖组的中心部分和每个角上的照度。

用肉眼观察被检验砖组（平时戴眼镜的可戴上眼镜）。

检验的准备和检验不应是同一个人。

砖表面的人为装饰效果不能算缺陷。

(4) 结果表示

表面质量以表面无缺陷砖的百分数表示。

3. 吸水率的测定

(1) 仪器

能在110±5℃温度下工作的烘箱；

供煮沸用适当的惰性材料制成的加热器；

热源；

能称量精确到0.01%的天平；

去离子水或蒸馏水；

干燥器；

麂皮。

(2) 试样

每种类型的砖用10块整砖测试。

如每块砖的表面积大于$0.04m^2$时，只需用5块整砖作测试。如每块砖的表面积大于$0.16m^2$时，至少在3块整砖的中间部位切割最小边长为100mm的5块试样。

如块砖的质量小于50g，则需足够数量的砖使每种测试样品达到50~100g。

砖的边长大于200mm时，可切割成小块，但切割下的每一块应计入测量值内。多边形和其他矩形砖，其长和宽均按矩形计算。

（3）步骤

将砖放在110±5℃的烘箱中干燥恒重，即每隔24h的两次连续质量之差小于0.1%。砖放在有硅胶或其他干燥剂的干燥器内冷却至室温，不能使用酸性干燥剂。每块砖按表7-17的测量精度称量和记录。

砖的质量和测量精度  表7-17

| 砖的质量 $m$（g） | 测量精度（g） | 砖的质量 $m$（g） | 测量精度（g） |
| --- | --- | --- | --- |
| $50 \leqslant m \leqslant 100$ | 0.02 | $1000 < m \leqslant 3000$ | 0.50 |
| $100 < m \leqslant 500$ | 0.05 | $m > 3000$ | 1.00 |
| $500 < m \leqslant 1000$ | 0.25 | | |

采用煮沸法进行检测，将砖竖直放在盛有去离子水或蒸馏水的加热器中，使砖互不接触。砖的上部应保持有5cm深度的水。在整个试验中都应保持高于砖5cm的水面。将水加热至沸腾并保持煮沸2h。然后切断热源，使砖完全浸泡在水中冷却4±0.25h至室温。也可用常温下的水或制冷器将样品冷却到室温。将一块浸湿过的麂皮用手拧干，并将麂皮放在平台上轻轻地依次擦干每块砖的表面；对于凹凸或有浮雕的表面应用麂皮轻快地擦去表面水分，然后称重，记录每块试样的称量结果。保持与干燥状态下的相同精度。

（4）结果表示

砖的吸水率按式（7-5）计算：

$$E = \frac{m_2 - m_1}{m_1} \times 100 \tag{7-5}$$

式中 $E$——砖的吸水率（%）；

$m_1$——干砖的质量（g）；

$m_2$——湿砖的质量（g）。

4. 破坏强度和断裂模数的测定

（1）定义

破坏荷载：从压力表上读出的使试样破坏的力，单位N。

破坏强度：破坏荷载乘以两支撑棒之间的跨距/试样宽度，单位N。

断裂模数：破坏强度除以沿破坏断面最小厚度的平方，单位N/mm²。

（2）仪器

能在110±5℃下工作的烘箱；

精确到2.0%的压力表。

金属制的两根圆柱形支撑棒，与试样接触部分用硬度为50IRHD±5IRHD的橡胶包裹，橡胶的硬度按GB/T 6031测定，一根棒能稍微摆动，另一根棒能绕其轴稍作旋转。（相应尺寸见表7-18）

棒的直径、橡胶厚度和长度（mm）  表7-18

| 砖的尺寸 $K$ | 棒的直径 $d$ | 橡胶厚度 $t$ | 砖伸出支撑棒外的长度 $L$ |
| --- | --- | --- | --- |
| $K \geqslant 95$ | 20 | 5±1 | 10 |
| $48 \leqslant K < 95$ | 10 | 2.5±0.5 | 5 |
| $18 \leqslant K < 48$ | 5 | 1±0.2 | 2 |

一根与支撑棒直径相同且用同样橡胶包裹的圆柱形中心棒，用来传递荷载 $F$，此棒也可稍作摆动（相应尺寸见表 7-18）。

（3）试样

应用整砖检验，但是对超大的砖（即边长大于 300mm 的砖）和一些非矩形的砖，必须进行切割，切割成可能最大尺寸的矩形试样，以便安放在仪器上检验。其中心应与原来砖的中心一致。在有疑问时，用整砖比切割过的砖测得的结果准确。

每种样品的最少试样数量按表 7-19 规定。

**最少试样的数量** 表 7-19

| 砖的尺寸 $K$（mm） | 最少试样的数量 | 砖的尺寸 $K$（mm） | 最少试样的数量 |
| --- | --- | --- | --- |
| $K \geqslant 4.8$ | 7 | $18 \leqslant K < 48$ | 10 |

（4）步骤

用硬刷刷去试样背面松散的粘结颗粒。将试样放入 $110 \pm 5℃$ 的烘箱中干燥至恒重，即间隔 24h 的连续两次称量的差值不大于 0.1%。然后将试样放在密闭的烘箱或干燥器中冷却至室温，干燥器中放有硅胶或其他合适的干燥剂，但不可放入酸性干燥剂。需在试样达到室温至少 3h 后才能进行试验。

将试样置于支撑棒上，使釉面或正面朝上，试样伸出每根支撑棒外的长度 $L$（见表 7-18）。

对于两面相同的砖，例如无釉陶瓷锦砖，以哪面在上都可以。对于挤压成型的砖，应将其背肋垂直于支撑棒放置，对所有其他矩形砖，应以其长边垂直于支撑棒放置。

对凸纹浮雕的砖，在与浮雕面接触的中心棒上再垫一层厚度与表 7-18 相对应的橡胶层。

中心棒应与两支撑棒等距，以 $1N/(mm^2 \cdot s) \pm 0.2 N/(mm^2 \cdot s)$ 的速率均匀地增加负载，每秒的实际增加率可按式（7-6）计算，记录断裂荷载 $F$。

（5）结果表示

只有在宽度与中心棒直径相等的中间部位断裂试样，其结果才能用来计算平均破坏强度和平均断裂模数，计算平均值至少需 5 个有效的结果。破坏强度（$S$）以 $N$ 表示，按式（7-6）计算：

$$S = \frac{FL}{b} \tag{7-6}$$

式中　$F$——破坏荷载（N）；

　　　$L$——支撑棒之间的跨距（mm）；

　　　$b$——试样的宽度（mm）。

断裂模数（$R$）$N/mm^2$ 表示，按式（7-7）计算：

$$R = \frac{3FL}{2bh^2} = \frac{3S}{2h^2} \tag{7-7}$$

式中　$F$——破坏荷载（N）；

　　　$L$——支撑棒之间的跨距（mm）；

　　　$b$——试样的宽度（mm）；

　　　$h$——试验后沿断裂边测得的试样断裂面的最小厚度（mm）。

记录所有结果，以有效结果计算试样的平均破坏强度和平均断裂模数。

5．抗热震性的测定

（1）原理

抗热震性的测定是用整砖在15℃和145℃两种温度之间进行10次循环试验。

(2) 设备

可盛 15±5℃ 流动凉水的低温水槽。

浸没试验：用于吸水率不大于10%的陶瓷砖，水槽不用加盖，但水需有足够的深度使砖垂直放置后能完全浸没。

非浸没试验：用于吸水率大于10%的有釉砖。在水槽上盖上一块5mm厚的铝板，并与水面接触。然后将粒径分布为0.3mm到0.6mm的铝粒覆盖在铝板上，铝粒层厚度为5mm。

工作温度为145℃到150℃的烘箱。

(3) 试样

最少用5块整砖进行试验。

(4) 步骤

试样的初步检查：首先用肉眼（平常戴眼镜的可戴上眼镜）在距砖25~30cm，光源照度约300lx的光照条件下观察砖面。所有试样在试验前应没有缺陷。可用亚甲基蓝溶液进行测定前的检验。

浸没试验：吸水率不大于质量分数为10%的低气孔率砖，垂直浸没在15±5℃的冷水中，并使它们互不接触。

非浸没试验：吸水率大于质量分数为10%质量的有釉砖，使其釉面向下与15±1℃的冷水槽上的铝粒接触。

对上述两项步骤，在低温下保持5min后，立即将试样移至145±5℃的烘箱内重新达到此温度后保温（通常为20min），然后立即将它们移回低温环境中。

重复此过程10次循环。

然后用肉眼（平常戴眼镜的可戴上眼镜），在距试样25cm到30cm，光源照度约300lx的条件下观察试样的可见缺陷。为帮助检查，可将合适的染色溶液（如含有少量湿润剂的1%亚甲基蓝溶液）刷在试样的釉面上，1min后，用湿布抹去染色液体。

6. 抗冻性的测定

(1) 原理

陶瓷砖浸水饱和后，在5℃和-5℃之间循环。所有砖的面须经受到至少100次冻融循环。

(2) 设备

能在10±5℃条件下工作的干燥箱。能取得相同试验结果的微波、红外线或其他干燥系统均可使用；

用称量精确到试样质量的0.01%的天平；

能用真空泵抽真空后注入水的装置。能使装砖容器内的压力降到60±4kPa的真空度；

能冷冻至少10块砖的冷冻机，其最小面积为0.25m²，并使砖互相不接触；

麂皮；

水，温度保持在20±5℃；

热电偶或其他合适的测温装置。

(3) 试样

使用不少于10块整砖，其最小面积为0.25mm²，砖应没有裂纹、釉裂、针孔、磕碰等缺陷。如果必须用有缺陷的砖进行检验，在试验前应用永久性的染色剂对缺陷做记号，试验后检查这些缺陷。

试样制备：砖在110±5℃的干燥箱内烘干恒重，即相隔24h，连续两次称量之差值小于0.01%。记录每块砖的干质量（$m_1$）。

### (4) 浸水泡和

砖冷却至环境温度后,将砖垂直地放在真空干燥箱内,砖与砖、砖与干燥箱互不接触。真空干燥箱连接真空泵抽真空,抽到压力低于 $60 \pm 2.6$ kPa。在该压力下把水引入装有砖的真空干燥箱内浸没,并至少高出砖 50mm。在相同压力下维持 15min,然后恢复到大气压力。用手把湿麂皮拧干,然后将麂皮放在一个平面上。依次将每块的砖的各个面轻轻擦干,记录每块砖的湿质量 $m_2$。

初始吸水率 $E_1$ 用质量百分比表示,由式 (7-8) 求得:

$$E_1 = \frac{m_1 - m_2}{m_1} \times 100 \tag{7-8}$$

式中 $m_1$——每块干砖的质量 (g);
$m_2$——每块湿砖的质量 (g)。

### (5) 步骤

在试验时选择一块最厚的砖,该砖应视为对试样具有代表性。在砖一边的中心钻一个直径为 3mm 的孔,该孔距砖边最大距离为 40mm,在孔中插一支热电偶,并用一小片隔热材料 (例如多孔聚苯乙烯) 密封孔。如果用这种方法不能钻孔,可把一支热电偶放在一块砖的一个面的中心,用另一块砖附在这个面上。在冷冻机内将欲测的砖垂直地放在支撑架上,用这一方法使得空气通过每块砖之间的空隙流过所有表面。把装有热电偶的砖放在试样中间,热电偶的温度定为试验时所有砖的温度,只有在用相同试样重复试验的情况下这点可省略。此外,应偶尔用砖中的热电偶作核对。每次测量温度应精确到 $\pm 0.5$℃。

以不超过 20℃/h 的速率使砖降温到 -5℃以下,砖在该温度下保持 15min。砖浸于水中或喷水直到温度达到 5℃以上。砖在该温度下保持 15min。

重复上述循环至少 100 次。如果将砖保持浸没在 5℃以上的水中,则此循环可中断。称量试验后的砖质量 ($m_3$),再将其烘干到恒重的试样称出质量 ($m_4$)。最终吸水率 $E_2$ 用质量百分比表示,由式 (7-9) 可得:

$$E_2 = \frac{m_3 - m_4}{m_4} \times 100 \tag{7-9}$$

式中 $m_3$——试验后每块湿砖的质量 (g);
$m_4$——试验后每块干砖的质量 (g)。

100 次循环后,在距离 25~30cm 大约 300lx 的光照条件下,用肉眼检查砖的釉面、正面和边缘。如果通常戴眼镜者,可以戴眼镜检查。在试验早期,如果有理由确信砖已遭受损坏,可在试验中间阶段检查并同时作记录。记录所有观察到砖的釉面、正面和边缘的损坏情况。

### 7. 抛光砖光泽度

(1) 仪器

光泽度计、工作标准板以及最小刻度为 1.0mm 的钢板尺。

(2) 试样

试样规格及数量:150mm×150mm、150mm×75mm 各 5 块。

试样要求:表面应平整、光滑,无翘曲、波纹、突起、弯曲、砂眼等外观缺陷。

(3) 步骤

① 仪器校正

采用的光泽度计必须经有关部门检定、认可,按生产厂的使用说明书操作。仪器预热达到稳定后,用高光泽工作标准板进行校正,然后用中光泽或低光泽工作标准板进行核定。如仪器示值与原标定值之差在 1 光泽单位内，则仪器可以进行测试。

② 试验

各种建筑饰面材料测定镜向光泽的发射器入射角均采用 60°。

当材料测定的镜向光泽度大于 70 光泽单位时，为提高其分辨程度，入射角可采用 20°。

当材料测定的镜向光泽度小于 70 光泽单位时，为提高其分辨程度，入射角可采用 85°。

③ 测点布置：中心测 1 个测点。

④ 结果计算

其中心的光泽度测定值即为该试样的光泽度值。

以 3 块或 5 块试样测定值的平均值作为被测建筑饰面材料镜向光泽度值。小数点后余数采用数值修约规则修约，结果取整数。

精度：在同一试样表面重复测定所测得的平均值相差在实验室内应不超过 1 光泽单位；在生产现场应不超过 2 光泽单位。

8. 耐化学腐蚀性

(1) 水溶性试验溶液

家庭用化学药品：氯化铵溶液 100g/L。

游泳池盐类：次氯酸钠溶液 20mg/L（由约含 13% 活性氯的次氯酸钠配制）。

酸和碱包含低浓度和高浓度两种溶液：

① 低浓度（$L$）

体积分数为 3% 的盐酸溶液，由浓盐酸（1.19g/mL）制得。

柠檬酸溶液：100g/L。

氢氧化钾溶液：30g/L。

② 高浓度（$H$）

体积分数为 18% 的盐酸溶液，由浓盐酸（1.19g/mL）制得。

体积分数为 5% 的乳酸溶液。

氢氧化钾溶液：100g/L。

(2) 设备

硅硼玻璃杯或其他合适材料的带盖容器；

硅硼玻璃或其他合适材料的圆筒，带有盖子或留有装物用的开口；

可在 110±5℃ 状态下工作的烘箱。能达到相同要求的微波、红外或其他干燥系统也可适用；

麂皮；

由棉纤维或亚麻纤维纺织的白布；

密封材料（如橡皮泥）；

精度为 0.05g 的天平；

硬度为 HB（或同等硬度）的铅笔；

40W 灯光，内面为白色（如硅化的）。

(3) 试样

① 试样的数量

每种试验溶液使用 5 块试样。试样必须具有代表性。试样正面局部可具有不同色彩或装饰效果，试验时必须注意所包含的每个不同部位。

② 试样的尺寸

无釉砖：试样尺寸为 50mm×50mm，由砖切割面成，并至少保持一个边为非切割边。

有釉砖：必须使用无损伤的试样，试样可以是整砖或砖的一部分。

③ 试样的准备

用适当的溶剂（如甲醇），彻底清洗砖的正面。有表面缺陷的试样不能用于试验。

(4) 步骤

① 无釉砖

a. 试验溶液的应用

将试样在 110±5℃的温度下烘干至恒重。即连续两次称量的差值小于 0.1g。然后将试样冷却至室温。采用 1.1、1.2、1.3.1、1.3.2 所列的试验溶液。

将试样垂直浸入盛有试验溶液的容器中，试样浸深 25mm。试样的非切割边必须完全浸入溶液中。盖上盖子在 20±2℃的温度下保持 12 天。

12 天后，将试样用流水冲洗 5 天，再完全浸泡在水中煮 30min，然后从水中取出试样，用拧干但还带湿的麂皮轻轻擦拭，随即在 110±5℃的烘箱中烘干。

b. 检验分级

在日光或人工光源约 300xl 的光照条件下（但应避免直接照射），距试样 25～30cm，用肉眼（平时带眼镜的可戴上眼镜）观测试样表面非切割和切割边浸没部分的变化。砖可划分为下列等级。

对于家庭用化学药品和游泳池盐类所列各种试验溶液：

UA 级：无可见变化。

UB 级：在切割边上有可见变化。

UC 级：在切割边上、非切割边上和表面上均有可见变化。

对于酸和碱中的低浓度（$H$）所列各种试验溶液：

ULA 级：无可见变化。

ULB 级：在切割边上有可见变化。

ULC 级：在切割边上、非切割边上和表面上均有可见变化。

对于酸和碱中的高浓度（$H$）所列各种试验溶液：

UHA 级：无可见变化。

UHB 级：在切割边上有可见变化。

UHC 级：在切割边上、非切割边上和表面上均有可见变化。

② 有釉砖

a. 试验溶液的应用

将圆筒倒置在有釉表面的干净部分，并使其周边密封，即在圆筒周边涂抹 3mm 厚的一层均匀密封材料。

从开口处注入试验溶液，液面高为 20±1mm。试验装置在 20±2℃下工作。

试验耐家用化学药品、游泳池用盐类及柠檬酸的腐蚀性时，使试验溶液与试样接触 24h，移开圆筒并用适当的溶剂彻底清洗釉面上的密封材料。

试验耐盐酸和氢氧化钾腐蚀性时，使试验溶液与试样接触 4 天，每天轻轻摇动装置一次，并保证试验溶液的液面不变。2 天后更换溶液，再过 2 天后移开圆筒并用合适的溶剂彻底清洗面上的密封材料。

b. 试验后的分级

经过试验的表面在进行判定之前必须完全干燥。为确定铅笔试验是否适用，在釉面的未处理部分用 HB 铅笔划几条线并用湿布擦拭线痕。如果铅笔线痕擦不掉，这些砖将记录为"不适合一般分级"，只能用目测法评价，而图 7-2 所示分级表不适用。

一般分级：对于通过铅笔试验的砖，则用目测初评、反射试验所列标准继续试验，并按图

7-2所列系统进行分级。

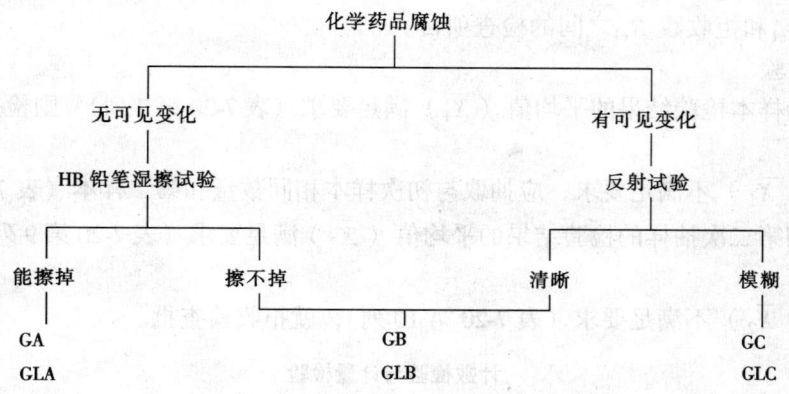

图 7-2 有釉砖耐腐蚀级别划分表

目测初评：用肉眼（平时戴眼镜的可戴上眼镜）以标准距离 25cm 的视距从各个角度观测被测表面与未处理表面有何表观差异，如反射或光泽度的变化。光源可以是日光或人工光源（约为 300lx），但避免日光直接照射。

检查后如未发现可见变化，则铅笔试验。如有可见变化，即进行反射试验。

铅笔试验：在试验表面和非处理表面上用 HB 铅笔划几条线。用软质湿布擦拭铅笔线条，如果可以擦掉，则为 A 级；如果擦不掉，则为 B 级。

反射试验：将砖摆放在这样的位置，即能使灯光的图像反射在非处理表面上。灯光在砖表面上的入射角约为 45°，砖和光源的间距为 350±100mm。评价的参数为反射清晰度，而不是砖表面的亮度。调整砖的位置，使灯光同时落在处理和非处理面上，检查处理面上的图像是否较模糊。此试验对某些釉是不适合的，特别是对无光釉面。如果反射清晰，则定为 B 级。如果反射模糊，则定为 C 级。

**四、检验规则**

1. 检验分类：检验分出厂检验和型式检验。出厂检验项目包括尺寸、表面质量、吸水率、破坏强度和断裂模数；型式检验项目包括第三章的全部技术要求。

2. 组批

组批规则：以同种产品，同一级别、同一规格实际的交货量大于 5000m² 为一批，不足 5000m² 以一批计。

3. 判定规则

（1）计数检验

最初样本检验得出的不合格品数等于或小于表 7-20 第 3 列所示的接收数 $A_{C1}$ 时，该抽取试样的检验批应认为可接收。

最初样本检验得出的不合格品数等于或大于表 7-20 第 4 列所示的拒收数 $R_{e1}$ 时，可拒收该检验批。

最初样本检验得出的不合格品数介于接收或拒收（表 7-20 第 3 列和第 4 列）之间时，应再抽取与第一次相同数量的试样即第二样本进行检验。

计算第一次和第二次抽样中经检验得出的不合格品的总和。

若不合格品总数等于或小于表 7-20 第 5 列所示的第二接收数 $A_{C2}$ 时，则检查批应认为可接收。

若不合格品总数等于或大于表 7-20 第 6 列所示的第二拒收数 $R_{e2}$ 时，就有理由拒收该检验批。

当有关标准要求多于一项性能试验时，抽取的第二个样本只检验根据最初样本检查其不合格品数在接收数 $A_{c1}$ 和拒收数 $R_{e1}$ 之间的检查项目。

（2）计量检验

若最初试验样本检验结果的平均值（$\overline{X}_1$）满足要求（表7-20第7列），则检查批应认为可接收。

若平均值（$\overline{X}_1$）不满足要求，应抽取与初次样本相同数量和第二样本（表7-20第8列）。

若第一次和第二次抽样的检验结果的平均值（$\overline{X}_2$）满足要求（表7-20第9列），则检查批仍认为可接收。

若平均值（$\overline{X}_2$）不满足要求（表7-20第10列），就拒收检查批。

**计数检验与计量检验** 表7-20

| 1 | 2 | | 3 | 4 | 5 | 6 | 7 | 8 | 9 | 10 |
|---|---|---|---|---|---|---|---|---|---|---|
| | | | \multicolumn{4}{c}{计 数 检 验} | \multicolumn{4}{c}{计 量 检 验} | | | |
| 性能 | 试样数量 | | 第一次抽样 | | 第一次加第二次抽样 | | 第一次抽样 | | 第一次加第二次抽样 | |
| | 第一次 | 第二次 | 接收数 $A_{c1}$ | 拒收数 $R_{e1}$ | 接收数 $A_{c2}$ | 拒收数 $R_{e2}$ | 可接收 | 第二次抽样 | 可接收 | 有理由拒收 |
| 尺寸 | 10 | 10 | 0 | 2 | 1 | 2 | — | — | — | — |
| 表面质量 | 30 | 30 | 1 | 3 | 3 | 4 | — | — | — | — |
| | 40 | 40 | 1 | 4 | 4 | 5 | — | — | — | — |
| | 50 | 50 | 2 | 5 | 5 | 6 | — | — | — | — |
| | 60 | 60 | 2 | 5 | 5 | 7 | — | — | — | — |
| | 70 | 70 | 3 | 6 | 6 | 8 | — | — | — | — |
| | 80 | 80 | 3 | 7 | 7 | 9 | — | — | — | — |
| | 90 | 90 | 4 | 8 | 8 | 10 | — | — | — | — |
| | 100 | 100 | 4 | 9 | 9 | 11 | — | — | — | — |
| | 1m² | 1m² | 4% | 9% | 5% | >5% | — | — | — | — |
| 吸水率 | 5 | 5 | 0 | 2 | 1 | 2 | $\overline{X}_1 > L$ | $\overline{X}_1 < L$ | $\overline{X}_2 > L$ | $\overline{X}_2 < L$ |
| | 10 | 10 | 0 | 2 | 1 | 2 | $\overline{X}_1 < U$ | $\overline{X}_1 > U$ | $\overline{X}_2 < U$ | $\overline{X}_2 > U$ |
| 断裂模数 | 7 | 7 | 0 | 2 | 1 | 2 | $\overline{X}_1 > L$ | $\overline{X}_1 < L$ | $\overline{X}_2 > L$ | $\overline{X}_2 < L$ |
| | 10 | 10 | 0 | 2 | 1 | 2 | | | | |
| 破坏强度 | 7 | 7 | 0 | 2 | 1 | 2 | $\overline{X}_1 > L$ | $\overline{X}_1 < L$ | $\overline{X}_2 > L$ | $\overline{X}_2 < L$ |
| | 10 | 10 | 0 | 2 | 1 | 2 | | | | |
| 抗热震性 | 5 | 5 | 0 | 2 | 1 | 2 | — | — | — | — |
| 耐化学腐蚀性 | 5 | 5 | 0 | 2 | 1 | 2 | — | — | — | — |
| 抗冻性 | 10 | — | 0 | 1 | — | — | — | — | — | — |
| 光泽度 | 5 | 5 | 0 | 2 | 1 | 2 | — | — | — | — |

### 五、干压陶瓷砖试验计算实例

某公司送检一批 195mm×45mm 外墙砖，委托对其进行破坏强度和断裂模数检验，依据标准为（GB/T4100.1—1999）干压陶瓷砖第1部分：瓷质砖（吸水率 $E \leqslant 0.5\%$）。

实测破坏荷载分别为：248N、232N、240N、252N、254N、238N、259N。

试验后沿断裂边测得的试样断裂面的最小厚度分别为：5.1mm、5.0mm、5.1mm、5.1mm、5.2mm、5.0mm、5.1mm。

破坏强度（$S$）以 N 表示：

$$S_1 = \frac{FL}{b} = \frac{248\text{N} \times 175\text{mm}}{45\text{mm}} = 964.4\text{N}$$

$$S_2 = \frac{FL}{b} = \frac{232\text{N} \times 175\text{mm}}{45\text{mm}} = 902.2\text{N}$$

$$S_3 = \frac{FL}{b} = \frac{240\text{N} \times 175\text{mm}}{45\text{mm}} = 933.3\text{N}$$

$$S_4 = \frac{FL}{b} = \frac{252\text{N} \times 175\text{mm}}{45\text{mm}} = 980.0\text{N}$$

$$S_5 = \frac{FL}{b} = \frac{254\text{N} \times 175\text{mm}}{45\text{mm}} = 987.8\text{N}$$

$$S_6 = \frac{FL}{b} = \frac{238\text{N} \times 175\text{mm}}{45\text{mm}} = 925.6\text{N}$$

$$S_7 = \frac{FL}{b} = \frac{259\text{N} \times 175\text{mm}}{45\text{mm}} = 1007.2\text{N}$$

$$\overline{S} = \frac{S_1 + S_2 + S_3 + S_4 + S_5 + S_6 + S_7}{7} = 957.3\text{N} > 700\text{N} \quad 合格$$

式中　$F$——破坏荷载（N）；

　　　$L$——支撑棒之间的跨距（mm）；

　　　$b$——试样的宽度（mm）。

断裂模数（$R$）MPa 表示：

$$R_1 = \frac{3FL}{2bh^2} = \frac{3 \times 248\text{N} \times 175\text{mm}}{2 \times 45\text{mm} \times (5.1\text{mm})^2} = 55.6\text{MPa}$$

$$R_2 = \frac{3FL}{2bh^2} = \frac{3 \times 232\text{N} \times 175\text{mm}}{2 \times 45\text{mm} \times (5.0\text{mm})^2} = 54.1\text{MPa}$$

$$R_3 = \frac{3FL}{2bh^2} = \frac{3 \times 240\text{N} \times 175\text{mm}}{2 \times 45\text{mm} \times (5.1\text{mm})^2} = 53.8\text{MPa}$$

$$R_4 = \frac{3FL}{2bh^2} = \frac{3 \times 252\text{N} \times 175\text{mm}}{2 \times 45\text{mm} \times (5.1\text{mm})^2} = 56.5\text{MPa}$$

$$R_5 = \frac{3FL}{2bh^2} = \frac{3 \times 254\text{N} \times 175\text{mm}}{2 \times 45\text{mm} \times (5.2\text{mm})^2} = 54.8\text{MPa}$$

$$R_6 = \frac{3FL}{2bh^2} = \frac{3 \times 238\text{N} \times 175\text{mm}}{2 \times 45\text{mm} \times (5.0\text{mm})^2} = 55.5\text{MPa}$$

$$R_7 = \frac{3FL}{2bh^2} = \frac{3 \times 259\text{N} \times 175\text{mm}}{2 \times 45\text{mm} \times (5.1\text{mm})^2} = 58.1\text{MPa}$$

$$\overline{R} = \frac{R_1 + R_2 + R_3 + R_4 + R_5 + R_6 + R_7}{7} = 55.5\text{MPa} > 35\text{MPa}$$

最小值为 $53.8\text{MPa} > 32\text{MPa}$　合格

式中　$F$——破坏荷载（N）；

　　　$L$——支撑棒之间的跨距（mm）；

　　　$b$——试样的宽度（mm）；

　　　$h$——试验后沿断裂边测得的试样断裂面的最小厚度（mm）。

**思考题**

1. 干压陶瓷砖根据哪项指标的不同，执行的标准不同？优等品和合格品是怎样区别的？
2. 在进行干压陶瓷砖长度和宽度测量时，是直接测量砖的每条边还是测离砖顶角 5mm 处的每边？测量值精确到多少？长方形砖的结果是怎样计算的？

3. 在进行断裂模数和破坏强度的测定时，试件在支撑处断裂数值有效吗？有效结果为 3 个怎么办？

4. 进行干压陶瓷砖抗冻性测定时，是在 80±2℃ 的干燥箱中还是在 110±5℃ 的干燥箱中烘至恒重？600mm×600mm×10mm 的砖可以切割吗？

5. 用煮沸法进行干压陶瓷砖的吸水率测定结果为：平均值 0.4%、最大值 0.5%，能判断出该砖是哪类砖吗？合格吗？仲裁试验用何法进行检验？

**参考资料**

1. 徐家保主编．建筑材料学．华南理工大学出版社
2. 现行建筑材料规范大全．中国建筑工业出版社
3. 住宅装饰装修工程施工规范 GB 50327—2001

## 第三节 饰面石材检测

### 一、概念

饰面石材主要有天然大理石建筑板材及天然花岗石建筑板材两大类。

天然大理石是一种变质岩，常呈层状结构，属中硬石材。它是石灰岩与白云岩在高温、高压作用下的矿物重新结晶、变质而成。其结晶主要有方解石和白云石组成，纹理有斑、条之分，其成分以碳酸钙为主。天然大理石建筑板材是用大理石荒料经锯切、研磨、抛光及切割而成。主要用途：室内地面、墙面、柱子面、柜台、墙裙、窗台板、踢脚线等。但不宜用于室外，因为年久后大理石将逐渐被剥蚀，失掉光泽，影响美观。

天然花岗石是一种分布很广的火成岩，属硬质石材。它由石英、长石和云母等为主要成分的晶粒组成。岩质坚硬密实，强度高，耐磨性、耐久性及抗风化性能均好。天然花岗石建筑板材花式丰富多彩，表面光滑发亮，给人以富丽堂皇感觉。不仅用于室外，也大量用于室内。

### 二、检测依据

1. 标准名称及代号

《天然花岗石建筑板材》GB/T 18601—2001
《天然大理石建筑板材》GB/T 19766—2005
《天然饰面石材试验方法》GB/9966.1~9966.8—2001

2. 技术要求

（1）天然大理石建筑板材技术要求（见表 7-21）

**检测项目参数及技术要求**　　　　　　　　　　　　表 7-21

| 序号 | 项　　目 | | 被 检 参 数 范 围 |
|---|---|---|---|
| 1 | 外观质量 | | 色调应基本调和，花纹基本一致。板材允许粘结和修补。粘结和修补后应不影响板的装饰效果和物理性能 |
| 2 | 尺寸偏差 | 长、宽 | 见表 7-23、7-24 |
| | | 厚度 | |
| 3 | 吸水率 | | ≤0.50% |
| 4 | 干燥压缩强度 | | ≥50.0MPa |

续表

| 序号 | 项目 | 被检参数范围 |
|---|---|---|
| 5 | 干燥弯曲强度<br>水饱和弯曲强度 | ≥7.0MPa |
| 6 | 体积密度 | ≥2.30g/cm³ |
| 7 | 平面度允许公差 | 见表7-27 |
| 8 | 圆弧板直线度与线轮廓度允许公差 | 见表7-28 |
| 9 | 角度允许公差 | 见表7-29 |
| 10 | 镜向光泽度 | ≥70 光泽单位 |
| 11 | 耐磨度 | ≥10 1/cm³ |

板材正面的外观缺陷的质量要求应符合表7-22规定。

**板材正面的外观缺陷的质量要求** 表7-22

| 名称 | 规定内容 | 优等品 | 一等品 | 合格品 |
|---|---|---|---|---|
| 裂纹 | 长度超过10mm的不允许条数 | 0 | | |
| 缺棱 | 长度超过8mm，宽度不超过1.5mm（长度≤4mm，宽度≤1mm不计），每米长允许个数（个） | 0 | 1 | 2 |
| 缺角 | 沿板材边长顺延方向，长度≤3mm，宽度≤3mm（长度≤2mm，宽度≤2mm不计），每块板允许个数（个） | | | |
| 色斑 | 面积不超过6cm²（面积小于2cm²不计），每块板允许个数（个） | | | |
| 砂眼 | 直径在2mm以下 | | 不明显 | 有，不影响装饰效果 |

**普型板规格尺寸允许偏差（mm）** 表7-23

| 项目 | | 等级 | | |
|---|---|---|---|---|
| | | 优等品 | 一等品 | 合格品 |
| 长、宽度 | | 0<br>-1.0 | 0<br>-1.0 | 0<br>-1.5 |
| 厚度 | ≤12 | ±0.5 | ±0.8 | ±1.0 |
| | >12 | ±1.0 | ±1.5 | ±2.0 |
| 干挂板材厚度 | | +2.0<br>0 | | +3.0<br>0 |

**圆弧板规格尺寸允许偏差（mm）** 表7-24

| 项目 | 等级 | | | 项目 | 等级 | | |
|---|---|---|---|---|---|---|---|
| | 优等品 | 一等品 | 合格品 | | 优等品 | 一等品 | 合格品 |
| 弦长 | 0<br>-1.0 | | 0<br>-1.5 | 高度 | 0<br>-1.0 | | 0<br>-1.5 |
| | | | | 厚度 | ≥20mm | | |

**普型板平面度允许公差（mm）** 表7-25

| 板材长度 | 等级 | | | 板材长度 | 等级 | | |
|---|---|---|---|---|---|---|---|
| | 优等品 | 一等品 | 合格品 | | 优等品 | 一等品 | 合格品 |
| ≤400 | 0.2 | 0.3 | 0.5 | >800 | 0.7 | 0.8 | 1.0 |
| >400~≤800 | 0.5 | 0.6 | 0.8 | | | | |

圆弧板直线度与线轮廓度允许公差 (mm)　　表 7-26

| 项　目 | | 允　许　公　差 | | |
|---|---|---|---|---|
| | | 优等品 | 一等品 | 合格品 |
| 直线度（按板材高度） | ≤800 | 0.6 | 0.8 | 1.0 |
| | >800 | 0.8 | 1.0 | 1.2 |
| 线轮廓度 | | 0.8 | 1.0 | 1.2 |

普型板角度允许公差 (mm)　　表 7-27

| 板材长度 | 等　级 | | | 板材长度 | 等　级 | | |
|---|---|---|---|---|---|---|---|
| | 优等品 | 一等品 | 合格品 | | 优等品 | 一等品 | 合格品 |
| ≤400 | 0.3 | 0.4 | 0.5 | >400 | 0.4 | 0.5 | 0.7 |

圆弧板端面角度允许公差：优等品为 0.4mm，一等品为 0.6mm，合格品为 0.8mm

普型板拼缝板材正面与侧面的夹角不得大于 90°。

圆弧板侧面角 $\alpha$ 应不小于 90°。

(2) 天然花岗石技术指标（表 7-28）。

检测项目参数及技术指标　　表 7-28

| 序号 | 项　目 | | 被检参数范围 |
|---|---|---|---|
| 1 | 外观质量 | | 同一批板材的色调应基本调和，花纹应基本一致 |
| 2 | 尺寸偏差 | 长、宽 | 见表 7-30、表 7-31 |
| | | 厚度 | |
| 3 | 吸水率 | | ≤0.60% |
| 4 | 干燥压缩强度 | | ≥100.0MPa |
| 5 | 干燥弯曲强度 | | ≥8.0MPa |
| | 水饱和弯曲强度 | | |
| 6 | 体积密度 | | ≥2.56g/cm³ |
| 7 | 平面度允许公差 | | 见表 7-32 |
| 8 | 圆弧板直线度与线轮廓度允许公差 | | 见表 7-33 |
| 9 | 角度允许公差 | | 见表 7-34 |
| 10 | 镜向光泽度 | | ≥80 光泽单位 |
| 11 | 放射防护分类控制 | | 石材产品的使用应符合 GB 6566—2001 标准中对放射性水平的规定 |

板材正面的外观质量要求应符合表 7-29 的规定。

板材正面的外观质量要求　　表 7-29

| 名　称 | 规　定　内　容 | 优等品 | 一等品 | 合格品 |
|---|---|---|---|---|
| 裂纹 | 长度不超过两端顺延至板边总长度的 1/10（长度小于 20mm 的不计）每块板允许条数（条） | 不允许 | 1 | 2 |
| 缺棱 | 长度超过 10mm，宽度不超过 1.2mm（长度≤5mm，宽度≤1.0mm 不计），周边每米长允许个数（个） | | | |
| 缺角 | 沿板材边长，长度≤3mm，宽度≤3mm（长度≤2mm，宽度≤2mm 不计），每块板允许个数（个） | | | |

续表

| 名称 | 规定内容 | 优等品 | 一等品 | 合格品 |
|---|---|---|---|---|
| 色斑 | 面积不超过 15mm×30mm（面积小于 10mm×10mm 不计），每块板允许个数（个） | 不允许 | 2 | 3 |
| 色线 | 长度不超过两端顺延至板边总长度的 1/10（长度小于 40mm 的不计）每块板允许条数（条） | | | |

注：干挂板材不允许有裂纹存在。

**普型板规格尺寸允许偏差（mm）** 表 7-30

| 项目 | | 亚光面和镜面板材 | | | 粗面板材 | | |
|---|---|---|---|---|---|---|---|
| | | 优等品 | 一等品 | 合格品 | 优等品 | 一等品 | 合格品 |
| 长度、宽度 | | 0 −1.0 | 0 −1.5 | 0 −1.0 | 0 −2.0 | 0 −3.0 | |
| 厚度 | ≤12 | ±0.5 | ±1.0 | +1.0 −1.5 | — | | |
| | >12 | ±1.0 | ±1.5 | ±2.0 | +1.0 −2.0 | ±2.0 | +2.0 −3.0 |

**圆弧板规格尺寸允许公差（mm）** 表 7-31

| 项目 | 亚光面和镜面板材 | | | 粗面板材 | | |
|---|---|---|---|---|---|---|
| | 优等品 | 一等品 | 合格品 | 优等品 | 一等品 | 合格品 |
| 弦长 | 0~−1.0 | 0~−1.5 | 0~−1.5 | 0~−2.0 | 0~−2.0 | |
| 高度 | 0~−1.0 | 0~−1.5 | 0~−1.0 | 0~−1.0 | 0~−1.5 | |

**普型板平面度允许公差（mm）** 表 7-32

| 项目 | 亚光面和镜面板材 | | | 粗面板材 | | |
|---|---|---|---|---|---|---|
| | 优等品 | 一等品 | 合格品 | 优等品 | 一等品 | 合格品 |
| ≤400 | 0.02 | 0.35 | 0.50 | 0.60 | 0.80 | 1.00 |
| >400 且 ≤800 | 0.50 | 0.65 | 0.80 | 1.20 | 1.50 | 1.80 |
| >800 | 0.70 | 0.85 | 1.00 | 1.50 | 1.80 | 2.00 |

**圆弧板直线度与线轮廓度允许公差（mm）** 表 7-33

| 项目 | | 亚光面和镜面板材 | | | 粗面板材 | | |
|---|---|---|---|---|---|---|---|
| | | 优等品 | 一等品 | 合格品 | 优等品 | 一等品 | 合格品 |
| 直线度（按板材高度） | ≤800 | 0.02 | 0.35 | 0.50 | 0.60 | 0.80 | 1.00 |
| | >800 | 0.50 | 0.65 | 0.80 | 1.20 | 1.50 | 1.80 |
| 线轮廓度 | | 0.70 | 0.85 | 1.00 | 1.50 | 1.80 | 2.00 |

**角度允许公差（mm）** 表 7-34

| 板材长度 | 等级 | | | 板材长度 | 等级 | | |
|---|---|---|---|---|---|---|---|
| | 优等品 | 一等品 | 合格品 | | 优等品 | 一等品 | 合格品 |
| ≤400 | 0.30 | 0.50 | 0.80 | >400 | 0.40 | 0.60 | 1.00 |

## 三、饰面石材的试验方法

饰面石材的物理性能试验依据《天然饰面石材试验方法》GB/9966.1~9966.8—2001，常规试验包括以下几个方面：

1. 规格尺寸允许偏差

(1) 普型板规格尺寸

① 仪器设备：用游标卡尺或能满足测量精度要求的量器具测量板材的长度、宽度和厚度。

② 试样：整板。

③ 操作步骤：长度、宽度分别在板材的三个部位测量；厚度测量4条边的中点部位。分别用偏差的最大值和最小值表示长度、宽度、厚度的尺寸偏差。测量值精确至0.1mm。

(2) 圆弧板规格尺寸

① 仪器设备：用游标卡尺或能满足测量精度要求的量器具测量圆弧板的弦长、高度及最大与最小壁厚。

② 试样：整板。

③ 操作步骤：在圆弧板的两端面处测量弦长；在圆弧板端面与侧面测量壁厚。分别用偏差的最大值和最小值表示弦长、高度及壁厚的尺寸偏差。测量值精确至0.1mm。

2. 平面度允许公差

普型板平面度：

① 仪器设备：钢平尺、塞尺。

② 试样：整板。

③ 操作步骤：将平面度公差为0.1mm的钢平尺分别贴放在距边10mm处和被检平面的两条对角线上，用塞尺测量尺面与板面的间隙。钢平尺的长度应大于被检面周边和对角线的长度；当被检面周边和对角线长度大于2000mm时，用长度为2000mm的钢平尺沿周边和对角线分段检测。

以最大间隙的测量值表示板材的平面度公差。测量值精确至0.05mm。

3. 圆弧板直线度与线轮廓度

(1) 圆弧板直线度

① 仪器设备：钢平尺、塞尺。

② 试样：整板。

③ 操作步骤：

将平面度公差0.1mm的钢平尺沿圆弧板母线方向贴放在被检弧面上，用塞尺测量尺面与板面的间隙。当被检圆弧板高度大于2000mm时，用2000mm的平尺沿被检测母线分段测量。

以最大间隙的测量值表示圆弧板的直线度公差。测量值精确至0.05mm。

(2) 圆弧板线轮廓度

① 仪器设备：塞尺。

② 试样：整板。

③ 操作步骤：

采用尺寸精度为JS7（js7）的圆弧靠模贴靠被检弧面，用塞尺测量靠模与圆弧面之间的间隙。

以最大间隙的测量值表示圆弧板的线轮廓度公差。测量值精确至0.05mm。

4. 角度允许公差

(1) 普型板角度

① 仪器设备：

角垂直度公差为0.13mm，内角边长为500mm×500mm的90°钢角尺检测及塞尺。

② 试样：整板。

③ 操作步骤：

靠板材的短边，长边贴靠板材的长边，用塞尺测量板材长边与角尺长边之间的最大间隙。当板材的长边小于或等于500mm时，测量板材的任一对对角；当板材的长边大于500mm时，测量板材的四个角。

以最大间隙的测量值表示板材的角度公差。测量值精确至0.05mm。

(2) 圆弧板端面角度

① 仪器设备：

内角垂直度公差为0.13mm，内角边长为500mm×400mm的90°钢角尺检测及塞尺。

② 试样：整板。

③ 操作步骤：

将角尺短边紧靠圆弧板端面，用角尺长边贴靠圆弧板的边线，用塞尺测量圆弧板边线与角尺长边之间的最大间隙。用上述方法测量圆弧板的四个角。

(3) 圆弧板侧面角

① 仪器设备：圆弧靠模贴和小平尺。

② 操作步骤：

将圆弧靠模贴靠圆弧板装饰面并使其上的径向刻度线延长线与圆弧板边线相交，将小平尺沿径向刻度线置于圆弧靠模上，测量圆弧板侧面与小平尺间的夹角。

5. 外观质量

(1) 仪器设备：游标卡尺。

(2) 试样：整板。

(3) 操作步骤

① 花纹色调：

将协议板与被检板材并列平放在地上，距板材1.5m处站立目测。

② 缺陷：

用游标卡尺测量缺陷的长度、宽度，测量值精确至0.1mm。

6. 镜向光泽度

(1) 仪器设备：光泽度计、工作标准板和最小刻度为1.0mm的钢板尺。

(2) 试样：试样规格为300mm×300mm，数量为5块。

试样要求：表面应平整、光滑，无翘曲、波纹、突起、弯曲、砂眼等外观缺陷。

(3) 步骤

① 仪器校正：

采用的光泽度计必须经有关部门检定、认可，按生产厂的使用说明书操作。仪器预备热达到稳定后，用高光泽工作标准板进行校正，然后用中光泽或低光泽工作标准板进行核定。如仪器示值与原标定值之差在1光泽单位内，则仪器可以进行测试。

② 试验：

各种建筑饰面材料测定镜向光泽的发射器入射角均采用60°。

当材料测定的镜向光泽度大于70光泽单位时，为提高其分辨程度，入射角可采用20°。

当材料测定的镜向光泽度小于70光泽单位时，为提高其分辨程度，入射角可采用85°。

③ 测点布置：板材中心与四角定4个测点，共测定5个点。

(4) 结果计算

测定大理石、花岗石、水磨石等建筑面板材取5点的算术平均值；测定塑料地板与玻璃纤维增强塑料板材光泽度时，取其10点的算术平均值作为该试样的光泽度值，计算精确至0.1光泽单位。如最高值与最低值超过平均值10%的数值应在其后的括弧内注明。

以3块或5块试样测定值的平均值作为被测建筑饰面材料镜向光泽度值。小数点后余数采用数值修约规则修约，结果取整数。

精度：在同一试样表面重复测定所测得的平均值相差在实验室内应不超过1光泽单位；在生产现场应不超过2光泽单位。

### 7. 体积密度、吸水率

（1）设备用量具

干燥箱：温度可控制在105±2℃范围内。

天平：最大称量1000g，感量10mg；最大称量200g，感量1mg。

比重瓶：容积25~30mL。

（2）试样：试样为边长50mm的正方体或直径、高度均为50mm的圆柱体，尺寸偏差±0.5mm。每组五块。试样不允许有裂纹。

（3）试验步骤

将试样置于105±2℃的干燥箱内干燥至恒重，连续两次质量之差小于0.02%，放入干燥器中冷却至室温。称其质量（$m_0$），精确至0.02g。

将试样放在20±2℃的蒸馏水中浸泡48h后取出，用拧干的湿毛巾擦去试样表面水分。立即称其质量（$m_1$），精确至0.02g。

立即将水饱和的试样置于网篮与试样一起浸入20±2℃的蒸馏水中，称其试样在水中质量（$m_2$）（注意在称量时须先小心除去附着在网篮和试样上的气泡），精确至0.02g。

（4）结果计算

① 体积密度 $\rho_h$（g/cm³）按式（7-10）计算：

$$\rho_h = \frac{m_0 \rho_w}{m_1 - m_2} \tag{7-10}$$

式中　$m_0$——干燥试样在空气中的质量（g）；

　　　$m_1$——水饱和试样在空气中的质量（g）；

　　　$m_2$——水饱和试样在水中的质量（g）；

　　　$\rho_w$——室温下蒸馏水的密度（g/cm³）。

② 吸水率 $W_a$（%）按式（7-11）计算：

$$W_a = \frac{m_1 - m_0}{m_0} \times 100 \tag{7-11}$$

式中　$m_0$，$m_1$——同式（7-10）中的 $m_0$，$m_1$。

计算每组试样体积密度、吸水率的算术平均值作为试验结果。体积密度、真密度取三位有效数字；吸水率取二位有效数字。

### 8. 干燥压缩强度

（1）设备及量具

试验机：具有球形支座并能满足试验要求，示值相对误差不超过±1%。试验破坏载荷应在示值的20%~90%范围内。

游标卡尺：读数值为0.01mm。

干燥箱：温度可控制在105±2℃范围内。

（2）试样

试样尺寸：边长50mm的正方体或φ50mm×50mm圆柱体；尺寸偏差±0.5mm。

试样取五个为一组。

试样应标明层理方向。

注：有些石材，如花岗石，其分裂方向可分为下列三种：

裂理方向：最易分裂的方向；

纹理方向：次易分裂的方向；

源粒方向：最难分裂的方向。

如需要测定此三个方向的压缩强度，则应在矿山取样，并将试样的裂理方向、纹理方向和源粒方向标记清楚。

试样两个受力面应平行、光滑，相邻面夹角应为 90°±0.5°。

试样上不得有裂纹、缺棱和缺角。

(3) 试验步骤

将试样在 105±2℃的干燥箱内干燥 24h，放入干燥器中冷却至室温。

用游标卡尺分别测量试样两受力面的边长或直径并计算其面积，以两个受力面面积的平均值作为试样受力面面积，边长测量值精确到 0.5mm。

将试样放置于材料试验机下压板的中心部位，施加载荷至试样破坏并记录试样破坏时的载荷值，读数值准确到 500N。加载速率为 1500±100N/s 或压板移动的速率不超过 1.3mm/min。

(4) 结果计算

压缩强度按式 (7-12) 计算：

$$P = F/S \tag{7-12}$$

式中 $P$——压缩强度（MPa）；

$F$——试样破坏载荷（N）；

$S$——试样受力面面积（$mm^2$）。

以每组试样压缩强度的算术平均值作为该条件下的压缩强度，数值修约到 1MPa。

9. 干燥、水饱和弯曲强度

(1) 设备及量具

试验机：示值相对误差不超±1%，试样破坏的载荷在设备示值的 20%~90% 范围内。

游标卡尺：读数值为 0.10mm。

万能角度尺：精度为 2′。

干燥箱：湿度可控制在 105±2℃范围内。

(2) 试样

试样厚度（$H$）可按实际情况确定。当试样厚度（$H$）≤68mm 时宽度为 100mm；当试样厚度 >68mm 时宽度为 1.5$H$。试样长度为 10×$H$+50mm。长度尺寸偏差±1mm，宽度、厚度尺寸偏差±0.3mm。

示例：试样厚度为 30mm 时，试样长度为 10×30mm+50mm=350mm；宽度为 100mm。

试样上应标明层理方向。

试样两个受力面应平整且平行。正面与侧面夹角应为 90°±0.5°。

试样不得有裂纹、缺棱和缺角。

在试样上下两面分别标记出支点的位置。

每种试验条件下的试样取五个为一组。如对干燥、水饱和条件下的垂直和平行层理的弯曲强度试验应制备 20 个试样。

(3) 试验步骤

① 干燥状态弯曲强度

在105±2℃的干燥箱内将试样干燥24h后，放入干燥器中冷却至室温。

调节支架下支座之间的距离（$L=10\times H$）和上支座之间的距离（L/2），误差在±1.0mm内。按照试样上标记的支点位置将其放在上下支架之间。一般情况下应使试样装饰面处于弯曲拉伸状态，即装饰面朝下放在下支架支座上。

以每分钟1800N±50N的速率对试样施加载荷至试样破坏。记录试样破坏载荷值（$F$）。精确至10N。

用游标卡尺测量试样断裂面的宽度（$K$）和厚度（$H$），精确至0.1mm。

② 水饱和状态弯曲强度

试样处理：将试样放在20±2℃的清水中浸泡48h后取出，用拧干的湿毛巾擦去试样表面水分，立即进行试验。

③ 调节支架支座距离、试验加载条件以及测量试样尺寸均与干燥状态弯曲强度试验相同。

④ 结果计算

弯曲强度按式（7-13）计算

$$P_\mathrm{w} = \frac{3FL}{4KH^2} \tag{7-13}$$

式中 $P_\mathrm{w}$——弯曲强度（MPa）；

$F$——试样破坏载荷（N）；

$L$——支点间距离（mm）；

$K$——试样宽度（mm）；

$H$——试样厚度（mm）。

以每组试样弯曲强度的算术平均值作为弯曲强度，数值修约到0.1MPa。

10．放射防护分类控制

按GB 6566的规定试验。

11．耐磨度

（1）试验设备

耐磨试验机，包括：动力驱动磨盘，直径254mm，转速45r/min；四个放置试样的样品夹，在试样上可以增加载重；旋转试样的齿轮；可以在磨盘上等速添加研磨料的磨料漏斗。由样品夹、垂直轴及旋转试样齿轮和载重调节装置合计总重为2000g，加于试样上。垂直轴在垂直方向可以自由调整高度，可容纳不同厚度的试样。

（2）制样

选取足以代表石材种类或等级的平均品质，所采样品大小应可制作四个50±0.5mm的试样，样品必须有一面为镜面或细面。

每组试样为四个。长度、宽度尺寸为50±0.5mm，厚度为15~55mm，试样被磨损面的棱应磨圆至半径约为0.8mm弧度。

试样测试前应置于温度在105±2℃的电热恒温干烘箱中干燥24h，将试样放置于干燥器中冷却至室温后进行试验。

（3）试验方法

称干燥试样的质量准确至0.02g，然后放入耐磨试验机中，以符合GB/T 2479—1996标准要求粒度为0.25mm白刚玉做研磨料，在磨盘上研磨255转后，取出试样刷清粉尘，称其质量准确至0.02g。

将试样放在水中1h，取出后用湿布擦干表面进行称重。按GB/T 9966.3—2001的规定计算体积密度。由于湿度会影响研磨效果，例如湿度较高时试样具较高之研磨率，因此建议本试验应在相对湿度（30%～40%）间进行。

计算按公式（7-14）计算每一试样的耐磨度：

$$H_a = 10G(2000 + W_s)/2000W_a \tag{7-14}$$

式中 $H_a$——耐磨度（1/cm³）；

$G$——样品的体积密度（g/cm³）；

$W_s$——试样的平均质量（原质量加磨后质量除以2）（g）；

$W_a$——研磨后质量损失（g）。

说明：耐磨度 $H_a$ 之数值为磨损物质体积倒数乘以10的值。试样所负载重为2000g加上试样本身质量在内；试样质量校正已包含于计算式内。根据耐磨度与质量成正比的事实，对体积密度变化较大的材料以体积作为计算耐磨度的方法比以质量为耐磨度计算的方法更为合适。

**四、检验规则**

1. 检验分类：检验分出厂检验和型式检验

普型板的出厂检验项目包括规格尺寸偏差、平面度公差、角度公差、镜向光泽度、外观质量。

圆弧板的出厂检验项目包括规格尺寸偏差、角度公差、直线度公差、线轮廓度公差、镜向光泽度、外观质量。

型式检验项目为标准中的全部项目。

2. 组批与抽样

组批：以同一品种、类别、等级的板材为一批。

抽样：采取GB2828一次抽样正常检验方式，检验水平为Ⅱ。合格质量水平（AQL值）取6.5。根据抽样判定表抽取样本，见表7-35。

**抽样判定表**（单位：块） 表7-35

| 批量范围 | 样本数 | 合格判定数 $Ac$ | 不合格判定数 $Re$ | 批量范围 | 样本数 | 合格判定数 $Ac$ | 不合格判定数 $Re$ |
|---|---|---|---|---|---|---|---|
| ≤25 | 5 | 0 | 1 | 281～500 | 50 | 7 | 8 |
| 26～50 | 8 | 1 | 2 | 501～1200 | 80 | 10 | 11 |
| 51～90 | 13 | 2 | 3 | 1201～3200 | 125 | 14 | 15 |
| 91～150 | 20 | 3 | 4 | ≥3201 | 200 | 21 | 22 |
| 151～280 | 32 | 5 | 6 | | | | |

3. 结果判定

单块板材的所有检验结果均符合技术要求中相应等级时，则判定该块板材符合该等级。

根据样本检验结果，若样本中发现的等级不合格品数小于或等于合格判定数（$Ac$），则判定该批符合该等级；若样本中发现的等级不合格品数大于或等于不合格判定数（$Re$），则判定该批不符合该等级。

体积密度、吸水率、干燥压缩强度、弯曲强度、耐磨度（使用在地面、楼梯踏步、台面等大理石石材）的试验结果中，有一项不符合要求时，则判定该批板材为不合格品，其他项目检验结果的判定同出厂检验。

**五、饰面石材试验计算实例**

某工程公司送检一组大理石［规格尺寸为1180×350×25（mm）］，委托对其进行干燥弯曲强度检测。执行标准为：JC/T 79—2001 天然大理石建筑板材。

1. 试样制备：该试样的厚度为25mm，制备试样的长度为10×25mm+50mm=300mm；宽度为 100mm，五个。

2．试验步骤：

在 105±2℃的干燥箱内将试样干燥 24h 后，放入干燥器中冷却至室温。

以每分钟 1800±50N 的速率对试样施加载荷至试样破坏。记录试样破坏载荷值（$F$）。精确至 10N。

试样断裂面的长度（$L$）分别为：300.0mm、300.3mm、300.1mm、300.0mm、300.2mm。

试样断裂面的宽度（$K$）分别为：100.4mm、100.4mm、100.0mm、100.2mm、100.1mm。

试样断裂面的厚度（$H$）分别为：25.0mm、25.1mm、25.0mm、25.2mm、25.1mm。

试样破裂载荷（$F$）分别为：2280N、2360N、2320N、2440N、2380N。

3．结果计算及判定：

弯曲强度按式（7-13）计算

$$P_{w1} = \frac{3FL}{4KH^2} = \frac{3 \times 2280N \times 300.0mm}{4 \times 100.4 \times (25.0mm)^2} = 8.2\text{MPa}$$

$P_{w2} = 8.4\text{MPa}$

$P_{w3} = 8.4\text{MPa}$

$P_{w4} = 8.6\text{MPa}$

$P_{w5} = 8.5\text{MPa}$

$$P_w = \frac{P_{w1}+P_{w2}+P_{w3}+P_{w4}+P_{w5}}{5} = \frac{8.2\text{MPa}+8.4\text{MPa}+8.4\text{MPa}+8.6\text{MPa}+8.5\text{MPa}}{5}$$
$$= 8.4\text{MPa} > 7.0\text{MPa}$$

式中　$P_w$——弯曲强度（MPa）；

　　　$F$——试样破坏载荷（N）；

　　　$L$——支点间距离（mm）；

　　　$K$——试样宽度（mm）；

　　　$H$——试样厚度（mm）。

故送检试块的弯曲强度判定为合格。

**思考题**

1．饰面石材压缩强度试件尺寸为多少？每组几个试件？记录试样破坏时的荷载值精确到多少？

2．体积密度、吸水率计算公式，结果分别保留几位有效数字？

3．再进行天然石材的弯曲强度试验时，试件尺寸怎样确定？上下支座间的距离是多少？加荷速率是多少？

4．普通板的长、宽、厚是怎样测量的？结果表示，测量值精确到多少？

**参考文献**

1．徐家保主编．建筑材料学．华南理工大学出版社

2．现行建筑材料规范大全．中国建筑工业出版社

3．住宅装饰装修工程施工规范 GB 50327—2001

## 第四节　建筑工程饰面砖粘结强度检测

### 一、概念

近年来，随着城市建设的飞速发展，建筑饰面砖由于具有美观、易维护及使用年限长等优点

而被大量使用。但由于施工和建材质量等方面的原因产生一些质量问题和安全隐患。饰面砖发生脱落缺陷，尤其对于建筑物外墙饰面砖的脱落，不但影响环境美观，甚至砸伤行人，影响到人民生命财产的安全，且工程维修和返工也造成很大的经济损失。因此，有必要加强饰面砖粘结强度的检测，尤其是外墙饰面砖粘结强度的检测。本节中的建筑工程饰面砖主要是指外墙饰面砖。为了统一和加强外墙饰面砖粘结强度的检测，有效控制饰面砖的施工质量，我国颁布了《建筑工程饰面砖粘结强度检验标准》JGJ 110—97，并于1997年10月1日开始强制执行，2002年3月01日，《外墙饰面砖工程施工及验收规程》JGJ 126—2000开始也正式实施。近期，新版《建筑工程饰面砖粘结强度检验标准》JGJ 110也开始征求意见，本节在编写时，也参考了其中的部分内容。

### 二、检测依据

《建筑工程饰面砖粘结强度检验标准》JGJ 110—97

### 三、仪器设备及环境

1. 主要仪器

粘结强度检测仪，应符合国家现行行业标准《粘结强度检测仪》JG 3056—1999的规定，同时每年应检定一次；

标准块：按长、宽、厚的尺寸为95mm×45mm×6~8mm或40mm×40mm×6~8mm，允许偏差为±0.5mm，用45号钢或铬钢材料所制作的标准试件；

手持切割锯（其锯片宜采用树脂安全锯片，锯片尺寸为150mm×2.7mm×1.9mm）；

游标卡尺（精度为0.02mm）。

2. 辅助材料

粘结剂；

胶带。

### 四、取样及制备要求

饰面砖粘结强度检测要求试验人员在现场进行检测，故试样的制备须在现场进行，主要包括随机选样，确定取样数量和试样制备两部分。其中试样制备包括断缝和标准块粘贴，其中断缝是指以标准块的长、宽为基准，采用标准的切割片，从饰面砖表面切割至基体表面的矩形缝或正方形缝。

1. 取样数量及要求

现场镶贴的外墙饰面砖工程：每600$m^2$同类墙体取1组试样，每组3个，每两楼层不得少于1组。

带饰面砖的预制墙板，每生产100块预制墙板取1组试样，每组在3块板中各取1个试样。预制墙板不足100块按100块计。

为了避免大面积粘贴外墙饰面砖后出现饰面砖粘结强度不达标造成严重损失，本次新的《建筑工程饰面砖粘结强度检验标准》JGJ 110征求意见稿中增加了外墙饰面砖大面积粘结施工前和施工中的质量控制检测，具体要求如下：

现场粘贴外墙饰面砖大面积施工前，施工单位应从粘贴外墙饰面砖的施工人员中随机抽选一人，在每种类型的基层上各粘贴约2$m^2$饰面砖制作样板件，从每个样板件上各取1组3个试样，对饰面砖粘结强度进行检验。按饰面砖粘结强度合格后的粘结料配合比和施工工艺严格控制施工过程。施工过程中应至少一次抽取现场施工用的粘结料，每次在相同的基层粘贴约2$m^2$饰面砖制作样板件，从每个样板件上取1组3个试样，对饰面砖粘结强度进行检验。

试样应随机布置，且取样间距不得小于500mm。

2. 试样制备及要求

（1）断缝

在粘结强度检验前2d至3d，用切割锯进行切割断缝，其切割大小应与标准块相同，对于饰面砖试样一般采用95mm×45mm，对于陶瓷锦砖试样一般采用40mm×40mm。断缝应从饰面砖表面切割至基体表面（基体是指作为建筑物的主体结构或围护结构的混凝土墙体或砌体），深度应一致，且其中两道相邻切割线应沿饰面砖灰缝切割，见图7-3。其中对于加气混凝土、轻质墙板和EPS钢丝网架板现浇混凝土外墙外保温系统基体采用外墙饰面砖，在基体加强处理有符合标准和设计要求的隐蔽工程验收合格的前提下，可切割至加强层表面。

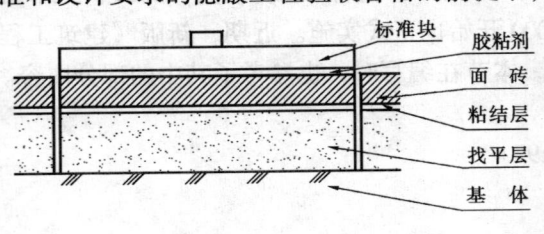

图7-3 标准块粘贴

对于采用水泥砂浆或水泥浆粘贴时，应在水泥砂浆或水泥净浆龄期达到28天时进行检验。当在7天或14天进行检验时，应通过对比试验确定其粘结强度的修正系数。

注意点：

① 断缝注意事项：切割时不宜太靠近砖边以免对面砖造成过大的振动，应尽可能在灰缝内切割；切割时，应尽量保持断缝垂直于基体表面；所采用的切割锯片厚度应不要太厚，规范建议采用1.9mm厚的安全树脂锯片，若锯片太厚，则振动较大，对切割体影响加大，对粘结强度的测试影响也越大。

② 断缝可分为湿法切割与干法切割两种，湿法切割须在粘结强度检验前2d至3d进行断缝，从而可以保证试样干燥有足够的时间以及防止检测时发生胶粘剂与饰面砖界面破坏的状态；干法切割可在切割完后立即进行试验，能够提高工作效率，缺点是切割时产生大量的粉尘污染，试验人员须采取一些防护措施。干法切割的难度比湿法切割高，要求切割人员掌握较高的切割技巧，提高切割的精度，规范建议采用湿法切割。

（2）标准块粘贴

粘贴标准块前，应清除饰面砖表面的污渍并保持干燥，再将按使用说明书规定配比好并搅拌均匀的胶粘剂均匀涂布于饰面砖表面，胶粘剂应随用随配，涂层厚度不宜大于1mm，且胶粘剂不应粘污相邻面砖。

粘贴标准块后（见图7-4），应及时用胶带十字交叉地把标准块固定在墙面上，防止下垂脱落，以便粘结胶层达到足够强度后才能进行试验。当现场温度低于5℃时，标准块应先预热至70~80℃后，再进行粘贴。

对于采用914快速胶粘剂，其硬化前的养护时间应符合下列要求：当气温高于15℃时，不得小于24h；当气温为5~15℃时，不得小于48h；当气温低于5℃时，不得小于72h；在养护期不得浸水，在低于5℃时，标准块应预热至70~80℃后，再进行粘贴。

注意点：

① 粘结胶的强度宜大于3.0kPa，对于采用914快速胶粘剂时，其养护时间应得到保证，且在养护期不得浸水，以免影响914胶粘剂的强度，根据参考文献2研究，胶粘剂也可采用其他替代胶粘剂（如热敏橡胶），养护时间可根据胶粘胶的实际情况确定。

② 胶粘剂的涂层厚度不得大于1mm，否则在检测时，会发生受力方向的改变，影响粘结强度的检测结果，但对于表面不平整的饰面砖，可先用胶粘剂将其涂平，再用涂层厚度不得大于1mm的胶粘剂进行标准块粘贴。

**五、操作步骤**

1. 粘结力测试步骤

粘结力是指饰面砖与胶粘层界面、粘结层自身、粘结层与找平层界面、找平层自身、找平层与基体界面。在被垂直于表面的拉力作用造成断缝时的最大拉力值测试前,将固定在标准块上的胶带撕掉,在标准块上安装带有万向接头的拉力杆;再安装专用穿心式千斤顶,使拉力杆通过穿心千斤顶中心并与标准块垂直;并调整千斤顶活塞,使活塞升出 2mm 左右,将数字显示器调零,最后拧紧拉力杆螺母(千斤顶安装示意图见图 7-4)。

测试时,应匀速摇转手柄升压,直至饰面砖剥离,并记录数字显示器的峰值。

测试后,应降压至千斤顶复位,取下拉力杆螺母及拉杆。

注意点:

① 不同的粘结强度检测仪,其操作步骤略有差别;本节中的操作程序为规范中所推荐的,对于其他胶粘强度检测仪,应根据使用说明进行粘结力的测试。

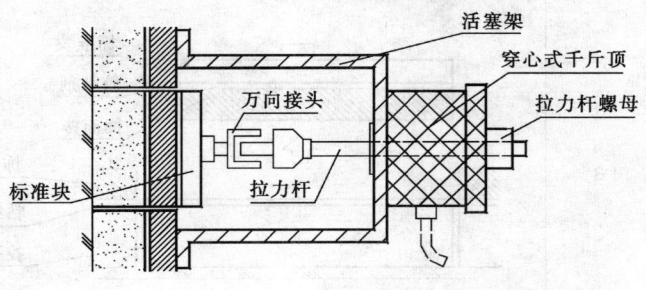

图 7-4 千斤顶安装图

② 对于试验完的标准块,若为非一次性使用,应按下列要求进行处理:a. 将标准块放到电热器上烧熔胶粘剂,并将表面胶粘剂清理干净;b. 待标准块冷却后,采用 50 号砂布摩擦表面至出现光泽后涂上机油;c. 将标准块放置在干燥处,使用前应检查表面,并清除锈迹、油污。

**2. 破坏状态判定**

饰面砖的胶粘破坏是由于基体、找平层、胶粘层、面砖、胶粘剂或其界面之一发生破坏引起的。根据破坏部位的不同,可将破坏状态分为 8 种状况,见表 7-36。

试 件 破 坏 状 态　　　　　　表 7-36

| 序号 | 图 示 | 破坏状态 |
| --- | --- | --- |
| 1 |  | 胶粘剂与饰面砖界面破坏 |
| 2 |  | 饰面砖破坏 |

续表

| 序号 | 图　　示 | 破坏状态 |
|---|---|---|
| 3 | | 饰面砖与粘结层界面破坏 |
| 4 | | 粘结层破坏 |
| 5 | | 粘结层与找平层界面破坏 |
| 6 | | 找平层破坏 |

续表

| 序号 | 图 示 | 破坏状态 |
|---|---|---|
| 7 | （标准块／胶粘剂／粘结层／找平层／饰面砖／粘结层／找平层／基体） | 找平层与基体界面破坏 |
| 8 | （标准块／胶粘剂／粘结层／找平层／饰面砖／粘结层／找平层／基体） | 基体破坏 |

测试完毕后，应注意观测破坏发生的位置，并记录其破坏状态。若测试结果为表 7-36 中的第 1、2、8 种破坏状态，应重新选点测试，至出现第 3 种至第 7 种破坏状态之一时为止。

注：在出现表 7-36 中的第 1 种状态时，应根据检测结果决定是否进行重新选点测试。对于胶粘强度已满足合格要求，可不进行重新选点（因为此时饰面砖的胶粘强度肯定合格）；对于胶粘强度不满足合格要求，应进行重新选点测试。

3. 试样受拉面积测量

对于试验结果的破坏状态为第 3 种至第 7 种破坏状态之一时，用游标卡尺量测实际切割试样的面积，测量精度为 0.1mm。在测量时，应分别在试样的长边或宽边的两端和中间测量三个点，取三点测量的平均值作为试样的长度或宽度，对于陶瓷锦砖试样应包括陶瓷锦砖之间的灰缝。

注意点：

① 加载时，应均匀摇转手柄升压，加载速度不宜太快。加荷速度较快，测量得到的粘结强度值将偏高，同时由于瞬间拉脱，对数字显示器或表盘指针和精度损害也较大。

② 对于粘结强度检测仪，其测量方式一般有三种，测力（kN）、测应力（MPa，对应 95mm × 45mm 标准块）、测应力（MPa，对应 40mm × 40mm 标准块），但要注意采用应力模式时，将应

力转换成力,因为试样的尺寸并非为标准块的尺寸。

**六、数据处理与结果判定**

1. 数据处理

粘结强度是指饰面砖与粘结层界面、粘结层自身、粘结层与找平层界面、找平层自身、找平层与基体界面上单位面积上所承受的粘结力,单个饰面砖试件粘结强度应按式(7-15)计算:

$$R = \frac{X}{S_t} \times 10^3 \tag{7-15}$$

式中 $R$——粘结强度(MPa),精确至 0.01MPa;

$X$——粘结力(kN);

$S_t$——试样受拉面积($mm^2$)。

平均粘结强度应按式(7-16)计算:

$$R_m = \frac{1}{3}\sum_{i=1}^{3} R_i \tag{7-16}$$

式中 $R_m$——粘结强度平均值(MPa),精确至 0.1MPa;

$R_i$——单个试样粘结强度值(MPa)。

2. 结果判定

(1)在建筑物外墙上镶贴的同类饰面砖,其粘结强度同时符合以下两项指标时可定为合格:

① 每组试样平均粘结强度不应小于 0.4MPa;

② 每组可有一个试样的粘结强度小于 0.4MPa,但不应小于 0.3MPa。

当两项指标均不符合要求时,其粘结强度应定为不合格。

(2)与预制构件一次成型的外墙板饰面砖,其粘结强度同时符合以下两项指标时可定为合格:

① 每组试样平均粘结强度不应小于 0.6MPa;

② 每组可有一个试样的粘结强度小于 0.6MPa,但不应小于 0.4MPa。

当两项指标均不符合要求时,其粘结强度应定为不合格。

若一组试样中仅满足①或②中的一项指标时,应在该组试样原取样区域内重新抽取双倍试样检验。若检验结果仍有一项指标达不到规定数值,则该批饰面砖粘结强度定为不合格。

**七、实例**

某工程的外墙采用瓷质饰面砖(145mm×45mm),采用水泥净浆粘结,于 2005 年 6 月 4 日施工。为了检测其粘结强度,对该工程的二层外墙饰面砖进行了检测。本次检测根据饰面砖的类型,选择 95mm×45mm×8mm 的标准块,采用规范推荐的 914 快速胶粘剂,在现场随机选择了三个测点,分别记为 A、B、C,于检测前的三天到现场进行了断缝,并将标准块粘结在所需测试的饰面砖上。2005 年 7 月 23 日,对其进行了检测,并采用游标卡尺对断缝的饰面砖的长边和短边的两端和中间部位进行了量测,结果见表 7-37。

检测原始数据及结果　　　　表 7-37

| 编号 | 试块尺寸(mm) | 受拉面积($mm^2$) | 粘结力(kN) | 粘结强度(MPa) | 破坏状态 | 最小粘结强度(MPa) | 平均粘结强度(MPa) |
|---|---|---|---|---|---|---|---|
| A | 92.5×44.0<br>92.6×44.5<br>92.8×44.8 | 4116.05 | 2.15 | 0.52 | 粘结层破坏 | 0.49 | 0.6 |

续表

| 编号 | 试块尺寸（mm） | 受拉面积（mm²） | 粘结力（kN） | 粘结强度（MPa） | 破坏状态 | 最小粘结强度（MPa） | 平均粘结强度（MPa） |
|---|---|---|---|---|---|---|---|
| B | 93.2×43.1 | 4056.50 | 1.98 | 0.49 | 粘结层破坏 | 0.49 | 0.6 |
| | 93.4×43.5 | | | | | | |
| | 93.8×43.6 | | | | | | |
| C | 92.8×44.2 | 4131.20 | 2.74 | 0.66 | 找平层破坏 | | |
| | 92.8×44.5 | | | | | | |
| | 92.7×44.9 | | | | | | |

从以上检测结果可知，依据《建筑工程饰面砖胶粘强度检验标准》JGJ 110—97 检验评定，该层饰面砖粘结强度合格。

**思考题**

1. 对于外墙采用陶瓷锦砖饰面砖，进行粘结强度检验时，一般采用何种标准块？
2. 标准块粘贴采用914快速胶粘剂时，养护时间怎样确定？
3. 饰面砖粘结强度检验如何进行？
4. 对于在建筑物外墙上镶贴的同类饰面砖，其粘结强度怎样判定？
5. 对于与预制构件一次成型的外墙板饰面砖，其粘结强度怎样判定？

**参考文献**

1. 尹辉.建筑工程外墙饰面砖粘结强度检验[J].建筑技术开发，2004.5，Vol.31 No. 5，May 2004，56，64
2. 黄良朋.饰面砖粘结强度试验中几个问题的探讨[J].工程质量，2002．No. 10，18～19
3. 陈勇.外墙饰面砖粘结强度检测[J].工程质量，2002．No. 10，18～19，14～16
4. 任普亮.外墙饰面砖粘结强度检测问题探析[J].建筑技术开发，2003.10，Vol.30 No. 10，Oct 2003，36，63
5. 中华人民共和国行业标准.外墙饰面砖工程施工及验收规程 JGJ 126—2000，J 23—2000

## 第五节　轻钢龙骨力学性能检测

### 一、概念

建筑用轻钢龙骨是以冷轧钢板（带）、镀锌钢板（带）或彩色涂层钢板（带）作原料，采用冷弯工艺生产的薄壁型钢。主要用于以纸面石膏板、装饰石膏板、矿（岩）棉吸声板等轻质板材作饰面的非承重墙体和吊顶工程中。按使用功能分为墙体龙骨和吊顶龙骨，按质量等级分为合格品、一等品、优等品。型式检验包括外观质量、表面防锈、形状及尺寸要求、力学性能等项目。其中力学性能直接影响着工程的安全和质量，因此本节主要就轻钢龙骨的力学性能指标的检测进行详细的讲解。

1. 墙体龙骨

用于墙体骨架的轻钢龙骨主要由横龙骨、竖龙骨、通贯龙骨和支撑卡四部分组成，其示意图见图7-5，有关墙体龙骨力学性能指标主要通过静载试验和抗冲击性试验得到，对于静载试验采用残余变形量进行判定，对于抗冲击性试验采用残余变形量及观测龙骨是否有明显的变形进行判定。

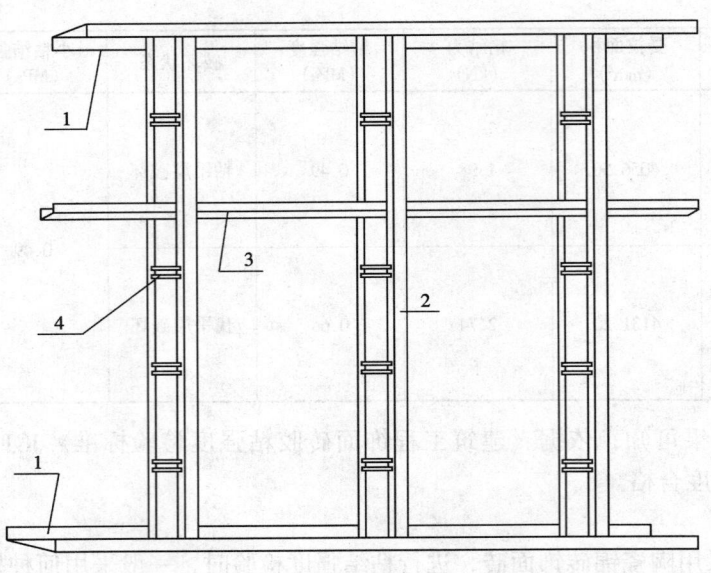

图 7-5 墙体龙骨示意图
1—横龙骨；2—竖龙骨；3—通贯龙骨；4—支撑卡

**2. 吊顶龙骨**

用于吊顶的轻钢龙骨按断面形状可分为 U 形、T 形、H 形和 V 形四大类。其示意图分别见图 7-6～图 7-9。力学性能主要通过静载试验得到。对于 U、V 形吊顶主要测量覆面龙骨和承载龙骨的最大挠度和残余变形量进行判定；对于 T、H 形吊顶主要测量主龙骨的最大挠度进行判定。

**3. 产品标记**

轻钢龙骨的产品标记采用的标记顺序为：产品名称、代号、断面形状的宽度、高度、钢板（带）厚度和标准号。

例如断面形状为 H 形，宽度为 45mm，高度 12mm，钢板（带）厚度为 1.2mm 的吊顶承载龙骨标记为：建筑用轻钢龙骨 DH45×12×1.2 GB/T 11981（注：标记中的 D 表示吊顶）。

## 二、检测依据

《建筑用轻钢龙骨》GB/T 11981—2001

## 三、试验仪器及设备

百分表：量程 0～30mm，分度值 0.01mm。

台秤：量程 50kg。

墙体龙骨测试台架（附 350mm×350mm×15mm 的木质垫板一块），见图 7-10。

U、V 形龙骨测试台架（附 450mm×450mm×24mm 的木质垫板一块和 1200mm×400mm×24mm 的木质垫板一块），见图 7-11。

T、H 形龙骨测试台架（700mm×60mm×27mm 4 块和 1200mm×60mm×30mm 的木质垫板一块），见图 7-12。

## 四、试样制备及取样

**1. 检验批的确定**

当每月产量大于 2000m 者，以 2000m 同型号、同规格的轻钢龙骨为一批；当每月产量小于

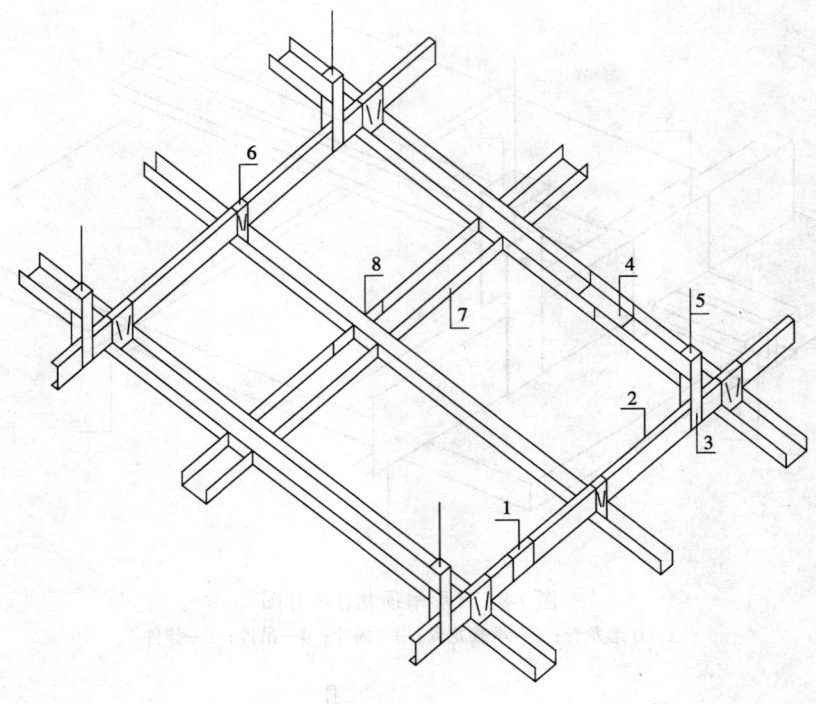

图 7-6　U 形吊顶龙骨示意图
1—承载龙骨连接件；2—承载龙骨；3—吊件；4—覆面龙骨连接件；5—吊杆；
6—挂件；7—覆面龙骨；8—挂插件

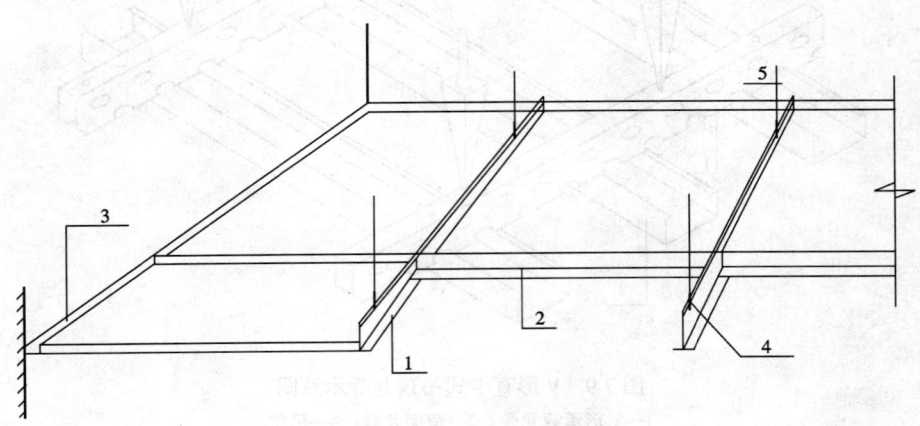

图 7-7　T 形吊顶龙骨示意图
1—主龙骨；2—次龙骨；3—边龙骨；4—吊件；5—吊杆

2000m 者，以实际每月产量为一批。从批中随机抽取以下数量的试样。

**2. 每批试样数量的确定**

墙体龙骨力学性能试验，按表 7-38 规定抽取试样。

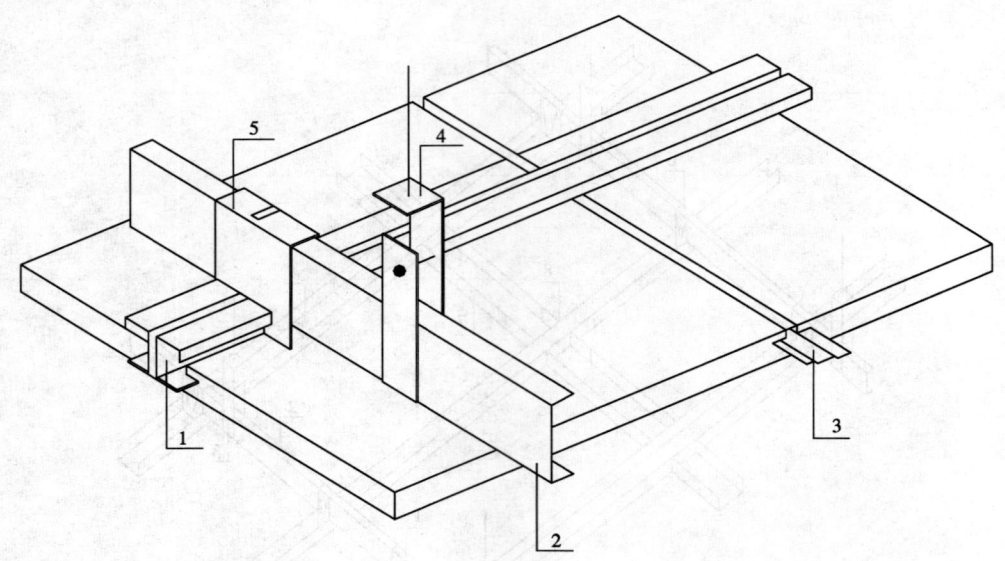

图 7-8 H形吊顶龙骨示意图
1—H形龙骨；2—承载龙骨；3—插片；4—吊件；5—挂件

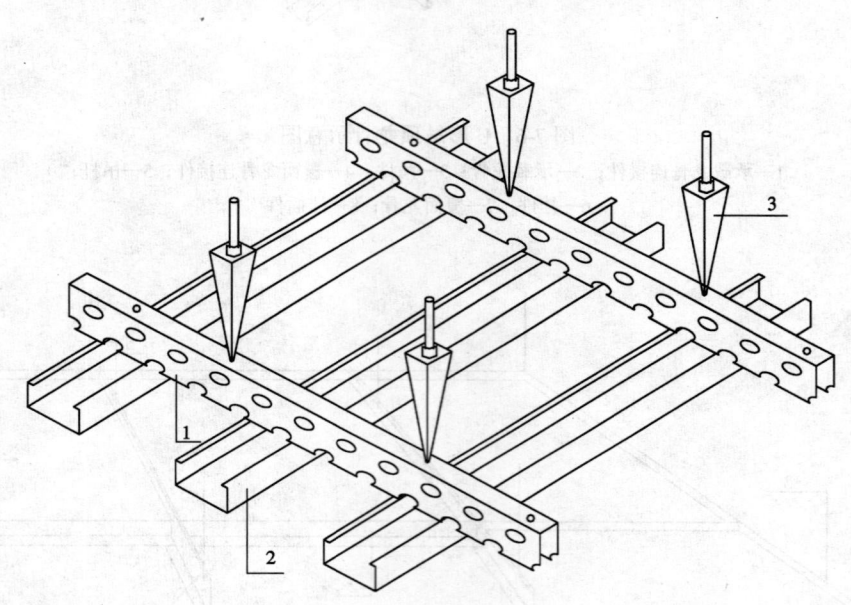

图 7-9 V形直卡式吊顶龙骨示意图
1—V形承载龙骨；2—覆面龙骨；3—吊件

墙体龙骨力学性能试验抽样数量表　　　　　　　　　　　　　　　表 7-38

| 规　格 | 横龙骨 | | 竖龙骨 | | 支撑卡 | 通贯龙骨 | |
|---|---|---|---|---|---|---|---|
| | 数量（根） | 长度（mm） | 数量（根） | 长度（mm） | 数量（只） | 数量（根） | 长度（mm） |
| Q150、Q100 | 2 | 1200 | 3 | 5000 | 24 | 4 | 1200 |
| Q75 | 2 | 1200 | 3 | 4000 | 18 | 3 | 1200 |
| Q50 | 2 | 1200 | 3 | 2700 | 12 | 2 | 1200 |

吊顶龙骨力学性能试验，按表 7-39 规定抽取试样。

**吊顶龙骨力学性能试验抽样数量表** 表 7-39

| 品　种 | 数　量 | 长　度 (mm) | 品　种 | 数　量 | 长　度 (mm) |
| --- | --- | --- | --- | --- | --- |
| 承载龙骨 | 2 根 | 1200 | 吊件 | 4 根 | — |
| 覆面龙骨 | 2 根 | 1200 | 挂件 | 4 根 | — |

### 五、试验步骤

1. 墙体龙骨力学试验

（1）墙体静载试验

① 测试台架安装

按图 7-10 用钢质材料拼装成坚固的测试台架。

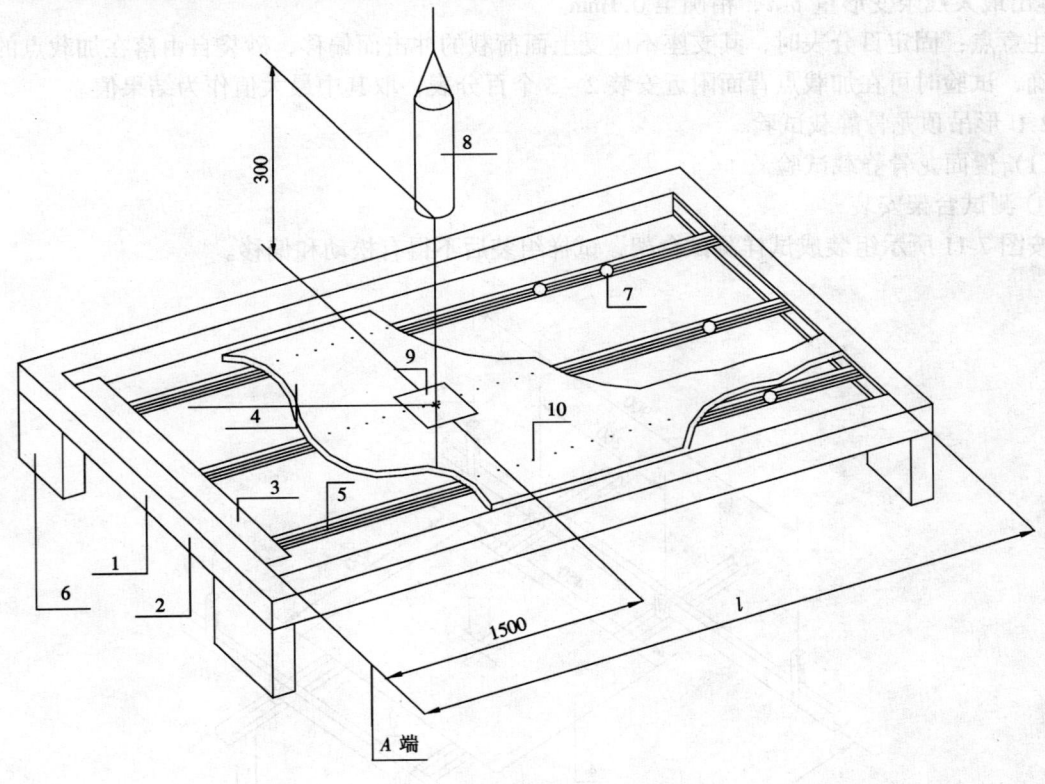

图 7-10　墙体龙骨的测试装配图

1—横龙骨固定螺钉 M6；2—测试台架；3—横龙骨；4—纸面石膏板；5—竖龙骨；6—支座；7—支撑卡；
8—砂袋；9—垫板；10—自攻螺丝 M4×25mm 四周边间距 200mm、中间间距 300mm；
L 值 Q50 型为 2700mm；Q75 为 4000mm；Q100、Q150 型为 5000mm

② 龙骨及纸面石膏板的安装

将横龙骨固定在测试台架相对的两个边上，将竖龙骨按 450mm 间距装入横龙骨，并在竖龙骨上每隔 450mm 安装一个支撑卡。然后在两边各装一层 12mm 厚的纸面石膏板，上下两层纸面石膏板应互相错缝，安装完成后不得有松动和偏斜。

③ 加载点百分表位置的确定

在石膏板横向中心线距 A 端 1500mm 处确定加载点,在加载点放置 350mm×350mm×15mm 的木质垫板,使加载点与木质垫板的中心相重合。在下层石膏板相对于加载点的位置放置百分表。

④加载

固定好百分表支座,记下百分表初始读数 $a$。将 160N 的砂袋放在垫板中心位置上,持续 5 分钟,卸掉砂袋 3 分钟后记录下此时百分表读数 $b$,算出最大残余变形量 $b-a$,精确至 0.1mm。

注意点:在加载前应使百分表触头位置,加载点,在同一中心线上,加载时要保持百分表触头不发生偏移。

(2) 墙体抗冲击试验

按图 7-10 装置,在静载试验加载点背面安装好百分表,记下初始读数 $a$,将重量为 300N 的砂袋,从 300mm 高处自由落在加载点上,持续 5 分钟,将砂袋取下,3 分钟后记下百分表读数 $b$,算出最大残余变形量 $b-a$,精确至 0.1mm。

注意点:固定百分表时,其支座不应受上面荷载的冲击而偏移,砂袋自由落在加载点的位置要准确,试验时可在加载点背面附近安装 2~3 个百分表,取其中最大值作为结果值。

2. U 形吊顶龙骨静载试验

(1) 覆面龙骨静载试验

① 测试台架安装

按图 7-11 所示组装成试样测试台架,试样组装后不得有松动和偏移。

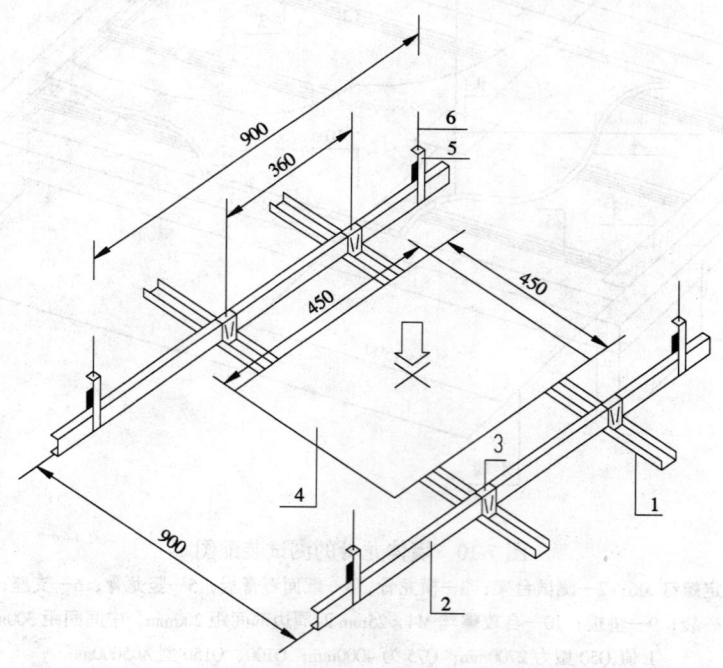

图 7-11 覆面龙骨的测试装配图
(V 形吊顶型覆面龙骨间距为 400mm)
1—覆面龙骨;2—承载龙骨;3—龙骨挂件;4—垫板;5—吊件;6—吊杆

②加载板百分表的安装

在两根覆面龙骨上,放置 450mm×450mm×24mm 的木质垫板,作为加载板。在两根覆面龙骨下面的两个支点及跨中分别放置百分表,并记下每根龙骨下百分表的初始读数。

③ 加载

在加载板上面加载 300N 的砂袋，5 分钟后记下此时每根龙骨百分表此时的读数；卸掉砂袋 3 分钟后记下此时每根龙骨百分表读数。

注意点：试验时吊杆要保持垂直，龙骨和加载板要水平，加载时要准、稳，尽量减小加载时产生的扰动。在每个百分表触头位置加垫一块涂有黄油小玻璃片，以增大百分表触头跟龙骨的平整接触面。

(2) 承载龙骨静载试验

测试前，按图 7-12 所示，拼装成试样测试台架。在两根承载龙骨上放置 1200mm×400mm×24mm 的木质垫板，并在两根承载龙骨下面的两个支点及跨中分别放置百分表，并记下每根龙骨下百分表的初始读数。

测试时，在加载板上进行加载，对于上人龙骨加载 800N，不上人龙骨加载 500N，同覆面龙骨方法一样，测定平均最大挠度值及平均残余变形量，精确至 0.1mm。

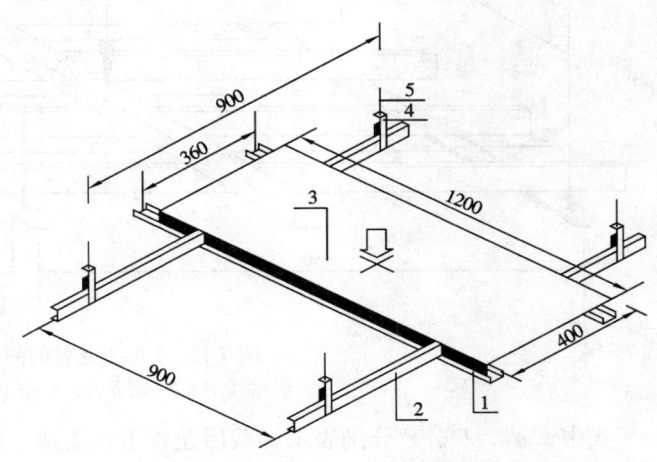

图 7-12 承载龙骨的测试装配图
1—覆面龙骨；2—承载龙骨；3—垫板；4—吊件；5—吊杆

3. V 形龙骨承载试验

V 形覆面龙骨和承载龙骨的承载测试装配图与 U 形吊顶覆面龙骨和承载龙骨测试装配图相同，在试验时，仅需将 U 形覆面龙骨和承载龙骨换成 V 形覆面龙骨和承载龙骨，试验要求与 U 形龙骨承载试验的要求也相同，但在覆面龙骨的测试装配图中，须注意两根覆面龙骨的间距为 400。

4. T 形、H 形吊顶龙骨静载试验

T 形、H 形吊顶龙骨静载试验，测试前可按图 7-13 所示进行试样测试台架的组装。并在两根主龙骨上平行放置 4 块 700mm×60mm×27mm 和垂直放置一块 1200mm×60mm×30mm 的木质垫板，作为加载板。在龙骨下面的支座和跨中部位分别安装百分表，并记录初始值，用于测试龙骨的最大挠度值。

测试时，在加载板上加载 145N/m（包括垫板重量），5 分钟后分别测定两根主龙骨的最大挠度值，取其平均值，精确至 0.1mm。

**六、数据处理与结果判定**

1. 吊顶龙骨数据处理

单根龙骨的最大挠度值按式 (7-17) 计算：

$$\varepsilon = (b' - b) - \frac{(a' - a) + (c' - c)}{2} \tag{7-17}$$

式中，$a$、$b$、$c$ 分别表示龙骨下面支座、跨中、另一支座的百分表初始读数值；$a'$、$b'$、$c'$ 分别表示加载后龙骨下面支座、跨中、另一支座的百分表读数值。

取两根龙骨的最大挠度值的平均值作为测定值，精确至 0.1mm。

单根龙骨的残余变形量按式 (7-18) 计算：

$$\Delta = (b'' - b) - \frac{(a'' - a) + (c'' - c)}{2} \tag{7-18}$$

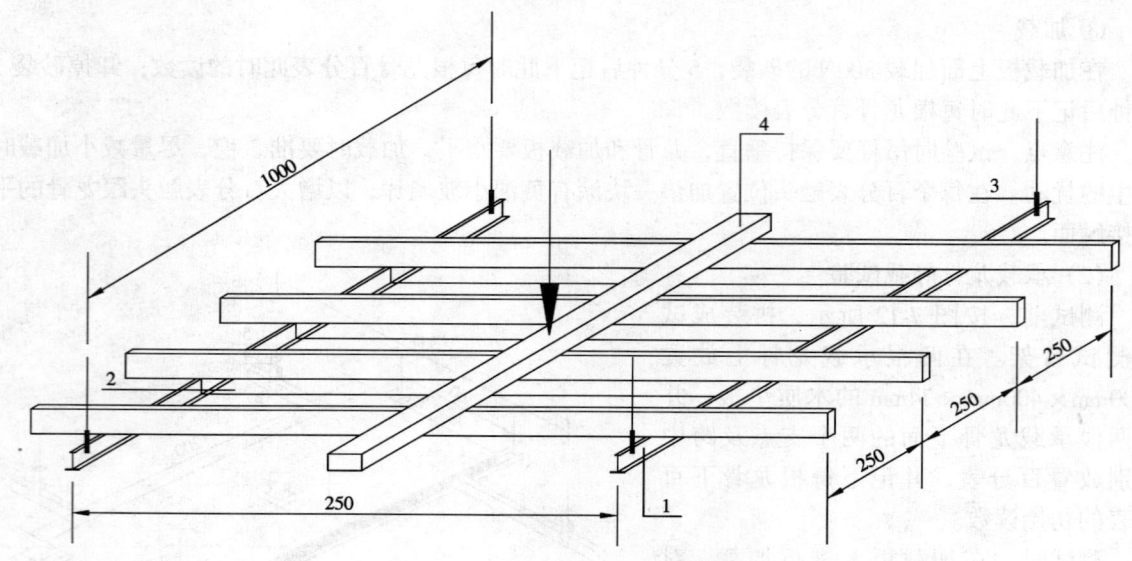

图 7-13 T形主龙骨的测试装配图
1—主龙骨；2—副龙骨；3—吊件；4—加载板

式中，$a''$、$b''$、$c''$ 分别表示卸载后龙骨下面支座、跨中、另一支座的百分表读数值。

取两根覆面龙骨的残余变形的平均值作为测定值，精确至 0.1mm。

**2. 结果判定**

墙体及吊顶龙骨组件的力学性能应符合表 7-40 的要求。当有指标不符时，允许重新抽取两组试样，对不合格的项目进行重检，若仍有一组试样不合格，则判该批轻钢龙骨的力学性能为不合格。

**轻钢龙骨力学性能的技术要求** 表 7-40

| 类 别 | | 项 目 | | 要 求 |
|---|---|---|---|---|
| 墙 体 | | 抗冲击性试验 | | 残余变形量不大于 10.0mm，龙骨不得有明显的变形 |
| | | 静载试验 | | 残余变形量不大于 2.0mm |
| 吊顶 | U、V形吊顶 | 静载试验 | 覆面龙骨 | 加载挠度不大于 10.0mm<br>残余变形量不大于 2.0mm |
| | | | 承载龙骨 | 加载挠度不大于 5.0mm<br>残余变形量不大于 2.0mm |
| | T、H形吊顶 | | 主龙骨 | 加载挠度不大于 2.8mm |

**思考题**

1. 墙体龙骨冲击试验过程中如何使 300N 的荷载准确地落在加载板的中心？
2. 吊顶 U 形承载龙骨静载试验加载时怎样才使整个悬挂的龙骨不发生剧烈晃动？

## 第六节 铝合金建筑型材

### 一、概念

铝合金型材是建筑业上广泛应用的一种轻金属材料，与钢材的密度（约为 $7.85 g/cm^3$）相比，其密度小，为 $2.7 g/cm^3$，且一些铝合金的强度已接近于普通钢材的强度。它还具有良好的导电性和导热性，同时铝表层能够生成致密的 $Al_2O_3$ 保护膜，因此还具有良好的耐腐蚀性。另外，设计新颖、豪华、牢固、大方的铝合金门窗能体现出时代的气息，现代生活气派，创造舒适的工作生活环境。

常用在基材（未经表面处理的铝合金热挤压型材）上形成的铝合金建筑型材有以下四种：

1. 阳极氧化、着色型材：表面经阳极氧化、电解着色或有机着色的铝合金热挤压型材；
2. 电泳涂漆型材：表面经阳极氧化和电泳涂漆复合处理的铝合金热挤压型材；
3. 粉末喷涂型材：以热固性饱和聚酯粉末作涂层的铝合金热挤压型材；
4. 氟碳漆喷涂型材：以聚偏二氟乙烯作涂层的铝合金热挤压型材。

各种铝合金型材的检测指标见表7-41。

**各种铝合金型材的检测指标表** 表 7-41

| 型材种类 | 型 式 检 验 | 出 厂 检 验 |
| --- | --- | --- |
| 阳极氧化、着色型材 | 化学成分、尺寸偏差、力学性能、外观质量和氧化膜厚度、封孔质量及氧化膜颜色、色差 | |
| 电泳涂漆型材 | 基材质量、化学成分、力学性能、尺寸允许偏差、复合质量、外观质量 | 化学成分、力学性能、尺寸允许偏差、外观质量以及颜色、色差、复合膜局部厚度、漆膜附着力、漆膜硬度 |
| 粉末喷涂型材 | 基材质量、预处理、化学成分、力学性能、尺寸允许偏差、涂层性能、外观质量 | 化学成分、力学性能、尺寸允许偏差、外观质量以及涂层厚度、光泽、颜色和色差、压痕硬度、附着力、耐冲击性、杯突试验 |
| 氟碳漆喷涂型材 | 基材质量、预处理、化学成分、力学性能、尺寸允许偏差、涂层性能、外观质量 | 化学成分、力学性能、尺寸允许偏差、外观质量以及涂层厚度、光泽、颜色和色差、压痕硬度、附着力、耐冲击性 |

在建设工程中，铝合金型材的壁厚、硬度和表面膜厚对门窗及幕墙的质量影响较大。故本节仅对型材的壁厚、硬度和表面膜厚的检测进行讲解。

### 二、检测依据

《铝合金建筑型材第1部分：基材》GB/T 5237.1—2004
《铝合金建筑型材第2部分：阳极氧化、着色型材》GB/T 5237.2—2004
《铝合金建筑型材第3部分：电泳涂漆型材》GB/T 5237.3—2004
《铝合金建筑型材第4部分：粉末喷涂型材》GB/T 5237.4—2004
《铝合金建筑型材第5部分：氟碳漆喷涂型材》GB/T 5237.5—2004
《铝合金韦氏硬度试验方法》YS/T 420—2000
《非磁性金属基体上非导电覆盖层厚度测量涡流方法》GB 4957—85

### 三、仪器设备及环境

千分尺（精度为 0.01mm）；
W-20 型钳式手提韦氏硬度仪（精度为 0.5HW）；
ED200 型涡流测厚仪（精度为 1μm）；
环境要求为 23±5℃。

### 四、取样及制备要求

1. 试验取样要求见表7-42、表7-43。

| 各检测项目的取样规定 | | 表 7-42 |
|---|---|---|
| 检验项目 | 取样规定 | |
| 壁厚测量 | 每批1%,不少于10根 | |
| 型材硬度 | 每批(炉)2根,每根1个 | |
| 表面膜厚测量 | 按表7-43取样 | |

表面膜厚的取样规定及结果判定　　表 7-43

| 批量范围 | 随机取样数 | 不合格品数上限 | 批量范围 | 随机取样数 | 不合格品数上限 |
|---|---|---|---|---|---|
| 1~10 | 全部 | 0根 | 301~500 | 20根 | 2根 |
| 11~200 | 10根 | 1根 | 501~800 | 30根 | 3根 |
| 201~300 | 15根 | 1根 | 800以上 | 40根 | 4根 |

**2. 试样制备要求**

两根 500±5mm 长试件,一根保留表面涂层或氧化膜,另一个则去掉表面涂层或氧化膜。

**五、技术要求**

1. 门、窗型材最小公称壁厚应不小于 1.20mm,幕墙用铝合金型材最小实测壁厚应符合有关工程建设国家标准或行业标准的规定。

2. 阳极氧化、着色型材在测试前应去掉氧化膜、电泳涂漆型材应去掉复合膜、粉末喷涂型材去掉涂层、氟碳漆喷涂型材去掉漆膜的韦氏硬度都应不小于 8.0HW。

3. 阳极氧化膜的厚度

阳极氧化膜的厚度级别根据使用环境加以选择(见表7-44),其要求应符合表7-45的规定,并在合同中注明。未注明时,门、窗型材应符合 AA10 级,幕墙型材应符合 AA15 级。

氧化膜级别　　表 7-44

| 膜厚级别 | 使 用 环 境 | 应用举例 |
|---|---|---|
| AA10 | 用于室外大气清洁,远离工业污染,远离海洋的地方。室内一般情况下均可使用 | 厨房用具,日用品,家用电器,装饰品,屋内、外门窗等 |
| AA15<br>AA20 | 用于有工业大气污染,存在酸碱气氛,环境潮湿或常受雨淋、海洋性气候的地方。但上述状态都不十分严重 | 厨房用具、船舶、屋外建材、幕墙等 |
| AA20<br>AA25 | 用于环境非常恶劣的地方。如长期受大气污染,受潮或雨淋、摩擦,特别是表面可能发生凝霜的地方 | 船舶、幕墙、门窗、机械等零件 |

阳极氧化、着色型材的表面膜厚　　表 7-45

| 级别 | 单件平均膜厚(μm),不小于 | 单件局部膜厚(μm),不小于 | 级别 | 单件平均膜厚(μm),不小于 | 单件局部膜厚(μm),不小于 |
|---|---|---|---|---|---|
| AA10 | 10 | 8 | AA20 | 20 | 16 |
| AA15 | 15 | 12 | AA25 | 25 | 20 |

4. 电泳涂漆型材的复合膜厚度

复合膜厚度对于不同级别电泳涂漆型材,局部膜厚的要求也不同,对于 A 级,局部膜厚应大于等于 $21\mu m$,对于 B 级,应大于等于 $16\mu m$。当合同中未注明复合膜厚度级别的,一律按 B 级供货。

注:复合膜是指型材表面阳极氧化处理后再经电泳涂漆而形成的具有耐蚀性、耐候性和耐磨性的膜。

5. 粉末喷涂型材的涂层厚度

装饰面上涂层最小局部厚度 $\geqslant 40\mu m$。

6. 氟碳漆喷涂型材的漆膜厚度(见表7-46)

**氟碳漆喷涂型材的表面膜厚**　　　　　　　　　　　　　　　　　　表 7-46

| 涂层种类 | 平均膜厚（μm） | 最小局部膜厚（μm） | 涂层种类 | 平均膜厚（μm） | 最小局部膜厚（μm） |
| --- | --- | --- | --- | --- | --- |
| 二涂 | ≥30 | ≥25 | 四涂 | ≥65 | ≥55 |
| 三涂 | ≥40 | ≥34 | | | |

注：由于挤压型材横截面形状的复杂性，在型材某些表面（如内角、横沟等）的漆膜厚度允许低于表 7-45 的规定值，但不允许出现露底现象。

### 六、试验操作步骤

**1. 壁厚**

用千分尺测量门、窗、幕墙用受力杆件型材的壁厚。

注意：

（1）阳极氧化、着色型材的壁厚（包括氧化膜在内），电泳型材的壁厚（包括复合膜在内）应符合上述壁厚规定。

（2）粉末喷涂型材去掉涂层的壁厚、氟碳漆喷涂型材去掉漆膜的壁厚应符合上述壁厚规定。

（3）对于经过国家认可的铝合金型材的尺寸可不受上述限制，可参考生产厂方提供的经认可的图集进行判定。

**2. 型材韦氏硬度**

试验方法（试验方法仅针对 W-20 型钳式手提韦氏硬度仪，其他试验仪器可参照说明书）：

（1）将试样置于砧座与压针之间，压针与试验面垂直，轻轻压下手柄，使压针压住试样。

（2）快速压下手柄，施加足够的力，使压针套筒的端面紧压在试样上，在表头上读出硬度值，精确到 0.5HW。

（3）再次测量时，相邻压痕中心间的距离应不小于 6mm。

（4）在测量较软的材料时，表头指针在瞬间达到最大值，随后可能会稍稍下降，此时测量值以观察到的最大值为准。

（5）在一般情况下，每个试样至少应测量三点。

**3. 型材表面膜厚**

试验方法（针对 ED200 型涡流测厚仪，其他试验仪器可参照说明书）：

（1）按开关键，接通仪器电源，仪器开始运行自检程序，然后发出一声鸣音，显示"0.0"。此时表示仪器运行正常，已进入测量状态。

（2）将探头平稳、垂直地落到清洁、干燥的待测件上，仪器鸣叫一声，显示器上显示出涂层厚度值。抬高探头，重新落下，可进行下一次测量。这样反复 5 次，就可完成一个测量序列。

（3）再次测量时，可开始下一次测量序列。

（4）在测量中，如因探头放置不稳，显示出一个明显错误的测量值，可按删除键，删除该测量值，以免影响测量结果的准确性。

（5）测量完毕，按开关键，关闭电源。目前大部分的仪器有自动关机功能，停止操作 2 分钟后，仪器将自动关机。

### 七、数据处理与检验结果判定

**1. 数据处理**

（1）壁厚测量结果应精确到 0.01mm。

（2）韦氏硬度测量以至少三点测量值的算术平均值作为试样的硬度值，计算结果精确到 0.5HW。

(3) 型材表面膜厚测量2个指标,局部膜厚和平均膜厚,结果精确到1μm。

2. 检验结果判定

(1) 型材的壁厚指标不合格时,为单件不合格,允许逐根检验,合格者判为合格。

(2) 型材的韦氏硬度指标不合格时应从该批(炉)中另取4个试样复验(包括原不合格的型材),复验结果仍有一个试样不合格时,判全批不合格。也可由供方逐根检验,或进行重复热处理,重新取样。

(3) 阳极氧化膜厚度不合格数量超过表7-42规定的不合格品数上限时,应另取双倍数量的型材复验。不合格的数量不超过表7-42允许不合格品数上限的双倍时为合格,否则判全批不合格,但可由逐根检验,合格者判为合格。

(4) 电泳型材复合膜厚度、粉末喷涂型材涂层厚度、氟碳漆喷涂型材涂层厚度的不合格数超出表7-42允许的不合格品数上限时,判该批不合格,但可由逐根检验,合格者判为合格。

**思考题**

1. GB/T 5237—2000对铝合金建筑型材的壁厚有何要求?
2. 铝合金建筑型材的韦氏硬度试验如何进行?
3. 铝合金建筑型材的表面膜厚测量试验如何进行?
4. 局部膜厚、平均膜厚的定义?

## 第七节 门、窗用未增塑聚氯乙烯型材

### 一、概念

门、窗框用未增塑聚氯乙烯(PVC-U)型材是以聚氯乙烯树脂为主要原料,加入适当的抗冲改性剂、热稳定剂和光屏蔽剂,经挤出成型,主要用于组装塑料门窗。PVC-U塑料型材具有节能、节材、保护环境、有较好的耐候性和耐腐蚀性,防火性能好,可加工性强等特点,是国家推进农村城镇化和城镇现有建筑节能改造的重要建材产品。

型材按老化时间、落锤冲击、壁厚分类。

M类,老化试验时间4000h;S类,老化试验时间6000h。

Ⅰ类,落锤冲击时落锤高度1000mm;Ⅱ类,落锤冲击时落锤高度1500mm。

A类,可视面厚度不小于2.8mm,非可视面厚度不小于2.5mm;B类,可视面厚度不小于2.5mm,非可视面厚度不小于2.0mm。

### 二、检验依据及技术要求

1. 检验依据

《门、窗用未增塑聚氯乙烯(PVC-U)型材》GB/T 8814—2004

2. 技术要求

根据标准要求,出厂检测应检测的参数有外观、尺寸和偏差、直线偏差、主型材的质量、加热后尺寸变化率、主型材的落锤冲击、150℃加热后状态、主型材的可焊接性。型式检验除上述项目外,尚应进行材料性能(维卡软化温度、简支梁冲击强度、主型材的弯曲弹性模量、拉伸冲击强度)及老化试验(每三年进行一次)。

(1) 外观

型材可视面的颜色应均匀,表面应光滑、平整,无明显凹凸,无杂质。型材端部应清洁、无毛刺。型材允许有由工艺引起不明显的收缩痕。

(2) 尺寸和偏差

型材外形尺寸见图7-14,极限偏差应符合表7-47规定。

主型材的壁厚应符合表 7-48 规定。

外形尺寸和极限偏差（mm） 表 7-47

| 外形尺寸 | 极限偏差 |
|---|---|
| 厚度（$D$）≤80 | ±0.3 |
| >80 | ±0.5 |
| 宽度 | ±0.5 |

主型材的壁厚（mm） 表 7-48

| 名称 | A 类 | B 类 | C 类 |
|---|---|---|---|
| 可视面 | ≥2.8 | ≥2.5 | 不规定 |
| 非可视面 | ≥2.5 | ≥2.0 | 不规定 |

（3）型材的直线偏差

长度为 1m 的主型材直线偏差应≤1mm。长度为 1m 的纱扇直线偏差应≤2mm。

（4）主型材的质量

主型材每米长度的质量应不小于每米长度标称质量的 95%。

（5）加热后尺寸变化率

主型材两个相对最大可视面的加热后尺寸变化率为 ±2.0%；每个试样两可视面的加热后尺寸变化率之差应≤0.4%。

辅型材加热后尺寸变化率为 ±3.0%。

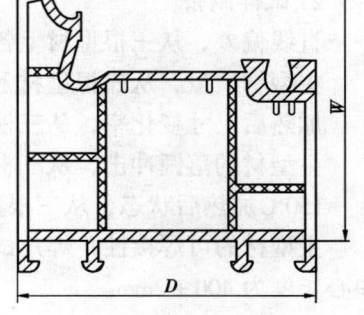

图 7-14 型材断面图

（6）主型材的落锤冲击

在可视面上破裂的试样数≤1 个。对于共挤型材，共挤层不能出现分离。

（7）150℃加热后状态

试样应无气泡、裂痕、麻点。对于共挤型材，共挤层不能出现分离。

（8）主型材的可焊接性

焊角的平均应力≥35MPa，试样的最小应力≥30MPa。

### 三、仪器设备及环境

1. 仪器设备

量具，精度至少为 0.05mm；

标准平台，精度等级三级以上；

电热鼓风箱，可控温度 150±2℃；

温度计，测量范围 0~150℃以上，分度为 1℃；

电子天平，测量范围 0~500g，精度为 0.1g；

可焊接性试验机，精度为 ±1%，测量范围为 0~20kN，试验速度 50±5mm/min；

落锤冲击试验机，落锤质量 1000±5g，锤头半径 20±0.5mm。

2. 状态调节和试验环境

试样在 23±2℃ 的环境下进行状态调节，用于检测外观、尺寸的试样，调节时间不少于 1h，其他检测项目调节时间不少于 24h，并在此条件下进行试验。

### 四、取样及制备要求

1. 组批与抽样

以同一原材料、工艺、配方、规格为一批，每批数量不超过 50t。如产量小不足 50t，则以 7d 的产量为一批。

外观、尺寸检验按抽样方案表 7-49 进行。型材及型材的材料性能的检验，应从外观、尺寸检验合格的样品中随机抽取足够数量的样品。

抽 样 方 案（根） 表7-49

| 批量范围 $N$ | 样本大小 $n$ | 合格判定数 $A_c$ | 不合格判定数 $Re$ | 批量范围 $N$ | 样本大小 $n$ | 合格判定数 $A_c$ | 不合格判定数 $Re$ |
|---|---|---|---|---|---|---|---|
| 2~15 | 2 | 0 | 1 | 281~500 | 20 | 3 | 4 |
| 16~25 | 3 | 0 | 1 | 501~1200 | 32 | 5 | 6 |
| 26~90 | 5 | 1 | 2 | 1201~3200 | 50 | 7 | 8 |
| 91~150 | 8 | 1 | 2 | 3201~10000 | 80 | 10 | 11 |
| 151~280 | 13 | 2 | 3 | 10001~35000 | 125 | 14 | 15 |

2. 试样制备

直线偏差，从三根型材上各截取长度为1000~1010mm的试样1个；

主型材质量，从三根型材上各截取长度为200~300mm的试样1个；

加热后尺寸变化率，从三根型材上各截取长度为250±10mm的试样1个；

主型材的落锤冲击，从三根型材上共截取长度为300±10mm的试样10个；

150℃加热后状态，从三根型材上共截取长度为200±10mm的试样1个；

主型材的可焊接性，焊角试样为五个，不清理焊缝，只清理90℃角的外缘，试样支撑面的中心长度为400±2mm。

## 五、试验操作步骤

1. 外观

在自然光或一个等效的人工光源下进行目测，目测距离0.5m。观察型材可视面的颜色是否均匀，表面是否光滑、平整，有无明显凹凸、杂质；型材端部是否清洁，有无毛刺。

2. 尺寸和偏差

测量外形尺寸和壁厚，用精度至少为0.05mm的游标卡尺测量，外形尺寸和壁厚各测量三点。壁厚取最小值。

3. 直线偏差

把试样的凹面放在三级以上的标准平台上。用精度至少为0.1mm的塞尺测量型材和平台之间的最大间隙，然后在测量与第一次测量相垂直的面，取三个试样中的最大值。

4. 主型材质量

型材的质量用精度不低于1g的天平称量，型材的长度用精度至少为0.5mm的量具测量，取三个试样的平均值。

5. 加热后尺寸变化率

在试样规定的可视面上划两条间距为200mm的标线，标线应与纵向轴线垂直，每一标线与试样一端的距离约为25mm，并在标线中部标出与标线垂直相交的测量线。主型材在两个相对最大可视面各做一对标线，辅型材只在一面做标线。

用精度为0.05mm的量具测量两交叉点间的距离$L_0$，精确至0.1mm，将非可视面放于100±2℃的电热鼓风箱内撒有滑石粉的玻璃板上，放置60~63min，连同玻璃板取出，冷却至室温，测量两交点间的距离$L_1$，精确至0.1mm。

6. 主型材的落锤冲击

将试样的可视面向上放在支撑物上，使落锤冲击在试样可视面的中心位置，如图7-15所示，每个试样上下可视面各冲击五次。落锤高度Ⅰ类为1000~1010mm，Ⅱ类为1500~1510mm。观察并记录型材可视面破裂、分离的试样个数。

7. 150℃加热后状态

将试样水平放于150±2℃的电热鼓风箱内撒有滑石粉的玻璃板上，放置30~33min，连同玻璃板取出，冷却至室温。目测观察是否出现气泡、裂纹、麻点或分离。

8. 主型材的可焊接性

将试样的两端放在活动的支撑座上，对焊角或T形接头施加压力，直到断裂为止，如图7-16所示，记录最大力值 $F_c$，计算受压弯曲应力 $\sigma_c$。

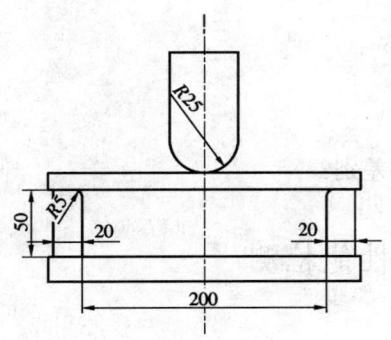

图7-15 试样支撑物及落锤位置

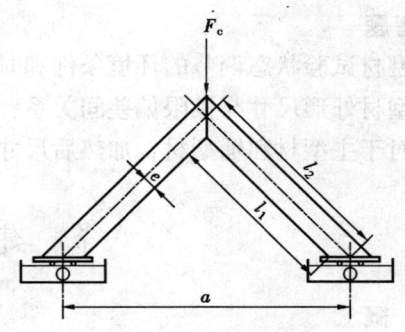

图7-16 可焊接性试验示意图

### 六、数据处理与判定

1. 计算

(1) 加热后尺寸变化率按式 (7-19) 计算

$$R = (L_0 - L_1) \times 100/L_0 \tag{7-19}$$

式中 $R$——加热后尺寸变化率（%）；

$L_0$——加热前两交点间的距离（mm）；

$L_1$——加热后两交点间的距离（mm）。

对于主型材，要计算每一可视面的加热后尺寸变化率，取三个试样的平均值；并计算每个试样的两个相对可视面的加热后尺寸变化率的差值，取三个试样中的最大值。

(2) 受压弯曲应力 $\sigma_c$

$$\sigma_c = F_c \times [(a/2 - e/2^{1/2})/2W] \tag{7-20}$$

式中 $\sigma_c$——受压弯曲应力（MPa）；

$F_c$——受压弯曲的最大力值（N）；

$a$——试样支撑面的中心长度（mm）；

$e$——临界线 $AA'$ 与中性轴 $ZZ'$ 的距离；

$W$——应力方向的倾倒矩 $I/e$（mm³）；

$I$——型材横断面 $ZZ'$ 轴的惯性矩。T形焊接的试样应使用两面中惯性矩的较小值，单位为 mm⁴。

$e$、$I$ 值可由厂家提供。

2. 判定规则

(1) 合格项的判定

① 外观与尺寸的判定

外观与尺寸的判定按表7-47进行判定。

② 型材及材料性能的判定

型材及材料性能测试结果中，若有不合格项时，应从原批中随机抽取双倍样品，对该项目复验，复验结果全部合格，则型材及材料性能合格；若复验结果仍有不合格项时，则该型材及材料不合格。

(2) 合格批的判定

外观、尺寸、型材及材料性能检验结果全部合格，则判该批合格，若有一项不合格，则判该批不合格。

**思考题**

1. 型材试验状态调节的环境条件和时间要求？
2. 型材外形尺寸与极限偏差间关系？
3. 对于主型材和辅型材，加热后尺寸变化率试验有何差别？

## 第八节 建筑外窗物理性能检测

**一、概念**

建筑外窗作为建筑物的重要围护结构，同时也对人们的生活起着重要的影响作用。外窗工程是装饰装修的一个子分部工程，外窗产品也是国家工业产品生产许可证管理的项目之一。

按材料来分，目前市场上较为常见的是铝合金窗和塑料窗，其他还有彩钢板、木窗以及其他复合形式。

按开启方式来分，较为常见的是推拉窗和平开窗、固定窗以及组合形式，其他开启方式还有上悬、内倒等。

不管材料和开启方法如何不同，外窗物理性能的试验方法是一致的。外窗物理性能主要有气密性、水密性、抗风压性、保温性、隔热性、隔声性。根据 GB 50210—2001 建筑装饰装修工程质量验收规范 5.1.3 规定"对金属窗、塑料窗的抗风压性、气密性、水密性进行复验"，目前建筑外窗的物理性能一般特指上述的三性。随着国家建设节约性社会和对节能建材的推广，保温和隔热性能将会越来越重要，而门窗的气密性将直接影响着门窗的保温和隔热性能。本节只介绍抗风压性、气密性、水密性的检测方法。

**二、检测依据与技术要求**

1. 检测依据

GB/T 7106—2002《建筑外窗抗风压性能分级及检测方法》

GB/T 7107—2002《建筑外窗气密性能分级及检测方法》

GB/T 7108—2002《建筑外窗水密性能分级及检测方法》

GB 50210—2001《建筑装饰装修工程质量验收规范》

GB/T 3108—1994《塑料窗》

GB 8479—2003《铝合金窗》

2. 分级指标

建筑外窗的三性是通过分级进行评价，表 7-50 ~ 表 7-52 列出了三性的分级表。

建筑外窗抗风压性能分级表 (kPa)　　　　　表 7-50

| 分级代号 | 1 | 2 | 3 | 4 | 5 | 6 | 7 | 8 | ×.× |
|---|---|---|---|---|---|---|---|---|---|
| 分级指标值 $P_3$ | $1.0 \leq P_3 < 1.5$ | $1.5 \leq P_3 < 2.0$ | $2.0 \leq P_3 < 2.5$ | $2.5 \leq P_3 < 3.0$ | $3.0 \leq P_3 < 3.5$ | $3.5 \leq P_3 < 4.0$ | $4.0 \leq P_3 < 4.5$ | $4.5 \leq P_3 < 5.0$ | $P_3 \geq 5.0$ |

注：表中 ×.× 表示用 ≥5.0kPa 的具体值取代分级代号。

**建筑外窗气密性能分级表**　　　　表 7-51

| 分级代号 | 1 | 2 | 3 | 4 | 5 |
|---|---|---|---|---|---|
| 单位缝长分级指标值 $q_1$ $[m^3/(m·h)]$ | $6.0 \geqslant q_1 > 4.0$ | $4.0 \geqslant q_1 > 2.5$ | $2.5 \geqslant q_1 > 1.5$ | $1.5 \geqslant q_1 > 0.5$ | $q_1 \leqslant 0.5$ |
| 单位面积分级指标值 $q_2$ $[m^3/(m^2·h)]$ | $18 \geqslant q_2 > 12$ | $12 \geqslant q_2 > 7.5$ | $7.5 \geqslant q_2 > 4.5$ | $4.5 \geqslant q_2 > 1.5$ | $q_2 \leqslant 1.5$ |

**建筑外窗水密性能分级表（Pa）**　　　　表 7-52

| 分级代号 | 1 | 2 | 3 | 4 | 5 | ×××× |
|---|---|---|---|---|---|---|
| 分级指标 $\Delta P$ | $100 \leqslant \Delta P < 150$ | $150 \leqslant \Delta P < 250$ | $250 \leqslant \Delta P < 350$ | $350 \leqslant \Delta P < 500$ | $500 \leqslant \Delta P < 700$ | $\Delta P \geqslant 700$ |

注：1. 表中××××表示用≥700Pa 的具体值取代分级代号；
　　2. 表中××××级窗适用于热带风暴和台风地区（GB 50178 中的ⅢA 和ⅣA 地区）的建筑。

从产品标准中规定的最低合格要求，见表 7-53（由于塑料窗和彩钢窗的产品标准没有随检测标准的更新而修订，所以气密性只列出单位缝长分级指标值。此表中技术要求参数随相关产品标准的变更而改变）。满足相关产品标准的合格要求也是工程检测的起码应该达到要求。如果委托时没有对三性指标做出具体要求，检测中可以以此作为判断依据。

**各项指标的技术要求**　　　　表 7-53

| 窗型 | 抗风压性能（kPa） | 水密性能（Pa） | 气密性能 $[m^3/(m·h)]$ | 标准 |
|---|---|---|---|---|
| 塑料推拉窗 | 1000 | 1000 | 2.5 | GB/T3018 |
| 塑料平开窗 | 1000 | 1000 | 2.0 | |
| 铝合金推拉窗 | 1000 | 1000 | 2.5 | GB/T8479 |
| 铝合金平开窗 | 1000 | 1000 | 2.5 | |
| 彩钢推拉窗 | 1500 | 150 | 2.5 | JG/T3041 |
| 彩钢平开窗 | 2000 | 250 | 1.5 | |

### 三、试验设备及环境

2002 年以后开发的室内和现场外窗检测设备的自动化程度较成熟，工作设备主要由动风压箱体构成，控制完全由计算机完成。除水密性需要人员实时监控外，其他都实现了自动采集与评判。

试验方法标准上没有对检测环境提出特殊要求，一般室温条件可以。但对于塑料窗产品标准 GB/T3018 上规定在检测前对于 PVC 塑料窗试件应在 18~28℃的条件下状态调节 16h 以上，同时检测也要求在同样的环境条件下进行。所以建议检测室的温度控制在 18~28℃范围内。

### 四、试验准备

1. 顺序：试验顺序按气密性、水密性、抗风压性进行，先做正压，后做负压。

2. 试件要求

试件应为按提供图样生产的合格品，不得有附加的零配件和特殊组装工艺或改善措施，不得在开启部位打密封胶。

试件必须按照设计要求组合、装配完好，配件齐全，表面清洁干燥。

3. 试件安装

调整镶嵌框尺寸,并保证有足够的刚度。

用完好的塑料布覆盖试件的外侧面。

试件的外侧面朝向箱体,如需要,选用合适的垫木垫在静压箱底座上,垫木的厚度应使试件排水顺畅,高度应保证排水流畅,安装好的试件要求垂直,下框要求水平,夹具应均匀分布,避免出现变形,建议安装附框,安装完毕后,应将试件开启部分开关5次,最后关紧。

4. 录入基本参数

测量并记录试件品种,外形长、宽和厚,开启缝长、开启密封材料,受力杆长,玻璃品种、规格、最大尺寸、镶嵌方法、镶嵌材料,气压,环境温度,五金配件配制。

5. 设备检查

### 五、气密性检测方法

1. 预备加压

在正负压检测前分别施加三个压力脉冲。压力绝对值为500Pa,加载速度约为100Pa/s,压力稳定作用时间为3s,泄压时间不少于1s。待压力差回零后,将试件上所有开启部分开关5次,最后关紧。

2. 附加渗透量的测定

附加空气渗透量指除通过试件本身的空气渗透量以外的通过设备和镶嵌框,以及部件之间连接缝等部位的空气渗透量。在试件开启部位密封的情况下选择程序记录10、50、100、150、100、50、10压力等级下的空气渗透量,见图7-17。

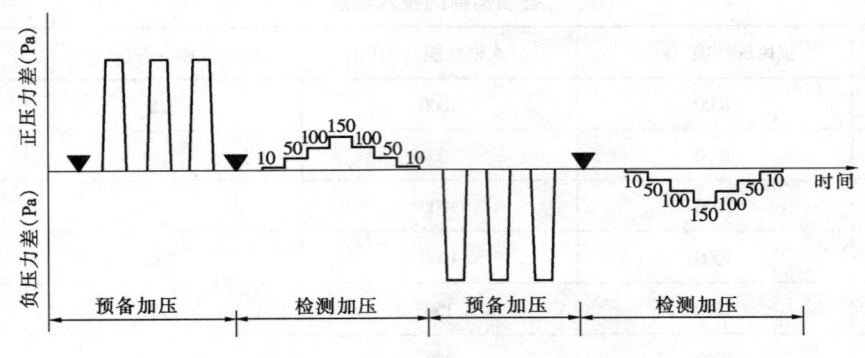

图7-17 气密性加压顺序图

3. 总渗透量的测定

用刀片划开密封部位的塑料布,选择总渗透量的测定,程序同上。

4. 分级与计算

监控系统根据记录下的正、负各压力级总渗透量和附加渗透量计算出每一试件在100Pa时的空气渗透量的测定值 $\pm q_t$;换算成标准状态下的空气渗透量 $\pm q'$;除以开启缝长度得出单位开启缝长的空气渗透量 $\pm q'_1$;除以试件面积得出单位面积的空气渗透量 $\pm q'_2$;换算成10Pa检测压力下的相应值 $\pm q_1$ 和 $\pm q_2$ 的计算公式分别见式(7-21)和(7-22):

$$\pm q_1 = (\pm q_t \times 293 \cdot p)/(4.65 \times 101.3 \times T \times l) \quad (7-21)$$

$$\pm q_2 = (\pm q_t \times 293 \cdot p)/(4.65 \times 101.3 \times T \times A) \quad (7-22)$$

式中 $p$——实验室气压值(kPa);

$l$——开启缝的总长度(m);

$A$——窗户试件的面积($m^2$)。

作为分级指标值,对照按缝长和按面积各自所属级别,最后取两者中的不利级别为所属等级,正压、负压分别定级。

我国大部分窗型开启缝长与面积比大约为 1:3,故评定等级也大致采用这个比例关系。

### 六、水渗漏性(水密性)检测方法

标准上规定了雨水渗漏有 5 种现象,其中后两种即喷溅出窗试件界面和溢出窗试件界面算严重渗漏,我们需记录的也是这两种现象。

水密性的加压方法有两种,稳定加压和波动加压,定级检测和工程所在地为非热带风暴和台风地区时,采用稳定加压法,淋水量为 $2L/(m^2 \cdot min)$;工程所在地为热带风暴和台风地区时,也就是 GB50178 中的 ⅢA 和 ⅣA 地区,采用波动加压法,淋水量为 $3L/(m^2 \cdot min)$。我国气候分布图见图 7-21。

1. 预备加压:施加三个压力脉冲。压力绝对值为 500Pa,加载速度约为 100Pa/s,压力稳定作用时间为 3s,泄压时间不少于 1s。待压力差回零后,将试件上所有开启部分开关 5 次,最后关紧。

2. 淋水:应让门窗试件的全部面积上形成连续水膜并达到规定淋水量的要求。

3. 加压:在稳定淋水的同时,按顺序逐渐加压至严重渗漏,稳定加压表 7-54 和图 7-18;波动加压见表 7-55 和图 7-19。工程检测时,加压至设计值。

稳 定 加 压 顺 序 表　　　　表 7-54

| 加 压 顺 序 | 1 | 2 | 3 | 4 | 5 | 6 | 7 | 8 | 9 | 10 | 11 |
|---|---|---|---|---|---|---|---|---|---|---|---|
| 检测压力/Pa | 0 | 100 | 150 | 200 | 250 | 300 | 350 | 400 | 500 | 600 | 700 |
| 持续时间/min | 10 | 5 | 5 | 5 | 5 | 5 | 5 | 5 | 5 | 5 | 5 |

注:检测压力超过 700Pa 时,每级间隔仍为 100Pa。

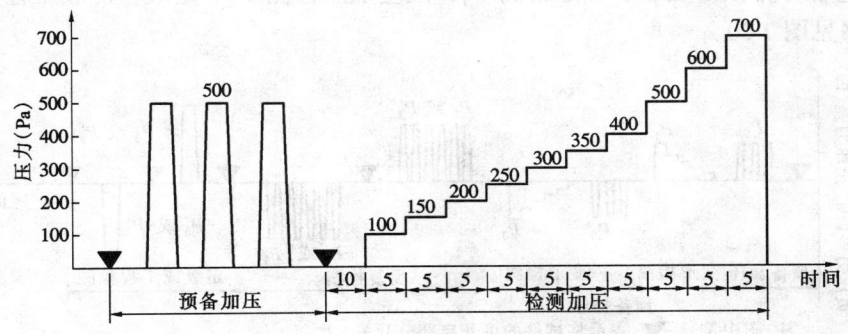

图 7-18　水渗漏性稳定加压顺序示意图

波 动 加 压 顺 序 表　　　　表 7-55

| 加 压 顺 序 | | 1 | 2 | 3 | 4 | 5 | 6 | 7 | 8 | 9 | 10 | 11 |
|---|---|---|---|---|---|---|---|---|---|---|---|---|
| 波动压力值 Pa | 上限值 | 0 | 150 | 230 | 300 | 380 | 450 | 530 | 600 | 750 | 900 | 1050 |
| | 平均值 | 0 | 100 | 150 | 200 | 250 | 300 | 350 | 400 | 500 | 600 | 700 |
| | 下限值 | 0 | 50 | 70 | 100 | 120 | 150 | 170 | 200 | 250 | 300 | 350 |
| 持续时间(min) | | 10 | 5 | 5 | 5 | 5 | 5 | 5 | 5 | 5 | 5 | 5 |

注:波动压力平均值超过 700Pa 时,每级间隔仍为 100Pa。

4. 试件检测值的确定

以试件严重渗漏时所受压力差值的前一级检测压力差值作为该试件水密性能检测值。如果检

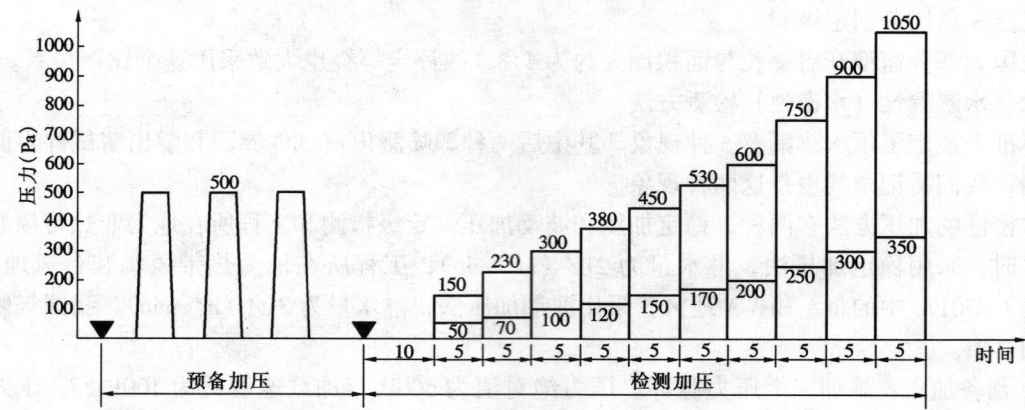

图 7-19 水渗漏性波动加压顺序示意图

测至委托方确认的检测值尚未渗漏,则此值为该试件的检测值。

**5. 综合评定**

一般取三试件检测值的算术平均值作为综合检测值向下套级,综合检测值应大于或等于分级指标值。如果三试件检测值中的最高值和中间值相差两个检测压力级以上时,将最高值降至比中间值高两个检测压力级后,再进行算术平均(三试件检测值中,较小的两值相等时,该较小值则视为中间值)。

**七、抗风压性能检测方法**

1. 位移计的安装:中间测点在测试杆件中点位置,两端测点在距杆件端点向中点方向 10mm 处。当试件的相对挠度最大的杆件难以判定时,应选取两根或多根测试杆件,分别布点测量。

2. 检测过程分为预备加压、变形检测 $P_1$、反复加压检测 $P_2$、定级检测或工程检测。
检测顺序见图 7-20。

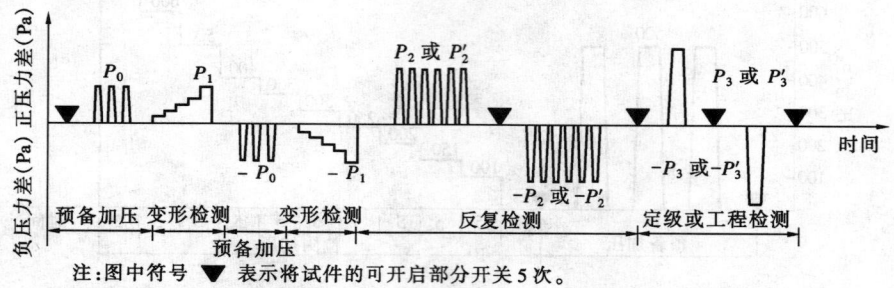

注:图中符号 ▼ 表示将试件的可开启部分开关 5 次。

图 7-20 检测压差顺序图

(1) 预备加压

在进行正负压变形检测前,分别提供三个压力脉冲,压力差 $P_0$ 绝对值为 500Pa,加压速度约为 100Pa/s,压力稳定作用时间为 3s,泄压时间不少于 1s。

(2) 变形检测是试件在逐步递增的风压作用下,测试试件杆件相对面法线挠度的变化。先进行正压检测,后进行负压检测。检测压力逐级升、降。每级升、降压力差值不超过 250Pa,每级检测压力差稳定作用时间约为 10s。压力升降直到面法线挠度值达(或超过)±1/300 时为止,不超过 ±2000Pa。记录每级压力差作用下的面法线位移量。由监控电脑依据达到 ±1/300 面法线挠度时的检测压力级的压力值,利用压力差和变形之间的相对关系求出 ±1/300 面法线挠度的对应压力差值作为变形检测压力差值,标以 ±$P_1$(不超过 ±2000Pa)。工程检测中,1/300 所对应的压力差值已超过 $P'_3$ 时,检测至 $P'_3$ 为止。

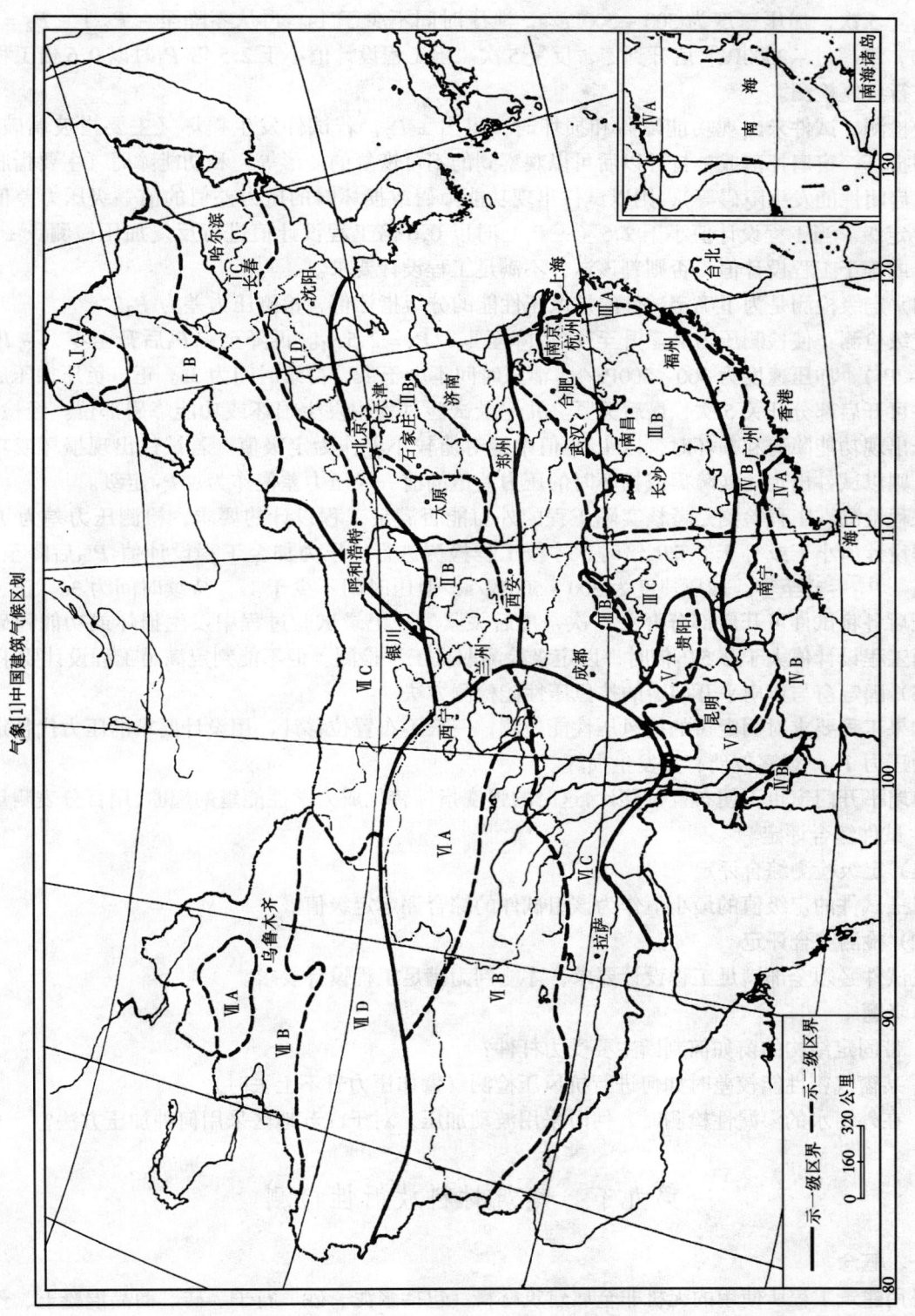

图 7-21 我国气候分布图

(3) 反复加压检测是检测试件在压力差 $P_2 = 1.5P_1$（定级检测）或 $P'_2$（工程检测）的反复作用下，是否发生损坏和功能障碍。检测压力从零升到 $P_2$（$P_2 = 1.5P_1$，不超过 3000Pa）后降至零，反复 5 次，加压速度为 300～500Pa/s，泄压时间不少于 1s。再从零降至 $-P_2$ [ $-P_2 = 1.5$ ( $-P_1$ )，不超过 $-3000$Pa ] 后升到零，反复 5 次。当工程设计值小于 2.5 倍 $P_1$ 时以 0.6 倍工程设计值进行反复检测。

经检测，试件未出现功能障碍和损坏时，得出 $\pm P_2$，若试件发生损坏（主要指玻璃破裂，五金件损坏，窗扇掉落或被打开以后可以观察到的不可恢复的变形等）和功能障碍（主要指胶条脱落，启闭性能发生障碍等），则以试件出现功能障碍或损坏时的压力差值的前一级压力差值作为 $\pm P_2$ 定级。当工程设计值小于 2.5（$\pm P_1$）时以 0.6 倍工程设计值进行反复加压检测。$\pm P'_2$ 应大于或等于工程设计值，否则判该试件不满足工程设计要求。

(4) 定级检测是为了确定试件的抗风压性能的分级指标值，检测压力差为 $P_3$。

定级检测：使检测压力从零升至 $P_3$ 后降至零，$P_3 = 2.5P_1$。再降至 $-P_3$ 后升至零，$-P_3 = 2.5$（$-P_1$）。加压速度为 300～500Pa/s，泄压时间不少于 1s，持续时间为 3s。正、负压加压后各将试件可开启部分开关 5 次，最后关紧。并记录试验过程中发生损坏或功能障碍部位。经检测，试件未出现功能障碍和损坏时，以 $\pm P_3$ 值中绝对值较小者作为定级值。若试件出现损坏或功能障碍，则以试件出现功能障碍或损坏时的压力差值的前一级压力差值作为 $\pm P_3$ 定级。

工程检测：工程检测是考核实际工程的外窗能否满足工程设计的要求，检测压力差为 $P'_3$。当工程设计值小于或等于 $2.5P_1$ 倍时，才按工程检测进行。压力加至工程设计值 $P'_3$ 后降至零，再降至 $-P'_3$ 后升至零。加压速度为 300～500Pa/s，泄压时间不少于 1s，持续时间为 3s。正、负压加压后各将试件可开启部分开关 5 次，最后关紧。并记录试验过程中发生损坏或功能障碍部位。当工程设计值大于 $2.5P_1$ 倍时，以定级检测取代工程检测。但不能判定满足工程设计要求。

(5) 固定窗与单扇平开门窗的抗风压性能检测方法

如果工程要求对固定窗的抗风压性能检测，一般不布置位移计，用设计要求的压力代替定级检测的压力 $P_3$，观察玻璃有无发生损坏。

单扇平开门窗也不便布置位移计，这时的强度指标转化成力学性能里的翘曲，用百分表测量。

3. 试件综合评定

(1) 定级检测综合评定

以三试件的定级值的最小值作为该组试件的综合评定定级值。

(2) 检测综合评定

三试件必须全部满足工程设计要求，才能判为满足工程设计要求。

**思考题**

1. 带固定结构的窗如何判断主要受力杆件？
2. 某窗气密性能较差时如何进行抗风压检测（譬如压力升不上去时）？
3. 在外窗水的渗漏性检测时，何时采用波动加压，对于江苏地区采用何种加压方法？

## 第九节 建筑材料放射性检测

### 一、概念

民用建筑工程所使用的无机非金属建筑材料（包括水泥、砂、石子、砖、商品混凝土、预制构件和新型墙体材料等）、无机非金属装修材料（包括石材、石膏板、吊顶材料、卫生陶瓷等），以及土壤中均含有天然放射性核素，主要有镭（Ra）-226、钍（Th）-232、钾（K）-40 三种放射性核素，由于不同物质的放射性核素含量不同，对人体的危害程度也不一样。因此为保障公众健康，维护公共利益，应对无机非金属建筑、装修材料进行必要的检测，本节将以饰面石材、墙地饰面砖的放射性检测为例进行详细的讲解。

放射性对人体的危害主要有两个方面，即内照射和外照射。与其相关的概念主要有以下几方面：

1. 放射性核素：具有特定的质量数、原子序数和核能态，而且平均寿命较长，能够足以被观察到的一类原子，称为核素；核素分为稳定的和不稳定的，不稳定的核素称为放射性核素。

2. 内照射：放射性核素进入人体并从人体内部照射人体的现象，称为内照射。放射性核素是怎样进入人体内的呢？在自然界中唯一的天然放射性气体就是氡气（Rn），它是由镭（Ra）衰变而产生的，氡气是无色、无味的惰性气体，在空气中氡原子的衰变产物称为氡子体，为金属离子，常温下，氡及其子体在空气中形成放射性气溶胶而污染空气，它们很容易随着人们的呼吸进入肺部，对肺部组织产生内照射，增加肺癌的危险性。

3. 外照射：放射性核素从人体外部照射人体的现象，称为外照射。无机非金属建筑材料中的放射性核素在衰变过程中产生射线，对人体外部进行照射，会对人体内的造血器官、神经系统、生殖系统及消化系统造成损伤。

4. 放射性活度：放射性核素在单位时间内发生衰变的原子核数目称为放射性活度，即衰变率，单位为贝可（Bq）。

5. 放射性比活度：建筑材料中某种天然放射性核素放射性活度除以该建筑材料的质量而得的商，按式（7-23）计算。

$$C = \frac{A}{m} \tag{7-23}$$

式中　$C$——放射性比活度（Bq/kg）；
　　　$A$——建筑材料中核素的放射性活度（Bq）；
　　　$m$——建筑材料的质量（kg）。

6. 内照射指数：建筑材料中天然放射性核素镭（Ra）-226 的放射性比活度，除以 200 而得的商，按式（7-24）计算。

$$I_{Ra} = \frac{C_{Ra}}{200} \tag{7-24}$$

式中　$I_{Ra}$——内照射指数；
　　　$C_{Ra}$——建筑材料中天然放射性核素镭-226 的放射性比活度（Bq/kg）；
　　　200——仅考虑内照射情况下，国家标准规定的建筑材料中天然放射性核素镭-226 的放射性比活度限量（Bq/kg）。

7. 外照射指数：建筑材料中天然放射性核素镭-226、钍-232 和钾-40 的放射性比活度，分别除以其各自单独存在时国家标准规定的限量而得的商之和，按式（7-25）计算。

$$I_r = \frac{C_{Ra}}{370} + \frac{C_{Th}}{260} + \frac{C_K}{4200} \tag{7-25}$$

式中　$I_r$——外照射指数；
　　　$C_{Ra}$、$C_{Th}$、$C_K$——分别为建筑材料中天然放射性核素镭-226、钍-232 和钾-40 的放射性比活度（Bq/kg）；
　　　370、260、4200——分别仅考虑外照射情况下，国家标准规定的建筑材料中天然放射性核素镭-226、钍-232 和钾-40 在其各自单独存在时的放射性比活度限量（Bq/kg）。

## 二、检测依据

1.《民用建筑工程室内环境污染控制规范》GB 50325—2001

2.《建筑材料放射性核素限量》GB 6566—2001

### 三、仪器设备及环境

1. 仪器及辅助检测用品

低本底多道γ能谱仪及配套计算机、打印机；

天平：最大称量500g，感量1g；

粉碎机；

样品盒；

标准筛（70目）；

经国家法定计量部门检测确认的标准物质。

2. 环境：使用温度5～30℃；相对湿度≤85%。

### 四、取样及制备要求

1. 取样：随机抽取样品两份，每份不少于3kg，一份作为检验样品，一份密封保存（用于复检）。

2. 制样：将检验样品粉碎，磨细至样品粒径≤0.16mm（70目）。将其放入与标准样品几何形态一致的样品盒中，称重（精确至1g），待测。

### 五、操作步骤

考虑到目前检测材料放射性的仪器较多，各自仪器的使用方法也略有差别，但主要过程基本一致。下面以瑞康-1型（碘化钠探头）低本底多道γ能谱仪为例讲解放射性检测的操作过程，仪器的操作步骤如下（其他型号的仪器按其说明书要求操作）：

1. 开机

首先用酒精棉擦净探测器的顶部，保持探头的清洁。然后打开计算机和低本底多道γ能谱仪预热约1小时，使仪器在此环境下稳定，此时采取措施保证室内温度变化在±2℃，湿度变化在±5%范围内，否则，峰位会漂移，影响测量结果的准确性。

2. 道址校验

在仪器预热后，用铯$Cs^{137}$γ放射源（工作源）对仪器的道址进行校正，使铯峰的道址位于218～222道之间。

3. 本底测量

铅室空置，关好铅室门，设置测量时间为24h，测量结束后，保存图谱文件，文件名为：本底+测量日期。

4. 镭、钍、钾标准源测量

将镭标准源直接放在探测器顶部正中央，关好铅室门，设置测量时间为16h，测量结束后，保存图谱文件，文件名为：镭标准源+测量日期。

用同样的方法得到钍和钾的标准源图谱。

5. 确定特征峰峰位，记录能量——道址（峰位）

在文件菜单中打开新测的镭标准图谱，将光标移到351.92kev峰位，寻找计数值最大的那一道（$X_1$），按能量——峰位格式记录351.92kev——$X_1$，将光标移到609.32kev峰位，寻找计数值最大的那一道（$X_2$），按能量——峰位格式记录609.32kev——$X_2$，关闭镭标准图谱。

在文件菜单中打开新测的钍标准图谱，将光标移到238.63kev峰位，寻找计数值最大的那一道（$X_3$），按能量——峰位格式记录238.63kev——$X_3$，将光标移到583.19kev峰位，寻找计数值最大的那一道（$X_4$），按能量——峰位格式记录583.19kev——$X_4$，将光标移到2614.7kev峰位，寻找计数值最大的那一道（$X_5$），按能量——峰位格式记录2614.7kev——$X_5$，关闭钍标准图谱。

在文件菜单中打开新测的钾标准图谱，将光标移到1460.75kev峰位，寻找计数值最大的那一道（$X_6$），按能量——峰位格式记录 1460.75kev——$X_6$，关闭钾标准图谱。

**6. 设置标准图谱中特征峰的感兴趣区 ROI**

在文件菜单中打开镭标准图谱，点击 ROI 菜单，点击删除所有的 ROI 子菜单，全谱没有加亮的地方，点击自动设置 ROI 子菜单，全谱会出现多个加亮的 ROI，在镭标准图谱中保留 295.21kev，351.92kev，609.32kev，1120.28kev，1764.52kev 这 5 个峰的感兴趣区 ROI，其他全部删除，操作完成后，保存，退出镭标准图谱。

同理，在钍标准图谱中保留 238.63kev，338.4kev，583.19kev，911.07kev（此峰与 968.9kev 峰重叠在一起，算作一个峰），2614.7kev 这 5 个峰的感兴趣区 ROI；在钾标准图谱中只保留 1460.75kev 这一个感兴趣区 ROI。

**7. 删除安装盘下 \ racom \ system 中的老文件**

在安装盘下建立文件夹，将安装盘 \ racom \ system 中的老文件全部复制到安装盘下新建文件夹中，然后在安装盘 \ racom \ system 中只保留 energy.sys, file.sys, library.lib, port.sys, racom.lib, stdlog.ini, water.sys 等 7 个文件，其他文件全部删除。

**8. 存储新的本底谱、标准谱为计算用标准谱**

将新测量的本底图谱、镭标准图谱、钍标准图谱、钾标准图谱存为标准图谱，并根据菜单的提示输入相应的标准源活度，单位为 Bq。

**9. 能量刻度**

点击刻度菜单，点击能量刻度子菜单，清除旧的能量刻度表，将 6 个新的"能量——道址"输入后，点击"刻度"，图中显示一条直线，新的能量刻度完成。

**10. 放射性检测**

完成以上操作后，开始对无机建筑材料的放射性进行检测，被测样品的粒径应不大于 70 目，检测时的室内温度、湿度应与测量标准源时一致，以减少误差。

在测量完成后，点击"分析"菜单，输入样品净重及样品信息，然后点击"成分分析"，计算机会自动给出该样品镭、钍、钾放射性元素比活度，测量不确定度及内、外照射指数。一般来说，镭-226、钍-232 和钾-40 的单个放射性比活度大于 30Bq/kg 时，测量不确定度应小于 20%，即符合技术要求，否则重新测量，并延长测量时间。

注意：当内照射指数或外照射指数值接近标准限值以及仲裁检测时，为使检测数据更加准确，可将样品放置 15 天以上，使镭和氡达到平衡，再进行测量。

**六、数据处理与结果判定**

1. 数据处理

根据计算机给出的样品测量结果，按下面"结果判定"判断数据是否符合标准限量要求。

2. 结果判定

(1) 建筑主体材料

当建筑主体材料中天然放射性核素镭 (Ra)-226、钍 (Th)-232、钾 (K)-40 的放射性比活度同时满足 $I_{Ra} \leqslant 1.0$ 和 $I_r \leqslant 1.0$ 时，其产销和使用范围不受限制。

对于空心率大于 25% 的建筑主体材料，其天然放射性核素镭 (Ra)-226、钍 (Th)-232、钾 (K)-40 的放射性比活度同时满足 $I_{Ra} \leqslant 1.0$ 和 $I_r \leqslant 1.3$ 时，其产销和使用范围不受限制。

(2) 装修材料

A 类装修材料：装修材料中天然放射性核素镭 (Ra)-226、钍 (Th)-232、钾 (K)-40 的放射性比活度同时满足 $I_{Ra} \leqslant 1.0$ 和 $I_r \leqslant 1.3$ 要求的为 A 类装修材料，其产销和使用范围不受限制。

B 类装修材料：不满足 A 类装修材料要求，但同时满足 $I_{Ra} \leqslant 1.3$ 和 $I_r \leqslant 1.9$ 要求的为 B 类装修材料。B 类装修材料不可用于 I 类民用建筑工程的内饰面，但可用于 I 类民用建筑工程的外饰面及其他一切建筑物的内、外饰面。

C 类装修材料：不满足 A、B 类装修材料要求，但同时满足 $I_r \leqslant 2.8$ 要求的为 C 类装修材料。C 类装修材料只可用于建筑物的外饰面及室外其他用途。

对 $I_r > 2.8$ 的花岗岩只可用于碑石、海堤、桥墩等人类很少涉及到的地方。

注：Ⅰ类民用建筑工程包括住宅、医院、老年建筑、幼儿园、学校教室等。

Ⅱ类民用建筑工程包括办公楼、商店、旅馆、文化娱乐场所、书店、图书馆、展览馆、体育馆、公共交通等候室、餐厅、理发店等。

**七、实例**

首先把被测样品用铁锤砸成小块，再用粉碎机粉碎。按"取样及制备要求"一节的操作进行，平衡后的样品放在探测器顶部的正中央，室内环境温度、湿度调节到与测量标准源时相同的条件。仪器预热 1 小时后即可测量，测量时间为 4h，测量结果见表 7-56。

**样品检测结果表**        表 7-56

| 项 目 | 镭-226 | 钍-232 | 钾-40 |
|---|---|---|---|
| 测量值（Bq/kg） | 79.26 | 116.79 | 532.32 |
| 内照射指数 $I_{Ra}$ | 0.40 | | |
| 外照射指数 $I_r$ | 0.79 | | |

从以上检测数据可知，该样品可用于各类建筑，使用范围不受限制。

**思考题**

1. 要使镭和氡达到平衡，样品需放置多长时间？
2. 在测量期间，仪器对室内的温度和湿度有什么要求？
3. 测量样品的粒径应不大于多少？
4. 已知某样品中镭-226、钍-232 和钾-40 的放射性比活度分别为 76Bq/kg、112Bq/kg、426Bq/kg，试分别计算该样品的内照射指数和外照射指数。

## 第十节 土壤中氡气浓度及氡气析出率测定

**一、概念**

氡是有别于可挥发气体的一种放射性气体，具有无色、无味、摸不到、看不见的特性，广泛存在于人类生活与工作环境中，已被世界卫生组织公布为 19 种主要环境致癌物质之一。一般情况下，人一生中所受的天然放射性照射多半来自氡气，而民用建筑底层室内环境中的氡气主要来自于地基下岩石（土壤）中的镭，以及局部能作为氡气通道的构造断裂，即来自土壤和岩石。

人在呼吸时，氡气及其子体随气流进入肺部，氡子体衰变时放出 α 射线，这种射线像小"炸弹"一样轰击肺细胞，使肺细胞受损，从而引发患肺癌的可能性。医学研究已经证实，氡气还可能引起白血病、不孕不育、胎儿畸形、基因畸形遗传等后果。科学家测算，如果生活在室内氡浓度较高的环境中（200Bq/m³），相当于每人每天吸烟 15 支。因此，在建筑工程设计前，要进行土壤中氡气浓度的测定，为工程选址、设计提供依据，保障人体健康。

本节在编写时，我国的《民用建筑工程室内环境污染控制规范》GB 50325—2001 也正进行局部修订。因此，本节的部分内容参考了该规范的近期局部修订的送审稿。该送审稿中给出了土壤氡气析出率的测定方法，该方法能够考虑到我国南方部分地区地下水位浅（特别是多雨季节），难以进行土壤中氡气浓度的测定；有些地方土壤层很薄，或基层全为石头，同样难以进行土壤中氡气浓度的测定。在这种情况下，可以进行氡气析出率的测定。

## 二、检测依据

《民用建筑工程室内环境污染控制规范》GB 50325—2001

## 三、仪器设备及环境

1. 仪器及辅助用品：测氡仪及 α 放射源、氡气的聚集罩及测量设备，秒表；
2. 环境：使用温度 −10~40℃；相对湿度≤90%。

## 四、取样及制备要求

1. 取样数量及要求

（1）检测土壤中氡气浓度时，在工程地质勘察范围内以 10m 间距做网格，各网格交叉点即为检测点（当遇到较大石块时，可偏离 ±2m），但布置点数不应少于 16 个，布点位置应覆盖基础工程范围。

检测土壤中氡气析出率时，在工程地质勘察范围内以 20m 间距做网格，各网格交叉点即为检测点（当遇到较大石块时，可偏离 ±2m）。

（2）在每个检测点，应采用专用钢钎打孔（土质较软的地区，可将取样器直接插入土壤中），孔径宜为 20~40mm，孔的深度宜为 600~800mm，但在地下水位较浅的地区，深度可适当减小。

（3）测定氡气析出率的地面，应去除腐殖质，地面应平整，尽量不破坏土壤与大气的原有连接气孔。

2. 检测条件及要求

（1）检测时间宜在 8：00~18：00 之间，如遇雨天，应在雨后 24h 后进行。

（2）检测氡气浓度时应配备 α 放射源，在每次土壤氡气测量前、后均应对测氡仪进行校正，以检验仪器的稳定性，确保检测数据的准确。

（3）测定氡气析出率时，应在无风或微风的条件下进行。

## 五、操作步骤

1. 土壤中氡气浓度的测定

目前用于土壤检测的测氡仪不止一种，虽然原理基本相同，但使用方法差别较大。下面以 FD-3017 RaA 测氡仪为例（其他仪器操作按其说明书进行），其操作步骤如下：

（1）用 α 放射源校正 FD-3017 RaA 测氡仪，记录计数率（工程检测完成后，回单位再用 α 放射源校正 FD-3017 RaA 测氡仪，记录计数率，检查仪器前后的差别，相差较大时分析原因或进行维修）。

（2）到达工程所在地后，将操作台固定在抽气筒上，并用专用电缆线连接操作台和抽筒上的高压插座。

注意：在安装时，首先用脚踩住抽泵下面的脚蹬，以防仪器倾倒。然后将操作台壁上的三个挂钩套入抽筒的挂板，再向右移，使其落进固紧槽内。取出时，仅将操作台往上抬，再左移向上即可。

（3）按标准要求布点后，用钢钎打一个导向眼插入取样器，用脚踩实上部松土，防止空气渗入，然后用橡皮管连接干燥器。

（4）放片：将样片盒向外拉开，放入"新"的收集片，有符号的面向上，光面朝下。

（5）抽气：将阀门置于"抽气"的位置，提拉抽气筒至第二个定位槽（0.5升）处，把橡皮管内及取样器内的残留气体抽入筒内，然后将阀门置于"排气"位置，压下抽气泵，将气体排出，接着可开始抽取地下土壤中气体，当抽气筒提升至最上端"1.5升"位置时，即向右方向旋转一定角度使之固定，马上关闭阀门，使筒内气体与外界空气隔绝。

（6）启动高压收集 RaA：RaA 为氡气衰变产生的子体，它在初始形成的瞬间是带正电的离子，采用加电场的方式对氡子体进行收集，使 RaA 离子在电场作用下被浓集到带负高压的金属收集片上，收集时间为 2 分钟。

(7) 移点：在启动高压后，即可拔出取样器，将仪器移至下一个检测点，待高压 2 分钟后，仪器会自动发出报警讯号。

(8) 取片：当高压报警讯号发出后，马上取出收集片，同时把它放到操作台的测量盒内。取片过程应控制在 15 秒内完成。

注意：不要用手擦摸朝下的收集面，且收集片的光面应向上。

(9) 排气、放片、抽气、启动高压：当收集片放入操作台的测量盒后，在等待测量报警讯号期间，即可把筒内氡气排掉，然后重复上述的操作，完成第二个检测点的操作。

(10) 移点：在第二个检测点上按下高压启动按钮后，又可把仪器移至第三个点，等第一个检测点的收集片测量讯号报警后，读取脉冲计数（$N_\alpha$），并把已测过的收集片从测量盒中取出，放入贮片筒内，待次日重复使用。

2. 土壤中氡气析出率的测定

(1) 按"取样数量及要求"布点后，将检测点地面清扫干净，去除腐殖质。

(2) 把聚集罩扣在平整后的地面上，连接好聚集罩与氡气测量仪之间的气路（抽取取样器内气体检测的仪器，气路保持关闭状态）、电路（直接对取样器内气体检测的仪器，电路保持关闭状态），用泥土将取样器周围密封，防止漏气。然后开始计时（t），1h 后，打开气路、电路开始测量。

注意：将聚集罩罩在地面上后，土壤中析出的氡气即在罩内积累，氡元素的半衰期较长（3.82 天），在数小时内氡的衰减量很少，因此在较短时间段内，罩内的氡积累量与时间成正比。

### 六、数据处理与结果判定

1. 数据处理

(1) 土壤中氡气浓度计算

每台仪器都有它标定的计算因子，将 $N_\alpha$ 乘以仪器的计算因子即为该检测点土壤中氡气的浓度，单位为 $Bq/m^3$。

(2) 土壤中氡气析出率计算

土壤中氡气析出率按式（7-26）计算：

$$R = \frac{N_t \cdot V}{A \cdot t} \quad (7\text{-}26)$$

式中　$R$——氡气析出率（$Bq/m^2 \cdot s$）；

　　　$N_t$——$t$ 时刻测得的聚集罩内氡气浓度（$Bq/m^3$）；

　　　$V$——聚集罩与地面所围住的空间体积（$m^3$）；

　　　$A$——聚集罩所覆盖的地面面积（$m^2$）；

　　　$t$——聚集罩封闭至测量的时间段（s）。

在某一工程检测完成后，计算出工程的氡气浓度（或析出率）平均值，根据下面的"结果判定"判断该工程的氡气是否符合标准要求，对不符合标准要求的提出相应措施。

2. 结果判定

(1) 当民用建筑工程地点土壤中氡气浓度不大于 $20000Bq/m^3$（或氡气析出率不大于 $0.05Bq/m^2 \cdot s$）时，工程设计可不采取防氡工程措施。

(2) 当民用建筑工程地点土壤中氡气浓度大于 $20000Bq/m^3$ 但小于 $30000Bq/m^3$ 时（或氡气析出率大于 $0.05Bq/m^2 \cdot s$ 但小于 $0.1Bq/m^2 \cdot s$ 时），工程设计应采取建筑物内底层地面抗开裂措施。

(3) 当民用建筑工程地点土壤中氡气浓度大于或等于 $30000Bq/m^3$ 但小于 $50000Bq/m^3$ 时（或

氡气析出率大于或等于 0.1Bq/m²·s 但小于 0.3Bq/m²·s 时),工程设计除采取建筑物内底层地面抗开裂措施外,还必须按现行国家标准《地下工程防水技术规范》GB 50108 中的一级防水要求,对基础进行处理。

(4) 当民用建筑工程地点土壤中氡气浓度大于或等于 50000Bq/m³(或氡气析出率大于或等于 0.3Bq/m²·s)时,工程设计中除采取以上防氡处理措施外,必要时还应参照国家标准《新建低层住宅建筑设计与施工中氡控制导则》GB/T 17785 的有关规定,采取综合建筑构造措施。

(5) 若Ⅰ类民用建筑工程地点土壤中氡气浓度大于或等于 50000Bq/m³(或氡气析出率大于或等于 0.3Bq/m²·s)时,应进行建筑工程场地土壤中放射性核素镭(Ra)-226、钍(Th)-232、钾(K)-40 的比活度测定。当内照射指数 $I_{Ra}$ 大于 1.0 或外照射指数 $I_r$ 大于 1.3 时,建筑工程场地土壤不得作为工程回填土使用。

**思考题**

1. 简述土壤中氡气检测布点的原则。
2. 一般情况下,检测点的深度及孔径是多少?
3. 检测土壤氡气析出率时,对被测地表有何要求?

## 第十一节 室内环境检测

### 一、概念

氡、甲醛、氨、苯及总挥发性有机化合物(TVOC)是室内环境中常见的污染物,挥发性强,许多成分有一定的致癌性,对身体危害较大。室内环境中的污染物主要来源于建筑材料、装饰物品及生活用品等化工产品。

根据建筑物的使用功能对室内环境的要求,可将民用建筑分为两类:Ⅰ类民用建筑工程和Ⅱ类民用建筑工程,具体的分类如下:

Ⅰ类民用建筑工程:住宅、医院、老年建筑、幼儿园、学校教室等民用建筑工程。

Ⅱ类民用建筑工程:办公楼、商店、旅馆、文化娱乐场所、书店、图书馆、展览馆、体育馆、公共交通等候室、餐厅、理发店等民用建筑工程。

本节编写时参考了《民用建筑工程室内环境污染控制规范》GB 50325—2001 局部修订送审稿。

### 二、检测依据

1. 标准名称及代号

《民用建筑工程室内环境污染控制规范》GB 50325—2001

《公共场所空气中甲醛测定方法》GB/T 18204.26—2000

《公共场所空气中氨测定方法》GB/T 18204.25—2000

《居住区大气中苯、甲苯和二甲苯卫生检验标准方法——气相色谱法》GB 11737—1989

2. 控制标准(表 7-57)

**民用建筑工程室内环境污染物浓度限量** 表 7-57

| 检测项目 | Ⅰ类民用建筑工程限量值 | Ⅱ类民用建筑工程限量值 | 检测项目 | Ⅰ类民用建筑工程限量值 | Ⅱ类民用建筑工程限量值 |
| --- | --- | --- | --- | --- | --- |
| 氡(Bq/m³) | ≤200 | ≤400 | 苯(mg/m³) | ≤0.09 | ≤0.09 |
| 甲醛(mg/m³) | ≤0.08 | ≤0.12 | TVOC(mg/m³) | ≤0.5 | ≤0.6 |
| 氨(mg/m³) | ≤0.2 | ≤0.5 | | | |

### 三、试验方法

1. 采样

(1) 检测点数量

民用建筑工程验收时,应抽检有代表性的房间室内环境污染物浓度,抽检数量不得少于房间总自然间数的5%,且不得少于3间,房间总数少于3间时,应全数检测。民用建筑工程验收时,凡进行了样板间室内环境污染物浓度检测且检测结果合格的,抽检数量减半,并不得少于3间。各房间内检测点应按表7-58设置。

**检测点数的抽样表** 表7-58

| 房间使用面积（m²） | 检测点数（个） | 房间使用面积（m²） | 检测点数（个） |
|---|---|---|---|
| <50 | 1 | ≥500、<1000 | 不少于5 |
| ≥50、<100 | 2 | ≥1000、<3000 | 不少于6 |
| ≥100、<500 | 不少于3 | ≥3000 | 不少于9 |

(2) 检测点位置

现场检测点应距内墙面不小于0.5m,距楼地面高度0.8~1.5m。检测点应均匀分布,避开通风道和通风口。检测点的位置要在原始记录上用示意图标明。

(3) 采样设备

空气采样器：流量范围0~1.5L/min,流量稳定可调；

大型气泡吸收管：出气口内径为1mm,出气口与管底距离应为3~5mm；

大气压力表；

温度计；

皂膜流量计；

秒表。

(4) 采样要求

对采用集中空调的民用建筑工程,应在空调正常运转的条件下进行；对采用自然通风的民用建筑工程,除氡检测应在对外门窗关闭24h后进行,其余应在对外门、窗关闭1h后进行。在对甲醛、氨、苯、TVOC取样检测时,装饰装修工程中完成的固定式家具（如固定壁柜、台、床等）应保持正常适用状态（如家具门正常关闭等）。在室内采样同时,要在室外上风向采集空白样品。采样同时记录现场的温度和大气压力值。大气采样仪在使用前后都应使用皂膜流量计校正流量,流量偏差不应超过5%,各项检测指标的采样要求见表7-59。

**各项指标的采样要求** 表7-59

| 检测项目 | 采 样 方 法 |
|---|---|
| 甲醛 | 用一个内装5mL酚试剂吸收液的大型气泡吸收管,以0.5L/min流量,采样20min,采气10L。采样后,样品在室温下保存,于24h内分析 |
| 氨 | 用一个内装10mL硫酸吸收液的大型气泡吸收管,以0.5L/min流量,采样10min,采气5L。采样后,样品在室温下保存,于24h内分析 |
| 苯 | 在采样地点打开活性炭吸附管,与空气采样器入气口垂直连接,以0.5L/min的流量,采样20min,抽取10L空气。采样后,取下吸附管,密封吸附管的两端,做好标识,放入可密封的金属或玻璃容器中。样品可保存5天 |
| TVOC | 在采样地点打开Tenax-TA采样管,与空气采样器入气口垂直连接,以0.5L/min的流量,采样20min,抽取10L空气。采样后,取下吸附管,密封吸附管的两端,做好标记,放入可密封的金属或玻璃容器中。样品最长可保存14天 |

## 2. 氡浓度测定

依据 GB 50325—2001 规范第 6.0.5 条规定：民用建筑工程室内空气中氡的检测，所选用方法的测量结果不确定度不应大于 25%（即置信度为 95%），方法的探测下限不应大于 $10Bq/m^3$。氡浓度的测定方法不限定于国家标准《环境空气中氡的标准测量方法》GB/T 14582—93 中的四种，但方法必须满足相关技术要求。

GB/T 14582—93 中规定的四种方法分别为径迹蚀刻法、活性炭盒法、双滤膜法和气球法。从技术原理上分析，这四种方法均能满足测量要求，但从实际工程应用的角度分析，这四种方法都不是十分合适。目前大多数单位采用现场检测的方法，使用较多的仪器有 RAD7 测氡仪和 1027 测氡仪。RAD7 测氡仪操作灵活，采样时间可调，可存储多个测量结果，但价格较高，体积相对较大。1027 测氡仪轻巧灵便，操作简单，价格便宜，但测量周期为 1 小时且不可调，只存储一个测量结果，测完一个数据需将存储删除才能进行下一个测量。

使用连续氡检测仪测定室内氡浓度时，测定周期不得低于 45min。若测量结果接近或超过 $200Bq/m^3$ 或 $400Bq/m^3$ 这两个限量值时，为了确保测量结果的准确，测量时间应根据情况设定为断续或连续 24h、48h 或更长。

人员进出房间取样时，开门的时间要尽可能短，取样点离开门窗的距离要适当远一点。

## 3. 甲醛的测定

根据 GB 50325—2001 规范第 6.0.7 条规定，民用工程室内空气中甲醛检测有两种方法：酚试剂分光光度法和现场检测法。现场检测所使用的仪器在 $0\sim0.6mg/m^3$ 测量范围内的不确定度应小于 25%。这里的"不确定度应小于 25%"指仪器的测定值与标准值（标准气体定值或标准方法测定值）相比较，总不确定度 ≤25%。当发生争议时，应以《公共场所卫生标准检验方法》GB/T 18204.26—2000 中酚试剂分光光度法的测定结果为准。下面主要介绍酚试剂分光光度法。

(1) 原理

空气中的甲醛与酚试剂反应生成嗪，嗪在酸性溶液中被高铁离子氧化形成蓝绿色化合物，根据颜色深浅，比色定量。

(2) 仪器

具塞比色管：10mL；

天平：0.1mg

实验室通用玻璃器皿；

分光光度计。

(3) 试剂

本法所用的试剂除特别说明外均为分析纯，水为蒸馏水。

吸收原液：称量 0.10g 酚试剂 [$C_6H_4SN(CH_3)C:NNH_2·HCl$，简称 MBTH]，加水溶解，倾于 100mL 具塞量筒中，加水到刻度。放冰箱中保存，可稳定 3d。

吸收液：量取吸收原液 5mL，加 95mL 水，即为吸收液。采样时临用现配。

硫酸铁铵溶液（1%）：称量 1.0g 硫酸铁铵 [$NH_4Fe(SO_4)_2·12H_2O$] 用 0.1mol/L 盐酸溶解，并稀释至 100mL。

碘酸钾标准溶液 [$c(1/6KIO_3)=0.1000mol/L$]：准确称量 3.5667g 经 105℃烘干 2h 的碘酸钾（优级纯），溶解于水中，移入 1L 容量瓶中，再用水定容至 1000mL。

盐酸溶液（1mol/L）：量取 82mL 浓盐酸加水稀释至 1000mL。

淀粉溶液（0.5%）：称取 1g 可溶性淀粉，加入 10mL 蒸馏水中，搅拌下注入 200mL 沸水中，再微沸 2min，放置待用（此试剂使用前配制）。

硫代硫酸钠标准溶液：称量 25.0g 硫代硫酸钠（$Na_2S_2O_3·5H_2O$），溶于 1000mL 新煮沸并冷却的水中，此溶液浓度约为 0.1mol/L。加入 0.2g 无水碳酸钠，贮存于棕色试剂瓶中，放置一周后，再按以下方法标定其准确浓度。

精确量取 25.00mL [$c$（1/6$KIO_3$ = 0.1000mol/L）碘酸钾标准溶液于 250mL 碘量瓶中，加入 75mL 新煮沸后冷却的水，加 3g 碘化钾及 10mL 1mol/L 盐酸溶液，摇均后放入暗处静置 3min。用硫代硫酸钠标准溶液滴定析出的碘，至淡黄色，加入 1mL 0.5% 淀粉溶液呈蓝色。再继续滴定至蓝色刚刚褪去，即为终点，记录所用硫代硫酸钠溶液体积，其准确浓度用式（7-27）计算：

$$c = \frac{0.1000 \times 25.00}{V} \tag{7-27}$$

式中　$c$——硫代硫酸钠标准溶液的浓度（mol/L）；
　　　$V$——所用硫代硫酸钠溶液体积（mL）。

平行滴定两次，所用硫代硫酸钠溶液体积相差不能超过 0.05mL，否则应重新做平行测定。

氢氧化钠溶液（1mol/L）：称量 20g 氢氧化钠，溶于 500mL 水，贮于塑料瓶中。

硫酸溶液（0.5mol/L）：取 28mL 硫酸，缓慢加入水中，冷却后稀释至 1000mL。

碘溶液 [$c$（1/2$I_2$）= 0.1000mol/L]：称量 40g 碘化钾，溶于 25mL 水中，加入 12.7g 碘。待碘完全溶解后，用水定容至 1000mL。移入棕色瓶中，暗处储存。

甲醛标准贮备溶液：取 2.8mL 含量为 36%～38% 甲醛溶液，放入 1L 容量瓶中，加水稀释至刻度。此溶液 1mL 约相当于 1mg 甲醛。其准确浓度用下述碘量法标定。

精确量取 20.00mL 待标定的甲醛标准贮备溶液，置于 250mL 碘量瓶中。精确量取 20.00mL 碘标准溶液 [$c$（1/2$I_2$）= 0.1000mol/L] 和 15mL 1mol/L 氢氧化钠溶液，放置 15min。加入 20mL 0.5mol/L 硫酸溶液，再放置 15min，用 [$c$（$Na_2S_2O_3$）= 0.1000mol/L] 硫代硫酸钠标准溶液滴定，至溶液呈现淡黄色时，加入 1mL 0.5% 淀粉溶液，继续滴定至恰使蓝色褪去为止，记录所用硫代硫酸钠溶液体积（$V_2$）。

取 20mL 蒸馏水，按上述步骤进行空白试验，记录所用硫代硫酸钠溶液体积（$V_1$）。

甲醛溶液的浓度按式（7-28）计算：

$$甲醛溶液浓度(mg/mL) = \frac{(V_1 - V_2) \times c_1 \times 15}{20} \tag{7-28}$$

式中　$V_1$——试剂空白消耗硫代硫酸钠溶液的体积（mL）；
　　　$V_2$——甲醛标准储备溶液消耗硫代硫酸钠溶液的体积（mL）；
　　　$c_1$——硫代硫酸钠溶液的浓度（mol/L）；
　　　15——甲醛的当量；
　　　20——所取甲醛标准储备溶液的体积（mL）。

二次平行滴定，误差应小于 0.05mL，否则重新标定。

甲醛标准溶液：临用时，将甲醛标准贮备溶液用水稀释成 1.00mL 含 10μg 甲醛，立即再取此溶液 10.00mL，加入 100mL 容量瓶中，加入 5mL 吸收原液，用水定容至 100mL，此液 1.00mL 含 1.00μg 甲醛，放置 30min 后（此反应受温度影响较大，反应温度应控制在 25～30℃，可于水浴或恒温箱中反应，若反应温度低于 25℃，则应适当延长反应时间），用于配制标准系列管。此标准溶液可稳定 24h。

（4）操作步骤

① 标准曲线的绘制

取 10mL 具塞比色管，用甲醛标准溶液按表 7-60 制备标准系列。

甲醛标准系列 表7-60

| 管　号 | 0 | 1 | 2 | 3 | 4 | 5 | 6 | 7 | 8 |
|---|---|---|---|---|---|---|---|---|---|
| 标准溶液（mL） | 0 | 0.10 | 0.20 | 0.40 | 0.60 | 0.80 | 1.00 | 1.50 | 2.00 |
| 吸收液（mL） | 5.00 | 4.90 | 4.80 | 4.60 | 4.40 | 4.20 | 4.00 | 3.50 | 3.00 |
| 甲醛含量（μg） | 0 | 0.1 | 0.2 | 0.4 | 0.6 | 0.8 | 1.0 | 1.5 | 2.0 |

在各管中加入0.4mL 1%硫酸铁铵溶液，摇匀。放置15min（温度应控制在25～30℃），用1cm比色皿，于波长630nm处，以水作参比，测定各管溶液的吸光度。以甲醛含量（μg）作横坐标，吸光度为纵坐标，绘制标准曲线，并用最小二乘法计算校准曲线的斜率、截距及回归方程[如式（7-29）所示]用Excel进行线性回归。

$$Y = bX + a \tag{7-29}$$

式中　$Y$——标准溶液的吸光度；
　　　$X$——甲醛含量（μg）；
　　　$a$——回归方程的截距；
　　　$b$——回归方程的斜率。

以斜率的倒数作为样品测定时的计算因子 $B_g$（μg/吸光度）。

标准曲线每月校正一次，试剂配制时应重新绘制标准曲线。

② 样品测定

将样品溶液转入具塞比色管中，用少量的水洗吸收管，合并，使总体积为5mL。再按制备标准曲线的步骤测定样品的吸光度（从采样完毕到加入硫酸铁铵之间至少有30分钟间隔，以保证甲醛和酚试剂完全反应，同时控制反应温度在25～30℃）。在每批样品测定的同时测定室外空气样品作为空白。如果样品溶液吸光度超过标准曲线范围，则可用试剂空白稀释样品显色液后再分析。计算样品浓度时，要考虑样品溶液的稀释倍数。

③ 数据处理

将采样体积按式（7-30）换算成标准状态下的采样体积：

$$V_0 = V_t \times \frac{T_0}{273 + t} \times \frac{P}{P_0} \tag{7-30}$$

式中　$V_0$——标准状态下的采样体积（L）；
　　　$V_t$——采样体积，由采样流量乘以采样时间而得（L）；
　　　$T_0$——标准状态下的绝对温度（273K）；
　　　$P_0$——标准状态下的大气压力（101.3kPa）；
　　　$P$——采样时的大气压力（kPa）；
　　　$t$——采样时的空气温度（℃）。

空气中甲醛浓度按式（7-31）计算：

$$c = \frac{(A - A_0) \times B_g}{V_0} \tag{7-31}$$

式中　$c$——空气中甲醛浓度（mg/m³）；
　　　$A$——样品溶液的吸光度；
　　　$A_0$——室外空白样品的吸光度；
　　　$B_g$——计算因子（μg/吸光度）；
　　　$V_0$——标准状态下的采样体积（L）。

(5) 测定范围、灵敏度

测定范围：用5mL样品溶液，本法测定范围为0.1~1.5μg。采样体积10L时，可测浓度范围为0.01~0.15mg/m³。

灵敏度：本方法灵敏度为2.8μg/吸光度。

（6）实例

测定某房间空气中的甲醛浓度，采样温度30℃，压力101.7kPa，测得样品吸光度0.203，空白吸光度0.076，已知甲醛的$B_g = 2.76$μg/吸光度，则该房间空气中的甲醛含量为：

$$V_0 = V_t \times \frac{T_0}{273 + t} \times \frac{P}{P_0} = 10 \times \frac{273}{273 + 30} \times \frac{101.7}{101.3} = 9.05(L)$$

$$c = \frac{(A - A_0) \times B_g}{V_0} = \frac{(0.203 - 0.076) \times 2.76}{9.05} = 0.039(mg/m^3)$$

4. 氨的测定

（1）原理

空气中氨吸收在稀硫酸中，在亚硝基铁氰化钠及次氯酸钠存在下，与水杨酸生成蓝绿色的靛酚蓝染料，根据着色深浅，比色定量。

（2）仪器

具塞比色管：10mL；

天平：0.1mg；

实验室通用玻璃器皿；

分光光度计。

（3）试剂

本法所用的试剂均为分析纯，水为无氨蒸馏水（通常情况下，普通蒸馏水即可使用，但应在使用前进行氨本底测定，如本底过高应进行处理）。

吸收液[$c(H_2SO_4) = 0.005$mol/L]：量取2.8mL浓硫酸加入水中，并稀释至1L。临用时再稀释10倍。

氢氧化钠溶液[$c(NaOH) = 2$mol/L]：称取40g氢氧化钠，加水溶解，稀释至500ml。

水杨酸溶液（50g/L）：称取10.0g水杨酸[$C_6H_4(OH)COOH$]和10.0g柠檬钠（$Na_3C_6O_7 \cdot 2H_2O$），加水约50mL，再加55mL氢氧化钠溶液[$c(NaOH) = 2$mol/L]，用水稀释至200mL。此试剂稍有黄色，室温下可稳定一个月。

亚硝基铁氰化钠溶液（10g/L）：称取1.0g亚硝基铁氰化钠[$Na_2Fe(CN)_5 \cdot NO \cdot 2H_2O$]，溶于100mL水中。贮于冰箱中可稳定一个月。

次氯酸钠溶液[$c(NaClO) = 0.05$mol/L]：取1mL次氯酸钠试剂原液，用碘量法标定其浓度，然后用氢氧化钠溶液[$c(NaOH) = 2$mol/L]稀释成0.05mol/L的溶液。贮于冰箱中可保存两个月。

次氯酸钠浓度标定方法：

称取2g碘化钾于250mL碘量瓶中，加水50mL溶解，加1.00mL次氯酸钠（NaClO）原液，再加0.5mL盐酸溶液[50%（V/V）]，摇匀（由于不同产品的次氯酸钠的含量及游离碱的含量存在明显差异，加入的盐酸量应作合理的调整，具体方法可在滴定到终点的溶液中加入几滴盐酸，如果溶液变成蓝色说明还有碘生成，此时应增加盐酸加入量，但盐酸也不能加入过多，否则可能影响反应定量进行），暗处放置3min。用硫代硫酸钠标准溶液[$c(1/2Na_2S_2O_3) = 0.1000$mol/L]（硫代硫酸钠标定方法见甲醛测定部分，注意此处硫代硫酸钠溶液的实际浓度是0.0500mol/L，可将0.1mol/L硫代硫酸钠进行稀释）滴定析出的碘。至溶液呈淡黄色时，加1mL新配制的淀粉指示剂（0.5%），继续滴定至蓝色刚刚褪去，即为终点，记录所用硫代硫酸钠标准溶液体积，按式

(7-32) 计算次氯酸钠原液的浓度。

$$c(\text{NaClO}) = \frac{c(1/2\text{Na}_2\text{S}_2\text{O}_3) \times V}{1.00 \times 2} \tag{7-32}$$

式中　　$c$（NaClO）——次氯酸钠原液的浓度（mol/L）；
　　　　$c$（1/2Na$_2$S$_2$O$_3$）——硫代硫酸钠标准溶液浓度（mol/L）；
　　　　$V$——硫代硫酸钠标准溶液用量（mL）。

氨标准贮备液：称取 0.3142g 经 105℃ 干燥 1h 的氯化铵（NH$_4$Cl），用少量水溶解，移入 100mL 容量瓶中，用吸收液稀释至刻度。此液 1.00mL 含 1.00mg 氨。

氨标准工作液：临用时，将氨标准贮备液用吸收液稀释成 1.00mL 含 1.00μg 氨。

（4）操作步骤

① 标准曲线的绘制

取 10mL 具塞比色管 7 支，按表 7-61 制备标准系列管。

**氨 标 准 系 列**　　　　　　　　　　　　　　　　　　　　　　表 7-61

| 管　　号 | 0 | 1 | 2 | 3 | 4 | 5 | 6 |
|---|---|---|---|---|---|---|---|
| 标准工作液（mL） | 0 | 0.50 | 1.00 | 3.00 | 5.00 | 7.00 | 10.00 |
| 吸收液（mL） | 10.00 | 9.50 | 9.00 | 7.00 | 5.00 | 3.00 | 0 |
| 氨含量（μg） | 0 | 0.50 | 1.00 | 3.00 | 5.00 | 7.00 | 10.00 |

在各管中加入 0.50mL 水杨酸溶液，再加入 0.10mL 亚硝基铁氰化钠溶液和 0.10mL 次氯酸钠溶液，混匀，室温下放置 1h。用 1cm 比色皿，于波长 697.5nm 处，以水作参比，测定各管溶液的吸光度。以氨含量（μg）作横坐标，吸光度为纵坐标，绘制标准曲线，并用最小二乘法计算校准曲线的斜率、截距及回归方程［如式（7-33）所示］可用 Excel 进行线性回归。

$$Y = bX + a \tag{7-33}$$

式中　$Y$——标准溶液的吸光度；
　　　$X$——甲醛含量（μg）；
　　　$a$——回归方程的截距；
　　　$b$——回归方程的斜率。

标准曲线斜率应为 0.081±0.003 吸光度/μg 氨。以斜率的倒数作为样品测定时的计算因子（$B_s$）。标准曲线每月校正一次，试剂配制时应重新绘制标准曲线。

② 样品测定

将样品溶液转入具塞比色管中，用少量的水洗吸收管，合并，使总体积为 10mL。再按制备标准曲线的步骤测定样品的吸光度。在每批样品测定的同时测定室外空气样品作为空白。如果样品溶液吸光度超过标准曲线范围，则可用试剂空白稀释样品显色液后再分析。计算样品浓度时，要考虑样品溶液的稀释倍数。

（5）数据处理

将采样体积按式（7-34）换算成标准状态下的采样体积：

$$V_0 = V_t \times \frac{T_0}{273 + t} \times \frac{P}{P_0} \tag{7-34}$$

式中　$V_0$——标准状态下的采样体积（L）；
　　　$V_t$——采样体积，由采样流量乘以采样时间而得（L）；
　　　$T_0$——标准状态下的绝对温度（273K）；
　　　$P_0$——标准状态下的大气压力（101.3kPa）；

$P$——采样时的大气压力（kPa）；

$t$——采样时的空气温度（℃）。

空气中氨浓度按式（7-35）计算：

$$c(NH_3) = \frac{(A - A_0) \times B_s}{V_0} \quad (7-35)$$

式中　$c$——空气中氨浓度（mg/m³）；

　　　$A$——样品溶液的吸光度；

　　　$A_0$——室外空白样品的吸光度；

　　　$B_s$——计算因子（μg/吸光度）；

　　　$V_0$——标准状态下的采样体积，L。

(6) 测定范围、灵敏度

测定范围：10mL样品溶液中含0.5~10μg的氨。按本法规定的条件采样10min，样品可测浓度范围为0.01~2mg/m³。

灵敏度：10mL吸收液中含有1μg氨，吸光度应为0.081±0.003。

5．苯的测定

GB 50325—2001中关于空气中苯的测定采用《居住区大气中苯、甲苯和二甲苯卫生检验标准方法——气相色谱法》GB 11737—89。该标准为上世纪80年代末的标准，随着检测技术的不断发展，该标准已经不太适合当前的检测工作。本节所介绍的方法参考了《民用建筑工程室内环境污染控制规范》GB 50325—2001局部修订送审稿。

(1) 原理

空气中苯用活性炭管采集，然后经热解吸或二硫化碳提取出来，用气相色谱法分析，用氢火焰离子化检测器检验，以保留时间定性，峰高定量。

(2) 仪器

空气采样器：流量范围0.1~0.5L/min，流量稳定可调。

热解吸装置：能对吸附管进行热解吸，解吸温度、载气流速可调。

气相色谱仪：带氢火焰离子化检测器。

色谱柱：毛细管柱或填充柱。毛细管柱长30~50m，内径0.53mm或0.32mm石英柱，内涂覆二甲基聚硅氧烷或其他非极性材料；填充柱长2m，内径4mm不锈钢柱，内填充聚乙二醇6000-6201担体（5:100）固定相。

注射器：1μL、10μL、1mL、100mL注射器若干。

电热恒温箱：可保持60℃恒温（适用热解吸手工进样法）。

(3) 试剂和材料

活性炭吸附管：内装100mg椰子壳活性炭吸附剂的玻璃管或内壁抛光的不锈钢管，使用前应通氮气加热活化，活化温度为300~350℃，活化时间不少于10min（对活化的采样管应进行抽样分析，检查本底是否符合要求）。活化后应密封两端，于密封容器中可保存5天。

二硫化碳：分析纯，需经纯化处理（二硫化碳用5%的浓硫酸甲醛溶液反复提取，直至硫酸无色为止，用蒸馏水洗二硫化碳至中性再用无水硫酸钠干燥，重蒸馏，贮于冰箱中备用）。

标准品：苯标准溶液、标准气体或色谱纯试剂。

纯氮：纯度不小于99.999%。

(4) 操作步骤

① 绘制标准曲线

色谱分析条件：

由于色谱分析条件因实验条件不同而有差异,应根据所用气相色谱仪的性能制定最佳的分析条件。下面所列举的分析条件仅供参考。

色谱柱温度:90℃;

检测室温度:150℃;

汽化室温度:150℃;

载气:氮气,50mL/min;

方法一:热解吸气相色谱法

用泵准确抽取浓度约 1mg/m³ 的标准气体 100mL、200mL、400mL、1L、2L 通过吸附管(苯的标准系列配制方法可以根据实际情况,采用标准气体、标准溶液、色谱纯试剂气化均可)。用热解吸气相色谱法分析吸附管标准系列,解吸温度 350℃。以苯的含量(μg)为横坐标,峰高为纵坐标,绘制标准曲线。

根据所使用的热解吸装置不同,可分为直接进样和手工进样两种。

直接进样:将吸附管置于热解吸直接进样装置中,350℃ 解吸后,解吸气体直接由进样阀进入气相色谱仪,进行色谱分析。

手工进样:将吸附管置于热解吸装置中,与 100mL 注射器(经 60℃ 预热)相连,用氮气以 50mL/min 的速度于 350℃ 下解吸,解吸体积为 50~100mL,于 60℃ 平衡 30min,取 1mL 平衡后的气体注入气相色谱仪,进行色谱分析。

方法二:二硫化碳提取气相色谱法

分别取含量为 0.1μg/mL、0.5μg/mL、1.0μg/mL、2.0μg/mL 的标准溶液 1μL 注入气相色谱仪进行分析,保留时间定性,峰高定量,以苯的含量(μg)为横坐标,峰高为纵坐标,分别绘制标准曲线。

② 样品分析

热解吸法:每支样品吸附管及未采样管,按标准系列相同的热解吸气相色谱分析方法进行分析,以保留时间定性、峰高定量。

二硫化碳提取法:将活性炭倒入具塞刻度试管中,加 1.0mL 二硫化碳,塞紧管塞,放置 1h,并不时振摇,取 1μL 注入气相色谱仪进行分析,以保留时间定性、峰面积定量。

(5)数据处理

将采样体积按式(7-36)换算成标准状态下的采样体积:

$$V_0 = V_t \times \frac{T_0}{273 + t} \times \frac{P}{P_0} \tag{7-36}$$

式中 $V_0$——换算成标准状态下的采样体积(L);

$V_t$——采样体积(L);

$T_0$——标准状态下绝对温度(273K);

$P_0$——标准状态下的大气压力(101.3kPa);

$P$——采样时的大气压力(kPa);

$t$——采样时的空气温度(℃)。

空气中苯浓度按式(7-37)计算:

$$c = \frac{m - m_0}{V_0} \tag{7-37}$$

式中 $c$——空气中苯的浓度(mg/m³);

$m$——样品管中苯的含量;

$m_0$——空白管中苯的含量;

$V_0$——换算成标准状态下的采样体积（L）。

注：当与苯有相同或几乎相同的保留时间的组分干扰测定时，宜通过选择适当的气相色谱柱，或调节分析系统的条件，将干扰减到最低。

6. TVOC 的测定

（1）原理

空气的总挥发性有机化合物（TVOC）用装有 Tenax-TA 吸附剂的采样管采集，然后经热解吸，色谱柱分离，用氢火焰离子化检测器检验，以保留时间定性，峰面积定量。

（2）仪器

气相色谱仪：带氢火焰离子化检测器；

热解吸装置：能对吸附管进行热解吸，解吸温度、载气流速可调；

色谱柱：长 30~50m，内径 0.32mm 或 0.53mm 石英毛细管柱，内涂覆二甲基聚硅氧烷，膜厚 1~5μm；

空气采样器：0.1V~0.5L/min 范围内流量稳定；

注射器：1μL、10μL、1mL、100mL 注射器若干；

电热恒温箱：可保持 60℃ 恒温。

（3）试剂和材料

Tenax-TA 吸附管：内装 200mg 粒径为 0.18~0.25mm（60~80 目）Tenax-TA 吸附剂的玻璃管或内壁抛光的不锈钢管，使用前应通氮气加热活化，活化温度应高于解吸温度，活化时间不少于 30min（每批活化的吸附管可抽样测定本底，看是否有明显杂峰）。吸附管活化后应将两端密封，于密封容器中可保存 14 天。

标准溶液：VOCs［苯、甲苯、对（间）二甲苯、邻二甲苯、苯乙烯、乙苯、乙酸丁酯、十一烷］标准溶液或标准气体；

氮气：纯度不小于 99.999%。

（4）操作步骤

① 绘制标准曲线

色谱分析条件：

色谱柱温度：程序升温 50~250℃，初始温度为 50℃，保持 10min，升温速率，5℃/min；

检测室温度：250℃；

汽化室温度：220℃。

配制标准系列可根据实际情况可以选用气体外标法或液体外标法。

方法一：气体外标法

用泵准确抽取气体组分浓度约 1mg/m³ 的标准气体 100mL、200mL、400mL、1L、2L 通过吸附管，为标准系列。

方法二：液体外标法

取单组分含量为 0.05mg/mL、0.1mg/mL、0.5mg/mL、1.0mg/mL、2.0mg/mL 的标准溶液 1~5μL 注入吸附管，同时用 100mL/min 的氮气通过吸附管，5min 后取下，密封，为标准系列。

分析方法根据所使用的热解吸装置不同，可分为直接进样和手工进样两种，当发生争议时，以直接进样为准。

直接进样：将吸附管置于热解吸直接进样装置中，250~325℃ 解吸后，解吸气体直接由进样阀进入气相色谱仪，进行色谱分析，以保留时间定性，峰面积定量。

手工进样：将吸附管置于热解吸装置中，与 100mL 注射器（经 60℃ 预热）相连，用氮气以 50mL/min 的速度于 250~325℃ 下解吸，解吸体积为 50~100mL，于 60℃ 平衡 30min，取 1mL 平衡后的气体注入气相色谱仪,进行色谱分析,以保留时间定性,峰面积定量。

用热解吸气相色谱法分析吸附管标准系列,以各组分的含量（μg）为横坐标,峰面积为纵坐标,分别绘制标准曲线,并计算回归方程。色谱工作站通常都有生成外标法标准曲线的功能,具体使用方法请参考说明书。

②样品分析

每支样品吸附管及未采样管,按标准系列相同的热解吸气相色谱分析方法进行分析,以保留时间定性、峰面积定量。

(5) 数据处理

将采样体积按式（7-38）换算成标准状态下的采样体积:

$$V_0 = V_t \times \frac{T_0}{273 + t} \times \frac{P}{P_0} \tag{7-38}$$

式中 $V_0$——换算成标准状态下的采样体积（L）;

$V_t$——采样体积（L）;

$T_0$——标准状态下绝对温度（273K）;

$P_0$——标准状态下的大气压力（101.3kPa）;

$P$——采样时的大气压力（kPa）;

$t$——采样时的空气温度（℃）。

所采空气样品中各组分的含量,应按式（7-39）计算:

$$c_i = \frac{m_i - m_0}{V_0} \tag{7-39}$$

式中 $c_i$——标准状态下所采空气样品中 $i$ 组分的含量（mg/m³）;

$m_i$——被测样品中 $i$ 组分的量（μg）;

$m_0$——空白样品中 $i$ 组分的量（μg）;

$V_0$——标准状态下空气采样体积（L）。

所采空气样品中总挥发性有机化合物（TVOC）的含量,应按式（7-40）计算:

$$\text{TVOC} = \sum_{i=1}^{i} c_i \tag{7-40}$$

式中 TVOC——标准状态下所采空气样品中 TVOC 的含量（mg/m³）;

$c_i$——标准状态下所采空气样品中 $i$ 组分的含量（mg/m³）。

注：1. 对未识别峰,可以甲苯计。

2. 当与挥发性有机化合物有相同或几乎相同的保留时间的组分干扰测定时,宜通过选择适当的气相色谱柱,或通过用更严格的选择吸收管和调节分析系统的条件,将干扰减到最低。

### 四、结果判定

当室内环境污染物浓度的全部检测结果符合 GB 50325—2001 的规定时,可判定该工程室内环境质量合格,即指各种污染物检测结果及各房间检测点检测值的平均值两个方面,均全部符合规定,否则,不能判定为室内环境质量合格。

当室内环境污染物浓度检测结果不符合本规范的规定时,应查找原因并采取措施进行处理,并可对不合格项进行再次检测。再次检测时,抽检数量增加 1 倍,并应包含同类型房间及原不合格房间。再次检测结果全部符合 GB 50325—2001 的规定时,判定为室内环境质量合格。

**思考题**

1. 分析甲醛时,对环境条件有什么要求？

2. 测定某房间空气中的氨浓度，采样温度 27℃，压力 101.1kPa，测得样品吸光度 0.122，空白吸光度 0.068，已知氨的 $B_s = 12.25\mu g/$吸光度，则该房间是否符合Ⅰ类民用建筑的标准要求？

3. 活性炭、Tenax-TA 吸附剂的解吸温度分别是多少？

**参考文献**

1. 王喜元等编．民用建筑工程室内环境污染控制规范辅导教材．中国计划出版社，2002
2. 《民用建筑工程室内环境污染控制规范》GB 50325—2001 局部修订送审稿
3. 夏玉宇等编．化验员实用手册．化学工业出版社，1999

# 第八章 建设工程检测新技术简介

随着科学技术的进步，以及检测行业的不断完善和规范，使得原本只在某些高科技或国防领域才用到的新技术、高技术也逐渐引入到建设工程检测中来。目前，虽然这些新技术在建设工程检测中相对于传统的检测手段而言还比较年轻，但是实践证明这些新技术的应用已取得较好的效果，相信随着社会的进步，新技术的应用将一定会带动建设工程检测行业的进一步发展，使得建设工程的检测方法更加科学、检测手段更加完善。

本章主要对目前国内外应用相对较为广泛、成熟的新技术进行简单介绍，其中包括：冲击回波检测技术、结构动力检测技术、红外热像检测技术、雷达检测技术以及光纤传感器在工程检测中的应用等。

## 第一节 冲击回波检测技术

### 一、概述

探测结构内部缺陷（空洞、裂缝、剥离层等），目前较多使用的检测方法是超声波检测。该方法常采用穿透测试，需要有两个相对的测试面，对单一测试面的结构混凝土内部缺陷，有一定的局限性。另外，许多结构往往还需要测量混凝土厚度，而现行的测量混凝土厚度的方法，都存在一些问题。针对这些问题，国际上从上世纪 80 年代中期开始研究一种新的无损检测方法——冲击回波法（Impact Echo Method）。该方法是基于瞬态应力波应用于无损检测的一种技术，它在结构表面施加微小冲击振动，产生应力波，当应力波在结构中传播遇到缺陷与底面时，将产生反射并引起结构表面微小的位移响应。通过接收这种响应波并进行频谱分析可得到频谱图。通过分析频谱图上的峰谷和频率，可以计算出结构的厚度、有无缺陷及缺陷位置。

冲击回波法应用于混凝土构筑物无损检测，具有简便、快速、设备轻便、干扰小、可重复测试等特点。目前国外已将该方法大量用于工程实测，如探测混凝土结构内部疏松区，路面、底板的剥离层，预应力张拉管中灌浆的孔洞区，表层裂缝深度等。

### 二、测试原理

冲击回波法利用一个瞬时的机械冲击（用一个小钢球或小锤敲击混凝土表面），产生的应力波传播到结构内部，被缺陷和构件底面反射回来，这些反射波被安装在冲击点附近的传感器接收下来（如图 8-1 所示）并被送到一个内置高速数据采集及信号处理的便携式仪器。将所记录的信号进行幅值谱分

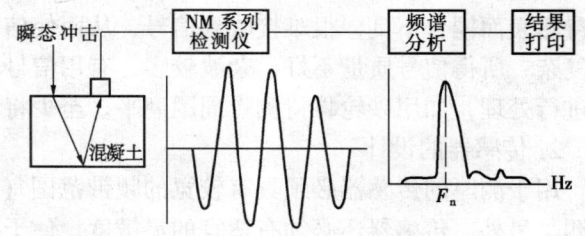

图 8-1 冲击-回波法原理图

析，谱图中的明显波峰是由于冲击表面、缺陷及其他外表面之间的多次反射产生瞬态共振所致，它可以被识别出来并被用来确定结构混凝土的厚度和缺陷位置，计算按公式（8-1）：

$$H = c/(2 \cdot f) \tag{8-1}$$

式中 $H$——待测结构物厚度或缺陷深度；

$c$——声波在结构中的传播速度；

$f$——频谱分析得出的回波峰值频率。

频域分辨率的计算按（8-2）公式：

$$\Delta f = 1/(2N \cdot \Delta T) \tag{8-2}$$

式中　$\Delta f$——频域分辨率；
　　　$N$——采样点数；
　　　$\Delta T$——采样间隔。

提高回波频率的精度可使厚度 $H$ 的精度得到提高。实测中，可调整延迟时间，选择合适的时间窗口，以使主频更易识别，参见冲击回波法频谱图（如图 8-2 所示）。

冲击回波法也被广泛地应用到混凝土薄板厚度测量方法中。其厚度测量的原理是通过确定应力波在混凝土板或楼板中传播的时间计算得到。

用激震器激发一个机械脉冲使压应力波进入混凝土，然后波从楼板、混凝土板和墙板的对面反射回来。在混凝土表面安装一个高灵敏度的加速度传感器，就可以测得入射波和反射波，入射波和反射波之间的时滞就是波的旅行时间。在混凝土中应力波已有了既定的传播速度，从而计算出需要测定的混凝土构件的厚度：$H = V_{混凝土} \times T_{旅行}/2$。

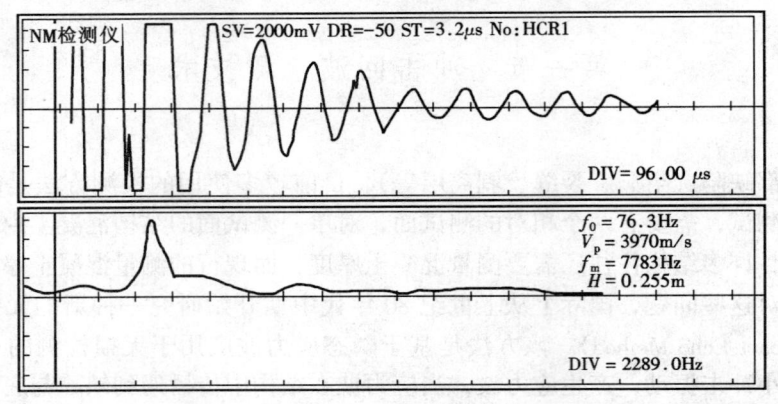

图 8-2　冲击回波法频谱图

### 三、检测方法及结果分析

1. 表面处理

一般路面施工都有一道"拉毛"工序，此道工序会使混凝土路面不平整，同时使得表层产生微裂隙，如果不经过任何处理就用冲击回波法测厚，很难甚至不能得出结果，原因之一是传感器与待测表面耦合不良，很难接收到信号，从而使信号微弱；原因之二是微裂隙的存在使测试条件更复杂，所得信号质量不好，杂波较多，有用信号不明显，所以在检测之前，一定要对混凝土表面进行处理，如用砂轮将待测点周围磨平，至少将"拉毛"层磨掉等。

2. 传感器的设计

用于测厚的传感器必须具有较宽的频带范围（通常为 1~100Hz），以适应不同厚度混凝土的检测，另外，传感器还必须有适宜的灵敏度，使干扰信号减低到最低限度，有用信号突出，从而提高信号质量，使测试结果更精确。

3. 冲击器的选择

对于不同厚度的混凝土板，其瞬态共振频率是不一样的；对于较厚的混凝土板，此频率值较低；对于较薄的混凝土板，此频率值较高。所以应选择一种能产生相应频率应力波但又有足够的能量的冲击器，使得混凝土板能产生瞬态共振，接收信号较强且质量较高。

4. 声速的测量

在冲击回波法测厚时，声速的测量也是至关重要。声速越精确，所得的测厚结果就越精确。在实际应用中，常用的声速测量方法一般为：

(1) 用超声平测法测量混凝土的声速（如图 8-3 所示）；
(2) 直接用冲击回波法测量 P 波波速（如图 8-4 所示），此方法允许测量结构上任一点的波速。

在混凝土结构中不同部位的波速往往是变化的，或者在某些情况下其厚度未知的，需通过局部取芯得到，所以第一种方法不太可取；用第二种方法测得的声速其影响的外在条件比较接近，一般测试时优先采用第二种方法，除非条件不具备，再考虑采用其他方法。

图 8-3 超声平测法　　　　　　　图 8-4 冲击回波平测法

**四、冲击回波检测技术的工程应用**

目前，许多混凝土结构，如路面、机场跑道、底板、护坡、挡土墙、筏型基础、隧道衬砌、大坝等，只存在单一测试面，而从事混凝土结构评估、修补工作的工程师们往往对以上结构混凝土的厚度比较重视，因为这些结构混凝土的厚度如达不到设计要求，将会影响结构的整体强度及其耐久性，造成工程隐患，甚至引起严重工程质量事故，所以用无损检测方法测试结构混凝土的厚度是有重要意义和实用价值的。

1. 混凝土板厚度检测

为了研究冲击回波法，制作了厚度为 100～500mm 的混凝土板模型，在每种模型上布置多条测线，采用超声平测法和直接测取 P 波法对声速进行了测量，我们发现这两种方法测出的同一条测线的声速值比较接近。测量声速后，我们在每条测线的多个测点上进行厚度测试。图 8-5 为不同厚度混凝土板模型上的某条测线的测试结果。

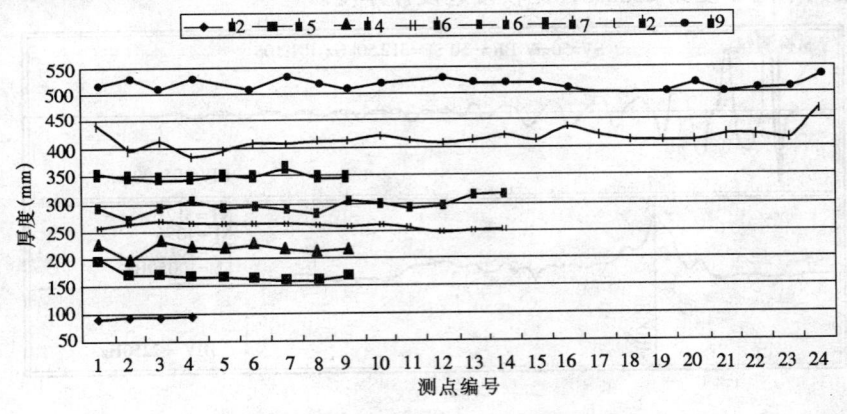

图 8-5 不同厚度混凝土板模型测试结果

2. 机场跑道厚度检测

某机场新建道面板设计厚度为 280mm，随机抽取 15 个测区对其进行厚度检测，首先用平测法测得各测区的声速值，然后在每个测区中选取一个测点进行厚度测试，测试时用冲击器在传感器周围 20～50mm 范围内的八个方位进行冲击，即每个测点冲击八次，对所得信号进行谱分析得到八个厚度值，将其平均值作为该测点的厚度值。图 8-6 为 15 个测区的厚度检测结果。

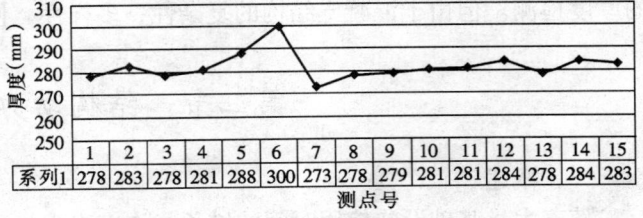

图 8-6 某机场跑道路面厚度检测结果

### 3. 混凝土路面厚度测量

图 8-7 是用冲击回波法检测某段高速公路混凝土路面厚度检测结果，检测前首先用超声平测法测得其混凝土声速 $V_p$ = 3970m/s，然后用冲击器激振，采集得到信号，经频谱分析得出其峰值频率 $F_m$ 为 7650Hz，相应的厚度为 255mm，而钻孔取芯实测的混凝土路面厚度为 250mm，相对误差为 2%。

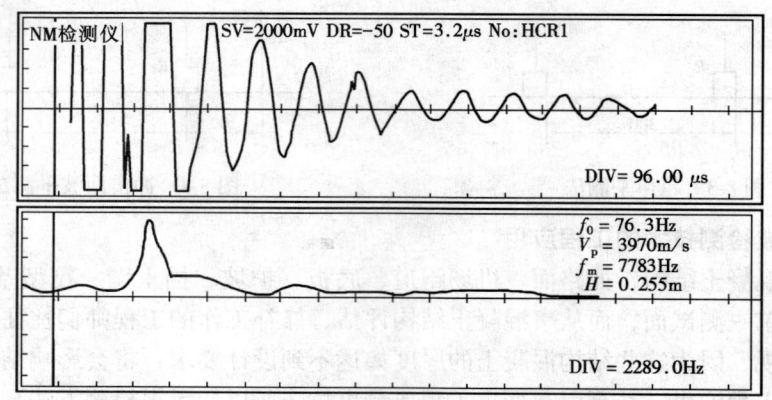

图 8-7 某段高速公路混凝土路面厚度检测结果

### 4. 隧道二次衬砌厚度检测

图 8-8 是用冲击回波法检测某段地铁隧道二次衬砌混凝土厚度的结果（上部为时域波形，下部为其振幅谱）。该隧道结构为一次喷护 300mm 厚混凝土和二次模筑 200mm 厚混凝土复合衬砌形式，两次混凝土之间有一柔性防水层。用超声平测法测得超声波速为 4200m/s，其平均峰值频率为 10.1kHz，故其平均厚度为 208mm，比较接近设计厚度。

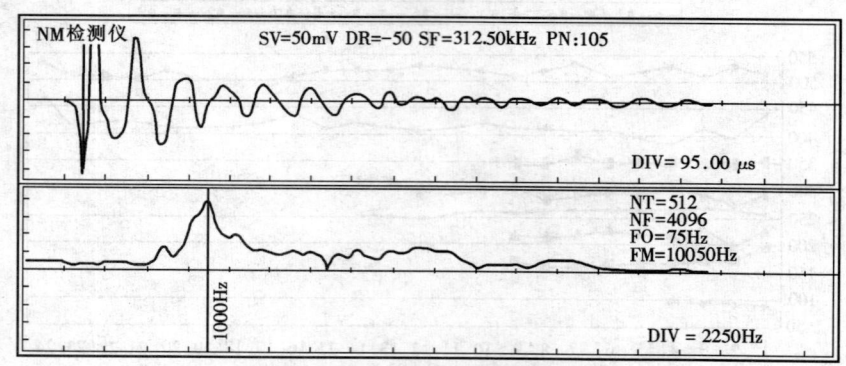

图 8-8 某段地铁隧道二次衬砌混凝土厚度检测结果

总之，冲击—回波法作为一种新的无损检测方法，可用来测量结构混凝土厚度。特别适合于单面结构，如路面、机场跑道、底板、护坡、挡土墙、筏型基础、隧道衬砌、大坝等混凝土结构的厚度检测。但由于混凝土结构的复杂性、多样性，使得厚度的检测错综复杂，影响因素较多。

## 第二节 结构动力检测技术

### 一、概述

随着大量基础设施使用时间的增长，许多土木工程结构进入了老化阶段。近些年来，结构的健康监测越来越受到人们的重视，结构的动态检测由于其自身的优点也逐渐成为工程界和学术界十分关注的一个研究领域。

基于振动的结构检测方法的早期研究，主要集中在航空航天工程及机械工程方面，而土木工程结构与之相比具有明显差别。归纳起来主要有三方面的差别：

1. 激振源不同。工程结构一般尺寸大、质量重，难以像机械结构那样在预想的位置有效施加人为的激振，以获取最能反映结构性态的动力响应；

2. 响应信息不同。由于激振源的原因，工程结构动力检测所利用的动力响应的信噪比一般机械小，而且其结构动力响应极易受外界环境以及非结构构件等的影响；

3. 识别的问题不同。机械故障主要识别故障位置，而结构损伤识别除需识别结构损伤的位置外，更重要的是还需识别损伤的程度。此外，结构动力检测时经常只能获取结构的部分动力信息，而且实际结构的不确定性水平比单个构件或缩尺比例模型高得多，这使得大型土木结构整体损伤识别方法的研究得到广泛开展，并且到目前为止已经取得了一定的成果。

结构动力检测的基本问题是依据结构的动力响应识别结构的当前状态。结构的性态可以用结构模态参数（主要为自振频率和振型）和结构物理参数（主要为刚度参数）进行描述。结构的物理参数是结构性态的直观表述，直接反映结构的状态，也是进行结构可靠性评价需要直接应用的参数。结构模态参数也是结构的一个非常重要的性态，反映结构的质量和刚度分布状况，如果结构的模态参数发生变化，也能间接反映结构的物理性态变化，从而可以定性和定量地判别结构的状态。因此，结构的动力检测问题可分为结构模态参数识别和结构物理参数识别问题。

**二、动力检测的测试方法**

对于工程结构，容易实现和测量的是结构的动力响应。利用结构的动力响应进行结构性态识别的方法，即为结构动力检测方法。结构动力检测方法可不受结构规模和隐蔽的限制，只要在可达到的结构位置安装动力响应传感器即可。目前高效模块化、数字化的结构动力响应测量技术已为结构动力检测方法提供了坚实有效的技术支持。

1. 结构模态参数的频域识别法

结构模态参数的频域识别法，是基于结构传递函数或频率响应（简称频响函数）在频域内识别结构的固有频率、阻尼比和振型等模态参数的方法。

2. 结构模态参数的时域识别法

结构模态参数的时域识别法是指在时间域内识别结构模态参数的方法。时域法所采用的原始数据是结构反应的时间历程，主要为结构的自由振动反应，有的也采用结构的脉动反应和强迫振动反应。

使结构产生自由振动的激振方式有：

（1）张拉释放法。该方法通过某种张拉装置使结构产生初始位移，然后迅速解除张拉，使结构产生自由振动；

（2）火箭加力法。该方法采用火箭点燃后产生的冲击力使结构产生初始速度而自由振动；

（3）撞击法。该方法利用重锤敲击结构物所产生的冲量使结构产生初速度而引起的自由振动。张拉释放法实质上是一种阶跃激励，而火箭加力法和撞击法同为脉冲激励。

结构时域模态参数识别方法的研究与应用比频域方法要晚一些，但近年来随着计算机技术的发展而逐步发展起来的。目前提出的结构模态参数的时域识别法主要有：ITD法、STD法、Prony法、随机减量法和ARMA模型法等。

**三、动力检测的损伤识别方法简介**

大型土木工程结构由于荷载作用、疲劳与腐蚀效应、材料的老化以及缺乏及时的维修，在使用期内将不可避免地产生损伤积累、抗力衰退而影响结构的使用寿命，甚至会导致突发事故。已建成的和在使用中的许多结构和设施急需采用有效手段进行检测及评估其安全状况，识别、修复和控制损伤以防止潜在灾难的发生。结构损伤被考虑为一种对结构承载力减弱的负面影响,也可以定义为由于结构原始几何或者材料的特性的偏差而导致我们不希望得到的诸如结构上的应力、位移和结构振动等等。传统的无损检测技术如超声波、声发射、X射线等均是目前使用的"局部"损伤诊断技术,但这些检测方法检查时间长,检测费用昂贵,不能实现在线检测。随着结构的大型化、复杂化要求,迫切需要发展新的结构整体的损伤检测方法。结构损伤的动态检测方法是基于对结构的动力学特性(质量、刚度、阻尼)的变化跟踪分析,由此来判断结构的损伤部位及程度。由于结构的动力特性是结构整体性的集中反映,因此,结构损伤的动态检测方法是一种结构整体损伤检测方法,具有在线检测的优点,因而受到广泛的注意。

1. 动力参数损伤识别方法

在结构损伤检测中主要需解决以下问题:一是结构是否存在损伤;二是结构损伤位置的判断;三是结构损伤的严重程度;四是结构损伤对结构使用性能的影响,即结构剩余寿命的预估。典型的动力参数诊断法是将观察到的动力参数改变与基准的参数比较,并选择其中最有可能的改变来判断结构的真实状况。

结构动力破损评估可大致分为四步:第一步选择振动观测信号;第二步提取与破损状态有联系的特征量;第三步识别结构有无损伤;第四步识别损伤位置、性质、程度。

近几年来,出现了许多基于动力参数的结构损伤诊断方法,这些方法各有特点,现介绍常用方法如下:

(1) 剩余模态力分析方法

基于剩余模态力分析方法是先建立有限元分析模型,利用在结构受损区上测试出的特征值(固有频率的平方)和响应的测试模态,代入未受损结构特征值问题方程式的左边,如果方程的右边等于零,则可以判断出结构未发生损伤,如果方程的右边不等于零,则可以根据非零值的位置判断出相应的受损的位置。再将从结构试验数据中得出受损区的模态参数变化与结构有限元模型分析模态参数的灵敏度进行比较,以此来评估结构受损伤的程度。基于剩余模态力分析方法不仅考虑了系统质量的变化对模态的影响,而且还考虑了固有频率和模态向量的摄动,并且计入了结构参数不确定性及测量误差,考虑的因素较为全面。

(2) 柔度变化的损伤识别方法

模态试验由于测试误差的影响,往往只能准确地获得前几阶模态参数,而且对于复杂多自由度系统,测试自由度往往小于结构本身的自由度,使损伤识别精度受到影响。利用柔度变化的损伤识别法进行损伤识别,在获得相同的试验模态参数条件下比刚度法更为精确。这是因为,在模态满足归一化的条件下,模态参数对柔度矩阵的贡献与自振频率的平方成反比。随着频率的增大,柔度矩阵中高频率的倒数影响可以忽略不计,这样只要测量前几个低阶模态参数和频率,就可以获得精度较好的矩阵。根据损伤前后的两个柔度矩阵的差值矩阵,求出差值矩阵中各列中的最大元素,通过检查每列中的最大元素就可以找出损伤的位置。柔度变化的损伤识别方法相对于刚度变化的损伤识别方法对结构损伤是比较敏感的,但是由于忽略高阶模态参数的影响,无法避免地存在着误差。

(3) 固有频率变化的损伤识别方法

固有频率是模态参数中最容易获得的一个参数,而且识别精度高。其特点是:认为结构发生损伤时,仅结构的刚度降低,而忽略结构质量的变化。但是结构在不同位置发生损伤都可能引起相同的频率变化,因此,该方法往往只能发现损伤,而不能确定损伤的位置。利用特征值(固有频率的平方)问题的一阶摄动,可以得到结构系统矩阵变化与特征值变化之间的关系,继而得到特征值变化与刚度矩阵变化之间的关系,通过一些假设、对振型的归一化归纳出系统特征值对刚度矩阵的灵敏度方程。根据实测数据对该方程求优化解即可获得结构损伤的位置。此方法只需结构频率变化值（容易较精确地测量得到），而无需振型值（难以精确测量），同时避免了理论与实测自由度不一致的矛盾。但由于推导中忽略了结构模态特性和系统矩阵二阶以上的摄动量，因此该方法只适用于结构微小变化的场合。

(4) 刚度变化的损伤识别方法

利用刚度矩阵的变化进行损伤识别目前有很多人在研究，因为结构发生较大的损伤时，其刚度矩阵将发生显著的变化。对于实际的土木工程结构，涉及的自由度数量和未知参数数目急剧增加，其难度和收敛的计算要求也跟着增加，而实际的情况是，结构的损伤可能只发生在结构的局部部位，结构的大部分部位没有出现损伤，大部分结构单元的刚度基本没有改变，此时采用子结构损伤识别方法对大型复杂结构系统的损伤检测和状态评估是一种有效的方法。在模型修正方法中，通常做法是修正选定子结构的刚度修正系数而不是单个结构构件，其目的使减少要修正刚度参数的数量，使得病态和非惟一性保持在可以接受的程度。

(5) 振型变化的损伤识别方法

结构振型包含更多的损伤信息，振型变化的损伤识别方法有以位移类参数（位移、位移模态、柔度矩阵等）和以应变类参数（应变、应变模态、曲率模态等）为基础的损伤定位方法。这些方法均需要建立结构初始正常状态时的有限元模型作为识别基准，然后用当前结构振型实测数据修正结构模型，通过比较结构修正前后的模型物理参数来识别结构的损伤状况。研究发现振型曲率比振型对损伤更为敏感，可以用来检测损伤和进行损伤定位。如果结构出现损伤，则破损处的刚度会降低，而曲率便会增大。振型曲率的变化随着曲率的增大而增大。因此，可以根据振型曲率作为定位参数。但该方法的不足之处是需要非常密集的测点，以便使用中心差分法求取曲率模态，否则将增大曲率模态振型的误差。由于在测试过程中实测振型往往是不完整的。有些学者建议直接采用不完整实测振型进行结构的损伤识别，比较典型是以灵敏度和数值为基础的方法。该方法以结构损伤前后的实测特征值和实测不完整振型以及假设结构某单元受损后引起的振型的理论差值为识别参数，建立多处损伤定位准则公式。根据所测得的识别参数，计算并找出 MDLAC 的最大值的位置来大致确定结构受损位置，再利用迭代数值方法计算出受损程度。该方法的优点是直接地利用结构实测不完整振型进行结构损伤识别。其缺点是计算量太大，这是因为每个假设受损单元都要计算出 MDLAC 值来。假设受损单元越多（结构受损位置越多），其计算 MDLAC 值的次数也就越大，相应的受损程度的迭代数值计算也多。

2. 动力检测的信号分析

在动力检测中，数据信号通常采用以下方法分析：

(1) 主谐量法；

(2) 周期频度或频度谱法；

(3) 选频滤波法

(4) 谐波分析法；

(5) 功率谱法。

主谐量法和周期频度或频度谱法是直接从脉动的光线或者记录图形上按一定规律分析得出的低阶自振特性，不需对脉动信号进行数据处理，这两种方法目前已经很少用。选频滤波法是把脉动信号通过一个窄带滤波器，把一个脉动信号分解为多组谐波。与结构自振频率对应的谐波有两个特点：振幅值大，"拍"的现象明显。谐波分析法是把脉动响应信号进行傅氏变化，得出振幅谱，由振幅谱的峰值得到结构的自振参数，这几种方法都是把脉动信号视为规则的振动曲线，而实际的结构物与地面的脉动信号都是随机过程。有效的分析方法是把实测数据按照随机信号进行数据处理，功率谱法就是以此为基础的。

## 四、小结

本节对结构动力检测技术作了初步的介绍，通过对土木工程结构动力检测的试验和分析，我们可以得出以下结论：

1. 动力检测方法快捷、简便，能准确地获取结构状态的大量信息，对结构诊断与评估有重大的实用价值；

2. 动力检测法适用于结构动力参数检测和结构损伤识别，随着测试方法和数据分析的不断进步，其应用领域将不断扩大。

# 第三节 红外热像检测技术

## 一、概述

运用红外热像仪检测物体各部分辐射的红外线能量，根据物体表面的温度场分布状况所形成的热像图，直观地显示材料、结构物及其结合面上存在不连续缺陷的检测技术，称为红外热像检测技术。它是非接触的无损检测技术，可以对被测物作上下、左右非接触的连续扫描，因此也称红外扫描测试技术。

红外热像检测技术是依据被测物连续辐射红外线的物理现象，非接触式不破坏被测物体。该检测技术已经成为国内外无损检测技术的重要分支，也是"九五"国家科技成果重点推广项目。特别是它具有对不同温度场、广视域的快速扫测和遥感检测的功能，因而，对已有的无损检测技术功能和效果具有很好的互补性。

红外热像检测技术的特点：红外线探测器的焦距在理论上可以是200mm至无穷远，因而适用于作非接触、广视域的大面积无损检测；探测器只对红外线有响应，只要被测物温度处于绝对零度以上，红外热像仪就不仅能在白天进行工作，而且在黑夜中也可以正常进行探测工作；现代的红外热像仪的温度分辨率高达 $0.1 \sim 0.02℃$，所以探测的温度变化的精确度很高；红外热像仪测量温度的范围在 $-50 \sim 2000℃$，其应用的探测领域十分广阔；摄像速度 $1 \sim 30$ 帧/秒，故适用静、动态目标温度变化的常规检测和跟踪探测，因而，也有把红外热像检测仪称为温度示跟仪的说法。

红外热像检测技术已广泛用于电力设备、高压电网安全运转的检查，石化管道泄漏，冶炼温度和炉衬损伤，航空胶结材料质量的检查，大地气象检测预报，山体滑坡的监测预报，医疗诊断等。总之，红外热像技术的应用已有不少文献报导，大至进行太阳光谱分析，火星表层温度场探测，小至人体病变医疗诊断检查研究。

红外检测技术用于房屋质量的功能检查评估，在我国尚处于起步阶段，其应用前景极为广阔。诸如建筑物墙体剥离、渗漏、房屋保温气密性的检测，具有快速，大面积扫测、直观的优点。它有当前其他无损检测技术无法替代的技术特点，因而在建筑工程诊断中研究推广红外无损检测技术是十分必要的。

## 二、红外热像测试原理

1672年，人们发现太阳光（白光）是由各种颜色的光复合而成，同时，牛顿做出了单色光在性质上比白色光更简单的著名结论。使用分光棱镜就可把太阳光（白光）分解为红、橙、黄、绿、青、蓝、紫等各色单色光。1800年，英国物理学家F. W. 赫胥尔从热的观点来研究各种色光时，发现了红外线。他在研究各种色光的热量时，有意地把暗室的惟一的窗户用暗板堵住，并在板上开了一个矩形孔，孔内装一个分光棱镜。当太阳光通过棱镜时，便被分解为彩色光带，并用温度计去测量光带中不同颜色所含的热量。为了与环境温度进行比较，赫胥尔用在彩色光带附近放几支作为比较用的温度计来测定周围环境温度。试验中，他偶然发现一个奇怪的现象：放在光带红光外的一支温度计，比室内其他温度的指示数值高。经过反复试验，这个所谓热量最多的高温区，总是位于光带最边缘处红光的外面。于是他宣布太阳发出的辐射中除可见光线外，还有一种人眼看不见的"热线"，这种看不见的"热线"位于红色光外侧，叫做红外线。红外线是一种电磁波，具有与无线电波及可见光一样的本质，红外线的发现是人类对自然认识的一次飞跃，对研究、利用和发展红外技术领域开辟了一条全新的广阔道路。

红外线的波长在 $0.76 \sim 1000 \mu m$ 之间，按波长的范围可分为近红外、中红外、远红外、极远红外四类，它在电磁波连续频谱中的位置是处于无线电波与可见光之间的区域。红外线辐射是自然界存在的一种最为广泛的电磁波辐射，它是基于任何物体在常规环境下都会产生自身的分子和原子无规则的运动，并不停地辐射出热红外能量，分子和原子的运动愈剧烈，辐射的能量愈大，反之，辐射的能量愈小。

在自然界中，任何温度在绝对零度（-273℃）以上的物体，都会因自身的分子运动而辐射出红外线。由于被测物具有辐射现象，所以，红外无损检测是测量通过物体的热量和热流来鉴定该物体有无质量问题的一种方法。当物体内部存在裂缝和缺陷时，它将改变物体的热传导，使物体表面温度分布产生差别，利用红外热像检测仪测量其热辐射的不同，即可以查出物体的缺陷位置。通过红外探测器将物体辐射的功率信号转换成电信号后，成像装置的输出信号就可以完全一一对应地模拟扫描物体表面温度的空间分布，经电子系统处理，传至显示屏上，得到与物体表面热分布相应的热像图。运用这一方法，便能实现对目标进行远距离热状态图像成像和测温并进行分析判断。

如果光照或热流注入是均匀的，对于无缺陷的物体，经反射或物体热传导后，正面和背面的表层温度场分布基本上是均匀的。如果物体内部存在缺陷，将使缺陷处的温度分布产生变化。对于隔热性的缺陷，正面检测方式，缺陷处因热量堆积将呈现"热点"，背面检测方式，缺陷处将呈现低温点；而对于导热性的缺陷，正面检测方式，缺陷处的温度将呈现低温点，背面检测方式，缺陷处的温度将呈现"热点"。因此，采用热红外测试技术，可较形象地检测出材料的内部缺陷和均匀性。前一种检测方式，常用于检查壁板、夹层结构的胶结质量，检测复合材料脱粘缺陷和面砖粘贴的质量等；后一种检测方式可用于房屋门窗、冷库、管道保温隔热性质的检查等。

### 三、红外热像仪

红外热像仪是利用红外探测器、光学成像物镜和光机扫描系统（目前先进的焦平面技术则省去了光机扫描系统）接受被测目标的红外辐射能量分布图形反映到红外探测器的光敏元上，在光学系统和红外探测器之间，有一个扫描机构（焦平面热像仪无此机构）对被测物体的红外热像进行扫描，并聚焦在单元或分光探测器上，由探测器将红外辐射能转换成电信号，经放大处理、转换或标准视频信号通过电视屏或监测器显示红外热像图。这种热像图与物体表面的热分布场相对应；实质上是被测目标物体各部分红外辐射的热像分布图由于信号非常弱，与可见光图像相比，缺少层次和立体感，因此，在实际动作过程中为更有效地判断被测目标的红外热分布场，常采用一些辅助措施来增加仪器的实用功能，如图像亮度、对比度的控制、实标校正、伪色彩描绘等技术。

1800年，英国物理学家 F. W. 赫胥尔发现了红外线，从此开辟了人类应用红外技术的广阔道路。在第二次世界大战中，德国人用红外变像管作为光电转换器件，研制出了主动式夜视仪和红外通信设备，为红外技术的发展奠定了基础。二次世界大战后，首先由美国德克萨兰仪器公司经过近一年的探索，开发研制的第一代用于军事领域的红外成像装置，称之为红外寻视系统（FLIR），它是利用光学机械系统对被测目标的红外辐射扫描。由光子探测器接收两维红外辐射迹象，经光电转换等一系列数据处理后，形成视频图像信号。这种系统、原始的形式是一种非实时的自动温度分布记录仪，后来随着20世纪50年代锑化铟和锗掺汞光子探测器的发展，才开始出现高速扫描及实时显示目标热图像的系统。

60年代早期，瑞典AGA公司研制成功第二代红外成像装置，它是在红外寻视系统的基础上增加了测温的功能，称之为红外热像仪。

开始由于保密的原因，在发达的国家中也仅限于军用，投入应用的热成像装置可在黑夜或浓厚幕云雾中探测对方的目标，探测伪装的目标和高速运动的目标，但仪器的成本也很高。以后考虑到在工业生产发展中的实用性，结合工业红外探测的特点，采取压缩仪器造价，降低生产成本并根据民用的要求，通过减小扫描速度来提高图像分辨率等措施逐渐发展到民用领域。

60年代中期，AGA公司研制出第一套工业用的实时成像系统（THV），该系统由液氮致冷，110V电源电压供电，重约35kg，因此使用中便携性很差，经过对仪器的几代改进，1986年研制的红外热像仪已无需液氮或高压气，而以热电方式致冷，可用电池供电；1988年推出的全功能热像仪，将温度的测量、修改、分析、图像采集、存储合于一体，重量小于7kg，仪器的功能、精度和可靠性都得到了显著的提高。

90年代中期，美国FSI公司首先研制成功由军用技术（FPA）转民用并商品化的新红外热像仪（CCD）属焦平面阵列式结构的一种热成像装置，技术功能更加先进，现场测温时只需对准目标摄取图像，并将上述信息存储到机内的PC卡上，即完成全部操作，各种参数的设定可回到室内用软件进行修改和分析数据，最后直接得出检测报告，由于技术的改进和结构的改变，取代了复杂的机械扫描，仪器重量已小于2kg，使用中如同手持摄像机一样，单手即可方便地操作。

红外热像仪一般分光机扫描成像系统和非扫描成像系统。光机扫描成像系统采用单元或多元（元数有8、10、16、23、48、55、60、120、180甚至更多）光电导或光伏红外探测器，用单元探测器时速度慢，主要是帧幅响应的时间不够快，多元阵列探测器可做成高速实时热像仪。非扫描成像的热像仪，如近几年推出的阵列式凝视成像的焦平面热像仪，属新一代的热成像装置，在性能上大大优于光机扫描式热像仪，有逐步取代光机扫描式热像仪的趋势。其关键技术是探测器由单片集成电路组成，被测目标的整个视野都聚焦在上面，并且图像更加清晰，使用更加方便，仪器非常小巧轻便，同时具有自动调焦图像冻结，连续放大，点温、线温、等温和语音注释图像等功能，仪器采用PC卡，存储容量可高达500幅图像。

红外热电视是红外热像仪的一种。红外热电视是通过热释电摄像管（PEV）接受被测目标物体的表面红外辐射，并把目标内热辐射分布的不可见热图像转变成视频信号，因此，热释电摄像管是红外热电视的光键器件，它是一种实时成像，宽谱成像（对 $3\sim 5\mu m$ 及 $8\sim 14\mu m$ 有较好的频率响应）具有中等分辨率的热成像器件，主要由透镜、靶面和电子枪三部分组成。其技术功能是将被测目标的红外辐射线通过透镜聚焦成像到热释电摄像管，采用常温热电视探测器和电子束扫描及靶面成像技术来实现的。红外热像仪的主要参数有：

1. 工作波段。它是指红外热像仪中所选择的红外探测器的响应波长区域，一般是 $3\sim 5\mu m$ 或 $8\sim 12\mu m$。

2. 探测器类型。它是指使用的一种红外器件，采用单元或多元（元数8、10、16、23、48、55、60、120、180等）光电导或光伏红外探测器，其采用的元素有硫化铅（PbS）、硒化铅（PnSe）、碲化铟（InSb）、碲镉汞（HgCdTe）、碲锡铅（PbSnTe）、锗掺杂（Ge：X）和硅掺杂（Si：X）等。

3. 扫描制式。一般为我国标准电视制式，PAL制式。

4. 显示方式。它是指屏幕显示是黑白显示还是伪彩显示。

5. 温度测定范围。它是指测定温度的最低限与最高限的温度值的范围。

6. 测温准确度。它是指红外热像仪测温的最大误差与仪器量程之比的百分数。

7. 最大工作时间。红外热像仪允许连续的工作时间。

### 四、红外热像检测技术的应用

一般被测的物体都辐射红外能量,由于各种缺陷所造成组织结构不均匀性,导致温度场分布的变异,均为红外热像无损检测提供了外部条件。当前,红外热像仪具有 0.02~0.1℃ 的温度分辨率,可以广泛应用于温度场变化的精确测量,近代红外热像仪功能较为完善,只要合理的选配和有效地利用光照条件,就能使红外热像检测技术得到充分地发挥。目前红外热像检测技术主要应用于以下几个方面:

#### 1. 建筑物外墙剥离层的检测

建筑物墙体剥离主要有砂浆抹灰层与主体钢筋混凝土局部或大面积脱开,形成空气夹层,通常称为剥离层。砂浆粉饰层剥离,将导致墙面渗漏,大面积的脱落,可能酿成重大事故。因剥离形成的墙身缺陷和损伤,降低了墙体的热传导性,因此,当外墙表面从日照或外部升温的空气中吸收热量时,有剥离层的部位温度变化比正常情况下大。通常,当暴露在太阳光或升温的空气中时,外墙表面的温度升高,剥离部位的温度比正常部位的温度高;相反,当阳光减弱或气温降低,外墙表面温度下降时,剥离部位的温度比正常部位的温度低。由于太阳照射后的辐射和热传导,使缺陷、损伤处的温度分布与质量完好的面层的温度分布产生明显的差异,经高精度的温度探测分辨、红外成像后能直观查出缺陷和损伤的所在,为诊断和评估提供科学依据,具有检测迅速、工作效率高,热像反映的点和区域温度分布明晰易辨等优点。

#### 2. 饰面砖粘贴质量大面积安全扫测

由于长期雨水冲刷,严寒酷热温度效应,或受振冲击,使本来粘贴质量尚可的饰面砖与主体结构产生脱粘。对于施工时"空鼓"粘结性差的面砖则更有脱落的可能。此种危险现象在国内外均时有发生,若伤了人将会造成严重的后果。为此,国外很重视专项扫测检查,国内也已引起了关注。

面层与基体产生脱粘和"空鼓",同样造成缺陷部位的导热性与正常部位的导热件的差异,在脱粘部位,受热升温和降温散热均比正常部位的升温和散热快。这种温度场的差异提供了红外检测的可行性。对大面积非接触墙面的安全质量检测,红外遥感检测技术是很适用的,它可以根据阳光照射墙面的辐射能量,由红外热像仪采集和显示表面温度分布的差异,检测出饰面砖粘贴质量问题,或在使用过程中出现局部脱粘的部位,为检修和工程评估提供确切的依据,能够防患于未然,具有十分重要的社会效益。

#### 3. 玻璃幕墙、门窗保温隔热性、防渗漏的检测

气密性、保温隔热性检查,是根据房屋耐久性、防渗漏要求提出的,随着生活水平的提高,也是节能的重要课题。冬夏季节室内外温差较大,内外热传导给红外检查门窗气密保温和渗漏性提供了良好的条件。对于构造的漏热,气密性不良部位,其热传导与气密性良好的部位相比,有较明显的差异,其形成的温度场分布也有显然的不同,红外热像仪能形象快速显示和分辨。对建筑保温隔热性进行红外热像的检测工作,可以为施工装配质量检查和节能评估提供科学的依据。由于红外热像检测具有扫测视域广、面积大、非接触快速检测等特点,是其他无损检测方法无法替代的。

玻璃幕墙气密性、防渗漏的检查是一项重要的课题。红外检测技术视域广、非接触快速扫测效率是很适合这种场合的检测任务。但由于玻璃幕墙是低光谱反射材料,检测时应注意太阳光或天空反射的影响,选择通用于被测物的波长的仪器。

#### 4. 墙面、屋面渗漏的检查

屋面防水层失效和墙面微裂所造成的雨水渗漏,是一种普遍性的房屋老化或质量问题,也是广大用户十分烦恼的一个社会问题。这种缺陷采用红外检测在国外已有成功的文献报道。屋顶或墙面渗漏、隐匿水层的部位,其水分的热容和导热性与质量正常的周边结构材料的热容和热传导

性是不同的。借太阳光照射后的热传导或反射扩散的结果，缺陷部位在表面层的温度场分布与周边表层的温度分布有明显的差异，红外检测技术可以检测出面层的不连续性或水分渗入隐匿部位，从室内热扩散、阳光被吸收和传导的物理现象，给红外热像检测提供了可行的依据。

5. 结构混凝土火灾受损、冻融冻坏的红外检测技术

当前，对结构混凝土火灾的损伤程度和混凝土的强度下降范围，以及混凝土受冻融反复作用的损伤情况还缺乏非破损和快速的有效检测手段，在国内近年来有采用红外热像技术对上述混凝土损伤破坏进行探测研究。

根据混凝土火灾的物理化学反应，导致混凝土表层变为疏松，表面因被直接火烧，其疏松尤为严重，其强度也随着疏松程度而下降；混凝土受冻融作用，出现剥离破坏和局部疏松，以上均导致混凝土的导热性下降。在阳光或外部热源照射后，损伤部位的温度场分布与完好或周边混凝土的温度场分布产生明显的差异。从红外热像显示的"热斑"和"冷斑"比较容易分辨出火烧和冻融破坏的损伤部位。通过模拟试验，还可以建立一定条件下混凝土损伤的程度和灾后强度下降的大致对应范围，以作为工程实际检测热图像分辨判断的标识指标，半定量探测为工程修复加固处理提供参考，依据基本原理，进行广泛深入的试验，使红外热像技术适应不同的技术条件，提高判别的精度，将是可行、有效的新检测手段。

6. 其他方面

（1）铁路和公路沿线山体岩层扩坡的监测。国外已采用红外热像技术监测山体岩石的滑移活动，通过拍摄护坡层的温度场变化，预警可能出现坍塌、滑坡的交通事故。

（2）高温窑炉检测。衬里耐火材料不同程度的磨损或开裂，因导热和泄热在窑炉表层均会造成温度场分布的变异。采用红外热像技术非接触扫查窑炉外壳，显示耐火衬里不同程度的磨损及开裂泄热的部位，为窑炉检修提供必要的科学信息。红外检测仪用于冶炼炉内温度分布变化的观察更是常用的工具。

（3）节能检测。保温管道、冷藏库的保温绝热的局部失效，而导致泄热，均有温度场分布变异，红外成像技术具有简捷、直观的检查效果。

（4）电器检测。大至高压电网安全运输，小至集成电路工作故障的检测，在国内外均成了专业的测试手段。

（5）空间、远距离的红外技术探测。大地的气象动态预报，星球的探测研究，夜幕的军事活动探测，导向攻击均有红外遥感探测技术的应用。

## 第四节 雷达检测技术

### 一、原理

雷达检测技术是采用无线电波检测地下介质分布和对不可见目标体或地下界面进行扫描，以确定其内部结构形态或位置的电磁技术。其工作原理为：高频电磁波以宽频脉冲形式通过发射天线发射，经目标体反射或透射，被接收天线所接收。高频电磁波在介质中传播时，其路径、电磁场强度和波形将随所通过介质的电性质及集合形态而变化，由此通过对时域波形的采集、处理和分析，可确定地下界面或目标体的空间位置或结构形态。地质雷达具有分辨率高、无损、操作简便、抗干扰能力强等特点，适用于各种环境条件。由于高频电磁波在介质中的高衰减性，使得该方法的应用受到一定的限制。

雷达检测虽然与探空雷达一样利用高频电磁波束的反射来探测目标体，但由于地下介质较空气具有更强的电磁衰减特性，加之目标体情况的离散性，电磁波在前者中的传播要比后者复杂的多。

电磁脉冲反射信号的强度与界面的反射系数和穿透介质的波吸收程度有关，一般介质的电性差异大，则反射系数大，因而反射波的能量也大，这就是雷达检测的前提条件，其雷达接收功率的大小计算按公式 (8-3)：

$$P_R = [P_T G^2 \lambda_0^3 RSL/(4\pi^3)H^4] RSLe^{-4\alpha R} \tag{8-3}$$

式中　$P_T$、$P_R$——发射、接收功率；
　　　$G$——天线增益；
　　　$R$、$S$、$H$——目标体的反射率、散射面截面和深度；
　　　$\alpha$——土壤衰减率；
　　　$L$——雷达波从发射到接收过程的散射损耗；
　　　$\lambda_0$——介质中雷达波的波长。

从公式 (8-3) 中可以看出，探地雷达接收到的信号的大小与天线频率、地层的衰减、目标体的深度和反射特征等均有关系，在仪器性能和地下介质一定的情况下，探测深度取决于工作频率和地层的衰减系数。一般天线频率越高，则探测深度越浅，分辨率越高；天线频率越低，则探测深度越深，分辨率越低。

## 二、仪器设备系统结构

目前国内投入现场检测的地质雷达主要为脉冲时域类型，分为美国"地球物理测量系统公司"（GSSI）生产的 SIR 系列和加拿大"探头及软件公司"（SSI）生产的 EKKO 系列，其基本组成可分为以下四个部分：

1. 天线：其功能是将高频电磁波从地质雷达传输线耦合到传播介质或由传播介质耦合至传输线。
2. 发射机：其功能是产生所需功率电平的高频电磁波。
3. 接收机：其功能是接收微弱的目标信号，并将信号放大到可以使用的电平。
4. 显示器：其作用是将目标信息显示给用户。

## 三、剖面法测量方法

目前常用的时域雷达测量方式有剖面法、宽角法、环形法、多天线法等，以剖面法结合多次覆盖技术应用最为广泛。剖面法是发射天线（T）和接收天线（R）以固定间距沿测线同步移动的一种测量方式。当发射天线与接收天线间距为零时，亦即发射天线与接收天线合二为一时，称为单天线形式，反之称为双天线形式。剖面法的测量结果可以用地质雷达时间剖面图像表示，其中横坐标记录了天线在地表的位置，纵坐标为反射波双程走时，表示雷达脉冲从发射天线出发经地下界面反射回到接收天线所需的时间。这种记录能够准确描述测线下方地下各反射界面的形态。

由于介质对电磁波的吸收，来自深部界面的反射波会由于信噪比过小而不易识别，这时可应用不同天线距的发射—接收天线在同一测线上进行重复测量，然后将测量记录中相同位置的记录进行叠加，以增强对深部介质的分辨能力。

## 四、现场量测技术

1. 检测对象的分析

地质雷达检测的成功与否对检测对象和赋存环境的详尽分析直接有关，其中检测对象的深度是一个非常重要的问题。如果对象所处深度超出雷达系统探测距离的 50%，则雷达检测方法应予以排除。检测对象的几何形态必须尽可能调查清楚，包括高度、长度与宽度。检测对象的几何尺寸决定了雷达系统可能具有的分辨率，关系到天线中心频率的选用。检测对象的导电率和介电常数等亦需掌握，这将影响到系统对能量反射或散射予以识别。对于岩石介质中的检测，围岩的不均匀性态应限制在一定的范围之内，以免检测对象的响应淹没在围岩性态变化之中而无法识别。最后，检测区域内不应存在大范围金属构件或无线电射频源，以避免外来干扰对检测结果形成严重干扰。

2. 测网布置

检测工作进行之前首先应建立测区坐标，以便确定测线的平面位置，通常遵循以下原则：

（1）检测对象分布方向已知时，测线应垂直于检测对象长轴方向；如果方向未知时，则应布置成方格网；

（2）检测对象体积有限时，只用大网格小比例尺初查以确定目标体的范围，然后用小网格大比例尺测网进行详查，网格大小等于检测体尺寸。

**五、数据处理和资料解释方法**

1. 数据处理

雷达数据处理的目标是压制随机和规则的干扰，以最大可能的分辨率在图像剖面上显示反射波，提取反射波的各种有用参数，包括振幅、波形、频率等以帮助解释检测成果。由于电磁波理论与反射地震波理论在运动学特征方面，如反射、折射和绕射等相似。因此，雷达检测技术通常是以引进相当成熟的地震处理方法作为其主要处理手段，例如数字滤波技术和偏移绕射处理等。

2. 资料解释方法

雷达探测作为一种无损探测技术，由于不能直接观察物质内部，因而具有一定的局限性。对于探地雷达图像的解释要充分消化吸收各种常规资料，对探测工程地点进行仔细观察，并在实践中不断积累经验，只有如此，才能更好的解释探地雷达图像，使其最大限度的接近于实际情况。

雷达资料的解释主要依据剖面的反射回波特征，特别是反射回波的同相轴变化以及回波的振幅，一般表现为层状（线性同相轴）、管线状（双曲线同相轴）、洞穴状（双曲线同相轴）等异常特征。

（1）反射层的拾取

地质雷达地质解释的基础是拾取反射层，通常可以从通过地质勘探孔的测线开始，根据勘探孔与雷达图像的对比，建立起各种地层反射波组特征。识别反射波组的标志为同相性、相似性与波形特征等。地质雷达图像剖面是检测资料地质解释的基础图件。只要地下介质中存在电性差异，就有可能在雷达图像剖面中找到相应的反射波与之相对应。根据相邻道上反射波的对比，把不同道上同一反射波相同相位连接起来的对比线称为同相轴。一般无构造区，同一波组有一组光滑平行的同相轴与之对应，这一特性称为反射波组的同相性。

根据反射波组的特征，就可以在雷达图像剖面中拾取反射层，一般是从垂直走向的测线开始，然后逐条测线进行，最后拾取反射层必须能在全部测线中都能连接起来并保证在全部测线交点上相互一致。

（2）时间剖面的解释

在充分掌握目标体资料、了解测区所处构造背景的基础上，充分利用时间剖面的直观性和覆盖范围特点，统观整条测线，研究重要波组的特征及其相互关系，特别重视特征波的相同轴变化。特征波指强振幅、能长距离连续追踪、波形稳定的反射波，其一般均为不同电性介质分界面的有效波，特征明显，易于识别，通过分析，可以研究获得剖面的主要特点。

**六、雷达检测技术在工程中应用**

1. 在混凝土结构检测中的应用

结构混凝土相对于地层结构致密、成分简单、含水量较低，因此可以采用较高的频率以提高分辨率，一般可以采用接近或者超过 1GHz 的频率，雷达向混凝土中发射电磁波，由于混凝土、钢筋、孔洞的介电常数不同，使微波在不同的介质界面发生反射，并由混凝土表面的天线接收，根据发射电磁波至反射波返回的时间差与混凝土中微波的传播速度来确定反射体距表面的距离，从而检测出混凝土内部的钢筋、分层等的位置以及空洞、疏松、裂缝等缺陷的位置、深度和范围。

2. 在道路工程中的检测应用

(1) 检测公路面层厚度

检测面层厚度的标准方法是按一定频度随机取芯,一般为每公里每车道5个。按这一频度随机取芯无法对面层厚度做出客观的总体评价,只有当取芯频度达到每公里70个以上时,其评价才是可靠的。但这样的取芯频度将招致对面层的严重破坏,是不现实的。而雷达检测的连续无损性却能很好地克服这一矛盾。

(2) 检测沥青混凝土层间的粘结情况

沥青混凝土面层通常都是分2~3层铺设的。层间是否密实(即粘结好坏)直接关系到路面在使用过程中是否会发生上覆层剥离。目前公路界有关层间密实的问题尚无有效的检测手段,只能通过个别钻孔芯样进行分析。雷达检测则能较好地解决这一问题。从物探的角度来讲,上、下沥青混凝土间的电性差相当小,因此,如果上、下层粘结密实,则层间电磁波反射非常弱;反之,若层间粘结不密实,则实际上在层间形成了一个孔隙度较高的过渡带,从而使层间反射明显增强。因此,分析层间电磁波反射信号的强弱即可定性甚至半定量地评估上、下层间的粘结情况。沥青层间粘结情况的剖面见图8-9所示。

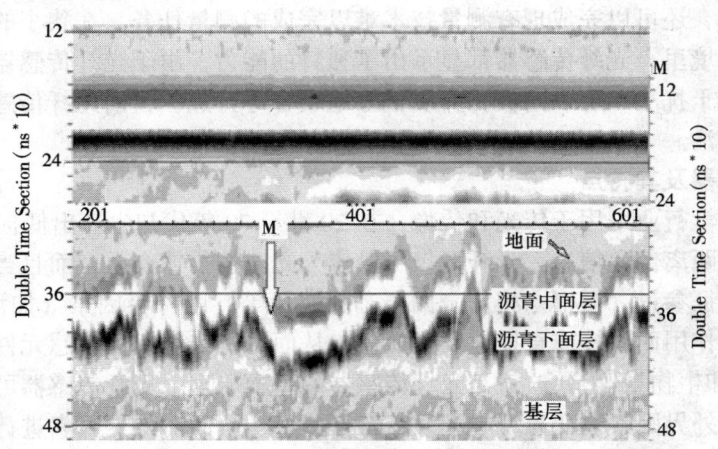

图8-9 表明沥青层间粘结情况的剖面

(3) 检测水泥混凝土面层与稳定基层间的脱空情况

因基础处理不当,刚性路面下部常会出现局部脱空现象。若不及时处理就会造成断板,增加路面养护的难度和成本。从地球物理的角度来讲,脱空实际上就是在面层和基层介质之间形成了一个薄夹层。若在预期出现层间反射的部位出现明显的强反射,则基本可判定为面层与基层脱空。有脱空现象的水泥混凝土表面如图8-10所示。

3. 在地下隧道工程质量中的检测应用

由于隧道施工本身的特点,隧道的

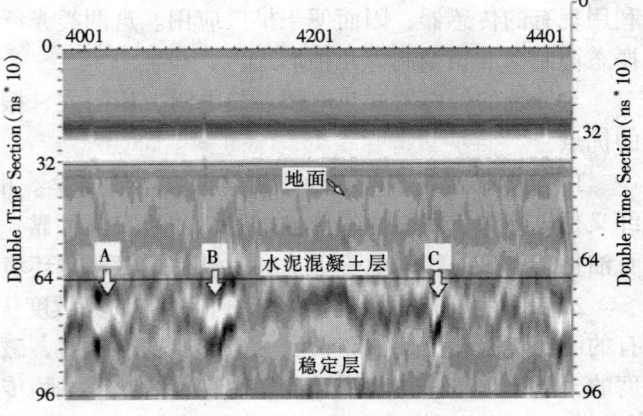

图8-10 有脱空现象的水泥混凝土表面

初衬和岩石层之间、初衬和二衬之间，如果施工控制不当，容易出现空隙，钢筋的分布也会与设计不符，因此对隧道衬砌施工质量进行检测很有必要。检测内容主要有：隧道衬砌厚度、脱空与空洞、渗漏带、回填密实度等。

4. 在工程物探中的应用

高灵敏度的地质雷达可准确无误地确保各种市政管线的位置，从而可节约大量的时间和费用。该系统可迅速而方便地探测出金属及非金属管线（甚至离得很近的管线）。地质雷达系统能够探察和定位地下被翻动过的土壤以及沟渠、空穴和结构，而不需与管道相联结。同时系统的精确性可保证使用者十分便捷地绘制出管线图，使得用地质雷达可将探测区域内漏检的可能性减至最小。

准确而迅速地标出管线位置可以使对正在使用管线的维修变得更加简便，并可在灾害发生之前确定潜在的危险区域。

## 第五节　光纤传感器在工程检测中的应用

### 一、概述

光纤传感器是最近几年出现的新技术，可以用来测量多种物理量，比如应变、压力、温度、角速度、加速度等，还可以完成现有测量技术难以完成的测量任务。在狭小的空间里，在强电磁干扰和高电压的环境里，光纤传感器都显示出了独特的能力。由于光纤传感器具有灵敏度高，精确，适应性强，受干扰小，可以同被测介质很好地结合等特点，目前光纤传感器在土木工程中的应用越来越受到关注。

### 二、光纤传感器及其特点

光纤最早在光学行业中用于传光和传像，在 20 世纪 70 年代初生产出低损耗光纤后，光纤在通信技术中用于长距离传递信息。光纤不仅可以作为光波的传输介质，而且当光波在光纤中传播时，表征光波的特征参量（振幅、相位、偏振态、波长等）因外界因素（如温度、压力、磁场、电场、位移等）的作用而间接或直接地发生变化，从而可将光纤用作传感元件来探测各种待测量（物理量、化学量和生物量等），这就是光纤传感器的基本原理。光纤传感器可以分为传感型和传光型两大类。利用外界因素改变光纤中光波的特征参量，从而对外界因素进行计量和数据传输的传感器，称为传感型光纤传感器，它具有传感合一的特点，信息的获取和传输都在光纤中进行。传光型光纤传感器是指利用其他敏感元件测得的特征量，由光纤进行数据传输，它的特点是充分利用现有的传感器，因而便于推广应用。这两类光纤传感器都可再分成光强调制、相位调制、偏振态调制和波长调制等几种形式。

与传统的传感器（热电偶、热电阻、压阻式、振弦式、磁电式）相比，光纤传感器具有独特的优点：

1. 抗电磁干扰、电绝缘、耐腐蚀、本质安全。由于光纤传感器是利用光波传输信息，而光纤又是电绝缘、耐腐蚀的传输媒质，并且安全可靠，这使它可以方便有效地用于各种大型机电、石油化工、矿井等强电磁干扰和易燃易爆等恶劣环境中。

2. 灵敏度高传输距离远。光纤传感器的灵敏度优于一般的传感器，其中有的已由理论证明，有的已经实验验证，如测量水位、加速度、辐射、磁场等物理量的光纤传感器，测量各种气体浓度的光纤化学传感器和测量各种生物量的光纤生物传感器等。

3. 重量轻、体积小、可挠曲。光纤除具有重量轻、体积小的特点外，还有可挠曲的优点，因此可以利用光纤制成不同外型、不同尺寸的各种传感器。这有利于航空航天以及狭窄空间的应用。

4. 测量对象广泛。目前已有性能不同的测量各种物理量、化学量的光纤传感器在现场使用。

5. 对被测介质影响小，有利于在生物、医药卫生等具有复杂环境的领域中应用。

6. 使用寿命长，便于复用，便于成网，有利于与现有光通信设备组成遥测网和光纤传感网络。

7. 性价比高。相对电阻应变片或其他的激光技术，光纤传感有更合理的性价比。

光纤传感器技术设备的区分是基于光调变方式不同。光传感器可以是内置也可以是外置的，取决于光纤是用于感测还是传输信息。如感测距离分布在不连续的区域内，它们能够作为"点"传感器；如果一个传感器能够不间断地感测整个检测长度，称为"分布式"传感器；"半分布式"传感器使用点传感器感测整个检测长度。光纤传感器可传送光信号，并且可以通过映射光纤端面来反向光信号。因此，光纤传感器实际上是一种传感设备。它不像电子应变仪、压电式传感器等传统传感器那样局限于单一的配置和工作方式。

### 三、测试原理

光纤传感器以光学量转换为基础，以光信号为变换和传输的载体，利用光导纤维输送光信号的传感器。按光纤的作用，光纤传感器可分为功能型和传光型两种。功能型光纤传感器既起着传输光信号作用，又可作敏感元件，传光型光纤则仅起传输光信号作用。

光纤一般为圆柱形结构，由纤芯、包层和保护层组成，如图 8-11 所示。纤芯由石英玻璃或塑料拉成，位于光纤中心，直径为 $5\sim75\mu m$；纤芯外是包层，有一层或多层结构，总直径在 $100\sim200\mu m$ 左右，包层材料一般为纯 $SiO_2$ 中掺微量杂质，其折射率 $n_2$ 略低于纤芯折射率 $n_1$；

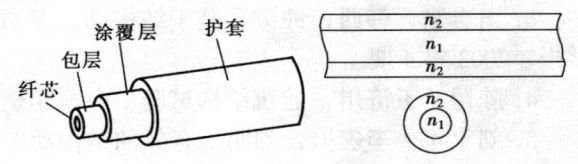

图 8-11 光纤结构

包层外面涂有涂料（即保护层），其作用是保护光纤不受损害，增强机械强度，保护层折射率远远大于 $n_2$。这种结构能将光波限制在纤芯中传输。

### 四、光纤传感系统

光纤传感系统组成：光传感网络分析仪、光纤传感器、传输光缆三部分。

1. 特点：精度高，灵敏度好，可靠性高，测量点多（SI425 目前可达到 512 个点），测量范围大，传感头结构简单、尺寸小，适于各种应用场合，抗电磁干扰，抗腐蚀，能在比较恶劣的化学环境下工作。

2. 应用前景：光纤传感由于其固有的优势必会在不久的将来取代传统的传感技术。在国外，首先被用在军事上，他们做了大量的研究，花费了很大的精力，所以他们的技术也较成熟，在很多工程上采用了这种新技术。目前国家非常重视光纤传感的发展，并为之投入了大量的资金。价格相对电阻应变片或其他的激光技术，光纤传感有更合理的性价比。目前成熟的产品主要有应变计、温度计、应变传感器、温度传感器、分布式光纤传感器等等。

### 五、光纤传感系统在工程中的应用

由于光纤传感器具有高灵敏度、耐腐蚀、抗干扰、体积小等优点。其使用范围广泛，可以检测温度、压力、角位移、电压、电流、声音和磁场等多种物理量。目前，基于光纤光栅传感器主要用于对工程结构中的应力、应变、温度参数以及对结构徐变、裂缝、整体性等结构参数的实时在线监测，实现对工程结构内多目标信息的监控和提取。目前工程上主要有以下几个方面应用：

1. 桥梁、大坝长期健康安全监测

光纤传感器主要用来测试桥梁的预应力松弛，交通荷载下的响应，变形测量、温度测量、结构动态响应等。如山西汾河斜拉大桥采用光纤光栅健康监测系统为该桥进行长期健康监测。该桥共设了 60 多个监测点，同时对桥梁的应变和温度进行实时在线检测。

2．大型建筑、钢结构、飞机、轮船、石油平台、输油管道、混凝土、锅炉等等的应力应变及温度测量和监控。如国家西气东输结构监测工程、南京邮政指挥中心工程等多项工程使用光纤传感系统进行健康安全监测。

3．温度监测

电力输送系统异常温升监测。中国电力科学研究院的高压开关研究所进行了高压开关柜的测温试验，现场安装了 12 个光纤光栅温度传感器，分别对开关柜的动触点与静触点同时进行监测等。

4．测量材料的失效、混凝土结构的碳化深度检测、裂缝的检测等。

光纤传感技术代表了新一代传感器的发展趋势。光纤传感器产业已被国内外公认为最具有发展前途的高新技术产业之一，它以技术含量高、经济效益好、渗透能力强、市场前景广等特点为世人所瞩目。

**参考文献**

1．李国强，李杰．工程结构动力检测理论与应用．北京：科学出版社 2002

2．李国强，李杰，陈素文，陆雪平．上海经贸大厦结构动力特性检测．土木工程学报，2000 年 2 期

3．王志坚，韩西，钟厉．基于结构动力参数的土木工程结构损伤识别方法．重庆建筑大学学报，2003 年 4 期

4．陈谞，王济川．建筑结构试验．中国建筑工业出版社，2003

5．刘丰年，李宏男，刘明．有效的结构动态参数识别方法．地震工程与工程振动，1998 年 1 期

6．吴新璇．混凝土无损检测技术手册．人民交通出版社，2003